网络学习 指导

WANGLUOXUEXI ZHIDAO

ISBN 978-7-81117-341-3

9 787811 173413 >

定价：18.00元

网络学习指导

梁书华 主编

中国农业大学出版社

CAUP

网络学习指导

WANG XUEXI ZHIDAO

CAUP 中国农业大学出版社

ZHONGGUONONGYEDAXUE

国家重大出版工程项目

动物科学概论

从全球性、生物学、社会学和工业化的角度

第3版

INTRODUCTION TO ANIMAL SCIENCE

Global, Biological, Social and Industry Perspectives

THIRD EDITION

[美] **W. Stephen Damron** 著
俄克拉荷马州立大学

主　译　张　沅　傅金恋
副主译　李建国　刘福柱　王中华

中国农业大学出版社

主　译　张　沅　傅金恋

副主译　李建国　刘福柱　王中华

译校者　（按汉语拼音排序）

初　芹	代惠杰	邓　慧	房文宁	傅金恋	关　舒
郭永立	侯炳刚	侯娅丽	贾文彬	李　娜	李福昌
李海晶	李建国	李晶晶	李秋凤	李卫春	李宗进
林雪彦	蔺海朝	刘　林	刘　蕊	刘福柱	刘桂芬
刘晓牧	芦春莲	罗　军	马喜山	缪为民	闵育娜
宁中华	牛竹叶	乔红光	秦应和	任　倩	宋志刚
田　菲	王　鑫	王爱国	王海燕	王金梅	王晓凤
王中华	魏立民	吴桂琴	吴艳丽	武雅楠	杨　柯
杨鸣洲	张　毅	张　沅	张亚峰	张英汉	赵世方
钟荣珍					

Original English language title: INTRODUCTION TO ANIMAL SCIENCE: global, biological, social, and industry perspectives, 3rd edition by W. Stephen Damron, copyright ©2006
EISBN: 0131189328

著作权合同登记图字:01-2006-1467

译 者 的 话

20 世纪 80 年代以来，我国畜牧产业连续 20 多年保持良好的发展势头，产出逐年递增，2006 年国内畜牧业产值占农业总产值的比重已从 1978 年的 14.98%上升到 34%，畜产品国际市场地位亦大幅上升。畜牧业的发展，不仅有利于提高农牧民收入、增加畜产品供给、调整和改善人们的膳食结构，而且有力地推动了农村产业结构的调整，带动食品工业、皮革业、毛纺业、制药业和饲料工业等相关产业的快速发展。但在快速发展过程中，外延式扩张带来的品质较差、成本高、劳动生产率低的问题日益突出，这些问题的症结在于科技，我国畜牧业科技进步对于产量增长的贡献仍远低于发达国家，甚至有些畜禽个体性能指标低于发展中国家平均水平。世界畜牧生产发展的历程表明，必须依靠科技的进步和科技成果的转化，走内涵式扩展的道路，才能促进我国畜牧业产业结构的调整和产品质量的进一步提高，应对“入世”以来的挑战。

为了进一步提高我国畜牧业从业人员的知识水平和素养，使我国畜牧业健康、持续、稳步发展，我们特向广大动物科学的师生、畜牧行政人员和畜牧业生产一线的工作者推荐这本《动物科学概论》，该书在国际动物科学界享有很高的声誉，2000 年第 1 版面世以来已再版 2 次。著者 W. Stephen Damron 博士是美国著名的动物科学学家，他站在全球的、生物的、社会的以及工业的角度，全面论述了当今世界范围内动物及其产业对人类的贡献和从事动物产业人员应该具备的理论知识和生产技术。该书内容非常丰富，几乎涵盖了畜牧科学的所有领域，不仅论述了常规畜禽生产的科学知识，还对特种经济动物和伴侣动物的养殖技术作了详细的介绍。此外，该书也涉及到动物福利、动物权力、食品安全等动物科学领域中的热点问题，因而这是一本具有科学性、先进性和实用性的佳作。该书写作手法灵活多样，文字简洁明了，图文并茂，通俗易懂，具有很强的可读性。

我国迄今尚未见到一本如此全面、系统地介绍动物科学的专著，鉴于此，我们将此书翻译出来，献给广大动物科技学科的师生、畜牧业行政人员和从事畜牧工作的技术人员，相信读者读后一定会受益匪浅。

我们以一种虔诚的科学态度对待这本书的翻译工作，投入了大量的精力和时间，当看到这本凝聚着我们心血的译作将要出版时，内心感到莫大的欣慰。但是鉴于译者水平有限，翻译中难免有偏误，恳请广大读者批评指正。

译　者

2007 年 11 日 26

献给我的妻子 Rebecca，孩子 Joshua 和 Aubryana。
我真心祝福他们。

前　言

本书的写作目的是给动物科学概论课程提供课本并且反映出现代动物科学的发展状况，内容包括主要的传统生物学科以及每个学科是如何在动物科学中发挥作用的，还包括动物的饲养、管理、育种以及保健方面的知识。动物科学涵盖面较广，本书研究的是动物如何符合社会需要以及它们如何为全世界人类的健康生活做出贡献。本书对世界各地不同的农业类型做了简单的概述，还探究了现有家畜的其他用途，尤其是对人类较为重要的几个种类。此外，本书还讨论了围绕这些种类所产生的产业以及它们对于我们的社会和经济的影响。

近 50 年来，畜牧业发生了一些深刻的变化。传统的畜牧业发生了彻底的改变，少数畜牧业是由传统所推动，而大多数是由商业的需要以及以科学为基础的技术的先进性所推动。为了适应消费者口味和习惯的改变、农业部门的经济剧变以及相关动物产品成本的变化，各种动物产业进行了重新构建。同时，对于“畜牧产业”的理解发生了观念性的转变——作为食物供应系统的一个动态的、统一的部分，并且已经超出本国影响到其他国家，相应地，也受其他国家所影响。

本书还提到，对于动物，我们的观念正在转变。深刻的社会变革影响了畜牧业以及从事畜牧业的人们。对于动物福利、动物权力、食品安全、道德资源分配、需要利用地球资源的农业的可持续性以及当下影响动物利用的其他现实问题正在受到关注。这些问题以及其他一些问题在本书中都有涉及。

本书还有另一个与传统不同之处。人口的增长使得需要利用新的动物和开发动物的新用途，因此也需要动物科学家提供更多的信息。本书提供了有关羊驼、伴侣动物以及其他的传统动物科学中所没有包括的物种的信息，现在这些物种也与牛和猪一样，成为动物科学中的一部分，而几年前，许多物种都不在动物科学课程考虑的范围之内。

本书的写作十分灵活，包括动物科学的 3 个主要方面——生物学方面、产业方面和品种方面，加上第一部分的全世界农业的信息，以及第四部分的社会方面的问题，使得全书更加完整统一。

第 3 版的写作目的有如下几个：首先，统计数据全部更新以保持适用，这一点我认为是十分重要的。第二，许多的图表或被补充或被改进。事实上，所有的章节都添加了新的信息，但是并没有使章节变长。我的目的是要它变好而不是变长。本版一个重要之处是与前两版的教育理念相一致，使用早期版本的人会很快找到其中所包含的所有内容，包括“风味”。

这本书是在很多人的协助下完成的。尤其要感谢的，是我在俄克拉荷马州立大学的同事们一直以来的支持和帮助。特别感谢俄克拉荷马州立大学的 Don Wagner，Jerry Fitch，Dan Waldner，David Freeman，Clement Ward，Rod Geisert，Steven Cooper，Leon Spicer，Joe Berry，Bob Kropp，Stanley Gilliland，Udaya De Silva，Christina DeWitt 和 David Buchanan 以及 Noble 研究中心的 Jim Horne。这些年来，大家一直热心地为本书的写作提供思路、数据、图片和文字；重新审读各章；帮忙查找我所需要的较难查找的资料；并且对每件有关事项都提出建议。他们满怀热情地对待本书的各项工作，对于他们所做出的贡献我将永远感激。

加利福尼亚州立理工大学圣路易斯欧比斯普分校的 Jon Beckett，北卡罗莱纳州立大学的 Robert McDowell，科罗拉多州立大学的 Temple Grandin，密西西比州立大学的 Ronald Brown，Martin Brunson，Robert Martin，Louis R. D'Abramo 和 William Daniels，普度大学伊利诺伊-印第安纳 Sea Grant 项目的 La Don Swann，还有明尼苏达大学的 Tony Seykora，也提供了大量的帮助。

新罕布什尔大学的 Thomas Fairchild，田纳西大学的 Aaron Fisher 和卡罗莱纳中心社区学院的 Lori Rainforth 提供了极其珍贵的反馈建议。对他们为本书提供的帮助和付出的辛苦在此表示万分感谢。

Prentice Hall 的人员为本书的出版提供了巨大的帮助。我对 Debbie Yarnell 和 Alex Wolf 表示感谢。特别要感谢的是 Kate Linsner。同样还非常感谢卡莱尔通信公司的 Melissa Scott 所提供的帮助。

最后，向我的家人致以特别的谢意。我的妻子，Rebecca L. Damron，俄克拉荷马州立大学的英语教授，一直以来对于我的诸如"亲爱的，你能不能帮我读一下这个，然后告诉我你的想法?"以及"亲爱的，……怎么拼写?"之类的问题所给的不厌其烦的回答。

还有我的孩子们，Joshua 和 Aubryana，他们一直积极地参与书的进展，非常感谢他们的贡献。

W. Stephen Damron 博士

俄克拉荷马州立大学

Additional Resources

Online Supplements Accompanying the Text

A companion website (**http://www.prenhall.com/damron**) is available online to both students and instructors using the text.

An online Instructor's Manual and TestGen are also available to instructors through the Damron catalog page at **www.prenhall.com**. Instructors can search for a text by author, title, ISBN, or by selecting the appropriate discipline from the pull down menu at the top of the catalog home page. To access supplementary materials online, instructors need to request an instructor access code. Go to **www.prenhall.com**, click the **Instructor Resource Center** link, and then click **Register Today** for an instructor access code. Within 48 hours after registering you will receive a confirming e-mail including an instructor access code. Once you have received your code, go the site and log on for full instructions on downloading the materials you wish to use.

Agriculture Supersite

This site is a free on-line resource center for both students and instructors in the Agricultural field. Located at **http://www.prenhall.com/agsite**, students will find additional study questions, job search links, photo galleries, PowerPoints, The New York Times eThemes archive, and other agricultural-related links.

Instructors will find a complete listing of Prentice Hall's agriculture titles, as well as instructor supplements supporting Prentice Hall Agriculture textbooks available for immediate download. Please contact your Prentice Hall sales representative for password information.

"The New York Times" Themes of the Times for Agriculture

Taken directly from the pages of *The New York Times,* these carefully edited collections of articles offer students insight into the hottest issues facing the industry today. These free supplements can be packaged along with the text.

Agribooks: A Custom Publishing Program for Agriculture

Just can't find the textbook that fits *your* class? Here is your chance to create your own ideal book by mixing and matching chapters from Prentice Hall's agriculture textbooks. Up to 20% of your custom book can be your own writing or come from outside sources. Visit us at **http://www.prenhall.com/agribooks**.

SafariX: Textbooks Online

SafariX Textbooks Online™ is an exciting new choice for students looking to save money. As an alternative to purchasing the print textbook, students can subscribe to the same content online and save up to 50% off the suggested list price of the print text. With a SafariX WebBook, students can search the text, make notes online, print out reading assignments that incorporate lecture notes, and bookmark important passages for later reviews. For more information, visit **www.safarix.com**.

简要目录

目录

第一部分　动物以及动物科学在人类生活中的地位

第三部分　动物产业

第一部分

动物以及动物科学在人类生活中的地位

第 1 章　动物科学概述

第 2 章　动物对人类的贡献

第 3 章　影响世界农业结构的因素

第 4 章　世界农业生产体系

第 1 章

动物科学概述

学习目标

学完本章后，应该能够：

1. 给动物科学及其各组成部分下定义。
2. 描述驯化发生的时间、原因以及方式。
3. 向非农业学者解释驯化的意义，并介绍家畜对人类生活的重要性。
4. 描述家畜在世界范围内的分布概况。

关键术语

必需氨基酸	可再生资源	生物技术
捕猎-采集者	农民	文化
动物健康	农业	文明社会
动物科学	肉	养分密度
动物行为学	肉类科学	役用动物
动物育种与遗传学	乳品生产科学	营养学
家畜	膳食	杂食动物
卡路里	生理学	

引言

动物，与人类的生活息息相关，人类与它们共同存在于一个星球上，对它们怀有各种复杂的感情：崇拜、消费、羡慕、恐惧、喜爱、关怀、依赖……。动物是人类生活资料的一部分，是我们社会的一部分，也是我们日常生活的一部分。由于动物的重要性，因此我们需要对它们进行研究，并将我们所知应用于实际，来提高动物

动物科学
由研究家畜的所有学科组成的综合学科。

农业
栽培农作物和饲养家畜并将其加工为产品的一门综合科学技术。

家畜
是指一类动物品种，它们在人类的管理下饲养长大，并已经适应与人类共同生活。

文化
在本文中，文化是指一系列职业行为、经济结构、信仰/价值观、社会形式和物质特征之下所定义的我们的行为举动。

捕猎-采集者
在农业出现以前，所有的人都是捕猎-采集者。捕猎-采集者通过捕猎活动、打鱼以及采集可食用和药用的植物为生。

农民
农业的参与者，管理和培育家畜和作物。

文明社会
根据现代释义，指人类所认为的较高水平的文化及技术发展阶段。

的生命力以及它们在人类生活中发挥的作用。本书的主题——**动物科学**，就是研究家畜的一个科学分支。

动物对人类的贡献主要集中在为人类提供食物。食物来源于土地，为了逐渐从土地上获得更加稳定的食物供应，人类发展了一种复杂的资源管理系统，称之为**农业**。在农业领域中，作物和家畜为人类提供所需的产品。人类从事农业生产已经有几千年的历史，地球上的每一个人都直接或间接地依赖农业为他们提供日常的食物。正是因为这个事实，我们可以这样说，所有从事其他职业的人也都与农业息息相关。在发达国家更是如此。实际上，发达国家整个城市工业中心能够得以维持都是得益于农场经营者提供了充足的食物。同时，人类又发现了**家畜**在其他方面的用途，例如在运动、休闲、制造业、宗教以及伴侣动物等方面。综合这些用途以及食品生产的用途，我们发现，无论我们是否认识到这一点，动物事实上是处于我们生活的核心。因为农业以及家畜是人类生存不可或缺的一部分，因此，直接或间接的，它们已经成为我们的**文化**、我们对土地的影响以及我们的日常活动的主要部分。

目前，我们无法确切知道每一个动物品种被驯化的时间。DNA 测序技术表明，将狼驯化为狗大约发生在 135 000 年以前，但考古学证据又表明狗是在大约 14 000 年前(即公元前 12000 年)开始被驯养的。最早以提供食物为目的而被驯化的家畜(正如大部分西方人普遍认同的)是绵羊(大约是在公元前 8000 年)，紧接着是山羊、猪和牛(公元前 6500 年)，骆驼(公元前 5500 年)，马(公元前 3500 年)，驴(公元前 4000 年)以及鸡(公元前 6000 年)。

人类起初并没有想到对所驯养和驯化的动物如此依赖。**捕猎-采集者**(最初驯化动物的人)在驯化开始以前，就已经在利用动物的肉、骨和皮毛了，驯化所带来的唯一不同就是使这种利用变得更加方便了。随后，又出现了其他方面的用途(奶、衣服、畜力、战争、运动以及显示权威)。这些发生在人类将动物驯化很长时间以后，那时人类已经选择了定居的生活方式。在人类驯化动物以前，捕猎和消费动物的历史已经有 200 万年了。捕猎-采集者需要转变行为以成为**农民**，这种转变是重要的文明变革。事实上，动物驯化代表了人类向**文明社会**转变的重要步骤。人类获得家畜以后，需要管理家畜，照料家畜，并学会充分地利用家畜达到人类的目的。这些需要导致了新的学科的产生和发展，即我们所说的动物科学。

动物科学的学科

简言之，动物科学就是家畜综合研究。它包含方方面面的内容：从怀孕到死亡，从行为到管理，从生理学到心理学，以及从繁殖到产品的销售。动物科学代表着人类积累知识的过程，它开始于对捕猎-采集者多年以前开始的驯化过程的观察。随着动物学家对动物的了解越来越多，所积累的信息量非常丰富，以至于没有任何一个人能完全掌握它们。因此，将动物科学的研究划分为不同的学科和专业，并通过这种方式划分易于管理的各个部分，是非常必要的。划分方式有很多种，下面的分类证实了这一点：

■ **动物育种与遗传学**研究遗传学知识，并将其成功地应用于种畜选择中。该学科帮助我们在当前世代中选择最佳的动物个体，使之成为下一世代的亲本。

■ **营养学**研究动物的饲养问题。动物能否实现其遗传潜力取决于它们的生存环境，而最重要的环境因素就是饲料。营养学就是这样一门科学，通过关注饲料以及饲养管理，来提高家畜的经济生产价值和伴侣动物的健康和长寿。

■ **生理学**是一门研究生命机制的学科，从细胞内的一个生化反应到构成动物体的所有特化细胞协同作用。生理学是一门非常复杂的学科，因此我们通常根据生理系统的工作方式将其分类，例如分为生殖生理学、肾生理学、运动生理学等等。

■ **动物健康**是一门研究疾病、寄生虫和环境因素如何影响动物生产力以及动物福利的学科。疾病被定义为除健康以外的其他状态。自从动物被驯化以后，疾病和寄生虫就开始夺走它们的生命。据国会技术评估办公室估计，各类疾病和寄生虫造成美国畜牧业每年损失约170亿美元。

■ **动物行为学**是研究动物行为的一门学科。这是动物科学中相对较新的一门学科，其产生是由于美国的畜牧业越来越依赖于全封闭的饲养体系。全封闭体系减少相关的劳动力和管理支出，并将饲料用量减至最低水平。同时，能够更好地管理动物，并将遗传潜力发挥到最大。然而，全封闭系统也带来与动物行为相关的一系列问题。

■ **肉类科学**是研究加工、运输和销售成品肉类产品的学科。**肉**是动物可以被食用的组织，其作用是作为食物。肉类"副产品"是除去胴体以外的其他部分的产品，其中有些可以食用，有些不能食用。

■ **乳品生产科学**涉及到供公众消费的各种乳品的收集、加工和销售。

■ **生物技术**是对生物学技术的应用。由于DNA重组技术及其带来的多种效果，生物技术这门学科引起了动物科学界新的关注。动物科学领域内的其他学科都已经从生物技术中获益，而且这种收益将会以更快的速度持续发展。

显然，这样的划分是出于我们的便利，并且各领域之间有很大的重叠。但是这种划分也会造成障碍。将动物科学这一完整的学科拆分成为较小的部分，便于我们的学习，但是不利于我们掌握——我们可以很好地理解每一部分，但是却很难将各部分综合在一起。需要牢记一点，以上讨论的所有学科综合起来，构成的完整学科才是所谓的动物科学。

动物育种与遗传学
研究遗传密码以及怎样改变和操纵它们，产生更为高产和健康的动物。

营养学
研究营养物质以及机体对它们的利用。

生理学
研究动物、动物细胞或任何动物体内的物理及化学过程。

动物健康
研究和实践可能以及可行的方法，使动物维持在最接近健康的稳定状态。

动物行为学
研究在自然生活环境中的动物的科学。

肉类科学
研究加工、运输及销售肉类和肉类产品的学科。

肉
用做食物的动物组织。

乳品生产科学
研究以奶及奶制品作为食品的学科。

生物技术
以生物体或生物体的部分来生产或改变产品，提高作物或动物的产量，或者培育有特定用途的微生物的一系列方法或应用。

家畜的分布

在全世界分布有约44亿头大型家畜和176亿只家禽(表1-1)。在过去20年或更长时间内,大型家畜的数量一直在适度增加,但每一个物种的种群规模已经发生了变化,而且这种变化还将持续。家禽数量则以更快的速度持续稳定增加。发展中国家动物的生产效率通常低于发达国家,其中原因很多:不适宜的气候环境、疾病和寄生虫的流行、家畜的遗传潜力差、落后的管理体系和其他社会因素。在此,还需要提及另一个原因,即在很多社会里,饲养家畜的首要目的不是为了衣食,而是出于其他目的。其中文化需要通常是饲养家畜的首要原因。在这些社会中,即使在发展中国家,即使是对为提供衣食而用的动物进行改良,以提高农业经济或人类营养水平,仍需要考虑家畜的传统角色。

可再生资源

在自然生态循环和管理体系下,可以被替代和再生产的资源。

千百年来,通过提供各式各样的产品和服务,家畜为人类社会的健康繁荣做出了重要的贡献,正如表 1-2 中所列。它们本身是**可再生资源**,同时又利用了其他可再生资源——作物——来生产产品,提供服务。

表 1-1 世界家畜保有量

家畜种类	全世界	南美洲	中、北美洲	大洋洲	非洲	欧洲	亚洲
大型家畜							
牛/头[1]	1 360 261 000	307 466 400	161 318 400	37 830 650	234 630 600	140 806 600	478 208 100
绵羊/头	1 027 680 000	72 998 710	15 713 840	146 542 000	240 748 500	141 558 600	410 117 900
猪/头	940 043 000	57 379 470	97 904 010	5 532 056	20 612 890	194 420 400	564 194 200
山羊/头	750 675 300	23 449 350	13 869 120	802 886	218 916 700	18 266 440	475 370 900
水牛/头	167 669 700	1 173 503	5 567	43	3 547 431	248 684	162 694 400
马/头	56 459 600	15 687 750	14 163 030	373 068	3 423 605	6 780 245	16 031 900
驴/头	40 524 800	4 058 795	3 771 993	9 000	13 678 400	761 163	18 245 440
骆驼/头	19 057 480				15 148 200	8 000	3 901 281
骡子/头	12 933 840	2 752 152	3 765 055		940 717	248 854	5 227 061
其他驼类/头[2]	6 173 569	6 173 569					
总数	4 381 478 289	8 925 721	4 390 404 010	191 089 704	751 647 043	942 736 746	2 133 991 182
啮齿类							
兔子/只	496 111	3 242	1 402		12 372	111 893	367 202
其他啮齿类/(1 000 只)[3]	15 922	15 922					
禽类							
鸡/1 000 只	16 019 550	1 796 027	2 810 728	115 811	1 313 910	1 837 521	8 145 550
鸭/1 000 只	1 071 859	7 262	17 017	849	16 288	67 510	962 933
鹅/1 000 只	244 180	317	337	67	12 281	13 092	218 087
火鸡/1 000 只	254 513	16 276	100 250	1 546	9 151	114 063	13 226
总数	17 590 202	1 819 882	2 928 332	118 273	1 351 631	2 032 186	9 339 796
昆虫							
蜂箱数	56 819 280	5 027 066	4 793 811	694 155	14 533 590	14 206 080	17 564 580
蚕茧/t	317 754	9 787			166	1 250	306 551

来源:FAO,2004。数据是 2001—2003 年的平均数。

1. 包括牦牛;

2. 包括骆驼和羊驼;

3. 主要是几内亚猪。

表 1-2 动物对人类社会的贡献

食物	
蛋	血
肉	脂肪
奶	可食用的屠宰副产品
衣服	
羊毛	
皮革、毛皮、兽皮	
绒毛、皮毛、羽毛	
劳动	
田间工作或其他劳力	
运输	
身体废物	
燃料	建筑材料
肥料	动物饲料
其他用途	
收入	
储存资金	屠宰副产品
储存食物	休闲和运动
为经济做贡献	控制害虫和杂草
缓冲谷物供应的波动	陪伴和服务
提高土壤肥力	人类健康研究
身份象征	环保
宗教或其他文化需要	

来源：McDowell，1991；Turman，1986。

动物对人类的贡献

本书将在后面章节专门详细介绍动物的利用，本章只简要回顾一下家畜和其他动物对人类的诸多贡献。

食物来源

人类是**杂食动物**，消费动物性和植物性食物。图 1-1 列举了不同来源的食物在全世界食物供应中的比例。虽然提供食物是家畜对人类最主要的贡献，但是作物为人类提供的食物量更多一些。作物提供的能量，占全世界人口消耗总食物能量（**卡路里**数）的 83.6%，动物性产品只提供剩下的 16.4%的能量，这主要是因为在发展中国家人们的饮食有很大比例是植物来源的，在发达国家由动物提供的能量比例较高。以美国为例，动物性食物提供 24%的卡路里数。比提供能量更为重要的是，动物性食品是蛋白质的重要来源（图 1-2），它提供全世界蛋白质消耗量的37.2%。肉类提供动物蛋白的约 50%，奶类提供约 26%，鱼类提供约 16%，蛋类提供约 9%。在发达国家，动物性蛋白质的比例更高，再以美国为例，约有 63%的

杂食动物
既摄入动物性食物又摄入植物性食物的动物。

卡路里
食物能量的度量单位，其值为将质量为 1 g 的水从 14.5℃升高到 15.5℃所需要的热量。

养分密度

衡量食物所提供营养的一种方法，将食物所含的营养元素与其所含的能量(卡路里数)相比而得。

膳食

个人或群体所摄入的全部食物和饮水。

蛋白质来源于动物产品。表 1-3 完整地展示了不同种类的食物在美国食品供应中的比例。肉、蛋及奶制品是重要的食物来源，这是由于它们的**养分密度**高。这表明，与这些食物所含的卡路里数相比，它们有较高的营养，并且这些营养是可以被消化利用的。除了提供大量能量外，动物性食品还能提供高质量的蛋白质和高生物活性的维生素及矿物质的**膳食**。

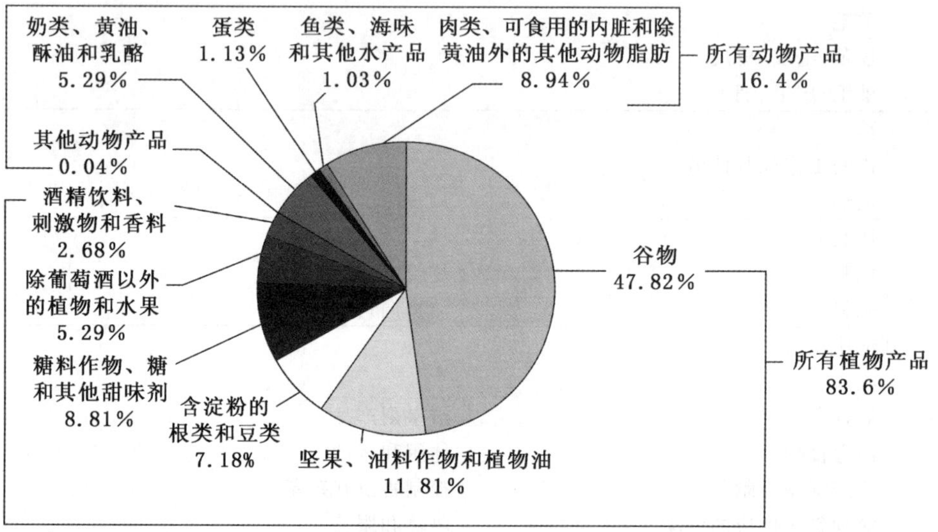

图 1-1 各种来源的食物为全世界人类提供的能量(卡路里)。
来源：FAO，2004。

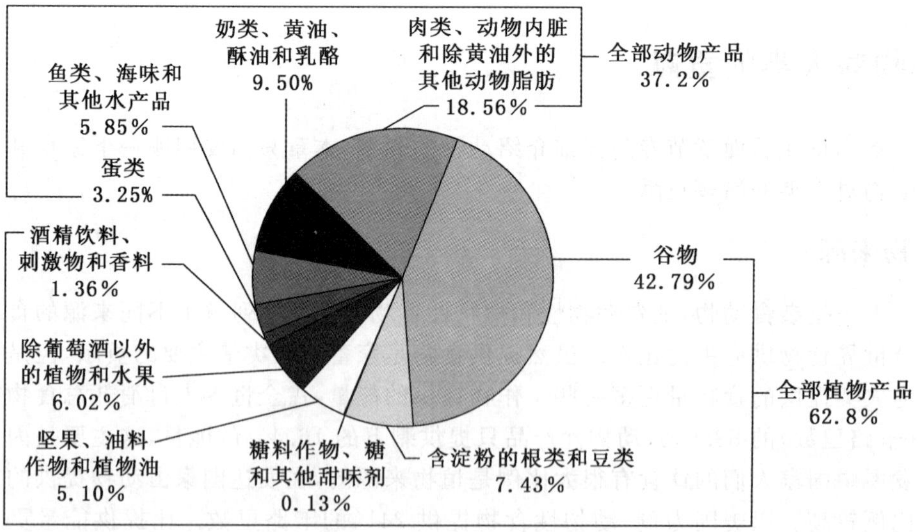

图 1-2 各种来源的食物为全世界人类提供的蛋白质。
来源：FAO，2004。

与植物性食物相比，人类通常首选动物性食物，并且世界上绝大多数人通常会在其日常饮食中选择动物性食物产品。一个国家的生活标准可以通过其食物供应中动物性食物的比例来衡量。多项调查表明，人们在收入增加后所做的第一件事是增加饮食中的动物性食品。这不仅仅是因为动物性食品更加美味可口，更是因为它们是营养最为完全的食物。它们是维生素和矿物质的重要来源，并且与植物蛋白相比，动物性蛋白质中**必需氨基酸**的比例更适当。

必需氨基酸
人体所需要的、必须从饮食中获得的那些氨基酸。

在有些国家，人们可能更多地选择消费动物性产品。在美国，40%的食品供应来源于家畜和水生动物。但是，在世界范围内，食品的分布有巨大的差异。“贫穷”大陆的人口（第三世界），如非洲，每天所摄入的能量仅为“富裕”国家（第一世界），如美国，每天摄入能量的64%。由于该数值是一个平均数，也就是说第三世界国家的大量人口每天只摄入更少的食物，处于严重的营养不良状态，或是处于饥饿的边缘。世界上有大约14%的人口营养不良。

表1-3 美国食品供应中各种食物提供的营养元素的比例（2000年） %

营养元素	肉、禽、鱼类	乳类（除黄油外）	蛋	所有动物食品	蔬菜	豆荚、坚果和大豆	谷类	水果	脂肪和油料	糖和甜味剂	其他[1]
能量	14	9	1	24	5	3	24	3	20	19	1
蛋白质	40	19	4	63	5	6	22	1	—[2]	0	2
总脂肪	23	12	2	37	—	4	2	1	56	0	1
SFAs[3]	26	23	2	51	—	2	2	—	44	0	1
MUFAs[3]	25	8	2	35	—	4	1	1	59	0	1
PUFAs[3]	14	2	1	17	1	5	4	1	72	0	1
胆固醇	44	16	35	95	0	0	0	0	5	0	0
维生素A	27	22	5	54	24	—	4	2	9	0	6
维生素E	4	2	2	8	7	5	4	3	72	0	1
维生素C	2	3	0	5	45	—	4	42	0	0	4
硫胺	18	5	1	24	9	5	59	4	0	—	1
核黄素	17	26	6	49	5	2	39	2	—	1	1
烟酸	36	1	—	37	9	4	45	2	0	0	3
维生素B_6	35	9	2	46	22	4	18	10	0	—	2
叶酸	6	6	4	16	21	18	62	10	0	0	1
维生素B_{12}	75	20	4	99	0	0	—	0	—	0	0
钙	3	72	2	77	7	5	5	3	—	1	3
磷	25	33	4	62	8	6	19	2	—	—	4
镁	13	16	1	30	14	14	22	6	—	1	14
铁	16	2	2	20	10	8	52	2	—	1	7
锌	38	17	3	58	6	6	26	1	—	1	4
铜	14	3	—	17	15	21	22	6	0	4	15

来源：USDA（美国农业部），2004。

1. 咖啡、茶、巧克力饮料、可可豆饮料、刺激物、没有明确分类的维生素强化食物。

2. —：小于0.5%。

3. SFAs：饱和脂肪酸；MUFAs：单链不饱和脂肪酸；PUFAs：多链不饱和脂肪酸。

很多人愿意享用肉和乳制品。例外一般是由于宗教禁令(例如牛在印度)或者消费抑止造成的。世界上的肉类(除了鱼之外)大部分是由猪、牛和禽类提供的,少部分是由绵羊、山羊、水牛和马提供的。一些其他的物种也为不同地区的人提供大量的肉类产品。大部分的奶来源于奶牛,但是水牛、山羊和绵羊也产奶。事实上,在有些社会的一些地区,大部分家养哺乳动物都用于产奶。

其他用途

除了提供食物外,其他动物产品对人类也有很重要的意义。人类利用羊毛、绒毛和其他纤维、羽毛以及皮革做衣服和其他用品的历史已经有几千年了(图 1-3)。动物源性肥料是非常有价值的副产品。据估计,仅在美国就有价值高达 100 亿美元的肥料(图 1-4)。

图 1-3 兽皮是屠宰的一种副产品,在驯化发生很久以前就已经为人类所利用了。(Adele M. Kupchik 提供)

图 1-4 在美国,用畜牧业废弃物生产的肥料价值高达 100 亿美元。(R. L. Kane 摄,USDA 提供)

屠宰的副产品是大量工业产品和消费品的生产原料。例如生产杀虫剂、蜡笔、化妆品、整形材料、玻璃纸、玻璃、滤水器、夹板胶、肥皂以及动物饲料等(图 1-5)。

在发展中国家,80%的动力需要由人和动物来提供。对很多亚洲、非洲和南美洲国家来说,**役用动物**是极其重要的。牛耕地,水牛在水稻田耕作,牦牛和骆驼在古老的商道上跋涉,狗还在拉着雪橇(图 1-6)。

役用动物
主要用途为完成一些搬运和牵引工作的动物。犁地或者搬运货物的牛或者马就是役用动物。

图 1-5 屠宰的副产品也可以作为制造各种工业产品和消费品的原料。(Adele M. Kupchik 提供)

图 1-6 在发展中国家,役用动物仍是主要的非人力动力来源。(The Philippine American Chamber of Commerce, Inc. 提供)

动物也可以作为人类生物医学研究的模型。保守地说,由于在健康研究中使用了试验动物,使美国人的平均寿命增加了 20~25 年。而且,它也在很大程度上帮助改善了人类由于慢性疾病的折磨而被影响的生活质量。医学研究需要利用动物作为模型,在可以预见的未来,这种状况仍将持续(图 1-7)。

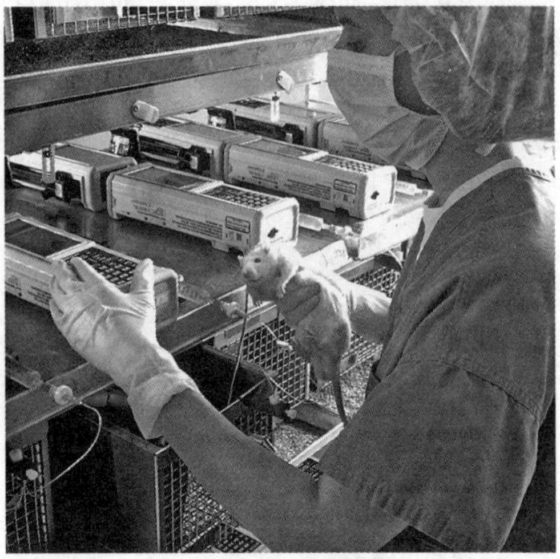

图 1-7 试验动物是生物医学研究的研究模型。(Stock Boston 提供)

在几百万年甚至上亿年前,世界上的动物就陪伴着人类,特别是一些受过训练的动物,包括狗和猴子,它们可以协助视觉或听觉有残疾的人和一些瘫痪者,帮助他们更加独立地生活(图 1-8)。

图 1-8 服务犬为残疾人提供帮助。图示为失明男子、训练者和导盲犬。(C. Prescott-Allen 摄, Animals Animals/Earth Scenes 提供)

另外,在许多娱乐产业中,例如赛马、牛仔竞技表演和斗牛,也是以使用动物为基础的(图 1-9)。

家畜将人类不可食用的饲料转变为有价值的产品。在美国,畜牧业使用的饲料中 2/3 不适合人类食用,例如干草、牧草、草料、副产品、垃圾以及变质食品。动物的使用使食物供应和经济变得更为多样化。多样化的农业更加稳定,利润也更高。

图 1-9　动物是许多娱乐产业的根本。图示为 Jockey Gary Stevens，他于 1995 年赢得了肯塔基州赛马大会冠军。（Andy Lyons 摄，Getty Images，Inc. 提供）

概要和结论

动物满足了人类的很多需求。动物帮助我们利用现有的资源养活了全人类，它们是人类的伴侣，是人类健康研究的模型，并为人类提供了无数方方面面的用途。尽管在近年来，一些人认为它们是奢侈品，并对家畜进行抨击，但是家畜不会消失，甚至它们的数量和重要性也不会减少。而最有可能的是，它们将在人类消除饥饿方面发挥更为重要的作用。出于以上原因，了解决定各种家畜在世界范围内分布的一些因素就显得尤为重要。本书的第 2 章将深入探讨家畜对人类的贡献。

习题

1. 给动物科学下定义。动物科学是何时开始出现的？

2. 解释为什么说人类的所有职业都依赖于农业。

3. 动物驯化是什么时候发生的？每一个主要物种的驯化是在什么时候发生的？人类对动物的驯化是有意识的吗？

4. 给动物科学各分支下定义：遗传学、营养学、生理学、疾病和寄生虫控制学、动物行为与环境学、肉类科学、乳品生产科学以及生物技术。

5. 为什么说将动物科学的各专业划分出来既有利又有弊？

6. 观察表 1-1，世界上家畜的数量是多少？注意每一物种的相对数量，解释为什么家畜以现在这种方式分布。根据表中数据，回答世界上主要的家畜品种是什么。

7. 根据表 1-2 概述动物为人类提供的产品和服务。（这部分内容将在后面的章节中详细叙述）从目前的个人观点出发，根据表 1-2 提出的用途，按你所认为“用途最大”到“用途最小”的顺序制作一张表格。在结束本书的学习后，翻回到这张表格，看你的观点是否有所改变。

8. 人类从动物产品中摄入的能量和蛋白质各占多大比例？

9. 在美国，由动物产品提供的能量和蛋白质各占多大比例？与之相比，其他国家的情况又如何？

10. 如果一个人是素食者，那么通常是什么原因？

11. 世界上大部分的肉类供应来源于 7 个品种。它们的名字分别是什么？

12. 由于肉类的养分密度高，因此成为人类一种重要的食物。那么什么是养分密度？

13. 列举一些以屠宰副产品为原料的重要产品。

14. 世界上由人类和役用动物提供的非机械力所占的比例是多少？说出 6 种重要的役用动物。

15. 描述在医学研究中动物的重要性及其如此重要的原因。

16. 简要描述一下动物为人类提供陪伴、消遣和娱乐的主要方式。

17. 什么样的食物人类无法食用而动物可以将其转化为有价值的产品？

18. 为什么多样化农业如此重要？动物在多样化农业中的重要性如何？

参考文献

Council for Agricultural Science and Technology. 1980. *Food from animals: Quantity, quality and safety.* Report No. 82. Ames, IA: Council for Agricultural Science and Technology.

Council for Agricultural Science and Technology. 1997. *Contribution of animal products to healthful diets.* Report No. 131. Ames, IA: Council for Agricultural Science and Technology.

Ensminger, M. E. 1991. *Animal science.* 9th ed. Danville, IL: Interstate Publishers.

FAO. 2003. *The state of food security in the world 2003.* Rome: FAO. Accessed online August 4, 2004. http://www.fao.org/docrep/006/j0083e/j0083e00.htm.

FAO. 2004. *FAOSTAT statistics database: Agricultural production and production indices data.* http://apps.fao.org/.

Gillespie, J. R. 1987. *Animal nutrition and feeding.* Albany, NY: Delmar Publishers, Inc.

Jordan, T. G., M. Domesh, and L. Rowntree. 1994. *The human mosaic.* 6th ed. New York: HarperCollins Publishers.

McDowell, R. E. 1984. The need to know about animals. In *World food issues,* M. Droskoff, ed. Ithaca, NY: Center for Analyses of World Food Issues, Cornell University.

McDowell, R. E. 1991. *A partnership for humans and animals.* Raleigh, NC: Kinnic Publishers, Kinnickinnic Agri-Sultants, Inc.

National Research Council. 1989. *Recommended dietary allowances.* 10th ed. Washington, DC: National Academy Press.

Rapier, N. 1991. Nutrition content of the U.S. food supply. *Food Review* 14:13–17.

Reed, C. A. 1974. *The beginnings of animal domestication in animal agriculture in the biology, husbandry, and use of domestic animals.* 2nd ed. H. H. Cole and W. N. Garrett, eds. San Francisco: W. H. Freeman and Company.

Taylor, R. E. 1995. *Scientific farm animal production.* Upper Saddle River, NJ: Prentice-Hall.

The Meat Board's Lessons on Meat. 1991. National Livestock and Meat Board, Beef Promotion and Research Board and National Pork Board.

Turman, E. J. 1986. *Agricultural animals of the world.* Stillwater: Oklahoma State University.

U.S. Department of Agriculture (USDA), Agricultural Research Service. 1997. *USDA nutrient database for standard reference,* Release 11–1. Nutrient Data Laboratory home page: http://www.nal.usda.gov/fnic/foodcomp.

USDA. 2004. *Agricultural statistics.* Washington, DC: National Agricultural Statistics Service. Accessed online August 4, 2004. http://www.usda.gov/nass/pubs/agstats.htm.

第 2 章

动物对人类的贡献

学习目标

学完本章后，应该能够：

1. 描述动物产品作为世界食物的价值。
2. 解释当前世界范围内动物产品增减的速度。
3. 详述能够产奶的动物种类以及它们对世界奶业生产的重要性，理解当今世界奶业的发展趋势。
4. 描述禽蛋对世界食物供应的意义。
5. 了解世界各地动物提供的形形色色的食物。
6. 解释人类食物中动物产品的价值。
7. 概括动物除了提供食物外对人类的其他作用。

关键术语

伴侣动物	联合国粮农组织(FAO)	养分
保护	每人	养分密度
必需脂肪酸	奶	异种器官移植
堆肥	农药	役用
吨	皮革	有害动植物控制
副产品	肉	重组 DNA
膏药	文明	资金积累
观赏运动	畜力	
健康研究	羊毛	

引言

人类通过驯化动物获得什么？在当今社会为什么仍需饲养家畜？这两个问题从本质上而言是一致的，其答案分为几个方面。首先动物为人类提供食物。人类通过驯化动物和培育植物，从狩猎生活转变为定居耕作时，人类食物来源更加稳定，这就为人类文化的深入发展奠定了基础。人类所谓的“文明”也由此而诞生。除为人类提供食物外，全球各种动物群体所提供的产品和服务还具有重要的社会、宗教和经济意义。每种动物所提供的产品和服务的重要性有所不同，这取决于种族、国家、生态条件等诸多因素。一般而言，与发达国家相比，动物非食用用途在发展中国家显得更为重要。但在发达国家，有些非食用用途也是极其重要的。本章将着重评析农业动物对人类做出的巨大贡献。

农业动物的食用价值

红肉和家禽生产

肉中含有人类生存所必需的**养分**，其所提供的蛋白质和能量均能在质和量上保证人类的需求，并且人类饮食中相当一部分的维生素和微量元素都是从肉中获取的。在富裕的国家，平均**每人**每年消费的肉可达到 270 lb 之多，而贫穷或素食国家则只有很少或几乎没有(图 2-1)。世界肉类产量多年来一直保持每年 3%～4%的增长率，从 1980 年到 2000 年总产量增加了 60%，表 2-1 列出了各种产肉动物的肉产量。猪是最主要的产肉动物，其产肉量占世界肉产量的 38%(图 2-2)；其次是鸡，约占 26%；随后是肉牛，约占 24%(图 2-3)。在 20 世纪 90 年代中期，家禽饲养量超过了肉牛，2000 年鸡肉产量首次超过了牛肉。猪、鸡、牛 3 种畜禽的产肉量占总产肉量的 88%。禽肉生产的增幅最快，以每年 5%的速度迅速增长，是 1980 年的 2 倍多(图 2-4)。发展中国家的畜禽产业也正在飞速发展，目前一些国家的年禽肉产量约为 15 年前产量的 3 倍多。该产业的飞速发展主要归因于两方面：其一，技术、遗传和管理等手段与畜禽生产的有机结合，大大降低了生产成本；其二，许多国家经济的发展提高了国民的收入水平，人们的膳食也相应得到改善。当人们能承受得起时，也就愿意消费更多的肉类。猪肉产量正以每年 3%～4%的速度不断增加，且该比率还有上升的趋势。而大多数其他动物的产肉量也以每年 1%～2%的速度增长。

养分

提供机体营养的化学物质，必需养分指机体维持、生长和发挥功能所必需的养分。

每人

群体中个体的单位。

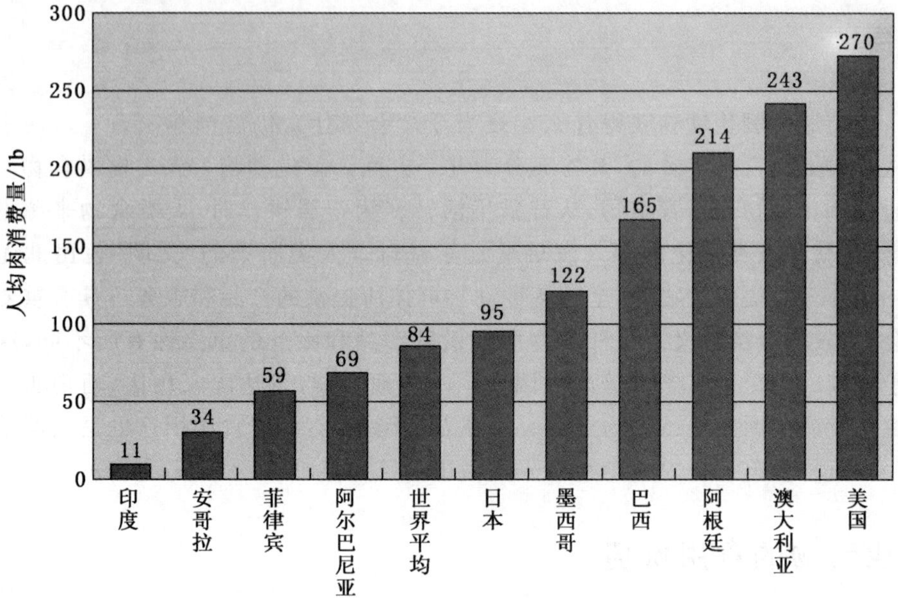

图 2-1 部分国家人均肉消费量。(来源:FAO,2004)

表 2-1 世界上主要产肉动物的产肉量 t

类 别	1980 年	1990 年	1995 年	2000 年	2003 年	2003 年排名
肉总量	136 456 805	179 697 655	204 919 483	233 962 789	249 851 017	
猪肉	52 678 876	69 862 273	78 675 789	89 505 880	95 778 786	1
鸡肉	22 888 478	35 442 120	46 492 359	58 944 939	65 157 125	2
牛肉	45 550 845	53 399 193	54 187 980	56 859 189	58 741 931	3
羊肉	5 636 693	7 012 675	7 203 102	7 570 643	7 734 207	4
火鸡肉	2 054 235	3 703 989	4 534 115	5 048 915	5 312 882	5
山羊肉	1 694 746	2 655 673	3 254 562	3 786 723	4 091 190	6
鸭肉	708 853	1 225 373	2 106 113	3 036 730	3 305 742	7
水牛肉	1 617 634	2 266 191	2 825 209	3 003 775	3 179 887	8
鹅肉	282 322	616 534	1 476 930	2 004 274	2 127 537	9
野生动物肉	903 397	1 024 401	1 149 072	1 138 500	1 129 560	10
兔肉	725 703	778 356	921 387	1 030 670	1 093 380	11
其他肉类[1,2]	932 515	833 428	961 352	797 406	960 476	12
马肉	515 359	520 085	619 462	686 595	666 275	13
骆驼肉	183 257	244 617	242 262	271 245	286 763	14
驴肉	25 553	34 973	166 726	170 243	176 771	15
骡肉	16 582	26 902	51 910	56 650	57 650	16
鸽子及其他鸟类肉	5 228	13 680	15 859	18 932	17 485	17
其他啮齿类动物肉	21 335	22 020	22 180	16 657	17 320	18
其他骆驼属动物肉	15 195	15 170	12 516	14 224	15 550	19
下水,下脚料			500	1 000	1 000	20

来源:FAO,2004。

1. 别处不作说明。

2. 包括水生哺乳动物及田鸡腿等。

图 2-2 猪是最重要的肉用家畜。许多猪的采食要求很低，如图中这头猪这样只是捡食垃圾或泔水。

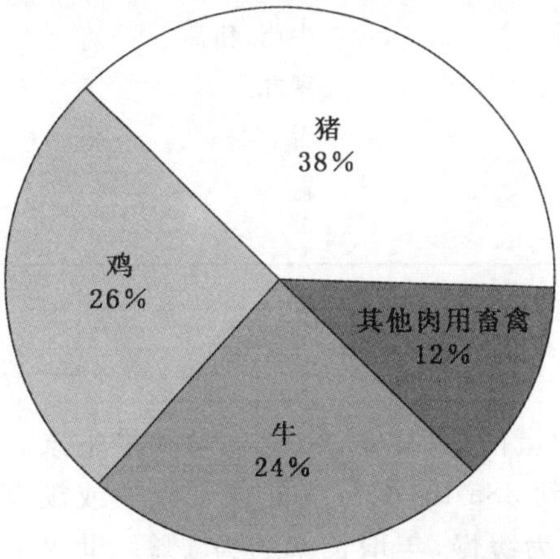

图 2-3 主要肉用畜禽在世界肉品供应中所占的比例。(来源：FAO，2004)

图 2-4 世界禽肉产量以每年5%的速度增长，是各种肉类中增长速度最快的。(UN/DPI 提供)

可食用的肉类副产品

屠宰动物胴体除最主要的部分外，其他部分也具有一定的价值，通常称为副产品(by-products)。有些副产品可以食用，有些则不能。表 2-2 列出了一系列可食用的动物副产品。在发达国家这些副产品通常被视为特殊食品，称做“杂肉(variety meats)”，主要是器官肉，如肝、肾、舌、胰脏、脑、心和胃等，另外一大部分是可食用脂肪。很多人认为这些产品是美味佳肴，但美国人并不怎么喜欢这些副产品，所以美国的动物副产品大量出口到欧洲和其他国家。

表 2-2 可食用的屠宰副产品

脑	脾
面颊肉，耳，嘴，鼻	胰腺
蹄，猪蹄，牛蹄	肚
头肉	胸腺
心脏	尾巴
肠子	牛脂，猪油
肾	睾丸
唇	舌
肝	胃
肺	

奶和奶制品

奶为人类饮食提供许多必需的蛋白质、能量、微量元素和维生素。在有些国家，每头牛平均每年的产奶量可达到 385 lb，而有些国家则很少或没有。过去的 20 多年中，世界总奶产量的增长较为缓慢，年增长率约为 1%。世界上主要产奶家畜的产奶量见表 2-3。从全世界范围来看，其中约 85%的奶来源于牛，12%来自水牛，其他的主要来源于绵羊、骆驼和山羊(图 2-5)。人类每年消费约 600×10^6 t(Metric ton，MT，**吨**)奶，其中包括鲜奶和奶制品。表 2-4 列出了世界主要奶制品的产量。奶酪显然是最重要的，但对多数人来说乳脂是饮食中脂肪的主要来源。除添加到高淀粉含量食物(例如大米和块根植物)中以改善其风味外，乳脂还为人类饮食提供能量和**必需脂肪酸**。

吨(公制)
约为 1.1 美制吨，1 吨(t)=1×10^6 g 或 1 000 kg。

必需脂肪酸
膳食中必需的脂肪酸。

经过一些国际信贷机构的努力，发展中国家的奶业取得了长足的发展。奶业的发展不仅改善了人们的营养水平，还提供了全年的就业机会(而农作物生产只是季节性的)，通过多种途径带动了这些国家经济的发展。全年性的收入则促进了整体经济的发展。奶业也是将动物饲料转化为人类食品的高效手段之一。

表 2-3　世界主要乳用家畜的产奶量　t

类　别	1980 年	1990 年	2000 年	2003 年	2003 年排名
牛奶(全奶,鲜奶)	422 323 803	479 159 972	490 610 938	506 852 087	1
水牛奶	27 525 084	44 075 742	67 643 989	72 685 207	2
山羊奶	7 707 908	9 961 376	11 596 698	11 987 161	3
绵羊奶	6 812 862	7 992 220	7 962 732	8 075 644	4
骆驼奶	1 195 772	1 337 039	1 270 948	1 288 473	5
总奶量	465 565 429	542 526 349	579 085 304	600 888 572	

来源:FAO,2004。

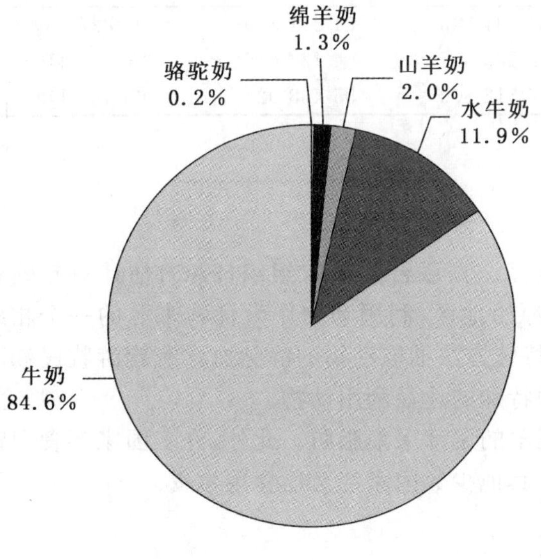

图 2-5　各种产奶家畜产奶量在世界奶产量中所占的比例。(来源: FAO, 2004)

表 2-4　世界主要奶产品产量　t

类　别	1980 年	1990 年	2000 年	2003 年	2003 年排名
奶酪	11 505 050	14 828 628	16 453 570	16 985 291	1
黄油和酥油	6 955 880	7 822 057	7 293 722	7 998 511	2
炼乳	4 211 870	4 085 099	3 852 635	4 039 416	3
脱脂乳	4 177 811	4 252 419	3 398 031	3 696 350	4
干全乳	1 726 792	2 085 752	2 509 210	2 814 932	5
干乳清	1 089 748	1 573 197	1 935 842	2 042 503	6
总产量	29 667 151	34 647 152	35 443 010	37 577 003	

来源:FAO,2004。

家禽和禽蛋

除了肉(表 2-1)外,各种家禽还生产了另外一种可供人类消费的高质量食物——蛋。家禽为改善全世界人民的营养水平做出了巨大的贡献。与其他动物生产相比,家禽生产具有很多优势:家禽饲养初始投资低,只需要饲料、设备和禽舍方面很少的投入即可生产出产品。总体而言,家禽生产相对稳定,且利润丰厚。

无论从数量还是质量上来说,禽蛋都是全球极其重要的食物来源之一。人类消费的蛋类绝大多数是鸡蛋(表 2-5)。全世界的鸡蛋产量每年以超过 3%的速度稳定增长,而鸭、火鸡、鹅和珍珠鸡的蛋的产量相对要低很多。禽蛋是高质量蛋白质和脂肪的来源。无论处于哪种经济发展水平,蛋白质对人体而言都是极其重要的。对于贫困阶层来说,蛋内脂肪可提供能量和必需脂肪酸。值得注意的是,鸡蛋的总产量略低于鸡肉产量,但却高于其他禽的产肉量。

表 2-5 世界禽蛋产量 t

类 别	1980 年	1990 年	2000 年	2003 年
鸡蛋	26 215 606	35 231 843	51 311 309	55 827 709
其他禽蛋	1 199 337	2 280 657	4 127 615	4 641 410
总计	27 414 943	37 512 500	55 438 924	60 469 118

来源:FAO,2004。

其他食用途径

联合国粮农组织(FAO)
联合国内最大的分支机构,主要开展促进农业发展、减少贫困和消除饥饿方面的工作。

蜂蜜是另外一种重要的动物食品。据**联合国粮农组织(FAO)**估计每年蜂蜜的产量约为 130 万 t。此外在一些原始地区,利用动物作为食物来源的一个相对特殊的方式是血液,人们通过一些特殊方法抽取动物的静脉血。藏族游牧民和非洲部落(尤其是马赛人)就是以这种特殊的途径利用动物。

在非洲一些地区还从活的脂尾羊的尾部采集脂肪。此外,许多国家都食用动物的皮,尤其是烤猪的皮,在非洲和其他少数国家甚至还食用牛皮。

动物产品在人类饮食中的地位

养分密度
衡量食物所提供营养的一种方法,将食物所含的营养元素与其所含的能量(卡路里数)相比而得。

动物产品具有很高的营养价值,是人类饮食中极其重要的一部分。它们是蛋白质、能量、微量元素和必需维生素的重要来源,不仅营养成分好,且**养分密度**高。在发达国家,肉类是首选的主食,而其他食物则是肉类的补充。在大多数发达国家,30%~40%的食物开支花费在肉和鱼上;发展中国家的富裕家庭,其食物消费也接近这个比例,但低收入家庭的肉类消费则较低(只有 5%~5%)。低收入人群不将肉类作为主要食物的直接原因就是费用太高,但这些低收入群体仍期望将动物产品作为重要的食物成分。除了具有营养价值外,动物产品也是无味的淀粉食物的必要补充。

农业动物的非食用用途

表 2-6 列出了除了提供食物外,各种家养动物可为人类提供的生产生活资料。其中一些用途在发达国家的社会生活中不存在,因此我们难以认识到这些用途对于人类生活的重要性。接下来这一部分将详述这些重要的用途,这将有助于我们深入了解人类对家养动物的依赖性。

表 2-6　动物提供的非食用产品及其他用途

分　类	用　　途	主要动物
畜力	粮食生产	牛,水牛,牦牛,骆驼,马,驴,骡子
	货车运输	牛,水牛,牦牛,骆驼,马,骡子,驴,驯鹿
	驮运	骆驼,牦牛,马,骡子,驴,驯鹿,美洲驼,绵羊,山羊
	放牧	马,驴,骡子,骆驼
	取水灌溉	水牛,牛,骆驼,驴
	谷物脱粒	牛,马,驴
	运输	马,驴,骡子,水牛,骆驼,驯鹿
	人类休闲	所有役用家畜
财富储存	资金储存	所有家畜
	食物储存	水牛,牛,绵羊,猪,鸡
环境保护	放牧	所有草食家畜
	种子散播	所有草食家畜
	农作物轮作期肥沃土壤	大多数放牧动物
生态功能	生态保持	大多数动物
	生态恢复	大多数动物
有害动植物的控制	减少农田中的野草	家养反刍动物,鸭,鹅
	减少农田中的昆虫	鸡,鸭,鹅
	清理灌溉河道	水牛,鸭,鹅
文化用途	展览与竞技	马,牛,山羊,绵羊,猪,水牛,鸡,狗,猫
	聘礼	牛,山羊,绵羊,骆驼
	宗教祭祀	绵羊,山羊,牛,家禽,水牛,猪
	搏斗	鸡,牛,水牛,绵羊,狗,骆驼
	宠物	所有动物
	赛跑	马,牛,狗,骆驼,水牛
	身份象征	马,牛,猪,水牛,骆驼,斗鸡,在一定程度上大多数动物具有这种功用
收入	保险	牛,水牛,山羊,绵羊,猪,所以家禽
	流动资金	所有动物
	减少种植业风险	所有动物
不适于耕种的土地	收入	牛,骆驼,山羊,绵羊
	肥沃农田	牛,山羊,绵羊,水牛
研究	生物医学和很多其他领域	所有家畜与家禽
纤维	毛,绒,羽毛	绵羊,骆驼,美洲驼,羊驼,牦牛,马,山羊和其他哺乳动物 所有家禽
皮	皮革,毛皮	几乎所有动物
废弃物	肥料,燃料,沼气,建筑用料,饲料(循环利用)	几乎所有动物
不适于食用的产品	脂肪,角,蹄,骨头,肉骨粉,提取的分泌物	所有动物

来源:McDowell, 1991, pp. 17, 45;其他来源。

毛皮

有些动物的最重要产品是它们的被毛和皮，例如绵羊(羊毛和羔皮，见图 2-6)、一些品种的山羊(羊绒和马海毛)和美洲羊驼(图 2-7)。但对于其他动物来说，皮毛只是副产品。毛纤维生产的一个重要特点是其可再生性，即同一个个体可多次产毛。而对于同一个体而言，皮革是不可再生的，一生只能生产一次。在农业高度发达的国家，屠宰时所取动物皮革是重要的副产品，但与整个酮体的价值相比其价值就相对较低。通常将这些副产品运输到发展中国家进行深加工。在发展中国家，皮革可能是最重要的动物性出口产品，可赚取大量的外汇。此外，羊毛、毛发和羽毛还可制作衣服、枕头、被褥、地毯、刷子和手绢等。世界毛和皮的产量见表 2-7，与人们所预期的一样，其中牛皮、羊毛和羊皮的产量最高。

图 2-6 卡拉库尔羊所产的波斯羔皮用于制作奢华的衣服。(新墨西哥旅游局提供)

图 2-7 羊驼绒及羊毛可以用来制作各种产品，包括图中厄瓜多尔人手里拿的羊毛毯。(Hodge 摄，SuperStock，Inc. 提供)

表 2-7　世界皮毛产量　t

类　别	1980 年	1990 年	2000 年	2003 年	2003 年排名
生鲜牛皮	5 654 775	6 309 193	7 373 250	7 408 710	1
毛(未脱脂)	2 794 158	3 347 708	2 322 412	2 138 481	2
生鲜绵羊皮	1 105 811	1 337 416	1 619 146	1 634 851	3
生鲜山羊皮	390 157	579 714	839 855	898 960	4
生鲜水牛皮	488 176	622 492	811 166	856 825	5
茧	341 660	363 587	282 874	316 380	6
马毛	110	100	130	135	7

来源：FAO，2004。

纺织业使用的山羊被毛有两类——马海毛和羊绒。马海毛是由安哥拉山羊生产的，就像绵羊一样每年产毛(图 2-8)。每只羊的年平均产量约为 5 lb。世界上有一些地区可饲养安哥拉山羊。山羊绒是克什米尔山羊被毛深层的细绒毛，必须通过手工方法从外层粗糙的被毛下梳理出来，其年平均产量只有 3 oz。克什米尔山羊主要饲养在青藏高原及印度北部地区。

图 2-8　安哥拉山羊出产马海毛，是精细制衣中极具价值的一类纤维。(A. B. Joyce 摄，Photo Researchers，Inc. 提供)

牦牛的粗毛可用来制作衣服和世界上最好的马鞍褥，骆驼的被毛也可用来织衣服和毯子供其主人使用。饲养骆驼的游牧民族也使用驼毛制作帐篷。此外，有一些艺术家钟爱用骆驼毛制作的画笔。驼属的另外一类产毛家畜是生活在南美安第斯山脉地区的美洲驼和羊驼。美洲驼所产的毛的质量要比大多数绵羊毛质量都好。

卡拉库尔羊和库车羊属裘皮羊品种。羊羔在出生后几天内被宰杀剥皮，其中卡拉库尔羊颇具盛名，其所生产的波斯羔皮用于制作名贵服饰。卡拉库尔羊生长在干旱的环境中，主要在阿富汗和纳米比亚，所产羔皮主要出口到发达国家。库车羊皮被用来制作皮帽、衣领和皮衣，很少出口到北亚以外地区。

羽毛可以用来制作枕头、被褥和衣服(内衣),衣服和帽子上的装饰品,鱼饵,以及动物蛋白添加剂。在中国、印度、乌兹别克斯坦和巴西,蚕丝生产是其农业生产的重要组成部分(图 2-9)。

图 2-9　蚕是一种家养昆虫。蚕茧可以加工成丝,是最有价值的纤维之一。(Joyce Photographics 摄,Photo Researchers, Inc. 提供)

畜力

在发达国家的农业生产中,几乎所有的耕作都是由机器而不是动物完成的。但在发展中国家,种植业和农业生产中的 80%非人力是由动物提供的,这些畜力包括耕作、拉车和加工等。在亚洲、非洲和中南美洲的许多国家,动物提供了 95%以上的非人力。一般来说,越穷的国家对畜力的依赖性就越大。牛、水牛、马、驴、骡和骆驼是**役用**家畜。在一些特别的地区,也有其他一些役用动物,如牦牛、美洲驼、山羊、驯鹿和狗等。牛和水牛的挽力最大,相比之下,牛在旱地里的耕作速度更快。马和骡子的奔跑速度最快,因此只要配备了较好的器具,它们的奔跑优势就能得以充分发挥。驴和骆驼单位体重负重最大,是干旱地区的首选。牦牛最能适应高海拔地区。对于大多数发展中国家来说,还没有更好的方式来替代畜力(图 2-10)。

役用

通过拉拽来挪动装载物。牵引货物的动物称为役用动物。

动物身体废物

粪便

当今世界仍有接近一半的农民依靠动物粪便和植物残体的**堆肥**作为他们唯一的肥料来源(图 2-11)。事实上,对于那些靠双手或粗制工具种地的小规模农民来说,使用动物粪便要优于化肥,因为粪便可以改善土壤结构。发达国家也有用动物粪便做土壤肥料的,但使用效果并不佳。在世界许多贫困地区,动物粪便也被用做燃料。在人口密度非常高的地区,树木被砍伐来做燃料和用于其他用途。在这些地区,动物干粪(尤其是牛粪和水牛粪)是用来做饭和取暖的重要燃料来源

堆肥

用来肥沃和改善土壤的腐殖有机物。

(每年 2 亿 t 以上)。在高原地区,牦牛粪便相当重要,许多农户将干牛粪运到城市里出售,这成为他们重要的经济来源。动物粪便的第三个用途是建筑,非洲和亚洲的许多人将牛粪和水牛粪作为建造房屋的灰泥(图 2-12)。在秘鲁和乌拉圭的高原地区,建造房屋的砖块是由 50%粪便加上泥和稻草制作的。在另外一些地区,牛粪是疗伤**膏药**的重要成分之一。

膏药

用布包起来的松软、湿润的泥膏,通常是热的,贴于身体的一些部位。

尿

动物的尿也有特殊功用。在亚洲,牛尿被喷洒在脏的地面上来防控灰尘和害虫。在非洲,尿和血用于弥补人类食用奶类的供应不足。在有些地区,尿还被用于洗发及宗教仪式中。

图 2-10 在不发达的农业生产中,大多数非人力的动力来源于役用动物,如图中拉车的驴。(Dr. Thomas Thedford 提供,经允许使用)

图 2-11 粪便和农作物堆肥是世界上数百万农民常用的肥料(FAO Photo/18658/G. Blank,经允许使用)。

图 2-12　在世界许多地方，粪便也是一种建筑材料，图中马赛妇女和孩子正坐在用动物粪便涂抹的小屋前。(Dr. Thomas Thedford 提供，经允许使用)

防治害虫以及清除杂草

农闲时的土地可以用来放牧，这有利于防止杂草丛生，同时家畜的粪便也肥沃了土地。人们也常在河道的两旁放牧，这不仅能控制植物的生长，同时也有利于阻止蜗牛向人类传播疾病，因为在放牧过程中，动物的蹄子会踩死大量的蜗牛。在灌溉沟渠中放养鸭子可以有效控制农田中蜗牛和水蛭的数量。鸭子常被放牧到收割后的稻田里，它们捡吃剩下的谷物，并且消灭大量的农业害虫(图 2-13)。动物对清除杂草和农作物秸秆发挥了巨大的作用，因为当用手工工具或家畜拉犁耕田时，这些杂草和农作物秸秆都必须得拔掉，其中一个办法就是在这块田地上高强度放牧，使得在下次种植前去掉所有的野草和秸秆等杂物。几个世纪以来，非洲的农民和牧民就是以这样互作互利的方式进行生产的。在清除废物的同时，动物产品产量得到提高，无形中增加了农田的经济收益。在非洲，通过在农田周围密集放牧，从而形成农作物周边无植被的隔离带，这样有效控制了农田昆虫。在发达国家通过放牧方式控制野草和害虫，以期减少**农药**的使用量。

农药

用来杀死有害动植物的制剂和药物，包括杀真菌剂、杀昆虫剂、除草剂和灭鼠剂等。

资金和食物储备

在许多贫穷的发展中国家还没有银行，即使有，穷人们要么不愿意去，要么不信任银行。因而作为银行的替代，人们常用家畜(尤其是牛)来储存剩余资金。当需要钱时，就可以把动物卖掉或者用来交换自己需要的东西(图 2-14)。但通过家畜储存资金有一些令人意想不到的结果。很明显人们会饲养大群的家畜，这样就会造成严重的过牧现象。这是随着人口增加荒漠化程度也加剧的主要原因。另一个不佳的结果是只有急需钱的时候，人们才会出售动物。这样就阻碍了发展像发达国家那样规律的市场和屠宰动物的进程。要充分利用一国的家畜，这样一个规范的市场是必需的。

图 2-13　动物在害虫和杂草的控制中发挥重要作用。鸭子对于水稻种植格外重要。鸭子在收割后的田地里捡食遗落的稻粒，减少蜗牛和昆虫的滋生，同时为稻田再次种植提供肥料。(Suzanne Tolleson 提供，经允许使用)

图 2-14　牛常被用来储备资金，当需要现金的时候，就出售动物或进行交换。照片中是菲律宾吕宋岛一个偏远地区的集市。

由于动物是最可靠的食物储存方式之一，因而在世界上许多国家将动物作为食物储备是非常重要的。在比较富裕的国家，整个畜禽群体能够保证人们一年甚至多年的蛋白和能量的供应。大多数贫穷的国家还没有足够的设施储备(特别是长期储备)谷物以防止虫害，而动物就不存在这个问题。在经历周期性和长时间干旱的地区，动物作为食物储备就更为重要。没有雨水，谷物就不能播种，即使播种了也会旱死。而动物还可以继续生存几个月甚至几年，在恶劣的自然条件下，动物是人类赖以生存的唯一方式。

文化用途

对于世界上某一些人来说，动物作为食物和其他用途的功能远不如其所具有的人文内涵重要。一些特定人群饲养动物的主要目的就在于其人文背景。

宗教信仰是社会人文的一个重要组成部分，世界各地的人们都给予高度重视。下面列出了部分动物对文化所做的贡献，更具体的内容见第3章。

展览和观赏运动

长期以来，动物产业就通过展览的方式，将其培育的品种推销给潜在的买主。不过竞赛也是这类活动一个重要部分。有些人士认为，如果不是这些社会因素的存在，美国的纯种家畜可能早就灭绝了。这类活动很诱人，4-H和FFA俱乐部的动物项目就证明了这一点(图2-15)。马、狗、猫、小型动物、美洲驼及其他物种也在许多国家展览。牛仔竞技表演、动物搏斗(牛、水牛、羊和鸡)、竞赛(骆驼、马、水牛、狗、家禽、海龟和青蛙等)，这些动物展览每年娱乐了好几亿人。在发展中国家，这些动物娱乐节目是人们日常休闲的主要项目。在发达国家，这些活动的观众和参与者还可以购买自己中意的动物，这也实现了创汇。

图2-15 家畜展览有一定的社会作用，另外，它还可以增加家畜的潜在买家。

友谊和服务

狗和猫自古以来就一直是人类的忠实伙伴，并服务于人类(图2-16)。还有一些其他动物也是人类的宠物，例如雪貂和小型啮齿类动物(仓鼠、沙鼠、兔子等)以及一些动物新品种(如羊驼、美洲驼、小型猪、刺猬和小型灵长类动物)。在发达国家和发展中国家，家畜也被广泛当做宠物来饲养。现代科学研究证实人类从动物的友谊中受益匪浅。此外，导盲犬、导聋犬、帮扶截瘫患者的猴子、缉毒犬等都为人类做出了巨大的贡献。

图 2-16　狗和其他动物能与人建立友谊并服务于人，这有着长远而值得信赖的历史。

社会结构

农业发展越是落后的地区，家畜与人类文化的关系就越密切。在游牧社会，动物是传给后代的财富。对于游牧部落来说，情况更是如此。按传统的方式，动物在正式合同的签署和社会责任的执行过程中都发挥重要的作用。在一夫多妻制的部落里，只有饲养很多动物才能得到更多的妻子。在一些部落，青年男子只有努力工作好几年才能饲养足够的家畜，以负担娶妻的费用。这对于控制出生率具有重要的作用。

不能食用的屠宰副产品

对于动物胴体哪些能吃哪些不能吃，人们各持己见。许多发达国家人们认为不能吃的东西，在发展中国家却认为是能吃的。但是不论什么发展程度，动物屠宰后都有大量不能食用的副产品。表2-8中列出了部分副产品来源和产品。在

表 2-8　不可食用的屠宰副产品

来　源	产　品
血	胶，饲料，疫苗，血清
骨	纽扣，饰物，明胶，胶水
消化器官	饲料，化肥
内分泌腺	医药品
皮革	皮革制品
不可食用的脂肪	脂肪酸，燃料，肥皂，蜡烛
蹄	明胶，胶水
角	手工艺品，文化象征

来源：McDowell，1991，p. 42，经允许使用。

发展中国家，各种副产品可以用来制作珠宝、宗教器具、工具、燃料、建筑材料、苍蝇拍、乐器等，这些东西常是日常生活中必不可少的。在发达国家，许多药物是从动物器官和组织中提取的。小肠可以做肠衣线，猪皮用于治疗烧伤，猪心脏瓣膜可用来替换有损伤的人心脏瓣膜。许多不能吃的肉产品可加工成宠物的食物和家畜的饲料。动物骨头和蹄子可以加工成肥料或微量元素添加剂。不能食用的脂肪也有诸多用途，如润滑剂、蜡烛、去垢剂、蜡笔、塑料、杀虫剂、剃须泡沫和动物饲料等。这些行业在美国和其他发达国家都是超亿元的产业。

人类健康研究

应用于人类健康研究的动物不计其数。据早些年的统计，美国人人均寿命增加了 20～25 年，这得益于应用动物试验研究。此外，慢性病患者的生活质量的改善也从中受益。在二战期间，生物医学研究在人类健康方面取得了巨大进展。动物模型广泛应用于这些研究中，大鼠、小鼠、豚鼠、仓鼠和兔子是使用最多的试验动物。近 20 多年来，狗和猫更多地应用于这些研究中，目前，猪和其他传统的家畜也越来越多地应用于医学研究中。医学研究依赖于这些模型动物，不远的将来依旧如此。在人类疾病治疗方面，**重组 DNA** 技术使得试验动物研究具有广泛的应用前景。例如通过转基因技术，用小型啮齿动物来模拟人类疾病状况。这些进展将大大缩减科学家们研究疾病治疗方法和药物开发的时间。此外，**异种器官移植**，即用动物器官代替人类器官，也是一个极具挑战和机遇的研究领域。

重组 DNA
插入新遗传物质的 DNA，遗传工程的一种手段和工具。

异种器官移植
将动物器官移植给人。

收入

在发达国家，经济结构取决于专业化程度，对于农业和其他产业来说都是如此。动物农业是通过土地和劳动相结合而产生收益的一个高度专业化的生产方式。在美国，从动物产品上所获得的年收益约占农业总收入的一半。每年从动物农业获得的现金收入超过 1 000 亿美元，并呈上升趋势。20 世纪 90 年代，动物农业的收入平均年增长 18 亿美元。

发展中国家也依靠动物增加农业收入。最发达的发展中国家的情况就可以证明这一点。它们的经济体系的运行方式与发达国家的基本一致，这也是它们所期望的状态。但在比较落后的发展中国家情况也是如此，在生产生活中，动物常常是农业收入的主要来源。从家畜上获得的额外收入常用来购买化肥和良种等，从而帮助农民提高整体生产水平并改善生活质量。通过增加工作机会和产品的需求，进一步促进当地经济的发展。

环境保护

家养动物在许多地区的土地资源和水资源保护中发挥至关重要的作用，包括防治害虫以及增加休耕田地的肥力等。采用“田篱间作”系统，豆科树种种植在田间地上，在分块的田里间或种植和放牧；或是采用“树木-农作物”系统，通过棕榈和其他树种来除去杂草(图 2-17)。可持续发展农业常常依赖于系统中动物所起的作用。

图 2-17　在橡胶树下放牧的羊能吃掉与橡胶树竞争生长的杂草和其他植物，而后我们又可以从羊群身上得到有价值的食物和纤维产品。

概要和结论

农业动物通过将不可食用的物质转化为人类的食物，扩大了人们的食物来源。这个转化的过程并非总是高效和迅速的。然而，让动物采食小麦或玉米秸秆，进行放牧，摄食昆虫、爬行动物和啮齿动物，是使这些资源转化为人类食物的唯一途径。作为人类，我们一直食用动物产品，并将长期依赖于它们。这样做有助于平衡我们的饮食，提高膳食质量。动物产品含有丰富的蛋白质、必需的维生素和微量元素，具有很高的生物价值，是人类饮食必不可少的组成部分。

除了提供食物外，动物对人类还有其他各种作用。如果没有动物提供的产品和服务，发达和发展中国家人们都难以维持生活水平，甚至难以生存。各种动物新产品的不断开发，更增加了人类对动物的依赖性。

习题

1. 用数据比较发达国家和发展中国家肉类的消费量。
2. 全球人类消费的肉主要由哪些动物提供？
3. 描述人类消费的各种肉的产量的增长速度。
4. 牛奶产量占全球奶产量的比例是多少？产奶量仅次于牛的是哪种家畜？
5. 描述奶业对于一个国家经济发展的作用。
6. 哪种家养动物对于世界禽蛋产量贡献最大？
7. 描述动物的各种用途。
8. 描述富裕与贫穷阶层在食物选择上的差异。
9. 人类饮食中，动物产品在生理和营养方面具有哪些重要性？

10. 列出除了作为食物外，动物对人类的 10 个用途。

11. 动物提供的皮毛有哪些种类？分别列出不同种类的产品是由哪些动物生产的。

12. 解释为什么皮革是不可再生的，而羊毛是可以再生的？

13. 卡拉库尔羊和库车羊与其他品种的羊相比有什么特别之处？

14. 动物毛发、羽毛等对贫穷国家纺织业有什么意义？

15. 畜力如何应用？世界上哪些地方主要依靠畜力？

16. 描述人类利用动物粪便的方式。

17. 解释如何利用动物控制害虫和杂草。随着在美国以及其他发达国家中各类牧场的增加，你认为人们是不是可以利用较低的技术方式控制害虫？

18. 解释人类怎样利用动物储存财产和食物。

19. 描述动物在人类社会中的文化功能。

20. 对比发展中国家和发达国家对非食用的屠宰副产物的利用方式。

21. 人类健康研究依赖于应用动物模型，大多数我们能治疗的疾病都得益于动物。哪些动物在这类研究中作用最大？

22. 在发达国家和发展中国家，动物产业如何提高人们的收入？

23. 动物在土地保护中有哪些作用？

参考文献

Bradford, G. E. 1999. Contributions of animal agriculture to meeting global human food demand. *Livestock Production Science* 59: 95–112.

CAST. 1977. *Energy use in agriculture—Now and for the future.* Report No. 68. Ames, IA: Council for Agricultural Science and Technology.

CAST. 1995. *Waste management and utilization in food production and processing.* Report No. 124. Ames, IA: Council for Agricultural Science and Technology.

Ensminger, M. E. 1991. *Animal science*. 9th ed. Danville, IL: Interstate Publishers.

FAO. 2000. Animal production service fact-file—draught power. http://www.fao.org/WAICENT/FAOINFO/AGRICULT/aga/agap/factfile.draught.htm.

FAO. 2004. *FAOSTAT statistics database: Agricultural production and production indices data*. http://apps.fao.org/.

Hirst, E. 1974. Food-related energy requirements, *Science* 184: 34.

Jasiorowski, H. A. 1998. Constraints and opportunities for the future use of animals in human society. In *Proceedings, Special Symposium and Plenary Sessions, The 8th World Conference on Animal Production*. Seoul: Seoul National University.

Kaushik, S. J. 1999. Animals for work, recreation, and sports. *Livestock Production Science* 59:145–154.

McDowell, R. E. 1977. Ruminant products: More than meat and milk. Winrock Report, Sept. Morrilton, AR: Winrock International Livestock Research and Training Center.

McDowell, R. E. 1991. *A partnership for humans and animals*. Raleigh, NC: Kinnic Publishers, Kinnickinnic Agri-Sultants, Inc.
Author's note. This chapter borrows very heavily on R. E. McDowell's 1991 work and is done so with his permission. The text cited here is an excellent book. However, Dr. McDowell has no intentions of revising and updating the text. Therefore, he has graciously granted consent for extensive use of the material.

Ramaswany, N. 1994. Draught animals and welfare. *Review of Science and Technology* 13:195–216.

Sansoucy, R., S. Ehui, and H. Fitzhugh. 1996. The contribution of livestock to food security and sustainable development. Keynote paper, Proceedings of the Joint FAO/ILRI Roundtable on Livestock Development Strategies for Low Income Countries. Rome: FAO.

Seré, C., and H. Steinfeld. 1996. World livestock production systems. FAO Animal production and health paper 127. Rome: FAO.

Taylor, R. E. 1995. *Scientific farm animal production.* 5th ed. Upper Saddle River, NJ: Prentice-Hall.

Turk, K. L. 1975. Significance of animals in farming systems and in the provision of farm power and pleasure. Prepared for the Rockefeller Foundation Review of the Role of Animals in the Future World Food Supply, April 21–22, New York.

USDA. 1997. *Agricultural income and finance summary.* Washington, DC: Economic Research Service, U.S. Department of Agriculture.

第 3 章

影响世界农业结构的因素

学习目标

学完本章后,应该能够:

1. 解释适应的过程。
2. 列出 5 种主要的环境应激源并说明动物如何对其做出反应。
3. 描述世界气候环境。
4. 总结气候与自然植被是如何联系在一起的。
5. 解释社会和文化差异对农业的影响。
6. 结合经济和农业发展水平的信息来解释它们如何产生联系。

关键术语

病原体	经济发展	适应
动物权力运动	经济结构	应激
发达型农业	气候	犹太教食品
共生关系	人工环境	原始型农业
级进杂交	沙漠化	中央计划经济
寄生虫	识字	自给型农业
禁忌	市场经济	宗教

引言

为了了解动物如何对人类有用,我们就必须了解影响动物居住场所和生活方式的因素及其对人类的用途。就有一系列极其丰富和复杂的文化与环境方面的因素影响着人类和动物，从而也影响了对动物的利用。不同社会及其所具有的文化规则对人们的价值观、容忍度和饮食有显著的影响，这些规则也影响着对世界范围内的动物利用和畜牧业。在评估一种动物的价值时，宗教、娱乐以及社会风俗习惯非常重要，通过其中的一个因素建立起来的价值往往要比动物的食物和工作的价值要大。一个已经被成功驯化的物种已经适应了环境条件(包括自然和人为环境)，并且已经对人们具有了一定的用途。本章讨论了成功成为家养物种的动物所要适应的因素，并为某一种特定动物在不同地方具有价值的原因提供了理论基础。

适应

适应是发生在生物体内的调节的总和，可促进机体的健康并有利于生物体在特定环境中存活。这些调节必须针对环境的不利特性或应激所产生。环境是指生物体必须生存于其中的所有条件的集合。环境中存在很多条件，其中每一种条件作为自然或机体环境或者人为环境的一部分，都是可以识别的。动物对其所生存环境中特定应激的适应能力非常重要。农业动物如果是对人类有用，必须要有适应自然环境和人为环境的能力。这种能够适应与人类的**共生关系**以及这种关系所带来的应激的能力是驯化的关键因素。

适应
动物应对环境刺激所产生的变化的总和。

共生关系
多个有机体以互利的关系共同生存。

自然环境涉及到气候、地理、海拔、饲料以及其他诸如此类的因素。自然环境非常重要，因为农业必须始终在它所局限的范围内实践。农业动物所必须适应的人为环境是同特定社会经济水平和文化联系在一起的因素的混合，也是控制自然环境所采取的措施。

自然环境和(或者)人为环境的**应激**可以划分为5种类型：(1)气候应激，(2)营养应激，(3)内部应激，(4)地理应激，(5)群居应激。每一种应激都影响着世界农业动物的分布和利用。接下来对每一种应激进行简要讨论。

应激
身体上一种物理的、情感的或者化学的变化或紧张的状态。

气候应激 气候是气象因素的长期表现形式，而天气是一个指定的地区内这些气象因素的直接情形。从动物舒适和生产性能的角度来看，这些气象因素中最重要的是环境温度、降水、太阳辐射、风以及相对湿度。每个因素都对动物有直接和间接的影响(图3-1)。间接因素主要表现为动物所必须食用的植物。

营养应激 即和可利用饲料原料的质量和数量有关的应激。在大多数情况下，由于温度和降雨量是最重要的，因此气候主要决定了这些应激。但是，土壤类型、肥力、地形以及地理位置同样重要(图3-2)。

内部应激 即通过进入动物体内部而对个体动物起作用的应激。**病原体**和毒素是两种最常见的内部应激。

病原体
一种能使另一种生物体致病的活有机体。

地理应激 即与特定地理位置相关的非气候应激。最重要的地理应激是海拔高度应激或者是与地形类型相关的应激。后者的例子包括持续的雪或冰覆盖，如沙漠这样松软、流动的地形，如沼泽地区这样松软、潮湿的地形，陡峭的地区，多岩石地区。

图 3-1 这些牛正处在新墨西哥稀疏地区的一次沙尘暴中。它们受到气候及其影响的应激。(USDA 提供)

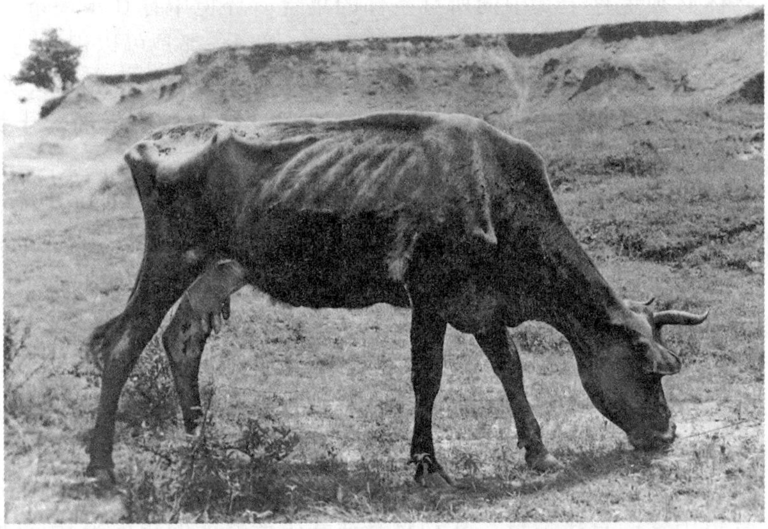

图 3-2 因放牧区内缺少青草,这头母牛正在遭受营养应激。(USDA 提供)

群居应激 即与动物个体和其他动物的相互作用相联系的应激(图 3-3)。影响家养动物最重要的群居应激是那些与人类相关的应激。相同物种之间的群居应激包括对可利用空间和食物的竞争,而与其他种类动物相关的群居应激包括捕食者和被捕食者的关系。

人工环境

作为人类,我们创造了人工环境以使动物能够最好地为我们服务(图 3-4)。例如,我们能灌溉非常干旱的地区或为非常寒冷地区的家畜提供避风遮雨的场所,能采取疾病预防措施以降低疾病环境的有害影响。但我们也可能运用管理实践增加物理环境的副作用,例如对动物进行舍饲,不允许它们从不良的环境中逃脱，从而因过度拥挤增加了其在疾病和**寄生虫**中暴露的机会。

寄生虫

一种靠食用宿主器官而生存的有机体，通常必须在宿主体内或体表生存。

图 3-3 动物由于同其他动物之间存在相互作用而遭受群居应激。图中所示的绵羊正在遭受应激。

图 3-4 建造像这些禽舍一样的人工环境有利于诱导一些有用产品达到最大产量。(Kevin Fleming 摄，Corbis 提供)

人类施加影响的人工环境的特性取决于所需动物"服务"性质。在发达地区，如美国和欧洲，这种服务通常是使一些有用产品达到最大产量，其中最普遍的是作为食物或衣服。而在发展中国家，由于食物有时不是那么极其重要，这种服务的性质通常极其不同，如用于工作、运输或宗教。由于发达国家和发展中国家的主要侧重点不同，故那些能很好适应发达国家人工环境的动物往往不能适应较贫困国家人工环境就不足为怪了。

图 3-5 动物以各种方式适应它们所处的环境。这头印度牛通过身体解剖结构的改变来适应环境，例如摇摆耳朵和尾梢来释放热量，浅色体表反射太阳辐射，皮下特殊的肌肉有助于摆脱寄生虫，而牛角可用来保护自身。生理上的变化有利于其储存水分和氮素。行为上的适应包括食草行为已经改变。(UN/DPl 提供)

适应性变化

发生在个体动物身上使其适应特定环境的调节(变化)(图 3-5)有 3 种类型：

1. 形态或解剖学变化是体型和结构方面的改变。这些变化本质上是外在的且容易观察，包括数量、质量以及毛皮和附肢的特性，例如颜色的不同及身体各部分如角或驼峰的存在和缺失。

2. 生理变化主要是动物身体生化方面的变化。这是内部变化，且通常不很明显，例如血液的化学变化。

3. 行为变化可能是基因导致的变化或者是动物对环境的经验性反应。这种反应的例子包括自我保护行为及寻找水和食物的行为。

世界气候环境

人类社会在一个极其多样性的气候中生活和饲养农业动物。这些气候绝大部分都含有一定程度的气候应激。因此，要考虑世界气候的地理位置并简要考虑它们对服务于人类社会的农业动物的一些更显著的影响，这很重要。

热带气候

图 3-6 显示了划分为热带气候的世界各地区的位置，表示出了湿润和半湿润地区。茂密的雨林覆盖了大部分湿润的热带地区。这些地区只有一小部分用于农业。而半湿润地区则是热带主要用于农业的部分。

在热带，不同季节间的主要气候变化不是环境温度变化，而是降雨的多少和分布。这就意味着这里只有 2 个季节——雨季和旱季，这两个季节的环境温度几乎没有差别。这些名称非常具有描述性。在雨季，几乎每天都要下雨，而在干旱季节，可能会一点儿雨也不会下(表 3-1)。

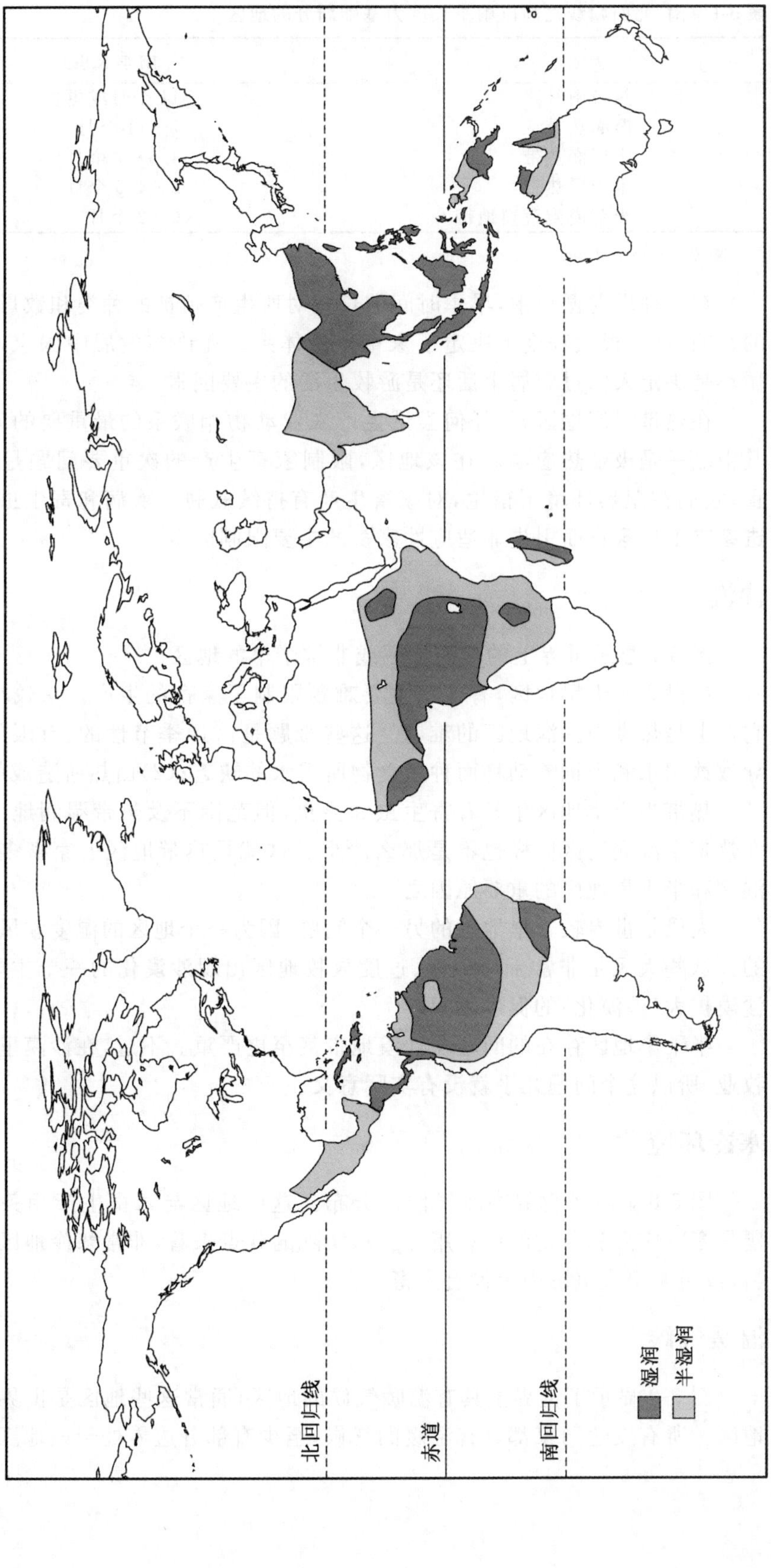

图 3-6　世界热带气候的分布。（来源：USDA，1941 Yearbook of Agriculture）

表 3-1 南、北回归线之间以雨季长度为基础划分的地区

地　区	雨季长度
热带雨林	11 个月或更长
湿润热带	7～11 个月
半湿润热带	4.5～7 个月
半干旱热带	2～4.5 个月
半荒漠到荒漠地带	0～2 个月

来源：Turman，1996。

在这种周期循环中，旱季时间的长短对所生产植被的种类和数量有非常重要的影响，这在很大程度上决定了家畜生产体系。在许多发展中国家，这种周期性循环是决定人们过定居生活还是游牧生活的主要因素。

在热带湿润地区，与任何尝试生产农业动物相联系的最重要的问题有 2 个，其中之一是极端热应激。在该地区，限制家畜生产的次重要问题是疾病和寄生虫，它们在湿热环境下衍生，对家畜生产有持续威胁。疾病和寄生虫可能是为**级进杂交**本地家畜而引进非适应性家畜的主要限制因素。

级进杂交
在动物群体中，为了某种生产功能，通过与被认为基因优良的动物进行持续交配来改良畜群的过程。

沙漠

图 3-7 显示世界上的沙漠地区或非常干旱的地区。

在世界半干旱地区，有 2 个主要难题限制了家畜的生产。从较小范围来说，它们也是热带半湿润地区的难题。这些难题是：(1)季节性的、有限的降雨量，这导致饮用水和为饲养动物而种植食物所需水的缺乏；(2)由热所造成的应激。

热带半干旱地区生长着寄生虫和昆虫，但范围不及热带湿润地区，这个问题在热带半湿润地区同样也不是那么严重。这就是热带地区的家畜多数生活在半湿润和半干旱地区的重要原因之一。

大风是世界较干旱地区的另一个问题，因为一个地区的湿度和风量是相联系的。这些大风是非常干旱地区、过度放牧地区出现**沙漠化**的一个主要原因，也是沙漠扩大(沙漠化)的促进因素。

沙漠化
土地生物学潜力的退化或破坏，导致像沙漠似的情形。

半干旱地区存在的问题在沙漠地带甚至更严重。不过，在沙漠里几乎没有畜牧业，所以这个问题几乎就没有实际意义。

寒冷环境

图 3-8 显示了世界寒冷气候的分布。这些地区与家畜生产相关的最主要问题是寒冷应激和食物的可利用性。从实际的观点来看，非常寒冷地区极其缺少饲料，以至于很大范围内上没有家畜。

温暖气候

图 3-9 显示了世界上具有温暖气候的地区，通常这些地区是世界上最富饶的地区。所有发达国家都具有温暖的气候，至少有部分边界处于该地区。

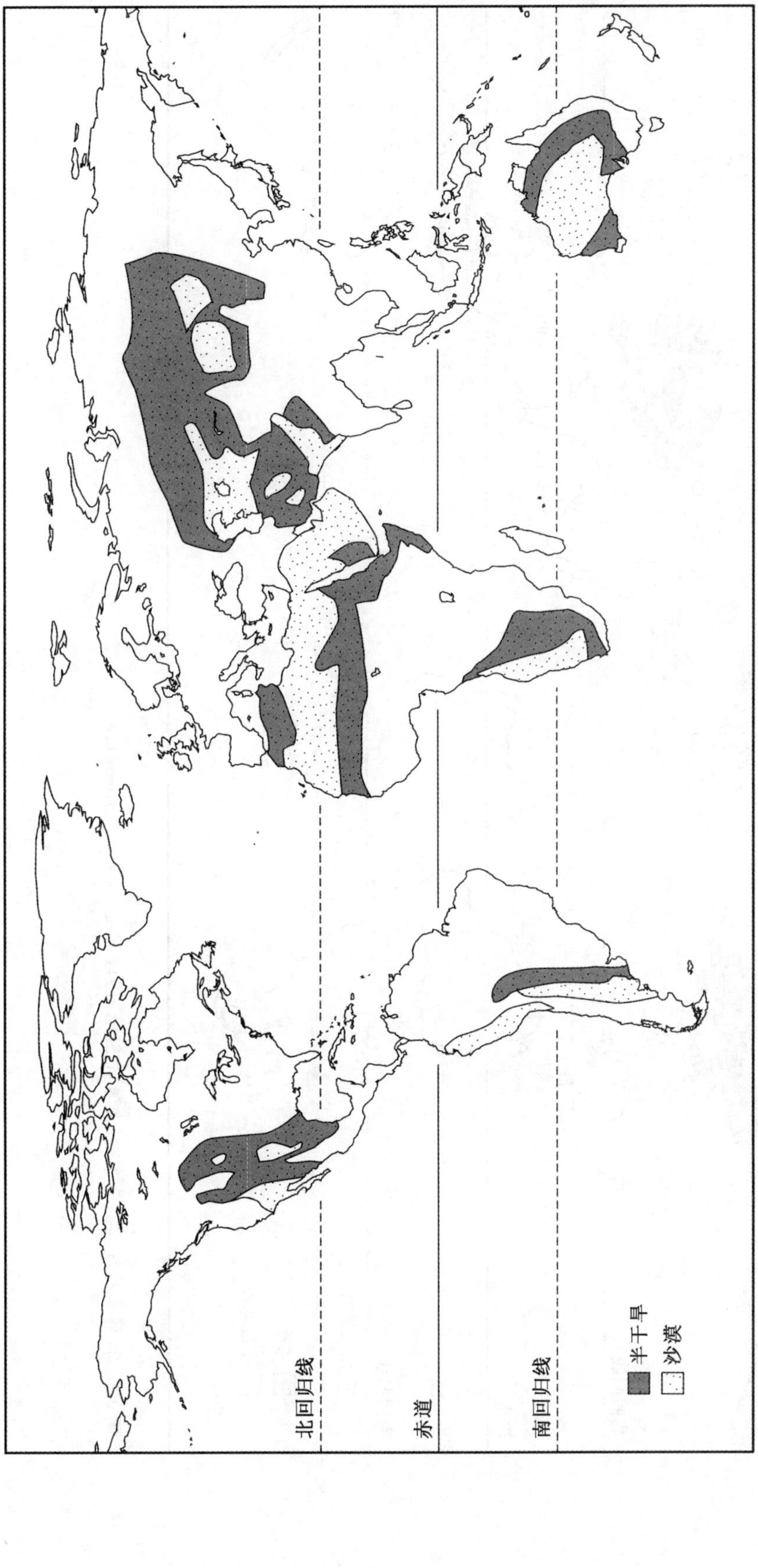

图 3-7　世界沙漠和干旱气候的分布。（来源：USDA,1941 Yearbook of Agriculture）

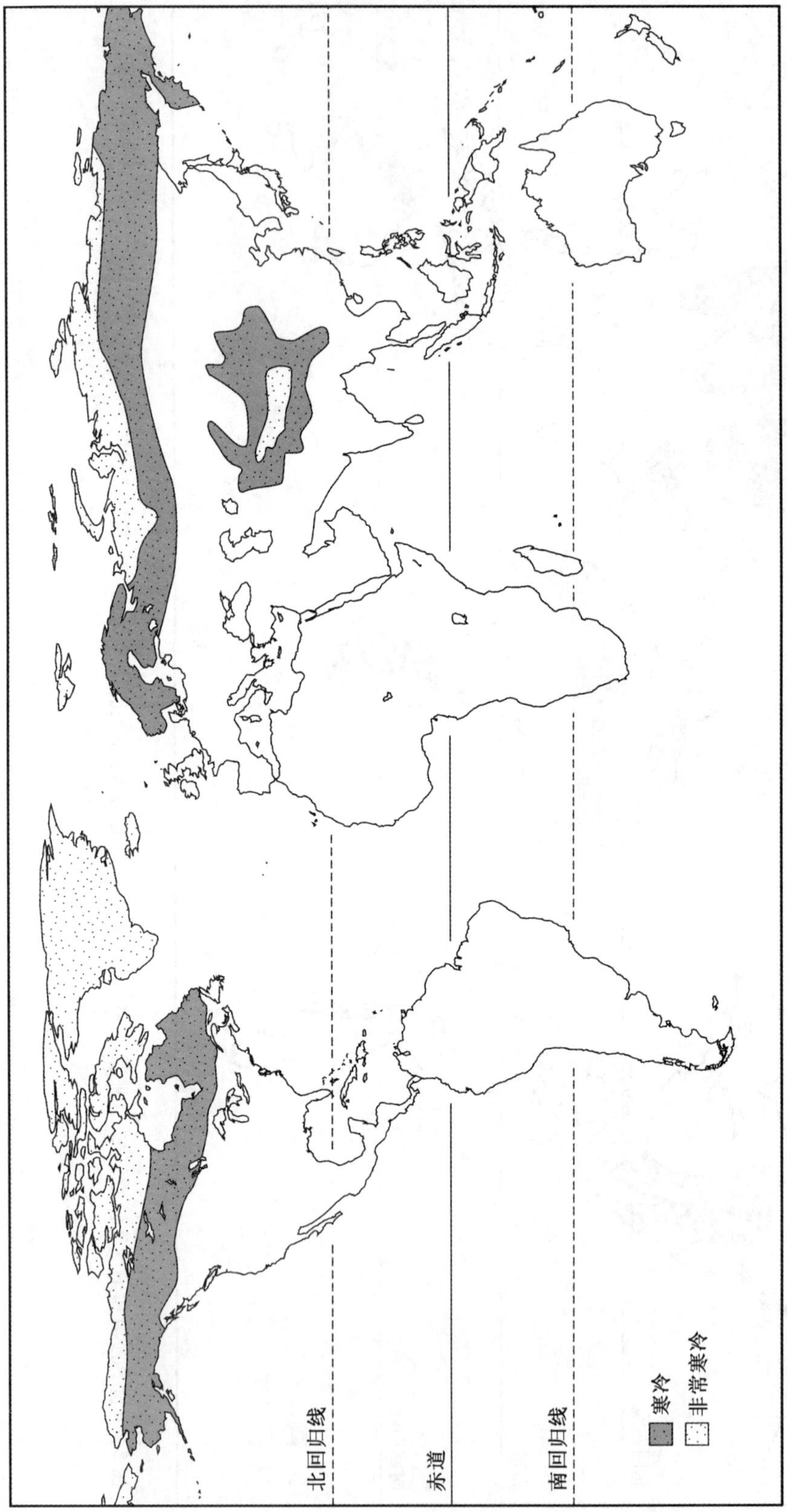

图 3-8　世界寒冷气候的分布。(来源:USDA,1941 Yearbook of Agriculture)

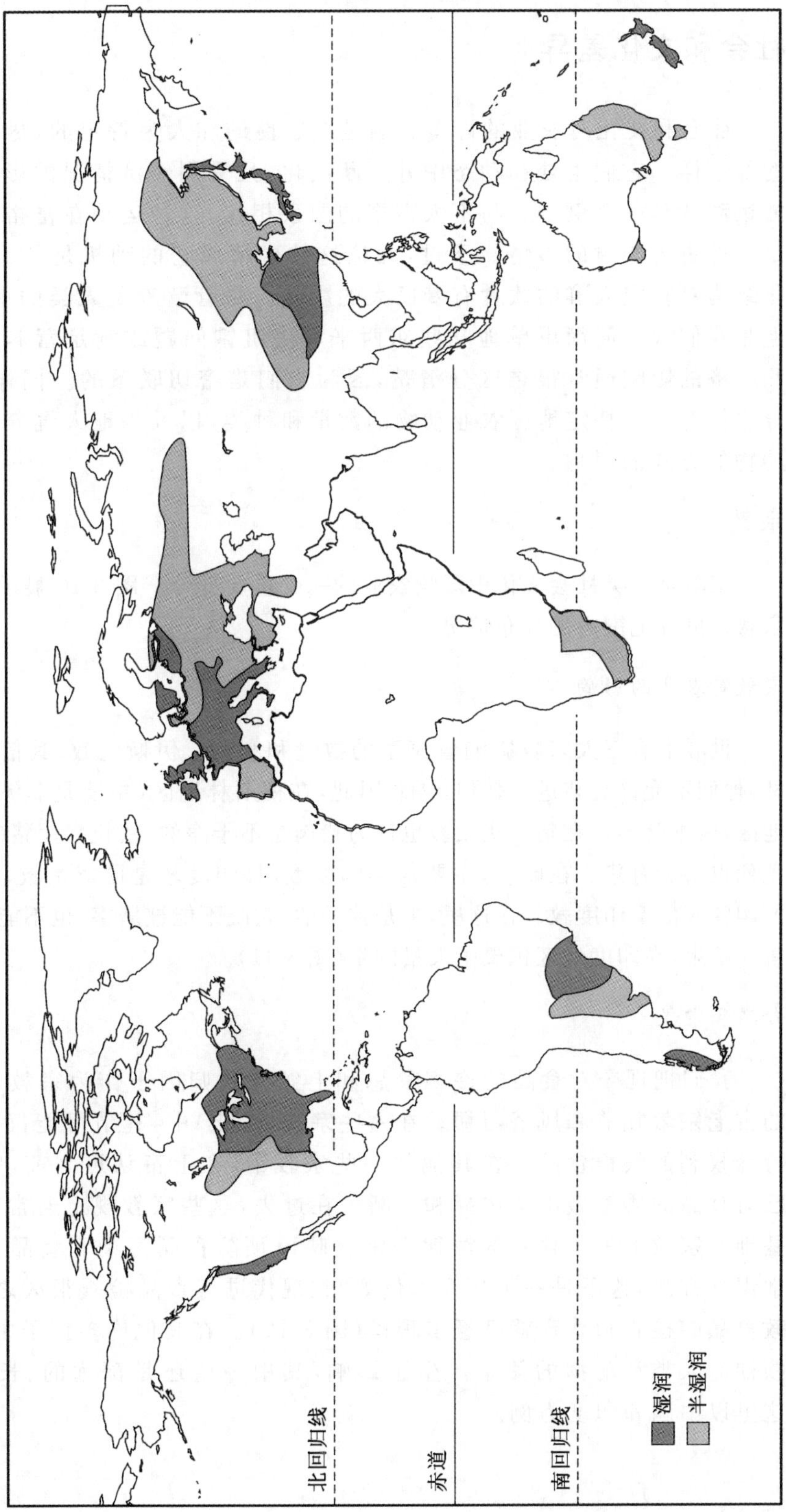

图3-9 世界温暖气候的分布。(来源:USDA,1941 Yearbook of Agriculture)

社会和文化差异

社会和文化对农业的许多影响是地区性的和人为特定的，尽管不是所有的都这样。它们也处在动态中并不断演化，且受到经济情况的影响。**动物权力运动**就是一个例子。与不太富裕的国家相比，这种运动在富裕的西方社会是一件更为严肃的事情。不过，无论这件事情或它的动机是什么，社会和文化结构对特定人群的饮食有着巨大的影响。尽管营养是人类的最基本需要，但是我们很少简简单单地吃些东西来解决饥饿问题或满足营养需要。文化和经济的影响通常很难区分清楚，因为它们是密切联系的。同样，也很难区分它们对某一特定地区农业动物的数量和种类，以及当地人饲养和利用这些动物的方式的影响。

动物权力运动
涉及到与人类社会相联系的动物地位的哲学、社会学和国家政策方面的政治和社会运动。

宗教

宗教是人类社会文化中影响农业的一个重要部分。图 3-10 显示了世界主要宗教在世界范围内的分布情况。

宗教对农业的影响

世界上有三大宗教影响着家畜的数量和利用。伊斯兰教，其信徒称为穆斯林，他们不允许与猪进行任何接触，因此，在穆斯林地区（主要是非洲北部和近东地区）根本就不存在猪。犹太教也认为猪肉是不干净的，禁止食用猪肉，因此在以色列也很少有猪。在印度，主要信奉印度教，且印度教是国家宗教，大约有 90% 的印度人信奉印度教。在这里，牛是神圣的，它既不能被屠宰，也不能为屠宰而出售。结果，在印度地区积聚了大量的牛（图 3-11）。

食品和宗教

我们把现今对食品的许多禁忌和上餐方式归因于作为宗教规程一部分的古老宗教礼节和风俗习惯。在一些宗教（文化）中，礼节可能仅仅是被赋予特殊权利的祭祀食品。在其他的一些宗教中，在上帝认可之前，宗教法律就已对食品的质量做出了选择和判断。在过去，这些宗教规定通常有一个实践基础。宗教上关于食品的法律经常反映出预防食品污染和食品引发疾病的常识性方法，这不是一种巧合。例如，在现代进行食品检查很久之前，对**犹太教食品**的检查和认定就已经出现了（图 3-12）。在其他许多例子中，一些宗教领袖对人类和动物的关系产生了影响，其中一些还是深远的、长期的影响。这里以中国和印度为例。

犹太教食品
被认为是得到犹太教法律认可、在礼节上适合食用的食物。

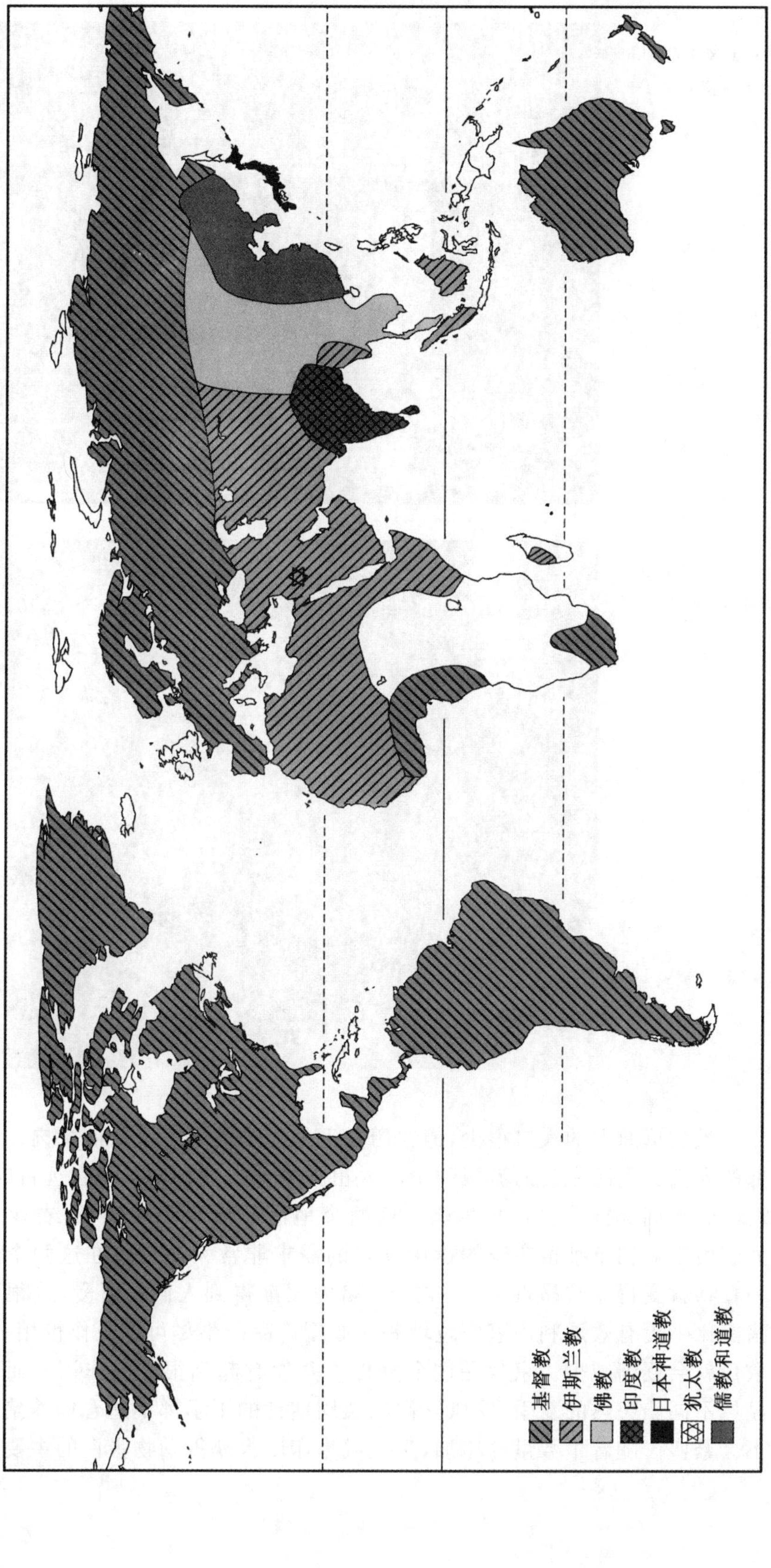

图 3-10　世界主要宗教在世界范围内的分布。（来源：USDA，1941 Yearbook of Agriculture）

图 3-11 印度教禁止牛的屠宰，造成了牛在印度的大量积聚。（Eugene Gordon 摄，Pearson Education/PH College 提供）

图 3-12 现代犹太教食品屠宰源自古老的犹太教法律和习俗。（Empire Kosher Poultry, Inc. 提供）

虽然草原上的人口很少，但在历史上他们却消费了大量的牛肉。远古印度北部的人们和生活在黄河流域的中国人祖先们就是这种情况。在远古时代，这两个地区的人们都饲养牛且吃牛肉。这两个地区的人口都在增长，农业生产不断扩大。由于对用于种植庄稼的役用动物的需求非常大，因此，在这两个地区以牛作为食物就变得非常昂贵了。在中国，猪肉逐渐得到人们的喜爱，这很可能是因为猪能比牛更有效地利用家庭垃圾和农业副产品。牛尽可能只作役用。这样，牛的数量就会逐渐减少。宗教在这个过程中并没有起到很大的作用。而印度的情况显然不同。炎热的夏季、季风气候以及周期性的干旱都不适合饲养猪，因此，猪就不会繁盛。随着牛数量的增加，牛奶成为印度人获得动物蛋白的主要来源。禁止牛的屠宰很快成为印度教的宗教法则，随后，佛教(起源于印度教)开始保护役用动物的供应。印度人在最大程度上实现了对役用动物的保护，并且出现了这样一种文化：吃牛肉对印度教信徒来说是**禁忌**。

禁忌
强加到社会风俗习惯中的禁止、避讳，用来反对某些行为和事物，经常作为宗教规程的一部分。

以宗教的名义犯下错误(从实际角度来看)的实例很多。虽然从奶牛和役用动物保护的角度，印度教对屠宰牛的禁忌是合理的，但对大多数印度教教徒来说，吃鱼也是不允许的。尽管有鱼类丰富的海洋环绕着印度，但是对印度人来说，由于他们不吃鱼，造成了蛋白质和普通食物的缺乏。以星期六为安息日的耶稣复临安息日会教友对无鳍的鱼和猪肉也有所禁忌。在基督教传教士向(南太平洋)皮特克恩岛的居民传播了这种信仰之后，该岛自给自足的经济就瓦解了，因为在改变信仰之前，他们的饮食主要依赖于猪肉和无鳍鱼类。

人类倾向于进行价值观的比较。我们自己的宗教信仰使我们很难完全理解和欣赏其他宗教的信仰，尤其是如果这些信仰有根本的不同时。我们所应该记住的重要事情是任何一个宗教不会轻易改变其宗教法律。因此，存在的情形便是很可能会持续存在下去的情形。是否所有人都认为这种情形是正确的并不重要。生活中最重要的一课是，当一个人的建议被认为毫不相关的时候，我们要学会平和地去接受它。

经济发展水平

发达国家和发展中国家这两个术语频繁出现于本书中。这两个术语涉及到一个国家的经济发展水平。在本书中，划分国家类型的方法与联合国粮农组织(FAO)所采用的划分方法相同，列于表3-2中。

表3-2 联合国粮农组织对发达国家和发展中国家的分类

发达国家
北美洲：加拿大和美国
欧洲
大洋洲：澳大利亚和新西兰
亚洲：以色列和日本
非洲：南非
俄罗斯联邦
发展中国家
非洲：除了南非以外的所有国家
亚洲：除以色列和日本以外的所有国家
拉丁美洲：南美洲和中美洲的所有国家
北美洲：百慕大群岛，格陵兰，St. Pieree，密克隆和墨西哥
大洋洲：除了澳大利亚和新西兰以外的所有岛屿

来源：FAO，1997。

尽管联合国粮农组织没有采用，但通常还有一种分类方法，就是把国家分为第一世界、第二世界和第三世界国家。第一世界国家仅指那些具有**市场经济**的发达国家，而第三世界国家则指具有市场经济的发展中国家。所有的第二世界国家

市场经济
由供求规律自由决定价格的经济。

中央计划经济
政府控制的经济。价格、劳动力以及其他经济输出都受到控制，且不允许随着供求关系变化而波动。

都具有**中央计划经济**，而不论是发达国家还是发展中国家。自柏林墙倒塌时起，第二世界这一术语就慢慢地不再使用了。

正如名称所示，与发展中国家相比，发达国家已经达到了较高的经济发展水平。具有市场经济的国家与采用中央计划经济的国家之间相比的实际情况也如此。每种类型不同国家的经济发展存在相当大的差别，尤其是在发展中国家之间。第三世界国家的范围从比较贫穷但有较高生活标准的国家到人均收入低于100美元的极其贫穷的国家。

农业发展的水平

农业发展的3个层次是：(1)发达型农业，(2)自给型农业，(3)原始型农业。发达型农业中的家畜体系被进一步划分为密集型和粗放型。密集型体系通常是小型的、劳动力密集的饲养单元，而粗放型体系通常是大范围的放牧单元。在粗放型体系中，最适宜饲养的家畜类型和品种是由放牧地区是潮湿还是干燥所决定的。

大部分发达国家也拥有发达的农业，但东欧和俄罗斯联邦地区的一些国家除外。在这两个地区，许多国家处在发达型农业和自给型农业之间的临界区域。但是，一个拥有发达型农业的国家是不会被联合国粮农组织归类于发展中国家的。

发达型农业通常具有以下特征：

- 总人口中只有很小比例的人口（通常低于10%）主要从事农业；
- 每单元只生产一两种产品，农业高度专业化；
- 很少用或根本不用畜力和手工劳动，农业高度机械化；
- 国民人均收入高；
- 有文化的人口占总人口的比例高。

自给型农业是指除非洲以外大部分发展中国家的农业发展水平。

自给型农业通常具有以下特征：

- 从事农业的人口大约占总人口的一半；
- 每个农户基本生产出其所需要的产品，只有一小部分剩余产品用于销售或交换，这些剩余产品刚刚足以供应那部分不以种田来生产所需食物的人，因此，这些国家只有很少甚至没有可以出口的农业产品；
- 机械化程度较低，大量使用手工劳动和畜力劳动；
- 国民人均收入比较低；
- 有文化人口的比例比较低。

原始型农业是存在于最不发达的发展中国家的农业。大部分的原始农业在非洲。

原始型农业具有以下特征：

- 由于没有人能生产出可供购买的多余产品，所以几乎全部人口都参与自己食物的生产；
- 粮食往往短缺不足且营养水平低；

■ 没有机械化，用于农业的畜力极少，几乎所有的劳动都为手工劳动，这就意味着一个人只能种植小面积的土地；

■ 国民人均收入极其低；

■ 有文化的人非常少。

表 3-3 给出了对不同经济发展水平中从事农业的人口的比例。一般来说，发达国家具有发达型农业，而发展中国家则具有自给型农业或原始型农业。表 3-3 突出了与从事农业的人口百分比相关的一些事情。在美国和其他发达国家，农民的数量是有限的少数。尽管大部分发达国家从事农业的人口低于 15%，但有几个国家的比例还是相当高的。联合国粮农组织把 30% 作为划分发达国家的上限。属于这种类型的国家包括欧洲东部和东南部在一定程度上存在自给型农业的一些国家，这些国家中有高于 15% 的人口从事农业。早先陈述过在原始农业中几乎所有的人都种田。但表 3-3 似乎并不完全支持这个陈述。非洲从事农业的整体平均数远远没达到几乎所有人口都从事农业的程度。然而，很多非洲国家有 80%～90% 或更多的人口从事农业。尽管任何一个国家的农业都不可能完全是原始农业，但是 80%～90% 这一数据表明：在原始农业地区，所有的人口都从事农业。

表 3-3　总人口中从事农业的人口的比例　　%

国家/洲/分类	农业人口占总人口的百分比[1]
所有发达国家	7.3
所有发展中国家	55.4
非洲，发展中国家	60.3
亚洲	56.3
世界	44.7
美国	2.1
加拿大	2.4
法国	3.3
丹麦	3.8
澳大利亚	4.6
南非	9.6
阿根廷	9.8
古巴	14.1
巴西	16.7
希腊	16.8
波兰	21.7
阿塞拜疆	26.7
土库曼斯坦	33.4
孟加拉国	55.7
中国	66.6
卢旺达	90.8
不丹	93.8

来源：FAO，2004。

1. 近 3 年的平均水平。

识字
有读和写的能力。

识字仅仅指有读和写的能力，而并不说明天生智力及学习能力。然而，对一个国家来说，文盲人口无疑是一个障碍。文盲是引进新技术以提高农业发展水平的主要障碍之一。如果人们不能阅读，他们就只能通过别人的传授和演示来学习新技术。一名推广专家可以写出能够传给成千上万人的简报，告诉他们改进农业的方法。但是，如果需要个人操作和口头解释的话，他每月只能传授给几百人。在发展中国家，很多人意识到提高农业和经济发展水平的第一步是提高他们的教育水平，这就是为什么在发达国家大学里会有如此多来自发展中国家学生的主要原因。

经济机构与农业发展

在具有发达型农业的国家里，大量基本的经济机构高度发达且作用非常大。相比之下，如果这些基本机构出现在具有自给型农业的国家中，其发展就相对差些，而在一些原始型农业比例较高的国家中，这些机构几乎是完全不存在的。这些经济机构有：(1)金融机构，(2)营销机构，(3)产业协会，(4)政府机构。接下来对这些机构的重要性作一个简要讨论。

金融机构

所有操纵货币的机构都包含在这一组中。金融机构是为农业部门提供资金的贷款的一个来源。这些机构为那些从农业中获得的、但不会被重新投资于农业的利润提供了一个投资场所。它们起着一个安全储存库的作用，并且在金融交易中为货币的安全和有序转移提供了一种途径。金融机构对一个国家农业经济发展的重要性应该是显而易见的。在发展中国家，缺少银行和其他金融机构的负面影响之一是把家畜特别是牛作为“资本的储存”来利用。

营销机构

在为从事农业的人提供一条出售产品的途径这方面上，营销机构必不可少，可使他们能够以一个令人满意的价格、在想出售产品的时候，卖掉他们的产品。营销机构包括诸如当地招标销售部门和大型终端市场这样的机构。在大多数比较贫穷的国家，农民没有机会参与这样有竞争的市场，他们受当地商人的控制，这些商人提供的价格非常低(图 3-13)。营销机构也为从事农业的人提供了购买所需和想要商品的途径。

产业协会

对一个国家来说，没有高水平的工业发展就不可能达到高水平的农业发展。为什么会是这样呢？有 3 个重要的原因：首先，诸如工厂这样的工业部门，为一部分非农业的劳动人口提供了非农业雇佣工作；其次，支付给这些工人的工资为农业产品提供了一个现金兑现市场；第三，这些工业工人生产出了农业生产所需要的商品，这些商品或者是不可缺少的，或者是奢侈品。这些消费商品的实用性对提高农业生产力也是一个刺激，它刺激农民赚更多的钱来购买这些商品。

图 3-13　在很多发展中国家，根本不存在营销机构。农民受当地商人的控制，而商人提供给农民的价格非常低。

政府机构

政府机构包括负责交通运输(道路建设和维修等)、教育、保卫(国内的警察和防御外国的军队)以及公平的土地政策和合理健全的货币政策的部门。不幸的是，一些拥有权力的人本可以在政府中做出一些改变来提升政府部门的服务，但他们经常不太情愿这么做。人民群众没有文化或者缺少有序的市场，这些有权力的人就会从这种现实情况中获利。他们也许是反对重新分配土地的大土地所有者。在大多数发展中国家，提升政府部门服务这一任务是艰巨的。教育机会的极大增加能促进这种所需要的转变，而这种转变将需要一个世代的时间实现。

概要和结论

对人类来说，如果农业动物有用的话，它们就必须适应广泛的、各种各样的应激。我们的家养动物和各种改良作物受到广泛的、各种因素的影响，这些因素包括文化问题、经济发展以及宗教。各个民族经济发展的水平影响着农业发展的层次。世界经济机构也影响着农业的发展。在下一章中，我们结合这些信息，以准确地了解哪些类型的农业已经变得发达，能够适应所有这些因素。

习题

1. 什么是适应?
2. 自然环境和人工环境之间的区别是什么?

3. 列举并简单描述生物体所必须生存的自然环境中的 5 种应激。

4. 学习显示世界气候环境的图表，并能区分出各个地区。

5. 世界上有哪三大宗教，在它们起支配作用的国家里，对家畜的数量和利用有直接的、显著的影响？每种宗教主要影响哪一种家畜？它们对每种家畜的数量和利用有什么影响？

6. 市场经济和中央计划经济之间的区别是什么？第一世界、第二世界、第三世界这些术语的意思是什么？

7. 哪些洲主要由发展中国家组成？亚洲仅有的哪两个国家和非洲的哪一国家被划分为发达国家？

8. 农业发展的 3 个层次是什么？从农业人口的比例和所使用的农业动力的角度，来描述每一层次的特征。

9. 叙述金融机构所提供的 3 种主要服务，并解释为什么每种服务都是重要的。

10. 叙述营销机构所提供的 2 种主要服务，并解释为什么它们是重要的。

11. 论述工业发展对于高度发达的农业的存在不可缺少的 3 个主要原因。

12. 政府对发展的作用是什么？

参考文献

Allen, T., and A. Warren. 1993. *Deserts: The encroaching wilderness*. New York: Oxford University Press.

Bosley, G. C., and M. G. Hardinge. 1992. Seventh-day Adventists: Dietary standards and concerns. In *Overview: Religious and philosophical bases of food choices*. Chicago: Institute of Food Technologists.

Chaudry, M. M. 1992. Islamic food laws: Philosophical basis and practical implications. In *Overview: Religious and philosophical bases of food choices*. Chicago: Institute of Food Technologists.

Cohen, Y. A. 1977. Dietary laws and food customs. In *Encyclopedia Britannia: Macropedia*. 15th ed. Chicago: University of Chicago.

FAO. 1997. *FAOSTAT statistics database: Agricultural production and production indices data*. http://apps.fao.org/.

FAO. 2004. *FAOSTAT statistics database: Agricultural production and production indices data*. http://apps.fao.org/.

Harris, M. 1990. Mother cow. In *Conformity and conflict, readings in cultural anthropology*. 7th ed., James P. Spradley and Dave W. McCurdy, eds. HarperCollins Publishers.

Harris, M., and Eric B. Ross. 1978. How beef became king. *Psychology Today*, p. 53.

Huang, Y., and C. Y. W. Ang. 1992. Vegetarian foods for Chinese Buddhists. In *Overview: Religious and philosophical bases of food choices*. Chicago: Institute of Food Technologies.

Jordan, T. E., M. Domesh, and L. Rowntree. 1994. *The human mosaic: A thematic introduction to geography*. 6th ed. HarperCollins Publishers.

Kibra, A., and K. K. Iye. 1992. Food and dietary habits of the Hindu. In *Overview: Religious and philosophical bases of food choices*. Chicago: Institute of Food Technologies.

Knutson, A. L. 1981. The meaning of food. In *People and food*, D. Kirk and E. Eliason, eds. San Francisco: Boyd and Fraser Publishing Company.

Mares, M. H., ed. 1999. *Encyclopedia of deserts*. Norman, OK: University of Oklahoma Press.

McDowell, R. E. 1991. *A partnership for humans and animals*. Raleigh, NC: Kinnic Publishers, Kinnickinnic Agri-Sultants, Inc.

Page, J. 1984. *Arid lands*. (Planet earth). Alexandria, VA: Time-Life Books.

Pike, O. A. 1992. The Church of Jesus Christ of Latterday Saints: Dietary practices and health. In *Overview: Religious and philosophical bases of food choices*. Chicago: Institute of Food Technologies.

Price, E. O. 1998. Behavioral genetics and the process of animal domestication. In *Genetics and the behavior of domestic animals*, Temple Grandin, ed. San Diego: Academic Press.

Regenstein, J. M., and C. E. Regenstein. 1992. The Kosher food market in the 1990's—A legal view. In *Overview: Religious and philosophical bases of food choices*. Chicago: Institute of Food Technologies.

Smith, H. 1994. *The illustrated world's religions: A guide to our wisdom and traditions*. San Francisco: Harper.

Turman, E. J. 1986. *Agricultural animals of the world*. Stillwater, OK: Oklahoma State University.

USDA. 1941. Climate and man. In *1941 yearbook of agriculture*. Washington, DC: USDA.

第 4 章

世界农业生产体系

学习目标

学完本章后，应该能够：

1. 识别存在于全世界的农业生产体系的主要类型。
2. 描述每种农业类型内动物的用途。
3. 对比和比较发达和发展中国家畜牧业。

关键术语

粗放型农业	季节性游牧	市场园艺
大草原	经济作物	以物易物
刀耕火种农业	农业体系	游牧业
发达型农业	迁徙耕作(游耕)	育肥场
荒地耕作	热带稀树大草原	原始型农业
集约型农业		自给型农业
		自给自足

引言

第 3 章描述了那些被成功驯服的动物必须适应的条件(包括自然的和人工的条件)，并进一步描述了与复杂的世界环境、文化、经济条件并存的农业发展水平。本章描述农业生产体系在这些条件下的发展。

农业体系的类型

一个地区的畜牧业体系类型最初是由该地区的农业体系所决定的。相应地，农业体系也是由一系列的因素决定的，包括气候、地形、土壤类型和社会经济（经济发展、政治体系和宗教的原始水平）等因素。虽然所有因素都非常重要，但以气候（尤其是降雨量和温度）和经济发展水平最为关键。在很大程度上，气候决定了作物的类型和基本的农业类型，经济发展水平（农业）决定农业体系。

农业体系有许多种分类，最为广泛接受的是 Whittlesey 提出的（表 4-1）。这些体系与降雨量和温度的关系概括在图 4-1 中。

传统上，农业体系中仅有两个体系与家畜有关，即游牧和放牧。游牧和放牧有一点是相同的——都位于那些无法耕作或不宜耕作的地方，都是一些因过于干旱而无法进行耕作的原始区域。如图 4-1 所示，游牧和放牧区通常是年降雨量在 25 in 以下的地方。当年降雨量在 20～25 in 之间时，将会有一些农作（粮食生产或自给型种植和养殖，依农业属于发达型还是自给型而定、农业发展与否而定）。但是，当年降雨量少于 20 in 时，土地将不适于耕作。

表 4-1　原始型、自给型及发达型的农业体系

农业体系类型	目　标	农 业 体 系
原始型	自给型，但是通常农业是非农业食物来源（狩猎、采集、偷窃）的补充	1. 游牧业、季节性游牧 2. 迁徙耕作 3. 荒地耕作
自给型	自给型	1. 自给型作物种植和养殖 2. 稻米种植（集约型自给耕作） 3. 小农谷物、块茎种植和家畜养殖（稻米除外的集约型自给耕作）
发达型	农业可以盈利	1. 放牧 2. 商业性作物种植 3. 商业性养殖和种植 4. 商业性家畜育肥 5. 商业奶牛场 6. 商业种植园 7. 专门化园艺 8. 地中海型农业 9. 市场园艺

注：这些由 Whittlesey 提出的体系根据农业发展水平进行了分组。已经做了进一步的修改来反映自 1936 年以来的农业变化。

虽然一个地区适宜放牧而不宜耕作最基本的原因是由于该地区太干旱，但以下 3 个原因影响也很大：(1)地面崎岖不平，不适于耕作；(2)地处高海拔，生长期较短；(3)地理位置距市场远，产品运输费用高，难以盈利（图 4-2）。对于最后一种情况，放牧只是临时占用土地，一旦运输设施建成就会停止。例如，在美国内战时期，许多玉米生产区一直用来放牧家畜。虽然农场主知道该地区可以种植玉米，但是他们没有经济的途径来运输大量的玉米到东部海岸这个大市场。一旦铁路

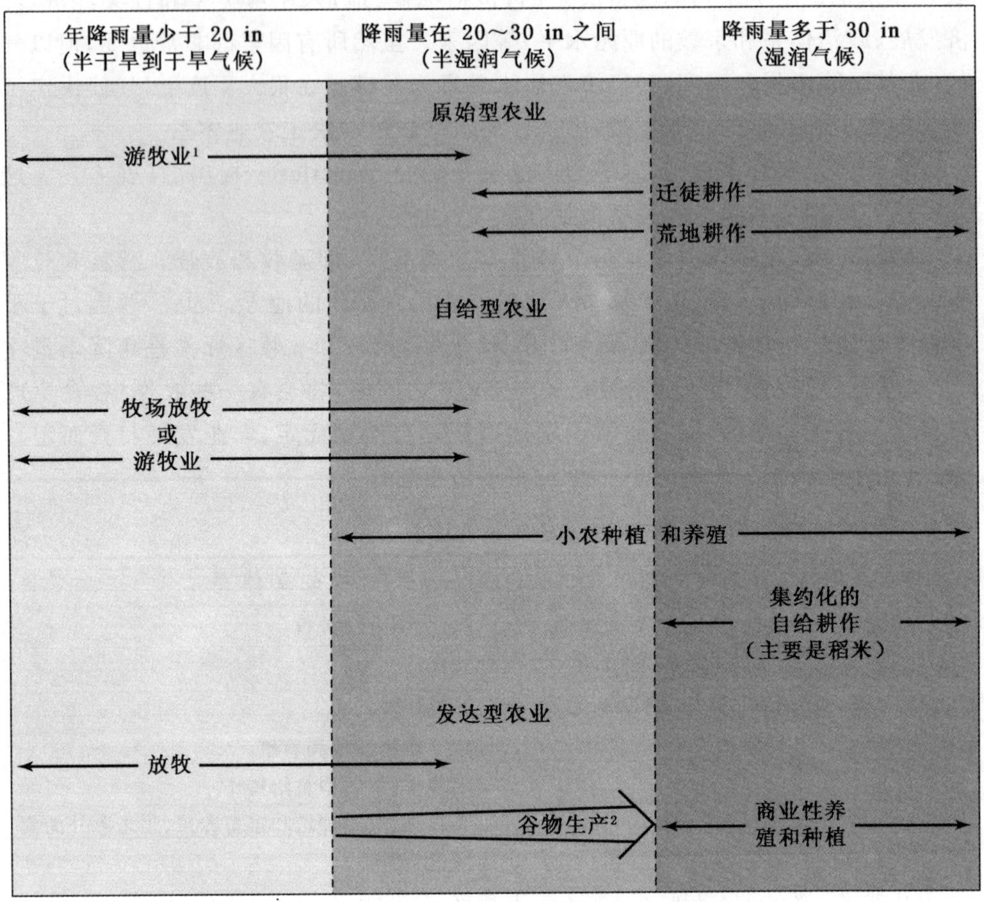

1.箭头的长度表明体系中通常的降雨量范围；

2.箭头的宽度表明在给定降雨量的地区体系实施的广度。

图 4-1 不同农业发展水平下降雨量对农业体系的影响。(来源:Turman,1986)

通向中西部,这些土地便被开垦出来种植玉米。由于相同的原因,现在巴西可耕作的地方都用来放牧。如果可能的话,利用土地进行作物生产可达到利益更大化,这是商业放牧难以比拟的。20 世纪后 25 年里,阿根廷许多地方农业转型为种植业,也正是这个原因。

原始型农业

图 4-3 列出了原始型农业体系在全世界的分布状况。游牧业常出现在干旱地区。如果该地区有足够的降雨可满足作物的生长,便会出现迁徙耕作和荒地耕作。非洲的绝大部分及亚洲和南美洲的一半农业体系都是这种原始型的。

图 4-2　当土地太干旱或者太崎岖不平而不适于耕作时，或当高海拔导致生长季节短时，或当土地离市场太远而使作物生产无利可图时，适合家畜放牧。

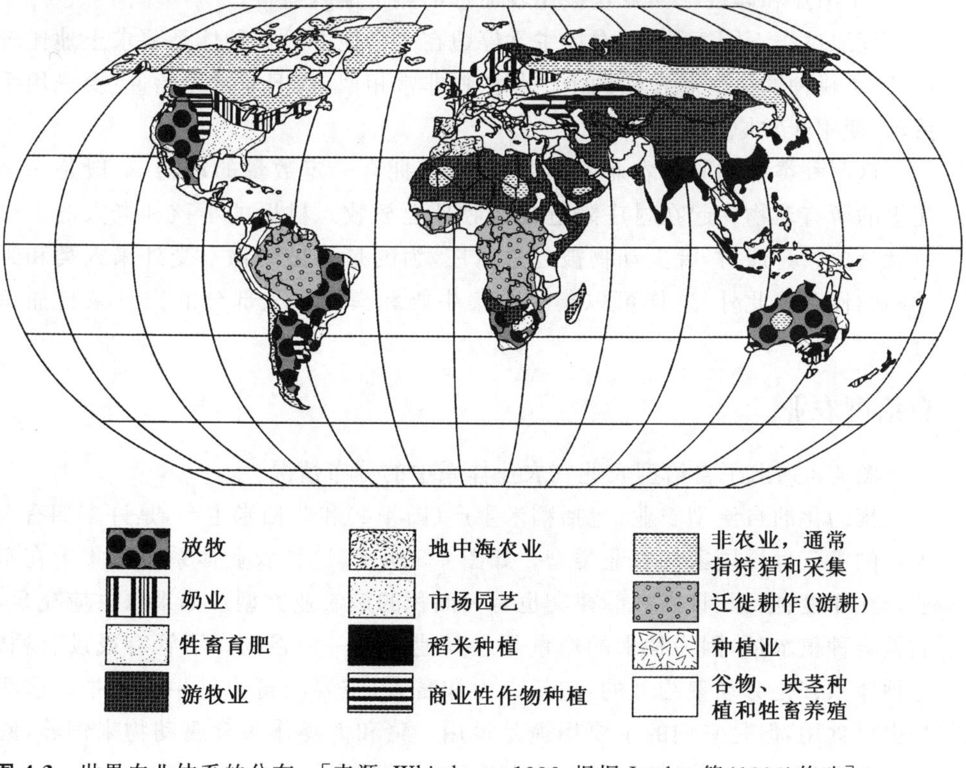

图 4-3　世界农业体系的分布。［来源：Whittlesey，1936；根据 Jordan 等（1994）修改］

大草原

矮草植被地带，一般没有树木的草原。

热带稀树大草原

热带地区生长有高草植被地带的草原。

游牧业主要分布在沙漠，**大草原**，美洲、阿拉伯半岛和欧亚大陆内陆地区的**热带稀树大草原**，以及前苏联的比较寒冷的林带地区。这些游牧民的家常随着他们的（牛、绵羊、山羊、骆驼、牦牛、马、驯鹿）畜群迁移到那些有充足食物和水的地方。这些畜群可能只包括一个畜种，也可能是多个畜种的混合。美洲亚撒哈拉沙漠的牧民是唯一专门以牛为生的游牧民族。欧亚大陆冻土地带的游牧民族则以驯鹿为生。这些人们的目标是能够生存而不是靠出售他们的牲畜来获利。游牧民住在帐篷或雪堆成的棚屋里,这能使得他们容易迁移、抛弃和更替。虽然有的部落可能声称某个区域是他们的土地并抵抗外来的入侵,但事实上他们没有属于自己的土地。有时候,当传统的放牧地区分为两个不同的国家时,土地所有权的问题将会是一个比较严重的问题。在过去,任何一种农业体系都很少见。而现今,游牧业正在走下坡路,甚至逐渐消失。

游耕是农场主先得到小块土地,在这块土地上种植多年,当土壤肥力下降后将其抛弃,再寻找另外一块土地。这叫做**刀耕火种农业**,森林被砍伐、烧掉后,留下的灰分给作物提供营养。农场主可以迁徙到一个新的地方或留在原来的地方。最后,废弃的土地可能重新生长出草和树木,并且其他的一些植被可以帮助改善土质,之后土地又被清理,而且循环不断地重复。在最好的形式下,这是一个土地循环的一种好体系。土地将在10～20年的时间里得到恢复。游耕通常在南美、亚洲、东南亚和印度尼西亚这些比较遥远的热带地区盛行。

刀耕火种农业(开荒)
通过砍伐树木或灌木,然后焚烧它们,从而开出一片土地。燃烧的灰分可以作为土壤的肥料。

荒地耕作不同于游耕,农场主常停留在一个地方。这种体系要求土地比较肥沃,但是耕种的方法和作物的生产与游耕非常相似,依旧非常原始,主要采用手工劳动,使用非常原始的工具。

这两种类型的原始农业中,农民通常也拥有一定数量的动物,一般是一个村庄里的所有动物一起在村庄附近的放牧地上放牧。村里的小孩和老人的工作之一就是放牧。通常,晚上动物被赶进村庄,为的是保护动物不受外来人类和野生动物的侵袭。此外,这样可以集中收集牛奶和粪肥。大部分的肉食来自捕鱼和狩猎。

自给型农业

图4-3列出了自给型农业在农业体系中的分布情况。

集约化的自给型农业,包括稻米生产(图4-4)和非稻米生产,是许多拥有大量人口的第三世界国家的农业类型。如图4-3所示,这种农业体系主要集中在东南亚。在印度、中国、日本和菲律宾也有大面积的该农业类型。如果水供应充足,人们就会种植水稻,因为稻米的产量超过其他任何一种谷物。不管有或没有稻米,这种体系都是劳动集约型的,包括人力和畜力,主要的畜力是牛和水牛。这些动物也可食用,但是它们的主要用途是役用。猪和禽类作为食腐动物来饲养,同时也可食用(图4-5)。灌溉用的水库和沟渠也可以养鱼。

小农谷物、块茎生产和牲畜养殖,也叫自给型作物种植和养殖,是自给型农业中存在的其他农业体系。这种形式主要在欧洲一些比较穷的地区存在,通常是一些小的农场,每个农场中有少量的家畜。亚洲比较寒冷和干旱的地方和中东、非洲和拉丁美洲的河谷流域也有这种农业体系。农场主利用了土地和动物的大部分的产品,仅有一小部分用于出售或**以物换物**。从事该农业体系的农场主的目标

以物换物
贸易服务或者相互交换商品。

是**自给自足**而不是为了获利。主要作物有小麦、大麦、粟、燕麦、玉米、高粱、大豆和土豆。养殖的动物为兼用品种（役用和食用）（图 4-6），主要食用奶而不是肉。主要饲养的动物有牛、猪和羊，鸡、鸭也比较常见。在南美，人们饲养骆驼和羊驼。种植**经济作物**如棉花、亚麻、大麻或烟草来获得微薄的收入，用以购买农场中不能生产的一些产品。

自给自足

自己满足自己的需要。

经济作物

具有特定经济用途和商品性强的作物。

图 4-4　许多人口众多的第三世界国家，水稻是集约化自给农业的主要作物。

图 4-5　许多原始型和自给型农业体系中，没有进行改良的猪作为食腐动物来饲养。

图 4-6　印度的海里安那牛(a)(印度役乳兼用瘤牛),主要是利用它的奶产品和它所生的小公牛。这些阉割小公牛(b)主要作为役用动物。(加州大学戴维斯分校动物科学系 Dr. Eric Bradford 提供)

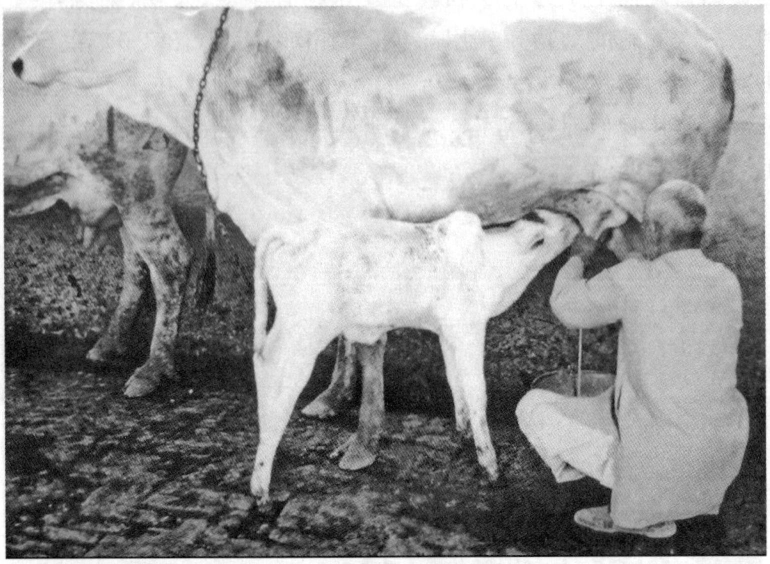

(a)

(b)

发达型农业

美国的农业体系就是发达型农业,因此以下描述的除了地中海农业外,都是美国的发达型农业体系。但是,发达型农业体系也在许多发展中国家分布。图 4-3 给出了发达型农业体系的分布。主要的家畜生产体系是放牧和商业性种植养殖业。但为了保持完整性,其他的一些体系也在这里进行了讨论。在发达型农业中,获利是一个非常重要的目标。对最大利益的追求将会影响有关生产什么类型和种类的牲畜以及采用什么样的生产体系。

放牧是对世界干旱地区的商业化利用(图 4-7)。通常,尽管在年降雨量为 25 in 的地方也实行放牧,但是在年降雨量少于 20 in 的地区,放牧是首选的农业系体系。家畜在放牧中处于主体地位。通常,放牧群包括牛或羊,有时还有山羊。放牧管理是非常**粗放**的,这就意味着动物是散养的,不会受到个别照顾。通常一个放牧群仅有一个畜种。但是,混合畜种的放牧可以更好地利用土地,并且越来越广泛地得到应用。和游牧民不同,牧场主主要定居在他们自己或租赁的土地上。牧场主利用他们的家畜可以获得显著的经济效益。牧场主关心的是家畜生产,但也会种植一些农作物,如果可能,会种植一些冬天饲喂用的草料。在美国、加拿大、热带和亚热带的拉丁美洲,还有澳大利亚的一些比较炎热的地方,大部分的牛都是以放牧形式饲养。在澳大利亚、新西兰、南美洲和阿根廷,羊也大多进行放牧。放牧也在一些不发达国家存在。在许多不发达地区,放牧获得的收入极大地推动了该地区的经济发展。

粗放型农业
在这种农业体系中,人有限的时间和精力分散在大面积的土地和大量的家畜上。

图 4-7　在世界干旱地区,放牧是有利可图的粗放型农业体系。

商业性种植养殖业,在那些降雨量大于 30 in 的地区比较盛行,但是在年降雨量为 25～30 in 的地方也实行。种植业是主要产业,养殖业在其次。在这些农场中,肉牛、羊、奶牛、猪、马或家禽是辅助产业,通常当冬天农场主不在田间劳作时,便饲养家畜用于屠宰。农场主可能只饲养一种动物,也可能饲养两种或两种以上。通常是**集约化**生产,这就意味着动物饲养采取圈养的形式,充分利用机械化和最新的技术,而且在不用增加太多劳动力的前提下来管理动物。

集约型农业
在这种农业体系中,人可以集中时间和精力经营小面积土地或关注每个动物个体。

商业性家畜育肥是对商业种养殖业的一种完善,从 20 世纪后半期开始广泛存在。美国的玉米带和平原区、西欧和中欧的部分地区及澳大利亚的一些地方是主要的商业性家畜育肥地区。美国是这种农业体系的主要实施者。该体系代表了农业的进一步专门化。通常,生产者不种植任何作物,而是购买一些作物来饲喂家畜。在美国高原上,育肥牛场是这个体系的典型代表。在这些地方,大量的牛进行高度专门化育肥并上市(图 4-8)。

图 4-8 商业性家畜育肥是商业性养殖业的一种完善。美国高原地区的牛的养殖场就是一个例子。(俄克拉荷马州立大学动物科学系 Brett A. Gardner 提供)

商业化奶业也是商业性养殖业的一个现代化完善,和商业性育肥的运作方式和集约化性质具有相似之处。它通常与商业性养殖业结合在一起,以市场为导向在一定的区域内生产主要的奶产品。例如,液体奶容易变质且运输费用也比较昂贵,因此它往往在人口密集中心的附近生产。奶制品厂将远离人口密集区,尤其是一些从事深加工的奶制品厂(如黄油、奶酪和浓缩奶)。例如,地理位置比较偏远的新西兰生产黄油和其他加工产品,这些产品可以保持新鲜,运送到人口集中的地方。威斯康星州是美国主要的一个奶业州,生产大量奶酪运往美国其他各个地区消费。

育肥场

动物进行饲喂和管理的一个限制性区域,通常装备有饲喂槽、自动饮水装置、遮蔽棚和劳动工具等。

美国、欧洲、澳大利亚和新西兰的传统奶业主要依靠最大限度地利用牧场生产的一些作物作为动物的冬季饲料。在许多商业奶牛场,舍饲**育肥场**(图 4-9)迅速替代了放牧体系。饲料是购买的或者是农场种植、收割,然后添加给那些舍饲育肥牛,除产品种类不同外,与家畜育肥在许多方面非常相似。这种体系在美国也越来越普及。这种体系一般和人密集区比较近并在全世界都如此。除了饲料,农场主经常买一些后备母牛,或者和其他的生产者联合起来更新群体。群体的规模效应是那些具有成千上万头母牛的农场而不是仅有 200～300 头母牛的小型家庭奶牛场所产生的。非常明显,这种运作方式会使加工生产更加专业化。

经济谷物生产在年降雨量在 20～30 in 的地区实施。可能会附带生产一些家畜,但是不会很多。这些动物一般是(为屠宰而育肥的)小公牛或羔羊,到秋天或冬天会放牧在这些生长谷物的牧地上,母牛或小牛常被用来清除谷物的残留物。这个体系的主要目的是生产小型作物,通常是小麦或者夏季灌溉作物。澳大利亚、美国的平原、俄国的大草原、阿根廷的彭巴斯草原都有大面积的小麦带。阿肯色州、加利福尼亚州、得克萨斯州、路易斯安那州种植水稻。

地中海农业现在与过去相比有明显的不同。以前,它是自给型农业,在多雨的冬季主要依靠小麦和大麦,在夏季主要是抗旱的树和一些蔓生植物(葡萄树、橄

图 4-9　在舍饲奶牛体系中，饲料是配送给舍饲动物，而不是让动物在草场上采食的。

榄树、无花果树），此外还有绵羊、山羊和猪。谷物一般是在果园种植，动物也并不总是放养在田间。农户并不种植饲草、收集肥料或者饲养役用动物。动物在山上放养，作物在小山上和峡谷底部种植。但是，灌溉已经改变了这种方式。现在，地中海许多区域经营**市场园艺**，是一个商业化的区域。山上仍然有一些动物在放牧，但是柑橘类的作物成为主导。葡萄也是重要的作物，使得这个地区以盛产葡萄酒而闻名。在夏季，这里的高山地区，家畜沿着山坡缓慢地放牧，我们叫**季节性游牧**。到仲夏，家畜到达海拔最高的地方，在降雪前，又顺着原路返回到峡谷中。这种体系不同于游牧业，因为牧民一般不会离开他们的家园。季节性游牧不受地中海农业区域的限制，所以在阿尔卑斯山及欧洲和美国西部的其他山脉都很盛行。在美国，牛群通常春季放养，秋季集拢。

市场园艺
主要生产水果、蔬菜和酿酒作物，用于销售。

季节性游牧
动物从一个固定的地方季节性迁移到食物和饮水更充足的地方，之后又返回到原来的地方。

发达型农业和自给型农业的比较

与发达型农业相比较，自给型农业显得效率低、收益少。但是，认为发达国家如美国的经济体系比其他一切经济体系都好，将是一个严重的错误。

一个世纪以来，原始型农业和自给型农业证明是一个有实际价值的体系。动物是体系中不可或缺的一部分，并使他们的收益最大化。该体系中，动物、畜舍和农场用具的资金投入非常低，对这个体系来说这很关键，因为大多数农场主的收入低，没有或很少有资金对农场产业进行投资。更加重要的是，如果需要修理，他们只能使用当地的一些廉价和容易得到的材料来修理，而且尽量不拖延。

在自给型农业中，为什么主要的动力来源的是牲畜而不是拖拉机，有以下几个原因：家畜的成本显然比较低，不管是开始购置时还是更换时。动物是可再生的资源，当地（通常是农业场主自己）就可以生产。机械车辆需要燃料，燃料价格昂贵，而且有时可能会供应短缺；而动物的食物来源是那些人类不可食用的植物和农场主可以种植的植物。

最后一个原因是劳动力没有其他用途。在人口众多的亚洲，人力主要用于农业。农业给大多数人提供了就业的机会，否则许多人将面临失业的可能。只要人力比机械更加经济廉价，那么人力将继续应用在农业当中。如果有非农业要求人力的服务，并且人力和机械比起来并不是非常廉价，这时农业所需人力就会被机械替代。但是，在机械化时代到来之前，大量的人力还是一种最有效的资源。

发达国家和发展中国家畜牧业的比较

表 4-2 比较了发达国家和发展中国家的畜牧业。相似之处是它们都有一些规模不小的畜牧场，不同之处是发达国家的通常生产率更高。在发展中国家，也是一些大型畜牧场从事牲畜的生产，也利用现代化技术或改良品种，只是管理运作效率不及发达国家。

发达国家和发展中国家大中型畜牧场的数量有根本的不同。在发达国家，这样的畜牧场构成了主体，但是在发展中国家直到今天这种畜牧场还是比较缺少的。在发达国家，中产阶级拥有和操控农场或者牧场，而在贫穷的国家，这个阶段几乎不存在。

到目前为止，发展中国家畜牧业的大多数类型是一些小型畜牧场。这种小型畜牧场在发达国家数量也非常多，但是原因却不同：在发达国家，农场主的主要经济来源不是小型畜牧场。相反，在发展中国家，这种小型畜牧场不仅仅是农场主的主要经济来源，而且通常是农场主的唯一经济来源。

表 4-2 还显示，在不同国家的群体中，小型畜牧场是具有相似性的：(1)他们可利用的土地资源有限；(2)运行几乎完全依靠家庭劳力；(3)现金回报率很低。现金回报率低最主要的原因是经营规模小。但是，小型畜牧场单位家畜的利润通常小于大型畜牧场的。在发达国家这种低利润的主要原因之一是一些小的生产商对他们的家畜上市很少做工作，即使是市场行情很好的时候。在发展中国家，低利润是不能提供良好的市场和动物生产水平比较低共同造成的。通常，发展中国家的生产者只能与那些提供非常低价格的贸易商进行现金交易，这些人是他们唯一的买家。

在发达国家和发展中国家，小型畜牧场很可能都保持较小规模，但是原因却不同。在发达国家，小型畜牧场通常是一种副业——大都是一种爱好而不是为了交易。经营者不但在城镇有一份工作，而且在乡村还有一些土地。因为他们有时间去做一些和动物相关的工作，因此他们会饲养一些动物，但是却没有扩展的意愿。相反，在发展中国家，大多数小农场主愿意扩展农场，但是没有或几乎没有机会去做这件事情。

发展中国家的畜牧业还有另外两个特点：(1)饲养的牲畜很少食用；(2)从生物学角度来看，动物性能没有达到最佳，因此即使在所处的农业体系状态，仍有一定的改良空间。

表 4-2　发达国家和发展中国家畜牧业特点的比较

饲养规模	发达国家	发展中国家
非常大	很少	很少
中等到大	主体	几乎没有
小	有相当数量的	目前占绝对多数
	通常不是所有者/经营者的主要收入来源	通常是拥有者/经营者的主要收入来源
	1. 利用有限的土地资源	
	2. 几乎完全依赖家族劳动	
	3. 养殖业现金回报率低，原因是：	
	a. 规模小	a. 规模小
	b. 缺乏营销	b. 缺乏市场
		c. 动物生产力水平低
		1. 遗传水平低
		2. 营养水平低
		3. 疾病和寄生虫
	没有或很少有扩展的愿望	没有机会扩展
	1. 牲畜饲养通常是一种爱好而不是为了交易	1. 全部的收入用于生活，没有资金用于扩展
		2. 没有或很少有间接的贷款(如果允许贷款)

来源：Turman，1986。

概要和结论

美国的农业几乎就是一种发达型农业体系。但是，从不同角度来了解全世界存在的各种农业体系是很有价值的。了解其他类型的体系会使我们更加了解我们自己的体系，因为它给我们提供了一个参考框架。它同样帮助我们了解我们曾经所处的水平，让我们知道如何协助别人提高发展水平，如果他们需要的话。最重要的也许是，了解别人在特定的环境中怎样生活和进行农业生产，给了我们一个审视他们做事方式的机会。

习题

1. 在特定区域，决定畜牧业体系类型的主要因素是什么？

2. 根据你对世界各地气候的认识，写一个简短的概要来说明气候是如何影响农业类型的。

3. 区分原始型、自给型和发达型农业的主要特征是什么？

4. 思考本章描述的每种农业类型里动物的用途。哪一种农业类型能够拥有更多的动物种类？你为什么这样认为？你认为哪些畜种可以替代现用畜种？为什么你认为这种改变是有效的？

参考文献

Behnke, R. H., and I. Scoones. 1993. Rethinking range ecology: Implications for rangeland management in Africa. In *Range ecology at disequilibrium: New models of natural variability and pastoral adaptation in African savannas.* London: Overseas Development Institute.

Cooksley, D. G., J. H. Prinsen, C. J. Paton, and J. A. Pini. 1991. Performance of a beef cattle production system on native pasture using *Leucaena leucocephala* as a supplement. *Livestock Production Science* 28: 65–72.

De Boer, J. 1992. Technological and socioeconomic changes: Including urbanization, as they impact upon animal production in Asia. In *Animal production and rural development:* Proceedings of the Sixth AAAP Animal Science Congress, Vol. I, pp. 57–72. Bangkok.

de Haan, C., H. Steinfeld, and H. Blackburn. 1997. *Livestock and the environment.* Commission of the European Community.

El-Sarafy, A. M., A. M. Aboul-Naga, and E. S. E. Galal. 1992. Cereal grain input in the small ruminant production system in the coastal zone of western desert of Egypt. Proceedings of the Joint ANPA-EAAP-ICEMAS Symposium, Rabat, October 1990. No. 49.

FAO. 1982. *Report on the agro-ecological zones project—Methodology and results for Africa.* Rome: FAO.

FAO. 2004. *FAOSTAT statistics database: Agricultural production and production indices data.* http://apps.fao.org/.

FAO/IFAD. 1982. *Report of the Sudan Stock Route Development Project: Preparation Mission.* Investment Centre. Report No. 10/82 DDC/SUD 18.

Fernandez-Baca, S., G. R. De Lucia Silva, and L. C. Jara. 1986. Milk and beef production from tropical pastures: An experience in the humid tropics. *World Animal Review* (FAO). Rome. No. 58: 2–12.

Finzi, A. 2002. *Integrated backyard systems.* Rome: FAO. http:www.fao.org/ag/aga/AGAP/FRG/ibys/default.htm.

Hanks, L. M. 1972. *Rice and man.* Chicago: Aldine Publishing Company.

Hecht, S. 1993. The logics of livestock and deforestation in Amazonia: Directly unproductive, but profitable investments (DUPS) and development. In Proceedings VII *World Conference on Animal Production,* Vol. 1, pp. 41–62. Edmonton, Alberta, Canada.

Humphrey, J. 1980. *The classification of world livestock systems.* A study prepared for the Animal Production and Health Division. FAO. AGA/MISC/80/3.

International Monetary Fund. 1992. *International Financial Statistics Yearbook.*

Jahnke, H. E. 1982. *Livestock production systems and livestock development in tropical Africa.* Kiel, Germany: Kieler Wissenschaftsverlag Vauk.

Jasiorowski, H. A. 1998. *Constraints and opportunities for the future use of animals in human society.* In Processing of the 8th World Conference on Animal Production. Seoul, South Korea: Seoul National University.

Johnson, J. E. 1975. Conflict and complementary in Asian animal feeding and food production. Prepared for Rockefeller Foundation Review of the Role of Animals in the Future World Food Supply, April 21–22, New York.

Jordan, T. G., M. Domosh, and L. Rowntree. 1994. *The human mosaic: A thematic introduction to geography.* 6th ed. New York: HarperCollins Publishers.

Jordan-Bychkov, T. G., and M. Domosh. 1999. *The human mosiac: A thematic introduction to cultural geography.* 8th ed. Reading, MA: Addison-Wesley-Longman.

McDowell, R. E. 1991. *A partnership for humans and animals.* Raleigh, NC: Kinnic Publishers, Kinnickinnic Agri-Sultants, Inc.

Otchere, E. O. 1984. Traditional cattle production in the sub-humid zone of Nigeria. ILCA/NAPRI *Symposium on Livestock Production in the Sub-humid Zone.* Kaduna, Nigeria.

Pradham, S. L. 1987. Integrated crop and small ruminant systems in Nepal. In *Small Ruminant Production Systems in South and Southeast Asia,* pp. 144–147. IDRC Proceedings of a workshop held in Bogor, October 1986.

Ruthenberg, H. 1980. *Farming systems in the tropics.* Oxford: Clarendon Press.

Sere, C., and H. Steinfeld. 1996. *World livestock production systems.* Rome: FAO.

Turman, E. J. 1986. *Agricultural animals of the world.* Stillwater, OK: Oklahoma State University.

United Nations. 1991. *World Urbanization Prospects 1990.* Department of International Economic and Social Affairs. ST/ESA/SER.A/121. New York.

Whittlesey, D. 1936. Major agricultural regions of the earth. *Annals of the Association of American Geographers* 26: 199.

Wilson, T. 1994. *Integrating livestock and crops for the sustainable use and development of tropical agricultural systems.* AGSP-FAO.

Winrock International. 1992. *Animal agriculture in developing countries: Technology dimensions.* August 1992. Morrilton, Arkansas, USA. 45p.

Wint, W., and D. Bourn. 1994. *Livestock distribution and the environment in sub-Saharan Africa.* ERGO, Oxford.

Yunlong, C., and B. Smith. 1994. Sustainability in agriculture: A general review. *Agric. Ecosyst. Environ.* 49: 299–307.

第二部分

动物科学中的生物学

第 5 章　营养概论
第 6 章　胃肠道及营养
第 7 章　饲料分类
第 8 章　遗传
第 9 章　动物育种
第 10 章　生物技术与遗传工程
第 11 章　动物繁殖
第 12 章　泌乳
第 13 章　动物行为学
第 14 章　动物健康

第 5 章

营养概论

学习目标

学完本章后，应该能够：

1. 定义营养学的概念和知道学习营养学的原因。

2. 解释什么是养分并且知道日常饮食中必需和非必需养分之间的差别，将养分分类，列出 50 种日常必需的养分。

3. 描述养分在体内的一般用途并且讨论影响动物对养分需求的主要因素。

4. 详述营养学家应用的 3 种主要的动物试验。

5. 定义并解释饲料养分分析。

6. 列出当前有关营养学的信息来源。

7. 总结本章所讲述的饲料鉴定的程序。

关键术语

粗蛋白	能量	维生素
粗纤维	平衡试验	无氮浸出物
代谢试验	日粮	纤维素
单胃动物	生产	消化率
弹式量热计	生长	消化试验
蛋白	使役	养分需要
发情周期	适口性	乙醚抽提
繁殖	饲料	饮食
反刍动物	饲料分析	应用或生产营养学家
干物质	饲料中的养分	营养
灰分	饲养试验	营养物质

基础营养学家	碳水化合物	育肥
矿物质	同行评论	脂肪
	维持	Van Soest 纤维分析体系

引言

营养学

对机体的需求和养分的获得、消化、转运和代谢机制的研究。

营养学是研究机体怎样利用养分去维持生命和进行生产的科学。营养学是一门非常复杂的科学。要想充分认识它，我们必须研究养分本身并且还要考虑动物是如何对它们进行消耗、消化、吸收、转运、代谢和排泄的。我们必须进一步考虑养分在机体内是怎样被用于生产的，并且还要考虑饲喂的经济学和饲喂不同的饲料、添加剂和药剂等对人类造成的潜在的影响。好的营养学是健康和好产品的基础。

在家畜的商业化生产中，研究营养学的重要性在于达到最佳的饲喂成本效果。依照企业计划类型，饲料和饲喂成本应该占整个家畜生产成本的 45%～75%。各种企业计划的总成本中，饲喂猪的花费应占总成本的 65%～80%，蛋鸡占 55%，肉仔鸡和火鸡占 65%，奶牛占 50%～60%，舍饲育肥肉牛占 70%，羊羔占 50%。

研究营养学的重要性在其他几个方面也能体现出来。营养学影响综合的健康水平，身体状态，身体机能，对疾病的易感性和抗病的能力。营养学同样也是许多机体系统中一个难以琢磨的部分。如果我们理解了营养学我们就可以理解这些系统了。研究营养学为你理解生命的基础生物学提供了绝好的机会——你不能在没有理解生命的基础上理解营养学，你也不能在没有理解营养学的情况下理解生命的基础。

单胃动物

只有一个胃。

反刍动物

有一个瘤胃并能在进食后再咀嚼反刍食物的动物。

基础营养学家

致力于阐明基础代谢、养分的作用及其相互之间作用的营养学家。

应用/生产营养学家

实践的营养学家。应用营养学家的工作主要是针对诸如成本效果、运输方法和胴体效应这样的问题进行研究。

营养学所涉及的领域是如此博大精深，因此营养学家有必要将它作为专门的学科来进行研究。这样的专门化就可以让每个营养学家都能跟上产业的快速变化和科学快速发展的步调。动物营养学家专门化研究的范围按照被研究的动物是**单胃动物**还是反刍动物分为两种类别。单胃动物营养学家聚焦于只有一个胃的动物，例如家禽、猪、马、狗、猫、鱼、大鼠、小鼠、豚鼠、猴子和一些动物园的动物。**反刍动物**营养学家专攻绵羊、山羊、奶牛/肉牛和其他野生的或被俘获的拥有瘤胃的动物种类。大多数营养学家都趋向于进入两个附加领域中的一个：**基础营养学家**或**应用/生产营养学家**。

基础营养学家研究动物的新陈代谢并且大部分是研究养分新陈代谢的生物化学机制。他们有时对知识本身特有的兴趣超过了对实践应用的兴趣。基础营养学家所获悉的知识对生产营养学家来说是重要的，他们可以依据基础营养学家所发现的知识去决定现实生活中的应用。应用或生产营养学家对在一套生产装置下饲喂动物所获得的最大化成本效果更感兴趣。他们探索很多能更好地利用饲料中养分的方法来获利。应用营养学经常进行“饲料和体重”的研究，但通常将基础科学转化应用到生产实践的确是复杂和困难的。我们经常会发现能跨越几个领域或根本就不服从被分类的营养学家。甚至为了成为一个好的营养学家，一个好的"专家"必须知道好几门学科的知识。这些学科包括了生物化学、细胞学、经济学、营销学、内分泌学、遗传学、无机化学、数学、微生物学、神经学、有机化学、物理学、生理学、兽医学和废物管理。

养分及其应用

如果想理解营养学，我们必须了解这些养分。"**养分**是指存在于饮食中能够支持正常的繁殖、生长、哺乳或维持生命过程的任何化学元素或化合物。"(Pond等，1995，第7页)养分分为日粮中必需的和日粮中非必需的。日粮中必需的养分必须是饮食中的一部分。这一类的养分有水、碳水化合物、维生素、矿物质、蛋白质和脂肪(油脂)。能量也是机体必需的，但它不属于直接养分。碳水化合物、蛋白质和脂肪都可以通过它们的分解产物给动物提供能量。50种日粮中必需的养分在图5-1中给出。

养分
在饮食中的一种物质，它可以维持机体的正常功能。

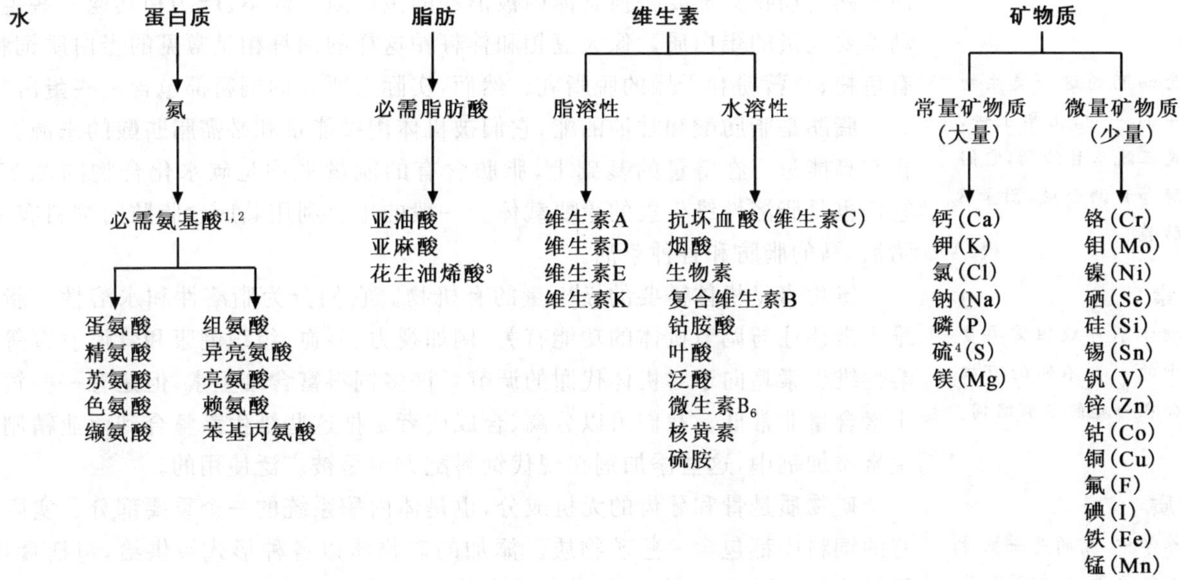

图 5-1 必需养分

1. 必需氨基酸的记忆图＝MATT HILL VP。
2. 对于家禽，还有另外2个氨基酸是必需的：氨基乙酸和脯氨酸。
3. 花生油烯酸可以从亚油酸中合成，所以只有在缺乏亚油酸或其量很少时花生油烯酸才是必需的。
4. 作者对将硫列在常量矿物质还是微量矿物质中举棋不定，这主要是因为机体只需要非常少量的无机磷但却需要大量的含有硫的氨基酸(有机磷)。

在许多营养学的讨论中经常忽视水的作用。看来很奇怪，身体失去水会比失去其他任何养分死亡的更快。水在机体内被用作润滑剂、体温调节剂、体内固体成分的溶剂；在体内的流体例如血液、淋巴液、尿液和汗液中作为转运的媒介；并参与体内的反应。动物通过饮水和吃含有水分的食物以及利用体内降解蛋白质、碳水化合物和脂肪所产生的代谢水来满足它们对水的需要。在需要多少水和消耗多少其他的养分之间存在着直接、绝对的关系。

碳水化合物是糖、淀粉和纤维素。碳水化合物主要作用是提供给动物能量。机体内的工作（化学反应）需要能量。谷物可以用于饲喂家畜，因为它们含有的淀粉和糖类是容易被消化的碳水化合物，动物很容易将其作为能量利用。**纤维素**是草料例如新鲜牧草、青贮料和干草中主要的碳水化合物。它是食草动物例如牛、羊、骆驼和马的重要的能量来源。在大多数普通的饲料中碳水化合物在其养分含量中占绝大部分比例。

蛋白质由氨基酸长链组成。它们在机体内的主要的作用是作为组织、酶、激素和机体代谢物的组成成分。如果饮食中含有多余的蛋白质，它们将被当作能量利用。动物需要蛋白质的量是大不相同的，这主要是由饲喂的饲料种类、动物的年龄以及不同动物的种类决定的。年幼的动物需要蛋白质来构建其身体（生长），而成熟的动物只需要替换其体内被消耗的蛋白质。怀孕、产奶和其他一些生产活动需要大量的蛋白质。像大豆粕和棉籽粕这样的油籽粕是常见的蛋白质饲料，还有鱼粉、苜蓿粉和干燥的脱脂乳。然而，实际上所有的饲料都包含一些蛋白质。

脂肪是脂肪酸和甘油的酯，它们被机体用做能量和必需脂肪酸的来源。脂肪含有高能量。在等量的基础上，脂肪含有的能量平均是碳水化合物的 2.25 倍。它们也是脂溶性维生素的重要载体。一般的主要利用其所含脂肪的饲料有牛油、猪油、马的脂肪和各种菜油。

维生素是机体需要的极少量的有机物。它们分为脂溶性和水溶性。脂溶性维生素往往与调节机体的功能有关，例如视力、凝血、组织健康和骨骼发育等。水溶性维生素趋向于对机体代谢的调节。许多饲料富含维生素，但是有一些饲料维生素含量非常低。我们可以分离、合成或者是把这些维生素整合到商业精制的维生素添加剂中，这些添加剂在现代饲料配方中是被广泛使用的。

矿物质是骨和牙齿的无机成分，也是体内酶系统的一个重要部分。实际上所有的饲料中都包含一些矿物质。添加的矿物质以各种形式被供给，包括食盐、微量矿物盐、牡蛎壳、石灰、骨粉和很多其他的形式。

饲料的营养价值是完全可变的。我们应根据不同目的来选择饲料为动物提供合适的**饲粮**。例如，一些含有高能量养分的饲料可以用作肥育日粮或用于牛奶和蛋的生产。当富含蛋白质的饲料与维生素和矿物质的混合物被添加到能量饲料中时，一个最适合生产的**日粮**就诞生了。

碳水化合物
是对多羟基醛或酮或可以水解得到它们的物质的化学定义。

纤维素
由数以千计的葡萄糖分子组成的碳水化合物，它能够形成植物的支撑结构。

蛋白质
由氨基酸结合体组成的化合物。

脂肪
被称为油脂的这一类生物分子中的一种，化学上讲，脂肪是三酰基甘油酯，它们由乙醇和甘油合成，附带 3 个脂肪酸。

维生素
它是机体不可缺但需要量非常少的一批不同的有机物组合在一起的专有名词。

矿物质
在营养学中，指的是一批特殊的无机元素，它们早已被证实了是一种或多种动物生命维持所必需的。

饲粮
被一只动物所吃掉的所有的饲料，其中包括水。

日粮
在 24 h 内专门分配给一只动物的饲料。

身体功能与营养需要

动物需要养分来运行身体内的新陈代谢来实现各种各样的目的，包括维持、生产和繁殖。一只动物到底需要多少必需养分？这个量由许多不同的因素决定。明显的种间差别与不同的消化道类型和特有的新陈代谢的类型有关。其他的因素像生产水平和特殊的产品，或者是产品的联合（使役、胎儿、生长、奶、蛋和纤维）都很重要。我们应该添加充足的养分来满足所有动物当前的需要（图 5-2）。养分之间经常会相互作用而产生影响，这就会导致动物个体对养分需要量的增加或减少。因此，营养学家的工作就复杂了。营养学家想做好他们的工作就必须要了解机体对养分的需要。机体对养分的需要将在后面单独讨论。

图 5-2 身体功能决定了养分的需要。马驹需要额外的特殊养分来满足生长需要，母马需要额外的养分来满足哺乳（Alan D. Carey 摄，Getty Images，Inc./Photo Disc，Inc. 提供）

维持最简单地讲就是指身体在重量和体温方面保持恒定。维持营养需要就是指进行基础代谢（如心跳和呼吸行为）和正常的动物活动时总共所需要的养分。正常的活动水平经常会发生很大的变化。

维持
是动物专门为了满足生产功能，像生长、劳役或产奶的需要。

安稳的马术马站在齐膝的优良草地中吃着一天饲喂给它们两次的桶装燕麦，另外是一匹在农场自由放养的野马不得不自己找食并且还要躲避各种各样的危险，我们来想象一下它们之间基本活动的不同。在生产过程中我们很少仅仅以维持动物的生命来作为目标。但是，在让动物生产任何有用的产品之前我们必须先满足它们维持的需要。因此，维持是生产过程中必须首先被满足的第一需要。因为能量占维持需要的很大一部分，所以我们通常用高脂肪和高碳水化合物的饲料来提供维持的需要。

生长是通过增加机体内已经存在的组织来增加体重的过程。在生长的过程中，机体需要高质量且大量的养分来构建它们的结构单位。所有被需要的养分都是必需的并且平衡也是至关重要的。因为身体内每一个系统都是在变化发展的，所以在生长阶段需要大量的养分，并且很容易发生营养不良。

生长
在身体内已经存在的组织中增加相似的组织来增大一个有机体，一直到成熟，即停止生长。

育肥是肉用动物最终的生长发育和被养肥的过程。在育肥过程中需要所有的养分，但是能量在这一过程中需要量最大。在育肥过程中需要能量饲料来提供构成瘦肉组织、骨头和脂肪所需要的能量。作为整个饮食中一部分的蛋白质，在这一过

育肥
通常指最终饲养动物直到其可以满足市场需要的阶段。

程中的需要量少于在生长和生产中的需要量。在育肥过程中我们依赖高碳水化合物和高脂肪的饲料主要是因为它们通常比富含蛋白质(图 5-3)的饲料便宜。

图 5-3 饲喂用于屠宰的育肥牛主要是为了维持、生长和脂肪沉积。(USDA 提供)

生产

为一般术语,用来描述可用产品的产出和动物的劳役。

生产指产品的产出,像蛋、奶和毛。生产过程中养分的需要随产品的变化而变化。哺乳期是成熟动物所有生产功能中对养分要求最苛刻的。奶含有水、蛋白质、脂肪、维生素和矿物质并且生产它也需要额外的能量。蛋含有蛋白质、脂肪、矿物质、维生素和水。饮食必须是有选择性的并且日粮中养分要平衡好来达到最佳的成本效果。其他类型的生产需要专门的养分来用于产品或联合的产品生产(图 5-4)。

图 5-4 根据蛋、奶、毛生产需要来制定专门的养分水平。(Marty Traynor 提供)

使役是一种专门的生产功能并是一些特殊物种的主要产品，例如使役马，使役狗和驮运骆驼。使役最需要增加的养分是能量(图 5-5)。碳水化合物通常在提高饮食中能量含量方面具有最好的成本效果，因此富含碳水化合物的饲料通常被用于满足这种需要。

使役
生产功能的物理运用。

繁殖活的、正常的后代是一个物种能够幸存的基本生物学需要。成本效率农业就是我们必须有效地在从当前一代动物身上得到产品的同时努力得到新一代的动物。除了维持和生产之外我们要提供充足的养分来满足繁殖功能。缺乏营养会出现反常的或延迟的**发情周期**；减少一季所产小牛和羊羔的总数；在猪、狗以及其他多胎动物中产出小而弱的一窝后代；家禽中出现低产蛋量或低孵化力。高产动物经常是我们所面对的最有困难的动物。妊娠末 3 个月对于繁殖母畜来说是最具决定性的。必须增加能量和蛋白质的供给，而且在这期间对几种矿物质和维生素的需要也会增加(图 5-6)。

繁殖
一系列行为的组合，是一种生物直接为了产生后代的生物学功能。

发情周期
是指母畜(发情或高潮)从一个性接受到下一个性接受的时间。

图 5-5 使役是一种特殊的生产功能，它需要在动物饮食中添加额外的能量。(Underwood & Underwood Studios 提供)

图 5-6 母牛必须给它的小牛哺乳，哺乳的同时还要孕育它的下一个小牛。

饲料分析

消化率
指饲料中营养成分被化学分解为单一形式并被机体的消化系统吸收的这一程度的度量。

适口性
用于消费的饲料和日粮的可接受性。

饲料
用于饲喂动物的食物。

适当地饲喂家畜需要有一定的营养知识，这些知识应建立在有关饲料中可利用的养分和配平这些养分来满足物种生理需要的问题上。一个全面评估过程要考察养分复合物、**消化率**、生产价值、**适口性**和**饲料**的物理或加工性能。饲料分析也要提供关于饲料收割和贮存的信息，从而有助于获得最高质量的饲料和生产者的最大利润。

有 3 种基本的分析方法通常用来分析饲料中的养分含量。化学分析方法是对饲料的化学应用。生物学分析方法是利用动物来测试饲料。这一方法需要耗费更多的时间、劳力和财力，但是它却是较好的评估动物利用饲料的方法。我们也用一些动物作为其他物种的模型来节省开支（比如说用老鼠来做猪的模型）。第三种方法是微生物分析方法，除了用一些细菌来代替更高级的动物外，其他都与生物方法相似。

组分分析是一套化学或解析的过程，设计将饲料分解成水、灰分、粗蛋白、乙醚抽提物、粗纤维和无氮浸出物。组分分析是用于饲料分析的最普通的一套化学测试方法。它提供的信息有时是令人误解的甚至是错误的。然而，组分分析现在仍然在使用并且将来还会继续使用下去。因此，好的营养学家在知道它的价值的同时也必须知道它的局限性。图 5-7 阐明了一种饲料是如何被进行组分分析的。

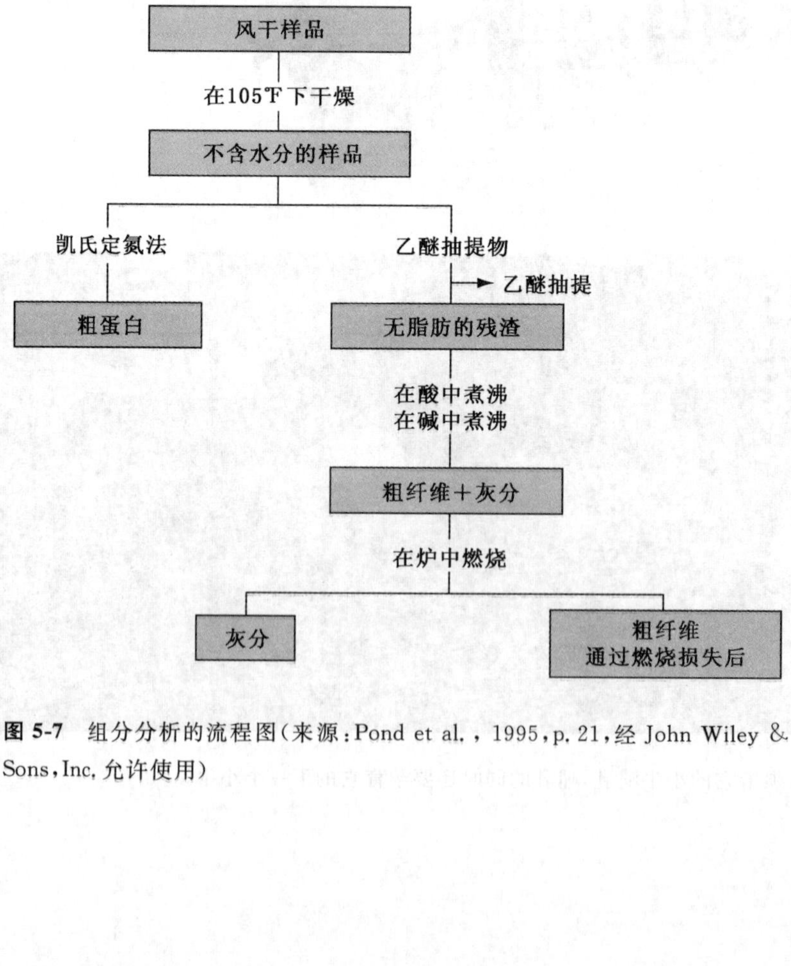

图 5-7　组分分析的流程图（来源：Pond et al.，1995，p. 21，经 John Wiley & Sons，Inc. 允许使用）

干物质测定是由加热一种饲料样品使其水分完全蒸干。无水样品中的百分比指的就是样品中的干物质。为了合适地配平一种日粮并且知道每一种组分要有多少混入到日粮中，那么必须要确定干物质组分。

干物质
饲料中除去水的其他所有物质。

灰分是饲料中的矿物质含量。它是由在一个温度非常高的烤炉中（500～600°C）燃烧一种干燥的样品除去其所有的有机物质后剩余下的部分。灰分目前的价值是无关紧要的，但我们必须知道在饲料中有多少灰分以便进行其他的计算。在一些饲料的副产品中，灰分的含量可能是相当高的。我们需要更多的关于灰分的详尽的分析来帮助营养学家平衡日粮中的各种矿物质含量。

灰分
饲料中的矿物质成分。

粗蛋白（CP）是由凯氏定氮过程决定的，此方法分离并测量了饲料中的氮。蛋白质平均含有16%的氮。总氮乘以6.25后计算出粗蛋白的含量。这个名字也暗示了这是一个测量营养价值的粗略的方法。饲料中发现的任何氮都被称为粗蛋白。这个测量法的粗糙之处在于不涉及太多的关于反刍动物的问题，反刍动物可以在瘤胃中利用非蛋白质形式的氮（NPN）来制造真正的蛋白质。对于单胃动物和还未成熟的反刍动物来说粗蛋白的价值很小，因为氨基酸的含量才是被需要的信息。现代的分析技术可能在不久的将来使这些实验室过程废除。（NPN指非蛋白氮。在饲料中发现的所有不属于蛋白质分子的那部分的氮都归为这一类。）

粗蛋白
是一种评估蛋白质含量的方法，它是用一个因子乘以物质中氮的含量计算获得，这个因子通常是6.25。

将干燥的样品用乙醚萃取来测定**乙醚抽提物**（EE）（脂肪）。乙醚从剩余的样品中抽提出脂肪。但是，一些植物原料中除了脂肪之外还有其他可溶于乙醚的物质，这些物质中包括很多有机化合物，像叶绿素、挥发性油脂、树脂、色素和有很少营养价值的植物蜡。测试的目标是分离含有高热量的饲料部分。测定值大小与被测定的饲料有关。

乙醚抽提物
在组分分析方法里，样品中的一部分物质被脂溶性溶剂例如乙醚抽出提走。

碳水化合物（CHO）不能被直接测定分析。由于这个原因，碳水化合物可以分为两部分测定：**粗纤维**（CF）和**无氮浸出物（NFE）**或非纤维碳水化合物。粗纤维过程就是试图模仿在真正的胃和小肠中的消化。粗纤维由纤维素、半纤维素和不能溶解的木质素组成。无氮浸出物通过减法测定而不是直接用化学方法。由于不是直接"浸出物"，所以使这个方法容易混淆并且有时是让人难以理解。在饲料中的水分、灰分、粗蛋白、纤维和脂肪被加在一起并拿100去减，得到的值就是NFE的值。在理论上，NFE应该是很容易被利用的碳水化合物，就像糖和淀粉一样。但实际上，自从它从减法中得出，它就包含了所有分析误差并且一般也被认为包含了一些半纤维素和木质素。这些误差在对草料的分析中就更常见了，因为草料中含有更多这种成分。限制组分分析系统的最大的问题是粗纤维和NFE部分。有时NFE比CF可消化的少，例如草料。这种矛盾在单独测试它们的含量时不存在。因为碳水化合物是动物饮食中的一大部分，并且不同的物种对不同的碳水化合物有着不同的利用能力，这一点就导致了组分分析方法中存在的最大问题。

粗纤维
在组分分析方法里，经过在酸和碱中煮沸后仍有不能溶解的碳水化合物残留在饲料中。

无氮浸出物（NFE）
在组分分析方法里，一种计算容易利用的碳水化合物的方法，即用100减去所有测得的近似成分。

Van Soest方法是一个可供选择的用于纤维分析的方法（图5-8），它是一个发展起来的能更好地对草料进行分析的方法，正好弥补了组分分析的不足。细胞的内容物基本上能被反刍动物完全地消化，但是动物对细胞壁的消化能力却大不相同。这些不同能被植物的种类和成熟的阶段所解释。Van Soest 分析体系已经被采用了。它能够用于预测被动物采食和消化的饲料的量并且是评估草料中热破坏的一种方法。

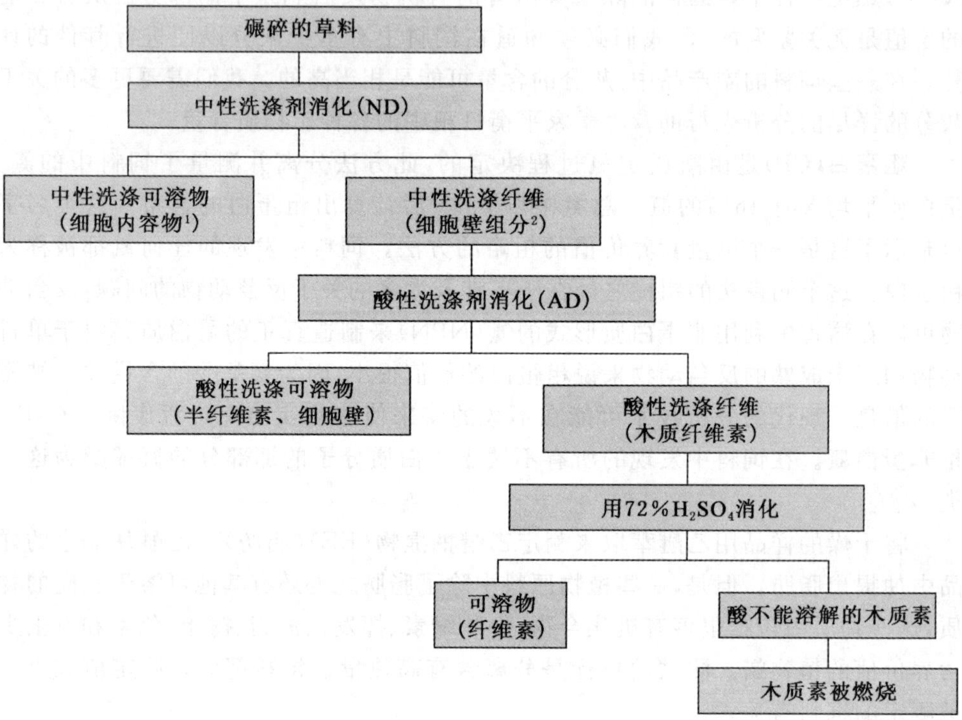

图 5-8 Van Soest 纤维分析法的流程图。(来源:Jurgens，M. H. 1993，p. 58，. 经允许使用)

1. 细胞内容物包括糖、淀粉、可溶性碳水化合物、胶质、蛋白质、NPN、油脂和各种维生素。
2. 细胞壁组分包括纤维素、半纤维素、木质素、硅和热破坏蛋白质。

维生素必须被单独地化验。生物学的化验只能用于一些维生素；其他的要由化学分析方法来测定。

弹式量热计
是一个能将物质放在其中，并在高压氧气的条件下点燃的装置。

普通饲料中的能量含量的测定是营养学中非常重要的部分。一个称作**弹式量热计**的工具可以用于测定饲料中总的能量含量。总能用卡来表示，1 cal 指将 1 g 水的温度从 14.5℃升高到 15.5℃时所需要的热量。总能本身没有多少价值，它主要是用来计算其他的能值。例如，如果我们知道了在饲料和粪中含有多少能的话，我们就能计算出有多少能量被消化和吸收。

其他的饲料分析方法也被应用，并且为了更好地帮助营养学家，其中很多已经进行了改进。例如，红外线正在被用于饲料分析。水分、油脂、蛋白质和纤维含量经常用这种方法来测定，尽管钙、磷、盐和其他一些成分也被测定了。这种分析方法已经比其他分析方法在速度上具有明显的优势。但是校对这种机器需要各种饲料的各种样品。并且需要的设备很昂贵，这也使投入成本成了问题。

动物的饲料价值评定

饲料的化学分析方法很重要，它在测定动物的饲料价值时只需一步。我们必须在知道饲料是如何影响动物的情况下使用化学分析方法。这样，我们就可以在饲喂有问题的饲料时控制试验了。动物试验有 3 种主要的类型：**饲养试验**、**消化试验**和**代谢试验**。

从这几种类型试验集中得到的信息可以让我们决策许多事情并且最终发展饲养标准和在不同的生产水平下对饲养动物的建议。许多因素影响了动物对饲料中养分的利用，其中包括动物的种类和消化道的类型、动物的年龄、生理状况（妊娠、生长、泌乳等）、饲料的形状（颗粒状、破碎状、粉末状等）、养分平衡和其他更多。总而言之，对各种类型的动物来说，用于测定饲料价值的试验类型都是一样的，只有在所需程序上有较小幅度的改变。

饲养试验是用来测定动物吃掉饲料后对饲料的反应。它不会告诉我们事情发生的原因。它只告诉我们发生了什么。一般的饲养试验包括生长试验、泌乳试验、产蛋、耐受力（如马）、甚至一些详细的身体功能的测定（精子数、骨钙水平等）。

消化试验专门用来测定饲料被动物消化和吸收的程度。消化试验能够研究饲料中的任何养分。在消化试验里，我们饲喂给动物已经经过化学分析的饲料或食物来测定它们的养分组成。在饲喂的过程中我们收集动物的排泄物。接着我们将用化学分析法来测定这些排泄物中残存的养分。这样我们就可以根据饲喂的养分和排泄的养分之差来计算出消化系数，并且还能计算出消失养分的百分比。所有的养分都可以计算出消化系数。消化系数和消化率这两个术语是同一个意思。接下来的公式是用来计算消化系数的：

$$\text{养分的消化率}=\frac{\text{采食的养分}-\text{粪中的养分}}{\text{采食的养分}}\times 100\%$$

下面的例子阐明了计算消化系数的基本步骤：

在消化试验的过程中，1 只公牛吃了 88 lb 的干草。干草中含有 11.8%的粗蛋白。消化试验一共维持了 7 d。在这期间公牛排出了 203 lb 的粪便，分析得出其中含有 1.3%的蛋白质。

1. 计算干草中蛋白质的消化系数：

$$\begin{aligned}\text{蛋白质的消化率}&=\frac{\text{食入总蛋白}-\text{排泄出的总蛋白}}{\text{食入总蛋白}}\times 100\%\\&=\frac{(88\ \text{lb}\times 11.8\%)-(203\ \text{lb}\times 1.3\%)}{(88\ \text{lb}\times 11.8\%)}\times 100\%\\&=\frac{10.38-2.64}{10.38}\times 100\%\\&=\frac{7.74}{10.38}\times 100\%\\&=74.6\%\end{aligned}$$

饲料
作为动物食物的任何物质。

饲养试验
一种比较简单的实验手段，就是通过饲喂动物来测定它们对添加在饲料中的特殊的饲料和物质的反映。

消化试验
一种实验手段，用来测定特殊饲料、养分或日粮的可消化力。

代谢试验
一种高级的消化试验，能够测量机体对养分的利用。

2. 计算干草中可消化的蛋白质的含量(DP):

DP=粗蛋白含量×%消化率

在这些例子中,草料中的粗蛋白含量是 11.8%并且蛋白质的消化率是 74.6%。因此,干草中含 11.8 × 74.6%=8.8%的 DP。

TDN(可消化营养成分总量)是在过去被广泛地用于平衡家畜的日粮的一种量度。在饲料的碳水化合物相等的基础上,它被当作消化能。TDN 被用于计算饲料样品中粗蛋白、乙醚抽提物、粗纤维和 NFE 的消化系数。包括含有能量的组分(不包括水和灰分)。下面的例子阐明了计算 TDN 的基本步骤:

成分	饲料中的含量(%)	×	消化率百分数	=	比例 TDN(%)
粗蛋白	10	×	75	=	7.5
乙醚抽提	5	×	80×2.25	=	9.0
粗纤维	5	×	60	=	3.0
NFE	70	×	90	=	63.0
			%TDN 饲料中	=	82.5

注:对于许多学生来说,最使人困惑的问题之一是如何掌握十进制小数点。当你拿一个百分数去乘以另一个百分数后希望得到一个百分数(就像在 TDN 例子里),只要将一个所乘数(任何一个)的小数点向左移动两个位置,那么在最后答案中的小数点就在你所期望的位置上了。

干物质基础(DM)的饲料组成

饲料的养分含量通常在风干基础上或干物质基础上来计算。在平衡饲料日粮时,来回转换它们是很重要的。接下来的例子就是用 TDN 的例子来说明它们之间的转换:

$$\frac{\text{风干基础上的 TDN 值}}{\text{饲料中的干物质含量}}\times 100\% = \text{在干物质基础上的 TDN 值}$$

对于干草来说,TDN 在风干基础上的 TDN 值为 50.4%,也称作在实样基础上。接下来的步骤将它转换为以干物质的基础:

$$\frac{50.4}{0.91\ (\text{水分含量是 }9\%)}\times 100\% = 55.4\%\ \text{TDN}$$

这一步对于其他的养分也同样适用,下面来以粗蛋白(CP)为例:

$$\frac{13.0\ (\text{风干基础上})}{0.91\ (\text{饲料中的干物质含量})}\times 100\% = 14.3\%\ \text{CP 在干物质基础上}$$

能量测定

不同动物需要能量的量大不相同。选择正确的单位能使运算变得简单并且还能使数字变得简明易读。度量能量的单位最常用的有：

卡(cal)＝将1 g水的温度从14.5℃升高到15.5℃时所需要的热量。

千卡(kcal) ＝将1 000 g水的温度从14.5℃升高到15.5℃时所需要的热量，1 000 cal。

兆卡(Mcal)＝1 000 kcal或1 000 000 cal。

在人类的营养学中，千卡被用来度量和描述能量，但是我们经常错用卡。对于宠物品种，一般用千卡并且被指出是正确的。在家畜的营养中经常用兆卡，因为这些物种需要大量的能量。80 Mcal和80 000 kcal代表同样数量的能量。在计算配合日粮时用小数字更方便。

养分的能量含量

碳水化合物、蛋白质和脂肪都为动物提供了能量。然而，它们的能量含量(能量密度)大不相同。碳水化合物含大约4.0 kcal/g的能量，而蛋白质平均含有大约5.65 kcal/g的能量。但是，大约1.65 kcal/g的能量以尿素的形式从尿中流失。大多数碳水化合物含有的平均总能值大约4.4 kcal，但是，一些能量是不能被消化的，因此我们通常调整能值到4.0 kcal/g来进行补偿。蛋白质的总能量(5.65 kcal/g)比碳水化合物高，但是当蛋白质被用作能量来源时大约有1.65 kcal/g以尿素的形式从尿中流失，因此，它的净能和碳水化合物的差不多相同：4.0 kcal/g。所以，碳水化合物和蛋白质在计算TDN时的能值是一样的。脂肪大约含有9.0 kcal/g的能量。脂肪的能值是碳水化合物和蛋白质能值的2.25倍(9.00/4.00 ＝ 2.25)，因为它是在度量单位中含有较高的能量。这就是在进行TDN计算时用2.25作为脂肪的校正因子的原因，这就是TDN为何作为一个在碳水化合物相等的基础上对饲料的消化能(DE)进行评估的方法(图5-9)。图5-9中所示，各种框中表示的从饲料中损失的能量的值由各种因素决定，包括饲料的种类、饲料的消化率和动物的种类。图5-9中括号里的数字代表了能量损失的范围。在粪能损失量通常是最大的而且更易变。高消化率的饲料在粪能损失的量极少，低消化率的饲料损失量大。这些损失在消化期间、新陈代谢过程、反刍动物和马体内的微生物发酵产热过程中发生。热损失是第二大和易变的能量损失。

能量利用率

动物身体内部所有能量的转化都是为了让能量转化成一些有用的东西，就像将它们用于维持和生产，例如产肉、产奶、产毛和产蛋。热损失在全局中也是有用的，因为它可以帮助动物维持体温。越好的饲料产净能率越高。代谢能针对不同的生产功能有不同的效率，它在有些物种中比在其他物种中尤为重要。由于这个原因，我们针对不同的物种，在配合日粮中采用不同的能量单位。图5-10中概括

总能(GE)(4.4 kcal/g 碳水化合物平均水平)
(5.65 kcal/g 蛋白质平均水平)
(9.0 kcal/g 脂肪平均水平)

排泄损失(10%～75% GE)	尿损失(2%～5% GE)	气体(CH_4)(5%～8% GE)	热损失或热增耗(15%～40% GE)	维持、产肉、产奶、产蛋、产毛劳役等等

← 净能(NE) →
← 代谢能(ME) →
← 消化能(DE) →

因此，计算饲料中各种能值(DE，ME和DE)的公式如下：

GE－排泄损失＝DE
DE－气体和尿＝ME
ME－热损失＝NE

图 5-9 划分饲料中能值的示意图。(来源:Wagner,1977,经允许使用)

了针对身体的各种生产功能的不同能量的利用率。这些都与 TDN 有关。接下来的公式就是用来将 TDN 转化成消化能和代谢能的：

1 lbTDN ＝ 2.0 Mcal DE 或 1.7 Mcal 的 ME

代谢试验是更先进的消化试验。如果我们想测出一些物质例如尿和毛发的损失,我们就可以将消化试验更换为代谢试验。代谢试验的一种特殊的类型是平衡试验。平衡试验的目标是测出总的采食和排出量,用于计算动物体的吸收量。机体内养分的净吸收量是正平衡，而净亏是负平衡。因此,代谢试验主要是为动物进行吸收后的营养学研究提供信息。平衡试验经常用于研究蛋白质、能量和矿物质。要收集的样品包括粪、尿、排出的气体、奶、蛋、蜕的皮、脱落的毛发、掉的羽毛、汗和热损失的总量。

平衡试验
是代谢试验的一种,用于测定动物体对特殊养分的吸收量。

	生产功能	效率
ME	维持	～70%
	产奶	70%
	生长	65%～70%
	肥育(肉牛)	35%～58%
	肥育(同时产奶)	70%
	劳役	70%

图 5-10 代谢能利用率。(来源:Wagner,1977,经允许使用)

营养需要

因为所有化学测定和所有动物试验的结果都是一套各种动物的营养需要,它们通常用于农业、科研并作为它们必不可少的伙伴被发展。国家研究委员会是国家科学研究院的一个分支,它发表了在不同生产时期饲养动物的营养需要和建议。它所发表的内容都是最新的，并且是定期公布的，是可利用的最好的信息。发表的内容包括全面地介绍一般营养学和各种物种对养分的需要，同时还有关于各物种通用饲料的饲用价值的信息。表 5-1，表 5-2，表 5-3 和表 5-4 就是关于这些发表物的例子。这些内容最终成为了动物营养学可信的信息来源。它们包括肉牛、猫、鱼、奶牛、狗、山羊、马、实验动物、貂、狐狸、非人灵长类、家禽、兔、绵羊和猪的营养需要。

表 5-1 通常饲喂给家禽和猪的饲料的部分养分含量(风干物质基础)

饲　料	(IFN)	DM /%	CP /%	赖氨酸 /%	维生素 E /(mg/kg)	烟酸 /%	硫胺 /%	Ca /%	P /%	脂肪 /%	猪 ME /(kcal/kg)	家禽 ME /(kcal/kg)
紫花苜蓿粉，脱水	1-00-023	92	17.4	0.73	111.0	37.0	3.4	1.40	0.23	2.8	1 705	1 480
面包的废弃物，脱水	4-00-466	92	9.8	0.3	41.0	26.0	2.9	0.13	0.24	11.7	3 600	3 630
玉米，凹痕，黄色，颗粒	4-02-935	88	8.5	0.54	20.9	23.0	3.7	0.03	0.28	3.6	3 420	3 350
玉米，面筋粉，60%	5-28-242	90	61.2	1.0	23.4	60.0	0.3	—[1]	0.44	1.8	3 585	—
甜菜蜜	4-00-668	78	6.6	—	4.0	41.0	—	0.12	0.03	0.2	2 320	1 980
燕麦，颗粒	4-03-309	89	11.8	0.4	14.9	14.0	6.0	0.08	0.34	4.7	2 735	2 543
高粱，颗粒(milo)	4-04-444	89	8.9	0.27	12.1	37.0	4.1	0.03	0.28	2.8	3 230	3 310
小麦麸	4-05-190	87	15.5	0.6	14.3	197.0	8.4	0.13	1.16	4.0	2 268	1 270

来源：Various National Research Council Publications.

1. 指这种饲料不含大量的这类养分。

表 5-2 在 100%干物质的基础上通常饲喂给反刍动物和马的饲料的养分含量

饲　料	(IFN)	DM /%	CP /%	ADF /%	Ca /%	P /%	TDN 肉牛 /%	NEm[1] 牛 /(Mcal/kg)	NEg[1] 牛 /(Mcal/kg)	NEL 奶牛 /(Mcal/kg)	DE 马 /(Mcal/kg)
紫花苜蓿，干草，中花期	1-00-063	90	17.0	35	1.37	0.22	58	1.24	0.68	1.30	2.3
雀麦草，上好的，干草	1-05-887	88	16.0	35	0.29	0.37	68	1.60	0.97	1.55	2.13
玉米，青贮	3-28-250	33	8.1	28	0.25	0.22	70	1.60	1.03	1.60	2.68[2]
棉籽，粉，溶胶	5-01-873	91	48.9	21	0.17	1.0	75	1.79	1.16	1.72	3.01[3]
燕麦	4-03-309	89	13.3	16	0.07	0.38	77	1.85	1.22	1.77	3.20
鸭茅，干草	1-03-425	89	15.0	34	0.27	0.34	65	1.47	0.88	1.47	2.17

来源：Various National Research Council Publications.

1. 生长期的牛用于维持和生长的净能值。

2. 用于 IFN# 3-02-912 的值。

3. 用于 IFN# 5-01-621 的值。

表 5-3 自由采食的猪每日摄取的养分和养分需要

摄取量和性能水平	猪的活重/kg				
	1～5	5～10	10～20	20～50	50～110
预期增重/(g/d)	200	250	450	700	820
预期饲料摄取量/(g/d)	250	460	950	1 900	3 110
预期效率/(肉/料)	0.800	0.543	0.474	0.368	0.264
预期效率(料/肉)	1.25	1.84	2.11	2.71	3.79
摄取的消化能/(kcal/d)	850	1 560	3 230	6 460	10 570
摄取的代谢能/(kcal/d)	805	1 490	3 090	6 200	10 185
能量含量/(kcal ME/kg 日粮)	3 220	3 240	3 250	3 260	3 275
蛋白质/(g/d)	60	92	171	285	404
养 分	每天的需要				
必需氨基酸/g					
精氨酸	1.5	2.3	3.8	4.8	3.1
组氨酸	0.9	1.4	2.4	4.2	5.6
异亮氨酸	1.9	3.0	5.0	8.7	11.8
亮氨酸	2.5	3.9	6.6	11.4	15.6
赖氨酸	3.5	5.3	9.0	14.3	18.7
蛋氨酸+胱氨酸	1.7	2.7	4.6	7.8	10.6
苯基丙氨酸+酪氨酸	2.8	4.3	7.3	12.5	17.1
苏氨酸	2.0	3.1	5.3	9.0	12.4
色氨酸	0.5	0.8	1.3	2.3	3.1
缬氨酸	2.0	3.1	5.3	9.1	12.4
亚油酸	0.3	0.5	1.0	1.9	3.1
矿物质元素					
钙/g	2.2	3.7	6.6	11.4	15.6
总磷/g	1.8	3.0	5.7	9.5	12.4
可利用磷/g	1.4	1.8	3.0	4.4	4.7
钠/g	0.2	0.5	1.0	1.9	3.1
氯/g	0.2	0.4	0.8	1.5	2.5
镁/g	0.1	0.2	0.4	0.8	1.2
钾/g	0.8	1.3	2.5	4.4	5.3
铜/g	1.50	2.76	4.75	7.60	9.33
碘/g	0.04	0.06	0.13	0.27	0.44
铁/g	25	46	76	114	124
锰/g	1.00	1.84	2.85	3.80	6.22
硒/g	0.08	0.14	0.24	0.28	0.31
锌/g	25	46	76	114	155
维生素					
维生素 A/IU	550	1 012	1 662	2 470	4 043
维生素 D/IU	55	101	190	285	466
维生素 E/IU	4	7	10	21	34
维生素 K(甲萘醌)/mg	0.02	0.02	0.05	0.10	0.16
生物素/mg	0.02	0.02	0.05	0.10	0.16
复合维生素/g	0.15	0.23	0.38	0.57	0.93

续表 5-3

摄取量和性能水平	猪的活重/kg				
	1～5	5～10	10～20	20～50	50～110
叶酸/mg	0.08	0.14	0.28	0.57	0.93
可利用的烟酸/mg	5.00	6.90	11.88	19.00	21.77
泛酸/mg	3.00	4.60	8.55	15.20	21.77
核黄酸/mg	1.00	1.61	2.85	4.75	6.22
硫胺/mg	0.38	0.46	0.95	1.90	3.11
维生素 B_6/mg	0.50	0.69	1.42	1.90	3.11
维生素 B_{12}/mg	5.00	8.05	14.25	19.00	15.55

来源：Nutrient Requirements of Swine, 9th ed., 1988, p. 51, National Research Council。

表 5-4 马每日的营养需要

动物		体重/kg	日增重/kg	DE/Mcal	粗蛋白/g	赖氨酸/g	钙/g	磷/g	镁/g	钾/g	维生素 A/10^3 IU
成年马											
维持		600		19.4	776	27	24	7	9.0	30.0	18
种马		600		24.3	970	34	30	21	11.2	36.9	27
怀孕母马	饲养季节										
	9 个月	600		21.5	947	33	41	31	10.3	34.5	36
	10 个月			21.9	965	34	42	32	10.5	35.1	36
	11 个月			23.3	1 034	36	44	34	11.2	37.2	36
泌乳母马											
	产驹到 3 个月	600		33.7	1 711	60	67	43	13.1	55.2	36
	3 个月到断奶	600		28.9	1 258	44	43	27	10.4	39.6	36
使役马											
	轻劳役	600		24.3	970	34	30	21	11.2	36.9	27
	中度劳役	600		29.1	1 164	41	36	25	13.4	44.2	27
	重劳役	600		38.8	1 552	54	47	34	17.8	59.0	27
生长期马											
断奶，4 个月		200	1.00	16.5	825	35	40	22	4.3	13.0	9
断奶，6 个月											
	适度生长	245	0.75	17.0	850	36	34	19	4.6	14.5	11
	快速生长	245	0.95	19.2	960	40	40	22	4.9	15.1	11
1 岁，12 个月											
	未经训练	375	0.65	22.7	1 023	43	36	20	6.4	20.7	17
	正被训练	375	0.80	25.1	1 127	48	41	22	6.6	21.2	17
1 岁以上，18 个月											
	未经训练	475	0.45	23.9	1 077	45	33	18	7.7	25.1	21
	正被训练	475	0.45	32.0	1 429	60	44	24	10.0	33.3	21
2 岁，24 个月											
	未经训练	540	0.30	23.5	998	40	31	17	8.5	27.9	24
	正被训练	540	0.30	32.3	1 372	55	43	24	11.6	38.4	24

来源：Nutrient Requirements of Horses, 5th ed., 1989, p. 44, National Research Council。

配合日粮

在 24 h 期间提供给特定动物的饲料的数量称为日粮。我们尽量做到在合适的时间配平、混合和随后饲喂日粮来供给动物适宜的养分，让其完成特殊的生产功能。如果我们做到了，就可以认为我们饲喂给动物平衡的日粮。除了配平之外，一个好的日粮必须还要是可口的，除去致病的霉菌、疾病和其他导致低质量的因素。日粮应该是经济的，并且不能对动物的总体健康和身体的状况或是产品的质量产生负面的影响。举一个例子，饲料和杂草中会有一些物质导致奶牛产出的奶中带有令人不愉快的气味和味道，能让鸡蛋脱色。有些还能导致动物胴体具有不好的特征。这些饲料要被使用的话就要进行谨慎地操作。表 5-5，表 5-6，表 5-7，表 5-8，表 5-9 和表 5-10 给出了为一些种类的动物配合日粮的例子。

表 5-5 羔羊的补饲平衡日粮

	饲粮 1 /%	饲粮 2 /%	饲粮 3 /%	饲粮 4 /%
玉米颗粒	48	48	29	24
小麦			21	
蜀黍				24
大豆粕	9			
棉籽粕		9	7	9
糖蜜	4	4	4	3
石灰石	1	1	1	2
紫花苜蓿干草或颗粒	38	38	38	38

来源：Coutresy of Dr. Jewy Fitch，Oklahoma State Uiwersiy，经允许使用。

表 5-6 泌乳奶牛的全混合日粮(TMR)

	每天每头牛
紫花苜缩干草	10.0 lb
玉米青贮	346.0 lb
带壳玉米	21.1 lb
大豆粕	7.4 lb
磷酸氢钙	3.8 oz
石灰石	5.2 oz
碳酸氢钠	7.1 oz
微量矿物盐	2.4 oz
维生素 A	59 200 U
维生素 D	29 600IU

来源：《Dunham and Call》，1980，p. 10。

表 5-7 育成猪饲粮成分的推荐比例(以高粱和/或大麦为主要谷物来源)

组 分	饲粮 1 /lb	饲粮 2 /lb	饲粮 3 /lb	饲粮 4 /lb
高粱颗粒	1 514	1 375	1 444	—
大麦	—	—	—	1 532
高粱粗分,44%	437	—	—	319
高粱粗分,48%	—	—	424	—
高粱,全脂(煮熟)	—	577	—	—
脂肪	—	—	80	100
碳酸钙	17	17	18	18
碳酸氢钙	22	21	24	21
盐	7	7	7	7
微量矿物质-维生素混合剂	3	3	3	3
总量	2 000	2 000	2 000	2 000

来源:Luce et al.,1995,p.10。

建议用于 75~140 lb 上市的中产及高产的瘦肉型阉猪、75~140 lb 上市的中产小母猪和 140 lb 上市的高产小母猪。

表 5-8 某些伴侣动物的日粮示例[1] %

	饲粮 1	饲粮 2	饲粮 3	饲粮 4	饲粮 5
碾碎的黄玉米	56.0	33.77	—	—	8.62
碾碎的小麦	5.0	9.0	—	28.9	13.47
碾碎的燕麦	—	—	—	17.75	7.54
粗小麦	—	—	36.5	—	—
玉米淀粉	—	—	—	—	36.67
糖蜜	—	—	3.0	—	—
玉米蛋白粉(60% CP)	5.0	12.8	—	—	—
大豆粉(48% CP)	15.0	10.0	6.0	13.25	10.77
肉骨粉	10.0	3.0	—	—	—
鱼粉	—	1.0	—	—	4.85
禽肉粉	—	17.4	—	—	—
纤维素	—	—	—	—	2.04
紫花苜蓿粉	—	—	54.0	37.15	2.15
动物消化	—	1.0	—	—	—
动物脂肪	7.0	6.0	—	—	—
大豆油	—	—	—	—	4.53
维生素预混料[2]	0.8	0.8	—	0.05	1.0
微量矿物预混料[2]	0.5	0.5	—	0.05	1.9
磷酸二钙	0.2	—	—	0.25	—
碾碎的石灰石	—	—	—	1.10	—
碳酸钙	—	1.16	—	—	—
盐	0.05	0.7	0.5[3]	0.5[4]	—
氯化钾	—	0.48	—	—	—

续表 5-8

	饲粮 1	饲粮 2	饲粮 3	饲粮 4	饲粮 5
磷酸溶液	—	2.3	—	—	—
柠檬酸	0.01	—	—	—	—
牛磺酸	—	0.8	—	—	—
啤酒酵母	—	—	—	—	6.46
总计	100.0	100.0	100.0	100.0	100.0

来源：Nutrient Requirements of Laboratory Animals，3rd ed.，1978，National Research Council；Pond et al.，1995，pp. 459，537，543。

1. 饲粮 1 是干燥的狗粮，饲粮 2 是干燥的猫粮，饲粮 3 是断奶仔兔的生长日粮，饲粮 4 用于豚鼠，饲粮 5 用于大田鼠。

2. 特殊的预混料对于每一种动物是不同的。

3. 微量矿物盐。

4. 含碘盐。

表 5-9　肉用犊牛日粮

	采食的蛋白颗粒	生长公犊增重期 1.5 lb/d	公犊补充料(体重 400～500 lb 牧场自由采食)
棉籽壳	1.75		
大豆粉	90.875	5.0	22.0
盐	3.0	0.3	0.8
碳酸钙	1.5	—	—
维生素预混料	0.125	—	—
磷酸二钙	2.75	0.5	1.1
石灰石	—	0.5	1.1
苏丹草	—	55.7	—
小麦	—	20.0	—
玉米	—	18.0	75.0

来源：Hibberd et al.，1993，pp. 5-5，5-15，5-23，经允许使用。

注：以总日粮的百分含量来表示价值。

表 5-10　成年马日粮

日粮中所有的饲料	风干基础		干物质基础	
	/(lb/d)	/%	/(lb/d)	%
百慕大草，晚期	13.001	70.000	12.091	70.898
燕麦，颗粒	3.715	20.000	3.313	19.429
玉米，凹痕，颗粒	1.393	7.500	1.226	7.188
大豆粉 44%蛋白质	0.371	2.000	0.331	1.941
氯化钠	0.046	0.250	0.046	0.272
碳酸钙	0.046	0.250	0.046	0.272
总日粮	18.573		17.054	

来源：Freeman，1997，经允许使用。

信息来源

营养学是一个动态的学术领域。新信息和新方法被不断地发现。因此，任何对动物或营养学感兴趣的人都应该了解可信的信息来源。《饲料》是一个周报，科学家和产业领导者认为它是一个关于营养、饲料工业即动物生产业的非常可信的信息来源。每年的增刊是当前关于饲料的最好的信息来源，当然关于饲养的信息也会发表。《饲料》由 Miller 印刷公司出版，(12400 Whitewater Drive, Suite 160, Minnetonka, Minnesota, 55343。电话：952-931-0211. 网址：www.feedstuffs.com).

科学家们在科学期刊中报道他们最重大的发现。这些信息的可信度非常高，因为文章是经过其他科学家审评过的，这个过程称为**同行评论**。《动物饲料科学与技术》、《加拿大动物科学学报》、《动物科学学报》、《乳业科学学报》、《营养学学报》和《家禽科学》是注重当前研究发现的主要期刊。

同行评论
在文章被发表前已经由和文章作者有着相似专业技术和经验的人对它的科学价值做出了评论。

概要和结论

营养学是一门动态的而且非常复杂的学科。了解营养学是对我们最基本的要求，因为饲料和饲养方法占家畜生产成本中很大一部分的比例。学好这一章的内容并不能使你成为举世闻名的营养学家，但是它可以帮你建立起一个明朗的专业知识体系。关键是了解营养学之间的相互联系来尽量减少烦琐的学习而直接抓住本质：

1. 营养学是研究机体如何利用养分来达到维持和生产的目的的。

2. 养分是机体需要的化学实体，我们应该了解动物需要哪些养分并且它们需要多大的量来达到生产的需要。

3. 饲料中含有养分，我们必须检测每种饲料来确定它们中的某一特殊的养分到底含有多大的量，然后我们才能决定饲喂动物需要多少饲料。

4. 当我们知道了动物需要多少养分和饲料中有多少养分可以被动物利用，那么我们就可以根据这些因素来平衡日粮来满足动物的需要了。

习题

1. 定义营养学，并且说明为什么要学习它。

2. 为什么说要想适当地饲喂家畜就需要经过慎重而专业的考虑？

3. 描述包括营养学家专业领域的营养学学科。详细解释基础和应用营养学两者之间的区别。

4. 命名和描述最少 5 个我们学习营养学所要学习的学科。

5. 你如何建立一个试验来检测一种养分是否是必需的？你怎样解释这种结果？

6. 列出养分的种类。为什么能量不是一种养分？它是生命所需要的，对吗？

7. 列出所有的必需氨基酸，家畜要添加哪些额外的氨基酸？还有哪些氨基酸没有列出？

8. 列出脂溶性维生素。

9. 列出水溶性维生素。

10. 微量和常量矿物质有何不同？

11. 列出所有的微量和常量矿物质。

12. 什么是动物利用养分来实现全面的机体功能？

13. 进行饲料化学分析的目的是什么？

14. 用于评估饲料的 3 种常用的分析方法是什么？对每一种方法进行简要的说明。

15. 组分分析都用于哪些养分的测量？每一种试验都有哪些局限性？

16. 详细描述组分分析是如何测定碳水化合物的。这一过程与其他测定近似成分的方法有何不同？

17. 在每一份近似碳水化合物的成分中有哪些单独的碳水化合物被测定？

18. 组分分析存在的主要问题是什么？

19. Van Soest 纤维分析体系都研究了什么？它比组分分析好在哪些方面？

20. 为什么没有测定饲料中维生素含量标准的试验？

21. 详细描述测定饲料中能量含量的试验。用什么单位来表示能量含量？

22. 饲养试验是如何帮助建立动物的饲养标准的？

23. 列出影响养分利用的因素。

24. 饲养试验一般分为哪几类？

25. 描述饲养试验、消化试验和代谢试验有何不同。

26. 在风干物质基础上和干物质基础上表达饲料的价值有何不同。

27. 描述碳水化合物、蛋白质和脂肪的平均能量含量有何不同。

28. 国家研究委员会发表的营养需要的信息都有何用？

29. 关于饲料和营养学的最受欢迎的出版物是什么？

30. 你能在哪里找到关于饲料研究的报告？

参考文献

Cheeke, P. R. 1991. *Applied animal nutrition*. 3rd ed. New York: Macmillan.

Church, D. C., and W. C. Pond. 1988. *Basic animal nutrition and feeding*. 3rd ed. New York: John Wiley & Sons.

Dunham, J. R., and E. P. Call. 1989. *Feeding dairy cows*. MF-754 (Revised). Manhattan, KS: Cooperative Extension Service, Kansas State University.

Fitch, G. Q. 2004. Personal communication. August 15, 2004. Oklahoma State University, Stillwater, OK.

Freeman, D. W. 1997. Personal communication. Stillwater: Oklahoma State University.

Gillespie, J. R. 1987. *Animal nutrition and feeding*. Albany, NY: Delmar Publishers.

Hibberd, C. A., K. Lusby, and D. Gill. 1993. Mechanics of formulating stocker cattle rations and supplements. In *Oklahoma beef cattle manual*. Publication No. E-913. Stillwater: Cooperative Extension Service. Division of Agricultural Sciences and Natural Resources, Oklahoma State University.

Jurgens, M. H. 1997. *Animal feeding and nutrition*. 8th ed. Dubuque, IA: Kendall/Hunt Publishing Company.

Luce, W. G., A. F. Harper, D. C. Mahan, and G. R. Hollis. 1995. Swine diets. In *Pork industry handbook*. Stillwater: Oklahoma Cooperative Extension Service. Division of Agricultural Sciences and Natural Resources, Oklahoma State University.

Perry, T. W., A. E. Cullison, and R. S. Lowery. 1999. *Feeds and feeding*. 5th ed. Upper Saddle River, NJ: Prentice-Hall.

Pond, W. G., D. C. Church, and K. R. Pond. 1995. *Basic animal nutrition and feeding*. 4th ed. New York: John Wiley & Sons.

Wagner, D. G. 1977. *Livestock feeding*. Stillwater: Oklahoma State University.

第 6 章

胃肠道及营养

学习目标

学完本章后,应该能够:

1. 描述食物分解的方式。
2. 根据胃的类型和所采食物的类型对消化系统进行分类。
3. 描述消化的步骤。
4. 分析不同动物消化过程的异同点。
5. 了解反刍动物复胃的重要性及对动物的益处。

关键术语

嗳气	空肠	食糜
变性	瘤胃	食肉动物
采食	瘤胃臌气	碳水化合物
草食动物	盲肠分泌物	吞咽
单胃动物	酶	丸状物
蛋白质	排粪	维生素
发酵	(鸟)前胃	细菌
反刍	排尿	纤维素
反刍动物	前胃	纤维素酶
分泌唾液	蠕动	消化
共生现象	乳头	厌氧的
挥发性脂肪酸(VFA)	疝痛	原生动物
回肠	十二指肠	杂食动物
咀嚼	食粪	皱胃

引言

饲料和饲料原料是一种含有动物所需营养的复杂混合物，消化系统将这些复合物分解使得营养素能够被机体充分吸收和代谢。消化系统将食物分解，为吸收过程做准备，此过程叫做**消化**，可分为 3 个步骤：(1)咀嚼的物理和机械作用以及消化道肌肉的作用；(2)盐酸的化学作用，在胃里使得蛋白质变性，在小肠中乳化以消化脂肪；(3)酶的作用，使得在水分子作用下加速食物中化学键的断裂。**酶**产自消化道、相关脏器如肝和胰脏以及消化道中寄生的微生物。酶是一种生物催化剂，能加速一个特定的反应。许多酶存在于消化系统中，以提高对食物的消化效率。

消化
是机体利用物理、化学和酶的方式作用于饲料，为其吸收做准备。

酶
能够催化与酶解物有关的反应的蛋白质。

不同物种对营养素的代谢和代谢路径在本质上都是一样的，这一点引起人们的好奇。在细胞水平上，大肠杆菌和长颈鹿发生的情况基本相同。但是，他们有不同的营养需要，所采的食物类型和消化方式也不同。不同的消化类型，使得不同物种在食物链中占据不同的位置，从而建立自己的生境。动物所拥有的消化系统的构造使得他们能够成功的利用饲料。饲料的构造越复杂，如青贮饲料，则利用这种饲料的动物的消化系统也越复杂。反刍动物能使饲料在消化系统中停留数天，这比肉食动物的单胃只能使食物停留数小时要长很多(见图 6-1)。

单胃动物
只有一个胃的动物，也就是非反刍动物。

反刍动物
有一个瘤胃并能咀嚼反刍食物的动物。

消化系统的分类

我们按照动物胃的类型对消化系统进行分类。**单胃动物**，就是只有一个简单的胃，它们的消化道很简单，如貂和狗，或者是盲肠发酵，如马、兔和老鼠。盲肠发酵的单胃动物比简单单胃的动物能更好地利用饲料粗纤维。而袋鼠拥有一个囊状胃，使得粗纤维物质在胃中停留更长时间。**反刍动物**，如牛、山羊和绵羊，它们拥有一个更加复杂的胃，是复胃系统，这些带有间隔的胃位于真胃的前面。它们可以完成复杂的发酵过程，帮助动物消化一些粗纤维饲料。这种消化系统往往带有盲肠，使得食物能停留更长的时间。

肉食动物
依靠肉生存的动物。

杂食动物
既能以植物也能以肉作为食物的动物。

草食动物
只以植物原料作为食物的动物。

我们也可以通过摄取的食物种类对消化系统进行分类。大致分为 3 类：**肉食动物**，以新鲜的动物为食，如猫和一些鸟类；**杂食动物**，既以动物为食，又以蔬菜为食，如鸡、猪和人；**草食动物**主要采食以植物为基础的饲料，它们利用消化道发酵过程中一些细菌产生的**纤维素酶**来分解这些物质。马、牛、兔、大象、骆驼、野猪、袋鼠以及其他很多动物都属于草食动物。所有草食动物都有它们自己的特定方式去消化植物中的**纤维素**。

纤维素酶
一种特定的能作用并消化纤维素的酶。

纤维素
一种由成千上万的葡萄糖分子组成的碳水化合物，它构成了植物的支撑结构。

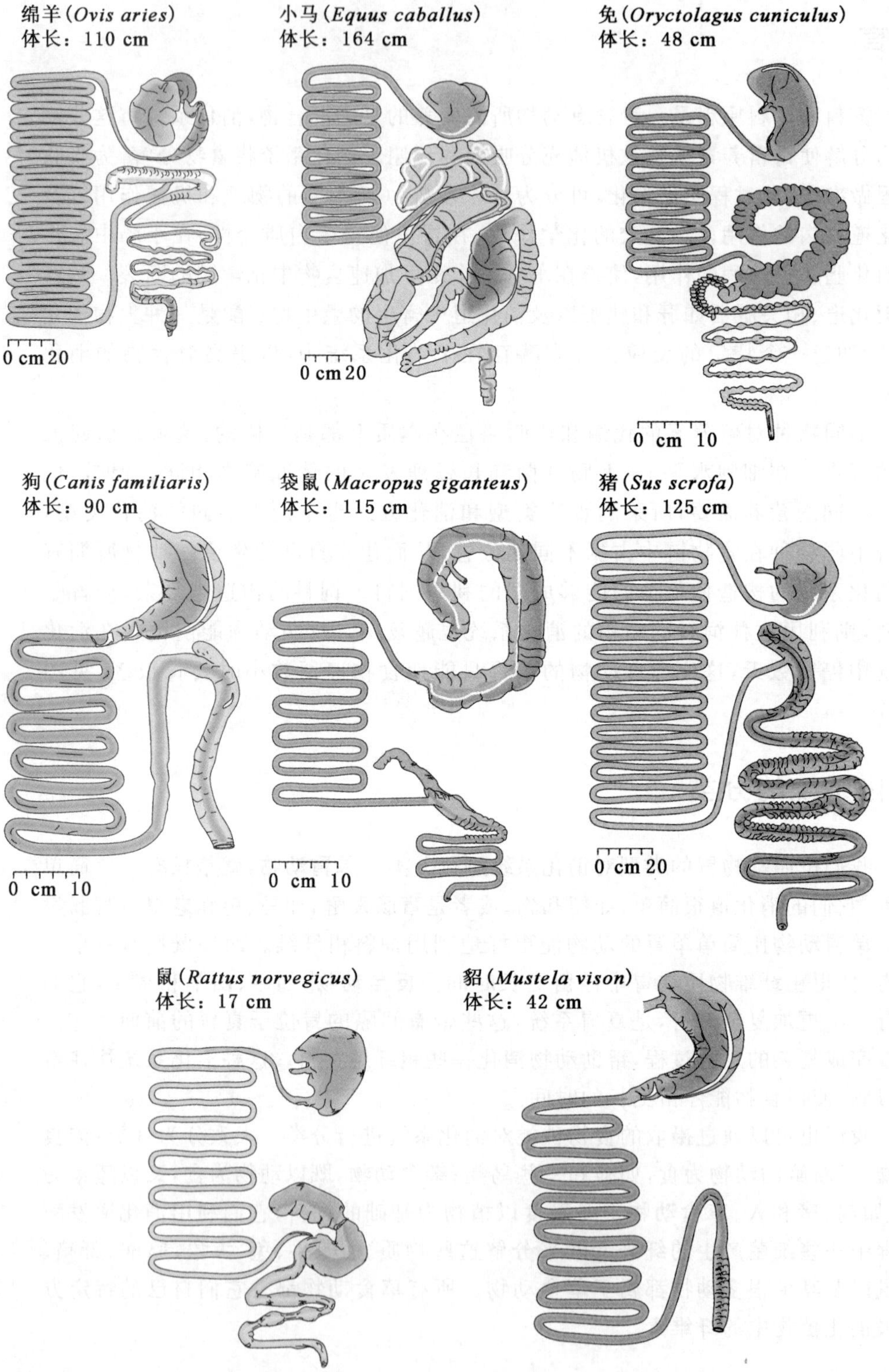

图 6-1　哺乳动物消化道(来源：Swenson，1984，经出版商允许使用)

消化过程综述

采食，即动物将食物带入口中，是消化过程的第一步。动物会使用一系列方式，如利用它们的上颚、爪、头、喙、嘴、齿和唇来撕咬。草食动物利用舌、齿和唇来摄取草料，反刍动物没有上侧的门牙。牛用它灵活的舌头将草料卷至嘴中，利用下侧的门牙及上侧的齿垫将之切碎。绵羊利用齿及上侧的唇，使得它们能够接触到地面的草，但也会导致过度放牧。而马则使用它们上侧的唇以及上侧和下侧的门牙。

采食
一种夺和扯的行为。

咀嚼，利用颌和齿的垂直和水平运动来破碎食物。肉食动物仅仅将食物咀嚼到能够下咽的程度，而草食动物则需要充分咀嚼草料，使得细菌产生的酶能够接触到纤维素。反刍动物会将食物变成食团然后就匆匆下咽，然后反刍并充分咀嚼。这个步骤是**反刍**过程中重要的一个环节。一般情况下一只奶牛每天咀嚼 40 000～50 000 次。单胃动物和盲肠发酵型动物必须在下咽前充分咀嚼，因为它们将食物直接咽到真胃中而不进行反刍。

咀嚼
一种牙齿间相互磨合的过程。

反刍
反刍动物的一种行为，就是将瘤胃中的食物或丸状物再涌回口腔，再咀嚼，再吞咽的过程，为了将食物进一步消化。

唾液分泌，即分泌唾液并将其与食物混合。动物有 3 种主要的唾液腺成对分布（如图 6-2），它们是腮腺、舌下腺和颌下腺。唾液通过咀嚼过程与食物混合，具有很多功能。首先是软化食物以利于咀嚼和下咽，所有动物都会依赖这种不可替代的功能，而唾液中的水和蛋白黏液素在此功能中扮演了重要角色。想象一下，当你咀嚼饼干或者草食动物采食草料时，如果没有唾液将是多么困难。唾液的溶剂功能是将小块食物溶解，使得与味蕾充分接触从而引起味觉。唾液也会刺激味觉神经。唾液的冲洗功能则是将口中的食物清理，以防止食物残渣腐败。酶中的溶解酵素起到防感染的作用，防止细菌损害牙齿和牙龈。狗等杂食动物口中含有特定的大量的溶解酵素。反刍动物则很大程度上依赖唾液中的重碳酸盐来缓冲瘤胃微生物产生的酸，否则酸会损坏瘤胃胃壁。唾液为瘤胃微生物提供现成的营养素，也为微生物保持稳定的 pH 值。黏液素，是一种蛋白质，当它抵达下游肠道时，被微生物利用和消化。尿素物质通过唾液腺，伴随着唾液从血液中产生。微生物利用尿素生产蛋白质。微生物也能利用磷和钠。唾液能够防止气泡从而避免**瘤胃胀气**。防止大量泡沫的形成，从而使得打隔能够顺利进行。另外，唾液还有排泄的功能。

唾液分泌
主要是由口腔中分别位于两边的 3 对腺体，也就是我们熟知的唾液腺，精确分泌混合的分泌物（唾液）。

瘤胃胀气
确切的应该叫瘤胃鼓胀。是由于发酵所产生的气体使瘤网胃过度的膨胀，通常称作鼓胀症。

吞咽，就是使食物和水等物质从口中流向胃部的过程。吞咽行为受神经控制，是非意愿行为。它由存在于口腔后部的食物所引起。舌头负责在口中形成**食团**并将之推送至口的后部。肌肉收缩（**蠕动**）将食物送至胃部。有些动物有贲门瓣，以防止食物倒行到口中。

吞咽
是一种吞咽的行为，是食物从口腔通过食道进入胃的过程。

食团
一种有利于吞咽的圆形物质。

蠕动
是消化道壁的肌肉纤维进行收缩时而产生的推进并挤压式运动。

对于反刍动物来说，饲料在瘤网胃做第一次停留，并进行发酵。发酵是一个很重要的过程，将在本章后面做详细阐述。对于单胃动物，饲料第一次停留发生在真胃，停留相当于反刍动物的第二次停留。

主要的化学和酶的消化发生在腺胃，这在大部分动物是一样的。对于鸡，称

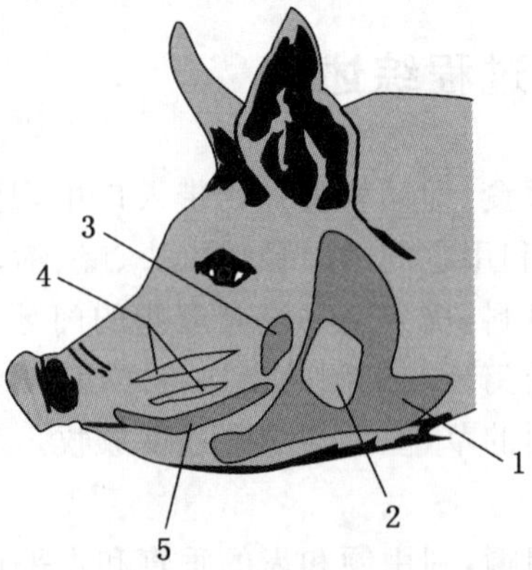

图 6-2　猪的唾液腺。
唾液腺　1. 腮腺　2. 颌下腺　3. 腭腺　4. 颊腺　5. 舌下腺

前胃
禽类中的腺胃。

皱胃
是反刍动物中真正的腺胃。

变性
在蛋白质化学中，使原来的蛋白质的结构遭到破坏进而使其丧失功能。

为**前胃**，对于牛则称**皱胃**。胃壁肌肉的强有力的收缩和搅拌使得食物发生物理性的破碎。搅拌过程使得食物与化学物质及酶类相混合。胃中的腺体分泌盐酸，进行化学性消化。盐酸使得蛋白质**变性**，这是一个主要的步骤。天然状态下蛋白质很难被消化，而变性以后则易被酶分解。盐酸能激活胃蛋白酶原生成胃蛋白酶，并为酶在胃中起作用提供一个合适的 pH 值范围。盐酸能杀菌，使得胃中接近无菌的环境。胃肠道能分泌多种酶，对食物进行酶消化，包括胃蛋白酶、凝乳酶等，它们均作用于蛋白质。凝乳酶水解牛奶酪蛋白。消化道酶对年轻的反刍动物是至关重要的，对成年动物却不那么重要。胃脂肪酶水解脂肪。

除了消化，胃还具有其他重要功能，就是贮存食物。这一功能使得动物以更快的速度摄取食物，而不必等着消化一些进食。贮存的食物随后进入后消化道进行消化。

十二指肠
小肠的第一段。

空肠
是小肠的第二并且也是最长的一部分。

回肠
是小肠最后的短的部分。

小肠分为 3 个部分，第一段是**十二指肠**，它从胃的幽门延伸到空肠。大部分的动物十二指肠是弯曲的，称为十二指肠弯曲。它通常只有一英尺长。胆汁和胰腺分泌物会流入小肠的这个部位。十二指肠是食物在消化道中被破碎的主要部位，排除微生物发酵的情况。**空肠**是小肠中最长的部位，主要功能是食物消化产物在这里被吸收，也有消化功能。空肠有几英尺长。**回肠**是小肠的第三部分，吸收也在这里进行，但其主要作用是连接小肠和大肠。整段小肠具有黏膜层，黏膜层具有皱折，以增加其表面积。许多动物的空肠具有数以百万计的微绒毛，这能很大地增大吸收表面积。营养物质被吸收入微绒毛，然后转运到淋巴系统和循环系统。被小肠吸收的碳水化合物、氨基酸、短链脂肪酸、水溶性维生素及大部分矿物质经过静脉进入血液。然后进入肝脏，再分布于身体各个部位。其他的脂肪和脂溶性维生素则通过淋巴系统进入胸导管，然后流入静脉等待进一步转运。

食糜
是对食物，唾液和胃分泌物混合在一起的物质的命名。

小肠是单胃动物食物消化和营养素吸收的主要部位。流过胃的**食糜**是酸性的，食糜在十二指肠中与 3 种碱性分泌物混合，它们是胆汁、胰液和肠液。他们对消化非常重要。胆汁在肝脏中生成，它被浓缩后贮存在胆囊中以被消化（甚至浓缩 20 倍）。有些物种，如老鼠和马就没有胆囊。他们连续分泌胆汁。胆汁盐是胆固醇的衍生物，作用是脂肪的消化和吸收。

胰液是第二种重要的碱性分泌物，它含有非常有效的消化酶类。在水解过程，一个物质被分裂成两个更简单的部分，然后分别在断裂的化学键上添加上水分子的H和OH基团。主要的酶类有胰液酶、胰凝乳蛋白酶、羧肽酶、氨基肽酶、肠脂肪酶和淀粉酶。

第三种是肠液，是小肠中的腺体分泌的。例如，人每天能分泌20 L小肠液，它用来润滑、冲淡和增加食物的pH值。

大肠的相对容量在不同物种之间有很大区别。单胃草食动物具有最大的大肠容量，而肉食动物的大肠容量最小。大肠没有绒毛，所以没有吸收功能。大肠分布有黏液腺，具润滑作用。值得注意的是，大肠中没有消化酶类物质。其间的任何酶不是微生物合成的就是由上游消化道剩余的物质分泌的。大肠分3段：结肠、盲肠和直肠。从小肠流入的物质是液体的，包括细胞、未消化的饲料以及消化分泌液。水、电解液、维生素、矿物质以及挥发性脂肪酸从这些物质中被吸收，重点要强调水和电解液。大肠的内容物不是无菌的，粪便的重量有一半是细菌重量。其中有很多细菌，包括大肠菌。这些细菌能产生一些维生素。例如，对于鸡来说，大肠中的钾就很重要。细菌也产生气体，如二氧化碳和甲烷。

单胃草食动物，如马、兔、野猪和大象拥有一个庞大的结肠和盲肠，其盲肠是有功能的。而肉食动物的大肠很短，而且没有功能。单胃草食动物的大肠(结肠和盲肠)在形体上与反刍动物相当，具有强大的发酵功能。单胃草食动物的盲肠与瘤胃的功能相当，但是对动物的益处要少。原因有2个：饲料中大部分营养素在抵达盲肠之前，已经被前段消化道吸收和消化，因此，与瘤胃相比，盲肠接触的饲料质量较低；第二，盲肠的吸收量比瘤胃要小。尽管如此，还是发生了显著的消化过程。微生物在盲肠和大肠中对纤维素的降解比瘤胃中要多很多，而且能制造B族维生素。挥发性脂肪酸也被产生和吸收，被单胃草食动物用做能量来源。这一点与反刍动物类似。盲肠中还有大量的细菌蛋白。由于没有消化分泌液流入大肠，所以动物必须采取相应的行为以适应去利用这些蛋白。因为大肠只能吸收游离氨基酸而非整个蛋白分子，所以微生物蛋白不能利用。这种适应机制称为**食盲肠排泄物习性**，是假反刍的一种形式。有盲肠分泌功能的动物往往吃掉盲肠内容物，在盲肠发酵后进行消化。兔子就属于这种动物。它的粪便有2种，一种是我们常见的粪球，另一种是它们自己吃掉的软粪。软粪是物质在盲肠发酵后形成的。发酵产生的细菌蛋白由前端消化道进行二次消化。如果兔子不进行盲肠分泌，它将死于营养不良，因为蛋白和B族维生素缺乏。而马则更多地依靠饲料中的蛋白和B族维生素。因此对饲料中这两种营养的要求更高。

食盲肠排泄物习性
是由肠内排出的覆盖黏液的软粪球再次被动物吃掉的过程。

杂食动物的大肠功能要比草食动物的弱，但比肉食动物的强。维生素合成以及水和电解质的吸收和肉食动物相似。纤维素的消化依赖于在肠道中的保持时间。保持时间越长，消化越充分。研究表明，喂给猪的高纤维日粮中，有18%～20%被消化，但是利用率尚不清楚，因为挥发性脂肪酸的吸收和利用情况不明确。

由于在现代养猪生产中很少用高纤维饲料，因此此问题尚无定论。

排粪

是从大肠经过直肠或泄殖腔排除粪便的行为。

排粪，是将机体内的废物通过泄殖腔或直肠排出体外。肛门的内外括约肌控制着物质的排出，排便动作由排便反射引起，粪便对直肠的压力激发起排便反射。这种反射由副交感神经信号，强化大肠的蠕动波协助完成。也有许多动物利用咽鼓管鼓气法，即深呼吸，使声门关闭，引起腹部肌肉收缩，增加粪便的压力，进而促进排便。

粪便里包含未消化的食物、消化酶残余物，脱落的细胞以及菌体。粪便的质地由饲料质量决定。低消化性饲料导致较多的物质未被消化，而且这种不宜消化的物质使得消化道上皮细胞大量凋零。

排尿

排出尿液的行为。

排尿。尿液包含一些含氮化合物——哺乳动物是尿素，鸟类和其他动物是尿酸。尿酸的排泄需要较少的机体水分流失。肾脏是调整机体适当水分和过滤各种废物的器官。

猪的消化

猪是杂食动物，既吃植物也吃动物源食物。它也是单胃动物，因此我们首先以它为基准，进而讨论其他物种(图 6-3)。猪的口腔发挥用牙齿磨碎饲料，并用唾液将其混合的作用。唾液的 pH 值大约是 7.4，湿润的饲料有利于咀嚼和吞咽。猪是唯一能分泌任何量唾液淀粉酶的家畜。猪的唾液淀粉酶与人类的唾液淀粉酶有很大的不同，它的效力大约是人的 1/100。淀粉酶首先分解饲料中的淀粉。但是，由于饲料在口腔中停留的时间很短所以不能将淀粉充分的分解，因此它的作用不大。胃中的 pH 值是非常低的(酸性)，这有利于淀粉酶作用于淀粉。发育完全的猪的胃大约有 2 gal 的容量。

猪胃液里的酶正是单胃动物所应该具有的。但凝乳酶是个例外，这个酶可以使奶凝结，在猪的胃液中并不存在。蛋白质的消化在肠内完成，大部分脂肪的消化发生在小肠。猪大约需要 24 h 来清空整个胃。

完全发育的猪的小肠大约有 60 ft 长，有 2.5 gal 的容量，它分为 3 个部分。小肠的功能主要是通过胰液、胆汁、小肠液和小肠壁的运动来连续地进行消化作用。对大量养分的吸收也发生在猪的小肠内。

胰液中包含一定数量的有助于消化蛋白质、脂肪、碳水化合物、碳酸钠和碳酸氢钠的酶，并且可以抑制胃酸分泌。胰腺也可以产生胰岛素，它在碳水化合物的新陈代谢中扮演重要的角色。胰蛋白酶最初是以胰蛋白酶原的形式被分泌的，它能被钙离子和肠激酶激活，这一过程在肠内完成。胰蛋白酶将蛋白质分解成氨基酸和肽。胰凝乳蛋白酶以胰凝乳蛋白酶原的形式被分泌，它能被肠中的胰蛋白酶激活。它能将蛋白质转变成肽和氨基酸，并能对奶产生凝结作用。缩肽酶能作用于肽，将它们分解成氨基酸。这 3 种酶都是在胃液中的胃蛋白酶对蛋白质进行最初消化后继续对未消化的蛋白质进行作用。胰脂酶能将脂肪转变为脂肪酸和甘油。这个过程在脂肪经过胆汁的乳化后进行更有效。胰淀粉酶能将淀粉转变为

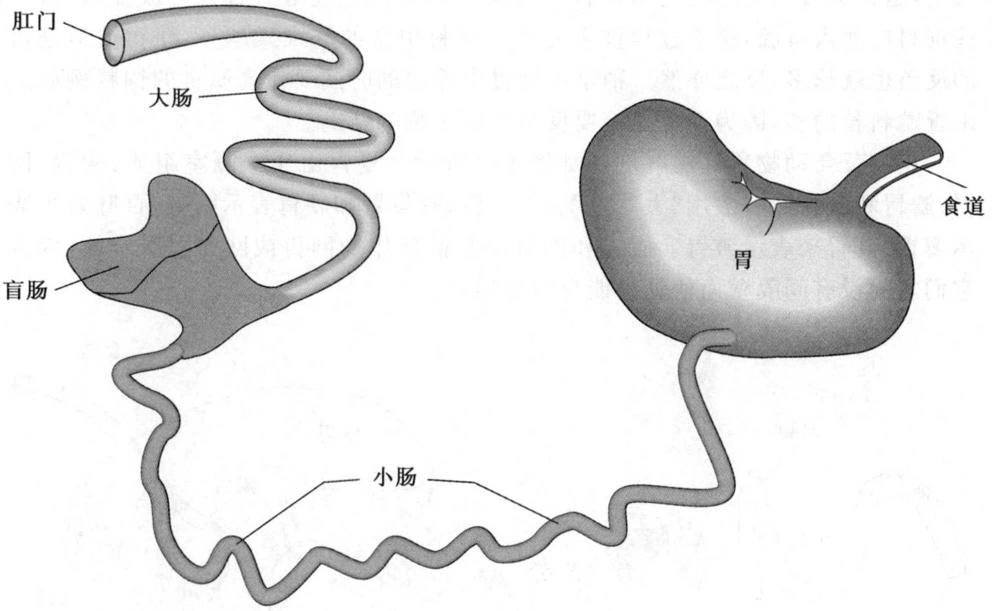

图 6-3　猪的消化道。

麦芽糖。麦芽糖酶能将麦芽糖转变成葡萄糖。蔗糖酶(转化酵素)能将蔗糖转化成葡萄糖和果糖。卵磷脂酵素能水解卵磷脂。

胆汁是由肝脏分泌的并贮存在胆囊中。它有助于脂肪的消化和吸收并且也有助于脂溶性维生素的吸收。胆汁也能激活胰脂酶和促进胰淀粉酶的作用。

成年猪的大肠大概有 16 ft 长,有 2.5 gal 的容量,并由盲肠和结肠组成,它以直肠和肛门为终结。成熟的猪中,盲肠大约有 9.5 ft 长,0.5 gal 的容量。大肠的功能主要是吸收水和担当构成粪便的废物的贮存器。

反刍动物的消化

反刍动物和非反刍动物的最主要的差别就是反刍动物拥有复胃和在其中发生的截然不同的消化过程。因为反刍动物代表了大多数的家养草食动物,所以我们对它进行详尽的说明是很重要的。反刍动物所拥有的复胃主要是使动物能利用粗饲料(纤维素)作为能量的来源。反刍动物为微生物群提供了聚集的场所,它们在最初的 3 个隔室中对饲料进行发酵。经过发酵得到的最终的产物就给动物提供了养分,否则饲料将不能应用于生产。

反刍动物一般会快速地填满它的**瘤胃**,很少或根本不花时间来咀嚼食物,然后再找一个地方,边休息边咀嚼。在反刍的过程中,动物会将先前吃进的食物返回口腔,然后再花时间来咀嚼它们。饲料颗粒经过这种方式将被机械地分解掉,并且它的表面积将成倍地增大。增大的表面积能为微生物提供更多接近它们的

瘤胃
是前胃中最大的胃。其中含有微生物群,能够降解复杂的碳水化合物并为宿主动物生产挥发性脂肪酸、氨基酸和维生素。

机会,这样就可以更好的利用饲料。当满嘴的饲料经过咀嚼后会再被吞咽,另一些饲料再涌入口腔,这个过程被重复着。饲料中含的纤维素越多,动物被迫进行的反刍也就越多,反之亦然。稻草在瘤胃中停留的时间要比高质量的饲料例如玉米青贮料长的多,因为消化它需要反刍和微生物的帮助。

典型反刍动物胃部的解剖图如图 6-4 所示。复胃由 4 个隔室组成:瘤胃、网胃、瓣胃和皱胃。一般用"大草包"表示瘤胃;蜂巢胃和硬胃表示网胃;百叶胃来表示瓣胃;真胃来表示皱胃。瘤胃和网胃经常被称作瘤网胃或网瘤胃联合体,因为它们之间没有间隔壁而使饲料能自由地通过。

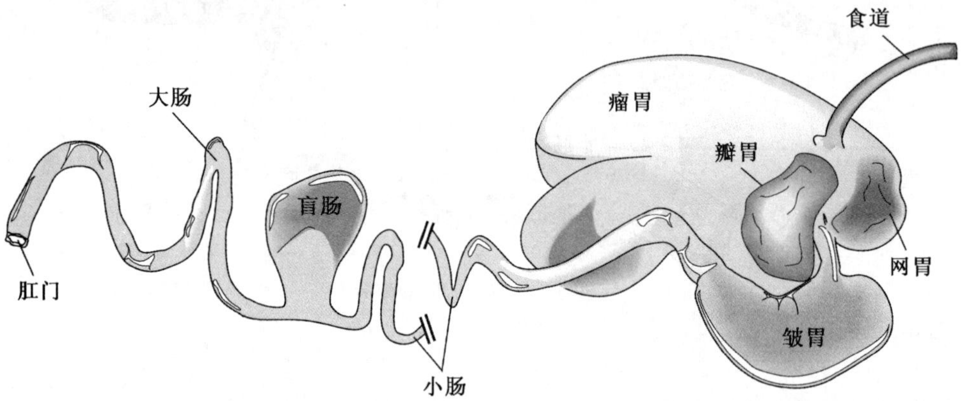

图 6-4 反刍动物的消化系统。(来源:Modeled on Jurgens, 1993, p. 44)

瘤胃中的内容物一般占成年家畜体重的 20%。这就相当于一个非常大的发酵容器。例如,一头成年奶牛的瘤胃、网胃和瓣胃的联合容量大约是 50 gal。其中瘤胃的容量占 80%,网胃占 5%,瓣胃占 7%~8%,皱胃占 8%~9%。在瘤胃中干料和湿料的比例是不定的,它主要由动物已经吃掉了什么并吸收了什么决定。一般地,含 5~60 gal 液体和 5~50 lb 固体。

前胃

是在解剖学上对反刍动物的消化道中位于真胃前面的三个消化隔室的命名。

瘤胃、网胃和瓣胃均被认为是**前胃**。它们的内皮不含有腺体并且不能产生黏液和酶。皱胃,或说是真胃,拥有真正的黏膜,可以分泌与其他哺乳动物一样的胃液。总的来说,从皱胃到肛门,反刍动物的消化道与单胃动物的消化道就非常相似了。蜂巢胃沟是一个能形成瘤胃旁路的小管,缩短间距直接通入瓣胃(图 6-5)。它的作用是使年幼的反刍动物所吸入的奶避过未完全发育的瘤胃。如果一只小牛喝奶过快或是蜂巢胃沟还没来得及完全闭合,那么牛奶就会进入瘤胃中。在还没有发育成熟的瘤胃中,牛奶不能完全被消化而"腐败",这将导致细菌在瘤胃中增殖并且产生毒素而使小牛产生严重的腹泻。

瘤胃的主要功能就是作为厌氧菌发酵的场所,在动物刚出生时还不发达,它是为了适应动物采食固体食物才开始发展的,在动物 6~8 周龄时就能进行一些发酵活动了。所有被反刍动物消耗的食物都进入瘤网胃,有一些是快速地通过而未受到影响,但仍有 85%~95%的食物受到了不同程度的发酵。瘤胃中的细菌

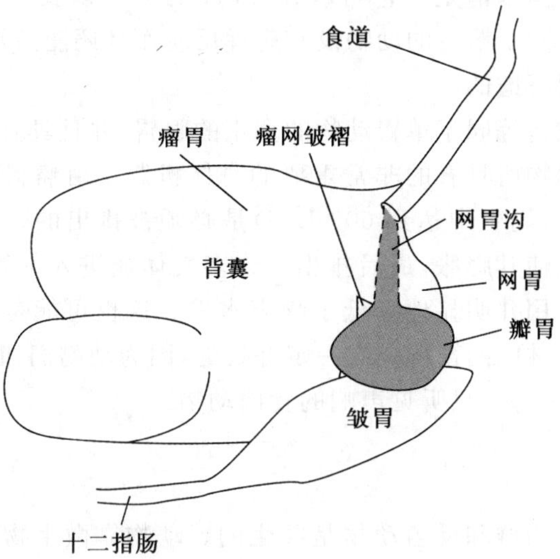

图 6-5 瘤胃侧面图(右侧)。

消化碳水化合物(纤维素、淀粉等)和其他的植物原料,并且生成了挥发性脂肪酸(VFA)作为排泄副产物。VFA 通过瘤胃壁吸收并且为反刍动物提供了大约50%或者更多的(有些情况下可能达到70%)能量需要。瘤胃壁覆盖了一层指状的放射型物质,被称作**乳头**。乳头的作用是增加瘤胃中吸收的面积。

乳头
是微小的指状放射物,它能够增加小肠的表面积。

微生物发酵的主要好处是在微生物生活和繁殖时能产生蛋白质。细菌甚至能将例如尿素这样的非蛋白氮(NPN)转化成细菌蛋白,它可以在以后被动物利用。如果细菌跟随食物从瘤胃中出来而进入消化道,那么它们将在皱胃和小肠中被消化。由于酶的消化而使氨基酸减少,这就需要经常满足动物的蛋白需求。微生物大约含有50%的粗蛋白,其中含有3%赖氨酸。它的质量与大豆粕相似,大豆粕可是一种极好的饲料。细菌也含有能被动物消化、吸收和利用的能量,维生素K和水溶性维生素。这些由瘤胃细菌形成的维生素可以在正常情况下满足反刍动物的水溶性维生素的需要。微生物不需要合成维生素A、维生素D和维生素K。细菌也能为动物产生足够的必需脂肪酸。

瘤胃另一重要的功能是贮存食物。这大概就是反刍动物适应生存的方式。它们会迅速地吃掉食物,然后跑开并躲在树木后面来咀嚼它们的食物。这就帮助它们缩短停留在空旷草原上的时间来逃避肉食动物的袭击。

网胃的功能与瘤胃的相似,也是微生物的活动场所,是瘤胃进行收缩的起搏器。收缩起始于网胃而传到瘤胃。强健的瘤胃肌肉进行收缩导致瘤胃非常强烈的收缩。收缩能使瘤胃中的内容物进行充分混合,这是进行适宜的微生物消化所必需的。同时收缩也能促使食物在消化道中移动。较重的食物颗粒将在网胃中停留,然后再通过瓣胃进入皱胃。较轻的食物颗粒将悬浮在瘤胃的顶部,这些食物粒接着将会被反刍再咀嚼。

瓣胃的功能还尚未清楚。它与水和 VFA 的吸收以及食物颗粒进入瓣胃前被磨碎有关。被切除了瓣胃的动物没有病理反应而且还能照常进行消化活动,因此它的作用是值得考虑的。

反刍动物的皱胃等同于单胃动物的真正的腺胃,并且具有相同的功能。

嗳气

汽水沸出。经过食道从瘤胃中排出气体。

嗳气是反刍动物所具有的非常重要的身体机制。由瘤胃微生物进行发酵而产生的大量的气体(奶牛中达到 600 L/d)是必须被排出的。瘤胃上皮的收缩可以将气体推进食道使其膨胀,最后排出。许多气体能进入气管和肺,这样就可以起到压制声音的作用并明显地降低了噪声水平。这也可能是作为防御机制的发展。这对隐藏在树林中的畜群是有一定好处的,因为动物们如果都发出汽水沸出的声音,那将会吸引每一只听见声响的食肉动物。

发酵过程

共生

不同的两个有机体生活在一起或紧密结合的关系。

厌氧的

缺乏氧气分子的环境。

瘤胃中的微生物群和反刍动物是**共生**的。动物靠微生物来消化自身所不能利用的饲料来产生它所需要的养分。这就使饲养反刍动物变得更加复杂,因为在饲养它们的同时也在饲养一群微生物。动物维持着瘤胃中的环境来支持微生物,为其提供了近乎完美的生存环境。其中包括了温度、湿度、食物、清除最终的消化产物、黑暗的和**厌氧的**环境。另外,瘤胃的收缩还能使其内容物混合,反刍还能减小食物颗粒的尺寸以使微生物更能充分的接触。

在瘤胃中发现了许多不同的细菌。浓度大概在 150 亿～500 亿/mL 瘤胃液体。几乎有 40 种纤毛虫也占据了瘤胃。典型地,任何一只动物都拥有大不相同种类。许多因素都能影响这些原虫的浓度,浓度大概是每毫升瘤胃液体中含有 50 万个原虫。原虫以细菌和食物颗粒为食。从瘤胃中清除原虫(去瘤胃原虫)能提高饲料的利用率。原虫会紧紧的与食物颗粒结合并且往往待在瘤胃中避免进入消化道而被消化。

实际上,反刍动物吃掉的每一份饲料都要受到瘤胃发酵的影响。一些饲料发生了巨大的变化,而有一些变化却很小。简单的和复杂的碳水化合物都要经过瘤胃发酵。挥发性脂肪酸(VFA)是瘤胃发酵的最终产物。在瘤胃中产生的 VFA 有乙酸、丙酸、丁酸、异丁酸、戊酸和异戊酸。挥发性脂肪酸是非常重要的。作为能量的来源,它们大概能为动物提供所需总能量的 50%～70%。细菌细胞能提供 5%～10%,经过酶消化的饲料能提供 20%～30%(表 6-6)。

大量的蛋白质被微生物降解成氨和有机酸。然后微生物利用这些氨来制造它们自己利用的氨基酸。非蛋白氮(NPN)原料也能被微生物利用。这样我们就可以饲喂反刍动物尿素和其他 NPN 来降低饲养成本。大多数植物来源的饲料含油脂少,饲料中的油脂在经过发酵后不会有太大的改变。高水平的脂肪含量确实对微生物不利,会降低它们工作的总效率。

气体也是发酵的主要产物,能达到 600 L/d,这在前面我们已经提到过了。热量也是发酵的主要产物。发酵产生的热量是动物总热增量的一部分,它有利于在冬天保持体温,但是在热天却是有害的。

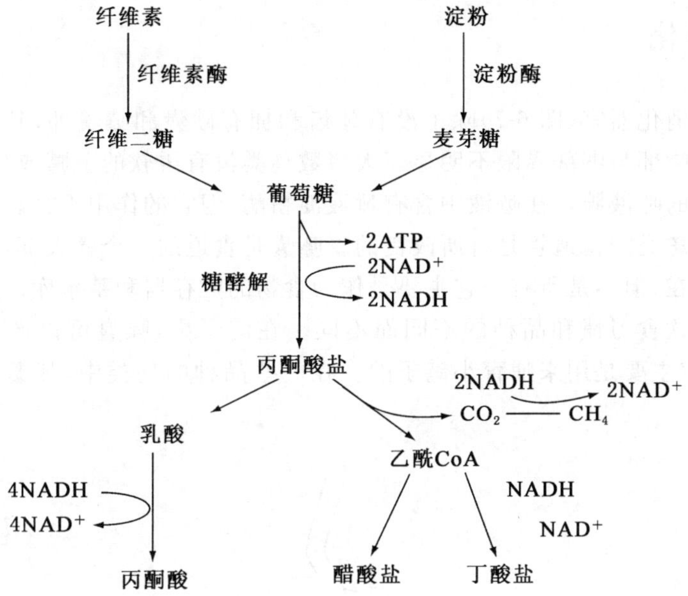

图 6-6 瘤胃微生物合成挥发性脂肪酸。

反刍系统的利与弊

与非反刍动物相比,反刍动物的消化系统既有利也有弊。微生物对不能被动物的酶消化的饲料有消化的潜力。这就可以提高一些饲料的价值,例如牧草、玉米芯和小麦秆。有些必需养分在动物的饲料中是不存在的,例如维生素、氨基酸和脂肪酸,这些都是被微生物制造出来的。这就是有利之处,因为养分可以被动物吸收和利用。如果微生物发酵只发生在盲肠,那么这些养分中的大部分将会随粪便排出体外。

在瘤网胃中的发酵过程,其缺点是会潜在地破坏饲料中必需养分,例如维生素、氨基酸和脂肪酸,而降低了反刍动物饲料的质量。当前人们对避免高质量饲料例如大豆粕和淀粉被微生物消化的方法产生了兴趣。发酵过程也需要耗费大量的能量。日粮中的大部分能量也会以热量和不完全细菌代谢的气态产物的形式损失。这就解释了为什么增长 1 lb 的体重公牛大约需要 6～8 lb 的饲料,而猪却只需要 3 lb 的饲料。幸运地,我们并不需要在整个生产周期中饲喂反刍动物高质量的饲料。反刍动物为我们提供了一套完美的机制,它能将不易被人利用的低质量的饲料转变为高质量的食物。消化疾病的易发性,例如臌胀症(在瘤胃中大量气体的聚集)和酸中毒(瘤胃中的 pH 值降低),都会破坏瘤胃壁而降低生产力,导致肝脓肿以及其他弊端。

鸟类的消化

禽类的消化器官(图 6-7)除了没有牙齿和拥有砂囊和嗉囊外,其他都与单胃动物相似。喙部与咽部界限不明显。大多数鸟类没有柔软的上腭或牙齿,只拥有少数不发达的唾液腺。在唾液中含有唾液淀粉酶,但它的作用不大。在喙中不会进行消化。禽类的食道管是有所改良的。嗉囊是食道的一个膨大部,它在大多数品种中都存在,但不是所有。它主要是作为食物的贮存器和蓄水库。嗉囊的大小随着鸟类的饮食习惯和品种的不同而不同。在鸽子中,嗉囊可以产生"鸽乳"和"嗉囊乳",它主要是用来哺育小鸽子的。在一些品种的鸟类中,嗉囊里也能进行发酵活动。

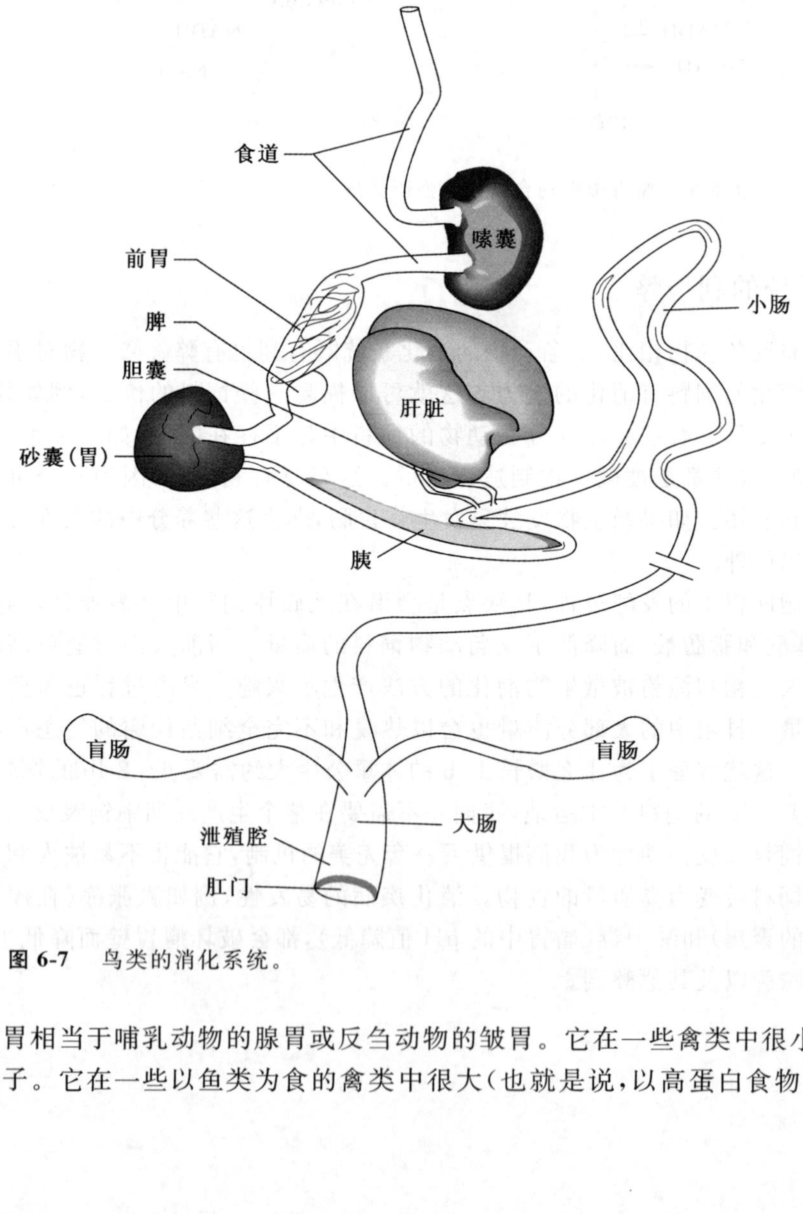

图 6-7 鸟类的消化系统。

前胃相当于哺乳动物的腺胃或反刍动物的皱胃。它在一些禽类中很小,例如鸡和鸽子。它在一些以鱼类为食的禽类中很大(也就是说,以高蛋白食物为主的禽类)。前胃主要是产生胃液(盐酸和胃蛋白酶)的器官,并且它的pH值为4。食物通过那里只经过几秒钟,所以事实上并没有进行消化。但食肉的禽类却例外——在它们的前胃中会进行消化。

砂囊,或称作肌胃,是高效的研磨器官。它由非常发达的肌肉组成,它的发达程度主要由禽类所采食的食物类型决定。在野生禽类中砂囊是大的、发达的,而在商业饲养的品种中却是小的、不发达的,因为它们被饲喂提前研磨过的饲料。在农场中自由放养的禽类的砂囊里含有砂粒,这有助于将食物研磨成更小的颗粒,但这对于现代化提前研磨过的饲料就没有必要了。在砂囊里不会分泌酶类物质,但来自前胃的酶会在这里发挥作用。

小肠的功能是消化食物和吸收养分,这正与其他单胃动物一样。小肠的第一部分与其他动物一样也是十二指肠,但是在空肠和回肠的界限不明显。空肠的长度在品种内和品种间都有差异,特别是由不同的采食习惯造成。在食草禽类中的长度大于食肉禽类。总的来说,除了乳糖分解酶,其他在哺乳动物中存在的酶也都同样在这里存在。所以,乳的副产品对于禽类来说并不是好的饲料。

盲肠是小肠和大肠的结合处。禽类有两个盲肠。它的大小也与采食类型有关——当动物以高纤维饲料为主时盲肠就会大些。它们经强健的回盲瓣而开口于大肠。在盲肠中,伴随着纤维素的消化而对水进行了再吸收;或许有18%的总纤维素和水溶性维生素在盲肠中由细菌合成。现代的禽类不会被饲喂太多的纤维素,因此它们的盲肠基本不被利用。

禽类的大肠是相当短的,只有2～4 in。它不会像哺乳动物那样被明显地分为结肠和直肠。从消化系统的透视图中我们可以看出,大肠对水的吸收功能是尤为重要的,但是在禽类的大肠中还会发生对维生素K的合成与吸收。泄殖腔是排出废物(粪便和尿液)、交配和雌性产卵的共用的孔。

马的消化

马的消化系统如图6-8所示。马是非反刍的食草动物。马、兔子和几内亚猪都能利用粗饲料,因为在它们的盲肠中存在着能消化纤维的活跃的细菌群。在这部分,我们以马的消化为例来探究盲肠的发酵。

马通过牙齿、灵活的上唇和舌头来进行撕咬。马的颚部能进行上下左右的运动。另外,它的上颚比下颚宽大。因此,马只能用嘴进行单边咀嚼。马的唾液中并不含酶,它主要是对采食的粗饲料起着润滑的作用。唾液的分泌量是很大,一只成熟的马如果采食了干草或是其他相似的饲料,那么一天可以分泌10 gal的唾液。马的食管只有一种蠕动的方式,这就使得反刍对它来说根本不可能实现。

马胃与其他哺乳动物的胃相比有一些重要的差别。或许最与众不同的应该是它的胃容量比较小。一只仅有马一半大的猪可以拥有与马一样大的胃。一头与马一样大的牛的皱胃将比马的胃大50%。马胃只占其消化道容积的8%,大约只有3～4 gal的容量。马胃很独特,它不进行与其他动物一样强烈的肌肉收缩的

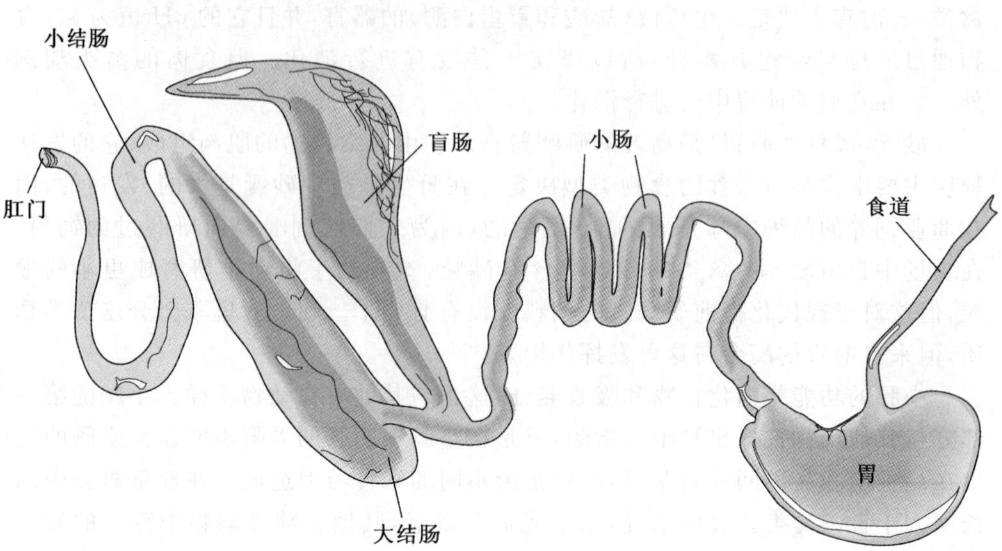

图 6-8 马的消化系统。

疝痛
表示胃部紊乱的一个宽泛的术语，尤指马类。

运动。由于胃部只能较弱地运动，所以饲料都是分层排列的。这两个因素导致了马比其他动物更易出现胃紊乱的情况。**疝痛**和胃撕裂会同时发生，其中疝痛更常见一些。马应该在一天内尽可能的少进多餐。一天最少饲喂 2 次，并且要饲喂充足的干草来避免胃部紊乱。

马的小肠除了没有胆囊外，其他都与别的单胃动物相同。马类最终进化成了一个频繁地采食者和不需要贮存胆汁来帮助消化的动物。胆汁直接分泌并不断地进入十二指肠中，大约频率为 300 mL/h。

马的大肠被分为盲肠、大结肠、小结肠和直肠，它的平均长度有 25 ft。它的容量超过了肠总容量的 60%，相当于同等体型的反刍动物的大肠容量的 3/5。盲肠和大结肠中含有在数量和微生物种类上都与反刍动物瘤网胃中相似的细菌群。在细菌进行发酵后也产生与反刍动物相似的 VFA，它能被动物吸收和利用。以草料为食的马主要就是靠来自大肠的这些 VFA 来满足身体大部分的能量需要的。这些细菌也能合成水溶性维生素，动物也是在大肠中对它进行吸收，但是数量有限。细菌还能合成蛋白质，但是马因为缺乏相应的酶和吸收机制而不能对它们进行利用。因为这种蛋白质不受消化液的影响，所以它对马是无用的，如果真要利用，也只能通过马进行**食粪**来完成了。当马缺乏饲料时就会进行食粪来平衡它们的营养需要。盲肠是对肠里的内容物最先进行水分再吸收的场所，尽管另外一些在结肠中被吸收。

食粪
是一种吃粪便的行为。

可溶的碳水化合物在小肠中被消化和吸收，这和其他的单胃动物几乎一样。纤维断片在大肠和结肠中被消化。终产物与瘤胃发酵的终产物基本相同。甚至生产出与瘤胃中相似浓度的 VFA。VFA 在大肠中被吸收，并且通过细胞用作能量来源。马对纤维素的消化率只有反刍动物的 2/3。这主要是由于饲料流通马消化道的速度比反刍动物快得多造成的。其他的原因或许也能被发现。

马的日粮中的脂肪是在小肠中被消化和吸收的。缺少胆囊对马来说并不受什么影响。当饲料中的脂肪含量达到 20%时，就会有 90%或更多的脂肪被消化。马对蛋白质的消化与其他单胃动物相同。大量的微生物蛋白质在盲肠中被制造出来，但是它们不能被马吸收。因此，必需氨基酸必须饲喂给马。如果我们希望马能有更好的表现就要饲喂给它们比牛要好很多的饲料。

概要和结论

不同的物种拥有不同的消化道。这些不同可能是由解剖学、功能上的原因造成的，这就规定了动物该如何被饲喂。然而，对于它们的不同，也存在着极大的相似之处。所有物种的消化的目标只有一个：为动物释放养分，让其进行吸收和代谢来满足维持和生产的需要。

习题

1. 定义消化。
2. 3 种主要的消化方式是什么？描述它们。
3. 为什么不同的动物会利用截然不同的饲料？
4. 家畜的胃的类型有哪些？
5. 定义食肉动物、杂食动物和食草动物。
6. 什么是采食？
7. 定义咀嚼。不同的动物是怎样完成它的？
8. 什么是唾液分泌？咀嚼和唾液分泌是如何帮助动物的？
9. 你认为是什么决定了不同动物的唾液分泌量？
10. 唾液的成分和功能是什么？
11. 定义吞咽。
12. 胃在消化中扮演什么样的角色？
13. 小肠分为哪 3 个部分，它们各自的功能是什么？
14. 胆汁的作用是什么？它来自哪里？
15. 胰液的作用是什么？描述胰液中每一种酶的功能。
16. 大肠的功能是什么？单胃食草动物的肠中的细菌都在做些什么？
17. 兔子为什么要食粪？
18. 描述动物是如何排粪的。
19. 尿的成分是什么？
20. 描述猪对食物从采食到排粪整个的消化过程。
21. 说明反刍动物与非反刍动物在解剖学上的主要不同之处。
22. 从解剖学上描述反刍动物的消化道。常用的描述反刍动物在食道和小肠间的 4 个消化隔室的名称是什么?

23. 反刍动物胃中的每一个隔室的相对的容量是多大?

24. 什么是蜂巢胃沟,它是做什么用的?

25. 瘤胃的功能是什么?

26. 为什么瘤胃中的 VFAs 是重要的,动物都用它做什么了?

27. 瘤胃中制造出来的蛋白质都具备怎样的质量?

28. 说出瘤胃发酵所产生的养分。

29. 网胃、瓣胃和皱胃的功能是什么?

30. 定义嗳气,并且讨论如果一只反刍动物不会进行嗳气将导致什么样的结果。

31. 定义共生现象。反刍动物和它们的微生物是如何限定各自的身份来完成共生的?

32. 在瘤胃中存在哪些微生物?

33. 为反刍动物提供能量的 VFAs 有哪些重要性?

34. 来自瘤胃发酵的气体都有哪些成分?

35. 反刍动物的消化系统与非反刍动物相比有哪些优点?

36. 为什么反刍动物不食粪?

37. 反刍动物的消化系统有哪些缺点?

38. 为什么反刍动物的饲料转化率比单胃动物低得多呢?

39. 禽类和猪在解剖学上有哪些不同? 描述它们并介绍它们的功能。

40. 禽类的消化是如何发生的? 在鸡和猪之间的消化过程有哪些不同?

41. 阐述盲肠的发酵对于马类的重要性。

42. 马能产生多少唾液?

43. 马胃有哪些独特之处?

44. 详细地描述在马的大肠和盲肠中都发生了什么?

45. 为什么我们必须给马饲喂氨基酸,为什么我们不用给牛饲喂?

参考文献

Cheeke, P. R. 1999. *Applied animal nutrition: Feeds and feeding*. 2nd ed. Upper Saddle River, NJ: Prentice-Hall.

Church, D. C., and W. G. Pond. 1988. *Basic animal nutrition and feeding*. 3rd ed. New York: John Wiley & Sons.

Duke, G. E. 1984. Avian digestion. In *Duke's physiology of domestic animals*, 10th ed., Melvin J. Swenson, ed. Ithaca, NY: Cornell University Press.

Ensminger, M. E., J. E. Oldfield, and W. W. Heinemann. 1990. *Feeds and feeding digest*. Clovis, CA: Ensminger Publishing Co.

Evans, J. W., A. Borton, H. Hintz, and L. D. Van Vleck. 1990. *The horse*. New York: W. H. Freeman and Company.

Gillespie, J. R. 1987. *Animal nutrition and feeding*. Albany, NY: Delmar Publishers.

Hibberd, C. A. 1990. *Animal nutrition manual*. Stillwater, OK: Oklahoma State University, Animal Science Department.

Jurgens, M. H. 1982. *Animal feeding and nutrition*. 5th ed. Dubuque, IA: Kendall/Hunt Publishing Co.

Jurgens, M. H. 1993. *Animal feeding and nutrition*. 7th ed. Dubuque, IA: Kendall/Hunt Publishing Co.

Kellems, R. O., and D. C. Church. 1999. *Livestock feeds and feeding*. 4th ed. Upper Saddle River, NJ: Prentice-Hall.

Maynard, L. A., J. K. Loosli, H. F. Hintz, and R. C. Warner. 1979. *Animal nutrition*. 7th ed. New York: McGraw-Hill Book Co.

McDonald, P., R. A. Edwards, and J. F. D. Greenhalgh. 1988. *Animal nutrition*. 4th ed. New York: John Wiley & Sons.

Perry, T. W., A. E. Cullison, and R. S. Lowery. 1999. *Feeds and feeding*. 5th ed. Upper Saddle River, NJ: Prentice-Hall.

Pond, W. G., D. C. Church, and K. R. Pond. 1995. *Basic animal nutrition and feeding*. 4th ed. New York: John Wiley & Sons.

Swenson, M. J., ed. 1984. *Duke's physiology of domestic animals*. 10th ed. Ithaca, NY: Cornell University Press.

Teeter, R. G. 1988. *Animal nutrition manual*. Stillwater, OK: Oklahoma State University, Animal Science Department.

第 7 章

饲料分类

学习目标

学完本章后，应该能够：

1. 描述饲料如何分类和识别饲料的主要种类及其特点；
2. 确定不同饲料种类的营养特点。

关键术语

草场	国家研究委员会	青贮饲料
草原植被(天然草地植被)	矿物质补充料	饲草
粗饲料	木质素	维生素补充料
蛋白质补充料	能量饲料	厌氧的
蛋白质量	侵蚀、风化(作用)	营养价值
第一限制氨基酸	青绿饲料	
非营养添加剂	青贮料	

引言

在美国和世界各地，不同来源、质量和价值的饲料用于家畜日粮，其中营养含量变化非常大，完全明白这些非常难。国家科学院的分支机构国家研究委员会(NRC)出版了名为"家畜营养需要量"的一系列报告，这些报告将饲料分成具有共同特点的 8 类，每一类饲料具有近似的营养价值和共同的特点，这些分类能帮助我们识别饲料的类型和掌握平衡日粮的方法。在实际生产中，多数日粮用包括各种有用饲料原料程序的计算机和数据库平衡，饲料属于哪一类对计算机并不重要，但是由于人的思维限制，将饲料分类仍然有用。饲料可分为：(1)干草和粗饲料；(2)牧草、天然草和新鲜牧草；(3)青贮料；(4)能量饲料；(5)蛋白补充料；(6)矿物质补充料；(7)维生素补充料；(8)非营养添加剂。

饲料种类

干草和粗饲料

这类饲料含粗纤维至少18%,可高达50%。干草和粗饲料纤维素、半纤维素含量高,木质素含量也可能高,易消化的碳水化合物如淀粉和糖(无氮浸出物,NFE)含量低;因此这类饲料一般消化率低、能值也比精料低,蛋白质含量变化大,从紫花苜蓿的30%到稻草的2%~3%。反刍家畜和靠盲肠发酵的家畜一般可利用这些饲料,一般不经常关注蛋白质量。由于变异太大,难以描述这类饲料的矿物质和维生素含量。属于这类饲料的有豆科干草、野干草、小麦秸、玉米秸、玉米穗、棉籽壳、花生壳和稻壳等(图7-1,图7-2和图7-3)。

图7-1 干草是干草和粗饲料类的一种。

图7-2 甜菜渣是加工糖的副产品,常用于奶牛日粮和参展牛的饲料。

图 7-3 棉籽壳是棉花工业中的副产品，经常是纤维的较好来源。

牧草、天然草和新鲜牧草

这类饲料有百慕大草地牧草、苏丹高粱草、牧场的高草种和麦类草（图 7-4），许多这些饲料籽实干燥收获可以属于干草和粗饲料，这些饲料的水分含量经常在50%～85%之间，但变化较大。这类饲料，冬季的牧草含水可低至 15%～30%，而麦类草可能含水高达 90%，干物质含量也变化很大。幼嫩、施肥条件好的麦类草可含有相当高的蛋白质并且容易消化，而晚季节牧场的干草则相反。

图 7-4 放牧是世界上生长牧草最普遍的用法。

青贮料

厌氧条件下**青贮**植物原料就生产出青贮料(图 7-5),这是贮存家畜饲料的常用方法。植物原料有一个控制产酸的发酵过程,然后这些酸消灭细菌、霉菌和其他破坏性有机体,只要青贮料无干扰可以保存多年。许多不同的原料都可以青贮,玉米青贮时应切短并且应该在穗形成时整株青贮,谷类、豆类草、罐头加工厂的副产品、块根块茎类也同样可生产出好的青贮料。一个常见的误解是青贮可以改进饲料的营养物质含量,事实正相反,发酵过程消耗营养物质,因此减少了原料的营养含量。由于青贮方法可用于保存像高水分的玉米等其他产品,这类饲料也可能引起一些混乱,可是,这些其他产品不过是被青贮,而不能自动地归类于青贮料。

厌氧条件
缺乏氧分子的状态。

青贮
利用草料生产青贮料的过程。

图 7-5 青贮料是在如图所示的青贮塔内厌氧发酵的植物原料。

特点

前面讨论的这 3 类涉及到每一类中的植物时有许多共同点,因此它们的营养价值也类似。这 3 类饲料中的许多可普遍归属于粗饲料或草料而不用进一步分类。一般来说,草料比粗饲料的质量好(图 7-6)。这些饲料使草食家畜(反刍家畜和靠盲肠发酵的家畜)日粮具有一定的体积,同样是美国和世界其他国家家畜主要的使用饲料,由于这些原因,讨论其他种类饲料之前概要地讨论这些饲料似乎很有必要。

草料和粗饲料一般可分为豆科植物(如紫花苜蓿、胡枝子类、大豆类和三叶草)和草地类(如牧场牧草、猫尾草、百慕大草地牧草和麦类)。由于茎矮、叶多,豆类一般是比草地类质量好的饲料,当然也有例外。尽管麦类属于草地类,但生长早期可能含有 20%~34%不等的粗蛋白,这比多数豆类的蛋白水平都高;同样成熟期的豆类和草地类一些营养参数几乎无差异，但对其他参数，豆类的营养价值高得多。一般情况下，豆类和草地类能值几乎相等，但豆类蛋白质、钙和胡萝卜素含量高得多。

图 7-6 干草(a)是具有高营养价值的细茎类草料，麦秸(b)是低营养价值的一种粗饲料。

许多因素影响草料和粗饲料的营养含量，包括收获时的成熟状况、侵蚀损害、土壤肥力、植物种类和收获方法等，收获时的成熟状况也许是最重要的影响因素，因为除纤维外所有营养物质的数量都随成熟而减少。幼嫩植物可能仅含 20%的粗纤维，而成熟植物可达 40%或更多，纤维增加时**木质素**也增加。

木质素

植物的结构性成分，是石炭酸的聚合体。

随草料的成熟和纤维水平的增加，可消化性和适口性减退(图 7-7 和图 7-8)，一些植物的变化速度比另一些大得多，例如，猫尾草、雀麦草和野牛草在漫长的成熟程度内均可保持好的适口性，鸭茅属和画眉草属幼嫩时适口性和可消化性均很好，但成熟时这些特点很快消失，成熟的这种影响草地类比豆类更明显。营养随成熟和**侵蚀作用**的变化见表 7-1 和图 7-9 至图 7-14。表 7-2 列出了一些有代表性的草料和粗饲料的营养含量。

侵蚀作用
暴露于自然环境中营养价值的损失。

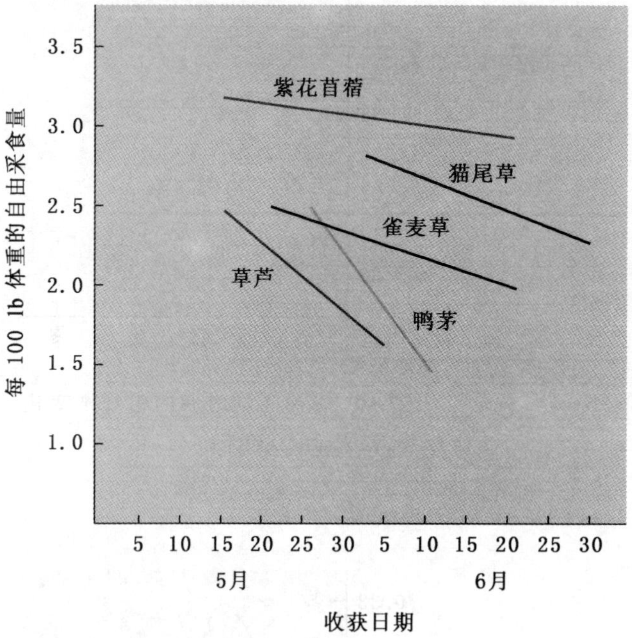

图 7-7 成熟程度对首次收割草料绵羊自由采食量的影响。(来源：Wagner，1988，p. 50)

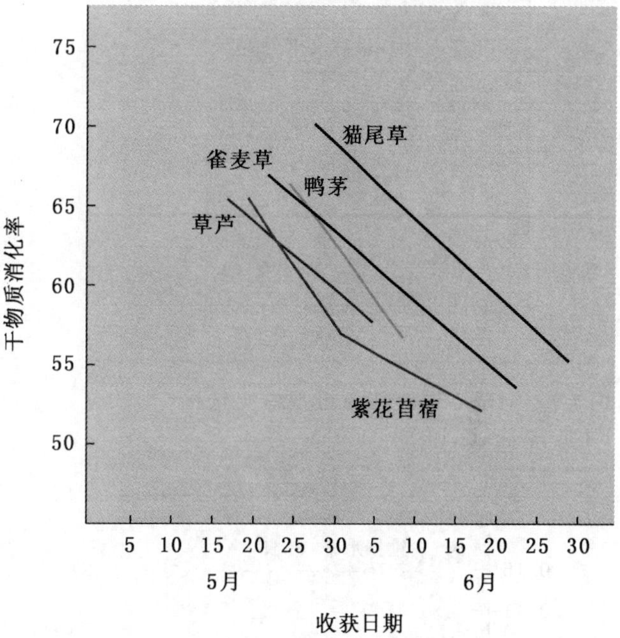

图 7-8 成熟程度对首次收割干物质消化率的影响。(来源：Wagner，1988，p. 51)

表 7-1 一年内[1,2]不同月份 4 种天然草的平均化学成分

月份	干物质 /%	粗蛋白 /%(干物质基础)	粗纤维 /%(干物质基础)	钙 /%(干物质基础)	磷 /%(干物质基础)	胡萝卜素 /(mg/kg)
5 月	44.0	10.01	30.69	0.30	0.13	174.8
6 月	45.5	7.84	32.23	0.30	0.99	195.6
7 月	48.3	6.04	33.11	0.35	0.09	145.2
8 月	56.5	4.92	34.83	0.31	0.08	81.4
9 月	60.8	3.99	35.51	0.28	0.07	40.4
10 月	66.5	3.79	35.80	0.32	0.06	20.2
11 月	81.4	2.55	38.56	0.25	0.03	3.6
12 月	94.4	2.63	38.07	0.30	0.04	0.9
1 月	93.4	2.49	38.45	0.34	0.09	0.4
2 月	93.6	2.52	37.21	0.29	0.04	0.3
3 月	96.0	1.95	43.19	0.21	0.03	0.0
4 月	92.6	2.91	39.97	0.29	0.04	0.6

1. 数据来自 1947—1962 年俄克拉荷马州中心天然草的化学成分(Waller，Morrison 和 Nelson，报告 B-697，1972 年 1 月)。
2. 数据为 15 年的平均值。
来源：Wagner，1988，p. 47。

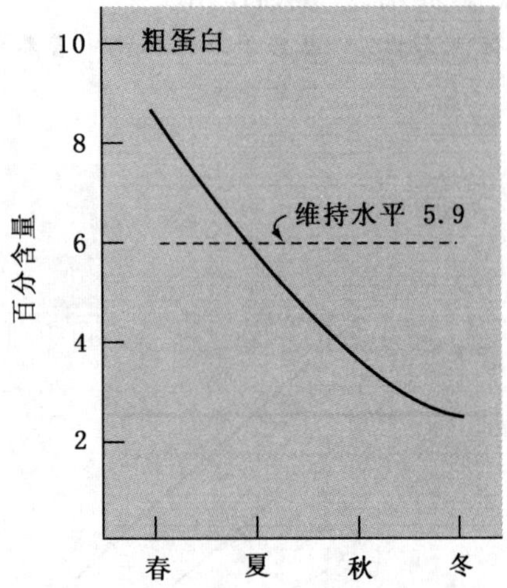

图 7-9 饲草不同时间的粗蛋白变化。(来源:Wagner,1988)

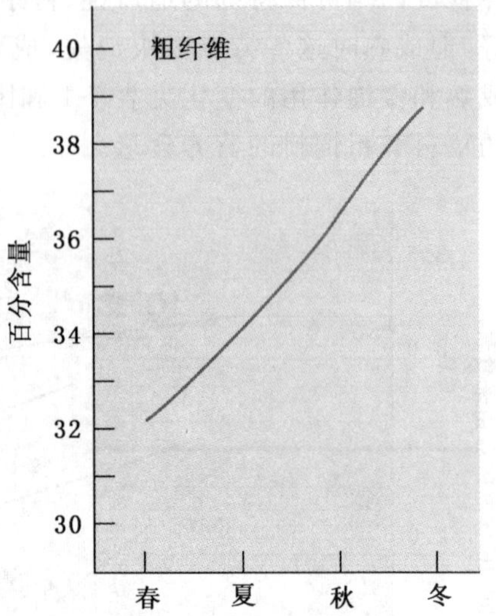

图 7-10 草料不同时间的粗纤维变化。(来源:Wagner,1988)

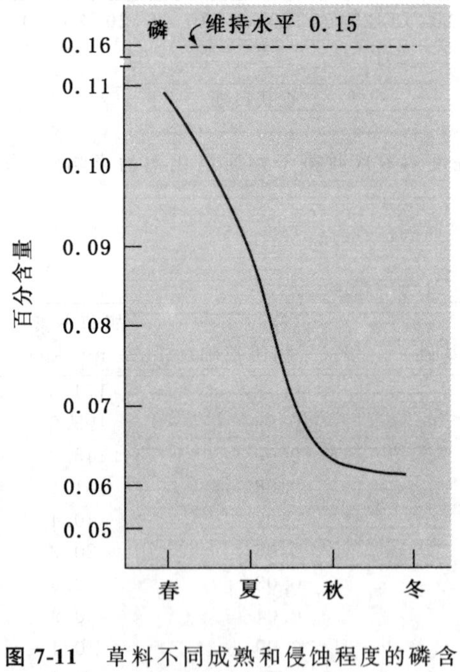

图 7-11 草料不同成熟和侵蚀程度的磷含量变化。(来源:Wagner,1988)

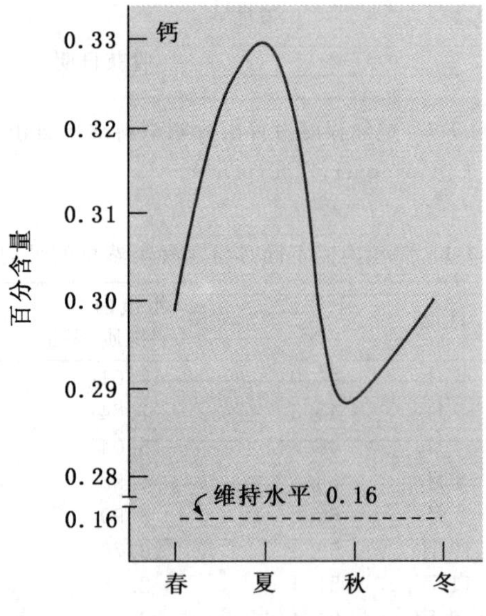

图 7-12 草料不同成熟和侵蚀程度的钙含量变化。(来源:Wagner,1988)

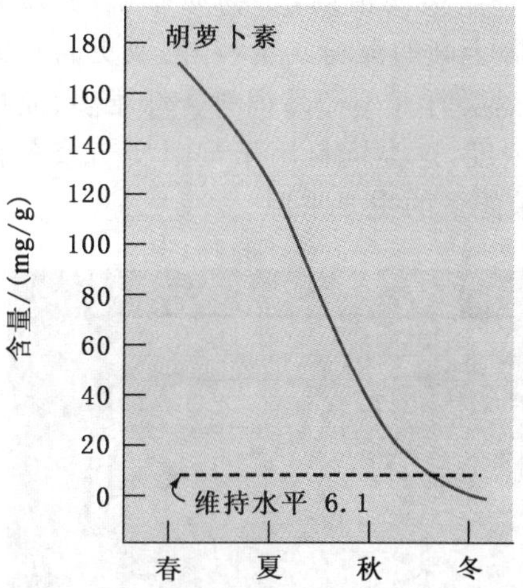

图 7-13 草料不同成熟和侵蚀程度的胡萝卜素含量变化。(来源:Wagner,1988)

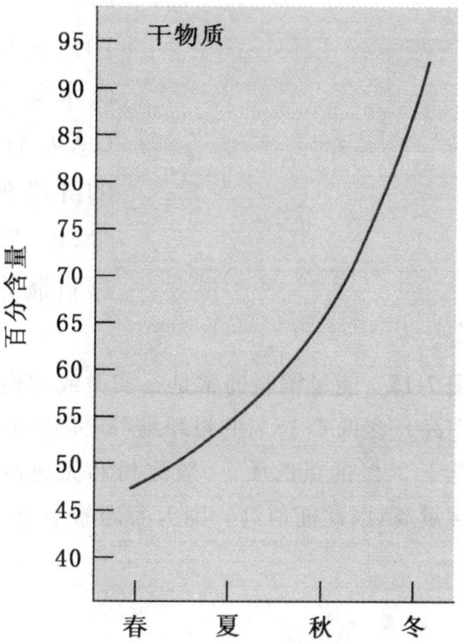

图 7-14 草料不同成熟和侵蚀程度的干物质含量变化。(来源:Wagner,1988)

表 7-2 一些草料和粗饲料的营养成分

饲料	饲喂时/%DM	总可消化养分/%	维持净能/(Mcal/lb)	增重净能/(Mcal/lb)	粗蛋白/%	粗脂肪/%	粗纤维/%	酸性洗涤纤维/%	灰分/%	钙/%	磷/%	钾/%	镁/%
紫花苜蓿,干草	90.6	60.0	1.31	0.74	18.6	2.39	26.1	33.8	8.57	1.4	0.28	2.43	0.28
百慕大草地牧草,新鲜	30.3	64.0	1.44	0.86	12.6	3.70	28.4	36.8	8.1	0.49	0.27	1.7	0.17
柑橘渣,青贮	21.0	78.0	0.86	0.57	7.3	9.7	15.6	25	5.5	2.04	0.15	0.62	0.16
玉米穗轴,粉碎	90.0	50.0	0.44	0.19	3.2	0.7	36.2	35	1.7	0.12	0.04	0.87	0.07
鸭茅草,新鲜,开花早期	23.5	68.0	1.57	0.97	12.8	3.70	32.0	30.7	8.1	0.25	0.39	3.38	0.31
马铃薯青贮	25.0	82.0	0.91	0.61	7.6	0.4	4.0	5	5.5	0.04	0.23	2.13	0.14
稻壳	92.0	12.0	0.00	0.00	3.3	0.8	42.9	72	20.6	0.10	0.08	0.57	0.83
高粱青贮,30%干物质	30.0	60.0	0.34	0.34	7.5	3.0	27.9	38	8.7	0.35	0.21	1.37	0.29
麦秸	89.0	44.0	0.10	0.10	3.6	1.8	41.6	54	7.8	0.18	0.05	1.42	0.12

来源:Bath et al., 1997,NRC,1996。

能量饲料

能量饲料主要包括谷实类、谷实类加工副产品饲料(如玉米麸、小麦麸)、果类和坚果等,蛋白含量都低。

这类饲料粗纤维含量低于18%或细胞壁含量低于35%,蛋白质含量低于20%(图 7-15),一般淀粉和无氮浸出物含量高,因此能值高。以后要讨论的蛋白补充料可能能值相似但粗蛋白含量高于 20%。谷实类粗纤维非常低，范围是 2%～10%，玉米（图 7-16）、高粱（图 7-17）和小麦约为 2%，大麦约 6%，燕麦 10%～12%，有纤维外壳的籽实粗纤维含量高；粗纤维含量越低，因为更易消化的碳水化合物如淀粉和糖多，能值可能越高。谷实类能值高，干物质基础的 TDN（总可消化养分）可能高达 90%，这样高的值源于高的淀粉含量（70%或更高）、低的纤维含量和高的消化率。因为加工的结果这类籽实副产品饲料含纤维多、淀粉少，能值稍微低些（图 7-18）。为了增加能量浓度，这类饲料用于饲喂反刍家畜和靠盲肠发酵的家畜，对单胃动物则是作为日粮能量的主要来源。

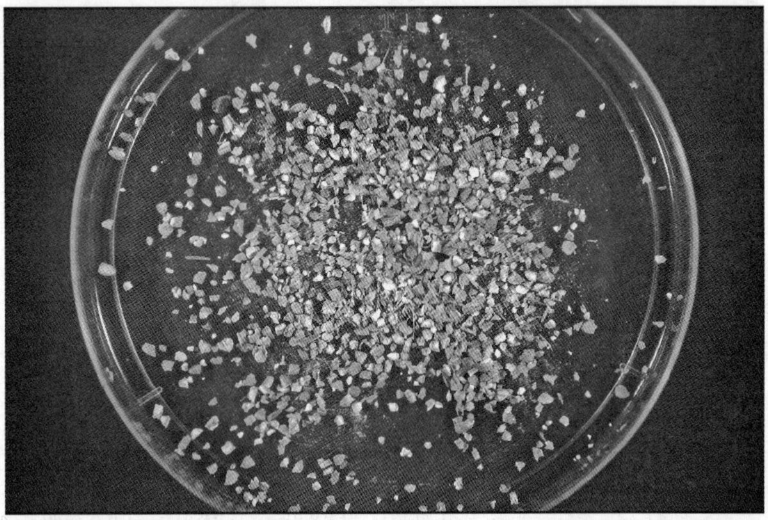

图 7-15　能量饲料通常是谷实类或它们的副产品。含低于 18%的粗纤维（35%细胞壁）和低于 20%的蛋白质；一般淀粉和无氮浸出物含量高，因此能值高。图为磨碎的小麦。

图 7-16　玉米是美国最常用的谷实类饲料。图为蒸汽压扁的玉米。

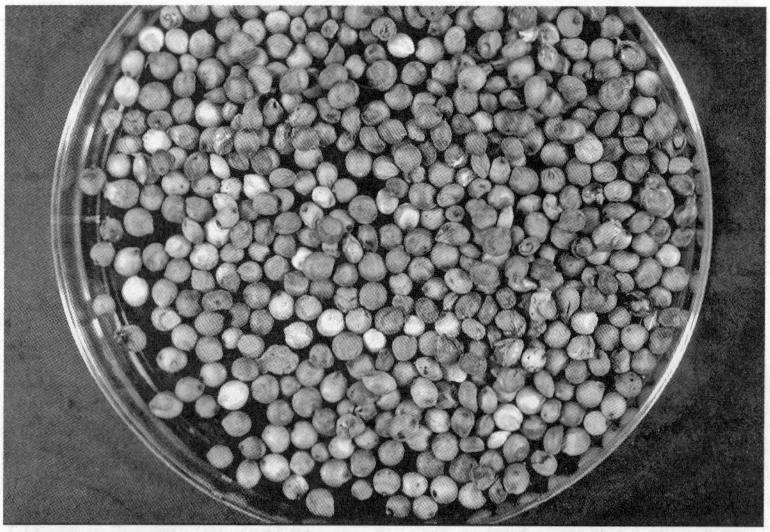

图 7-17 高粱在美国的干燥地区是一种极好的能量饲料。

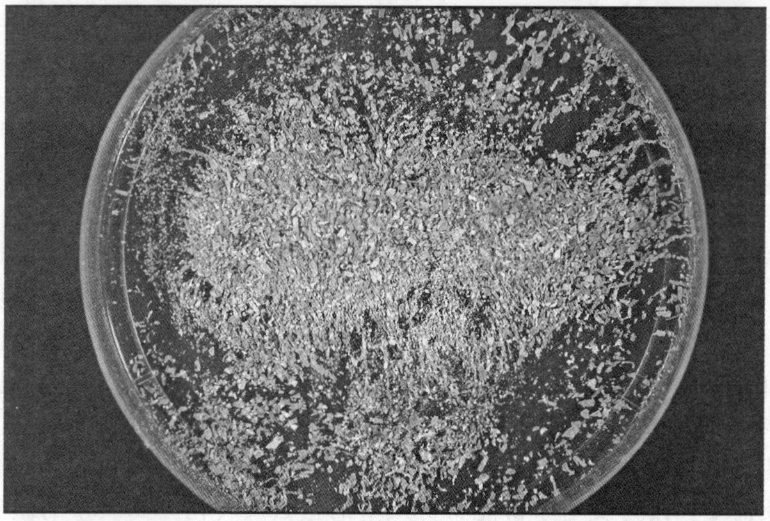

图 7-18 小麦碎屑是一种能量饲料，也是一种副产品饲料。副产品饲料通常比加工前的谷物能量低，纤维高。

能量饲料定义为粗蛋白含量低于20%，谷实类为8%～12%，一些副产品饲料高些。蛋白质消化率变动于50%～80%，但蛋白质品质一般较差，这是因为谷实类必需氨基酸含量经常较少，赖氨酸、蛋氨酸和色氨酸经常是这些饲料的**第一限制性氨基酸**，如果不是第一，它们可能是第二或第三限制性的。

第一限制性氨基酸

处于第一位，日粮供给不足时限制家畜生产性能的氨基酸。

一般情况下，谷实类总是含钙非常低，含磷适宜，微量元素含量少，谷实中维生素D和维生素A的先体物胡萝卜素含量非常少；可是，它们一般是维生素E的好来源，并且含有一些B族维生素。表7-3显示了一些有代表性的能量饲料的营养含量。

表 7-3 一些常用能量饲料的部分营养指标分析

饲料[1]	干物质/%	粗蛋白/%	反刍家畜TDN/%	家禽/(kcal/kg)(有误)	家禽代谢能/(kcal/kg)	猪代谢能/(kcal/kg)	猪TDN/%	胡萝卜素/(mg/kg)	维生素A/(IU/g)	维生素E/(mg/kg)	钙/%	总磷/%	灰分/%
面包副产品,干燥	91	10.0	82	1 650	3 630	3 600	79	5	3.9	25	0.1	0.35	8.0
大麦,谷物	89	11.5	74	1 250	2 750	2 870	70	—	—	36	0.08	0.42	2.5
玉米,黄色,谷物	86	7.9	80	1 540	3 390	3 350	80	2	1.7	22	0.01	0.25	1.1
玉米麸,玉米剔除	89	11.5	86	1 390	3 060	3 365	82	9	15.3	—	0.05	0.5	3.0
糖蜜,甘蔗,干燥	91	7.0	80	1 080	2 375	2 560	65	—	—	5.4	1.18	0.9	8.0
燕麦,谷物	90	11.0	68	1 160	2 550	2 670	65	—	—	20	0.3	0.35	4.0
去壳燕麦(脱壳燕麦)	92	16.0	90	1 500	3 300	3 400	84	—	—	15	0.07	0.45	2.2
高粱,西非高粱,谷物	89	11.0	71	1 505	3 310	3 230	78	—	—	12.2	0.04	0.29	1.7
小麦,硬,谷物	88	13.5	76	1 440	3 170	3 220	79	—	—	15.5	0.05	0.41	2.0
小麦,软,谷物	86	10.8	79	1 460	3 210	3 415	83	—	—	15.5	0.05	0.3	2.0
小麦麸	89	14.8	62	590	1 300	2 320	57	—	—	10.8	0.14	1.17	6.4

来源:Dale,1997,经允许使用。

1.所有数据均为饲料级。

2.译者注。

蛋白补充料

蛋白补充料包括3种主要来源的饲料,植物来源(如大豆粉、棉籽粉、玉米面筋),动物来源(如鱼粉、干脱脂乳和动物下脚饲料)或非蛋白氮(NPN)来源(如尿素、氨基酸纯品和铵盐),一般是价格高的饲料。尽管平衡日粮需要的总蛋白源比总能源少,但蛋白源价格高并且代表日粮中的第二大费用支出。在一些管理和饲养情况下,蛋白补充料在整个计划中是最大的支出费用。

这类饲料粗蛋白含量高于20%,一些也含高的能量,从经济角度它们只是满足家畜的蛋白质需要。因为反刍家畜能将低质量的蛋白质转化为高质量的微生物蛋白,因此给反刍家畜饲喂NPN是一种减少成本的方法,这样可以避免使用高质量的饲料和高的费用。但是,非常高质量和高费用的饲料仍需要用于一些日粮,如乳猪料、代乳品等。

一些含脂肪高的种子浸提出脂肪后的终端产品构成了主要的植物源蛋白料(图7-19),因此这些蛋白源叫油籽粉,其中最重要的是大豆和棉籽(图7-20),可是大量的亚麻籽、花生、向日葵籽、芝麻籽等也常使用。蛋白含量一般高于40%,消化率也高,**蛋白质品质**有变化,但一般较好;赖氨酸、胱氨酸和蛋氨酸水平普遍较低;大豆粉稍有不同,赖氨酸水平较高。谷实类饲料的必需氨基酸含量不足,这些饲料中赖氨酸、蛋氨酸、色氨酸分别为第一、第二、第三限制性氨基酸,这些氨基酸需要用纯品氨基酸提供,也可添加动物性蛋白补充料以防缺乏。能值随浸提加工中浸提出脂肪的多少而变化,油籽一般含钙低,含磷高些。为单胃家畜平衡日粮

蛋白质品质
评价饲料中必需氨基酸的含量和消化率的指标。

时需注意一半或更多的磷是家畜不能利用的植酸磷。微量元素含量有变化，但一般较低；油籽含胡萝卜素低，B族维生素含量从低到适中。

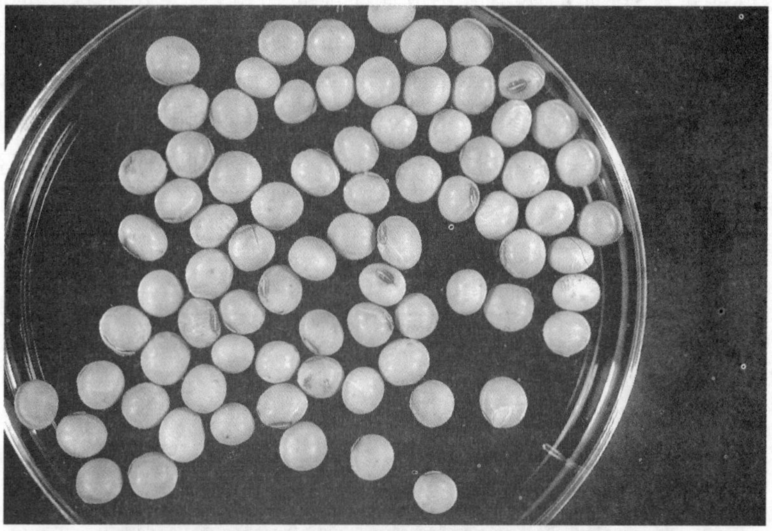

图 7-19 整粒大豆可做家畜饲料，但浸提出油人用，剩下的大豆粉是优质蛋白补充料。

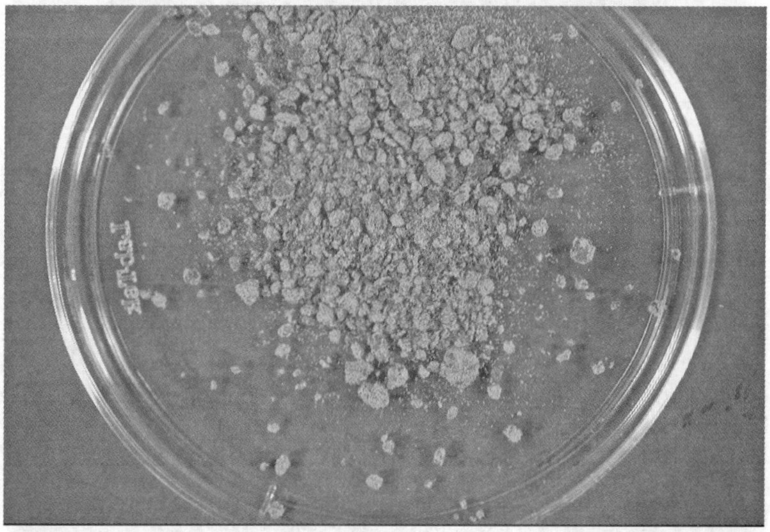

图 7-20 棉籽是棉花生产中的副产品，浸提出油人用，剩下的棉籽粉是优质蛋白补充料。

动物源蛋白饲料主要是肉类、奶类加工和海产业的末端产品，其中最主要的是肉粉、骨粉、血粉(图 7-21)、羽毛粉、干燥奶和鱼粉。乳制品是最优质的末端产品，一般也价格最高；好的鱼粉在质量上可与乳产品媲美，另外它们一般都含高质量的总蛋白质。鱼粉的赖氨酸含量比其他常用的蛋白源高，鱼粉经常是矿物质和B族维生素的优质来源。由于好的质量和高的费用，乳和鱼制品常用于单胃家畜和幼龄反刍家畜日粮。肉制品的蛋白质量常比乳和鱼产品低，但质量仍较好因此单胃家畜的用量仍需限制，一些肉制品含高的矿物质，这取决于其中骨的含量；维生素含量变化大，但由于加工是为了这些饲料可供使用，一般不高。羽毛粉是低质量的蛋白补充料，但总蛋白含量非常高(高于 90%)，尽管可作为单胃家畜日粮的一部分，但在反刍家畜日粮中常用。

非蛋白氮来源非常广，纯品的氨基酸也应属于非蛋白氮，可是由于这些饲料的成本问题，实际应用的非蛋白氮是尿素(图 7-22)和其他的类似产品。尿素及其类似产品只能用于功能健全的反刍家畜，并且使用时应非常小心。反刍家畜体内的微生物能够利用一定数量的非蛋白氮，由于常比蛋白质的费用低，非蛋白氮常用于降低日粮成本而不是作为其他养分的重要来源。表 7-4 列出了一些常用蛋白质补充料的粗蛋白和氨基酸含量。

图 7-21 血粉是屠宰副产品的一种，可作为一种蛋白补充料。

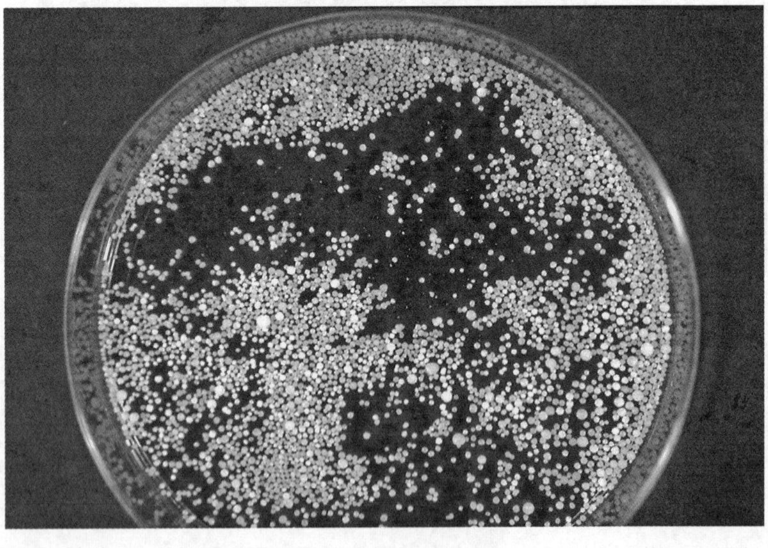

图 7-22 饲料级的尿素可作为反刍家畜日粮的一种非蛋白氮来源。

表 7-4 一些蛋白补充料的粗蛋白和氨基酸含量[1] %

成分	干物质	粗蛋白	蛋氨酸	胱氨酸	赖氨酸	色氨酸	苏氨酸	异亮氨酸	组氨酸	缬氨酸	亮氨酸	精氨酸	苯丙氨酸
血粉,动物	89	80.0	1.0	1.47	6.9	1.0	3.8	0.87	3.05	5.2	10.3	2.35	5.1
			(91)	(76)	(86)		(87)	(78)	(84)	(87)	(89)	(87)	(88)
干酿酒糟	93	27.9	0.6	0.4	0.9	0.4	1.0	2.0	0.47	1.69	3.2	1.3	1.82
酿酒干酵母	93	45.0	1.0	0.50	3.4	0.8	2.5	2.2	1.3	2.37	3.2	2.2	1.86
油菜籽粉	91	38.0	0.7	0.47	2.3	0.44	1.71	1.51	1.10	1.94	2.6	2.3	1.5
			(90)	(75)	(80)		(78)	(83)	(85)	(82)	(87)	(90)	(87)
酪蛋白,干燥	90	80.0	2.7	0.3	7.0	1.0	3.8	5.7	2.5	6.8	8.7	3.4	4.6
			(99)	(84)	(97)		(98)	(98)	(96)	(98)	(99)	(97)	(99)
棉籽粉,41%,直溶	90	41.0	0.51	0.62	1.76	0.52	1.35	1.33	1.1	1.82	2.4	4.66	2.23
羽毛粉,家禽	93	85.0	0.55	3.0	1.05	0.4	2.8	2.66	0.28	4.55	7.8	3.92	2.66
			(76)	(59)	(66)		(73)	(85)	(72)	(82)	(82)	(83)	(85)
鱼粉,青鱼,大西洋	93	72.0	0.2	0.72	5.7	0.8	2.88	3.0	1.91	5.7	5.1	5.64	2.56
肉骨粉,45%	92	45.0	0.53	0.26	2.2	0.18	1.8	1.7	1.5	2.4	2.9	2.7	1.8
奶,全干,饲料级	96	25.5	0.62	0.4	2.26	0.41	1.03	1.33	0.77	1.74	2.57	0.92	1.33
花生粉,溶解	92	48.0	0.42	0.73	1.77	0.5	1.16	1.76	0.95	1.88	3.70	4.55	2.04
大豆粉,溶解	90	44.0	0.65	0.67	2.9	0.60	1.7	2.5	1.1	2.4	3.4	3.4	2.2
酵母,圆酵母,干燥	93	48.5	0.80	0.6	3.8	0.5	2.6	2.9	1.4	2.90	3.5	2.6	3.0

来源:Dale,1997。经允许使用。

1. 括号内数值是利用率。

矿物质和维生素补充料

实际上所有饲料都含有一些维生素和矿物质,家畜需要维生素和矿物质的数量比其他营养物质少得多,但日粮中的需要必须用一定的方式满足以达到家畜高的生产性能和经济效益。为平衡日粮中的其他营养物质,需要浓缩的维生素或矿物质来源。

常用的矿物质补充料包括食盐(常微量矿化)(图 7-23)、骨粉、贝壳(图 7-24)、碳酸钙、石灰石和相当纯的其他特殊矿物质如硒、钴等,另外,许多预混的、完全的矿物质补充料都可用。经常涉及的矿物质包括钠、钙、磷、镁、铜、铁、锰、锌、钴和硒。表 7-5 列出了一些有代表性的矿物质补充料的矿物质含量。

维生素补充料包括发酵酵母、肝粉、鱼油、小麦胚芽油和单一维生素的纯品。虽然用现代计算机平衡程序容易配合和平衡每一种维生素,但在实践中常会不考虑日粮原料的维生素含量而添加维生素补充料,原因是原料中维生素的可利用性变化非常大。功能完善的反刍家畜常需补充的维生素有维生素 A、维生素 D 和维生素 E,其他家畜需补充维生素 K、核黄素、泛酸、烟酸、胆碱、叶酸、生物素和维生素 B_{12}。表7-6 列出了一种标准的维生素预混料的维生素含量(图 7-25)。

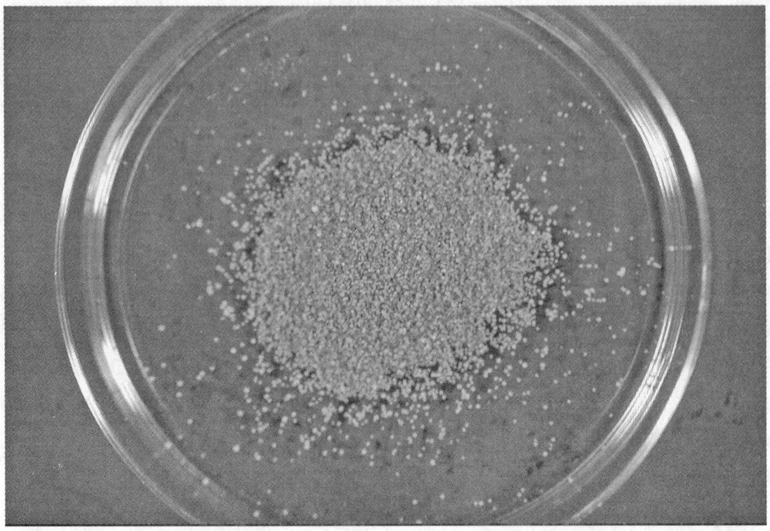

图 7-23 食盐和多种微量元素共同作为微量元素盐。既可以这样疏松的形式和其他饲料混合使用，也可以砖的形式供需要盐的家畜舔食。

图 7-24 贝壳是一种有价值的钙源，常用于产蛋鸡日粮。

表 7-5 一些有代表性的矿物质补充料的矿物质含量

	钙 /%	总磷 /%	灰分 /%	钠 /%	钾 /%	镁 /%	氟 /%	锰 /ppm[1]	铁 /ppm	铜 /ppm	锌 /ppm	硒 /ppm
骨粉，蒸熟	24.0	12.0	71.0	0.46	n/a[1]	0.64	n/a	30.4	840	16.3	424	n/a
碳酸钙	38.0	—[1]	95.8	0.06	0.06	0.5	n/a	279	336	24	n/a	0.07
磷酸氢二铵(N-18%)	0.5	20.0	34.5	0.04	—	0.45	0.2	500	15 000	80	300	n/a
脱氟磷酸盐	33.0	18.0	99.0	4.5	0.09	—	0.2	220	9 200	22	44	0.6
磷酸二钙	20.0	18.5	85.6	0.08	0.07	0.6	0.18	300	10 000	80	220	0.6
磷酸，75%	—	23.8	n/a	n/a	n/a	n/a	—	n/a	n/a	n/a	n/a	n/a

续表 7-5

	钾/%	镁/%	铁/%	铜/%	锰/%	锌/%	钴/%	硫/%	硒/%	钠/%
硫酸铜($CuSO_4 5H_2O$)	—	n/a	n/a	25.0	n/a	n/a	—	—	—	—
硫酸钴($CoSO_4 7H_2O$)	—	0.04	0.001	0.001	0.002	—	21.0	—	—	—
硫酸亚铁($FeSO_4 7H_2O$)	—	0.05	21.0	0.01	0.12	0.01	—	11.0	—	—
硫酸锰($MnSO_4 H_2O$)	—	0.03	0.04	—	25.0	—	—	19.0	—	—
硫酸镁($MgSO_4$)	—	20.0	n/a	n/a	n/a	n/a	n/a	26.6	—	—
硫酸钾(K_2SO_4)	44.8	—	—	—	—	—	—	18.3	—	—
亚硒酸钠(Na_2SeO_3)	—	—	—	—	—	—	—	—	45.6	26.6
氧化锌(ZnO)	—	0.5	0.8	0.07	0.07	73.0	—	1.0	—	—

来源:Dale,1997。经允许使用。

1. ppm = 10^{-6};n/a = 数据不可用;—表示含量极少。

表 7-6 猪的维生素预混料[1]

维生素	数量/lb 预混料[1]	建议来源
维生素 A	2 000 000 IU[2]	维生素 A 棕榈酸盐胶质包被剂
维生素 D	200 000 IU	维生素 D_3-稳定型
维生素 E	10 000 IU	*DL*-生育酚醋酸盐
维生素 K(维生素 K_3 等价物)[2]	800 mg	维生素 K_3 酸性亚硫酸钠
核黄素	1 200 mg	核黄素
泛酸	4 500 mg	泛酸钙
烟酸	9 000 mg	烟碱
胆碱	20 000 mg	氯化胆碱(60%)
维生素 B_{12}	5 mg	甘露醇的维生素 B_{12}(0.1%)
叶酸	300 mg	叶酸
生物素	40 mg	*D*-生物素

来源:Luce et al.,1998,经允许使用。

1. 母猪和仔猪预混料为 1 t 全价料添加 5 lb,生长肥育猪添加 3 lb。

2. 标准单位,国际统一定义。

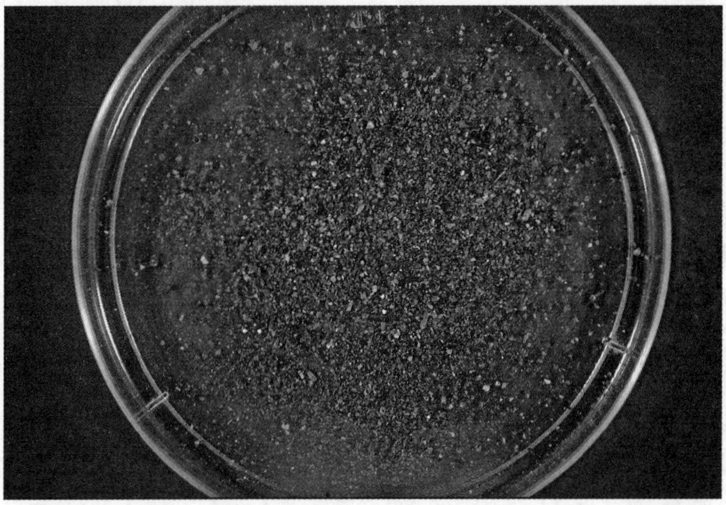

图 7-25 维生素常以适宜的单独数量混合以及混于惰性载体中添加到日粮中。

非营养性添加剂

这是一类范围非常广泛的一大类饲料成分，添加到日粮中不是因为它们的营养价值，它们可能用于促进生长或促进其他类型的生产、改善饲料效率、增强健康或改善代谢。这类饲料包括抗生素、着色剂、诱食剂、激素和药物，例如莫能菌素钠（提高瘤胃发酵效率）、丁基化羟基甲苯（抗氧化剂）、硫酸铝（用作糖蜜的抗胶凝剂）、味精（宠物食品中的香味增强剂）、丙二醇（乳化剂）和硫酸铝钾（颜色增强剂）。并非所有的添加剂通过饲喂供给，一些可以给家畜注射或灌注。

非营养添加剂的目录经常随时间变化，属于药物的必须要联邦药物管理局（FDA）许可，最好参考《食品添加剂纲要》，由于每年更新，对营养学家来讲价值无法衡量。

概要和结论

本章并不想使你成为一个饲料方面的内行，而是给你饲料方面的总看法、使用方法和营养价值。本章的饲料分类系统是 NRC 出版物的一个发现，经常使用，一般可接受。非常重要的是明白本章提供了饲料分类的一般性，也容易发现异议，研究正在不断告诉我们关于饲料及其利用性的更多内容。即使同样的植物种类也能产生饲料的不同营养水平，因为许多环境因素可以影响营养含量；由于生产过程的改变，副产品饲料也会变化；植物育种学家正在不断发展新的和更有营养的不同作物。由于重组 DNA 技术的加速出现，再快的营养价值变化也能令人接受，所有这些变化使营养等级的界限变的模糊，重要的是能跟上各种饲料价值的变化。应经常考虑最近的 NRC 出版物和科学杂志，另一个重要的科学可信度高和行业的领导者是《饲料参考》(Feedstuffs Reference Issue)，可从该杂志社购买(Circulation Department, 191 S. Gary Are., Carol Stream, IL60188(630) 462－2883)。

习题

1. 什么是 NRC 认可的 8 种饲料分类？
2. 本章描写的前 3 类饲料有何异同？
3. 草料和粗饲料有何不同？优质草料有何特点？
4. 能量饲料的定义？蛋白质饲料的定义？能量饲料和蛋白饲料有何不同？
5. 3 种主要蛋白补充料之间有何异同？
6. 描述维生素补充料和矿物质补充料的主要异同。
7. 描述日粮中添加非营养添加剂的目的。
8. 为什么一个人必须掌握关于饲料的好的、最新的营养成分来源？

参考文献

Bath, D., J. Dunbar, J. King, S. Berry, and S. Olbrich. 1997. Byproducts and unusual feeds. *Feedstuffs* 69 (30):32.

Dale, N. 1997. Ingredient analysis table: 1997 edition. *Feedstuffs* 69 (30): 24.

Feed additive compendium. 1998. Minnetonka, MN: Miller Publishing Co., and Alexandria, VA: The Animal Health Institute.

Luce, W. G., A. F. Harper, D. C. Mahan, and G. R. Hollis. 1998. Swine diets. *Pork industry handbook*. Lafayette, IN: Media Distribution Center.

NRC. 1996. *Nutrient requirements of beef cattle*. 7th ed. Washington, DC: National Academy Press.

Pond, W. G., D. C. Church, and K. R. Pond. 1995. *Basic animal nutrition and feeding*. 4th ed. New York: John Wiley & Sons.

Thaler, R. C., and R. C. Wahlstrom. 1998. Vitamins for swine. *Pork industry handbook*. Lafayette, IN: Media Distribution Center.

Wagner, D. G. 1988. *Livestock feeding*. 2nd ed. Stillwater, OK: Oklahoma State University.

第 8 章

遗传

学习目标

学完本章后，应该能够：

1. 解释遗传学在动物生产中的作用。
2. 描述基因在细胞中的位置。
3. 描述与含有整套遗传信息的细胞复制过程有关的细胞分化过程。
4. 描述最终产生含有一半遗传信息的细胞分化过程。
5. 阐释性状的变异是怎样从亲代传给子代的。
6. 描述基因频率在群体中的变化。
7. 解释个体之间关系的概念。
8. 描述个体间交配的几种体系。
9. 总结遗传工程的含义，遗传工程在未来动物生产中的潜能，以及动物能够为人类带来更多利益的可能性。

关键术语

伴性遗传
变异
标记辅助选择
表达
不完全显性
测交
常染色体
单倍体
等位基因
基因组
加性基因作用
减数分裂
碱基
近交衰退
精子
卵母细胞
配子
配子形成
限性性状
信使 RNA
性别影响遗传
性状
选择
选择差
遗传
遗传工程
遗传漂变

动物育种	迁移	隐性的
复等位基因	染色人体	有丝分裂
二倍体	人工选择	远交
翻译	三倍体	杂交
非整倍体	上位	转基因的
共显性	生物技术	转录
核苷	体细胞	转运 RNA(tRNA)
核糖核酸(RNA)	同种异系交配	着丝粒
核糖体	脱氧核糖核酸(DNA)	自然选择
基因	位点	DNA 复制
基因频率	显性	DNA 聚合酶

引言

遗传被定义为生命的基础,因为如果没有遗传信息从一代传递到下一代的能力,生命是不可能存在的。在"遗传对环境(先天对后天)"的论战中,遗传学被划入"先天(天性)"的部分。遗传通过基因的传递过程而发生,以化学物质的形式在受精的时候从亲代传到子代。在这个分子物质传递过程中,某些信息以与性状和特性相结合的形式传递给后代,这些性状能够描述动物的体貌特征和分子组成。一个动物的遗传组成,或者说**基因型**,决定了各生理阶段,被毛类型,毛色,速度,步态类型,机体组成,生长,繁殖,产奶,抗病力以及其他性状。

基因型
一个生物体的遗传组成。

动物生产的效率在很大程度上与动物或畜群的遗传组成有关。基因型向重要经济性状的**表达**为动物的市场价值提供了评估基础。由于销售动物有很多方式,所以生产带有目标市场中最大价值的可能基因型的动物是很重要的。

表达
基因决定的特定的性状的表现。

在每一种主要的物种中,生产者和消费者的喜好决定了生产动物的类型。从一个家畜生产者的角度来看,生产效率可能是最重要的特性,还有类型、种类或者甚至是性情。然而,当从消费者的角度来看动物,嫩度、风味、颜色和瘦肉可能是几个比较重要的特征。这并不是说生产者和消费者所关注的这些特性没有重叠,它们当然还是有重叠的。举例来说,消费者对于与生产效率有关的成本感兴趣。然而,通常双方优先考虑的是不同的。在伴侣动物中,生产者和消费者所侧重的也有不同。例如出色的育种者可能试图努力育成一只能成为国际冠军的狗;而一般"消费者"可能只是想要一只健康的狗,没有大的缺陷并且可以做一个好的伴侣。

遗传学在动物中的应用通常被称为动物育种(图 8-1)。对于育成更好的动物的需要,科学在其中发挥了作用。育种和选择实践带来了动物品种的显著变化。

狼被驯化成了狗，这种差异就像是圣伯纳犬和吉娃娃之间的差异。欧洲野牛转变成专门化生产奶、肉和役用的现代牛的各个品种。野猪、红色原鸡、小羊驼、西伯利亚仓鼠和一些其他的野生动物已经转变成了我们现在所知道的现代的家养品种。有趣的是，通过动物育种实践带来的家养品种的最大变化发生在育种学这个名词出现之前，也是在遗传的科学基础发现之前。狗从狼驯化而来已有至少10 000年。遗传密码的组成成分**脱氧核糖核酸(DNA)**在1953年才被确认是遗传物质。然而，**基因工程**中的研究已经带来的可能进展会使得先前的成就相形见绌，并且会保持到未来几十年而不是千年。

脱氧核糖核酸(DNA)
从化学上来说，是一个由核苷酸与磷酸糖组成的复杂分子。染色体是DNA的大分子。

基因工程
这个名词多用于描述将基因从一个物种引入另一物种的技术。

(a) (b)

图 8-1 动物育种和选择技术的应用带来了显著的变化，比如将野猪(a)的基因引入现代肉猪品种中(b)。

染色体
细胞中含有DNA的结构单位。由被称为基因的片段组成。

基因
染色体上的一个片段。基因指导蛋白质的合成或发挥常规的作用。

嘌呤和嘧啶
由一种以上原子组成的环状有机分子(杂环化合物)。嘌呤和嘧啶除含有碳外，还有氮。

碱基
DNA分子上形成合成蛋白质的密码的四种化学物质之一。这4种碱基分别是：腺嘌呤(A)，胞嘧啶(C)，鸟嘌呤(G)和胸腺嘧啶(T)。

基因

细胞核中含有**染色体**。染色体是大分子。这些大分子中的较小单位叫做**基因**。基因含有控制细胞所有生化过程的信息。通过控制细胞的生化过程，基因可以控制整个生命过程。一个基因就是一个编码特定蛋白质的DNA片段。这些DNA分子是以双螺旋形式存在的。DNA组成成对的染色体。基因的排列顺序、DNA和染色体都为遗传提供了基础(图8-2)。

由于基因是DNA的片段，我们应该根据DNA的结构来确定遗传物质的组成。脱氧核糖核酸(DNA)包括含有脱氧核糖和磷酸键的互补序列的两条链。在每一个糖分子中都有被称为**嘌呤和嘧啶**的化学物质组成的含氮**碱基**对。DNA分子中的嘌呤是腺嘌呤(A)和鸟嘌呤(G)，嘧啶是胸腺嘧啶(T)和胞嘧啶(C)。碱基之间互相配对结合，腺嘌呤和胸腺嘧啶配对而鸟嘌呤和胞嘧啶配对。碱基之间的连接通过氢键(图8-3)。A和T之间是双键而G和C之间是三键，使得它们之间的结合力比双键更强。脱氧核糖、磷酸和一个碱基组成的片段被称为核苷。一个基因就是一个由一些核苷组成的双螺旋的片段。这些片段构成了编码特定蛋白质的化学组成的遗传密码，蛋白质是基因表达的终产物。一个动物的全部遗传物

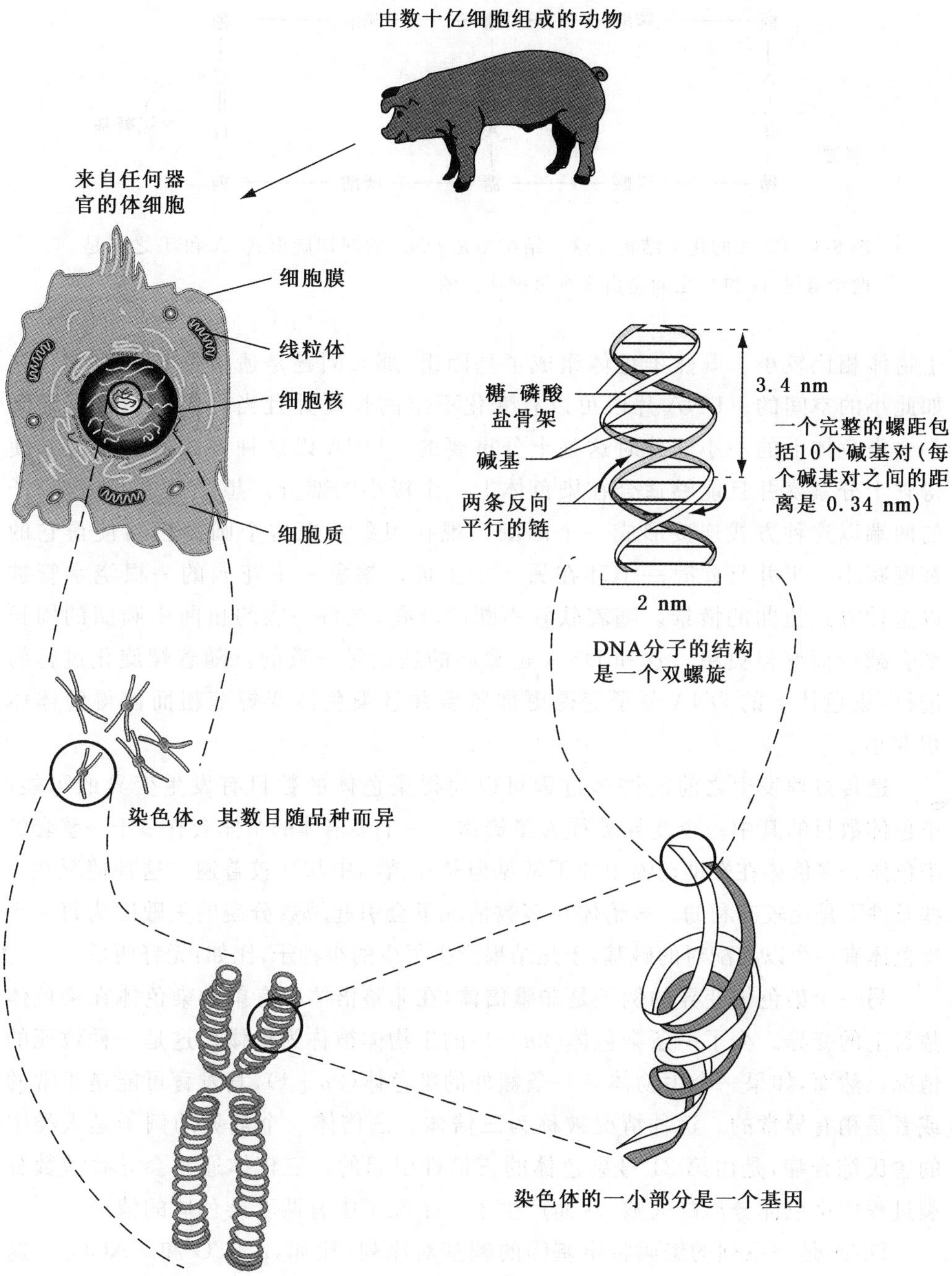

图 8-2 遗传物质的定位和组成。(来源:改编自 Alcamo,1996,p. 10 页)

质被定义为它的**基因组**。

基因组
一个生物体的全部遗传物质。

生物体的基因组在大小上各有不同,简单的生物体的基因组和复杂多细胞

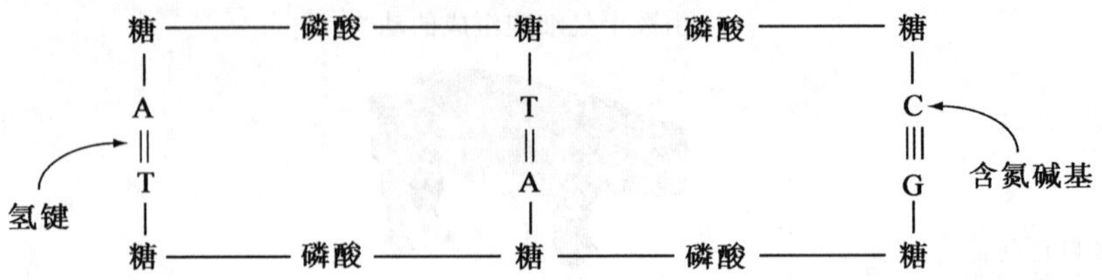

图 8-3 DNA 的化学结构。这个结构图是 DNA 的双螺旋形式，A 和 T 之间是两个氢键，G 和 C 之间是由 3 个氢键连接的。

生物体相比较小。既然染色体组成了基因组，那么问题是遗传信息如何储存在如此小的空间的。DNA 片段可以有变化不定的长度并且当它们必须被压缩到一个染色体上的一小部分时这是十分重要的。DNA 以这种方式进行超螺旋使得它十分紧凑并且能够适合在染色体上一个极小的部分。想象一个 DNA 分子的两端以这种方式连接形成一个圆圈。现在想象着把这个圆圈扭转使得它的宽度减小一半并且此时一个环在另一个上面。想象一下花园的一根浇水管被以这种方式扭曲的情景。随着软管不断的堆叠，在每一次的扭曲中圆圈的周长都会减少而变得更粗。这和 DNA 超螺旋的理论是一致的。随着螺旋化过程的进行，染色体上的 DNA 分子变得更加紧凑并且染色体变短变粗而使得整体体积变小。

多倍体
含有两套以上染色体的个体。

遗传过程发生之前的许多过程可以使得染色体的数目有发生变异的可能。染色体数目的其中一个变异被称为**多倍体**。一个多倍体的个体会有多于一整套的染色体。多倍体在脊椎动物中并不常见但是在植物中却比较普遍。这种情况在一些条件下是比较有利的。多倍体在多数情况下会引起减数分裂的失败因为每一个染色体有一个以上配对的碱基，于是结果产生很少的小种子；比如：无籽西瓜。

非整倍体
一种生物体的染色体数目不是单倍体的整数倍。

单体
在二倍体细胞中缺少了一条染色体的个体。

三倍体
在二倍体细胞中多了一条染色体的个体。

另一个染色体变异的例子是**非整倍体**，在非整倍体中有单个染色体在染色体数目上的变异。少了一条染色体($2n-1$)的生物体被称为**单体**。这是一种致死的情况。然而，如果一个生物体有一条额外的染色体($2n+1$)，其发育可能是正常的或者是稍有异常的。这种情况被称为**三倍体**。三倍体一个常见的例子是人类中的唐氏综合症，是由第 21 号染色体的三倍性引起的。三倍体通常会导致减数分裂过程中染色体分离的失败，从而产生了一个配子中有两套染色体的情况。

DNA 是一系列的编码特定基因的碱基对序列(比如，ATCG 和 TAGC)。这 4 个碱基的顺序可以有 256 种排列方式；因此很容易知道更多的碱基对会产生以指数方式增加的排列方式。这个概念可以解释 DNA 以及许多不同基因编码的复杂性。

DNA 复制
细胞合成一条 DNA 分子的过程。

DNA 复制是制造一套 DNA 分子的拷贝的过程。复制过程一定要精确使得子代细胞(被制造的细胞)遗传到与亲代细胞相同的信息。DNA 合成的过程通过已知 DNA 链上碱基对的解开(例如，A—T 和 C—G 之间的氢键打开)而使得每个碱基暴露出来。**DNA 聚合酶**是一种在链上相邻核苷酸间形成磷酸糖苷键的酶。为了使 DNA 聚合酶发挥作用,需要一个 RNA 引物使得 DNA 聚合酶附着而引发复制过程的开始。**聚合**的过程是由 DNA 聚合酶催化的。更为明确的是,这个过程包括把脱氧核苷酸加到已知的单链 DNA 上,由此产生一整套像最初的分子那样的含有相匹配的碱基对的 DNA 分子。通过这个过程,可以很容易地想象一个 DNA 分子断裂成双链 DNA 分子。之后补充现有碱基(如,ATGC)的核苷酸添加形成了完整的 DNA 分子。从一条 DNA 分子开始,这个过程最终产生两条相同的分子。

下一步是看看遗传信息是怎样用于特异的决定分子的类型。DNA 被定位在细胞核中,但是蛋白质是由位于细胞质中的**核糖体**合成的。由于 DNA 的作用是作为构建蛋白质的模板,在 DNA 中找到的遗传信息必须要从核内运到核外的核糖体那里。**核糖核酸(RNA)**分子特异地适合这一过程。合成的 RNA 与 DNA 相互补。这个过程被称为**转录**。DNA 作为模板并且编码 RNA 的合成。一旦互补的 RNA 合成了,就将从最初的转录中把不是编码特定蛋白的碱基对移开。这个过程的终产物是**信使 RNA(mRNA)**,其中只含有用于编码特定蛋白的碱基对。DNA 同样会编码另一种叫做**转运 RNA(tRNA)**的 RNA,这种 RNA 可以收集用于合成蛋白质的氨基酸。mRNA 离开核并且附着在核糖体上作为合成蛋白质的模板。tRNA 进入细胞质并且结合上它所编码的氨基酸。接着,核糖体沿着 mRNA 的方向移动与 tRNA 并行,tRNA 将氨基酸加入到链上。随着它们的延伸,氨基酸间通过化学键相连。一条氨基酸链由此构建出来。这个过程被称为 mRNA 密码到蛋白质的**翻译**过程。当 tRNA 到达一段不编码氨基酸的 3 个碱基,翻译过程就停止了。这个过程所得到的氨基酸链就是蛋白质。这个蛋白质已经为在细胞中的工作准备就绪了。

遗传原理

在 1866 年,格雷戈尔·孟德尔在进行豌豆实验时发现了遗传原理。他试图理解为什么同一家系中的豌豆比不同家系间的一致性更好。我们对于这些性状遗传方式的理解都是从这个修道士的实验开始的。

一个已知基因的各种形式被称为**等位基因**。等位基因影响相同的性状,但是每个等位基因影响合成不同的蛋白质以及不同的性状表达方式。基因被定位在被称为染色体的分子上。有相同大小、相同形状并且成对出现的染色体被称为是**同源染色体**。同源染色体上的基因影响同一个性状。个体中带有遗传信息的染色体数目随品种不同而不同(表 8-1)。动物在染色体上已知**位点**或座位上有相同等位基因的被称为是**纯合体**(AA),而有不同等位基因的被称为**杂合体**(Aa)。

DNA 聚合酶
用于在一条链上相邻核酸间糖—磷酸键的合成使得复制过程可以发生。

聚合
经过重复的通过化学键将相同的化合物结合到分子上构建高分子的过程。

核糖体
含有蛋白质和 tRNA(注意原文错,应该实 rRNA)的细胞组成之一。它们能够合成蛋白质。

核糖核酸(RNA)
磷酸、核糖和一些碱基构成的长链。

转录
在蛋白质的合成过程中,合成与 DNA 互补的 RNA 的过程。

信使 RNA(mRNA)
携带合成特殊蛋白的信息到核糖体的核酸。

转运 RNA(tRNA)
由 DNA 编码的 RNA 分子,它能够结合特定的氨基酸。tRNA 分子"收集"在细胞中的氨基酸以备核糖体用来合成蛋白质。

翻译
在蛋白质合成中,根据 mRNA 上特定的密码合成的氨基酸序列。

等位基因
占据同源染色体相应位点的基因的两种或更多形式中的一个。

同源染色体
有相同大小和形状的染色体，成对出现并且影响同一个性状。

位点
基因在染色体上的特定位置。

纯合体
一对的两个基因是相同的。

杂合体
一对的两个基因是不同的。

表 8-1 不同品种动物的染色体数

品种	染色体数($2n$)
人类	46
牛	60
猪	38
绵羊	54
山羊	60
马	64
鸡	78
野牛	60
羊驼	74
猫	38
狗	78

来源：Bourdon，2000；Van Vleck et al.，1987。

遗传
含有基因的染色体从亲代传给子代的过程。

配子
来自父本的精子和来自母本的卵细胞。

分离规律
孟德尔第一法则，通常叫分离法则。当形成配子的时候，已知位点的基因彼此分离使得每个进入不同的配子。

独立分配规律
孟德尔第二法则。在配子形成过程中，一对基因的分离与其他对基因是相互独立的。

这些等位基因从一代传递到下一代的方式被称为**遗传**。每个亲本产生的生殖细胞叫做**配子**，并且在每个配子中只有一个等位基因。在这些配子形成过程中，亲本的等位基因彼此分离使得每个配子只有亲本一半的遗传信息。对于这点有 2 个重要的遗传规律：

分离规律：阐述了等位基因的分离使得只有一个特定的配子中只有一个等位基因(随机确定)

独立分配规律：阐述了在配子的形成过程中，一对等位基因的分离与其他等位基因的分离是相独立的。

当配子相结合形成个体时，这些等位基因被集合在一起并且开始编码蛋白质。我们必须要意识到的是任何已知的配子都包括基因型中的一个等位基因。基因型是动物的全部遗传组成；然而，基因型也意味着只在特定情况下的基因的组合。

性别决定的概念在配子形成过程中是十分重要的。雄配子叫做精子而雌配子叫做卵。在哺乳动物中，雌性的基因型中包括一对 X 染色体，而雄性有 X 染色体和 Y 染色体。因此，一个雌性动物只能将 X 染色体传给后代而雄性可以遗传 X 染色体或 Y 染色体。这些性染色体在受精卵中的组合配对最终决定了个体的性别。在这种情况下，雄性提供的配子将决定后代的性别。在鸟类中，雌性提供不同配子，使得她成为那个携带了决定性别的染色体的亲本；而雄性只能遗传一种类型的性染色体。

体细胞
生物体中所有除配子外的细胞。

常染色体
除性染色体外的所有染色体。

一个个体每一种正常的组织细胞或者**体细胞**都有两条性染色体，或称为一对。然而，每一个体细胞也有($2n-2$)条**常染色体**，是除了性染色体外的染色体。换句话说，对于生物体的每个体细胞，比如有 46 条染色体(23 对)的人类，有两条染色体(1 对)是性染色体而其他 44 条(22 对)是常染色体。每个配子细胞有 1 条性染色体和 $n-1$ 条常染色体。在人类中，一个配子含有 1 条性染色体和 22 条常染色体。一个物种的可见染色体组的特征叫做染色体核型。染色体组型通过用单个染色体在分裂中期(见下部分)的图谱的组合得到。之后它们被按照染色体号排列使得对比可见(图 8-4)。

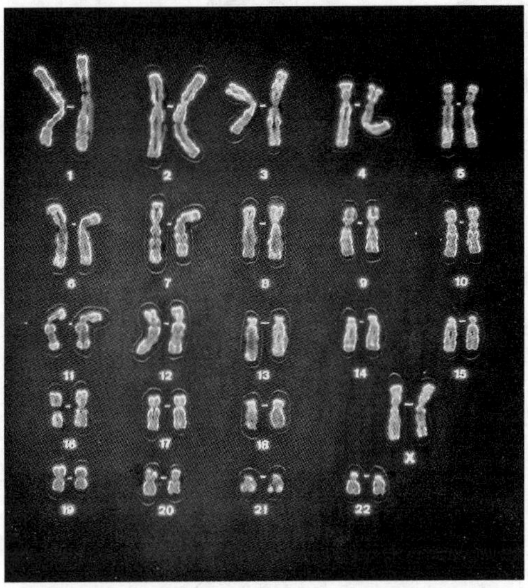

图 8-4 人类的女性染色体组型的人工彩色显微图片。全部的雌性染色体按照同源染色体编号进行排列。染色体用这种将细胞分裂中期照片下未配对的染色体进行配对的方式处理后展示出来。(CNRI/Science Photo Library,Photo Researchers,Inc. 提供)

配子的产生过程可以解释遗传发生的方式。通过应用前面的理论,可以理解群体中变异的存在。分离规律与自由组合规律相结合是配子中等位基因的随机化的方式。

染色体在体细胞中是成对出现的。因此,一个体细胞中含有**二倍体**数目的染色体($2n$)。生殖细胞,精子和卵细胞只含有**单倍体**的染色体(n)。一条染色体可以被看成是基因的长链。染色体的大小取决于其上的基因数目。染色体的另一个特征是**着丝点**,可能处于染色体的任何位置。着丝点作为细胞分裂过程中纺锤丝的附着点。染色体的位置是可以用于辨认染色体的另一特征。为了理解体细胞和配子获得各自的染色体的方式,区别不同类型的细胞分裂方式是很重要的。

二倍体
与配子中一套染色体相对的,具有两套染色体的个体。

单倍体
含有平常染色体数一半的细胞。性细胞是单倍体。

着丝点
染色体上附着纺锤丝的位置。

有丝分裂和减数分裂

有丝分裂

有丝分裂是体细胞的分化过程(图 8-5)。它发生在正常的体组织中并且与机体每天的维持和小动物的生长有关。有丝分裂是真正的细胞复制。一个二倍体细胞经过分化产生两个二倍体细胞。这是一个复制过程,通过这个过程一个体细胞($2n$)产生一对相同的细胞($2n$)。

有丝分裂
体细胞的分裂过程。

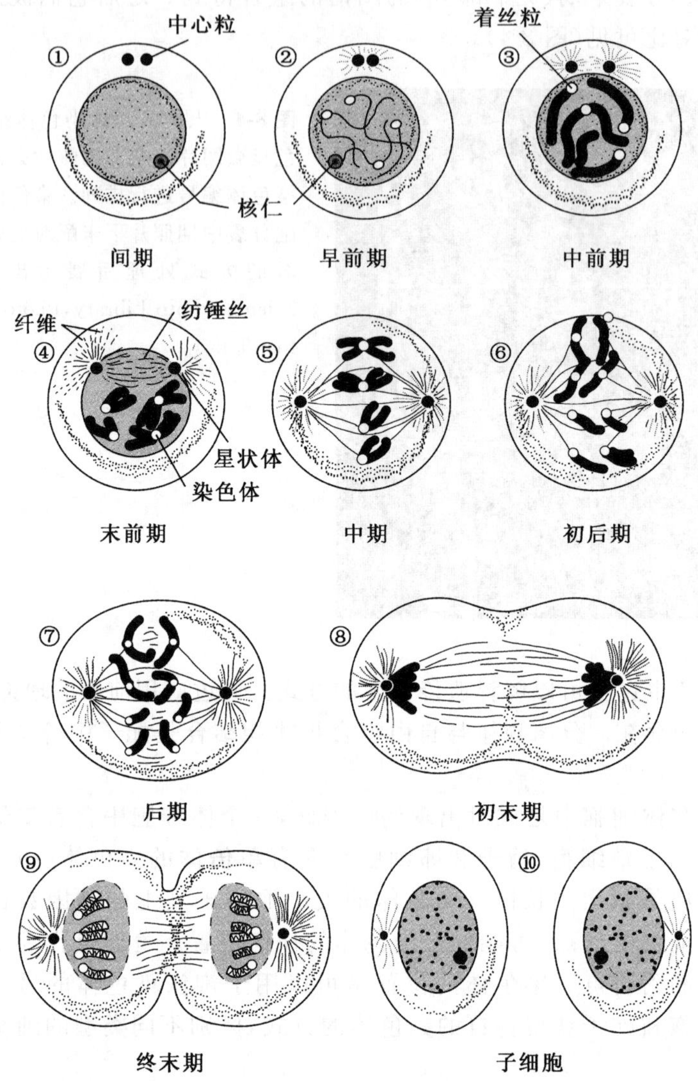

图 8-5 有丝分裂。(来源:Levine,1980,经允许使用。)

配子的发生

配子的形成。

精子

来自雄性的配子。

卵

来自雌性的配子。

减数分裂

形成性细胞的过程。通过减数分裂形成的细胞有亲本一半的染色体。

减数分裂

配子的发生是生殖细胞的发育,(例如**精子**和**卵**)。这是一个减数过程($2n$ 到 n)形成含有一半遗传信息的细胞。配子形成过程中的细胞分裂被称为**减数分裂**并且包括两个分裂过程(图 8-6)。在第一次分裂过程中,一个二倍体细胞分裂成两个单倍体(n)。第二次分裂过程是两个单倍体细胞复制分裂产生四个单倍体。这个配子形成过程是很有效率的,因为一个二倍体细胞分裂以这种方式分裂复制成了 4 个单倍体细胞。这些细胞以精子或者卵细胞的形式遗传,当相结合时产生了带有整套遗传信息的细胞。

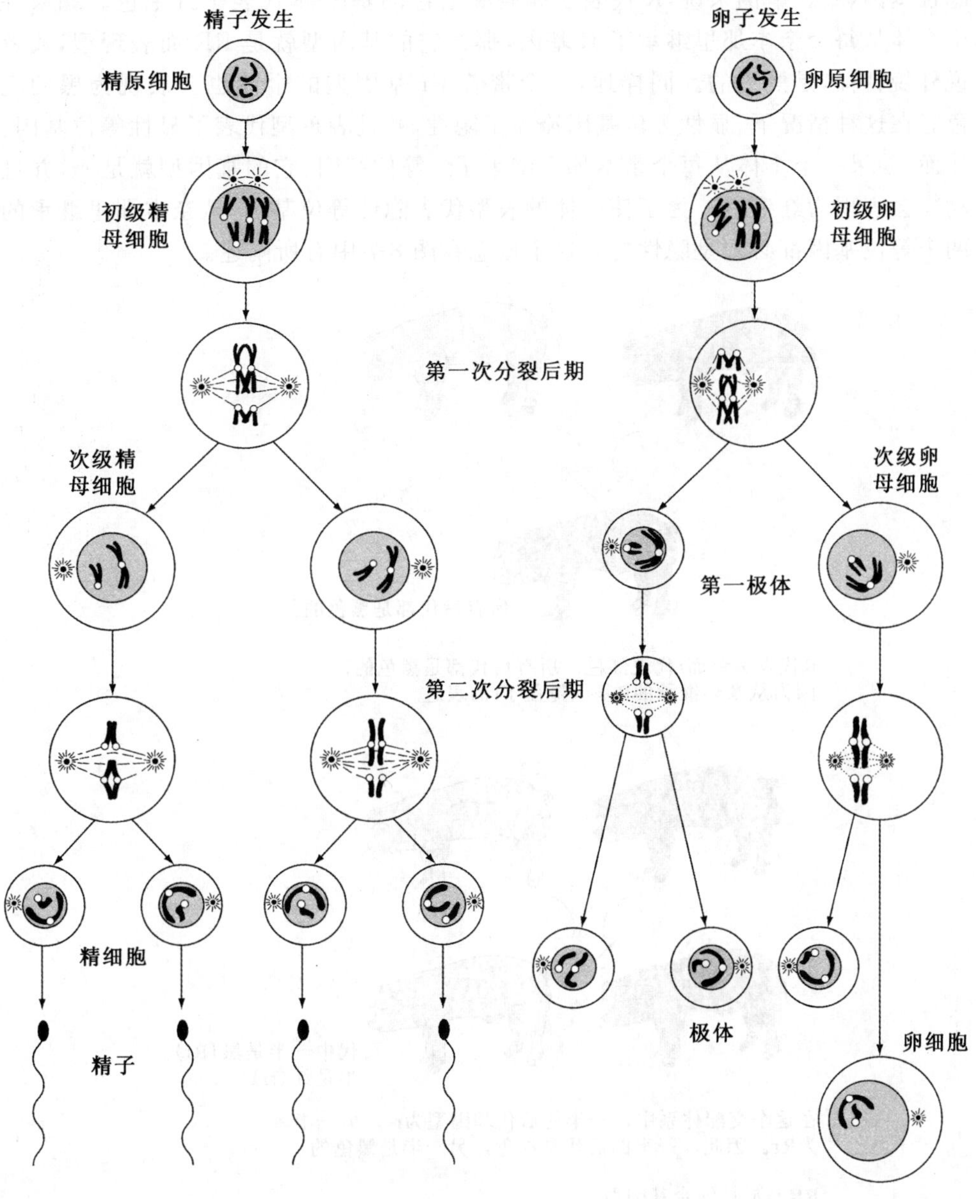

图 8-6 减数分裂。(来源:Levine,1980,经允许使用)

基因表达

显性和隐性表达

一旦等位基因相结合确定了个体的遗传组成,它们翻译成性状或者是表达的方式就变得重要了。**显性**等位基因用大写字母表示(如 A),它们的表达掩盖了

显性
基因对中相对于另一个基因表达的一个基因。

隐性

基因对中只有在动物基因组中缺乏显性基因的时候才表达的。

隐性基因(a)。举例来说,R 代表了编码黑毛色的基因,r 代表了红毛色。如果一个个体从每个亲本那里继承了 R 基因,那么它的基因型就是 RR 而表现型,或者说外貌特征,是黑色的。同样地,一个带着 Rr 基因型的个体也会表现为黑的毛色。在这种情况下,显性等位基因掩盖了隐性,并且表现型代表了显性等位基因。然而,如果一个个体从每个亲本那里继承了 r 等位基因,它的基因型就是 rr,并且动物会表现为红毛色。为了使个体的表型代表隐性等位基因,从亲本那里继承的两个等位基因都必须是隐性的。这个概念在图 8-7 中有所阐述。

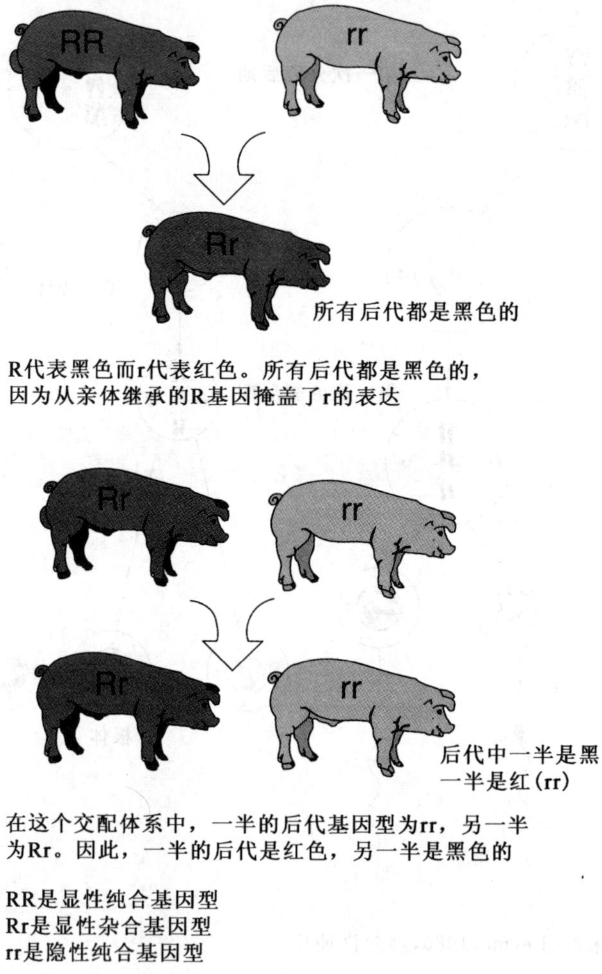

图 8-7 简单的显性性状和隐性形状的图解。

共显性

杂合状态下 2 个等位基因都表达。

共显性

显性规律的一个例外发生在当两个等位基因都不能掩盖另一个而都在基因型中表达时。这种情况被称为**共显性**。一个共显性的例子是短角牛的毛色。一个继承了 RW 等位基因的动物将表现出红白相间的毛色叫做沙毛类型。这种情况在图 8-8 中有所阐述。

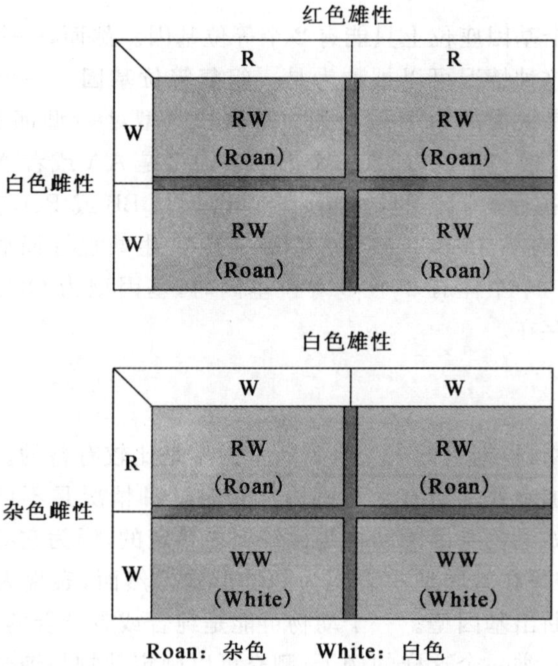

图 8-8 共显性。

不完全显性

不完全显性是一种没有显性存在的情况并且杂合的个体会表现为介于两个等位基因之间的中间性状。我们可以用一个毛色的例子进行阐释。假设一个特殊的品种表达不完全显性，比如杂合个体会表现一种既不是白也不是黑但是介于黑白之间的黑灰色。不完全显性和共显性这两个术语容易被弄混。使用前一页短角牛的例子来帮助记忆。短角牛的花色毛是由共显性产生的。如果短角牛毛色是不完全显性，那么其毛色应该是粉色的。

不完全显性
杂合体中的一种情况，2 个基因都以不用于纯合的情况表达。

上位效应

前面讨论的基因遗传的例子来解释显性，共显性和不完全显性都是用基因的独立遗传来说明的。然而，事实上许多基因并不是独立遗传的。在这些例子中，一个基因的表达受到另一个的影响。这种情况被称为**上位效应**。上位效应能够产生与孟德尔遗传规律相悖的现象。一个基因可能表现出一种作用在另一个基因不存在时，但是当这个基因存在时就会发生上位作用。例如，马的毛可能是黑色的或者不是黑色。这是由 E 位点决定的。然而，它们是否全身都有黑毛或者只是点状分布是由另一个位点的扩散基因决定的，携带 Ea 基因型的马是全身黑色的。而基因型是 EA 的马是红棕色的。

上位效应
不同位点的基因之间的相互作用。一个位点上基因的表达还依赖其他位点上等位基因的作用。

复等位基因

复等位基因
有3个或以上等位基因的基因。

前面讲过一个基因座位上只能有2个等位基因。然而，一个群体中可以存在许多等位基因。这种情况可以被称为是一组**复等位基因**。一个用于解释这一概念的常见的例子是人类的A-B-O血型。A型和B型对O型都是显性，并且A和B之间是共显性。换句话说，如果一个人的基因型是AA或者AO，那么他或者她在血液中产生A抗原。同样的，如果一个基因型是BB或BO，就会产生B抗原。然而，如果一个人有A和B 2个等位基因，就会产生共显性而血型为AB，2种抗原都会产生。当一个个体有2个O等位基因时，基因型为OO。在这种情况下，血液中没有抗原存在。

测交

测交
与隐性基因型动物交配以确定个体是纯合体或者杂合体。

通过观察动物，根据它的表型来判断基因型是比较有益的。这种方式可以使得选择的过程更加有效。当有显性基因存在时这种情况是不可能实现的。有着隐性纯合基因比如毛色基因的动物是比较容易鉴定的，因为它必须有2个隐性等位基因。因此，它将在基因型中表现为隐性形式。然而，表现为显性表型的动物不能被轻易的判断出基因型。一个动物可能是纯合或者杂合的显性，这2种都可能为显性的表型。举一个这样的例子，**测交**可以确定动物是纯合体或杂合体。测交实验通过使待测个体与只能提供一个隐性等位基因的隐性纯合个体交配，如果后代中出现隐性个体，说明待测个体是杂合体。如果所有后代都是显性的表型，我们可以得出结论是，待测动物是显性纯合体并且这个动物被认为是“可靠的种畜”。

与性别相关的遗传

伴性遗传

伴性遗传
在X或Y染色体上遗传的性状，所以只有当各自的基因进行传递时才会发生遗传。

一些基因仅定位在X或Y染色体上，因此只有在各自的染色体发生传代时进行遗传。这种情况被称为**伴性遗传**。X和Y染色体在某些区域是同源的。这意味着它们有相同的或者近似相同的基因序列。性连锁基因是存在于X和Y染色体的非同源区域的基因。X连锁基因存在于X染色体的非同源区域并且可以通过获得X染色体而进行遗传。X连锁基因可以被传给雌性或者雄性后代因为它们都有至少一条X染色体。由于雄性只有一个X连锁基因，代表该基因的表型很容易被识别出来。然而对于雌性动物来说，基因型是较难判断的。雌性个体有2条X染色体，并且表现型代表两个基因之一。Y连锁基因存在于Y染色体的非同源部分并且只随着该染色体遗传，意味着只有雄性有代表该基因的基因型。

性别影响遗传

受到**性别影响遗传**的基因性状在常染色体上。在性别影响遗传中，两个性别中表型的表达方式不同。让我们看看有关绵羊角的例子。在公羊中，有角基因(H)对无角基因(h)是显性。然而，在母羊中 h 对 H 是显性。在任何情况下，当基因型是 HH 时，动物表现为有角。同样地，当任一性别的基因型是 hh 时，表现为无角。在公羊的基因型是(Hh)时，表现为有角。然而，如果这种基因的杂合形式在母羊中出现，其表型为无角。

性别影响遗传
由性别导致的基因型相同而表现型不同。

限性性状

性别相关遗传的另一个例子是**限性性状**的例子。在这种情况下，性状只限存在于一个性别中。比如雌性的产奶性状，窝产仔数和产蛋性状。两个性别的动物都有这些性状的基因，但是只有一个性别能够表达。

限性性状
仅在某一个性别中表达的性状如雌性的产奶性状。两个性别动物中都携带这性状的基因。

群体遗传学

基因频率

了解基因在动物群体中发生的频率对进行遗传改变是很重要的。**基因频率**被定义为含有某特定等位基因的群体的基因座位的比例。因此**基因型频率**可以被定义为群体中一个特定基因型发生的频率。表达特定基因型的个体在群体中的比例就是**表型频率**。在一个半数有角、半数无角的牛群中，无角的表型频率是 0.5，和有角牛的频率相同。由于很多性状都是由多对基因控制的，扩展仅仅一对基因频率的概念是很重要的。

基因频率
群体中含有特定等位基因的基因座位的频率。

基因型频率
特定基因型在群体中的发生频率。

表型频率
表现特定基因型的个体在群体中的比例。

动物育种和群体遗传学

对于基因和基因型变化，以及群体遗传价值的变化被称为**群体遗传学**。前面讨论的遗传学规律影响的不仅是个体的基因组成，还有这些基因在群体中的出现频率。应用遗传原理对家畜品种进行改良的科学叫做**动物育种学**。罗伯特·贝克维尔是公认的第一个动物育种学家。他于 1726 年到 1795 年生活在英格兰的帝悉利。在他作为育种者的生活中，他对英国短角牛品种，莱斯特羊和夏尔马做出显著的改良。他在实践中采取“最优与最优交配”的策略，即使交配的动物有血缘关系。据说这一做法引起了他的邻居们的反感。然而，其他人看到了他这种做法的价值并且参与其中。结果，动物育种学科产生了。

群体遗传学
对于基因和基因型频率变化的研究，因此可以改变群体中的遗传价值。

动物育种学
应用遗传学理论改良家畜品种的科学。

动物育种者们试图影响群体遗传。在一个动物群体中，无论是该品种的全群或一批动物，有多种因素在生产动物的类型中发挥作用。群体的遗传价值受到基因之间相互作用以及群体中基因频率的影响。动物生产的育种者们一定要将对于遗传原理的理解结合到他们的生产实践中使得畜群发生可能的遗传变化。

突变和遗传漂变

突变
基因化学组成的改变。

遗传漂变
偶然改变导致的一个小的育种群体中基因频率的变化。

为了理解基因频率是怎样保持稳定以及它们是怎样在传代过程中发生变化的，我们必须定义变化的方式。**突变**是改变 DNA 基因的化学组成上的变化。这种情况引起了新的等位基因的产生。然而，变异在群体中出现的概率非常小。另一个改变基因频率的方法就是**遗传漂变**。这是无法控制方向的偶然基因频率的变化，但可以由群体的大小控制。随着群体的变大，遗传漂变降低。突变和遗传漂变不能用于产生遗传改良，但是基因频率的直接变化可以通过迁移和选择实现。

迁移和选择

迁移
向群体中引进新的种畜的过程。

选择
使得某些动物做亲本的机会比其他动物多的过程。

自然选择
以在一个已知的环境中能够更好的生存和繁殖的动物为基础标准进行的选择。

人工选择
在群体中选择动物作为亲本参加繁殖。

迁移是向群体引入新的种群的过程。迁移可以在一个群体，一个品种或者一个以行业为基础的范围内实施。这种方法可以较快的引起基因频率的较大变化。迁移的一个重要的因素是现有畜群的基因频率一定是和移入群体不同的。将一个新的公畜引入群体可以引起迁移，但是仅当该公畜的基因型与现有群体不同时。当基因型非常不同时，基因频率的变化会很快。**选择**是让一些动物做亲本的机会比其他动物多一些。选择可以扩展到，使得包括每个动物能够拥有的后代数以及动物在育种群中饲养的时间。有两种类型的选择。

自然选择是基于这样的事实上的：一些动物比起其他动物来更能够适应并且/或者有更多的机会做亲本。这个事实是由自然控制的，并且在家畜中用有公牛的牛群来阐释。一些公牛可以比其他公牛有更多的后代，由于它们在争斗性，年龄和繁殖能力上的优势。因此，在管理群体中，自然选择仍是一个非常重要的力量。野生群体的选择仅通过自然选择进行。

另一种选择类型是**人工选择**，由畜群经营者控制。人工选择是基于使得某些特定的动物比其他动物个体有更多的交配和繁殖后代的机会的管理决策。（在通常的用法中，术语人工选择被简写成选择。）选择包括淘汰那些较不理想的个体而选择较优秀代替。选择是动物育种者有效的手段，但它也有局限。选择的效果受到后代出生速度或者时代间隔的限制（图 8-9）。

既然我们已经有了对改变基因频率的方法的了解，我们可以应用一个重要的理论来加强这种理解：

哈代-温伯格平衡定律阐明在一个大的不存在突变、迁移和选择的随机交配的群体中，基因和基因型频率保持时代不变，并且如果两个等位基因的频率为 p_A 和 q_a，那么基因型 AA、Aa 、aa 频率分别是 p_A^2，$2p_Aq_a$ 和 q_a^2。

从实践上来说，如果畜群达到了理想的遗传结构，没有选择，迁移或者突变，并且畜群足够大，那么基因频率在畜群中会一直在世代间保持不变。

图 8-9 通过人工选择，一个物种的动物已经发展成了品种间差异大的像大丹麦犬和吉娃娃之间的差异。（David Allan Brandt，Getty Images，Inc. 提供）

数量性状与质量性状

质量性状与数量性状

一些性状的遗传有很多种方式，因为有不同数目的基因以及它们不同的表达方式。质量性状可以依据表型进行分类而不是度量值。**质量性状**的例子有毛色和角的有无。**数量性状**是可以度量的并且通常受到很多基因的控制，每个基因的效应都是微小的。并不能知道任何特定的基因对动物的表型的贡献是多少。多数情况下，可以用一些测量工具对性状进行度量。例如，度量猪的生长率需要用到比例尺。影响数量性状的基因类型和质量性状是一样的。如果在一座位上没有显性效应，这种情况可以被称为**加性遗传效应**。加性效应与单个的基因有关，可以使得选择更有效率。对每一单个基因来说，有一种对某性状的典型的效应。例如，如果一个 A^+ 基因代表犊牛出生重多 2 lb，那么带有 A^+ A^+ 基因型的个体将比 AA 型的个体重 4 lb。同样地，一个带有 A^+A 基因型的犊牛比基因型为 AA 重 2 lb。

质量性状
表型可以分类的性状，如毛色。

数量性状
可以在数字上进行度量并且通常被很多基因控制的性状，每个基因的效应是微小的，如产奶和产蛋性状。

加性遗传效应
总的表型效应是个体等位基因效应的总和。

像遗传的类型影响特定的性状一样，动物所处的环境也会影响数量性状的表达。遗传优势在生产具有某些特征或者达到某些水平的动物的时候是非常重要的。然而，一些比如环境，管理实践和健康因素也会决定动物是否能够发挥其遗传潜力。这种变异的非遗传来源是在数量性状的基础上评估动物时所必须要考虑的。用这种理解方式就很容易了解表现型是基因型和环境共同作用的结果。

遗传力

遗传力
由加性基因作用引起的表型方差的比例。

动物表型的差异是由基因和环境引起的。只有基因的效应是可以遗传的。个体差异中加性基因效应所占的比例叫做**遗传力**。在实际中，遗传力是可以从亲本传给后代的表型方差的一种度量方式。因此遗传力通过选择优秀的亲本被衡量计算而获得的遗传进展的指示计。遗传力的取值范围从 0 到 1，并且它们可以被表示成百分数或者比例。很多不同家畜品种的重要性状的遗传力都得到估计并且可以用于估计世代间性状的遗传进展。

选择差
被选做亲本的动物的表型优势。亲本平均值与群体平均值之间的差。

这里我们可以用产仔数的例子来说明遗传力的作用。假设一群母猪的平均产仔数是每窝 7 头，而生产者期望提高这个数字。在他下一步的交配计划中，他选择平均窝产仔数为 11 头的群体中的公猪和母猪。第一步是计算**选择差**。这个选择差是这些被选做亲本的个体的表型优势。在这里是 11－7，或者说是 4 头。现在假设产仔数的遗传力是 0.10，我们可以估计这选择差 4 头猪只有 10%是可以遗传的，或者说是每窝 0.4 头。因此，我们可以预期这些选定的亲本会每窝多产0.4 头或者是与原来的 7 头相比是 7.4 头，从经济学的观点来说这个性状并没有太多重要进展。不难知道的是，遗传力估计值较高的性状在选择中会有更高的效率。低遗传力性状的在选择时并不在世代间表现出太多的变化。

一个规律是，有关胴体的性状通常是遗传力比较高的(0.4～0.6)，这对于满足目前对生产特定的胴体的市场需求是很有利的。然而胴体性状又是很难在亲本上进行度量的。中等遗传力的性状取值范围在 0.2～0.4。生长性状就是中等遗传力性状并且与胴体性状相比选择的遗传进展较小。繁殖力的性状遗传力较低(0～0.2)，很不幸，这些动物生产中重要的经济性状的遗传力都很低。

通过群体中遗传改良的过程，动物们开始有相似的遗传组成。两个动物之间的关系可以被用它们相同的基因来衡量。至少有一个共同祖先的同胞或者后代将会继承到该亲本的部分基因，因此，兄弟姐妹之间会有一些基因对是相同的。这个相互之间关系的协方差的范围是 0～1 并且通常被减半。下面是一个常用的协方差系数表：

	R
全同胞	0.5
半同胞	0.25
亲子	0.5
祖孙	0.25
曾祖孙	0.125
曾曾祖孙	0.062 5
堂(表)兄弟姐妹	0.125

这些值代表了个体之间亲缘相关程度。应注意的是，越往前追溯动物的家系，协方差值就越小。

交配体系

近亲交配
亲缘关系较近的个体之间的交配。

近亲交配是亲缘关系较近的个体之间的交配(图 8-10)。这可以提高理想性状的纯合度。当在畜群中实际应用时，近交降低了畜群内基因的变异度。有亲缘关系的个体分享更多的相同基因。随着这一情况的发生，有害的隐性基因由于纯合度的提高而开始表达出来。因此，对直接近交加以控制是十分必要的，这样劣势基因的表达才能够被抑制而使更多的优势基因表达。近交引起的生产性能的降低被称为是**近交衰退**。

近交衰退
通常由近交导致的在活力、繁殖力或者生产力方面的降低。

图 8-10 在历史上，采用近交来固定与品种有关的性状比如颜色，斑纹，角和生产性状。(USDA 提供)

同种异系交配是一种适度的近交体系。在某种程度上说，所有品种都是同种异系交配，因为它们都可以追溯到一个共同的祖先。然而，为了达到实践应用的目的，同种异系交配必须要在目前的世代中采用来获得价值。近交只适用于当理想性状无法从其他的可能来源获得时。即使那样，也是理论和实践经验最为丰富的育种者才会采用。一个关于近交的矛盾的说法是近交的个体通常是生产性能较低的。因此，一只生长率较快的犊牛的父亲可能本身生长率一般。这就使得辨别优秀种畜的工作比较困难。

同种异系交配
交配个体按系谱向上可以追溯至少三四代而有共同祖先的交配体系。

远交是亲缘关系与群体平均相比较远的个体之间的交配过程。这可以用在群体本身的动物中也可以用于不同品种动物间。远交的效果与近交刚好相反，这个过程产生的个体有较多的杂合基因组成。这种杂合型的增加使得动物活力增强，被称为**杂种优势**。杂种优势被定义为远交个体与亲本群体平均生产性能相比的优势。遗传力低的性状会显示出较高的杂种优势。繁殖性状是低遗传力性状杂种优势较高的一个例子。中等遗传力的性状表现出中等水平的杂种优势如生长性状。高遗传力性状杂种优势较小。杂种优势可以通过选择不同的交配体系而提高或降低。

远交
亲缘关系与全群相比较远的个体之间的交配过程。

杂种优势
远交后代同亲本群体的平均生产性能相比较的优势。

杂交是不同品种动物间的交配，是一种利用远系繁育的优势的方式。相对于群体平均来说每一个品种内的纯合度更高。通过不同品种个体的交配，一个育种者可以利用亲本纯合度来确保后代的杂合程度。杂交计划的成功取决于系统中动物的质量和它们是否有遗传互补性。因此，采用互补程度较好的品种来加强优秀基因的表达而抑制劣势基因的表达是很重要的。繁殖性状可以通过杂交体系来改良。一般来说，杂种母畜会有更多的后代(多胎品种)并且母性比最初的两个祖代的品种的平均要高。很多时候，育种者会培育杂种母畜并且使它们与第三个

杂交
同一物种不同遗传背景(品种)动物之间的交配。

品种的纯种公畜交配,这样可以利用纯种的遗传力较低的性状。杂种母畜被期望有好的母性特征。公畜的贡献是好的胴体性状。准确的控制杂交的方式是利用远交时品种能够提供的优势。大体上讲,杂种个体显得在活力,繁殖力和健康上更好并且比起杂交的父母代平均水平来说,它们生长得更快。

有几种不同的方法可用于估计动物对于一个育种计划的遗传贡献。一些方法被用于估计亲本并且决定它们的育种值。这个信息可以被用于估计动物的加性基因效应,并且选择做种畜的动物。育种值的计算是基于动物个体的生产性能记录和所有亲戚的生产性能记录。亲缘关系与动物较近的个体记录更为有用,因为它们更可能具有相似的遗传组成。然而,所有亲缘关系的个体都是有用的因为它们至少有一些共同的基因。育种值会在下一章详细介绍。

生物技术和遗传工程

生物技术

用于活生物体(或部分机体)的一套有力工具,来修饰产品,改良植物动物或形成特殊用途的微生物。

遗传学是一门对整个生物技术的进步做出了巨大贡献的科学。事实上,通常被称为**生物技术**的DNA重组技术的进步已经成为如今最为公认的生物技术的应用方式。通常人们都认为生物技术和遗传工程是同义词而并没有意识到生物技术中还有其他的领域。

分子生物学使得鉴定控制各种性状的基因成为可能。在世界范围内,科学家们正开展工作来鉴定所有的人类和动物的基因。这是一项非常艰巨的任务,任重而道远。然而,对于生物体的认识日新月异。这个关于基因组的图谱是科学史上资源共享和合作的典范。参与这项工作的科学家们分布在世界各地的实验室,他们向共享数据库提供信息并且共同解决遗传密码的秘密。这些密码的含义是令人费解的。一旦基因被定位在了染色体上并且它们的功能被确认,那么就可以实施更准确的动物育种计划。举例来说,一旦产仔数高的基因型组合被确认,像窝产仔数这样的低遗传力性状就可以被精确的选择。从而避免了动物育种实践中很多猜测性的工作。当产生某性状的遗传标记被确认,就可以确定采用哪头动物。这种方法叫做**标记辅助选择**。此外,将基因从一个动物插入另一动物中可以得到新的基因组合。这甚至可以在品种间实施。这个基因修饰的过程创造了**转基因**动物。这些概念将在后面章节中加以介绍。

标记辅助选择

用像连锁的DNA序列这样的标记对特定等位基因进行的选择。

转基因

含有外部来源的插入自身体内遗传密码的DNA的动物或植物。

这种传统之上的新的基因操作形式的好处是很多的。在传统的育种实践中,传给后代的基因很多都是未知的。在精确定位的交配个体中,所有的遗传物质都是已知的。精确育种可以使优秀基因传递下去而不理想的那些被淘汰。结果可以更容易被估计。在转基因动物中,由于精确的遗传信息的转入而使得未知信息更少。由于后备种畜在性成熟前很久遗传信息就可以被确认,所以遗传进展的速度提高。在传统的育种过程中,确认动物个体的遗传信息通常要等到它的后代出生并且发育。

像提高家畜生产的潜力一样令人兴奋的基因操作和DNA重组技术领域的最大潜力在于一个略有不同的领域。基因不仅可以同一物种内进行转移,也可以在不同的物种间转移。人类基因可以插入细菌或者其他动物中。鱼的基因可以插入猪中,等等。可以想象这个过程的潜在的优势,这个领域有着超乎想象的前景。动物、微生物和植物可以在遗传上产生本身无法产生的物质。举例来说,目前细菌生产的人类胰岛素与人类自身产生的胰岛素是相同的。在这种胰岛素投入市场以前,糖尿病患者都是依赖来源于猪和牛的屠宰副产品的胰腺。当抢救生命时,这种胰岛素与人产生的胰岛素稍有不同。现在依赖胰岛素的糖尿病病人可以利用与他们本身不能合成的相同胰岛素了。山羊、绵羊和牛经过基因的处理已经能够在奶中产生外来的有治病作用的蛋白质。它们大多数都是蛋白质产品。这些化合物随着挤奶很容易被挤出并且是很纯的。通过这种方式,转基因动物可以大量的生产药物,而这些药物用其他方式不能生产或者成本过高,这些产品期望在不远的将来得到应用。在不远的将来转基因鸡也可能在鸡蛋中生产大量的治疗性药物。

基因定位和随后的改进选择以及与对特殊基因的转基因的利用也将为其他领域带来好处。动物和人的特定的基因治疗将得到发展。很明显地,这些将发展成为人类的首选。最近有人宣称在使心脏长出新的血管方面有新的突破。在将来,这种技术将取代开胸的外科手术形式。在这个领域工作的科学家们很有信心地预测在未来 10 年的一些基因治疗的可能性。动物可以通过遗传学手段来产生能够作为人类疾病研究模型的家系。同样可能的是,动物可以通过转基因来生产器官,这些产生的器官在移植给人类时不会发生免疫排斥。通过应用遗传图谱技术,能够抵御某种疾病的动物将被选择,降低或减少了注射疫苗、抗体或化学物质以及其他的疾病控制或预防手段。在下面的章节中有对生物技术的更为详细的论述。

概要和结论

遗传学是关于 DNA 如何编码生命的生化反应过程的学科。从实践的角度来说,理解如何控制下一代的基因是很重要的,这样可以使得动物的遗传物质能够产生有重要经济价值的性状。生物体的细胞通过两个过程进行繁殖。有丝分裂用于体组织维持和生长的过程。减数分裂是另一个过程,它与减数分裂的不同在于个体的遗传物质在细胞自身繁殖前减半。这个过程导致了遗传物质的重组,当精子和卵结合时,遗传物质一半来自父方一半来自母方。人类已经有几千年的改造物种基因的历史。被叫做“动物育种”的有组织的努力开始于 18 世纪,是由一个叫做罗伯特·贝克维尔的英国畜牧者开创的。现代动物育种技术已经带领我们进行有计划的改造,帮助我们改造遗传密码。这些技术包括通过近交和同种异系交配来“固定”某些基因类型,并且通过远交和杂交来提高杂合度。现代分子生物技术的工具正带来遗传学的巨大革命。从前需要几个世代才能完成的现在只需一个世代。此外,动物、微生物和植物正在被进行改造以为我们提供大量的医药产品。这个科学领域也许是目前最有前景的领域。

习题

1. 定义名词：基因。

2. 用 4 个碱基对画出一条 DNA 分子。

3. 列出 1 个 DNA 分子 2 个类型的碱基。

4. 这些碱基对之间通过什么类型的键相连？

5. 描述 DNA 超螺旋的含义。

6. 当个体中出现多于一套染色体时，染色体数目的变异是什么？

7. 唐氏综合症是哪一种类型染色体变异？

8. 在细胞核中发生了怎样的过程使得 DNA 分子得到了拷贝？

9. 什么是等位基因？

10. 基因的纯合体和杂合体之间有什么区别？

11. 从染色体数目的角度描述配子和体细胞之间的关系。

12. 个体的整个遗传组成指的是什么？

13. 列出 2 种类型的性染色体。

14. 每个体细胞含有______条常染色体而同样的细胞有______条性染色体。

15. 每个配子有______条常染色体和______条性染色体。

16. 描述有丝分裂过程中几个主要的名词。

17. 描述减数分裂的结果中的主要的名词。

18. 比较/对比显性和隐性等位基因。

19. 动物的表型是指什么？

20. 举出共显性和不完全显性的例子。

21. 人类的血型是作为哪种等位基因作用的例子？

22. 用 X 和 Y 染色体解释伴性遗传的概念。

23. 当一个个体和性别决定了基因是否在基因型中的表达，这个性状被称为______性状。

24. 产奶性状是哪种性状？

25. 定义群体遗传学。

26. 基因频率的含义是什么？

27. 群体中基因频率改变的 4 种方式是什么？将每种都简要描述一下。

28. 比较自然选择和人工选择。

29. 质量性状和数量性状中发挥作用的基因类型是什么？把每种类型各举一例。

30. 这一章中讨论的变异的主要的非遗传来源是什么？举 3 个例子。

31. 定义遗传力。遗传力的取值范围是多少？

32. 一个性状的较高/较低的遗传力（勾选其一）会在世代间产生较多的变化。

33. 举出高遗传力、中等遗传力和低遗传力的性状的例子。

34. 描述本章中讲的交配体系。

35. 什么是生物技术？什么是遗传工程？它们之间的关系是怎样的？

36. 描述对基因密码的调控将为人类带来的潜在的好处。

参考文献

作者注：对于第2、3版，俄克拉荷马州州立大学的教授大卫·布查南博士审阅了本章。此外，布查南博士为本章提供了新的材料。在此，作者对这些贡献表示感谢。

Alcamo, I. E. 1996. *DNA technology: The awesome skill*. Dubuque, IA: Wm. C. Brown Publishers.

Bourdon, R. M. 2000. *Understanding animal breeding*. 2nd ed. Upper Saddle River, NJ: Prentice-Hall.

Buchanan, D. S. 2001. Professor of Animal Science, Oklahoma State University, Stillwater, OK. Personal communication.

Buchanan, D. S., A. C. Clutter, S. L. Northcutt, and D. Pomp. 1993. *Animal breeding: Principles and applications*. 4th ed. Stillwater, OK: Oklahoma State University.

Fowler, M. 1989. *Medicine and surgery of South American camelids*. 3rd ed. Ames, IA: Iowa State University Press.

Hartl, D. L. 1994. *Genetics*. 3rd ed. Boston: Jones and Bartlett Publishers.

Klug, W. S., and M. R. Cummings. 2000. *Concepts of genetics*. 6th ed. Upper Saddle River, NJ: Prentice-Hall.

Klug, W. S., and M. R. Cummings. 2002. *Essentials of genetics*. 4th ed. Upper Saddle River, NJ: Prentice-Hall.

Lee, T. F. 1993. *Gene future*. New York: Plenum Press.

Levine, L. 1980. *Biology of the gene*. 3rd ed. St. Louis, MO: C. V. Mosby Company.

Lewin, B. 1983. *Genes*. New York: John Wiley & Sons.

Mertens, T. T., and R. L. Hammersmith. 2001. *Genetics laboratory investigations*. Upper Saddle River, NJ: Prentice-Hall.

Stufflebeam, C. E. 1983. *Principles of animal agriculture*. Upper Saddle River, NJ: Prentice-Hall.

Taylor, R. E. 1992. *Scientific farm animal production*. 4th ed. New York: Macmillan Publishing Company.

Van Vleck, D. L., J. E. Pollack, and B. E. A. Oltenacu. 1987. *Genetics for the animal sciences*. New York: W. H. Freeman and Company.

第 9 章

动物育种

学习目标

学完本章后，应该能够：

1. 定义动物育种，并阐明动物育种在动物科学中的作用。
2. 以肉牛为例，描述动物育种的一般原理。
3. 定义遗传力和遗传相关。
4. 解释在肉牛育种中如何应用 EPDs(期望后代差异)。
5. 概述肉牛的用途。
6. 以奶牛为例，描述动物育种的一般原理。
7. 解释为什么性状之间的相关对奶牛的选择如此重要。
8. 在奶牛选择中，如何确定有重要价值的目标性状。
9. 描述 DHI 体系，并说明其在奶牛选择中的应用。
10. 列举猪遗传改良与其他畜种遗传改良的异同点。
11. 描述品种对猪生产的影响与对其他畜种生产的影响相比，有何差异。
12. 以绵羊为例，描述动物育种的一般原理。

关键术语

百分比	母体效应	遗传相关
变化范围	品种	育种稳定性检测
表型值	期望后代差异(EPD)	育种值
超声波扫描方法	亲代平均值	预期传递力
单一性状选择	世代间隔	预期传递力纯利润
动物育种	饲料转化率	增重率
公牛概要	体型生产指数	质量等级
可靠性	同期同龄组	猪应激综合征
	遗传力	准确度
		F_1

引言

动物育种就是应用遗传学原理对动物进行选种，选择父母代，繁殖下一代。动物育种对动物农业具有相当大的贡献。通过应用动物育种原理，所有食品生产性物种的生产力都会有所增加。在这个方面的进展主要发生在20世纪后半叶，主要是因为在动物育种中采用了复杂的数学模型，用来适应大量的数据集，但能够有效处理这种大规模运算的计算机最近才得到广泛应用。科学家们已经成功地将这些育种技术，应用到重要的食品生产性畜种的有计划的、系统的遗传改良中。由于一些原因，马、山羊及伴侣物种的育种工作还没有达到很高的水平，其中最主要的原因还是经济原因。对于这些经济重要性较低的物种，其研究水平很难和其他经济重要性高的物种相同。这些物种的研究主要在美国的"赠地大学"进行研究。他们的任务和有限的资源决定了这方面研究的目标就是扩大产量、增加效益。

动物育种
动物育种是应用遗传学原理来改良家畜的科学。

和所有科学一样，动物育种也是不断变化发展的。遗传工程的技术，如标记辅助选择(MAS)，有望促进动物育种者的工作。转基因动物则能够加快遗传进展，它在一个世代取得的研究进展，传统方法则需要几个世代才能够完成。动物育种工作需要连续不断地进行，不能荒废。很多重要的经济性状是由多个基因控制的，对于这些性状通过动物育种获得的进展，较通过对各个基因的操作获得的进展大。另外，动物育种同样涉及到考虑动物的基因与周边环境的互作效应。这在遗传评估时是也是必需的。

这一章根据畜种分成了几个部分。每一部分讨论一种畜种的育种技术和育种目标。这些物种包括肉牛、奶牛、猪和绵羊，因为在这些畜种中育种原理的技术和应用是最先进和有效的。鸡是唯一一种没有在本章中介绍的重要畜禽品种，因为，鸡的育种工作都是完全由养禽业中的大育种公司实施的，从商业角度考虑，生产者是不涉及育种措施的制定的。因此本章未对家禽进行讨论。这并不是说动物育种原理在家禽业中就没有应用。恰恰相反，动物育种原理在家禽业中被广泛应用，使目前家禽业在畜牧业中占有一席之地。

肉牛遗传改良

肉牛的主要经济用途就是尽可能高效地生产牛肉。现代育种需要平衡地选择生产性能(如增重率)和肉质(如嫩度)来满足消费者的需求。种公牛选择是最重要的环节，生产者可以通过对种公牛选择来获得他们整个牛群的遗传进展。目前肉牛业已经有足够丰富的可利用的生产性能记录。

在肉牛业中，重要的经济性状包括：成年体尺和体重，犊牛生长性状，母体生产性能和胴体性状，其生产水平还必须和可利用的饲料资源和生产环境相适应。肉牛群体的规划不是一项简单的任务，因为一个成功的育种计划很少是只对单性状进行选择。幸运的是，许多动物育种方面的研究已经将肉牛性状的遗传变异进行了量化，因此生产者可以利用这些信息，制定育种计划，更好的生产肉牛。

下面将介绍肉牛遗传改良的关键技术，包括肉牛遗传改良的育种原理，并举例说明，还介绍了目前肉牛业中遗传选择的工具。

遗传力

品种

是指具有共同祖先，有其特有特征的群体，同品种内的个体交配可产生具有相同特征的后代。

遗传力

表型变异中由基因加性效应引起的部分，是个体间遗传差异的部分。

如果了解了肉牛各性状的遗传力和遗传相关的基本原理，就可以更灵活地应用选择工具对可以得到信息的**品种**性状进行育种。在动物群体中，性状表型值的差异是由遗传和环境因素共同造成的。而**遗传力**则表示由遗传因素导致的个体差异。遗传力并不是一成不变的。不同群体的性状遗传力估值不同，即使在同一个群体，如果管理或交配体系变化，则性状遗传力的估值也不相同。有很多研究估计了肉牛不同性状的遗传力。表 9-1 就列举了一些研究中肉牛不同性状的平均遗传力估值。总体而言，繁殖性状的遗传力低($h^2<0.20$)，生长性状的遗传力中等($0.20<h^2<0.40$)，而胴体性状的遗传力较高($h^2>0.40$)。遗传力大小实际上表明了通过选择我们能够获得遗传进展的难易程度。从表 9-1 中的遗传力估值可见，生长性状和胴体性状通过选择较繁殖性状更容易获得选择进展。因此，部分肉牛生产者认为繁殖性状不应该包括在选择计划中。然而这种观点其实忽略了繁殖性状是很重要的性状，它可以使肉牛企业获得高效益。由于和繁殖相关的重要性状都是低遗传力性状，因此更应该在选择计划中考虑如何对繁殖性状进行选择。

表 9-1 肉牛部分性状的遗传力估值

性　状	遗传力 h^2
初生重 Birth weight	0.35
断奶重 Weaning weight	0.30
断奶评分 Weaning score	0.25
围栏肥育期增重 Feedlot gain	0.45
胴体等级 Carcass grade	0.40
脂肪厚度 Fat thickness	0.33
眼肌面积 Rib eye area	0.58
大理石花纹 Marbling	0.42
可销售产品比例 Retail product(%)	0.30
产犊间隔 Calving interval	0.08
妊娠天数 Gestation length	0.35
放牧增重 Pasture gain	0.30
周岁重 Yearling weight	0.40
饲料转化率 Feed efficiency	0.38
屠宰率 Dressing(%)	0.38
嫩度 Tenderness	0.55
癌症眼 Cancer eye	0.30

来源：Buchanan et al.，1993，p. 86。

另外，遗传力也表示一个个体或一个群体的优势能够遗传给后代的部分。这一属性用来估计育种值。所谓**育种值**指的是一个个体作为亲本的使用价值。通常，个体的真实育种值是未知的，但它可以通过个体本身及其亲属的生产性能记录进行估计。一般，亲属信息来源主要包括后裔、父亲、母亲和同胞。

育种值
指的是一个个体作为亲本的使用价值。

遗传相关

在动物育种规划中，对**单一性状选择**很难获得成功，因此了解目标性状之间的**遗传相关**是非常重要的。所谓遗传相关是指同一个基因或同一组基因同时控制两个性状而使两性状之间产生相关的现象。

单一性状选择
只对单个性状或特征进行选择。

遗传相关
同一个基因或同一组基因同时控制两个性状而使两性状之间产生相关的现象。

遗传相关的取值范围从－1到＋1。如果遗传相关为0则表明两个性状是由不同的基因控制的，性状间不相关。如果性状间的遗传相关是正值，表示这两个性状的育种值趋于相同的变化趋势。如果是负值，则情况正好相反。

遗传相关的绝对值大小表明两个性状间的相关程度。当两性状之间存在遗传相关时，它们之间的遗传相关就不等于0。当然，这并不是说性状间的遗传相关为－1或＋1就最好。例如，如果两性状间的遗传相关为正的0.10时，表示这两个性状间不存在强相关。

了解不同性状间遗传相关的大小在选择计划中是非常有用的。例如：**饲料转化率**这个性状难以测量，且花费很高；而**增重率**相对容易测量，且花费较低。二者之间存在正的遗传相关。因此，在对公畜选择时，只对容易测量的增重率进行直接选择，当增重率获得遗传进展时，由于二者之间正的遗传相关，饲料转化率也有望获得遗传进展。

饲料转化率
每消耗单位饲料能生产的产品（增重、奶、蛋等等）。

增重率
在特定阶段每天增重的磅数。

性状间的遗传相关并不总是有利的。例如：对周岁重进行选择时，就会对产犊难易这个性状产生不利的影响。由于性状间存在不利的遗传相关，因此，育种者在选择公畜的时候要尽可能考虑不利的遗传相关。

表9-2列出了生长性状和胴体性状之间的遗传相关，其中一些遗传相关如果在一个系统的育种计划中应该是非常有用的。从表中我们可以看出，大部分遗传相关都是不利的。例如，初生重和胴体重之间的遗传相关是正的0.60，这是由于控制初生重的基因有很多同时控制着胴体重，二者之间的这种关系就是不利的。性状间的遗传相关反映了当对一个性状进行选择的时候，另一个性状可能发生的变化。

在群体水平上对肉牛进行育种规划时，选择目标必需平衡考虑各个重要的经济性状。随着胴体性状越来越受到育种者的重视，多性状选择在育种规划中的应用也越来越多。这就使得胴体性状和其他性状之间的遗传相关信息显得更为重要。

表 9-2 生长性状和胴体性状之间的遗传相关

性 状	ADG^{w}	ADG^{F}	CAR	FAT	REA	MAR	SHR[1]
初生重(BW)	0.28	0.61	0.60	−0.27	0.31	0.31	−0.01
断奶日增重(ADG^{w})		0.49	0.73	0.04	0.49	0.31	−0.05
肥育期日增重(ADG^{F})			0.89	0.05	0.34	0.15	0.06
胴体重(CAR)				0.08	0.44	0.25	0.00
脂肪厚度(FAT)					−0.44	0.16	0.26
眼肌面积(REA)						−0.14	−0.28
大理石花纹(MAR)							−0.25

来源:Benyshek, 1988。

1. SHR 5 Warner-Bratzler shear。

生产性能信息

为了使自己的群体实现向理想方向遗传改变,母牛带犊生产者必须了解他们牛群目前的生产水平。根据肉牛各性状特点及其遗传力信息,生产者可以利用现有的选择方法来制定育种规划。制定育种规划时,应该包括育种、产犊、断奶、周龄性状、胴体性状和繁殖性状的育种目标。

生产性能测定的规划有很多种形式。首要的规划应该是大农场生产性能测定的规划。种畜生产者和商用母牛带犊生产者有不同的规划需要。种畜生产者主要以出售种畜为主,而商用母牛犊生产者以出售犊牛为主。另外,群体大小也会影响生产者期望或能够达到的生产性能记录的详细程度。千万记住要手写或计算机输入母犊牛的平均生产性能记录(图 9-1)。其中最大的挑战,就是对那些有助于制定管理计划的生产性能记录的筛选。

种畜育种者和品种协会紧密合作,共同建立和发展大范围的现场生产性能测定计划。育种者和协会成员共同收集数据,并对数据进行整理。有些品种,需要使用不同国家的性能记录来估计个体的遗传价值。除此之外,作为农场生产性能测定计划的补充,还包括饲养场数据、胴体性状数据以及公牛评估中心的数据的收集计划,但不是仅限于此。

商品牛生产者需要一个有效的生产性能测定计划,以此为根据来淘汰性能差的个体,选择群体的后备育种群。有效的选择计划很少只对单个性状进行选择。种公牛的选择可以使商品群获得最大的选择压。商品生产者可以让他们的“合作者”种畜生产者做一部分种公牛选择的工作,并协助他们采用特殊的选择方法,如后代期望差异(EPDs)。有关后代期望差异的内容将在该章的后面讨论。商用母牛群和犊牛群的性能记录是最基础的组成部分,有助于生产者选择公牛。目前,相当大的一部分商品生产者和种畜生产者形成强大的阵营,有利于生产性能测定的发展,有利于遗传工具的进一步使用。

有时,商品牛生产者认为为了更好地使用 EPDs,也需要他们的杂交母牛的 EPDs。其实并不需要。因为只对种公牛进行选择就可以使整群获得很大的遗传进展。生产者不需要像选择公牛那样对母牛采用 EPDs 进行选择。

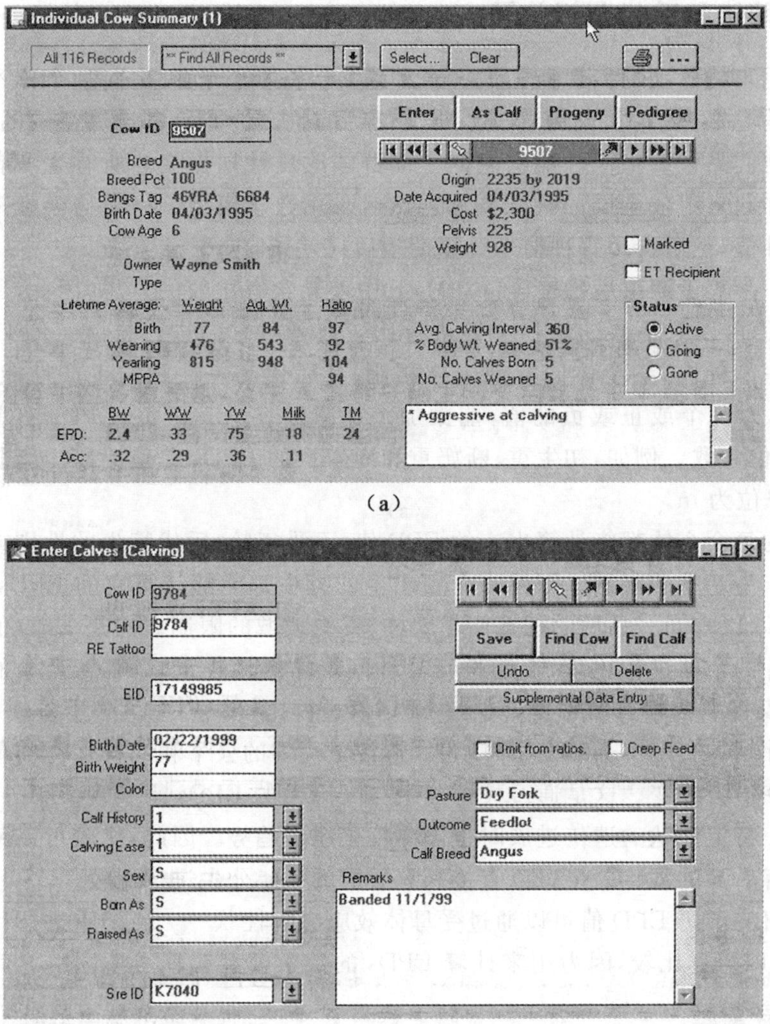

图 9-1 (a)母牛概要报告；(b)犊牛登记表。(来源：Cow Sense Herd Management Software，Midwest MicroSystems，Lincoln，NE.，经允许使用)

了解牛群的繁殖性状、生长性状和母体价值，以及胴体价值的生产性能水平是首要的任务。在制定选择方法时要考虑产犊率和断奶率、妊娠率、参与繁殖母牛的平均断奶犊牛重、犊牛死亡损失以及母牛平均成年体尺体重等性状。然后采用 EPDs 对种公牛进行选择，使群体向着理想方向实现遗传改变。遗传学家对正确选择优秀种畜的方法的研究，始终贯穿整个育种史。种公牛的选择对肉用母牛-犊牛的生产具有非常重要的作用。因为，对群体种公牛的选择不仅影响犊牛的生产，如果公牛女儿作为后备青年母牛时，还会影响母牛群的生产性能。因此，肉牛生产者最好选择那些在重要的经济性状上具有理想遗传值可以获得遗传进展的公牛。选择与母牛群交配的理想公牛是非常具有挑战性的工作。幸运的是育种值给肉牛生产者提供了一种选择优秀公牛的方法。弄清楚了育种值的估计背景知识才能更好地理解 EPDs。

遗传评估、育种值和后代期望差异

育种值是用来估计动物传递能力的。育种值，或称遗传价值，是通过个体本身的生产性能信息和其后裔、同胞、父母、祖父母等的生产性能信息计算得到的。纯种生产者将他们品种的生产性能信息向全国群体改良计划提交。所有生产者提供的信息合并起来组成全国品种数据库。然后采用数学模型——动物模型来预测动物的育种值，然后再用育种值来计算期望后代差异。

期望后代差异(EPD)
一个个体的后代与其他同世代个体的后代相比，其生产性能的差异的预测。

育种值的一半等于**期望后代差异(EPD)**，其中差异含有比较的意思，因此，通过 EPDs 值，我们可以对不同的动物个体进行比较或者对它们进行排队。EPDs 可以预测在同一品种内，某个体同其他个体相比，其后代某一性状的生产性能。EPDs 在表示时为一个或正或负的值，前面加上加减号表示其正负，EPDs 有单位，和性状的单位一致。例如，初生重、断奶重和周岁重的 EPDs 单位为磅。脂肪厚度的 EPDs 单位为 in。

每个品种的每个个体都能计算出它的 EPD 值，不受年龄、后代犊牛的性别或者其是否已经作为亲本的限制。即使一个新出生的犊牛都能够计算它的 EPDs。通过 EPD 值可以比较同一品种的任意两个个体，不受地域的限制。但是 EPD 值只可对同一品种的个体进行比较，不能进行品种间个体的比较，如海福特公牛的 EPD 值不能和安格斯公牛或利木赞公牛的 EPD 值进行比较。

个体间有计划的交配不会改变 EPD 值。遗传上优秀的公牛和同样优秀的母牛交配，其 EPD 不会改变。这是通过校正公牛与配母牛的 EPDs 来实现。另外，预测品种内某一特定性状的遗传进展时也需要校正遗传趋势。因此，比较可以跨世代进行。没有后裔的青年公牛可以直接和有后裔的成年公牛进行比较。

母体遗传值或产奶 EPD 值可以通过受母体效应影响性状——断奶重进行计算。EPDs 还可以跨群比较，因为用来计算 EPDs 的数学模型解释了不同群之间环境和管理的差异。

全国肉牛评估

第一期全国公牛概要由一个肉牛品种协会于 1971 年发布。首次实现了同一品种公牛间跨群、跨美国不同的地区和跨世代的比较。目前，由所有主要的肉牛品种协会来指导全国肉牛评估(National Cattle Evaluations，NCEs)，并计算肉牛的 EPDs，提供给肉牛的育种者。这些值公布出来，供育种者使用，至少一年更新一次。

同期同龄组

同期同龄组
指具有相同性别、年龄，享受相同待遇，具有相同表现机会的动物群体。

在收集肉牛生产性能信息时，品种协会认为定义同期同龄组是非常关键的。**同期同龄组**是指具有相同性别、年龄，享受相同待遇，具有相同表现机会的动物群体。合理的生产性能测定是与正确的同期同龄组的划分密不可分的。在一个组内遗传差异估计的准确度取决于分组的准确度。

生长性状 EPDs

EPD值在对两个个体进行直接比较时是非常有用的。例如，下面列举了两头公牛初生重的 EPD 值。假定这两头公牛是同一个品种，且 EPD 值准确度相同：

	公牛 A	公牛 B
初生重 EPD(lb)	+5	−2

公牛 A 和公牛 B 的初生重的期望后裔差异是 7 lb。公牛 A 的 EPD 值是 +5，公牛 B 的 EPD 值是 −2，我们可以期望：在相同管理条件下，且和两头公牛交配的母牛遗传值相似，公牛 A 的犊牛初生时平均比公牛 B 的重 7 lb。预测性能差异是 7 lb。EPDs 值只能预测性能间的差异，而不是生产性能的真值，因此，它不可能估计犊牛的实际初生重。

下面是一个断奶重的例子。它描述了两头公牛后裔断奶重的差异：

	公牛 A	公牛 B
断奶重 EPD(lb)	+25	−10

公牛 A 和公牛 B 的断奶重的期望后裔差异是 35 lb。公牛 A 的 EPD 值是 +25，公牛 B 的 EPD 值是 −10，我们可以期望：在相同管理条件下，且和两头公牛交配的母牛遗传值相似，公牛 A 的犊牛断奶时平均比公牛 B 的重 35 lb。

下面再举个周岁重的例子。它描述了两个公牛后裔的周岁重的差异：

	公牛 A	公牛 B
周岁重 EPD(lb)	+50	+10

公牛 A 和公牛 B 的周岁重的期望后裔差异是 40 lb。公牛 A 的 EPD 值是 +50，公牛 B 的 EPD 值是 +10，我们可以期望：在相同管理条件下，且和两头公牛交配的母牛遗传值相似，公牛 A 的犊牛周岁时平均比公牛 B 的重 40 lb。

品种平均 EPD 值及基础年份

EPD 通常被认为是与群体公牛平均值比较产生的相对值，实际这种理解是不正确的。平均 EPD 等于零仅表示在某一时刻，有足够信息去计算 EPD 时，数据库中所有个体的平均遗传价值为零。因此，该指数只是在一个历史基点对群体进行遗传评估的结果，或者说在基础年份对群体进行遗传评估的结果。实际中，部分育种协会通常把基础年份具体为某一特定年。如果品种的某一性状获得了遗传基础上的改变，那么该性状的平均 EPD 值则不再等于 0。育种协会在出版公牛概要时，会同时在概要中发布该次评估平均的 EPD 值。因此，在利用公牛概要中个体 EPD 前，应当仔细阅读概要中公布的其他相关信息。

准确度
描述 EPD 估值可靠程度的指数。如果评估可利用信息很少，甚至没有，准确度则可能低到 0.01。较高的估计准确度能够达到 0.99。

准确度

准确度是 EPD 估值可靠性程度的度量指数。每个 EPD 值都对应有自身的准确度。准确度通常表示为 0～1 之间的某一数值。准确度(＞0.7)表明对应的 EPD 值具有较高的可信程度,并且再收集更多的信息,也不会引起 EPD 值发生较大的变化。相对而言,低准确度(＜0.4)则表示随着更多信息的收集,估计的 EPD 值还会发生很大的变化。非亲本个体的 EPD 值估计的准确度较低,因为个体没有后裔信息可供利用进行 EPD 值评估。从实际的角度出发,EPD 值用来选择在群体中使用的优良种公牛,而 EPD 的准确度则很大程度上决定了公牛可使用的广泛程度。但是,在部分销售目录中,并没有给出准确度这一重要评估指数。对于没有后裔数据的青年公牛,如周岁公牛,其 EPD 的准确度通常很低,但随着其后裔数据地不断收集,其计算得到 EPD 值的准确度将会不断增加。

EPD 变化范围

EPD 变化范围

描述 EPD 值估计潜在误差的指数 。

EPD 变化范围是描述 EPD 估值潜在误差的度量指数。许多公牛概要逐步开始包含该类指数。EPD 变化范围通常表示为"＋"或"－"的单位 EPD 值。该指标表示 EPD 估值可能偏离"真实"后裔差异的数量。同时,准确度与 EPD 变化范围两者间存在的一定相关,随着用于遗传评估的信息的积累,估值的准确度将会增加,同时 EPD 变化范围将会减小。在特定准确度下,品种内所有评估个体的 2/3 个体间的"真实"后裔差异期望落在正负 EPD 变化范围的范围内。具体参见下例:

初生重 EPD ＝ ＋2.0 lb 准确度 ＝ 0.90 EPD 变化范围 ＝ ± 1.3 lb

当 EPD 和准确度为上述的数值时,2/3 个体间的"真实"后裔差异期望落在＋0.7～＋3.3 范围之间。同时,这些"真值"落在该范围中心的概率要远大于落在两端的概率。

另外 1/3 个体间的"真实"后裔差异落在＋0.7～＋3.3 范围之外。这就意味着 1/6 个体的"真实" 期望后裔差异小于 0.7,1/6 个体的"真实" 期望后裔差异大于 3.3。

公牛概要

公牛概要

用于发布品种内可用种公牛的遗传信息。

公牛概要包括了每个品种中可利用遗传材料的部分资源。用来指导全国肉牛评估的各品种概要至少每年计算并更新一次。概要一般包括 EPD 值、准确度、特定品种 EPD 值平均变化图、品种平均 EPD 值、变化范围以及其他有用的信息。在概述的开始部分通常要描述 EPD 值公布的格式。

目前,加拿大至少 16 个肉牛品种协会参与管理全国性肉牛评估计划。几乎所有的公牛概要均包括初生重、断奶重、周岁重和产奶性能的 EPD 值(图 9-2)。现在,部分公牛概要中还涵盖了一些重要的繁殖性状,如产犊难易、妊娠天数、青年母牛妊娠、睾丸周长和保持力等。同时,许多品种协会都致力于将这些性状中的一部分纳入其概要之中。除此以外,品种协会付出了相当的努力以期将更多的胴体信息纳入其公牛概要。事实上,个别品种协会已经公布了胴体重、眼肌面积、背膘厚和大理石花纹评分的 EPD 值。相信在不久的将来,嫩度指标也会作为胴体性状之一纳入公牛概要中。

Sire Evaluation of Proven Sires

ANIMAL IDENTIFICATION	OWNER	GRPS PROG	DTRS PROG/ DTR	BW EPD ACC	WW EPD ACC	YW EPD ACC	MILK EPD ACC	TOTAL MAT. EPD	STAY EPD ACC	HPG EPD ACC	MARB EPD ACC	REA EPD ACC	FAT EPD ACC
FORSTER LAKOTA 3100 REG.#: 405225 CATEGORY: A BIRTHDATE: 04/01/1993 *SIRE: RED CENTURIAN C103* *MATERNAL GRANDSIRE: LFS GALENA 132*	FORSTER RED ANGUS ALTA GENETICS, INC. WBD	30 89	23 1.9	**1.2** .82	**30** .75	**49** .72	**26** .65	**41**	**8** .63		**-0.06** .22	**0.03** .22	**0.00** .19
FORSTER MAGNUM 6142 REG.#: 526563 CATEGORY: A BIRTHDATE: 03/30/1996 *SIRE: RED BBCC PRESIDIO 5Z* *MATERNAL GRANDSIRE: BUFCRK COPPERTOP1628*	KINCHEN CATTLE CO FORSTER RED ANGUS	19 79	2 1.0	**1.6** .80	**17** .68	**28** .58	**22** .33	**30**	**8** .32				
FORSTERS PAY DAY 376 REG.#: 192675 CATEGORY: A BIRTHDATE: 02/27/1986 *SIRE: RAB ABE LINCOLN* *MATERNAL GRANDSIRE: ROCKY MT 19*	FORSTER RED ANGUS REDLAND RED ANGUS BOOT JACK RANCHES	23 157	49 4.7	**4.3** .85	**31** .81	**41** .80	**1** .77	**17**	**6** .75	**6.3** .19	**-0.04** P	**0.03** P	**-0.02** P
FRITZ MONU 2X 211 REG.#: 373666 CATEGORY: A BIRTHDATE: 02/07/1992 *SIRE: LEACHMAN MONU 2X 8096* *MATERNAL GRANDSIRE: RCN DYNAMO 614*	KEITH & LINDA VANDE SANDT FRITZ RED ANGUS	13 29	14 1.8	**-2.5** .71	**21** .64	**29** .62	**15** .57	**25**	**9** .55		**0.17** P	**-0.15** P	**0.00** P
FTF DOUBLE CHIEFN601 REG.#: 130241 CATEGORY: A BIRTHDATE: 03/29/1981 *SIRE: FTF DOUBLE CHF L218* *MATERNAL GRANDSIRE: FTF CHIEFTON 7068*	GREER RANCH	59 210	93 4.7	**-1.5** .88	**18** .86	**31** .85	**20** .83	**29**	**14** .83	**22.0** .46	**0.16** .34	**-0.10** .33	**0.00** .29
GENERAL VANGUARD REG.#: 289875 CATEGORY: A BIRTHDATE: 11/12/1987 *SIRE: FFC VANGUARD 638F* *MATERNAL GRANDSIRE: CV GENERAL LEE*	MCKELVEY RED ANGUS CATTLE RANCH	31 64	34 2.3	**3.2** .81	**32** .76	**51** .74	**8** .71	**24**	**3** .71		**-0.04** P	**-0.07** P	**0.01** P
GET-A-LONG LICORICE REG.#: 128766 CATEGORY: A BIRTHDATE: 04/10/1979 *SIRE: RED SR IMAGE 200F* *MATERNAL GRANDSIRE: RED VALLEY REVOLUTION*	KENNETH FRAZER DOUBLE FORK RANCH	167 610	236 5.0	**4.4** .93	**37** .91	**51** .90	**8** .89	**27**	**14** .89	**8.7** .22	**-0.03** .28	**0.04** .28	**0.00** .24
GILCHRIST CHIEF W515 REG.#: 273997 CATEGORY: A BIRTHDATE: 02/13/1987 *SIRE: JKG CHIEFTON L303* *MATERNAL GRANDSIRE: FTF RED RITO M428*	BUFFALO CREEK RED ANGUS J BAR K RANCH	121 257	96 3.1	**-0.7** .89	**28** .86	**60** .85	**16** .83	**30**	**14** .82	**6.5** .19	**0.17** .61	**-0.18** .59	**-0.05** .51
GILCHRIST COYOTE B225 REG.#: 371018 CATEGORY: A BIRTHDATE: 03/22/1992 *SIRE: BJR FIRE-MAN 0150* *MATERNAL GRANDSIRE: JKG CHIEFTON L303*	STAR G RANCH GILL RED ANGUS BLUE RIDGE LAND & CATTLE	76 185	55 1.4	**2.4** .87	**33** .82	**50** .80	**23** .76	**39**	**3** .76		**0.04** .24	**-0.06** .23	**-0.02** .21
GILCHRIST HOWLER 95 REG.#: 477961 CATEGORY: A BIRTHDATE: 02/25/1995 *SIRE: GILCHRIST COYOTE B225* *MATERNAL GRANDSIRE: 741 PANHANDLER 189*	BRYLOR RANCH BLUE RIDGE LAND & CATTLE CODY E GRIFFIN	29 47	7 1.2	**2.0** .77	**20** .65	**34** .60	**15** .50	**25**	**4** .49		**0.02** .19	**-0.03** .19	**-0.01** .19
GLACIER ALPINE 658 REG.#: 514846 CATEGORY: A BIRTHDATE: 02/20/1996 *SIRE: CREEK SIDE COPPER* *MATERNAL GRANDSIRE: LEACHMAN MONU 2X 8096*	GRILL CATTLE CO GLACIER RED ANGUS	30 78	7 1.0	**0.6** .78	**20** .68	**29** .64	**17** .50	**27**	**6** .48		**0.29** P	**-0.05** P	**0.00** P
GLACIER ARROW 664 REG.#: 514799 CATEGORY: A BIRTHDATE: 02/21/1996 *SIRE: GLACIER STATURE 318* *MATERNAL GRANDSIRE: GLACIER NATIONAL*	SCHULER-OLSEN RANCH GLACIER RED ANGUS	19 87	2 1.0	**-1.8** .81	**19** .69	**52** .62	**21** .35	**31**	**7** .33	**9.2** .23	**-0.05** .51	**-0.44** .48	**0.00** .41
GLACIER CAMAS 752 REG.#: 557327 CATEGORY: A BIRTHDATE: 02/21/1997 *SIRE: GLACIER SUPER WEIGHT* *MATERNAL GRANDSIRE: GLACIER DYNARISE*	GARY SONSTEGARD GLACIER RED ANGUS	22 70	0 0.0	**-0.3** .78	**21** .66	**34** .55	**15** .27	**26**	**5** .26		**0.03** .26	**-0.41** .25	**0.00** .22
GLACIER CASCADE 464 REG.#: 440319 CATEGORY: A BIRTHDATE: 03/26/1994 *SIRE: GLACIER NATIONAL* *MATERNAL GRANDSIRE: GLACIER SUPER WEIGHT*	KOLLE RED ANGUS GLACIER RED ANGUS	26 70	8 1.7	**-3.1** .78	**17** .69	**39** .62	**24** .52	**32**	**6** .51		**0.05** .51	**-0.36** .49	**0.02** .44

图 9-2 肉牛公牛概要(来源:Red Angus Association of America, Denton, TX, 经允许使用)

很多公牛概要分为两个部分。第一部分列出了经过后裔测定的验证公牛,该类公牛属于成年公牛,具有可用于评估的后裔生产性能记录,因此,其初生重和断奶重的 EPD 值准确度一般都大于或等于 0.5。第二部分所列为青年公牛,该类公牛的初生重和断奶重的 EPD 值准确度较低(为 0.3~0.5)。不同品种分类列举的标准也有所区别。

母本综合 EPD

评估肉牛生产性能时,母体效应是需要重点考虑的内容。到目前为止,针对多种性状已经对母体效应的量化进行了广泛研究,尤其是仔畜断奶前生长阶段的

表型值

个体某一特定性状的生产表现的度量结果。

母体效应

母畜对其后代表型的环境影响。

相关性状。对肉牛而言，母牛对后代表型值至少有两方面的贡献。其中，**表型值**是指受个体遗传物质决定的实际生理表现，如断奶重。母牛对后代表型值的影响主要体现在母牛直接传递给后代的一半遗传物质，以及对后代表型所产生的母体效应两个方面。其中，**母体效应**是指母畜对其后代表型的环境影响，该效应属于环境效应的一种，具体表现为母牛提供给犊牛的相关环境（如母性能力、泌乳能力和母性本能）。母牛的遗传基础决定了其提供给后代该类环境的能力。同时，母体效应在哺乳期非常重要，但在断奶后其效应逐渐减小。

产奶性能 EPD

断奶重受犊牛的生长相关基因和母牛的泌乳（母性能力）基因的控制，因此有两个相互独立的 EPD 值来分别描述这两个部分。断奶重 EPD 用来评估生长性状的遗传值，而产奶性能 EPD 用来评估母性能力的遗传值。产奶性能 EPD 是将生长和产奶分开而从断奶重中分离出来的，和其他 EPD 一样，应用相当简便。它是指因为母性能力的差异，某公牛女儿的后代犊牛期望的断奶重的差异。我们以两头公牛为例：

	公牛 A	公牛 B
产奶性能 EPD(lb)	+10	−6

公牛 A 的产奶性能 EPD 值是+10，公牛 B 为−6。这两头公牛的女儿的后代犊牛因为母性能力的差异，期望的断奶重差异为 16 lb，这 16 lb 表示的是女儿的后代犊牛的断奶重差异，而不是女儿的产奶量差异。

母本配合力 EPD

母本配合力 EPD（有时被称作母体断奶重 EPD）既反映了传递给女儿的泌乳能力，又反映了通过女儿传递给女儿后代的断奶前直接生长能力。参见下例：

	断奶重 EPD	断奶重（母体） 产奶性能 EPD	配合力 EPD
公牛 A	+20	+12	+22
公牛 B	+4	+6	+8

母本配合力 EPD 值（公牛 A）＝(1/2)×20 +12 ＝ 22 lb

母本配合力 EPD 值（公牛 B）＝(1/2)×4 ＋ 6 ＝ 8 lb

公牛 A 的直接断奶重 EPD 为+20 lb，表示该公牛直接传递给其后代断奶前生长能力的水平。假设和两头公牛交配的母牛遗传基础相同，并且犊牛生长环境相同，那么平均而言，公牛 A 的后代犊牛在断奶时平均比公牛 B 的重 16 lb。此时，两头公牛后裔生产性能的 16 lb 差异是由直接影响断奶前生长的基因所造成的。

公牛 A 的产奶性能 EPD(+12)反映的是仅由于公牛母性能力基因的传递而

导致其女儿对其后代断奶重的影响，公牛 A 的产奶性能 EPD 为＋12，公牛 B 的产奶性能 EPD 为＋6，则这两头公牛女儿的后代犊牛因为母性能力的差异而产生的断奶重期望差异为 6 lb。

公牛 A 的母本配合力 EPD 值(＋22)是断奶重 EPD 值的一半加上产奶性能 EPD 值而得的。母本配合力 EPD 值既反映了公牛传递给女儿的泌乳能力，又反映了公牛通过女儿传递给女儿后代的断奶前直接生长能力。与公牛 A 相同，公牛 B 的母本配合力 EPD 值等于其断奶重 EPD 值的一半加上产奶性能 EPD 值，具体值为＋8。两头公牛的母本配合力 EPD 值相差 14 lb(22－8 ＝ 14)，这意味着两头公牛女儿的后裔平均断奶重期望差异为 14 lb。该数值反映了女儿的泌乳能力和通过女儿传递给其后代的断奶前直接生长能力两个方面的差异。

胴体性状 EPD 值

胴体性状 EPD 值是另一类重要的生产性能评定指标，目前其评估与应用日趋成熟。许多胴体性状 EPD 是通过同一品种中不同公畜后裔的胴体性状数据计算得来的。计算同一品种内公畜的胴体性状 EPD 值成本很高，因为要获得胴体数据需要将公畜的亲缘关系很近的个体尤其是后裔进行屠宰。在收集公畜后裔的胴体性状数据时，我们期望每头公畜获得至少有 25 个后裔的数据，但在实际中这是很难实现的。表 9-3 给出了同一品种两头公牛的胴体性状 EPD 值的简单比较，我们可以通过该表分析出两头公畜胴体性状方面的种用价值差异。平均而言，公牛 A 的后裔期望的胴体重量高出公牛 B 50 lb，眼肌面积高出 0.4 cm^2，而公牛 B 后裔的期望大理石评分比公牛 A 的后裔高出 0.25。

表 9-3 安格斯牛胴体 EPD 值

EPD	品种平均	公牛 A	公牛 B	差异
胴体重/lb	＋5.95	40	－10	50
大理石评分	＋0.05	－0.10	0.15	0.25
眼肌面积/cm^2	＋0.12	0.40	0.00	0.40
脂肪厚度/cm	－0.003	0.00	0.00	0.00
可销售产品比例/%	＋0.10	0.5	－0.5	1%

来源：Dolezal，1999，经允许使用。

Brangus 牛首次采用了**超声波扫描方法**以获得个体眼肌面积 EPD。该方法相对传统方法，更易于在种群周岁公母牛中进行推广使用。采用该方法，公牛可以获得其自身的超声波数据，并用来估计的其超声波眼肌面积的 EPD 值。同时，该方法在实际中也得到了应用。1998 年，美国的海福特牛协会公布了该品种超声波技术度量的胴体性状 EPD 值。2001 年春天，美国安格斯牛协会在他们的公牛概要中也公布了加入超声波数据的 EPD 值。预计在不久的将来，其他品种协会也会将这些加入超声波扫描测量的数据用于遗传评估。通过该类方法实施获得的超声波数据增加了那些缺乏后裔胴体记录的青年公牛遗传评估的准确性。目前，在本书出版国已经开始大面积地发展超声波测量的数据库，并期望在遗传

超声波扫描方法
利用超声波对机体组织进行测量的方法。

评估中进一步使用该类数据。

成年体尺体重

成年体尺体重是现代肉牛业发展的重要问题之一，包括与体重以及体高相关数据的测量；但该类性状之间的关系还不十分清晰。目前，针对肉用母牛，已经可以对母牛成熟期的体重生长曲线进行相对准确的估计。同时，还有一些报道探讨了体尺对母牛生物学效率的影响。

对成年体尺体重进行的遗传评估，有助于肉牛育种者对牛群成年体尺体重做出恰当的遗传选择，或者针对特定的生产环境得到我们所需的成年体尺体重一致的母牛。目前，该方向的研究还主要集中于成年体重与体高两个性状的独立研究，作为复合性状进行的上述研究还较少。

成年体重和体高都是高遗传力性状。例如，安格斯牛成年母牛的体重遗传力估值为 0.49，体高的遗传力估值为 0.87。这些性状的高遗传力表明，如果对该类性状进行选择将会预期获得显著的效果。换句话说，如果肉牛生产者想针对自身牛场的生产环境，改良其牛群母牛的体高和体重，他们可以针对自身牛场的生产环境，制定选择计划，对后备牛父亲的大小进行选择。另外，我们还需考虑到成年体重和体高之间存在的很高的遗传正相关，这种正的遗传相关表明如果对身高进行选择，母牛的体重也会发生相应的增加。目前，在一些肉牛品种中，已经将母牛体重和体高数据纳入遗传评估体系，并且计算相应的 EPD 值。

EPDs 的用途

EPD 值在种用群体选择中的应用

纯种种畜的生产者在他们的育种计划中必须考虑 EPD 值。相互竞争的育种者都在使用 EPD 值，从而牛群得到持续的遗传进展。在选择计划的制订过程中，通常需要相当的谨慎。在过去的育种实践中，因为只强调单个性状的选择，已经导致了众多问题的出现。同样，如果我们只强调某一个生产性状的选择，同样会出现很多问题，甚至可能出现更糟的后果。例如，如果一个品种协会的成员开始单单强调种群的周岁重而忽略其他性状，就会出现一系列相应的问题。当对周岁重进行选择时，初生重也会相应增加，从而很可能导致产犊困难的发生；同时由于成年体重体尺也会相应增加，很可能导致母牛群功能下降。同样也可能导致当达到适当体重时，个体胴体不能达到理想的**质量等级**。因此，如果一味地强调任何单一性状都会导致一系列其他缺陷的发生。但从理论上讲，如果育种者盲目地利用 EPD 值对单个性状进行选择，那么会很容易地使该性状的表现走向极端。

质量等级

表明胴体质量和胴体价值的等级标准，如一等品、精品等。

从理论的分析和失败的经验中可以得出，在育种计划的制订与实施中，我们更期望采用平衡的选择计划。实践中，很多生产者建议选择群内具有较高的周岁重 EPD 值、较高产奶性能 EPD 值和较低的初生重 EPD 的公畜。因为上述 3 个性状遗传联系很弱，所以改善其中一个不会影响其他性状。但是我们必须认识到在公牛概要中仍然没有涵盖许多重要的性状。例如，部分繁殖性状的详细检测，包括妊娠率、犊牛死亡、公牛的性欲和产犊的整齐性等也非常重要。同时，胴体性状在将来可能具有越来越重要的意义，育种者需要更关注于胴体数据的获得，无论这些数据是否容易得到，并将这些数据应用到选择计划的制订当中。胴体EPD值不久即应该在部分品种得到应用，但是更全面完整的数据库仍亟待建立。

纯种育种者如果能够获得他们的群体内每个个体的EPD值，那么他们将必然从中获得很多的益处，当然这建立在他们所在的协会能够提供该类服务。幸运的是，目前大部分协会都有已经具备相应的服务能力。即使这些EPD估值的准确性有时很低，但在选择替代个体时，还应该充分的使用EPD值，如果可能，在淘汰母牛的过程中，同样也可以充分利用EPD值。

当然，纯种生产者并不是仅仅利用EPD值，他们也需要为计算EPD提供相应的数据。我们非常鼓励生产者提供每年出生的所有犊牛的完整、准确的数据记录。因为，完整准确的数据记录是计算高价值的EPD值的唯一的有效前提。

EPD值在商品群生产中的应用

显然，很少有商品肉牛生产者会使用品种协会公牛概要中所列出的公牛。那么商品肉牛生产者应当如何利用EPD值呢？很多品种协会都存在这样一个机构，以供纯种生产者获得各自群体内每个个体，包括犊牛的EPD值。当然，商品代生产者自然也会需要获得育种群的种畜遗传评估信息。

对于一个商品肉牛生产者来说，首先要依据个人的生产计划选择一个或多个适宜的品种。一旦选定品种，接下来的任务既要考虑他们希望在育种群中获得何种的遗传改良。表9-4列出了一些给商品肉牛生产商的建议。

表9-4 商品肉牛生产中EPD使用建议

公牛类型	品种类型	初生重	断奶重	周岁重	产奶[1]
成年母牛的终端父本	大型	高	高	高	不相关
青年母牛的与配公牛	小型到中型	中等	中等	中等	如果母牛继续使用则考虑
后备公牛犊牛	中型母本	低到中等	中到高等	中到高	差异大

来源：Buchanan et al.，1993，p. 84。

1. 当针对产奶EPD制定选择计划时，要考虑母牛群的生产环境和可利用的饲料资源。

这些建议的每一条都应该依实际环境条件而定。恶劣的生活环境下，选用种牛时可能要避免非常高的生长或产奶性能EPDs，甚至更要避免高的初生重。生长性状EPDs应该和潜在买主的要求相适应。再者，那些没有EPDs的性状也同样是非常重要的，如繁殖相关的性状。商品肉牛生产者应该要求公牛通过了**育种稳定性检测**。卖方的母牛群也应该通过产犊性能检查。

育种稳定性检测
为了繁殖工作顺利进行，对牛群中每个个体进行的体检。

同一品种，不同牛群的个体EPD之间可以直接比较。因此，如果一个商品牛生产者同时拥有不止一个牛群，那么不同牛群间遗传价值是可以进行比较的。但不幸的是，不同品种之间的EPDs不能进行比较。因为，一头具有低初生重EPD值的大型肉牛品种的公牛，可能产生的犊牛初生重高于一头具有高初生重EPD

值的中等肉牛品种公牛产生的犊牛。如果品种选择错误的话,即使初生重 EPD 值合适,也不能保证难产率最低。

系谱估计 EPD 值

在每年的年初,各种为生产销售准备的销售目录纷纷出现,提供可能成为群体公牛的各种信息。很多销售目录单包括销售公牛的 EPD 值。销售目录单中还包括一些没有 EPD 信息,或 EPD 信息很有限的公牛。尤其是针对一些青年公牛,它们在遗传评估之列,但还没有获得生产性能的信息。在这种情况下,购买公牛者可以采用一个快速简便的方法来计算没有 EPD 值青年公牛的系谱 EPD 值。系谱 EPD 是通过青年公牛祖先的 EPD 值计算而得。该方法利用青年公牛祖先的 EPD 值,依据育种值在世代间传递规律,从而对该类个体进行了系谱 EPD 值的估计。

理论上,每一头犊牛的遗传组成中有一半基因随机来自父亲,一半随机来自母亲,二者共同组成犊牛特有的遗传结构。犊牛的亲本也以同样的方式获得他们的遗传组成,一半来自他们的父亲,一半来自他们的母亲。依据这种遗传的特性,那么青年公牛的父母和祖父母的 EPD 值即可以用来计算个体系谱 EPD 值。

系谱 EPD 的计算过程:计算目标青年公牛的系谱 EPD 值,第一步需要确定该青年公牛系谱中有多少 EPD 信息可以利用。通常,青年公牛的育种者会提供青年公牛的系谱,其中包括其父亲的 EPD 值,外祖父 EPD 值、外曾祖父 EPD 值,可能还有母亲的 EPD 值。接下来即可以利用 EPD 信息计算青年公牛的系谱 EPD 值。

例如:

1. 当青年公牛的父亲和母亲都有 EPD 值,则青年公牛的 EPD 值为其双亲 EPD 值一半之和。

系数谱 EPD$=1/2\times$父亲 EPD$+1/2\times$母关 EPD

2. 当青年公牛没有母亲 EPD 值,则利用父亲 EPD 值和外祖父的 EPD 值计算:

$$\begin{aligned}\text{系谱 EPD} &= 1/2\times\text{父亲 EPD}+(1/2)^2\times\text{外祖父 EPD}\\ &= 1/2\times\text{父亲 EPD}+1/4\times\text{外祖父 EPD}\end{aligned}$$

3. 另一个选择就是加入外曾祖父的 EPD 值进行计算:

$$\begin{aligned}\text{系谱 EPD} &= 1/2\times\text{父亲 EPD}+(1/2)^2\times\text{外祖父 EPD}+(1/2)^3\times\text{曾外祖父 EPD}\\ &= 1/2\times\text{父亲 EPD}+1/4\times\text{外祖父 EPD}+1/8\times\text{曾外祖父 EPD}\end{aligned}$$

注意:如果母亲的 EPD 值已知,就不可以再使用外祖父和外曾祖父的 EPD 信息。

目前,部分品种协会在最新公布的大部分牛评估结果中,会针对目前没有自身生产性能记录的青年公牛采用“过渡 EPD”计划,即利用其系谱信息计算系谱

EPD估值。为了市场的运作，很多销售目录中也提供该类个体的系谱EPD值。

品种间EPDs

目前，大部分EPD值仅适用于同一品种范围内。EPD的计算只是针对特定的品种，因此，它们仅适用于比较同一品种肉牛后裔的预期生产性能。尽管在全国范围内比较不同品种个体的方法理论仍不完善，但是行业依然保持着研究不同品种EPD比较的热情。如果进行不同品种肉牛的比较，通常需要一些额外的信息。这些信息包括：(1)各种环境下的品种效应差异；(2)各品种的基础年份，或EPD值的零点；(3)不同品种间交配产生的期望杂种优势效应(或杂种优势)。目前，美国肉畜研究中心(USMARC)提供的品种间比较数据是可以利用的最佳最新信息资源。该研究中心每年都对品种信息进行调整，保证品种间EPD具有可比性。

EPD值与杂交生产

设计杂交体系时首先要选择用于杂交的品种，然后利用品种内EPD值作为生产性状选择辅助工具。为了帮助肉牛生产者选择品种，很多研究试图将品种按照其生物学类型进行分组或分类。其中最著名和最广泛的研究是美国肉畜研究中心在内布拉斯加州CLAY中心进行的细胞浆评估研究。表9-5列出了25个公牛品种按照其生物学特性进行分组的情况，该结果来自对海福特母牛和安格斯母牛的犊牛或者两品种杂交产生的F_1代母牛的犊牛进行评估的结果。从生长率和成年体尺体重、瘦肉与脂肪比、性成熟年龄和产奶量4个方面对不同品种组进行了比较(X为最低，XXXXXX为最高)。X数增加则表明该品种组的生产性能水平相对较高，或者性成熟年龄较大。

F_1
两个品种的杂交后代。

表9-5 不同品种在4类生物学特性上的差异[1]

品种组	生长率和成年体尺体重	瘦肉与脂肪比	性成熟年龄	产奶量
娟姗牛(J)	X	X	X	XXXXX
Longhorn (Lh)	X	XXX	XXX	XX
海福特-安格斯(HAx)	XXX	XX	XXX	XX
Red Poll (R)	XX	XX	XX	XXX
Devon (D)	XX	XX	XXX	XX
短角牛 (Sh)	XXX	XX	XXX	XXX
Galloway (Gw)	XX	XXX	XXX	XX
South Devon (Sd)	XXX	XXX	XX	XXX
Tarentaise (T)	XXX	XXX	XX	XXX
Pinzgauer (P)	XXX	XXX	XX	XXX
Brangus (Bn)	XXX	XX	XXXX	XX

续表 9-5

品种组	生长率和成年体尺体重	瘦肉与脂肪比	性成熟年龄	产奶量
Santa Gert.(Sg)	XXX	XX	XXXX	XX
Sahiwal (Sw)	XX	XXX	XXXXX	XXX
Brahman (Bm)	XXXX	XXX	XXXXX	XXX
Nellore (N)	XXXX	XXX	XXXXX	XXX
Braunvieh (B)	XXXX	XXXX	XX	XXXX
Gelbvieh (G)	XXXX	XXXX	XX	XXXX
荷斯坦(Ho)	XXXX	XXXX	XX	XXXXX
西门塔尔(S)	XXXXX	XXXX	XXX	XXXX
Maine Anjou (M)	XXXXX	XXXX	XXX	XXX
Salers (Sa)	XXXXX	XXXX	XXX	XXX
皮埃蒙特 (Pm)	XXX	XXXXXX	XX	XX
利木赞 (L)	XXX	XXXXX	XXXX	X
夏洛莱(C)	XXXXX	XXXXX	XXXX	X
Chianina (Ci)	XXXXX	XXXXX	XXXX	X

来源:Cundiff et al., Beef Improvement Research Federation Symposium, 1993, p. 130。

1. X 数目增加表示值相对更高。

奶牛遗传改良

奶牛育种已经成为了家畜遗传改良实践的最前沿领域。目前很多已知的遗传评估技术最初都首先在奶牛育种中得到应用。奶业发展关注的重要经济性状主要集中在有限的几个性状上,这也是奶业自身的优势之一。传统上,产奶量是影响经济效益的最主要性状。但是,一个有效的育种计划不能够仅仅针对某个单一性状。因此奶业生产者必须对重要经济性状平衡选择,以达到以下的目标:

- 实现最佳获益的产奶量。
- 控制乳成分含量。
- 生产可实现获利的替代动物个体,并在高产奶量水平的压力下保证繁殖性能。
- 维持和提高母牛的长寿性。

下面的部分将针对奶牛遗传改良的关键领域进行阐述,并且结合特定奶牛生产实例与目前遗传改良的工具对动物育种的原理进行讨论。

遗传力估计

了解奶牛各性状的遗传力和遗传相关,对利用不同的选择工具和品种性状信息是非常必要的。目前,动物育种研究已经将奶牛生产的遗传变异具体量化,因此结合设计的特定育种计划,奶农可以利用获得的信息辅助生产从而获得更大的生产收益。同时,在当前的奶业生产实践中,我们虽然主要还在强调产奶量以及其对生产获益性的影响,但是研究和了解其他奶业重要生产性状的遗传力也同样具有非常重要的意义。和前面的章节讨论的一样，针对遗传力来讲，其最实际的价值就是反映了我们通过选择获得遗传改良的难易程度。然而，这并不意味着我们在奶业生产中可以忽略那些低遗传力的性状，如繁殖性状等，虽然该类性状受环境和管理因素影响很大。

表 9-6 总结了不同研究中报道的奶牛各生产性状的遗传力估值。表中可以看出，繁殖性状一般遗传力较低（<0.2）；产量性状则具有中等遗传力（0.2～0.4）；成分性状和体重遗传力相对较高（>0.4）。这和先前的讨论一致，从遗传力的估值可见，针对繁殖性状的选择，很难获得相应遗传进展，然而若对类似成熟体重和体高这类性状进行相应的选择，则会获得相对可观迅速的遗传进展。

表 9-6 奶牛不同性状的遗传力估值

性状	遗传力	性状	遗传力
产奶量	0.25	成熟体重	0.50
乳脂量	0.25	体高	0.50
乳蛋白量	0.25	妊娠率	0.05
总固形物产量	0.25	繁殖效率	0.05
乳脂率/%	0.50	产犊间隔	0.10
乳蛋白率/%	0.50	长寿性	0.15
持续力	0.40	饲料转化率	0.35
高峰产奶量	0.30	乳房炎抗性	0.10
泌乳速度	0.40	总体型评分	0.20
妊娠期长度	0.40	乳用特征评分	0.20
初生重	0.40	白色被毛程度(荷斯坦)	0.90

来源：Wilcox，1992，p.3，经允许使用。

性状间的相关

遗传相关是由于两个性状同时受一个或一组相同的基因控制而形成。表9-7列出了产奶量和其他一些生产性状之间的遗传相关和表型相关。表型相关是指奶农实际测量和观察到的两个性状表型数据之间的相关。这种表型的相关是由遗传和环境因素两个因素共同决定的，如体重和体高等。因此，遗传相关是很难直观的测定与获得的。

了解不同性状之间的遗传相关程度对制定选择计划具有重要的意义。遗传相关大小的取值范围为－1～＋1之间。遗传相关为0表明是两个性状由不同的基因所控制，因此，两性状间是不存在相关的。例如，对产奶量的选择几乎或根本不影响前乳头位置（表 9-7）。

遗传相关的绝对值表明了两个性状间关联的程度。当两个性状存在遗传相关时，意味着两个性状的相关不为0。但是，遗传相关为＋1或－1并不一定是最理想的状态。例如乳房炎易感性和产奶量的遗传相关为正的0.10，但是这个大小表明这两个性状之间并不存在很强的遗传相关。因此，对产奶量进行选择，并不能显著的增加对乳腺炎的敏感性。

表 9-7 产奶量和其他性状之间的遗传相关

性 状	和产奶量之间的表型相关	和产奶量之间的遗传相关
乳脂量	0.85	0.70
非脂固形物产量	0.85	0.90
乳蛋白量	0.85	0.90
乳脂率/%	−0.35	−0.35
非脂固形物率/%	−0.30	−0.25
乳蛋白率/%	−0.35	−0.30
体型评分	0.29	0.00
体躯容量	0.11	−0.01
强壮度	0.12	0.07
乳用特征	0.50	0.68
蹄角度	0.00	−0.24
后肢	0.02	0.14
尻角度	0.04	0.19
前房附着	−0.09	−0.47
后房高度	0.12	−0.13
后房宽度	0.16	0.09
乳房深度	−0.27	−0.64
悬韧带	0.14	0.12
前乳头位置	0.02	−0.12
使用年限	0.25	0.75
乳房炎易感性	−0.05	0.10

来源：Buchanan et al.，1993，p. 96。

遗传相关的符号(＋/－)表明了性状之间的关系(即对其中一个性状进行选择将如何影响另一个性状)。如果遗传相关的符号为正，则动物个体两个性状的育种值变化趋势相同。反之亦然，即遗传相关的符号为负时，动物个体两个性状的育种值变化趋势相反。因此，如果选择增加一个性状的生产性能，则另一个性状的生产性能有可能会减少。例如，乳成分的率性状(乳脂率%，非脂固形物SNF%和乳蛋白率%)和产奶量呈负相关。然而产量性状(乳脂量、非脂固形物产量和乳蛋白量)则和产奶量在表型和遗传上均呈较高的正相关。

在完整的育种计划中，如果充分考虑性状间的相关具有非常重要的意义。表9-7中列出的数据表明遗传相关对于我们的育种计划来说，很少是有利的。例如，控制使用年限和乳用特征性状的很多基因同时影响产奶量，方向相同，它们和产奶量的遗传相关分别为＋0.75和＋0.68(表9-7)。这种关系并不好。由于很多遗传相关的存在对于育种并不理想，因此育种者就要在选择公畜时尽可能考虑并排出不利的相关。另外，遗传相关的信息可以告诉我们，如果对一个性状进行选择，另一个性状将会发生怎样的变化。数值的大小则告诉了我们性状间的关联程度。

育种目标及性状权重的确定

每个奶牛群的遗传改良计划都要制定明确的育种目标，从而提高母牛群的遗传水平，并获取利润。目前，产奶量和乳成分是通常被考虑的重要经济性状。当然，群内的遗传水平和生产性能水平的计算与评估必须是建立在有效的数据记录基础上的。此外，通过人工授精技术将遗传基础优秀个体的影响扩大到群外也具有重要的意义。通常，在决定是否对某一性状进行选择之前，要考虑以下几点：

- 目标性状是否可以准确测量？
- 性状的遗传力是多少？通过选择能否获得遗传进展？
- 对该性状选择能否带来收益(直接或间接)？

目前，大多数奶农已经开始有计划的建立完善的育种体系，通常采用以下两种基本方式：(1)奶牛群体改良协会(DHI)记录；(2)购买在重要经济性状上具有遗传优势的公牛精液。

性状权重的确定应该根据性状的遗传力、性状间的遗传相关和所得信息的可靠性进行平衡考虑，从而以实现繁殖群的长期和短期育种目标。当然，我们首要考虑的还是性状的经济价值或经济效益。因此，母牛单产通常为奶农最关心的性状。然而，乳成分产量也不容忽视。对乳脂、乳蛋白和非脂固状物的产量也应该进行选择而获得相应的提高。但是，乳成分率性状和产奶量则呈负的遗传相关，因此，直接对这些率性状进行选择很难获得理想的遗传进展。

由于不同群体的育种目标不同，在育种计划中对体型性状的重视程度也不同。一般，建议产量性状和体型性状的比例为 3∶1 最佳。种畜场就会更加强调体型性状。另外，为了扩大特定公牛的作用应该实施特殊的交配体制。功能体型性状良好，会提高生产效率、延长使用年限、增加终生产奶量。因此，在很多牛群都会对体型大小、乳房悬韧带和结构紧凑性进行选择。

在育种计划中，有一些性状很难测定，会很大程度影响其准确度。这些重要的经济性状如食欲、饲料利用率、产奶难易度以及泌乳速度，它们均对生产的获利性具有潜在影响。同时，疾病易感性也具有重要的经济意义，但是目前针对这些性状的选择还没有能够广泛的得到应用。在将来，这类工作将会成为研究热点。此外，长寿性与泌乳期产奶量和部分体型性状之间都存在正相关。但是，由于该类性状的遗传力很低，因此，需对性状进行仔细的进一步测定准确(长寿性的遗传力为 0.15，见表 9-6)。

遗传评估的程序

DHI 体系

在美国，牛奶生产方面所取得的遗传改良大部分应该归功于成功地利用了奶牛群体改良(DHI)体系所提供的生产性能记录。每月通过 DHI 生产测定和管理体系获得数据，可以为奶农提供针对其群体最新生产状况的详细报告。这些全国性的数据记录同时由美国农业部(USDA)进行汇总整理，对公牛进行遗传评估。

遗传评估的DHI体系包括比较同期同群的公牛女儿的部分。从而根据将特定性状传递给女儿的能力选择优秀的种公牛。早期，青年公牛根据优秀的系谱值进行选择。这些被选出的青年公牛随机的和不同地区的母牛进行交配，以获得后代女儿。这些女儿的性能记录将和同期同群其他个体进行比较，从而对公牛遗传传递力进行估计。

动物模型

USDA-DHI动物模型遗传评估体系收集整理了产奶量、乳脂量、乳蛋白量、体细胞评分、使用年限等数据信息，并且涵纳了系谱或者说是个体之间的亲缘关系信息。对于母牛的产奶记录，需考虑以下因素：如管理组、遗传效应、永久环境效应和场与公牛的互作效应。对于一些特殊效应，如年龄、泌乳天数和日挤奶次数都要在分析之前进行校正。动物模型主要作用是产生个体育种值的预测值。育种值被定义为一个个体作为亲本的种用价值。在繁殖过程中，亲本将其基因的一半随机的传递给它们的后代。因此，育种值也给出了亲本传递力的估值。通过评估，我们可以得到以下的基本数值：

预测传递力
育种值的一半。

PTA—predicted transmitting ability，**预期传递力**，等于育种值一半。PTA也体现了一种比较关系。因此，我们可以利用PTA值对奶牛个体进行比较或者排队。PTA值同时提供了某个体和同品种的另一个体相比，其后裔特定性状的生产性能预测值。

可靠性
反映奶牛生产性能记录准确性的指标。

REL—Reliability，**可靠性**(%R)，说明了评估准确度或者是评估可用信息量的大小。

亲代平均值
双亲预测传递力(PTA)的平均值。

PA—Parent average，**亲代平均值**，是指个体亲本PTA的平均。如果亲本未知，则采用未知亲本组效应作为替代。

预期传递力纯利润
度量母牛相对终生效益的一个经济指数。

PTANM\$—Predicted transmitting ability net merit dollars，**预期传递力纯利润**，是一个经济指数。PTANM\$综合了对产奶量、乳脂、乳蛋白、体细胞评分、使用年限、乳房结构、肢蹄结构、体型大小的评估。它是衡量个体相对终生利润的指标。

奶农可以从DHI系统提供的牛群概要报告中获得很多有用信息。群体分析和管理报告包括生产、繁殖、遗传、乳房健康和饲料成本信息。图9-3给出了DHI报告的一个样本，包括识别和遗传总结部分。在实际的运作中，这份报告对识别和验证后备牛与生产牛非常有用。正如我们可以推论的，群体中可准确识别的个体越多，DHI记录可以发挥的作用就越大。

图9-3中还给出了群内母牛和其父亲公牛的PTA和PA值。这些值是由USDA动物模型遗传评估过程计算而来。报告中PTA\$是产奶量、乳脂和乳蛋白PTAs的经济值。母牛和其父亲公牛的PTA\$值随着母牛年龄的增加而呈增加趋势，表明了群体内存在遗传进展。

Identification and Genetic Summary

Age group	Number animals	Average age	NUM. identified by Sire	NUM. identified by Dam	Number ID. changes	NO. animals with PTA$/PA$	Average PTA$ / PA$ Animal	Average PTA$ / PA$ Sire
0-12	62	6	62	62		58	+108	+187
13+	66	18	66	66		61	+97	+163
Replacements	128	12	128	128		119	+103	+175
1st lact	34	23	34	30	2	34	+84	+140
2nd lact	30	36	28	26		28	+73	+122
3+ lacts	58	59	51	44		49	+52	+87
All lacts	122	43	113	100	2		+68	+114
% Identified (producing females)			93	82				

Herd PTA$ option
MFP

Genetic profile of service sires	Proven A.I. sires	A.I. young sires	All other sires
% of herd bred to	75	20	5
Number of bulls used	5	12	3
Average PTA$ or PA$	+200	+216	+10
AV. percentile rank (net merit)	83	90	0

图 9-3 DHI 报告样本(来源：Dairy Records Management Systems，经允许使用)

公牛的选择

公牛的选择对遗传改良起着非常重要的作用，奶农通常会花费大量的时间来对公牛概述中公牛育种值进行研究。图 9-4 即提供了一头荷斯坦公牛的数据样本。在遗传评估体系中，可能最佳的遗传评估手段都应用于公牛之间的比较。表 9-8 所示即为公牛概要中两头荷斯坦公牛的数据比较。

TPI (type production index)，即**体型生产指数**，是一种多性状选择方法，由荷斯坦牛协会将 PTAs(乳蛋白、乳脂和体型)、乳房结构、肢蹄结构、体细胞评分和使用年限进行合并计算而得到的指数。利用该指数，我们可以对公畜平衡传递这些性状的能力进行排队。净值指数(NM＄)是由美国农业部(USDA)计算的经济指数，它是用来衡量奶牛终生相对利润的指数。

体型生产指数
荷斯坦牛协会用于公牛排队的指数，公牛平衡传递各性状的能力。

表 9-8 所示为 2 头公牛的评估数据，2 个个体分别为成绩比较优秀的 Brett 公牛和性能相对一般的 Jake 公牛，表格具体对它们未来后裔的预期产量进行了比较。例如，如果这 2 头公牛的女儿同期同群饲养，管理条件也相似，则它们在产奶量、乳脂量和乳蛋白量的期望差异分别为 495、37 和 8，Brett 公牛的后代具备较好的生产成绩。然而，Jake 后代的乳蛋白率表现则优于 Brett 公牛，该例表明这 2 类性状之间存在负的相关。从经济的角度来看，公牛 Brett 则具备较高的 NM＄和 TPI 值。该例中，2 头公牛的可靠性(％R)相似，表明评估准确度相近。如果可靠性(％R)相差较大，则应该考虑确定青年公牛(可靠性低)的使用广泛程度。当然，低可靠性并不意味着公牛具备较低的遗传资质，它只涵盖了部分新的遗传信息。因此，可靠性可能随着用于公牛验证女儿记录的增加而提高。

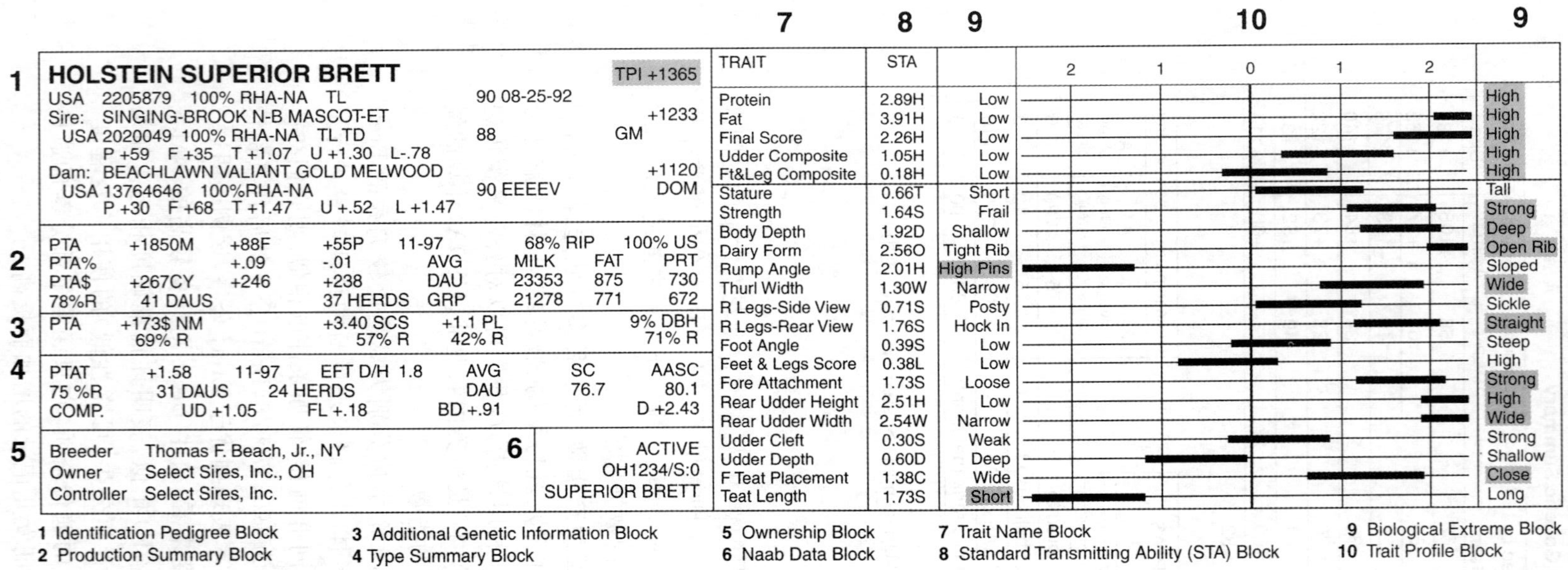

图 9-4 如何阅读荷斯坦公牛信息。

表 9-8 两头荷斯坦公牛数据的比较

	优秀的 Brett	性能一般的 Jake	差异
TPI™	+1 618	+1430	+188
PTA			
M(奶)	+1 850	+1355	+495
F(脂肪)	+88	+51	+37
P(蛋白质)	+55	+47	+8
PTA%			
F(脂肪%)	+0.09	+0.09	0
P(蛋白质%)	−0.01	+0.06	−0.07
%R(PTAM 和 PTAF 的可靠性)	+78%	+80%	−2%
PTA			
NM$(净值指数)	+470(69%R)	+407(65%R)	+63
SCS(体细胞评分)	+3.40(57%R)	+3.10(57%R)	+0.30
PL(生产生命)	+1.1(42%R)	+0.2(40%R)	+0.9
T(体型评分)	+1.58(75%R)	+1.30(72%R)	+0.28
%DBH(小母牛的难产率)	+9%(71%R)	+7%(72%R)	+2%

来源:Dolezal, 1999,经允许使用。根据 2000 年 8 月的基础数据修改。

体细胞评分(SCS)的 PTA 值是奶农选择公牛的标准之一,该指数可以帮助选择后代女儿期望乳房炎发病率较低的公牛个体。体细胞(somatic cells)即是组成动物机体的细胞(body cells)。当在牛奶中发现较多的体细胞时,意味着乳房炎的发生使乳房受到了损伤。研究表明如果单方面强调高产奶量的选择则会增加乳房炎的发病率,当然这种相关的存在对我们而言并不是一个好的消息。USDA 估计 SCS 性状的遗传力为 0.10,而产奶量的遗传力为 0.30。这表明针对减少乳房炎发生的选择,将会取得的很慢遗传进展。在前面的例子中,公牛 Brett 和 Jake 的女儿的 SCS 期望平均相差为 0.3(3.40−3.10=0.3)。因此体细胞评分的 PTA 值可以作为一种选择的标准,但为了获得最佳的总经济利润,并不能将它作为唯一的选择标准。

综上所述,为了持续的改良群体的遗传潜力,应当遵循以下基本原则:

- 使用选择指数如 NM$,对生产性状和非生产性状进行适当的加权,以获得最大的总经济利润。
- 每个牛群每年使用 7~10 头公牛。
- 根据选择指数,如 NM$ 或 TPI,选择排名前 10%的公牛。
- 使用可靠性 70%及以上的公牛。
- 选择青年母牛的与配公牛时,考虑产犊难易性
- 群体中使用青年公牛精液的与配母牛最多达 30%。
- 选配要降低后代平均近交程度。

猪遗传改良

世代间隔
后代出生时亲本的平均年龄。

遗传改良计划是目前猪生产中最主要的焦点。猪繁殖力高，**世代间隔**短，使得猪的重要经济性状的改良取得了很快的遗传进展。最近几年，猪的生产沿用了商业家禽生产的模式。大部分当今的猪肉生产体系都源于此前的合成生产体系，这种体系直接按照消费者的需求对遗传资源进行了整合。该种体系促成了目前现代猪肉生产的有趣结构，它包括种猪培育者、商品猪生产者和对遗传资源进行整合的生产单位(猪育种者、商业猪生产者和猪肉产品加工单位)。

在加拿大，国家猪改良联合会(NSIF)和国家猪肉生产委员会(NPPC)是对猪遗传资源进行管理的两个重要组织。NSIF 和 NPPC，以及其他一些相关机构曾经联合发布了"猪改良计划的统一指导方针"。种猪场、商品猪生产场、遗传资源的整合组织、研究者和相关的个人都使用并遵循该指导方针。该指导方针详细地规定了统一测量和记录猪生产数据的具体程序。

全国猪肉生产委员会(NPPC)是 NSIP 组织的成员之一。NPPC 的职责是保证从生产到消费整个阶段猪肉生产的顺利进行并且实现相应的获利。这个委员会和生产者、研究者以及相关个人之间都存在着紧密的合作关系，因此在养猪产业起到纽带的作用。

生产性能信息

有效的猪肉生产体系依赖于重要经济性状数据的客观收集，育种值估计以及有计划的选择。其中，重点集中在繁殖类性状、生长速度和饲料转化率以及胴体品质等方面。由于猪的繁殖率较高，因此对母猪繁殖性能的评估具有重要的意义。通常针对繁殖性状采集的数据包括出生记录、窝总产仔数(包括活仔和死胎)、产仔难易评分、断奶窝重和繁殖性能指标。对公猪而言，采集的繁殖性能指标数据包括公猪发情、爬跨、交配能力和精液质量评估等方面的信息。群体测量的繁殖数据包括每头母猪每年产仔数；妊娠率、空怀率和断奶仔猪存活率等比率数据，以及每窝活产仔数和公母交配比例等相关信息。

此外，生长速度和饲料转化率同样也是猪生产体系中评估较广泛的两类性状。具有重要经济意义的测量数据包括达到 250 lb 体重日龄、平均日增重(ADG)和饲料转化率 3 个方面。同样，体躯组分(Body composition)和胴体品质对生产者和终端消费者来说也都非常重要。需要收集的数据包括背膘厚(活体测定)、胴体脂肪厚度、眼肌面积、瘦肉重和肉色、嫩度和大理石花纹等。

猪应激综合征
猪的一种遗传缺陷，具有该遗传缺陷的猪肌肉强壮，但胴体肉质较差，当受到应激时可能会造成死亡。

与其他畜种相似，肉眼评定在猪育种计划中占有非常重要的地位。对猪来说，肢蹄结实程度和腹线都要评分。因为，它们已经被证明会对猪只的生产和繁殖性能产生影响。

猪应激综合征(Porcine stress syndrome，PSS)是在猪中检测到的，在遗传上受单个基因座控制，符合显隐性基因的遗传规律。敏感型猪在应激的状态下皮肤出现斑点、呼吸加重、严重者可死亡。正常猪和PSS猪的外形差异主要表现在PSS猪肌肉发达、体型较短，后腿丰满，腰部和臀部肌肉发达。幸运的是，PSS猪可以通过血液检测或氟烷测定来鉴别，从而将患应激敏感综合征的猪淘汰。

遗传参数

遗传力是指一个个体或一组个体的表型优势能够传递给下一代的比例。这一特性也被用来进行育种值的估计。实际上，个体的真实育种值是未知的。它是通过个体本身及其亲属的生产性能估计出来的。一般，常用的亲属信息包括后裔、父亲以及母亲的记录。表9-9给出了一些猪的重要经济性状的遗传力估值和遗传/表型相关。

表 9-9 猪遗传参数估值

性状		相关[1]							
	h^2	AP	OR	LS	S	R	NW	LBW	L21W
性成熟年龄(AP)	0.32		−0.10	−0.01	−0.25	0.14	−0.01	−0.24	−0.24
排卵率(OR)	0.39	0.12		0.03			−0.65	−0.35	−0.60
窝产仔数(LS)	0.10		0.06		−0.25		0.71	0.65	0.48
断奶存活(S)	0.05			−0.23				−0.09	0.84
间情期(R)	0.23								
断奶仔猪数(NW)	0.06	−0.05	0.02	0.66				0.67	0.93
出生窝重(LBW)	0.29	−0.04	0.05	0.77	−0.07		0.70		0.69
21日龄窝重(L21W)	0.15	−0.06	0.02	0.49	0.55		0.86	0.66	
	h^2	ADG	AGE	BF	FE	LEA	DP	LEN	PL
平均日增重(ADG)	0.30		−0.93	0.22	−0.70	−0.10	0.0	0.10	−0.15
达到250 lb体重日龄(AGE)	0.25	−0.90		−0.20	0.65	0.05	0.0	−0.10	0.10
背膘厚(BF)	0.41	0.20	−0.18		0.34	−0.35	0.15	−0.28	−0.85
饲料转化率(FE)	0.30	−0.65	0.60	0.25		−0.35	−0.43	0.0	−0.07
眼肌面积(LEA)	0.47	−0.06	0.03	−0.25	−0.20		0.50	−0.18	0.65
屠宰率(%)(DP)	0.30	−0.15	0.10	0.20	0.10	0.32		−0.32	−0.10
胴体长度(LEN)	0.56	0.08	−0.06	−0.21	−0.04	−0.12	−0.21		0.18
瘦肉率(%)(PL)	0.48	−0.11	0.10	−0.71	−0.25	0.62	0.0	0.10	

来源：Lamberson and Cleveland，1988. p. 3。

1.对角线以下是表型相关；对角线以上是遗传相关。

从表中可以看出，生长性状和胴体性状具有中等到高遗传力（例如：平均日增重的遗传力为0.30；眼肌面积的遗传力为0.47）。这些估值表明对这些性状进行选择将效果显著。同样，性状间的相关也是要考虑的重要参数。表中，平均日增重和眼肌面积的遗传相关为−0.10，属于低遗传相关，表明选择其中任一个性状时，可能并不会影响到另一个性状的选择进展。相反，眼肌面积和背膘厚之间的遗传相关为−0.35，表明如果选择增加了眼肌面积，那么背膘的厚度在某种程度上将会降低，当然，这种关系的存在是我们所不希望的。它们之间的表型相关和遗传相关相似,同样,这种关系同样也是不利的。总之,遗传相关可以告诉我们当对一个性状进行选择时其他性状会发生怎样的变化。

育种值和后代期望差异

亲本将他们的基因随机的传递给后代。育种值给出的就是亲本这种传递力的估计值。育种值的一半就等于期望后代差异。差异这个词暗含着一种比较。因此EPD值可以用于对动物个体的遗传优势进行比较或排队,这些概念在肉牛改良的部分已经讲过,在猪的遗传评估中亦同样适用。

猪的品种

与肉牛业不同,在养猪业中,对商品代生产有着很大的影响的猪品种寥寥无几。在这些猪的品种中,对具有遗传优势的个体都进行了广泛的评估,并依据评估结果培育出专门化公猪品系和专门化母猪品系,然后设计了一系列商业杂交体系,从而高效的生产猪肉。目前整个养猪产业十分强调对品种间和品种内猪生产性能数据的遗传评估。例如,NPPC一直致力于领导和支持该类遗传评估计划,其中就包括全国性终端父系遗传评估和母系遗传评估计划。

养猪生产中有一种很有趣的现象,就是针对某一特殊育种品系,其实际品种组成通常是未知的。这种方法沿袭了家禽业的商业生产模式。商品代生产者或者完全依赖于种畜生产者,或者与他们在遗传选择中合作,来调整自己猪群的遗传结构。而私人公司也都雇用遗传学家对他们群体的所有生产性状方方面面都进行认认真真的遗传评估。所以,杂交用的公猪和母猪真实的品种遗传组成或者品种中具体使用那头猪,都是受到保护的商业秘密。

杂种优势的利用在现代养猪生产中得到了充分地展现,尤其体现在繁殖性状的母本杂种优势上。通常,轮回杂交体系和终端杂交体系都选用杂种母猪作母本。对杂种公猪的研究表明杂种公猪在性欲、体躯结构紧凑性,妊娠率方面具有明显的优势。如果商品代生产的杂交父系和母系品种不同,那么杂种后代将有可能表现出100%的直接杂种优势。

在猪育种中,选择指数的应用非常普遍。选择指数法可以直接用于猪育种中母系、父系或一般常规的遗传改良策略。选择指数可以同时对2个或2个以上的性状进行评估。各性状是根据它们的经济价值和育种群总的育种目标进行加权的。选择指数不仅考虑了性状的经济价值,还考虑了遗传力、遗传相关和表型相关,以及各个性状的表型变异。母系育种设计了专门的选择指数,重点强调繁殖性能,包括窝产仔数和21 d窝重。另外,还可能包括生产性状。对于公猪,或父系,选择指数中,需要重点考虑的性状有一些断奶后的相关性状,以及达250 lb体重日龄和背膘厚。而饲料转化率则通过和其他性状之间的遗传相关被包含在选择指数之中。

通常,通过选择指数法选择的父系和母系猪种,在终端杂交体系中进行组合。终端杂交往往是选用两种截然不同的品系进行杂交生产商品猪。杂交后代不作后备猪使用。与此相反，在轮回杂交中使用更多的是一般选择指数。繁殖性状和生产性状的价值相等，因为在这种杂交体系中，品种既要做父本又要作母本使用。轮回杂交体系的杂种后代可以用于自身后备猪生产。

对来自许多国家的猪品种也进行了广泛的研究，探索是否存在某些特殊的遗传基础，有利于目前商品猪的生产。研究最多的莫过于针对中国地方猪种所做的工作。中国有很多的地方猪种都受到了广泛的关注，因为它们具有繁殖率高（产活仔数 9～17 头），性成熟早的优点。但这些品种也具有生长速度慢，体型结构差，脂肪沉积厚的缺点。其中，四个最主要的品种分别是梅山猪、枫泾猪、嘉庆黑猪和二花脸猪。将来，猪基因组研究有可能会找到某些特殊的遗传材料，从而加以利用，提高猪的繁殖性能。

猪测定和遗传评估体系

猪测定和遗传评估体系（STAGES）是目前猪种遗传资源遗传评估的著名体系。该体系采用与肉牛和奶牛相类似的统计方法对猪的遗传基础进行评估。美国的猪品种协会所采用就是这一体系，由 Purdue 大学和 USMARC 合作发展起来的。STAGES 综合考虑了个体本身、后裔和旁系亲属的生产性能及它们之间的亲缘关系，来计算育种值（并最终得到群内的 EPD 值）。例如，以一个猪群为基础，对断奶后性状和繁殖性状进行分析。育种者需要利用从场内测定计划、全国品种测定和后裔测定收集的数据，计算出群内个体的 EPD 值。

另外，针对一些特定的群体，STAGES 进行全国遗传评估时还将计算不同群体间 EPD 值。跨群遗传评估目前主要用于约克夏猪和长白猪。跨群遗传评估是对同一品种不同群的个体进行比较评估，从而鉴定全国最佳的遗传资源。STAGES 于 1990 年开始运用跨群评估，且中心测定公猪也采用这种方法进行全国遗传评估。为了制定选择的计划，种猪育种者通常同时利用这些跨群数据以及针对自己猪群育种目标的评估结果。商品猪生产者则主要通过种猪的提供者从遗传评估体系中获益。

母猪生产力指数（SPI）是另一个重要指数，它主要用于选择特定的窝别作为后备候选小母猪。该指数重点强调了繁殖性状的 EPD 值，包括猪产活仔数、窝重和断奶仔数的 EPD 值，并根据各自性状的经济价值进行加权。图 9-5 说明了约克夏猪 SPI（只包括繁殖性状）的遗传变化趋势。其中包括亲本系和非亲本系。这两个系的差别表明了对初生重性状实施了较大的选择压。当这些非亲本将来有后代的时候，SPI 会发生更大的增长。

图 9-6 列出了达到 250 lb 体重日龄的遗传变化趋势。针对该性状，我们更期望出现负的 EPD 值，从曲线可知，从 1991 年到 2000 年随着时间的改变，该性状的遗传趋势总体是朝着负的方向变化的。因此，群体中个体达到 250 lb 体重的日龄从遗传上得到了降低。在这个时间段中，个体背膘厚的遗传趋势与达到 250 lb 体重日龄的遗传趋势线是相似的，说明随着时间的推移，猪的瘦肉率越来越高。

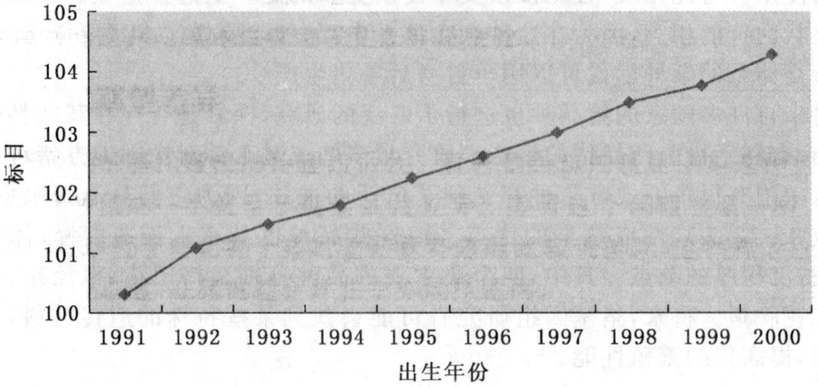

图 9-5 母猪生产力指数(SPI)遗传趋势。(来源:Purdue University,2001)

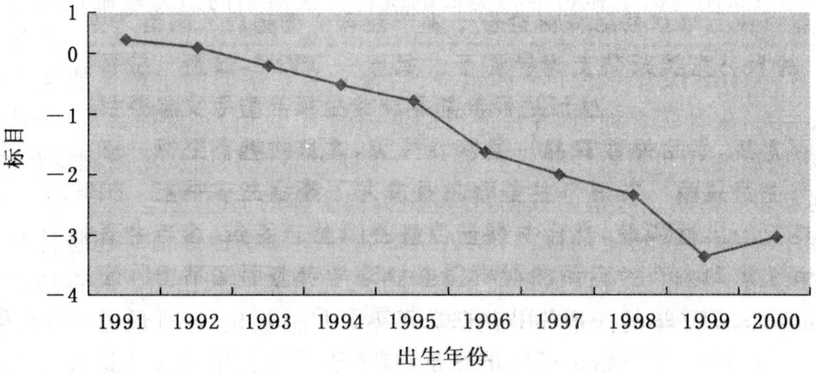

图 9-6 猪达到 250 lb 体重日龄的遗传变化趋势。(来源:Purdue University,2001)

绵羊遗传改良

绵羊生产者的工作是致力于高效地生产 2 种产品:羔羊和羊毛。对绵羊生产者而言,最重要的经济性状包括羔羊生长、繁殖力,以及羊毛质量和数量。但是,绵羊的育种和遗传改良中的选择工具又与其他肉用畜种有所不同。EPD 值在绵羊育种中的应用开始于 1986 年,但并不像其他畜种中那样行之有效。另外,在绵羊生产中几乎不采用人工授精技术。因此,通过广泛使用优秀公畜而获得遗传进展的方式在绵羊的生产体系中并没有发挥相应的作用。下面将针对生产实践中绵羊育种及其遗传改良的要点进行讨论。

品种和品种分类

了解绵羊遗传改良以及育种的体系,首先就要了解绵羊品种的遗传多样性。在美国,绵羊品种有细毛羊、半细毛羊和粗毛羊。这些品种的成熟体重从 100 lb

到 400 lb 以上不等，产羔数从每只母羊平均年产一羔，到产三羔以上不等。部分品种每年只产 1 胎，并且大部分品种多于春季产羔。由于可供绵羊生产者利用的绵羊品种遗传资源丰富，因此在商业生产中绵羊品种的合理选择是成功和获利的必要保证。选择最佳品种的主要依据是地理位置、饲养条件、气候条件和生产目标等因素。为了简便易懂，按照特点把绵羊品种进行了分组与归类。根据面部的颜色（黑脸和白脸）或羊毛类型（细毛或半细毛或粗毛羊）进行分类。但是最常用的分类方法还是依据品种在常用的交配体系中的主要功能而进行的，可分为：母系品种、兼用品种和父系品种。

母系品种

一般来讲，绵羊生产体系中的母系品种多为细毛白头品种，或者是细毛品种（兰布莱羊，美利奴羊）与半细毛（林肯羊、边区莱斯特）杂交品种，或者是高繁品种（芬兰羊和罗曼诺夫）。在美国，商品绵羊群中最常见的品种为兰布莱羊或其杂交品种，这些品种又称西部绵羊或西部白头绵羊。

父系品种

绵羊生产中父系品种一般为肉用品种，主要作为母系品种或兼用品种的终端父本使用，以提高羔羊增重以及胴体质量，从而促进羔羊的商业化生产。因此，父系品种主要关注于体尺体重、生长速度和胴体质量等方面。在美国，使用最广泛的 2 个父系品种是萨福克羊和汉普夏羊，此外有些地区还用多塞特羊、萨罗普羊、牛津羊和南丘羊等作为父本。

兼用品种

所谓兼用品种是那些既可以作为母系又可以作为父系的绵羊品种，可根据具体的环境和生产目标决定。这些品种不仅要求具备好的产奶性能、母性能力和双羔率等，还要求具备作为父系品种的特征，如生长速度和胴体质量较好。主要的兼用品种有多塞特羊、哥伦比亚羊和考力代羊。

(a) (b) (c)

图 9-7 依用途分类的绵羊品种 上图所示不同类型的绵羊品种：(a)母系品种，兰布莱羊(Rambouillet)；(b)父系品种，萨罗普羊(Shropshire)；(c)兼用品种，考力代羊(Corriedale)。

选择

遗传力

在绵羊生产中，了解重要性状的遗传力(低、中、高)，对更好地进行选择和确定交配体系具有重要的意义。简而言之，性状的遗传力描述了性状遗传改良的难易程度。性状的表型变异是由遗传和环境共同造成的，而遗传力就是指由遗传差异，而不是环境差异造成的个体间某性状(如产奶量)表型差异的比例。因此遗传力的概念具有重要的意义，因为遗传学家对这部分能够由亲本传递给后代的遗传变异非常感兴趣。从严格的定义来讲，遗传力是指加性遗传方差占总表型方差的比例。由于育种值和加性遗传方差关系密切，因此遗传力对遗传改良是非常重要的。如果性状不存在加性遗传变异，那么通过选择就不可能获得遗传进展。

表 9-10 列出了绵羊部分性状的平均遗传力估值。总的来说，繁殖性状的遗传力估值较低(<0.2)，生长性状具备中等遗传力(0.2～0.4)，而胴体性状和被毛性状的遗传力较高(>0.4)。实际的选择工作是了解遗传力作用的最实用方式。性状遗传力越高，对性状进行选择获得的遗传进展也越快。一些繁殖性状，如繁殖力，其遗传力较低，因此，绵羊育种者对双羔率进行选择而获得的遗传进展就非常缓慢，这就是为什么采用其他方法来增加母羊双羔率的原因。而对于胴体性状，其遗传力很高，选择一代就可以很快地获得明显的遗传进展。生长性状具有中等遗传力，通过几代连续选择也可以获得良好的遗传成效。

表 9-10 部分性状的遗传力估值

繁殖性状	百分比	胴体性状	百分比
母羊繁殖力	5[1]	胴体重	35
产羔率[2]	10	修整过的可销售肉块重	45
睾丸周长	35	修整过的可销售肉块比例	40
性成熟年龄	25	眼肌面积	50
羔羊存活	5	第 12 根肋骨处脂肪厚度	30
母羊繁殖力[3]	20	屠宰率	10
生长性状		被毛性状	
初生重	15	污毛重	35
60 日龄体重	20	净毛重	25
90 日龄体重	25	剪毛量(%)	40
120 日龄体重	30	毛纤维长度	55
240 日龄体重	40	毛纤维直径	40
断奶前增重：			
出生至 60 日龄	20	弯曲度	45
断奶后增重：			
60～120 日龄	40	毛色	45

续表 9-10

繁殖性状	百分比	胴体性状	百分比
产奶性状			
产奶量	30		
乳脂率/%	30		
乳蛋白质率/%	30		
乳脂量	35		
乳蛋白量	45		

来源：Sheep Production Hoadbook，1996，p. BRD-61，经允许使用。

1. 在春季母羔羊和母本品种可以增加到 10%。

2. 每只母羊生产的羔羊数。

3. 每只母羊的断奶羔羊重。

生长性状的选择 生长性状是绵羊生产中重要的经济性状。由于生长性状的遗传力属于中等遗传力，所以对其进行几世代的连续选择可以获得很高的遗传进展。生长性状的选择对于父系品种而言是更为重要。优秀的公羊主要用于商品羔羊的生产，它们对羔羊生产的主要贡献集中在生长速度和胴体质量两个方面。如果生长速度加快，生产者就有望使羔羊上市较早，或在相同生长时间内羔羊获得更多的增重。在绵羊生产中，最重要的生产性状就是断奶体重。

羔羊的断奶体重不仅受生长速度的影响，还受母羊产羔年龄、出生类型和饲养方式的影响。因此，简单的只通过选择断奶重而期望增加生长速度并不能取得良好的效果，除非首先对这些非遗传因素进行校正。通常，断奶重需要对羔羊日龄、性别、出生类型、饲养方式和母羊年龄进行校正。表 9-11 给出了校正和计算的例子。

表 9-11 针对羔羊断奶前增重和断奶重，对母羊年龄、羔羊性别、羔羊出生类型进行校正的校正因子

性别	母羊年龄	出生饲养类型					
		1—1	2—1	2—2	3—1	3—2	3—3
母	1	1.13	1.29	1.38	1.40	1.51	1.80
	2 或高于 6	1.08	1.19	1.29	1.28	1.38	1.54
	3～6	1.00	1.10	1.19	1.18	1.27	1.36
公	1	1.02	1.15	1.21	1.23	1.31	1.53
	2 或高于 6	0.98	1.08	1.17	1.16	1.25	1.38
	3～6	0.91	1.00	1.08	1.07	1.15	1.23
阉羊	1	1.10	1.25	1.33	1.36	1.45	1.72
	2 或高于 6	1.05	1.16	1.26	1.25	1.35	1.50
	3～6	0.98	1.08	1.16	1.15	1.24	1.33

续表 9-11

校正因子来自 NSIP 技术委员会 1986 年的报道。加权因子将 3～6 岁母羊校正到单个母羔羊的水平。这些校正因子适用于断奶前体重和断奶重 2 个性状，大约 30、60、90 或 120 日龄的体重数据。在应用这些校正因子时，需要根据以下 2 个等式，将每个羔羊的实际体重数据校正到相同的年龄：

1. 如果有初生重数据：

$$年龄校正体重=\left[\frac{实际体重-初生重}{称重时年龄}\times 校正年龄(d)\right]+初生重$$

2. 如果没有初生重数据：

$$年龄校正体重=\frac{实际体重}{称重时年龄}\times 校正年龄(d)$$

最终校正体重就等于年龄校正体重乘以适当的校正因子。例如：1 个母羔羊出生类型是 3 羔，饲养方式是单独饲养，母亲年龄是 7 岁，初生重为 7 lb，93 d 断奶，断奶重为 66 lb。它的 90 d 校正体重为：

$$年龄校正体重=\left[\frac{66-7}{93}\times 90\right]+7=64(lb)$$

最终 90 d 校正体重＝64×1.28＝82(lb)

当羔羊出生类型为 3 羔以上时，采用出生类型为 3 羔的校正因子；

当羔羊出生类型为单羔，饲养方式为双羔饲养时，采用 2－2 的校正因子；

当羔羊出生类型为单羔或双羔，饲养方式为 3 羔饲养时，采用 3－3 的校正因子。

来源：Sheep Production Handbook，1996，p. BRD-63，经允许使用。

国家绵羊改良计划

后代期望差异(EPD 值)在肉牛、奶牛和猪的生产中得到了广泛的应用，而在绵羊生产中刚开始使用。国家绵羊改良计划(National Sheep Improvement Program：NSIP) 发起于 1986 年，它的主要任务是为纯种生产者和商品生产者提供生产性能记录和遗传评估计划。NSIP 的工作使生产者可以对 1～10 个性状进行选择，并且对数据信息进行保存。这些性状包括：

繁殖力(双羔率)

30 日龄，60 日龄，90 日龄，120 日龄，240 日龄体重

污毛重或净毛重

羊毛纤维长度

羊毛细度(μm)

生产力(每只母羊的羔羊断奶重)

NSIP 就利用表 9-11 列出的标准校正因子对断奶重进行校正。在很多品种内，首先要在群内进行遗传评估，直到收集到足够的信息数据，从而能够在群体之间建立足够的联系时，再开始做跨群的遗传评估。群间的联系主要由有亲缘关系的个体分布在两个或多个群体而造成。遗传联系一般是通过公畜，而不是母畜而

建立的，因为公畜可以产生很多后裔，且公畜或公畜的儿子经常在群体之间发生流动。目前，NSIP进行跨群遗传评估的绵羊品种有波利帕羊(Polypay)，萨福克羊和塔尔基羊。

绵羊育种中杂种优势的利用

所有的肉用绵羊品种都依靠杂交的生产方式以提高后代的生产能力。然而，绵羊生产有效的利用杂交体系还是在最近几十年。绵羊杂交体系是指利用不同品种或杂交品种的公羊和母羊进行交配而产生性能优于任一亲本的后代(即杂种优势)。杂交生产体系的优势在于可以很好地利用杂种优势。

性状的杂种优势是指杂种后代生产性能优于两个杂交亲本群体的平均值的现象。一般来讲，杂交产生的个体在生活力、繁殖力、健康状况以及生长速度等方面均优于亲本群的平均值。遗传力越低的性状，获得的杂种优势越高。繁殖性状就是低遗传力、高杂种优势的典型例子。中等遗传力性状获得的杂种优势倾向于中等水平，如生长性状。高遗传力性状，如被毛性状和胴体性状杂交所获得的杂种优势则相对较小。表9-12和表9-13分别列出了杂种羔羊和杂种母羊的平均杂种优势。杂种羔羊的总杂种优势为17.8%，杂种母羊的总杂种优势为18%。杂种优势的存在使得绵羊生产者可以利用杂交体系来提高商品羊生产的经济效益。

表9-12 杂种羔羊的平均杂种优势效应[1]

性　状	杂种优势水平/%
初生重	3.2
断奶重	5.0
断奶前日增重	5.3
断奶后日增重	6.6
周岁重	5.2
妊娠率	2.6
母羊的繁殖力[2]	2.8
存活：初生到断奶	9.8
胴体性状	大约为0
每只母羊的初生羔羊[1]	5.3
每只母羊的饲喂羔羊[1]	15.2
每只母羊的断奶羔羊重[2]	17.8

来源：Sheep Production Handbook，1996，p. BRD-28，经允许使用。

1. 摘自 The review by Nitter，G. 1978. Breed utilization for meat production in sheep. *Animal Breeding Abstracts* 46：131-143。

2. 利用纯种母羊与不同品种公羊杂交产生的杂交后代数据评估而得。

表 9-13 杂种母羊的平均杂种优势效应[1]

性 状	杂种优势水平/%
受精力	8.7
繁殖力	3.2
体重	5.0
剪毛量	5.0
羔羊初生重	5.1
羔羊断奶重	6.3
羔羊存活:从出生到断奶	2.7
每只母羊的产羔数	11.5
每只母羊的产活羔数	14.7
每只母羊的断奶羔羊重	18.0

[1] 来源:Sheep Production Handbook,1996, p. BRD-29,经允许使用。

摘自:The review by Nitter, G. 1978. Breed utilization for meat production in sheep. *Animal Breeding Abstracts* 46:131-143。

概要和结论

动物育种学就是将遗传学原理应用到实际选择和管理体系中的一门学科,其目标是生产适合环境的最优个体。母牛带犊生产的任务就是尽可能有效的生产肉牛。在育种中采用的技术和制定的选择计划必须要平衡考虑生产性能和终产品。EPDs 就是这样一种有用的选择工具,因为它利用了大量的信息。在选择中最大的难点就是鉴定遗传和环境的互作,这是非常有效和具有竞争性的。奶牛生产者使用的选择工具与肉牛相似。主要通过 DHI 体系收集大量的重要经济性状的数据,从而使获得很快的遗传进展。PTAs 在奶牛中的应用使生产者能够评估每个性状的经济重要性,且是目前较新的技术。对于猪育种者而言,在选择中采用的最广泛的性能资源体系是猪测定和评估体系。这个体系采用混合模型对猪的遗传优越性进行评估,这和肉牛和奶牛相似。绵羊生产中也有一个类似的体系,叫做 NSIP,但它和其他物种的有所不同。它发展较慢,因为绵羊和绵羊生产者数量相对较少。绵羊生产者采用选择和杂交,但是利用的信息相对较少。

习题

1. 什么是动物育种。为什么动物育种较 50 年前更为重要?所有的家畜均可以从动物育种的研究中获益吗?为什么?

2. 思考生物技术和遗传工程中哪些技术会使得动物育种成为更有用的科学?

3. 在肉牛育种中,具有经济重要性的主要性状有哪些?

4. 什么是遗传力?试述肉牛生长性状、繁殖性状和胴体性状遗传力的差别。

5. 在肉牛育种中，为什么学习遗传相关很重要？请举例说明两个性状间的相关性。

6. 为什么肉牛生产者了解自己牛群的生产状况是很重要的？生产性能计划类型有哪些？品种协会有什么作用？

7. 什么是 EPD？它跟育种值之间有什么关系？性状要满足什么条件才能计算其 EPD 值？品种内什么条件的个体能计算 EPD 值呢？

8. 什么是同期同群？为什么它非常重要？

9. 品种内 EPD 值标准化是什么意思？什么是基础年？

10. 定义并解释 EPD 值的准确度和变化范围。

11. 在肉牛育种中，什么是母体效应？包括哪几部分？什么是产奶性能 EPD、断奶重 EPD 及母本配合力 EPD？

12. 在育种群和商业群中，使用 EPD 进行选择有什么差异？

13. 根据系谱信息计算 EPDs 在什么情况下具有优势？准确度能达到多少？

14. 品种间 EPDs 有什么意义？计算时会出现什么问题？

15. 奶牛遗传改良的主要目标有哪些？与肉牛相比，奶牛遗传力估值的用途是否更复杂？二者遗传力定义相同吗？

16. 生产者如果使用合适的育种技术，什么类型的性状能取得较快的遗传进展呢？什么类型的性状进展缓慢呢？

17. 所谓“遗传相关很少是有利的”是什么意思？

18. 描述奶牛育种体系中 DHI 的价值？

19. 育种计划中哪些性状难以度量，且准确度低？

20. 定义以下名词：预期传递力、可靠性、双亲平均、预期传递力纯利润、质量等级。

21. 什么是体细胞评分？有证据说明 SCS 受遗传影响大吗？

22. 猪的世代间隔短对猪的遗传改良有什么好处？

23. NSIF 和 NPPC 对猪育种有什么贡献？

24. 结合已知信息，猪育种应重点强调那些性状？有什么作用？

25. 什么是 PSS？为什么具有此病个体必须淘汰？

26. 猪的品种对养猪生产有什么影响？品种与商业公司研发的杂种公猪和杂种母猪育种系之间有什么关系？

27. 什么是选择指数？

28. 假设遗传工程在畜禽育种中应用很广泛，从中国猪品种中期望选择什么基因用于母猪系生产？公猪系生产呢？

29. 什么是 STAGES？有什么作用？什么是母猪生产力指数？有什么作用？

30. 和本章其他部分相比，绵羊遗传改良部分更多讲述的是绵羊品种，为什么？

31. 描述在绵羊育种中利用杂种优势的重要性。请加入有关母系品种、父系品种和兼用品种的讨论。

参考文献

Author's Note: This chapter was originally prepared in part by Dr. Sally L. Dolezal, State Beef Extension Specialist, with contributions by Dr. Daniel Waldner, State Dairy Specialist, and Dr. Gerald Q. Fitch, State Sheep Specialist, Department of Animal Science, Oklahoma State University. The reviewer was Dr. David S. Buchanan, Professor, Animal Science, Oklahoma State University. For the second edition, Dr. John L. Evans, State Extension Animal Breeding Specialist, Oklahoma State University, reviewed the chapter. In addition, Dr. Evans contributed new material to the chapter. Dr. Tony Seykora, Professor, Animal Science, University of Minnesota, also reviewed this chapter and contributed new material. The author gratefully acknowledges these contributions. Dr. Seykora and Dr. Buchanan reviewed the chapter for the third edition.

Beef Improvement Federation. 1996. *Guidelines.* 7th ed. Colby, KS: Beef Improvement Federation. http://www.beefimprovement.org.

Benyshek, L. L. 1988. Evaluating and reporting carcass traits. Proceedings of the Beef Improvement Federation 1988 Annual Convention, Albuquerque, NM.

Buchanan, D. S., A. C. Clutter, S. L. Northcutt, and D. Pomp. 1993. *Animal breeding: Principles and applications.* 4th ed. Stillwater, OK: Oklahoma State University.

Cundiff, L. V., and K. E. Gregory. 1977. *Beef cattle breeding.* USDA Ag. Inf. Bull. 286.

Cundiff, L. V., F. Szabo, K. E. Gregory, R. M. Koch, M. E. Dideman, and J. D. Crouse. 1993. Breed comparisons in the germplasm evaluation program at MARC. Proceedings of the Beef Improvement Federation Research Symposium and Annual Meeting, May 1993, Asheville, NC.

DHIA. 1997. DHI-202 Herd Summary. Fact Sheet A-1. Columbus, OH: Dairy Herd Improvement Association.

Dickinson, F. N. 1985. *Genetic improvement of dairy cattle.* National Cooperative Dairy Herd Improvement Program Handbook, Fact Sheet 1-7.

Dolezal, S. L. 1999. Oklahoma State University, Stillwater, OK. Personal communication.

Freeman, A. E. 1992. Integrating genetic evaluations into a breeding plan. In *Large dairy herd management.* Champaign, IL: Management Services, American Dairy Science Association.

Lamberson, W. R., and E. R. Cleveland. 1988. Genetic parameters and their use in swine breeding. Swine Genetics Fact Sheet Number 3, NSIF-F33. Raleigh, NC: National Swine Improvement Federation.

Lasley, J. F. 1978. *Genetics of livestock improvement.* Upper Saddle River, NJ: Prentice-Hall.

National Swine Improvement Federation. 1998. *Guidelines for uniform swine improvement programs.* Asheville, NC: http://mark.ansi.ncsu.edu/nsif/.

Northcutt, S. L., and D. S. Buchanan. 1993a. *Expected progeny difference: Part I, Background on breeding value estimation.* OSU Fact Sheet. F-3159. Stillwater, OK: Oklahoma State University.

Northcutt, S. L., and D. S. Buchanan. 1993b. *Expected progeny difference: Part II, Growth trait EPDs.* OSU Fact Sheet. F-3160. Stillwater, OK: Oklahoma State University.

Northcutt, S. L., and D. S. Buchanan. 1993c. *Expected progeny difference: Part III, Maternal trait EPDs.* OSU Fact Sheet. F-3161. Stillwater, OK: Oklahoma State University.

Northcutt, S. L., and D. S. Buchanan. 1993d. *Expected progeny difference: Part IV, Use of EPDs.* OSU Fact Sheet. F-3162. Stillwater, OK: Oklahoma State University.

Purdue University. 2001. *Swine testing and evaluation system (STAGES).* West Lafayette, IN: Purdue University. http://www.ansc.purdue.edu/stages/welcome.html.

Rothschild, M. F., and G. S. Plastow. 1999. *Current advances in pig genomics and industry applications.* U.S. Genome Mapping Coordination Program. Ames, IA. http://www.genome.iastate.edu/~max/rev98/.

Rothschild, M. F., and A. Ruvinsky. 1998. *The genetics of the pig.* Wallingford, England: CAB International. http://ansc.une.edu.au/genpub/genpig.html.

Sheep production handbook. 2002. Denver, CO: American Sheep Industry Association, Inc.

Sire summaries supplement (SSS). 1998. Brattleboro, VT: Holstein Association.

USDA-DHIA. *Factors for standardizing 305-day lactation records for age and month of calving.* Columbus, OH: USDA-DHIA.

White, J. M. 1989. Characteristics of good dairy cattle. In *Guide to genetics.* Brattleboro, VT: Holstein Association.

Wiggans, G. R., and P. M. VanRaden. 1989. *USDA-DHIA animal model genetic evaluations.* Nat. Coop. Dairy Herd. Imp. Prog. Fact Sheet H-2. Ames, IA.

Wilcox, C. J. 1992. Genetics: Basic concepts. In *Large dairy herd management.* Champaign, IL: Management Services, American Dairy Science Association.

第 10 章

生物技术与遗传工程

学习目标

学完本章后，应该能够：

1. 描述美国生物技术工业的产值。
2. 掌握“生物技术”的定义，并解释为什么遗传工程只是生物技术的一部分。
3. 用常用术语描述为什么有机生物体是遗传工程的产物。
4. 列出单抗、基因治疗、克隆和微繁殖等创新生物技术的用途。
5. 当遗传工程应用于大田作物、粮食作物和家畜的生产时，描述其在现在和将来的用途。
6. 描述 rDNA（重组 DNA）有机体在作为捐献器官的疾病模型、医药制品的生物反应器、营养药物的生产者和垃圾清理者的用途。
7. 了解控制遗传工程有机体的调节机制。
8. 识别社会上对于遗传工程的关注。

关键术语

重组 DNA	克隆	遗传工程
单克隆抗体	牛生长激素（BST）	异种器官移植
奠基者	农业医药	营养素
多莉	生物技术	杂交瘤
基因探针	生殖细胞治疗	组织培养
基因图谱	属间微生物	
基因增强	微繁	
基因治疗	新基因	
抗体	新生物	

引言

生物技术已经并且将继续改变人们的现代生活，生物技术的过去和将来的贡献将会涉及到现代生活的方方面面，包括医药、农业、环境、制造业、生物加工等等。正因为如此，本章中所讨论的应用范围并没有仅仅局限于动物科学。还包括科学或者研究机构所不能做的其他方面。

生物技术是生物过程的发展产物，可能使用完整的生物有机体，诸如酵母和细菌，或者使用来自有机体的天然物质（如酶）。生物技术也包括使用动植物细胞来生产产品，尤其是那些以前不能够被生产的产品。各种各样的生物过程将被利用，从传统的发酵一直到现代的在乳汁中生产疫苗的转基因哺乳动物。而生物技术产品包括面包、奶酪、葡萄酒、青霉素、动植物的健康诊断试剂盒、疫苗、生物农药和 FlavrSavr 番茄。生物技术涉及多门学科，包括农业、生物学、遗传学、分子生物学、生物物理学、生物化学、化学工程学和计算机科学，并且利用这些学科来促进实用和有益产品的发展。而该产品可能是一种新产品或改进的传统产品，可用于疾病研究、食品生产、垃圾处理等任何需要的领域。

生物技术
是将生物科学的技术和方法应用于工业生产。

尽管“生物技术”已经成为当今公共词汇的一部分，但它本身并不新，因为人类使用生物技术已经有上千年了，如啤酒、奶酪和面包的生产（图 10-1）。然而，新的生物技术方法正在引发一场生物技术的革命，即生命可以继续生存。“新生物技术”及其产品将逐渐改变我们所在星球的活动方式，它将用于了解细胞及其构成，尤其是遗传密码。当人们使用单词“生物技术”时，将会提及“新生物技术”。从传统生物技术生产的啤酒、面包和奶酪等产品到“新生物技术”带给我们的延熟番茄、心脏病突发时用于溶解血凝块的组织血纤维蛋白溶酶原催化剂、清理泄露石油的细菌、生产含有救生药品乳汁的山羊、能够抵抗疾病的动物、能被生物分解的塑料、基因治疗。而这些例子仅仅是冰山一角（图 10-2）。

图 10-1 生物技术已经被使用上千年了，用来生产啤酒、面包、奶酪和发酵的香肠。（Geostock 摄，Getty Images， Inc./. Photo Disc，Inc. 提供）

图 10-2 1996 年 1 月 3 日于美国佛罗里达州立大学的食品与农业科学学院，Harry Klee 正在检测用于他研究的番茄，Klee 分离了一个阻碍番茄成熟的突变基因，从而开创了一条保藏各种经济重要性的水果、蔬菜和鲜花的新途径。（图片由 AP/Wide World Photos 提供）

遗传工程

DNA 重组技术
来自不同生物体的 DNA 片段结合形成的 DNA。

遗传工程
通过干涉遗传进程而直接改变遗传物质。

新生物
拥有外源 DNA 的生物。

大部分新生物技术已经借助 **DNA 重组技术**（rDNA）得到应用。DNA 重组技术是将 DNA 从某一生物有机体转移到另一生物有机体的技术，统称**遗传工程**（图 10-3）。该技术是由斯坦福大学的 Paul Berg 和 Herbert Boyer 及加利福尼亚伯大学克利分校的 Stanley Cohen 于 20 世纪 70 年代初创立的。这种独特的**新生物**技术已经成为当今生物技术应用的主流，并带来了很好的前景。在一定条件下，遗传物质的重组能力的发现被认为是 20 世纪后半叶最重要、最令人激动的发现，而不是遗传物质的自然复制过程。遗传工程的出现，已经使得在动物、植物和微生物之间互相转移基因成为可能。将新基因成功地转入到一个生物有机体的细胞内，然后通过细胞的分裂就可以将这些新基因传递给后代细胞，这就为我们暗示了很大的想象空间。

大部分情况下，虽然遗传工程和生物技术所指的意思都是一样的，但实际上，生物技术是一个更广泛的概念，它包括许多东西，而不仅仅是遗传工程。通过微生物发酵生产食品，如葡萄酒、啤酒和奶酪，这是一种很古老的传统生物技术，而到如今，我们通过改变这些微生物的遗传代码，使它们获得了更多其他方面的应用。另外，通过重组 DNA 技术改进的微生物也正在被应用，即正在发生“由线到点”的转变。

属间微生物
含有超过两种属别的微生物，又被称为转基因微生物。

遗传工程是应用到细胞水平上，而不像传统的育种工作是用于整个生物有机体，自从应用到细胞水平上以后，伴随着也设计了一些新的名词概念来解释这些结果。遗传上改变的植物、动物和微生物被称为新生物有机体。新物种通常是指转基因的物种，新微生物也被称作**属间微生物**。理论上来说，新生物有机体应该表现新插入基因的性状。与常规育种相比，生物技术能够创造出更为复杂的遗传

图 10-3　新生物技术包括遗传工程技术。图中所示的是经过遗传工程转基因技术的大西洋鲑鱼与两个非转基因同胞之间的比较。(Or. choy Hew, Hospital for Sick Children, Toronto, Ontario, and Or. Garth Fletcher, Memorial University of Newfoundland, St. Johis Newfoundland 提供)

编码，常规育种不能将大象的基因导入到玉米中或将鱼的基因导入到莴苣中，而遗传工程比传统育种具有独特的优势。由于生物技术允许在遗传物质被转移前对其进行修饰，虽然现在还不可能，但是在将来的某一天可能会出现**新基因**这一概念，即那些在实验室经过修饰的基因。另外，遗传工程还有在改变遗传上更多精确的优点。在常规育种中，随着新的后代的出生许多基因都会受到影响。而在遗传工程中，像期望的那样，只会改变一个基因，生物有机体的其他遗传编码将保持完整。

新基因
由实验室创造的原先不存在的基因。

遗传工程的生物有机体表现如何？我们已经开发了多种不同的重组 DNA（下面简写为 rDNA）的方法，无可置疑的是将会有更多的生物技术出现，尤其是比现在的技术具有更高功效的技术。虽然现在已经能够很容易的通过遗传工程的技术来改进植物和微生物，但是对于哺乳动物来说，还很困难。图 10-4 中演示了如何生产转基因细菌。

基因图谱

生物有机体的**基因图谱**是将特定基因定位到染色体上，并用**基因探针**作为标记。一个物种的整个序列的遗传密码从单细胞有机体的几百万个到人类的 30 亿个不等，因此在所有遗传工程师发挥能力之前，首先要对遗传密码进行定位。而通过 DNA 测序、聚合酶链式反应(PCR)、限制性片段长度多态性(RFLP)等生物技术，结合统计分析的方法可以对基因进行定位。

基因图谱
特定基因利用探针在染色体上的标记。

基因探针
用于鉴定和绘制特定染色体或整个基因组上的某一区域的一小段 DNA 片段。

一些生物技术和遗传工程的应用科学并不涉及对遗传密码的改变，而相反的是仅仅对其进行鉴别。因为在提供基因图谱的同时也提供了所有被定位基因的特性。可以用来鉴别 2 个遗传密码之间差别非常小的个体。这种错判的几率是非常小的，只有 $1/10^6$。因此，通过这种技术可以准确快速的鉴别患病的有机体，还可以鉴定亲缘关系，鉴定器官捐赠者与获赠人之间是否匹配，提供犯罪证据。基因图谱甚至可以用来充当动植物的现代系谱。该技术已经在多起失散儿童与其亲生父母团聚的案例中得到证明。另外，还可以为犯罪事件提供确凿的证据，

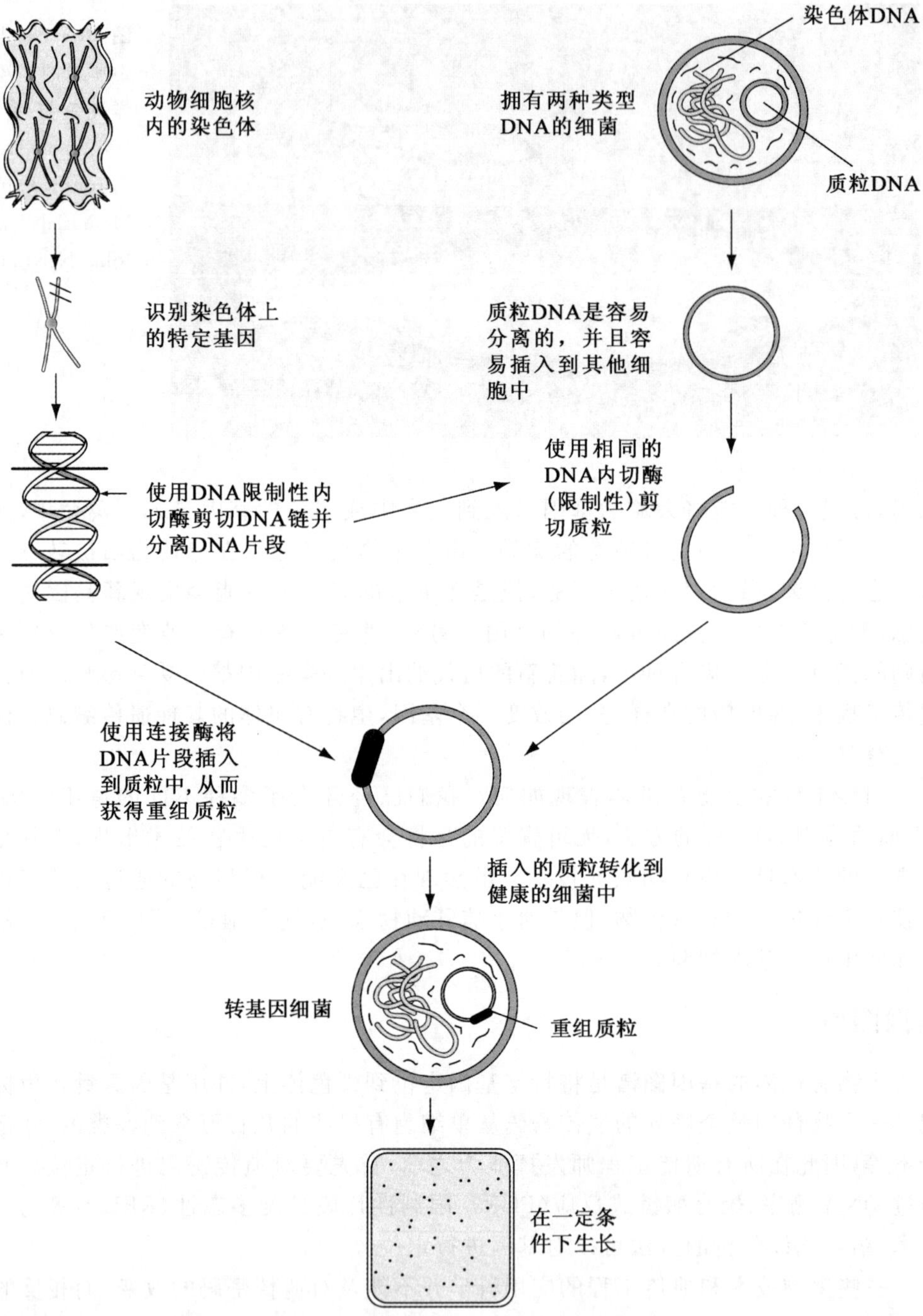

收获产品：人胰岛素中生长激素、猪生长激素、种疫苗、血凝因子

图 10-4 如何制作转基因细菌并应用。

以惩罚罪犯或证明清白；可以作为动物血统纯度的注册证明，为它们之间的互相交配提供信息。

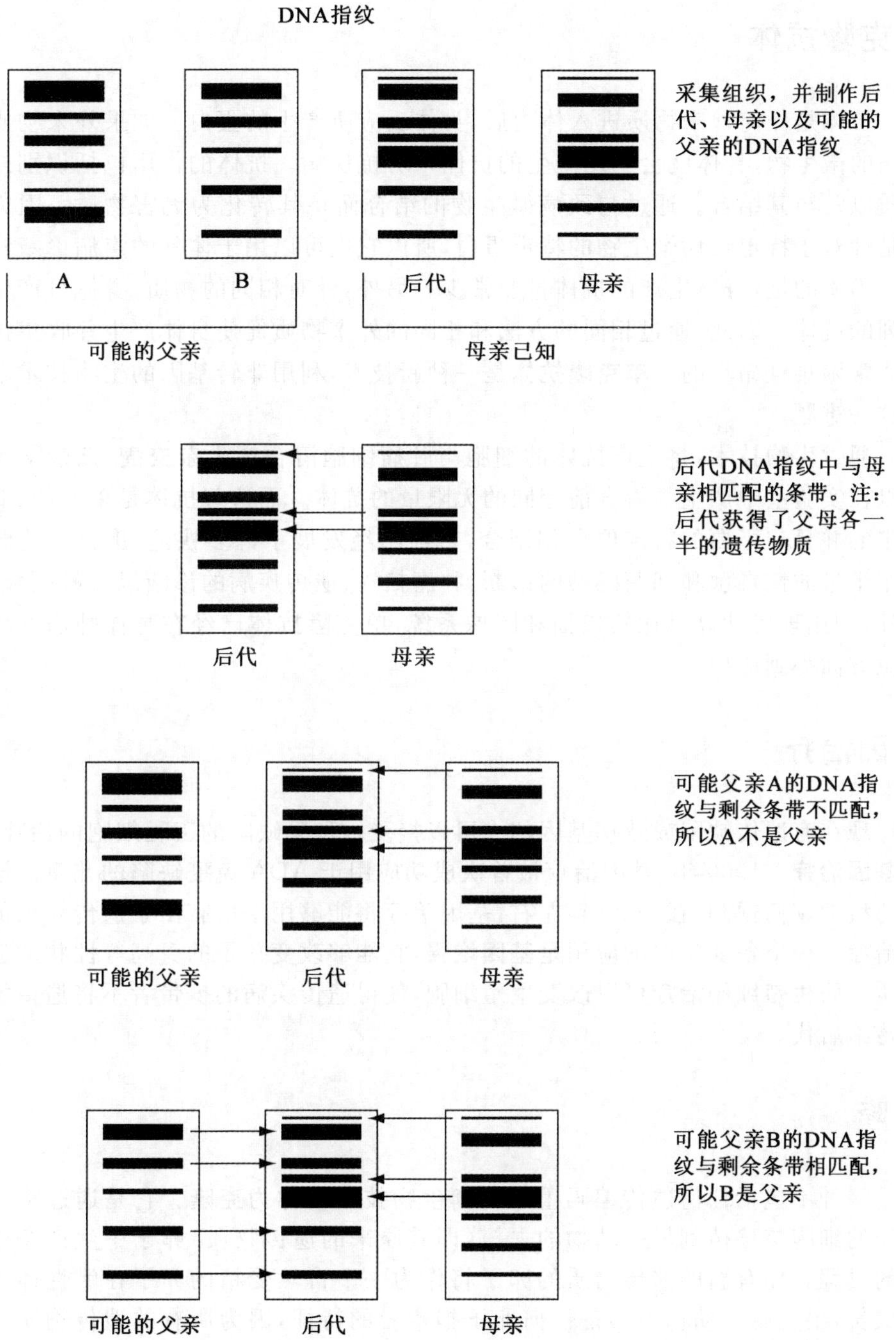

图 10-5　利用 DNA 指纹技术确定出身。

单克隆抗体

抗体

抗体是机体对外来物质反应而产生的蛋白。

单克隆抗体

由识别单个抗原的杂交瘤子代细胞所产生的抗体，可以用于疾病的诊断和研究。

杂交瘤

一种生产特定抗体的细胞系，它是由淋巴细胞和肿瘤细胞融合生成。

抗体是任何外来物质进入体内后，身体反应所产生的蛋白。如果外来物质是致病的微生物，身体就会利用产生的抗体来对抗疾病。抗体的作用包括识别外来物质以及与其结合。通过与致病微生物的结合而将其转化为无害物质。因为抗体是针对于特定致病微生物的特定蛋白，所以它也可以用于体外的疾病诊断和研究。不幸的是，身体生产的抗体量非常少。另外，针对相同的物质，身体可产生一系列的抗体。因此，通过相同的方法和相同的外来物质促使身体产生并收集抗体是非常困难且昂贵的。**单克隆抗体**是一种新技术，利用非转基因的生物技术解决了这一难题。

通过生物技术，将生产抗体的细胞与肿瘤细胞溶合产生**杂交瘤**，该杂交瘤就可以在实验室中产生与溶合前相同的无限量的抗体。而这些抗体是单一的、非常特定的并且与蛋白的特定位点相结合，目前已经发展了许多快速、廉价的检测方法用于过滤性毒菌和细菌感染的诊断、肿瘤扫描、遗传疾病的诊断以及妊娠检测。另外，利用现代计算机化的扫描和图像系统，单克隆抗体已经在身体肿瘤的精确定位方面得到应用。

基因治疗

基因治疗

为了治疗疾病，用正确的基因来替代缺失或错误基因的过程，又称基因替代治疗。

基因增强

改变一个个体某一性状的遗传潜力的过程，如身高或眼睛的颜色。

生殖细胞治疗

对具有遗传缺陷个体的生殖细胞进行治疗的过程，使得缺陷不遗传给后代。

现在有遗传缺陷或致病基因的人可以接受一种无缺陷的工程细胞的治疗，称为**基因治疗**。1900 年，基因治疗被首次成功应用于 ADA 免疫缺陷的儿童。该领域的科学家们预测，在 2020 年左右，基因治疗将能够用于所有由于遗传导致的疾病治疗。一个备受争议的应用是**基因增强**，它能够改变孩子的身高等性状的遗传潜质。而**生殖细胞治疗**可以改变生殖细胞，使得遗传疾病的携带者不将遗传疾病遗传给后代。

克隆

克隆

一种不包括任何遗传编码重组的新生物技术被称为克隆。

多莉

是一只正常的芬兰道赛特绵羊，它是世界上第一只克隆产生的成年哺乳动物。

一种不包括任何遗传编码重组的新生物技术被称为**克隆**。它是通过将一个动物的细胞核移植到另一动物的去核（即其原来的遗传物质）卵子中生产孪生动物的过程。拥有新的遗传物质的卵子将作为一个自然受精的卵子在雌性体内发育成长，出生后小动物不具备任何卵子捐赠者的特征，因为所有的遗传物质都来自核捐赠者，所以新生动物与核捐赠者的遗传是一致的。遗传物质可以来自胚胎（于 19 世纪 80 年代初期已经完成），也可以来自成年动物，如**多莉**的诞生。多莉（图 10-6）是于 1997 年，作为第一个克隆的成年哺乳动物来到这个世界的。一个遗传工程的动物能够进行克隆，但是，遗传操作和克隆过程是独立的。图 10-7 演示了如何进行动物克隆的过程。

图 10-6　多莉(右边)，第一个利用成年绵羊细胞进行核移植而克隆的绵羊，另一只是波莉(Polly)，世界上的第一只转基因羔羊，它们都是由爱丁堡的罗斯林研究所生产的，照片照于 1997 年 12 月。多莉的诞生引起了国际上关于通过克隆进行繁殖的争论。罗斯林研究所的科学家们用一个人类基因生产了波莉，因此波莉的奶中会携带有血液凝结蛋白，可以通过萃取的方法获得并用于人类血友病的治疗。由于不可治愈的肺部感染，多莉于 2003 年 2 月 14 日被安乐死。(John Chadwick 摄，AP/Wide World Photos 提供)

克隆动物的潜在优势很多。首先，克隆动物可以在家畜中进行商业应用，用来繁殖那些在血液或奶中表达重要药物的转基因动物。其次，通过克隆可以获得大量的遗传一致的动物，达到研究的目的(图 10-8)。对于农业来说，可以通过对优秀动物的克隆来达到生产的目的，获得群体遗传进展的飞跃并降低生产特征的变异性。将 rDNA 与克隆结合，被认为是最具潜力的克隆之一。获得一个有用的转基因动物是复杂并昂贵的，而且仅有很少的一部分能够成功。但是，一旦获得携带期望性状的 rDNA 动物，通过克隆就可以快速的获得一群此类动物。

生产多莉的技术效率极低，在实践应用之前必须克服这一问题。按照这一技术，已经得到了多个物种的克隆，但是效率都非常低，另外，其他几个物种的克隆也正在进行。

微繁

微繁是利用某一植物细胞来生产另一个植物的生物技术，该过程也称作**组织培养**。由于仅仅通过很少量的细胞就可以生产出整个植物，所以只要利用一片叶子。就可以在很短的时间内生产出大量遗传一致的植物。结合遗传工程的技术，就可以利用微繁来生产大量的某种有价值的遗传工程植物。

微繁
利用单个植物细胞来产生一个完整的植物，又被称为组织培养。

组织培养
见微繁。

生物技术或遗传工程生物有机体于当前以及未来的应用

在全世界实验室研究中，每天都有基因从某些物种中被分离出来，但是遗传工程的动植物和微生物的数量却非常有限。相信在未来某天，每个有益的动植物的整个基因组将会被人类所知。目前，人类的基因组已经被成功的绘制并测序，而其他几个物种的基因组也正在被很好地阐明。许多技术将会被应用于农业中，

图 10-7　如何进行动物的克隆。

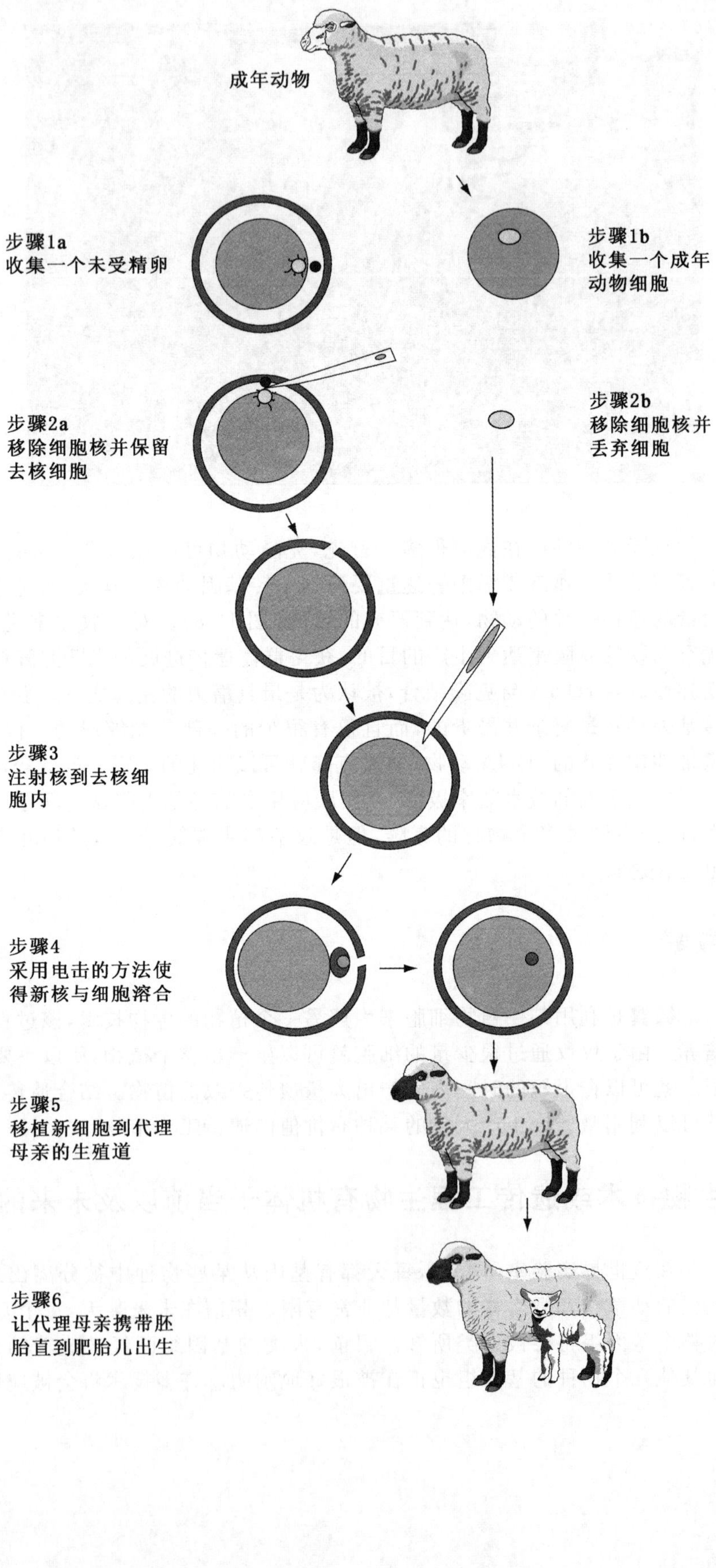

图 10-8　新生的转基因小牛 George 和 Charlie，照片拍摄于 1998 年 1 月，马萨诸塞州立大学和高级细胞技术有限公司。克隆技术与遗传工程技术相结合创造了这两个小公牛，是马萨诸塞州立大学动物兽医科学的 James Robl 教授和马萨诸塞州 Worchester 高级细胞技术有限公司的 Steven Stice 经过 4 年研究的成果。该技术在药物蛋白生产和对神经衰退紊乱以及糖尿病进行细胞治疗方面具有很大潜力。(AP/Wide World Photos 提供)

包括新型食品、杀虫剂、食品添加剂和动物药品等。农业中可能获益的领域有可以生产瘦肉的动物、对昆虫和除草剂具有耐受性的植物以及能够为家畜生产药物的细菌等等。遗传工程产品的最主要的应用是在人类医药领域的应用。这一应用要依赖于农业，因为要依靠转基因动物或田间植物来生产医药产品。为人类开发的某些产品和程序都可以最终从动物中获得。处理食品是遗传工程产品的另一重要应用。转基因微生物正在被用来降低动物排泄物的污染，另外还被用于造纸、酒精、纺织品、清洁剂、混合肥料、废水处理以及制药等工业中。其中一些生物技术的应用将会在后面的章节中进行讨论。

生物技术的应用

通常来说，遗传工程技术要考虑输入性状和产出性状，现在已知的许多遗传工程产品都是遗传改良的食品(GM 食品)。随着这些术语在相关农业产品中的频繁应用，导致出现了大量关于遗传改良植物的公共评论。在动物产品中也有同样的情况存在。输入性状是指那些被有计划设计的有利于栽培管理的性状，包括抵抗虫害、疾病和除草剂的性状、耐高温性状以及能够改善管理、分类和加工的性状。产出性状是指有利于消费者的性状，包括营养、品质和均匀度性状的改善，产品外观、安全性和医用价值。改变输入和产出性状的可以对周围环境带来积极的影响，如可以降低除草剂和杀虫剂的使用，可以降低动物粪便对环境的污染。

农作物

到目前为止，遗传改良的农作物数量要比其他任何生物都多。每年在美国以及世界各地，大约有几百万英亩的遗传改良农作物种植。虽然只有少量被批准进行商业生产，但还有约数千种已经进入田间试验阶段。在美国，每年转基因植物的数量正在成倍的增长。如今，玉米、南瓜、西红柿、棉花和大豆已经引起很高的重视。动植物健康检测部门(APHIS)发布了一份正在检测和已经商业化的农作物名单,该名单可以免费获取,为了更好地描述该领域的快速发展,APHIS已经建立了一个网站,正在被检测和已经商业化的农作物信息每天都在更新。

转基因动物

奠基者
被用来建立转基因系的转基因动物。

转基因动物(图10-9)的数量远没有转基因微生物和植物那么多,因为生产转基因动物的技术非常复杂,另外也不成熟。每年大约会出版几百页关于生产转基因动物技术描述的论文,相信随着技术的快速发展,将会有更多的转基因系出现。后来被用于建立转基因系的那些转基因动物被称为**奠基者**。

图10-9 1997年,维吉尼亚工学院的转基因猪和其小猪。该猪是世界上第一头能够在其奶汁中生产人类血凝蛋白的转基因猪,血凝蛋白可以用来救治人类的性命。(AP/Wide World Photos 提供)

鱼 目前,已经有超过20种遗传工程的鱼和贝壳,但大多数还处于研究阶段。目标性状包括生长速度、疾病抗性、温度耐性和肉的品质。通过遗传工程技术,使得一种快速生长的大西洋鲑鱼获得了切努克鲑鱼的生长激素基因,结果其生长速度比原来的要快400%~600%。另外还获得了一种快速生长的转基因罗非鱼,它携带有彩虹鲑鱼、斑纹鲈鱼和鲤鱼的遗传物质。在美国,商业化的转基因鲑鱼获得了食品和药品管理部门的批准,该部门可以批准任何生物技术的动物产品交易。

猪 遗传工程还没有生产出商业应用的猪。目前已经发展了瘦肉型的遗传工程猪,但是由于低繁殖力、关节炎和免疫性能下降等负面效应的影响,还无法被接受。

动物作为生物反应器生产医药品。现在许多药品是由转基因细菌生产的。虽然动物作为医药产品的生物反应器是一个令人惊讶的创新,但是这种技术有其自身的缺陷。能够通过哺乳动物来生产药品固然是好的,但是与微生物相比,其初始的生产费用要低2~3倍,但长期的生产费用要高5~10倍。另外一个原因是由于哺乳动物比较复杂,所以对其蛋白改进的要求也要比微生物复杂的多。转基因牛、山羊和绵羊可以在其血液、尿液和乳汁中分泌一些生物活性的分子,这些由家畜生产的产品被称为**农业医药**(农业医药产品)。

农业医药
来自家畜的医药产品。

作为移植器官来源的生物工程动物。许多公司从事于开发能够为人类提供器官的转基因动物,所提供的器官可以被人类接收而不排斥。这些器官被称作**外来移植**。

外来移植
将来自遗传工程动物的器官移植给人。

用于科学研究和治疗人类疾病的生物工程动物。这是到目前为止,转基因动物一种最广泛的应用。现在已有大约几百种啮齿转基因动物被用于心血管疾病、癌症、几种自身免疫疾病、镰刀型贫血病和神经疾病的研究。经过生物工程改进,转基因实验动物患病的方式与人类非常相似,这就使得研究者获得一个人类疾病的研究模型。

疾病抵抗力 目前已经获得了能够抵抗鸟类疾病的转基因鸡和火鸡,但是还没有得到商业生产许可。

微生物和无脊椎动物

牛生长激素(BST)是农业上获得的最成功的遗传工程产品之一。它是由转基因微生物进行商业生产的。当给奶牛使用时候,可以大大提高牛奶的产量。由于奶牛场的固定资产和劳动需求都比较高,所以对于奶牛场来说,提高奶牛的平均产奶量是非常有利的。在后面章节中将对BST进行详细讨论。有利于生产瘦肉型猪的猪生长激素(PST)也已经被开发,但是还未经允许在此陈述。

牛生长激素(BST)
由前垂体腺分泌的激素,在体内可以作用于多种不同的靶组织。

无脊椎动物 目前已经开发了形形色色的转基因节肢动物、昆虫和线虫,并正在进行田间试验。如蜜蜂和其他一些有益昆虫增强了对某些杀虫剂的抵抗力。转基因粉红棉铃虫、果蝇、云杉螟蛉和线虫已经进入田间试验。

生产药物或疫苗的微生物 遗传工程的细菌已经被用来为人类生产药物。自从1982年就可以通过细菌来生产人类胰岛素(图10-10),并且几乎替代了牛和猪胰岛素的使用。用于生长受损鸡的生长激素和给心脏病患者使用的组织血浆酶原激活剂(tPA)也是由转基因细菌发酵生产的。这种方法创建以来,每年大约有几百种新药品进入试验,当然也不可能所有的都能够上市,但只要有一部分得到许可,那么每年将会有许多新药品面世。总之,此项研究会随时间的推移而逐步上升。

其他遗传工程产品则被用于癌症、AIDS、血友病的治疗以及促进红细胞生成来帮助病人进行透析。另外,抗体被用来防止器官的排斥。用于治疗胆囊纤维化的囊性纤维变性酶和多样硬化的β-干扰素也已经被开发。其中一些药品已经取代了以前的治疗,但真正完全替代的数量还很小。

目前,已经有多种用于人和动物的生物技术疫苗。一种针对野生浣熊的狂犬病疫苗已经被批准使用。针对小猪腹泻和腐蹄病、绵羊麻疹和传染性法氏囊病的疫苗也已经被开发。其他几种疫苗也有望上市。

作为杀虫剂的微生物 通过遗传改良,提高了多种细菌杀死和抵抗有害物的能力,其中一些已经被批准进行商业生产并用作杀虫剂。

食品业中的细菌工程 在食品加工过程中使用微生物的历史已经很长了。现在一些转基因细菌也被用来进行食品加工。如利用遗传改良细菌生产的凝乳

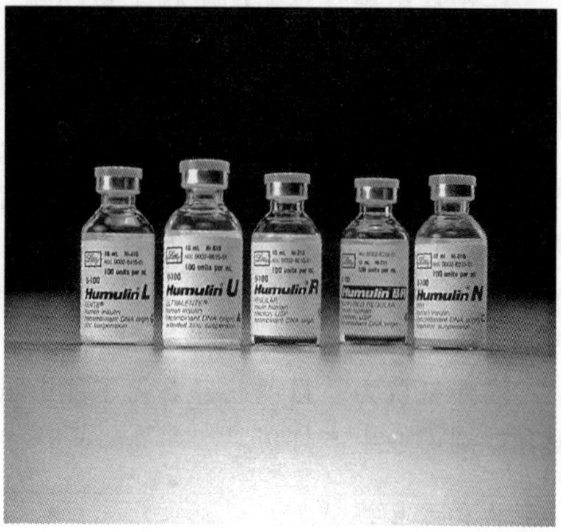

图 10-10 现在已经有许多转基因细菌生产的医药产品，如 Eli Lilly 公司生产的 Humulin，与人类胰岛素功效相同。（Eli Lilly 公司提供）

块来生产干酪。凝乳块于 1990 年被批准，是第一个被批准用于食品加工的转基因产品。快速酵母可以缩短面包烘焙前所需的时间，并且具有更好的制作特性。高价值的新生物技术工具的有害微生物或其霉素应该可以被简单快速的测试，以保证这些重要的工具能够提供更安全的食品。而 DNA 探针和单克隆抗体都可用于该项检测。一个优秀的食品生物技术应该包括**营养素**，即具有营养和药用价值。如遗传改良的大豆可以用来生产高质量的鱼油，发酵过程中使用的微生物可以提高抗氧化维生素的水平。另外，转基因微生物还可以生产安全可靠的食品香料。而其他更多的用途还正在研究之中。

营养素

同时具有营养和药物特性的产品。

生物技术在废物处理中的作用

在处理人类废物的传统生物技术应用中，微生物的使用已经有很长的历史了。现代生物技术的应用包括发展新的且更加高效的废物处理方法，制定新的生产方法来尽量降低废物的排放并将废物转化为有用的产品。在其中一些应用中，遗传工程的生物有机体可以做得更好。而另外一些应用中则使用未经遗传改良的微生物以及其他一些新发现的微生物。生物技术处理废物包括以下一些例子：

- 在废水排入河流和小溪之前，去除其中的磷和氮，以降低供应水和野生动物栖息地的污染物。
- 去除环境中的化学废物，包括清除各种各样的有毒垃圾。
- 使用白色腐烂真菌清洁污染土地和清除有毒废物。白色腐烂真菌通常会不停的咀嚼食物，已经发现它喜欢含有有机氯的混合物，如 DDT、狄氏剂、艾氏剂和聚乙烯联二苯。由于这些物质是非常稳定的，当被污染后很难清除，因此，该发现特别有用。希望该项生物技术能够最终清除污染的土地并消除全球成千上万的有毒废物。

• 在工业废物排入环境之前，使用经济的、对环境友善的方法去除其中的有害物。这已经应用到果肉生产、造纸、食品处理、化学药品制造、纺织业、酿造、蒸馏和食品加工等行业。

• 释放细菌来分解油和石油的污染。该项技术已经实行多年了，现在遗传工程的微生物可以熟练地将石油分解。

遗传工程产品的管制

现在有3个联邦机构管制这个遗传工程产品：环境保护局(EPA)、食品及药物管理局(FDA)和美国农业部(USDA)。根据产品的使用价值进行管制，而某些产品由多个部门管制。另外，大多数州立的遗传工程产品的监控发展和测试也在这些部门的职权范围之内。

动植物健康检测部门(APHIS)隶属于USDA，根据多项法令对遗传工程产品进行管制。

遗传工程农作物是根据联邦植物有害法案进行管制的，该项立法赋予APHIS对洲际运作、进口美国以及进行田间试验的改良农作物进行管制的权利。

食品及药物管理局具有对新食品管制的广泛权利和首要职责，这些新食品包括由联邦食品、药品以及化妆品法案(FFDCA)规定的遗传工程食品。在FFDCA中，关于遗传工程食品有两种不同的规定。首先是关于掺假的规定，FDA有权清除市场上不安全的食品。其次，规定食品上市之前应该获得批准和认证。1992年，FDA发布了关于遗传工程植物食品的指导方针。该方针可在联邦登记簿的第57卷，22 984页和22 986～22 988页找到。由于FDA的权利高于药品认证部门，所以它还拥有对遗传工程方法生产的药品管制的权利。在这种意义上来说，FDA对遗地传工程方法生产的药品有管制权。然而，一个新奇的规定是FDA兽医兽药中心具有管制转基因产品的权利，如前面提到的转基因鲑鱼被作为转基因药品。原因是利用转基因的方法使动物释放生长激素。即要获得与药品类似的认证。

环境保护机构根据联邦杀虫剂、杀真菌剂和灭鼠剂法案(FIFRA)来对遗传工程微生物杀虫剂和某些能够自身产生杀虫剂的遗传工程农作物进行监管。FFDCA是由FDA授权来规定食用农作物中杀虫剂的残留量。没使用杀虫剂或非微生物的产品根据有害物质控制法案(TSCA)进行管制。有关TSCA生物技术程序功能的规定是“生物技术微生物产品；根据有害物质控制法案的最终规定”，可以在联邦登记簿第62卷70期，17 909～17 958页找到。该规定是根据TSCA发展而来的，根据法案规定，属间微生物被认为是新的化学制品。

根据病毒、血清和霉素法案对动物疫苗进行管制，遗传工程的家畜和家禽则根据各种不同的肉品检测条例来管制。而除畜禽以外的转基因动物还没有因环境风险而被管制。

社会关注

关于生物技术和遗传工程的道德、伦理和信仰问题，社会应该表明态度。虽然对该问题的处理超出了本章的范围，但是社会必须回答下面一系列问题：

- 使人们接受对遗传密码的修改，需要多长时间？比如，是否能够接受无羽毛的鸡？
- 是否能够接受对人类遗传密码的修改？
- 能否接受为了任何目的而进行动物的克隆？
- 是否能够接受对人的克隆？在某些情况下能否接受克隆？
- 是否能够接受为了治疗疾病而生产人类胚胎并使他们发育到足月？
- 如果某些基因会遗传给后代，那么是否能够接受对这些基因的修改？如果能够接受，那么只是限定于疾病，还是可以扩大到诸如身高、秃头、眼睛颜色等方面呢？
- 我们什么时候才能接受将物种与物种的遗传信息进行混合？你是否愿意食用携带狗基因的生菜、来自细菌基因的生菜或来自胡萝卜基因的生菜呢？
- 当生物反应器动物的生产生命结束时，它们将会遭遇什么情况？他们是否应该被作为食品？

GM 食品也要经过详细审查。但通常来看，许多重大的风险都是由 GM 食品引起的。由于还没有证实疾病与人们对 GM 食品的消费有关，所以这种风险只是潜在的而不是事实。在开发和商业利用之前，生产和销售 GM 食品的公司就检测并去除了那些不受欢迎的产品特征。然而，评论家认为这种检测技术并不完善，还需要进一步改进。有关 GM 食品引发的风险包括对人类健康的直接危害，如过敏或者产生新的有毒蛋白或者提高了现有产品的有毒蛋白；对人类健康的非直接危害，如使得营养水平下降、抗生素功效降低、促进抗生素耐性细菌更快速地生长以及使人类更多地暴露于除草剂下。对环境和公共福利的直接危害包括将农作物变成超级杂草和减少对人类有益物种的数量；对环境和公共福利的非直接危害包括加快耐杀虫剂害虫的发展、降低生物杀虫剂的功效、使得相关的物种变成超级杂草、使得环境及更加暴露于除草剂以对生命的威胁。

不久的将来，有关上面这些以及其他相关的问题政策的讨论一定会更加普遍。为了更好地评价对该政策的讨论，作者推荐参考 McGarity 和 Hansen(2001)的报告。在本章结尾的参考文献中可以找到完整的索引。USDS 于 2004 年 1 月宣布，将对植物生物技术准则进行审核和完善。

概要和结论

生物技术是利用完整的生物体或来自生物体的自然物质(如酶)或完整的细胞、植物、动物的生物学过程来生产以前未生产的产品的发展。rDNA 的使用贯穿于整个现代的或新的生物技术应用的遗传工程当中,但农业生物技术是一个用于描述生物学过程的广泛名词,而不同于遗传工程。如微繁、动植物的健康诊断、疫苗和生物杀虫剂。生物技术包括许多不同的学科,如生物学、遗传学、分子生物学、生物物理学、生物化学、化学工程学和计算机科学。消费者、农场经营者以及农产品工业都关心生物技术的发展。更加安全、新奇和廉价的食品、医药品、诊断和治疗技术都有望通过生物技术解决。某些更重要的应用如下:

- 通过遗传工程使现有农作物提高对疾病、昆虫和干旱的抵抗力,提高对气候的适应能力,能够自己生产肥料或能够在贫瘠的土地上进行生产。能够在其种子当中生产各种化学物质,如或多或少或化学成分不同的脂肪、蛋白质和维生素。可消化性和价值得到提高,作为新产品的来源。开发能够提高工业应用的田间农作物。获得营养价值和口味更高,且更方便储藏和加工的食用植物。
- 微生物能够用来提高农作物的产量,生产疫苗和其他医药替代品,应用于食品加工过程等。
- 家畜的有益性状能够得到提升,如瘦肉率、生长速度、产奶量、营养价值等。
- 通过改良的家畜在其体液及乳汁当中能够生产具有各种用途的生物活性成分,并且与其他生产方法相比,这些物质是廉价的。
- 利用单克隆抗体能够进行疾病的诊断和研究。
- 微生物可以用来帮助减少污染,保持环境的清洁。

可能的应用方面有世界上所有物种的基因组集合那么多,而且需求量也非常大。

习题

1. 生物技术的定义。什么是传统生物技术和新的生物技术?都各有哪些产品?

2. 遗传工程的定义。如何能使它适合于生物技术?描述哪个是更广泛的概念,为什么?遗传工程在生物学上的特征是什么?

3. 使用一般术语描述如何通过遗传工程技术使生物有机体的 DNA 进行重组,哪些工程可被利用?

4. 解释新生物、转基因生物、属间微生物和新基因?

5. 说明基因图谱的重要性,基因图谱的用途以及什么是基因组?

6. 什么是抗体?它在有机体内起什么作用?什么是单克隆抗体?抗体和单克隆抗体的用途是否相同?如果不同,它们各自的功能是什么?如何制备?

7. 什么是基因治疗？与生殖细胞治疗有什么不同？

8. 什么是克隆？克隆羊多莉有什么特征？利用该项技术是否能够复制其他任何物种？克隆有哪些用途？

9. 描述现在生产遗传工程植物的方法，到目前为止，哪种遗传工程技术是主要的方法？你认为哪些改革对遗传工程植物的生产是有用的？

10. 为什么转基因动物的数量没有转基因微生物和转基因植物的数量多？

11. 对于食用鱼类的遗传工程师来说，鱼的哪些性状是有用的？你能想出哪些性状对于装饰鱼类来说是有益的？

12. 把动物作为生物反应器是什么意思？与农业医药有什么关系？与微生物医药产品相比，农业医药产品有什么优点？

13. 到目前为止，大多数转基因动物的用途是什么？为什么转基因动物如此重要？

14. 如何进行 PST 的商业生产？PST 有什么用途？

15. 微生物在生产药品和疫苗方面主要有哪些应用？

16. 如何将遗传工程生物用于食品加工产业？什么是营养药品？如果食用用于生产鱼油的马铃薯会不会对你造成干扰？

17. 生物技术对于废物处理方面有何帮助？这些应用当中，哪些与 DNA 重组技术相关？

18. 谁对转基因生物具有调整的权利？你是否厌烦这些技术？你对该技术是否有改善的建议？

19. 通过媒体，你看过哪些关于生物工程道德规范的顾虑？本书中提到的社会顾虑是否全面，或者你认为还有哪些应该考虑？对于书中提到的，你认为哪些是不必考虑的？你是否能为你的立场进行辩护？最后，你认为一个国家如何能将发生意外的生物工程技术禁止？

参考文献

Biotechnology Information Series. 1994. *North central regional extension publication*. Ames, IA: Iowa State University. http://www.nal.usda.gov/bic/Education_res/iastate.info/.

Campbell, K. H. S., L. Pasqualino, P. J. Otaegui, and I. Wilmut. 1996. Cell cycle coordination in embryo cloning by nuclear transfer. *Journal of Reproduction and Fertility* 1 (1): 40.

McGarity, T. O., and P. I. Hansen. 2001. Breeding distrust: An assessment of recommendations for improving the regulation of plant derived genetically modified foods. Report prepared for the Food Policy Institute of the Consumer Federation of America, Washington, DC.

National Science and Technology Council (NSTC). 1995. *Biotechnology for the 21st century: New horizons*. Washington, DC: Biotechnology Research Subcommittee, Committee on Fundamental Science, National Science and Technology Council, Office of Science and Technology Policy. http://www.nalusda.gov/bic/bio21/tablco.html.

Union of Concerned Scientists. 1998. Various fact sheets. Cambridge, MA: Union of Concerned Scientists. ucs@uscusa.org http://www.ucsusa.org/agriculture/biotech.whatis.html.

第 11 章

动物繁殖

学习目标

学完本章后，应该能够：

1. 描述内分泌系统如何调控配子的产生。
2. 认识雌性和雄性动物的生殖系统解剖特征。
3. 雄性生殖腺和雌性生殖腺的对比和对照。
4. 陈述受精、妊娠、分娩的发生过程。
5. 讨论环境对繁殖机能的重要影响。
6. 讨论目前动物繁殖技术的应用及其优点。

关键术语

被动免疫
闭锁
产后的
产后间隔
初情期
初乳
垂体腺
促黄体素
促卵泡素(FSH)卵母细胞
催情补饲
第二性征
多次发情
发情期
发情周期
分娩
附睾
睾丸激素
黄体(CL)
黄体酮
脊柱前凸
季节性单次发情
假阴道(AV)
激素
精液
脉冲式
难产
排卵
胚泡
胚胎移植
配子
前列腺素
妊娠毒血症
溶黄体
桑葚胚
世代间隔
合子
受体
双生间雌
胎盘
体内
下丘脑
性腺
性欲

引言

繁殖对于一个物种的繁衍和延续是必要的，同样地，对于所有的物种来说也是一个基本的过程。对于大部分家畜生产者来说，生产仔畜是决定收入的主要因素，因此家畜生产者对家畜繁殖特别关注。对于牛场生产者，虽然他们的主要收入来源于牛奶销售，但泌乳是建立在繁殖的基础上的。事实上，和一般生产方式的进步相比，繁殖效率的提高被认为具有更大的获利性。提高3%的出生率将导致每年多生100万只肉牛犊，多产320万头猪，多产370万gal牛奶。就这些数字来说，在家畜上提高繁殖效率的努力获得了显著的经济回报。提高低繁殖效率的选择也同样是值得的。

所有动物的繁殖，无论是雄性和雌性，都需要内分泌系统的广泛调节，对激素的产生，繁殖生理状态和解剖结构的调控，完成包括生殖细胞发育、维持、受精、怀孕、**分娩**以及生产的各个过程。尽管这些过程是繁衍后代必不可少的，但仅仅在生命周期的一定阶段是活跃的。这些阶段具有典型的年龄阶段性。另外，也受其他因素影响，包括季节（日长）、雌雄比例和营养水平。了解哪些因素影响繁殖功能和怎样使这些负面影响最小化，对于成功繁殖是至关重要的。

分娩

生产的过程。

性腺是繁殖系统的基础。雌性性腺是卵巢，雄性性腺是睾丸。性腺有2个主要功能：生成类固醇，或者说产生性类固醇，和配子发生，或者说**配子**生产。这2个功能都受激素的调控，特有的行为需要激素调节的绝对同时性。负责特定功能的性腺，它的激素由大脑和**垂体**产生。由于性腺直接受大脑活动的影响，所以环境因素包括营养水平、光照时间和情绪对繁殖功能都有很深的影响。一些繁殖术语和一些物种的一般参数信息见表11-1。

性腺

性器官；雄性为睾丸，雌性为卵巢。

配子

成熟的精子或卵子

垂体

直接位于下丘脑的腺体。

表 11-1 物种的繁殖术语

	猫	牛	狗	山羊	马	鸡	绵羊	猪
成熟雄性	公猫	公牛	公狗	公山羊	公马	公鸡[1]	公绵羊	公猪
成熟雌性	母猫	母牛	母狗	母山羊	母马	母鸡	母绵羊	母猪
年幼雄性	—	小公牛	小公狗	小公山羊	小公马	小公鸡[2]	小公绵羊	小公猪[3]
年幼雌性	—	小母牛	小母狗	小母山羊	小母马	小母鸡[2]	小母绵羊	小母猪[3]
新出生的	小猫	犊牛	小狗	山羊羔	马驹	雏鸡[2]	绵羊羔	小猪
去势	阉猫	阉牛	阉狗	阉山羊	骟马	阉鸡	阉绵羊	阉猪
群	猫群	牛群	狗群	山羊群	马群	鸡群	绵羊群	猪群
属	猫属	牛属	犬属	山羊属	马属	野鸡属	绵羊属	猪属
分娩行为	产猫	产犊	下崽	产羔	生驹	NA	产羔	分娩
发情持续期	6～7 d	14 h	2～21 d	42 h	6 d	NA	30～35 h	2～3 d
发情周期（平均；范围）	18；14～21 d	12；18～24 d	31；2～13个月（平均6个月）	21；15～24 d	21；16～30 d	NA	16；14～20 d	21；18～24 d

续表 11-1

	猫	牛	狗	山羊	马	鸡	绵羊	猪
排卵高峰期时间/d	交配激发	发情结束后 10～14 h	第一次接触雄性后 1～3 d	与发情结束很近	发情结束前 1～2 d	NA	发情结束前 1～2 h	发情开始后 18～60 h
妊娠期(平均；范围)/d	63；62～64	281；274～291	63；58～68	151；140～160	336；310～350	21 d 孵化	150；140～160	113；111～115
初情期年龄/月	4～18(很多随品种变化)	8～14	5～24	4～8	10～12	4～6	4～8	5～7

1. 火鸡中叫雄火鸡。
2. 火鸡中叫小火鸡，鹅中叫小鹅，鸭子中叫小鸭。
3. 在 1 岁以内任何性别的青年猪叫幼猪。
4. 鸡属。

初情期

初情期
动物生长的过渡状态，从不成熟的繁殖和激素状态到成熟的繁殖和激素状态。

第二性征
性别间相互区别的特征；在初情期期间和初情期期后最为明显。

下丘脑
负责许多自我平衡功能的大脑区域。

脉冲式
脑下垂体前叶腺分泌促性腺激素的脉动方式。受大脑的脉冲发生中心控制。

促黄体激素
一种促性腺激素，主要负责提供信号干涉雌性中成熟的卵泡和雄性睾丸细胞的睾丸激素的发生。

促卵泡激素
一种促性腺激素，主要负责雌性中卵胞的生长，发育和维持，和雄性中精子的发生。

一种动物的两种性别在具备繁殖能力之前，它必须经过**初情期**这一过程。不同物种初情期的标志有所不同，但是影响初情期最重要的因素是年龄和体重。另外，营养应激、季节和其他因素也是非常重要的。初情期是一个从无功能的内分泌和生理繁殖状态过渡到配子和激素产生和成熟的过程。初情期通常伴随着与性别相符的**第二性征**。初情期后，物种被认为具有繁殖能力。

雄性第二性征包括公牛脖子上的隆起，男人的胡子，大部分物种中雄性肌肉的增强，声带的变化(例如：青春期男孩声音会发生改变)。对于雌性，许多特性集中起来我们称为雌相：身体脂肪的增加使得角度分明的曲线的发育，乳腺的发育，更平滑的毛发等等。行为特征比如“标记”领域(两性之间)或者雄性之间的攻击也是这个复杂体的一部分。

内分泌学

涉及繁殖的内分泌功能是由**下丘脑**来激发的。下丘脑是大脑中很小的一个区域，是身体适应环境能力很关键的一部分。下丘脑释放一种激素叫促性腺激素(GnRH)。这种激素的释放是一连串激素起作用的第一步，这些激素的作用必须协调，才能促成成功的性腺反应。有趣的是，GnRH 是以脉冲的方式释放，造成了所有的激素和反应是**脉冲式**的(见图 11-1)。这些反应在系统中保持高度的灵敏性。GnRH 释放的刺激受一个称为脉冲发生中心的系统控制。这个中心受大脑的各个部分控制，事实上，它整合了许多环境信号产生对内分泌链的一个驱动力。

GnRH 途经一个很短的距离到达脑垂体前叶腺，其直接位于下丘脑下部。反过来，脑下垂体前叶腺释放两种其他激素应答 GnRH：**促黄体激素**(LH)和**促卵泡激素**(FSH)。这两种激素渗入血液，进入雄性和雌性的性腺。而且，这些激素以

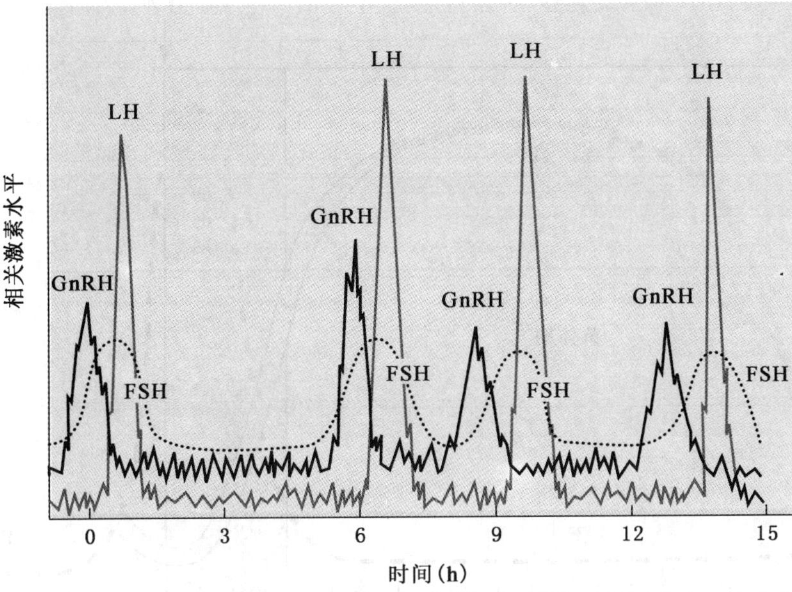

图 11-1 脉冲式释放繁殖激素,应答促性腺激素(GnRH)的释放。LH = 促黄体激素;FSH = 促卵泡激素。(来源:Senger,1997,p. 170,经允许使用)

脉动的方式释放到血液中,以至于性腺只是间歇的达到促性腺激素(LH 和 FSH)的高峰。

睾丸激素是主要的雄性激素,由睾丸产生。在雄性个体中,LH 的释放是睾丸产生睾丸激素的信号。如果 LH 不存在,睾丸激素不会产出足够的量来表达与雄性相符的第二性征。雄性的 FSH 对精子,雄性配子的产生是必须的。

在雌性个体中,FSH 负责正在发育中的卵泡的生长和维持,使其发育成卵子,卵子是雌性配子。没有足够的 FSH 支持,卵泡会遭遇死亡,这个过程称为**闭锁**。随着卵泡的生长和发育,它会产生雌激素(图 11-2)。雌激素水平的提高会促使脑垂体释放大量的 LH。大量的 LH 会导致卵胞壁的破裂,因而卵子从卵巢中被释放出来,使卵子受精成为可能(图 11-3)。从卵巢中释放卵子的过程被称为**排卵**。

排卵后,卵泡变成**黄体**(**CL**)。这个结构的主要作用是产生支持怀孕必需的**黄体激素**。黄体激素抑制 LH 和 FSH 释放,阻止**发情期**行为,减少子宫中肌肉的运动。在一些物种中(如山羊、兔子、母猪),CL 需要贯穿整个怀孕期间。在其他的物种中(如母牛、母马、母羊),在怀孕的早期,黄体提供足够的黄体激素,而后期是不必要的,因为**胎盘**(一个在怀孕期间包裹胎儿以及连接它到母体的器官)开始产生足够的黄体激素去充分支持怀孕。胎盘是一个从母体输送氧气和营养到胎儿,又将胎儿的排放废物输送到母体的器官。

睾丸激素
雄性类固醇性激素。

闭锁
卵泡的退化,不能使卵泡到成熟的阶段,否则称为卵泡成熟阶段。

排卵
从卵巢中释放卵子或者卵的过程。

黄体(CL)
负责产生支持怀孕的黄体激素的卵巢结构。

黄体激素
由黄体或者胎盘产生的雌性类固醇。

发情期
雌性动物接受交配的阶段。与"heat"是同义词。

胎盘
当胎儿在子宫中发育时包裹胎儿和连接母体的一个器官。

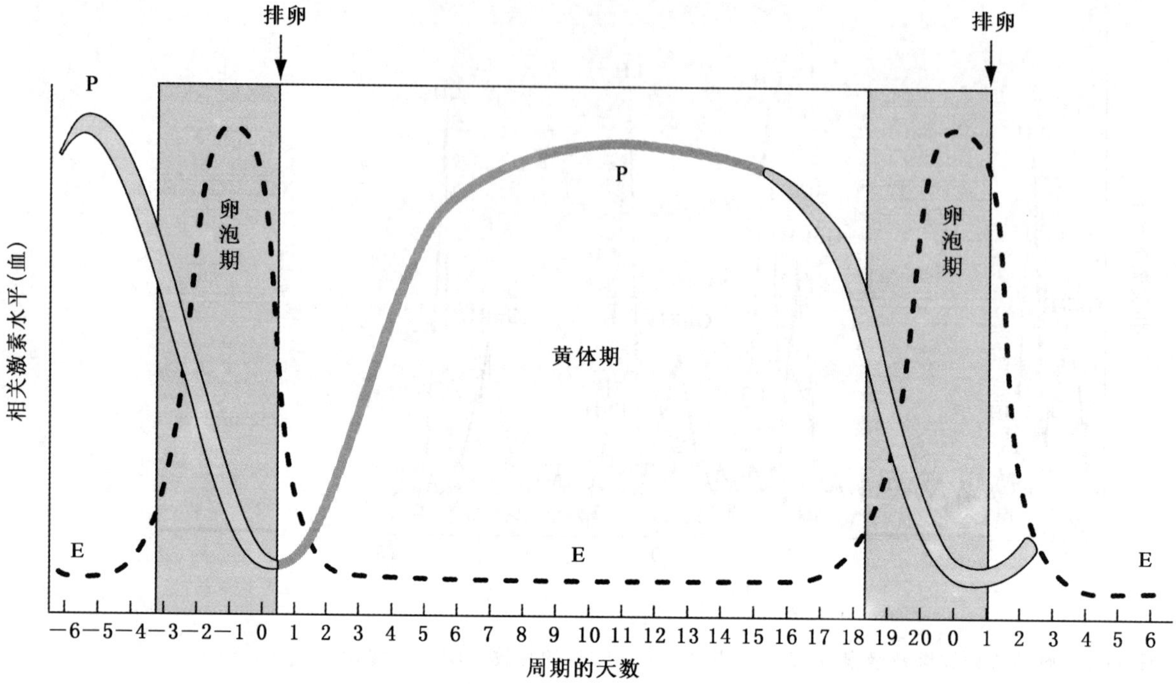

图 11-2 发情周期的阶段。
P ＝黄体激素；E ＝雌激素（来源：Senger，1997，p. 119，经允许使用）

解剖学

雌性

雌性的生殖道包括：卵巢（雌性性腺）、输卵管、子宫、子宫颈、阴道和外生殖器（图 11-4）。在大部分家畜物种中，生殖道通过各种韧带悬挂在直肠下面。卵巢成对出现，黏附在直肠出口，负责卵子的储存、发育和释放。另外，卵巢依赖繁殖周期，产生雌性类固醇激素、黄体激素和雌激素。

卵母细胞
来自母体的配子。

发情周期
从一个发情期（发情期）到下一个发情期的时间。

新生母畜的卵巢含有所有的**卵母细胞**（配子），并且将终身含有。在母畜每月的**发情周期**内，卵母细胞发育成初级卵泡，初级卵泡继续发育，或者退化致死。有少量的卵胞发育到足够大，产生高水平的雌激素，这导致 LH 的大量出现，最后导致卵子从卵胞中释放。人们还不太清楚排卵的卵泡是如何被选中的，以及如何定期地生长。

卵子从卵泡中释放并被漏斗部“俘获”。漏斗部是包裹在卵巢的输卵管终端的一个结构。这个薄膜状结构直接引导卵子进入输卵管，阻止它进入腹腔。输卵管的中间位置是壶腹，它连接漏斗部和输卵管峡部，即输卵管的终端位置。壶腹一般来说是受精的位置。峡部连接输卵管和子宫角。输卵管内有腺体，它的分泌物提供营养和传输媒质。卵子在输卵管中停留 3～6 d。

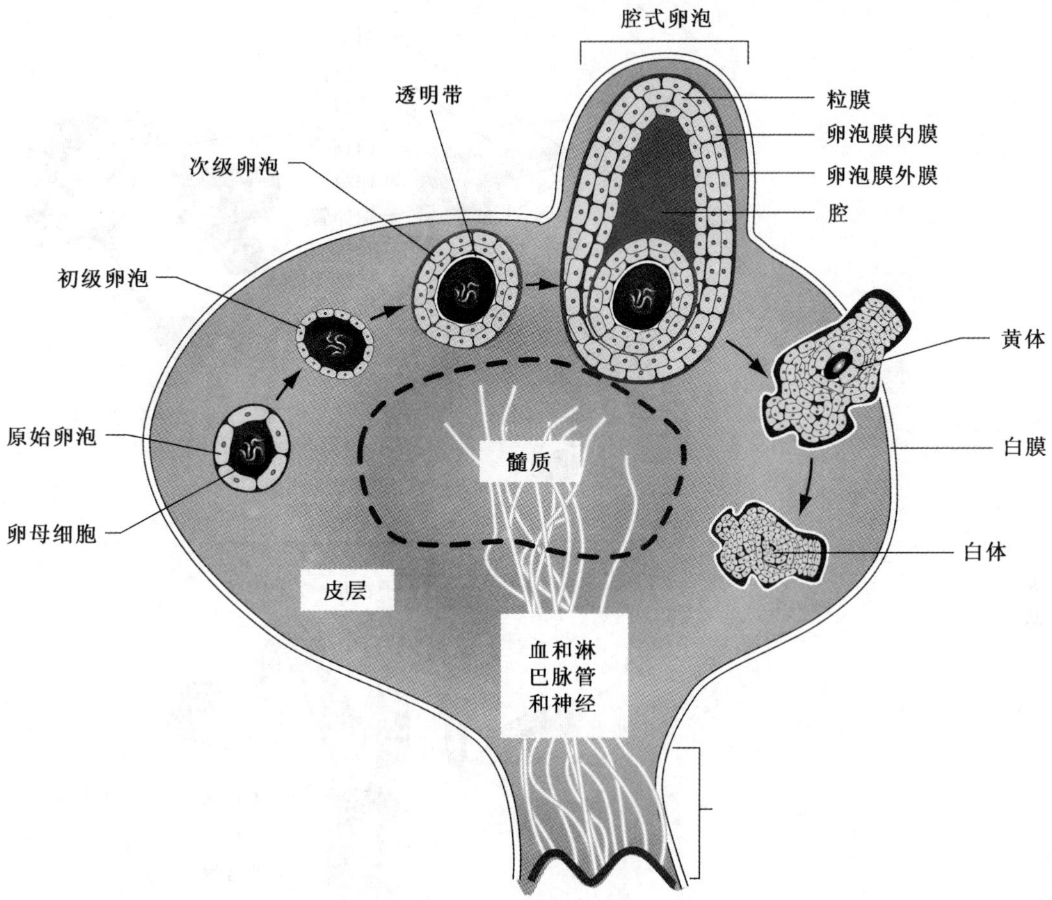

图 11-3 卵巢示意图 。(来源:Senger,1997,p.17,经允许使用)

输卵管和子宫相连。不同物种子宫结构有很大不同,如图 11-5 所示。不同物种具备了不同类型的子宫角。子宫的功能:为精子细胞提供一个从子宫颈到输卵管的通道;在胎盘发育前提供腺体分泌物来养育胎儿;为发育中的胎儿提供营养并排出废物;分娩时排出胎儿。子宫是一个非常强健的器官,收缩辅助胎儿排出。但是,为使胎儿植入到子宫壁,子宫的收缩性必须受到抑制。排卵后,功能性的黄体发育确保了足够的黄体激素的产生和分泌。黄体激素抑制子宫的收缩,这样可以使胎儿着床。

子宫连接到子宫颈,其扮演了一个从阴道进入子宫的"看守者"。子宫颈主要有 5 个功能:

1. 为精子细胞提供通道。

2. 为精子细胞提供贮存池。这样精子进入子宫的时间会更加一致,增加了同时存在的活力精子,提高了准备受孕卵子的机会。

3. 在外部和内部环境提供一个主要的屏障。

4. 润滑作用。

5. 分娩时为胎儿提供通道。

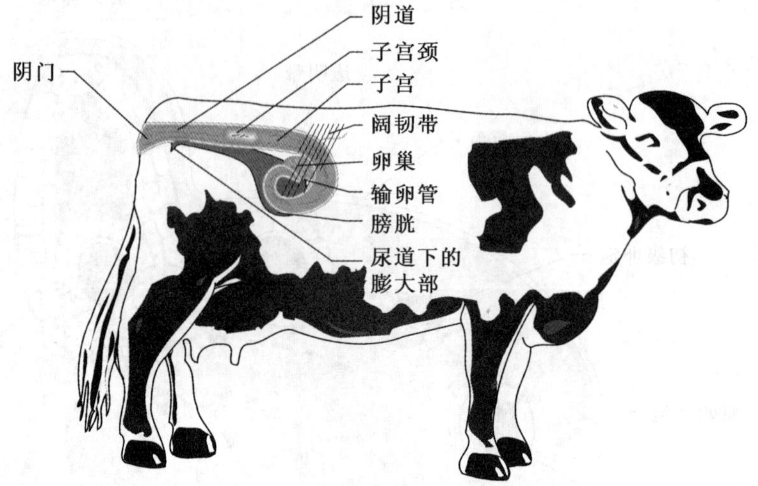

（a）

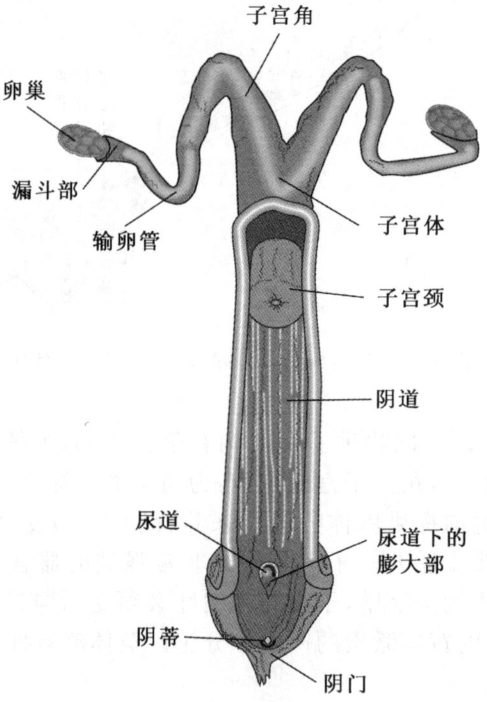

（b）

图 11-4 母畜生殖道。（来源：(a) Bearden and Fuquay，1997；(b) Texas A&M University，经允许使用）

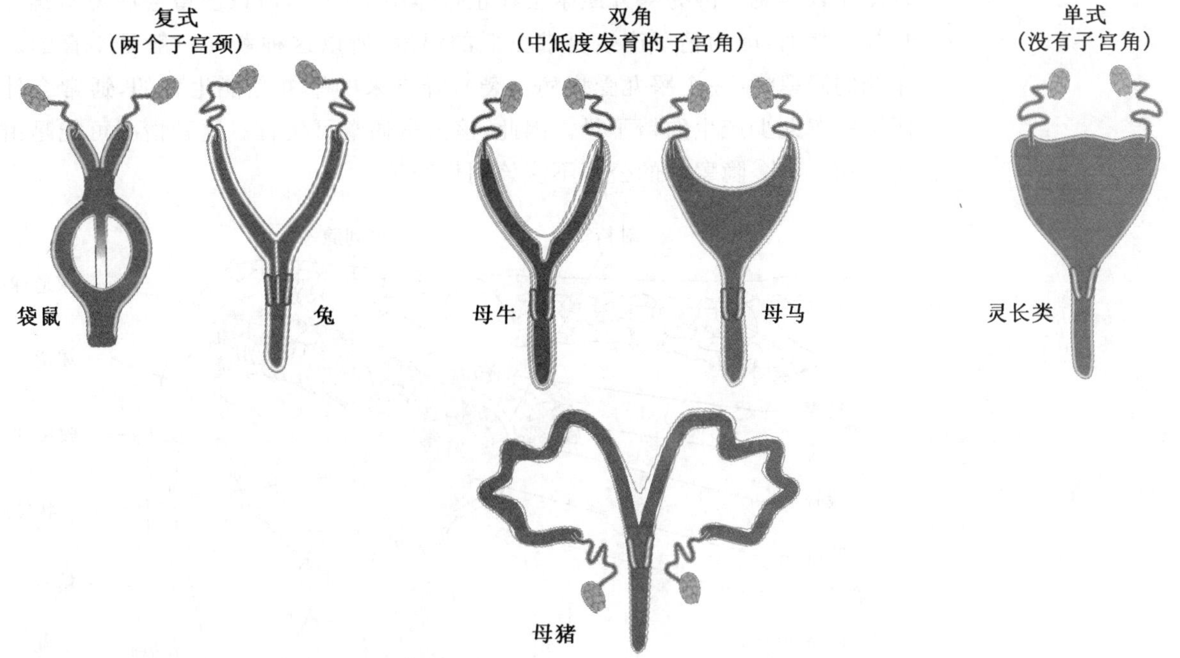

图 11-5 子宫类型 。(来源:Senger,1997,经允许使用)

子宫颈是由括约肌样构造的厚壁组成的一条狭窄的管腔,是精子必须经过的通道(除了母马和母猪是精子直接注入子宫)。在黄体激素水平高的情况下,黏稠的分泌物会使外阴的通道闭塞,或者关闭。这种黏稠分泌物称为子宫颈封条或者子宫颈塞子。它的功能是当胎儿可能存在时阻止任何污染物的进入。事实上,如果怀孕期间子宫颈封条被开启,一般自发性流产接踵而来。在雌激素水平较高的情况下,子宫颈产生大量的黏液润滑外阴。这种分泌物通过冲洗污染物,阻止了微生物进入子宫。

在大多数物种中阴道是交配的器官和胎儿排出的部位。阴道不像子宫,它不是一个肌肉发达的器官,但它有一个发育良好的黏膜层。阴道连接子宫颈和阴门,也是母畜的外部解剖特征。阴门由 2 个阴唇构成,它们在正常环境下关闭,保护母畜生殖道免受微生物侵入。

雄性

雄性的生殖道主要结构有睾丸、阴茎、管道系统、副性腺(图 11-6)。睾丸,类似于母畜的卵巢,负责产生配子(精子)和产生雄性类固醇。因为精子的产生对温度的依赖性很强,在低于正常体温 4～6℃产生,所以身体通过几种机制维持适当的温度。睾丸开始在腹腔发育,通常在胎儿发育时,从腹腔降到阴囊,直至腹股沟。一侧或者两侧睾丸没有下降而一直保留在腹腔,这种现象称为隐睾病。这种现象比较少见。因为睾丸激素会在正常体温下产生,所以公畜会展现出雄性第二性征。然而,因为精子产生要求更低的温度,所以这种睾丸一般是不育的。对于单侧的隐睾病(一个睾丸受疾病侵袭),降下来的睾丸是能生育的,通常会补偿未降下的睾丸少产生的精子量。因此,该公畜通常可生育。这种情况可能是由于遗传作用,因此,隐睾病的公畜不应该用作繁殖。

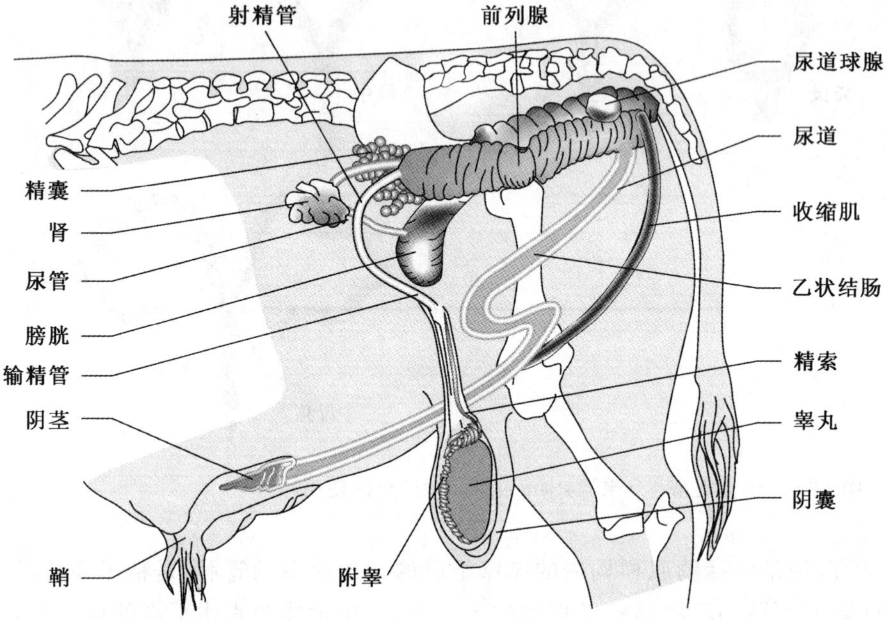

图 11-6 公畜生殖道。(来源:Texas A&M University,经允许使用)

睾丸通过精索悬挂在阴囊内。阴囊保护睾丸和使睾丸快速冷却来保持恰当的温度。阴囊还有许多热敏感元件,它能探测外部温度和产生一些反应,包括阴囊出汗来散热。另外,在热应激时,从阴囊热敏元件到大脑的神经连接能影响公畜的呼吸。呼吸频率增加也能散热,因此降低了睾丸的温度。精索也通过腹股沟连接睾丸到腹腔。精索含有睾丸的血液供给,神经连接和能升高和降低睾丸的肌肉。当睾丸变冷时,提睾肌提升睾丸靠近身体来温暖睾丸。提睾肌和肉膜协调工作。肉膜是阴囊皮肤下面一个平滑的肌肉层。肉膜能持续不变地保持睾丸靠近身体。当睾丸变得太热时,提睾肌和肉膜放松,因而可使睾丸下降。在炎热的夏季,公牛和公羊的阴囊会变得非常下垂。这就是身体为适应环境从而不断地调节自身的过程,例如精子的产生就是一个例子。另一个对温度控制独特的特征是一个叫蔓状丛的专门血管系统。这是一个逆流血液供给,它能冷却从身体流向睾丸的动脉血,加温从睾丸运行到身体的血液。如果身体不能散发足够的热量,睾丸变得太热,精子生产可能停止并且妊娠率可能持续数月的低落。

睾丸引起精子和睾丸激素的产生。睾丸激素产生雄性的第二性征。相对于只产生有限卵子的母畜,公畜有产生相当多精子的潜力。精子是连续地产生,不像母畜那样仅有有限数量的卵子。精子在睾丸内的生精小管中产生，移到**附睾**中进一步发育，储存和输送。收集到附睾头部的精子一般是不成熟的和不能生育的。然而，后代是由卵子与收集在附睾尾部的精子结合而产生的。射精前，精子会从附睾中通过输精管运送到尿道。输精管能通过输精管切除术的手术切除。这几乎肯定导致不育但保留性功能完整，有时用该手术处理用于发情鉴定的公畜。在输精管的精子悬浮于来自睾丸的液体中。但是，其他几个器官会增加液体到精子中构成最终的产物，**精液**。公猪和母马产生凝胶状的物体去封住配种后的子宫颈从而阻止精液从阴道中流失。精囊，前列腺，尿道球腺都产生分泌物，来增加精液量，增加精液的营养，辅助精液射精后凝结。

附睾

连接睾丸与输精管的管道。具有储存、传输和使精子成熟的功能。它由头部，体部，尾部组成。

精液

来自公畜的液体，含有从睾丸的精子和几个其他生殖器官的分泌物。

阴茎是一个在阴道或子宫颈中沉积精液的器官，取决于不同的物种。阴茎可能是有血管的(如公马)或者是纤维弹性的(如公牛、公猪、公羊)。有血管的阴茎在性刺激时会通过留有血液的特殊勃起组织而扩张。在高压力下增加的血量促使勃起。射精后，血液流出器官，因此阴茎中的血液压力和体积降低。

除公马外，一般的家养动物有一个纤维弹性的阴茎，以一个S形结构形式存在体内直至射精。在性刺激时，这些肌肉主要作用是维持在S状弯曲内的阴茎放松，允许阴茎透过鞘伸展。这种类型的阴茎直径增加很小。阴茎变形在公猪上表现明显。公猪的龟头(阴茎的头部)是螺旋状的，以至它能进入母猪类似螺旋状的子宫。因此，公猪射精是在子宫颈而不是阴道中。

因为阴茎是充满血管的器官，外伤会造成严重的出血。公牛发生"阴茎断折"是非常普遍的外伤，即阴茎在伸展时被弯曲或者踢中。血从阴茎流出，涌进周围组织。大多数这种伤害是不可修复的，公牛从此不能进行自然交配。精液仍然可用电流射精机来采集，这在后面会解释。

妊娠

适时地排卵和交配应该能引起妊娠。在发情期内，母畜变得乐于接受公畜，因而促进交配(自然交配)。刚从卵巢释放，向下运行到输卵管的卵子，在输卵管壶腹区是可育的。受精的机会时限是非常窄的。如果受精在大约12 h内没有发生，卵母细胞开始退化，成功受精的机会快速减退。幸运的是，精子运行到壶腹部的速度非常快，射精后几分钟便可完成。另外，子宫颈和子宫有许多可容纳精子的小囊和皱褶。因此，排卵前几小时甚至数天聚集的精子都有机会接触卵母细胞。

一旦卵母细胞受精，它变成一个单细胞胚胎，称为**合子**。受精后不久细胞开始分裂，合子成为一个多细胞**桑葚胚**的胚胎，它进一步发育使桑葚胚胚胎成为**胚泡**。当胚泡移到输卵管，移向子宫角和子宫体时，它是自由浮动的。着床日期随物种而变化，但家畜一般发生在受精后14～40 d。胚泡继续发育，细胞分裂变得明显了。内部细胞群发育成原始胎儿，滋养层部分发育成胎盘(图11-7)。

合子

由精子和卵子结合所形成的细胞。

桑葚胚

早期胚胎，细胞分裂后受精卵中多细胞成员。

胚泡

多次分化的胚胎，由内细胞群，胚泡腔和滋养层组成。

妊娠的维持需要相对高水平的黄体酮，在所有物种中，早期妊娠期间都是黄

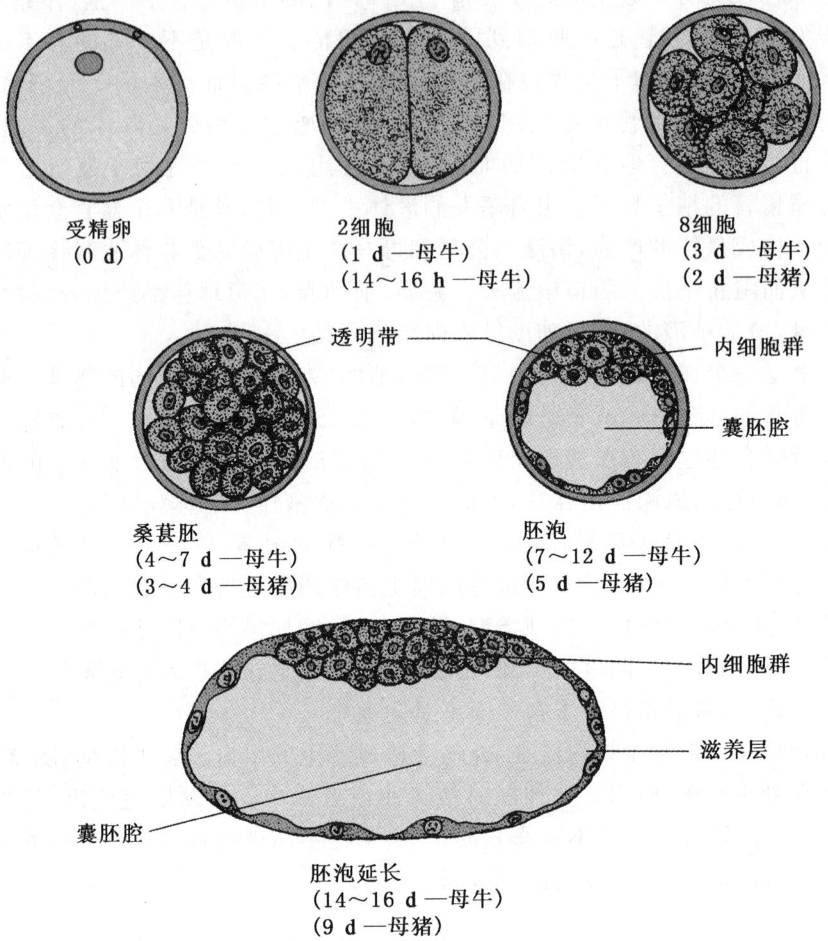

图 11-7 母牛(281 d 妊娠)和母猪(114 d 妊娠)妊娠后一段时间特定的分裂阶段。(来源:Bearden and Fuquay,1997,p. 91,经允许使用)

体供应黄体酮。因此,为了维持妊娠,必须防止黄体的退化。首先必须识别母畜妊娠。如果妊娠没有及时识别,黄体将会退化,从而移除维持妊娠所需的黄体酮的来源。对于母牛、母羊、母马,未怀孕的子宫产生**前列腺素** $F_{2\alpha}$($PGF_{2\alpha}$),其运行到卵巢,导致**黄体退化**,或使黄体衰弱。但是,物种的胚泡会产生蛋白质阻止 $PGF_{2\alpha}$的产生和释放,因而阻止黄体退化。

前列腺素

一组脂肪酸激素,其中之一是前列腺素 $F_{2\alpha}$,它能溶解黄体,使母畜返回发情期。

黄体退化

黄体的衰弱或者退化。如果没有妊娠,在发情期的黄体期将结束。

胚泡滋养层细胞发育成胎盘各个层。胎膜由羊膜、绒毛膜、尿膜和卵黄囊组成(图 11-8)。羊膜环绕和垫覆着羊水中的胎儿。万一遇到严重的损伤,羊水会保护胎儿。尿囊绒膜,是尿膜和绒毛膜的融合体,与子宫内膜接触。卵黄囊为发育的胚胎/胎儿供给营养。另一方面,妊娠时卵黄囊发育很早但退化也早。总的说来,胎盘调节氧气的交换、营养、废物排出和存在某些物种母体和胎儿间的抗体。子宫和胎盘之间实现这些交换的实际连接随物种不同差别很大,母猪的连接非常分散,而反刍动物只有一个局部连接。

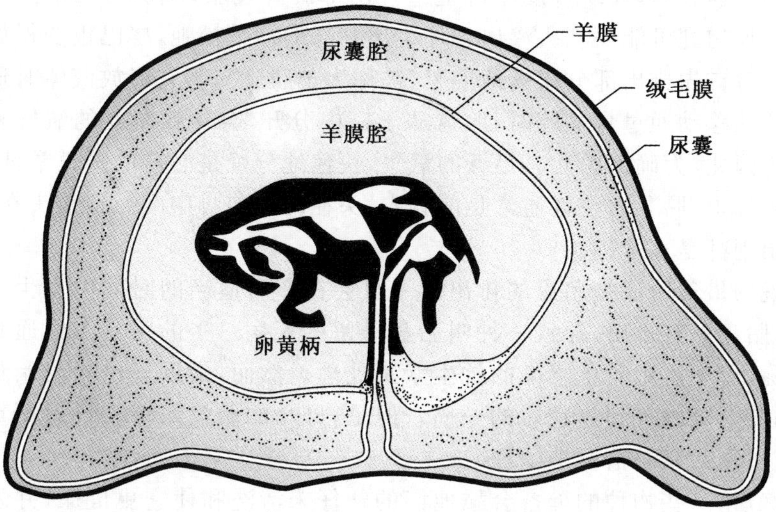

图 11-8 带胎盘的胎儿。(来源:Frandson and Spurgeon, 1992, p. 455。)

当多个胎儿出现时,多个胎儿的胎膜一般是混合在一起的,这种现象比较普遍,除了母牛外对产仔和发育都没有影响。对牛来说,多细胞膜的血液供应也混于一起,使激素从一个胎儿传输到另外一个胎儿。如果双胞胎是同性的,发育会正常进行。但是,如果双胞胎是异性的,雄性激素会干扰雌性的发育。雌性生殖道的发育会不完整,这种情形称为**双生间雌**。双生间雌中的母畜一般是不育的,妊娠率一般小于 10%。可喜的是,牛的多胎发生率非常低。

双生间雌
牛的一种疾病,由于雌性结构的不正确发育,与公牛孪生的母牛天生不育的疾病。

一般来说,大约胎儿 2/3 的生长发生在妊娠的最后 3 个月。因此,这个时期母畜的能量要求也是最大的,必须满足特别的营养需求。例如,怀多胎的母羊,母羊不能供给或者没有供给足够的营养来满足胎儿的要求,易患一种叫**妊娠毒血症**的疾病。类似地,母牛和母马必须饲养充分以至于在产仔时能储存适当的能量。如果没有,母畜将无法依靠身体资源,因此需要提供营养来维持哺乳期。一般地,这些母畜返情会推迟,随后的配种也要延迟。

妊娠毒血症
同妊娠酮病。雌性酮病的一种形式,发生在妊娠晚期,由于母畜没有吃到足够的饲料或者没有供给足够的饲料。通常发生在多胎动物中;常见于绵羊。

分娩

分娩,生产的过程,是妊娠的最终结果。分娩是由后代分泌的激素引发。也可以用氢化可的松类的药物比如地塞米松引发分娩。当胎儿向骨盆腔移动时,开始推挤子宫颈,从子宫颈到大脑的神经连接刺激脑垂体后叶释放催产素。催产素传送到子宫颈的肌肉,引起子宫肌肉强有力的收缩有助胎儿的排出。大部分生产不需要助产,会自然分娩。然而,胎位不正或胎儿大小不相称都可能需要助产。生产困难称为**难产**。难产主要因素是相对于产道来说胎儿个体太大引起的。事实上,这种情况可以通过选择低初生重的父本和骨盆大的母本作为选择工具来排除这种状况。

难产
产仔困难。

母畜临近分娩表现出的行为变化随物种不同而不同。它们一般变得烦躁,可能与其他动物分开，表现极度不舒适。外阴部红肿发胀，乳房变得饱满。母马在分娩前几天初乳可能从乳头渗出。环绕尾基部的韧带松弛，尾巴也变得放松。

生产时首先排出部分尿囊绒毛膜（被称为羊膜囊），当它释放液体时通常会破裂。当胎儿移动通过骨盆腔时，胎盘从子宫中分开，会导致胎儿的氧气和营养纽带丢失。因此，为确保胎儿有足够的氧气，快速地分娩是必需的。正常情况下，母牛、母马、母羊，胎儿的位置通常是前脚先，头在两个前脚中间。猪是头在先，或者尾巴先出现都是正常的。

分娩的最后阶段是胎盘的排出。一般会在产后适当的时间内发生。在某些情况下，胎盘没有排出，导致一种叫胎盘滞留的疾病。牛的胎盘滞留通常是兽医人工去除，母牛要用防止感染的抗生素来处理。然而，最近理论指出胎盘应该自己排出，甚至可以等到分娩后的一周。但是，母马的胎盘滞留会导致严重的健康问题，应该作为紧急情况来处理。

分娩后，一些物种的母畜会舔他们的幼仔来清洗和使它更健康，并发展成为一种辨认关系。其他的物种不会清洗它们的幼仔。大部分家畜物种相对早熟，出生后几分钟内就能站立。幼仔出生后尽快地喂奶使他们吃到奶中所含有的抗体是很关键的。**初乳**，或者第一次奶，不同于普通的奶，因为它有较高的蛋白质、维生素、矿物质和抗体浓度。抗体是能抵抗疾病的较大蛋白质分子，能通过从消化道吸收被动地传送到幼仔，这就是**被动免疫**。然而，出生后不久幼畜开始关闭抗体的通道。因而，如果幼仔出生后短时间内没有吃到初乳，它不能利用其母体的免疫。许多生产者保存冷冻的初乳，如果牛犊、羊羔或者马驹出生 2～3 h 内没有吃到初乳，解冻的初乳会通过一个放到仔畜的胃里的管子喂给幼畜。因为初乳的抗体反映母体的抗体，母体接触的疾病或者接种预防的疾病越多，幼仔得到的抗体越多。因此，最好是收集年龄大点的动物的初乳，而不是年龄小的动物的初乳。

初乳
母畜产仔后第一次分泌的乳汁。

被动免疫
动物通过从外源接受的现成抗体给自身进行免疫。

从分娩后到再次出现发情之间的间隔称为**产后期**或者**产后间隔**。牛的这段时期的管理特别重要，为了达到 12 个月的产犊间隔，产犊后 80 d 内必须再次妊娠。对于季节性繁殖的家畜，比如绵羊和山羊，这个时期不是很重要，因为季节（实际是日长）对繁殖是最为重要的抑制因素。无论其他的环境因素如何，母畜产后直到几个月才会表现发情。产后间隔很大程度上受营养缺乏、后代的存在和哺乳的影响。综合起来，这两个因素严重限制了发情期的开始。哺乳对猪的影响非常大，所以生产者很早就让仔猪断奶，来刺激发情期活动的开始。肉牛生产者现在正实验用短期断奶来刺激发情期活动的开始，结合增加采食量来减少产后间隔。奶牛生产者处理产后间隔更困难，因为他们必须保持母牛产奶。

产后期
分娩之后。

产后间隔
母畜从分娩后到首次发情的时间间隔。

环境对繁殖的影响

许多环境因素对繁殖功能有重要的影响。在很大程度上，动物的营养水平会影响母畜的受孕能力，影响公畜的**性欲**（性冲动）和射入母畜生殖道的精液量。营养的影响可分为两类：

性欲
性的冲动。

1. 营养水平——动物长期摄入的能量、蛋白质、维生素和矿物质；通常可通过动物的体脂含量反映出来。

2. 动物的营养平衡——为维持繁殖需要，必须提供适当的营养来满足日常消耗。

所有的营养成分都可能影响动物的繁殖；然而，主要的营养限制是能量。当母畜失去体况，或者说失去脂肪，它受孕的能力将会受到影响。所有畜种都有一个体况水平，低于这个水平，雌性将不会受孕。但是，肥胖也会成为繁殖功能的制约因素。营养状况和营养平衡是很重要的，特别是怀孕的母畜。例如，当母牛能量储备(脂肪含量)不够时，可以通过在配种前短期增加能量摄入量来促使排卵和发情。这个过程，称为**催情补饲**，普遍用于绵羊、猪和山羊，用来提高排卵率。

催情补饲

饲喂额外的饲料来刺激发情周期和排卵率。

尽管应激的机制还没有完全弄清楚，但它对繁殖力的负面影响很大，随着动物行为知识的不断积累，通过减轻应激来提高繁殖力已成为生产者提高繁殖力的一种手段。在繁殖期间将陌生的动物混在一起会出现很大的应激，从而减少发情的出现，降低妊娠率，特别是和其他环境因素综合在一起时更为严重。(这会在后面的第13章"动物行为"文中讨论。)

日照长短对许多动物的繁殖有很大的影响。这不局限于母畜。对于绵羊，公羊睾丸的重量全年会有涨落，秋季繁殖期是最重的，非繁殖期是最轻的。然而，季节最重大的影响是在繁殖季节母畜会出现发情，在非繁殖季节不会出现发情。母马就是长日照季节性繁殖的例子，这样说是因为随日照的逐渐增加才能观察到发情。绵羊、鹿、麋鹿和山羊是短日照繁殖，秋季才能观察到发情。繁殖对季节依赖的精确机制还未知。然而，白天呈现的日照量被大脑感知，传输到下丘脑的脉冲发生器，开启 GnRH 的释放使内分泌开始。类似地，在非繁殖季节，脉冲发生器关闭，卵巢接收不到来自垂体前叶对卵泡完全发育和维持的促性腺的支持。因为季节性繁殖动物依赖白天的日照长短，所以可以用人工照明来模仿变化的季节来控制动物的繁殖功能。此外，有些季节性繁殖动物受日照的影响比其他的动物弱，因此，母羊在秋季而不是春季产羔和母马在晚夏而不是春天产驹也是可能的。此外，有些季节性繁殖动物受日长的影响比其他的动物弱。例如，大部分白脸绵羊比黑脸绵羊繁殖期要长。另外，动物离赤道越近，季节性繁殖越少，因为全年中日照更恒定。尽管母牛被认为是非季节性繁殖动物，但许多证据表明全年中某一特定时间段其繁殖力会更高。

多次发情

表现出不止一个发情周期。

单次发情

只出现一个发情周期；例如，母狗是季节性单次发情。

绵羊、山羊和母马认为是季节性**多次发情**动物，因为他们在一个繁殖季节内不止出现一次发情周期。但是，像狗等一些物种是季节性**单次发情**，因为他们在繁殖季节只出现一次发情周期。

技术与繁殖

人工授精

早在19世纪30年代，人们发现从公畜采集的精液，经过极低温度冷冻，在适当条件下解冻,解冻后的精液是能够使母畜受孕的。已经开发出成本低廉的技术,在许多动物中人工授精(图 11-9)是个比较普遍的技术,在某种程度上,可用于所有动物。例如,在奶牛中,通过人工授精而产下的牛犊占到 80%左右。利用这种技术,生产者使用来自全国和全世界的最好公牛的精液来提高他们牛群的遗传进展。商用生产的火鸡几乎 100%在使用人工授精技术,因为现代的大胸脯雄火鸡不能自然交配。几个马育种协会最近已经改变注册规则,所以育种者能更好地利用这种技术。

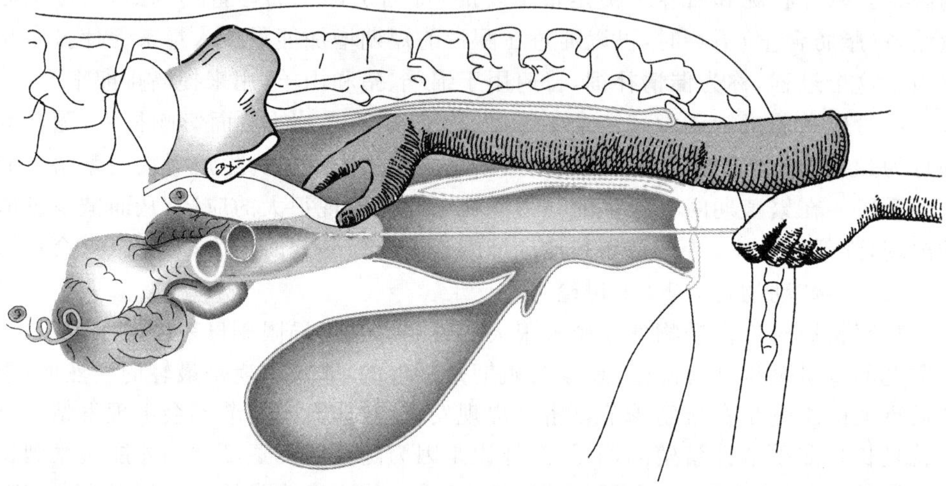

图 11-9 母牛人工授精的直肠把握法方法。(来源:ANIMAL AGRICULTURE:THE BIOLOGY, HUSBANDRY, AND USE OF DOMESTIC ANIMALS, by Cole and Garrett ©1974, 1980 by W. H. Freeman and Company。经允许使用)

成功的授精要求从公畜那采集优良的精液,观察母畜的发情期以及有将精液恰当地放置到母畜生殖道的能力。精液的收集是通过**假阴道(AV)**采集公畜的精液,假阴道内有一个接受精液的容器(图 11-10)。在公牛、公羊和公猪使用的另外

假阴道(AV)

用作收集公畜精液的设备。勃起之后,阴茎直接插入假阴道,公畜射精,射出精液到 AV 的贮精器内。

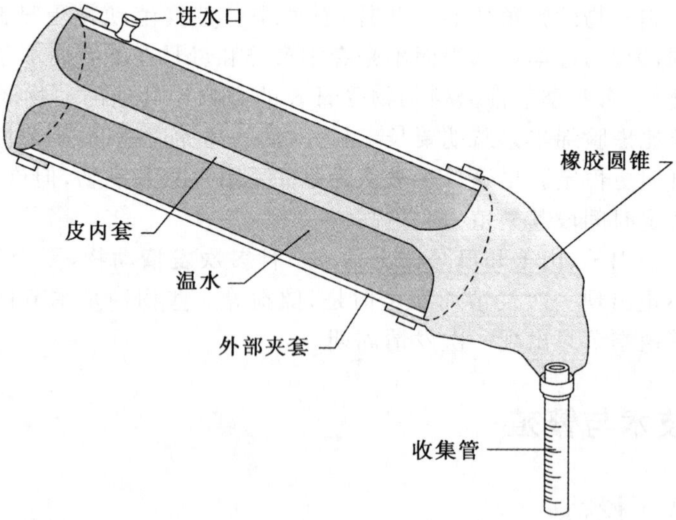

图 11-10 假阴道示意图。(来源:ANIMAL AGRICULTURE: THE BIOLOGY, HUSBANDRY, AND USE OF DOMESTIC ANIMALS, by Cole and Garrett ©1974, 1980 by W. H. Freeman and Company。经允许使用)

一种方法是用电流射精机。电流射精机通常用于那些拒绝或者受伤或者年龄原因不能自然爬跨的公畜。这个仪器由一个放入公畜直肠的电刺棒组成。电流刺激肌肉收缩使精液排出。通过任一种收集方法,用含有蛋白质和缓冲液的溶液稀释精液,冷冻在液氮中(对公牛和公羊),或者充分冷冻来延长精子的寿命(对公猪和母马)。冷冻的精液储存时间不确定。事实上,19 世纪 50 年代收集和冷冻的公牛精液仍然含有可繁殖的可育精子。表 11-2 中列出了各种家畜物种的精液特性。

表 11-2 家畜精液特征性

特　性	牛	山羊	马	绵羊	猪
射精量/mL	5	0.8	30	1	225
精液浓度/(10^9/mL)	1.1	2.4	0.15	3.0	0.2
精子活率/%	70	80	70	75	60
每周射精	4	20	3	20	3
活动精液(AI)	10	60	100	120	1 200
每次射精授精的母畜(AI)	350	25	30	20	20

来源:根据 Bearden & Fuquay(1997)和 Cole & Garrett(1980)修改。

观察发情周期是人工授精能否成功的最困难的任务之一(图 11-11)。精液放置到母畜的生殖道中必须与卵巢中卵泡的卵子排出时间一致,确保授精发生在精子仍然活着和在合适的位置。可喜的是,许多物种会表现出有发情期特征的特定行为活动。在排卵 12 h 前,母牛允许其他的母牛或公牛爬跨。因此,当母牛站立并接受爬跨时,在 12 h 内就应该进行人工授精。在时间上,人工配种和自然配种之间的不同在于精液的位置。自然配种时,精液射入母牛的阴道中,精子进入子宫前必须通过子宫颈。人工授精时,精液绕过子宫颈直接放置于子宫中。在发情期时,母马会表现阴门排尿的典型信号性特征。母猪表现“**脊柱前凸**”,当后背受压时表现出一种坚定的姿势,阴门肿胀、变红。因此,观察母猪的发情,最重要的一点就是用力压母猪的后背,如果母猪走开,就没有发情。如果用力压它的后背时,它不仅站立并拒绝走开时,它可能发情了。母羊表现情况特殊。母羊不表现明显的发情标志,因此,对于配种鉴定是十分困难的。母马发情期间脱落子宫内膜,血和组织流失。猫一般表现明显的行为变化。

脊柱前凸

母畜发情时忍受施加到后背的压力所表现的姿势。

同期发情

为解决发情检测的问题,减少投入人工授精的人力,在母畜上,已开发出使动物同期发情的药品。用这种方式,可以给几头母畜注射合适剂量的药物促使排卵同步发生。有 3 种基本的促使同期发情的方法。

一种方法是在黄体期注射前列腺素 $F_{2\alpha}$($PGF_{2\alpha}$),促使黄体衰退。$PGF_{2\alpha}$是当母体没有受孕时,子宫产生和释放的一种自然激素。黄体衰退使黄体激素对 LH 和 FSH 释放的抑制影响发生变化。LH 和 FSH 水平显著增加,使卵泡发育。因此,注射 $PGF_{2\alpha}$大约 72 h 后,具备功能性黄体的母畜排卵。如果没有功能性黄体出现,母牛在第一次注射的大约 9 d 后进行再一次注射。第二次注射唤起发情通常是有效的。

图 11-11 发情检测是一个好的 AI 程序中最困难的问题之一。不是所有的动物能像母牛,会站在那里被爬跨,那样很容易判断是否在发情。(Penn State Extension Circular 402 提供,牛的发情检测和受精时机)

第二种同期发情法是使用雌激素和黄体激素的化合物,埋植到母畜耳朵上的一种缓慢释放丸。黄体激素和雌激素的作用是阻止 LH 和 FSH 的释放,因此,打断了母畜的发情周期。移除植入片后,黄体激素和雌激素的抑制影响被解除了,母畜表现出发情。

一个最新的方法综合了 GnRH 的使用,不仅定期发情,而且定期排卵。这种方法受到生产者尤其是奶牛生产者的欢迎。

胚胎移植

胚胎移植

将受精胚胎从一个母体转移到另一母体的过程。

世代间隔

在一个物种内,当后代(通常指第一胎)出生时父母的平均年龄。

受体

用来接纳供体胎儿完成妊娠期的母畜。

胚胎移植(ET)是一种从一个母畜中收集已受精的胚胎,移入到另一个母畜中使其进一步发育(图 11-12)。在 19 世纪 70 年代家畜生产者就可利用这种技术。胚胎移植的价值是它能使优良种畜生产更多的后代。ET 类似人工授精的使用,都是从公畜提高繁殖潜力,但没有它这么普遍。尽管在几个物种上都有一定程度的应用,但它在牛工业上应用最广泛。胚胎移植用在猪上没有多大的吸引力,因为他们是窝生产,**世代间隔**也较短。对于绵羊和山羊,胚胎移植也缺乏吸引力,因为在生产上不划算。所以,接下来集中讨论母牛。

胚胎移植过程始于优良种畜的超数排卵。超数排卵是人为地提供 FSH 的过程,导致卵巢接受促性腺的支持,这样多于正常数目的卵泡到达排卵期前的阶段。事实上,FSH 阻止卵泡正常地进行萎缩。因此,FSH 不会增加生产的卵子数量,它仅仅使卵泡保持每个月在多产的和发育的状态,因此会有更多的卵排出,更多可育的卵子。同时,当供体母牛在超数排卵时,用于接收胚胎的母牛,即**受体**母牛,要进行激素注射使其与供体母牛处于发情期同步。当供体母牛中的卵胞成熟,供体母牛和受体母牛大约同时释放卵子。排卵后大约 12 h 及时给供体母牛进行受精,大多数卵子将会受精,但不是全部。

胚胎在供体母牛中大约呆 7 d——胚胎最能成活的时期——当它们还没有着

图 11-12 这头乳牛(右上)是10个小牛的供体母亲。它是超数排卵,受孕1周后从它的子宫中取出胚胎。在试管内培育3～10 h后,将胚胎植入到10头受体母牛的子宫内进行后期妊娠。(George E. Seidel, Jr, Colorado State University 提供)

床时,从输卵管中取出。胚胎要在显微镜下进行识别,然后一个接一个放入受体母牛中。如果一切顺利,胚胎会在受体母牛中发育成胎儿,生育出的小牛会携带父亲和供体母牛的基因。有些商业胚胎移植公司自称胚胎移植的妊娠率可达60%。另外,如果收集了比可利用的受体母牛还多的胚胎,也有可能把胚胎冷冻起来。因此生产者计划产犊会更灵活,能利用冷冻胚胎来决定全同胞的品质,能最大化利用受体母牛。胚胎移植大大提高了基因影响,通过增加每年出生的后代数量,一头母牛可能影响一个牛群。

体外受精

尽管胚胎移植在美国牛工业中广泛使用,但它也有缺陷。例如,胚胎移植只能在当母牛空怀的时候才能做。因而,必须保持一头优良母牛很长时期不孕来完成超数排卵,另外,配种和胚胎移出的程序是必要的。第二,一些母牛不会像预期那样对激素做出反应。当卵巢刺激不够时,没有卵子产生。当卵巢刺激过度时,产生太多的卵子,而产生的卵子可能不育。

现今的技术可以在卵泡完全发育前直接从卵巢中采集卵子。这些卵子能在**体外**受精,等发育到一定阶段移入受体母牛体内继续发育。这种方法有许多优点,包括:

体外
在试验试管中或者体外的其他环境。

- 妊娠期采集卵子
- 每次收集的卵子使用不同的公畜
- 频繁采集,每周一次

直接从卵巢中采集卵子有一些缺点。这种技术不是很成熟。另外,它是非常昂贵和耗时的。但是,体外妊娠率正接近胚胎移植所说的成功率。人们熟练这项程序时,人们期盼利用这种技术的优点来提高妊娠率。

家禽和鸟的繁殖

雌鸟

家禽繁殖后代的目的与哺乳动物一样。但是,后代出生的方式改变了,因为家禽后代不在母体内妊娠。相反地,卵排出体外后要孵到后代准备从壳中脱出时。母鸡的生殖道结构在图 11-13 中显示。下面集中讨论母鸡;然而,这个过程与其他鸟类是相似的。

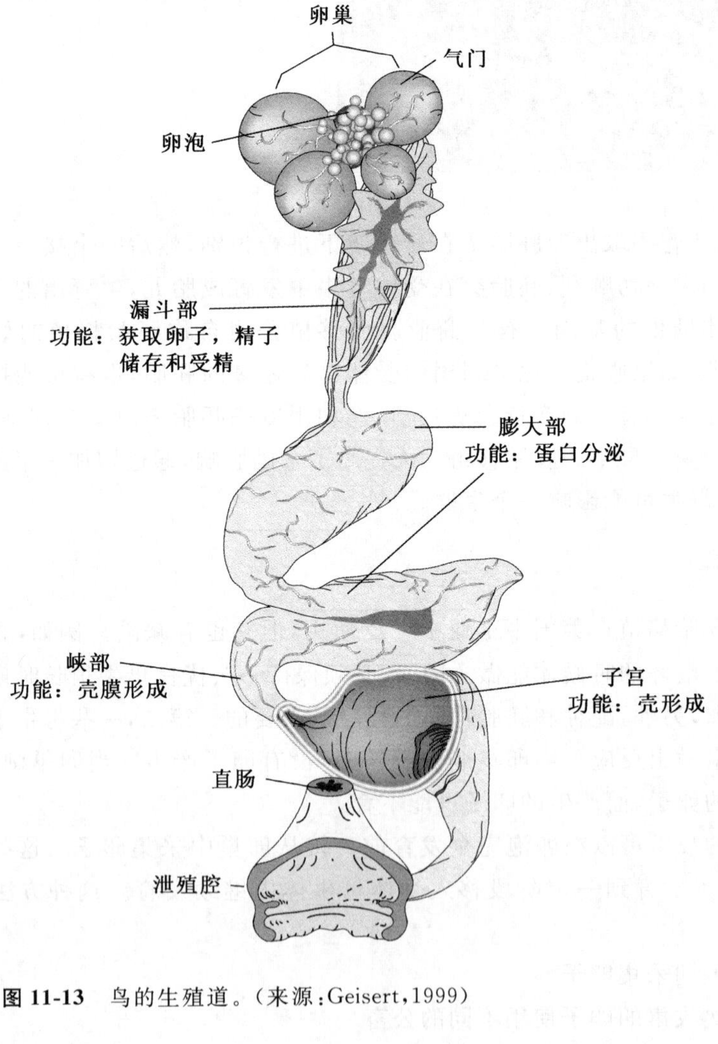

图 11-13 鸟的生殖道。(来源:Geisert,1999)

雌性家禽(母鸡)只有一个功能性卵巢,不像哺乳动物有两个具有功能的卵巢。母鸡只有左侧卵巢是功能性的。当小母鸡孵出时,大约 4 000 个卵子附在卵巢上,每个卵子包在卵泡内。

卵泡内的血管会为卵子提供营养一直到成熟。在性成熟时卵子开始成熟。每个成熟卵子通过卵泡壁破裂,成功地从卵泡中释放出来。这种从卵泡中释放出来的过程叫排卵。破裂顺着一个叫气门的线发生。卵子(卵黄)移到输卵管,在此添加鸡蛋的其他成分。

在输卵管中,卵子从一个区移到另外一个区,鸡蛋形成中每个特定步骤都在特定的区发生(图 11-14)。输卵管的第一部分,漏斗部,排卵后从体腔获得卵黄。在漏斗部时,如果精子存在会发生受精。在一些禽类中,精子保持可育性高达几个星期。卵黄在漏斗部中度过的总时间是 30 min 或者更少。卵黄移到输卵管的第二部分,膨大部。卵黄会在膨大部呆 2～3 h,期间会增加蛋白的部分,或者说鸡蛋的“白色部分”。蛋白沉积在卵黄四周。在输卵管的下一部分,峡部,增加壳膜。鸡蛋在峡部的 1.5 h 内,鸡蛋吸收水和矿物盐,并增加壳的内外膜。壳的钙化发生在子宫,或者称为壳腺,它在输卵管的下一部分。另外,蛋白其余部分在子宫增加。鸡蛋在子宫停留 18～20 h,它经历“膨胀”过程,它透过先前成形的膜增加水和矿物到鸡蛋的过程。膨胀过程一完,壳的钙化就发生,增加壳的色素。壳成形完成之后,鸡蛋从子宫中移出,穿过阴道,其间透过壳加入薄膜或者说外皮,然后直达泄殖腔排出,即排出鸡的体外。这个过程一般称为“产蛋”。从排卵到产蛋总的时间为 24 h 或稍稍多一点。蛋产出大约 30 min 后,另一个排卵发生,

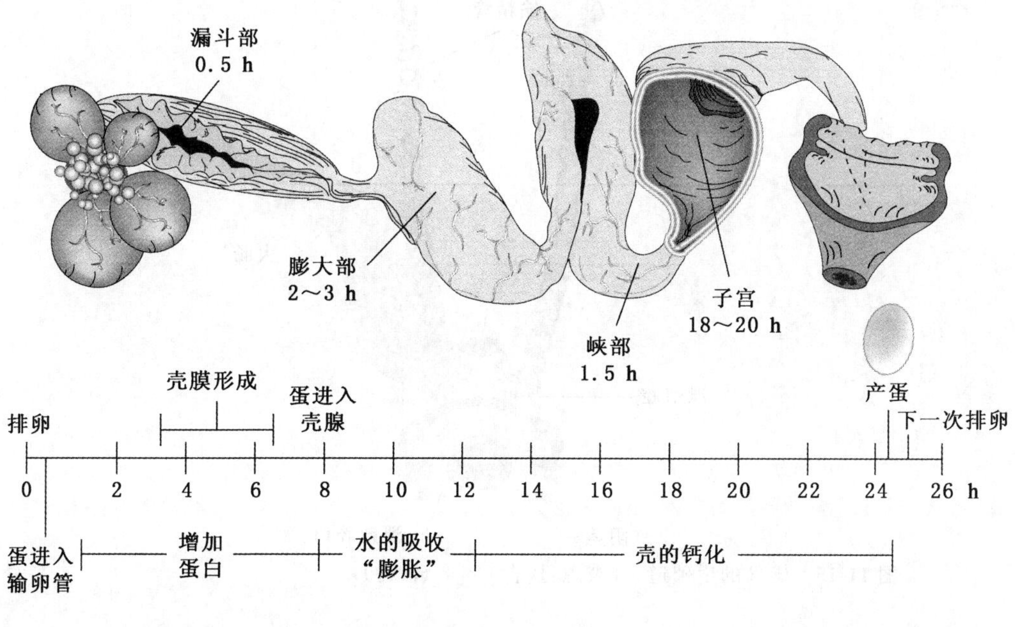

图 11-14　蛋产生的过程。(来源:Geisert,1999)

重复这个过程。受精蛋可以由母鸡来孵化，或者收集进行人工孵化。鸡下的大部分蛋是未受精的，这些蛋是不育的，作为食物原料进行加工。

雄鸟

雄鸟的繁殖器官在图 11-15 中给出。母鸡没有公鸡也会产蛋，蛋的形成不需要精子出现在母鸡的生殖道内。基于这个原因，有时在商业蛋鸡舍里不会发现公母鸡在同一舍内。但是，如果想要繁殖，在蛋形成过程中，精子必须存在于漏斗部。通过对雌鸟的观察，雄鸟与哺乳动物的生殖道有着根本的不同。首先，睾丸不同，雄鸟的睾丸在体腔内而不是在体腔外。精子细胞从睾丸进入输精管，其通向泄殖腔，终止于泄殖腔壁的小乳状突上。雄鸟有阴茎，但和哺乳动物相比，它比较低级。交配时，精子从乳状突传送到阴茎，经过雌鸟的泄殖腔沉积在输卵管。

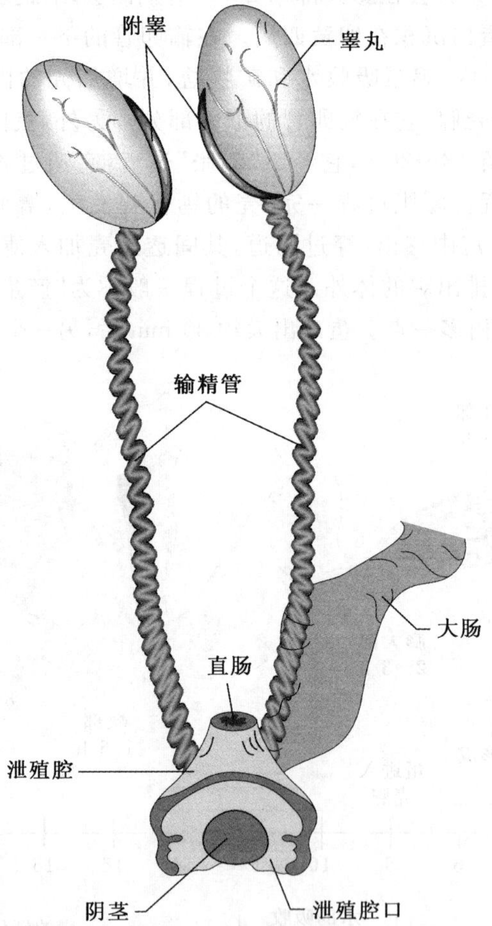

图 11-15 雄鸟的生殖道。（来源：摘自 Geisert，1999）

概要和结论

维持家畜的繁殖功能是那些依赖家畜生产的畜牧业成功的关键。繁殖的成功依赖体内许多系统间的协调。环境因素可以从根本上影响繁殖行为的表现、关键激素的释放、胚胎移植的成功和妊娠的维持。只有当环境因素为最佳时,动物才能展现成功的繁殖。

现代技术中的许多手段提高了我们控制繁殖过程的能力。然而,生产者也应该努力地提高繁殖功能的遗传潜力。因为一些新兴技术的出现,生产者可能会产生一些矛盾。例如,利用胚胎移植将胚胎移植到一头不能维持妊娠的"优良"母牛体内,不是生产者长期的最优利益。同样,使用一头精子数少的公马最终可能使得其后代的繁殖力降低,这个缺陷可能需要通过几个世代来纠正。利用繁殖技术的优势提高生产的机会是巨大的。但是,追求这种策略的生产者有责任明智地使用它。

习题

1.为什么繁殖对家畜生产者如此重要?

2.描述一下影响动物繁殖功能的因素以及各因素之间的相互影响。

3.性腺是什么?他们功能的主要分类是什么?大脑对性腺特定的功能有什么影响?

4.什么是初情期?初情期和第二性征有什么关系?

5.对于激素来说,脉冲是什么意思?举两个脉冲式性激素的例子?

6.下丘脑是什么?它和繁殖有什么联系?垂体前叶是什么?它和繁殖有什么联系?

7.制个表格,在表的下边,列出在母畜繁殖中有功能的各个激素。在交叉线的上面,用激素来源,作用目标和功能进行分类。填写表格。

8.制表并在表中列出在公畜繁殖中有功能的各个激素。用激素来源、作用目标和功能进行分类。填写表格。

9.描述一下不同畜种所具有的不同子宫类型?

10.列举并简要论述一下母畜繁殖解剖学中各组成部分的功能。

11.列举并简要论述一下公畜繁殖解剖学中各组成部分的功能。

12.驴和马的阴茎相比较有什么区别?和公猪的有什么差别?

13.睾丸在体腔的外部为什么很重要?讨论一下睾丸的温度调节?

14.什么是隐睾病?对有隐睾病的动物,其繁殖力会受到什么影响?

15.像公牛和公马一样,如果公牛的精液中产生凝胶状物质,那么对于公牛这将是不利的?

16.在配种期间,雄性动物变得烦躁不安会有什么后果?可能产生的结果是什么？有什么办法保证雄性动物的配种，尤其是公牛？

17. 有的物种在排卵前 2～3 d 进行配种，可能会致使怀孕。但是，在排卵后 2～3 d 进行自然交配将会导致不孕。它们的区别是什么？

18. 描述一下黄体在妊娠期间的作用。你认为物理方式破坏黄体可能会中止妊娠吗？你认为这样的方式可能有哪些？

19. 描述一下胎盘的作用。多胎动物中胎盘会发生什么？这样的问题会发生在哪些物种中？问题是什么，并被称为什么？

20. 描述导致妊娠疾病的生殖和环境的相互作用，尤其在羊上。

21. 分娩的步骤是什么？

22. 描述一下初乳对幼畜的价值。为什么出生后要尽快吃到初乳？

23. 在家畜中，关于产后阶段的管理哪些是重要的？影响它的主要因素是什么？

24. 描述一下营养状态和营养平衡的区别，在繁殖中都有什么作用？

25. 应激反应对家畜繁殖有什么影响？你认为在对户外雌性动物管理时，应该具备考虑降低应激反应的意识吗？

26. 季节对繁殖有什么影响？一些畜种比其他物种受季节的影响会更大吗？如果是，哪些畜种？

27. 人工授精对育种规划的价值是什么？人工授精中精液是怎样收集的？如果恰当地处理，冷冻和保存精液应该维持多长时间？能否成功完成人工授精面对的挑战是什么？

28. 不同畜种在发情期的一些标志是什么？

29. 同期发情有什么价值？描述本章讨论的 3 种同期发情的方法是什么？

30. 胚胎移植有哪些价值？在所有家畜中都能使用吗？经常使用于什么畜种？为什么？

31. 描述一下牛胚胎移植的过程。

32. 胚胎移植和体外受精之间的区别和相似之处有哪些？

33. 如果人类使用改进的繁殖技术，为了长期的保护家畜基因库的完整性，生产者必须注意些什么？

参考文献

Author's note: This chapter was prepared in part by Dr. T. L. Beckett, California Polytechnic State University, San Luis Obispo, CA.

Bearden, H. J., and J. W. Fuquay. 2000. *Applied animal reproduction.* 5th ed. Upper Saddle River, NJ: Prentice-Hall.

Cole, H. H., and W. N. Garrett, eds. 1980. *Animal agriculture: The biology, husbandry, and use of domestic animals.* 2nd ed. New York: W. H. Freeman and Company.

Frandson, R. D., and T. L. Spurgeon. 1992. *Anatomy and physiology of farm animals.* 5th ed. Philadelphia, PA: Lea and Febiger.

Geisert, R. D. 1999. *Learning reproduction in farm animals.* A multimedia CD-ROM. Stillwater, OK: Oklahoma State University.

Senger, P. L. 1997. *Pathways to pregnancy and parturition.* Pullman, WA: Current Conceptions, Inc.

第 12 章

泌乳

学习目标

学完本章后，应该能够：

1. 对泌乳过程进行描述。
2. 能够列出乳成分。
3. 掌握乳腺的主要组分。
4. 掌握并能描述典型的泌乳曲线。
5. 能够解释乳糖不耐症。
6. 描述乳中各组分分泌进入乳汁的过程。
7. 比较和对照不同动物间乳成分的差异。
8. 解释牛生长激素(BST)促进产奶的机理。

关键术语

饱和脂肪	复位	乳房炎
不饱和脂肪	肌上皮细胞	乳糖
产后轻瘫	酪蛋白	乳糖不耐
初乳	泌乳	乳腺泡
催产素	泌乳曲线	渗透压
分泌细胞	脑下垂体	脂蛋白
分娩	牛生长激素	

泌乳
产奶的过程。

分娩
出生的过程。

引言

所有哺乳动物均存在**泌乳**现象。事实上，**分娩**之后是否发生泌乳是定义哺乳动物的唯一标准。所有哺乳动物通过泌乳给幼龄动物提供营养。此外，在人类的一生中，乳是钙、蛋白质、脂肪、多种微量元素及维生素等许多养分的方便来源。因此，乳类生产在动物生产中具有非常重要的地位，乳类不仅是幼龄动物的营养来源，也是人类的主要食品来源。牛、山羊、绵羊等动物的泌乳是一个复杂的过程，实现最佳的奶类生产需要动物生产各学科的知识。

乳是含有水、甘油三酯、乳糖、蛋白质、矿物质和维生素的液体，由雌性哺乳动物的乳腺合成和分泌，乳的成分和浓度存在物种间和物种内的差异。虽然所有哺乳动物均能够泌乳，人类消费的乳主要来自山羊、绵羊、水牛，当然更包括奶牛。在世界范围内，骆驼、羊驼、牦牛等其他许多哺乳动物也被用于乳品生产。虽然所有哺乳动物均泌乳，且乳成分间的差异很大，但乳腺的基本结构，包括细胞和解剖水平上的结构极为相似。

乳腺解剖

无论哪一种哺乳动物，乳腺的发育需要雌性动物内分泌、解剖、生理系统的协同变化。乳腺泌乳的基本结构单位是**乳腺泡**。与葡萄皮围绕内容物很相似，乳腺泡呈球形(图 12-1)，**泌乳细胞**围绕形成腺泡腔，分泌出的乳汁贮藏在腺泡腔中。泌乳细胞中含有合成乳汁独有成分的酶，乳汁在这些特殊的分泌细胞中合成并分泌。泌乳细胞有 3 方面的主要功能：(1)从血液中吸收必需的前体物质(养分)；(2)将吸收的养分转变为乳中的乳糖、脂肪和蛋白质；(3)将合成的乳汁分泌到腺泡腔中。此外，从血液吸收的矿物质、维生素等首先在泌乳细胞内与合成的成分结合，然后分泌到腺泡腔中。乳腺以液体的形式分泌其产物(脂肪、碳水化合物、蛋白质、矿物质和微生物)，因此这些产物由水稀释后形成乳。在泌乳之前，大多数乳汁存放在腺泡腔内。放奶或泌乳反射由一种称为**催产素**的激素引起。该激素由**脑下垂体**分泌，能够引起一种围绕在泌乳细胞周围，称为**肌上皮细胞**的特殊细胞收缩，从而将乳汁从腺泡腔中挤出(图 12-2)。挤出乳汁后，腺泡腔内压减小，为产生更多的乳汁留出了储存空间。雌性动物在感知到某种刺激后会分泌催产素。通常刺激乳头，如幼畜吸吮乳头或擦洗乳房，会引起催产素的分泌。但动物可以对与泌乳有关的其他因子产生反应，如看见其幼畜，或甚至是在挤奶时间听到了用于挤奶用真空泵的声音。

泌乳细胞合成的乳汁直接分泌到腺泡腔内。乳腺泡以小叶的形式组织起来，腺泡腔内的乳汁通过复杂的导管系统被引导至皮肤表面。与动物种类有关，乳腺导管终止于皮肤表面称为乳头的结构。在牛和山羊，乳导管终止于腺乳池，腺乳池与乳头乳池相通，并最后与乳头管相通。在这些动物，乳汁最终从乳头管排出体外。乳头管顶端是一个肌肉环，或称为乳头括约肌，负责在未放乳的时间将乳头管关闭。乳头括约肌通常呈收缩状态，其作用除了滞留乳头管内的乳汁之外，还有阻止外源物质进入乳腺的作用，包括阻止微生物的进入，因此它是防止乳腺感染的第一道防线。放乳时，乳头括约肌松弛，使乳汁从乳头管流出。乳头括约肌一旦松弛，一般能维持 15～60 min 的时间，因而挤奶后的 1 h 内，微生物很容

乳腺泡
构成乳腺基本单位的球形结构，由腺泡腔、围绕腺泡腔的泌乳细胞和肌上皮细胞构成。肌上皮细胞收缩将乳汁从腺泡腔中挤出到乳腺导管中。

泌乳细胞
是乳腺泡的基本功能单位，能够吸收养分、合成乳汁并将乳汁分泌到腺泡腔中。

催产素
是在丘脑下部合成，从垂体后叶分泌的一种激素。能够引起子宫肌肉细胞的收缩以帮助分娩，并能引起乳腺泡周围肌上皮细胞的收缩，使乳汁从腺泡腔排入乳腺导管中。

脑下垂体
是悬挂在脑下部的小腺体。由垂体后叶腺和垂体前叶腺构成。

肌上皮细胞
一种特殊类型的肌肉细胞，围绕在乳腺泡的分泌细胞周围，受到催产激后收缩压迫腺泡腔。

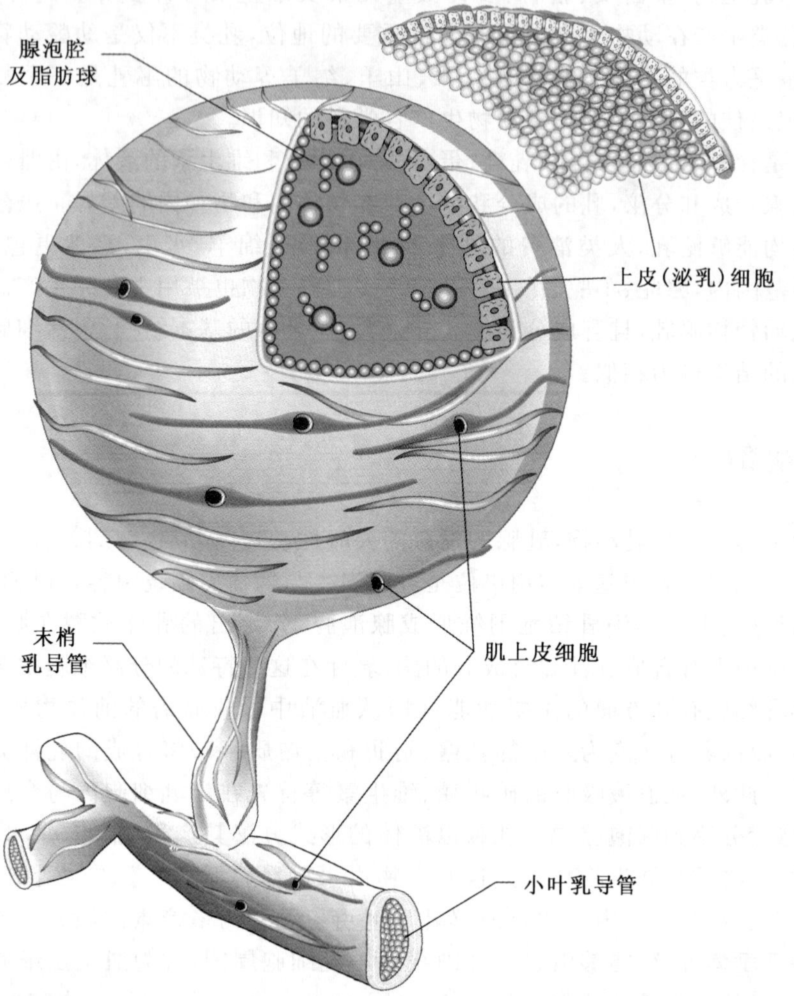

图 12-1 乳腺泡——乳腺泌乳的基本结构单位。(来源:Turner,1969,经允许使用)

易进入乳头管。为此,挤奶后应注意保持奶牛处于站立状态,以防治细菌进入乳腺。多数饲养者通过挤奶后喂料的方法避免奶牛躺卧。

乳房炎

乳房发生炎症,通常由于细菌感染引起。

多数情况下,**乳腺炎**是由细菌引起的,避免细菌进入对于预防乳腺炎非常重要。乳腺炎是奶牛的主要疾病之一,使用抗生素治疗又使抗生素进入到乳汁中。由于法律禁止人类食用乳中含有抗生素(即所谓零许可),使用抗生素治疗奶牛所产的奶只能弃掉,从而减少了饲养者的收入并增加其支出。此外,乳腺炎治疗不当会导致乳腺细胞损失,降低动物的产奶能力,严重时还会导致死亡。

虽然母牛产犊后立即产奶,但直至产后几周才达到泌乳高峰。其中的原因还不清楚,但可能与动物达到泌乳高峰所需的生理和生化调整有关。一般母牛在产

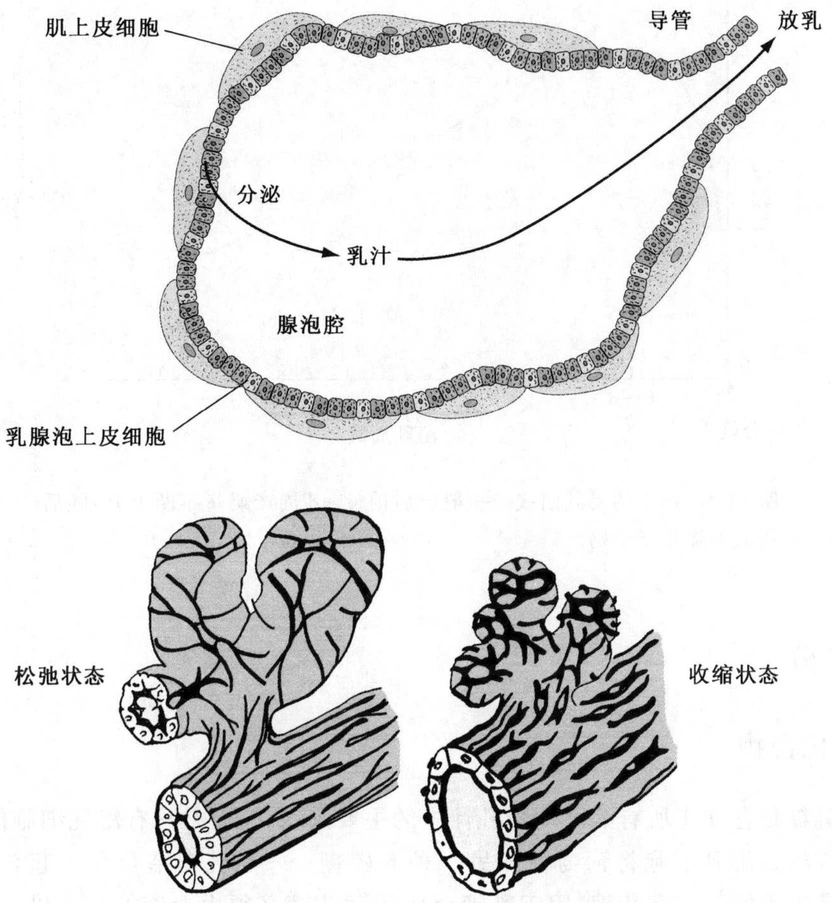

图 12-2 乳汁从乳腺泡排出。催产素作用于围绕在泌乳细胞周围,称为肌上皮细胞的特殊细胞,引起收缩。肌上皮细胞收缩时,乳汁被从腺泡腔内被挤出。(来源:[上图]HUMAN PHYSIOLOGY: FROM CELLS TO SYSTEMS,2nd edition, by, L. Sherwood. © 1993. Reprinted with Permission of Brooks/Cole Publishing, a division of International Thomason Publishing Fax 800 730-2215; [下图]Mepham,1987。经允许使用)。

后 50～70 d 达到泌乳高峰。之后,泌乳细胞的分泌能力降低,可以观察到产奶量逐渐下降。乳腺经历一个逐渐**复位**的过程,重量、体积和生产性能逐渐下降。下次产犊后,乳腺的复位再次被逆转,各泌乳期的产奶量通常会有差异。在一个泌乳期中,产奶量的上升和下降可用**泌乳曲线**反映出来(图 12-3),不同物种的泌乳曲线具有典型的形状特征。

复位
一个器官恢复到正常的状态或大小。

泌乳曲线
在一个泌乳期中,产奶量的变化图示。

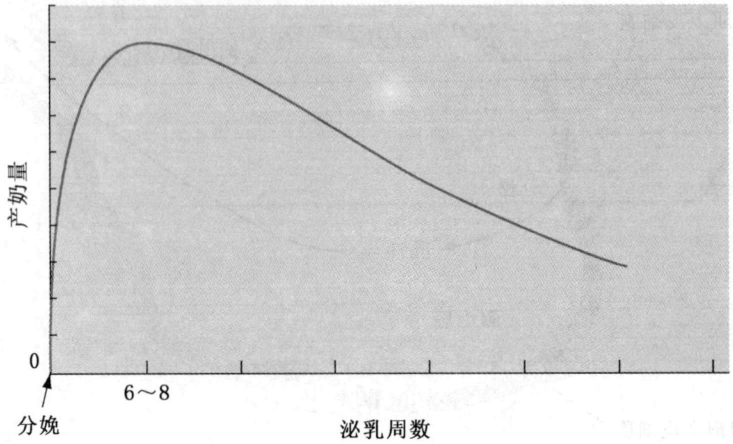

图 12-3 奶牛的泌乳曲线。一般产后前 6～8 周产奶量不断上升，随后逐渐下降直至干奶。

乳成分

碳水化合物

乳糖
由一个葡萄糖单位和一个半乳糖单位连接形成的二糖。

乳糖是存在于所有哺乳动物乳汁中的主要碳水化合物，只有泌乳细胞能够合成。乳糖是泌乳细胞将葡萄糖和另一种 6 碳糖——半乳糖结合在一起合成的。由于乳腺不能合成葡萄糖，用于乳糖合成的葡萄糖必须由血液循环提供，因此乳腺葡萄糖的供应量就成了限制乳成分合成的主要因素。对葡萄糖的大量需求给奶牛以极大的代谢压力，使其在大量产奶时，对几种代谢状态极为敏感。

正如在营养一章讨论到的，反刍动物不能从消化道吸收大量葡萄糖。相反，瘤胃微生物将饲料中的大多数可溶性碳水化合物降解为挥发性脂肪酸（VFAs）。这些 VFAs（乙酸、丙酸和丁酸）通过瘤胃壁吸收，随血液循环到达肝脏。肝脏随后吸收并将 VFAs 转化为脂肪或葡萄糖，而转化为何种物质与动物的需要和 VFAs 的种类有关。肝脏将丙酸转化葡萄糖，但不能将乙酸转化为葡萄糖。因此，乳腺的葡萄糖供应量在很大程度上决定于提供给肝脏代谢的物质种类。降解产生丙酸的饲料（如玉米和其他谷物）能够提高肝脏的葡萄糖产量，因而能够促进乳腺合成乳糖。

渗透压平衡
由于渗透梯度产生的压力。渗透梯度因水能够透过膜或滤器向物质较多的一侧移动而产生。如，细胞膜一侧的高盐浓度能够使水分从低盐浓度的一侧向高盐浓度的一侧移动，以维持渗透压的平衡。

基于其渗透特性，乳糖在乳腺对水分的吸收中起到了关键性的作用。高乳糖浓度使泌乳细胞吸收水分以维持**渗透压平衡**。这一特性使乳汁中含有较高的水分（多数物种乳汁的水分含量高于 80%）。

乳糖是双糖，必须在小肠中分解才能被吸收。多数动物小肠中有乳糖酶，可以将乳糖分解为葡萄糖和半乳糖。部分动物个体的乳糖酶活性低，多数乳糖不能被分解，导致消化道不适，称为**乳糖不耐**。患乳糖不耐的个体，喝奶后会出现腹绞痛和腹泻。乳糖不耐与遗传有关，斯堪的纳维亚和北欧血统人群的发生率最低，只有2%～8%。但90%的日本人、泰国人和菲律宾人存在不同程度的乳糖不耐。在美国的调查估计70%的拉丁美洲人存在乳糖不耐。所幸食用发酵乳制品，如酸奶可以减轻乳糖不耐。此外，可以在喝奶时服用乳糖酶片，使大多数乳糖在引起不适反应之前就在小肠中分解。近期的研究表明，即使存在严重乳糖不耐的人也能够饮用少量的奶，不会出现不适症状。

乳糖不耐
由于缺乏乳糖酶，人类中出现的喝奶后腹部不适的情况。

蛋白质

乳中存在多种蛋白质。主要的乳蛋白是**酪蛋白**，占到乳蛋白总量的80%以上。与乳糖相同，乳腺是唯一能够合成酪蛋白的组织。酪蛋白有多种不同类型，可根据其生化特性进一步分为不同的亚类。酪蛋白因含有连接蛋白分子的磷酸盐而带有负电荷，在分泌这些带有负电荷的蛋白时，泌乳细胞从血液中吸取钙离子。因此，这些带负电荷的蛋白是乳中含有高浓度钙的原因。酪蛋白是干酪加工的关键成分，目前正致力于选择所分泌酪蛋白种类适合加工优质干酪的动物。

酪蛋白
主要的乳蛋白。

除酪蛋白之外的是乳清蛋白(乳球蛋白、乳白蛋白、免疫球蛋白)。与酪蛋白比较，这些蛋白在乳中的浓度很低，但仍占到牛奶总蛋白的约18%。消化之后，乳清蛋白提供了较高浓度的氨基酸，供使用者合成其他蛋白。作为酪蛋白合成的一种关键组分，乳白蛋白通常被分泌到乳中。β-乳球蛋白可能在将蛋白质结合在一起时发挥作用。

免疫球蛋白的浓度在产犊之后变化很大。哺乳动物最初分泌出的乳汁称为**初乳**。由于大量免疫球蛋白(抗体)的分泌，初乳中免疫球蛋白的浓度特别高。这些免疫球蛋白提高了后代抵抗环境病原微生物的能力。但免疫球蛋白的作用依赖于小肠对抗体的吸收。出生后的短时间内，依赖被动免疫物种的幼龄动物，其小肠能够直接吸收免疫球蛋白。但很快会发生肠道闭锁，多数动物不超过24 h。因此，给初生的幼龄动物尽快饲喂初乳很关键。此外，部分物种能够在乳腺中产生特定的抗体，可以抵抗幼龄动物哺乳时引入的抗原，并将免疫作用传递给后代。哺乳动物因此不仅获得了广谱的免疫力，也获得了对特定环境病源的免疫力。由于免疫球蛋白也是蛋白质，因此初乳的蛋白质浓度很高。但分娩后3～4 d，乳成分恢复到正常状态。这一恢复时间与肠道闭锁同步。

初乳
分娩后最初几天分泌的特殊乳汁，可为幼龄动物提供养分和免疫能力。

脂肪

物种之间乳脂肪的含量和构成差别很大。如，一些动物的乳中基本不含有脂肪(黑犀牛)，而其他一些动物的乳脂重量百分比可以高达50%(海豹)。此外，乳脂含量还受到饲料类型及泌乳阶段等因素的影响。在主要的脂类当中——甘油三酯、胆固醇和磷脂——乳脂主要由甘油三酯构成(>90%)。甘油三酯中的脂肪酸在脂肪酸链长、饱和程度上存在差异。乳脂脂肪酸有两个主要来源:(1)吸收自血液**脂蛋白**转运的脂肪酸;(2)乳腺合成的脂肪酸。因此,乳脂脂肪酸的来源影响乳脂的性质。

脂蛋白

血液中转运血液脂类(脂肪)的一种复合物。

不饱和脂肪

脂肪酸含有双键,未被氢饱和。双键的数量改变了脂肪的物理、生化和代谢性质。

饱和脂肪

不含双键,被氢完全饱和的脂肪。

在反刍动物,大多数**不饱和脂肪**被瘤胃微生物所饱和。因此,小肠吸收的脂肪 100%的是饱和的脂肪。这些脂肪与脂蛋白结合,被转运到母牛、母羊、母鹿的全身。因此提供给乳腺分泌到乳中的脂肪只有**饱和脂肪**。由于人类至少需要从食物中获得一种不饱和脂肪——亚油酸,因此通常在基于牛乳的婴儿乳配方中加入植物油,由此提供充足的亚油酸,克服牛乳不饱和脂肪酸含量不足的缺陷。

对于乳腺合成的脂肪,非反刍动物脂肪酸合成的主要前体是葡萄糖。由于反刍动物吸收的葡萄糖极为有限,其脂肪酸合成的主要前体是 VFAs 中的乙酸。当反刍动物采食高纤维日粮时,乙酸在瘤胃中产生。因此调节日粮的纤维含量可以改变分泌到乳中的脂肪数量。过去我们一直在选择饲料以提高乳脂产量。现在由于人们倾向于低脂乳制品,已经不太重视乳脂含量,而对其他乳成分,如乳蛋白的重视程度提高。对奶牛的饲养,倾向于在其遗传和环境允许的范围内,尽可能提高产奶量,而乳脂保持在适度的水平即可。这一点很好地说明了营养学的知识如何促进了动物生产管理。

钙

乳是矿物质尤其是钙的良好来源。由于钙和磷为骨骼生长所需,人在幼年对钙的需要量最高。人类成年之后,骨骼的修复需要钙,尽管需要量较低。随着年龄的增长,骨骼分解速度经常大于修复速度,导致骨软化或骨质疏松。更年期后女性的雌激素保护作用消失,特别容易患骨软化。钙的摄人量对于预防,至少是减轻这些疾病至关重要。这也是医疗和营养机构如此鼓励食用乳类的原因(图 12-4)。

如前所述,乳钙含量高的原因是其中有大量带负电荷的乳蛋白。泌乳细胞通过将蛋白质与吸收自血液的钙结合来中和负电荷。但这一过程给奶牛带来代谢压力,高产奶牛在合成大量乳蛋白时,血钙水平急剧下降的情况并不少见。这种称为**产后轻瘫**或称为乳热症的情况通常发生在临产前,此时钙分泌到初乳中的速度高于从日粮中补充的速度。奶牛通常表现出瘫痪的症状,如不及时处理可导致死亡。

产后轻瘫

在产犊 72 h 内发生的代谢障碍。由低血钙水平引起。

如表 12-1 所示,物种间乳成分的差异很大。仅从干物质含量看,变化幅度从 12%直至鲸鱼乳的近 50%。干物质含量升高与哺乳环境(鲸鱼在水中哺乳)和幼龄动物生长较快而对蛋白质的需要量较大有关。

图 12-4 老年妇女 Dowager 氏驼背与骨骼矿化，尤其是钙化程度变差有关。乳是很好的膳食钙来源。(Larry Mulvehil 摄，Photo researchers，Inc. 提供)

表 12-1 几种动物的部分乳成分含量 %

动物	脂肪	蛋白质	乳糖	干物质
牛	3.4	3.2	4.6	11.8
山羊	3.5	3.1	4.6	11.7
猪	9.6	6.1	4.6	21.2
人	3.5	1.3	7.5	12.0
小鼠	15.0	12.0	2.8	31.0
鲸	36.6	10.6	2.1	50.0

来源：Davis 等，1983。

乳类生产中的其他因素

与乳类生产关系特别密切的一种激素是生长激素，或称为躯体刺激素。该激素由脑下垂体分泌，或者通过提高乳成分合成酶活性，或者通过增加对泌乳细胞的前体物质供应，或者同时通过以上 2 条途径促进泌乳细胞产奶。事实上，奶牛产奶遗传进展速度如此之快，主要的机制是选择的家系对生长激素促泌乳效应更加敏感。在 20 世纪 30 年代，康奈尔大学观察到，给奶牛注射研磨垂体组织提取物能够提高产奶量。几年之后，使用分离出的生长激素蛋白又观察到了同样的效应，但效果更加明显。20 世纪 80 年代，随着生物技术的进步，可以用重组 DNA

牛生长激素(BST)
一种作用于多种体组织的激素。注射BST可以提高产奶量。

的方法大量生产**牛生长激素**，将其应用于提高奶牛产奶量成为可能。20世纪80年代早期，制药公司对生产和销售牛生长激素产品，通过注射提高牛体内生长激素水平产生了兴趣。

随后，对使用BST的效果和使用后对人类的安全性进行了几年的试验研究。1985年，食品和药品管理局(FDA)向国会提出报告，认为人类食用BST处理奶牛生产的牛奶是安全的。国家健康研究所也得出，BST处理牛只生产的牛奶和牛肉与未处理牛只一样安全的结论。大量的研究结果支持以上结论，没有试验结果表明BST处理对人类健康有害。反对使用BST处理的意见主要针对美国已经过剩的乳类生产能力，使用BST只能加剧乳制品的囤积。对乳品消费需求的减少将导致政府库存更多的乳制品。此外，BST处理使乳房炎的发病率略有升高，升高的原因似乎与产奶量增加有关，而不是激素本身的直接效应。因此反对者认为，乳房炎发病率的升高会导致更多使用抗生素，由此引起奶和肉中抗生素残留的增加和微生物产生抗药性。这些观点尚未得到科学证据的支持，基于大量研究结果，FDA于1993年11月5日批准使用BST。国会要求延迟90 d开始销售BST，Monsanto公司于1994年2月3日开始向奶牛饲养者提供商品BST。

BST有良好的促进产奶作用，通常可以迅速使产奶量提高10%～20%。但由此提高的产奶量并非没有代价。除了注射BST本身的费用外，增加的能量消耗要求奶牛采食更多的饲料用于支持上升的产奶量。事实上，BST不能提高泌乳的效率，乳腺需要获得更多的养分以分泌BST处理提高了的产奶量。因此，将BST作为提高产奶量的“魔术弹”，在处理的同时不去改进管理措施是短视的，并最终导致长期的损失。奶牛饲养者在决定使用BST之前，必须认真权衡BST带来的产奶量升高与费用增加(购买BST、饲料及人工费用增加)之间的利弊。在奶的价格较低时，增加额外的费用使产奶量有限的提高未必有利。

需要指出的是，BST是牛体内的一种天然激素。注射BST只是对牛体内已经有的一种激素的补充。其次，BST是一种蛋白质，即使能够透过泌乳细胞进入乳汁，也会在食用者的消化道内被分解，因此使其失效。最后，生长激素具有物种特异性。也就是说，人的生长激素与牛的不同，也与马的不同。因此，即使给人注射BST，由于机体不能识别这种外源蛋白，也不会对其产生可观察的效应。

概要和结论

泌乳是雌性动物体内内分泌、生理、生化、解剖等方面功能极大协调的过程。不仅由于将养分分泌到乳中，还因为乳成分合成过程机体代谢量加大，使泌乳动物的营养需要量的急剧增加。虽然不同种类动物乳成分差异很大，其乳成分生物合成的过程相似。乳用动物具有加高的泌乳能力归于几方面的因素，包括乳腺组织的泌乳能力提高、对雌性动物营养需要的了解、对环境更好的控制和使用诸如BST等促进产奶的新技术等。牛和山羊等动物的泌乳能力是否有一个极限？这个问题可能可能始终没有明确的答案。但我们已经知道的是，在美国以及世界范围内，产奶量和泌乳效率仍然在生产中迅速被提高。

习题

1. 什么是泌乳？
2. 什么是乳？乳成分有哪些？
3. 什么是乳腺泡？作用是什么？乳腺泡中泌乳细胞有哪些功能？
4. 什么激素导致泌乳反射？什么刺激能够引起泌乳反射？
5. 乳头括约肌的作用是什么？它是否总能够保护乳腺免受感染？如何从管理上克服这一问题？
6. 什么是乳房炎？为什么这是一个生理问题？为什么还是一个经济问题？
7. 什么是泌乳曲线？解释泌乳曲线说明了什么？
8. 乳中的糖是什么？它是如何合成的？这种成分来自哪里？
9. 什么是乳糖不耐？有无“治疗”方法？
10. 什么是酪蛋白？在哪里合成的？酪蛋白和钙在乳腺中有何联系？生物技术如何能够用来确定其女儿适合生产优质干酪的公牛？
11. 除酪蛋白外，乳中的其他乳蛋白有哪些？各有什么作用？
12. 什么是初乳？有何功能？主动免疫和被动免疫有何区别？
13. 动物种类之间乳脂肪含量有无差别？反刍动物乳脂肪有何特点？
14. 日粮纤维如何影响反刍动物乳脂的合成？如何通过日粮降低乳脂？如何增加？
15. 什么是骨软化和骨质疏松？钙与2种疾病有何关系？为什么喝奶是预防2种疾病的一种方法？
16. 什么是乳热症？与何种矿物质有关？
17. 什么是生长激素？什么是BST？2种物质如何起作用？2种物质的来源是什么？
18. BST是否安全？使用BST的负面作用是什么？

参考文献

Author's note: This chapter was prepared in part by Dr. T. L. Beckett, California Polytechnic State University, San Luis Obispo, CA.

Cupps, P. T. 1991. *Reproduction in domestic animals.* 4th ed. New York: Academic Press.

Davies, D. T., C. Holt, and W. W. Christie. 1983. The composition of milk. In *Biochemistry of lactation*, T. B. Mepham, ed. Oxford, England: Elsevier Science.

Mepham, T. B. 1987. *Physiology of lactation.* Philadelphia, PA: Open University Press.

Sherwood, L. 1993. *Human physiology: From cells to systems.* 2nd ed. Minneapolis, MN: West Publishing Co.

Turner, C. W. 1969. *Harvesting your milk crop.* Chicago, IL: Babson Brothers Co.

第 13 章

动物行为学

学习目标

学完本章后，应该能够：

1. 全面描述动物行为学领域，并且能够解释为什么动物行为学如此重要。
2. 解释动物行为学研究的单个领域范围内的问题。
3. 引证管理对家畜生产的一般性作用。
4. 讨论动物性情和管理之间的互作。
5. 描述在管理中的惊恐和惊恐记忆的作用。
6. 列举训练动物接受管理和限制的好处。
7. 引证新奇事物、视觉、噪声和庇护对家畜活动的影响。
8. 讨论迁徙带的概念。
9. 鉴别遗传在管理中的作用。
10. 简述管理设备布置的基本原则。

关键术语

保定栏	关键时期	行为分类
被训练可接受管理的母牛	合群性	行为生态学
鼻钳	恐惧症	性情
比较心理学	令人不悦的经历	嗅觉的
操作、管理、处理	（马）咽气癖	寻求庇护的行为
查尔斯·达尔文	敏感时期	研究的比较方法
传统的条件	皮质（甾）醇	厌食症
粗放饲养系统	迁徙地区、迁徙带	羊毛拉伸
电刺	人工授精	羊毛吸水性
动物福利	社会结构	异食癖

动物行动学
耳的、听觉的
二原色视者
工作或仪器状态
攻击性行为
生物社会学
适口性
适应性训练
顺从的行为
条件、环境、社会地位
外来新事物
限制学习
易惊的
应激
应用动物行为学
优势地位
原始行为

引言

查尔斯·达尔文
一名英国的自然观察家(1809—1882)。在某些方面,他提出了自然选择的进化理论。

研究的比较方法
通过比较两种或者更多不同种类动物的行为来发现行为机制的系统方法。

比较心理学
通过研究控制动物行为、学习、感觉、认知和行为基因学的机理,借以外推人类和其他动物的行为机理。

生物社会学
研究社会行为的生物基础,特别关注于那些能够将基因库传递给后代的行为。

行为生态学
研究动物行为和其环境关系的科学。

动物行为学
研究动物在自然环境中的行为,重点在于那些本能或者先天性行为。

动物行为分类
动物在自然环境中所表现出来的行动的目录或者清单。

应用动物行为学
家养动物行为研究的专有名词。主要用于伴侣动物和家畜。

人类对动物行为的兴趣可追溯至几万年以前。对于早期的人类来说,了解掠食者和被掠食者之间的关系是很重要的,当然,人类扮演的是双重角色。有足够的考古学证据能够证明,早期人类对于某些种类动物的行为具有很好的实践认知。很明显,动物的行为在人类发展和选择驯养动物的过程中也扮演着重要的作用。一些种类绵羊的群居本能和不同种类狗的牧羊或狩猎行为就是一些例证。还有很多可供引用的例子。然而,直到19世纪下半叶动物行为才成为一门科学。最著名的促进因素就是**查尔斯·达尔文**和其他一些人提出了进化的自然选择理论。在这之后出现了**研究的比较方法**,这是一种对2种或者2种以上物种的行为进行系统比较的方法。最终格雷戈尔·孟德尔和其他一些人将工作引入遗传学领域。源于这些衍生出了研究动物行为的4种主要方法。

1. **比较心理学**——研究控制行为、学习、感觉、理解和行为遗传的机制。心理学家、生理学家和认知学家对于动物行为的研究都已经持续了几个世纪。

2. **生物社会学**——研究社会行为的生物学基础,重点研究那些有助于将基因库传递给下代的行为。

3. **行为生态学**——研究物种行为和其所处环境的相互关系。

4. **动物行为学**——研究动物在其所处自然环境中的行为,重点研究动物的本能或天生行为。最初动物行动学是研究野生动物的,但是现在驯养动物也进入了被研究范围。与动物行动学相关的是**动物行为分类**,它是对动物在自然环境中所表现出来的所有行为的编目。

很明显,这些领域并不是从事动物生产的科学家或兽医学家感兴趣的传统领域。更确切地说,它们一直以来都是作为一个非常基础的而不是应用的科学进入生理学家、动物学家和认知学家的研究领域的。然而,在20世纪中期的某个时候,对于家畜行为研究的兴趣突然增多起来。繁殖生理学家开始研究繁殖行为,营养学家开始关注采食的行为和模式。动物行动学研究的手段被采用,出现了**应用动物行为学**的研究。1962年由E. S. E Hafez编辑出版第一部涉及动物行动学的著作,其中包含有很多跟家畜有关的可信信息。直到那时,大部分关于行为的研究都是关于饲养和性行为的,并且涉及的动物种类很少。在第二版(1969年出版)的前言中,Hafez博士评论说:“在很多领域的研究进展都因为人们对动物行为知识的匮乏而大大受阻。”他也哀叹：“有关动物行为的文献分布在众多的各种各样的杂志上，这些杂志只有某些专家才知道。”在 Hafez 博士著作的第三版(最后一版，1975 年出版)之后，其他一些著作和杂志出现了并且日益引人注目。驯养动物行为学研究开始成为研究的一个分支，主要关注于一些伴侣动物和家畜。

伴随着大型、集约化和高密度动物生产模式的出现，人们对于家畜行为的关注开始增加，因为通过研究它们的行为人们可以更好的**管理**它们。当**动物福利**被提上日程之后，对于动物行为的关注就更多了。20 世纪 90 年代的十年间，关注程度骤然提高。发表了许许多多的科学论文，出现了几本很好的教科书，相关研究逐步增多。1997 年，美国农业部在普度大学开设了“家畜行为研究中心”，目的在于“确定生产动物应激和/或福利的行为和生理学指标，开发能够使家畜福利最大化的管理系统”。这个中心集合众多的动物行动学家、生理学家、免疫学家和其他一些科学家协同工作，其中科罗拉多州立大学的 Temple Grandin 博士的工作最为引人注目。美国很多大学都专门设置了有关动物行为和福利研究的职位(或许你也是从事这门研究的一员)。更多的人对兽医职业产生兴趣并且参与进来，美国兽医协会甚至成立了美国兽医行为学家学会。兽医专业对于动物行为的兴趣很多都是由于宠物和伴侣动物出现的一些行为问题引起的。

管理
在本文中指的是照顾动物的必需性操作行为。

动物福利
关注动物的健康和福利。

本章其余部分对于动物行为的常见类型进行了大概浏览，然后主要集中于行为和管理，因为管理是食品动物所专属的。这并不意味着其他种类和其他类型的行为不重要。并且，这是研究畜禽业动物行为的一个非常及时和相关的方法，因为这对畜禽生产具有重要的经济学意义，而这恰恰是一个被忽略的研究领域。本章的末尾列举了一些参考文献和建议的读本。如果您对这个研究领域感兴趣并且想进一步研究相关问题，建议您细读以下 3 人所著的 3 本经典入门著作，Lorenz(1981)，Timbergen(1951)和 Skinner(1958)。

动物行为学研究的领域

交流

动物可以通过各种各样的方式进行交流。他们既能通过各种方式传递信息，又能接受交流和解释各种信号。理解所有这些方式对于动物管理很重要。你可能知道，有些人具有“狗的感觉”、“牛的感觉”或者“马的感觉”。当我们把这些术语用到人的身上时，我们只是在承认，他们具有正确解释动物传递的交流信息并且能够以动物能理解的方式进行回应的能力。动物通过视觉、**听觉**和**味觉**来传递和接受各种信息。对于一个物种信息交流的全面研究必须考虑所有这 3 个方面。理解动物的信息交流就意味着，你必须明白这些行为信号所代表的意思，比如耳朵和尾巴的位置、一般姿势、过度吼叫、标记行为，甚至那些清理身体上废物的行为。

听觉
与听力相关的。

味觉
与味觉相关的。

攻击和社会结构

所有的动物都有一些形式的攻击性行为，这些行为的目的主要围绕着获取食

攻击性行为

针对同类或者异类的威胁性或者伤害性的行为。

优势地位

指的是动物在社会阶层中的地位。种群中社会地位最强的动物能够最大限度地影响其他动物。另外一个经常用的术语是啄序(pecking order)。

社会结构

一个群体的组织和个体之间的关系模式。

物、争夺配偶或者为了在社会阶层中获得一席之地。因此,从生存的角度讲,**攻击性行为**是生存的关键。在驯养动物上仍有可能存在这种行为。一旦"强弱秩序"已定,严重的攻击就可能被威胁和伤害所代替了,这时畜群混乱就可能被最小化了。然而,当人类或者动物被迫竞争**优势地位**时,跟攻击和**社会结构**有关的问题就会增加,比如在狗-人群体中为确立本身α地位时。有些狗无可置疑地是一家中的α个体,这将导致一些不恰当的攻击行为,并且出现一种不能让人接受的、甚至危险的社会结构。导致攻击行为的因素主要包括争夺优势地位、领土,受到痛苦,受到惊吓,母性行为和捕食。

生物节律和睡眠

监测驯养动物的不正常睡眠和行为很难,尤其是现在的动物,其生存环境已经改变很多,动物活动空间有限,营养越来越先进。养在马厩中、每天饲喂2次的马,其行为跟自由放牧的马大大不同。了解动物的24 h生物节律和其他节奏有助于我们理解动物的行为、性周期和一些生理反应。除了研究24 h生物节律,也有研究高频率(少于30 min)周期、次昼夜(比24 h频繁)周期、超昼夜(少于24 h)周期、年周期和月(30 d)周期的。这些周期循环受到光照、大气压力、内分泌系统、药物、饲养管理和一系列其他的因素的影响。很明显,要想知道哪些是不正常的,第一步就必须先知道哪些是正常的。

性行为

动物性行为研究的范围很广,从发展和维持种用动物良好的配种行为到处理阉割动物(尤其是宠物)那些不合适的性行为。驯养家畜的性行为受下面这些因素影响较多,如为了其他性状进行的基因选择、管理方式、限制饲养和与其他种类动物的联系(尤其是人)。研究性行为需要对性行为的生理学基础进行研究,包括内分泌和中枢神经系统的影响。除此之外,还必须对社会和性经历以及环境的影响进行研究,以促进正常的交配行为和纠正不正常的交配行为。

母性行为

很明显,雌性动物照顾幼年后代的能力是大多数家畜和伴侣动物能否成功养育后代很重要的一部分。影响成功与否的因素包括环境影响、先前的经历、内分泌和神经系统作用、遗传和人类干预。对于母性行为的研究包括研究雌性动物和她的后代的联系行为、相互识别、母性的疏忽、筑巢、哺乳、断奶和学习行为。研究母性行为还包括研究如下的异常行为,如食子癖、拒绝哺乳、母性缺失和对后代的排斥等。理解母性行为后可以使我们在实践中做到阻止仓鼠惨食它的后代,就能明白为什么家猫将它们的后代圈在一个大窝中,以及阻止母羊拒绝它的双胞胎后代中的一个。

行为发育

对于想成为兽医或者在动物科学其他领域工作的人来说,一个很重要的研究领域就是研究行为的正常发育。从实践的角度来看，动物只能在发育的某些正确阶段对某些特定类型的训练产生反应。与人类和其他动物适当的社会化对于动物成年后进行正常的生活和交配很重要。由行为发育的研究衍生出了**敏感时期**和**关键时期**的概念。这个概念指的是发育阶段中经历或者缺乏刺激对以后的行为会产生影响。这项研究不仅有助于更好的理解动物同人类和其他动物玩耍和社会交往的关键本性，还直接导致了对各种动物进行性情测试的方法产生。

敏感时期

动物生命中的一定时期，此时某些学习类型很容易熟练完成。

关键时期

与敏感时期类似，但是开始和结束时间更加确定。

学习

研究学习行为对所有的物种都有启发。在本章的后边内容中讨论了与家畜管理有关的一些学习行为的含义。到目前为止，人们对伴侣动物和马的学习行为关注最多。学习可以分解成好几种类型。**传统条件训练**是 Pavlov 证明的，他发现通过鸣铃可以使狗过量分泌唾液。了解传统条件训练可以为奶牛产奶量下降和宠物狗拒绝去宠物诊所找到原因。当动物学会忽视一些事情如项圈或经过牧场的火车时，动物就会产生**适应性训练**。当动物能够被教会鸣铃获得食物或打开自动喂料器的门时，动物就产生了**操作或者设备训练**。这通常被认为是一个反复试验学习过程。**印记学习**能够帮助幼龄动物找到自己的母亲和个体识别同类动物。动物学习行为的其他一些领域包括辨别力学习、概念学习、模仿学习，以及其他几种类型的学习行为。对于这些学习领域的一些实际应用结果在所有种类动物上都有发现。任何想要成为动物训练师的人都必须对动物的学习行为有个很好的了解。

传统条件训练

俄罗斯生理学家伊万·巴甫洛夫示范的训练类型（所以也叫巴甫洛夫训练），在训练中，一些类似反射的反应能够被某种中性刺激物引发。

适应性训练

一种动作训练。在这种训练中，动物能够慢慢忽略一些经常发生的事情。

操作或者设备训练

主要由作用结果引发的学习行为。

印记学习

在某些限制性环境或者时间阶段内的学习行为。

摄食行为：食物和水的采食

研究动物采食饲料和水的方式，对于设计宠物和伴侣动物的生产系统和日常管理提供启发。很多因素参与摄食行为的调节，包括激素、生理和心理因素。在大部分种类家畜上，我们更关注如何让动物多采食以提高增重率和生产效率。然而，对于马和伴侣动物来说就不能这样了，因为为了不同的目的，我们要尽量保持他们生存的时间长久一些。研究摄食行为需要研究控制摄食的因素，如放牧或群集行为、**适口性**、环境、激素和食物样式的影响。了解摄食行为有助于处理以下问题，如因为采食饲料不足导致的家畜生产性能低下，在所有动物身上都可能出现的肥胖、**厌食**和**异食癖**，狗的吃草行为和马的**咬槽癖**。

适口性

饲料原料的可接受性。

厌食

食欲不振或者不情愿吃东西。

异食癖

非常渴望或者乐于寻食一些非自然食物。

咬槽癖

马的一种行为，表现为啃咬或者紧贴某些目标如马厩内的马桩。

行为紊乱

行为紊乱可能是最能吸引公众眼球的领域。许多行为紊乱情况跟前边我们讨论的类型有关，也有一些例外。帮助动物主人和动物克服行为紊乱对于兽医和训练师意义重大，这往往能够决定是继续饲养动物还是直接处理掉它们。研究行为紊乱包括确定行为紊乱发生或者存在的原因，然后确立问题的解决方法。环境、早期经历、训练和相关问题都必须进行评估。狗的行为紊乱包括破坏能力，自残，咬尾，**恐惧症**，追车，掘洞，扑人和呕吐。猫的行为紊乱最常提到的是抓挠，

恐惧症

过分的或者无原因的害怕。

吮毛 一种延长了的吸奶症状。猫多发，表现为断奶后继续吮吸某些物品，有时候或许会用前爪帮助揉搓吮吸。

原始行为 一些无用的、反复进行的、本能性并且经常会有一定节奏的行为。

羊毛拉拽 经常被称为羊毛拉伸(wool pulling)。表现为绵羊啃咬自己的细毛，从而造成一些光秃部位的产生。

应激 导致身体或者精神损伤或者紧张的一些物理、情感或者化学因素。

性情 性格行为或者反应模式。

保定栏 管理家畜的控制装备。

不适的事件 一种会产生疼痛、害怕或者厌恶的不良经历。

皮质醇 肾上腺皮质分泌的一种激素，应激时其浓度上升。现在已经把它作为评价动物应激程度的一个敏感指标。

新奇事物 动物环境中出现的任何新鲜或者突然的事物。

吮毛和食植行为。马的行为问题一般是**原始行为**，例如踢厩，托运问题，头部萎缩和恐惧症。家畜行为紊乱包括牛踢腿，母猪咬栏和羊的**羊毛拉拽**行为。

家畜行为

了解家畜行为，有利于对家畜进行管理，确保管理人员的安全及提高动物福利。处于亢奋和激怒状态的家畜会严重伤害管理员和家畜本身。不正规的管理程序也能引起家畜**应激**。很多研究证明应激对家畜不利，减少应激能提高生产力。抑制，电刺，运输，管理变动及其他处理应激和虐待都会降低受孕率，使免疫功能和消化功能衰退，早期胚胎成活率降低。不过，对多个品种进行研究后表明家畜有觉察应激并适应应激的能力。因此必须贯彻执行一定的管理策略以提高生产力，保持肉质良好。

性情

家畜的**性情**是家畜对饲养管理的反抗程度的决定因素之一，它取决于实际遗传效应和环境的共同作用。牛的性情是高度遗传的，其遗传性情估计被计算确定为 0.40，0.53，0.45。一些研究通过观察婆罗门牛在**保定栏**中的行为得出结论，基因型为 Bos indicus 的牛比基因型为 Bos taurus 的牛更易兴奋。

牛的性情可由数字等级量表来评价，方法是保定栏中的保定测量或者栏圈中的逃逸区测量。在保定栏中评估牛的性情，最常用的评估系统是四位等级法。评分方法如下：

1. 在保定栏中平静站立。
2. 焦躁不安。
3. 用力摇晃保定栏。
4. 猛撞保定栏并试图逃脱(狂暴)。

在保定栏中进行性情评估能更好地估测动物的遗传效应，因为对动物来说，被赶入保定栏是一种突发的**不适的事件**。逃逸区是指动物能够接近人的距离。完全被驯化的动物是没有逃逸区的，允许人接触它们。测算逃逸区时，人站在栏圈内，测量每头牛或牛群与人之间的最短距离。逃逸区受到遗传和驯化的双重影响。

受惊是动物性情的一个主要方面，是一种常见的动物情绪，它可以促使动物逃避捕杀，是动物对饲养管理的正常反应。受惊会强烈地刺激动物体，同时影响体况和生产性能。检测血液中**皮质醇**水平可估测动物对应激的反应程度。相比其他管理措施，由**新奇事物**引起的受惊能更显著地提高皮质醇水平。例如处于**粗放饲养系统**中的肉牛，因不能适应保定栏中的处理，抑制管理带来的精神应激使皮质醇水平几乎与烙印标记时一样高。羊受惊时皮质醇水平的提高比剪毛等处理时还明显。甚至无痛处理或抑制也能引起羊和牛的皮质醇水平提高。由处理(如在保定栏中进行抑制处理)带来的应激效应取决于动物对处理的认知程度和受惊程度。

动物性情受遗传影响很大,但同时也受到以往经验和处理的影响。一定条件下所有脊椎动物都会受惊,因此通过驯化使动物适应处理,能降低动物对受惊因素的敏感。遗传性**易惊的**动物受驯后即适应某种处理程序,行为安静。在管理人员和管理设施不变的情况下,它们的行为趋于稳定,但当单独处于陌生环境,面对嘈杂买卖场所的新奇事物或改变养殖场地时,它们就会受到突然惊吓。

动物对某种处理的以往经验能影响以后它对这种处理的反应,尤其是这种处理能使其受惊,因为动物形成的受惊记忆很难消除。惊吓记忆会在动物大脑形成皮下层迂回,当再次看到或听到这种受惊刺激时,动物就能快速逃脱。驯化能抑制这种记忆,但不能从大脑皮下层迂回中根除,对温和安全的处理来说,最重要的就是防止受惊记忆持续发展。

对农场,牧场和饲养场的家畜进行观察后表明,初次改变处理设施,畜栏,管理人员,或者是几件设备都能引起动物的强烈反应。新的饲养环境中家畜会极度恐慌。如果初次处理给家畜带来痛苦和不适,再次处理就会变得很困难。初次经验对以后动物处于相同环境时产生的反应是至关重要的。几种有效的驯化方式如下:

■ 让牛数次进出保定栏并给予饲喂回报,这种驯化使得以后在保定栏中更便于管理。

■ 提供饲喂回报,使羊进出处理设施时的管理和运作便于进行。

■ 使犊牛适应规律温和的管理,买卖过程中就不会有受伤。

■ 在家畜不能走动的禁闭场所不要养狗。

■ 对牛进行有节制地**电刺**,生育期的猪则禁止电刺。

■ 不能让牛冲出畜栏涌向牧场;离开畜栏经过管理员时要使其习惯于保持安静。

粗放饲养系统

主要指牧场饲养系统。在那样的环境中,某些耐性比较好的动物如肉牛,很少有人去特别照顾它们,每年只能接受处理 1～2 次。

易惊的

动物受到惊吓时表现出来的突然逃跑的倾向。也称为移动恐慌(mobile alarm)。

电刺

设计出来进行微量电刺激的一种小型管理设备。

驯化并使家畜适应管理和控制

对有些人来说,驯化动物使其自动接受控制是一个新的概念。温和管理下的动物受驯后能自动接受在舒适设施中的控制措施。这对生育期动物或用于长期研究试验中的动物是十分有利的:

■ 减少对动物和人的应激。

■ 受驯的大动物进入抑制处理设施时,便于管理人员对其管理。

■ 降低大型群体性动物伤害人或自身的可能性。

饲喂回报有利于家畜进出处理设施。给予饲喂回报的受驯羊仅用一个下午就能自动进入保定斜台。一天中羊要被保定,倾倒到水平面 9 次。从保定斜台释放后,羊就会冲向拥挤的栏圈,在斜台上排好队。

一定程度上牛比羊更易亢奋,驯化牛群需要 10 d。每 24 h 进行一次驯化,使牛有时间得以安定。一天连续不断的驯化试验会导致牛的不安和亢奋。牧场和养殖场的实践证明,习惯了走路和骑马的人后,屠宰时的牛会变得更安静,更便于管理。

为了使受驯动物自动接受抑制，使用处理设施时必须做到逐步，温和，并给予饲喂回报。开始时让动物数次穿过抑制装置，接着让没有保定的动物站在抑制装置里，四五次后温和地保定。每一步都要给予饲喂回报。一头相对温顺的动物不到1 h就可自动进入抑制装置。如果装置会引起痛感，动物就不会自动接受抑制。选择合适的保定栏和头门使其与特定的处理装置一致，这一点是很重要的。

温顺，逃逸区很小或没有逃逸区的动物受驯后会更容易地自动进入抑制装置，产生的应激也较小。狂暴的动物受驯时，第一次能成功地控制它是很重要的。初次抑制失误或失败会导致动物更加亢奋。如果动物反抗挣扎，千万不要释放它，除非反抗停止，否则它就接受了反抗的回馈信息。一反抗就得到释放的动物以后会更易反抗。正确的做法是温和地抚摸并给予言语安慰直到它安定下来。

鼻钳

放在动物鼻子上的一种跟夹子相似的小型控制设备。

对带**鼻钳**的牛进行抑制处理会更困难。不过验血时用笼头套住头部可便于控制头部，进行连续验血。这样的牛在验血时会自动抬头，露出喉静脉。通常情况下，受过鼻钳处理的牛会低下头，拒绝钳子靠近。

瘦肉型杂种猪的很多品种易亢奋，难于管理，被赶入高速运转的屠宰场时更易不安，更易聚集成堆。但是如果饲管人员每天能在猪育肥期间能在猪栏中有目的的走动10～15 s的话，那么猪将会很少产生抵触情绪而且进入屠宰车间后会更容易被驱赶。经过这种训练的猪的起卧方式会更加规律并且会安静地在饲管人员周围活动。教会猪群围绕在饲管人员周围活动是很重要的。如果饲管人员静静地站在猪群中，并且随意让猪接近跟观察他的话，那么在屠宰车间内猪群将因为产生对饲管者的依赖趋向而更加难以被驱赶。为了避免惊吓猪群，饲管者应该尽量避免踢打猪群。在猪育肥期间饲养人员在猪栏里有目的地走动或者让猪沿运动长廊运动的话将有利于使猪的性情变得温顺。

对近来的研究和试验做一个回顾你会发现性情温和的动物比性情暴躁的动物更习惯于这种强制的、无痛苦的屠宰方式。但是很多动物却很难适应。在一个牛群中，个别的蛮牛在30 d一次的例行检查中还是会猛烈的撞击狭窄的过道并且很难被制止。对于这样的蛮牛即使实施最温和的管理它们也还会在被赶进过道时表现出强烈的挣扎与行为上的激动不安。在德克萨斯农工大学最新的研究显示在强制游泳时一些猪是适应的，但是在试验中另一些猪却表现得异常恐惧而且在试验过程中始终不能适应这种强制性的游泳。

对于极度狂暴的易兴奋的动物例如麋鹿、美洲野牛、羚羊来说，这些动物是很难适应强制性的管理方式。美洲野牛在强制性管理的过程中表现非常的敏感暴躁并且很容易受伤。美洲野牛的饲养者对这个问题感到非常头疼，因为这使得他们很难保证成年野牛在日常管理中不受伤。基于美洲野牛的这种特性，解决这个问题的唯一办法就是当野牛很小的时候在低应激水平下训练它们。

新奇事物的影响

对于动物来说所谓的新奇事物是指：在动物生长的环境中新出现的或者突然

出现的一切事物。这些事物对于动物来说是非常强烈的应激源。对于动物而言由于突然震动而引起的新鲜事物包括：跺脚；火车在刚产完犊的母牛舍附近经过；铃铛的震动等。突如其来的新鲜事物比如一个人在商品猪的猪舍里跺脚，这是分辨猪在同一饲养标准的情况下猪在反应方面的遗传基因差异的最好的测试方法。这种测试比其他的测试（比如让一个畜舍的动物自发的或任其自由地沿着长廊迁移）更有效。这种似是而非的新鲜事物被突然作用于性情暴躁易激动的动物时会引起其在行为上和生理上的强烈反应，性情暴躁的动物在被允许自由接近新鲜事物时更容易引起兴奋。在不同的牛种中逃逸范围大的牛种通常对新奇的事物有更大的接近的趋向。牛在自由的状态下它会接近并玩耍地上的纸片，但是在受到驱赶时它们会抵制并跳过纸片。对不同物种的大量研究表明在多变的环境饲养的动物在遇到新鲜事物时很少受到应激的影响。

视觉

家畜拥有相当宽广的视野。牛、猪、羊的视野范围超过了300°。这表明在这些动物周围空间80%范围内的事物都可以对它们有调度的作用。载重的斜坡和斜坡通道必须有坚固的边墙以防拥有广阔视野的动物观察外界的事物。当动物通过斜坡通道的边墙看到外界移动的事物和人时会造成动物的惊吓。坚固的防畜边墙对那些还未完全驯服的或者还未适应现代熟练管理模式的动物是尤其重要的。视野阻挡可以打消动物的逃跑企图。因此在猪的饲管与运输中坚固的便携式的挡畜板的用途是非常大的，视觉上的约束会大大降低动物的应激。在完全黑暗的人造授精室中即使是性情最暴躁的母牛也会安静下来。

反刍动物拥有很强的感知能力，它们对周围事物的感知能力很强，但当它们处于抬头行进时这种能力却很差。这或许可以解释为什么家畜在周围环境不熟悉的情况下会经常低下头并且停下来进行观察。牛、猪、羊、马在遇到挡污栏，排水软管，污水坑，阴影或者是当地板的表面和纹路发生变化时它们会产生抵触情绪并不肯前进。基于这个原因排水沟应该被设置在动物的活动区域之外。放在路边的金属盘在牛行走的时候应该被及时地清除。

照明可以帮助解决很多生产上的难题，在家畜的饲管区域照明灯光应该是统一并且弥散的，阴影跟光斑的大小应该控制在最小的范围内。猪、羊、牛都有趋光性，如果光线不是很刺眼的话它们会从光线暗的地方移动到光线强的地方。在聚光灯直射在过畜道或者其他的装置时会促使家畜进入其中。但是前提是光线不能直接照在离家畜眼睛很近的前方区域。移动或者飞行的物体同样会不利于家畜的管理，晃动的刀片或者飘动的衣服会导致待宰家畜的停滞不前。如果发现头顶有运动的物体时家畜会拒绝进入斜坡通道。

很多的调查者在最新研究中发现：牛、猪、绵羊、山羊都拥有多色视觉，但是它们却是**二原色视者**，它们的视圆锥细胞对蓝—绿，黄—绿色是很敏感的。所以饲管器械应该涂以统一的颜色。很多家畜在颜色和质地突然发生变化时往往会产生抵触并停滞不前。

二原色视者
只能感知两种颜色的动物。

噪声

牛和羊比人对高频声波更敏感，牛耳的最大敏感频率是 8 000 Hz，羊是 7 000 Hz。而人的敏感频率是 1 000～3 000 Hz。突然的大声响和新出现的噪声对家畜会产生很大的应激。连续地处于 100 dB 以上的噪声环境中会使羊和其他家畜的日增重减少。但是家畜对合理范围内的连续声响比如噪声，音乐，以及一些混合的声音会很快的适应。在一些情况下长期的背景音对家畜的增重是有好处的，连续播放谈话和音乐混合的音响会减轻猪因突然的噪声引起的应激并且帮助猪减少因意外噪声引起的体增重损失。

在饲管场所应该尽量避免机械设备发出大的或者新奇的声响。金属的摩擦音会使家畜产生抵制情绪并停滞不前。在大门口或保定器安放橡胶垫会减轻噪声。水泵与发动机应该被安置在远离保定器的地方。排气扇的动力装置也应该被安置在远离饲管场所的地方。但是噪声也有用处，微细的噪声会有利于家畜的驱赶。牛、羊容易被塑料片的沙沙声所影响而运动起来。高明的饲养员注意到即使是打指响的声音也会对家畜产生很有效的作用。但是大叫、大笑应该尽量避免，因为那样会对动物产生很大的应激。

逃逸区

逃逸区
动物受到外来入侵准备逃跑的距离。

对于家畜饲管而言**逃逸区**是一个非常重要的概念。理解了逃逸区的含义有利于减少家畜的应激和避免管理中动物的意外受伤。逃逸区是动物的“安全区域”。当人进入动物的逃逸区范围时动物会受惊逃跑。动物逃逸区范围的大小取决于家畜的驯服程度。在养牛生产中牛的逃逸区范围可达到 50 m，而在饲养场中饲养的牛的逃逸区只有 2～8 m。

影响逃逸区范围的几个因素：

■ 饲养圈栏的大小决定家畜逃逸区范围的大小。在以羊作为试验动物的试验结果表明在被圈禁的情况下，在狭窄的通道里羊的逃逸区的范围比宽阔通道里的逃逸区要小得多。

■ 在家畜前部接触家畜可能会增加家畜的逃逸区范围。

■ 如果饲管人员一直采用温和的饲管方式管理动物的话会使动物的逃逸区逐渐减少。但是如果动物被驯化的程度很高的话那么动物也将很难被驱赶，因为它们几乎没有逃逸区。对于这些动物应该用饲喂桶或者笼头来引导它们。易兴奋的动物有很大的逃逸区。

明白并且运用逃逸区的概念在家畜的饲管中是很重要的。如果饲管人员深入动物的逃逸区的话，动物会跑开或者会调转过头来从饲管人员的周围跑过去。对于饲管人员而言最好的作业区域是在逃逸区的边缘地带。这样会使动物以特定的方式活动。当饲管人员退出逃逸区的话家畜将停止运动。如果要使动物向前运动的话那么管理人员应该站在阴影部分，如下图所示(图 13-1 动物逃逸区的示意图)。而如果要使动物倒退那么饲管人员应该站在平衡点之前的位置。在平衡点上可以用一面小旗来对前进或倒退的动物进行分类，很多人在家畜进入屠宰通道或者拥挤的圈栏内的时候都采用了错误的方式：深入逃逸区。如果饲管者深入逃逸区会使动物转过身来并向他跑过去。如果家畜有向后折转的趋向，那么饲管者要向后退并且撤离逃逸区域。家畜试图向后折转是因为它们想要逃离已经深入了它们逃离区域的人。

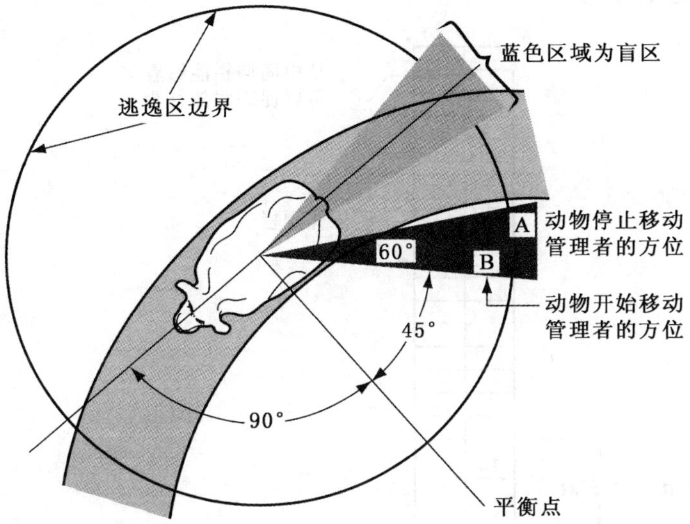

图 13-1 牛的逃逸区。站在逃逸区外，动物停止移动（A）；站在逃逸区内的阴影部位，动物开始移动（B）；站在平衡点前，动物将开始后退。（来源：Grandin，1989，经允许使用）

当在一个单独畜栏中等候的时候，牛有时候会暴跳并且变得莫名的激动。这个问题最常见的原因是有人躬身探入了牛栏中，深入了牛的逃逸区域。如果人退后撤出动物的逃逸区，牛就会安静下来。没有经验的人有时候会犯错，试图将暴跳的牛退回畜栏中。这个时候动物就会更加激动，导致动物和人都有可能受伤。这也解释了为什么保定栏的前面有人时它就不肯前进了。管理员使用防护装置站到动物的后面有助于促使动物前行。

群养动物

所有的家畜都是集群动物，当它们与其配偶分开时会变得高度不安和应激。生产力会因在隔离期间生理的改变而受影响。而且，变得不安和兴奋的大型动物还有可能伤害管理者。如果一个隔离的动物变得不安，就应放入其他动物和它待在一起。

成群饲养的想法对动物的转移很有帮助。牛和羊被促使彼此保持视觉上的联系，将会愿意跟随领头动物。如果动物聚成一群，管理者应该集中精力驱赶领头者，而不应该从后面驱赶一大群。经过训练的动物可被用来引导其他动物。

被训练可接受管理的母牛

经过训练能够接受迁移、控制和其他管理措施的母牛。

人工授精

不经自然交配,借助其他手段将精液注入母性动物生殖道的过程。

有身体接触的成群动物会保持比较平静的状态。**被训练可接受管理的母牛**可使一头**人工授精**的野母牛平静下来。当这头野母牛和这头温顺母牛保持接触时,这头野母牛就会安静地站立着。给猪和绵羊设计的有"看穿"栅栏的斜坡是利用了这些动物的自然行为(图 13-2)。当这些动物沿着有 2 条通道的斜坡走时,它们能通过中间的栅栏看到对方。如果外面的固体墙挡住了外面的事物时,这种设计会起到很好的作用。

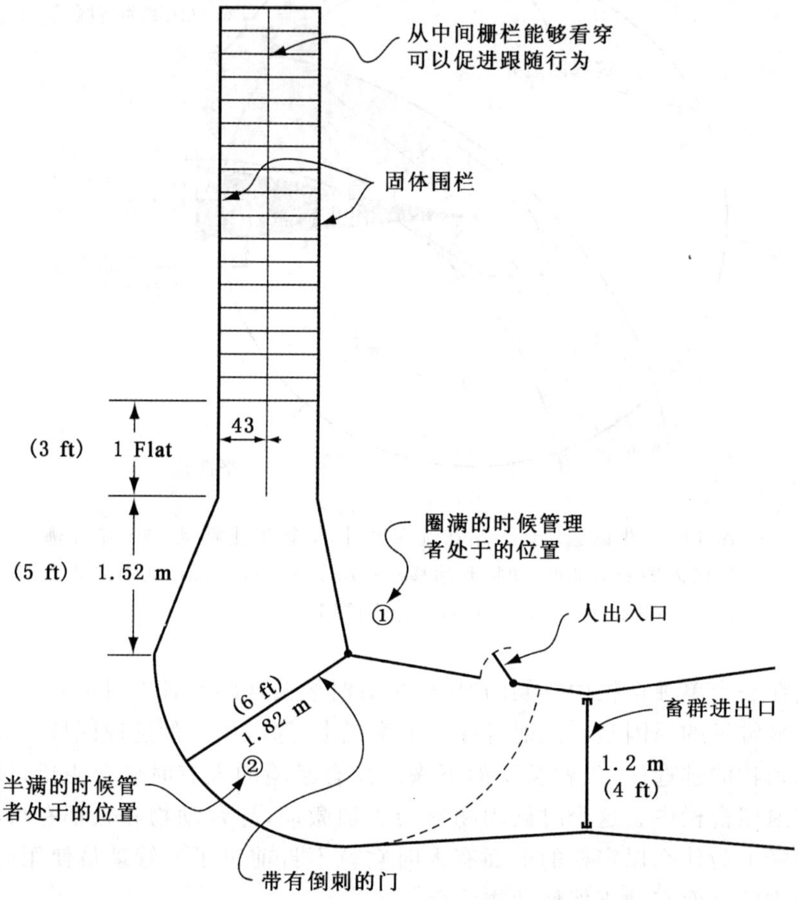

图 13-2 猪和羊的一种装载斜面。这种设计通过使用可看到其他动物的围栏,有效地利用了动物的跟随行为。(来源:Grandin,1989,经允许使用)

遗传差异

基因的因素会影响到动物对处理的反应。婆罗门牛以及婆罗门杂交牛比英国品种更易兴奋且更难管理。安格斯牛比海福特牛更易兴奋,荷斯坦牛比安格斯牛和赫勒福德牛运动得慢。当婆罗门牛或婆罗门杂交牛变兴奋时,在围栏内很难被阻止。由厚木板或宽大横栏建成的看上去很牢固的栅栏应该用到那些品种上。婆罗门牛几乎不能跑进那些看上去坚固的栅栏。如果婆罗门牛被不断地用电刺激，高度兴奋的牛会躺下并且变得稳定。婆罗门牛或婆罗门杂交牛不断被电刺最终会导致死亡。如果这些动物单独待几分钟，通常会起来。英国或欧洲牛很难变稳定。即使婆罗门牛比英国品种更易激动，当温和地对待它们时也会变得非常温顺。婆罗门牛是一种好奇的、敏感的牛，对安静的、温顺的处理反应很好，但如果受到粗暴的对待表现不好，会变得不安。既然婆罗门牛有较高活性的神经系统，当受到突然的、异常事物的刺激时，它们会很易受惊。当婆罗门牛处在新奇、陌生的环境中时，当有熟悉的人员对待它们，通常会保持平静。然而，当英国牛遇到突然的新奇事物时，不可能变得害怕或不安。

对于猪，在装载的过程中，约克夏比皮特兰移动得慢。其他品种的不同也可能存在。在农场和屠宰场的观察表明，某些杂种猪很难驱赶。它们有极端的**寻求庇护的行为**（聚集在一起），它们拒绝向斜道上运动。它们也非常易兴奋。这个问题在一些选育的高生产力的杂交猪上最为明显。猪的育种专家应该选育猪的性情以避免严重的肉质问题和在屠宰场的动物福利问题。不同品种的羊对于操作也有不同的反应。绵羊的**合群性**在它们被操作时表现得很明显。例如，兰布列羊以及其他一些品种容易紧紧地聚集在一起且成一群，而其他品种的羊则更独立些。

寻求庇护的行为
动物为躲避不良天气、昆虫或者危险时所表现出来的一些行为。

合群性
绵羊选育出来的一种寻求庇护的行为。即使有一丁点儿危险，他们也会聚成一团并且以群体的形式进行迁移。

对在大型屠宰场的成千上万只的牛和猪的观察表明，一些被培育成的极端瘦肉型的动物当被带到一个新地方时，非常易兴奋和难操作。当它们受到大型屠宰场的噪音和新奇事物的刺激时会变得极度不安。看来最易兴奋的猪、牛和狗都有长的 、纤细的、流畅的体型和纤细的骨架。被培育的有沉重骨架和突出肌肉的瘦肉型动物往往是安静的。基因以不是完全理解的方式被连接进来，通过下面的例子会清楚一些。在长期的选育试验中，俄罗斯科学家选育狐狸的性情。经过20年的努力，他们培育出了最安静和最易管理的狐狸品种。选育性情温顺这一单一性状的最终结果是使狐狸看上去以及它的行为都像一只边区牧羊犬。它的被毛颜色由灰色变成黑白相间色。继续培育最安静的狐狸犬会导致母犬吃它们的小犬以及像癫痫病这样的神经问题。

以上例子说明了在培育动物性情的一个挑战。为减少应激并且改善生产力和动物福利，培育性情温顺的动物非常重要。然而，我们一定不要过度地只是选育单一性状。过度地选育平静性状会导致其他问题，如缺乏母性。为了防止操作和应激问题，剔除那些在受限制时非常狂暴和不安的最易激动的动物是很明智的，但只是选育最温顺的动物却可能是一个坏主意。

训练者的支配

当训练者尽力控制动物时，他们通常能有效地掌控这些动物。尽力控制不是打动物使它们顺从，而是运用动物的自然行为来尽力控制。

限制经历提示可以对一群猪实现支配。拍击一头有统治权的猪对它的行为几乎没有影响。把猪推到一个栅栏上，上面有木板能压在猪脖子上，这样可使好斗行为停下来。压在脖子上的木板能模仿其他猪来推和咬。猪通过咬和推对方

服从行为

优势地位较差的动物对优势地位较强的动物表现出来的一种行为，通过这种行为能够避免受到伤害。

的脖子来实现对对方的控制。首先对有统治地位的猪进行操作是明智的。有统治权的猪的气味可使其他猪展示更好的**服从行为**。需要更多的研究来发展简单的控制动物的方法，从而使训练者能用最小的力和较高的安全性来控制公猪和其他的大型动物。

操作设备的设计

动物对操作程序的应激反应依赖于基因、个体差异和以前的经历。设备设计对动物以前经历的质量类型有重要影响，并能影响到安逸性，以使动物将来可被操作。利用动物行为原则的操作设备可使目前和将来的操作更容易。

弯曲斜面和坚固围栏

单一纵队的弯曲斜面尤其被推荐到牛的操作上(图 13-3)。弯曲斜面较为有效有 2 方面的原因。首先，它防止动物看到斜面的另一端有什么，直到到达另一端才能看到。其次，它是利用了动物围绕训练者转的趋向，沿着斜面的内径移动。

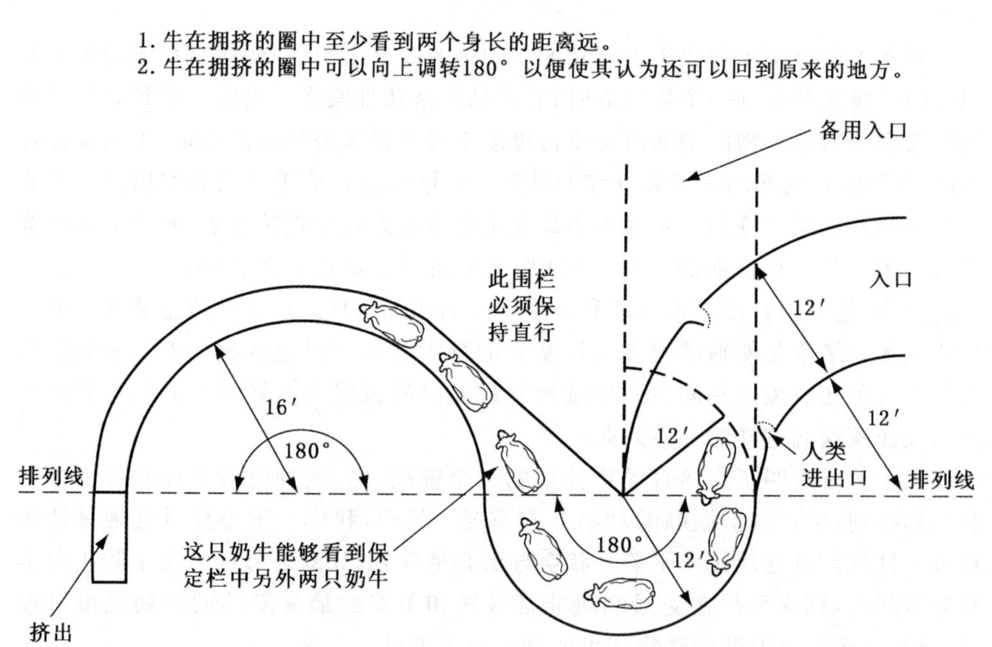

图 13-3 牛管理曲面设计图。这种曲面设计非常有效，因为动物直到到了曲面的另外一端才会知道迎接它的是什么，并且这种曲面也利用了动物乐意跟随曲面内径内管理者的天性。这种曲面保定栏的内环半径以 3.5～5 m 为宜。如果保定栏拐弯太急，从畜群聚集处看去，单行道就跟死胡同似的，动物就会停滞不前。如果空间有限，可用 1.5 m 的弯道，这个时候内环半径就会小于 3.5 m，此时在畜群聚集处和保定栏连接处必须设计一条 3 m 条的直行道，以防止出现看起来似乎是死胡同的设计。管理者的通道必须与畜群通路保持同一高度。(来源：Grandin，经允许使用)

当动物不得不列队等候接种疫苗或其他程序时，弯曲斜面提供了最大便利。内径3.5 m(12 ft)～5 m(16 ft)的弯曲斜面在操作牛时很有效。斜面必须像图13-3所示来设计。如果斜面在单一纵队的弯曲斜面和畜群围栏的连接处弯曲地太厉害，那么看上去像个死胡同。这会使家畜不肯前进。如果空间有限，可用1.5 m短的弯曲。如果弯曲的内径不到3.5 m，那么在畜群围栏和斜面的连接处必须有3 m部分是直的，这就防止斜面看上去像个死胡同。操作者的通道应该是沿着斜面和畜群围栏。应该避免用头顶上的通道。

家畜通常不肯从一个户外围栏进入建筑物。在进入建筑物之前，如果它们在单一纵队的斜面中排成队便会较容易地进入。相反地，饲养在室内的猪通常不愿意到外面接受明亮的阳光。应设计一个猪的运输斜面，以使猪排成单一纵队前进，这样它们在离开建筑物前不回转。对于所有物种，都建议在斜面和畜群围栏上设计牢固的侧面。为了操作者的安全，要建人出入的大门以便能躲开惊厥的动物。畜群大门也应是牢固的，防止动物往回走。在有坚固侧面的设备中，野性动物也会变得安静。在控制围栏中，沿着主要驱赶通道的坚固的围栏大门便利动物的运动。

畜群围栏的设计

引导动物进入单一纵队或双纵队斜面的畜群围栏一定不能建在斜面上。倾斜的畜群围栏会使家畜堆积在门口。圆形围栏适用于任何动物。在牛场中，一个环形围栏和一个曲线型的保定栏能够节省牛群转移50%的时间。实践经验证明，环形围栏的合适半径为，牛3.5 m(12 ft)，猪1.83～2.5 m(6～8 ft)，羊2.5 m(8 ft)。

牛羊圈栏的两侧栅栏，一侧应该是直的，另一侧与之成30°夹角，但这种栅栏设计并不适用于猪，否则会造成猪群在过道入口处的聚集成堆，这对猪来说是一个很大的应激。为此，可在单列斜坡的入口处另建一台阶，宽度与一头猪的体宽相当，以防止猪群的聚集(图13-4)。另外一个比较好的想法是设计2个斜坡，两者并排。当然，也可在斜坡入口处安装限制器，使单列通道的两侧宽度仅比每头猪两侧多0.5 cm。

圈栏中猪或牛的数目以半满或3/4满为宜，半满最好。如果可能的话，平时尽量别从圈栏门里走动，这一点非常重要。在一个圆形圈栏里，门应当尽量关着，不要随便从畜栏门里进出以驱赶家畜。牛和猪都需要一定的空间来活动和转身，所以驱赶时应先将它们随机分成几个小群，群与群之间保持一定的距离。而对羊来说，只要不是特别的密集造成挤压，圈栏中羊群的数目可以是满的。通道中羊群的移动应当持续成流，羊与羊之间不要有间隔，尽量保持这种连续的状态(图13-5)。

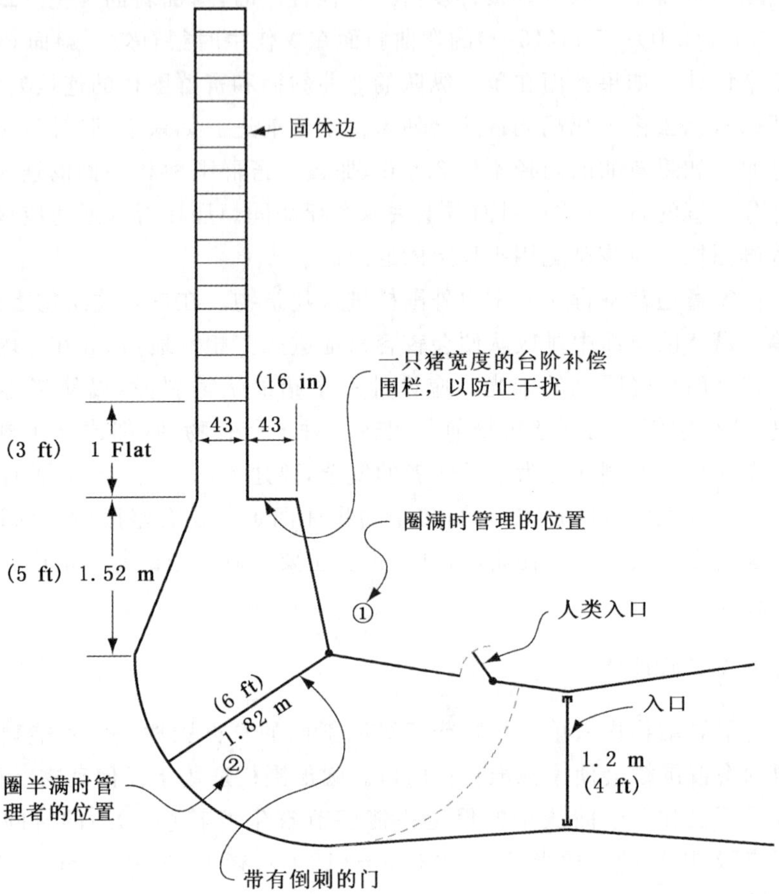

图 13-4　带有一个补偿台阶以防止干扰的装猪斜面设计。该设计使得猪只能单个行进，不能调头。固体边可防止猪调头。人的入口有助于管理者有效管理猪群。(来源：Grandin，1989，经允许使用)

图 13-5　围圈设计。这种设计比较有效，因为牛沿曲面行动，它们以为是再回到来的地方。管理者通过挥动手里的塑料小旗可轻轻促进动物的移动。猪和牛的围圈通常保持 1/2 或者 3/4 充满即可，要尽量避免使用圈内的门。在圆形围圈中，圈内的门要关好，不能用它来驱赶动物。牛和猪需要空间转身，所以要保持离散状态；而羊只要不是很挤就可装满圈。羊移动的时候应该保持连续，因为羊的跟随天性更加明显。(Temple Grandin，Grandin Livestock Handling Systems，Inc. 提供)

斜道坡度和地面材料

斜道的坡度过大可能会伤到家畜，对一头站立不动的达到出栏体重的猪或牛来说，推荐的最大的坡度是 20 度。如果空间允许，猪的斜道坡度最好是 15 度。斜道上的台阶最好用混凝土制作，因为它们即使在弄脏和用旧时也可为家畜提供良好的立足点。

改进的几项管理措施

目前很多设施设计得并不理想，但又不得不在实际生产中继续应用。设施的好坏其实对家畜的管理影响并不大，家畜对管理操控如何反应在很大程度上决定于管理者所采用的方法。无论在生产实践中采用什么类型的管理设施，但有几项有利于家畜管理的举措是通用的。

小群驱赶 要将育肥猪装车屠宰时，可先将猪群分成 3 至 6 头不等的几个小群，然后再驱赶上车。在将牛从饲育场向肥育场内转移时，也要先将牛群分成易于操控的几个小群，然后再驱赶。此外，通往自动装载斜坡或目标场地的分段小路，家畜的数目应当是半满的。

禁止使用电击棒 不要使用电击棒驱赶家畜，请选用其他的辅助设备，如普通的塑料棒、缠有彩色饰带的木棒、或在塑料棒和木棒上绑上彩旗等。拿着这些工具在家畜逃逸区的边缘挥动，以驱赶家畜。这些工具的使用效果要比普通的木棒好，因为家畜更易于看见它们(图 13-6)。

图 13-6 Temple Grandin 博士演示如何用塑料横幅引导动物转身。把横幅在动物头上方轻轻移动诱导动物转过身来。(Temple Grandin, Grandin Livestock Handing Systems, Inc. 提供)

打开防堵挡板 斜坡通道内装有很多的防堵挡板，如果这些挡板都打开使用的话，可使家畜在通道内的移动变得更加流畅。事实上，被操控得很安静的家畜是不会聚集成堆的，所以唯一需要这种挡板的地方是在保定器附近。如果条件允许的话，可在位于单列斜道入口处的防堵挡板上系一根细绳，这样站在圈栏门旁边的人就可以随手打开防堵挡板，有利于家畜进入斜坡通道。

消除视觉干扰 障碍物和光线问题极有可能会影响原本设计得非常好的家畜管理设施的使用效果，所以应当及时去除掉。为了准确定位那些阻碍家畜前进而需要及时去除的障碍物，管理者应当进入斜坡通道，然后蹲伏下来，从家畜的视觉角度去观察周围区域。如果猪或牛不肯前进或拒绝进入单列斜坡通道，这时请寻找以下可能存在的障碍物，如光线的反射、悬挂摇摆的金属、水坑、水洼、排水的栅栏、挂在围栏上的衣服、在前面可见的人影等。如果前方比较黑的话，猪和牛一般也会停滞不前，不肯进入斜坡通道。在建造新的肥育场时，最好设有天窗以保证光线的均匀和无荫，否则通道里的阴影会使家畜产生恐惧感而停止不前。但是，圈栏和过道里的光线也不宜太强，家畜既不会靠近那些耀眼的光线，也不会迎着太阳的方向前进。另外一个可能会对家畜的前进造成障碍的因素是经过它们头部的气流。

减少噪声 不要对家畜大声吼叫、乱吹口哨或挥鞭惊吓。以金属为原料和以水压为动力的设备如水泵、电动机等发出的声音应尽量得小，声频最好不要处在家畜最为敏感的范围内。保定器上的木板与木板的接口处应安装橡胶垫，防止其发出咔嗒咔嗒的声音。事实证明，减弱水力设备发出的刺耳声，可使牛变得很安静。在猪的屠宰场内，降低输送机设备所发出的噪杂声，可使猪变得温顺，不聚集成堆。

管理者所采用的家畜驱赶模式 在斜坡通道里采用合理的家畜驱赶方式，可以帮助管理者放弃使用电击棒。当管理者在围栏外沿着与驱赶方向相反的方向经过家畜时，这些家畜就会在斜坡通道内迎着目标方向不断前进。当然，管理者必须经过位于家畜肩部的前进后退分隔点后才能引起家畜的反方向走动。要想使家畜前进，管理者必须站在这个平衡点的后面。当管理者处于逃逸区内沿着与驱赶方向相反的方向经过平衡点时，家畜前进的速度加快，该原则同样也适用于其他种类的动物。有一点需要注意的是，管理者不应在家畜的逃逸区内持续施压。例如，要诱使一头奶牛进入保定器，管理者应当站在其逃逸区之外，慢慢接近它，向后走经过它位于肩部的分隔点时，该奶牛就会向前走进入保定器（图 13-7 和图 13-8）。

快即是慢 驱赶猪牛时，管理者的走动速度要慢一些，否则受到惊吓的家畜更加不愿前进，管理变得更难以操控。管理者应当谨慎地、慢慢地、有条不紊地走动，突然的急停或加速都会吓到家畜。在野生条件外，突然的举动总是与捕食联系在一起。

运用下列方式方法 对猪和牛进行操控管理时，圈栏里不要养满家畜，以避免单列斜坡通道内的拥挤。否则的话，通道内一旦出现“空位”，圈栏里成群的猪牛就会紧跟着领头家畜进入斜道。如果通道里的家畜饱和或过满了，圈栏里的猪牛就会转身后退。因此，避免圈栏里的家畜过量是非常重要的。牛与猪一般 3、5 成群，一群一群地向前驱赶，但是羊必须采取大群操控的方式。当对羊群进行操

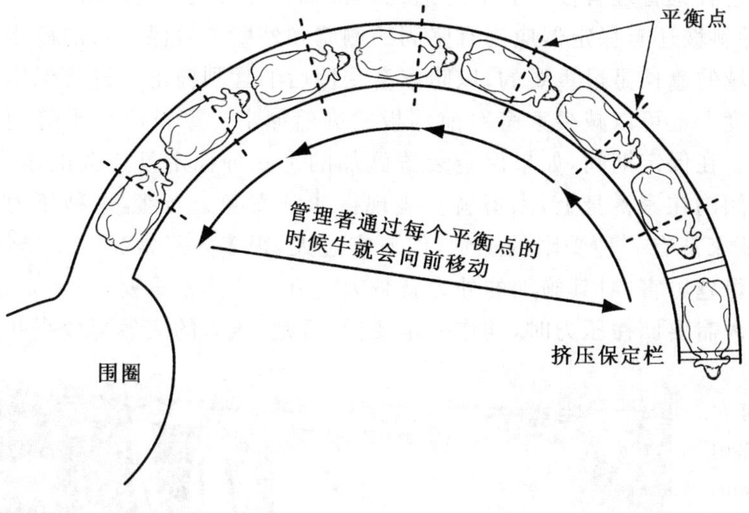

图 13-7　在环形保定栏中促使家畜进入挤压保定栏中管理者应该采用的移动方式。(来源:Grandin,1998b,经允许使用)

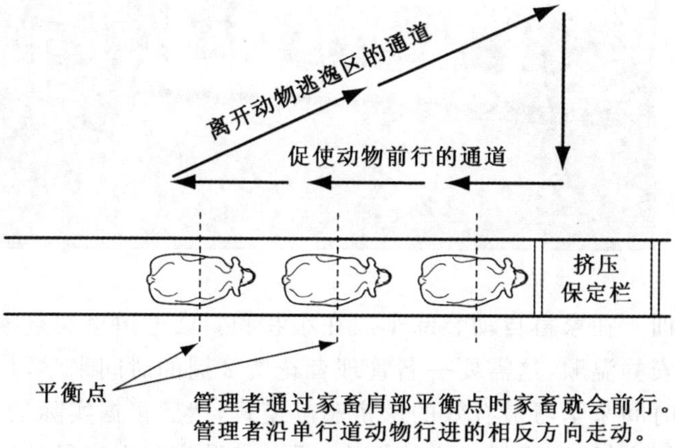

图 13-8　将家畜移入挤压保定栏或者控制器中管理者的运动方式。(来源:Grandin,1998b,经允许使用)

控管理时,圈栏里的羊数必须保证持续的“饱和”状态,使羊的前移一只接一只的连续起来。这种行为属于羊与其他蹄类动物之间的一种种间差异。

使用保定器时的注意事项　使用家畜保定器时,从家畜行为学的角度出发,有 4 个注意事项,以保证家畜在“牢靠架”或类似的保定装置内的安静。它们分别是合理地遮挡家畜的视线;移动保定装置时动作要缓慢、平稳;给家畜提供最适宜的保定张力;给家畜提供安全、稳妥的立足点,以防家畜滑倒失去平衡而不停地挣扎。在保定器的外壁,家畜身体的两侧以及头部区域,使用纸板等进行遮挡,以防家畜进入到保定器后看到管理者。家畜经常在保定器的入口处踱步而不会进入,就是因为它看到管理者侵入它的逃逸区过深而产生了恐惧感(图 13-9)。家畜的圈栏、引导斜坡还有保定器应当有坚固的侧墙和外壁。对保定器的后半部分后挡板附近区域的遮挡是最重要的,以防家畜受惊后的猛烈撞击。遮挡保定器的外壁在一定程度上也可以减少家畜对前挡板的突然撞击。家畜应该平静地进入或离开保定器。在保定期间,如果保定装置施加的是一种稳定且持久的压力,而不是一股脑地倾泻在家畜身上,家畜就会表现得非常安静。当然,这种压力必须足够大,以保证家畜有一种受限的感觉,但不宜过大,很多人经常犯一个错误,那就是家畜挣扎得越厉害,对其施加的外力就越大。有一点非常重要,一定要记住,当家畜受力过大需要回撤压力时,动作一定要慢;否则,压力的突然释放会吓到家畜。

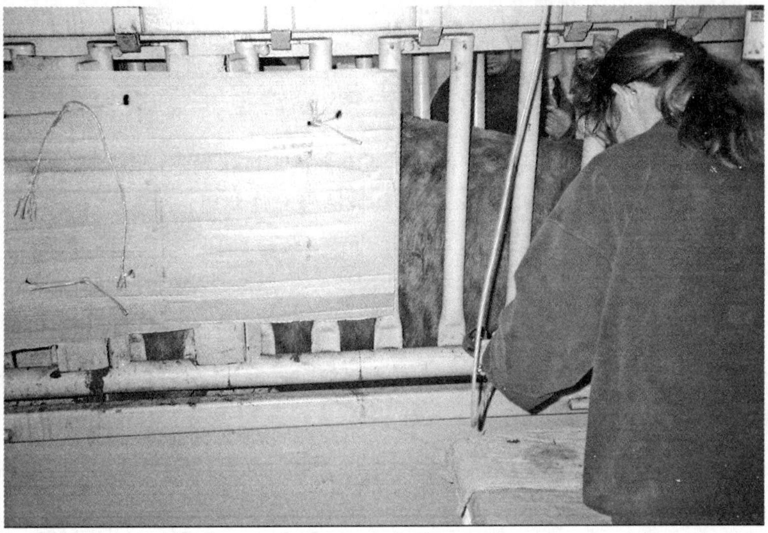

图 13-9 为利用固体面的镇静作用,可在挤压栏开口面拴系一块纸板,而在肩部则保持开放以利于注射。(Temple Grandin, Grandin Livestock Handing Systems, Inc. 提供)

管理者培训 在家畜自动装卸车或在小巷和斜坡通道里驱赶家畜时,如何才能使家畜变得安静温顺,这需要一名管理者花费 2 周的时间来学习。他们可能必须花费几天的时间来学习最有效的家畜驱赶模式,然后根据实际的生产设施情况稍作变化。在饲育场、育肥场或大牧场中,因生产设施和生产目的不同,相应的管理方式也就有所不同。好的管理要体现出这种不同,要让管理人员意识到禁止粗暴对待家畜这个问题的严肃性。大多数的在职管理者可以接受再培训,但有些人这么多年来对待家畜粗鲁惯了,他们一时半会儿无法改掉这种坏毛病,所以需要被重新安排到远离家畜的职位上工作。

大多数员工要进行再教育。但是,如果一些员工一直以来都是以粗野的方式对待动物且很难改掉他们的习惯的话,这些人应该被重新分配到其他远离动物的岗位。

操作的客观评价

在一些饲养场和屠宰车间,除非饲管者在处理过程中一直保持警惕性,温和的人为干预处理方式有逐渐变粗野的趋向。因此,迫切需要建立一套客观评估操作程序的方法。最简单的操作程序的评估便是电击棒的使用率,使用率越低越好。一个设施齐全,配备合理的饲育场,受过专业训练的饲管者可以在不使用电击棒的情况下,将相当数量的牛赶往指定地点。在一个以 250 只牛/h 运转的大型流水线屠宰车间,不用电击棒将 95%的牛只从卡车卸载并通过致晕斜道和保定架是可能的。一般情况下,饲管者经过 15 min 的专一培训就会大大降低电击棒的使用率。

牛嗥叫的比率用来评价处理过程中应激的程度,在牛和猪上,发声(嗥叫)是同生理应激的程度相关的。一个屠宰车间的调查显示,用电击棒击过的牛嗥叫的比率显著升高。牛是否嗥叫与电击棒的使用,滑倒,摔跤以及保定设备的压力有关。在饲养场工作的员工证实,减少电击棒的使用率确实会减少动物的嗥叫。Grandn 博士研究表明:牛在“牢靠架”中用温和的方式进行种痘和其他处理时,只有低于 3%的牛会嗥叫。处理动物的耳朵和头部,比如打耳标时会引起动物的发声嗥叫。对动物头部的处理相比细心处理动物躯体及不用电击棒驱赶动物来说更令动物厌恶。一些研究表明,遮蔽动物的视力会降低其对头部处理的抵抗力。

“保定栏”可以用测压元件和变形测量器测量其受力情况。测量用的“保定栏”可直接与饲养场的电脑系统相连,并可用于监控处理的整个过程。能够区分每头牛的饲养场,电脑可以通过“牢靠架”的受力情况判定每只牛的体重及疾病情况,还能够测量到动物饮水的困难程度和挣扎程度。通过特殊软件的使用来评估动物的性情和评价员工的管理水平是可操作的。

概要和结论

遗传作用和后天经历的交互作用决定了动物在人为处理过程中的行为表现。早期安静温和的处理方式可以帮助动物形成温顺的性情,成年后易管理。动物工作者必须了解处理动物过程中的行为准则。行为准则的执行,可提高动物处理的效率,减少处理过程中的应激。减少应激还可使动物体重增加,生殖能力增强,动物更加健康。为了避免动物的过度兴奋并使处理简单化,饲管者应该在同一时间使一定数量的动物迁动,但不要超过饲养栏的负荷,杜绝使用电击棒,打开防堵挡板,消除引发动物恐惧感的视觉干扰,减少噪声,使动物处于安全距离和平衡位置。

保定架应该以不引起动物疼痛为准设计。在特定的研究试验中,动物可以被训练的自愿进入保定架,整个过程减少了应激。这种保定架应该被逐渐引进使用而且不会引起动物的疼痛。以食物作为报酬诱导动物会使得训练更简单。训练动物自愿接受特别的处理程序对于特殊用途动物和试验用动物是很有用的。在动物拥挤的地方,例如,斜道和饲养舍内应该有牢靠的栅栏,并散布着形成最小影子的光线。动物有广角度视力,容易受到影子的惊吓跑出斜道。动物有敏感的听力,因而噪声应该保持很小。牛,猪和羊都是群养动物,应避免单个隔离饲养。

动物的早期处理经历能够影响其将来对后期处理的反应。频繁的，温和的接触过人的动物相对于早期受过令人厌恶处理的动物更不容易引发应激反应。动物第一次进入畜栏，第一次接触人或者各种设备应该尽量使其对动物产生积极影响。如果动物第一次接触这种设备就是痛苦的或是令人厌恶的，那么鼓励动物再一次进入将会很难。

习题

1. 为何兽医工作者和动物科学家们对动物行为研究的兴趣越来越浓厚？

2. 描述动物行为研究的主要领域，并论证其重要性。

3. 什么使得科学家们有兴趣投入到动物处理行为的研究中？

4. 更好地了解和训练提高人为干预处理的技巧的益处有哪些，卑劣的处理方式存在哪些问题？

5. 描述一下动物性情和人为干预处理行为的关系。

6. 动物处理过程中，恐惧感是如何影响并改变动物行为的？

7. 描述训练动物接受处理和限制的益处。

8. 描述一下使动物自愿接受行为限制的一般方法。

9. 动物性情在动物处理过程中扮演的角色？

10. 什么是动物眼中的新奇事物？举例说明。动物对新奇事物有何反应？

11. 为何忘掉恐惧记忆对动物来说是很困难的？什么方法可以防止动物的恐惧记忆？

12. 动物存在更广视角意味着什么？在处理过程中如何解决这一问题？

13. 深度感如何影响动物移动的意愿？在处理过程中怎样做才可解决这一问题？

14. 如何操纵光线变化改变动物的意愿从而接受处理？

15. 噪声是如何影响动物的？持续的美妙音乐呢？哪些措施可以帮助动物很好地抵抗噪声甚至消除噪声的干扰？

16. 描述一下动物的安全距离。它是如何影响动物的行为表现的？小的安全距离是好事吗？解释说明。

17. 群养动物的本能如何被应用到动物的移动过程中来防止应激？利用牧群动物的本能设计一条屠宰斜道。

18. 举例说明，基因遗传和处理程序如何引起动物对处理过程的特殊反应。

19. 思考一下各种物种的特性。你是否认为物种的特性选育已经背离起初意愿产生了一些不曾被提及的特性？

20. 描述一下饲管者主导理论。你认为饲管者主导理论变成现代高产动物的管理方式实际吗？

21. 为何在动物移动过程中曲线斜道更有效？如何改善斜道更利于动物的屠宰过程？

22. 描述一个设计合理有效的畜栏。怎样被饲管者更好地应用到动物的驱赶过程中？

23. 为何斜道不能过深？对于牛合适的角度是多少？育肥猪呢？

24. 描述加强动物处理训练的方法。

25. 动物保定的 4 条行为准则并举例解释每条准则。

26. 怎样才使动物精力集中在到饲管者的模仿上从而更有利于管理？

27. 描述几种评价动物饲管者是否优秀的方法。

参考文献

Beaver, B. V. 1994. *The veterinarians' encyclopedia of animal behavior.* Ames, IA: Iowa State University Press.

Belyaev, D. K. 1979. Destabilizing selection as a factor in domestication. *Journal of Heredity* 70:301–308.

Boissy, A. 1995. Fear and fearfulness in animals. *Quarterly Review of Biology* 70(2): 165–191.

Brelands, K., and M. Brelands. 1961. The misbehavior of organisms. *American Psychologist* 16:681–684.

Dickson, D., G. Barr, L. Johnson, and D. A. Wickett. 1970. Social dominance and temperament in dairy cows. *Journal of Dairy Science* 53:904.

Drichamer, L. C., S. H. Vessey, and D. Meikle. 1996. *Animal behavior.* 4th ed. Dubuque, IA: William C. Brown Publishers.

Ewing, S. A., D. C. Lay, and E. Von Borell. 1999. *Farm animal well-being: Stress physiology, animal behavior and environmental design.* Upper Saddle River, NJ: Prentice-Hall.

Grandin, T. 1989. Behavioral principles of livestock handling. *The Professional Animal Scientist* 5(2):1–11.

Grandin, T. 1993. Teaching principles of behavior and equipment design for handling livestock. *Journal of Animal Science* 71:1065–1070.

Grandin, T. 1997a. Assessment of stress during handling and transport. *Journal of Animal Science* 75:249–257.

Grandin, T. 1997b. The design and construction of facilities for handling cattle. *Livestock Production Science* 49:103–119.

Grandin, T. 1998a. Objective scoring of animal handling and stunning practices in slaughter plants. *Journal of the American Veterinary Medical Association* 212:36–39.

Grandin, T. 1998b. Livestock Handling Systems, Inc., Colorado State University, Fort Collins, CO. Personal communication.

Grandin, T. 1998c. Review: Reducing handling stress improves both productivity and welfare. *Professional Animal Scientist* 14(1):1–10.

Grandin, T. 2000. *Livestock handling and transport.* 2nd ed. Wallingford, Oxon, United Kingdom: CAB International.

Grandin, T., and M. J. Deesing. 1998. *Behavioral genetics and animal science.* San Diego, CA: Academic Press.

Hafez, E. S. E. 1969. *The behavior of domestic animals.* 2nd ed. Baltimore, MD: Williams and Wilkins.

Hafez, E. S. E. 1975. *The behavior of domestic animals.* 3rd ed. Baltimore, MD: Williams and Wilkins.

Heffner, R. S., and H. E. Heffner. 1983. Hearing in large mammals: Horse (*Equus caballus*) and cattle (*Bos tauras*). *Behavioral Neuroscience* 97(2):299–309.

Houpt, K. A. 1998. *Domestic animal behavior for veterinarians and animal scientists.* 3rd ed. Ames, IA: Iowa State University Press.

Jacobs, G. H., J. F. Deegan, and J. Neitz. 1998. Photopigment basis for dichromatic vision in cows, goats and sheep. *Visual Neuroscience* 15(3):581–584.

Kilgour, R., and D. C. Dalton. 1984. *Livestock behavior.* Boulder, CO: Westview Press.

Lawrence, A. B., and J. Rushen. 1993. *Stereotypic animal behaviour: Fundamentals and applications to welfare.* Wallingford, Oxon, United Kingdom: CAB International.

LeDoux, J. 1996. *The emotional brain.* New York: Simon and Schuster.

Lorenz, K. Z. 1981. *The foundations of ethology.* New York: Springer-Verlag.

Mason, G. J. 1991. Stereotypes: A critical review. *Animal Behavior* 41:1015–1037.

Price, E. O. 1987. Farm animal behavior. *Veterinary Clinics of North America* 3: 217–481.

Prince, J. H. 1977. The eye and vision. In *Duke's physiology of domestic animals,* M. J. Swenson, ed. Ithaca, NY: Cornell University Press.

Scott, J. P., and J. L. Fuller. 1965. *Genetics and social behavior of the dog.* Chicago: University of Chicago Press.

Skinner, B. F. 1958. *The behavior of organisms.* New York: Appleton-Century-Crofts.

Smith, B. 1999. *Moving 'em: A guide to low stress animal handling.* Kamuela, HI: The Graziers Hui.

Tinbergen, N. 1951. *The study of instinct.* New York: Oxford University Press.

第 14 章

动物健康

学习目标

学完本章后，应该能够：

1. 解释疾病的本质。
2. 用一般的术语描述病因。
3. 制定诊断疾病的程序。
4. 描述机体的抗病力。
5. 描述畜群健康要素。
6. 识别动物疾病对人类社会的影响；
7. 描述动物药物规章要素。

关键术语

被动免疫	疾病	畜禽群体健康管理程序
病变	疾病诱因	亚临床病
病因学	抗体	应激
病原体	抗性	诊断
病原性	临床病	诊断医生
传染病	慢性病	症状
传染性疾病	全进全出制	直接病因
毒素	人畜共患	主动免疫性
毒性	尸体剖检	
急性病	无征状疾病	

引言

对动物服务者来说，使动物尽可能地保持在一种相对稳定的健康状态，这是一种挑战、责任和必要，疾病预防和治疗需求的领域是具有挑战性的，至少在某些物种上是需要经常警惕的，这对于所有物种都是必要的，因为大多数疾病能使动物生病和死亡，随之而来的是带来经济上的损失。

疾病

疾病
完全健康之外的状态，机体或机体一部分的功能被扰乱。

症状
动物正常功能或状态发生的可观察到的变化，表明机体出现失调。

病变
由于损伤或疾病使机体器官发生的异常变化。

病因学
研究发病因子的学科。也指关于发病原因的所有知识。

广义上讲，不完全健康的任何状态均可称为**疾病**。在疾病状态下，机体正常功能或者局部的某些功能发生变化或被打乱。微生物和寄生虫能够引起疾病，疾病还包括骨头断裂、刀伤、烧伤等伤害和代谢病如草强直和产乳热。**症状**（图 14-1）是指动物的异常表现，包括发热、体重降低、水肿和生产力降低等。**病变**是体内器官的变化。一个器官在尺寸、颜色或者器官形状上的变化均是典型的病变，如肿瘤或器官囊肿等。

对疾病的理解因致病原因与病畜之间有数种可能的交互作用而变得复杂。研究发病原因的学科称为**病因学**。病因学的研究者是受到医学或其他学科训练的人，生物化学家、微生物学家、代谢营养学家、分子遗传学家、统计学家都对病因学的研究做出过贡献。研究者分散在学院或大学的不同学科，制药公司等企业，以及本地、州立、联邦政府或如联合国粮农组织等机构。

图 14-1 动物显示的表明疾病的症状，注意该犊牛患出血性败血病，运输热的特征性姿势。（俄克拉荷马州立大学动物科学系 T. C. Stovall 提供，经允许使用）。

病因

动物有数种不同性质的、天然的疾病防卫能力，可粗略地将这些能力称之为**抗性**。这些能力包括动物健康的一般状态和数种用于抵抗致病生物侵袭的机体机制，如免疫系统和行为适应等。很明显，这些机制时不时地失败，对于一些特定的病毒性疾病，机体实际上没有任何防御能力，因此其破坏力很大。历史上有许多动物或人类瘟疫流行的例子，有时动物和人类瘟疫同时发生，数以十万计甚至百万计的动物或人类在瘟疫流行时被夺去生命。其他的疾病或许具有同样的致死或致残能力，但由于机体有针对性的防御系统而大大降低了这些疾病的破坏力。疾病通常由**诱因**和**直接病因**共同作用引起。

抗性
动物保持不受病原、毒素、刺激物、毒物影响的天然能力。

诱因
能够引起患病倾向或导致动物易感性的任何条件和状态。

直接原因
暴露于或者与病原相联系的，或者能够促使动物健康状况低下的物质。

诱因通常被称为应激因子(图 14-2)。应激因子的类型不同，但共同的特点是使机体产生了非正常或额外的需求，导致动物更易于发病。营养不足能够影响动物的免疫系统并诱发感染(图 14-3)。生长期间矿物质缺乏和维生素不平衡能够诱发动物关节病。动物的遗传结构可能使其容易患多种疾病，包括一些代谢病和某些癌症。环境因素，比如寒冷、拥挤、通风不良、操作不当**应激**、饲料添加剂或药物使用不当等等可能诱发一个或者一群动物发病。四肢结构不良可能诱发赛马骨折。即使生命的正常活动也能诱发疾病，如产乳热除在接近分娩之外很少发生。

应激
身体对某种刺激物的反应。这种刺激物能够干预动物正常的生理平衡。

图 14-2 应激因素，如育肥舍中的多泥条件能诱发动物疾病。(Edward H. Coe 提供，University of Missouri，Columbia)

直接原因包括几类感染源：细菌、病毒、立克次氏体、原虫、支原体、体外寄生虫、体内寄生虫、真菌和研究很少的引起疯牛病的朊病毒。这些病原不同的地方是它们自身是活的有机体，通过进入动物体内或体表导致发病，活的有机体引起的疾病称为**传染性疾病**，引起其他动物发病的活的有机体称为**病原体**，传染性疾病需要四条传播途径：(1)病原通过皮肤或者孔道进入体内；(2)在体内适应宿主的环境进行繁殖；(3)从宿主中走出；(4)再感染其他宿主，这样的循环是永久的。

传染性疾病
疾病由活的有机体引起，在体内外进行入侵并多重繁殖，对有机体有所损失。

病原体
有生命的引起发病的任何物质。

图 14-3 营养不良动物易脆弱地受到感染和患代谢疾病。(美国农业部 B. C. Mclean 提供)

病原性

有机体产生疾病的能力。

病毒性

病原性的程度。

传染性

疾病可以从动物传给动物。

病原性和**病毒性**描述引起一个有机体发病的能力,如果一种疾病轻易地从动物传给动物(图 14-4),它就具有**传染性**,尽管不是全部,大多数**感染性**疾病是具有传染性的,一些病原体仅传染给一种生物或一组关系亲近的物种,这样,有些疾病只有马易患,有些疾病鸡易患,或者反刍动物易患病等等,表 14-1 说明,传染物质从一种或一群动物传播给另一种或一群动物。

(a) (b)

图 14-4 传染病就是那些从一些动物转移到另一些动物上的疾病,大多数感染的疾病是传染的。(USDA,APHIS 提供)

其他引起发病的不具有传染性,营养缺乏症直接来源于日粮成分比例不当或者日粮饲料不合适。如果过量进食平衡日粮动物易生病。一些疾病,如血友病,直接来源于遗传组成所致。遗传疾病不同于遗传诱导疾病。例如,癌症不遗传,但是某种遗传组成诱发个体癌症患者。相比较而言,疾病比如血友和囊性纤维化是遗传性疾病,由特别基因型所控制,直接的伤害有可能来自于指甲,一种锋利的器具，一个掉落的物体或者一块湿的或者光滑的地板。代谢紊乱是许多疾病的直接病因，化学**毒素**也能直接地引起发病。

毒素
几种有毒复合物之一，产生于一些有机物质、植物和动物。

表 14-1 传染病的传播途径

1. 通过患病动物传播。
2. 某种动物从疾病中康复但它仍是病原的携带者，并且能够传播给其他动物。
3. 通过无生命的物体如卡车、火车、喂料器、水等传播，进而污染有机体。
4. 暴露于动物的胴体上。
5. 水：这个可能是通过畜群中患病动物的水污染或者来源于其他水源的表面水。
6. 通过啮齿类动物和鸟类等传播。
7. 载体：一些病原被节肢动物所携带，特别是吸血和叮咬昆虫(图 14-5)。
8. 人：一个人所穿的鞋和衣服，能够携带病原从一群动物到另一群动物。
9. 污染的饲料或饲料袋。
10. 污染的土壤、垫料。
11. 空运的有机物。

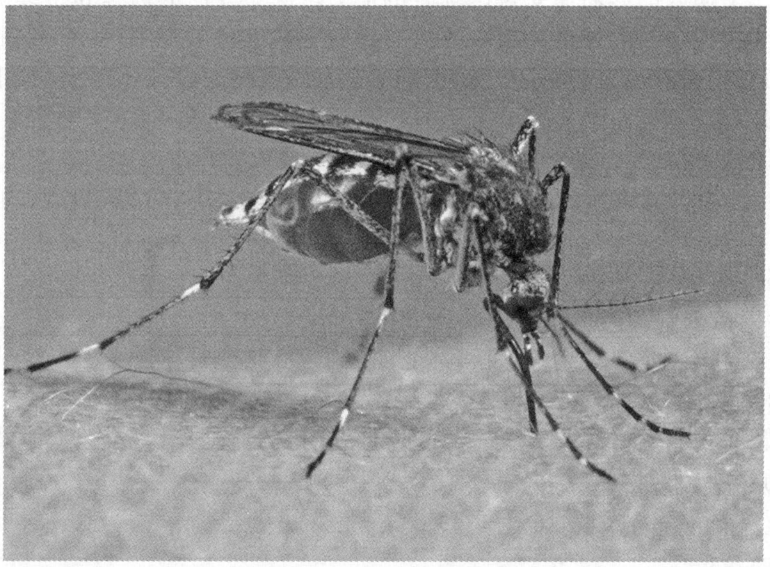

图 14-5 节肢动物、哺乳动物、爬行动物和鸟类通常从一个物种转移疾病或寄生虫传给另一个物种，蚊子如图所示，传播几种疾病。(Agricultural Research Service，USDA 提供)

疾病描写

严重疾病通过几种方式来描写，如果疾病是自然感染，那么它可能是**临床型疾病**的也可能为**亚临床型疾病**，当疾病的症状明显时是临床性疾病，亚临床型疾病，病症不易于观察。单词 inapparant(不明显的)和 asymptomatic(无症状的)被用来描述亚临床疾病。具有亚临床疾病的动物成为能够将疾病传播给其他动物的传染源。这些动物通常被称为带菌者。

急性疾病会突然出现症状。它们可以被明显的终止疾病所描述，动物要么死亡要么恢复健康。恢复健康应该在疾病出现后的 2～3 周内发生。**慢性疾病**具有

临床型疾病
疾病特征明显，易于鉴别。

亚临床型疾病
疾病无典型症状，不易确诊。

急性疾病
动物立即出现严重的症状。

慢性疾病
持续时间长或者逐渐出现。

病程发展缓慢的症状，通常需要几周甚至几个月的时间。早期的症状不明显或非特定并且很容易被忽视。这些动物可以被"食欲不振"、"精神沉郁"和"不愿活动"等词语所描述。体重增加减少，产奶量下降，生产性能下降或活跃性看起来截然不同。许多疾病都能产生这一症状，因此导致鉴定意义不大。与有 2～3 周或更短康复期的急性疾病相比慢性疾病有非常长的康复期。

疾病诊断

诊断
判断疾病现状和严重性的过程。

诊断医生
诊断疾病的人。

管理技能、科学技术、分析能力、直觉和检测与鉴别动物疾病艺术的结合都被看作是**诊断**。从事疾病诊断的人被称为**诊断医生**，一个好的诊断医生可以起到非常重要的作用。很明显，诊断的目的是鉴定动物正在表现的症状的起因，因此治疗方法可以被确定。然而，其他的原因同样或更重要。在整个畜群中，疾病给整个畜群造成威胁的程度必须被评估。因为许多动物疾病可以传播给人类。反之亦然，人类的健康也必须被考虑。

动物或畜群的主人或许是第一个观察到畜群出问题的人。经验赋予畜主检测动物疾病的神奇的能力，他们通常对疾病的起因和治疗有很好的主意。然而，在许多病例中，一个彻底的诊断需要兽医综合的能力。除了专门的训练和持续的教育使他们跟上时代步伐外，持证的兽医还拥有试验室和其他的资源。一个诊断程序可以相当简单或极其复杂，这主要依赖于问题的严重程度，并且可能包括下列一个或全部的因素：

- 可以应用的发病或死亡动物的记录和配种记录。
- 临床检测，包括可见临床症状、体温、消化率的观测以及肺、瘤胃、肠道和心脏听诊的记录。
- 对肿胀部位的触诊。
- 直肠触诊以检查各种内部器官的状态或检查怀孕情况。
- 采集粪便、皮肤、血液、尿液、精液和其他体液用做实验室检测。
- 对死亡动物做全面的检查（**剖检**）。

剖检
动物死亡后做全面的检查。

一旦信息被采集到，它必须与表 14-2 所列的标准化的信息作比较，只有这样才能做出正确的诊断。

表 14-2 一些动物的正常身体指标

动物	直肠温度/°F	心率/(次/min)	呼吸率/(次/min)
奶牛	101.5	60～70	30
绵羊	103	60～120	19
山羊	102	70～135	15
猪	102	58～86	16
狗	102	100～130	22
猫	101.5	110～140	26
兔	102.5	123～304	39
马	100.5	23～70	12
鸡	107.5	250～300	12～36
火鸡	105	160～175	28～49

来源：Merck Veterinary Manual，1995；USDA，1984 和 Frandson and Spurgeon，1992。

可提供的兽医服务

移动兽医服务

数十年来，可以移动的兽医服务已经成为农业的中流砥柱。它已经传统地以应急药物学为目标。这样的服务业正在市区内变得流行。移动诊所既可以满足兽医的需要，又可以满足宠物主人对紧急救护和常规护理的需要。如果需要的话，大多数可移动兽医和另外一个兽医或在他们的兽医诊所内可以提供更多广泛的服务（图 14-6）。

图 14-6 Dr. Amy Cater-Storm，Stillwater，Oklahoma 在自己的社区给顾客们提供移动服务。Dr. Storm 运输需要更广泛地或者汽车诊所服务的病畜。其他类型的兽医服务包括程序化的健康管理，常驻兽医人员和诊断服务。（Dr. Daniel E. Storm 提供）

汽车诊所/医院

免下车的动物诊所和医院是以人类医药诊所为模型的。兽医师在固定的地方从事兽医工作。宠物和小动物主人经常利用他们为自己的动物提供服务。兽医师擅长大动物或小动物或两者皆可的服务。例如，马可以被带进来做阉割手术，还可以为待育肥小牛和小猪提供服务。购买动物的生产者在将动物带进家之前，要给动物做检疫、免疫等工作。在这个国家的许多地区，这种诊所非常流行。

程序化的健康管理

程序化的健康管理服务不仅仅是治疗发病动物。这些计划被设计得非常整体有序。大型厩舍、奶牛场、肉牛饲喂场及猪场等都在需要这种服务的行列之中。服务包括诊断和治疗疾病。此外，兽医应该在管理、营养、舍饲条件、通风情况、挤奶技术、免疫程序和其他影响动物健康的方面提供服务。培训经常被提供给那些从事日常动物工作的人，以帮助他们检测疾病的症状和有效地完成一些常规的管理工作，例如：阉割、免疫接种等。治疗程序和用药方法可以被用来治疗比较容易诊断的小病。这种方式可以使动物非常有效和及时地得到护理。兽医有规律的观测、提供咨询、治疗和怀孕检查等。紧急服务同这些计划一起被逐渐地提供。

常驻兽医

许多大型养殖场需要雇用一个常驻兽医。例如：大型养马场和饲喂场，完整的家禽场和养猪场，以及少数隔离的养殖场。常驻兽医实际上能够提供所有的兽医服务，包括为单一或多个养殖场提供程序化的管理。"常驻"这个词语可以仅仅从字面上被理解，在很多养马场因为这里的动物非常贵重，因此，兽医可以住在此处并且能够进入一个几乎所有的程序都可以被实施的诊所。这个词语也可以非常的丰富多彩，像在那些为封闭的大型肉用家畜养殖场工作的"常驻"兽医师的事例中。他们可以是一些彼此临近的养殖场的常驻兽医。

诊断服务

有些诊断程序的特点使得从业者不可能具备完成诊断服务的能力，原因是设备花费高、缺少专门的培训或其他原因。许多疾病给健康动物和人类施加这样的威胁，因此（当地的、州或联邦的）政府要求兽医报道和提供诊断样品用来确证特种疾病。各州都拥有和实施了自己的诊断实验室，这些实验室由专门从事诊断的兽医充当职员。许多人除了在动物用药方面受培训外，他们都具有非常高的学历。私人诊断服务非常方便。

机体对疾病的抵抗力

在许多情况下，因为机体极其复杂的防御机制使许多传染性疾病被阻止。机体抵抗疾病的一般能力被看作是它对疾病的抵抗力。这种能力包括阻止病原体入侵机体和攻击那些企图入侵机体的病原体两种机制。尽管动物能以不同的方式抵抗病原体的入侵，但是免疫系统提供给动物一种抵抗感染的主要方式。免疫性和抵抗力这两个词语经常被交替地使用。

抗体在血液中被发现。抗体是血清中带有球蛋白片断的蛋白质，它在脾脏、肝脏和骨髓中产生。抗体能够识别传染性的物质，并且能够攻击它们如果病原体进入机体的话。**被动免疫**是通过从母体或从出生后不久的初乳中获得抗体而完成的。这些被动获得的抗体提供蛋白质抵抗特定的疾病，母体已经产生抵抗这些疾病的抗体。这些抗体持续的时间比较短，3～4 周，然后就会衰退并从血液中清除。受疾病威胁的动物可以接受另外一种动物的抗体，通过给动物注射来源于免疫动物的血清。**主动免疫**是通过动物自身获得。主动免疫所产生的抗体是由动物自己的免疫系统产生的。通过将动物暴露给某种疾病或给动物注射针对某一

抗体
机体为防御传染性和损害物质的进攻而产生的蛋白。

被动免疫
后代通过来自母亲的初乳获得对某一疾病先天性免疫的过程。

主动免疫
通过将动物暴露给某种疾病或给动物注射针对某一疾病的疫苗而产生特异抗体。

疾病的疫苗而产生特异抗体。很显然，动物在出生后需要快速产生抗体以保护他们免受疾病攻击。

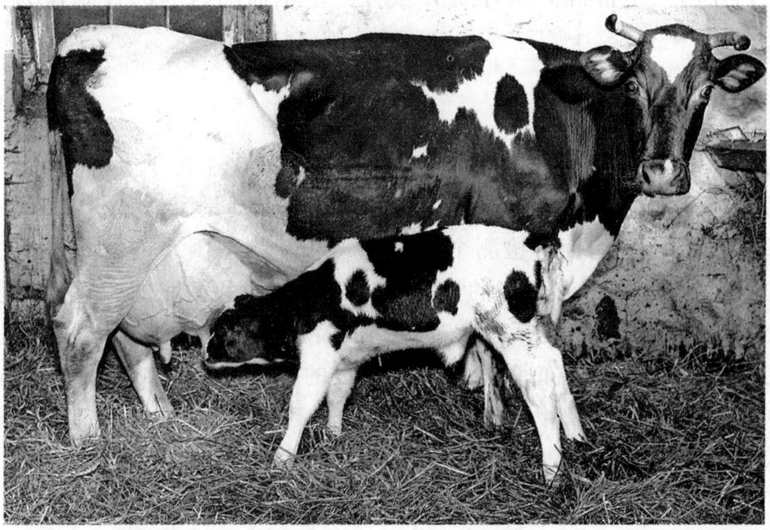

图 14-7 被动免疫通过转移抗体给一个动物所证实。这个新出生的犊牛通过来自于母亲的初乳正在接受抗体。(USDA 提供)

用来阻止引起疾病的生物体进入机体的作用机制也是机体抵抗疾病的一个非常重要的部分。这些机制包括天然屏障，例如皮肤和黏膜。黏液由机体的特定部位分泌，并且起到稀释和冲刷病原体的作用。黏膜表面存在许多纤毛，它们可以将病原体从机体的结构上清除，例如：气管的表面。

畜群健康

大多数不同动物产品，尤其是马和食用性动物尤其需要一个协同的**畜群健康管理计划**。许多动物尽管单个或小组饲养，但是因为它们非常贵重，所以也需要广泛的健康管理计划。即使是小型畜群的所有者也应该有一个使动物保持健康的计划。它或许不像金融前景那样详尽和必要，但是即使是损失一个本来可以通过计划阻止其死亡的动物也是一个非常大的损失。

畜群健康管理计划 广泛的家畜的实用健康管理计划。

管理

经理应该对保证整个畜群健康计划的正常工作负责。对小型厩舍、养兔场和奶牛-小牛或绵羊场的管理计划不同于那些已经设计好的并应用于大型精细奶牛场或猪场的计划。小型养殖场的适应性非常重要，因为小型养殖场的全部目标不同于大型更精细的养殖场。从财政角度上小型养殖场的风险更小。在相同地点的大型的、资金上百万的拥有成千上万动物的养殖场几乎没有机动性空间。

营养

像以前讨论的那样，不平衡和不恰当的饲料供给是疾病的直接起因。当然这些问题必须通过饲喂全价饲料来克服。从一定意义上讲适当的营养也是非常重要的。体质差的动物，要么营养不良要么营养过剩，都对传染性疾病和新陈代谢性疾病非常易感。任何一个畜群健康计划必须有一个全面的营养的计划作为其组成部分。

遗传学

遗传病的消除已经在我们的能力范围之内了。利用现代遗传学者的工具，许多遗传疾病早已经被鉴别出来并做了相关的记录。不管工具是家谱分析、配种检测或者实验室 DNA 分析，我们拥有检测个体遗传学和动物基因系的方法。通过分子遗传学家的工作，每一天都有更多的知识被理解。全面和彻底的健康计划包括消除动物体上的基因缺陷。这包括患有神经病的特定宠物物种、疯狂的家畜物种和新陈代谢功能紊乱的马的分布情况。许多紊乱的起因早已经从基因库中被有效地清除，例如食用牛的矮小基因。分子遗传学的工具很快给我们将抵抗疾病入侵的基因加入动物机体的工具。

预防

谚语是为了将一个合理的方法以一种简短和容易记忆的方式传递给别人而诞生的。应用于此的可适用的、合理的谚语是"一盎司的预防等于一英磅的治疗"。这一简单的短语包含大量的智慧。及时的小量投资可以在减少疾病造成的损失方面收获巨大的报酬。恰当的居住条件的供应和对环境的保护是非常重要的。许多疾病，不管是严重还是轻微，用少量资金通过使用有效的疫苗就可以被预防。寄生虫病控制的越早越好。恰当的卫生措施是重要的。

策略性的预防措施是那些在疾病暴发前计划好的，并且以季节天气的改变、寄生虫的生活周期和感染的类型等许多因素为基础，例如：抽搐症是一种与营养相关的疾病，它经常影响放牧中的哺育期奶牛，尤其是在天气易发生变化的早春和施肥促生的繁茂的青草。策略性的预防揭示镁的补充应该在早期恰当地实行。这一措施可以极大地减少或消除抽搐病的发生。

战术性的措施也应该被提前计划好，但是只有必要的时候才被应用。预防抽搐病的战术性方法将包括在多暴风雨的和/或寒冷的季节对易感牛经常的监督和对感染牛的紧急稳妥地治疗。突发抽搐病的牛通常没有时间来等待兽医治疗，它需要紧急治疗。任何一个可以用针刺入其颈静脉投入药物的人都可以为病牛通过救助。

畜群的健康计划在几项研究中被证明能够返还上述计划的花费。任何一个畜群都应有一个健康计划，这些计划对每一个养殖场及养殖场内的每一个品种都不相同。有太多的计划以至于没有一个适合于养殖场的计划。然而，下列条件被推荐可以作为开发广泛畜群健康计划。相同的一般性的纲领也适用于养狗场、奶牛场和其他养殖场。

①咨询兽医。让他或她意识到畜群的目标和目的。非商业性的畜群拥有一

个不同于商业性的畜群却适用于自己的标准。给兽医提供所有相关的信息。

②拥有一个适用于畜群健康计划的操作程序。计划的内容越详细越好。从计划中制定一份日历。经常咨询,并且严格按照日历的规定办事。

③以一种永久的方式鉴别动物,并且做好疫苗免疫、以前的健康问题、用药情况、繁殖信息和其他与健康相关的信息。一些预先记录书籍和计算机辅助的计划能适用于大部分的物种。然而,良好的、有用的记录可以记录在笔记本上。记录的价值更依赖于有才能的和尽责的记录价值。

④引进到畜群的动物应该来源于健康有活力的畜群。尽快培育一个亲密的母畜群将会减少对外界动物的暴露,因为仅仅母畜需要被引进到畜群。让兽医检测任何一只引入的动物。如果可能的话,通过人工授精可以减少对外来动物的引进。

⑤通过年龄、来源和目的用途等对动物分类。

⑥尽可能使用**全进全出制**的管理办法。这对这些养殖场来说要比其他的养殖场更适用。即使是在有限的范围内实践这种类型的管理,例如在一栋小猪舍内,可以预防许多疾病。

全进全出制

畜舍内同时进入所有的动物,并且在同一时间移走它们。

⑦确保分配平衡、混合恰当和营养全面地饲养。对一些小型养殖场来说,购买高质量的来源于有声誉的公司生产的饲料,并且根据公司的营养学家推荐量饲喂。

⑧用一种保持清洁的方式提供饮用水。

⑨用针对当地流行的疾病的疫苗免疫易感品种的动物。

⑩减少接触本场动物的外来人员的数量。

⑪研制一种监控系统,经常有规律地观测动物。

⑫利用所有合理的努力发现导致畜群动物死亡的起因。对死亡的动物进行剖检。此外,对死亡的动物要有一个合适的处理计划。利用当地的健康机构、兽医、当地的兽医部门检验使用中的法律和最安全、最有效的程序。

动物疫病和人类康乐

情感损失

既然动物疫病或任何动物的死亡都会伴随着经济损失,动物损失导致的情感损失也非常重要。既然老龄和幼年动物都非常易感,我们中几乎没有人能够经受住动物发病或死亡带给我们的感情巨变。失去一个有价值的伴侣或一个优良的物种可以导致严重的精神创伤。

动物疫病和人类健康

某些特定的疾病是**人畜共患**的,这意味着它们可以在人类和鸟、家禽、家畜或野生动物。100多种这样的疾病已经被鉴别。然而,这些疾病(如感冒)所产生的

人畜共患

从一个物种传到另一个物种。不具有物种特异性。

痛苦正在伤害着人类，其他的疾病使人类的生活受到威胁。许多困难是这样的对疾病的检测必须报告给一个或更多的政府机构。很显然，经常密切接触动物的人(如畜主、兽医、屠宰场工人等等)承受各种各样的疾病感染的风险最大。然而，公众也处在危险之中。其中最大的危险来源于一些生物体(如大肠杆菌 O157:H7、沙门氏菌、李氏杆菌等)。然而，在任何时候这些风险对任何人来说都是微小的，但是人们一想到食物供应来源于疫区，人们对此就格外的关切。人畜共患病可以通过以下几条主要途径传播给人类：

- 病原体污染动物性产品。恰当的安全措施可以避免这一方式的疾病传播。
- 直接暴露于被患病动物污染的干草、饮水或食物，或直接暴露于被疾病引起的流产物污染的产品上。
- 动物或昆虫叮咬可以传播狂犬病、马脑脊髓炎、洛基山斑疹热和莱姆病等。

几种方式可以保护人们免受人畜共患病。一种方式是从家畜群体中根除疾病。美国政府和各个州合作，已经拥有根除布氏病、结核病和其他疾病的方法。病原体从动物传播到人类的传播周期可以被打破。牛奶经过巴氏消毒可以防止沙门氏菌、布氏杆菌、结核病等可能的传播。肉类也被检疫以防止旋毛虫病、布氏杆菌病和绦虫病的传播。卫生程序被传授给农场工作者，因此他们可以知道如何保护自己。用疫苗免疫动物可以抵抗某些疾病(如狂犬病)的感染，即使是被患狂犬病的动物咬伤，被咬伤的动物也不会患上或传播这一疾病。另外一种可能的方式是销毁被感染的畜群，这一策略已经在欧洲被用来控制疯牛病(图 14-8)。

图 14-8 一个工人正在伦敦东北部的一个焚尸场观看一头怀疑被牛海绵状脑病(也称“疯牛病”)感染的牛被焚烧的情景。自从 1996 年 3 月 20 日英国政府宣布新的证据表明疯牛病和人类疾病有关联后，整个欧洲都笼罩在疯牛病引起的恐慌中。这一疾病已经对英国的农业经济产生了巨大的影响。(Stefan Rousseau 摄，AP/Wide World Photos 提供)

除了人畜共患病以外，因为疾病导致某一动物产业或工厂的损失可以减少人类饮食中高质量蛋白质的供应，同时增加了原有蛋白质的价格。既然这一事件可以影响到每一个人，在这种情况下对穷人的影响会更大。

动物疾病和国家经济

历史上许多例子表明动物大规模的发病都会对经济、民族和人民产生非常深刻的影响。由于全国性的动物疾病迫使其他政府拒绝与这些国家进行产品交易从而使这些国家的贸易受损。欧洲疯牛病的暴发给欧洲的畜牧业甚至是国家经济都造成了巨大的压力。1940 年口蹄疫的暴发严重地打击了英国的战斗力。而该病又于 2001 年再次袭击欧洲。1929 年芝加哥的畜牧场也不得不因该病关闭。与此同时,与芝加哥的畜牧场有关的产业肉类加工产业也相应关闭。1971 年,委内瑞拉马脑脊髓炎限制了美国马业的发展,也由于该病不允许马群沿着州界移动。1998—1999 年由于马传染性贫血的暴发许多州都严格限制马群的移动。虽然具体的数字我们很难得到,但国会办公室的技术统计信息却表明畜禽疾病每年都耗掉农场主、牧场主和消费者约 170 亿美元。

动物疾病和农场收益

我们不该轻易的下这样的结论:农业或者从更广泛意义上说一个文明世界不会因为一种疾病而崩溃。但恰恰并非如此。全民知识、器械库里的武器以及其他一切抵抗动物疾病的可用资源都是非常显著的并且在不断地变好。它们都较好的保护了大多数人口。每当听到肉类检测使我们都应该感到舒适。这就意味着适宜的防治体系正在有效地运行。在疾病的破坏方面私人生产单位可能是最脆弱的。私人生产单位的损失最终分为几种形式。死亡的畜禽造成的损失是比较容易计算并平摊到私人生产单位上的。生产利益结算之前,饲养动物所得利润必须先补偿这些损失。在大多数情况下,一个单一动物的损失同时也会损失掉其他几个动物的生产利润。一种不是很明显但有时却较为明显的经济损失对一般的生产单位来说是一种生产损失。这可能就发生在加工工厂腐败肉和变质奶的形成过程中。产品不卫生或者是由于疾病本身直接造成的或者是由用于治疗该病的抗生素引起的。通过食品检测系统适宜的检测我们试图阻止不健康的食品进入人类的食物链。潜在地,这其中最大的损失是利润的损失或者是由疾病引起的浪费所产生的其他产品的损失。发病动物康复后的生产性能通常比没有生病前的要低。感染亚临床乳房炎奶牛的产奶量会下降。再生产障碍也是许多疾病的并发症。除了这些损失外,还有兽医师的服务、药物、针剂和劳动力的花销。

生物恐怖主义

大多数把生物恐怖主义当作是首要目标的学说首先将目光聚集到人类身上。当然,很多人类疾病、死亡和惊慌都以这种方式产生。然而,当人们开始考虑经济和政治攻击时,农业生物恐怖主义(一个国家畜禽和农作物资源的计划目标)至少是可能的。有人认为恐怖分子更易袭击食品供应和食品经济,因为对人类的次要影响和对否决的潜力有可能使回报和报应变的不可能。国家统计局指出袭击农产品尤其是畜禽的全国性的疾病将会对经济造成毁灭性的打击。他们同时也指出美国现在正独立的仿制生物恐怖主义。

基于各种原因美国农业在农业生物恐怖主义面前正在变得越来越脆弱，这些问题包括，生产技术持续精细化的趋势，纵向的企业兼并，面向出口市场的持续增长过度倚赖工业，以及美国家畜对各种病原体和病虫害抵抗力的缺乏等。再加上这些农业方面的弱点与病原体的收集，生产和散播息息相关。

除了能够引起人们对这个主题的关注以外，这已经超过了该文章所关注的范围。目前关于对生物恐怖主义和其他对于食物供应危害相关信息的更多更详细的来源，见 www.foodsafety.gov 该网站汇集了其他网站上的相关信息。

动物医药规则

动物医学控制行为涵盖了政府机构所负责的下列各种活动：

- 防止外来动物疫病进入美国
- 阻止或延缓动物疫病在各州间的蔓延
- 根除美国国内特定的动物疾病
- 协助维护特定动物的动物福利

当前，有 40 多种目前美国国内没有的动物疾病被认为是对美国家畜和家禽的巨大威胁。单就控制口蹄疫一种疾病的暴发，据估计一年就要耗费 100 亿美元。很显然，疫病预防需要是，也必须是政府和检疫部门优先进行的工作。

联邦法规

美国农业部(USDA)的动植物健康检测部门(APHIS)是负责广泛调整职务和保护美国动植物行业利益的联邦政府的一个分支机构。动植物健康审查服务中心下设九个部门，其中五个部门的职能将在这里进行较为中肯和简明的介绍。

植物保护和检疫部除了其他的几个职能以外，主要通过精细的审查扣押系统(即畜产品的罚没机制)保护美国农业免受动植物病虫害通过国外渠道的进入。大约 1 300 名检验员工作在机场、港口、邮局、边境检查站，以防止病虫害通过邮件、货物、行李和人员进入本国。(图 14-9)他们通过各种手段防止食品和其他产品将病虫害带入，这些手段包括 X 射线和受过训练的侦缉犬。近些年来这些侦缉犬队的猎犬已经截获了 60 000 宗被禁入的农产品。(图 14-10)它们同样用来检测美国出口的农产品，以及控制美国境内的各种植物害虫。

兽医服务部的工作是防止动物疫病通过进口动物和动物产品的渠道传入美国。一旦疾病传入，兽医服务部将会采取紧急措施来应对。从前没有的新城疫病毒 20 世纪 80 年代偶然的通过宠物鸟传入美国，并于 2002 年卷土重来。兽医服务部致力于抑制和根除这种病毒。兽医服务部同样和州政府开展合作来制定消灭本土动物疾病的计划。还负责颁发出口动物和动物制品健康证书，组织诊断测

图 14-9　植物保护和检疫部门通过审查扣押系统查获、没收和销毁了很多进入美国境内可能携带病虫害的旅行者所随身携带的物品。图中显示的是在 Virgina 的 Sterling 的 Dulles 国际机场查处的肉类和蔬菜制品。(Ken Hammond，USDA 提供)

图 14-10　侦缉犬作为一种有效的工具正在美国的港口和机场帮助动植物健康审查服务中心的人员侦测违禁品。未被侦测到的违禁品将威胁到美国的农业生产和食品供应和经济发展。(USDA/APHIS 提供，图片编号 BB 206)

试，并且是兽医生物制品和相关产品的权威认证机构。如果个人生产者和基层兽医师怀疑或检测出某种可能的外来疾病，他们将立即联络 300 多个受过特别培训的州或联邦兽医师中的某一位在全美国划分范围进行调查。一旦此种外来疾病被诊断出来，兽医服务部能够立即派遣一到两个受过特别训练的工作小组到疫病暴发的地点指导实施根除疾病的方案。

虽然口蹄疫很少传播给人类，但是对家畜却具有毁灭性。一次口蹄疫疾病的暴发将有潜在的严重经济后果，并伴随有产品损失及影响肉品奶类的推销。病情很难控制，已经在世界 60％以上的地区发生过。在现代高度信息化环境里，口蹄疫病毒将可能被引入美国并在全国散播。防控该病毒的行动将广泛深入开展包括一些看上去多余的细节如告知那些不懂得这病毒具毁灭性的人。这些活动已证明是正当的。

对生物恐怖主义的恐惧已引起了世界的关注。在美国除了推行的国家安全的许多措施外，美国农业部成立了美国农业部国家第一安全委员会，作为一系列机构重整。主要目的是为了提高部门执行与国家安全有关活动的能力。

WS(野生动植物局)负责减少野生动物对农业和自然资源的破坏，减少野生动物对人类健康和安全的潜在威胁，保护受到威胁濒临灭绝的物种。

IS(国际服务)与外国政府合作来保护美国的农业并且加强其农业交易。国际服务商讨确定其他国家向美国出口的农业产品和美国出口到其他国家的农业产品。于国家的起始时期就提前清除通常是比较简单，比较实际而且不失为一种比较好的排除疾病的方法。国际服务也跟外国政府就农业害虫和疾病的项目进行合作。协作的根除项目就包括在贼鸥和口蹄疫上的直接努力。

AC(动物关爱)负责检查实验、展览、或其他合法工业中的动物，从而确保动物福利法的执行情况以及这些动物适宜的饲养情况。

动植物健康审查服务中心负责加强动物、植物和农业产品的管理。这种管理依赖于产品和产品的起源国家。在一个出口产品的国家里，动物必须拥有由国家健康行政人员派发的健康证明。任何一个疾病状况不同于美国国家的肉类、兽皮和其他动物产品都会被限制。动物必须在 4 个检疫中心其中的任何一个接受检疫，这 4 个检疫中心分别是(Newburgh，NewYork；Miami，Florida；LosAngeles，Califorania；Honolulu，Hawaii)。另外还有一个高级的动物进口中心在(Florida)通常用于从还没有根除口蹄疫的国家中进口动物。私人拥有的宠物鸟可以通过在(Newburgh，NewYork；Miami，Florida； LosAngeles， Califorania； Honolulu，Hawaii)的 6 个美国农业部操作的鸟类检疫所的检疫后入境。加拿大有异常严格的进口规则因此在没有检疫的情况下鸟类可以从加拿大进入美国。动植物健康审查服务中心监督 60 种私人拥有的用于检疫商业宠物鸟的检疫设施。

阻止疯牛病或者疯牛病进入美国就是动植物健康审查服务中心提供的服务的一个现行的好例子。这种疾病已经严重地影响了欧洲的畜牧业。1989 年，动植物健康审查服务中心开始限制从英国和其他诊断出有疯牛病暴发的国家进口活的反刍动物和反刍动物产品。同年，动植物健康审查服务中心也启动了一个监督计划来监测该病。该计划包括检测成千上万头牛的脑子。采取这些还有其他的一些措施就是为了防止这种疾病传入美国，从而保护我们的畜禽、我们的人民和我们经济的健康。然而，在 2003 年的 12 月美国农业部宣布华盛顿的一头奶牛被检测出疯牛病为阳性。在对从加拿大进口的感染口蹄疫，或者是与口蹄疫患畜接触的动物的系统检查，包括疫源地的检测，发现没有传染性蛋白。2004 年 7 月 1 日美国农业部颁发并执行了一项加强疯牛病检测的计划。在该计划的执行期间内，美国再也没有检测出疯牛病阳性动物。关于疯牛病的最新消息可以查阅美国农业部官方网站。地址是 http://www.suda.gov/BSE/.

美国开展的另一个保护农业部门的工作开始于 2001 年的早期。同时，美国农业部也开始与包括动植物健康审查服务中心在内的几个政府和私人代理处的共同努力来指导北美洲暴发口蹄疫。口蹄疫是一种高度传染性的病毒病，主要传染牛、猪、羊、鹿和其他一些偶蹄的反刍动物。

虽然口蹄疫很少传播给人类，但是对家畜却具有毁灭性。一次口蹄疫疾病的暴发将有潜在的严重经济后果，并伴随有产品损失及影响肉品奶类的推销。病情很难控制，已经在世界60%以上的地区发生过。在现代高度信息化环境里，口蹄疫病毒将可能被引入美国并在全国散播。防控该病毒的行动将广泛深入开展包括一些看上去多余的细节如告知那些不懂得这病毒具毁灭性的人。这些活动已证明是正当的。

对生物恐怖主义的恐惧已引起了世界的关注。在美国除了推行国家安全的许多措施外，美国农业部成立了美国农业部国家第一安全委员会，作为一系列机构重整。主要目的是为了提高部门执行与国家安全有关活动的能力。

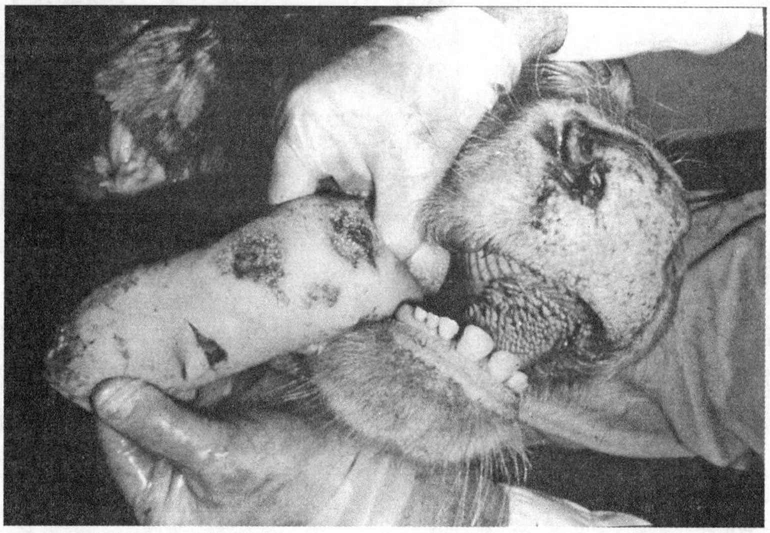

图 14-11 口蹄疫症状。口蹄疫以高烧和在舌、唇、嘴、乳头及两蹄之间发生水疱溃烂为特征。虽然许多感染的动物恢复健康但这种病使它们身体衰弱了。口蹄疫引起肉类奶类产品的严重损失。(USDA 提供)

国家动物检测系统

现在正在计划建立一个新的监控系统。这个监控系统的作用包括：疾病的控制与消除，疾病的监控与监视，对国外动物疾病的紧急措施，国内，国际畜禽交易的效率，消费者对健康食品的渴望，紧急情况的管理系统。这个系统的好处，已经讨论了很多年。在"9·11"事件以后，在2003年11月在食用牛发现了疯牛病，证明了这个系统的必要性。美国农业部启动了这个计划，并提供了启动基金。

州的法规

每个州都有自己的兽医。这些兽医都是听命于自己州的农业部负责人，尽管各州之间的法规各不相同。这些兽医以及相应机构要对自己州的立法部门负责。例如，州内运输的法规，以及州之间活畜交易的法规，他们负责和当地的立法部门合作。

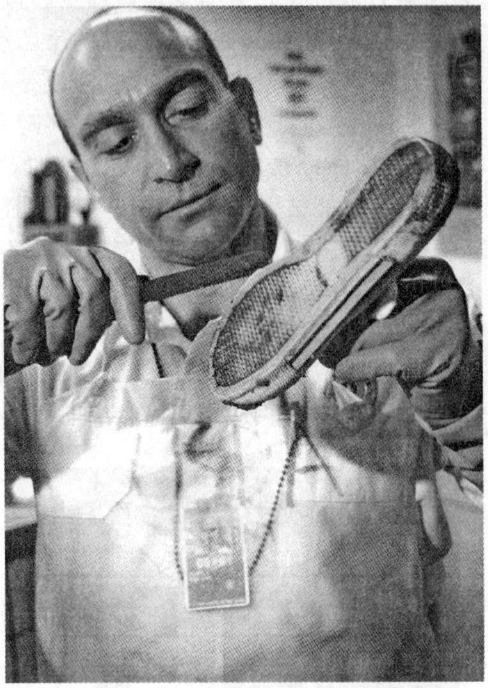

图 14-12 正在清理鞋上污泥的动植物健康审查服务中心观察员 Alex Belano. 国际航空公司的旅行员。该公司位于斯坦郢，弗吉尼亚，作为口蹄疫控制计划的一部分。（Ken Hammond 摄，USDA 提供）

兽医资格的授予

美国农业部掌管的兽医资格授予系统，可以授权私人兽医来协助控制和消除家畜和家禽的疾病。每年有 4 000 多人通过此项考试。通过授权的兽医协助生产者购买、销售、运输动物。他们检测动物的健康状况，检测特定疾病，发放检测证书等。

美国动物卫生协会

美国动物卫生协会是一个国家的、非盈利的机构，现在有大约 1 400 名职工。他们同国家和当地的安全人员、兽医，以及活畜生产者，国家的家畜和家禽机构，科研人员，更大的范围就是同 7 个国家一起控制美国国内的疾病。美国动物卫生协会虽然不是国家的分支机构，但是却是向美国农业部进言的部门。这些机构可以非官方的方式调控洲之间的疾病控制，并且建议新的法规。美国动物卫生协会下设 30 个小的分支机构，负责畜禽疾病的各方面的控制，每年的秋天都要进行一次例会。

组织者

下面的渠道为学生提供另外的信息：

American Veterinary Medical Association

1931 North Meacham Road, Suite 100

Schaumburg, IL 60173

Phone:(847)925-8070; fax (847)925-1329
E-mail:avmainfo@avma.org
http://www.avma.org/

USDA, APHIS, Veterinary Services
National Animal Health Programs
Address:4700 River Road, Unit 43, Riverdale, MD 20737-1231
Phone:(301)734-4913; fax (301)734-7964
http://www.aphis.usda.gov

United States Animal Health Association
Address:P.O. Box K227, Richmond, VA 23288
Phone:(804)285－3210; fax (804)285－3367
http://www.usaha.org/

概要和结论

疾病并不是任何一个州自己的事。发病以后,整个政府机构或者是政府的某几个部门就会功能紊乱。让动物尽可能地生活在一个稳定,健康的州内,是一种挑战,责任和畜牧业健康发展的必要条件。动物有自己抵抗疾病的机制,当抵抗机制失败的时候,疾病就会发生。

疾病通常是由很多直接和间接的因素引起的。涉及很多主要的因素。各个因素各不相同,但是他们有一个公共的特点,那就是它们是不正常的或者是对于机体是多余的。直接的原因主要包括几大类:细菌,病毒,支原体等。外部因素,内部因素以及知道很少的引起疯牛病的蛋白因子等。其他的直接因素是一些非感染的因素。营养缺乏病主要是因为营养失衡或者是饲喂因素。很多疾病是因为基因的缺陷。直接的原因还包括一些意外的伤害,如钉子,尖锐的器具,砸伤,或者是地面过于潮湿,或是过滑。化学药物中毒也是直接病因。

检查和鉴定疾病涉及到一系列的诊断分析。诊断结束后,一系列的兽医机构就可以一起去治疗和预防疾病。对于任何一个单位来说综合防疫措施都是最佳的选择。其应该包括以下几个方面:饲养管理,营养,免疫,和预防消毒。在历史上,动物疾病曾经引起了人类的很大损失。为了减少损失,我们美国农业部,州政府,和私人机构要相互协作一起对抗疾病。

习题

1. 维持动物健康的动机是什么?对于伴侣动物和牲畜在这方面有什么不同?
2. 什么是临床症状?什么是机体损伤?
3. 如何定义病因学?

4. 详尽描述疾病起因，包括直接和间接因素。

5. 临床症状和亚临床症状之间的区别，以及急性和慢性之间的区别？

6. 用自己的观点描述一下动物是如何“脱靴”，并且怎样诊断动物已经发病？

7. 描述畜主能够得到哪些兽医服务？例如一个拥有匹马的畜主，一个拥有100条狗的畜主。

8. 动物如何获得免疫力？主要有哪几种免疫？

9. 为什么畜群的健康那么重要？有哪些主要因素需要考虑？

10. 描述一下动物健康对于人类的好处。对于社会的好处。

11. 动物药物预防的目的是什么？常用的药物有哪些？各起什么作用？

参考文献

Berry, J. G. 1998. *Livestock disease and control.* Extension Facts No. F-3999. Stillwater, OK: Oklahoma Cooperative Extension Service, Division of Agricultural Sciences and Natural Resources, Oklahoma State University.

Frandson, R. D., and T. L. Spurgeon. 1992. *Anatomy and physiology of farm animals.* 5th ed. Philadelphia: Lea & Febiger.

Noah, D. L., D. L. Noah, and H. R. Crowder. 2002. *Biological terrorism against animals and humans: A brief review and primer for action.* JAVMA, July 1, 2002. Available online at http://www.avma.org/pubhlth/biosecurity/zu_bioterrorism.asp.

Sainsbury, D. 1998. *Animal health: Health, disease and welfare of farm livestock.* 2nd ed. Oxford: Blackwell Science Ltd.

The Merck Veterinary Manual. 1995. 8th ed. Rahway, NJ: Merck & Co., Inc.

USDA. 1984. *Yearbook of agriculture, animal health, livestock and pets.* Washington, DC: USDA.

Van Kruiningen, H. J. 1999. *Daniels' health and disease management in animals.* 2nd ed. Storrs, CT: H. J. Van Kruiningen.

第三部分

动物产业

第 15 章

牛肉业猪肉业家禽业的市场调控

学习目标

学完本章后，能够应该：

1. 能够描述畜牧业的市场调节及纵向宏观调控，并能阐述其在畜禽生产中的重大意义。

2. 能够解释畜禽的生物学特性，生产周期，遗传基础，工业化阶段，区域分布和运作方式是如何影响纵向宏观调控的。

3. 能够列举出纵向宏观调控的目的和受限因素。

4. 举例说明一种动物生产宏观调控的不利因素。

5. 比较牛、猪和家禽 3 个主要肉类生产部门发展宏观调控的可行性。

关键术语

保鲜包装产品	品牌营销	增值产品
标准的安格斯牛肉	其他的白肉	战略联盟
分割产品	市场调节	资本需求
合同订单畜产品生产	所有权联营	
盒装分割产品	一体化联营	

引言

在 20 世纪中叶以来，肉类工业有组织的管理改革主要是肉品市场结构的改变和风险共担联营的建立。肉类生产者很有必要理解这种改变是如何对市场进行调控的，以及又是如何影响个体生产者和联营生产者的？

一体化联营的概念

一体化联营
是产品由生产者流向消费者和产品信息由消费者反馈给生产者的有机组合。

一体化联营是一个有组织性的、协调的，以及及时将消费者的需求传递给生产者的过程。广义的一体化联营包括一个由市场价格调控的完全开放市场体系。在这个体系中，所有的调节都有市场价格来完成。由市场价格信号反馈给生产者市场需求，并且指导生产者生产什么样的产品来满足消费者。一体化联营的另一层含义是一个公司自身实体的宏观调控，是购买和生产过程的协调，它是消费者和生产者之间的纽带。

纵向联营调控
是指控制从生产者到消费者两个连贯的市场阶段。

纵向联营调控是指控制从生产者到消费者两个连贯的市场阶段；例如，某公司从事牛的饲养和肉产品的包装。纵向联营调控包括 2 种主要的类型：合同定单畜产品生产和所有权联营。合同订单畜牧业生产有多种变化形式，一些人把合资作为合同订单畜产品生产的一种形式，然而其他人把它看作是纵向联营调控的一种单独的形式。

合同订单畜产品生产
为了产品或服务目的，一个产业的公司与另一家临近产业公司签订合同。

合同订单畜产品生产包含一个从事生产-加工-销售阶段的公司（比如肉产品的包装）和一个从事专门化服务（比如牛的饲养）或产品（比如牛的屠宰）阶段的公司。两个公司可以在一些必备资源上形成互补。如果合同签署，它将详细说明合同的哪一方提供什么样的资源、什么样服务或什么样的产品。合同也可能包含一些关于产品质量，数量，时间和产品的地点，产品价格和什么时间交货的相关条款。

所有权联营
在所有权下的综合经营。

所有权联营与合同畜产品生产不同的是联营公司拥有 2 个相邻生产-加工-销售阶段的大多数资源。比如，一个肉类加工公司拥有一个养牛场和部分或全部饲养牛。因为大多数资源属于联营公司，完全改变联营公司的所有权是不可能的，只可能在一定程度上属于一体联营公司。

战略性联盟
一个产业中各种独立元素进行最佳的合作来使价值和投资回报最大化。

大多数的农业生产中的纵向联营是合同订单畜产品生产的变异。之所以有区别是因为纵向联营包括生产-加工-销售的 2 个一体化阶段，而不是所有的阶段。前者可能是指部分联营企业，而后者是指完全联营企业，家禽业是主要的完全联营企业（图 15-1）。尽管如此，一体化经营在猪、牛业上都有所发展，基本上相当于家禽业的前几十年，主要是在肉鸡上。来至于家禽业的竞争压力促使牛肉和猪肉工业寻求更高的效率和改变自身调整。例如，在过去的 10 多年里，为了改变自身调整，牛肉业中已经组成了几个**战略性联盟**。在猪肉业，伴随着包装机把猪肉加工成猪肉产品，猪肉包装公司和比较大的猪肉经营公司之间的合作急剧增加，双方都在共同努力创造更大的生产效益。

一体化联营的目的

提高畜牧业市场调控的目的在于资源的合理利用。单纯开放的市场体系以

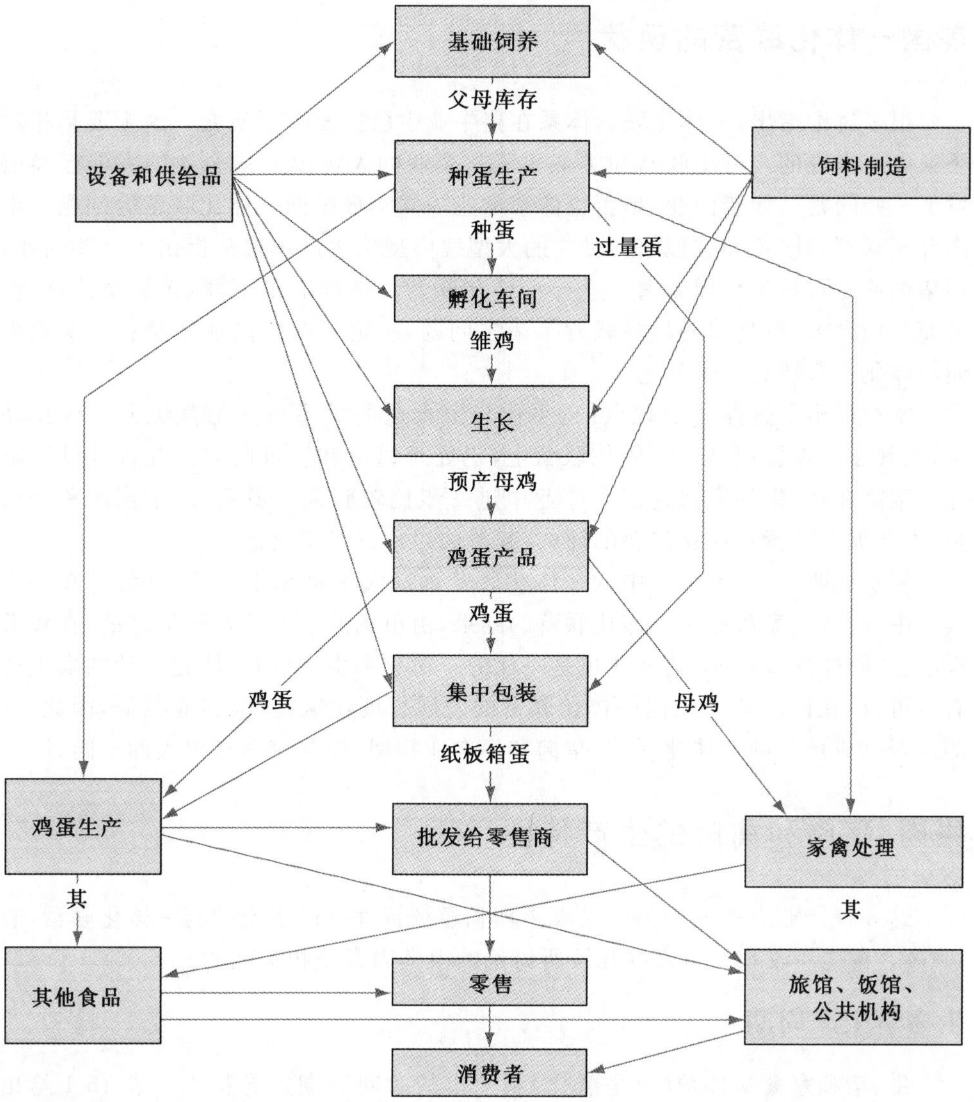

图 15-1　显示纵向市场各阶段鸡蛋组织的潜在因素。(来源:Schrader et al.,1978,p.23)

市场价格作为联系生产者和消费者的最佳方式。生产加工上的缺陷可以导致销售的失败,而目前销售失败的一个典型原因是技术革新和经济利益。在资本主义经济体系中,利润是市场变化的动力。利润在产品生产加工和分配阶段是不明显的,但在消费者和生产者的交易阶段是很明显的。新工艺的应用可以降低成本或提高产品性能,满足消费者不断变化的需求。

美国一体化联营的现状

很多讨论指出，一体化联营体系在猪牛业中已经发生了演变。这主要是相对于家禽业来说的。订单联营和类似于家禽企业的大规模养猪企业的发展已经引发了一些问题。如猪肉业，是否也像家禽业一样实现纵向一体化联营等问题。牛肉合同联营的增长和类似家禽模式的大型瘦肉型猪生产单位都提出了一些问题：即猪肉业是否将完全像家禽业一样一体化联营。牛肉需求下降，包装集约化，包装商调控供求，及高端的战略联营等诸多问题，决定了在牛肉业中是否能实现纵向一体化联营还是一个问题。

本章提出了这样一个观点：猪牛业与家禽业的关系可能加强纵向一体化联营，尤其在是否提倡纵向一体化联营上，仍处于讨论和验证阶段。几种鼓励和阻止方案需在猪、牛和家禽这三大产业中进一步比较验证。最后，关于当前和今后猪，牛业纵向联营一体化趋势的评估、起草的讨论已经提交。

特别说明一点，家禽业中的一体化联营远远大于猪和牛肉业。因此，在许多实例中，能看出家禽业是一体化联营的结果，由市场调节的工业是最好的，在较低程度上，同样的条件下，猪肉业也是一样的。对于肉牛，纵向一体化联营的实现还有日可待，在肉牛业中纵向一体化联营的发展程度比家禽，肉猪业都低，因此，预测是否赞成行业的一体化联营，猪肉和牛肉业相似，但与家禽有很大的不同。

牛肉、猪肉和禽肉的生产特性

这 3 种产业有一些产品的基本物理和经济特性有助于或抑制一体化联营（表 15-1）。在这一段和接下来的几段所讨论的很多因素是相关联的。

生物学生产周期

牛、猪和家禽从怀孕（鸡是孵化）到上市的时间周期差异很大。表 15-1 给出了猪、牛和家禽从怀孕（鸡是孵化）到上市的大致时间。生产过程的变化能改变上市时间。牛从妊娠到上市大约需要 24 个月的时间：10 个月的妊娠期，6 个月的哺乳期，4 个月的生长发育期，4 个月的育肥期和 1 个月的加工处理/销售期，除了第一阶段外，其他几个阶段都有改变的灵活性存在。猪从妊娠到上市大约需要 10 个月的时间：4 个月的妊娠期，1 个月的哺乳期，4 个月的生长育肥期和 1 个月的处理加工/销售期。和牛相比，猪从妊娠到上市在绝对时间上有很少的灵活性和可变性。家禽从孵化到上市大约需要 5 个月的时间：1 个月的孵化期，3 个月的生长期，1 个月的加工处理/销售期。肉鸡的上市时间比火鸡短，大约需要 4 个月的时间。家禽从孵化到上市时间的灵活性及柔韧性不如猪。

表 15-1 牛肉、猪肉和禽肉的产品特性

特征	牛肉	猪肉	禽肉
生物学的生产周期	24 个月	10 个月	5(4)个 月
遗传基础	广泛	狭窄	狭窄
工业阶段	犊牛 育成牛 肥育牛	仔猪 生长育肥猪	孵化阶段 生长阶段
区域分布	分散 生产阶段多样化	中西部 大西洋中部地区南部平原地区	东南部
公司规模和专门化	生产阶段多样化	大和专门化	大和专门化

来源:Clement E. Ward,1997,经允许使用。

生物学过程对纵向一体化联营的重要性有关的因素将在下一章讨论。也许这些因素包括生物学改变的速度,例如,遗传力在生物进化上的改变。然而在某一产业中,这种因素在开放市场和纵向联营系统中均存在,这些因素影响着是否能促进纵向联营和提高协调性的困难和缓解因素。例如,如果一个公司正在考虑通过基因或生物学上的改变来改善产品的质量,那么,基因调控能缩短生物进化的时间,效果更快,这一点更加支持了纵向联营。

遗传基础

家禽的遗传基础相对比较狭窄。仅少量的种类或基因片断(少于 10)就能够提供大量的终产品。基因改变在禽类上见效更快是因为它能缩短的生物进化过程,并最终能生产出更加一致的禽类产品。短的生物学过程和由于一个相对较窄的遗传基础而得到的更加一致的动物产品,这对于生产过程的管理和生产成本是非常重要的。它们也影响生产过程中的成本和与消费者所需求的产品的一致性。总之,它们有助于提高市场纵向联营的协调性。在鸡的生产中,基因发生改变的速度会更快,因为在短时间内,一只母鸡比一只母猪或母牛能产生更多的后代。狭窄遗传基础是家禽纵向联营的结果,对牛肉和猪肉也是一种促进。

最近几年,猪的遗传基础已经相对地缩小了很多。今天,仅少量的专门化公司为几乎所有的大型猪管理处提供育种品系。由于猪的生物学过程较短,这就使猪的基因改变更快,并且,通过较多的窝产仔数,猪比牛在一个饲养周期内能影响更多的后代。较快的基因改变也可以减少生产成本,为消费者提供更多的一致性猪肉产品。

在牛肉产业中,遗传基础仍然很广泛。一些饲养者也在培育或引进新的品种,这使得牛的遗传基础更加复杂。在每个基因品种中都有一些重要的基因,然而,在商业化养牛的模式中,至今还没有一种简单实用的方法来找出这些重要的基因。生物学过程较长也是一个抑制基因迅速改变的因素,因为 1 头牛每年只能产一只犊牛,它还要花费 24 个月来了解这个育种过程中培育出来的牛是否携带有或多或少的重要的与饲养有关的基因。因此,通过基因来改善产品质量的过程很慢,它对牛产品的纵向整体化起抑制作用。

技术影响基因改变的速度。对牛和猪,人工授精和胚胎移植可以稍微加快这

个速度。然而,在牛上大范围来使用此技术将会使成本很高。高成本抑制了公司的纵向联营和对这种技术的应用。

工业生产阶段

家禽业有 2 个主要的生产阶段,孵化阶段和生长阶段,再加上处理和销售阶段,这一阶段在 3 个产业中都有。这有助于在纵向联营生产过程中的管理和减少各阶段的成本交易额。传统上在猪肉业上也有 2 个主要的产品阶段,仔猪阶段和生长育肥阶段。与猪和禽业相比,牛有一定的不利条件。牛的生产有 3 个生产阶段:犊牛期、小牛期或生长期和育肥期。因此,牛有 3 个产品阶段,比家禽多一个阶段,生产阶段也比猪的更有变化性。牛的多出来的这个产品阶段就增加了工业的贸易额。除此之外,每个阶段都有不同的资源和管理需求。这些不同之处共同增加了牛肉生产中纵向联营在管理上的困难。

产品的地理分布

家禽、猪和牛在每个州都有生产。然而各产业产品集中的区域却不同。家禽产品,尤其是肉仔鸡,更多的是集中在美国的东南部地区。火鸡集中在这些地区虽然比肉鸡少,但火鸡产品在这些区域的饲养密度又比猪和牛大。

传统上,猪的生产区域多集中在爱荷华州和玉米带所包围的几个州。尽管如此,像美国俄克拉荷马州和南部平原的几个州一样,猪肉生产在北卡罗来纳州和大西洋中部的几个州也已经迅速地增加。因此,猪肉生产的地理区域已经拓宽。猪产品增长的区域是这些在文化上和法律上比较容易接受纵向整体化系统的地方,部分是由于该地区实行家禽联合经营在这个区域。

牛的生产在区域上与猪和家禽是不同的。一个主要的原因是养牛使用的地方和饲料不同。肉牛和奶牛在地域上集中在不同的区域。小公牛或生长模式是不一样的,不像犊牛生产集中在同一区域中。牛的饲养在区域上也开始逐渐集中,包括同一阶段的育成牛和生长管理阶段的牛。然而,由于区域分散和另加的一个生产阶段,牛肉业出现了显著的贸易额增大。这些更多的贸易额会使在区域上分散的犊牛向区域上更集中的育成牛或逐渐增长的区域移动或向更集中的饲养牛的区域移动。

公司规模和专门化

家禽的生产经营能成为一个专门的单元主要是由于一体化联营和合同订单生产的结果。然而随着经营规模的变化,这些单元已经成为规模较大而且管理相对集中的单元。猪的生产单元已经趋向于家禽的生产方式。由于受一体化联营影响,猪生产在仔猪,育成猪和育肥猪的生产方面已经更为专门化了。合同订单生产也已经显著增长,凭借大型的包装厂商在猪生产方面一体化联营。经营规模的显著扩大引起较大生产单位的成本降低。从单个的仔猪或育肥猪生产单元到拥有多个生产单元的大型生产单位都采用了相同的经营模式。

牛的生产是一个混合的。拥有大量母牛群的公司很少，一般每个公司都不超过30头母牛，这部分也是因为受到土地和饲料基础需求的限制。小公牛或育成牛的生产公司规模相对较大，通常来自于几个不同母牛公司的小牛组合成一个大的生产单元。牛的饲养已经明显的向大型专门化单元发展。此外，养牛公司之间相互兼并的增加使少数大公司的饲养能力得到了提高。

一体化联营意味着和其他的因素相关联。一个大型的专门生产单元要比一个小型的多样化的生产单元管理效率要高。家禽中专门化的较大的生产单元是导致协同能力提高的部分原因和结果。这样的生产单元在更专门的管理和规模的大小方面更容易资本化。猪肉业在某种程度上模仿了家禽业的生产方式，日益向更大更专门化的生产操作方向发展。合同订单生产和纵向一体化联营也导致协同作用的提高。牛肉业的纵向联营将会比家禽业和猪肉业出现的晚，这是因为组织和管理的规模小和高度分散的生产单元所引起的。较长的生物学周期，遗传基础的多样化，额外的生产阶段和更分散的地域生产，这些都是牛肉业一体化联营的不利因素。以上这几个方面阻碍了牛肉业实现纵向联营。

市场因素增强协调性

牛肉业，猪肉业和家禽业的其他与市场相关的特征使它们的市场调控得到提高。调控的增强能够完美的促使某一产业的公司对消费者不断改变的需求特别是不断变化的口味和偏好做出更快和更恰当的反应。因此，这一节要讨论的是联营和非联营的企业如何在零售和食品服务水平上满足消费者需求，以及如何将机会利益资本化的有关特征。表15-2概括总结了影响市场调控的因素。正如上一节所讨论的这些特征是相互联系的。

零售产品的增值

经过加工的肉类产品比以传统形式销售的新鲜肉存在更大的利益空间。（术语注释：以传统的方式销售的新鲜猪排是一种**保鲜包装产品**；烟熏猪排是一种**增值产品**；乔原创牌烟熏猪排是一种**品牌产品**。烟熏猪排的价格在批发商那里得到提高，从而使批发商可以从中获得更大的利益。像乔原创牌烟熏猪排那样的品牌肉排使加工者能够将其与其他的烟熏猪排区别开来，从而能够面向消费者做广告和促销。品牌产品都是典型的商标产品，它们可以通过广告宣传来制造或强调它们在产品特征和价格上的不同。）

保鲜包装产品
经过最小限度加工出售的传统的新鲜产品。

增值产品
在经过一些加工后能提高自身价值的产品。

品牌产品
因为有了商标而提高价值的产品。

表 15-2 牛肉、猪肉、家禽的市场特征

类别	牛肉	猪肉	家禽
零售产品的增值	低，但在增长	中等，在增长	高
新开发的产品	数量中等，在增长	数量中等，在增长	缓慢增加
品牌营销	低水平，但在提高	中等水平	高水平

从 20 世纪 70 年代起，市场调控使家禽的增值产品得到更大发展。由于更多的冷冻产品的出现，导致消费者对新鲜的整鸡或非整鸡等新鲜肉产品的需求降低。冷冻包装产品提供了更多的选择机会满足不同消费者，例如，针对家庭大小的不同，生产出大小不等的包装产品；而针对不同种族和宗教的人群，则提供不同风味和样式的产品；以及根据餐饮要求的不同，为它们提供不同成熟程度的产品。

盒装分割产品
是商业系统中的一种产品，在这种系统中为了满足消费者和符合其利益而集中对肉进行加工和分类。

最近，产品生产的重点在一定程度上转移到了提供**盒装分割产品**上。这使新鲜零售产品的包装得到了改善。盒装分割产品可能对猪肉和牛肉业产生的影响要比家禽业大。向盒装分割产品的转移是由几个因素引起的。其一是它能够使消费者对在零售中的新鲜肉产品的包装遗漏的问题做出反应。这不仅解决了食品安全的问题，而且使消费者达到了满意。其二是沃尔玛超市在食品零售业中的快速发展，在商店食品出售时他们强调节省劳动力。盒装分割产品进入这些商店，只需标上价格就可以出售了。改善的包装减少了肉样的浪费并使其更卫生，另外也延长了食品保存期使食品更安全。在猪肉和牛肉业中，零售的超级市场已经很普遍，因此一些新的加工厂家专门致力于为这些超市生产盒装分割肉。

猪肉业有几个传统销售生产加工的增值产品。烟熏猪肉、火腿和香肠产品被认为是零售中的传统的商品。剩下的猪胴体以新鲜的猪排、烤肉和其他产品的形式出售。现在这些新鲜猪肉产品也有些以盒装分割产品或增值产品的方式销售。他们仍然是新鲜的猪肉产品，因此，猪肉业还没有像家禽业那样多的冷冻增值产品。猪肉业重点在于努力提高产品质量并尽量保持盒装产品的质量。通过一个狭窄的遗传基础和新改进的加工方法，商品质量的一致性得到提高。几种更新的增值产品的上市使消费者多样化的口味和喜好转化成了资本。

牛肉是零售的肉样品中出售的最主要的新鲜肉产品。然而，包装的改善包括盒装分割产品的提高很可能使牛肉产业比家禽产业获得了更大的利润。超级市场上牛肉的增值产品仍然相对较少，但是新的产品正在不断地出现。(图 15-2)新鲜的牛肉产品只有相对较少的特征作为区别于那些原始刀切牛肉的产品标志。因此，在牛肉产业上要发展增值产品的困难会更大。尽管如此，牛肉市场正在不断地改变。

新产品开发

新产品的开发与增值产品紧密相连。有人也许认为这两者有着不可分割的联系，不能分开加以讨论。但是，就价值这一点它们是可以分开的。

图 15-2　市场上零售的主要新鲜牛肉产品。虽然牛肉市场变化缓慢，但是市场上几乎没有牛肉的增值产品。(Michael Littlejohn 摄，Pearson Education/PH College 提供)

研究表明，公司可以依据产品的不同给产品定不同的价格，并对意识到或实际上不同于目标市场部分的产品收取附加的费用。家禽业的资本投入就新产品的开发而言与以前不同(图 15-3)。在表 15-2 中，所列出的开发的新产品正在缓慢增长。那个表所描述的是除了家禽业在过去的二三十年中所获得的主要利益在增加之外，其他行业的利益也正在缓慢的增长。在过去的 10 年中，家禽业的一个显著的进步就是对鸡翅膀这种低价值的鸡肉产品的开发，热辣鸡翅膀和桶装产品的成功就是它们成功的证明。这些成功是建立在早期鸡块、鸡柳和三明治的成功之上的。

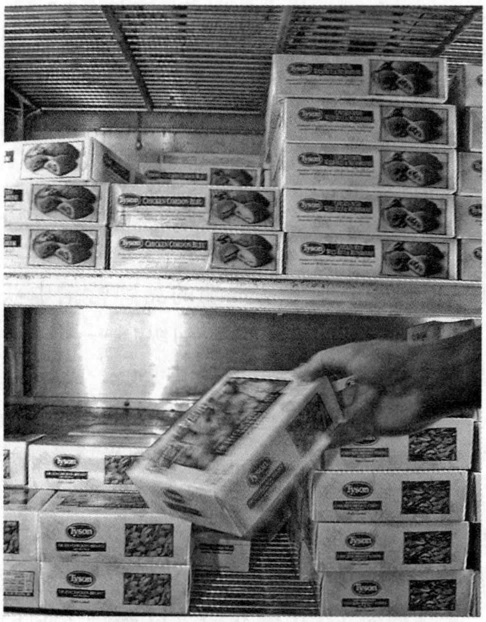

图 15-3　家禽业在大型的一体化联营公司的引导下，将与品牌产品和新产品的开发机会转化为资本。(Tyson Foods，Inc 提供)

猪肉业新工艺和制成品技术资本化创造了几种新产品。正如增值产品所讨论的那样，许多产品是由于加工和包装的创新所产生的。猪肉业使用具有侵略性的“猪肉，其他的白肉”的广告活动（图 15-4）来增加酒店菜单上的猪肉产品。人们正在不断的努力寻找新的利用低价值猪肉方法，来满足适合消费者口味和喜好的猪肉产品。尽管如此，猪肉业明显还没有达到家禽业已经获得的成功。

图 15-4 “其他的白肉”的广告宣传活动和有竞争性的新产品开发改变了零售中和酒店里的猪肉产品组成。（National Pork Producers 提供）

为了更好地利用低价值的牛肉，开发新的消费者能接受的零售产品，牛肉业做了大量的努力。这些的努力取得了一些成就，开发出了许多冷冻的样品产品。另外，牛肉业已经在尝试开发新的能够与餐厅菜单上主菜和开胃菜竞争的产品。这仍主要依靠食品服务中的各种汉堡，但是餐厅方便食品的增长使重点向方便牛肉产品发生了一些转移。

品牌营销

把品牌营销与增值产品和新产品开发分开讨论似乎是困难的。品牌信誉和感觉上或实际的产品差别使公司能在零售中获得额外的利润。消费者愿意为质量好的和被认为是质量好的产品支付额外的费用。因此，公司受到经济利益的刺激，而向一体化联营方向发展，并开发消费者品牌和不同产品的品牌信誉。

20 世纪 60 年代，当新鲜禽肉品牌发展取得成功时，家禽业向品牌营销迈出了一大步。因为品牌产品取代了新的增值产品，成功又得到了扩大。零售的大多数新产品是由联营公司所引进，这些公司拥有这些品牌并从成功的品牌营销中获得最大的利润。动物的狭窄遗传基础和主要依靠合同订单生产的纵向一体化联营的产品结构提高了产品质量和品牌产品的一致性。

传统方式加工的猪肉产品像熏猪肉、火腿和香肠等已经有很多品牌。一些公司已经引进了盒装分割猪肉，并把被消费者认可的产品品牌和品牌信誉资本化。至于其他的情况，超级市场上的品牌更为重要。

为了开发品牌鲜牛肉产品，人们已经做了几种努力。有些处理厂家有一些成功的经验，但这些成功只是暂时的，并且很容易受市场的影响。“标准的安格斯牛肉”是最认可的牛肉产品品牌之一（图 15-5）。事实上，几家公司已经尝试着利用安格斯质量繁育消费者协会，尽管存在着这样一种事实，即牛肉市场上的安格斯牛肉可能不是真正的来自安格斯牛。

图 15-5 消费者会为质量一致的产品支付额外费用。因此，公司受到经济利益的刺激，去开发能被消费者认可的品牌和消费者忠实的不同产品。新鲜牛肉几乎没有品牌。但是，“标准的安格斯牛肉”已经形成了它的品牌信誉，它是高质量牛肉产品的指针。（照片经过标准的安格斯牛肉项目允许。“标准的安格斯牛肉”是一个经过标准的安格斯牛肉项目注册的商标，它的使用是经允许的。）

优惠价和零售品牌的信誉为增强市场调控和一体化联营提供了动机。但品牌信誉要求始终如一的质量和食用满意。特殊的，由于具有广泛的遗传基础并且在从遗传选择到最终的产品分配的整个生产过程中很少或根本没有进行控制，所以新鲜的牛肉产品没有必要达到质量的一致性。家禽联营企业已经利用对产品的控制能力和较窄的遗传基础去生产、加工和销售品牌产品。同样的目的，联营企业为了控制市场，积极开发新的产品，用猪肉和牛肉目前存在不同的产品来占有市场份额。在某个时期，联营企业成功的几率比较低，而且大的投资需求也增加了他们成功的风险。尽管如此，一些厂家还是已经取得了一些成绩，并且正在继续努力获得更大的成功。

纵向一体化联营的局限性

纵向一体化联营的许多障碍与产品和市场特征之间是相互联系的。一些经济上的不利因素增强了纵向一体化联营。表 15-3 列出了限制或使纵向一体化联营管理特征的困难之处的效果。

表 15-3 牛肉、猪肉和禽肉产品的管理特性

种类	牛肉	猪肉	禽肉
资金	依生产阶段而变化	中等但可共享	中等但可共享
风险	高	中等	中等
数量、质量和一致性的控制	宽松但正在增加	中等和渐增的	紧凑
必需的管理技术	高	中等	低

资金

资金需求
在本文中，资金必须充分联合形成一体化来占有足够大的市场份额。

资金需求涉及到私营公司宏观调控它的产品，加工和销售等资金需要的范围。资金需求有两个方面。第一个是宏观调控的绝对的资金需求。第二个是为了影响一个足够大的目标市场份额宏观调控一个充足的市场空间的资金需要。联营企业对小市场的宏观调控所需的资金可能是小的，但是小环境市场的潜在的利润可能没有冒险的吸引力。

所有权联营和合同订单畜产品生产的资金需求显著不同。联营企业主要的组织家禽潜在因素的方式是限制资金需求，要求合同制定者提供部分资金，如房屋和设备费用，因此通过联营公司减少资金需求。随着资金需求的转移，合同条款也可以，一些与生产有关的风险被有效地转移给了合同制定者，同时也因为风险伴随着资本投资。另外限制合同制定者的潜在利益。除了上面所提到的联营公司得到的增长的巨大的回报外，制定者在投资方面也可以得到适当的回报。

遵循的家禽业的调控模式是猪肉业中进行宏观调控的主要形式之一。给予合同养殖户（那些从事仔猪、生长猪和育肥猪饲养的人）适当的报酬，因为他们为房屋和设备费用提供了部分资金。联营公司提供如购买后备猪的费用等其余所需资金和承担其余的风险，然而也享有获得无限制回报的潜力。随着完全所有者的一体化联营，联营公司实际上提供所有的所需资金，承担所有风险，但同样也保留获得无限回报的潜在能力。

牛肉业的宏观调控方式并没有遵循这一独特模式。虽然营销合同在牛肉业的各个阶段都普遍存在，但合同订单生产并不常见。

障碍之一是大量的资金需要。2 个方面资金需求是相关的。第一个是联合三个生产阶段即使是小规模的加工与销售的资金需求。第二个是为了有一个巨大的市场影响力而联合大量操作的资金需求。由于在屠宰构成中的节约模式，一个效率高的车间每年大约需要一百万头牛。那意味着是大约 10 个饲养场的产量，每个能容纳 40 000 头的规模。相反，需要大约 12 500 头母牛，每一百头一群。不包括养牛所需场地，饲养厂、加工厂和养牛厂所需资金是巨大的。一个减少基础建设资金需求的方法是形成一个一体化联营的，资金共享的模式，但是这种情况还没有发生。

风险

根据投资成功的可能性，绝对资本费用的风险性必须要考虑。这里介绍的是在利益和风险之间，风险和典型的中断贸易的几个方面。风险越大，获得的更高利润的机会越大。

其中一些风险在家禽上比猪肉和牛肉要少。近年来家禽业所面对的一种风险可能被归入地理政治和贸易的风险这一类。当家禽出口受到干扰时，甚至是紧密协作的工业销售也会被扰乱。由于美国和外国动物疾病的暴发，家禽生产的风险好像也有所增加。由于共享的资金结构，较短的生物学周期和对商品市场较少的依赖，紧密的协调系统风险减少。为市场中断所做的调整稍微容易一些，资金所有人和消费者分担的风险已经增加了品牌和增值商品的信誉。

猪肉生产中的风险与禽业生产中的风险相似，但又有些重要的不同。猪的生物学过程较长，系统联营不是太紧密，并且更依赖于市场日用产品(非品牌的新鲜猪肉)。因此，市场调控变得比较费力或效果不明显。退出的公司大大地暴露了市场价格的风险。

在这3个产业中，牛肉业所承担的风险可能最大。因为牛的生物学过程较长，可调节程度较低，并且更依赖于市场日用产品，这意味着牛肉业对市场干扰的调整更慢，效率更低。在过去几年中，牛肉业已经遭受了来自散发的细菌浸染事件的严重的市场干扰。随后在2003年第一例众所周知的北美疯牛病(牛脑组织的海绵性病变)事件产生了另外的风险度和市场干扰，在过去的10年中，最直接的贸易风险是主要靠牛肉业谋利的贸易合作者。所有这些综合了牛肉业的正常和高风险的性质。

数量、质量和一致性的控制

为了控制产品的数量，质量和一致性，我们把几个因素综合在一起加以讨论。数量直接和资金需求联系在一起。质量和一致性与前面所讨论的生产特征相联系，特别是遗传基础，也包括增殖的品牌产品发展中的机遇的挑战。所有的关系决定着这一产业是如何紧密或者松散地进行宏观调控的。

最紧密联营的家禽业已经显示出了在控制纵向渠道产品输出量的同时控制质量和一致性的能力。狭窄的遗传学仅仅有两个生产阶段，资金分担和风险分担合同，严密的管理规范，产品差异和品牌信誉的联系和其他有关因素共同导致家禽业的成功。

总的来说，猪肉工业是跟随着家禽业的发展模式发展起来的，但在限制一体化联营的发展程度或者成功上，它们仍然有一些不同之处。在一些国家，合同规定的饲养条款和环境控制条款限制了一个严密的一体化产业联营的发展。猪肉业的非一致性仍然是一个问题，但问题正在减小。新鲜的增加的猪肉产品有多少品牌信誉尚不明确。但加工过的产品存在相当大的品牌可靠度。保质期可能是最主要的因素。猪肉业中的一体化联营在过去的将近20年中紧紧跟随家禽业。但在最近几年，一体化在猪肉业中已经得到相当快的发展。在过去很长一段时间内伴随家禽业发生的几个阶段在猪肉业仍会发生。

由于几方面原因，牛肉也继续面对最大的联营挑战。提高牛肉业联营的主要阻力是控制产品的数量、质量和一致性的困难。由于美国牛的饲养在地理上分散地贯穿整个国家，所以牛的数量大多都依赖于养殖规模较小的母犊生产者。对任何一个公司来说，由于大量资金需求，控制大量的牛从生产到销售是很困难的。为了预测和控制最终产品的一致性，尤其是牛肉的嫩度，正在研究一种经济实用的测试方法。这一突破对这一产业的协调性将会产生深远的影响。潜在的利益足以为组织一个从饲养者到消费者的更加一体化的系统提供必要激励。对消费者牛肉安全性的承诺和质量一致性的提高将必定促使牛肉业一体化联营的迅速发展。这包括辨认合适的遗传学和狭窄的基因基础，使生产阶段联系更加紧密，并对新的增值产品和品牌营销提供更多的刺激。

必要的管理技术

禽肉、猪肉和牛肉的生物学特征、生产阶段的数目、地理上的集中性、生产单元的规模和多样性等都影响管理一个一体化联营公司的管理技能。家禽业已经找到了经营各个阶段的方法，部分原因是由于鸡狭窄的基因基础，短的生物学过程和专业化的生产单位。猪肉业也以同样的方式在进行。而牛肉业却显著不同。要管理好那些数目较小，地域上比较分散而且遗传基础较广的牛肉业，这需要更严格的管理技术。同样，为控制数量，质量和最终产品的一致性，在每一步都需要更多的管理资源。因此，牛肉业的纵向宏观调控将会继续落后于家禽业和猪肉业。

概要和结论

在3个主要的产业中，家禽业实行最紧密的一体化联营体系和纵向宏观调控体系。从生产到市场调控的进程中它涉及到公司对产品的责任也是最小的，除非所有权联营能够取代合同订单一体化联营，在现存的生产水平上，鸡肉业的进一步联营将不会有更多的发展。在加工销售阶段，若鸡肉以增值、加工和品牌产品的形式存在，任何更进一步的一体化联营都将可能发生。

近几年来，宏观调控在猪肉业上已经显示出了越来越大的作用。许多大型或超大型商品猪生产单位已经直接靠近专门加工者，更大型的生产者希望在将来能够更加接近购买者。虽然有大的一体化联营企业，但是，和家禽业相似，大多数的一体化是通过合同订单来完成的。猪肉业也希望有坚实的更进一步的宏观调控。猪的遗传基础可能会继续缩小，但这为生产更一致的猪肉产品提供了机会。反过来，这也会促进一体化联营公司控制猪肉的产品质量和一致性。对于发展加工过的、增值的和品牌的零售产品和食品服务，它也在经济上提供了促进作用。猪肉业可以通过开发新的产品和洞察市场来维护或增加它在3大肉类工业中的市场份额。

通过合同订单或一体化联营，牛肉业有最令人信赖的价格或开放的市场调控和最低程度的联营。在牛肉业中，严密控制的一体化联营企业将会继续遵循鸡肉业和猪肉业的商业模式发展。一些因素可能会抑制这种趋势或者促使牛肉业调控系统更加严密。找到适合消费者口味的牛的基因所控制的产品，并能够保持从牛妊娠到消费过程中的遗传，这就是一个经济上的突破。另一个突破是通过加工工艺或新产品的开发来建立一个巩固的品牌信誉，从而使牛肉产品增值。最后，找到一个合适的方法来构建牛肉业，通过这种方法可以减少资金需求，降低一个严密调控牛肉业的风险。

习题

1. 为什么在畜牧业中了解市场调控和一体化联营如此重要?

2. 一体化联营的定义是什么,它的2个主要的形式是什么? 解释为什么一体化联营和市场调控是不同的术语。

3. 在牛、猪和家禽工业中,市场调控和一体化联营目前的现状是什么?

4. 阐述3大肉类产业的生物学生产周期的相同点和不同点是什么?

5. 描述美国牛、猪和家禽繁殖家系遗传基础的不同之处。

6. 与家禽和猪相比,牛的不同工业阶段是怎样影响经济宏观调控的?

7. 描述美国3大肉类产业在地理分布上的不同和相同之处。

8. 联营公司的规模和专门化经营在畜牧业中的发展趋势是什么?

9. 描述一种动物产业一体化联营和市场调控的目的,影响它发展的局限性因素在哪里?

10. 目前流行的说法未来的宏观调控将怎样影响畜牧业?

参考文献

The basis of this chapter is an article written and subsequently updated by Dr. Clement E. Ward, Professor and Extension Economist, Department of Agricultural Economics, Oklahoma State University. It is used with permission and appeared originally in *Current Farm Economics,* 1997, Vol. 79, No. 1, pp. 16–29. Oklahoma Agricultural Experiment Station, Oklahoma State University, Stillwater, OK. 74078. Editorial changes and additional material were incorporated to accommodate the style and format of the text. It was further updated with new material from Dr. Ward for the third edition.

CAST. 2001. *Vertical coordination of agriculture in farming-dependent areas.* Report No. 137. Ames, IA: Council for Agricultural Science and Technology.

Schrader, L. F., H. E. Larzelere, G. B. Rogers, and O. D. Forker. 1978. *The egg subsector of U.S. agriculture: A review of organization and performance.* N.C. Project 117. Monograph #6. West Lafayette, IN: Purdue University.

Ward, Clement E. 1997. Vertical integration comparison: Beef, pork, and poultry. *Current Farm Economics* 79(1): 16–29.

第 16 章

肉牛

学习目标

学完本章后，应该能够：

1. 阐明肉牛业在美国农业生产中的地位。
2. 指出美国为什么有如此大规模的肉牛产业的原因。
3. 简要概括美国养牛业的发展史。
4. 描述肉牛产业结构。
5. 了解美国肉牛产业区域性的具体分布情况，并解释为何在各地区肉牛产业都要占有一定的比例。
6. 论述当前和未来遗传学在肉牛业中的作用。
7. 说明美国肉牛业中的品种变革情况，包括其所取得的成就及对产业的重大影响。
8. 概述提高肉牛繁殖效率的管理要点。
9. 描述肉牛业的饲料供应情况，阐明美国及其他国家肉牛业的目标。
10. 说明并讨论牛肉的营养特点。
11. 讨论肉牛产业的发展趋势，包括对产业未来发展的影响因素。

关键术语

产、销联盟	配合饲料	小粒谷物
犊牛培育健康检测	品种	性能测试
发情	品种改良	遗传力
发情周期	人工授精站	英国品种
肥育	肉牛周期	育肥结束期
肥育期	饲草	预防
富营养化	饲喂谷物的肉牛	种畜
后代期望差(EPD)	停药期	最低成本日粮
净产犊数	危害分析与关键控制点(HACCP)	

牛的科学分类

门：脊索动物门
亚门：脊椎动物亚门
纲：哺乳纲
目：偶蹄目
亚目：反刍亚目
科：牛科
属：洞角属
种：黄牛，瘤牛

肉牛产业在美国农业中的地位

近年来，美国每年来自肉牛的总收入大约有400亿美元，大约占到农牧业收入的1/5(表图16-1)，已成为农业中唯一收益最高的产业，美国农业一年的收入总额约有一半来自畜牧业(图16-1)。平均来说，肉牛产业大约占畜牧业的40%(图16-2)。另一种情况也可以反映肉牛业的重要性，即在50个州中有35个州的

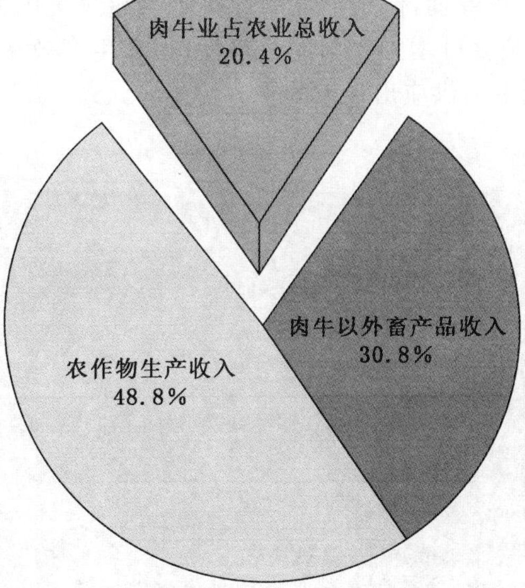

图16-1 2000—2002年每年肉牛收入在美国农业收入中所占比例。(来源：USDA-ERS，2004a.)

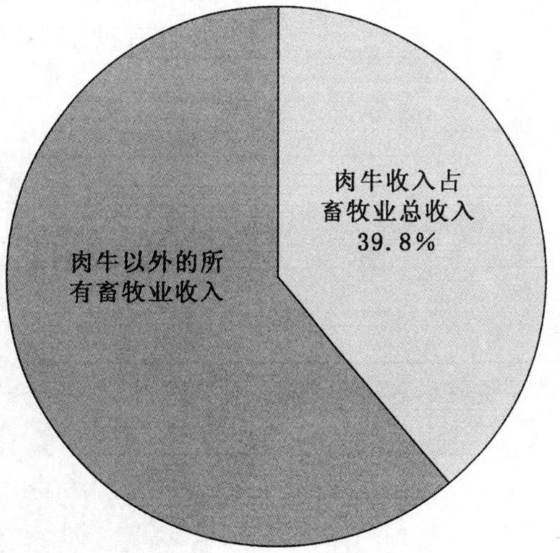

图16-2 2000—2002年每年肉牛收入占畜牧业收入比例。(来源：USDA-ERS，2004a.)

肉牛业都居各产业部门的前5位。在美国大约有80万个肉牛生产企业。据8个州的记录表明，每个州每年来自养牛业的总收入超过10亿美元。此外，有5个州

超过5亿美元。虽然美国人口只占世界总人口的4.7%，但牛的饲养数量却占全世界的7.1%，牛肉和小牛肉的生产量占全世界的21%。不管从哪个角度来看，肉牛业都是美国的重要产业，并且美国是最大的牛肉生产国和消费国。

美国肉牛产业的目标

美国肉牛产业的目标就是利用那些可能被废弃的资源，其中主要为牧草。作为反刍动物肉牛可以将牧草中那些人类不能够利用的成分转化为可利用的高质量食品、副产品及其他可利用的产品。对人类来说，牛对粗饲料的这种转化能力是最有价值的（图16-3）。美国的大部分土地都很适宜牧草的生长。相邻的48个州大约有3.75亿hm^2耕地，其中52%是牧草种植地，包括美国西部广阔的干旱地带，还有一些由于受地形等限制而不适宜耕种的土地、海岸沼泽地，通常被用来放牧的农田、放牧的森林及高海拔的山区。除了这些牧草资源外，还有来自农业生产的大量农作物废弃物（如玉米秸秆和麦秸）和粮食副产品（如谷物加工副产品、酒糟和制糖的甜菜浆）都可用来喂牛。这些产物除了用于饲养肉牛之外很难用于其他生产。肉牛是耐粗饲且适应性强的畜种，能够广泛地利用那些价格低廉的收割牧草。这样一来，可充分发挥肉牛利用资源的独特功能造福于整个人类社会。当粮食充足时，可最大限度地使用多余的农业副产品作为肉牛的饲料。这样就可以平抑粮食价格的波动，以免其干扰农业生产、危及农业经济以及人类自身粮食的供应。实际上，牛也适当消耗一些粮食，但是消耗的饲粮不会超过美国饲粮产量的16%。在饲料中添加适量的粮食可增加牛肉的适口性，提高生产效率，并且有助于牛肉的常年供应，可以避免牛肉供应出现大的季节性差异。

图16-3 肉牛业的生产目的是充分利用那些可能会被废弃的资源，主要为牧草。

因为具有转化饲草的能力，牛被广泛地饲养在世界各地。全球的牛只数量约有 14 亿头。毫无疑问,牛是所有家畜种类中数量最庞大、最为重要、也是分布最广的动物。众所周知,世界上每个国家都有牛,世界平均每 4.6 个人就有一头牛,地球上每平方千米土地有 10.3 头牛。

历史回顾

“cattle”曾在一个时期被用于所有驯养物种的称谓,它起源于拉丁字母“capitale”,是“财富”或“资产”的意思。现在,这个词只用于和家牛有关的主题。家牛大约是在公元前 6500 年前被驯养的。然而,如果你看到其他的年代记载也不必惊奇,这些事很难有精确的定论。牛如同居住在地球上的人类一样,分布于世界各地。和其他驯养动物相比,家牛具有更广泛的用途。

由图 16-4 可看出美国牛只数量的历史变化。美国肉牛数量的增减以可预见的方式波动,这种波动被称为**肉牛周期**。肉牛数量的增减一般以 10 年为一周期。整个国家的母牛——犊牛生产者根据其自身的经济情况决定是扩大还是缩小种畜的饲养规模。因为不是所有的生产者经济条件都相同,因此不是所有的变动都会在同一时间向一个方向变化。肉牛生产的生物学特性影响肉牛周期的长短。一旦畜群中增添了一头小母牛,那么它产的犊牛屠宰上市则需要 3 年以上的时间。这些因素综合在一起就产生了肉牛周期,每一周期在 5 年内畜群数量趋于增加,之后又在 5 年内趋向减少,如此不断重复。

肉牛周期
约 10 年为一周期的肉牛数量的历史波动。

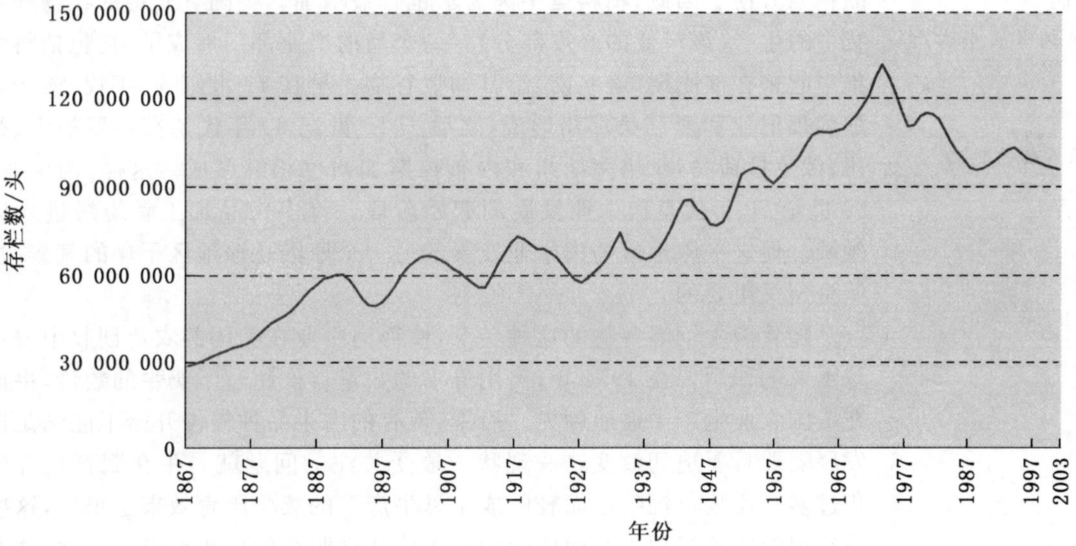

图 16-4 美国牛只数量变化的历史记录。(来源:USDA)

克里斯多佛·哥伦布是西部第一个养牛者。1493 年,在第二次航海时,他将牛引入西印度群岛。科提兹在 1519 年将牛引入墨西哥。17 世纪初,西班牙传教士作为传教文化的一部分,将牛引进到美国西部各地。西班牙长角牛是教会饲养的畜种之一。1609 年，英国定居者将牛引入新英格兰州。这些牛早期都被用于役用和产奶。随着欧洲大陆移民的不断增加，草原逐渐成为肉牛生产区。

到 19 世纪中期，在美国西部，用新引入的短角牛对肉牛进行改良。内战结束后，大量的德克萨斯长角牛被集中装船运送到东部以满足人口增长对肉类的需求。随着牛群中长角牛血统越来越少，短角牛不能适应艰苦的放牧生活，于是引入海福特牛与之进行杂交，这种牛逐渐在西部肉牛业中占据主导地位。毫无疑问，1886 年那个毁灭性的冬季加速了该品种的变迁，当时美国西部成千上万头牛由于气候寒冷而被宰杀。后来，引入安格斯牛与海福特牛、black baldie 牛杂交，这在肉牛业中一直占有很大的比重。当人们认识到好牛需要更好的饲养管理时，西部的肉牛产业经历了这样一个时期：畜牧生产的大幅度提高巩固了西部作为美国主要养牛区的地位，这一时期持续了 20 多年甚至更久。在牧场饲养并肥育品质好的肉牛以满足一个日益繁荣的国家对肉类的消费需求。

第二次世界大战以后，美国的养牛业发生了又一次巨大的转变。在粮食生产区的农场肥育牛作为第二产业已有许多年，但这些都只是小规模的经营，只有很少的一部分牛群受到影响，这就注定会发生变化。科技和工业革命使农业产出增加。主要产粮区在农村，远离市场，高额的运输费用使粮食生产很难盈利。一些养牛者和粮食生产者便用剩余的粮食饲养更多的牛。尽管成本偏高，但由于牛肉的风味和肉质的改善，消费者很快对这种饲喂谷物的牛肉情有独钟。一次市场化革命发生了，连锁便利店开始提供自助式售肉柜台，在那里购买各种各样的肉制品相当方便。因此，**精料型牛肉**需求也日益增加。美国有充足的牧场和草地可供犊牛的生产（该产业的必需部分）。一个新的产业部门形成了，它包括将大量的牛集中起来在**催肥期**（屠宰前）给其饲喂谷物。早在 19 世纪 50 年代，该产业首先在加利福尼亚和亚利桑那州形成，之后于 19 世纪 60 年代初在科罗拉多、德克萨斯州、俄克拉荷马州、堪萨斯州和内布拉斯加州也相继形成。这样，肉牛业便问世。19 世纪 70 年代是肉牛业发展的起始阶段。许多肉品加工者纷纷进入肉牛生产领域。促进平原地区的肉牛业发展的另一个原因是该地区干燥的气候，这对肉牛业是至关重要的。

精料型牛肉
用大量谷物饲喂的牛生产的牛肉。

催肥期
屠宰前饲喂谷物的时期。

随着肉牛饲喂谷物的这种转变，使得肉牛业在美国的农业创收中发挥着越来越重要的作用。在 1954 年，肉用母牛的数量首次超过了奶牛的数量，牛肉生产业在美国农业生产中遥遥领先。后来，现有的肉牛品种慢慢开始不能满足肉牛业的发展需要且要迫切改变这一现状。最受关注的问题就是牛在肥育过程中脂肪沉积过多。用牧草饲喂小而轻的成年母牛产下的犊牛肥育效果也很好，这些牛在饲养过程中脂肪沉积过快而体形较小不能达到肥育的理想要求。通常，这些牛生长也缓慢。该产业需要的牛应是饲喂谷物使其快速生长但不能沉积过多脂肪。这就需要在该产业中有新的突破，正如我们通常在肉牛业中所说的**品种改良**。

品种改良
肉牛品种数量急剧扩大的时期。

1965 年初加拿大第一个重要的牛检疫站开放，先前一度被禁止的牛品种可以引入北美。随后的 25 年，美国的肉牛品种增加到 70 多个（图 16-5）。杂交作为肉牛业的组成部分重新得到承认，牛的饲养方式也相应改变，以满足新品种的需要。为了满足消费者对牛肉的需求国家越来越重视生产方式和技术的转变。1975年，牛只总数以13.2亿头创下历史最高峰(黄牛、犊牛、肉牛及奶牛)。目前，牛只的数量为9.5亿～10.5亿头，这些牛的年产肉量更高，相当于牛只数量达到顶峰时的年总产肉量。导致这种状况的因素很多，主要包括遗传、营养水平、饲养管理及包装要求的改变。

图 16-5 夏洛来牛作为"品种改良"的一部分被引入美国以满足新肥育产业的发展需要。(来源：USDA photo/01cs1631/B. Tarpenning，经允许使用)

20世纪70～90年代初，平均每年每头牛的牛肉供应量(和消费量)有所下降，部分原因是由于对零售分割肉的严格修整(较少的脂肪含量)。然而，随着养牛业发生的变化和人们对牛肉的消费量的减少，肉品质问题始终困扰着该行业。如今，人们的消费习惯发生了转变，即由牛肉转移到可供选择的价格低廉的肉类产品，如禽肉。然而，随着牛肉产量的增加，人均牛肉消费量在上升，牛肉的平均消费量下降的趋势开始趋于稳定。从20世纪90年代早期开始，每年牛肉的平均消费量出现的波动是由其供应量引起的。据统计，2000年牛肉的生产量达到了0.121 56亿t。毫无疑问，猪肉和禽类产品占据了部分牛肉消费市场，但在以后，消费者预期的选择取决于其供应量和价格而不是对牛肉的喜好程度的降低。

肉牛业的结构

一个产业的公司数量、规模、位置及主要经营活动都是"产业结构"的基本元素。肉牛生产与其他种类的畜牧生产有所区别，因为它的结构被划分为更多的部分。与其他食品生产相比，其同一个动物一般归属于不同的所有者，当动物的生长从一个阶段进入到下一个阶段时，这种所有制关系则发生变化。因此，同一头动物的所有权可以属于几个人。肉牛业通常有着明显的区域性，全国各不同区域专门负责一个或两个阶段的生产。对于肉牛业,最核心的部分是种畜繁育、商业母牛-犊生产、一岁牛或小青年牛管理及肥育。图 16-6 为牛在各个生产环节的一模式。

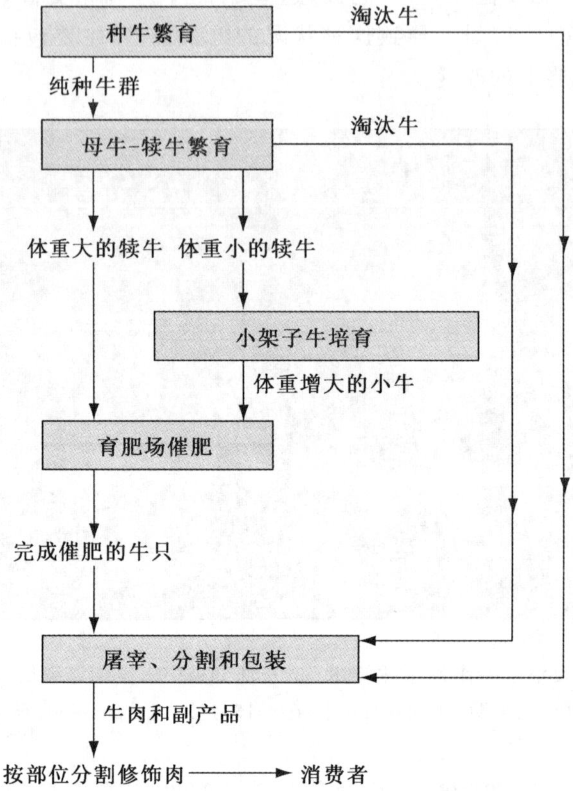

图 16-6 从种牛生产到牛肉产品销售的流通简图。

种畜
生产中作繁殖用的家畜。

后代期望差(EPD)
某个体后代与所有同期后代生产性能的差异预测。

人工授精站
出售优秀雄性个体精液的公司。

种畜生产(图 16-7)是唯一的一个不生产主要用于产肉的家畜部门。该部门繁殖的大部分牛最终都被宰杀加工成牛肉食品,只有那些利用价值高的才被留做种用。该产业部门的首要任务是纯种繁育。在人为控制的杂交繁育计划中,动物可以是纯种也可以是混血的,产下的父母代牛繁殖商品犊牛。该部门最需要的是未去势的公牛。通常这些牛都是纯种的,有关它们的家系和性能方面的信息,如**后代期望差**(EPDs),会使选择更加容易,交配效果也更容易预测。商业母犊的生产者依靠这些育种者将性能好的父本与商品母牛在放牧过程中交配。好的纯种种畜生产者可生产出品质优秀的牛,他们将这些种畜卖给其他纯种繁育生产者,这样可以提高品种的整体性状。对于性能极优的个体,还可以出售它们的精液和胚胎。AI(**人工授精站**)也可买进这些优秀的个体或租用种公牛,然后将精液卖给不同的育种者。淘汰的母牛可作为商品牛被出售。低于纯种牛标准的母牛,只要其健康状况良好,一般都优于商品母牛。特定杂交方式下生产的品质优良的杂交母犊被卖给母牛-犊牛生产者留做种用。这种方案允许母犊生产者繁育特定杂交方式生产的杂交后代,商品肉牛生产者不一定要饲养不同品种的种牛群。

图 16-7　肉用种畜繁育者为其他种畜生产者和母犊生产者提供种牛。(American Angus Association 提供,经允许使用)

商品母牛-犊牛的繁殖(图 16-8)代表动物生产的第一阶段,其作用见表。该环节繁殖的犊牛通常被饲养至 6～10 月龄,体重达到 140～320 kg 的小牛断奶后被卖给育肥或**小架子牛**经营者。一般情况下,母牛-犊牛繁育者生产的杂交犊牛经饲养后宰杀。他们的目标是尽量以低的成本培育体重大的犊牛。这些生产者的利润微薄,因此,必须保持成本最小化。母牛-犊牛生产者通常计划在春、秋季节产犊,美国的大部分犊牛都是在春季产下的,这主要取决于在既定区域的可利用饲料种类和其他有关犊牛的饲养成本。犊牛断奶后,母牛-犊牛生产者有几种选择,最简单的方法就是将犊牛出售并制定下一年的产犊计划。体重大、生长快

小架子牛
从断奶后到进入育肥期之前,这段时期的牛称小架子牛。

图 16-8　商品母牛-犊牛经营者繁育的犊牛在断奶后被卖给育肥或架子牛经营者。(American Brahman Breeder Association 提供,经允许使用)

的犊牛通常被买主直接育肥以屠宰。体重较轻的还需要进一步饲养。通常，体重较小的犊牛在进入育肥场之前，架子牛饲养者会对它们饲养一段时间。然而，如果犊牛生产者自己有饲料或临近饲料供应地，他(她)也可以选择在犊牛断奶后继续饲养，达到较大体重时出售。这样一来，母牛-犊牛经营者也是架子牛经营者。

图 16-9 1岁牛或架子牛饲养者用低成本饲料饲喂犊牛，达到较大体重后进入育肥阶段。

1岁牛或架子牛经营者承担的任务是在犊牛进入育肥前给予低价的饲草使其生长增重。他们主要从母牛-犊牛生产者那购买犊牛，在特定的季节进行饲养，最后将牛运往育肥场。目前，牛所表现出的生长潜能的提高和母牛产奶量的增加使犊牛的断奶体重也增大。这些体重较大的犊牛可以在断奶后直接进入育肥场。然而，如果遇到粮食价格高的年份，其中的一部分犊牛也会以放牧的方式进行肥育。该阶段的饲料来源一般都具有很大的地域性，但无外乎以下几种：小粒禾谷类放牧地、冷地型草场、夏季草场、夏季牧地、作物秸秆、草地干草、干草或青贮饲料。

育肥期(图 16-10)也被称为该产业的“催肥期”。阉公牛和小母牛都进行育肥，上市体重为 272.16～385.56 kg。育肥场的规模和所处位置各不相同。其中一些建立在农场里，经营规模相当小，只有很少的一部分牛。这些小规模经营代表着农民生产方式的变化，而且充分利用了他们的设备和劳动力(在农场经营中，这些设备和劳动力不能发挥别的作用时)。其他大规模经营者以高度专业化的管理方式集中饲养几万甚至几十万头牛，肥育后屠宰。在美国，用以屠宰的绝大部分阉公牛和小母牛在进入屠宰场前要饲喂谷物催肥。每头牛的总育肥天数各不相同，一般为 120～150 d。现代育肥管理是采用自动化和机械化的方式对牛进行适当的管理。由于牛的遗传潜力存在差异，因此很难估计出它们屠宰时的精确体重，其屠宰体重范围在 408.24～635.04 kg。在过去的 30 年中，牛的育肥场和处理胴体的肉品包装厂的规模越来越大，数量越来越少，且这种趋势还将持续下去。

图 16-10 育肥场的牛完成肥育以待出售(American Angus Associalion 提供,经允许使用)。

了解肉牛业的这些组成部分是很重要的。然而,也不可能将肉牛业的各阶段整齐划一、精确的划分开来,这要根据实际情况而定。表现出这样一种趋势——牛的一个或多个饲养阶段可由一个畜主来完成。田纳西州的某母牛-犊牛繁育场,犊牛断奶后可自己饲养小牛,之后将其转入以盈利为目的育肥场。德克萨斯州的某育肥场可从密西西比州母牛-犊牛繁育者那里购买犊牛,把它们放到俄克拉荷马州的小麦种植地带以定期放牧的方式进行饲养,然后,从中选择一部分补充到他们的育肥圈舍中。这种经营方式在肉牛业中更为常见。

美国肉牛的地理分布

每个州都有母牛-犊牛生产。图 16-11 为各州的肉牛和奶牛的实际存栏头数。奶牛被包括在内是因为它们也提供一定数量的牛肉。肉牛分布的区域主要由该地区可利用的低价牧草和粗饲料决定。美国大约 2/3 的农业土地都是放牧草场,养牛能使我们充分利用这些土地。在平原地区、西部和西南部的大面积土地由于得不到充足的降雨而只能种草不能种植粮食作物。饲养肉用母牛使得这些土地的产出增加。由图 16-11 可看到在蒙大拿州、南达科他州、内布拉斯加州、堪萨斯州、德克萨斯州及俄克拉荷马州的牛只数量非常多,其他粮食生产区也有着相当多的牛只。大量的粮食生产副产品即农作物秸秆,包括劣质秸秆,如稻草和玉米秸秆。与其他家畜相比,成年肉牛能更好地利用这些劣质、容积大的饲料。在玉米产区有很多的农作物秸秆,因此我们不难看到像爱阿华州和密苏里州牛群数量也相当庞大。国家东南部地区有丰富的放牧地,加之温和的冬季和充足的降雨量使其拥有四季草场。沿海地带气候温暖,一年四季都能放牧(如佛罗里达州)。在更多的北方地区亦可,因为寒冷季节的牧草也可被利用(如田纳西州和肯塔基州)。唯有美国东北部地区对肉牛业的发展几乎没有贡献,像缅因州、新汉普郡州和佛蒙特州的牛群数量就很少。然而,即便如此,这 3 个州的肉牛和奶牛总头数也在 24 万头以上。

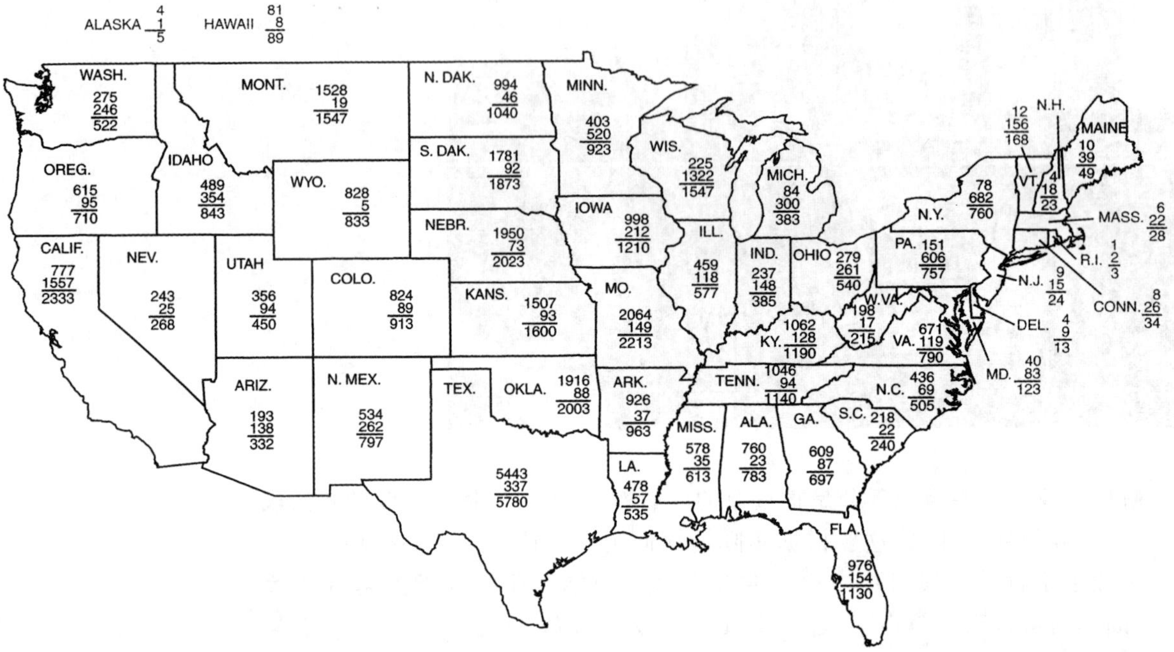

图 16-11 肉牛数、奶牛数、总头数(×10³ 头)(每个州的上方的数字代表肉牛头数,中间的代表奶牛头数,下面的代表总头数)。(来源:USDA-NASS, 2004a.)

小架子牛的饲养除饲喂品质更好的饲料之外,其他饲养管理均与母牛-犊牛相同。因此,在母牛和犊牛生产区也可饲养架子牛。像堪萨斯州、德克萨斯州及俄克拉荷马州这些冬季产小粒谷物地区可从那些冬季饲料品质差(粮食生产州)的州购进犊牛,在冬季放牧。对架子牛而言,品质好的冬小麦是理想的精料。俄克拉荷马州用夏季牧草饲喂母牛-犊牛群,当冬季来临时将部分牛群转入种植小麦的牧场。因为有如此多的种植小麦的牧场,其他地区的犊牛都可被运往该处充分利用饲料资源。像堪萨斯州这样的州很多,牛群进入后先在夏季草场放牧,之后再进行舍饲。

育肥完成期是肉牛业中最关键的一个环节。许多地区的牛催肥结束准备宰杀。如前面所提到的,在产粮区的农场里建立的第二产业的运营过程中,其牛的饲养期会很长。目前,这些小规模经营的牛只数量占总饲养量的比例非常小,绝大部分牛被饲养在很少的几个州。表 16-1 中列出了美国的 12 个州饲养了占总数 95%以上的肥育牛。在这些州中,内布拉斯加州、科罗拉多州、堪萨斯州、德克萨斯州和俄克拉荷马州是肉牛饲养和屠宰的主要地区。这 5 个州负责全国 82%的肥育牛(来自育肥能力在 1 000 头以上的育肥场的牛)的销售。在 20 世纪最后

30 年中，该产业结构经历了巨大的变化。育肥场和肉品包装设备的数量在减少、规模在扩大。而包装企业的联合速度更快于育肥业。同时，牛的饲养也发生了显著变化，开始更集中于大型的育肥场，更少的公司和更少的州。图 16-12 显示了近年来各州所有牛和犊牛数量，由此可知牛只分布范围的整体概况。

表 16-1 2002 年育肥能力在 1 000 头以上的育肥场的牛只饲养量

州	出售数量/($\times10^3$ 头)
亚利桑那州	341
加利福尼亚州	671
科罗拉多州	2 470
爱达荷州	728
爱荷华州	712
堪萨斯州	5 495
内布拉斯加州	4 610
新墨西哥州	177
俄克拉荷马州	770
南达科他州	422
德克萨斯州	5 980
华盛顿州	508
其他州	755
总计	23 639

来源：USDA，2004b。

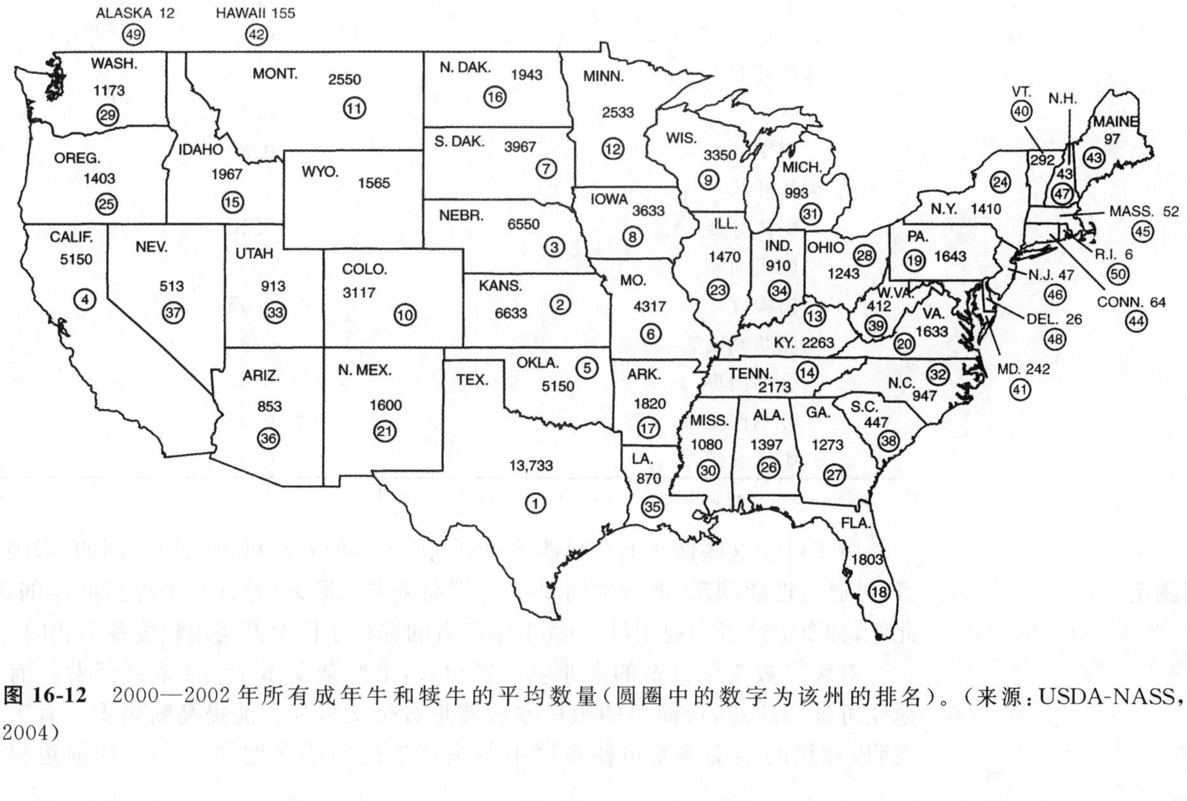

图 16-12 2000—2002 年所有成年牛和犊牛的平均数量(圆圈中的数字为该州的排名)。(来源：USDA-NASS，2004)

遗传育种规划

遗传力

衡量加性基因效应所引起的表型变异的数值。

遗传育种的基本原理在第 8 章和第 9 章中已涉及到,读者可在以上章节了解有关详细内容。简言之,牛经济性状的影响因素有 2 个,即它们所处的环境(饲养、气候等)和遗传。个体间**遗传力**是有差异的,这种差异是由遗传组成造成的。显然,这种差异的一部分会被遗传给下一代。提高畜群后代遗传潜力的进展主要取决于该性状的遗传能力。表 16-2 为肉牛的一些主要经济性状的估计遗传力。我们可以看出,选择可以使一些性状充分发挥优势(如增重和眼肌面积)而对另一些性状则没有作用(如产犊间隔和受胎率)。

表 16-2 肉牛主要经济性状的估计遗传力

性状	估计遗传力
受胎率	0.05
产犊间隔	0.08
出生重	0.35
断奶重	0.30
母牛母性能力	0.30
育肥增重	0.45
放牧增重	0.30
增重率	0.45
1 岁重	0.40
体型外貌得分:	
断奶	0.28
屠宰	0.38
胴体性状:	
胴体等级	0.40
眼肌面积	0.58
肉嫩度	0.55
脂肪厚度	0.33
分割肉率/%	0.30
分割肉量/kg	0.29
眼癌易感性	0.30

来源:North cutt and Bacharan,1992,p. 6-1,经允许使用。

性能测定

评价个体性能的指标,如日增重或产奶量。

由于可在这些性状上获得遗传进展,因此多种方法可以利用。例如,对纯种种畜,可通过**性能测定**、种公牛摘要及后代期望差(EPDs)等方案来提高群体的选育。此外,种畜生产者和商用母牛-犊牛生产者的选种手段及其运用程度各不相同。

对大多数肉用家畜的商业生产者而言,某些杂交体系利于底线经营。有多种途径可证明这点,最简单的衡量方法就是看杂交多少代能提高断奶重。有关资料表明,理想的杂交体系可使畜群中每头犊牛的断奶重增加 25%。如前边提到过的，美国母牛群中存在的问题就是牛群本身血统不纯以至于很难进行杂交。杂交计划的有效使用要求首先定杂交方案，然后按照方案执行。图 16-13 是肉牛的几种有效杂交方案的其中一种。值得注意的是，杂交并不能替代其他的牛群管理措施，如疾病控制、寄生虫控制和营养。然而，对繁殖性能差的母牛进行驱虫、饲养及接种疫苗所花费用与繁殖性能优秀的母牛费用相当。好的遗传方案会节约许多其他费用。

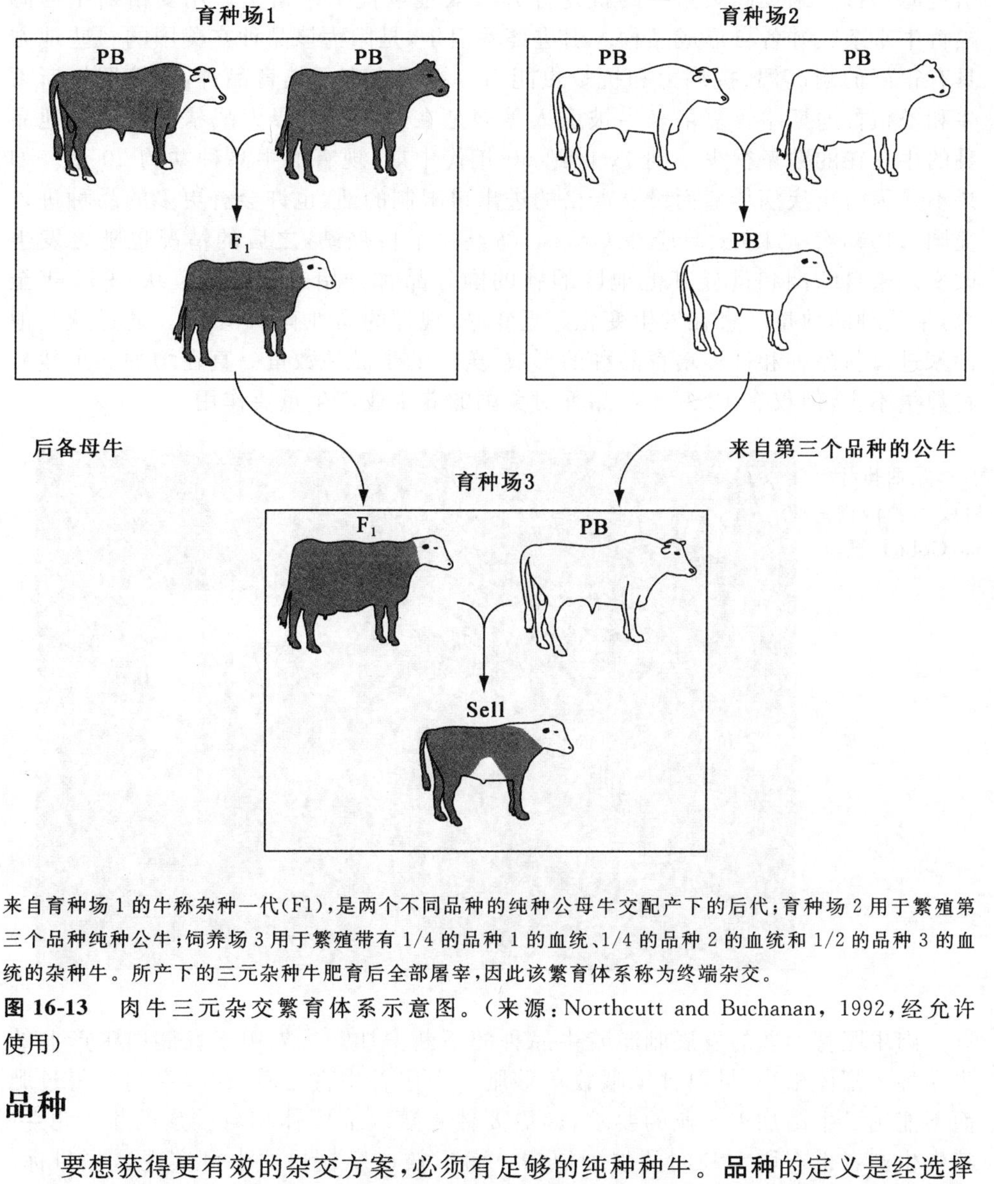

来自育种场 1 的牛称杂种一代(F1)，是两个不同品种的纯种公母牛交配产下的后代；育种场 2 用于繁殖第三个品种纯种公牛；饲养场 3 用于繁殖带有 1/4 的品种 1 的血统、1/4 的品种 2 的血统和 1/2 的品种 3 的血统的杂种牛。所产下的三元杂种牛肥育后全部屠宰，因此该繁育体系称为终端杂交。

图 16-13　肉牛三元杂交繁育体系示意图。(来源：Northcutt and Buchanan，1992，经允许使用)

品种

要想获得更有效的杂交方案，必须有足够的纯种种牛。**品种**的定义是经选择具有一致性状，且这些性状能稳定遗传的动物种群。地方品种的保留取决于该品种对特定的自然环境和人工环境的适应能力。人类占据了地球上大部分自然环境，并把大量的人工环境强加于动物。理所当然，我们所喜爱的地方品种的一些

品种
是经选择具有某些性状，且这些性状能稳定遗传的动物种群。

不同基因会发生组合。据文献记载，全世界牛的品种和品系有 300～1 000 个。其中大多数都以很少的数量分布于一些相对偏僻封闭的区域，它们中仅有很少的一部分被引进到其他地区。牛在北美并不是一直都有的，一些物种打破了它们原来所在地域的限制，游走他乡并形成一定的规模，而牛正是这种物种的代表。

培育品种
通过已有的 2 个或 2 个以上的品种杂交培育的新品种。

在 1965 年以前，牛品种的历史非常简单。最初是德克萨斯长角牛，它是西班牙长角牛的后裔（图 16-14）。后来引进短角牛来改良并最终取代长角牛。之后又引进海福特牛来提高短角牛的抗逆性并有效地取代了短角牛。用安格斯牛与海福特牛来杂交并各自形成品种。引进婆罗门牛，是因为该品种在美国的一些地方具有很好的耐高温、抗病力和抗蚊虫能力。再后来有了**培育品种**，如婆罗格斯莱牛和圣格鲁迪斯牛。夏洛来牛被引入美国是在第二次世界大战暴发前。其他品种的牛存在的数量很少。到 19 世纪 60 年代中期，现有的牛品种共约 20 个。如果不是为防止疾病传播而设立严格的进出口限制的话，也许会有更多的品种进入美国。1965 年，加拿大政府在 Grosse 岛设立了检疫站，之后的情况也随之发生改变。来自欧洲和世界其他地区的新的国外品种开始进入美国。从 1965 年至今，牛品种的数量一直在发生变化。近年来，现存的品种有 70 多个。通过从其他国家进口新品种和许多培育品种的形成，美国的牛品种数量一直在增加。虽然品种数量不少，但仅有 12～15 个品种对美国的养牛业产生重要作用。

图 16-14 图为德克萨斯长角牛，是西班牙长角牛的后裔，南北战争之后成为美国肉牛业的主要品种。（Francois Gohier 摄，Photo Researchers，Inc. 提供）

肉牛肥育产业的发展刺激着牛品种的不断增加。优先用于发展肉牛产业的牛品种大都体格小、早熟且饲喂牧草催肥。当用谷物育肥时，这些牛则长得过肥而不能满足牛肉加工产业的要求，即需要体重更大而胴体相对较瘦的牛。母牛-犊牛生产者也有增大利润的强烈愿望。而生长速度较快的牛可实现这一目标。杂交被公认为是使原有牛群获得新遗传物质的一种方法。在引入新的不同品种是一种简单且行之有效的方法。

在最终引进的几十个品种中，大部分被证明其利用价值很小。不过，进口改变了美国养牛业先前所面临的问题。**英国品种**占据了一席之地，并开始发挥重要作用。此外，选择这些品种实质上等于引进了某些性状。现在，美国进行大规模杂交的是商品牛而不是纯种牛或等级高的牛，而在大量引进外来品种之前，都是用这些牛来杂交的。然而，一个问题的解决常常会导致另一个问题的出现。如今，牛群中存在的最主要的问题是牛群本身血统不纯，而不是杂交(图 16-15)，这是造成销售出口时发生牛肉品质问题和饲养管理出现问题的原因所在。表 16-3 列出了当今在美国有影响力的牛品种。了解有关牛品种方面的信息，详情请登录 http://www.ansi.okstate.edu/breeds/. 的家畜品种网页，该网页是综合的参考资料，其中收录了各种家畜的图片，包括典型的肉牛品种的彩图。

英国品种

如赫勒福德、安格斯牛和短角牛，这些起源于英格兰的品种。

图 16-15　目前，美国牛群中存在的最主要的问题是血统不纯而不是杂交，这是造成质量和管理出现问题的原因。(俄克拉荷马州大学动物科技学院 Dr. J. Robert Kropp 提供，经允许使用)

表 16-3　美国每年注册的主要肉牛品种协会数据(选择了部分年份)

注册的牛品种[1]	1970	1990	2000	2003
安格斯牛	346 195	159 036	271 222	281 734
婆罗门牛	18 219	13 200	11 823	11 000
肉牛王	2 800	46 469	30 416	21 297
婆罗格斯莱牛	8 238	32 069	25 488	22 311
夏洛来牛	158 132	46 713	45 354	47 107
德国黄牛	—	22 668	29 260	31 664
海福特牛[2]	421 853	169 746	80 494	71 243
利木赞牛	—	72 237	51 412	44 980
墨安茹牛	2 843	5 000	12 219	11 854
红安格斯牛	—	15 315	41 900	42 178
塞来尔牛	—	24 042	10 496	19 315
圣格鲁迪斯牛	16 837	14 417	11 000	8 000
短角牛	32 647	18 002	18 729	22 430
西门塔尔牛	—	78 456	41 499	47 000

来源：National Pedigreed Livestock Council and personal Communication with breed association represntatives。

1. 不同的协会统计各自牛的时间不同。有的用历法年，有的用财政年。这可能会使一些数据不一致。以上是来自每年 9 月份召开的国家家畜系谱会议收录的统计数据。

2. 海福特牛的统计数据包括无角海福特牛和有角海福特牛，这些数据反映的是两个协会的统计数据之和。

肉牛繁殖管理

在第 11 章中论述了繁殖生理，读者可在该章中了解有关公牛和母牛的生殖器官构造、生殖机理及功能。

肉牛繁育群的主要目标是产犊并且每年培育一头犊牛（牛群中每头成年繁殖母牛产下的）。该目标的实现会使这一年中的产犊率达 100%。犊牛的出生间隔应在 12 个月以内，而且须在适当的月份出生，以更好地利用饲料资源（大部分饲料），为经营者创造最佳的经济效益。这种看似简单的事情，在实际操作中却并不容易实现。生产中必须确保畜群中每头母牛 85 d 内产犊期的妊娠安全，否则就不能保证 12 个月的产犊间隔。好的饲养管理技术是实现这一目标的关键。母牛产犊后必须迅速恢复体能，然后开始进入下一个发情周期，接着再受孕。同时，母牛还要精心护理和哺育它产下的犊牛。高效的繁殖管理、动物健康管理及营养调控工作中，存在大量的重复工作。任何事物都不是独立存在而是相互联系的，否则就不能发挥其应有的作用。然而，许多生产者忽视了畜群繁殖效率的重要性。

要给予后备母牛很好的饲养管理，尽可能让其在 2 岁时与青年公牛交配。这样，繁殖母牛必须在 15 月龄时交配，且配种体重应达到成年牛体重的 65%。而繁育者发现在实际生产中很难完成该目标，如果实行春、秋两季产犊，一般选择在母牛 30～36 月龄时产第一胎。否则，就只能在母牛 3 岁时产犊。在这种繁育体系中，母牛会少产 0.5～1 头牛。这样一来，母牛在早期就很难取得经济效益。

直接影响繁殖效率的疾病有布鲁氏菌病（布病）、弧菌病、钩端螺旋体病、传染性鼻气管炎和病毒性腹泻（IBR/BVD）综合征及毛滴虫病。给畜群制定并执行完整的卫生保健计划可以有效控制上述疾病和其他疾病的发生。

牛属全年性产犊，但从饲养管理角度出发，最佳产犊季节为春秋两季。选择在哪个季节产犊是出于考虑是否有充足的饲料资源。牛的妊娠期一般为 280～283 d，不同品种会稍有差异。**发情周期**为 19～21 d，**发情持续期** 13～17 h。

发情周期
从上一次发情到下一次发情开始的间隔时间。

发情持续期
接受雌性交配的持续时间。

可通过繁殖群中的断奶犊牛数/母牛数来计算净产犊数，这是衡量配种率/畜群繁殖健康计划的最简单可行的方法。国内许多牛群的一般产犊率约为 90%，生产者都希望有尽可能高的产犊率。全国大部分肉牛都是在草原或牧场的自然条件下交配。大多数纯种牛较商品牛更多地采用人工授精。对于普遍采用粗放式饲养管理的牛群而言，运用高成本的人工授精方法会降低经济效益。但据统计，仍然有 15%～20%的肉牛采用人工授精。

在育种方案实施前，应对公牛的遗传贡献率和繁殖性能进行评估。在**繁殖性能检查**中要对一些重要因素进行评估，其中包括睾丸发育状况、与母畜交配的能力、精液品质及性欲。繁殖性能差的公牛会极大地危害到生产效益。一头公牛在其利用年限中产生的后代比任何一头母牛的都多。此外，公牛的基因遗传给它的后代，从而影响着后备母牛的选择（从它的女儿中选择）。因此，对整个畜群来说，公牛的性能检查要比任何一头母牛的选择都重要，育种者要予以足够重视。

繁殖性能检查
确定个体繁殖能力的检查。

对母牛群的繁殖管理做好记录是至关重要的。由于各地区的情况不同，生产管理实践和标准也各不相同。应鼓励育种者与当地遍布的服务机构或州内诸多技术专家多交流,以帮助建立本地区的资料记录档案。

肉牛的营养

牛属于反刍动物,主要利用饲草和粗饲料。因而,牛的各个生产阶段的营养与饲养目标都是最大限度地利用饲草,这也是产生经济效益的基础。第5、6章和第7章给出了比本章更详细的有关营养、饲料及饲养方面的内容,读者可以在以上章节了解该方面的知识。

肉牛的营养搭配主要取决于牛的生产用途(图16-16)。繁殖群要让其充分利用青绿饲料和粗饲料。如果增添补充料,可弥补营养不足,以最大限度地利用饲草。各地畜群都需要补充矿物质。在全国,矿物质缺乏只出现在某个特定地区,而在其他地区则不会出现类似问题。而在任何地区都需要补充盐分、钙和磷等矿物质。如饲喂末茬牧草、劣质干草、作物副产品及其他废弃物时,则需要补充蛋白质饲料。而在干旱季节、冬季、改善太瘦以至不能繁殖的2岁青年母牛的体况、作为后备的青年小母牛以及生产周期的其他时间里都需补充能量。目标是尽量让牛最大限度地利用草料,因为这些饲料的成本相对较低。

图16-16 肉牛的营养搭配主要取决于牛的生产用途,给这些将要屠宰的肥育牛饲喂高能量和高蛋白饲料。(图片由American Augus Association提供,经允许使用)

小架子牛饲养方案也最大程度地依赖于饲草。小架子牛是青年牛,其营养包括维持和生长需要。因此,它的营养需要量要稍高于繁殖母牛,有必要给其补充能量和(或)蛋白饲料。品质好的日粮通常会使牛的增重更快,继而创造更高的经济效益。架子牛的饲养方案要因地制宜,一般分为2种。一种饲养方式为:低能量全价日粮饲喂犊牛,以低成本的牧草作为能量来源。另一种饲养方式为:放牧或给以充足的饲草让其自由采食,然后补饲能量和蛋白。表16-4中给出的补充料可用于放牧小架子牛的饲养。在架子牛早期生长阶段使用或添加促生长饲料添加剂可促进犊牛的快速生长。

育肥期是饲养临近结束的一个特殊时期。优质饲料是让牛尽可能在最短的时间内达到屠宰体重所必需的。该阶段的生产目标是将犊牛从母牛群中分开饲养,如果由必要的话,在小架子牛饲养阶段饲喂草料并适当添加能量和蛋白质饲料,最后用容积小的优质饲料来催肥以供屠宰。一般有几种饲养方案可用于120～150 d的肉牛育肥。其中包括一进入育肥场和到达后1周或2周之内给牛饲喂过渡日粮,这些日粮的组成不同。可运用表16-5中给出的干草和补充料,也可用全价配合日粮。要让牛尽快地转为饲喂高能量饲料(为获得最大日增重所设计),之后进入催肥结束期。这样所有的日粮都能被很好地利用。表16-6肉牛催肥结束期的典型的日粮配方。其他饲料也可用到配合饲料中,以便低成本——高效地育肥肉牛。大部分日粮都用**最低成本日粮**公式来计算。

最低成本日粮
能够满足动物营养需要的最低成本饲料组成的日粮。

表16-4 在夏末或早秋草场放牧的小架子牛的补充料组成(%)(作为饲养基础)

原　料	俄克拉荷马 Gold	俄克拉荷马 SuperGold
棉籽	86.0	17.0
大豆粉	—	15.0
小麦次粉	7.0	56.0
糖蜜(丸剂)	4.0	4.0
维生素、矿物质混合料	3.0	3.0
饲料添加剂	不定	不定
粗蛋白/%	38.0	25.0
采食率/(lb/d)	1.0	2.5

种畜生产者数量虽少,但却是肉牛业中的重要环节。为生产后备牛的繁殖群制定的饲养和饲喂方案与商品牛的类似。但是,有重要的一点不同,即种畜生产者更喜欢在生产的各个阶段都给牛饲喂高水平的补充日粮。原因很简单,这是种畜生产者既定的爱好,即满足种畜所需营养,尽可能地向买主展示牛的所有优良性状。这样,在出售种牛时,他们索要的价格会高出于该产业其他任何部门。

表16-5 饲喂干草的牛的补充料成分

原　料	比例/%
大豆粉	88.90
盐分	3.00
维生素 A-30 000 IU/g[1]	0.11
维生素 E-222 800 IU/lb[2]	0.09
预混料[3]	0.18
棉籽粉	5.00
磷酸钙	2.75

来源:Gill,1992,pp.4-9,经允许使用。
1. 每磅含维生素 A 13 104 IU。
2. 每磅含维生素 E200 IU。
3. 含有拉沙里菌素、癸氧喹酯或莫能菌素。

表 16-6　肉牛催肥结束期的典型日粮配合

原　料	日 粮 种 类		
	加工的玉米和青干草	玉米粒和青贮玉米(%DM)	压轧干玉米和湿玉米麸
粗饲料			
苏丹干草	4	—	8
紫花苜蓿干草	6	—	—
青贮玉米	—	10	—
谷物和谷物副产品			
蒸玉米片	74.5	—	—
压轧干玉米	—	—	52.5
带皮玉米粒	—	71	—
湿玉米麸	—	—	35
液体饲料			
糖蜜	5	—	—
可溶解浓缩蒸馏物	—	4	—
脂肪	3	—	—
补充料[1]	7.5	15	4.5

数据来源:Galyean and Duff, 1998, p. 276,经允许使用。
1. 补充钙、磷、尿素和(或)天然蛋白、矿物质微量元素、维生素和饲料添加剂。

牛肉对人类的营养价值

一份 3 oz(约 85 g)熟牛肉能为日推荐饮食热量为 2 200 cal 的 25～50 岁女性提供如下的营养成分:

蛋白质	50%
磷	25%
铁	17%
锌	49%
核黄素	16%
维生素 B_1	7%
维生素 B_{12}	112%
烟酸	23%
热量	8%
脂肪	14%

牛肉是高营养食品,每卡路里含有大量的营养物质。根据近年来的医学发现,人们逐渐认识到牛肉是一种健康食品,事实上它是所有人的食物(图 16-17)。表 16-7 为牛肉所有营养成分的分析。

图 16-17 牛肉的营养价值高且风味好。(安格斯牛肉认证项目提供。“CERTIFIED ANGUS BEEF(TM)”是安格斯牛肉认证项目的注册商标,经允许使用。)

表 16-7 牛肉(包括修整的分割肉、分离的瘦肉和脂肪、脂肪修整到 1/4 in 的肉、所有等级的肉、熟牛肉)的营养价值

营养成分	单位	含量/100 g(可食部分)
固体成分		
水分	g	51.34
能量	kcal	305
能量	kJ	1 276
蛋白质	g	25.94
总液体(脂肪)	g	21.54
碳水化合物(不同)	g	0
粗纤维(总含量)	g	0
粗灰分	g	1.06
矿物质		
钙(Ca)	mg	10
铁(Fe)	mg	2.62
镁(Mg)	mg	22
磷(P)	mg	203
钾(K)	mg	313
钠(Na)	mg	62
锌(Zn)	mg	5.85
铜(Cu)	mg	0.11
锰(Mn)	mg	0.015
维生素		
维生素 C(抗坏血酸)	mg	0
维生素 B_1	mg	0.08

续表 16-7

营养成分	单位	含量/100 g(可食部分)
维生素 B_2	mg	0.21
烟酸	mg	3.64
泛酸	mg	0.35
维生素 B_6	mg	0.33
叶酸盐	μg	7
维生素 B_{12}	μg	2.44
维生素 A(IU)	IU	0
维生素 A(RE)	μg(RE)	0
维生素 E	mg(ATE)	0.2
液态物质		
饱和脂肪酸	g	8.54
4:00	g	0
6:00	g	0
8:00	g	0
10:00	g	0.06
12:00	g	0.05
14:00	g	0.68
16:00	g	5.24
18:00	g	2.5
单不饱和脂肪酸	g	9.22
16:01	g	0.89
18:01	g	8.29
20:01	g	0.04
22:01	g	0
多不饱和脂肪酸	g	0.78
18:02	g	0.53
18:03	g	0.22
18:04	g	0
20:04	g	0.03
20:05	g	0
22:05	g	0
22:06	g	0
胆固醇	mg	88
氨基酸		
色氨酸	g	0.29

续表 16-7

营养成分	单位	含量/100 g(可食部分)
苏氨酸	g	1.133
异亮氨酸	g	1.166
亮氨酸	g	2.05
赖氨酸	g	2.158
蛋氨酸	g	0.664
胱氨酸	g	0.29
苯丙氨酸	g	1.013
酪氨酸	g	0.871
缬氨酸	g	1.262
精氨酸	g	1.639
组氨酸	g	0.888
丙氨酸	g	1.564
天冬氨酸	g	2.37
谷氨酸	g	3.897
醋氨酸	g	1.415
脯氨酸	g	1.145
丝氨酸	g	0.992

来源:USDA Nutrient Database for standcard Reference. Release 12,March 1998。

未来肉牛业的发展趋势和影响因素

肉牛业的发展处于变化状态,以下因素代表了肉牛业所面临的挑战、变化及此领域的焦点。未来肉牛业的发展取决于它能否很好地应对这些挑战。

消费

市场占有

1976—1993 年,美国每年肉牛的平均消费量呈下降趋势(牛的数量达到顶峰后一年的牛肉消费量最高,即 1976 年),而与此同时,猪肉的消费量相当稳定,鸡肉和所有禽类产品的消费量在增加。在 19 世纪 90 年代的 10 年中,牛肉的消费量趋于稳定。图 16-18 为每个人的肉类平均消费量。牛肉在 4 种肉类消费总量中所占比例的浮动较平稳。消费者购买的牛肉数量大大降低是因为其他竞争肉类价格低廉(表 16-9)。因此,价格仍然是影响牛肉消费的重要因素。

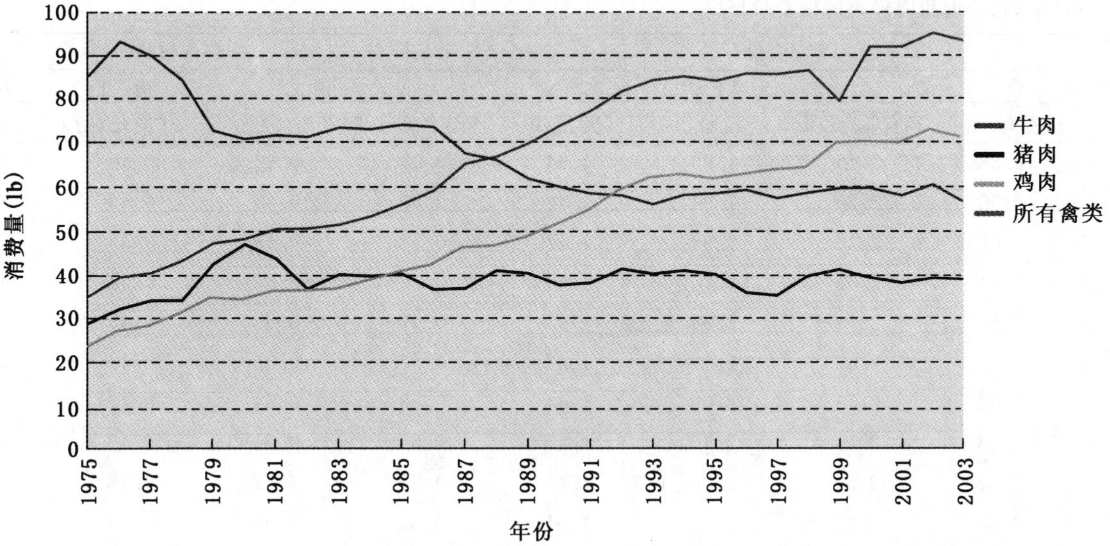

图 16-18 每人的平均牛肉消费量与猪肉、鸡肉及所有禽类产品消费量的比较。分割肉(鲜肉)重量和半成品(禽肉)。(来源:Cattle-Fax 和 USDA-ERS,2004b。)

表 16-8 平均每年每人肉类产品消费情况

	牛肉/美元	猪肉/美元	禽肉/美元	牛肉占总肉品消费比例/%
1980	178.8	84.5	44.4	58.1
1981	181.3	88.1	48.7	57.0
1982	183.6	91.1	48.5	56.8
1983	184.1	93.0	49.9	56.3
1984	184.6	88.3	58.7	55.7
1985	181.0	88.6	58.7	55.1
1986	178.7	92.5	66.5	52.9
1987	176.1	98.0	68.1	51.4
1988	181.9	101.8	74.2	50.8
1989	183.3	100.5	83.0	50.0
1990	190.3	111.8	86.6	49.0
1991	192.0	112.5	88.8	48.8
1992	188.1	110.5	92.9	48.1
1993	189.5	108.5	97.8	47.9
1994	187.5	109.9	99.7	47.2
1995	189.3	106.6	97.8	48.1
1996	188.0	113.0	104.4	46.4
1997	183.6	117.1	107.5	45.0
1998	184.8	124.8	110.8	44.0
1999	194.2	127.1	117.8	44.2
2000	207.7	132.3	119.5	45.2
2001	224.0	135.5	121.0	46.6
2002	224.4	136.9	130.5	45.6
2003	243.2	138.0	131.1	47.5

来源:USDA-ERS,2004b。
美国人的牛肉消费将继续高于猪肉和禽肉。

表 16-9 每份牛肉、猪肉和肉仔鸡的消费价格

年份	零售价				每 3 oz 价格			
	牛肉		猪肉	肉仔鸡	牛肉		猪肉	肉仔鸡
	精选/(美元/lb)	所有/(美元/lb)	/(美元/lb)	/(美元/lb)	精选/(美元/份)	所有/(美元/份)	/(美元/份)	/(美元/份)
1987	2.38	2.16	1.99	1.24	0.47	0.42	0.40	0.33
1988	2.50	2.25	1.94	1.34	0.50	0.45	0.39	0.36
1989	2.66	2.46	1.94	1.47	0.53	0.49	0.39	0.39
1990	2.81	2.63	2.25	1.46	0.56	0.52	0.45	0.39
1991	2.88	2.71	2.24	1.43	0.57	0.54	0.45	0.38
1992	2.85	2.66	2.10	1.42	0.57	0.53	0.42	0.38
1993	2.93	2.72	2.09	1.44	0.58	0.54	0.42	0.39
1994	2.83	2.65	2.10	1.45	0.56	0.53	0.42	0.39
1995	2.84	2.59	2.06	1.44	0.57	0.52	0.42	0.38
1996	2.80	2.52	2.34	1.51	0.55	0.50	0.48	0.42
1997	2.80	2.54	2.45	1.51	0.55	0.51	0.51	0.42
1998	2.77	2.53	2.43	1.54	0.54	0.51	0.50	0.43
1999	2.88	2.61	2.41	1.54	0.57	0.52	0.50	0.43
2000	3.06	2.76	2.58	1.55	0.61	0.55	0.53	0.43
2001	3.37	3.01	2.69	1.58	0.67	0.67	0.56	0.43
2002	3.32	3.05	2.66	1.62	0.66	0.61	0.55	0.45
2003	3.74	3.31	2.66	1.61	0.75	0.66	0.55	0.45

来源：http://www.ers.usda.gov/Briefing/FoodPriceSpreads/meatpricespreads/。

营养

营养和健康将会在食品选择中持续发挥作用。牛肉是一种富含营养的有益食品。大部分卫生组织推荐的膳食中都包括瘦牛肉。然而，脂肪含量过高的就另当别论了。该产业通过对分割肉的修整、剔除多余的脂肪组织和利用遗传学来解决这一问题。此外，如今上市的牛要比已往的瘦很多。然而，牛肉业又太注重牛肉的大理石花纹，这与生产瘦牛肉是相矛盾的。目前，对牛肉产品没有一致性的看法困扰着该产业。产业所面临的真正的挑战是让较瘦的牛仍能生产出风味好的牛肉，这样既可以避免修整造成的浪费又能让消费者称心如意。这的确是一个巨大的挑战。

方便食品

牛肉作为一种产品，它还不能像禽肉和猪肉那样方便加工。根据对消费者的调查中了解到：在美国大约有 3/4 的人不能确定下午 4 点安排什么样的晚餐。方便是很重要的因素。人们很乐意食用价格低、味道好、方便、可用微波炉加热的鸡肉和猪肉食品。要想使牛肉更具有竞争力，就要让其更方便食用且在加工过程中保证其品质。牛肉的销售在发生变化，在过去的几年中，便利食品就已经很普遍，

一些产品对消费需求开始产生了积极的影响(图 16-19)。被看好的一点是,牛肉是人们在餐厅中点的最多的一道菜。对于现代消费者来说,在外边吃饭主要是为了方便。

图 16-19 便利食品成为现代快节奏生活的一部分。在落后于禽肉和猪肉许多年以后,如今的熟制牛肉影响着牛肉的需求。此图为正在补充肉制品货架上的熟制肉,它们在下午就被消费者抢购一空。

出口

从长远来看,牛肉的出口前景乐观。20 世纪 80 年代早期,牛肉的出口就已有实质性增长。1992 年,美国成为牛肉净出口国。世界贸易协定的执行创造了一个良好的贸易环境并极大地刺激了美国的进出口贸易。伴随经济的发展,人口的急剧增长为美国的农业出口创造了可观的前景。虽然正常的经济周期和消费者偶尔的顾虑必然会影响每年其他国家的牛肉购买量,但未来可预见的发展总体趋势是乐观的。美国牛肉最主要的购买者是日本、加拿大、韩国和墨西哥。

技术

过去,该产业的牛肉生产者并没有积极地利用先进的技术。适当应用产品配套设备和技术革新的成本会让这些生产者处于困境。辅助手段包括精液分离,通过 DNA 重组技术或克隆产生的"人造胚胎",药品、促生长剂、疫苗的大量供应以及许多其他手段。特别是基因工程将会在这一产业发挥重要的作用。经营规模越大就越有能力应用这些技术,而这些技术的应用又会加快生产规模扩大的趋势。

国家动物鉴定体系

可以肯定,一个新的国家动物鉴定体系将会生效。人们对这一体系和它的潜在优势已讨论了许多年。在"9·11"事件(美国世贸中心遭恐怖分子袭击)后就制定了该计划。2003 年 12 月,在美国本土发现一例感染疯牛病(BSE)的奶牛,这一事件成为促成该体系形成的直接推动力。美国农业部(USDA)宣布,国家动物鉴定体系(NAIS)在2004年4月实施并提供启动资金。APHIS的兽医服务部门声称,该体系发挥的作用包括"疾病控制和消除、疾病监控、国外动物疫情的应急反应、区域划分、全球贸易、家畜生产效率、消费者对食品安全的关注及突发事件的处理计划"。

食品安全

美国的食品供应被认为是世界上最安全的。尤其是肉制品,在消费者购买之前,有关部门要进行严格的检测。肉制品的检测由农业部的食品安全检测局负责。食品和药物管理部门规范饲料、饲料添加剂和健康动物产品的使用。这两个部门确保食品的安全供应。即使这样,食品的安全性仍是消费者的一个热门话题。公众所关心的问题有饲料添加剂、各种各样的生长促进剂、抗生素的应用及食品中存在的病原菌。我们有些怀疑这种恐惧是毫无根据的。然而,几起造成灾难性后果的事件引起了公众的强烈反应并使人们高度关注这一问题。因此,牛肉生产业既要确保牛肉的安全性又要满足消费者心理上的安全感。

食源性疾病

由食物引起的疾病对消费者而言是尤为激烈而敏感的话题。其实,牛肉是很安全的食品,但公众很容易受到新闻事件的影响。一些小概率不幸事件的发生就能让人们产生普遍的消极思想。矛盾的是,对食品的不正确加工和调制是引发这类疾病的主要原因。如果供应的食品没有达到高度安全,那么消费者可采取以下措施来降低风险,如可用低剂量放射、高温真空、沸水冲洗及有机酸洗涤等方法来杀死和(或)除去牛肉中的病原菌。近期由于对病原菌的关注而将牛肉回收,这是新的、更为精密的检测方法产生的结果。而回收牛肉确保了产品的安全供应,与此同时,也使得消费者对保护他们利益的食品安全体系失去了信心。

危害分析与关键控制点
一种用来识别和防止食品生产中的微生物和其他有害物质的控制体系。

1998年,政府启动了**危害分析与关键控制点**(hazard analysis and critical control points,HACCP)计划,以给肉品包装厂的检测和防御工作提供帮助。HACCP系统包括识别加工厂中最可能发生污染的关键点并找到解决办法。此外,生产单位特别是多数育肥场自愿执行HACCP原则,可更安全有效地将产品输送给消费者。HACCP很有可能会被批准建立在育肥场和该产业的其他部门的一些环节,这些环节正是政府努力提高食品安全的关键。有关食品安全和HACCP在第28章中有详细的论述。

牛海绵状脑病(BSE)

牛海绵状脑病(BSE)是牛的一种致命性疾病,通常称之为"疯牛病",该病于1986年在英格兰首次被确诊。据称人体中一种新的变异库贾式症(vCJD)很可能与BSE有关,并且染病动物可将此病传播给人类。该病属于中枢神经系统退化性疾病,目前尚无治愈方法。最终,经证实许多欧洲国家和欧洲以外的国家都有该病发生。BSE对国家造成的影响(英国最为严重)主要是导致极度恐慌、消费者失去信心、几十亿的税收损失和牛群损失及近150的死亡人数。由于vCJD的最小潜伏期为10年,有的甚至可长达25年,所以死亡人数还会继续上升。

美国的消费者一直对本国生产的牛肉的安全性保持信任。然而,2003年12月,美国农业部声称华盛顿州的一头奶牛被检测出为阳性BSE。经过对当地的集中调查,并对和感染牛一起从加拿大引进的动物以及与感染牛接触的其他动物进行检测,结果表明无并发病例。2004年6月1日,美国农业部实施了加强疯牛病检测计划。到目前为止,在美国还没有其他的动物被检测出阳性BSE。

一例疯牛病的发现给美国的牛肉产业造成了很大的影响,或多或少会引起消费者短期内的担忧,出口市场遭受冲击,给该产业造成的损失史无前例。据消费者调查表明,疯牛病对牛肉消费造成的潜在影响是根深蒂固的。最终,这些代价将会是什么,这是所有人都应该关注的。有关疯牛病的最新消息,详情请登录USDA网址 http://www.usda.gov/BSE/。

注射激素和饲料添加剂

使用激素和饲料添加剂可以提高动物的生产性能,而且对于食用这些肉类的消费者没有安全隐患。许多年的研究结果反复证明了这些肉制品的安全性。然而,让大多数人费解的是,这些激素自然地出现在作物和动物性食品中,但量是人体自身分泌的很小的一部分,这是消费者群体持怀疑态度的一个因素。毫无疑问,这种疑虑部分是由于追溯到1977年之前二乙基己烯雌酚(DES)的使用。饲喂或注射二乙基己烯雌酚能促进生长并提高饲料利用率。1977年发现该药物引起了试验动物的癌症后,FDA禁止对该药物的使用。从此,人们把二乙基己烯雌酚和婴儿的先天性缺陷(妇女在怀孕期间无视医生的忠告而服用该药物导致出生婴儿的先天性缺陷)联系起来。现在使用的化合物与二乙基己烯雌酚的化学特性不同,只要适当使用,残留量很小,可以被忽略。

抗生素

当动物患病时,一般都用抗生素进行治疗。牛肉质量保证程序是一项自愿性培训计划,它可帮助生产者和兽医在使用抗生素时遵循**停药时期**原则。使用**最小剂量**的抗生素是一种低水平抗生素允许剂量的饲养实践,它可以提高动物的饲料利用率和增重。低剂量水平抗生素如今已不再用于肉牛的饲养。美国农业部食品安全检测部门定期检查肉类的药物残留,牛肉因其无残留而保持极好的记录。生产者如果使用了治疗剂量的抗生素后没有注意适当的停药时期就将家畜出售并屠宰,这会引起很多问题。

停药时期
动物用药后一定时期内,该动物产品(奶或肉)不能被食用,这段时期称为停药时期。

最小剂量
药物治疗疾病的最低剂量。

环境因素

畜牧业对环境造成的影响是公众越来越关注的问题。这的确是农业生产实践和畜牧业所面临的问题。动物圈养体系($CAFO_S$)中饲养动物排出的粪便和污水是造成环境污染,诸如氮和磷、有机物、沉淀物、病原菌、重金属、激素、抗生素及氨等污染物质的主要来源。水中的养分(如氮和磷)过多可导致或有助于轻度氧溶解(缺氧症)、**富营养化**和有毒藻类生长旺盛。这种情况会危害到人类的健康,并且在其他适宜条件下会引发微生物疾病,如红潮单细胞原虫。有机物(如家畜排泄物)的分解会降低水中的氧含量而引起鱼类死亡。隐孢子虫病原菌会造成饮用水的污染而威胁人类的健康。如果家畜粪便在不适宜的时间被直接作为肥料施给农作物,那么粪便中的病原菌还会引发食品安全问题。此外,病原菌还是一些甲壳水生动物的中间宿主。以硝酸盐形式存在的氮会污染地下饮用水源。畜牧业所面临的根本问题是对潜在污染物的再利用,即对其进行适当处理后施用到农田中再用于粮食生产。无论从可持续发展远景还是环境污染角度来看,这都是至关重要的。

富营养化
生态系统中一种有机物生成过多会危害到其他有机物,这种现象称富营养化。

2002年12月15日,美国环境保护机构(EPA)生效了一系列有关CAFOs的法规和规章制度。可进入 http://cfpub.epa.gov/npdes/afo/cafofinalrule.dfm 或输入EPA了解有关法规及其详细说明。严格执行废物处理法规势在必行,这样一来又会使生产成本增加。低投入、高效率的动物废料处理方法会降低环境管理的额外成本。每一个人都应懂得保护我们的空气、土壤和水源(图16-20)。

图16-20 找出低耗、高效的措施处理育肥场的家畜粪便是该产业当前的首要任务。(Natural Resources Conservation Service. USDA 提供)

产业结构

产业合并

牛场的数量会持续下降而经营规模会逐渐扩大,该产业的各个环节都是如此。迄今为止,最为集中的是育肥场和肉品包装场。然而,牛群数量规模却在缓慢增加,这与农业发展的整体趋势保持一致。较大的生产场能更好地利用机器、设备及管理，以便获得规模经济效益。甚至，一些兼职人员、退休人员、寻求生活多样化的人及兴趣爱好者经营的小规模母牛-犊牛饲养场，也在肉牛生产中发挥一定的作用。

产业整合

对于肉牛业所面临的挑战，其最有潜力、最可行的解决方案就是促进肉牛业的各部门之间的交流、合作及协调。如“产业联盟”、“一体化合作”和“一体化联营”。这些产业结构类型，目前正在讨论和试用。可供选择的一体化联营形式多种多样，并且都将在牛肉生产领域进一步推广。各种类型的联盟（横向和纵向）将在产业的发展过程中形成。究竟哪种联营方式将会发挥更大作用、的产业结构重组过程中走的多远、消费者和生产者将会看到什么样的应用效果还有待于实践。一个典型的例子是劳拉瘦牛肉公司，该公司创立于1985年，是同类联盟中经营时间最久的，在第15章中有详细论述。

劳拉瘦牛肉

劳拉瘦牛肉是经美国心脏协会鉴定的第一个经纯天然饲养生产的牛肉，在遍布30个州的3 000多个便利店中均有销售。在劳拉瘦牛肉公司，最值得我们骄傲的是既创新又守旧。在1985年，我制定了这样的协定：我们将用天然谷物和牧草来饲喂牛。直到今天，我们仍然严格遵守饲养规则，禁止添加任何动物性蛋白饲料——没有任何肉骨粉、血粉、再加工的动物组织及动物副产品。同样，对我们饲养的牛不使用任何促生长激素和抗生素。也许这对于当今的高效率、高速度的生产方式来说过于保守，但我们坚信我们所做的事情是正确的。由于出生于农民家庭，我从事农场中的各种工作，也深刻了解我们饲养的动物和我所生长的土地。对我来说，农场经营不仅仅是一项商业活动，它还是我们生活的一部分。从而，劳拉瘦牛肉生产者生产出了更优质的牛肉。我们的一些顾客告诉我，吃劳拉瘦牛肉，味道好且放心。

行业组织

全国肉牛饲养者协会（National Cattlemen's Beef Association） NCBA是1996年全国家畜和肉类董事会与全国牛只饲养者协会合并而产生的。它是牛肉生产业的销售组织和贸易协会。NCBA会费分配负责晋级、研究、收集信息及为相关活动提供资金援助。NCBA的收费部门是一个贸易组织，它负责行业政策制定，开展政府事务及其他类似活动。

地址：
NCBA Chicago
444 North Michigan Ave.
Suite 1800
Chicago Illinois,60611
Phone:(312)467-5520
Fax:(312)670-9414
NCBA Denver
9110 East Nichols Ave.
Suite 300
Centennial,Colorado 80112
Phone:(303)694-0305
Fax:(303)694-2851
NCBA Washington,D. C.
1301 Pennsylvania Ave. NW
Suite 300
Washington,D. C. 20004
Phone:(202)347-0228
Fax:(202)638-0607
http://www. beefusa. org/

养牛者的牛肉宣传和研究委员会(Cattlemehs Beef Bomotion and Reseach Board)　通常称之为肉牛饲养委员会或 CBB,该组织审批牛肉会费资金的预算。牛肉会费资金由生产者赞助项目提供,即每交易一头牛征收 1 美元来帮助牛肉销售。它们通常鉴定 Qualified State Beef Councils.

Address:9110 East Nichols Avenue,Suite 303,Centennial. CO 80112-3450
Phone::(303)220-9890;Fax:(303)220-9280
http://www. beefboard. org

美国肉类出口联盟(United states Meal Export Federation)　这一组织是非盈利的综合贸易组织,代表各种组织团体。其中包括家畜生产者、肉品包装厂、加工厂、农场组织、提高粮食生产组织、农业综合企业公司等。该组织负责发展美国生产的牛肉、猪肉、羔羊肉及小牛肉的国外市场。

Address:1050 17th Street,Suite 2200,Denver,CO 80265
Phone:(303)623-6328;Fax:(303)623-0297
http://www. usmef. org/

概要与结论

肉牛能充分利用那些很可能会被废弃的资源。它可以将饲草转化为高质量食品、副产品及其他可利用产品。美国是主要的牛肉生产国和消费国,每年来自牛肉的总收入约为380亿美元。牛肉生产不同于其他家畜生产，因为它被划分为几个不同阶段，每个阶段的饲养管理由不同的经营者负责。肉牛业具有明显的区域性。现在有这样的发展趋势，即生产者负责牛的一个或多个阶段的经营。由于重组使其保持竞争优势，因此，这种安排会在肉牛业中更为普遍。肉牛业正处于变化状态，未来肉牛业的发展取决于它如何应对现在和将来所面临的挑战。

肉牛生产性能指标	
初生重	不同品种和性别间存在差异；22.68～54.43 kg
成年体重	不同品种、性别及饲养条件存在差异；公牛 635.04～1 360.8 kg；母牛 408.24～816.48 kg
屠宰重	453.6～680.4 kg
断奶年龄	5～8 个月
育成年龄	14～19 个月
正常出生季节	全年出生，春季和秋季最佳
妊娠期	280～283 d
发情周期	19～21 d
发情持续期	13～17 h
产犊间隔/月	最理想为 12 个月
一般产犊率	90%
不同性别分类命名	公犊，母犊，成年母牛，公牛，阉公牛
断奶重	181.44～362.88 kg
消化系统类型	瘤胃

习题

1. 所有牛和犊牛为畜牧业创造的总收入是多少？从其他方面论述该产业的重要性。
2. 美国肉牛产业的发展目标什么？从饲料和资源利用的角度来谈谈。
3. 谈谈美国的牛肉周期是怎样描述牛只数量的。
4. 第一头牛被引进西部是在什么时间？是谁引进的，这些牛曾经生活在大陆的哪些地方？是谁为美国西部的牛群繁殖做出了重要贡献？
5. 哪一年肉牛的数量首次超过奶牛的数量？
6. 肉牛产业的结构与其他家畜的有何不同？肉牛产业的主要部门有哪些？
7. 美国肉牛和奶牛的总头数大约有多少？
8. 为什么牛只分布于美国的不同地区？为何不同区域专门负责不同阶段的肉牛生产？
9. 现有哪些途径可帮助肉牛生产者正确选择他们所用的遗传学？
10. 不同品种在养牛业中发挥什么样的作用？
11. 简要说明怎样运用杂交技术促进肉牛业的发展及它有什么负面影响？
12. 简单谈谈使繁殖效率最大化的管理要点。
13. 简要说明肉牛不同阶段的营养需要。

14. 3 oz 熟牛肉的营养成分有哪些？解释“营养浓度”的含义。

15. 牛肉在所有食品销售中的比例如何？

16. 出口将在未来的牛肉生产中发挥什么样的作用？

17. 技术将在未来的养牛业中发挥什么样的作用？

18. 人们关注的牛肉食品安全性问题有哪些？

19. 人们的营养和健康意识将对未来肉牛业产生什么样的影响？

20. 未来人们的饮食习惯将会发生什么样的变化？

21. 环境因素对未来肉牛业的发展将产生怎样的影响？

22. 以后养牛业的经营规模会继续扩大，解释其原因。

23. 简要说明产业综合对未来牛肉产业的发展会产生什么样的影响？并解释其原因。

参考文献

Briggs, H. M., and D. M. Briggs. 1980. *Modern breeds of livestock.* 4th ed. New York: Macmillan.

Ensminger, M. E. 1987. *Beef cattle science.* 6th ed. Danville, IL: Interstate Publishers.

Ensminger, M. E. 1991. *Animal science.* 9th ed. Danville, IL: Interstate Publishers.

Evans, J., D. Buchanan, and S. Dolezal. 2004. Beef cattle breeding. In *Oklahoma beef cattle manual.* 4th ed. Stillwater, OK: Oklahoma State University.

FAO, 2004. *FAOSTAT statistics database: Agricultural production and production indices data.* http://apps.fao.org/.

Galyean, M. L., and G. C. Duff. 1998. Feeding growing-finishing beef cattle. In *Livestock feeds and feeding,* 4th ed., R. O. Kellems and D. C. Church, eds. Upper Saddle River, NJ: Prentice-Hall.

Gill, D. R. 1992. Nutrition, health and management on newly arrived stressed stocker cattle. In *Oklahoma beef cattle manual,* 3rd ed. Stillwater: Agricultural Experiment Station, Oklahoma State University.

Hibberd, C. A., K. Lusby, and D. Gill. 1992. Mechanics of formulating stocker cattle rations and supplements. In *Oklahoma beef cattle manual.* 3rd ed. Stillwater: Agricultural Experiment Station, Oklahoma State University.

National Cattlemen's Beef Association. 2004. *May 2004 cattle and beef industry statistics.* http://www.beef.org.

Neumann, A. L., and K. S. Lusby. 1986. *Beef cattle.* 8th ed. New York: John Wiley & Sons.

Northcutt, S. L., and D. S. Buchanan. 1992. Beef cattle breeding. In *Oklahoma beef cattle manual.* 3rd ed. Stillwater: Agricultural Experment Station, Oklahoma State University.

NRC. 2000. *Nutrient requirements of beef cattle.* 7th ed. Washington: National Academy Press.

Selk, G. E., and K. Lusby. 1992. The management of beef cattle for efficient reproduction. In *Oklahoma beef cattle manual.* 3rd ed. Stillwater: Agricultural Experiment Station, Oklahoma State University.

Taylor, R. E. 1984. *Beef production and the beef industry: A beef producer's perspective.* Minneapolis, MN: Burgess Publishing Company.

Taylor, R. E., and T. G. Field, 1999. *Beef production and management decisions.* 3rd ed. Upper Saddle River, NJ: Prentice Hall.

USDA. 1997. *USDA nutrient database for standard reference.* Release 11–1. Nutrient Data Laboratory home page: http://www.nal.usda.gov.fnic/foodcomp.

USDA. 1998. *USDA nutrient database for standard reference.* Release 12. Nutrient Data Laboratory home page: http://www.nal.usda.gov.fnic/foodcomp.

USDA-ERS. 2004a. *Farm income data.* Accessed online August 7, 2004. http://www.ers.usda.gov/Data/farmincome/finfidmu.htm.

USDA-ERS. 2004b. *Red meat yearbook.* Table 114. Accessed online August 11, 2004. http://www.ers.usda.gov/data/sdp/view.asp?f=livestock/94006/.

USDA-NASS. 2004a. *Agricultural statistics database.* Accessed online August 2004. http://www.nass.usda.gov:81/ipedb/.

USDA-NASS, 2004b. *Statistical highlights of U.S. agriculture 2002 & 2003.* Accessed online August 2004. http://www.usda.gov/nass/pubs/stathigh/content.htm.

USDA-NASS. 2004c. *USDA-NASS agricultural statistics 2004.* Accessed online August 2004. http://www.usda.gov/nass/pubs/agr04/acro04.htm.

Ward, C. E. 1997. Structural changes in cattle feeding and meat packing. *OSU extension facts.* Stillwater: Oklahoma Cooperative Extension Service, Division of Agricultural Sciences and Natural Resources, Oklahoma State University.

Will, R. G., J. W. Ironside, M. Zeidler, S. N. Cousens, K. Estibeiro, A. Alperovitch, S. Poser, M. Pocchiari, A. Hofman, and P. G. Smith. 1996. A new variant of Creutzfeldt–Jakob disease in the UK. *Lancet* 347:921–925.

第 17 章

奶牛

学习目标

学完这章后，应该能够：

1. 了解奶牛在美国农业中的地位。
2. 解释美国奶牛业规模生产的原因。
3. 简述美国奶牛业发展的历史。
4. 描述现代奶牛业的生产构成。
5. 正确了解美国奶牛业地理位置的分布。
6. 介绍奶牛群体改良协会(DHIA)及其功能。
7. 结合上下文分析遗传学在奶牛业中的作用。
8. 描述奶牛繁殖效率管理的总的依据。
9. 描述奶牛的饲料供应并解释它怎样影响奶牛的生产。
10. 介绍牛生长激素及其在奶牛业中的应用。
11. 阐述牛奶营养对人类的益处。
12. 讨论奶牛业的发展趋势以及影响未来奶牛业发展的因素。

关键术语

巴布科克奶油测试	浓缩奶	群体健康
巴斯德氏灭菌法	胚胎移植	遗传标记
多种经营农场	青贮	Posilac 牌
牛生长激素	试情公牛	

牛的科学分类

门：脊索动物

亚门:脊椎动物
纲:哺乳纲
目:偶蹄目
亚目:反刍
科:牛科
属:牛属
种:牛种

奶牛业在美国农业中的地位

奶牛产品提供大约11%的农业年现金收入(图17-1)。在畜牧业中奶牛位居第三,仅次于肉牛和禽蛋产品。在美国,奶牛产品年收入大约220亿美元。奶牛产品通常占大约22%的农场的收入(图17-2)。在50个州中有38个州的奶牛产品成为位居前5位的商品。从农场牛奶销售到牛奶加工厂和经销商,有6个州每年现金收入超过10亿美元,而其他6个州也超过了5 000万美元。虽然我们仅拥有世界4.7%的人口,却生产大约世界15%的牛奶,且美国奶牛的数量占世界奶牛数量还不到1%。表17-1显示了近年来美国牛奶的供应和利用情况。表17-2显示了经过加工的液态牛奶产品的销售情况。从这个表中很容易看出美国在过去30年中液态牛奶的消费模式已发生了显著的变化。例如,相对于快速增长的酸奶消费,全脂牛奶的消费呈下降趋势。来自商业肥育场的淘汰奶牛和许多

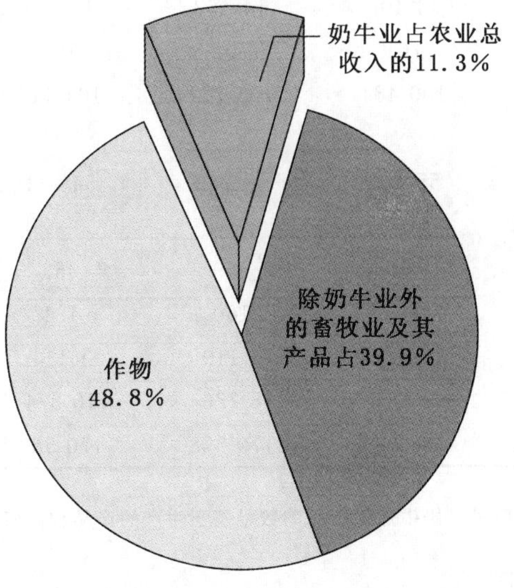

图17-1 2000—2002年奶牛产品农场占美国总农业现金收入的百分比。(来源:USDA-ERS,2004b)

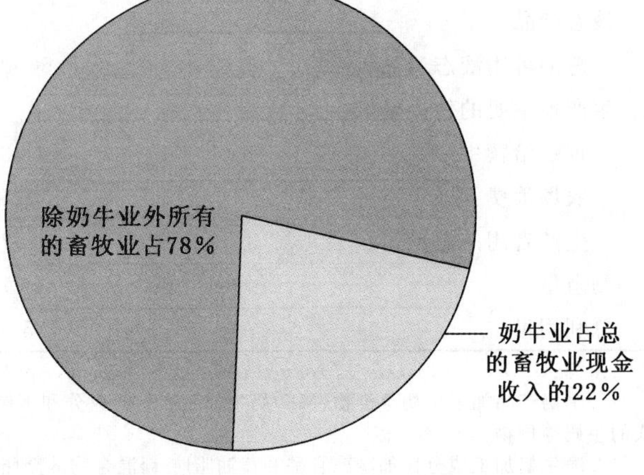

图17-2 2000—2002年奶牛场占总的畜牧业现金收入的百分比(来源:USDA-ERS,2004b)

表 17-1 美国 1995—2000 年牛奶的供应和利用[1]

10⁶ lb

项 目	1995	2000	2001	2002	2003
供应					
牛奶产品	155 425	167 658	165 497	170 063	170 312
净输入成分(代谢能)[2]	144	237	688	315	268
储存奶酪净改变(代谢能)[3]	1	NA			
总供应量	155 570	167 895	166 185	170 378	170 580
利用					
用于加工产品(代谢能)					
奶油	28 388	28 462	27 557	30 256	27 843
来自乳清稀奶油的黄油	4 735	5 552	5 612	5 754	5 824
净牛奶等价物	23 653	22 910	21 945	24 503	22 019
奶酪产量					
美国	31 175	36 216	35 373	36 740	36 694
其他国家	21 412	26 043	26 431	27 439	28 007
听装牛奶					
含糖浓缩牛奶	1 049	964	991	1 259	1 272
散装无糖浓缩全脂牛奶	203	180	170	135	182
散装含糖浓缩全脂牛奶	254	163	163	178	177
全脂奶粉	1 262	815	303	348	284
冰激凌和其他冷冻奶牛产品	15 094	16 593	16 628	16 778	17 105
黄油和浓缩牛奶,用于冰激凌	2 053	2 202	2 220	2 316	2 354
净牛奶等价物	13 041	14 391	14 408	14 462	14 751
其他加工产品[4]	746	701	701	708	725
总的加工产品	92 795	102 383	100 484	105 771	104 111
液态产品					
总的可用液态产品[5]	56 420	55 496	55 105	55 262	54 981
生产地牛奶的使用量					
饲喂给犊牛	1 230	1 101	1 039	959	963
农场消费	346	211	173	160	151
生产者用的总量	1 576	1 312	1 212	1 119	1 114
剩余量[6]	4 779	8 704	9 384	8 226	10 374
总利用量	155 570	167 895	166 185	170 378	170 580

来源:USDA-NASS,*Dairy Products*,*Annual Summary*,April 2004。

1. 牛奶产品加上牛奶等价物(ME)奶牛加工产品的成分和不储存的奶油等于总的供应量。奶牛加工产品的数量基于生产的产品和任何形式的牛奶等价物。

2. 净牛奶加工成分比如冷冻乳酪和黄油脂肪-糖混合物的全脂牛奶等价物(乳脂基础)。

3. 净不储存的液体和可定型的奶油全脂牛奶等价物的全脂牛奶等价物。奶油的运送和储存表现出负的数据。

4. 无水的牛奶脂肪、黄油和人造奶油的全脂牛奶等价物。

5. 美国总的牛奶销售(USDA-AMS)。

6. 剩余的、包括少量的混杂的和产品上的不准确的用途、利用估计或牛奶等价物转化。

表 17-2 1970—2003 年液态牛奶销售量 10^6 lb

年份	全脂牛奶	低脂牛奶	脱脂乳	香味全脂牛奶	其他风味牛奶	酪乳	总的饮料牛奶[1]	总乳酪产量[2]	蛋奶酒	酸奶	所有产品[1]总计
1970	41 363	6 082	2 368	1 144	611	1 130	52 698	778	61	169	54 928
1975	36 188	11 468	2 480	1 366	719	1 011	53 232	1 070	76	425	54 803
1980	31 253	15 918	2 636	1 075	1 197	927	53 006	1 173	95	570	54 844
1985	27 760	19 812	3 009	882	1 430	1 046	53 939	1 586	121	940	56 586
1990	21 333	24 509	8 702	691	1 657	879	54 771	1 776	123	1 055	57 725
1995	18 662	24 202	8 359	704	1 914	739	54 580	2 095	112	1 646	58 433
2000	18 448	23 649	8 435	892	2 444	622	54 490	2 665	93	1 837	59 085
2001	18 007	23 630	8 225	973	2 553	592	53 980	2 933	105	2 003	59 021
2002	17 960	23 610	8 030	1 030	3 010	576	54 216	2 891	127	2 135	59 369
2003[3]	17 832	23 559	7 789	1 049	3 141	547	54 364	3 307	134	2 387	61 896

来源：USDA-ERS 家畜，livestock，Dairy and poultry outlook，June，2003，Personal Commuication D. P. Blayney。

1. 包括混杂的液态牛奶产品，开始于 2003 年。

2. 浅色和深色奶油各 1/2，发酵奶油浸入 CA，发酵奶油随处可用。

3. 初步。

荷斯坦犊牛也用来生产牛肉（图 17-3）。美国每年淘汰大约 25％的奶牛，许多饲喂牛奶的小公牛在体重数百磅时就被屠宰。不管怎样，奶牛业是美国的一项主要产业，同时美国也是一个主要的奶牛产品生产和消费国。

图 17-3 除了用于挤奶，美国每年许多牛肉消费也来自于淘汰的奶牛和小奶牛，像图片所示的这些牛就会被育肥成肉牛。

图 17-4 美国奶牛业的目标就是将饲草转换成奶。(Todd Stone 摄,经 AP/Wide world photos 允许使用)

美国奶牛业的目标

奶牛业的目标是利用人类不能用的资源生产人类能用的食品。像反刍动物,大部分饲料能量消耗来自饲草。对饲草的转化是它们对人类福利的主要贡献(图 17-4)。除了饲草,大多数来自国家农业的农作物(如棉籽)和食品副产品(如大豆粕、面包加工副产品、蒸馏谷物和柑橘黏浆状物质)废料也用来饲喂奶牛。奶牛在将饲料转化成有用的产品上非常有效。表 17-3 比较了各个畜种将饲料营养转换成可食用产品的相对百分率。通常在所有的可生产食品的畜种中,牛奶生产是饲料向食品转化中最高效的。

传统上讲,奶牛也为农民提供了一种增加本地出产的饲料价值的方法。农场生产的谷物如果喂给奶牛,作为牛奶出售比作为谷物出售可获得更多的利润。乳品业也为农民提供一种不同季节重新分配劳动需求的综合经营方式。在庄稼的种植和生长的季节,很少的奶牛产奶,这便给农民在土地上劳动留出了时间。当收获结束时,就有更多的奶牛能被挤奶以利用有效劳动。这样奶牛帮助我们最大化利用有效资源来使整个社会受益。许多谷物生产时期,奶牛能被用来帮助我们充分利用丰富的农产品。这样一来,其也可帮助减少打乱农事惯例和危及农业经济的粮食价格波动,并可给人们提供消费所需的粮食。

虽然全世界的奶牛都用于产奶,但大多数是被饲养者用作产奶、产肉和役用多种用途。仅在发达国家例如美国发展基于奶牛专业化生产的广泛的奶牛业。然而,随着国家的发展这种情况也在改变,现代化的奶牛场正逐渐遍布全世界。

表 17-3 各种动物将饲料营养转化为可食用产品的百分率

动物产品种类	能量转化率(%)	可食用蛋白	
		转化率(%)	产出/饲料采食量(%)
牛奶	20	30	90
鸡肉(肉鸡)	10	25	45
鸡蛋	15	20	33
猪肉	15	20	30
火鸡	10	20	29
牛肉	8	15	10
羔羊肉	6	10	7

来源：Voelker，1978。

农场所有的动物中，最有效的将饲料营养转化为可食用能量和蛋白质的途径是牛奶生产。为了满足增长的食物需求，更多的注意力将需要集中在最少和最充分的利用自然资源而产出最高质量的食品的农作物和动物产品生产体系。通过更好的管理和利用新技术奶牛产品增加。另外，牛奶中的蛋白比奶牛饲用的饲料中的蛋白有更好的生物利用性，是世界食物需求的一个坚实的组成部分。

历史回顾

追溯美国奶牛业的历史，很有必要回顾一下种类(1)农场生产和奶牛处理；(2)加工、制造和销售；(3)公共政策。一个名为《美国奶牛业里程碑》的美国优秀的出版物上 Weimer 和 Blayney(1994)提出了关于各地产业发展的全面的观点。它所遵循的是一个美国奶牛业历史很简短的观点。

直到大约 1850 年，因为在美国没有专门的奶牛品种，所以美国奶牛业的历史和肉牛差不多。被简单用作产奶的奶牛与其他可用作其他目的动物属同类动物。牛奶产品通常是生产者自用或非常小群的牛生产牛奶用于本地的销售。

内战后，牛奶加工体系开始发展并开始急剧演变。1851 年第一个奶酪加工厂在纽约奥奈达实际上已经建立。然而一些发展导致新兴产业的迅速扩张。1856 年伯登·盖尔取得**浓缩奶**的专利并于 1857 年在康涅狄格的 Burrville 建立了一个炼乳工厂。新产品占用更少的空间而且利用了剩余牛奶。机力冷冻始于 1861 年，使新鲜牛奶的运输和贮存变得更方便。1864 年巴斯德.路易斯发现了会导致**巴氏灭菌**作用过程的微生物学的原理。1895 年第一个商业加热杀菌的机器投入使用。直到 19 世纪 60 年代，在较大的大西洋沿海城市出现了专业奶牛中心。支撑奶牛业发展的奶牛被需求。大量不同品种的奶牛被进口，在 1868 年到 1880 年之间形成了品种协会。

浓缩奶
去除奶中的水分并添加了糖。

巴氏灭菌
控制温度以达到破坏细菌的目的。

1871 年可冷藏的有轨机动车的发明可允许更长距离的产品运输。1875 年伊利诺伊大学**青贮窖**技术的发明允许奶农为冬季和整年储存高质量的饲料。1878 年 Gustav De Lavel 博士研制了乳脂分离器。1885 年在威斯康星第一次出版的 Hoard's Dairyman 直到 1889 年被认为是国家最重要的奶牛杂志。1890 年巴布科克·斯蒂芬·穆尔顿介绍了用他的名字命名牛奶脂肪(乳脂)的测试—**巴氏乳脂测定**。这项测试为牛奶定价提供了根据。关于结核病的测试始于 1890 年。

青贮窖
制作和储存青贮料的地方。

巴氏乳脂测定
测定牛奶中的乳脂含量。

1891 年威斯康星大学建立的第一个奶牛项目是新兴产业获得的第一个大学课程。1905 年 8 月 12 日第一个测试和记录协会成立于密歇根州 Newaygo 县。许多小组织成立了，1927 年美国乳品科学协会创立了具有牛奶产品测试守则委员会的奶牛群体改良协会。1903 年在纽约 D. H. Burrell 公司装配并很快制造了第一台挤奶机。牛奶很快以瓶装出售。1950 年引入纸质奶瓶，而后 1964 年使用塑料牛奶容器。

1914 年油罐车第一次被用来运输牛奶，虽然日后几年没有普遍使用。20 世纪 30 年代，在农场贮桶放置牛奶始于加利福尼亚。1919 年均质牛奶初次登场。维生素 D 强化始于 1932 年。1936 年人工授精开始用于奶牛并于 1939 年商业化。直到二战后人工授精技术才足够先进并促成了奶牛遗传改良一个大的飞跃。于 20 世纪 40 和 50 年代抗生素的发现允许更多的动物饲养于一个小区域。

20 世纪 50 年代早期产业结构开始调整。更大的业务涉及到规模经济。1964 年牛奶产品以 1 270 亿 lb 的产量达到了它的顶峰。1945 年奶牛数目空前之高达 2.78 亿。从那以后奶牛数目虽然下降了，但每头奶牛的产奶量却增加了。如今，从事奶牛业的生产者和奶牛数量都在缩减，但牛奶产量却在增加。总而言之，牛奶产品的人均需求在下降，但总的牛奶消费正在适度增加。技术创新正在产业中创造一个动态发展的环境。

奶牛业的结构和地理位置分布

奶牛企业在美国所有主要农业企业中是最不集中的，国内每个州都养有奶牛。这主要归因于牛奶容易腐败的性质和远距离运输费用高。因此，在人口聚居的地方常会有奶牛。图 17-5 给出了州和区奶牛分布的总况，可以看到山区和北部平原的个别州的奶牛的数量与国家人口最稠密的加利福尼亚州之间的差异。也许更多的图解，会让人注意到东北地区和太平洋地区的牛奶产量的差别。太平洋和大西洋沿岸都是人口稠密的地区，而图上讨论的其他地区的人口不是很多。10 个最大的牛奶生产州有 6 个是人口最多的州，其中威斯康星州是个例外。威斯康星州拥有更多的奶牛可生产多于人口需求的牛奶产品。无论如何威斯康星州有很长的牛奶生产历史和很强的牛奶产业。国家大多数牛奶产品都来自威斯康星州，包括全国超过 1/4 的奶酪产品。爱达荷州是另一个例外，其牛奶生产排名第五，大大不同于其人口排名第三十九位。然而，它还运输许多产品给西海岸的各州。

奶牛业像大多数农业产业一样，大约从 1950 年开始调整。趋向于成立更少的饲养场（图 17-6）和每个场养更多奶牛（图 17-7），结果使几乎 46％的美国奶牛供应商生产 500 或更多的奶牛群体（图 17-8），并且此比例还在逐年增加。此外，奶牛的操作也已在改变，已变得更专业化，可能成为唯一的农场的操作方式。传统上奶牛群是独立的、自给自足的家庭式农场。奶牛场是完整的**多样化的农业**计划的一部分。农场生长各种庄稼，奶牛的大部分饲料来自农场，后备动物的饲养

多样化的农业
由多种收益的单位组成的农场。

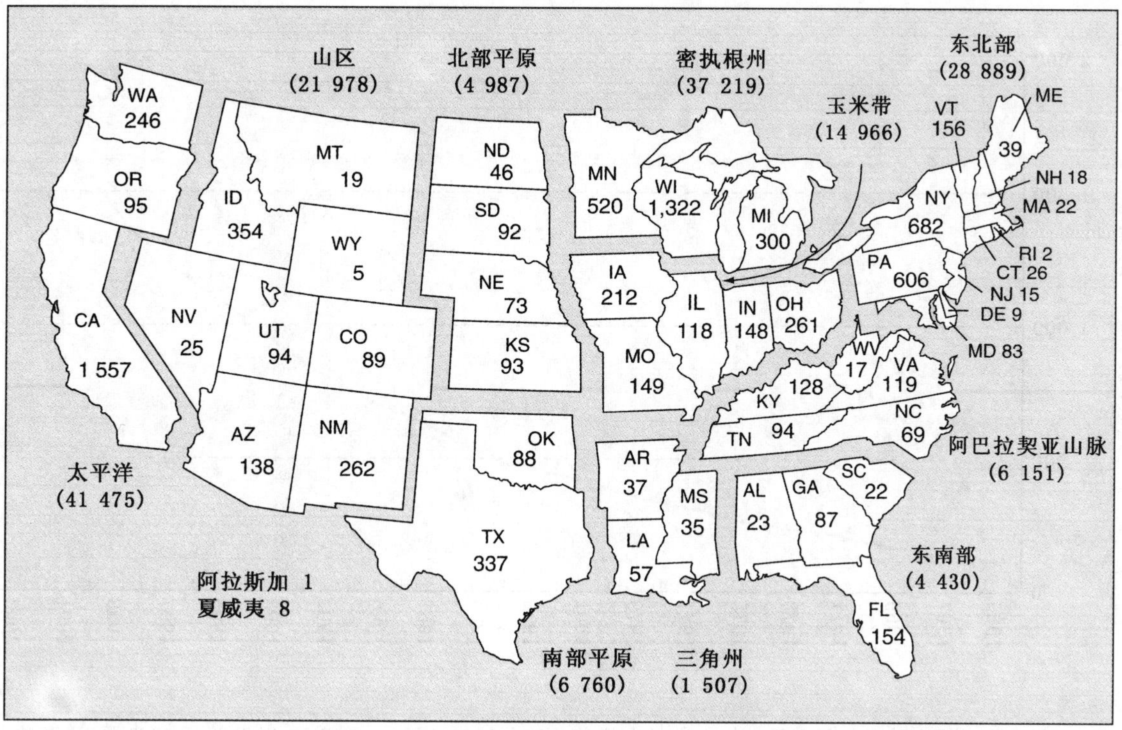

图 17-5 各州奶牛数量和地区牛奶产量。标记出来的是传统的奶牛生产地区。各州奶牛数量是图上所标数字×1 000。各地区旁边表示的是其各自总的牛奶产量单位为百万磅。所有的信息都是近年的。(来源:基于 USDA 统计)

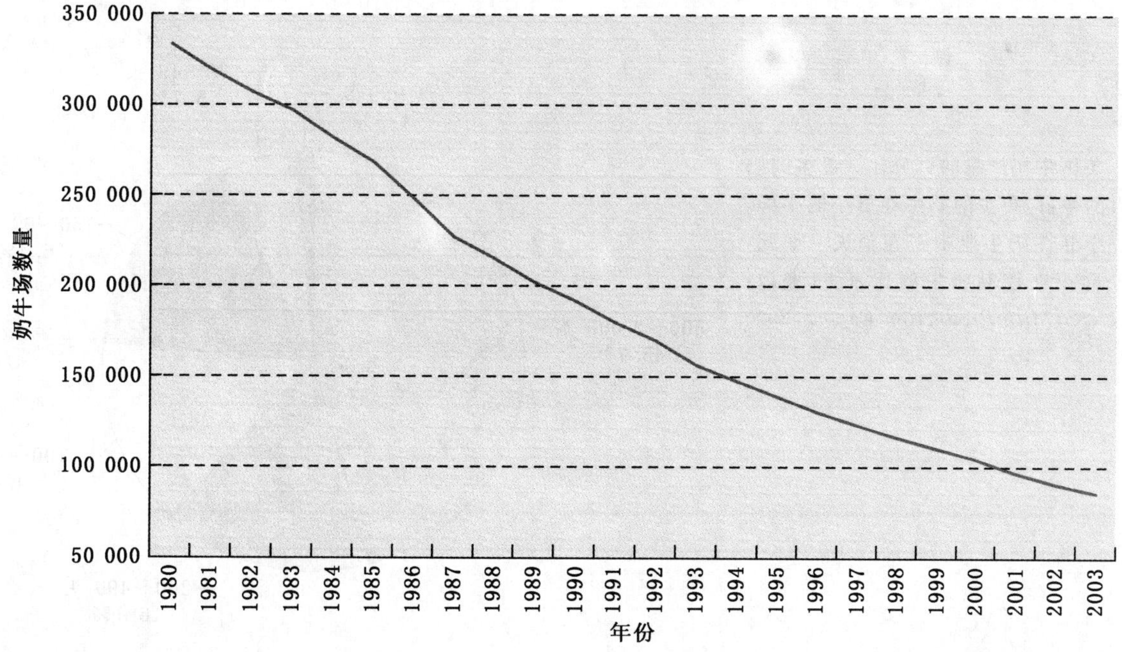

图 17-6 奶牛场,1980—2003 年。从 20 世纪 50 年代开始奶牛场总数减少了。同时,奶牛场平均规模变大了。(来源:USDA-NASS,2004a)

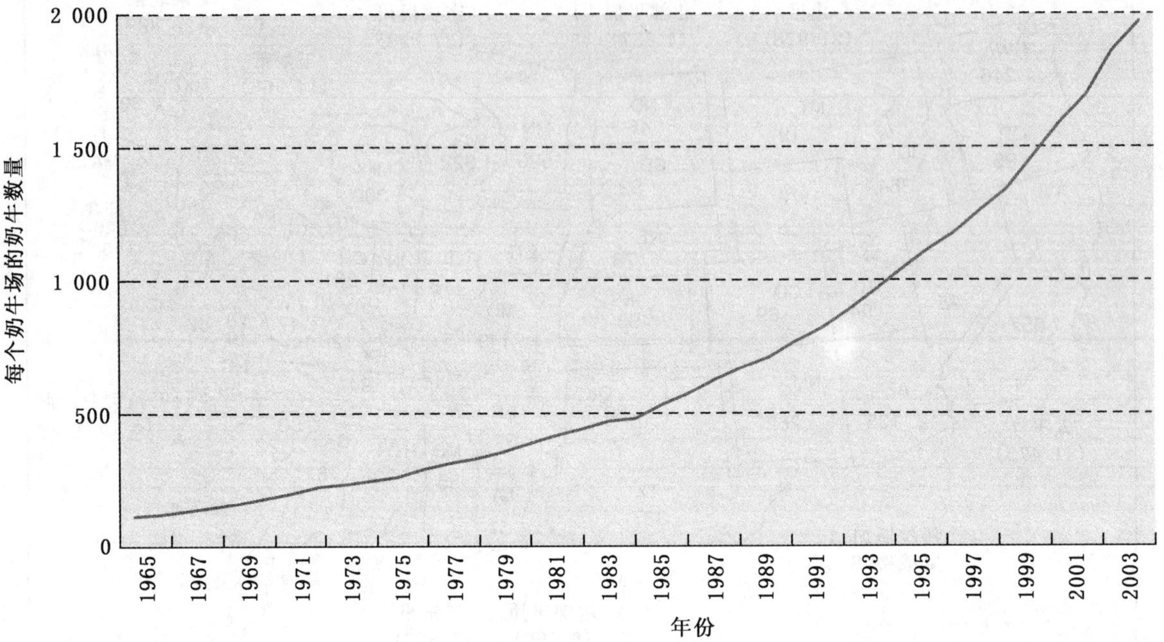

图 17-7 每个场的奶牛数量。每个场的奶牛数量在增加。这种趋势已于 20 世纪 50 年代显现。（来源：计算数据来自 USDA-NASS，2004a）

图 17-8 美国牛奶产量的百分比。更多的奶牛在更大的牛群，更少的奶牛在更小的牛群。这反映了小群在奶牛业中正在消失。如此，更大的牛群正在控制奶牛的比率。（来源：USDA-NASS，*Milk Production Report*，2000 年 2 月）

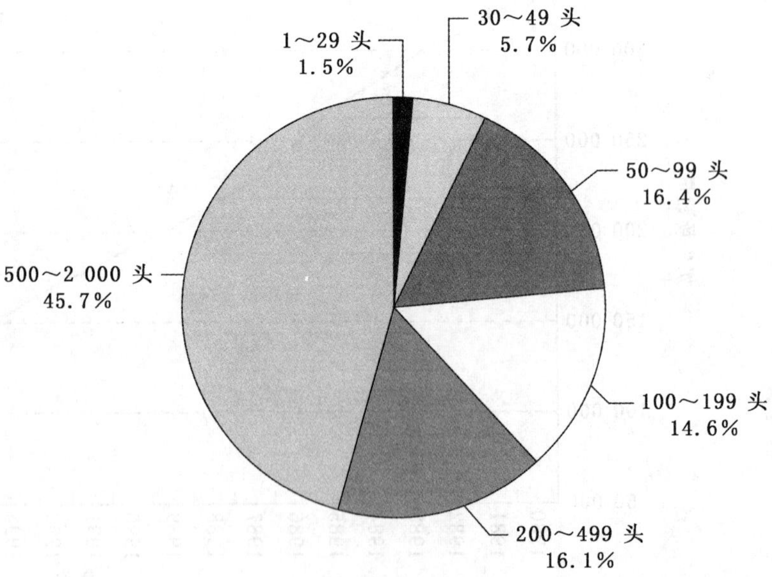

也在农场。牛奶检测的规范化可帮助满足家庭的需要和促进农场剩余部分现金的流通。在很多方面，这在被许多国家概括为“家庭农场”的概念。许多国家农场政策循环出台来保护这种观念。奶牛业虽然分散于全国各地，但历来就集中于国家东北部。

在最近10年里，奶牛业结构已经发展到一个传统模式的奶品场不再占优势的地步。几千头种奶牛的大规模奶品场已经逐渐建立。这些大场能够利用小场不具备的减轻劳动强度的技术进行扩张。然而，100头或更少数目的奶牛的饲养场仍旧占主导地位，但小场的定义随着平均牛群大小的增加也在改变。生产已经逐渐转至西部，以利用其温暖气候和顺应那不断增加的人口的需求。在美国牛奶产品总的百分比中北部平原和所有东部地区正在下降，然而南部平原和所有西部地区正在增加(图17-9)。像眼下描述的那样，美国的三个主要奶牛地区是密歇根州、东北部和太平洋地区。前10个奶牛场所在州如表17-4所示。山区也是一个国家奶牛产品的坚实基地。加利福尼亚州、德克萨斯州、华盛顿州、爱达荷州和新墨西哥州有时是作为5个最大的奶牛产品生产地。许多受欢迎的出版物正例行公事地联合山区和太平洋地区进入他们更宽广的类别——西部。西部作为一个地区正在生产全美国大约45%的牛奶。加利福尼亚州1994年已变成最大的牛奶生产州。威斯康星州仍旧生产2倍于纽约的牛奶生产量，位居第三(表17-4)。

图17-9 奶牛生产的地理位置改变。奶牛生产地向西部转移是利用那里温暖的气候和适应逐渐增加的人口。自从1980年，北部平原和东部地区的生产的总的百分比下降，然而南部平原和西部地区有所增加。总之，这种趋势还会继续下去。

表 17-4 美前 10 名美国州奶牛生产情况汇总

排位	总牛奶产量/×10⁸ lb		排位	总奶牛头数		排位	平均每头奶牛产奶量		排位	平均饲养规模	
1	加利福尼亚	354.4	1	加利福尼亚	1 688 000	1	华盛顿	22 780	1	新墨西哥	1 865
2	威斯康星	222.7	2	威斯康星	1 256 000	2	亚利桑那	22 284	2	亚利桑那	969
3	纽约	119.5	3	纽约	671 000	3	科罗拉多	21 770	3	加利福尼亚	819
4	宾夕法尼亚	103.4	4	宾夕法尼亚	575 000	4	俄亥俄	21 718	4	佛罗里达	747
5	爱达荷	87.7	5	明尼苏达	473 000	5	密歇根	21 060	5	内华达	743
6	明尼苏达	82.6	6	爱达荷	404 000	6	新墨西哥	21 028	6	夏威夷	700
7	新墨西哥	66.7	7	得克萨斯	319 000	7	加利福尼亚	20 993	7	科罗拉多	556
8	密执安	63.6	8	新墨西哥	317 000	8	印第安纳	19 758	8	俄亥俄	521
9	得克萨斯	56.3	9	密执安	302 000	9	蒙太纳	19 222	9	华盛顿	383
10	华盛顿	55.8	10	俄亥俄	260 000	10	新汉普夏	19 063	10	德克萨斯	375

来源：Harlow，2004。

1990 年奶牛数量下降至不到 1 000 万后仍持续下降(图 17-10)。同时，每头奶牛的平均产奶量增加了(图 17-11)，所以来自国家奶牛业的总的牛奶的产量也增加了(图 17-12)。因此，每头奶牛的产奶量增加正在补偿其数量的减少。2001 年美国奶牛场已下降到不到 100 000 个。

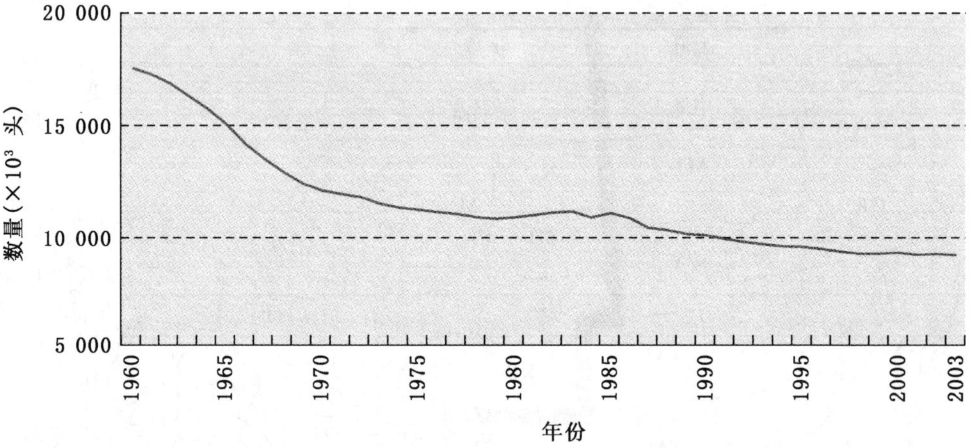

图 17-10 美国奶牛数量。几十年来奶牛数量已经下降。奶牛数目的下降并没有引起奶牛产量的下降是因为奶牛的平均生产率的增加。(来源 USDA-NASS，2004a)

美国奶牛场按养殖规模分为 2 类：第一个种类是规模为 50～200 头的家庭奶牛场，易管理，多数奶牛场属于此类，其在传统的奶牛饲养州比新兴的奶牛生产州占有更大的百分比。奶牛场在加利福尼亚、新墨西哥、亚利桑那州、德克萨斯州、爱达荷州和佛罗里达州，特别是更新兴的奶牛生产州，趋于有数百或更多的奶牛。他们可能仍旧是家庭农场或家族公司，但他们更可能是专业做奶牛场而不做其他行业。这些大的、专业化的饲养场趋于购买所需饲料和可能与别人签订合同饲养

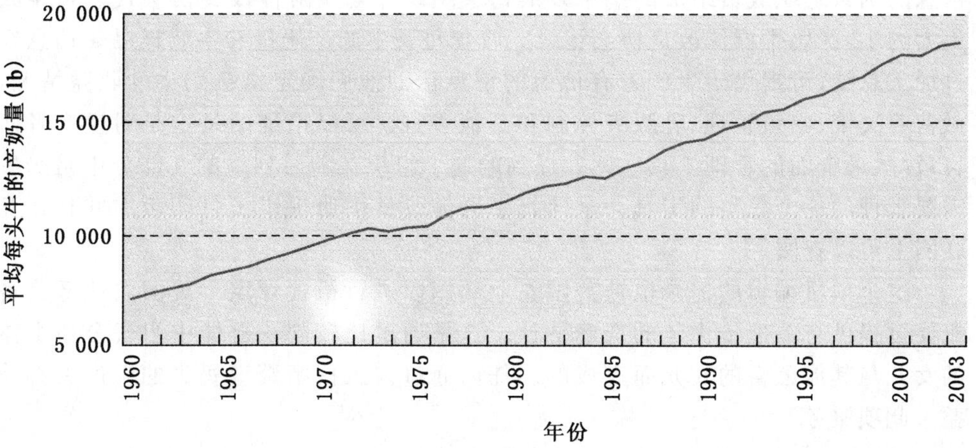

图 17-11 每头奶牛的产奶量。提高遗传，管理和利用生物技术创新已经引起了奶牛头均奶产量的持续增加。这种增加补偿了奶牛总数量的下降，从而较少的奶牛便可产更多的奶。

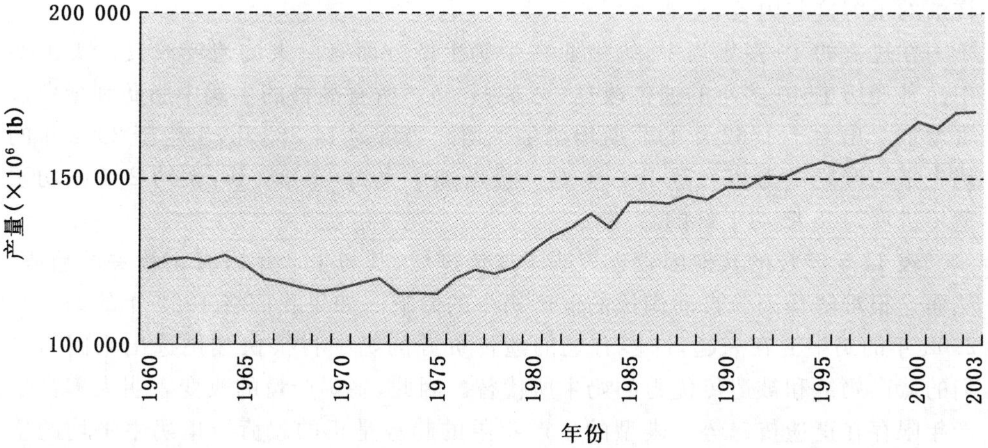

图 17-12 国家奶牛业总的牛奶产量。牛奶产量已经增加即使奶牛数量已下降。这是由于每头奶牛生产率的提高补偿了奶牛数量的减少。(来源:USDA-NASS,2004a)

他们的后备母牛。几个个人的奶牛场有超过 10 000 头奶牛。与其他动物产业比较而言，对奶牛很少会垂直统一管理，也几乎没有人预言这种情况将会改变。

奶牛群体改良协会(DHIA)

国家合作奶牛改良计划(NCDHIP)成立于 1965 年，属国家和地方的奶牛群体改良协会管辖。在美国，国家合作奶牛发展协会收集和加工关于国家 1/3 奶牛生产者的信息，这些奶牛生产者拥有大约 1/2 的奶牛饲养量。这项计划提供畜牧业主管理、生产和成本的信息。国家奶牛群体改良协会是由收集和记录奶牛群信息的国家组织成员组成的奶牛发展协会组织。奶牛群体改良协会代表每年收集大约 12 次奶牛群体改良协会记录。收集每头牛的产奶量和牛奶样品。信息经过加工总结,可提供给生产者有价值的信息帮助他们确定每头奶牛的收益情况,做营养决策、繁殖管理、乳腺炎控制和其他事宜。可以论证的是这是对生产者而言最好、最全面的管理工具。此处提到的这个组织在随后列举的几部分中是奶牛需要管理的一个完整的工具。全国奶牛群体改良手册提供了打印版本并且在互联网上可以查阅。

这个项目编辑的记录也被美国农业部用以进行祖代评定。美国农业部公畜概要可提供有关遗传优势的准确估计。这是通过比较同一群体中祖代公畜个体的女儿与其他公畜的女儿而完成的。任何通过人工授精繁育奶牛的生产者都受益于此项服务。

遗传繁育规划

第 8 章和第 9 章讨论了遗传和繁育的基本原理。读者可参考这些章节以更详细的了解这些内容。

在过去的 40 多年当中,奶牛业在牛奶生产方面有巨大的遗产改良。美国奶牛品种经历了 40 多年的遗传改良(见表 17-5)。所有品种的牛奶中脂肪和蛋白显著增加。出生于 1962 年的荷斯坦奶牛平均产奶量为 14 283 lb,出生于 2002 年的奶牛平均产奶量为 25 677 lb。牛奶产量增加了大约 11 000 lb,大约 2/3 归功于遗传进展,1/3 归功于好的管理。

表 17-5 涉及的其他因素也表明了遗传进展,其与生产年限有正相关的趋势。然而这很难解释因为自动淘汰的低产奶牛的影响。如果我们将 1962 年的奶牛与 2002 年的奶牛混在一起,许多有老的遗传资源的奶牛将很快被挑选出来因为它们的低产奶量和被遗传优秀的奶牛所代替。因此,牛奶产量的改变表明大多数生产年限存在正遗传趋势。表型的生产年限的趋势是正的。荷斯坦奶牛平均的生产年限出生于 1962 年的是 26.7 个月,出生于 1999 年的仅为 24.3 个月(生产年限 25 个月相当于 2½ 泌乳期)。

表 17-5 出生于 1962 年和 2002 年的不同品种奶牛部分生产性能的遗传变化

品　种	爱尔夏牛	更赛牛	荷斯坦牛	娟姗牛	瑞士褐牛	乳用短角牛
牛奶产量/lb	4 422	6 371	7 460	6 423	5 919	4 445
脂肪产量/lb	162	246	250	245	228	154
蛋白产量/lb	84	123	171	160	140	86
使用年限/月	6.9	6.0	6.2	10.5	6.5	7.8
体细胞计数[1]	0.1	0.1	0.1	0.1	0.0	0.1
女儿妊娠/%	−2.7	−5.0	−4.5	−2.5	−4.2	−1.3

来源:译自 www.aipl.arusda.gov,2004 年 8 月。
1. 1986—2001 年。

在过去 10 多年间,体细胞遗传趋势实质上相当于零。表 17-5 一项统计量显示了女儿的妊娠率呈现负的趋势。

来自表17-5的一项统计表明女儿的妊娠率有下降的趋势。女儿妊娠率被定义为一头奶牛在一个哺乳期的饲养期3周的怀孕周期内被期望怀孕的时间所占的百分率。相当于奶牛受精的百分率是怀孕和保持怀孕的倍数。女儿妊娠率下降了4.5%。然而,女儿妊娠率的表型趋势比遗传趋势更糟。与出生于2002年的荷斯坦奶牛相比而言出生于1960年的荷斯坦奶牛的女儿的平均妊娠率为31.25%。女儿妊娠率表型的下降率为大约9.4%。这表明负的环境因子造成大约5%的女儿妊娠率下降。理论上认为负的环境因子包括封闭饲养、大群饲养,较少的个体关照、更少的时间用在个体的发情检查。使产奶母牛怀孕已经成为奶牛农场面临的最大的挑战。有一个长期的争论因为繁殖性状的遗传率通常小于5%(女儿妊娠率的遗传力是0.04),不值得努力提高遗传率。然而,现在女儿妊娠率的遗传评估被利用(2003年2月第一次美国农业部官方出版)。有希望通过对女儿遗传力遗传评估的谨慎使用,繁殖负的趋势可被扭转。

美国农业部的净优势指数于2003年8月被修订以包括众所周知的重要经济和更准确反应牛需要净利润最大使用年限遗传性状。性状被认为是列举在表17-6的指标,遗传力和遗传相关。有趣的是,与先前发表的来自早期工作的0.75相比,目前牛奶和生产年限之间的相关现在仅为0.13(表9-7)。这意味着保存在群体中的过去高生产力的牛比低生产力的牛长,但今天那种强相关已不复存在。

不同性状重量的相对指标,期望的年预期传递能力和每10年期望的遗传趋势报道如表17-7所示。所有的性状在指标上被期望向一个好的方向改变。虽然没有预期传递能力牛奶的重量,因为它与脂肪和蛋白的正相关在下一个10年牛奶被期望增加2 380 lb。体细胞分值从2003年的平均3.1应该明显下降。在体尺存在−0.6负相关,使每头牛下降大约15 lb。更小的奶牛通常产每磅奶需要更少的饲料。女儿妊娠率下降的趋势应该被逆转,其在产犊时明显增加的量应该被记录。

表17-6 遗传力和种公牛性能指数遗传相关性状

预期传递能力性状	预期传递能力性状										
	牛奶	脂肪	蛋白	使用年限	体细胞数	体尺	乳房	脚/腿	女儿妊娠率	体细胞数	DCE
牛奶	0.30*	0.45	0.81	0.13	0.20	0.01	−0.20	−0.02	−0.35	−0.05	−0.03
脂肪		0.30	0.60	0.12	0.15	0.01	−0.20	−0.02	−0.32	−0.08	−0.02
蛋白			0.30	0.15	0.20	0.01	−0.20	−0.02	−0.34	−0.07	−0.01
繁殖使用年限				0.085	−0.35	−0.04	0.30	0.09	0.59	−0.19	−0.24
体细胞数					0.10	−0.11	−0.33	−0.02	−0.03	0.04	0.09
体尺						0.40	0.26	0.22	−0.08	0.22	0.09
乳房							0.27	0.10	0.03	0.06	−0.05
脚/腿								0.15	−0.04	0.04	0.03
女儿									0.04	−0.16	−0.20
公犊										0.09	0.47
母犊											0.06

表 17-7 相对的公牛性能指数在不同性状上的重量和期待的遗传改变

预期传递能力性状	相对重量	年遗传进展	期待的遗传趋势/10 年
牛奶	0	119	2 380
脂肪	22	4.8	96
蛋白	33	3.9	78
繁殖使用年限	11	0.24	4.8
体细胞得分	−9	−0.022	−0.44
体尺	−3	−0.03	−0.60
乳房	7	0.07	1.4
脚/腿	4	0.05	1.0
女儿妊娠率	7	0.05	1.0
种公牛繁殖障碍	−2	−0.13	−1.3
种母牛繁殖障碍	−2	−0.08	−1.6

品种

1868—1880 年间，专业化的奶牛品种被引进美国并成立了品种协会。用于美国的 6 个奶牛品种和它们的平均 DHIA 性能水平被报道在表 17-8。迄今最受欢迎的品种是荷斯坦奶牛，原因是几乎 95%的荷斯坦奶牛在 DHIA 测试中。娟姗乳牛是第二个最受欢迎的品种，占大约 4%。其余的 4 个品种在美国奶牛中仅占一个很小的比重。

通常注册的奶牛正在随着总的奶牛数量的下降而下降(表 17-9)。总的注册奶牛在 1984 年达到顶峰后开始下降。在 20 世纪早期荷斯坦奶牛占美国注册奶牛数量的主导地位。关于奶牛品种的信息，可访问网址 http://www.ansi.okstate.edu/breeds/。这可完全参照包括家畜品种的图片。奶牛品种的彩色图片可以在彩页中找到。

表 17-8 奶牛产品生产水平

品种	牛编号	牛奶	脂肪/%	脂肪/lb	蛋白质/%	蛋白质/lb
爱尔夏牛	7 093	15 468	3.9	601	3.2	491
瑞士褐牛	15 430	17 737	4.0	716	3.4	595
更赛牛	10 234	14 693	4.5	665	3.4	494
荷斯坦牛	3 965 426	21 671	3.6	795	3.0	664
娟姗牛	179 158	15 751	4.6	728	3.6	563
乳用短角牛	2 593	14 206	3.7	522	3.1	443

来源：DHI Report K3，USDA。

表 17-9 奶牛协会注册表

年份	爱尔夏牛	瑞士褐牛	更赛牛	荷斯坦牛	娟姗牛	乳用短角牛	总计
1900	2 080		1 538	5 108	12 518		21 244
1910	3 728		5 465	32 889	18 679		60 761
1920	6 809	2 102	20 811	127 850	43 119		200 691
1930	10 209	5 884	40 840	105 143	68 022		230 102
1940	16 234	11 161	57 796	145 423	48 078		278 692
1950	24 236	22 721	94 901	184 246	67 309	28 290	421 703
1960	16 831	23 949	62 891	265 861	54 695	9 525	433 752
1970	15 069	16 416	43 783	281 574	37 097	5 410	399 349
1980	10 977	12 871	20 907	353 949	60 975	4 924	464 603
1984	9 664	13 839	20 849	492 380	50 192	3 374	590 298
1985	11 120	11 974	25 106	394 506	65 357	3 372	511 435
1990	7 752	11 756	13 930	395 906	53 547	2 596	485 487
1995	6 456	10 799	7 387	366 262	63 399	3 157	457 460
2000	6 046	10 648	6 151	317 567	63 776	2 595	406 783
2001	4 647	9 957	6 049	314 834	67 727	2 760	405 974
2002	6 096	10 554	5 874	315 488	72 507	2 630	413 149
2003	5 153	9 935	5 501	288 841	69 244	2 892	381 566

来源：Majeskie，1993；品种协会；National Pedigreed Livestock Council；Knoc，2001，and Knox，2004。

传统美国奶牛的杂交品种极少。奶牛不能杂交的主要原因是荷斯坦奶牛产奶量远远高于其他品种从而不能证明杂种的杂交优势。然而在近几年，奶牛生产者已重新对杂交品种产生兴趣。杂交品种增加的原因包括纯种生殖力的下降，针对牛奶的量的支付转为用脂肪和蛋白含量决定，牛奶生产者需要健康的奶牛。

很难决定美国奶牛杂交品种的百分率，但其数量在增加。低投入奶牛群的许多杂交奶牛没有进行 DHIA 测试。目前(2004)最受欢迎的杂交品种是娟姗-荷斯坦(图 17-13)和瑞士褐牛和荷斯坦牛杂交。

图 17-13 美国杂交奶牛的数量在增加，但很难确定其百分比。目前几所大学都在进行杂交品种的研究。其结果可能决定未来美国奶牛业杂交奶牛的发展程度。(Tony Seykora 博士提供，经允许使用)

有一个令人感兴趣的增长是引进来自欧洲的其他 4 个品种牛的精液以发展杂种:瑞典红、挪威红(总被称做是斯堪的纳维亚红)、诺曼底(法国)、Montbeliarde(法国)。这些品种已经被实施了许多年的很好的组织遗传改进计划和精选生产性能和合适的性状(包括繁殖力)。表 17-10 显示了对这些杂交奶牛和荷斯坦牛在 7 个加利福尼亚奶牛中的初步比较。杂交品种的生产性能平均优于荷斯坦奶牛。然而诺曼底-荷斯坦杂交奶牛可少产生 6%的复合脂肪,在哺乳期的起初的 305 d 仅有 5%的诺曼底-荷斯坦杂交奶牛被淘汰而荷斯坦牛有 22%被淘汰。

表 17-10 加利福尼亚 7 个奶牛场的杂交奶牛第一个泌乳期 150 d 和荷斯坦牛每天平均的产奶量

	荷斯坦奶牛	诺曼底-荷斯坦杂交	蒙贝利亚牛-荷斯坦杂交	斯堪的纳维亚红-荷斯坦杂交
奶牛数量	294	171	174	120
牛奶/lb	70	63	69	73
脂肪/lb	2.4	2.2	2.5	2.6
蛋白质/lb	2.1	2.0	2.1	2.2
荷斯坦奶牛的复合脂肪/%		−6	2	7
初产牛的死胎率/%	10	7	5	5

明尼苏达大学 B. J. Heins,L. B. Hansen 和 A. J. Seykora 做了上表所示的分析。

目前几所大学都在进行杂交品种的研究。其结果可能决定未来美国奶牛业发展杂交奶牛的程度。

奶牛繁殖管理

第 11 章专门讨论了繁殖生理。读者已经在那了解了公母牛繁殖解剖学、生理学和功能原理。第 12 章专门讨论了泌乳。同样地,读者了解了泌乳的功能,也应知道繁殖性能和其他因素密切相关,特别是营养和管理水平。

在奶牛生产中繁殖问题特别复杂。不育和推迟繁殖每年给奶牛业造成上亿美元的损失。奶牛必须产犊方可生产牛奶。另外,因为随着时间推移牛奶产量会下降,所以人们期望奶牛相对频繁的产犊以开始新的产奶周期。需要频繁产犊的另外一个原因是群体中女儿需要成为后备母畜。它们的遗传性能应该优于其祖先,被用来代替它们的母畜并在指定的年限淘汰。奶牛生产的现实的目标是产犊的间隔为 13 个月。因为影响一头奶牛的繁殖性能的因素的数量是一个具有挑战性的目标。一头奶牛必须在产犊后 115 d 内怀孕,否则 13 个月的产犊间隔不能被保持。奶牛必须从产犊恢复,又开始它的发情周期和怀孕,它必须经历这些过程,而且繁育高于年平均产奶量的牛奶,这些都依赖于优秀的管理。

营养是决定奶牛群繁殖效率的关键性因素之一。奶牛产犊后第一周通常会体重减轻同时由于食欲不好而不能吃足够的饲料以增加产量和在早期哺乳阶段保持体重。因此奶牛这时分解自身贮存的能量,所以体重降低。这可能产生一个问题,因为奶牛必须保持某种状况以开始准备发情周期和怀孕。因此优质的营养是产奶量最大化和提高繁殖性能所必需的。

自从美国大多数的奶牛开始采用人工授精以来，发情检测是成功的繁育计划所面临的挑战之一。**试情公牛**的使用或者荷尔蒙处理淘汰奶牛以帮助奶牛发情。熟悉发情奶牛身体和行为的特征很有必要。记住奶牛 19～21 d 的周期中表现出发情的特征仅 12～18 h，那提供了检测发情的一个很窄的范围。逐渐地，奶牛生产者通过它更有预见性地用荷尔蒙计划帮助控制和检测发情。用于发情检测的一种发情检测的电子辅助设备如"发情监测"正在增加(图 17-14)。后备小母牛必须管理以便它们在 2 岁时能够交配。为了做到这些，它们必须在 15 个月交配至少达到成年体重的 65%。奶牛每年更新。不同品种的怀孕范围从 280～283 d 不等。

试情公牛
那些被阻止自然交配的公牛。

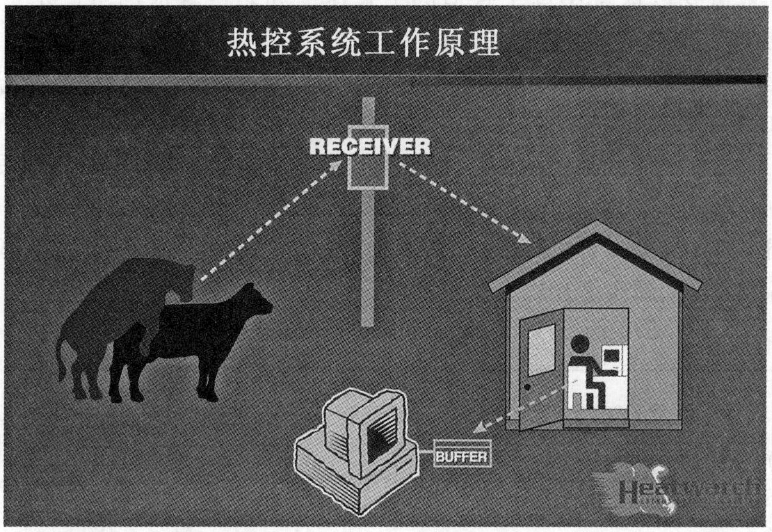

图 17-14 确定奶牛发情的发情监测体系是一项计算机辅助的系统。(DDx,Inc. 提供)

疾病直接影响繁殖效率包括布氏杆菌病(牛传染性流产)、弯曲杆菌病、钩端螺旋体病、牛传染性鼻气管炎/牛病毒性腹泻、滴虫病。通过发展完善的牛群健康计划控制这些和其他疾病。此外，人工授精的使用，减少了公牛传染疾病的几率，使奶牛的疾病管理更为容易。

管理奶牛群的繁殖事项也需做好记录。已有好多项目在这方面帮助生产者。人工和计算机项目都有。大多工厂和人都在使用它。自从管理实践和标准不同国家情况不同，奶牛育种者被鼓励联系它们当地的延伸服务或它们州的专家以帮助建立一项为它们地区地持续计划。DHIA 记录是一种被许多奶牛生产者使用来管理他们育种计划的工具。

奶牛营养

目前奶牛的遗传潜力源于营养信息和饲养模式落后。这是因为缺少有成本效益的奶牛饲养时机，使人遗憾的是因为饲料成本占奶牛饲养成本的 45%～65%。在奶牛收益性方面饲料是唯一最重要的因素。

奶牛是反刍动物。它们可以利用饲草和粗饲料生产对人类有用的产品。奶牛的营养和饲料与肉牛相似。大多数产品生产围绕饲草的最大利用和饲料基础。奶牛生产需要高质量的饲草,并在很大程度上依赖精饲料和适当补充一些草料。第5,6,7章给出了详细的有关营养、饲料和饲养的信息。读者可以参阅这些章节对营养信息有一般的认识,此处不再赘述。

对奶牛营养的管理非常依赖于所饲养奶牛的种类。不同种类的奶牛用不同数量的谷物和其他补充料通过补充散失的营养以扩大牧草利用。非常年轻的奶牛在生产中需要最大数量的能量饲料补充料。微量元素在饲养生长母畜上非常重要,包括食盐、钙和磷。其他微量元素缺乏发生在不同的国家不同的地理区域。蛋白和能量通常被需要以保持小母牛合适的生长速度和奶牛合适的生产水平。补充饲草的目的是以某种方式使饲草的利用最大化。

母牛产的犊牛饲喂商业牛奶替代品或者奶牛场其他牛的牛奶。在某些奶牛场,使用了抗生素的奶牛其初乳和牛奶被丢弃,否则已污染的牛奶会被使用。犊牛转而饲用干燥的精料和饲草以降低生产后备母牛的成本。虽然体系可提供自由选择的流体日粮,犊牛通常还是两天喂一次流体饲料。数日龄的犊牛被提供干饲料(表17-11)。当它们对干饲料的消费能力足够强时就被断乳。它们转而被饲喂干饲料以降低流体饲料的高额成本和减少劳动以及饲养需要。

表 17-11 犊牛开食料实例

	谷物开食料[1]		
	1	2	3
成分(风干基础)			
玉米(破碎或粗玉米)/%	50	30	
带穗玉米/%			50
燕麦(碾碎或挤压)/%	22	18	
大麦(碾碎或粗的)/%		20	21
小麦麸/%		8	
豆粕/%	20	16	21
糖蜜/%	5	5	5
磷酸氢钙/%	0.5	0.5	0.5
碳酸钙/%	1.5	1.5	1.5
微量元素盐和维生素/%	1	1	1
组成(干物质基础)			
粗蛋白/%	18.1	18.0	18.4
TDN/%	80.0	78.8	78.0
ADF/%	7.0	6.9	9.1
钙/%	0.80	0.80	0.82
磷/%	0.48	0.56	0.47
维生素 A/(IU/lb)	1 000	1 000	1 000
维生素 D/(IU/lb)	150	150	150
维生素 E/(IU/lb)	11	11	11

续表 17-11

	配合料开食物料		
	1	2	3
成分(风干基础)			
玉米(破碎或粗玉米)/%	40	25	30
带穗玉米/%	14.5	8	18
甜菜渣/%		25	25
苜蓿干草/%		10	
玉米棒/%	15		
豆粕/%	23	18	20
糖蜜/%	5	5	5
乳清粉/%		7	
磷酸氢钙/%	0.5	0.5	0.5
碳酸钙/%	1	0.5	0.5
微量元素盐和维生素/%	1	1	1
组成(干物质基础)			
粗蛋白/%	18.3	18.0	18.2
总可消化养分/%	75.5	78.0	79.4
酸性洗涤纤维/%	13.3	15.8	14.2
钙/%	13.3	15.8	14.2
磷/%	0.45	0.44	0.43
维生素 A/(IU/lb)	1 000	1 000	1 000
维生素 D/(IU/lb)	150	150	150
维生素 E/(IU/lb)	11	11	11

来源:Linn et al.,1988。
1.谷物开食料中干草可随意选择。

小母牛育成计划逐渐依赖于饲草利用的最大化,随着成长其可以更有的效利用饲草。因为后备母牛在理想状态下,应该在 24 个月时进入奶牛群,营养的程度必须有利于它们以合适的速度生长。然而,必须在动物不同年龄、体重和季节阶段发展不同的计划。能量和/或蛋白补充料通常是必要的。高质量的饲草也需要以保持动物获得足够的快速生长并在 2 岁时进入泌乳期。表 17-12 显示了一些后备母牛的日粮实例。1 岁后,可喂给小母牛优质的饲草和微量元素补充料直到分娩之前。表 17-13 显示了不同年龄母牛的适宜的体重。

表 17-12 不同体重的青年母牛日粮组成实例

体重	增重率	日粮/饲喂量 lb
400 lb	1.7 lb/d	苜蓿干草 8.5 lb,粗蛋白 20%
		谷物混合物 3.0 lb(粗蛋白 12.0%)
		百分率
		粗大麦 71.0
		燕麦 23.0
		糖蜜 5.0
		微量矿物质盐 0.5
		磷酸氢钙 0.4
		维生素预混料 0.1
700 lb	1.7 lb/d	苜蓿干草 18.0 lb,粗蛋白 20%
		谷物混合物 2.0 lb
		百分率
		粗玉米 95.3
		微量矿物质盐 1.5
		磷酸氢钙 3.0
		维生素预混料 0.2
1 000 lb	1.7 lb/d	苜蓿干草 13.0 lb,粗蛋白 16%
		青贮玉米 35.0 lb
		微量元素维生素补充料 0.5 lb
		百分率
		豆粕 80.0
		微量矿物质盐 12.0
		磷酸氢钙 6.0
		维生素预混料 2.0

来源:Linn et al.,1988。

表 17-13 青年母牛理想的体重 lb

月龄	瑞士褐牛或荷斯坦牛	爱尔夏牛,短角牛或更赛牛	娟姗牛
出生	90～100	65～75	55～60
1	120	90～100	70～80
2	170	135～145	110～120
4	270	225～235	190～200
6	370	315～325	270～280
12	670～700	585～600	510～520
15[1]	800～875	720～750	630～650
18	970～1 000	850～875	750～775
22	1 150～1 200	1 025～1 075	900～950

来源:Linn et al.,1988。

1.后备母牛品种在这个体重范围内。青年母牛的体重应该是它们的成年母牛体重的 60%。适当饲养情况下,青年母牛应该达到这些体重并拥有好的骨骼生长在 14～16 个月。

奶牛通常依赖饲养奶牛 2 个体系中的一个。奶牛可以被允许在高质量的牧场放牧然后在挤奶室于不同时间补充一定比例的精料。这是美国传统的奶牛饲养方式，现在仍旧被一些小奶牛场沿用。逐渐地奶牛被饲养用饲养场体系。奶牛被放在封闭的设施里，通常包括畜棚或移动棚和小块地，经常混合，喂它们料和水。奶牛常以生产水平分组并喂以完全的、混合比例（总混合比例或总混合日粮）的饲料。通过这种办法，奶牛用更少的营养在采食它们的饲料和把更多的转化为牛奶。用这种体系也可以减少饲料的浪费。饲草是比例的基础；然而饲喂前它和能量、蛋白质、矿物质和维生素成比例混合。因此，奶牛吃的每一口都是它需要的平衡的饲料。在这种体系中，奶牛不在挤奶室饲喂。大多数奶牛的日粮与利用最低成本的日粮有关。表 17-14 显示了奶牛完全混合日粮的一个例子（图 17-15）。干乳期奶牛需要与泌乳期奶牛有不同的饲养计划。表 17-15 显示了干乳期奶牛日粮的一个例子。

表 17-14　不同奶牛生产阶段[1] 日粮配比举例

项　目	阶段 1	阶段 2	阶段 3
牛奶/(lb/d)	90	80	50
干物质采食量/(lb/d)[2]	49	51	38
日粮 1		**日饲喂量/lb**	
苜蓿干草(88%干物质)，20%粗蛋白	28	34	27
玉米-燕麦[3]	21	24	16
SMB-44%	5.0		
磷酸氢钙-磷 18%	0.5	0.45	0.30
盐，维生素，微量元素	0.30	0.25	0.25
体重变化	−1.5	—	+0.5
日粮 2(青贮玉米限饲)			
苜蓿干草，粗蛋白 20%	19	34	23
青贮玉米(干物质 35%)	25	25	25
SMB-44%	7.5	0.3	—
磷酸氢钙-磷 18%	0.45	0.50	0.3
盐，维生素，微量元素	0.30	0.25	0.25
体重变化	−1.2	—	+0.5
日粮 3(干草限饲)[4]			
苜蓿干草，粗蛋白 16%	10	10	10
青贮玉米	41	70	57
玉米-燕麦	16	11	6
SMB-44%	11.5	8.2	4.5
磷酸氢钙-磷 18%	0.40	0.30	0.25
碳酸钙	0.10	0.30	0.15
盐，维生素，微量元素	0.30	0.25	0.25
体重变化	−0.4	+0.7	+0.5

续表 17-14

项　目	阶段 1	阶段 2	阶段 3
日粮 4			
苜蓿干草，粗蛋白 16%	23	32	24
玉米-燕麦	22	22	19
SMB-44%	8.5	3.5	1.1
磷酸氢钙-磷 18%	0.45	0.40	0.25
碳酸钙	0.20		
盐，维生素，微量元素	0.30	0.25	0.25
体重变化	−1.9	—	+0.5

来源：Linn et al.，1988。

1. 1 350 lb 奶牛，3.8%脂肪测试。

2. 估计各阶段的平均采食量。

3. 85%玉米-15%燕麦混合。

4. 阶段 2 和阶段 3 限制饲料数量并避免过度湿调。

表 17-15 干乳期奶牛[1] 以饲草为基础的饲料配比(lb/d)

饲草	
果园干草——蛋白 12%	25.0
玉米	3.0
豆粕	0.5
碳酸钙	0.15
微量元素盐和维生素	0.1
豆科饲草限饲[2]	
苜蓿干草——蛋白 20%	12.0
青贮玉米	43.0
磷酸钠	0.1
微量元素盐和维生素	0.1
玉米青贮料限饲	
苜蓿干草——蛋白 16%	21
青贮玉米	20
磷酸氢钙	0.1
微量元素盐和维生素	0.1

来源：Linn et al.，1988。

1. 1 400 lb 干乳牛。

2. 配比超过计算的能量含量在某些情况下过度调湿处理。

图 17-15 像这种完全混合日粮适用于饲养场体系。这些日粮可提供平衡的营养。

下面清单显示了总混合日粮体系的优缺点。奶牛应该以生产水平分组并很好的利用全价日粮体系。

优点：

1. 不用进行室内谷物饲喂。
   a. 降低了棚舍建筑和饲喂设备的成本。
   b. 减少了挤奶室的粉尘和脏乱。
   c. 减少挤奶的时间浪费。
   d. 奶牛在挤奶室的时间缩短并且每工时可以挤更多的奶牛。
   e. 挤奶过程中奶牛更安静和卫生。
2. 奶牛生产者对饲养计划有更多的调控。
   a. 可不受限制地喂给高产奶牛精料而不过多饲喂低产奶牛。
   b. 青贮趋于掩盖味道和饲料成分的粉尘，这允许更经济的但更少美味的饲料在日粮中的使用。
   c. 奶牛每天吃更多的次数。饲料采食量更多，营养元素利用更好，特别是尿素。
   d. 更少的奶牛会消化不良和食欲废绝。
3. 饲喂整群牛需要更少的劳动。
   a. 用于饲喂泌乳期奶牛的设备和日粮可用于饲喂干乳期、后备母牛和2个月以上的犊牛。
4. 奶牛舍饲和饲养设备更少。
   a. 饲槽更简单不需要运送装置或螺丝钻。
   b. 饲槽占的空间更小，每头奶牛 8 ft。
   c. 随意数量的畜栏可减少到每3头奶牛2个畜栏。

缺点：

5. 需要特殊的设备。
   a. 设备必须有完全搅拌配料的能力。
   b. 搅拌器最好是活动的，必须有准确称取每种成分重量的能力。
   c. 一旦成分被搅拌，应避免分离；这将发生在传输的某一阶段。
   d. 必须有较多的栅栏以使奶牛进入挤奶室。
6. 奶牛应该以生产水平分组。
   a. 如果不分组，泌乳晚的奶牛趋于太肥。
   b. 干乳期奶牛必须从泌乳奶牛群中移除。
   c. 分组的奶牛更难存在于小群中。

通常被用于奶牛生产的饲草包括豆科植物如苜蓿或胡枝子、小谷物如燕麦、大麦、玉米或高粱以及各种草类。这些牧草可以被奶牛收获（放牧）、机械化收获、和立即饲喂（经常称作"青饲料作物"），或者收获贮存为干草和窖藏半干草饲料。经常用谷物和副产品是玉米、高粱、小谷物、大豆粕和棉籽粕。许多副产品饲料可以喂奶牛。这些副产品饲料趋于在生产地当地使用。例子包括啤酒制造谷物、蒸馏谷物、甜菜浆、柑橘类的植物和许多其他植物。

群体健康计划

群体健康

一个全面的，针对畜禽健康的管理实施计划。

在奶牛生产中，**群体健康**是一种管理工具，其概念包括管理、营养调控、药物预防和环境控制（图 17-16）。奶牛生产药物包括群体健康，但奶牛生产力和经济效益因素也提高生产性能。在奶牛地区，兽医普遍提供这两者。群体健康计划已

图 17-16 后备母牛通常被饲养在小栏圈内直到断乳，这样可以保证疾病传播的可能性最小。

被证明对奶牛生产者是非常有价值的工具。群体健康的理论和实践不同地区有所不同；然而总的原理非常相似，包括(1)防重于治；(2)制定健康有关的程序和规则；(3)合理的记录和记录用在群体管理决策上。群体健康计划包括以下几方面：

繁殖健康 这包括个体健康和每头牛的繁殖记录。良好的记录可被以非常简单的方式或是非常复杂的计算机程序方式保存。重要的是它们能被保存和使用。进行例行的考核以帮助解决地方问题。对有问题的奶牛的频繁检查是必要的。

乳房炎控制 检查挤奶程序和挤奶机器的功能。用诊断工具比如体细胞计数、加利福尼亚乳房炎测试和细菌培养作为控制乳房炎的方法。

营养咨询 营养平衡日粮有助于预防代谢性疾病和促进适度的牛奶生产。兽医、饲料经销商、营养师、县代理商和生产者可能会基于饲料提供营养分析的建议。

后备健康管理 这项计划考核包括血液和粪样决定哪种病菌和寄生虫控制措施是必要的，以尽可能生产最好的后备动物。后备母畜的营养和管理计划在提高合适的使用年限上很重要。

总的管理咨询 可从包括延伸服务、私人咨询和刚才讨论的兽医提供的服务几个方面提供咨询。兽医是很好的信息来源，因为他或她是饲养场定期的访问者并会提供其他服务。农场进行DHIA测试，DHIA记录将成为整合信息的地方。

牛生长激素(BST)

这部分是这章独立的一部分因为其题目针对奶牛业而言具有独特性。然而其含义大而有生物和社会意义，处理所有的农业，医药和真正地发生在地球上的任何生物。

牛生长激素(Bovine somatotropin，BST)是牛位于大脑基部的内分泌腺脑下垂体自然产生的一种荷尔蒙。自从20世纪30年代其影响已被知晓。每个物种产生它独特的荷尔蒙。牛生长激素在体内完成几件事情，包括调节幼龄动物的生长。在奶牛上注射牛生长激素可增加牛奶产量，其本身则是震惊性的新闻。重组DNA技术使大规模生产牛生长激素成为可能并使生长激素显得独特。然而，像其他用于动物上的产品一样，生长激素需要政府的批准。在此列举牛生长激素的重要性。在美国牛生长激素是第一个被批准使用的此类产品。如此，但此进程是艰难痛苦的。围绕牛生长激素的批准有大量的争论，它的批准实现了生物技术产业雏形的里程碑。消费者组织给予了很多关注。理解几个已经批准的消费者组织和医药组织签署了牛生长激素的使用很重要。在美国批准之前它已经在欧洲和墨西哥使用了好几年。商业牛生长激素于1993年获得批准并于1994年投入使用。大约30%的美国奶牛群使用它。实际群养记录表明生产者使用正在实现

牛生长激素
产生于母牛垂体的一种激素，可以使大多数母牛增加泌乳量。

从每头每日 5～15 lb 牛奶产量的增加。个体奶牛总的牛奶产量的增加为 10%～15%。

最后，牛生长激素的使用对大多数消费者来说成了无可厚非的事情。生长激素处理过的牛奶对人类消费是安全的对人类健康没有副作用。也许最后才被弄明白。牛生长激素的使用是安全的主要有 3 方面原因：第一，牛生长激素是一种仅在奶牛上有活性的种内特异性的蛋白；第二，超过 90%的牛生长激素在巴氏消毒时已被破坏；第三，牛奶中的任何牛生长激素在人的消化系统可以像其他蛋白一样被消化。牛生长激素处理过的奶牛其奶中胰岛素样生长因子-1 稍微有所提高。这不被关注的原因在于以下 3 方面：第一，这些水平没有超过奶牛的正常水平范围；第二，人类牛奶中有高水平的胰岛素样生长因子-1，但没有导致任何问题；第三，胰岛素样生长因子-1 被人类摄取和在消化系统消化没有生物活性仅仅是牛生长激素。多数研究已证实牛生长激素对人没有影响。

波希莱克牌

Monsanto 公司经批准上市的牛生长激素的商标。

波希莱克牌（消毒的牛蛋氨生长素锌悬液）是蒙桑托公司的批准号，商业用牛生长激素的注册商标名称。这类产品的类属名称是重组 DNA 分离蛋氨酰牛生长激素。牛生长激素从分娩后 9 周开始注射，每 14 d 一次。注射部位在肩胛骨后的区域（肩后部）或者坐骨直肠窝（动物尾基部的任何一侧凹陷处）。牛生长激素必须注射因为它是一种蛋白，如果口服会被消化。荷尔蒙像雌激素和孕酮（生长控制药丸）小并能被肠道完整地吸收。

牛奶对人类的营养价值

一杯全脂牛奶能为日推荐饮食热量为 2 200 cal 的 25～50 岁女性提供如下的营养成分：

蛋白	16%
磷	29%
钙	36%
锌	8%
核黄素	30%
硫胺素	9%
维生素 B_{12}	44%
热量	10%

牛奶是非常营养的食物。新近的食物模式已表明消费者降低了他们对全脂牛奶的消费而热衷于低脂牛奶。消费低脂牛奶的改变实质上其区别仅是上列清单中热量百分率的改变，它随着脂肪在产品中数量的下降而下降，提高了营养浓度。

钙在日常饮食中非常重要，牛奶可提供充足的钙。全脂牛奶和无脂牛奶的全价营养分析见表 17-16。

表 17-16 牛奶营养含量

营养素	单位	牛奶,液态,3.25%乳脂 NBD No:01077	牛奶,无脂,液态,添加维生素 A(脱脂或撇脂) NBD No:01085
		1 杯=244.000 g	
近似分析			
水分	g	214.696	222.46
能量	kcal	149.916	85.534
能量	kJ	627.08	357.7
蛋白质	g	8.028	8.354
总脂(脂肪)	g	8.15	0.441
碳水化合物,有差异	g	11.37	11.883
纤维,总膳食	g	0	0
灰分	g	1.757	1.862
矿物质			
钙(Ca)	mg	291.336	302.33
铁(Fe)	mg	0.122	0.098
镁(Mg)	mg	32.794	27.832
磷(P)	mg	227.896	247.205
钾(K)	mg	369.66	405.72
钠(Na)	mg	119.56	126.175
锌(Zn)	mg	0.927	0.98
铜(Cu)	mg	0.024	0.027
锰(Mn)	mg	0.01	0.001
硒(Se)	μg	4.88	5.145
维生素			
维生素 C(抗坏血酸)	mg	2.294	2.401
硫胺素	mg	0.093	0.088
核黄素	mg	0.395	0.343
烟酸	mg	0.205	0.216
泛酸	mg	0.766	0.806
维生素 B_6	mg	0.102	0.098
叶酸	μg	12.2	12.74
维生素 B_{12}	μg	0.871	0.926
维生素 A	IU	307.44	499.8
维生素 A,RE	μg RE	75.64	149.45
维生素 E	mg ATE	0.244	0.098
脂肪			
脂肪酸(饱和的)	g	5.037	0.287
4:00	g	0.264	0.022
6:00	g	0.156	0.002
8:00	g	0.09	0.005
10:00	g	0.205	0.01
12:00	g	0.229	0.007
14:00	g	0.82	0.042

续表 17-16

营养素	单位	牛奶，液态，3.25%乳脂 NBD No:01077	牛奶，无脂，液态，添加维生素 A(脱脂或撇脂) NBD No:01085
		1 杯＝244.000g	
脂肪酸(单不饱和的)	g	2.355	0.115
16:01	g	0.183	0.017
18:01	g	2.05	0.093
20:01	g	0	0
22:01	g	0	0
脂肪酸(多不饱和的)	g	0.303	0.017
18:02	g	0.183	0.012
18:03	g	0.12	0.005
18:04	g	0	0
20:04	g	0	0
20:05	g	0	0
20:06	g	0	0
胆固醇	mg	33.184	4.41
植物甾醇类	mg	0	
氨基酸			
色氨酸	g	0.112	0.118
苏氨酸	g	0.364	0.377
异亮氨酸	g	0.486	0.505
亮氨酸	g	0.786	0.818
赖氨酸	g	0.637	0.662
蛋氨酸	g	0.203	0.211
胱氨酸	g	0.073	0.078
苯丙氨酸	g	0.388	0.404
酪氨酸	g	0.388	0.404
缬氨酸	g	0.537	0.559
精氨酸	g	0.29	0.301
组氨酸	g	0.217	0.225
丙氨酸	g	0.276	0.289
天氡氨酸	g	0.61	0.635
谷氨酸	g	1.681	1.749
甘氨酸	g	0.171	0.176
脯氨酸	g	0.778	0.809
丝氨酸	g	0.437	0.453

来源：USDA Nutrient Database for Standard Reference，Release 12，March 1998。

奶牛业的发展趋势及未来影响奶牛业的因素

奶牛业是动态的产业。有几个因素决定其发展方向。以下的讨论不能一应俱全，但讨论了一些重要的话题和因素。

调整

趋势

大约自从1950年奶牛业进行了调整。产品转换更大型厂家的生产，总的奶牛数量下降，奶牛生产者的数量也正在下降(见图17-6，图17-7和图17-10)。对奶牛采用新技术将延续经济的适度规模。这是在农业中的全面的趋势并可能延续。更大的饲养场能更好地利用机器、设备和管理因为他们能更容易获得经济规模。技术革新持续增加每头奶牛的牛奶生产量并将促进这种趋势。产品将持续转化到西部(见图17-9)。随着规模的增大和数量的减少奶牛农场将逐渐变得更专业化。更少的农场主提高他们的饲料；他们将购买全部或部分。更多的农场主将依赖专业化的犊牛和后备母牛饲养。随着配套设施减少在劳动需要中封闭式奶牛场饲养和自动控制将持续。

在美国主要农业企业中制酪业是最不集中的。然而在某些地区奶牛生产者在逐渐集中是一个正在增长的趋势。2003年在美国大约71%的县生产了市场上50%的牛奶。不可否认的是这些县在几个州，但不相对集中。这在西部特别明显。

管理和劳动

制酪业将需要增加知识型管理人员和高质量的劳动，特别是随着奶牛场平均规模的增加和技术革新变得日益复杂化。

家庭农场

大多数奶牛农场是家族企业。这将更可能持续。然而更多的家庭农场将变成合法的合伙企业或公司。大的合伙的商业奶牛场在增加但他们不可能很快成为行业的主导。

技术

从历史观点上说，奶牛生产者已经成为知识的进步的使用者。成本竞争将给这些采用和合适使用曾经增长的大批产品和技术革新的生产者以优势。期望的援助包括改进的疫苗、更好的诊断辅助、输精、通过重组DNA技术“设计的胚胎”、期待的药厂、更好的发情检测机械、控制繁殖的方法和泌乳曲线辅助器。生物技术革新最新近的例子是牛生长激素的介绍和增加。1975年Beecher Arlinda Ellen生产了55 661 lb牛奶创造了世界纪录。其纪录一直保持到1992年。从那时开始，其纪录被使用牛生长激素的牛打破数次。你认为如果不使用牛生长激素他们会打破艾伦的纪录吗？她的纪录可能和牛生长激素并存吗？

胚胎移植

从供体收集胚胎后移植到受体母畜代孕

胚胎移植的使用将继续帮助美国奶牛的遗传改良。然而那些改良将越来越有限，改良的实现通过公牛的出生作为胚胎移植的结果而不是女儿。其原因是公牛通常被证明将会扩大繁殖还是被淘汰。胚胎移植使来自良种奶牛的小公牛被测试。胚胎移植特别生产奶牛将逐渐不能有效，除非每头犊牛的成本实质性的下降。

遗传标记

用于鉴定染色体上特定等位基因的生化标记

遗传标记使我们选择下一代更为准确。在奶牛业中，这将帮助我们在还不知道性能和有效的后裔信息的情况下选择年轻的动物。挑选老龄的动物将没有价值，因为一旦女儿的生产被测试，遗传标记将不提供更多的额外信息。

国家动物鉴定体系

目前，一个新的国家动物鉴定体系似乎将会出台。虽然这个体系和它的潜在的效能已被讨论了许多年，但“9·11”事件之后才付诸行动。2003 年 12 月牛生长激素在美国本土的发现为该体系即刻出台提供了直接的推动力。美国农业部 2004 年宣布了国家动物鉴定体系计划并提供了启动资金。该体系的优势就像美国动植物检验署包括“疾病控制和根除、疾病监测、国外动物疾病的紧急反应、区域化、全球商业、畜牧产品效益、消费者对食物安全的关心和紧急管理项目”在内的兽医服务组织所表达的那样。

消费

牛奶消费包括液态牛奶、奶酪、冰激凌、酸奶、奶油和其他一系列产品。自从20世纪中期液态牛奶的消费开始下降（图17-17）。这种趋势可能注定会延续。

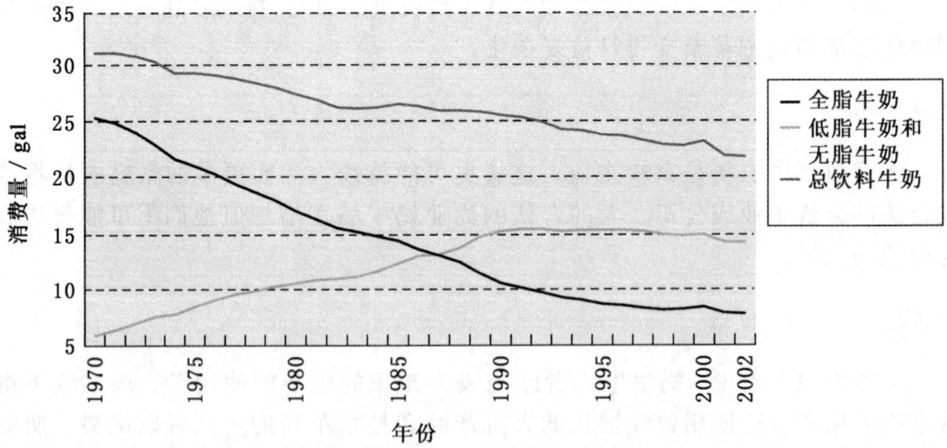

图 17-17 1970—2003 年全脂牛奶、低脂牛奶和总饮料牛奶的人均消费(gal)。（来源：USDA-ERS food consumption[per capital]data system.）http://www.ers.usda.gov/Data/FoodConsumption/datasystem.asp)

牛奶和其他饮料竞争消费者口袋的钱。牛奶的市场份额少于不含酒精的饮料、咖啡和啤酒。工业组织针对低的市场占有率提出了几个问题:(1)健康原因;(2)牛奶不是时尚/现代的饮品;(3)牛奶主要用于儿童;(4)牛奶通常与高脂肪食物相联系;(5)牛奶在室外的地方饮用不方便;(6)牛奶包装不是消费者喜欢的而且不适于携带;(7)牛奶不能提供其他饮料所具有的味觉上的选择;(8)变质的牛奶外表和颜色不好。然而,低脂牛奶却不像全脂液态奶那样遭受消费下降(图 17-17),奶酪消费(图 17-18)已急剧增加(主要因为我们吃太多的比萨)。因为牛奶产品的使用增加,人均牛奶等价物的消费也正在适度地增加。

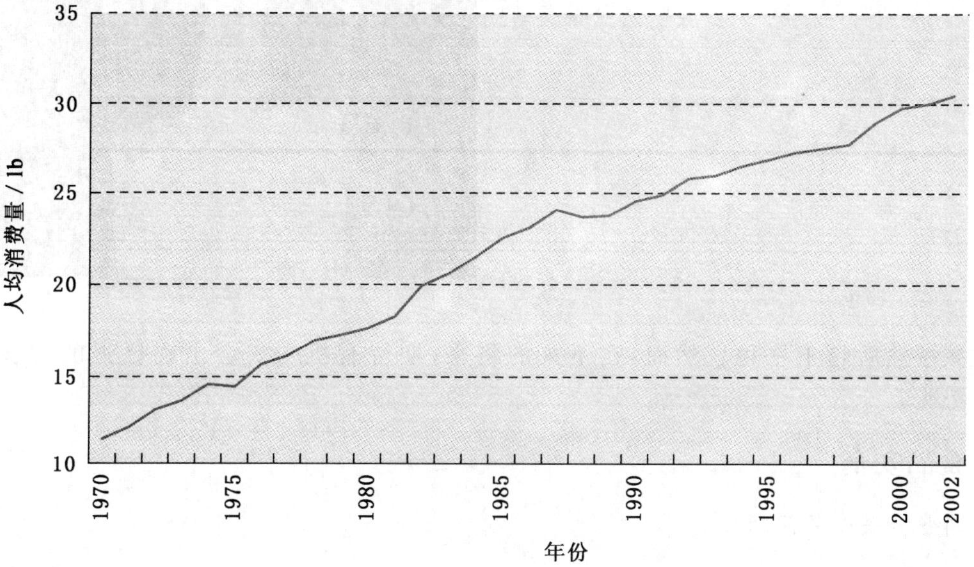

图 17-18 人均奶酪消费。(来源:USDA-ERS food consumption[per capital]data system.)http://www. ers. usda. gov/Data/FoodConsumption/datasystem. asp)

营养和健康意识

牛奶是营养丰富的优质食品(图 17-19)。然而,营养含量影响它的消费,这种影响正在持续。消费者消费习惯最引人瞩目的变化是已经减少全脂牛奶的购买而增加对低脂牛奶的购买。牛奶和其他奶牛产品的推荐包括在所有的主要保健组织。但牛奶在这点上面临挑战。无脂牛奶不像全脂牛奶那样美味。这个问题需要很快解决!允许增加非脂肪物质而给无脂牛奶提供改进口味和增加营养含量的固体物质。期待这成为一种渐增的趋势。

有机牛奶产品

有机牛奶是一个快速成长的有机市场的一个片段。在写这些时,有机牛奶和牛奶产品的份额不到 11%但正在以每年 20%的速度增长。其增长的速度可能会

图 17-19 牛奶是优质的食品。其营养价值长期以来拥有完美食品的盛誉。如果不是这样，牛奶早就被淘汰了！（Dairy of manapenent，In 提供，经允许使用）

减缓然后趋于平稳。然而，在不久的将来，期待有机牛奶会出现更强的增长势头。

食品安全

消费者关心的问题

美国供应的食物可能是世界上最安全的。奶牛产品有令人羡慕的安全纪录，但也不能保证完全安全，仍旧会存在风险。消费者通过消费习惯的改变对食品安全的关注也发生了改变。该产业，以及所有的食品产业，必须保持对消费者消费信心产生威胁的警惕。其中关注的话题的例子如霉菌毒素、自然发生的过敏原、化学残留、激素、各种饲料添加剂、抗生素和其他药物残留和食物传播的病原体。控制这些潜在的问题需要警惕生产部分、加工者和销售者环节，也需要消费者的合作。许多消费者关于食品供应问题的关心是没有根据的。然而，在最后的分析中，在谈到这些问题时感觉比现实更重要。在讨论的公众话题中化学残留被认为是最重要的焦点，但来自疾病预防和控制中心的数据表明病原微生物实际上是健康的最大的威胁。

食物传播的疾病是特别爆炸性的和情绪化的主题。由于容易腐烂的性质，牛奶需要高水平的加工。它是绝对安全的食品。然而公众的认知很容易被新闻引导。任何沙门氏菌、大肠杆菌或任何与牛奶有关的其他疾病的发作，像过去 10 年发生的许多公开的事件，销蚀了消费者的信心。对食品安全的关注必须始于牛奶生产者。然而新的与食品有关的疾病能被传到农场，农场主必须保持那种意识是很重要的。奶牛和牛奶的优质的、可靠的质量实践是生产安全牛奶的第一步。

牛生长激素不是一个安全隐患，公众似乎已经接受了它并在安全地使用。基于这种性质下一个有效的途径是测试是否公众将所有的生物技术工具认为是安全的而予以接受，或者只是把每一项生物技术都作为一个个的案例。

牛生长激素应该永远不要在美国奶牛业变成话题，因为牛奶不是疾病的一种传送形式。然而，在 2003 年 12 月，美国农业部宣布华盛顿州奶牛已经被测试了牛生长激素的积极作用。包括来源地和被影响的从加拿大进入美国的动物的测试更深一步的调查之后和被影响的动物接触的其他奶牛，已确定没有间接关系。2004 年 6 月 1 日，美国农业部进行了更深层次的牛生长激素的测试计划。这篇文章出版时，在美国没有其他动物测出了牛生长激素阳性的结果。最新的关于牛生长激素的资料，请访问网址 http://www.usda.gov/BSE/。

环境的关注

废物处理是逐渐增加的对奶牛场的忧虑。集中的动物饲养场被认为是地面和水面污染的一个重要的来源，因为其高水平的硝酸盐和磷、有害细菌和化肥中的盐。许多现代奶牛场属于这种饲养场（图 17-20）。美国环境保护组织 2002 年 12 月 15 日签署的一系列新的规章制度适合集中的动物饲养场。规则和解释可在以下网址找到 http://cfpub.epa.gov/npdes/afo/cafofinalrule.cfm 或在环境保护组织。

图 17-20 许多现代封闭式奶牛公司“散放”设备和一年中部分或全年现代半开放式饲养场。这些设备将在控制污染上经受压力。

许多分析家指出逐渐增强的关于废物处理的法律法规的实施将会增加产品成本。新的、低成本的、有效的动物废物处理办法应该有助于降低环境管理的附加成本。空气质量、土壤和水的供应对消费者来说都是一个重要的问题。

行业组织

American Dairy Science Association
1111'N. Dunlap Avenue, Savoy, IL 61874
Phone: (217)356–3182; fax (217)398–4119
http://www.adsa.org/
E-mail: adsa@assochq.org

Cattlemen's Beef Research and Promotion Board. Often referred to as Cattlemen's Beef Board or CBB, this organization approves the budget for beef checkoff money. Beef checkoff dollars are generated by a producer-approved program that assesses $1.00 per head for each cattle transaction to help market beef. They also certify Qualified State Beef Councils.

9110 East Nichols Avenue, Suite 303, Englewood, CO 80155–3316
Phone: (303)220–9890; fax (303)220–9280
http://www.beefboard.org/
E-mail: beefboard@beef.org

Dairy Management Inc.™ Dairy Management Inc. (DMI) is the domestic and international planning and management organization that works to increase demand for U.S.-produced dairy products abroad. DMI manages the American Dairy Association, the National Dairy Council, and the U.S. Dairy Export Council.

10255 West Higgins Road, Suite 900, Rosemont, IL 60018–5616
Phone: 1-800-853-2479
http://www.dairyinfo.com/

National DHIA
3021 E. Dublin Granville Rd., Suite 102, Columbus, OH 43231
Phone: (614)890–3630; fax(614)890–3667
http://www.dhia.org/
E-mail: dhia@compuserve.com

National Milk Producers Federation. The National Milk Producers Federation (NMPF), created in 1916, serves America's dairy farmers in a variety of ways. The NMPF deals with milk quality and standards, animal health and food safety issues, dairy product labeling and standards, and legislation affecting the dairy industry. The NMPF is a farm commodity organization representing most of the dairy marketing cooperatives serving this nation. The NMPF provides a forum through which dairy farmers and their cooperatives formulate policy on national issues that affect milk production and marketing. NMPF's contribution to this policy is aimed at improving the economic well-being of dairy farmers, thus assuring the nation's consumers an adequate supply of pure, wholesome milk and dairy products. The policies of the NMPF are determined by its members from across the nation. Therefore, the policy positions expressed by NMPF are the only nationwide expression of dairy farmers and their cooperatives on national public policy.

2101 Wilson Blvd., Suite 400, Arlington, VA 22201
Phone: (703)243–6111; fax (703)841–9328
http://www.nmpf.org/
E-mail: info@nmpf.org

概要和结论

奶牛业是分散在整个国家，因为通常在人口集中地、消费地生产牛奶收益最大。奶牛场是一个资源能被其他反刍动物利用的地方，同时牛奶是一种很有价值的产品，它值得对其高投入因为相应的其也可获得很高的回报。

像在其他农业生产区一样，奶牛业也正处于调整期。西部发展日益重要，规模逐渐扩大，技术在工业的发展中也变得更重要。由于奶牛业对美国农业和人类营养的重要性，需要给奶牛生产者更多的网络和信息。像奶牛群体改良协会组织能帮助提供信息给做管理决策。好的信息对奶牛生产者有利，但好的管理者需要充分利用这些信息。

群体健康是对奶牛生产者一个特别重要的管理工具。奶牛生产大量的产品。它们必须保持健康和以最经济的方式生产产品。实行一项群体健康计划会很有用。牛生长激素在国家奶牛群中是一段时间内的热门话题。然而牛生长激素是安全的，它的批准加工被认为比任何农业产品更复杂和严格。消费者已接受了牛奶食品经牛生长激素处理后是安全的，并且牛奶是对身体有利的优质的食品。

奶牛的数据

初生重	品种和性别而异；50～110 lb
成年体重	品种、性别和条件；母牛 900～1 600 lb；公牛 1 400～3 000 lb
断奶重	1～2 d 从奶牛处移开饲喂牛奶或牛奶替代品 4～8 周
品种年龄	14～19 个月(母牛)
正常出生季节	整年
妊娠期	280～283 d
发情期	19～21 d
发情周期	13～17 h
产犊间隔/月	11～15 个月(12 个月较好，13 个月更理想)
犊牛产量	70%～80%
各种性别名称	犊牛，小母牛，奶牛，公牛，肉牛
消化系统类型	反刍动物

习题

1. 美国奶牛场的收入占农业总收入的多少？以其他方式描述该产业的巨大。除了牛奶和其产品，奶牛还能提供哪些主要产品？

2. 美国奶牛业最初的目标是什么？它用的资源是什么？在利用农户自己种植的饲料中奶牛的作用是什么？

3. 学习美国奶牛历史的部分。分类历史元素按照(1)农场产品和牛奶的处理；(2)加工，制造和销售；(3)公共政策。从每项中选择 3 个元素你认为可以证实你的观点并最重要。

4. 奶牛业相对于其他动物产业更集中吗？为什么？

5. 美国主要的奶牛区在哪？包括在每个地区的州。最易被发现的奶牛区在哪？列举 10 个主要的奶牛州。奶牛业在农业企业中的历史地位？

6. 美国有多少奶牛？总数？每头奶牛的牛奶产品如何？

7. 描述国家合作奶牛发展协会(NCDHIP)的功能和价值。

8. 列举美国主要奶牛品种的名称。按其奶产量和受欢迎程度排序。美国纯种奶牛的百分比是多少？并解释。

9. 为什么繁殖问题是美国奶牛业的主要问题？营养在繁殖中起什么作用？奶牛群体改良协会(DHIA)的记录怎样被用于提高繁殖效率？

10. 为什么饲养是决定一个奶牛场获利与否的需要控制的最重要的变因？在奶牛饲养中为什么优质的饲草是如此重要？

11. 描述不同品种奶牛的饲料基础。

12. 描述完全混合日粮在奶牛饲料中的使用情况。其优点是什么？

13. 在一个的奶牛场中畜群健康计划很重要。畜群健康计划的目的是什么？畜群健康计划的要素是什么？

14. 描述牛生长激素在奶牛业中的作用。有效吗？安全吗？为什么？消费者对牛生长激素的使用有怎样的反应？

15. 描述牛奶营养对人类饮食的益处。牛奶可提供的最重要的营养是什么？看了营养报告之后，你感到牛奶作为提供其他营养素的重要营养源被人们忽略了吗？

16. 用一句话描述奶牛业的趋势？

17. 奶牛业怎样调整？

18. 奶牛场作为家庭农场发生了什么？

19. 描述牛奶消费的趋势。在饮料市场中牛奶的份额是什么？

20. 消费者以怎样的方式改变他们似乎与乳脂含量有关的牛奶消费习惯？

21. 食品安全怎样影响奶牛业？

22 牛生产主要的环境问题是什么？

参考文献

For the second and third editions, Dr. Tony Seykora, Professor, Animal Science, University of Minnesota reviewed this chapter. In addition, Dr. Seykora contributed new material to the chapter. The author gratefully acknowledges these contributions.

Aitchison, T. E. 1992. Dairy sire evaluations in the U.S.A. *The National Dairy Database (1992) Collection; Genetics Improvement.*

Bailey, K. 1997. Dairy industry needs to reach today's consumers. *Feedstuffs* 37:11.

Blakely, J., and D. J. Blade. 1994. *The science of animal husbandry*. 6th ed. Upper Saddle River, NJ: Prentice-Hall.

Blayney, D. P. 2004. Economic Research Service—USDA. Washington, DC. Personal communication.

Briggs, H. M., and D. M. Briggs. 1980. *Modern breeds of livestock*. 4th ed. New York: Macmillan Publishing Co.

Drache, H. M. 1996. *History of U.S. agriculture and its relevance to today*. Danville, IL: Interstate Publishers.

Eastwood, B. R. 1980. Your dairy herd breeding program. *The National Dairy Database (1992) Collection; Genetics Improvement.*

Ensminger, M. E. 1980. *Dairy cattle science.* 2nd ed. Danville, IL: Interstate Publishers.

Ensminger, M. E. 1991. *Animal science.* 9th ed. Danville, IL: Interstate Publishers.

FAO. 2004. *FAOSTAT statistics database: Agricultural production and production indices data.* http://apps.fao.org/.

Foley, R. C., D. L. Bath, F. N. Dickinson, and H. A. Tucker. 1972. *Dairy cattle: Principals, practices, problems, profits.* Philadelphia: Lea & Febiger.

Funk, D. 1992. Genetic technologies in the 1990s. *The National Dairy Database (1992) Collection; Genetics Improvement.*

Harlow, S. 2004. Dairy statistics 2004. Special insert to *The Western Dairyman* 89(5).

Knox, W. D., ed. 2001. Breed association activity during the past two years. *Hoard's Dairyman* 146(13): 492–493.

Knox, W. D., ed. 2004. Breed association activity during the last two years. *Hoard's Dairyman* 149(13): 475.

Linn, J. G., M. F. Hutjens, W. T. Howard, L. H. Kilmer, and D. E. Otterby. 1988. Feeding the dairy herd: Collection, feeding, and nutrition. *The National Dairy Database (1992) Collection; Genetics Improvement.*

Majeskie, J. L. 1993. Status of United States dairy cattle. *The National Dairy Database (1992) Collection; Dairy Herd Improvement.*

Milk facts 2000. Washington, DC: Milk Industry Foundation.

Murley, W. R., and G. M. Jones. 1985. Complete rations for dairy herds. *The National Dairy Database (1992) Collection; Feeding and Nutrition.* http://www.Inform. Umd.Edu/Edres/Topic/Agrenv/Ndd/Feeding.

Perez, A. M. 1994. *Changing structure of U.S. dairy farms.* Agricultural Economic Report No. 690. Washington, DC: USDA-ERS.

Taylor, R. E., and T. G. Field. 1998. *Scientific farm animal production; An introduction to animal science.* 6th ed. Upper Saddle River, NJ: Prentice-Hall.

USDA. 1997. *USDA nutrient database for standard reference.* Release 11-1. Nutrient Data Laboratory home page: http://www.nal.usda.gov/fnic/foodcomp.

USDA. 1998a. *Outlook for agricultural exports.* AES-19. August 1998. Washington, DC: USDA.

USDA. 1998b. *USDA nutrient database for standard reference.* Release 12. Nutrient Data Laboratory home page: http://www.nal.usda.gov/fnic/foodcomp.

USDA-ERS. 2003. *Livestock, dairy, and poultry outlook.* June 2003. Accessed online August 18, 2004. http://www.ers.usda.gov/Briefing/Dairy/.

USDA-ERS. 2004a. Characteristics and production costs of U.S. dairy operations. Statistical Bulletin Number 974-6. *Electronic Report from the Economic Research Service.* Accessed online August, 2004. http://www.ers.usda.gov/Publications/sb974-6/.

USDA-ERS. 2004b. *Farm income data.* Accessed online August 7, 2004. http://www.ers.usda.gov/Data/farmincome/finfidmu.htm.

USDA-NASS. 2001. *Dairy products annual summary*. April 2004. Washington, DC: National Agricultural Statistics Service, USDA.

USDA-NASS. 2004a. *Agricultural statistics data base*. Accessed online August 2004. http://www.nass.usda.gov:81/ipedb/.

USDA-NASS. 2004b. *Statistical highlights of U.S. agriculture 2002 & 2003*. Accessed online August 2004. http://www.usda.gov/nass/pubs/stathigh/content.htm.

USDA-NASS. 2004c. *USDA-NASS agricultural statistics 2004*. Accessed online August 2004. http://www.usda.gov/nass/pubs/agr04/acro04.htm.

Varner, M. 1993. A workable herd health program. *The National Dairy Database Collection; Herd and Animal Health*.

Voelker, D. E. 1978. The dairy cow as a protein producer. *The National Dairy Database (1992) Collection; Business Management*.

Waldner, D. 2004. Professor of animal science, Oklahoma State University, Stillwater, OK. Personal communication.

Weimer, M. R., and D. P. Blayney. 1994. *Landmarks in the U.S. dairy industry*. Agriculture Information Bulletin No. 694. Washington, DC: USDA-ERS.

第 18 章

家禽

学习目标

学完本章后,应该能够:

1. 可以描述家禽业在美国农业中的地位。
2. 描述家禽业不同阶段的目的和意义。
3. 简明说出美国家禽业的历史。
4. 描述家禽生产的阶段和结构。
5. 了解美国家禽业的地域分布情况。
6. 家禽遗传学的作用。
7. 美国家禽业的育种任务。
8. 描述家禽的主要育种目标。
9. 给出家禽种蛋生产的基础规划。
10. 说明不同家禽品种的饲养操作流程。
11. 给出群体健康管理的概念并给出关于鸡舍管理的一些细节。
12. 说出各种家禽产品的营养价值。
13. 讨论家禽业的发展趋势和影响家禽未来发展的因素。

关键术语

矮腿鸡	近交系	外来家禽
伴性杂交	近亲交配	网上平养
产蛋	经济规模	未受精
成熟鹅和淘汰鹅	就巢	物种
成熟鸭和淘汰鸭	就巢性	系间杂交
雏鸡	烤鸭	小鹅
雏禽	烤炙型肉鸭	小公鸡

垂直传播	颗粒	小母鸡
蛋鸡	框架	雄性动物
捣碎器	美国完美标准	血斑
孵化	母鸡	鸭子
孵化器	鸟类	野鸟
个体笼	品种	一般配合力
公鹅	品种	遗传力
公鸡	平胸类鸟	异系杂交
公鸡	禽舍材料	羽毛
合同饲养	缺点	育雏
烘烤器	肉鸡	育雏器
换羽	入孵	远交
基础群	三大州	杂种优势
家禽	数量性状	脏
家禽	死精蛋	照蛋
家系	特殊配合力	自闭式产蛋箱

家禽的科学分类

门:脊索动物门
亚门:脊椎动物亚门
纲:鸟纲
目:鸡形目
亚目:鸡形亚目
科:雉科;吐绶鸡科
种:原鸡(*Gallus*); 火鸡(*Meleagris*)
品种:家鸡(*do Mestca*);火鸡(*galiopavo*)

家禽业在美国农业中的地位

家禽
用于产蛋和产肉用途的驯养禽类,但这种定义比较灵活。

家禽包括几个物种的很多品种,包括现存的和已经灭绝的,但主要是指家鸡和火鸡,在一定程度上也包括鸭子和鹅。这个行业十分庞大,每年的总收入可以达到240亿美元。图18-1显示了家禽业的3个部分所占比例。肉鸡行业的比例是最大的,而且在逐年增加(图18-2),家禽业的税额超过了美国农业总税额的11.5%(图18-3),占动物总税额的23%(图18-4),而且家禽业仍在发展。如果用近几年的平均值来比较,家禽业是当今第二大动物产业。

美国有6个州每年仅肉鸡的毛收入就超过了10个亿,有4个州超过了5个亿。5种主要农产品中鸡蛋消费量在7个州最高,有5个州火鸡的消费量最高。

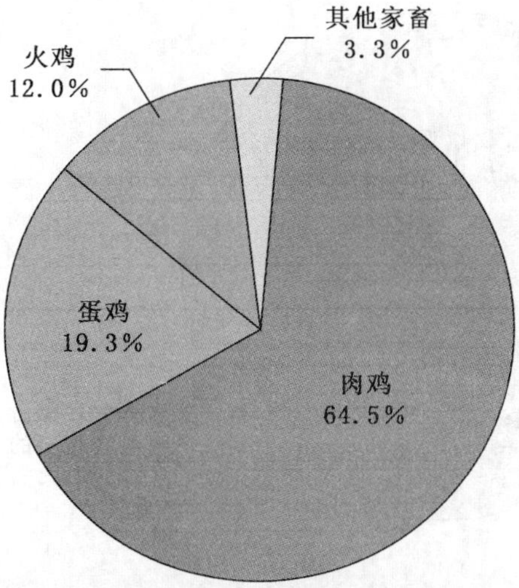

图 18-1 2000—2002 年家禽业各个部分所占的比例。(来源:USDA-ERS,2004)

图 18-2 肉鸡:作为家禽业最大的部分,自从1975 年以来肉鸡产品稳步增长。(Norm Thomas 摄,Photo Researchers,Inc. 提供)

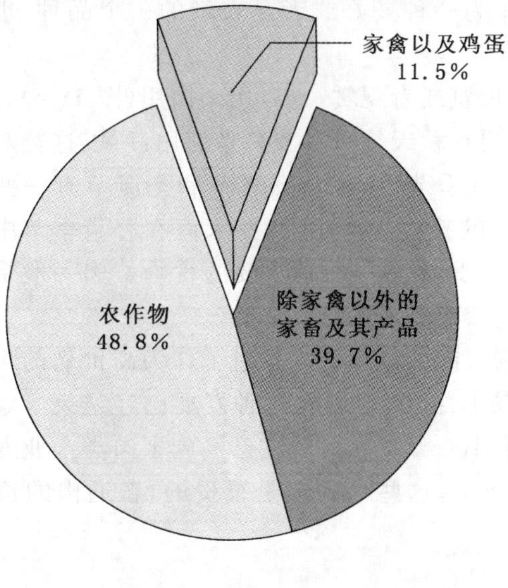

图 18-3 2000—2002 年禽和禽蛋收入在美国整个农业收入比重。(来源:USDA-ERS,2004)

图 18-4 2000—2002 年家禽和禽蛋收入占整个畜牧业收入的比例，包括肉鸡、蛋鸡、火鸡、鸭等。（来源：USDA-ERS，2004）

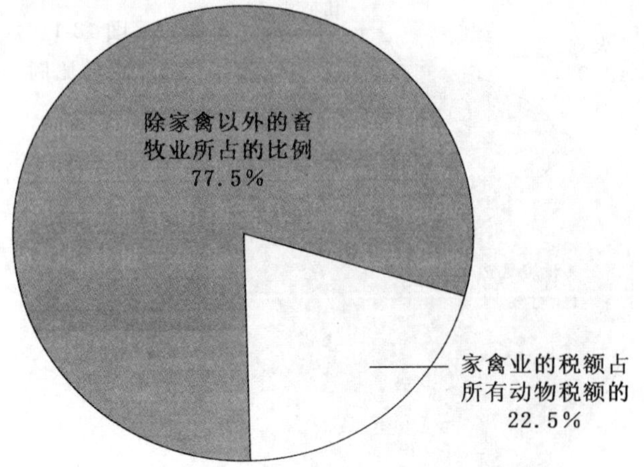

美国的鸡蛋产量大约占全世界总产量的 8%，鸡肉占 23%，但鸡的饲养量却只占全世界的 11.9%，美国是世界上最大的禽肉生产国。美国的鸡蛋生产量仅次于中国，火鸡的产肉量占世界总量的 48%，而且是世界上最大的火鸡生产国，而美国人口仅占世界人口的 4.7%。

美国家禽业正在稳步发展。肉鸡和火鸡业在综合技术、先进的动物育种技术、先进的营养标准、灵活的市场和产品的持续发展方面取得了迅猛的发展。跟其他的肉类产业相比，肉鸡作为低成本产业取得了革命性的创新。鸡肉既便利又好吃，所以从 20 世纪 70 年代以来，肉鸡产业成了动物产业的一个成功范例。鸡蛋是人们食物来源的重要方面，每只鸡大约可以提供给人类 250 个鸡蛋，其中 70%是作为去壳蛋直接消费掉，另外 30%是用来生产蛋糕、比萨、意大利面等。

在家禽业中，鸭是另一大行业（图 18-5）。鸭主要是用来吃肉。在美国每年大约有 2 500 万只鸭子被屠宰，生产 53 308 t 的鸭肉。大部分肉鸭的生产限制在一些商业鸭生产区的专门农场，但是一些农场养鸭是供家庭使用或者仅在当地销售。当然美国各地也在养鹅，但只是作为一种爱好或者是农场的一个品种，也有一些在市场上销售。

斗鸡

用于打猎用途的鸡，也指擅斗型的鸡。

观赏禽

用做欣赏用途的非本土或者非畜类的品种。

平胸类鸟

鸵鸟、鸸鹋、食火鸡和美洲鸵。

斗鸡或者别的**观赏禽**通常是用来展览或者观赏，也有用来肉用（图 18-6）。斗鸡用来表演或者打猎使用。由于猎鸡要在秋天狩猎季节打猎使用，所以这类鸡的饲养具有季节性。肉的生产也带有一点季节性，这与感恩节和圣诞节有一些关系，可能是因为这 2 个节日正好在传统的狩猎季节中，一些家庭在狩猎季节中有“野味餐”这个传统的活动，在早些时候，野味是一种很重要的食物。肉一般是供当地人消费或者特定人群，大部分供应旅店或者饭店。

在美国，**平胸类鸟**的产业是个刚刚兴起的行业。它经过了作为高价鸟的飞速发展，这种高价鸟的行业被看作是贸易业之父，但现在这种发展已经结束了。在这个发展过程中，每天销售额可以达到 100 万美元。现在已经到了肉类产业发展的阶段了，或者说这些鸟也有了新的地位。这些鸟的肉是很贵的，普通肉的价格

图 18-5 鸭是家禽业继肉鸡、蛋鸡和火鸡后又一产业。(Pearson Education Corporate Digital Archive 提供)

图 18-6 美丽优雅的天鹅属于家禽中的观赏品种。(Edmond Van Hoorick 摄,Getty Images;Inc. /Photo Disc,Inc. 提供)

不能和它相比,所以在市场上它是作为一种特别的肉产品。通常是在旅馆和饭店里消费,或者作为低脂肪高铁的健康肉类消费。这个肉类市场能否形成或者说这个行业能否持续发展主要看几个因素,最重要的一个因素可能就是确保有效过程、有效市场和有利于规划的实施。为了很好地讨论工业发展的步骤,读者可以看 Bradley 的一篇文章,这篇文章在最后的参考文献中提到了。

美国家禽业的目标

美国家禽业的最初目标就是为人类生产比较便宜的蛋白来源。这个行业消耗谷物和一些副产品，然后经济有效地生产出肉和蛋，这些产品是廉价高品质蛋白。家禽是单胃动物，只能利用有限数量的草料。事实上，除了鹅以外其他家禽很少吃草料。然而，各种陆栖畜禽的饲料转化率是不同的(图 18-7)。家禽可以使谷物升值而且能调和谷物的价格波动所带来的影响。建立谷物的第二市场可以保证人类对谷物的需求量。由于它们消化系统的类型，家禽需要高能量的饲料。但由于饲料成本比较高，就要通过减少劳动需求和市场流通时间来提高产品的有效性。

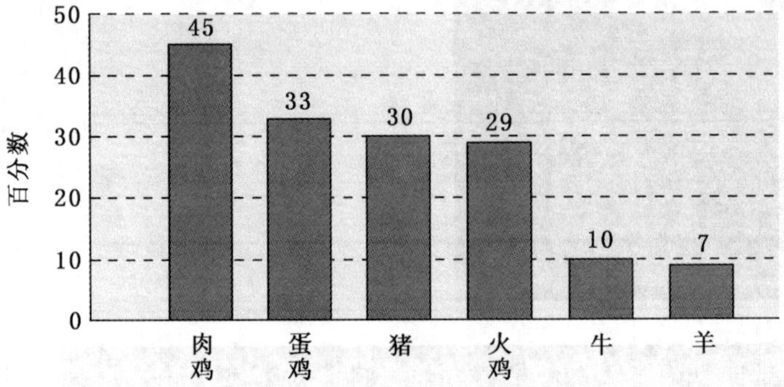

图 18-7 各种动物的饲料转化率。(来源：Compiled from several sources from the Proceedings of the 8th World Conference on Animal Production，Seoul，Ko rea，1998)

家禽对全世界来说都是很有用的，美国风格的生产设备正在世界各地使用。在一些比较贫穷的国家，人们仍然只是给家禽饲喂废物，它们可以自由活动，也可以随意采食草料，离开它们的料槽，去吃各种各样的昆虫和种子。从全球来看，鸡肉生产在 1999 年时已经超过了牛肉的生产量，但仍然低于猪肉的产量，猪肉是世界上最大的肉产业，但鸡肉产量已经达到了猪肉产量的 70%。禽肉生产量超过了世界总肉产量的 30%，加上蛋的生产总量，家禽所生产的高品质蛋白量大约是猪的 1.5 倍，牛的 2.5 倍。目前世界上有 170 亿只鸡，比任何一种哺乳动物的数量都多。现在世界人均占有鸡是 2.7 只，每平方英里有 325 只鸡。

另一个重要的组织也对家禽感兴趣，他们也参与进来，但他们的目标不是赚取商业利益。这些家禽爱好者对观赏型鸡和斗鸡感兴趣，他们组成了一个大的而且有奉献精神的组织。家禽饲养者从很多品种中选择那些耐粗饲而且容易饲养的品种来饲养，把饲养空间和饲养费用降到最低，所生产的家禽产品用作家用或者卖掉以补偿部分饲养成本，例如养鸽子。世界上有很多用作展览装饰的家禽品种，现在这些家禽有很多展示的机会。而且家里的小孩可以从中学到生物学知识和责任，学会怎样和这些动物相处，包括其他的动物。也有的人说要是没有那些爱好者，这些家禽品种很快会消失，因为它们在商业中没有地位。

另外，家禽还有其他的一些作用。种蛋可以为其他动物和人类来制造牛痘疫苗。鸡蛋可以制造药品，也可以用在颜料、装修、黏合剂和打印机的墨水中。摄影、书本的粘合、葡萄酒的净化、制革和纺织染色中也用到鸡蛋。鸡的羽毛可以用来做女式帽子、枕头、窗帘、床垫、鸡毛掸和绝缘物体。**雏鸡**是很重要的试验动物，因为相对于其他动物它对营养物质的缺乏更敏感，而且雏鸡便宜，容易利用。同时在同一时间中孵出大量的雏鸡，可以为试验提供准确性和重复性。

雏鸡
指1日龄到5、6周龄的小鸡或者小斗鸡。

历史回顾

驯养

家禽已有几千年的历史了，DNA检测最后证明家鸡的祖先是红色原鸡。红色原鸡起源于泰国，目前数量仍然很多，古老的英国斗鸡的外形和性情也跟红色原鸡很相近。赌胜负在当时很盛行而且也是驯养家鸡的最初动机。斗鸡成了古代文明的一种天然的消遣。在印度驯养鸡出现在3 400年前，而在埃及和中国驯养鸡出现在公元前1400年。在公元前大约1400年卢克斯特时期的圣经上画了一群鸡。公元700年前的钱币上也刻着公鸡。柏拉图曾经抱怨人们都在看斗鸡表演而不再有刻苦的追求，而目前全世界的人们还没有对斗鸡失去吸引力，仍然拥有最多的观众。

美国对鸡的早期利用

1493年哥伦布在第二次航海中按照对其他动物的选择方法把鸡带到了这个半球，后来又由詹姆斯敦殖民者引入到南美大陆。20世纪中期以前一直是小群体的饲养(图18-8)。鸡可以给家庭提供肉和蛋，而剩余的就卖了换成现金来买家庭用品，例如糖、面粉、咖啡等等。但在20世纪50年代随着农业结构的调整，这个行业开始衰退，农业人口开始下降。在1840年，美国对鸡群进行了第一次数量普查，这是跟踪这个行业的一种手段。1844年，孵卵器产生，但当时并没有能运用到商业中。直到1892年，当时需要长距离的运输一批雏鸡。这些小鸡从新泽西的Stockton运到伊利诺伊州的芝加哥，这件事就标志了商业孵化工业的开始。1918年美国邮局允许可以用船邮寄雏鸡，这又带来了商业孵化的另一次高峰。因为雏鸡可以被运到全国各地，所以人们就根据市场需求改变孵卵所的大小和育雏量。1923年艾拉发明了电加热孵化器，是这个行业中又一个重要的设备。在20世纪以前雏鸡都是由**母鸡**孵化的，但到了1960年，所有的雏鸡都由孵化器孵化，然后用船运到饲养者那里(图18-9)。

母鸡
达到性成熟的母鸡或火鸡。

图 18-8 20 世纪中期之前家庭的小群鸡饲养是很普遍的，主要是用来产蛋。鸡肉只有在特别的场合吃，还是一种奢侈的食物。(Arthur Rothstein 摄，USDA 提供)

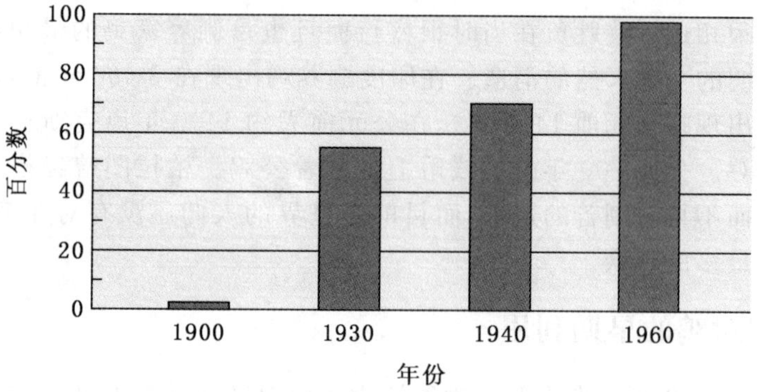

图 18-9 孵化器孵化雏鸡的比例。(来源：American Poultry Historical Society，1973)

随着 1862 年 Morrill 农业土地容许法的颁布，所有的动物农业获得更多更广泛的帮助。法案颁布后，美国各州的农业大学都可获得更多的土地。1875 年康涅迪洛建立第一个州试验基地。1887 年，孵化法案通过，它允许建立农业试验站。美国各地区的实验站外延系统要遵守这个法案，这些实验站愿意为在特殊地理区域的生产者提供指导。这个法案还成立了合作外延服务组织，他们负责给农户提供信息。家禽业的发展得益于这些研究、教育和提供的信息。

蛋

产蛋
从技术上就是指成熟卵排出体外的过程(比如："那只母鸡正在下蛋")。它通常用在蛋产业领域。

孵化
小鸡出壳的过程。鸡的出生。

1872 年开始特许鸡蛋和现金的商业交易。1874 年鸡舍开始使用金属网，它可以更容易的管理鸡群。1878 第一个商用蛋干燥处理出现，它让鸡蛋有了新的用处，而且可以超越传统产蛋季节的局限扩大储蛋潜能。1889 年人工灯的使用刺激鸡在冬季也可以产蛋，它超越了传统的**产蛋**季节，扩大了产蛋季节，因此 1889 年后，冬季也有鸡蛋上市。1909 年，照蛋器出现，它可以检查畸形蛋，有利于蛋的**孵化**和鸡蛋市场。美国农业局在 1923 年首次公布了鸡蛋的实验分类、标准和等级。接下来在1934年也使用了蛋的法律标准，提供了市场统一的产品。鸡蛋产业在1929年有了一个很大的跳跃，俄亥俄州的农业试验站采用了**蛋鸡个体笼**的层养，同时，鸡的饲料也采用了**颗粒型**，它可以减少浪费而且也保证每只动物的营养都比较均衡。在1931年俄亥俄州的农业试验站公开使用了产蛋笼而且让母鸡整晚上采光来刺激产蛋。1932年在华盛顿人们采用了强制**换羽**，这种措施可以改善蛋品质，提高产蛋量。

蛋鸡

处于周期性产蛋生理状态的母鸡。

个体笼

可以容纳一只或者几只母鸡的小笼子，宽约8～12 cm，长约18 cm。

颗粒型

饲料加工的一种工艺，先把饲料倒在地上，然后用一种模具加工成形状。

换羽

鸡的脱毛过程。

遗传学

从全球来看，在鸡的进化过程中由于生长环境的不同而出现了很多的品种。著名的威尼斯旅行家马可波罗就按照鸡的羽色描述了他所看见的那个鸡品种，而它极有可能是今天丝羽鸡的祖先。几个世纪以来那些旅行家通常在路上会带着一群鸡或者带着外面的一群鸡回家，因为鸡的体积比较小容易运输，在路上没有食物的时候，他们就吃掉它们。所以在那个时候人们要经过比较长的旅途时，带着小群的鸡是很平常的事情。

1828年，美国引进了单冠白来航鸡。在产蛋行业的各个条件标准化后，白来航蛋鸡在美国成为一个最重要的蛋鸡品种。1830年洛岛的纳拉干西特湾附近的育种计划引入了红色鸡，然后育成了二元杂交的洛岛红。后来，在洛岛红中又经过特别的选育育成了新汉普夏红，1840年中国品种开始进入美国。1873年美国家禽协会成立，这是美国的第一个畜禽组织。1874年，他们为家禽颁布了第一个美国标准。这就是著名的《**美国完美标准**》，第一个版本出版后陆续又出了好几个修订本。美国完美标准为家禽饲养者提供了一整套统一的育种标准。1869年，第一个**自闭式产蛋**箱申请了专利，它可以使母鸡和蛋在一起，这为研究者提供了一个很有用工具。1870年，开始在育种规划中使用脚趾打孔和在脚趾上编号的编号系统。1928年，刊登了第一例**性连锁杂交**试验。1935年第一次在鸡中使用人工授精，成功地生产了第一批**系间杂交**蛋用型鸡，并且1940年第一例鸡人工授精获得成功，这在鸡育种中是极其重要的一件事。同时位于得梅因的海兰家禽公司培育了第一批海兰蛋鸡，他们应用玉米育种的原理培育蛋鸡品系，这意味着鸡的育种中不再过度强调品种的使用，而开始使用家系、品系育种。

美国完美标准

由美国家禽委员会发布的一部标准，它公布了已知家禽的品种和品系，并记录了它们的特征。

自闭式产蛋箱

为每只母鸡提供的产蛋箱，便于记录母鸡产蛋数和鸡蛋品质。

性连锁杂交

雏鸡出生时按照羽色鉴别雌雄，公鸡的羽毛是一种颜色，而母鸡是另一种颜色。

系间杂交

同一品种不同纯系的动物杂交，这种杂交体系通常用在蛋鸡中。

雏鸡

由于**孵卵器**的出现，大批量孵化雏鸡的问题解决了。但是如何来饲喂雏鸡还是个问题。1903年，科内尔大学的教授詹姆士赖斯发明了科内尔汽油育雏器，这样雏鸡可以在比较暖的环境下生长。1905年，第一批雏鸡在电池育雏器内长大，电池孵化器是由查尔斯发明的，可以更好的控制环境并且合理的利用空间。1913年，第一个汽油孵化器 投入市场，它比电池孵化器更经济和安全。

孵化器

为从入孵到约5周龄的鸡提供热和光的一种装置，热量通常是用一个大的反射镜获得或者在聚集鸡的底面转动。

整合

1895年,饲料行业在芝加哥出现,这是家禽业综合发展很重要的第一步。1898年Swift and Company引进强行育肥。1918年第一个美国农业部联合州家禽等级计划建立。在20世纪20年代家禽就开始了商业生产。在早些时候,活的家禽要从生产地运输到消费地,而纽约中心铁路院暴发的**家禽**瘟疫刺激纽约家禽委员会在1926年组织了一次检查普及。1928年对活禽的检查扩展到了剥皮后的酮体以及加工了的产品。美国的**三大州**成了商业肉鸡产业的中心,从1934年开始单独报道肉鸡的商业信息。1934年以来肉鸡行业的肉鸡产品量如图18-10所示。而在这个时候,鸡肉还仅仅是星期天才能吃到的食物。但同时在鸡群的饮食、设备、遗传学、健康以及处理中又有了稳步的改善,1960年和1940年相比生产成本估计减少了一半,而且这个行业也扩展了中西部。价格的下降让鸡成了人们每天的食物。生产者的利益降低,所以不得不扩大家禽的群体数量来增加利益。不久他们又依赖饲料生产者来获得利益,然后,饲料供销商依赖饲料制造商获得利益。为了保证经济上的利益,饲料供应商和制造商又开始学习孵化机和处理器。于是家禽的**综合养殖**出现了。1957年议会审定通过了《家禽产品检测法案》,1968年又通过了《健康家禽产品法案》。

家禽(fowl)
所有的鸟类,但通常指大的一些品种,也可以说,只指家禽品种。

三大州
特指特拉华、马里兰和维吉尼亚三州的地理区域。

综合养殖
合同生产的一种方式,生产的所有阶段都由一个公司或者个体掌控。

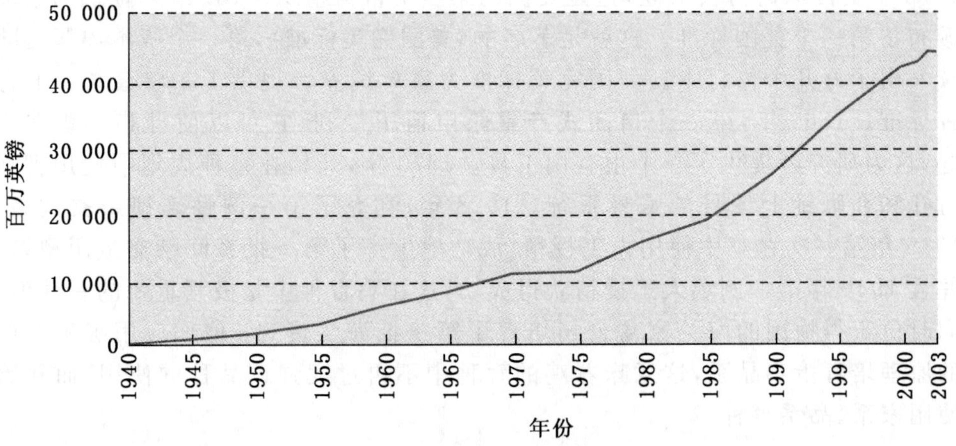

图18-10 每年的肉鸡产量。(来源:Based on USDA, Meat Animals Production, Disposition & Income, 1998; USDA-NASS, 2004)

1956年陆军上尉准许肯德基炸鸡运行,它最后引起了鸡肉消费的一种全新的方式。同年,蛋业的综合生产和合同养殖也开始了。从1962年合作性农场已经成了家禽业的一个很大的部分。几年后,家禽业就由那些规模比较大、综合性的农场与个体生产者签订合同生产鸡蛋、肉鸡和火鸡。公司提供动物、饲料、

禽舍垫料、药物和**契约合同**。到 1970 年，据估计垂直一体化公司已经占了美国肉鸡市场的 95%，火鸡的 85%。1972 年马立克氏病的疫苗出现，它可以减小集中饲养的大群鸡感染马立克氏病的风险。1981 年时，鸡注射马立克氏疫苗的数量首次超过了公猪，1997 年又超过了奶牛。目前，人均消费家禽的量仍然在增加。这主要是因为家禽的价格比较低，而且方便快捷的家禽产品发展迅速。20 世纪 50 年代，现代化、机械化的农场出现。现在我们知道的综合性家禽业出现在 1955—1975 年。

禽舍垫料

用于铺鸡舍地面的像刨花木、稻草或者锯末等。

契约合同

家禽生产者通过和大的企业按照约好的价格签订生产合同。

家禽工业的结构和地理环境

一体化提供了家禽业的商业结构框架。

肉鸡业

现代肉鸡生产主要是集中在少数几个大的农场中。1959 年，农场平均饲养肉鸡的量达到 34 000 只，而目前每个商业交易组织每年卖掉的肉鸡就达到 40 万。美国的一些农场每个点卖掉的肉鸡超过 100 万只。**经济规模**较大的农场经济效益好。另外，为了提高生产效益，每年在一个笼子里饲养 6 **窝**以上，这样在同一空间中可以饲养出更多的肉鸡。1940 年之前，肉鸡达到 16 周龄才投入市场，现在肉鸡不到 8 周龄就进入市场而且体重比以前更大。肉鸡业是一个高度综合合作的行业，而不只是个体生产者独立经营的行业。一个典型的综合型肉鸡公司控制着所有的事情，但不控制消费环节(图 18-11)。所有的分公司都受总公司控制。在美国 90% 以上的肉鸡是通过合同养殖的(图 18-12)。

经济规模

关于设备、劳动力和其他费钱项目的最大利用情况的一个简单概念。

窝

一窝雏鸡，brood 做动词时是指雏鸡的生长。

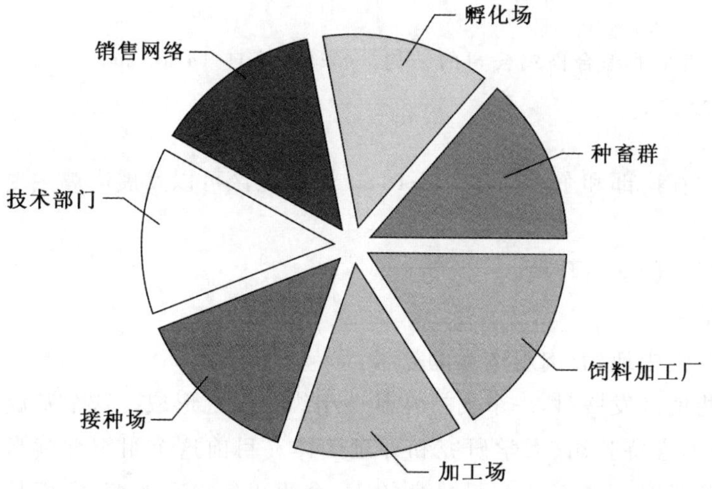

图 18-11 综合肉鸡公司的主要部门。

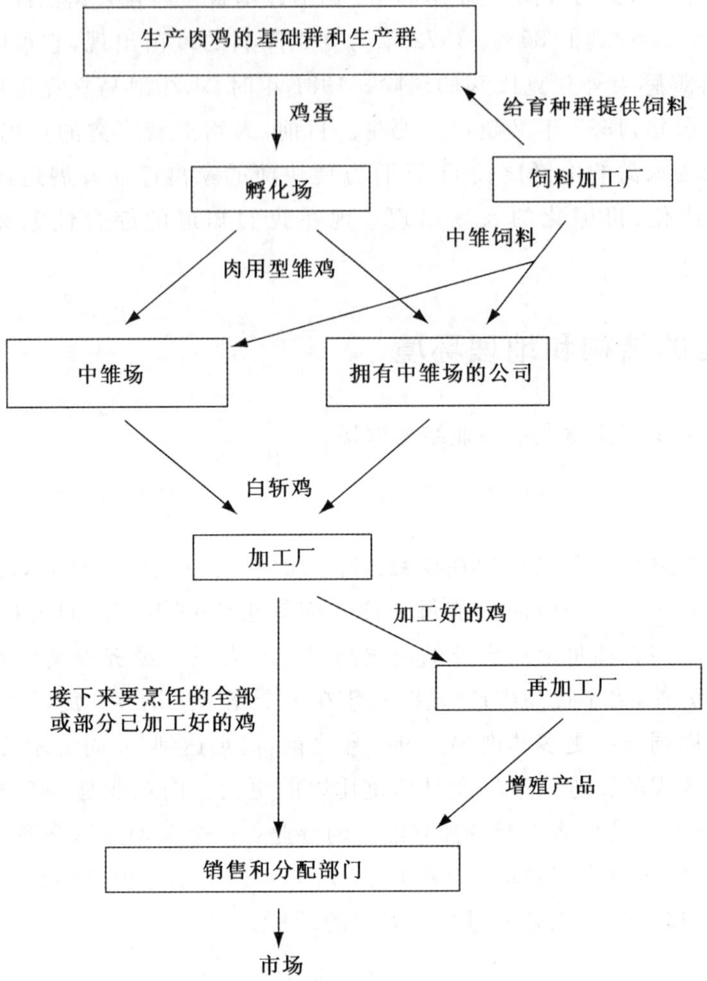

图 18-12 典型的综合肉鸡公司的结构。(来源:摘自 Taylor and Field，1998)

肉鸡业主要集中在南部和东南部(图 18-13)。这些地区可以发展肉鸡主要有3个方面的原因:

1. 有减少鸡舍成本的适意环境。
2. 低成本的劳动力。
3. 有邻近的人口集中地,有肉鸡产品的需求。

当肉鸡业在这些地区发展时,一个支持性基层组织也随之形成。这个基层组织包括处理设备、技术支持公司、大学研究和外延团体。目前这个组织继续影响这些地区的工业中心地位。肉鸡生产量最高的 12 个州仍然没有改变,它们是乔治亚州、阿肯色州、阿拉巴马州、密西西比河、北卡罗来纳州 、南卡罗来纳州 、得克萨斯州、马里兰、维吉尼亚、特拉华州、肯塔基州和俄克拉荷马州。

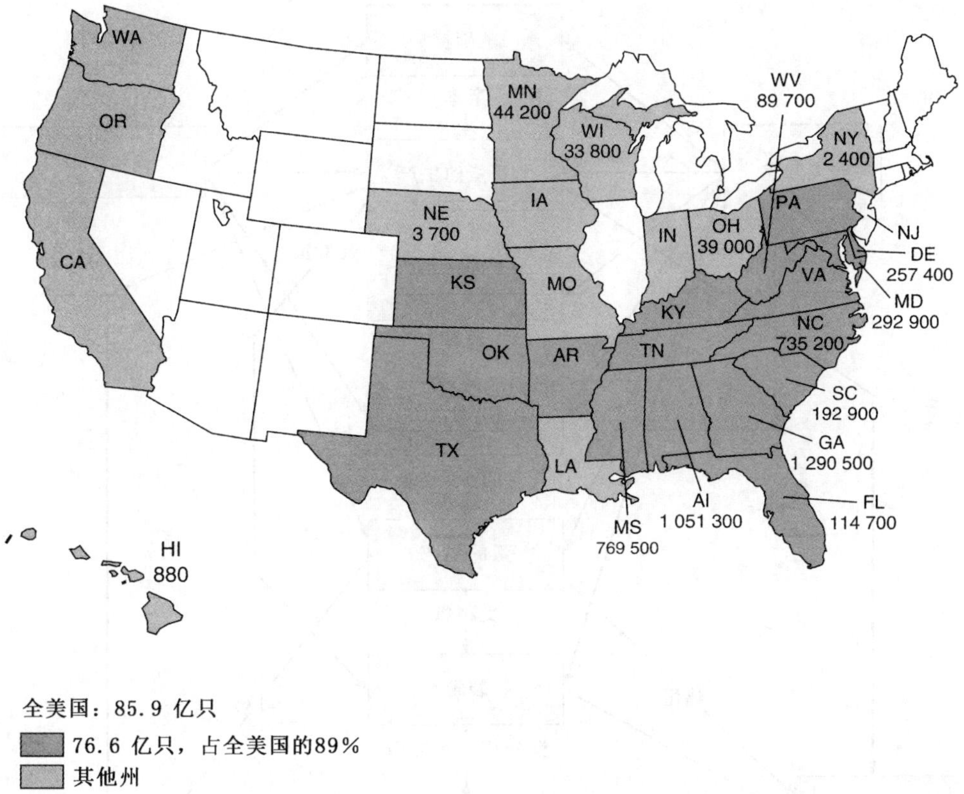

图 18-13 2002 年肉鸡在各州的分布情况。(来源：USDA-NASS 2004，http：// www. usda. gov/nass/aggraphs/brlmap. htm.)

美国鸡蛋业

鸡蛋业也需要大的规模，因为需要投入比较大的资金。目前环境控制鸡舍和计算机技术在蛋业中的应用很普及。蛋生产在商业模式下不需要人的实际操作，直到转移到它们装载的容器里。蛋企业也像肉鸡业一样是集中的、综合的。大部分的企业都实现了孵化到产蛋的销售一体化(图 18-14)。

从地理分布上来看，蛋产业的分布跟人口的分布相近(图 18-15)。但是，人口并不是影响蛋行业分布的唯一因素。如果人口是影响蛋业分布的唯一因素，那它的分布就应该完全反映人口分布，但事实上并不是这样。蛋生产量最多的 30 个州的蛋总量超过了美国总量的 93%，其余 20 个州的蛋总量不到全国的 7%。但是蛋产业的分布还是比肉鸡要分散的多。这里有两个比较重要的原因：(1)鸡蛋的处理过程比肉鸡少，肉鸡在运输和销售时更灵活。(2)当地生产的新鲜鸡蛋更有利益。

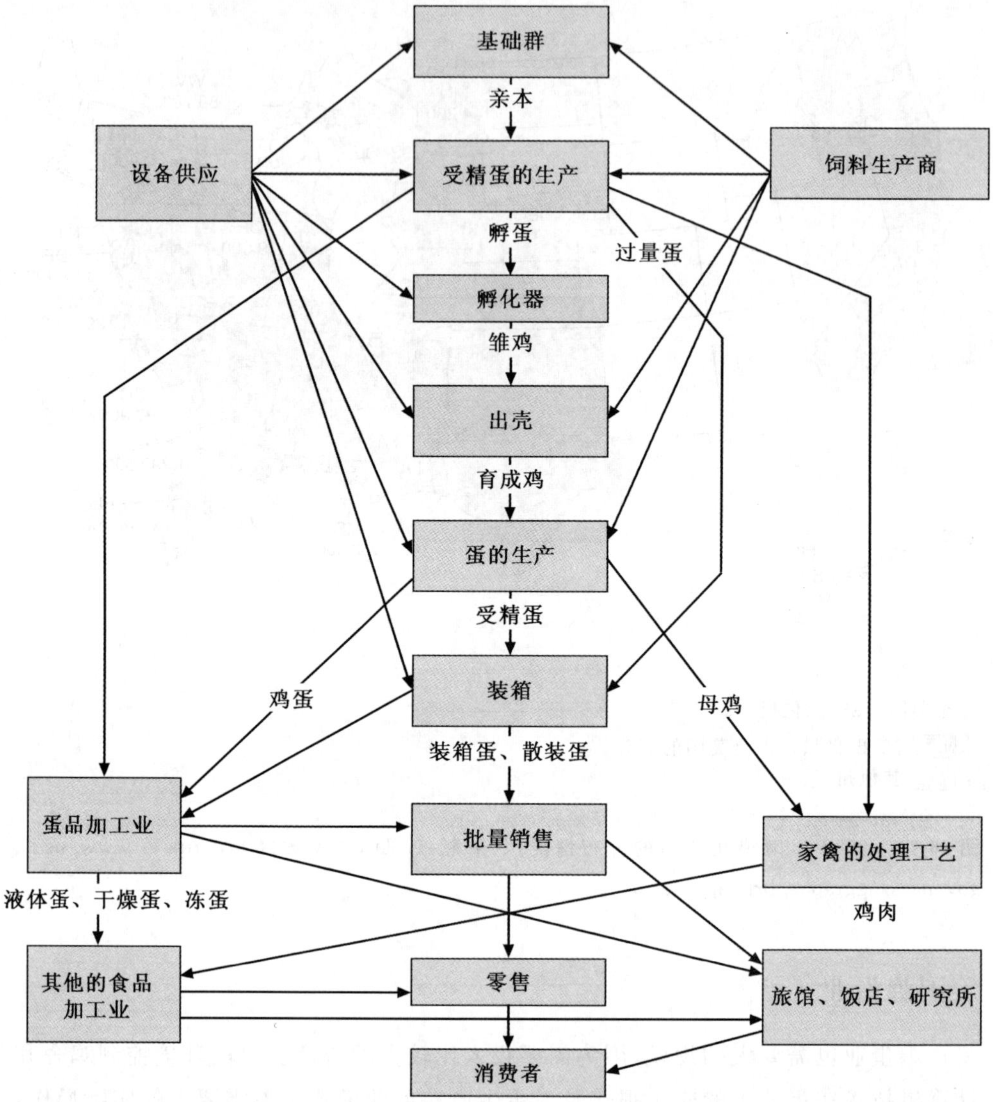

图 18-14 蛋鸡综合公司的操作流程。(来源:Schrader et al., 1978)

小母鸡
小母雏。

美国下蛋的母鸡和**小母鸡**的平均数目是 34 亿只,美国的产蛋总数大约是 87 亿枚。20 世纪 70 年代初之前,下蛋母鸡和鸡蛋的数量是逐年增加的,之后也是基本保持不变。但到 20 世纪 70 年代中期,产蛋量有所下降,这种状况持续到 80 年代末。从 80 年代后期,鸡蛋的产量又开始增加(图 18-16)。每只鸡的总产量从 1973 年的 227 枚鸡蛋增加到 2000 年的 257 枚,几乎是每只鸡每年就增加一枚鸡蛋,但从 2000 年后没有再增加。

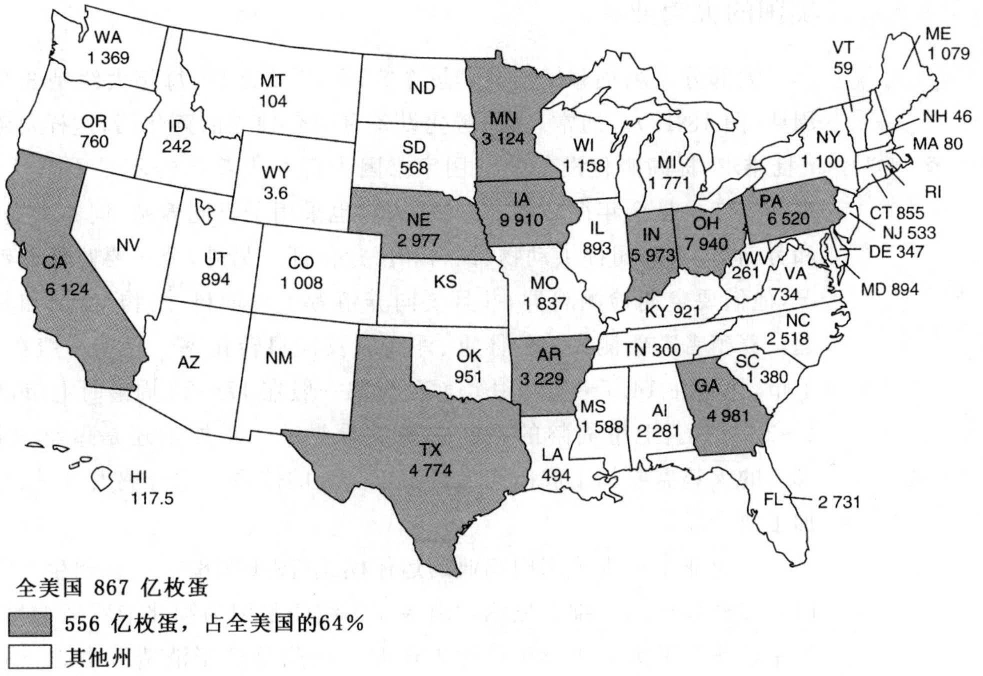

图 18-15 2002 年蛋鸡的分布。（来源：USDA-NASS，http：// www. usda. gov/nass/aggraphs/ eggmap. htm.）

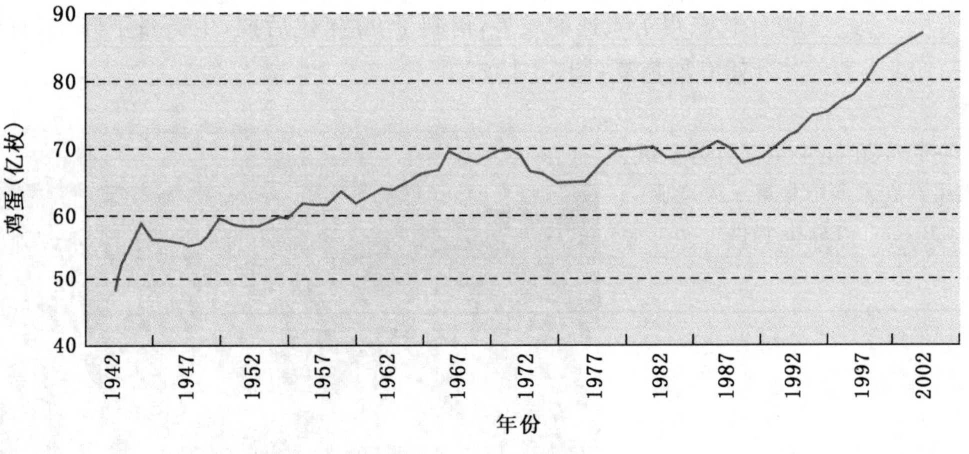

图 18-16 1942—2002 年的美国蛋鸡产量。（来源：USDA-NASS，http：// www. usda. gov/ nass/aggraphs/eggprd. htm.）

美国的火鸡业

孵化器

用于饲养雏鸡的设备，可以控制环境条件。

雏鸡

雏火鸡。分公母后，母的火鸡就叫小母鸡，公的火鸡叫小雄鸡。

公火鸡

雄性火鸡，也叫雄火鸡。

大部分火鸡饲养场的饲养量在 5 万～7.5 万只，每年大约是 3.5 个生长循环周期(图 18-17)。通常，大的孵化设备有两套独立的**孵化器**，这样每年就可以孵化 7 批**雏鸡**，提高孵化设备的利用率。因为现在火鸡已经不是季节性食物，所以火鸡的生产也是全年循环的。最终，火鸡也采用了合同养殖，饲养者提供土地、设备和劳动力，而公司提供动物、饲料和医疗保证。另外，公司要监督养殖者的饲养情况，他们要定期检测鸡群，并且要向养殖者了解饲料、药物、疫苗和其他的管理问题。养殖者需要测火鸡的体重、评级以及饲料转化率。火鸡一般在 14～16 周龄上市，体重在 14.7～17.5 lb。而**公火鸡**一般在 17～20 周龄时上市，体重达到 26.4～32.3 lb。上市周龄的不同主要是看要进一步加工还是做整只销售，其中有 70%的火鸡需要加工成肉产品。由于公鸡的体重要比母鸡大，所以它们一般都要加工成产品。

火鸡业中很少采用肉鸡业的运作模式(图 18-18)。一些州生产大量火鸡的原因是多种多样的。维吉尼亚和南卡罗莱纳州是因为和北卡罗来纳州接壤，而北卡罗来纳州是最大的火鸡生产地。还有一些州是位于消费区中心。加利福尼亚州存在地理隔离同时又是人口中心。火鸡生产量最多的州是北卡罗来纳州、明尼苏达州、密苏里州、阿肯色州、加州、维吉尼亚、印第安纳州、南卡罗莱纳州、宾夕法尼亚州和俄亥俄州。火鸡业的发展和综合生产的速度是比较慢的。美国每年大约生产 7 亿 lb 的火鸡肉，大约需要 270 亿只火鸡。火鸡生产在 20 世纪 80 年代和 90 年代获得了飞速的发展，但到了 90 年代后期，生产量下降了，直到在新的世纪才开始有所恢复(图 18-19)。

图 18-17 火鸡养殖场每年养 50 000 到 75 000 只。火鸡生产在家禽中是第三大产业。(Nicholas Turkey Breeding Farms 提供)

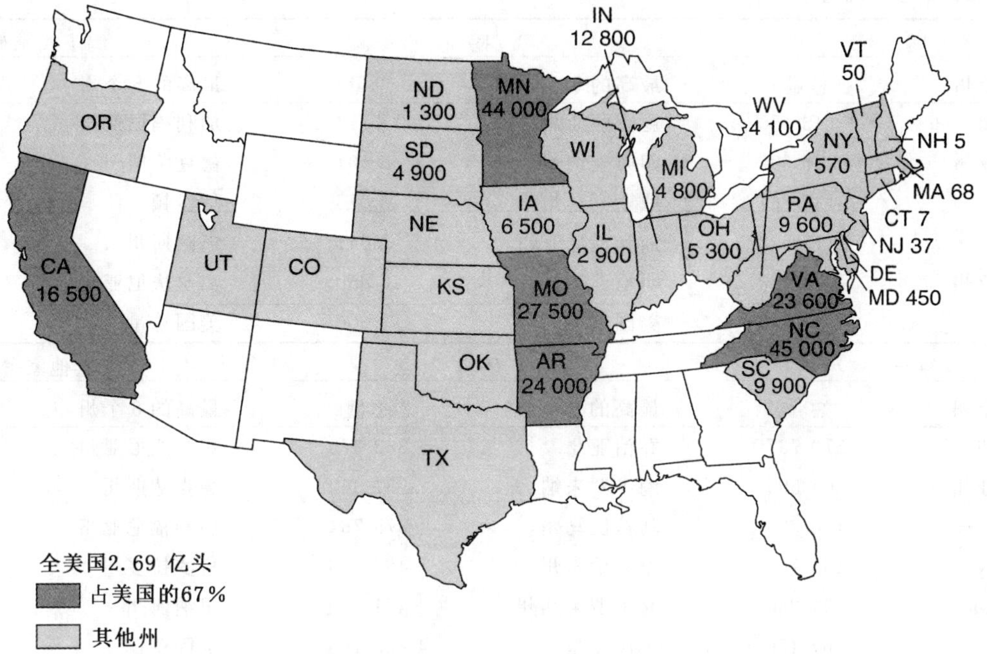

图 18-18 2003 年火鸡生产在美国的分布。(来源:USDA-NASS,http://www.usda.gov/nass/aggraphs/tkymap.htm.)

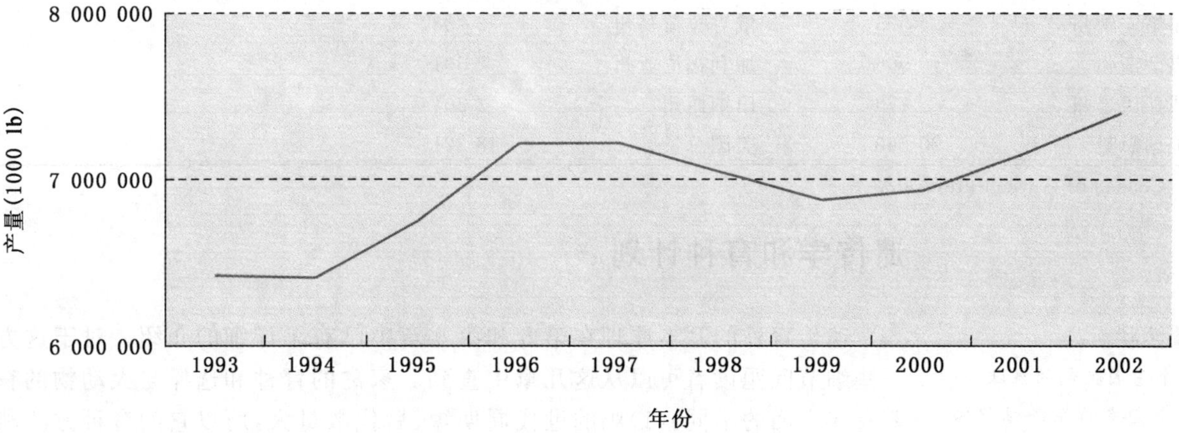

图 18-19 1993—2002 年美国火鸡肉产量。(来源:USDA-NASS,2004)

美国鸭、鹅和其他家禽的发展

表 18-1 是美国家禽业的几个产业的统计表。我们从表中可以看出,没有一个产业的规模是比较大的。在表中只标了 5 个比较重要的产业分布。

表 18-1 各种家禽的生产总量

鸭		鹅		鸽子式雏鸡	
最高的 5 个州	总量	最高的 5 个州	总量	最高的 5 个州	总量
印第安纳州	1 143 160	德克萨斯州	17 813	加利福尼亚州	168 532
加利福尼亚州	956 606	印第安纳州	8 401	德克萨斯州	18 293
纽约	431 867	威斯康星州	8 015	华盛顿	16 431
威斯康星州	417 522	加利福尼亚州	7 641	堪萨斯州	14 551
宾夕法尼亚州	393 623	明尼苏达州	6 850	宾夕法尼亚州	13 145
美国总量	3 823 629	美国总量	173 000	美国总量	449 255
雉鸡		**鹌鹑**		**其他家禽**	
最高的 5 个州	总量	最高的 5 个州	总量	最高的 5 个州	总量
威斯康星州	370 737	乔治亚州	823 073	宾夕法尼亚州	384 356
宾夕法尼亚州	304 593	南卡罗来纳	781 960	德克萨斯州	147 030
加利福尼亚州	170 338	阿拉巴马州	575 764	加利福尼亚州	168 029
新泽西州	155 168	德克萨斯州	480 993	科罗拉多州	84 838
俄亥俄州	121 289	北卡罗来纳州	451 139	田纳西州	70 827
美国总量	2 267 136	美国总量	4 888 196	美国总量	1 629 522
鸵鸟		**鸸鹋**			
最高的 5 个州	总量	最高的 5 个州	总量		
加利福尼亚州	3 388	德克萨斯州	11 616		
德克萨斯州	2 782	阿拉巴马州	3 277		
印第安纳州	975	俄克拉荷马州	2 788		
堪萨斯州	906	加利福尼亚州	2 501		
威斯康星州	773	田纳西州	2 501		
美国总量	20 560	美国总量	48 221		

来源:Census of Agriculture,2002.

遗传学和育种计划

数量性状

由多个基因控制的性状,而大部分重要的经济性状像生长性状、畜体屠宰性状和产蛋性状等都是数量性状。质量性状由一对基因控制的性状。

遗传力

指由加性遗传效应引起的表型差异。

遗传育种的基本原理在第 8 和第 9 章中已有了详细的介绍。对于这方面的一些细节问题读者可以从这几章中查到。家禽的育种和选择与大动物的育种主要有 3 方面的不同:(1)鸡的世代周期短、后代数量大,所以它的育种方法相对灵活;(2)家禽育种利用了现代动物育种技术和选择技术,并且取得了巨大的进步;(3)由于家禽生产的综合性,没有人可以作全部的决定。在家禽遗传中大部分重要的经济性状都是**数量性状**,包括产蛋率、蛋大小、生长率等。这类性状要取得快的遗传进展就比单一性状困难得多。高**遗传力**的性状包括体重、饲料消费量、蛋重、开产日龄、蛋形状和蛋壳颜色。产蛋总数和饲料转化率是低遗传力性状,受精率和孵化率也属于低遗传力性状。

家禽的**杂种优势**很容易获得。20 世纪 50 年代的数据显示，杂种优势可以使母鸡每年多产 20 枚蛋。其他有显著杂种优势的性状还包括蛋重、体重和开产日龄。现在很多育种计划都考虑了杂种优势，要获得好的杂种优势效果，杂种亲本必须是纯系。

开产母鸡最重要的性状包括饲养死亡率、产蛋死亡率、产蛋 50% 的日龄、蛋重、大蛋的百分率和超大蛋的百分率、体重、蛋品质测量和蛋壳强度。产肉型鸡必须按照生长率、饲料转化率、体型完整（快长型肉鸡经常有腿病）、抗病力和皮肤及羽毛颜色进行选择育种。肉鸡的亲本群要求有好的繁殖力，这样种蛋的生产才更经济。

家禽育种规划就是要充分利用育种工具来提高生产力。**近交交配**就是生产不同的**近交系**，然后根据一些特定的目标杂交产生明显的杂种优势。这些近交系通常只用在**基础育种**中。**远交**也就是家**系间杂交**。当一个具体的家系用来做鸡的杂交，就可以说它有**一般配合力**，而其他家系和它杂交时才有一般配合力，而它就有了**特殊配合力**。大家都知道有些家系做父本的杂交效果更好。一旦家系的配合确定，那么就要维持纯系来生产杂交系，它们可以是三元杂交也可以是四元杂交。

现在家禽的育种有一个非常严格的控制模式，实际的育种工作者甚至不到 100 人，随着这个行业的巩固，育种规划被看作是一个主要的工作，它有助于产品的一致性。育种公司在育种设备、动物、劳动力、记录系统和系统分析上投入了巨大的资金。从实际的商业目标看，所有的育种都是品种、家系或者近交系的杂交。产肉型鸡包括肉鸡、**烤用仔鸡**和母斗鸡。

家禽的品种、品系和家系

总的来说，鸡分为肉用型和蛋用型，但是这种分类方法太过简单不能很好的解释家禽。鸡有多种颜色、不同大小和外形，综合这些性状鸡的品种要超过 350 种组合。其他的物种也形成了很多不同的特征，人们用**物种**、**品种**、**品系**、**家系**来区别这些动物。

一个物种就是指起源于同一地理区域的一些品种，通常是根据品种起源的地区起名字，像亚洲、地中海、美国和英国。一个品种有其一些特别的外形特征，例如，身体的形状、皮肤颜色、脚趾数目、有毛腿或者无毛腿。要是一个品种中的两个个体交配，就会使这些特征稳定遗传给后代。品系就是品种的细化，品系可以按照羽毛颜色、鸡冠形状来划分。例如，洛克鸡是一个品种，它有几个羽色品系，包括条纹色、白色、浅黄色和鹌鹑色。它们体型和身体特征基本上一致的，但每个不同的颜色就是一个独立的品系。家系就是家系或者是育种群，它们个体间可能比一个品种或者品系更相似，它们也可能是系统杂交产生的。目前，商用家禽业的育种主要还是利用家系或者家系杂交系。

杂种优势
杂交后代比杂交亲本的均值都有高的优势。

近交交配
遗传距离比群体的平均距离小的个体的交配。

近交系
通过近交育成的品系。通常与其他的品系杂交生产商用品系。

基础育种
亲本通常用遗传变异多的家禽远交、近交或者其他的措施，也指基础群。

远交
没有亲缘关系的品种间的交配。通常用在肉鸡生产中和其他家禽不同程度的交配中。

系间杂交
同一品种或品系的不同家系间的交配。一般来说，这些家系在一定程度上可以增加后代的生产性能。

一般配合力
描述一个家系和其他不同的家系交配对后代的遗传上的影响。

特殊配合力
一个家系和某个或者特别的其他家系交配对后代的遗传上的影响。

烤用仔鸡
小型肉鸡，通常 12～14 周龄，体重在 4～6 lb。

物种
家禽中，在同一地理区域的所有的品种。名字根据品种的起源。

品种
有一定特征的，可以区分同一品种不同品系的，如体形，这些品种用来生产相同特征的后代。在家禽中，一个品种可能包括几个品系，这些品系中只是羽色或者鸡冠不同。

品系
一个品种由于羽色、体形、鸡冠或者其他物理特征的不同而分化出的品系。

家系
一个品种中不同的育种群的单位。严格按照高于品种平均的一些性状或者一组性状进行选择的。

矮脚鸡
通常为较大家禽的矮小化，有些是特别的品种，只有正常体重的1/4或者1/5，常用于观赏。

目前家禽中还没有功能类似于家畜育种委员会那样的育种登记组织。美国家畜委员会制定了品种标准，主办家禽品种展览。他们还出版了《美国完美标准》，这是一本关于品种标准方面的书，所以美国家禽协会起着品种登记的作用。这本书包含了大约350种已知的品种标准，还包括一些鸡、**矮脚鸡**、鸭、鹅、火鸡品系，鸡的个体大小、外形、颜色和身体特征在书中都有描述并有插图。像纯系和记名等这些术语在家禽中还没有使用过，而那些符合《完美标准》的品种和品系就叫做标准品种。有一些鸡和鸭的品种比较小，个体也只有大鸡的1/5或者1/4，它们被叫做矮脚鸡(矮脚鸡这个术语是一个形容词)，包括白来航矮脚鸡和古老的英国斗鸡、矮脚鸡。矮脚鸡协会推动了这个品种并把这个品种标准化，他还颁布了《矮脚鸡标准》。

家禽品种

想查看世界家禽的品种，你可以登录俄克拉荷马州大学的品种家禽网页，网址：http://www.ansi.okstate.edu/poultry/，它有很广泛的涉及，有关于鸡、火鸡、鸭子和鹅方面的很多信息，在里面还可以看到很多品种的照片。

现代生产中的鸡育种

现代家禽业中已经很少有的品种存在区域性了。在现代商业家禽育种中人工培育的品系或者家系开始逐步代替标准品种。它们通过纯系杂交或者品种内近交系的杂交形成。下面我们就简单介绍鸡的品种和品系，这些品种品系中有的现在仍在使用，有的已经淘汰了。

单冠白来航就是白来航蛋鸡的一个品系(图18-20)，很多人工培育的品系就是用这个品系培育出来的，而且也是美国目前最大的一个品种。事实上现在所有的产白壳蛋的鸡都是白来航培育的品系。它们都属于蛋用型鸡。

图18-20 单冠白来航及其杂交品系是美国最重要的蛋鸡品种。(Dr. joe G. Berry, Deparment of Animal Science, Oklahoma State University 提供，经允许使用)

单冠洛岛红和横纹洛克鸡通常利用亲本鸡羽毛颜色的差异杂交产生后代，用这种方法，鸡就很容易并快速地分出公母。一些褐壳蛋鸡就是由洛岛**公鸡**和横纹洛克鸡杂交而成的。这种杂交产的蛋比较大，蛋壳是褐色。

公鸡
成熟的雄性鸡。

新汉普夏和白洛克鸡一直都是用来培育肉用型鸡，现在大部分的商业肉用型鸡都是用其中一个品种杂交育成的。

考尼什鸡也是一个非常优秀的肉用型鸡，但是它的繁殖力很低。可是它的生长速度快而且酮体率高，所以考尼什鸡也是现代商业的一个很重要的肉用型品种。考尼什公鸡可以和横纹洛克鸡、白色洛克鸡、新汉普夏或者配套系杂交的母鸡杂交，可以说美国大部分的肉鸡都带有考尼什鸡的血统。

目前来讲，现在对家禽品种的遗传基础的关注还太少，主要是由于大部分的品种在商业生产中没有地位。位于南卡罗莱纳州匹兹堡的美国畜禽品种管理会的主要人物就是保护濒临灭绝的品种，同时也提供那些小品种的资料。

火鸡品种

现代火鸡是南美和中美野火鸡进化而来的，它们是目前南美畜禽业中最主要的品种(表 18-21)。《美国完美标准》只列了一个火鸡品种：火鸡。火鸡有 8 个变种：青铜色火鸡、那拉根塞火鸡、荷白兰、黑色火鸡、波朋红火鸡、贝兹维尔小型白火鸡和石板青火鸡。这些品系除了白荷兰外都是在美国培育而成的。从实际的目标看，品种包括颜色和外形，而品系则是育种公司的商业品牌。在美国大约有 50 多个商业火鸡品系，大白、中白、小白和青铜是最常用的。由于加工业和市场对个体大小的要求使得大白占据优势地位。同时白色品系比有色品系更耐热，所以它更普遍，而且它们屠宰后皮肤上没有黑色素，所以更容易被消费者接受。当然在其他家禽品种中也是这样。

图 18-21 南美中美的野生火鸡是家养火鸡的祖先。

鸭和鹅的品种

母鸭孵雏

当母鸭停止下蛋时可能是要准备孵蛋了。一旦孵蛋，母鸭会很好的照顾蛋，就说这样的母鸭有好的就巢性。

羽毛

家禽的所有毛。

在美国野鸭是最普遍的鸭品种。中国的北京鸭在1873年引进到美国，由于它生长快，上市时间比其他鸭早，产蛋性能也非常好，又是白羽，所以它成为美国商业鸭的主要品种。北京鸭一般不用**母鸭孵雏**（Pekins are also generally free of *broodiness.*）。鲁昂鸭是有色羽的品种，是一种农场群养品种。鲁昂鸭的生长速度比北京鸭慢，但在农场饲养的条件下也可以达到北京鸭的体重。但由于它生长慢又是有色**羽毛**，所以不受消费者的欢迎。俄国鸭也常在农场饲养，因为它吃草而且母鸭又有很好的定居性。它产自巴西，是鸭的主要品种中唯一一个不是起源于野鸭的品种。在品种的选择中产肉性能通常是最主要的选择标准，另外产蛋性能、孵化力和白色羽也是品种选择时应该考虑的标准。这里还有一些家禽爱好者感兴趣的矮脚鸭品种，例如灰白鸭（White and Gray Calls）、东印度黑鸭（Black East Indias）、林鸭（Wood Ducks）、鸳鸯（Mandarins）和短颈野鸭（Teal ducks）。

据说国内的鹅品种早在殖民时期初就从古埃及、中国、印度引入了。但是大部分的育种资料和别的参考书对这件事的描述都比较的模糊。还有的说大部分鹅品种是从欧洲传过来的，在欧洲也是这样流传的。大白鹅（第一次被带入美国是在1821年）和图卢兹鹅是最普遍的2个鹅品种。非洲鹅（在杂交育种中特别重要）、朝圣鹅和中国白鹅（最好的蛋鹅）也有很大的饲养量。

家禽的繁殖管理

总的来说，对所有家禽繁殖的管理都是一致的，个体爱好饲养者或者大的公司的管理也是相近的。种蛋的孵化出现了问题，可能是由于种禽的管理，或者是孵化程序，或者其中的任何一步出现问题。

种群管理

缺陷

通常指与标准有差异的不足，大多数缺陷都是遗传的。

要保证健康鸡的孵化，正确的种群管理是非常必须的。种群应该采用正确的操作流程，然后选择健康的、不影响正确交配的和产蛋没有**缺陷**的种鸡。它们应该有着优秀的遗传基础，而没有影响正常吃料、喝水和生存的严重缺陷。公鸡应该选择那些有斗性的，母鸡要选产蛋性能良好的。

交配体制

生产种蛋，家禽可以用下列几种交配体制：

1. 随机交配。几个公鸡可以和一群母鸡任意交配。这种方法可以获得最多数量的受精蛋。

2. 单笼交配。一只公鸡和一小群母鸡交配。这种交配体制可以跟踪家系。

3. 个体交配。一只母鸡和一只公鸡的交配。交配后把这只母鸡拿走然后换另一只母鸡再和公鸡交配。这样母鸡可以和不同的公鸡交配，而更多的母鸡可以和这个优秀的公鸡交配。

4. 人工授精。这种方式通常在火鸡生产中使用，在别的物种中很少用，这样不同大小的家禽也可以交配。

种群需要适合的鸡舍设备、充足干净的垫窝料，这样可以阻止损伤，防止泥土和粪便对蛋壳的污染，减少疾病传播的几率，提高孵化率。好的管理包括卫生设施、疫苗接种程序和有害物控制。另外高品质的饲料也是必需的。

种蛋的选择和管理

平时收集种蛋的频率是一天一次，但白天的温度超过 85℉时，捡蛋的次数就要增加，这是非常重要的。孵化所经常是一天捡蛋 5 次以上，掉在地板上的蛋不能要，有可能传染疾病。窝内的鸡蛋要是很脏也不能要。要孵化的蛋不能洗，因为会洗掉壳上的保护物质，这样细菌就会进入蛋内。特大的、特小的或者形状不正常的鸡蛋也不能要。同样，破蛋和薄壳蛋也应该去掉。在实际操作中孵化优于**母鸡孵蛋**，因为操作孵化可以减少蛋壳上的细菌并提高种蛋孵化率。

母鸡孵蛋

一个孵蛋的母鸡是一个多产的母鸡。

鸡蛋储存

种蛋都应该放在孵化器中，在放入孵化器之前应该保存在温度 60℉、湿度 75%的环境下。温度低于 40℉会降低孵化率，冷的温度在孵化开始前会延迟胚胎的生长，高的湿度可以阻止湿气的丢失。储存 10 d 孵化率是不大受影响的，当储存超过 3 周，孵化率就降为零。储存三四天还没入孵，就要每天翻蛋以防止蛋黄接触到蛋壳并损伤到胚胎。储存时应该小端朝下，并要倾斜 30～40°。当鸡蛋放入孵化器后，开始要慢慢升温。升温太快容易引起湿气聚集到蛋壳上，导致细菌生长。

表 18-2 各个家禽的孵化周期[1]

项目	鸡	火鸡	鸭	鹅	天鹅	几内亚鸡	鹌鹑
孵化期/d	21	28	28	28～32	35～40	26～28	17～24
温度/℉	100	99	100	99	99	100	100

1. 不同的孵化器对温度的要求不同，对空气中的湿度和氧气的需求也不同，对一些小的孵化器依照说明操作，对一些大型的商业孵化器则根据技术操作，根据型号和设计而有所不同。

孵化器

鸡蛋在**孵化器**中孵化，孵化器可以孵化各种形状各样大小的种蛋，也可以孵化十几个或者几千枚种蛋。**孵化**周期和孵化操作在表 18-2 中表示出来。要时刻注意湿度温度的变化、通风和其他的因素，这样才能保证有高的孵化率。入孵的鸡蛋要定期地翻动以防止胚胎粘到蛋壳的一侧。一般来说，入孵的鸡蛋在最后 3 d 时不适宜再翻动，因为这时的胚胎已经移到了出壳的位置。雏鸡孵出以后，通常羽毛要干燥等，然后再移到育雏器中喝水和吃料。

孵化器

给受精蛋的胚胎生长提供环境条件的机器。

孵化

母鸡卧在鸡蛋上用体温提供热量孵化小鸡的过程，也可以在孵化器中通过人工操作。

受精检验

照蛋检查

通过光检查孵化的蛋中缺陷,也可以检查死胚和没受精蛋。

未受精蛋

没有受精的蛋或者胚胎早期死亡的蛋。

死胚

胚胎死亡的鸡蛋。

通常要在入孵 4～7 d时**照蛋检查**蛋的受精情况。没有受精的蛋要撤掉。灯光不会破坏小胚胎,可以直接买照蛋灯,也可以在纸板箱中放入一个自制灯泡。在纸板箱的顶端开一个 1/2 或者 3/4 的小洞,也可以在盒的一侧开一个小缝漏光。这样把鸡蛋对着这缕光就可以看到鸡蛋内部的情况,在一个暗的房子里更容易观察到,而且白壳蛋容易观察,而且比褐壳蛋照蛋要早。未受精蛋就是没有受精的鸡蛋或者刚开始生长就死了检验不到胚胎的蛋。**未受精蛋**看上去很干净但可以看见蛋黄的阴影。**死胚**是指还没长到足够可以检测到就已经死的胚胎。观察活的胚胎可以发现,里面有大量的血管从胚胎分散出来。死蛋可以看到胚胎的周围有血环围绕,这是由于死的胚胎没有了血流。二次照蛋是在 14～16 d,如果胚胎是活的,只能看到血管中有一两个小的光点,也可以看到小鸡在蛋壳里移动。

家禽的营养

第 5～7 章比较详细地介绍了营养和饲料成分之间的关系,介绍了有关消化系统、营养学、饲料和饲养方面的知识。随着现代生产体系的改善,家禽的饲养管理比其他物种要先进得多。最主要的一个原因就是大部分家禽的生产都需要先进的技术设备,另外家禽的营养也更多变、更复杂,所以要使家禽有更快的消化力、更高的代谢率、更快的呼吸作用和循环作用以及更高的体温(107℉),这对生产者来说是个很大的挑战。家禽本身很活跃、对环境的变化敏感、长得快、性成熟早。我们对家禽营养的了解比任何其他物种的了解都多,商业生产依赖经济利益。

鸟类

指家禽或者野禽。

杂食动物

吃植物也吃动物类食物的动物。

家禽是单胃动物,属于**鸟类**消化道。像**杂食动物**一样,他们在废墟上捡食动物、植物食物残渣。它们有 2 个盲肠,通过盲肠消化一些纤维。这种盲肠在鹅中更为发达。但是,在现代生产体系下,家禽的一些器官并没有充分发挥应有的作用。通常家禽和猪的饲料成分是相同的:浓缩饲料,如谷物、大豆饼、高质量的一些副产品饲料。

鸡的饲料成本最高。最优生长和最快生长对动物的生长来说是一回事,因此,在鸡的大部分生长阶段就是要实现鸡的最优生长,这种策略是正确的,因为动物上市的时间越早,那用于动物维持作用的饲料比例就越小。另外,动物上市的时间越早,那它所耗的鸡舍、人力就越少。所以动物的生产成本就会下降。对产蛋的动物来说,要保证高的饲料供给,因为动物营养的缺乏很快会通过蛋的大小、质量和数目反映出来。

表 18-3 几种家禽的饲料配方

成分	肉鸡	火鸡	蛋鸡	鹌鹑	鸭
	百分数				
黄玉米，#2 dent	56.46	47.75	60.50	71.85	77.25
大豆饼(48%蛋白)	27.33	38.83	21.50	18.7	16.13
肉骨粉(50%蛋白)	7.0	—	5.09	5.00	5.0
肉粉(56%蛋白)	—	9.50	—	—	—
面包副产品	6.00	—	—	—	—
苜蓿	—	—	—	2.00	—
动物胶脂	1.82	0.31	3.00	—	—
D,*L*-蛋氨酸	0.17	0.24	0.11	0.15	0.16
L 赖氨酸	—	0.23	—	0.41	—
磷酸二钙	0.13	1.54	0.49	0.70	0.15
碳酸钙	0.49	0.81	8.66	0.74	0.86
碘盐	0.10	0.09	0.20	0.25	0.25
碳酸氢钠	0.20	0.20	0.20	—	—
预混料	0.3	0.50	0.25	0.20	0.20
成分分析					
蛋白质/%	22.50	28.00	18.00	18.0	17.0
代谢能/(kcal/lb)	1 425	1 280	1 320	1 380	1 426
钙/%	0.95	1.45	3.80	0.95	0.35
有效磷/%	0.48	0.83	0.45	0.45	0.35
赖氨酸/%	1.21	1.80	0.94	1.2	0.80
蛋氨酸+胱氨酸/%	0.92	1.10	0.71	0.70	0.70

来源：Recommendations from multiple Sources。

全国家禽业的饲养管理基本上是一致的，使用统一的技术和生产方法。只是饲料成分稍微有些改变，相应的配给也有所不同。鸡饲喂专用的混合饲料，大部分饲料是由**粉料**或颗粒料组成的混合料，这样可以减少浪费。表 18-3 是鸡不同的饲料配比，而这些是最普通的能量和蛋白饲料，但也存在着地域的差异。有时候也可以用当地的替代饲料来生产低成本的饲料。在某些特定的生产阶段，饲料比例也是不同的。所有的动物都需要优良的干净的水，要有可以自由饮水的设备和充足的排水装置。

粉料
将多种粉料充分混合均匀，动物就不能挑食，保证营养的均衡。

鸡群的健康管理

疾病的控制在家禽的生产中是必须的，许多疾病会影响鸡、火鸡和其他的家禽的生存。由于家禽的集中饲养，一种病毒一旦感染就可能引起上百万动物的死亡和几百万经济上的损失。幸运的是，很多影响家禽的疾病已经在美国消失，另外一些也已经通过疫苗控制了它们的蔓延(图 18-22)。但是，家禽饲养者仍然要时刻预防疾病。传统的防病措施：(1)控制外地生产单位的疾病传染源；(2)同一农场中尽量降低鸡群中疾病的传染。这里还有几个重要的生物安全措施：

1. 鸡笼应该是锁住的。
2. 工作服应该和生活服分开。应该有一个更衣室，饲养员在进入工作区前要换上工作服。离开鸡群时要洗手和胳膊，而且要换衣服。
3. 管理人员和其他的工作人员不能随意参观其他的鸡舍。
4. 参观者应该受到限制。不重要的参观者不应该参观鸡舍。
5. 必须的进入者，如场主、维修人员、运送货车司机和抓鸡者以及搬运工，必须要在外面穿上保护性的衣服，还有靴子和帽子才能靠近鸡群。
6. 在进入工作区时车辆应该洗干净，并且车盘和轮胎也应该喷雾消毒。
7. 所有的鸡笼、容器和设备在使用前和使用后都要消毒。
8. 对病了或者死的鸡要进行实验室诊断学的检验，死的鸡要土埋或者焚化处理。
9. 看斗鸡的人在进入工作区时要洗澡换衣服。
10. “禁止入内”的牌子应该放在所有的入口。

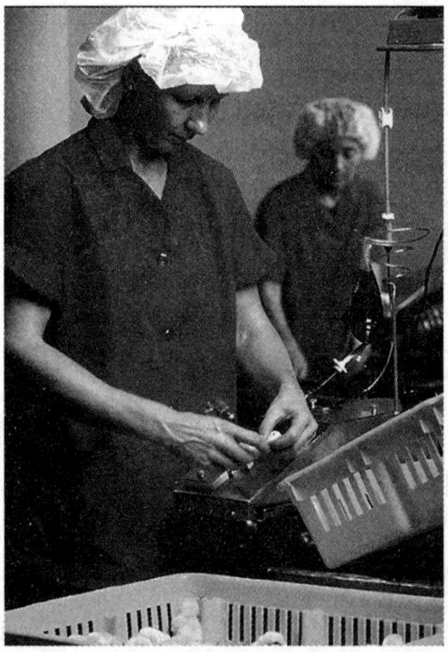

图 18-22 技术员正在给鸡进行皮下接种疫苗，接种疫苗是鸡群管理的重要一步。（Ross Breeders，Inc. 提供）

国家家禽改良计划

NPIP 的目标就是加强企业-州的协作，促进家禽业和家禽产品的技术改进。这个计划由企业和政府共同形成并建立家禽饲养评估标准以及孵化防病标准。符合标准的产品是由全国各地通用的专业条款鉴定。这个计划周期性更新，这样可以保证新的理论和实践的紧密结合。这个计划由美国农业部和各州的官方代理处共同执行，国家和各州的家禽饲养者可以选择是否接受它。NPIP 对沙门氏菌、支原菌等都有很好的控制措施。

家禽对人类的营养价值

专家推荐人们每天的饮食应该包括鸡蛋和鸡，推荐 25～50 岁的妇女每日摄取能量 2 200 cal，食用鸡蛋和鸡的营养比例如表 18-4 所示。鸡蛋有很高的营养价值，人们认为它们的营养密度很高，也就是说同样可以获得更多的必需营养。鸡蛋包含人体所需要的所有的必需氨基酸、必需矿物质和除了维生素 C 外的所有必需的维生素。一个大的鸡蛋只包括 75 cal 的热量。鸡肉中的蛋白也是高质量的，包含所有的必须氨基酸，而且容易消化。生鸡肉中的脂肪含量比其他所有肉产品的都要低。禽肉也是一些维生素和矿物质很好的来源。家禽产品对所有人都是安全的。鸡、鸭、鹅和鸡蛋的营养分析如表 18-5 所示。

表 18-4 家禽提供的营养比例

营养	3 oz 烤鸡/%	2 个鸡蛋/%
蛋白质	49	28
磷	21	21.5
铁	7	10
锌	15	9
核黄素	12	39
维生素 A	6	79
维生素 B_1	5	6
维生素 B_{12}	14	50
烟酸	52	0.5
叶酸	6	26
热量	7	7
脂肪	9	14

来源：USDA，1997。

表 18-5 各家禽的营养成分

营养	单位	鸡[1]	鸭[2]	鹅[3]	蛋[4]
		每 100 g 可食用肉营养	每 100 g 可食用肉营养	每 100 g 可食用肉营养	每 100 g 可食用肉营养
成分					
水	g	59.45	51.84	51.95	74.62
能量	kcal	239	337	305	155
能量	kJ	1 000	1 410	1 276	649
蛋白	g	27.3	18.99	25.16	12.5
总脂	g	13.6	28.35	21.92	10.61
碳水化合物	g	0	0	0	1.12
纤维素	g	0	0	0	0
灰分	g	0.92	0.82	0.97	1.08

续表 18-5

营养	单位	鸡[1] 每 100 g 可食用肉营养	鸭[2] 每 100 g 可食用肉营养	鹅[3] 每 100 g 可食用肉营养	蛋[4] 每 100 g 可食用肉营养
矿物质					
钙	mg	15	11	13	50
铁	mg	1.26	2.7	2.83	1.19
镁	mg	23	16	22	10
磷	mg	182	156	270	172
钾	mg	223	204	329	126
钠	mg	82	59	70	124
锌	mg	1.94	1.86	2.62	1.05
铜	mg	0.066	0.227	0.264	0.013
锰	mg	0.02	0.019	0.023	0.026
硒	μg	23.9			30.8
维生素					
维生素 C	mg	0	0	0	0
硫胺	mg	0.063	0.174	0.077	0.066
核黄素	mg	0.168	0.269	0.323	0.513
烟酸	mg	8.487	4.825	4.168	0.064
泛酸	mg	1.03	1.098	1.53	1.398
维生素 B_6	mg	0.4	0.18	0.37	0.121
叶酸	μg	5	6	2	44
维生素 B_{12}	μg	0.3	0.3	0.3	0.3
维生素 A	IU	161	210	70	560
维生素 A(RE)	μgRE	47	63	21	168
维生素 E	mgATE	0.265	0.7	1.74	1.05
脂类					
脂肪酸(饱和)	g	3.79	9.67	6.87	3.267
4:00	g	0	0	0	0
6:00	g	0	0	0	0
8:00	g	0	0	0	0.003
10:00	g	0	0	0	0.003
12:00	g	0.02	0.04	0.04	0.003
14:00	g	0.11	0.17	0.11	0.035
16:00	g	2.78	6.8	4.53	2.349
18:00	g	0.77	2.43	1.81	0.828
脂肪酸(单价)	g	5.34	12.9	10.25	4.077
16:01	g	0.73	1.11	0.68	0.31

续表 18-5

营养	单位	鸡[1] 每 100 g 可食用肉营养	鸭[2] 每 100 g 可食用肉营养	鹅[3] 每 100 g 可食用肉营养	蛋[4] 每 100 g 可食用肉营养
18:01	g	4.4	11.52	9.52	3.725
20:01	g	0.13	0.26	0.02	0.03
22:01	g	0	0	0	0.003
脂肪酸(多聚)	g	2.97	3.65	2.52	1.414
18:02	g	2.57	3.36	2.24	1.188
18:03	g	0.11	0.29	0.18	0.035
18:04	g	0	0	0	0
20:04	g	0.11	0	0	0.149
22:05	g	0.01	0	0	0.005
22:06	g	0.04	0	0	0.038
胆固醇	mg	88	84	91	424
氨基酸					
色氨酸	g	0.305	0.232	0.332	0.153
苏氨酸	g	1.128	0.773	1.123	0.604
异亮氨酸	g	1.362	0.872	1.183	0.686
亮氨酸	g	1.986	1.465	2.109	1.075
赖氨酸	g	2.223	1.486	1.988	0.904
蛋氨酸	g	0.726	0.475	0.608	0.392
胱氨酸	g	0.364	0.299	0.39	0.292
苯基丙氨酸	g	1.061	0.752	1.055	0.668
酪氨酸	g	0.879	0.64	0.805	0.513
缬氨酸	g	1.325	0.938	1.232	0.767
精氨酸	g	1.711	1.284	1.566	0.755
组氨酸	g	0.802	0.462	0.7	0.298
天冬氨酸	g	2.434	1.814	2.262	1.264
谷氨酸	g	3.991	2.798	3.739	1.644
氨基乙酸	g	1.764	1.624	1.594	0.423
脯氨酸	g	0.322	1.172	1.216	0.501
丝氨酸	g	0.963	0.804	1.002	0.936

来源:USDA Nutriet Database for Standard Reference,Release 12,March 1998。

1. 用做烤、炸的小鸡,用做烹煮的、烘烤的肉和皮;NDB No:05009
2. 家鸭,用做烹煮和烘烤的肉和皮;NDB No:05140
3. 家鹅,用做烹煮和烘烤的肉和皮;NDB No:05147
4. 蛋鸡,整只烹煮,2个鸭蛋;NDB No:01129

家禽工业的趋势和未来影响家禽业的因素

火鸡的销售和生产

火鸡的生产趋势已经在图 18-19 中表示出来。火鸡的不断增长可能是由于人口的不断增长以及出口量的增加。现在火鸡除了做传统节日的食物外，也已经成了每天的食物。火鸡大部分是经过深加工(图 18-23)。火鸡的人均消费量稳定在 17.5 lb(图 18-24)。

图 18-23 火鸡的加工产品，把火鸡从节日食物变成每天的食物。人均火鸡的消费量增加了 20 包。（LOOIS RICH 和 CARVING BOARD 是 Kraft Food 的注册商标，经允许使用）

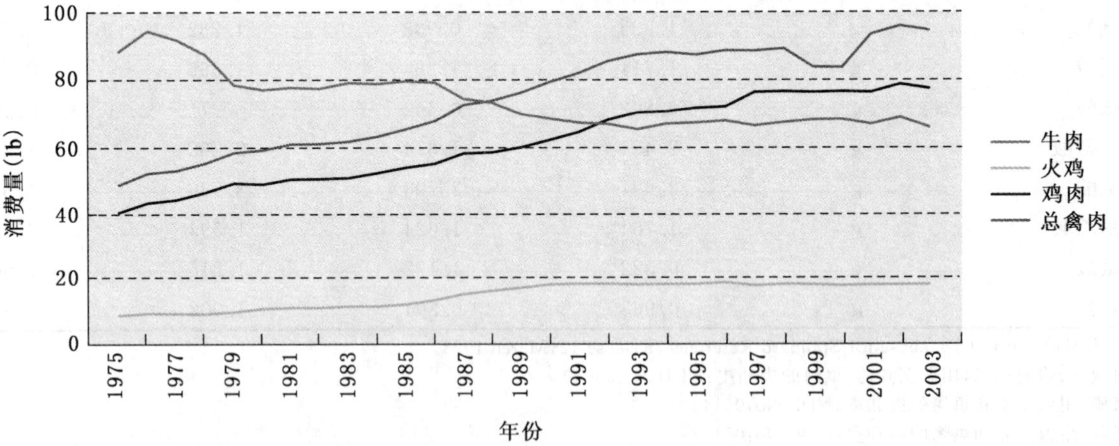

图 18-24 1975—2003 年的人均禽肉消费量。(来源：Based on USDA-ERS, 2004b)

肉鸡的消费和生产

由于大的消费需求肉鸡生产有着持续的发展,虽然本世纪初肉用仔鸡产量的增长率相当慢。(图 18-10)。鸡肉的人均消费量在稳固的增长(图 18-24),没有办法可以预测消费量会下降还是保持一个稳定的水平。那么鸡肉消费量增长的原因是什么?

成本优势

与其他的肉相比,鸡肉在生产成本上占有优势。这个行业生产肉鸡日益增多,同时也在不断降低市场价格。大多数市场分析表明这就是鸡肉可以抗衡牛肉的主要原因。然而除了价格还有很多因素在发挥作用。如果价格是唯一的因素,那么消费者就可以购买更多磅的肉,因为他们可以花较少的钱购买到 1 lb 鸡肉。这就无法解释鸡肉、牛肉和猪肉在年消费总量中所占的比例都会增长的现象。牛肉的消费量减少,而鸡肉的消费量在增加(图 18-25)。

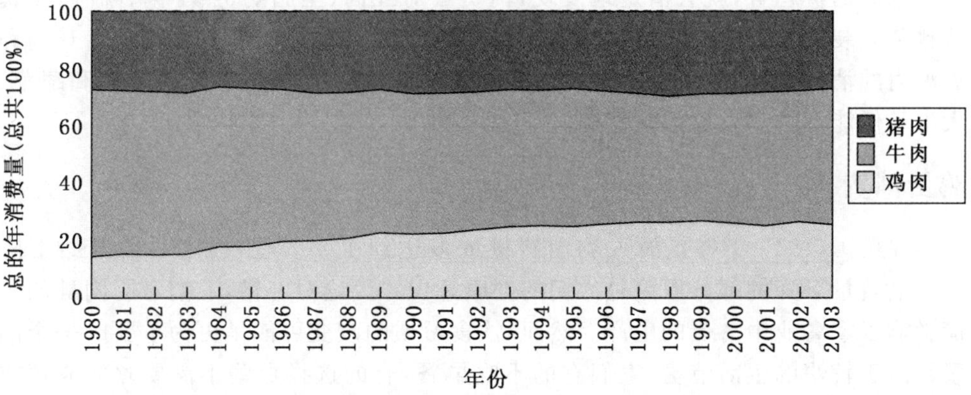

图 18-25 1980—2003 年鸡肉、牛肉和猪肉每年的产量比例。(来源:Based on USDA-ERS, 2004b)

便利

社会价值、生活方式和人口增长趋势的改变使快餐市场发展火爆。消费者赚了很多的钱但做饭的时间少了,他们更愿意买那些他们认为质量高、口感好、健康且方便的食物。禽肉的很多便利食品则成了人们喜欢的食物。家禽业在这方面的发展要优于牛肉业和猪肉业,并且一直保持着强劲的势头。他们将自己定位在食品行业而不属于肉类产业。观察家禽公司的广告词就会发现,基本上都有类似“高质量家用肉类产品”“便宜又易搭配的主菜”“多样且受孩子欢迎”“抓来就可走的便利食品”的短语,并且还经常出现的新词“新风味!新质地!新形式!新产品!”,这些人们对鸡肉都很感兴趣。也许对这些公司的关注最好的解释就是“我们把鸡肉变成消费者满意和信赖的产品”。家禽业将继续看重价格、包装、**新鲜度**、便利和口味。只要他们做这些事情,家禽业就将持续发展。

新鲜度
刚拔毛后冷冻、包装的家禽在未冻结前的一段时间。

快餐

鸡肉也是一种非常重要的快餐食品。Harland Sanders 可能并没有意识到他开的第一家餐馆给家禽业带来的影响。然而,在他去世之前,这位上校见证了好几代吃着“外皮松脆”或“独特风味”长大的美国人。肯德基炸鸡促进了鸡肉快餐业的变革。事实上,在每一个快餐店甚至加油站,快餐鸡肉都是很畅销的。

营养和健康意识

在食品的选择上,人们的营养和健康意识越来越强烈。人们认为 20 世纪 80 年代初是健康意识产生的时期,不过早在这之前人们的饮食习惯也发生了变化。禽类产品是非常好的食物。它们有营养,和其他的肉比有更多的瘦肉,还是人们公认的健康食品。禽类产品尤其受到肥胖消费者的欢迎,这让禽肉的竞争者很嫉妒。纵观消费趋势,就会清楚地发现,消费者对红肉、全脂奶、羔羊肉、咖啡、酒精饮料和罐装蔬菜水果的消费量减少,同时对禽肉的人均消费量却在增加。鸡肉和火鸡肉的消费比例都在增加,它们与有着健康食品称号的奶酪、新鲜水果和蔬菜、大米和低能量的甜食形成了竞争。

鸡蛋消费

在美国,1945 年鸡蛋的人均消费量最多达到了 403 枚,但之后就开始下降了。消费量下降的部分原因是人们的健康意识。无论对与错,人们对胆固醇的恐慌影响了家禽业中禽蛋的生产。然而,饮食习惯的改变可能是更为重要的一个因素。由于较快的生活节奏,人们有的不吃早餐,有的选择那些不需要煮的成杯或者成包的早餐。可以拿在手里边走边吃的早餐成了受欢迎的食物。另一个问题是传统上只有早餐吃鸡蛋,而且鸡蛋没有被制作成更为多样便利的食品。消费市场的低迷是在 1991 年,人均消费量仅 233 枚。然而,20 世纪 90 年代蛋消费量趋于稳定,并且事实上,在新的世纪消费量又有所增加。崇尚低碳水化合物饮食的人们认为鸡蛋是一种可塑的易做的食物,因而又添加到他们的饮食中了。此外,在深受消费者喜爱的深加工产品中鸡蛋也是一种重要的配料。鸡蛋在深加工产品中的作用,以及人们对饮食中鸡蛋的营养价值态度的改变,似乎正在使鸡蛋的消费量得到“恢复”。现在美国的人均鸡蛋消费量大约是 255 枚(图 18-26)。

胆固醇

近 20 年来,人们对于胆固醇的担忧成为消费方面的主流。基于这样的假定:循环血液中胆固醇的含量直接决定于食物中胆固醇的数量,早期一些健康专家就建议减少饮食中的胆固醇。后来许多科学家一次又一次地提醒说它们之间没有

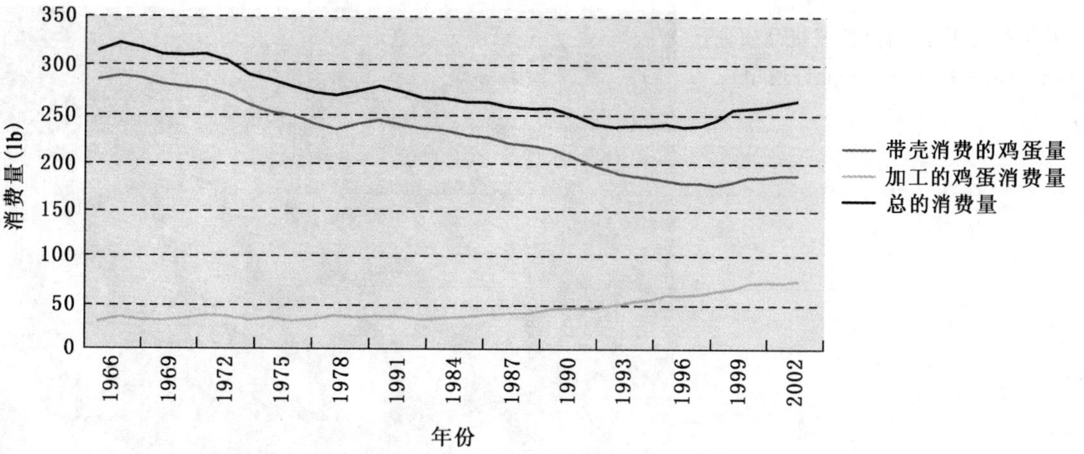

图 18-26　美国人均鸡蛋消费量。(来源:USDA-ERS，2004)

必然的联系。因为鸡蛋中含有胆固醇，所以它们就成了一种问题食物。但越来越多的证据表明食物中胆固醇的含量对血液中胆固醇的含量影响很小，其他因素例如食物中总的脂肪含量、运动、遗传和几个别的因素则更为重要。

从过去 35 年的报道中可知，一个健康正常的人可以把饮食中 100 mg/d 的胆固醇转化为 2.5 mg/dl 血液中的胆固醇。15%～20%的人对食物中的胆固醇比较敏感，或许是因为遗传因素。所有这些都表明将食物中胆固醇的摄入量从 400 mg/d 减少到 300 mg/d，将会使那些对胆固醇敏感的人血浆中胆固醇的含量下降 3.2 mg/dl，而对胆固醇不敏感的人仅仅下降 1.6 mg/dl，当然其他因素更为重要。这对于蛋的生产者和消费者来说都是好消息。

食物安全要点

农业部的食品安全检测局控制禽肉加工所需的设备。食品和药物管理部门控制饲料、饲料添加剂和动物健康产品。环境保护机构控制杀虫剂的用量。所有这些组织都具有令人放心的记录确保所提供的食物是安全的。当然，一些机构也正在提高服务。食品的安全性是一件非常重要的事情。这个行业必须向其他食品行业所做的一样——它们必须提供所能提供的最安全的食品。

鸡蛋

为了保证消费质量，人们将鸡蛋洗干净并且分了等级。冲洗可以消除蛋壳上的灰尘及细菌。分等级可以从消费市场上剔除裂蛋、**血蛋**和**脏蛋**。在农场人们将鸡蛋冷冻然后运输到各地。美国农业部蛋产品监督法案没有明确定义新鲜蛋。然而，大多数市场上的鸡蛋是产下 1～7 d 的鸡蛋。这种速度可以保证能提供一种新鲜安全的食品(图 18-27)。

血蛋
鸡蛋里有血色斑点，可能是蛋在卵巢和输卵管时血管破裂引起的。

脏蛋
蛋壳上有脏的排泄物或者其他的东西。

图 18-27 鸡蛋被洗干净，而且按照蛋品质分出等级。（Dr. Joe G. Berry 摄，经允许使用）

鸡蛋和沙门氏菌 鸡蛋在被沙门氏菌感染前，其内部通常是无菌的。人们发现沙门氏菌可以悄悄感染表面健康的母鸡的卵巢，并且在蛋壳形成之前就污染了鸡蛋。被影响的鸡蛋是少量的。检验出有沙门氏菌的鸡群，每 10 000 枚鸡蛋中仅有 1 枚感染。这就转化成自然状态下每 20 000 枚鸡蛋中有 1 枚鸡蛋被感染。发现一枚被感染鸡蛋的概率是 0.005%。即便是一枚感染的蛋，经过合理的处理和冷冻后其中所含的微生物的数量也是很少的，所以一个健康的人不可能轻易致病。然而，如果鸡蛋没有被合理地冷冻或者烹调，生吃，问题就会很容易出现。如果在没有烹饪的食物中使用了被感染的生鸡蛋，健康的人就很可能生病，特别是没有被合理地冷冻过的鸡蛋。当健康的成人和儿童有可能发生了与鸡蛋有关的沙门氏菌病时，老人、婴儿和具有较弱免疫系统的成人就更易患重病，相对数量较小的细菌也会引起严重的疾病。沙门氏菌引起死亡的大多数都是疗养院的老人。为高危病人准备的鸡蛋必须彻底煮熟并且要合理食用。2004 年 9 月，FDA 通过了一项经提议的规则，这项规则是关于减少沙门氏菌的农场的措施。可以从 FDA 的网站上查找到这项规则的具体条例。仅仅从安全方面考虑，人们不应该吃生的未经高温消毒的鸡蛋。由于生食或者食用未煮熟的带壳鸡蛋容易引起沙门氏菌的感染，其他的关于阻止这类感染的信息在这些网站上是可见的：http://www.cdc.gov/ncidod/dbmd/diseaseinfo/salment_g.htm；http://vm.cfsan.fda.gov/~dms/fs-eggs.html；http://vm.cfsan.fda.gov/~dms/fs-eggs2.html；and http://www.foodsafety.gov/~fsg/ceggs.html。

禽肉

禽肉没有被与碎牛肉有关的食物中的病毒过度感染。主要是因为禽肉很少以碎肉产品出售，而且因为禽肉会被深加工，受到严格的质量控制。HACCP 帮助所有的肉类企业可以提供更安全的产品。

整合和合并

家禽生产的各个环节正在并将继续向更专业化、规模化的方向发展，更集中于少量的农场并且更垂直一体化。越来越多的整合后企业倾向于拥有所有生产环节，而不是以契约方式联合。图 18-28 是肉鸡舍饲。

图 18-28 肉鸡行业是个高度集约化的行业。肉鸡在这样的鸡舍里生长。（Garry D. McMichael 摄，Photo Researchers，Inc. 提供）

科技革新和标准

在生物学和所有家畜业的技术方面，家禽业取得了戏剧化的进步。自从 1925 年，肉鸡上市的时间从 15 周龄提前到 6 周龄左右，所需要的饲料减少了一半。现在生产 1 lb 的肉仅需要 2 lb 的饲料。每只母鸡的产蛋数翻了 2 倍还多。这些进步主要是因为企业积极利用了现代化和科技创新，这种局面会持续存在。生物工艺学使我们增加了产量及禽肉生产各个部门的效率。机械化将成为减少劳动力措施一个重要的部分。

废弃物处理

家禽场将会面对关于垃圾和死鸡处置问题的法律。2002 年 12 月 15 号，关于 CAFOs 的一系列新规则生效，EPA 是这些规则的管理者。这个条例及其说明材料可以从 http://cfpub.epa.gov/npdes/afo/cafofinalrule.cfm 中获得，或者写信给 EPA。EPA 无疑会被给与更多的法律来管理禽类废弃物的处理方式。

生物技术

生物技术对家禽生产者有很大帮助，其产品具有抗疾病和治疗疾病的作用。此外，适应市场的选择会加快遗传进展。一旦人们绘制出完整的基因组，就有可能创造出遗传物质改变的家禽，进而生产含有特殊物质的蛋，正如其他物种一样。这样家禽就可能以新的有趣的方式为人类的福利做贡献(图 18-29)。

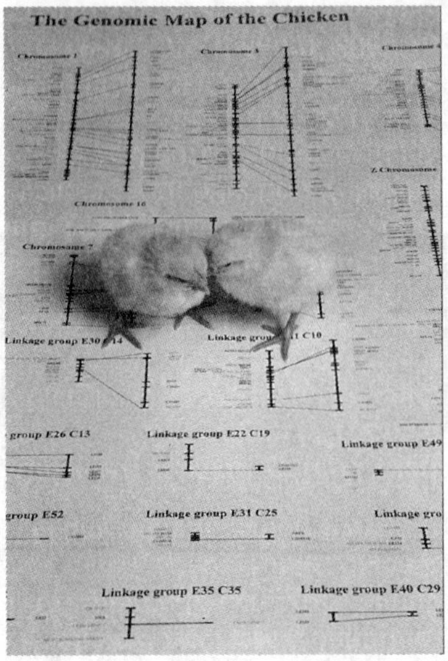

图 18-29 鸡基因图谱上的雏鸡。鸡的基因组有 39 对染色体，而人类的基因组是 23 对。（Peggy Greb. 摄，Agricultural Research Service 提供）

动物福利

动物福利倡议者长久以来一直反对家禽的笼养，他们认为不应该将蛋鸡圈在笼子里，而应该散养。2000 年 10 月，UEP 颁布了动物牧业指导条例，要求生产者扩大笼子，使每只鸡有 67～86 in^2 的活动范围，并且加强对禽群的关注及其他的舒适性。UEP 代表了美国鸡蛋产业中 80%的生产者。然而 2000 年 8 月，McDonald's Corporation 对鸡蛋生产者提出了一系列有关动物福利的条例，这让工业界恐慌（http://www.mcdonalds.com/countries/usa/good/products/hen.html）。Wendy's 和 Burger King 相继提出了他们自己的条例。其他人也提出了相似的步骤，而且有更多的人效仿。禽业和所有的动物工业在改变动物产品的生产中将会面对愈来愈多的压力。

行业组织

American Association of Avian Pathologists
Address: 953 College Station Road
Athens, GA 30602-4875
Phone: 706-542-5645
http://www.aaap.info/
E-mail: AAAP@uga.edu

American Bantam Association
Eleanor Vinhage, Secretary/Treasurer
Address: P.O. Box 127, Augusta, NJ 07822
Phone: (973)383-6944
http://www.bantamclub.com/

American Egg Board
Address: 1460 Renaissance Drive, Park Ridge, IL 60068
Phone: (847)296-7043; fax (847)296-7007
http://www.aeb.org/
E-mail: aeb@aeb.org

American Emu Association
Address: P.O. Box 224, Sixes, OR 97476
Phone: (541)332-0675
http://www.aea-emu.org/
E-mail: info@aea-emu.org

American Livestock Breeds Conservancy
Address: P.O. Box 477, Pittsboro, NC 27312
Phone: (919)542-5704; fax (919)545-0022
http://www.albc-usa.org
E-mail: albc@albc-usa.org

American Ostrich Association
Address: P.O. Box 163, Ranger, TX 76470
Phone: (254)647-1645; fax (254)647-1645
http://www.ostriches.org
E-mail: aoa@ostriches.org

American Poultry Association
Danny Padgett, President
Address: P.O. Box 2209, Mango, FL 33550
Phone: (508)473-8769
http://www.ampltya.com/
E-mail: npadgett@alltel.net

American Poultry Historical Society
Address: Animal Sciences Building, 1675 Observatory Drive, Room 260
Madison, WI 53706
Phone: (608)262-9764

International Waterfowl Breeder's Association (IWBA)
Address: Box 212, Mayfield, NY 12117
Phone: (518)661-6645
http://www.home.alltel.net/md44721/

Southern Poultry Science Association
c/o Nick Dale
Address: University of Georgia, Department of Poultry Science,
Athens, GA 30602-2772
Phone: (706)542-1827; fax (706)542-1351

World's Poultry Science Association
World Secretary Dr. Ir P. C. M. Simons
Address: World's Poultry Science Association, Centre for Applied Research
"Het Spelderholt," P.O. Box 31, 7360 AA Beekbergen, The Netherlands
Fax +31 55 506 4858
USA Branch: Dr. C. R. Parkhurst, North Carolina Univ., Dept. of Poultry Science,
Box 7608, Raleigh, NC 27695
Phone: (919)737-2628; fax (919)737-2625
E-mail: carm_parkhurst@ncsu.edu
http://www.wpsa.com/wpsa2/

概要和结论

家禽业是一项庞大繁荣的产业，以蛋肉型的鸡和产肉的火鸡为基础。另外还有大量有业余爱好的饲养者还饲养了一定数量的其他物种，如鸭子、鹅、鸽子和孔雀等(图 18-30)。禽业总的年收入大约是 240 亿。美国家禽业的主要目的是为人类提供廉价的蛋白质来源。它食用谷类和一些副产品，然后有效地转化成肉和蛋。这些产品是市场上能买到的最好的高质量蛋白之一。商业家禽业的结构体系是垂直一体化。家禽的育种和选择在以下 3 个方面不同于大动物的育种：(1)世代间隔短和后代数量多使家禽的育种更灵活；(2)它是受现代动物育种和选

公鸡
1 年左右的公鸡。

小公鸡
不到 1 年的公鸡。

肉仔鸡
用于产肉的小鸡。一般在 6 周龄或者更小的时候屠宰。通常可以和炸鸡通用。

肉用鸭或烤鸭
通常指喂到 8 周龄的小鸭，喙必须是软的体重达到 3～6.5 lb。

烤鸭
指喂到 16 周龄的小鸭，通常体重达到 4～7 lb。

成熟的鸭或者淘汰鸭
鸭的酮体比较硬，肉通常用来加工产品。

育成鹅和小鹅
育成鹅是体重在 12～14 lb 的小鹅。小鹅体重通常 8 lb 左右。

成熟鹅或淘汰鹅
淘汰的鹅通常用来加工产品。

雄鹅
公鹅。

家禽的情况	
这里有 4 个主要的鸡品种	
美洲品种	普利茅斯，怀恩多特鸡，洛岛红，新汉普夏，泽西黑鸡，洛岛白，爪哇和荷兰鸡
地中海品种	来航，米诺卡鸡，西班牙鸡
英国品种	考尼什鸡，苏塞克斯鸡，红帽鸡
亚洲品种	印度大种鸡
输卵管中蛋的形成需要 24.5～25.5 h	在漏斗管发育 15 min；蛋清在膨大部沉积 3 h；两层壳膜在峡部形成 1/4～1 h；蛋壳在子宫部形成需 20～21 h；下蛋需 1min
每年每只鸡的产蛋数	1937 ＝ 120～130；1990s ＝250～260
母公的比例	轻型品种 15～20/公鸡，一般品种 10～15/公鸡，大型品种 8～12/公鸡
孵化和出雏	98.6～100.4℉下入孵 21 d，每天翻蛋 1～2 次
美国蛋重标准	巨大蛋(30)，超大蛋(27)，大蛋(24)，中等蛋(21)，小蛋(18)，超小蛋(15)
美国蛋等级	根据蛋壳、气囊、蛋白和蛋黄等品质分 AA，A，B
不同阶段鸡的名字	雄禽和公鸡，母鸡，育肥公鸡，小公鸡，小母鸡
家禽的市场分类	斗母鸡，肉仔鸡和烤鸡，育肥公鸡，育肥公鹿，酱鸡，大公鸡
鸭鹅的市场分类	肉用鸭或烤鸭，烤鸭，成熟的鸭或者淘汰鸭，育成鹅和小鹅，成熟鹅或淘汰鹅，雄鹅
鸡冠	家禽头顶上的新鲜突起，它的形状包括：(1)羽毛冠，(2)垫冠，(3)豆冠，(4)玫瑰冠，(5)丝羽冠，(6)单冠，(7)草莓冠，(8)V 开冠

图 18-30 鹅产业在家禽业中占了很少的一部分。(Sami Sarkis 摄,Getty Inages,Inc./PhotoDisc,Inc.提供)

择技术影响最大的行业,并取得了最大的进步;(3)极少一部分人可以做全部的决定。家禽的遗传结构中大多数的经济性状是数量性状。这些性状包括产蛋潜力、蛋的大小、生长速度、蛋的构造等。通常这些性状比其他的简单性状更难取得进展。一般而言,鸡有2种类型:产肉型和产蛋型。但是,这个概念不足以全面地解释家禽。鸡以多种颜色、大小和外形存在,并且这些性状有350多种组合形式,其他物种也进化出不同的特征。为了鉴别和区分这些物种,将它们分为物种、品种、品系和家系。因为繁殖后代而将不同的家禽品种分类的这种方式与所有物种的都相似。不管是作为一种爱好养鸟,还是以大规模的商业形式生产,都是一样的。鸡蛋没有正确孵化的原因可能是由于育种群的管理方式、孵化程序或者育种群和最终孵化期间的任何一步出错。随着现代生产体系的到来,家禽育种比其他物种育种的变化更大。这种变化的主要原因是大部分家禽是运用科技而集约化饲养的。禽肉的营养也较其他畜种更具争议性、更复杂,这样对禽肉生产者来说也就具有更大的挑战。最近鸡蛋的需求量增加,火鸡产量稳定,肉鸡的人均消费量也在增加。没有人能预测这个领域内的变化。

习题

1. 家禽业对美国农业经济方面的贡献是什么?在经济重要性方面,如何比较禽类和其他畜种?

2. 家禽业中除了鸡和火鸡,还有哪些物种?它们有什么地位?

3. 美国家禽业的目的是什么?从育种和资源利用方面描述这个问题。爱好者的作用是什么?

4.追溯从早期殖民时代到现代综合育种的家禽业的发展。

5.简要描述美国现代肉鸡业的结构。比较与火鸡和鸡蛋生产的差异。每个行业主要分布在哪里?

6.描述一个典型的综合肉鸡公司和一个笼养鸡公司。

7.描述家禽遗传育种不同于其他畜种的3种主要方式。

8.家禽育种措施中主要的育种方法有哪些?

9.通常有两种类型的鸡。它们是什么?

10.建立可以区分鸡不同品种的体系,简单描述出物种、品种、品系和家系的概念。

11.《美国完美标准》是什么?

12.现代家禽生产中品种的重要性是什么?对爱好者来说,品种的重要性是什么?

13.生产种蛋的主要交配体系是什么?

14.描述如何对种蛋进行选择、储存以及孵化以获得最大孵化率。

15.为什么家禽的营养比其他物种更复杂?从成分和数量方面比较和对照家禽分配的不同类型。这些不同的原因是什么?什么是不偏食的人?

16.描述保存家禽群体的重要生物安全措施。为什么国家家禽改进计划形成?

17.简要讨论各章描述的各种禽肉以及鸡蛋的营养价值。

18.美国的人均禽肉消费量是多少?持续增加的原因是什么?

19.简要描述家禽业的发展趋势。

20.鸡用于研究的原因是什么?

参考文献

Angulo F. J., and D. L. Swerdlow. 1998. *Salmonella enteritidis* infections in the United States. *Journal of the American Veterinary Medical Association* 213:1729–1731.

Bradley, F. A. 1998. *The ratite meat industry.* Poultry Fact Sheet No. 17b. Davis, CA: Cooperative Extension, Animal Sciences Department, University of California.

Carey, J. B., J. F. Prochaska, and J. S. Jeffery. 1999. *Poultry facility biosecurity.* Pub # L-5182. College Station, TX: Texas Agricultural Extension Service, Texas A&M University System.

Cattle Feeders Annual, 1991–2004. Amarillo, TX: Texas Cattle Feeders Association.

Ensminger, M. E. 1991. *Animal science.* 9th ed. Danville, IL: Interstate Publishers.

Ensminger, M. E. 1992. *Poultry science.* 3rd ed. Danville, IL: Interstate Publishers.

FAO. 2004. *FAOSTAT statistics database. Agricultural production and production indices data.* http://apps.fao.org/.

Ferket, P. R., and G. S. Davis. 1998. *Feeding ducks.* Publication PS Facts #2. Raleigh, NC: North Carolina State University Extension. http://www.ces.ncsu.edu/depts/poulsci/.

Food and Drug Administration. 1999. *Food code.* Washington, DC: U.S. Department of Health and Human Services, Food and Drug Administration.

Food Safety Inspection Service. 1998. *Refrigeration and labeling requirements for shell eggs* [Final rule]. Federal Register 63:45663-75.

Hanke, O. A., J. K. Skinner, and J. H. Florea. 1974. *American poultry history, 1823–1973.* Mount Morris, IL: American Poultry Historical Society, Inc.

Kellems, R. O., and D. C. Church. 1998. *Livestock feeds and feeding.* Upper Saddle River, NJ: Prentice-Hall.

Moreng, R. E., and J. S. Avens. 1985. *Poultry science and production.* Reston, VA: Reston Publishing Company, Inc.

North, M. O. 1984. *Commercial chicken production manual.* 3rd ed. Westport, CT: AVI Publishing Co., Inc.

Perez, A., and L. A. Christensen. May 1990. *Recent developments in the location and size of broiler growout operations.* USDA-ERS LPS-41.

President's Council on Food Safety. 1999. Egg safety from production to consumption: An action plan to eliminate *Salmonella enteritidis* illnesses due to eggs. Washington, DC: President's Council on Food Safety.

Schrader, L. F., H. E. Larzelere, G. B. Rogers, and O. D. Forker. 1978. *The egg subsector of U.S. agriculture: A review of organization and performance.* N.C. Project 117. Monograph #6. West Lafayette, IN: Purdue University.

Skinner, J. 1978. *Chicken breeds and varieties bulletin.* A2880. Madison, WI: University of Wisconsin Extension.

Smith, T. W. 1997. *Hatching quality chicks.* Publication 1182. Extension Service of Mississippi State University, cooperating with U.S. Department of Agriculture. http://www.msstate.edu/dept/poultry/exthatch.htm.

Taylor, R. E., and T. G. Field. 1998. *Scientific farm animal production.* 6th ed. Upper Saddle River, NJ: Prentice-Hall.

USDA. 1990. *U.S. egg and poultry statistical series, 1960–90.* ERS Statistical Bulletin No. 833.

USDA. 1997. *USDA nutrient database for standard reference.* Release 11-1. Nutrient Data Laboratory home page: http://www.nal.usda.gov/fnic/foodcomp.

USDA. 1998. *USDA nutrient database for standard reference.* Release 12. Nutrient Data Laboratory home page: http://www.nal.usda.gov/fnic/foodcomp.

USDA-ERS. 2003. *Livestock, dairy, and poultry outlook.* June 2003. Accessed online August 18, 2004. http://www.ers.usda.gov/Briefing/Dairy/.

USDA-ERS. 2004a. *Farm income data.* Accessed online August 7, 2004. http://www.ers.usda.gov/Data/farmincome/finfidmu.htm.

USDA-ERS. 2004b. *Food consumption (per capita) data system.* Accessed online September 2004. http://www.ers.usda.gov/data/FoodConsumption/.

USDA-ERS. 2004c. *Red meat yearbook.* Table 114. Accessed online August 11, 2004. http://www.ers.usda.gov/data/sdp/view.asp?f=livestock/94006/.

USDA-NASS. Dec. 1989. *Chickens and eggs final estimates, 1984–87.* Statistical Bulletin No. 801. Washington, DC: National Agricultural Statistics Service, USDA.

USDA-NASS. 1990. *Poultry. Production and value final estimates for 1984–87.* Statistical Bulletin No. 806. Washington, DC: National Agricultural Statistics Service, USDA.

USDA-NASS. 2004. *2004 Census of agriculture.* Washington, DC: National Agricultural Statistics Service, USDA.

USDA-NASS. 2004a. *Agricultural statistics data base.* Accessed online August 2004. http://www.nass.usda.gov:81/ipedb/.

USDA-NASS. 2004b. *Statistical highlights of U.S. agriculture 2002 & 2003.* Accessed online August 2004. http://www.usda.gov/nass/pubs/stathigh/content.htm.

USDA-NASS. 2004c. *USDA-NASS agricultural statistics 2004.* Accessed online September 2004. http://www.usda.gov/nass/pubs/agr04/acro04.htm.

USDA-NASS. April 2004. *Poultry production and value.* Washington, DC: National Agricultural Statistics Service, USDA.

Voris, J. C. 1997. *California turkey production.* Poultry Fact Sheet No. 16c. Parlier, CA: Cooperative Extension, Avian Sciences Department, University of California.

第19章

猪

学习目标

学完本章后，应该能够：

1. 解释猪在美国农业中的地位。
2. 描述美国养猪业的目的和价值。
3. 简述美国养猪业的历史。
4. 描述养猪业的组成和结构并解释结构是如何变化的。
5. 精确指出美国养猪业的地理布局并解释布局是如何变化的。
6. 量化遗传学在养猪业中的作用。
7. 解释品种在美国养猪业中的作用并讨论该角色的变化。
8. 描述理想上市猪的特征。
9. 解释主要的猪育种方案。
10. 列出种猪繁殖效率管理的基本要点。
11. 描述不同类型猪的饲养管理实践。
12. 解释猪群健康管理的概念并根据养猪生产描述其细节。
13. 解释猪肉对人类营养的益处。
14. 讨论养猪业的趋势，包括将来可能影响到该行业的因素。

关键术语

保育猪	母猪	杂食动物
背膘厚	青年母猪	杂种优势
闭锁群	全价日粮	展览猪
哺乳仔猪	妊娠	种猪测定和遗传评估体系
单胃消化道	生长肥育猪	猪肉(pig meat)
断奶	生物安全	猪肉(pork)

肥育	世代间隔	猪肉质量保证计划
分娩	适口性	猪生长激素
高营养食品	饲料效率	自由采食
公猪	阉公猪	最佳生长
交叉寄养	幼畜补饲栏	

猪的科学分类

门:脊椎动物
亚门:脊椎动物
纲:哺乳动物
目:偶蹄目
亚目:猪亚目
科:猪科
属:猪属
种:家猪

养猪业在美国农业中的地位

养猪业是美国农业的重要组成部分,它没有经历肉牛业般的滑坡,而且还以和养禽业一样的活力继续增长,不过获取更多的市场份额会很困难。无论如何,养猪业已经紧紧抓住自己的那部分市场。生猪在美国农业动物重要性中排名第四。猪肉生产的年产值在 20 世纪 90 年代从 85 亿美元增长到 130 亿美元,平均每年 100 亿美元,那是养猪业迅猛发展的十年。现在,生猪生产所得组成是全美农业生产现金所得的 6%(图 19-1),全美动物农业现金所得的 11%(图 19-2)。有 3 个州每年各自的总收入中超过 10 亿美元来自生猪生产,另外有 5 个州超过 5 亿美元,13 个州超过 1 亿美元。在 12 个州的日用品调查中,猪肉排名前五。美国人口只占世界总人口的 4.7%,却生产着世界上 9.3%的**猪肉**,6.3%生猪。目前,美国生猪数量虽然与牛的数量接近,但是因为体型小、单价低,所以总的价值较牛业小。不过,在美国养猪业仍然是一个主要的产业、一个有发展的产业、一个有科技含量和一个发人深省的产业。养猪业的发展如此迅速,以至于 20 世纪 90 年代末产生了猪肉过剩的问题,余波影响了 21 世纪数年。

猪肉(pig meat)
生猪身上的肉,与 pork 同义。

猪肉(pork)
生猪身上的肉,世界上很多国家都喜欢用 pig meat 这个术语。

美国养猪业的目的

美国养猪业的目的是利用剩余的谷物产品和高质量的饲料副产品生产肉类。美国有能力生产出大大超过人民生活需要和出口的谷物。猪是单胃动物,所以只能采食很少的饲草,然而,它们却是所用家畜中把谷物转化成红肉效率最高的动

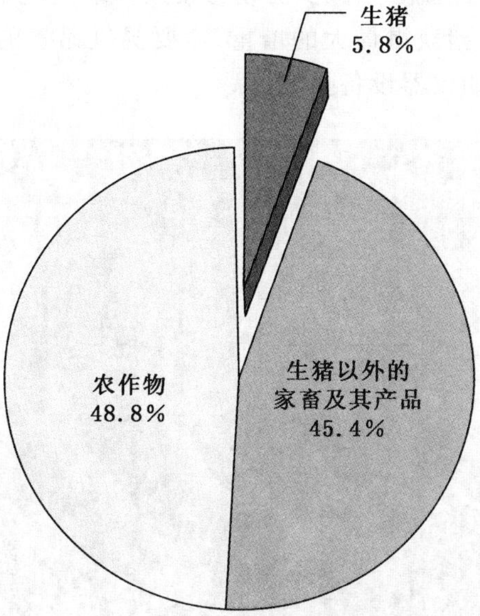

图 19-1 2000—2002 年猪场现金收入占全美农产品现金收入的比例。(来源:根据 USDA-ERS, 2004a)

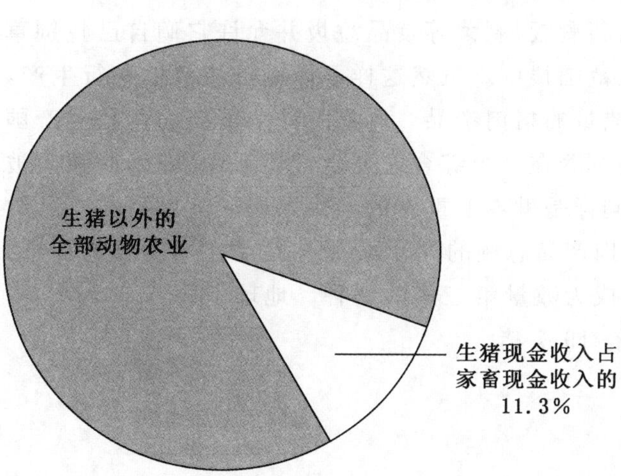

图 19-2 2000—2002 年猪场年现金收入占动物农业现金收入的比例。(来源:根据 USDA-ERS, 2004a)

物(图 19-3)。丰富的谷物产品可以用来获得和创造更多的市场价值。像其他消耗谷物的动物品种一样,猪也有助于调节谷物价格的波动,避免价格过度波动扰乱作物生产而威胁到农业经济和人民生活所消费谷物的供应。由于猪**单胃动物**的特性,它们需要高能量的饲料来进行高效率生产。饲料成本是高额且固定的投

单胃动物

没有瘤胃的一类动物,例如人。单胃动物比瘤胃动物需要更好的日粮。

入，要生产出经济的产品就必须减少劳动力投入和缩短上市时间来使生产效率达到最大。因此，为了使猪获得最大的增重，需要提供昂贵的分娩设备和高能量的饲粮。这就需要很大的仪器设备投资。

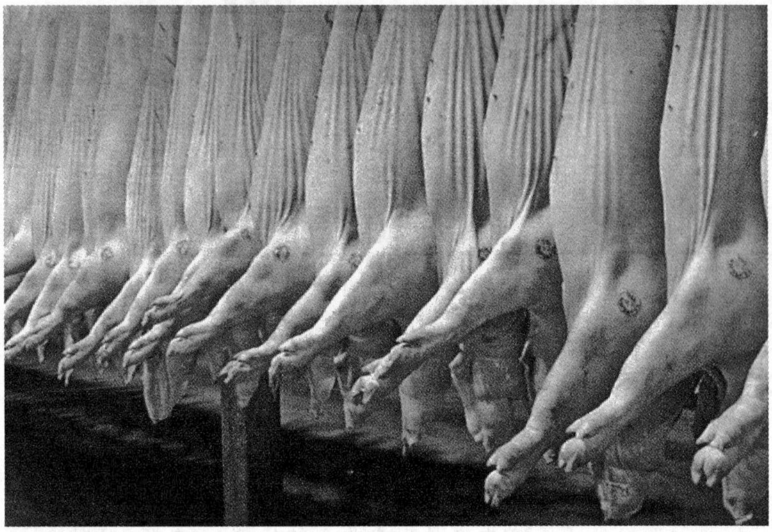

图 19-3 养猪的目的是把剩余谷物和饲料副产品转化成肉。(National Pork Producers Council 提供)

杂食动物
不仅吃植物性食物也吃动物性食物的动物。

尽管猪是单胃动物，但是它遍布全世界，包括发展中国家。当没有谷物饲喂时，人们喂给猪剩饭、剩菜等食品垃圾并允许它们自己找饲草吃。作为**杂食动物**，猪的采食范围很广。虽然这样不能经济高效地进行生产，但它们仍然能为人们提供高质量的猪肉产品。世界上一个重要的生猪生产国就是中国。在中国，大部分猪饲养在一个综合农业生产体系中，即猪的粪便被利用作为农作物的肥料。猪同样是世界上重要的肉用家畜。世界猪肉产品约是牛肉产品的1.7倍，占世界肉产品总额的38%以上。猪是肉用动物的首选，世界上有超过9.5亿头猪，猪成为数量第三多的物种。地球上每6.6个人就有一头猪，每平方英里面积就有19头猪。

历史透视

公元前8 000年左右，猪和山羊、绵羊几乎同时被人类驯养。1493年，在哥伦布的第二次航海时，第一次把8头猪带到了西印度群岛——首次将猪带到另一个半球。1539年，赫南多·迪索托(Hernando DeSoto)把猪带到北美大陆，登陆于今天的佛罗里达州坦帕湾附近。在DeSoto 3年的探险中，最初的13头猪变成700头。即便其间还有许多猪被宰杀、被野兽吃掉、逃跑或者可能被交换给当地人，这也使得DeSoto当之无愧地成为北美大陆第一个养猪生产者。

当时猪被移民引入北美，在世界不同地方培育了已为大家接受的品种。英国移民自然带来了英格兰猪和爱尔兰猪，法国人将不同品种带到了加拿大和路易斯安那，西班牙人同样将不同品种带到了佛罗里达和墨西哥，猪种也有来自非洲。所有这些生猪都为美国猪种的培育做出了贡献。

在殖民时代，猪确立了它作为重要农业动物的地位。1641 年，殖民者已经建立了屠宰场，并开始出口腌肉和猪油(肉类加工这个术语就是始于这个时期的，源于殖民者们通过腌肉来保存肉类的实践活动中)。在这里比起在欧洲，猪得到了更好的照料，它们大多数可以自由活动和自由觅食，以植物根、块茎、果实、坚果、蘑菇、蛇、老鼠等为食。作为杂食动物，它们可以选择采食的食物范围很广，并且茁壮成长。到了秋天，大多数猪被圈起来宰杀掉，少数猪通过一些剩余谷物、剩菜或废弃牛奶进行肥育。

早期，猪瘦肉没有猪体脂(猪油)重要。猪油有很多用途，是一种值钱的可交换的产品。并且培育成专门沉积脂肪的生猪品种。直到 19 世纪中叶，田纳西州、肯塔基州和俄亥俄州地区的大部分玉米都被用来饲养生猪，之后猪以活体的形式进入市场。俄亥俄州的辛辛那提成为第一个猪肉屠宰中心，并以“猪肉城邦”闻名。1860 年，该中心转移到芝加哥。在那里，生猪通过铁路从全国各地运来，芝加哥成为“世界生猪屠夫”。

第一次世界大战以后，生猪生产和贸易都变得更加分散。屠宰场就建在生猪养殖地附近，主要在那些谷物生产区。当其他产品替代了猪油时，猪开始向瘦肉型转变。20 世纪 50 年代，日渐明显的农业结构调整也开始影响到养猪业。遗传学和性能评估方法的进步，杂交育种体系的建立，以及营养改善都提高了养猪效率和产量。新的疾病治疗、预防策略和工具都使得生猪可以集中饲养在很小的空间内。所有这些都促成了养猪企业占地更小，密度更大，猪则像其他农业动物一样部分或全部被定位饲养。

20 世纪 80～90 年代，养猪业以与日趋成熟的科学技术相结合为特征。并非所有生产者都能从当时的新技术中获利。非传统“生猪州”的生产者们成为重要群体，因为他们及时采用了已有的科学技术。这导致了产业结构的进一步调整，使像北卡罗来纳州这样的非传统养猪州一跃成为第二养猪大州，其他一些地位不突出的州也跃升到重要位置。例如，俄克拉荷马州 7 年间从 23 位跳到第 8 位。产业结构调整导致养猪大州间有明显的差别，一些州传统方法仍占主导，另一些“新养猪州”的特征则是采用更好的遗传学方法、更经济的饲养群体、更新的设备和管理体制。在这些新崛起的养猪地区，规模大并且有垂直综合结构的大型企业占领了统治地位。

图 19-4 显示的是美国生猪数量的历史记录。如果不考虑周期的上下波动，生猪数量自 1950 年以来几乎没有多少改变。然而，每头猪增加的红肉产量保证了瘦肉的供应，并且在这期间内人均消费保持相对稳定。

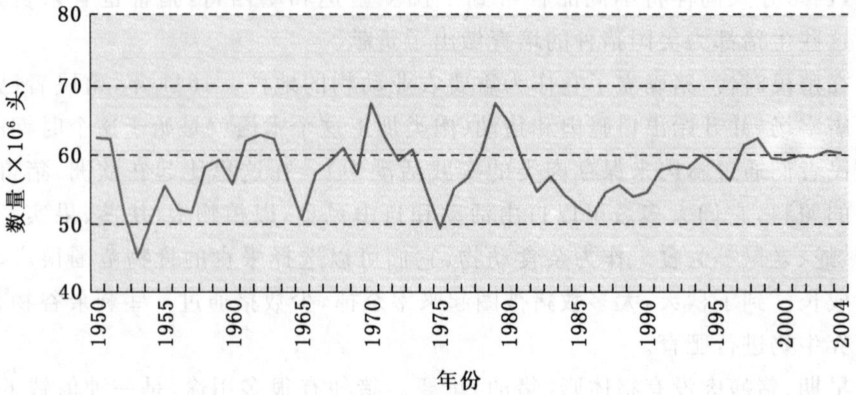

图 19-4 美国生猪数量的历史记录。(来源:USDA-NASS, 2004a)

产仔
这个词用于描述母猪生产小猪。

生长肥育猪
描述体重在 30～90 lb 间的猪。这个范围存在一些地方差异。

肥育
把猪养到达到上市体重的过程。

种公猪
未被阉割的专用于种用的公猪。

青年母猪
未产仔的母猪。有时生产者也用"头胎青年母猪"来指生完第一窝仔猪的母猪。

展览猪
育成专门展览用的猪,常由 4-H 和 FFA 的学生育成。

母猪
已经产过仔猪的母猪。

生物安全
设计用于最大限度地降低疾病从外传入养猪场内的防疫程序。

养猪业的结构

从养猪历史看来,如今的养猪业已经达到最精细的分工。通常,生猪从**产仔**后的仔猪到屠宰,除了种猪生产部门都属于同一养殖场。但一些专门化的猪场生产环节的细化已经非常明显,尤其在那些谷物产量不大的州。现在有 5 种主要的生猪生产场。

1. **仔猪生产** 生产者保留一个育种群并出售 10～15 lb 的断奶仔猪或 35～50 lb 的**生长肥育猪**。之后这些猪被运到有富余谷物的州进行**肥育**饲养。这样的生产场常位于谷物不足的州(图 19-5)。

2. **肥育** 生长肥育猪买来后饲喂到上市体重为 230～260 lb。生长肥育猪生产补充体系是必要的。如果买来的是断奶仔猪,企业就需要有保育设施来照顾仔猪直到体重达到可以进入肥育猪舍(图 19-6)。

3. **产仔到肥育** 拥有一个育种群,在同场自繁自养到上市体重(图 19-7)。

4. **纯种猪或种猪** 类似于产仔-肥育企业,只是它们的动物主要是**种公猪**和**青年母猪**或**展览猪**,这些猪可能是纯种也可能杂种(图 19-8)。

5. **综合合作生产** 这是在养猪业中唯一处于成长阶段的类型。综合场通常被称作产仔-肥育场,多数自产种猪。不同生长阶段的猪舍常常位于不同地点。例如,多个母猪舍相邻,却相距足够远以便猪舍间的**生物安全**测量容易操作。给断奶仔猪准备保育舍时常位于同一地点,或者附近。然而,当猪长到上市体重时,就会被转移到其他地方,可能是一个公司所属的场子,也可能是承包商的,可能在本州,也可能在其他谷物富裕的州。那些专用于提供精液给母猪配种的种公猪被集中饲养在一栋猪舍。精液从种公猪舍采集运送到母猪舍(图 19-9)。

图 19-5 仔猪场主要生产生长肥育猪，将它们卖给其他生产者肥育后上市。

图 19-6 肥育场买来生长肥育猪，把它们饲养到上市体重。（National Pork Producers Council 提供）

图 19-7 产仔-肥育场拥有一个繁殖群，在同场自繁自养到上市体重。

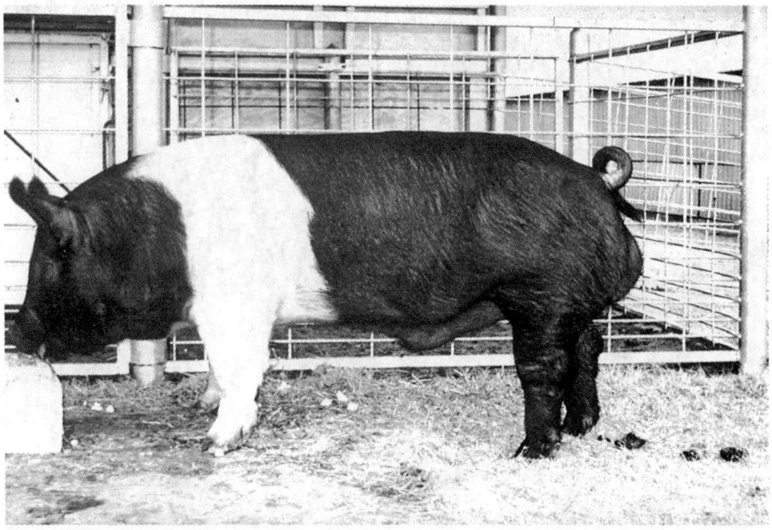

图 19-8 纯种猪和种猪场是特殊的产仔-肥育企业，只是它们的产品主要是种公猪、青年母猪和展览猪。

图 19-9 生产工艺的进步、猪舍的改善以及严格的生物安全措施已经使得设施内大密度地养猪成为可能。（National Pork Producers Council 提供）

随着新技术在养猪业的进一步应用，出现了更加综合性的养猪产业结构。综合性的合作生产带来了一些变化。第一，猪的所有权已经转移到了大畜舍的主人，即更多的猪属于更少的人。类似养禽业的集中系统已经形成，伴随普遍的合并现象，决策也合并集中起来。这些变化带来的最令人吃惊的结果是猪场规模和总养猪生产者数目的变化之大。1950 年，美国有 220 万养猪生产者，1970 年有 871 200 个猪场。但是到 1980 年，猪场减少了 23%，即只有 666 550 个。1990 年降到 268 140 个，10 年间缩减了将近 60%。更夸张的是养猪生产者数量在 2000 年降低到 87 470 个，差不多比 1990 年降低了 67%，而 2000 年的养猪生产者仅是 1970 年的 10%。实际上，这种下降的趋势还没有结束，相反它还在加速（图 19-10）。

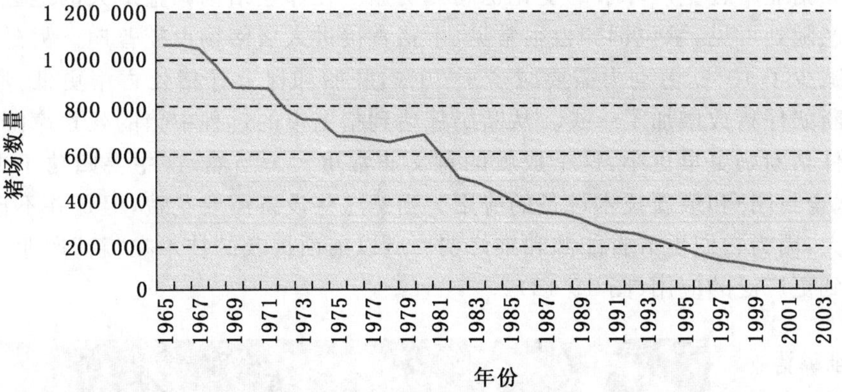

图 19-10 美国的猪场数量。1950 年，美国有 220 万个养猪生产者，而 2000 年的养猪生产者仅是 1970 年的 10%。实际上，这种下降的趋势还没有结束，相反还在加速。(来源：USDA-NASS，2004b)

第二，与养猪场数量骤减同时发生的是猪场规模的扩大。从 1970 年以来养猪行业的走向就是养殖场规模的扩大、从业人员的减少。小群体养殖渐渐消失，大群体养殖则越来越大(图 19-11)。其中一些配备了纵向综合畜舍。这些变化并非同步发生在不同地区和不同州。例如，爱荷华州还相对保持传统，而北卡罗来纳州、密西西比州、阿拉巴马州、肯塔基州、阿肯色州和俄克拉荷马州变化就很大。现在这个产业中有一些生产者被称为“百万生产者”。

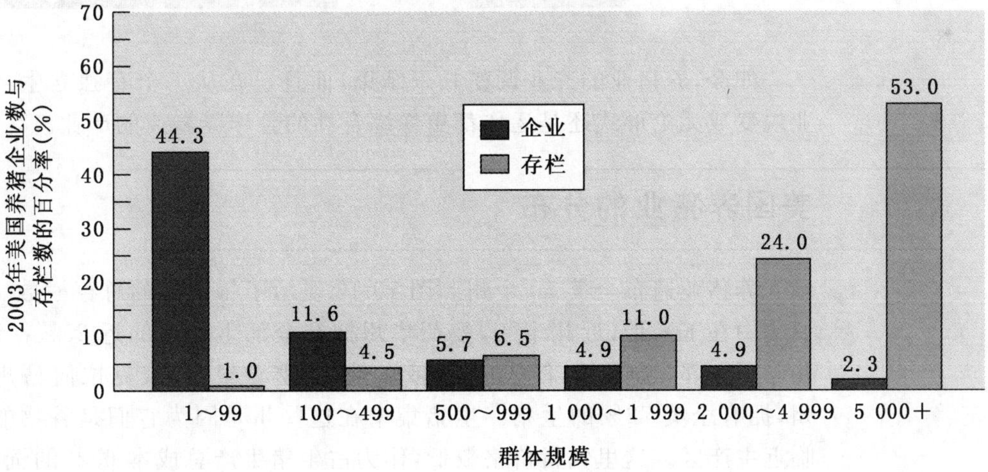

图 19-11 不同规模猪场数量和相应存栏量的比例。自 1970 年代以来美国养猪业的变化趋势，就是朝向更大规模的猪场和更少的生产者。如图所示，2003 年底，最大的 2.3% 的猪场控制了全美 53% 的猪，而超过 90% 的猪饲养在群体 1 000 头以上的猪场。(来源：USDA-NASS，2004b)

养猪业中各生产环节的变化也同样明显。在那些结构调整最大的地区，专门化生产随处可见，承包饲养也很常见，生猪直接进入屠宰场也较普遍。另外，饲料消耗减少了10%，劳动力需要减少了30%，胚胎和保育仔猪死亡率更低，所以每窝的**断奶**仔猪数增加了一头。从断奶仔猪到猪上市的过程中猪的死亡率降低了，同时仔猪断奶更早更小，这个成就的意义非常重大。当然，这主要归功于更好的设施（全封闭）和最新技术设备的应用。当然这些设备需要花费，但是并不比以前花费大，因为它们更节省能源和维修费。所以前面提及的技术在“新”产业结构地区得到更广泛的应用（图 19-12）。

断奶
让仔猪离开母猪，不再吃母乳的过程。

图 19-12 新技术的采用使一些州的养猪业大发展。在“新”区，断奶仔猪数比“老”区多一头。

如今，养猪业的产业调整并未结束，而且正在从一个有独立生产者组成的产业蜕变成无论形式还是运作都更像综合性的合作养禽业的产业。

美国养猪业的分布

养猪业遍布全美50个州。图 19-13 显示了每个州的总存栏数。可见生猪主要集中在玉米带，近几十年，爱荷华州拥有全部生猪量的近25%。现在，爱荷华州和周边邻州加上印第安纳州、俄亥俄州、密歇根州、俄克拉何马州以及肯萨斯州，拥有全美72%的生猪。生猪集中在这些州是因为它们是谷物的主产区或是临近主产区。这里饲料价格较低，作为占生猪生产总成本65%的饲料部分，低价饲料地区当然是养猪生产的有力磁场。同样，大多数大型屠宰场也位于这个区域，这样就更容易形成良好的市场。

即使有着低价谷物的强吸引力，传统玉米生产州还是逐渐失去全美生猪生产的霸主地位。当然它们仍然是目前主要的养猪业成员，但生猪生产带已经突破了玉米带的限制。近年来，北卡罗来纳州的崛起已经成为养猪业的传说。它曾经是

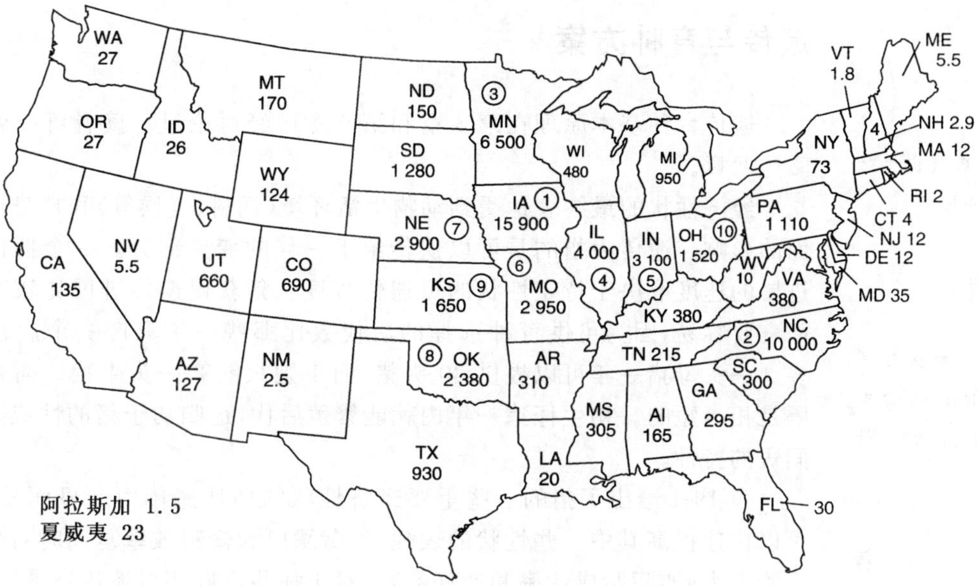

图 19-13 2003年的生猪存栏量(×1 000)。圈内序号表示生猪生产在前10名的州。养猪业遍布全美50个州,但主要集中在玉米带。最近几年,生猪生产带冲出了玉米带的界限。北卡罗来纳州和玉米带西南面的州发展成主要养猪地区。(来源:USDA-NASS, 2004b)

一个不起眼的养猪州,如今却成为第二养猪大州。其他的例如俄克拉何马州和科罗拉多州在1991年前都不算主要养猪州,现在都迅速发展起来。一些州的养猪业发展是跟随着养禽业的发展脚步而来的。实际上,一些的大养禽业主已经参与了养猪业。新地区崛起的其他原因还包括温和的气候,这意味着比玉米带投入更少资金到保温设备中,劳动力也相对便宜。而且,虽然谷物产量不富裕,但邻近地区或州却可以提供大量谷物。其实,养猪新区域崛起的真正推动力是它们愿意采用新的技术工艺。生产成本的降低和劳动效率的提高足以抵消饲料原料价格的差异。大生猪生产者向这些地区大迁移更加速了新兴养猪州的发展。

现在产业地理分布还在变化,生猪生产带从玉米带日渐分散,向东向南向西都有移动。从长远来看,向西面移动应该是主要方向。养猪业最终地理分布将受到以下6个方面影响:

1. 饲料供应。
2. 产业技术进步。
3. 交通运输便利程度。
4. 劳动力供应。
5. 特定州的规章制度和对设备的限制。
6. 燃料供应。

遗传与育种方案

世代间隔
在一个群体中，后代出生时其双亲的平均年龄。

妊娠
母猪怀孕的时期。

背膘
猪背部的脂肪。背膘与总体脂高度相关所以常常用于选择瘦肉型猪的测量指标。

饲料效率
动物增重1单位需要的饲料量。例如3∶1饲料效率表示，增重1单位需要饲喂3单位的饲料。这个比值越小越好，也叫做饲料转化率。

STAGES
种猪测定和遗传评估体系。一系列的分析纯种猪及其杂交后代性能数据的计算机程序。

遗传育种基本原理在第8章和第9章已经讨论过。读者可以就细节问题查阅这两章。

经济性状的最终表达受到动物生活环境（饲料、气候等）和自身遗传基础2方面的影响。遗传力指的是可以遗传给下一代的变异部分。一个群体的遗传改良进展的速度取决于特定性状的可遗传程度。猪获得遗传进展比较其他一些动物而言要容易，因为可供育种选择的后代数比那些一年只产一个后代的动物多得多。一头母猪一年可以提供30头猪，而牛则只能产一头牛犊。而且猪的**世代间隔**是相当短的。初生仔猪一年内就能繁殖后代，这归功于猪的性成熟早和**妊娠**时间短的特性。

表19-1给出了猪的一些重要经济性状的估计遗传力。显而易见，通过选择可以快速提高其中一些性状的表现（如**背膘**厚和**饲料效率**），同时对另一些性状则无能为力（如胚胎成活率和产仔数）。对于那些可以获得遗传进展的性状，有很多办法可以用，如通过性能测定、人工授精技术、**STAGES**程序以及纯种猪的EPDs，一个群体的选择和育种方案都会得到增强。种猪生产者和商品猪生产者会根据强调的性状采用不同方法进行选择。

表19-1 猪重要经济性状的估计遗传力

性状	遗传力(%)
断奶成活率	0
产仔数	10
断奶数	10
初生重	20
断奶重	20
饲料转化率	25
生长速度	30
初情期	35
背膘厚	40

来源：Cleveland et al.，1999，经允许使用。

猪育种者已经在遗传改良上取得了巨大成就。最值得一提的就是胴体平均脂肪含量的降低。现代消费者倾向于瘦肉型猪，而今天的生猪也比从前瘦得多。猪的总脂肪含量在过去50年下降了50%，目前还在改进。

品种

大多数常见猪种有别于其他肉用动物，形成于1800—1880年间。其中很多已经因为太肥自然地退出了市场，但是受那段时期的影响，很多育种者仍然留下对于纯种猪的偏爱，这妨碍了先进的杂交方法的应用，直到20世纪60

年代。

很多年来，在美国只有两种类型的生猪。第一种是脂肪型。人们培育这种猪来生产大量脂肪。胴体脂肪含量大有利于用盐保存。腌制的猪肉在过去曾经是很受欢迎的商品。杜洛克、切斯特白、波兰中国、斑点波兰中国和俄亥俄改良切斯特白猪一度是这种类型的主要品种。第二种是熏肉型。这种类型更瘦，体型更长，能生产更多熏肉。这一类的代表曾是塔姆沃斯猪和约克夏猪。汉普夏和波克夏被认为是这两种型的中间型，虽然多数分类把它们归为脂肪猪。今天的生猪被称为瘦肉型猪，某种程度而言是前两种的中间型，但是更瘦、肌肉更多。对于瘦肉型猪的选择和培育的重视始于1950年左右（图19-14）。

(a) (b) (c)

图 19-14 猪育种工作者在把传统脂肪型猪(a)、腌肉型猪(b)培育成现代瘦肉型猪(c)的工作中取得了巨大进步。(National Pork Producers Council 提供)

在今天的美国最重要的品种有：约克夏猪、杜洛克猪、汉普夏猪、斑点猪、切斯特白猪、长白猪、波中猪、巴克夏猪和皮特兰猪。约克夏猪、长白猪和切斯特白（全白品种）常作为母系品种，强调母本性状，虽然近年来这些品种在胴体组成和生长速度上也有很大提高。汉普夏猪被公认为胴体组成最好的品种，所以多用于父本。杜洛克猪是一个没有重要缺陷的通用品种，它之所以常作为父系使用，更多缘于感觉与习惯。养猪业越来越依赖合成系而不是纯种猪。这个趋势与曾经购买纯种猪的小规模生产者的减少一样，导致了纯种猪数量的减少。

现在有人担心，与从前相比现在猪群的遗传基础缺乏多样性。随着生产规模的扩大，不再需要许多传统品种，它们有的几乎灭绝。因为这些传统品种的经济性状不再符合现代人对猪肉的需求，它们也更适合户外开放式的生活条件。位于北卡罗来纳州匹兹堡的美国家畜品种委员会就是专门保护濒危畜禽品种的组织，也是一个小品种资源信息的来源。

获得更多猪品种信息，可以上网访问 http://www.ansi.okstate.edu/breeds/，其中有详细参考资料和品种图片。一些品种的图片也可以参考本书彩页。

猪育种方案

理想上市猪标准

阉公猪
阉割过的公猪。

猪肉质量保证计划
由国家猪肉生产者协会1983年发起的自愿教育性的计划，旨在保证销往世界各地的猪肉质量。

国家猪肉协会为生产者制定了一个统一目标的理想上市猪标准。这个理想上市猪标准叫标志Ⅱ(Symbol Ⅱ)，包括达260 lb上市体重日龄**阉公猪**为156 d、青年母猪为164 d，胴体重为195 lb，两者的饲料转化率在2.4以下。眼肌面积在260 lb体重时阉公猪6.5 in^2 以上，青年母猪7.1 in^2 以上。无脂瘦肉指数阉公猪至少达49.8，青年母猪达52.2以上。

标志Ⅱ要求无应激敏感基因，有终端杂交方案，母系猪年产断奶仔猪25头。标志Ⅱ还要求生产者是**猪肉质量保证计划**水平Ⅲ认可的高健康生产体系的猪场。

生产者提供高质量的动物产品通常会得到市场直接的回报。大多数上市猪按照胴体品质定价体系售出。这个体系奖励那些高瘦肉低体脂猪肉的生产者。该体系有待于在将来进一步的完善。

杂交繁育

杂种优势
与双亲相比杂种动物表现出来的优越性，通常称为杂种活力。

为了用最经济的方式生产最好的生猪，大多数商业猪育种方案依赖杂交育种。超过95%的上市猪是杂种。杂种动物表现出杂种活力，或叫**杂种优势**。与纯种猪相比，杂交猪在生产力和效率上有20%～30%的改进。猪生产者从几十年前开始有效地广泛地利用杂交育种方案。他们是第一批运用系统多品种杂交方案的家畜育种者。

杂交繁育体系详细规定了各个品种的使用顺序。图19-15、图19-16、图19-17显示了几个有效的猪杂交模式。表19-2给出了几个杂交模式的预期杂种优势。具体选择哪个杂交模式与群体大小、后备猪供应能力，以及其他相关管理因素有关。

纯种方案

纯种猪生产的目的是生产种猪给其他纯种育种者和商品猪生产者。除杂种亲本外，纯种猪几乎不会在商品猪生产中用到。杂种猪的生产效率高出纯种20%～30%。在美国登记的纯种不到1%。然而，杂交育种计划还是需要优秀纯种的供应。品种被定义为在物种内形态特性上比较一致的动物。各品种的一般用途之前已经讨论过。

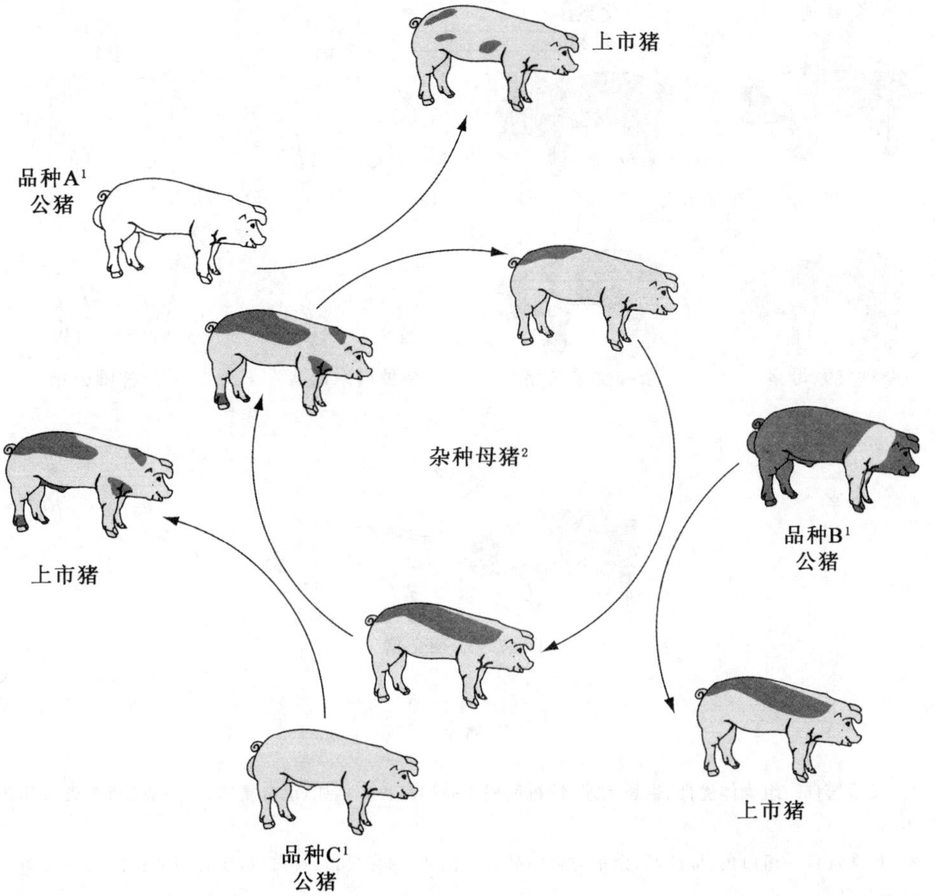

1 不同优点的公猪品种轮流作为育种群。公猪 A 来自以母性性状见长的品种如约克夏或长白猪。公猪 B 来自用优秀胴体组成和生长性能的品种如汉普夏或花斑猪。公猪 C 来自各个性状平衡的品种如杜洛克猪。

2 在轮回杂交稳定后，母猪一直是杂交群。

图 19-15 一个猪的三系轮回杂交模式图。后备母猪选自商品群，公猪则每一代都轮回变动。在最初的杂交后，后代的杂种优势为 100%。轮回稳定后，后代和母猪的杂种优势为 86%。这个轮回杂交模式还可以引入更多品种进入轮回杂交。一个六系轮回杂交的杂交优势会稳定在 98.4%。(来源：The Pork Industry Handbook)

杂种种猪

近 10 年来，在猪育种中采用纯种公猪受到了杂种公猪的挑战。运用成熟的计算机模型预测动物育种值加速了培育合成系的杂交育种方案的发展，这就是经常提及的父系和母系。因为育成这样的品系也需要纯种动物，但纯种的需要量比以前要少，特别是杂交公猪经常要用在育种方案中。美国的很多猪育种公司已经育成并出售杂种种猪。品种的选择以及有关育成该种猪的有关决策，都被视为公

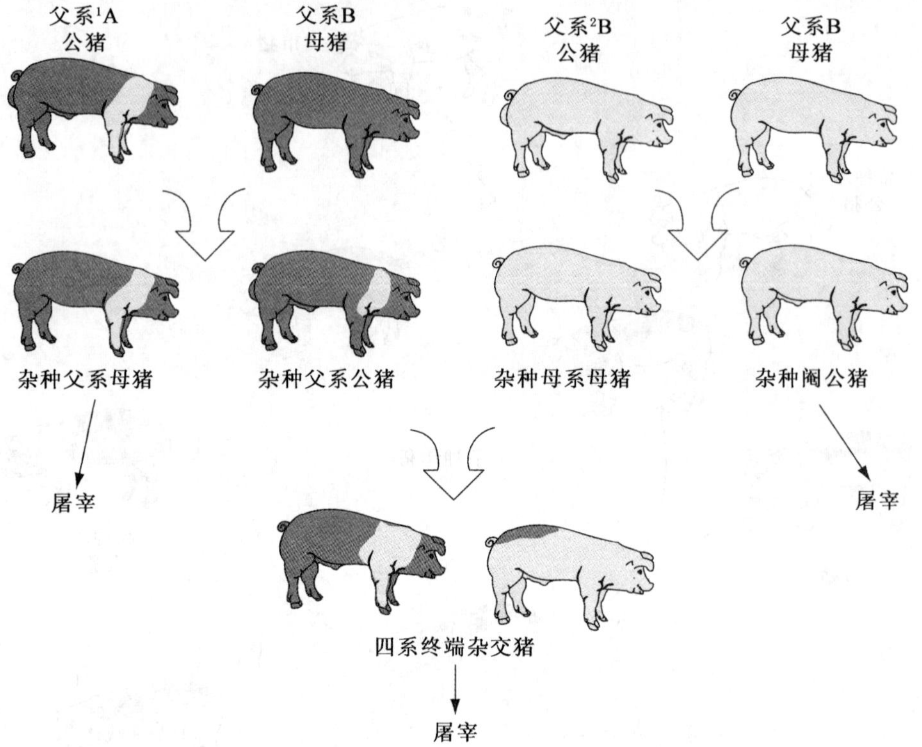

1 父系选自一组胴体优良、生长迅速、饲料利用率高的品种。例如，汉普夏猪、杜洛克猪、花斑猪和波中猪。

2 母系选自一组白色、母性好、繁殖力强的品种。例如，约克夏猪、长白猪，还有切斯特白猪都是知名母系品种。

图 19-16 一个四系终端杂交模式图。终端杂交利用不同品种的优点。母猪是繁殖力强的品种的杂交后代，公猪是胴体优良、生长迅速、饲料利用率高的品种的后代。品种差异被利用扩大杂种优势，因为亲本品系中没有相同的血缘，杂种优势达到最高水平。（来源：The Pork Industry Handbook）

司机密，一般不会透露给其他生产者。公司会根据父系或母系的不同需要准备后备猪，一般是 3～4 个品系的综合。当一个养猪生产者购买某个公司的种猪时，他就同时购买了该公司的育种方案。有许多公司已经非常成功地将他们的育种方案随着种猪出售了。

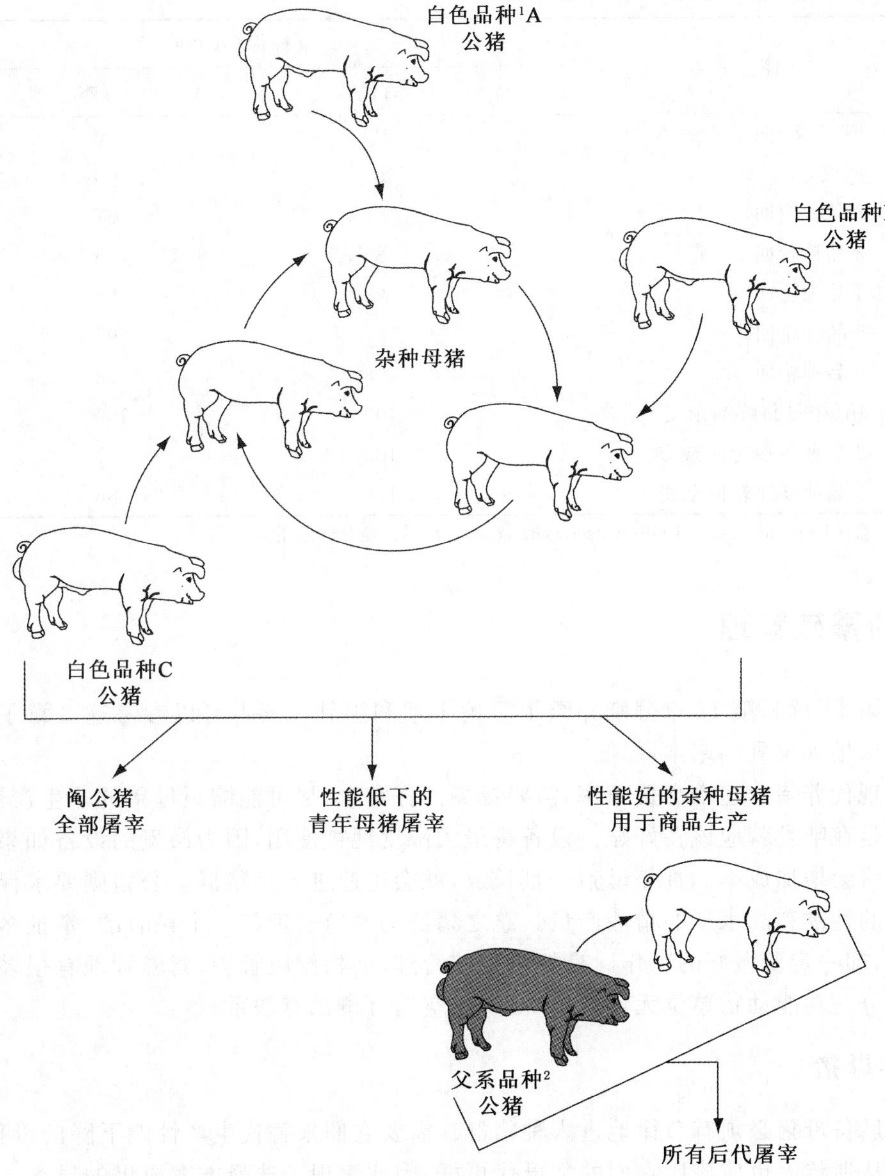

1 约克夏猪、长白猪和切斯特白是公认的优良母系。

2 父系选自一组胴体优良、生长迅速、饲料利用率高的品种，例如，汉普夏猪、杜洛克猪、花斑猪和波中猪。

图 19-17 一个猪的轮回杂交体系。这个杂交体系的优点在于可以扬长避短地利用品种，利用了 100%的后代杂种优势和 86%的母本杂种优势。（来源：The Pork Industry Handbook）

表 19-2 不同杂交体系得到的最大杂种优势

体系	杂种优势(%)	
	后代	母本
F_1 杂交;简单杂交 A×B	100	0
回交,A×A-B	50	100
2 品种轮回	67	67
3 品种轮回	86	86
4 品种轮回	93	93
5 品种轮回	97	97
6 品种轮回	98	98
用 F_1 母猪终端杂交	100	100
2 品种终端轮回杂交	100	67
3 品种终端轮回杂交	100	86

来源:Cleveland et al.,1999;Ahlschwede et al.,1999。经允许使用。

猪的繁殖管理

第 11 章和第 12 章分别介绍了繁殖生理和泌乳。读者可以参考这 2 章了解有关繁殖和泌乳的基本原理。

现代养猪业追求高繁殖率,需要提高产仔窝数,尽可能缩短母猪的非生产期,即不是在哺乳就应该在妊娠。设备将最大限度地被使用,因为昂贵的设备如果被闲置将会增加成本。青年母猪一旦长成,就会迅速进入种猪群。公猪则要求保持旺盛的性欲和高水平的精液产量。总之猪群的繁殖管理是一个耗时的、牵扯多方面的、却一定要做好的工作。良好的繁殖管理、动物健康管理、营养管理有很多重叠部分。功能动物单位无任何事"出现真空",万事都有联系。

青年母猪

后备母猪必须有节律地进入种猪群。需要它们来替代生产性能下降的母猪。它们从遗传上也应该比它们的父母代更好,因此表现了选择方案成果的导入。青年母猪应该来自已知母性能力的家系并且没有遗传缺陷。它们 7 月龄的体重应该达到 230～240 lb,可以在这个体重下进行初配。没有达到标准的青年母猪将被淘汰。给青年母猪配种的确切时间取决于整个猪群的分娩计划、当前的生产成本、淘汰猪的剩余价值及其他管理因素决定。

母猪

母猪应该接受良好的管理以便产出足够的奶水和断奶后 4～7 d 及时返情接受下一轮配种。每 21 d 的配种延误,母猪就需要多生产 1～2 头仔猪来补偿饲料和劳动力的损失。母猪的同期发情很容易做到,断奶 3～7 d 后,大部分母猪自然返情。如今随着全进全出制度的普遍采用，所有的仔猪 7 d 内统一断奶，母猪就自动同期发情了。

发情检测

青年母猪和母猪的发情检测是养猪生产成功的关键。公猪在场会有助于检测。发情母猪会表现出阴门肿胀、按压背部时静止不动，双耳竖立以及其他动作征兆。如果此时把母猪和公猪放在一起，它们会立即交配。然而，人工授精已经越来越多地用于猪群，这使得发情检测成为猪繁殖中的一个关键步骤。

产仔管理

众所周知，一个有经验的接产员在场，相当于每窝平均多产一个活仔。产仔间隔超过 15～20 min 则是需要助产的征兆。初生仔猪经常被脐带缠死，或因为脐带失血过多而死，或者因为未得到及时照顾而夭折，这些情况都是可以避免的。很多生产者采用激素诱发分娩来管理分娩母猪，这样能使产仔日龄相近，更容易统一管理，例如平衡窝大小，把产仔多的母猪的仔猪**寄养**给产仔少的母猪。

寄养
把初生仔猪从原窝移走，让其他母猪哺育。

公猪

公猪在育种群使用之前应该进行遗传评估和体型评定。大约 1/10 的待测公猪有繁殖问题。在种用价值评定中，应该包括的重要因素有：睾丸发育、配种能力、精子质量、性欲。大多数公猪在 7 月龄时性活跃，采用单圈配种体系时，公猪和母猪被赶到一起自由交配。另一种方法是人工辅助配种，2 头猪被特意地赶到一起，配种完后立即分开。人工授精技术不断地应用于养猪生产中。

猪的人工授精

人工授精(AI)的最大优点是增加了利用遗传优秀公猪的机会。现在，在美国许多公猪站都出售公猪的鲜精，任何人都可以买到优秀公猪的精液。饲养公猪的生产者可以减少公猪数量，大大降低繁殖成本。另外，**闭锁群体**的生产者可以利用 AI 技术来降低引进新病的风险，他们可以买入其他地方的精液，或者把自己的公猪养在别处。人工授精技术的另一个优点是使不同体重的猪交配成为可能。一头 240 lb 的青年母猪可与 800 lb 的公猪安全地配种。

闭锁群体
一个不从外界引入动物的群体。

有关人工授精的问题包括精液的储存，现在 AI 最大的成功之处在于可以利用 3 d 内的鲜精。适当运用精液稀释剂和掌握合适温度对于保存精液很必要。商品冻精随处可见。不幸的是，平均受胎率会降低 25%，窝产仔数会减少 1～3 头。因此，在美国冻精并不常用。鲜精被广泛地用于养猪业，包括商品猪和种猪及观赏猪。

生产记录

对于猪群而言,好的生产记录对于繁殖实践相当重要。既然在全国各地,管理方法和生产标准都不同,不同猪群的品种也不同,生产者一般被推荐联系当地服务中心或在专家的帮助下建立记录系统。也有很多记录系统可以买到,从最简单的记录本到详细成熟的计算机系统都有。现在的猪群规模不断扩大,很难想象手抄的记录本就够用。保持良好的记录,分析记录,再基于记录做出管理决策就是现代猪育种管理的要素(图 19-18)。

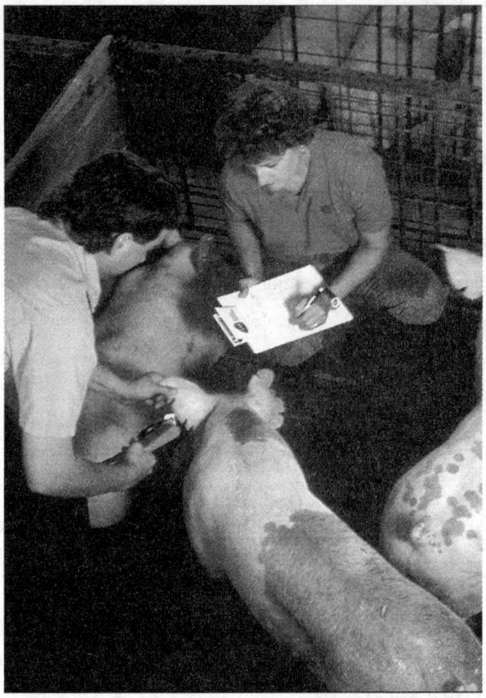

图 19-18 良好的生产记录是管理猪群生产、繁殖、健康的关键。(National Pork Producers Council 提供)

过去,当猪还养在户外养殖场,母猪一般一年配种 2 次。产仔受季节气候条件的影响。现代定位和部分定位猪舍投资巨大,以至于需要最大限度地使用才能收回成本。因此,现代产仔目标就是全年均衡产仔。母猪的妊娠期为 112～115 d,发情周期为 18～24 d,平均 20～21 d,发情期 2～3 d。在全国水平上平均窝产仔数是 8.7 头,然而,在存栏 100 头以下的猪场,窝产仔数只有 7.2 头,在 5 000 头以上的猪场,为 8.9 头。母猪的生产潜力是每窝 20 头。不过这么高的产仔数很少能全部成活。这是养猪生产可以进一步提高效率的地方。当一头母猪可以产较多的仔猪,就需要饲养较少的母猪。很明显,我们拭目以待更大的窝产仔数。

猪营养

猪是单胃动物，有一个盲肠，如果喂给饲草，也可以利用盲肠消化。然而，现代生产系统并不利用盲肠这个功能。现在的饲养系统以浓缩饲料为主，像谷物、豆粕和高质量饲料副产品。饲料消耗占猪生产成本的65%。因此给猪提供营养水平高的饲料，让猪尽快达到上市体重是最好的策略，早一天上市，就可以少提供一天维持需要的饲料。而且，越快长成，就需要越少的猪舍、劳动力等。这样，生产的固定成本就可以降低。第5、6、7章提供了有关消化解剖学、营养、饲料、饲养的详细信息。读者需深入了解可以参考那几章。

猪的营养管理根据养殖目的不同而有差别。肥育上市的生猪和留种用的种猪饲养一定不同，不同年龄猪的营养需要总量和成分也不同。它们不仅需要饲料在量上足够，还需要饲料的营养配比合适，适宜消化吸收。饲料的**适口性**也是一个问题。如果动物不吃，再有营养的饲料也没有用。以下提供的是猪**全价饲料**中的常规成分。

适口性
对于动物，饲料日粮的可接受性。

全价饲料
完全满足动物营养需要的配合饲料。

■ **能量**　年龄、活动程度、生产水平（例如母猪哺育的仔猪数）、环境温度都会影响猪的能量需要。饲料中能量的浓度也会影响动物消化吸收的比例。

■ **蛋白质**　适宜的饲料不仅含有足够数量的蛋白质，还有考虑氨基酸质量。经济地饲养动物就要满足它们对必需氨基酸的需要。猪越小对蛋白质和氨基酸的要求也越精确。小猪一般从吃含蛋白质20%～22%的日粮开始，随着日龄增加，蛋白质含量下降，直到13%～15%。

■ **必需脂肪酸**　大多数日粮都含有足够的必需脂肪酸。

■ **矿物质和维生素**　详细计算饲料中的总矿物质和维生素含量及配比十分重要。一些矿物质饲喂过量会有毒害作用。维生素很容易被破坏，导致动物的摄入量不足。

■ **水**　应该提供给动物自由饮用的干净的、高质量的水。保证有足够大的饮水空间让每一头猪都能饮用。

饲养实践

全美各地的饲养制度都类似。当饲养工艺和方法在各地趋于一致，饲养制度也统一起来。不同之处在于各地的饲料原料不同，这与不同地区盛产的农作物和饲料副产品相异有关。大部分的生猪饲料是根据计算饲料营养成分，满足猪营养需要的条件下采用成本最低的配方。表19-3列出了不同类型猪所需日粮。这些例子都以玉米和豆粕为标准来显示同样成分的饲料不同组成量也可以形成不同饲料供给不同用途的猪。经济学家指出，可以在保证需要的情况下降低成本，更便宜的饲料也可以使用。只有生长猪和肥育猪会全天供给饲料——**自由采食**，其他生产目的的猪会根据功能需要采用不同程度地限饲。

自由采食
全天供应饲料。

表 19-3 为 4 类猪设计的日粮实例[1]

成　分	妊娠母猪日粮	分娩母猪日粮	瘦肉型生长阉公猪 45～75 lb	瘦肉型青年母猪 140 lb 到上市体重
玉米	1 607	1 460	1 454	1 514
大豆粕 44%	315	465	492	435
碳酸钙	19	19	15	16
磷酸二钙	44	41	29	25
盐	10	10	7	7
维生素和微量元素	5	5	3	3
总量/lb	2 000	2 000	2 000	2 000
营养分析				
蛋白/%	13.76	16.44	17	16
赖氨酸/%	0.65	0.85	0.89	0.81
色氨酸/%	0.17	0.21	0.22	0.21
苏氨酸/%	0.52	0.63	0.65	0.61
蛋氨酸＋胱氨酸/%	0.54	0.57	0.58	0.56
钙/%	0.91	0.9	0.70	0.65
磷/%	0.70	0.7	0.60	0.55
ME/(kcal/lb)	1 475	1 470	1 486	1 491

来源：Luce，1998b，经允许使用。

1. 所有的数据基于玉米和豆粕饲料来说明同样的成分适应不同动物需要的比例不同，其他饲料原料同样可以适应。总的来说，就是在满足动物需要前提下将饲料成本降到最低。

公猪和妊娠母猪

这些猪很容易一次性吃光一天所需的饲料，因此如何控制它们的体重避免过度肥胖就成了问题。因此，提供给它们的饲料量是常受到限制的。既然总量一定，饲料平衡就很重要。一般而言，公猪和妊娠母猪每天提供 1～2 次平衡日粮，数量由体况、体型、妊娠阶段决定。对群养母猪，要提供足够的饲槽空间以保证每头猪都能吃到饲料。单独饲喂可以保证每头猪吃到合适的分量。

分娩和哺乳母猪

临产前和分娩后，母猪常需饲喂大体积饲料或添加剂，这样可以降低便秘这样的问题的发生。现代高产母猪常不能采食足够的饲料来维持哺乳需要和维持良好体况。这时，解决办法是每天饲喂 2 次或更多次平衡日粮，以减少哺乳期的体重损失。

乳猪
未断奶的仔猪。

补饲
让乳猪接触开食料，乳猪补料是给幼猪准备的最高质量的饲料。

哺乳仔猪

给**乳猪**提供**补饲**饲料很普遍，虽然它们吃不了多少，但是这个过程对于仔猪开始采食固体饲料减少断奶应激相当重要。

保育仔猪

供给**保育仔猪**的饲料是所有猪饲料中配方要求最严格的。虽然目前猪场采用比较普遍的断奶日龄是 21 d 或 28 d，但是现代猪育种采用 14 日龄或者更早断奶，保育仔猪饲料的营养平衡是仔猪早期断奶成功的关键(图 19-19)。现在断奶日龄推后的现象已经越来越少见，日粮也需要符合仔猪的需要。保育期的仔猪很脆弱，照顾的不周到和营养供应不足会影响到仔猪的后期生长发育和终身健康，最终影响到经济价值。宽敞的饲槽和充分的供水对这个时期的猪也很重要。

保育仔猪
早期断奶仔猪，体重轻，在专门环境控制的设施里饲养。

图 19-19 保育仔猪指在 2～3 周龄就断奶的仔猪。它们的营养需要是非常严格的，它们的日粮也是很难平衡、混合和饲喂的。(Ken Hammond，USDA 提供)

生长肥育猪

在这个阶段，生产的唯一目标就是尽快让猪达到上市体重。为达到**最佳生长**状态，肥育猪的日粮常常进行专门设计，全面考虑了生产成本、生产阶段、体重、气候条件、遗传潜力等因素。此外，性别因素也被考虑在内。阉公猪和青年母猪的营养需求还是有些不同。规模大的猪场开始实行公、母分圈饲养，分别饲喂不同日粮。

最佳生长
最佳生长时要综合考虑饲料成本、环境、劳动力及其他非饲料投入。

猪群健康管理

很多疾病可能给养猪场带来灾难。在同一地饲养的猪越多、密度越大，流行病暴发的可能性就越大。对每一种病的详细讨论不在本章内容之内，我们只概括地介绍预防方法。

群体的防疫措施应该符合特定猪场的需要。猪群健康的关键就是预防。不仅是因为猪病治愈难而费钱，还因为即使治愈也会影响猪的终身生产性能。在制定计划时，最好有专业兽医参与，兽医学的专业知识可以用于预防、疾病控制、诊断和治疗。其他需要考虑的因素包括生物安全、管理实施、生产效率标准、信息更新、生产记录和数据分析。很多养猪生产者和兽医利用猪肉质量保证计划作为指导来制定全面的猪群防疫计划。

生物安全

生物安全涉及的免疫程序包括：①减小疾病从场外传入场内的危险；②减小场内各组猪群间疾病交叉传播的危险。一些重要的生物安全程序包括以下几点。

新猪加入猪群时：

■ **评估** 加入猪群的任何猪都需要进行健康检测。这个检测最好是由双方兽医共同完成。这样新猪的健康状况就能被评估，潜在问题就可以避免或至少可以预测。

■ **隔离** 新入群的猪需要隔离一段时间，直到现场检测该猪处于健康状态。与新猪接触的人要淋浴和更换衣服、鞋才能重返原猪群。

■ **稳定** 新猪要隔离到任何病原微生物卵生长发育到可以检测为止。检测到的疾病和寄生虫要加以治疗。新猪还需要特意安排与原猪群的病原体接触以产生特异性抗体。

猪群的日常管理：

■ **人** 在穿梭于不同猪舍或圈栏时应该更换鞋和外套。任何人出场区后返回都应该淋浴、换衣服和鞋。最好避免接触其他生猪，不得已接触后，必须淋浴、更换衣服和鞋。严格控制参观者，如果允许参观者进入猪舍，应该给提供衣物和鞋(图 19-20)。

图 19-20 一些猪场按照生物安全的要求，禁止访问者进入。如图所示的告示牌在北卡罗来纳州的猪场入口很常见。(Ken Hammond，DSDA 提供)

■ **猪** 猪群应该按年龄分群，这有利于减少疾病传播和设施设备统一清洗消毒。

■ **车辆** 任何车辆都是潜在的病原体来源。一般运输用车应该停靠在离猪舍有足够安全距离的地方。饲料运输车必须进行冲洗消毒才可进入场区；或停靠在安全区外，再换猪场内拖车运饲料入库。进入场区装卸和运猪的车辆返回一定要彻底冲洗和消毒。炼(动物)油厂的卡车一定不能进入场区。

■ **害虫** 苍蝇、蚊子、啮齿动物、臭鼬、八哥、鸽子、麻雀、流浪狗、猫和野生动物都可能传染疾病给猪，以上每一个传染源都要受到控制。

无特定病原(SPF)猪

一个保证猪群维持健康的方法是猪群中只加入确定为健康的猪。国家SPF猪认证中心提供了一个猪群健康概念，其中有2个基本要点：①生产者从一开始就饲养已知健康的猪；②维持一个生物安全系统来保护猪群健康。有2种方法生产SPF猪，或者剖腹产并隔离饲养，或者由国家认可的SPF猪群购进。这些猪的健康状况由国家监控，每季度猪群的健康监控实施农场检测和屠宰检查由兽医来做。需要监控的疾病和寄生虫有肺炎、萎缩性鼻炎、猪痢疾、伪狂犬病、布氏杆菌病、钩端螺旋体病、虱子和疥癣。猪群必须没有这些病的临床症状或者已经治愈。SPF健康计划同样缩小了其他疾病发生的可能。那些通过了严格的兽医检测和屠宰检查的猪群被认可并列入“国家SPF认可”名单。那些在屠宰检查中表现出轻微呼吸问题而没有疾病临床症状的猪群归为“国家SPF健康控制”。你可以通过直接联系该机构获得更多信息：

国家SPF猪认证中心

Address:Box 280, Conrad, Iowa 50621

Phone:(641)366-2124; fax (641)366-2232

http://www.nationalspf.com/

E-mail:spf@nationalspf.com

猪肉对人类营养的益处

一份3 oz煮熟的猪瘦肉能为日推荐饮食热量为2 200 cal的25～50岁女性提供如下营养成分：

蛋白质	50%
磷	25%
铁	6%
锌	20%
核黄素	22%
硫胺	67%
维生素 B_{12}	32%

烟酸	30%
能量	8%
脂肪	11%

高营养食品

食品含有丰富的营养物质。

像其他肉类产品一样，猪肉是一个**高营养食品**，即每卡含有许多营养。现在的猪肉中脂肪含量也比从前的要少得多。猪肉是一个几乎适合所有人日常饮食需要的健康食品。完整的营养分析在19-4中给出。

表 19-4 鲜猪肉、修整零售块肉（后腿、腰和肩部）组分，仅剥离瘦肉、煮熟

营养成分	单位	每100 g可食部分的含量
近似值		
水	g	60.310
能量	kcal	212.000
能量	kJ	887.000
蛋白质	g	29.270
总脂类	g	9.660
碳水化合物	g	0.000
总日粮纤维	g	0.000
灰分	g	1.180
矿物质		
钙（Ca）	mg	21.000
铁（Fe）	mg	1.100
镁（Mg）	mg	26.000
磷（P）	mg	237.000
钾（K）	mg	375.000
钠（Na）	mg	59.000
锌（Zn）	mg	2.970
铜（Cu）	mg	0.061
锰（Mn）	mg	0.018
硒（Se）	mcg	45.000
维生素		
维生素C	mg	0.300
维生素B_1	mg	0.846
核黄素	mg	0.345
烟酸	mg	5.172
泛酸	mg	0.684
维生素B_6	mg	0.434
叶酸	mcg	6.000
维生素B_{12}	mcg	0.750
维生素A	IU	7.000
维生素A（RE）	mcg	2.000
维生素E	mg	0.260
脂类		
脂肪酸（饱和）	g	3.410

续表 19-4

营养成分	单位	每 100 g 可食部分的含量
4:0	g	0.000
6:0	g	0.000
8:0	g	0.000
10:0	g	0.010
12:0	g	0.010
14:0	g	0.120
16:0	g	2.110
18:0	g	1.090
脂肪酸(单一不饱和)	g	4.350
16:1	g	0.310
18:1	g	3.910
20:1	g	0.090
22:1	g	0.000
脂肪酸(多不饱和)	g	0.750
18:2	g	0.650
18:3	g	0.020
18:4	g	0.000
20:4	g	0.050
20:5	g	0.000
22:5	g	0.000
22:6	g	0.000
胆固醇	mg	86.000
氨基酸		
色氨酸	g	0.372
苏氨酸	g	1.337
异亮氨酸	g	1.371
亮氨酸	g	2.348
赖氨酸	g	2.632
甲硫氨酸	g	0.775
胱氨酸	g	0.373
苯基丙氨酸	g	1.168
酪氨酸	g	1.020
缬氨酸	g	1.588
精氨酸	g	1.819
组氨酸	g	1.169
丙氨酸	g	1.705
天冬氨酸	g	2.715
谷氨酸	g	4.582
氨基乙酸	g	1.390
脯氨酸	g	1.176
丝氨酸	g	1.209

来源：USDA Nutrient Database for Standard Reference Release 12，March，1998。

养猪业发展趋势和影响行业未来发展的因素

猪肉消费量

在过去的30年里猪肉消费量保持稳定，禽肉消费量继续健康攀升，同时牛肉消费持续降低(图19-21)。养猪业的继续发展需要赢得更大的市场份额。生产高质量、低成本的猪肉产品可能带来更多的消费需求。人口的增长也会有助于需求的增加。

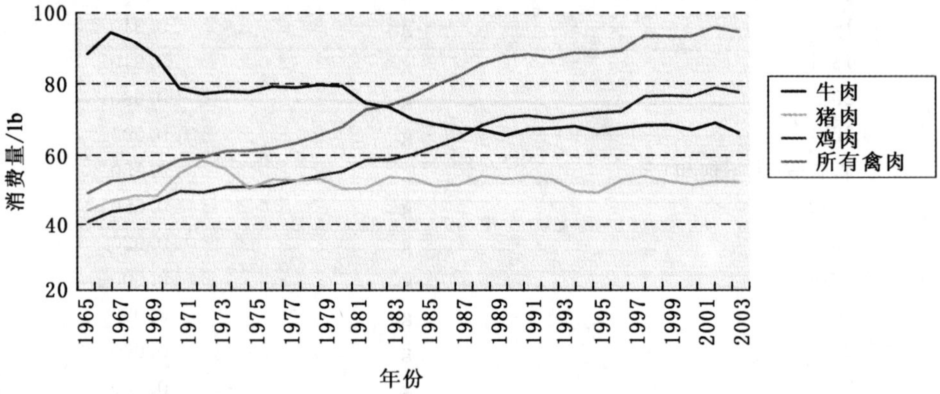

图 19-21 人均消费红肉和禽肉。(来源:USDA-ERS，2004b)

营养与健康意识

选择食品时，人们首要考虑的是营养和健康因素。猪肉营养丰富，瘦肉包括在推荐的几大主要日常健康饮食当中。养猪业已经在生产瘦肉型猪上取得了巨大的成就，现在的猪肉比从前的猪肉含有更少的卡路里，更符合消费者的需要。从遗传上，现在的猪就比以前的猪含有更少的无用体脂。猪肉脂肪含量仍然是消费者关心的问题，所以在这个领域还需要进一步做研究。国家猪肉协会发起的“猪肉——又一种白肉”宣传活动取得了明显的成效，消费者渐渐接受了这个概念。这个活动和其他类似的宣传活动应该继续进行，让消费者了解猪肉是一种健康食品。

方便食品

猪肉产业的进一步综合化使从业者的注意力发生了转移。大家不再认为自己只是从事养猪业，而认为在从事食品行业。这种注意力的转变和很久前就发生在养禽业上的观念变化一样，给行业带来了大量营养、烹调食用方便的猪肉产品。认识到如今的消费需要和以前已经大不相同是维持并增加产品销售的技巧。调查显示现代人希望准备每一餐饭只花20～30 min。儿童食品在家庭烹饪的工作中占有很大比例。年轻的厨师们当然不会轻易懂到底怎么烹调，现代的饮食习惯强调省时省事和好的口感。方便在任何水平都很重要，现在便宜、好吃、方便的微波猪肉产品已经越来越多，但我们还需要更多创意和进步。

食品安全

食品安全越来越被消费者关注，事实上美国的食品供应系统是十分安全的，也不能让人们完全放心。消费者希望完全绝对的食品安全，这是一个几乎没法达到的目标。不管怎样，猪肉食品行业必须提供现有条件下能做到的最安全的产品。农业部食品安全检测局(FSIS)严格地监控所有的肉类生产。食品和药物管理部门管制饲料、饲料添加剂和动物保健品。环境保护机构管理杀虫剂的使用。所有这些部门都有可信的记录保证安全食品的供应。然而，我们还需要新方法来改进当前监控系统，期待新规划和程序的产生。

过去，猪肉产业存在禁用药品残留问题。屠宰前，在适当时间进行停药就能解决猪肉中药品残留的问题。使用药品名、剂量、使用时间、停药时间都要详细记录。猪肉质量保证计划是一个有效的机制确保所有生产者遵循药物禁用规范。

20 世纪 90 年代影响肉牛业的大部分食品源疾病事件并没有影响到猪肉产业。这大概归功于人们的烹饪习惯，人们总是把猪肉做熟，这个过程可以杀死病源微生物。危害分析关键控制点（HACCP）系统专门用于帮助猪肉加工厂检测和防止猪肉产品在卖给消费者之前出现问题。随着这个系统的不断改进，猪肉安全进一步被保障。根据该系统的标准，猪肉生产者的责任是控制违规抗生素和化学药品的残留，猪肉质量保障计划为了指导生产者做到这一点，在方案中提供了详细的信息。

如今，养猪业已经成功控制了大肠杆菌 O157:H7，这是一种危险的人类病原菌。由美国农业部发起，国家动物健康监控体系(NAHMS)实施的一项调查显示，从 1995 年起，全美猪群就已杜绝了该病原体。以后还将对这种疾病进行周期性的检测，来维持这种安全状态，来增强生产者和消费者的信心。

后期的调整合并

合并是生猪行业调整的最后阶段。2003 年，全美生猪存栏量中的 88%是由规模超过 1 000 头的猪场饲养，而这些猪场只占总养殖户的 16%。相应地，其他 84%的养殖户只拥有 16%的生猪。养猪业的最终趋势是小型养殖场日渐退出该行业，大型养殖场则合并成更大的养殖场。

技术创新和标准化

一个行业如果没有现代化和最新技术，就会失去竞争力而被市场淘汰。标准化的生猪生产企业刚出现不久，就已慢慢呈现占优势地位。“标准化”围绕着整个生产体系，以最有效、最经济的方式生产猪肉产品。所谓的标准包括群体大小、设施设计、猪的遗传、饲料和饲养策略、上市体重等，这个标准的好处包括有利于进一步采用新技术。可以在产品统一后，高附加值的商品也更容易设计生产了，跟着形成了相应市场策略。正是新技术推动了大生产者的产生和大型养殖企业的存在。精细的遗传工程将最终将给这个行业带来最大的利润。大企业会更多的运用这些新技术，同时拥有了这些新技术又促进了企业规模的进一步扩大。

定位饲养将扩大养猪业的规模，定位饲养的设施适合新技术的推广使用。猪也是最适合进行定位饲养的红肉动物。定位生产节约劳动力、便于粪污处理和自动化饲喂，定位饲养可使生物学效率达到最大化。

废弃物处理

随着养殖场规模变大的趋势，废弃物处理成了一个大问题。在酝酿了很多年后，在 20 世纪 90 年代末，这个问题终于暴发并持续到新世纪。猪场污水池泄漏事件的广泛报道是导火线(图 19-22)。在不利报道之后，爱荷华州和北卡罗里那州受到冲击最大，其他州也或多或少受到影响。除了固体的污染物外，公众把猪场释放的难闻气体也视为污染物，并希望得到控制。污水泄漏事件的结果是提高了大家对该问题原因的关心和对空气污染的关心。州立法委的反应是延长畜舍还贷时间，制定更严格的污水池安全标准。还有的州，明确的规定猪场必须建造在距离公路、民居多远的距离、什么方向等等。

图 19-22 养猪业要控制猪场排泄物。关注每一个细节是这个行业重新赢得公众信任的关键。如图，一位猪生产者正在检查污水池的水泵。(Ken Hammond，USDA 提供)

毫无疑问,经过这些努力,一部分问题可以解决,但是其他问题仍然存在。很多新出台的法律只适用于新建猪场,老场仍然面临很多问题。公众对于猪场周边空气污染的看法并未改变。从行业的长远利益看,猪场气味问题一定要解决。从业者们一定要进行相关研究,以此来解决、减少导致猪舍臭味产生的化学物质,也要采取有效的方法收集、处理固态和液态的废弃物,以确保泄漏或污染地表或地下水事件不会发生。已经发生泄露等事件应该给业内人员敲响警钟,公众决不会容忍类似事件的再次发生。

在废弃物处理的领域里,我们已经取得了很多成绩。改变饲料蛋白含量是减少猪粪中氮含量的好方法。因为氮转变成的氨气,就是猪舍臭气的主要成分。同样,很多减少猪粪中磷含量的方法也应运而生。磷是猪舍废弃物中污染环境的主要成分。还有一些有希望运用到实际生产中的方法也正在研究测试中,我们可以预见将来人们会有效地控制废弃物问题。

美国环境保护机构(EPA)继续沿用他们的说法:猪废弃物将会得到很好的控制。像之前章节提及的,新法律适合所有集约化养殖场(CAFOs),由管理者 EPA 于 2002 年 12 月 15 日签署,这个制度的说明资料可以在以下网址获得 http://cfpub.epa.gov/npdes/afo/cafofinalrule.cfm。

生物技术

生物技术对养猪生产者将会有很大的益处。主要包括 2 个方面:疾病预防控制和改进饲养。下面将讨论这 2 个具体生物技术。

标记辅助选择

这项技术极大地帮助了育种工作者选择优良种畜。我们关心的是有关控制生长发育、胴体组成、疾病抵抗力等的基因。标记辅助选择让猪遗传育种工作者可以预测重要经济性状的遗传,当动物年龄很小的时候就能准确地估计它们的遗传优势。动物不需等后代生出后,就能确定它们传递遗传物质的能力。标记辅助选择可以带来更快的遗传进展,因为它很有效地帮助遗传育种工作者在选择过程中避开了世代。该方法还可以让我们选择"设计猪"来产生下一代。

猪生长激素(PST)

猪生长激素是生物技术的一个产物,它可将猪的日增重提高 10%~20%、饲料转化率提高 15%~35%、胴体脂肪量减少 50%~80%。虽然,在美国猪生长激素还没有被批准用于生猪生产,但是,在 2000 年墨西哥就已经批准使用,在澳大利亚、新西兰、部分亚洲国家在 2000 年前就已经获准使用,而且进一步测定也在进行。PST 在 21 世纪初进入美国市场。PST 应用的主要问题是供货系统的开发。PST 的市场名为 Reporcin® by Alpharma,不能作为饲料添加剂让猪采食,因为它们会被分解掉,而不是直接吸收利用。因此,PST 只能注射或皮下埋植。一种低渗空气压力注射专利方法的研制成功使得 Reporcin(r)可以被轻松快速地植

猪生长激素
猪的生长激素,由垂体分泌。

入猪体内，不需要保定，猪只会感到瞬间的不适。Alpharma 据报道是通过缓慢释放的埋植或注射工作，不过使它实际成为商品还需要一段时间。

国际竞争

越来越多的贸易协定和愈加开放的国际贸易市场已经并且将继续为美国和其他国家创造进出口贸易的机会。很多欧洲国家是猪肉出口国，一些南美国家是潜在的猪肉生产和出口国，加拿大的养猪业不论数量还是质量上都取得了巨大的进步。进出口的国际竞争是不可避免的，不过美国猪肉出口还是有所增加。1995 年美国成为一个猪肉净出口国，主要出口贸易对象是日本、墨西哥、加拿大、俄罗斯，美国也从丹麦和加拿大进口猪肉。现在的生猪出口贸易显示了长期性，人口增长和经济发展预示美国农业出口有更好的前景。虽然通常的经济周期和某些消费者的关注的确会影响每年的出口，但是在可预见的未来，总趋势是积极的。

行业组织

美国巴克夏猪协会(American Berkshire Association)
Address:P. O. Box 2436, West Lafayette, IN 47906
Phone:(765)497-3618
fax:(765)497-2959
http://www.americanberkshire.com

美国家畜品种保护委员会(American Livestock Breeds Conservancy)
Address:P. O. Box 477, Pittsboro, NC 27312
Phone:(919)542-5704
fax:(919)545-0022
http://www.albc-usa.org/
E-mail:E-mail:albc@albc-usa.org

切斯特、波中、花斑猪协会(Chester, Poland, Spotted Association)
Address:P. O. Box 9758, Peoria, IL 61612-9758
Phone:(309)691-0151
fax (309)691-0168

国家猪肉协会(National Pork Board) 由 15 位生产者推荐、农业部长任命的成员组成。他们负责管理猪肉行业的扣费。这个扣费于 1985 年依据猪肉提升研究法案创立。这个法案提议所有的生产者贡献出销售额的 0.45%，来促进猪肉行业进步、开展研究以及消费者教育。

Address:P. O. Box 9114, Des Moines, IA 50306
Phone:(515)233-2600
http://www.porkboard.org/

E-mail：porkboard@porkboard. org

国家猪肉生产者委员会(National Pork Producers Council)　由 44 个州猪肉生产者组织组成。州组织选出代表来正确地制定政策。他们的目的是"提高猪肉和猪肉产品的质量、产量、分布和销售"。

Address：122 C Street，Washington，DC 20001

Phone：(202)347-3600

http：//www. nppc. org/

E-mail：pork@nppc. org

国家种猪登记协会(National Swine Registry)

Address：P. O. Box 2417，West Lafayette，IN 47906

Phone：(765)463-3594

fax：(765)467-2959

http：//www. nationalswine. com

E-mail：nsr@nationalswine. com

美国肉类出口联盟(United States Meat Export Federation)　这是一个非盈利性的综合贸易组织，包括家畜生产者、肉类屠宰加工者、农场组织、谷物促进会、农业综合企业等等。这个机构负责为美国生产的牛肉、猪肉、羔羊肉、小牛肉等开发国外市场。总部位于科罗拉多州的丹佛。在很多国家也设有办事处以保证组织工作。

美国肉类出口联盟(U. S. Meat Export Federation)

Address：210 P. R. 4661 Castroville，TX 78009

Phone：(830)538-2886

fax：(830)538-2885

http：//usmef. org/

E-mail：hrecio@sprynet. com

概要和结论

近年来，美国猪肉行业年总收入维持在 100 亿～130 亿美元之间。生猪收益约占美国农业现金收入的 6%。养猪业不仅是一个主要产业，它还是一个竞争激烈的、技术推动的、有发展前景的行业。美国养猪业的目的是把数百万吨的剩余谷物和副产品转化成肉食。猪是单胃动物，只消耗很有限的饲草。然而，它们是把谷物转化为红肉效率最高的农业动物。它们帮助缓和谷物价格的浮动，保证国家经济和人类粮食供应不受破坏。

饲料成本是一项巨大的固定成本，所以经济地生产需要依靠减少劳动力和最大限度地提高饲料利用率来缩短上市时间。从而要求在设施设备和技术上的巨大投入,这就导致养猪业产生联合的综合性大型企业。明显的行业区域变化正在发生,传统生猪带已经显现出一些缺陷,现在的行业处于联合阶段的后期。

猪育种者已经在遗传改良上取得了巨大成就,特别是在减少猪胴体脂肪上。现代消费者要求瘦肉型猪,现在生猪的瘦肉率的确比以前高,改良在持续进行。现代养猪生产系统要求高繁殖率,昂贵的定位饲养设备需要充分的利用。猪群的繁殖管理是一个耗时却必须做好的工作,在良好的繁殖管理、健康管理、营养管理之间有很大的重叠。

全美猪场的饲养制度都趋近统一。大部分猪的饲料配方都是根据最省钱的原则制定的。总的说来,生长猪和肥育猪实行自由采食,其他类型的猪根据生产需要限制饲喂。每个猪群都应制定健康计划,要防重于治。治疗猪病既费钱又困难,还会影响终生,导致无法达到最好的生产水平。许多生产者和兽医都用猪肉质量保证计划作为指导,制定周全的猪群健康计划。

像其他肉产品一样,猪肉是一种富含营养的食品,每卡含有大量营养。通过生产高质量、低成本、方便烹调食用并且有良好安全记录的猪肉产品,猪肉的销售量将会继续提高。

猪的有关数据	
初生重	2～3 lb
断奶重	2～4 周龄 10～12 lb,6 周龄 30～40 lb
成年体重	公猪 500～800 lb,母猪 400～700 lb,小型猪 140～170 lb
屠宰重	190～280 lb
断奶日龄	2～6 周龄
初种月龄	6～8 月
产仔季节	过去是春天和秋天,现在是全年
妊娠期	112～115 d
发情周期	19～21 d
发情期	2～3 d
公母比例	草地系统 1∶15,人工辅助交配 1∶20(限制 1～2 次/d);人工授精每次采精配 6～10 头母猪
产仔数	7～15 头,通常也有更多的产仔数
不同性别分类名称	母猪,青年母猪,公猪,阉公猪
消化系统	非反刍,单胃

习题

1. 对美国农业而言,养猪业的经济价值是什么?用其他方式形容这个行业的规模。

2. 美国养猪业的目的是什么？从饲料和资源利用的角度回答。

3. 生猪对于世界肉类生产的意义是什么？

4. 猪什么时候被引入西半球？还有哪里引进了猪，哪个大陆有猪的存在？20世纪时猪的最重要用途是什么？美国今天的生猪存栏量和历史时期相比产生了哪些变化？

5. 现今美国主要猪种是什么？比较现今的生猪生产者和1950年的生猪生产者的数量差别。如何调整现今的行业结构？什么是最终影响美国生猪生产业布局的因素？

6. 为什么猪落户于美国的哪些地区？根据地理位置描述养猪业的变化？

7. 什么技术可以帮助养猪生产者做出明确的决定哪些猪携带有优良基因？不同品种的猪在养猪业中各扮演了什么角色？合成系如何用于猪育种中？简要讨论养猪生产中杂交育种的价值。

8. 描述符合国家猪肉委员会要求的理想上市猪。标志Ⅰ出台于20世纪80年代早期，标志Ⅱ出台于20世纪90年代后期。你认为过多长时间将出台标志Ⅲ？

9. 简单讨论使猪达到最大繁殖效率的管理措施。在养猪业中，人工授精扮演了怎样的角色？

10. 简要讨论各类型猪的营养需要。它们有什么相同和不同之处？

11. 为什么制定和遵守一个猪群健康计划如此重要？怎样运用猪肉质量保证计划制订规划？

12. 详细描述选择猪舍生物安全的方法。是否能想出其他方法？

13. 一份3 oz的熟猪肉能提供多少营养？“营养丰富”是什么？其他动物食品是高营养食品吗？

14. 美国生猪消费量是多少头？这个数目有变化吗？猪肉、牛肉、鸡肉的市场份额有什么变化？

15. 猪肉的哪些变化，致使它成为更加健康的食品？你认为公众对营养和健康的考虑会如何影响未来养猪业？

16. 为什么猪肉生产场规模不断扩大？简要讨论纵向综合化出现在合并的猪肉产业中的原因和过程。

17. 为什么对于养猪生产者而言，应用最新技术如此重要？为什么定位饲养和技术运用同步而生？推测技术将在养猪业中起到的作用。

18. 为什么废弃物处理问题对养猪业如此重要？你认为相关法律法规的出台，会对污物处理产生怎样的影响？气体污染和固体污染物不相同吗？有什么不同？

19. 在未来养猪业中，出口将扮演什么样的角色？

参考文献

Ahlschwede, W. T., C. J. Christians, R. K. Johnson, and O. W. Robison. 1999. *Crossbreeding systems for commercial pork production*. PIH-39. Pork Industry Handbook.

Cattle feeders annual, 1991–2004. Amarillo, TX: Texas Cattle Feeders Association.

Cleveland, E. R., W. T. Ahlshwede, C. J. Christians, R. K. Johnson, and A. P. Schinkel. 1999. *Genetic principles and their applications*. PIH-106. Pork Industry Handbook.

Ensminger, M. E. 1991. *Animal science*. 9th ed. Danville, IL: Interstate Publishers.

FAO. 2004. *FAOSTAT statistics database. Agricultural production and production indices data*. http://apps.fao.org/.

Jones, R. D. 1989. History of the pig: Swine over 40 million years old. *Livestock Newsletter*. Athens, GA: University of Georgia.

Luce, W. G. 1998a. *Many swine breeds on endangered list*. Jan/Feb Ansci Facts. Stillwater, OK: Animal Science Department, Oklahoma State University.

Luce, W. G. 1998b. Regents professor, Oklahoma State University, Stillwater, OK. Personal communication.

Luce, W. G. 1998c. *Why use AI in swine?* Jan/Feb Ansci Facts. Stillwater, OK: Animal Science Department, Oklahoma State University.

National SPF Swine Accrediting Agency. 2004. *What is SPF?* Conrad, IA.

NPPC. 2004. *Pork facts*. Des Moines, IA: National Pork Producers Council.

USDA. 1995. *FBEI updates: Structural change. Structural change in U.S. hog production between 1978 and 1992*. Washington DC: USDA.

USDA. 1997. *USDA nutrient database for standard reference*. Release 11–1. Nutrient Data Laboratory home page, http://www.nal.usda.gov/fnic/foodcomp.

USDA. 1998. *USDA nutrient database for standard reference*. Release 12. Nutrient Data Laboratory Home Page, http://www.nal.usda.gov/fnic/foodcomp.

USDA-ERS. 2004a. *Farm income data*. Accessed online August 7, 2004. http://www.ers.usda.gov/Data/farmincome/finfidmu.htm.

USDA-ERS. 2004b. *Red meat yearbook*. Table 114. Accessed online August 11, 2004. http://www.ers.usda.gov/data/sdp/view.asp?f=livestock/94006/.

USDA-NASS. 2004a. *Agricultural statistics data base*. Accessed online August 2004. http://www.nass.usda.gov:81/ipedb/.

USDA-NASS. 2004b. *Quick Stats: Agricultural Statistics Database*. http://www.nass.usda.gov/QuickStats/.

USDA-NASS. 2004c. *Statistical highlights of U.S. agriculture 2002 & 2003*. Accessed online August 2004. http://www.usda.gov/nass/pubs/stathigh/content.htm.

USDA-NASS. 2004d. *USDA-NASS agricultural statistics 2004*. Accessed online August 2004. http://www.usda.gov/nass/pubs/agr04/acro04.htm.

第20章

绵羊和山羊

学习目标

学完本章后，应该能够：

1. 了解绵羊业和山羊业在美国农业中的地位。
2. 了解美国绵羊业和山羊业规模变化的原因及发展过程。
3. 了解美国绵羊业和山羊业的发展史。
4. 掌握绵羊业和山羊业的结构。
5. 了解美国绵羊业和山羊业的地理分布状况。
6. 举出影响绵羊和山羊遗传育种的因素。
7. 列举美国绵羊和山羊育种的重要性及绵羊和山羊的品种分类。
8. 描述影响绵羊和山羊繁殖率的基本因素。
9. 说明绵羊和山羊的主要饲料以及饲料在美国及其他国家绵羊和山羊生产中的重要性。
10. 描述羔羊肉及山羊奶的营养价值。
11. 说明绵羊和山羊业的未来发展趋势及其影响因素。

关键术语

安哥拉山羊	羔羊	妊娠后期
触诊	互补品种	(山羊)产羔
粗饲料	集约化饲养制	适者生存
催情补饲	季节性市场	饲料
单胎	马海毛	畜群
二级企业	绵羊	羊毛
发情期	(绵羊)产羔	杂种优势
发情周期	母绵羊	专门市场
乏情期	母山羊	
放牧	妊娠	

绵羊和山羊的科学分类

门:脊索动物门
亚门:脊椎动物亚门
纲:哺乳纲
目:偶蹄目
亚目:反刍亚目
科:牛科
属:绵羊属;山羊属
种:家绵羊;家山羊

美国绵羊业和山羊业在农业中的地位

绵羊
1岁以上绵羊属动物。

羔羊(或羔羊肉)
1岁以下的绵羊(1岁以下绵羊的肉)。

美国绵羊业呈下降趋势,现在其收入还不到美国农业总收入的0.2%(图20-1),美国**绵羊**和**羔羊**的税前年总收入大约是4亿美元,它仅占美国畜牧业现金收入的0.4%,且仍在下降(图20-2)。美国人均羔羊肉(剔骨肉)占有量低于1 lb。美国绵羊业曾经是一个强大的产业,但那个时期一去不复返了。如果美国停止发展绵羊业,那么美国将要进口大量的羊肉来满足全国的需求量。显然,该产业目前处于一个特殊产业的地位。然而,对于美国超过6.7万个从事绵羊养殖的生产者来说,绵羊业是一个重要的产业。绵羊也是4-H和FFA两个组织中的一个重要物种。许多年轻人虽然没有养牛和养马的规模、技能、场地或者资金,但可以养殖羔羊,而且这同时也是一个有意义的项目(图20-3)。绵羊能生产特殊的肉产品,可以满足一定地方旅馆、饭店及食品杂货店的需求。对于一些州,奶绵羊业正在成为一个有潜力的获利产业。

图20-1 2002—2003年度绵羊、羔羊和羊毛的总产值在美国农业总产值中所占的百分比。(来源:USDA统计结果)

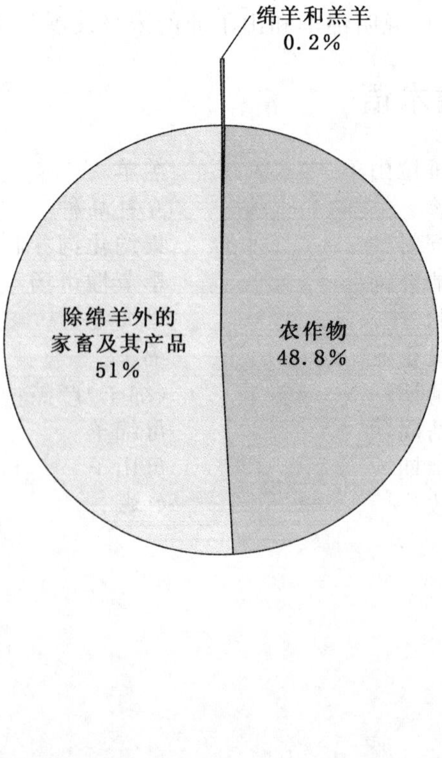

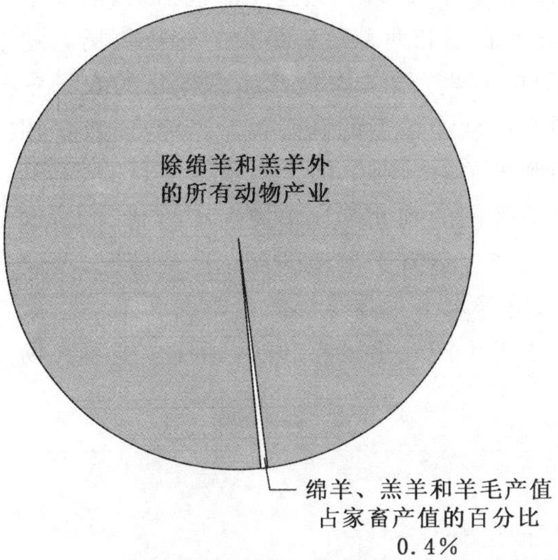

图 20-2 2002—2003 年度绵羊、羔羊和羊毛收入在养殖业产值中所占的百分比。(来源：USDA 统计结果)

图 20-3 曾经是一个主要行业的绵羊业已经下降为一个特殊产业。4-H 和 FFA 组织的有关项目包括饲养和展示羔羊。

美国山羊业发展规模一直较小。除了**安哥拉山羊**外，山羊一般分散于全国小农场或由爱好者分散饲养。安哥拉山羊在南部的少数几个州的农业区有一定的分布。在一些州，奶山羊产业虽然规模小，但已经成为值得重视的产业。在过去大约 10 年，美国肉山羊生产呈增长趋势并且有望成为国内的一些养殖户选择的替代产业。美国西南部以及东部的少数州的山羊生产增长最快，接近于羊肉消费量较大的纽约州。

安哥拉山羊
专门生产毛纤维的山羊品种。

美国绵羊业和山羊业的生产目的

美国绵羊业和山羊业的生产目的与其他反刍动物的生产目的是基本相同的：

草料

饲料，例如牧草、干草、青贮或青刈饲料等。

粗饲料

低品质草料，如收割时过于成熟的干草或像麦秸或玉米秸等的农作物秸秆。

载畜量

本文指绵羊群。

即利用**草料**和**粗饲料**生产人类可利用的产品(图 20-4)。这些产品包括奶、肉和羊毛。传统上，绵羊分布在东部诸州的混合型农场和西部**载畜量**大的轮牧牧场。划区轮牧由于牧场的干旱或者潮湿情况不同而异。绵羊作为产品多样化的农场中的一部分在大多数情况下生产羊肉的利润比生产羊毛的利润大。因此，当牧草相当充足可以满足生产高比例用于屠宰的肥羔羊时，则羊肉生产是第一目的，羊毛生产居第二位；当牧草条件差的时候，羊毛生产的利润则比羊肉生产的利润大，这种情况下，羊毛生产是重点，其次是羊肉生产。只有干旱地区存在这种情况，湿润的地区不存在这种情况。在湿润的地区，营养水平很高足够满足羊肉和羊毛生产的需求。羊毛价格的下降导致美国绵羊羊毛生产几乎没有利润。因此，多数农场注重羊肉生产(图 20-5)。

图 20-4 绵羊是将草料转化为食物和羊毛的优秀转化器。(俄克拉荷马大学动物科学系 Dr. Jerry Fitch 提供，经允许使用)

图 20-5 绵羊产毛对于国家的经济繁荣曾经是必不可少的。世界市场上可利用的人造毛的竞争降低了羊毛生产的重要性。(Union Pacifil Railroad Museum 提供)

当将山羊和绵羊与牛一起饲养时，山羊和绵羊可以更好的利用饲料资源。因为它们采食的牧草略有不同，所以绵羊和/或山羊与牛一起放牧时，可以更好地利用资源。绵羊比牛能更好的采食它们的草料，并且可以采食的更彻底。山羊喜欢采食**灌木嫩枝**且山羊在可利用牧草中优先选择灌木嫩枝。这样，山羊和牛之间互补。如果一只**母绵羊**或**母山羊**加入到一个现有的奶牛群体单位中，一般不需要额外增加饲料。在树林或灌木条件下，因为山羊喜欢灌木嫩枝，所以它们是优先选择品种。因为山羊和绵羊采食很多品种，所以它们都可以改善牧场及其他可采食资源，包括牛留下的杂草。由于这个原因，绵羊牧场经常也有养牛公司。然而，这种利用混养家畜来提高牧场利用率的方法并没有在国内广泛应用。尽管研究已经证明了混养放牧的经济和生物学价值，但并没有将山羊广泛地应用于混合放牧中。这大多是因为绵羊比牛更需要护理并且采食剩余的牧草更多。山羊因为喜欢采食灌木嫩枝，常被称为需要被开垦的牧场里的"灌木清理工"。一些州也常常利用山羊将灌木控制在辖区内和其他类似区域内。

灌木嫩枝
灌木和树木上的鲜嫩的枝条和树叶。

母绵羊
雌性绵羊。

母山羊
雌性山羊。

在1954—1995年，联邦政府为扶持**羊毛**和**马海毛**产业，实施财政补贴。绵羊产业中羊毛和马海毛的财政补贴项目的重要性是显而易见的。由于补贴项目的结束，绵羊和安哥拉山羊的数目呈直线下降趋势(图20-6)。

羊毛
生长在绵羊身上的毛纤维。

马海毛
安哥拉山羊生产的毛纤维。

尽管美国不是主要的绵羊和山羊生产国，但世界上许多拥有规模化绵羊、山羊产业的其他国家获利可观。绵羊和山羊的牧草转换能力被世界各地人们广泛利用。全球绵羊超过10亿只和山羊超过7.6亿只，除家禽外它们在众多家畜中分别排第二位和第四位。由于它们体型较小，利用一头牛所用的饲料可以饲养5只绵羊或者是7只山羊。也由于他们体型较小，与牛的胴体相比一只山羊或者是绵羊的胴体可以很快被消费掉且它也较不易腐败变质。这一点对于没有冷藏条件保存肉的人来说很重要。因此对于经济不发达的地区的人来说，绵羊和山羊是一个比较好的选择。世界上，山羊在不断地增加，而绵羊在不断下降。它们的分布很广泛。世界上的每一个国家都饲养绵羊和山羊。世界上每6个人1只绵羊，

图20-6　安哥拉山羊生产马海毛。尽管安哥拉山羊生产从未成为一个大的行业，但是1995年联邦政府对羊毛和马海毛财政补贴的分阶段撤销仍使安哥拉山羊的数量呈直线下降。(S. Alden 摄，Getty Images，Inc./PhotoDisc，Inc. 提供)

陆地上每平方英里有 20 只绵羊；世界上每 8 个人 1 只山羊，陆地上每平方英里有 15 只山羊。然而美国仅占世界山羊总数的 0.17%和绵羊总数的 0.65%。如果估计正确，美国的美洲驼和秘鲁羊驼在世界上占有较大的比例。

发展史

绵羊和山羊大约是在公元前 8000 年驯养的，绵羊可能是第一个被驯养的动物。一般认为，绵羊、山羊和猪是在同一时期被驯养的，其中猪是驯养最晚的一个。绵羊、山羊的驯养使其成为最先且主要提供食品的动物。绵羊、山羊与人类共同生存在地球上，几乎分布于全球（图 20-7）。

专业市场
针对一种产品的市场，是综合市场的特定部分。

图 20-8 是美国绵羊总数的历史记录，绵羊总数在达到该行业的**专业市场**状况前经历了大范围的波动。在早期殖民地期间，它们主要用于产毛，这一状况一直持续到 20 世纪早期。这段时间，羊毛生产是最主要的而羊肉生产只是附带的。在 20 世纪晚期这种情况开始发生变化，羔羊肉的生产变得越来越重要，与此同时，

图 20-7 绵羊是在欧洲发现的有用的动物，被欧洲移民带到美国大陆的。它们很快发展为重要的经济动物。（Corbis 提供）

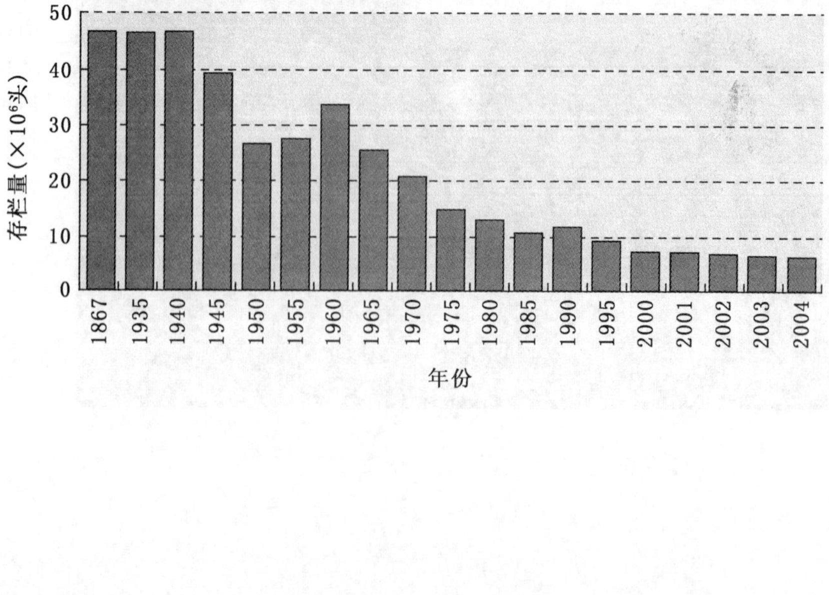

图 20-8 绵羊和羔羊的存栏量。（来源：USDA-NASS，2004a）

美国绵羊生产转移到西部诸州。

1867年1月1日，在内战刚刚结束不久，绵羊和山羊总数为4 630万只。从1867年到现在，绵羊总数变化经历许多周期性阶段。1942年绵羊总数共计有5.62亿只达到空前的高度水平。第二次世界大战后，绵羊数量下降，到1950年低于0.3亿只，20世纪70年代早期低于0.15亿只。从20世纪70年代早期开始，绵羊总数一直处于低水平状态，且总数量有可能进一步下降。绵羊和羔羊数量严重下降的原因有：

1.羊毛需求量下降，由于便宜的合成替代材料的生产量增加，羊毛销售受阻；

2.消费者饮食中对羔羊肉的需求量下降，与其他动物相比羔羊肉的价格较高；

3.获得和保持稳定的牧民经营和管理大畜群的困难增加；

4.牧场拥有者的竞争增加，且放牧费用不断增加；

5.在许多牧场、农场畜群养殖中，食肉动物不断增加；

6.政府支持减少，特别是取消了对羊毛生产的支持项目；

7.牧场主转为其他行业的多种化经营；

8.羔羊生产和消费的季节性；

9.养殖利润不能维持养殖者的生产。

哥伦布因为首次把绵羊和山羊引入西半球而声名显赫，就像他把牛首次引进到西半球一样。1493年他第二次航海时，将绵羊和山羊带到了西印度群岛。1519年Cortez将绵羊和山羊带入了墨西哥。1609年定居于新英格兰的一个英国人将绵羊带到了东海岸。早期，饲养绵羊主要用于生产羊毛。绵羊业最终发展成为一个兴旺的羊毛产业是羊毛价值的重要性。随着陆地定居及牧地不断被绵羊利用。最终使绵羊业成为美国西部的支柱产业。

山羊肉消费量一直很低，以至于联邦政府从未以任何常规基础报道过。然而，山羊肉需求量的增加将最终导致一个新行业的发展。这些需求量增加主要是由于移民和当地人口的不断增加引起的。羔羊肉的人均需求量已经降到了美国大多数人已经不再食用。除非羔羊肉的价格大幅度下降，否则通过吸引新的消费者来增加消费量是很困难的，因为现在的消费者仍旧不喜欢明显提高他们的消费水平。但羔羊肉价格大量下降是不可能发生的。1996年，绵羊业的一个关于代扣工会会费的全民投票未能通过。代扣工会会费将会代替主动扣除额提供的部分基金，它是全国羊毛法案的一部分，1995年被取消。每个生产者销售部分已经直接用于整个行业发展的发展基金。由于全民投票的失败，因而没有用于促进绵羊业生产其他农业产品的行业发展基金。一些州虽已经进行了山羊推广和研究工作，但是仍没有用于山羊业的发展基金。

绵羊业和山羊业的结构

绵羊

绵羊存栏量不断下降形成了现有的绵羊业的基本结构。大多数屠宰场分布在羔羊饲养的地区。美国绵羊业的3个主要部分是牧区绵羊生产、羔羊养殖和纯种羊养殖。纯种羊养殖在小行业中仅占很小的部分，遍布全国的纯种羊生产者饲养种畜。

牧区绵羊生产者仍采用对畜群进行放牧饲养或轮牧。干旱的牧区很少会选择用于农业生产。还有牛的竞争及牛可以不用精心饲养而得到更多的利润。放牧绵羊畜群简称绵羊畜群。他们将一部分羔羊直接屠宰、一部分再饲养，他们也出售母羊身上剪取的羊毛(图20-9)。

当羔羊体重在40～90 lb之间未达到上市标准时，要在轮牧区的圈舍内饲喂精料直到达到上市体重。过去，多数羔羊一直以牧草肥育。现在，多数在养殖场肥育。一般估计圈舍饲养羔羊和用草料饲养相比，成本低利润高。比如，在加利福尼亚很多羔羊用草料饲喂，且生产高质量的羔羊用于屠宰。但是许多饲养者都不给羔羊的肥育提供高质量的饲料，因而也就生产不出高质量的产品。生产一致的产品主要是为了满足消费者。这些地区的羔羊一般在上市前在圈舍饲喂精料。

第二产业

在各种农业产业中，次于能提供主要财政收入产业的产业。

美国大多数绵羊生产者拥有小块牧场，将饲养绵羊作为**第二产业**或者是业余爱好(图20-10)。大多数大型养殖者分布于西部的17个州，在那里，大量的绵羊饲养在大片牧场。大多数小畜群和大多数绵羊生产者分布在非绵羊分布的州内(图20-11)。

山羊

历史上，过去山羊业规模小以至于很难描述其产业结构。由于政府对马海毛财政补贴的取消使安哥拉山羊日渐减少。目前主要的生产方向是生产羊肉(图20-12)。南部一些州的肉用山羊生产利润很大，肉用山羊业成为有潜力的发展行业。在20世纪90年代，由于移民数量增加，全国对山羊肉的需求量增加，这使肉山羊业有了广阔的发展前景。然而，宏观而言，大规模的消费市场并不太多，并且真正的规模发展可能性还很小。

奶山羊行业已经建立了一些大型的商业化养殖公司；许多小规模养殖户，他们靠挤奶赚钱、作为个人爱好或作为多元化经营的一部分。传统的奶牛分布区也有大量的奶山羊分布。由于经济的压力，奶山羊业不能为农业收入做出主要贡献，只可能在少数州建立商业化企业。数量有限的羊奶只能以鲜奶、高温消毒奶或者奶酪上市。一般地，奶山羊对养殖户的回报很低，所以养殖户将奶山羊与奶牛一同饲养可获得较大的利润。

图 20-9 绵羊的放牧生产常常在只有少量可轮换使用的干旱牧场实行，畜群一般较大，拥有几千只绵羊。(USDA 提供)

图 20-10 大多数绵羊养殖者拥有小畜群作为二级企业或业余爱好，然而，大的放牧畜群拥有大多数的绵羊。

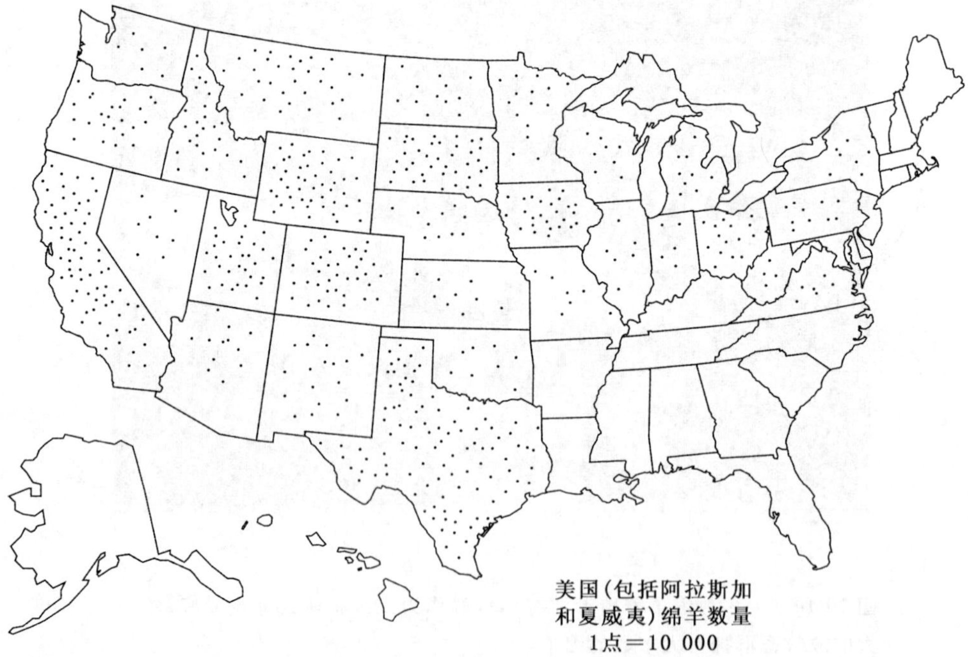

图 20-11 上图为美国绵羊养殖者分布图，下图为美国绵羊分布图。(来源：USDA-NASS. 2004a)

图 20-12　大多数肉用型山羊以小群饲养，很少对这一类型进行特殊育种，这些肉用型山羊后代代表了多个不同的品种。(Dr. Rebecca L. Damron 提供，经允许使用)

奶用绵羊

世界上许多国家，特别是地中海周围的国家，奶用绵羊业有悠久的历史而且是现代农业的朝阳行业。绵羊奶的生产加工可以给美食市场提供世界上最好、最贵的奶酪产品。绵羊奶中的固体物含量(18%)比牛奶或山羊奶中的含量(12%～13%)高，因此绵羊奶对生产奶酪是很有价值的。1 lb 绵羊奶几乎可以生产 2 倍的奶酪，而且风味也不同。世界上，至少有 20 种奶酪是用绵羊奶制成的，1998 年大约共计 63.6 万 t，这些奶酪有羊乳酪、意大利乳清干酪、佩科里诺干酪和羊乳干酪。美国每年进口奶酪超过 0.3 亿 lb。尽管绵羊奶只占奶总量的一小部分，但估计世界上绵羊奶制成的奶酪是牛奶制成的 5 倍(图20-13)。

世界上有很多绵羊挤奶的技术体系。这些体系包括如允许羔羊在 1～4 月龄时直接吃乳，然后对羔羊进行断奶，再对母羊持续挤奶 5 个月。游牧民将母羊与羔羊在夜晚长时间分开饲养，早晨在羔羊吃乳前进行挤奶。一些**集约化饲养体系**发明了相似的挤奶方法。在这些体系中，羔羊在 8 周龄时断奶，对母羊一天挤 2 次奶，持续 3 个月。集约化挤奶体系经常在羔羊出生后 24 h 进行断奶，在断奶后的 10 个月内每天对母羊挤 2 次奶，这个系统与奶牛集约化挤奶的系统相似。

集约化饲养体系
在这种集约化的体系中，动物生产能在更加集中的条件下，饲喂品质更好的饲料，并且能将更多的劳动力、技术和注意力直接投入到动物生产中。

图 20-13 山羊奶和绵羊奶均用于制作风味独特的奶酪。(Michael Busselle 摄,Corbis 提供)

直到 20 世纪 80 年代中期,美国或者北美洲的其他地方还没有对绵羊采奶。随着一些绵羊挤奶养殖场的兴起,这种状况发生了改变且利润不断增加。由于奶用绵羊业规模还很小,所以它还未能在养羊业中占有一席之地。威斯康星州曾经拥有的养殖者最多,现在仍有很多养殖者(图 20-14)。如果它发展成为一个完全规模化的产业,以下的条件亟待提高:增加生产场地需要开放各种周边的地域,美国畜群奶生产的遗传性需要提高,挤奶室的设计和设备必须改善,在合理价格范围内减少劳动者。现在绵羊挤奶需要的劳动者大约是奶牛挤奶的 8 倍以上。

图 20-14 除美国外,绵羊挤奶已经实施很久了,且它在美国是一个正在发展的行业。(Wolfgang Hoffmann 摄,Spooner Agricultural Research Station, University of Wisconsin Madison 提供)

绵羊和山羊在美国的地理分布情况

绵羊

绵羊养殖户遍布美国，但是大多数绵羊主要分布在西部诸州。表 20-1 给出了绵羊分类数量。西部诸州拥有所有绵羊品种中的大多数品种，主要因为那里有干旱的牧场，那里几乎没有可以选择利用的土地。绵羊是反刍动物，可以利用草料。通常绵羊可以与牛一同饲养。因为绵羊与奶牛选择不同的食物，在同一牧场采食不同的食物，因此将它们混合饲养可以更好地利用可利用牧草。在西部，土地管理和森林用地部门一般提供 30%～40%土地供绵羊放牧，随着这些土地的利用费用的增加，一些绵羊养殖户发现他们不能获得利润，因此导致了西部绵羊数量的下降。

大平原和加利福尼亚州是羔羊养殖的最大集中地，科罗拉多州是初生羔羊的养殖州，其他重要的羔羊养殖州还有加利福尼亚州、得克萨斯州和怀俄明州，在加利福尼亚的大山谷多数羔羊是利用冬季牧场的紫花苜蓿饲养到上市的。

表 20-1　美国及各州所有绵羊和羔羊的数量

州	绵羊和羔羊总数（$\times 10^3$ 只）	存栏绵羊和羔羊总数（$\times 10^3$ 只）	上市绵羊和羔羊总数（$\times 10^3$ 只）
阿拉斯加	114	57	57
加利福尼亚	680	325	355
哥伦比亚	360	170	190
印度尼西亚	260	225	35
伊利诺斯	63	53	10
印度	45	40	5
依阿华	250	180	70
堪萨斯	100	64	36
密西西比	83	59	24
蒙大拿	140	100	40
密苏里	60	54	6
马耳他	300	280	20
尼日尔	102	81	21
内华达	75	64	11
新墨西哥	160	133	27
纽约	70	54	16
美国北达科他	97	71	26
俄亥俄	140	119	21
俄克拉荷马	70	55	15
俄勒冈	215	145	70
宾夕法尼亚	85	71	14

续表 20-1

州	绵羊和羔羊总数（×10³ 只）	存栏绵羊和羔羊总数（×10³ 只）	上市绵羊和羔羊总数（×10³ 只）
南达科塔	370	290	80
德克萨斯	1100	840	260
犹他	265	235	30
弗吉尼亚	55	43	12
华盛顿	46	40	6
西弗吉尼亚	34	30	4
威斯康星	83	68	15
怀俄明	430	340	90
其他[1]	195	157	38
美国	6 090	4 480	1 610

1. 其他州包括有阿拉斯加、阿肯色、亚利桑那、特拉华、佛罗里达、格鲁吉亚、夏威夷、肯塔基、路易斯安那、马里兰、马萨诸塞、新泽西、北卡罗来纳、南卡罗来纳和田纳西。

来源：USDA-NASS，2004a。

山羊

山羊分布遍布美国（表 20-2），德克萨斯州、新墨西哥州和亚利桑那州 3 个州几乎拥有美国所有的安哥拉山羊，德克萨斯州占全国总数的 76%以上，多数分布在爱德华平原地区。

表 20-2 各州及美国的各类山羊数量

州	总山羊数	位次	肉用型及其他山羊	位次	安哥拉山羊	次序	奶山羊	位次
亚拉巴马	50 574	8	47 270	8	647	23	2 657	29
阿拉斯加	277	50	191	49	15	46	71	46
亚利桑那	35 374	15	4 272	40	27 905	3	3 197	25
阿肯色	32 580	18	26 578	14	230	41	5 772	18
加利福尼亚	103 122	3	61 241	6	4 538	5	37 343	1
科罗拉多	18 561	28	11 976	25	1 004	14	5 581	19
康涅狄格	2 586	46	1 844	43	(D)		(D)	
特拉华	1 521	48	1 372	46	8	47	141	45
佛罗里达	39 964	13	36 020	11	258	38	3 686	24
格鲁吉亚	69 498	5	66 018	4	318	33	3 162	26
夏威夷	5 364	42	4 897	37	26	45	441	44
爱达荷	11 520	33	6 683	33	403	28	4 434	21
伊利诺斯	17 192	30	12 142	24	365	30	4 685	20
印第安纳	27 801	20	20 045	17	198	43	7 558	14
爱荷华	18 898	27	9 666	29	708	22	8 524	10

续表 20-2

州	总山羊数	位次	肉用型及其他山羊	位次	安哥拉山羊	次序	奶山羊	位次
堪萨斯	24 763	22	19 797	18	625	25	4 341	23
肯塔基	68 412	6	61 618	5	817	20	5 977	17
路易斯安那	14 633	31	13 641	23	236	40	756	43
缅因	3 162	45	1 451	45	229	42	1 482	41
马里兰	9 601	34	6 715	32	248	39	2 638	30
马萨诸塞	6 022	40	4 084	41	397	29	1 541	39
密歇根	21 094	24	10 785	27	1 374	10	8 935	8
明尼苏达	19 768	25	11 084	26	981	15	7 703	13
密西西比	26 738	21	24 788	16	320	32	1 630	38
密苏里	48 654	9	37 515	10	2 483	6	8 656	9
蒙大纳	8 613	36	5 183	35	944	17	2 486	32
内布拉斯加	11 718	32	8 204	31	973	16	2 541	31
内华达	6 506	39	4 901	36	420	27	1 185	42
美国新罕布什尔	3 774	44	1 306	47	262	36	2 206	34
新泽西	8 312	37	6 347	34	277	34	1 688	37
美国新墨西哥	19 128	26	10 095	28	7 059	4	1 974	36
纽约	33 130	17	19 539	19	769	21	12 822	5
美国北卡罗来纳	67 276	7	58 993	7	1 571	9	6 712	16
美国北达科他	2 523	47	1 786	44	(D)		(D)	
俄亥俄	45 061	10	28 439	13	2 202	7	14 420	4
俄克拉荷马	82 792	4	73 302	3	1 101	12	8 389	11
俄勒冈	30 628	19	19 222	20	2 156	8	9 250	7
宾夕法尼亚	39 932	14	26 257	15	1 023	13	12 652	6
罗德艾兰	468	49	158	50	(D)		(D)	
南卡罗来纳	41 192	12	37 985	9	358	31	2 849	28
南达科塔	7 021	38	4 677	38	155	44	2 189	35
田纳西	114 664	2	107 211	2	482	26	6 971	15
德克萨斯	1 194 289	1	941 783	1	229 937	2	22 569	3
犹他	9 092	35	4 393	39	(D)		(D)	
佛蒙特	4 133	43	940	48	262	37	2 931	27
弗吉尼亚	41 275	11	35 710	12	1 164	11	4 401	22
华盛顿	23 217	23	14 265	22	846	18	8 106	12
西弗吉尼亚	17 484	29	14 326	21	822	19	2 336	33
威斯康星	35 179	16	8 634	30	645	24	25 900	2
怀俄明	5 380	41	3 575	42	273	35	1 532	40
美国	2 530 466		1 938 924		300 753	1	290 789	

来源：2002 Census of Agriculture。

(D)：个体农场拒绝给予精确数据。

奶山羊分布遍布于美国。加利福尼亚州拥有的奶山羊最多。在美国，可以发现他们从山羊奶获得的收入大概只占山羊业总收入的 10%。他们一般分布在大都市附近，大多数奶山羊业是作为业余爱好或者是兼营的小规模的养殖，一般有 5～20 只羊组成。家庭消费了大多数的产品，将一些剩余的卖掉或送给邻居和朋友(图 20-15)。

山羊肉生产部分日渐壮大。德克萨斯州很久以来都是主要的山羊肉生产州，约占美国山羊肉产量的一半。其他州也已经开始发展这一行业，其中包括美国北卡罗来纳州、格鲁吉亚州、俄克拉荷马州、田纳西州、加利福尼亚州、肯塔基州和其他几个州。山羊喜欢采食嫩枝，这一特性对控制野生灌木品种有用(图 20-16)。山羊的这一食草特性与产肉性能对养殖业来说是双赢的。

图 20-15 美国几乎所有的奶山羊以小畜群饲养，且大多数家庭将其产品主要用于家庭消费，这些动物有时也作为家庭宠物。(Larry Rana 摄，USDA 提供)

图 20-16 比起牧草，山羊更喜欢采食灌木嫩枝，因此拥有灌木的小片地区是它们好的选择。经常利用它们帮助控制或消除入侵植物。(Scott Bauer 摄，USDA 提供)

选育计划

绵羊

第 8 章和第 9 章已经讲了基本的遗传和育种知识，关于这些方面，读者可以从那些章节获得更详细的信息。

所有绵羊品种的遗传基因和环境决定了它的生产性能。育种工作者的工作就是将最好的遗传基因组，合理地与环境结合起来用于绵羊生产。当育种工作者决定将那个个体设计成为下一代的父母，他或她就将参与科学和技术的选择。选择的改变是用于提高下一代遗传基因的潜在性能。当然，如果自然界允许这一改变的进行，选择将代替**“适者生存”**的原则。然而，自然选择很少能改良所有品种的重要经济性状。改善一个品种的生产性能以生产所需的产品，按照经济效益的方式需要做进一步的研究。在绵羊的生产过程中，育种计划以个体生产者为目标，这样可能生产各种各样的手工纺织和编织部门所需的高质量羊毛，而且为 4-H 和 FFA 的市场提供高质量的羔羊肉或为屠宰市场提供羔羊。由于多级轮换制适用于在不同环境为不同目的来选择动物，所以多级轮换制存在于部分绵羊育种中。绵羊的选育计划具有相当狭窄的目的，如在特养动物的小畜群中提高彩色毛的质量；也有一些更为复杂的目的，如涉及 5 000 只母羊选育目标。

适者生存
有适应环境的特性，并能将此特性遗传给下一代的自然选择过程。

种畜的饲养者一般在他们的畜群中进行纯种繁育、生产注册的动物。在记录保持和育种决定方面，为育种者提供会员服务的各种各样的育种社团使这些更为方便。一些商业化的羔羊和羊毛生产者，即使它们的动物没有注册，也可能会采用纯种繁育技术。例如：在他们的生产环境是唯一适合某一特定育种技术的典型特征、或者适合特殊市场而生产的时候，这样是合适的。

多数商业化的绵羊生产者一般选择杂交繁育。原因很简单，就是杂交绵羊的产肉性能比纯种绵羊好。绵羊的杂交繁育设计方案相当简单。有多种生产率高的、选择性和适应性较强的绵羊品种。当希望后代出现**杂种优势**时便进行杂交繁育。在绵羊生产中杂交繁育对许多商业化的重要品质有着有益的影响，但并不限制。这些重要品质有：初生重、断奶重、日增重、体重、多胎性、存活率、繁殖力、羔羊断奶时每只母羊的重量和羊毛重量。许多杂交繁育是在一个系统的限制下进行的，这个系统的设计对单亲品种进行最大量的各种各样的补充试验，这些系统不仅仅依赖于杂种优势带来的益处，也依赖于品种选择时**互补品种**所带来益处。简单地说，就是我们选择品种时，以它们所必须提供的和它们在杂交繁育中的合适位置为基础。例如：从母系试验中所得到的强壮的品种被用在母畜方面；胴体试验的品种用于公畜方面。在美国，许多 绵羊生产都是采用杂交繁育体系。这是因为这些体系能生产出最好的屠宰羔羊，而且在美国大多数母羊饲养者的基本目的是生产屠宰羔羊。在图 20-17 和图 20-18 的任一体系都可以进行杂交繁育。

杂种优势
杂交后代的生产性能高于父母代品种的平均生产性能。

互补品种
杂交育种体系中，不同品种的不同特性可以互补。

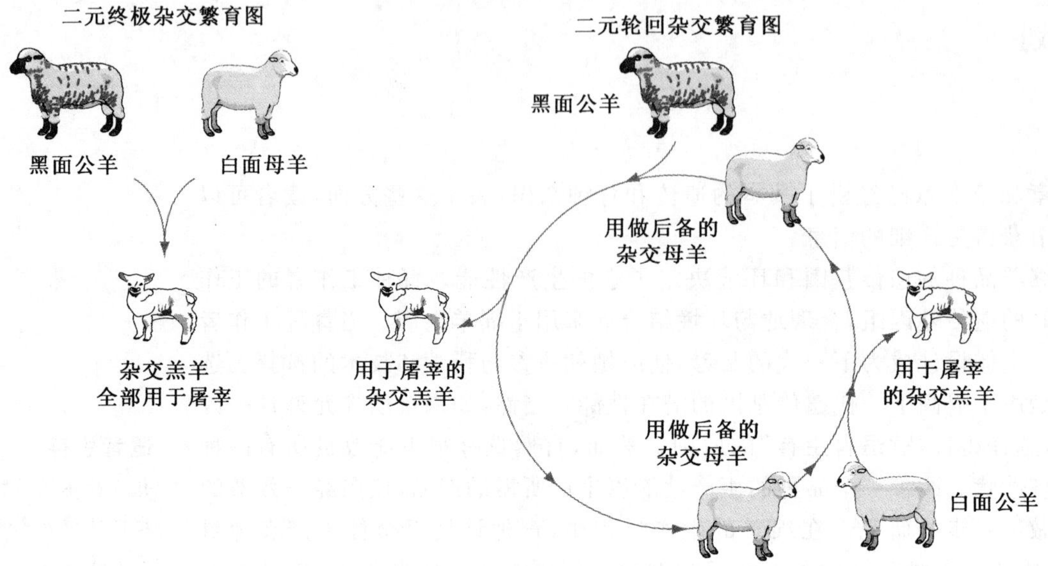

图 20-17 绵羊的二元杂交体系。

1986 年开始实行国家绵羊改良计划(NSIP),在制定繁育计划的决定方面帮助绵羊饲养者。它是将基因评估电脑化,可以在大多数商业化的重要试验中用于评估畜群中每只绵羊的育种值。国家绵羊改良计划通过生产者所提供的信息为试验计算出其育种值。评估育种值的试验可以用于计算羔羊出生数,每一**产羔**母羊的全部羔羊在 60 日龄时的窝重,30、60、90、120、180 和 360 日龄时的个体重(每一畜群应该有用于分析的至少 3 个体重),羊毛重量,毛纤维直径和羊毛长度。通过数据推导出来的各种各样的报道对生产者制定繁育决定是有帮助的。关于 NSIP 的登记形式和进一步的信息可以从以下获得:NSIP 的中心,6911 South Yosemite Street, Suite 200, Englewood, CO: 80112-1414;电话:(303)771-5717;传真:(303)771-8200;网址:http://www.nsip.org;电子邮件:info@nsip.org.

产羔
羊的分娩。

山羊

与对其他任何传统家畜的了解程度相比,对所有山羊的遗传和育种的了解程度是很粗浅的。因为经济赞助不能保证山羊试验的费用和有关工作,所以简单的研究工作还未做。很难从已发表的好的材料中找到正确的、有影响的信息,例如这篇文章。

当对山羊进行选育时,最好路线是将遗传改良的一般理解原则与关于山羊所处环境中动物如何生产可利用的研究信息有机结合。这些信息应该适用于解决山羊一切重要的选择的问题,不管是奶、肉或毛纤维。美国南部的那些国家已经将波尔山羊用于生产性能检测。美国大多数肉用型山羊是多个品种混合饲养的。

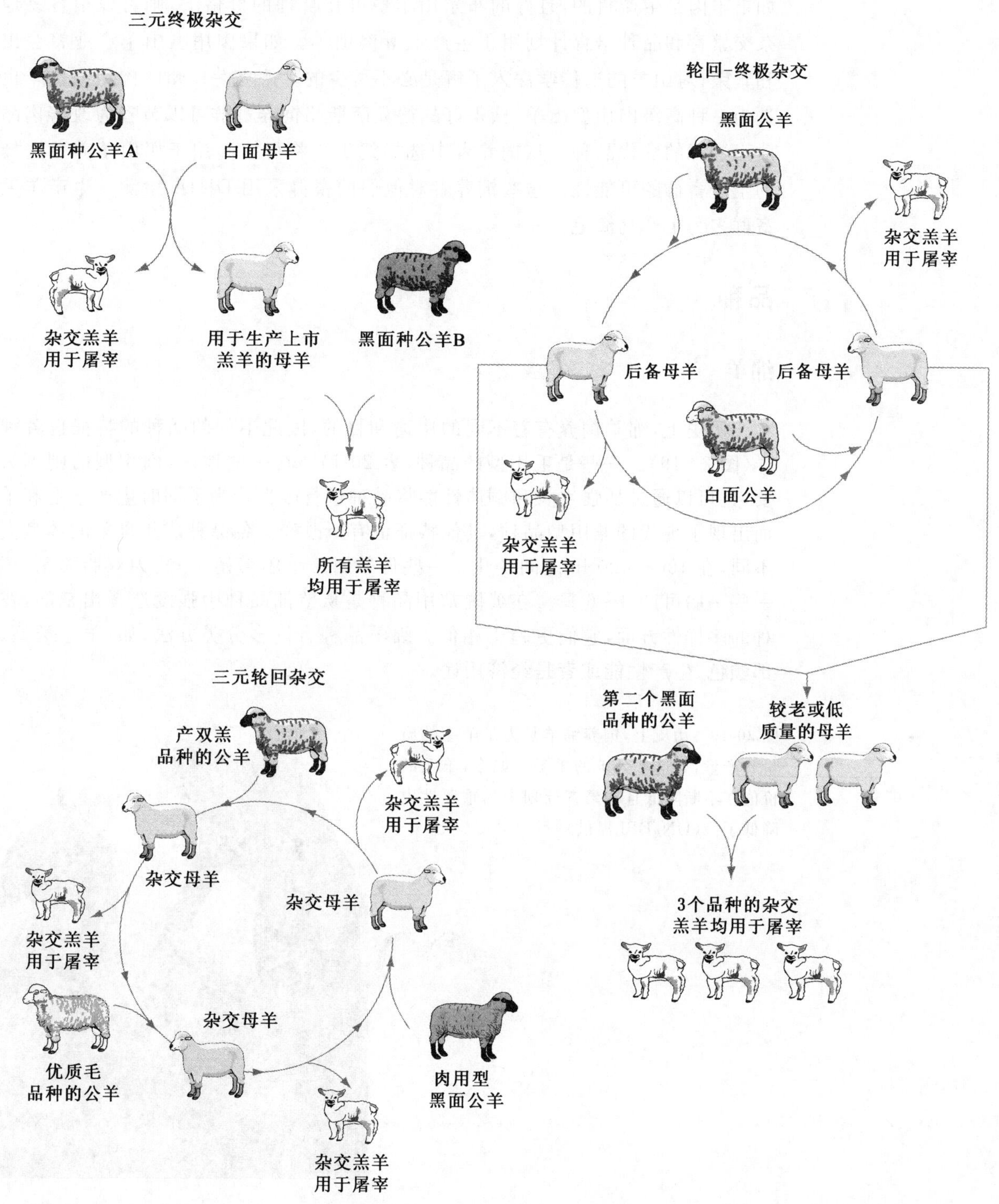

图 20-18 绵羊的三元杂交体系。

如果羊肉是生产目的，且好的布尔山羊畜群在合理的价格下，则可以很容易地将杂交繁育和品种培育计划用于生产上等肉山羊。如果肉用型山羊产业将会出现和繁荣，对山羊的遗传学深入了解是必不可少的。德克萨斯州的肉用型山羊也被选为一种高级肉用型山羊，获得好的德克萨斯州饲养畜群可以节省为改善肉品品质而选择的数代品种。从饲养者中选择奶山羊将可提高用于奶山羊养殖选择好的生产畜群的可能性。这些饲养者对他们的畜群采用 DHIA 检测。生产羊毛的畜群多为生产马海毛。

品种

绵羊

历史上，绵羊饲养有着不同的用途和目的，因此不同的品种的特征也各种各样(图 20-19)。一些是毛用型的品种(表 20-1)。在一些地区，肉用型的则更为重要，且可以通过加强生长和胴体性能将品种进行改良。为了同时生产羊毛和羊肉而出现了现代的兼用型品种，其他特征也有所改变。各品种成年母羊的体型大小不同，在 100～400 lb 之间变化。一些母羊属于单胎繁殖，一些为双胎繁殖，还有一些一胎可产 3～6 只。在美国常用品种是从欧洲品种中强度选择出来的，在品种的多样性方面，它们更趋于相似。绵羊品种有许多分类方法，如：羊毛类型、面部颜色、生产性能或者是经济用途。

图 20-19 历史上，饲养绵羊是为了羊毛的质量和产量，如这一公羊的羊毛。如今，羊毛的价值在不断降低且在繁育计划中的重要性也降低了。(UN/DPI 提供)

表框 20-1　羊毛等级

毛用型品种共有 3 个分类体系均是根据羊毛细度来分类的。美国美利奴羊毛是按美洲或血统为标准而发展来的，美利奴羊毛被认为是标准的最好的羊毛。以不同饲养阶段的美利奴羊生产的羊毛质量为标准。布拉德福体系是英国发展的，它是以 1 lb 净梳毛能纺成一定长度的毛纱数为基础的，非常好的羊毛可以纺成 120 束(560 码长)毛纱，即为布拉德福等级的 120′s(120 支)。布拉德福等级这么高是很少见的。第三个体系是以测量毛纤维的直径为基础的，它是以微米为单位的，1 μm=1/25 400 in。

羊毛分级体系的比较

血统或美洲体系	布拉德福或英国体系	细度范围体系
纯血统	优于 80′s	<17.70
纯血统	80′s	17.70～19.14
纯血统	70′s	19.15～20.59
纯血统	64′s	20.60～22.04
1/2 血统	62′s	22.05～23.49
1/2 血统	60′s	23.50～24.94
3/8 血统	58′s	24.95～26.39
3/8 血统	56′s	26.40～27.84
1/4 血统	54′s	27.85～29.29
1/4 血统	50′s	29.30～30.99
低于 1/4 血统	48′s	31.00～32.69
低于 1/4 血统	46′s	32.70～34.39
普通	44′s	34.40～36.19
杂交种	40′s	36.20～38.09
杂交种	36′s	38.10～40.20
杂交种	差于 36′s	>40.20

据估计世界上现存大约有 200 个绵羊品种。俄克拉荷马州大学家畜育种网(http://www.ansi.okstate.edu/breeds)可以为浏览者提供几乎所有的品种及它们大多数品种的图片。这一章节插入的彩图是美国一些常见品种的图片。因为它们的广泛利用和分布，绵羊品种的基因在相当大的范围内得到改良。确切地说：不是所有的品种都可以在美国绵羊业中利用。美国种畜委员会养羊协会(ASI)列出了美国的 47 个绵羊品种。然而，大量饲养的仅有 8 个品种。表 20-3 根据绵羊生产的效益列出了这些品种以及它们的特性。总之，美国绵羊品种是根据它们的主要经济用途而分类的。以下简要介绍普通用途(兼用型或普通)品种、公羊品种、母羊品种、毛用型羊和奶用型羊。

表 20-3 美国绵羊品种的一般分类[1]

品 种	羊毛类型	抗逆性[2]	性成熟体型[3]	生长速率[2]	生产力[2]	平均繁殖季节[4]	毛纤维直径/μm	毛纤维褶皱/(wt/lb)
较常见品种								
边区莱斯特羊	长毛型	M−	L−	M+	M+	S	30～38	8～12
切维厄特羊	中毛型	M+	S+	L+	M	S	26～33	5～8
哥伦比亚品种	中毛型	M+	L	H	M−	M	23～30	9～14
库普沃斯羊	长毛型	M	M	M	M+	S	30～36	8～12
考力代羊	中毛型	M+	M	M	M−	M	24～31	9～14
陶塞特羊	中毛型	M−	M	M	M	L	27～33	5～8
芬兰羊	中毛型/长毛型	L+	S+	L+	H+	L	24～31	3～7
汉普夏羊	中毛型	M−	L	H	M	M	25～33	5～8
蒙特代羊	中毛型	M	L−	M+	M	M	25～30	5～9
牛津羊	中毛型	M	L	H−	M	S	30～34	5～8
波利帕依羊	中毛型	M	M+	M+	H−	L	24～33	6～10
兰布列羊	细毛型	H	L−	M+	M−	L	19～24	9～14
罗姆尼羊	长毛型	M−	M+	M	L	S	32～39	8～14
萨罗普羊	中毛型	M−	L−	M+	M	M	25～33	5～8
南丘羊	中毛型	M−	M−	L+	M−	M	24～29	5～8
萨福克羊	中毛型	L	L+	H+	M+	M	26～33	3～7
塔基羊	中毛型/细毛型	M+	L−	M+	M	L	21～25	8～14
不常见品种								
考摩羊	细毛型	H	M	M−	L	L	19～22	10～14
巴巴多斯岛黑腹羊	绒毛型	M+	S	L	M+	L	—	—
黑色威尔士山地羊	中毛型	H	S	L	L+	S	29～36	3～4
蓝脸来斯特羊	长毛型	M−	L	M+	H−	S	26～31	6～8
布鲁拉美利奴羊	细毛型	M+	S	L	H+	L	18～23	9～15
Ca red	中毛型	M	S+	L+	M−	L	26～31	4～7
Ca var mutant	中毛型/细毛型	M	M	M	M	M	22～25	6～12
草地森林种羊	中毛型	M	M−	M	M+	S	28～33	5～8
科茨沃尔德羊	长毛型	M−	L	M+	M	S	33～40	11～15
德布列羊	细毛型	H	M	M−	L+	L	18～23	9～14
提来恩美利奴羊	细毛型	H	M−	M−	L+	L	17～22	9～14
东方弗里斯兰羊	中毛型	L	L−	H−	H	S	27～31	8～12
Culf coast native	中毛型	H	S	L	L	L	26～32	3～5
冰岛羊	长毛型	H	M−	L+	M+	S	20～28	3～5
雅各布羊	中毛型	M−	S	L	L	S	27～35	3～6
卡拉库耳羊	地毯毛	H	S+	L	L	M	24～36	4～8
Katahdin	绒毛型	M+	M−	M	M+	L	—	—

续表 20-3

品　　种	羊毛类型	抗逆性[2]	性成熟体型[3]	生长速率[2]	生产力[2]	平均繁殖季节[4]	毛纤维直径/μm	毛纤维褶皱/(wt/lb)
林肯羊	长毛型	M−	L	M	L	S	34～41	10～14
纳瓦霍粗毛羊	地毯毛	H	S	L	L	L	28～40	3～7
北部乡村的切厄特羊	中毛型	M	M+	M+	M+	S	27～33	5～8
巴拿马羊	中毛型	M+	M+	M+	M	M	24～30	9～14
卡拉库尔羊	长毛型	H	M−	M−	M−	S	30～38	7～10
Rideau Arcott	中毛型	M+	M	M	H	L	25～31	6～8
罗曼沃夫羊	中毛型/绒毛型	H	S+	L+	H+	L	28～35	3～5
圣克鲁斯羊	绒毛型	M	S+	L	M+	L	—	—
苏格兰黑面羊	地毯毛	H	S+	L+	L+	S	28～38	5～6
雪特兰羊	中毛型	H	S−	L−	L	S	19～29	2～4
特塞尔羊	中毛型	M	M+	M+	M+	M	28～33	7～9
突尼斯羊	中毛型	M+	M−	M−	L	M	26～31	4～8
威尔特有角羊	脱毛型	M	M	M	L	S	—	—

来源：Sheep Production Handbook，1996，经允许使用。

1. 品种的抗逆性、性成熟体型、生长速率和生产力的评估标准不同，但所有品种均在普通环境下进行。

2. 抗逆性、生长速率、生产力：H＝高、M＝中、L＝低。

3. 性成熟体型：L＝大、M＝中、S＝小。

4. 繁殖季节：L＝长（6～8 个月以上）、M＝中（4～6 个月）、S＝短（4 个月以下）。大多数繁殖季节长代表了开始的早，芬兰羊开始较晚，但繁殖季节也长。

多用型或兼用型品种

这些品种既用来产肉也用来产毛，且适应于各种各样的环境。例如这些品种有草地森林种、陶塞特羊、蒙特代羊、北部乡村的切厄特羊、波利帕依羊和特塞尔羊。一些人也将哥伦比亚羊、罗姆尼羊和考力代羊划为兼用型品种。这一类型的品种在不同生产状况的杂交繁育计划中既可作为母系品种也可作为父系品种。如：美国西部常常将哥伦比亚羊作为母系品种，但美国中西部常常将其作为父羊品种。这些品种通常作为杂交繁育难以维持的小畜群的选择，它们可以有效地采用三元杂交体系。

母羊品种

这些品种有兰布列羊、美利奴羊、塔基羊、哥伦比亚羊、考力代羊、边区莱斯特羊、库普沃斯羊和罗姆尼羊。芬兰羊和罗曼诺夫羊是 2 个增加的高产母羊品种。它们都是细毛羊杂交类型的白面羊。这些品种中兰布列羊的杂交是最重要的。美国大多数绵羊畜群主要生产母畜，因此这些品种占美国绵羊总数的绝大多数。这些品种在育种中起主导作用的母羊与公畜群中的公羊交配以繁殖肉用羔羊，为杂种优势做出贡献，如：母性好、强壮、羊毛品质好和羊毛产量较高，同时它们也需要充分的产肉性能。

公羊品种

因为它们在杂交繁育计划中被用作终端父本，所以选择这些品种生长性能和产肉性能好的后代。通过羔羊屠宰时的体重将它们进一步分类。用于肥羔生产的品种有：萨福克羊、汉普夏羊和牛津羊，也是美国常用的公羊品种。萨福克羊是最常用的公羊，其次为汉普夏羊。如果育种最终目标是中等体重的羔羊时，则可以用萨罗普羊和特塞尔羊。如果育种目标是轻型体重的羔羊时，则可以用切维厄特羊和南丘羊。美国绵羊畜群中广泛采用杂交繁育，这也是公羊品种的主要用途。

绒毛型绵羊品种

并不是所有的绵羊都产羊毛。在热天，羊毛在世界上不发达的地区并不是特别有用或需要，而且也不对它们进行选择来改良它们。由非专业的人士来看，地毯毛型绵羊常常看起来更像山羊而不是绵羊。由于与毛用型绵羊相比，它们具有繁殖力高、存活率高和对寄生虫的抵抗力强，加之对较长育种季节的额外补助，所以有相当大的利润改善。地毯毛型品种最大的优点是适应于炎热天气。最常见的品种有巴巴多斯岛黑腹羊和圣克鲁斯羊。这些绵羊品种的缺点仍多于优点，如与较常用的品种相比，体重较轻、生长缓慢和胴体品质差。

奶用型品种

美国最近才对奶用型绵羊产生兴趣。奶用型品种有东方弗里斯兰羊、拉长恩羊、萨尔达羊、曼切加羊、希俄斯羊、阿华西羊和阿萨夫羊。在美国这一行业发展的成功，会使这些品种中的任一品种变得更为常见。

山羊

根据它们的饲养用途一般可将山羊分为奶用型品种、肉用型品种、兼用型品种或毛用型品种，品种非常多样化。美国正在用的少数品种来自于世界的几个地区。俄克拉荷马州大学家畜育种网(http://www.ansi.okstate.edu/breeds)为浏览者提供了不同品种的信息。山羊品种差异很大，成熟母羊的体重从 20 lb 的矮小山羊到 250 lb 的大型奶用型品种。一些品种的公羊在发育不全的情况下有 50 in，然而矮小型可能低于 20 in。正常的出生体重变化范围在 3～9 lb 之间，多胎很常见，所以畜群的产羔率可超过 200%。

奶用型品种

瑞士原始山羊的产奶量居世界首位。最主要的品种有萨能奶山羊、吐根堡山羊和高山羊。拉曼查羊是美国的一个改良奶用型品种。美国最有名的品种是英国改良的英格兰努比亚羊。这一章节插入的彩色图片是美国一些常见的奶用型山羊品种。

肉用型品种

肉用型品种有南非布尔羊(1993 年引入美国)、印度 beetal 羊、孟加拉黑羊、拉丁美洲克里奥多羊和美国西班牙山羊(图 20-20)。南非山羊的产肉性能是最有名的。然而,肉用型山羊的外观差异很大且一般为无明显特征。在美国,没有足够的羊肉需求以引起品种改良工作和/或大量的进口、山羊品种的改良。

图 20-20　布尔山羊是南非用生产性能检测培育出来的肉用型山羊。

兼用型品种

印度山羊和努比山羊均是肉奶兼用型品种;安哥拉努比羊或在美国常称为努比羊,也被认为是兼用型品种。此外,法国西部的侏儒型山羊作为实验动物或宠物的利润不断增加。

毛用型品种

毛用型品种有土耳其安哥拉山羊、亚洲克什米尔山羊和俄罗斯顿河羊。由安哥拉山羊产的马海毛较长且质量好,克什米尔山羊产的山羊绒是细绒毛。

侏儒型山羊

因为它们超强的抗病力(尤其是对限制其他家畜利用的锥虫病的抵抗力),所以在它们的起源地法国常将它们作为多用型山羊。美国将它们作为实验动物。由于它们的体型较小,美国也将它们作为一个家畜宠物品种。

繁殖管理

绵羊

第 11 章主要讲述了繁殖生理学,读者可以了解到公畜和母畜的基本繁殖解剖学、生理学和功能。

绵羊一次妊娠一般不止产一个羔羊(图 20-21),这使得绵羊的繁殖率要高于与他们竞争资源的主要品种牛。然而，它也使得母羊具有一套不同的生理结构。如果要使绵羊畜群有利润就必须很好地利用这种生理结构。好的生产管理过程是至关重要的，因为繁殖率或者每只母羊所产的和上市的全部羔羊的百分率对于一个绵羊群利润的影响是最重要的。理想的繁殖率并不等于最大的繁殖率。理想的繁殖效率是在生产系统限制下的单个个体饲养的最大繁殖率。拥有小的羔羊市场和对生产彩色毛更感兴趣的人会认为理想的繁殖率将是生产足够的畜群后备个体。一个干旱牧场的商业化养殖场，如果牧场的营养不能为产双胎羔提供足够的奶，则其理想的繁殖率为100%～110%。拥有优良牧草的纯种种畜生产者的畜群的产羔率可达200%。繁殖率必须基于生产环境和生产目的。然而，美国大多数绵羊生产的目的是以最有限的资源（通常指饲料或土地）来生产最多的产品。这种情况下达到这一目的最好的方法就是提高繁殖率，因为母羊的饲养成本不断增加超过了大羔羊。有许多繁殖技术可以提高繁殖率，最明显的就是通过增加多胎的数量和减少不产羔母羊的数量。然而，其他方法也可提高产羔率，绵羊的妊娠期只有148 d，所以时间允许一年产一胎以上。然而，美国大多数著名的绵羊品种均是季节性繁殖，发情周期受光照长短的影响。绵羊属短日照繁殖动物。要克服这一影响需要利用不同品种、对发情进行激素控制或利用人工光照来控制日照长短。头胎的年龄也影响母羊一年的产羔数。1岁母羊的一生生产力更好但需要精心饲养和管理。改善畜群中母羊的使用年限及通过降低所需后备畜的数量，使更多的羔羊上市。还要注意减少产羔时羔羊的死亡率。

图 20-21 双胞胎怀抱双胞胎：像这些女孩一样，多个后代出生在人类上是不常见的，但绵羊一般一胎产一个以上的羔羊，一些品种的产羔率可超过200%。（Jack Schneider 摄，USDA 提供）

优良的繁殖管理体系的实质可归因于优良的动物健康管理和优良的营养管理。以理想的繁殖效率为目的必须对后备畜群进行限制饲养和管理。母羊和公羊的营养均会影响繁殖率。在一些地区，在繁殖后期和产后的一小段时间使高温高湿对母羊群的负面影响最小化是非常重要的。各个畜群的疾病预防计划是不相同的。然而,所有的绵羊养殖者应该意识到绵羊对体内寄生虫非常敏感。对动物进行常规寄生虫控制计划是有利的。发生的任何普通疾病均可降低畜群生长发育状况进而降低繁殖效率,所以应对其进行该控制。直接影响繁殖率的疾病包括:母羊的地方性流产、弓形虫病、布氏杆菌流产症、弧菌病、沙门氏菌病、钩端螺旋体病、阴道脱出、低血钙症和妊娠毒血症。这些及其他一些疾病,通过一个不断完善的羊群保健体系,可以得到很好的控制。

一般家畜表现的性活动停止阶段称为**乏情期**。它们的繁殖季节是5~7个月,通常从秋季开始、一些品种从夏末开始,繁殖季节随日长的长短不同而异,每个地区的繁殖季节是不相同的。美国绵羊的产羔季节一般在春季,产羔早晚很大程度上取决于设备、劳力和何时开始放牧。不同品种的妊娠期长短差异不大,平均为148 d,一般在144~150 d之间。母羊的**发情周期**平均为16~17 d,持续**发情**时间为24~36 h。在放牧情况下,当地母羊大多数采用自然交配。然而,特别是对于纯种饲养者也采用人工授精技术。

公羊也受到日照长短的影响,与它们同品种母羊在同一育成阶段,它们可产生大量的高质量精子。为使高质量的公羊价值最大化,在**受孕**早期与母羊交配。用于育种计划的每一只公羊在放于母羊群前应进行一个有效的育种检测。育种有效性检测中通过**触诊**和观察来评估的主要因素有睾丸、附睾和阴茎的发育情况及有效性,也应检查蹄、腿、眼睛和口咽部,还应对公羊进行普通疾病的筛选,特别应对吸引雌性动物及性欲的能力进行检测。精液的检查是有效的方法,但由于未经训练的公羊采精困难,使得精液检测也较困难。

乏情期
在非怀孕的任何时期,成年母畜的发情周期没有规律。绵羊的乏情期常常是绵羊对光周期长短的敏感程度引起的。

发情周期
从一个发情期到下一个发情期的时间,有规律、周期性的发生。

发情期
母畜易于接受交配的时期。

受孕
精子与卵子结合。

触诊
用手接触和检查身体。

山羊

山羊的气味腺位于羊角基部,他们帮助刺激发情和提高怀孕,这些腺体是使人们感觉难闻的山羊气味的源头。这些气味会进入羊奶且使羊奶发生变化、失去风味,基于这一原因,如果羊奶是用于人类消费的,则一般将公羊与产奶母羊分群饲养。山羊与绵羊一样,繁殖也受日照长短的影响,因此也是季节性繁殖动物。山羊达到性成熟的时间也与绵羊相似,大约在6月龄,可在1岁时进行配种以产第一个后代。母山羊的发情周期一般为21 d,持续发情1~2 d。妊娠期大约是150 d。美洲大陆的大多数地方,山羊的繁殖时间在8月份至下一年2月份,一些1年2胎。偏南方地区1年2胎的情况更加普遍。

营养

绵羊

饲料是绵羊生产中唯一最昂贵的部分,因此,一个有效的饲料和营养计划是重要的。绵羊是反刍动物,它们可以利用草料和粗饲料。事实上,除了放牧饲养,绵羊生产中只利用有限的谷物饲料;仅仅在繁殖前和产羔前对母羊添加谷物饲料。但是,补饲羔羊和育肥羊以及观赏性、俱乐部的和纯种动物除外。因此,大多数的绵羊饲养方案以怎样从饲草中获得最大的利润为中心。在第 5、6、7 章有关于营养的详细内容,读者可从那些章节获得更详细的资料。

催情补饲

配种前对母畜增加饲料喂量,在短期内改进其膘情,提高繁殖效果的方法。

怀孕后期

怀孕期的 1/3,母羊的怀孕后期大约在怀孕期最后的 50 d。

单胎

只产生 1 个后代。

季节性销售

对某种产品需求增加时的时间。

母羊的饲养成本是整个羔羊生产成本的一半。在满足营养需求的情况下以最小的饲养成本和最优的产品的方式得到最优的回报。一年中的有些时间母羊易吃得过多,一些时间却得不到足够的食物。必须根据特殊的目的及其生产的特殊环境对母羊给以补饲。例如:为畜群提供公羊的纯种母羊与为畜群提供羔羊的干旱牧场的母羊的营养需求是不相同的。然而,它们也有相似之处,母羊生产周期的第一个最重要时间大约是**催情补饲**的前 2 周;第二个时间是**怀孕后期**,母羊采食足够的低质量饲料难以满足胎儿的营养需要。尤其是母羊是产多于**单胎**的多胎动物。用于母羊群的饲料一般有:青草、豆科牧草、副产品和作物残渣。这些可以被动物直接采食或经收获、储存然后人工饲喂。绵羊的适应性很好,它们可有效地利用牧地、牧场和饲料作物来满足它们的营养需求。

有时将羔羊尽快上市是有利的,夺取**季节性销售**和简单地利用可利用劳力均会比上市晚获得更多、更直接的利益。这些情况下,羔羊应该从小就饲喂高能量精料日粮,如表 20-4 提供的羔羊精料的日粮。

表 20-4 羔羊补饲日粮组成 %

饲 料	谷物日粮蛋白含量 20% 与优质干草一同饲喂	谷物日粮蛋白含量 20%但不饲喂干草	谷物日粮蛋白含量 16% 与优质干草一同饲喂
玉米,2 号,黄色,压片	53.7	—	59.0
燕麦,整粒或压片	13.4	63.6	14.8
大豆粉(44)	30.4	27.6	19.75
糖蜜	—	6.36	3.93
石灰石	1.07	1.06	1.18
盐	1.07	1.06	1.18
复合维生素和饲料添加剂	0.36	0.32	0.21

注:小麦可以代替玉米在其占精料的 50% 以上时,任何一种过多都会引起消化问题。

围栏场应特别调整管理,高质量饲草对于以尽可能低的饲养成本使羔羊达到上市体重是必需的。不同的日粮和饲喂可以有效地用于肥育羔羊。表 20-5 给出了特殊牧场羔羊日粮的例子。羔羊要以高质量的牧草肥育,并添加适量的矿物补充物和少量的谷物。加利福尼亚州有这种肥育型牧场。

表 20-5　肥育羔羊的圈养日粮　%

日粮组成	日粮 1	日粮 2
	在日粮中百分比	
玉米,2 号品种,黄色未加工	37.32	—
玉米,2 号品种,经加工	37.33	—
玉米,2 号品种,整穗或磨粉		76.85
棉籽壳	10.00	—
大豆粉(粗蛋白 48%)	12.80	15.60
液体蜜糖	—	5.00
石灰石	1.00	1.00
微量矿物盐	1.00	1.00
维生素预混料和饲料添加剂	0.55	0.55

山羊

山羊肉生产的价值之一是它们可以不用集约化的饲养方法或饲养体系进行饲养。然而,一些山羊无疑要在上市前给予补饲。肥育山羊没有市场,高谷物饲料饲喂在生产上不实用也不可能做到,干旱阶段和冬季需要给予补充料,但都是粗料和干草。同样的饲喂方法对于安哥拉山羊也适用。不管是从利润角度还是生产水平角度看昂贵的饲料的饲喂方法都是行不通的。

总体来说,奶山羊要求的饲料质量较高,从商业角度上讲对大多数山羊养殖者而言,最好的方法就是供给高质量的饲料。表 20-6 给出了奶山羊除饲喂高质量的饲草外还需饲喂的补充料的组成。

表 20-6　奶山羊日粮组成的举例　%

组成成分	日粮中含蛋白质 16%	日粮中含蛋白质 20%
	在日粮百分比	
玉米(2 号,黄色、蒸压)	40.0	32.8
燕麦(整粒或压片)	15.0	10.0
大豆粉	17.8	30.0
甜菜叶	10.0	10.0
啤酒糟	7.5	10.0
糖蜜	7.5	30.0
微量矿物盐	1.0	1.0
磷酸氢钙	0.5	1.0
磷酸钠	0.5	—
氧化镁	0.2	0.2

注:这些品种要进行补饲或放牧。

羔羊肉和山羊肉的营养价值

一份 3 oz 熟羔羊瘦肉和 3 oz 熟山羊肉能为日推荐饮食热量为 2 200 cal 的 25～50 岁女性提供如下营养成分：

	羔羊肉(%)	山羊肉(%)
蛋白质	48	52
热量	8	6
磷	22	21
铁	12	21
锌	37	37
核黄素	18	40
硫胺素	9	7
钴胺酸	111	51
尼克酸	36	22
叶酸	11	2

与其他的动物产品一样，羔羊肉和山羊肉都是高营养食物。人们怀疑其营养价值和一个国家羔羊消费水平相关。喜欢吃羔羊肉的人们把它作为一个专门化产品来消费，在这种情况下我们很少考虑它的营养价值。仅仅知道羔羊肉是好食品就可以了。表 20-7 是羔羊肉的所有营养成分含量的分析，很难确定那些经常吃山羊肉的人们在烹饪时是否考虑它的营养成分。假如大多数消费者将其作为传统饮食的一部分，则不会考虑到它的营养成分。然而总体上山羊肉有变成瘦肉产品的优势。表 20-8 给出了山羊肉营养养分的分析。

表 20-7 家养羔羊肉的营养组成(零售修整肉块，脂肉分离，修整至含 1/4 脂肪，精选级，熟食) NDB No：17002

营养成分	单位	每 100 g 可食部分中的含量
组分		
水	g	53.72
能量	kcal	294
能量	kJ	1 230
蛋白质	g	24.52
总脂肪	g	20.94
碳水化合物	g	0
日粮总纤维	g	0
灰分	g	1.04

续表 20-7

营养成分	单位	每 100 g 可食部分中的含量
矿物质		
钙(Ca)	mg	17
铁(Fe)	mg	1.88
镁(Mg)	mg	23
磷(P)	mg	188
钾(K)	mg	310
钠(Na)	mg	72
锌(Zn)	mg	4.46
铜(Cu)	mg	0.119
锰(Mn)	mg	0.022
维生素		
抗坏血酸(维生素 C)	mg	0
硫胺素(维生素 B_1)	mg	0.1
核黄素(维生素 B_2)	mg	0.25
尼克酸(维生素 B_5)	mg	6.66
泛酸(维生素 B_3)	mg	0.66
吡哆酸(维生素 B_6)	mg	0.13
叶酸(维生素 B_9)	μg	18
钴胺酸(维生素 B_{12})	μg	2.55
视黄醇(维生素 A)	IU	0
视黄醇(维生素 A)RE	μg-RE	0
生育酚(维生素 E)	mg-ATE	0.14
油脂类		
脂肪酸(饱和)	g	8.83
4:00	g	0
6:00	g	0
8:00	g	0
10:00	g	0.05
12:00	g	0.09
14:00	g	0.82
16:00	g	4.48
18:00	g	2.84
脂肪酸(单不饱和)	g	8.82
16:01	g	0.61
18:01	g	8
20:01	g	0
22:01	g	0

续表 20-7

营养成分	单位	每 100 g 可食部分中的含量
脂肪酸(多不饱和)	g	1.51
18:02	g	1.14
18:03	g	0.3
18:04	g	0
20:04	g	0.07
20:05	g	0
20:06	g	0
22:05	g	0
22:06	g	0
胆固醇	mg	97
氨基酸		
色氨酸	g	0.287
苏氨酸	g	1.05
异亮氨酸	g	1.183
亮氨酸	g	1.908
赖氨酸	g	2.166
蛋氨酸	g	0.629
半胱氨酸	g	0.293
苯丙氨酸	g	0.998
酪氨酸	g	0.824
缬氨酸	g	1.323
精氨酸	g	1.457
组氨酸	g	0.777
天冬氨酸	g	2.159
谷氨酸	g	3.559
甘氨酸	g	1.198
脯氨酸	g	1.029
丝氨酸	g	0.912

来源:USDA Nutrient Database for Standard Reference Release 12,March 1998。

表 20-8 野生山羊肉的营养成分(烤熟)

NDB No:17169

营养成分	单位	每 100 g 可食部分中的含量
组分		
水	g	68.21
能量	kcal	143
能量	kJ	598
蛋白质	g	27.1
总脂肪	g	3.03
碳水化合物	g	0
日粮总纤维	g	0
灰分	g	1.46
矿物质		
钙	mg	17
铁	mg	3.73
镁	mg	0
磷	mg	201
钾	mg	405
钠	mg	86
锌	mg	5.27
铜	mg	0.303
锰	mg	0.042
维生素		
维生素 C	mg	0
硫胺素(维生素 B_1)	mg	0.09
核黄素(维生素 B_2)	mg	0.61
尼克酸(维生素 B_5)	mg	3.95
吡哆酸(维生素 B_6)	mg	0
叶酸(维生素 B_9)	mcg	5
钴胺酸(维生素 B_{12})	mcg	1.19
视黄醇(维生素 A)	IU	0
视黄醇(RE)	μg-RE	0
生育酚(维生素 E)	mg-ATE	0.05
油脂类		
脂肪酸(饱和)	g	0.93
4:00	g	0
6:00	g	0
8:00	g	0
10:00	g	0
12:00	g	0
14:00	g	0.04
16:00	g	0.43
18:00	g	0.43

续表 20-8

营养成分	单位	每 100 g 可食部分中的含量
脂肪酸(单不饱和)	g	1.36
16:01	g	0.06
18:01	g	1.24
20:01	g	0
22:01	g	0
脂肪酸(多不饱和)	g	0.23
18:02	g	0.13
18:03	g	0.02
18:04	g	0
20:04	g	0.08
20:05	g	0
22:05	g	0
22:06	g	0
胆固醇	mg	75
氨基酸		
色氨酸	g	0.403
苏氨酸	g	1.29
异亮氨酸	g	1.371
亮氨酸	g	2.258
赖氨酸	g	2.016
蛋氨酸	g	0.726
半胱氨酸	g	0.323
苯丙氨酸	g	0.941
酪氨酸	g	0.833
缬氨酸	g	1.452
精氨酸	g	1.989
组氨酸	g	0.565

来源：USDA Nutrient Database for Standard Reference, Release 12, March 1998。

山羊奶的营养价值

一杯羊奶能为日推荐饮食热量为 2 200 cal 的 25～50 岁女性提供如下营养成分：

蛋白质	19.7%
热量	7.6%
磷	34%
钙	41%
锌	6%
核黄素(维生素 B_2)	26%
硫胺素(维生素 B_1)	11%

钴胺酸(维生素 B_{12}) 8%

羊奶和牛奶的营养成分很相似,也是高营养物质。表20-9给出了羊奶全部的营养成分分析。

表 20-9 山羊奶的营养成分

NDB No:01106

营养成分	单位	1杯,244.000 g
组分		
水	g	212.353
能量	kcal	167.904
能量	kJ	702.72
蛋白质	g	8.686
总脂肪	g	10.102
碳水化合物	g	10.858
日粮总纤维	g	0
灰分	g	2.001
矿物质		
钙	mg	325.74
铁	mg	0.122
镁	mg	34.087
磷	mg	270.108
钾	mg	498.736
钠	mg	121.512
锌	mg	0.732
铜	mg	0.112
锰	mg	0.044
硒	μg	3.416
维生素		
抗坏血酸(维生素 C)	mg	3.148
硫胺素(维生素 B_1)	mg	0.117
核黄素(维生素 B_2)	mg	1.337
尼克酸(维生素 B_5)	mg	0.676
泛酸(维生素 B_3)	mg	0.756
吡哆酸(维生素 B_6)	mg	0.112
叶酸(维生素 B_9)	μg	1.464
钴胺酸(维生素 B_{12})	μg	0.159
视黄醇(维生素 A)	IU	451.4
视黄醇(维生素 A)RE	μg-RE	136.64
生育酚(维生素 E)	mg-ATE	0.22
油脂类		
脂肪酸(饱和)	g	6.507
4:00	g	0.312
6:00	g	0.229

续表 20-9

营养成分	单位	每1杯,244.000 g
8:00	g	0.234
10:00	g	0.634
12:00	g	0.303
14:00	g	0.793
16:00	g	2.223
18:00	g	1.076
脂肪酸(单不饱和)	g	2.706
16:01	g	0.2
18:01	g	2.384
20:01	g	0
22:01	g	0
脂肪酸(多不饱和)	g	0.364
18:02	g	0.266
18:03	g	0.098
18:04	g	0
20:04	g	0
20:05	g	0
22:05	g	0
22:06	g	0
胆固醇	mg	27.816
氨基酸		
色氨酸	g	0.107
苏氨酸	g	0.389
异亮氨酸	g	0.505
亮氨酸	g	0.766
赖氨酸	g	0.708
蛋氨酸	g	0.195
半胱氨酸	g	0.112
苯丙氨酸	g	0.387
酪氨酸	g	0.437
缬氨酸	g	0.586
精氨酸	g	0.29
组氨酸	g	0.217
丙氨酸	g	0.288
天冬氨酸	g	0.512
谷氨酸	g	1.527
甘氨酸	g	0.122
脯氨酸	g	0.898
丝氨酸	g	0.442

来源:USDA Nutrient Database for Standard Reference,Release 12,March 1998。

绵羊和山羊业的发展趋势及影响因素

消费因素

人均消费羔羊不到 1 lb 且仍在下降，绵羊业已降低到了一个特殊行业。这个行业中只有依靠吸引新的消费者愿意购买羊肉来促进羔羊业的发展。假如美国只有很少的人消费羔羊，那么一定可以找到新的消费者。在美国这种情况存在于混血人口中，他们中的一些人习惯于吃羔羊肉。如果要提高消费水平，羔羊肉的质量、利用率和食用方便性必须得以改善。大众消费问题之一就是脂肪，肉品质量方面消费者需要更多的瘦肉产品。羔羊肉仍然是太肥了，加之其价格高于它本身的价值，均导致消费者对产品的不满意而不再食用，除此之外，最重要的是方便的烹饪好的可利用的羔羊肉已不存在了。美国大部分地区新鲜肉产品甚至不能常年供应，相对而言，美国仅剩下很少一部分人知道怎样烹饪羔羊肉，但他们不会轻易去购买。如果要促进山羊肉消费的潜在增加，则需要扩大市场销售渠道。

美国的新移民喜欢吃山羊肉，他们使山羊肉的需要量增加。这些移民中大部分是西班牙人，穆斯林和加勒比海人。他们居住在加利福尼亚州、德克萨斯州和西南部其他的州，如纽约州和迈阿密州。这个行业的任何发展将必须以服务于这些人们为基础。不利于增加国内山羊肉需求发展的因素有消费季节性(常在假期左右)及人们对不同类型山羊胴体的喜爱程度。图 20-22 是最近山羊的屠宰量，使得这个行业发展看起来是一个增加的趋势。然而之前预测山羊肉行业是一个下降的趋势，政府对马海毛支持的取消也是其中的一个因素，政府津贴对马海毛的支持和羊毛业一样。山羊屠宰部分的明显增加是由于安哥拉山羊生产羊毛已经没有利润而被屠宰造成的。然而，这些上升趋势表明这个行业正处于增长阶段。当然美国肉山羊数量也正在增加，美国农业部检测的屠宰厂绵羊屠宰数量是山羊的 4 倍。目前的这种趋势还会继续吗？与绵羊相比美国山羊将成为一个更加多样化的品种。

羊毛和马海毛的国内消费如今在绵羊和山羊业中是一个非必需的因素，且将以这种状态继续存在，人工合成的纤维越来越多样化，越来越便宜，对现代消费者有更高的吸引力。依靠羊毛纤维贸易的那部分商人更加容易购买到他们在国际市场上需要的数量。

养殖业的规模与结构

美国绵羊的数量呈下降趋势，图 20-23 是 1985—2000 年间出栏量和存栏量。2 方面的下降趋势都很明显。没有人知道维持这个行业到底需要多少只绵羊。然而，很明显的是如果不能达到一个稳定的数量，这个行业将会消失。

如果绵羊的数量保持稳定，市场统一将继续加强，否则也将不复存在。山羊

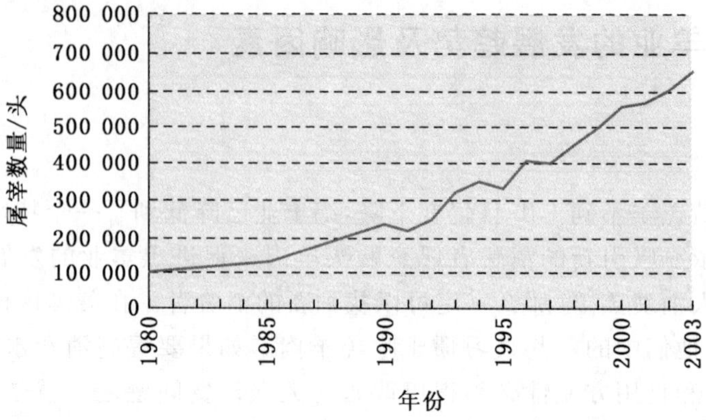

图 20-22 山羊屠宰数量。(来源:USDA-NASS,2004b)

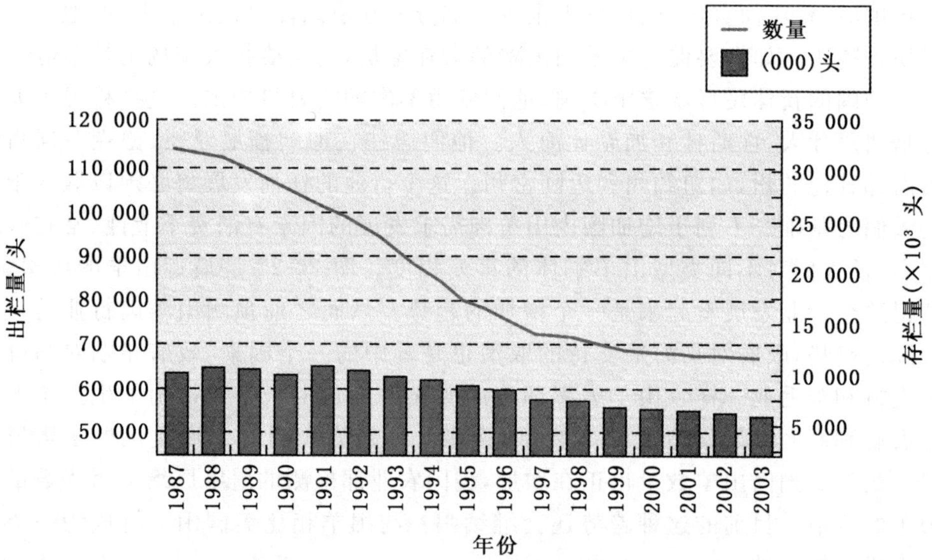

图 20-23 美国 1987—2003 年绵羊出栏量和存栏量。(来源:USDA-NASS,http://www.usda.gov/nass/aggraphs/sheep3.htm)

出栏量将继续下降,剩余者将继续扩大规模直到无利可图,规模化经济将暗示这种趋势,即使这个行业已成为一个高度集约化的行业,但是一个更加稳定统一的行业将提高行业各个部门协调的程度。

生产地域性也可能发生某些变化。西部牧场的绵羊品种的数量必然会下降甚至更多,更多的东部诸州的某些绵羊品种会变成小群体。

绵羊业的各个部门在如何发展该行业上不是处在同一水平线上的。小生产者,大生产者,圈养饲养者,种畜生产者,批发商,零售商和其他销售者必须有机地结合起来,否则这个行业将完全由那些业余养殖者组成。山羊生产者没有国家统一的代理机构或一个发展和改善可依赖或替代的基金的来源去提高他们行业。

环境因素

对环境的关注将越来越集中在饲养方式，低成本饲喂、有效处理动物废弃物有助于抵消新标准的费用。

技术

在绵羊和山羊业上没有充分利用科学和技术尤其是一些现代生物技术之前，加速非季节的**产羔**能提高绵羊和山羊业繁殖率甚至更有竞争优势。1 年产 1 胎的非妊娠期占有明显的部分。如果没有生理上的限制即乏情期，在良好的饲养管理下，母羊 1 年可以产 2 胎。虽然已经形成有效的方案，但还需要进一步的研究。

产羔
山羊的分娩。

不论在国家的任何地方，食肉动物的威胁对山羊和绵羊都是一个潜在问题。据调查统计这 2 个品种的生产者总损失每年都在 150 亿～200 亿美元之间，占每年总损失的 40%。还有 100 亿美元用在防止肉食动物入侵的控制策略上。肉食动物包括草原狼、狗、野狮子、鹿、狐狸、老鹰和其他动物，其中以草原狼最常见。处理肉食动物入侵的许多方法如毒药和陷阱越来越不被社会接受。其他的方法如牧羊犬很有帮助，但是总的来说不是特别有效。任何绵羊和山羊经营者都需要一个有效的防御肉食动物入侵的方案。防御肉食动物入侵的花费和担心使更多的生产者被迫离开了这个行业(图 20-24)。

图 20-24 肉食动物威胁绵羊业和山羊业。牧羊犬如这些狗被放置于山羊群中用于防止肉食动物的入侵。(Dr. Rebecca L Damron 提供，经允许使用。)

行业组织

美国奶山羊协会(American Dainy Goat Association)

Address：P. O. Box 865，Spindale，NC28160

Phone：(828)286-3801；传真：(828)287-0476
www. ADGA. org
E-mail：info@adga. org

美国肉山羊协会 American Meat Goat Association)
Address：P. O. Box 1321，Sonora，TX 76950
Phone：(915)387-6100；传真：(915)387-5814
http：//www. meatgoat. com/

美国绵羊业协会有限公司(American Sheep Industry Association，Inc. ASI)．ASI 发行绵羊研究成果手册，这对绵羊养殖户来说是最好的资料。
Address：6911 South Yosemite Street，Englewood，CO 80112-1414
Phone：(303)771-3500；传真：(303)771-8200
http：//www. sheepusa. org/
E-mail：info@sheepusa. org

全国羔羊饲养协会(National Sheep Improvement Pnegram，NLFA)
Address：Box 238，Bristol，IL 60512-0238
Phone/fax：(708)553-5512
http：//nafl-sheep. org/

国家绵羊改良计划(National Sheep Improvement Pregram，NSIP)
Address：6911 South Yosemite Street，Suite 200，Englewood，CO 80112-1414
Phone：(303)771-5717；fax：(303)771-8200
http：//www. nsip. org
E-mail：info@nsip. org

北美奶羊协会(Norht American Poiny Sheep Association)
Address：Route 3，Box 27，Hayward，MN 56043
Phone/fax：(612)384-6612

美国肉类出口联盟(UNited States Meat Export Fedcration) 这是一个非营利的联合贸易组织，包括家畜生产者，肉品包装和加工者，农场组织，谷物改良组织，农业商业公司及其他组织。该组织旨在发展国外市场，生产牛肉、猪肉、羔羊肉和犊牛。
Address：1050 17th Street，Suite 2200，Denver，CO 80265
Phone：(303)623-6328
http：//www. usmef. org/

概要和结论

美国绵羊业已成为一个特殊的产业。这是由多种因素造成的，其中最主要的因素是生产利润已无法吸引和保持新的生产者。绵羊能充分利用广泛的牧草和饲料(尤其是干物质)。但它们必须为共同的饲料原料与其他反刍动物竞争。虽然绵羊能和其他反刍动物在混合放牧体系中友好相处,然而实际上这一点却不能帮助绵羊业在生产中保持其地位。美国不再是主要的羔羊生产国和消费国。

绵羊资料	
出生重	5～15 lb(因品种和出生的个数不同而异)
性成熟体重	因品种、性别和饲养管理条件不同而异; 母羊 100～200 lb;公羊 150～300 lb
屠宰重	90～110 lb
出生季节	春、秋(一某些品种)
配种年龄	1 年(母羊)
妊娠期	145～150 d
发情周期	16～17 d
发情持续期	24～36 h
公母比	放牧 1/25;圈养 1/50
正常的产羔率	100%～160%(低于农场群)
断奶年龄	3～6 个月
断奶体重	60～100 lb
不同性别的命名	母羊、公羊、阉公羊
羊毛重	6～14 lb

山羊资料	
品种	高山羊(法国、瑞士、Rock)美国拉曼查羊,努比亚山羊,萨能奶山羊,吐根堡山羊,安哥拉山羊,西班牙型山羊
出生重	6 lb
性成熟体重	因品种、性别和饲养管理条件不同而异。母山羊 110～135 lb;公山羊 120～150 lb
断奶龄	8 周(完全断奶);或出生 3 d 后离开母羊
配种年龄	9 个月或体重 75～80 lb
正常出生季节	趋向于季节品种(8 月末至来年 3 月份)
妊娠期	145～155 d
发情周期	17～21 d
发情持续期	1～2 d
公母比	一只 6～8 月龄的公羊/6～8 只母羊;一只 18～20 月龄的公羊/25～30 只母羊;成年母羊 50～60 只/季
正常产羔率	高受孕率,18 月龄以上的母羊平均每胎产 1.5 只,也有 3～4 只
平均产奶量	高产奶力的母羊在 10 个月的哺乳期平均产奶 1 800 lb。相当于每天产奶 3 夸脱,一年 3 000 lb。如果母羊要产奶,要在产羔之前进行 6～8 周的干奶期
不同性别的名称	羔羊、母羊、公羊

绵羊养殖有明显的地域性。大多数大型绵羊养殖场建立在西部诸州，其他分布在国家的其他州且都是小规模的。最终结果是许多生产者分散在国家各地却没有足够多的绵羊。美国绵羊业一直努力发展足够多的数量甚至被认为是一个能够存活的农业企业，它的存在将主要依赖养殖业的各个部分是否准备共同努力。

山羊业在美国已经成为一个专门产业。有相当多的个体户饲喂山羊，但作为诚实守信的商业企业饲养山羊的人变得较少，而且在地域上也受到限制。德克萨斯州一直是最大的山羊生产州且将继续保持其领头行业。依据最近的统计表明，移民人口的增加使消费者的数量呈增加趋势，所以山羊肉生产可能会扩大产业发展。

习题

1. 与其他较大产业相比，描述一下绵羊和山羊业的相对规模？

2. 美国农业中，绵羊和山羊的生产目的是什么？他们利用什么作为投资资源而又获得什么产品？

3. 混合放牧的优点是什么？为什么要进行混合放牧？

4. 与其他国家的绵羊业和山羊业相比，美国的绵羊业和山羊业怎样？

5. 简单描述一下美国绵羊和山羊业的发展史？

6. 什么是专门化市场？它是怎样适应绵羊业和山羊业的？

7. 美国绵羊业及绵羊数量下降的原因？

8. 绵羊和山羊业有许多相似和不同的地方，试比较它们之间以及与肉牛业的异同点？

9. 比较美国绵羊业和绵羊生产者的地理位置，为什么他们的分布不同？

10. 为什么目前美国对奶山羊业异常关注？

11. 美国绵羊和山羊业的地理位置都建在哪？为什么不建在一起？

12. 比较绵羊和山羊选择育种过程的相似点？

13. 什么是育种互补？它在杂交选育过程中是怎样进行的？

14. 描述绵羊的杂交选育体系。

15. 如果将来绵羊业没有经历复苏过程，国家绵羊改良项目的发展前景如何？

16. 怎样测定羊毛质量？

17. 简单描述绵羊和山羊的选育分类及它们之间的相同点和不同点？怎样和其他品种的选育分类相区别？

18. 简单论述绵羊和山羊繁殖体系。

19. 在绵羊繁殖过程中日照长度的作用是什么？

20. 为什么对母羊进行催情补饲？

21. 绵羊和山羊饲养繁育的异同点？

22. 仔细看文章中的不同动物品种的比例，你认为它们之间的异同点？

23. 一份重 3 lb 的羔羊熟肉为人类提供什么营养？

24. 一份重 3 lb 的山羊熟肉为人类提供什么养分？

25. 一份 3 lb 的羊奶为人类提供什么营养?

26. 描述一下影响绵羊和山羊业发展趋势的因素。

27. 关于美国肉山羊、奶山羊、奶绵羊和肉绵羊的发展前景,你的观点是什么?

参考文献

Ensminger, M. E. 1991. *Animal science*. 9th ed. Danville, IL: Interstate Publishers.

Ensminger, M. E., and R. O. Parker. 1986. *Sheep and goat science*. 5th ed. Danville, IL: Interstate Publishers.

FAO. 2004. *FAOSTAT statistics database. Agricultural production and production indices data*. http://apps.fao.org/.

National Sheep Database TM. Version 1.0. 1998. A web enabled CD-ROM. Agricultural Databases for Decision Support. Madison, WI: University of Wisconsin. http://www.reeusda.gov/adds.

Packham, J. H., and J. C. Teuscher. 1992. *Sheep dairying*. National Sheep Database. 1997.

Ross, C. V. 1989. *Sheep production and management*. Upper Saddle River, NJ: Prentice-Hall.

Sheep production handbook. 2002. Englewood, CO: Sheep Industry Development Program, Inc.

Stillman, R. Aug. 1989. *Livestock and poultry situation and outlook*. LPS-37. Washington, DC: Commodity Economics Division, Economic Research Science, USDA.

Stillman, R., T. Crawford, and L. Aldrich. 1990. *The U.S. sheep industry*. AGES 9048. Washington, DC: Commodity Economics Division, Economic Research Science, USDA.

USDA. 1997. *USDA nutrient database for standard reference*. Release 11–1. Nutrient Data Laboratory home page: http://www.nal.usda.gov/fnic/foodcomp.

USDA. 1998. *USDA nutrient database for standard reference*. Release 12. Nutrient Data Laboratory home page: http://www.nal.usda.gov/fnic/foodcomp.

USDA-ERS. 1991–2004. *Livestock and poultry situation and outlook report*. Washington, DC: USDA.

USDA-ERS. 2004. *Farm income data*. Accessed online August 7, 2004. http://www.ers.usda.gov/Data/farmincome/finfidmu.htm.

USDA-NASS. 2004a. *Agricultural statistics data base*. Accessed online August 2004. http://www.nass.usda.gov:81/ipedb/.

USDA-NASS. 2004b. *Livestock slaughter, 2003 summary*. Accessed online Septemt 2004. http://usda.mannlib.cornell.edu/reports/nassr/livestock/pls-bban/lsan0304.t:

USDA-NASS. 2004c. *USDA-NASS agricultural statistics 2004*. Accessed online August 2004. http://www.usda.gov/nass/pubs/agr04/acro04.htm.

第 21 章

马

学习目标

学完本章后,应该能够:

1. 了解马业在经济中的地位。
2. 比较马在历史上的用途和当前的用途;与其他许多家畜业相比,马业具有自己独特的特性。
3. 对北美和美国的马业做出正确的历史评价。
4. 描述发达国家在 20 世纪马匹用途发生的变革。
5. 根据现有信息,描述马业的结构和地理分布。
6. 说明马的遗传学基础,尤其是毛色遗传。
7. 对马进行分类。
8. 讨论繁殖母马应承担的重要任务。
9. 举例说明如何饲喂马匹。
10. 确定并讨论马业中应关注的问题。
11. 讨论马业发展的机遇。

关键术语

鞍上娱乐项目	超声波检查	马驹
背	假阴道	疝气
不完全显性	颗粒饲料	少食多餐
步法	良种(马)登记册	盛装舞步
产驹	马	试情
肠道阻塞	马场超越障碍赛	蹄叶炎
长干草	马的屠宰	体况

西部马术	母驹	赛马
等位基因	母马	西部牛仔马术赛
发情周期	牧牛马	西部马术
乏情期	牧用乘马	稀释基因
分牛比赛	末端	修饰基因
干草块	配给日粮	阉马
公驹	配种费	遗传优势
巩膜	品相竞赛	掌
还原野马	骑马狩猎	障碍赛
基因	全职工作当量	种公马
季节性发情	缺陷	种马
马力	日粮	综合全能马术三日赛

马的分类

门:脊索动物门
亚门:脊椎动物亚门
纲:哺乳纲
目:奇蹄目
科:马科
属:马属
种:马

马业在美国的地位

难以举出实例和数字来对马和其他畜种进行比较。因为联邦政府没有像对其他家畜那样搜集和总结有关马的资料。在役马被石油为燃料的发动机取代之后,而其休闲娱乐用途还未挖掘出之前这段时间,政府认为再花纳税人的钱来收集和出版大量的与马有关的资料已没有太大的价值,因此在20世纪60年代停止了这项工作,据统计当时美国有300万匹马。不过,用于农业普查的信息可由私人机构和组织来定期搜集。目前,可获得的关于**马**业的最权威的信息来自美国马业委员会于1996年末委托的一项研究。名为《美国马业对美国经济的影响(EIHI)》的研究发现,在美国有690万匹马,通过销售与服务形式为国家创收253亿美元(见表21-1)。马业从业人员超过了700万,其中仅有28%的人是业主。61%的从业人员是家庭的支持者和志愿者。其余的是职业赛马选手、骑手和其他

马
属于马科。

全职工作当量(FTE) 指相当于 40 h 的工作职位。

雇员。总之，马业直接提供了 338 500 个**全职工作当量(FTE)**岗位。平均每年增加 140 万个就业机会，每年此项的税收达 19 亿美元。赛马和展览提供的就业机会分别占总数的 40.3%和 31%。而娱乐马提供的就业机会比例不足 17%。其他用途提供了 12%的就业机会。马业在城市地区创造的直接经济效益为 28 亿美元，提供了 45 800 个 FTE 岗位。而马业对农村的影响更大，其直接经济效益达 225 亿美元，能够直接提供 292 700 个全职工作岗位。根据美国农业部(USDA)有限的统计资料表明，马匹销售额占美国农业收入的 0.52%(图 21-1)，约占畜牧业收入的 1.02%(图 21-2)。

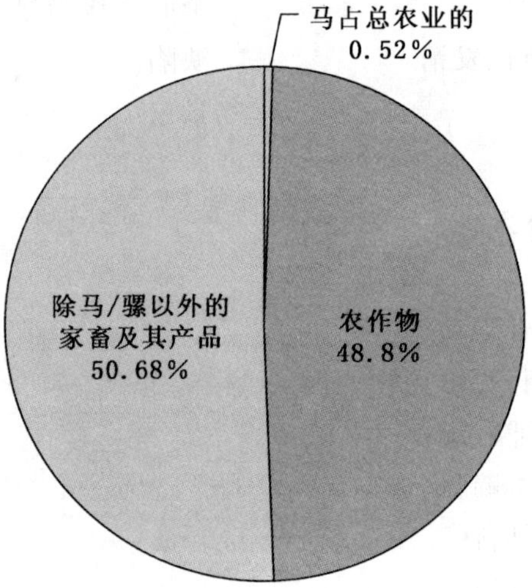

图 21-1 2000—2003 年马/骡的年收入占美国农业收入的比例。(来源:以美国农业部统计资料为基础)

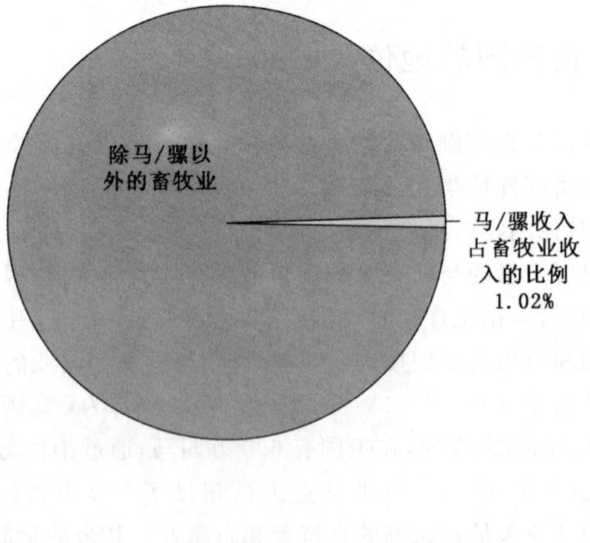

图 21-2 2000—2003 年马/骡的年收入占全部畜牧业收入的比例。(来源:以美国农业部统计资料为基础)

表 21-1　马业统计表[1]

州	马匹总量	占美国马匹总量比例/%	赛马	观赏马	娱乐马	其他用途马	业主人数	马业从业人员总数	马在家畜中的占有率/%	销售和服务收入/10亿美元	经济效益/10亿美元	提供的FTE工作	赛道	全国马展览
加利福尼亚州	642 000	9.3	69 000	190 000	278 000	106 000	241 700	720 500	0.021 6	3.4	11.4	36 000	15	2
科罗拉多州	194 000	2.8	20 000	50 000	57 000	68 000	62 800	191 600	0.058 9	0.754	2.6	7 700	1	1
佛罗里达州	299 000	4.3	37 000	167 000	54 000	41 000	87 200	244 200	0.023 1	2.2	6.5	18 600	5	2
爱达荷州	120 000	1.7	10 000	20 000	46 000	44 000	27 300	112 500	0.119 2	0.179	0.9	4 700	9	0
伊利诺斯州	219 000	3.2	52 000	66 000	85 000	17 000	77 200	213 000	0.019 2	1.3	3.8	15 900	6	1
肯塔基州	150 000	2.2	67 000	32 000	37 000	15 000	50 400	128 800	0.040 7	1.2	3.4	16 900	7	3
马里兰州	82 000	1.2	17 000	22 000	31 000	12 000	27 200	82 900	0.017 2	0.614	1.5	6 700	4	2
纽约州	146 000	2.1	26 000	39 000	54 000	26 000	82 300	258 100	0.008 1	1.7	4.8	12 800	9	6
俄亥俄州	192 000	2.8	40 000	66 000	68 000	17 000	72 900	263 500	0.017 7	0.776	2.8	11 400	7	1
俄克拉荷马州	278 000	4.0	55 000	95 000	28 000	101 000	72 600	214 600	0.008 3	0.762	3.3	14 500	3	5
德克萨斯州	678 000	9.8	74 000	127 000	180 000	296 000	183 600	606 300	0.039 9	1.7	7.1	29 100	5	7
总数	6 931 000	100	725 000	1 974 000	2 970 000	1 262 000	1 958 500	7 100 000	0.027 8	25.3	112.1	338 500		

来源：Compiled from the Economic Impact of the U. S. Horse Industy, The American Horse Council Foundation. ,1996。经允许使用。

1. 这些州不一定是养马最多的州。它们只是本项研究涉及的 11 个州，因此我们了解得多一些罢了。

美国养马的目的

马业与其他家畜业不同，它是一个综合性的行业，既包括农业部分，还包括体育、娱乐和展览部分。虽然所有马料及大部分马匹都是来自农业部门，但是大部分马匹的户主并不从事农业。而且，相当一大部分人本身没有一匹马，却因马而受益。因此从事马业的人差别很大(图 21-3)。有把马当作业余消遣对象的，也有以马为业的。养马的主要目的可归纳为 4 个方面：竞赛、展览、娱乐以及其他活动(包括牧马赛、马球、牧用、警用以及种用)。表 21-2 总结了从事各活动的马匹和人员的数量。所有的活动都包括巨大数量的马匹和人。

图 21-3 尽管马被认为是家畜的一个品种，但马及其相关行业是一个独特的综合性的行业。它的主要支柱产业是农业，但娱乐、运动和消遣也是马业的重要组成部分。

表 21-2 参加各种活动的马匹和人员数量

活动	马匹数量	参加人数
竞赛	725 000	941 000
展览	1 974 000	3 607 900
消遣	2 970 000	4 346 100
其他	1 262 000	1 607 900
总计	6 931 000	7 062 500

来源：The Economic Impact of the U. S. Horse Industy. The American Horse Council Foundation, 1996。经允许使用。

各种活动参加人数的总和不等于参加人员的总数，是因为有些人可能参加了不止一项活动。

人们从事马业一般有以下 3 种原因：竞技、休闲以及作为青少年教育手段。所有这些都可以认为是提高人们生活质量途径。许多人愿意花费大量的时间和金钱去赢得比赛的胜利(如展览和竞技比赛)。马业是为数不多的能使一个新手在很短时间内就非常出色获得赞誉的娱乐活动之一。目前许多比赛的优胜者参加这项活动甚至不超过5年时间。各种比赛项目包括英国项目如**骑马狩猎**、**鞍上娱乐项目**、**盛装舞步**、**马场超越障碍赛**、**综合全能马术三日赛**，西部项目如**西部马术**、**分牛比赛**、**牧牛马**、**西部牛仔马术赛**、**障碍赛**、**西部马术**、**品相竞赛**，打破了年龄和性别的界限。多数人喜欢马业的原因是因为娱乐。人们喜欢马，从拥有和照顾马中享受快乐。很多父母认为拥有、照顾马匹并参加比赛对其孩子而言是有益健康的教育经历和活动(图21-4)。

图21-4 对马有兴趣的一个主要原因是娱乐。
(Emily Cooper 提供)

与养牛业、养猪业、养羊业及水产业相比，养马业是个独特的行业，因为人们养马不是使其提供食物、毛或者把其他不可用的物质转化为有用的物质。相反，马同其他生产食物的家畜竞争高质量的饲料，而几乎不为人类生产食物。它们对人类的贡献并不是那么实用，然而也是非常重要的。马能够提高我们的生活质量。马能为那些从事马业的人们提供一种非语言所能形容的满足。大多数家畜能够满足我们的身体需要，而马能够满足我们的精神需要。

马业另一个与其他家畜业不同的特点是，仅有一小部分马主从事农业。这是一个非常重要的差别。大多数马主具有郊区背景，并且对马业的非实用性持毫不怀疑的态度。许多人同他们的马匹有亲密的关系。从这方面讲，马与其他家畜相

骑马狩猎

英国的一个项目，骑手的行为和习惯以娱乐骑乘的目的来判定，娱乐骑乘是描述和猎犬一起捕猎的马。

鞍上娱乐项目

英国评判马的运动和习惯的竞赛。

盛装舞步(驯马法)

一种竞赛，其中马必须以指定模式进行高度复杂的花样表演。该项目可以单独举行或作为综合全能马术三日赛的一部分。

马场超越障碍赛

马按特定顺序跳过一系列栅栏(障碍)的竞赛。

综合全能马术三日赛

从1912年起设立的奥运会竞赛项目。由三部分组成——马场超越障碍赛、盛装舞步赛和越野耐力赛。

西部马术

马和骑手按特定模式进行高级技巧表演的竞赛。包括远距离滑行急停、旋转(即4个360°急速回旋)、反转(滑行急停后180°旋转)以及不同半径的转圈。

分牛比赛

马将一头牛从牛群中分离并保持一定距离的竞赛。马必须在没有骑手指挥的情况下在1/2～2 min内完成。

牧牛马
一种分为两项评分表演的西方竞赛，这些评分组合起来决定胜者。两个项目包括“基本功”，即西部马术部分；以及“牧牛操作”，马展示其控制牛的能力。

西部牛仔马术赛
评定马的姿态和动作的西部竞赛。一匹优秀的西部牛仔马术赛马应安静、反应敏捷，且骑乘起来非常平稳。

障碍赛
一种西方的竞赛，马的评分依靠其通过一系列模仿野外的路线行进的能力。

西式马术
一种西方的竞赛，其中马通过3种潜在形态之一及其行为的变化来得分。

品相竞赛
评价马的外形的竞赛。

马力
来源于测量马施加拉力的功率，技术上定义为在1 min内把33 000 lb的物体移动1 ft的距离。

比更像是宠物或者动物伙伴。因此，人的价值观进入到马业是其他家畜无法相比的。这种衍生出来的结果是巨大的。当然这种对马的看法并不总是占统治地位。过去马是一种非常实用的动物，历史上马可以用来运送货物，作为交通工具、战争工具(图 21-5)，提供娱乐、食物，作为人类的伙伴。从某种程度上说，这几乎没发生过变化，马仍在世界范围内做着以上的事情。然而，在20世纪发达国家养马的目的发生了根本的改变，马成了娱乐和体育用的动物。在美国，或许仅有8%的马从事如农场、耕地、作为警察的坐骑、守卫以及野外工作。现在，我们不需要马帮我们拉犁和拉车。我们依靠石油发动机提供**马力**。我们养马有了更高的目的，这一目的使马与其他家畜分离开来(图 21-6)。

图 21-5 世界上很多伟大文明的兴衰都与马紧密相连。Albrecht Durer，1471—1528，“骑士、死亡和魔鬼”雕版图，1513，9⅝ in× 7⅜ in。(Metropolitan Museum of Art 提供，Harris Brisbane Dick Fund，1943. [43.106.2])

图 21-6 在20世纪，在发达国家甚至在全世界，马的用途经历了很大变化。其实用用途多被体育和娱乐用途所代替。图中为俄克拉荷马州立大学的热情骑手和赛马 Bullet。

历史发展

尽管马是最后才被驯化的家畜之一，但这并不妨碍马有非常迷人的历史。家马的命运不可避免地同世界上许多伟大文明的兴衰联系在一起。马的祖先在100万年前产生于北美，并通过大陆桥传播分布到南美和古世界。接着它们在北美灭绝了，但幸运的是在世界其他地方存活繁衍了下来。马被驯服的确切时间和地点很难确定，这一点和其他家畜相似。有证据显示其可能在大约同一时期出现在不同的地方。中国和美索不达米亚是两个最早进行驯化的地方，大约在公元前3 000年。

认为是哥伦布于1493年将马和其他几种家畜一起带到西印度群岛，从而把马引入了西半球。随着1519年Cortez等入侵墨西哥，第一批马由西班牙侵略者再次引入北美，然后由de Soto于1539年引入现在的美国。神话传说中，美国西部的**还原野马**便是从这些远征马群中走散的马的后代。它们可能对野马的产生有作用，但如果确实如此，也仅是其中的一小部分。西班牙的传教士在16世纪末到17世纪初建立了传教区，这增加了马和其他家畜的数量。在这些传教区，当地的美洲人了解到了马的价值。从最初接触到马到大约1750年，西部平原的当地美洲人获取并传播马匹，这使得美洲当地的马文化有了很大的发展。从1750年到1850年，野马和长角牛适应环境并繁衍旺盛，使得这一阶段成为美国"野性的西部"历史上充满传奇色彩的时期，从美国内战结束一直持续到20世纪。传教区在西部建立的同时，其他的马被圣芳济会的传教士带到了东南部。这就为契卡索马的出现奠定了基础。在殖民过程中，不同品种和类型的马被定居者买到大陆。从19世纪90年代到20世纪20年代后期，马大部分用来使役。从1920年到1960年，美国马的数量开始下降。在1920年美国有2 500万匹马，而到了1960年仅剩下300万匹。由于每周40小时的工作制和美国经济的繁荣，马作为一种娱乐动物其数量开始恢复，在20世纪80年代初大概达到了1 000万匹。然后，由于20世纪80年代美国经济的不稳定以及税率的变化，鼓励养马的税开始部分取消，马的数量开始减少到现在的690万匹，这一数字现在保持稳定。如果以良种登记为标志，马的数量有小幅度增加。

还原野马
形容美国西部未驯服的马。

马业的结构以及地理分布

本节大部分关于马业规模和结构的信息是来自EIHI，因为它所获得的信息来源最广泛、最及时。

美国的50个州都有马。这是一个农村和城市都参与的产业。育种、饲养和训练通常在农村进行。竞赛、展览以及其他一些活动一般在城市举行。超过86%的工作岗位产生在农村。这个数量大约是293 000个工作岗位，而城市地区的工作岗位在46 000个以下。于是，马对农村地区非常重要，尤其是考虑到大部分人口分布在城市地区。表 21-3 列出了不同收入阶层人们拥有马的实际数量。

表 21-3 家庭收入等级的分布情况

家庭收入等级/$	所有家庭/%(1993)	所有养马的家庭/%	养赛马的家庭/%
25 000 以下	32.3	14.1	10.0
25 000～50 000	32.7	24.2	26.6
50 000～75 000	19.4	25.7	22.9
75 000～100 000	7.9	12.9	18.4
超过 100 000	7.6	21.3	18.0
无法分类	0.0	1.8	4.1
总数	100.0	100.0	100.0

来源：The Economic Impact of the U. S. Horse Industry. The American Horse Council Foundation, 1996。经允许使用。

马业可用几个分类图表来描述。EIHI 把它们分为以下几类。由于这个分类系统与本节所列数据一致，所以我们将采取同样方法进行分类：

1. **一般公民** 参加比赛、培训、享受骑马带来的乐趣或役马的人。

2. **竞赛设施** 跑道、竞技场、赛马场、赌马大厅等等，用来举行各种活动从一般公民处赚取现金收入(图 21-7)。

3. **非经营性马主** 拥有能从一般公民获得收益的马的人。他们拥有用于娱乐用马匹和工作用马匹。

4. **一级商业马主** 拥有在竞赛中获得收入的马的人。他们赛马、观赏马以及其他表演用马。

配种费

母马拥有者支付给种马主人的费用，以获得用种公马给母马配种和为马驹注册的权利。

5. **次级商业马主(育种者)** 拥有马匹并通过其他马主来获得收益的人，如向一级商业马主出售马匹，来自其他育种者的**配种费**，等等。

6. **内部供应者** 为马主提供如食宿、修蹄、兽医、训练等服务的人(图21-8)。

图 21-7 跑道等竞赛设施构成了马业的一个重要部分。

图 21-8　内部供应者为马主提供训练、食宿、修蹄、兽医等项目的服务。

7.雇员　其他任何一个部门的雇员——赛场的工作人员、饲养员、场长等等(图 21-9)。

图 21-9　马业的一个重要部分是雇员。此处显示的是农场工人在训练幼马,以使它们在俄克拉荷马州 Lazy E 农场占据领导地位。马业的其他部门也需要大量的雇佣工人。

8.外部的支持者　向马主提供普通商品和服务的供应者。

由于美国政府于 1960 年停止了定期的统计工作,因此我们不知道美国究竟有多少匹马。据此,EIHI 的统计数字被认为是最权威的。表 21-1 提供了包括在 EIHI 报告中的 11 个州的统计结果。这 11 个州所拥有的马匹数占美国马匹总数的 43%以上,但这并不意味着这些州是拥有马匹数最多的州。EIHI 并没有设计一个全面的研究方案,来对每个州的马匹数进行调查,也没有认为他们所选的州就是马匹最多的州,其他州可能会有比表中所列各州更多的马。

赛马
用来骑乘、驾驭或非专业性比赛和展览的轻型马。

一般来说,**赛马**与人口数量相关,赛马也与人口有关,同时还与赛道有关。较少数量的赛马能够产生较大的收益。如爱达荷州,人均所拥有的马匹数量高于表中所列的其他各州,但平均每匹马产生的经济影响力却不如加利福尼亚州,因为加州有 15 条赛道。如加利福尼亚、佛罗里达、德克萨斯等州拥有大量的马匹,因为其人口众多。有些州的马业展览很发达且马有很多其他方面的用途,也同样对州内的经济产生了显著的影响如俄克拉荷马州。EIHI 调查中,俄克拉荷马州的马匹拥有者比其他州人均拥有马匹数量更多。由于该州有农场经营的传统,且农村交通便利，因此马匹的数量很可能高于其他人口多的州。其他的地域性或经济因素无疑会影响马匹分布。

繁殖趋势

马的数量可能会超过需求。在 20 世纪 70 年代初，由于大量资金闲置导致通货膨胀而造成市场上马匹供应过剩。20 世纪 80 年代是一个生产转变时期，全国范围内的许多生产者退出了市场。从 20 世纪 80 年代中期开始，全国范围内马匹的总供应量开始减少，但似乎仍然是稳定的。最近马的销售价格显示马的需求数量高于供给数量，因此**马的屠宰**数量减少。

马的屠宰
在美国，年老的、不健康的或多余的马就被出售以屠宰。马屠宰后，大部分肉被运往海外将食用马肉视为饮食正常部分的国家，包括某些欧洲国家和日本。

马的遗传学

基本的遗传育种信息我们在第 8 章和第 9 章中已经讲过，读者可以参考这些章节来获得遗传学的基本知识。

马遗传学的研究方法并不像其他家畜那么广泛，因为马的研究工作开展得很少。原因有两方面：首先，马的娱乐功能比生产食物和纤维更为重要，因此对其的研究不那么重视。其次，马的很多重要性状很难进行测量，因而很难对其进行估计。不过，最近马的遗传学得到了较多的重视，信息缺乏的情况正在得以改善，马的一些数量性状的遗传力估计值见表 21-4。

表 21-4 某些性状的遗传力估计值

性状	平均遗传力估计值
体高	45～50
体重	25～30
体长	35～40
胸围	20～25
管围	20～25
牵引力	20～30
奔跑速度	35～40
步行速度	40～45
快步走的速度	35～45
姿势动作	40～50
性情	25～30
对牛的理解	中到高
类型和构造	一般
繁殖性状	低
智力	中到高

来源：Johnson，1993。

毛色是一个关注较多的性状。某些毛色比其他毛色更受欢迎，以至于一些品种协会在某种意义上是在毛色基础上成立的。在同等性能前提下，某些颜色的马比具有其他不令人满意的颜色的马能够获得更高的价格，这就产生了对毛色遗传知识的需求。仅通过观察大量交配的结果就能发现很多毛色的遗传学知识。良种登记有助于这方面的研究，可对其家族的毛色遗传进行记录。对这些记录进行分析就会得到有关毛色遗传的好信息。基因工程使用的工具对此也有帮助。现在有许多 DNA 检测都能够确定马的遗传密码。表 21-5 列出了各种**等位基因**及马毛色的遗传学行为。表 21-6 给出了几种常见毛色类型的遗传规则。

等位基因
任何给定基因的可替代形式。

表 21-5 马毛色基因的等位基因及其表型

毛色	基因	等位基因	等位基因在纯合子和杂合子中的观察效应
白色	White (*W*)	*W* *w*	*WW*:致死 *Ww*:出生时为白色，马的皮肤和被毛典型地缺少色素，眼睛为黑色 *ww*:马有颜色
灰色	Gray (*G*)	*G* *g*	*GG*:随着年龄的增长，颜色由银色变成白色或者有红色斑点，但其出生时并非灰色。色素在银色阶段总是出现在皮肤和眼睛 *Gg*:同 *GG* *gg*:在任何时候马都不出现银色
栗色	Extension (*E*)	*E* *e*	*EE*:马能在皮肤和被毛形成黑色素。被毛的黑色素可能是点状分布或全身分布 *Ee*:同 *EE* *ee*:马的皮肤出现黑色素，但被毛出现红色或黄色素
骝色/黑色	Agouti (*A*)	*A* *a*	*AA*:如果马有黑毛(*E*)，那么黑毛以点状形式出现。*A* 对红色素(*ee*)没有影响 *Aa*:同 *AA* *aa*:如果马有黑色被毛(*E*)，则均一地分布在全身。*A* 对红色素(*ee*)没有任何作用
巴洛米诺马/鼠灰色/奶油色/珍珠色	*Cream* (*C*)	*C* C^{cr}	*CC*:马全身都有颜色 CC^{cr}:红色被稀释成黄色，黑色素不起作用 $C^{cr}C^{cr}$:红色和黑色都被稀释成象牙色。皮肤和眼睛的颜色也被稀释
灰褐色	Dun (*D*)	*D* *d*	*DD*:马呈现出被稀释的身体颜色，如粉红、橙黄或者鼠灰色，还有黑色斑点包括脊背、肩膀以及四肢的条纹 *Dd*:同 *DD* *dd*:马没有被稀释的体表颜色
花马	Tobiano (*TO*)	*TO* *to*	*TOTO*:马呈现被称为花马的白斑腿通常是白色的，背线有白色横纹 *TOto*:同 *TOTO* *toto*:不呈现花马白斑
花色	Overo (*O*)	*O* *o*	*OO*:纯合子致死的(白) *Oo*:白色斑点以(通常)在黑色腿部的水平模式为特征，不穿过脊线 *oo*:没有白色斑点

续表 21-5

毛色	基因	等位基因	等位基因在纯合子和杂合子中的观察效应
豹斑	Leopard spotting (*LP*)	*LP* *lp*	*LPLP*:此变异类型具有沙毛和斑点的杂色皮肤,眼睛呈现白色巩膜。也被称为阿帕卢萨马和老虎斑。纯合子比杂合子有更多的白色 *LPlp*:同 *LPLP*,但白色较少 *lplp*:无白色斑点
香槟色	Champagne (*CH*)	*CH* *ch*	*CHCH*:红色素被稀释成黄色,黑色稀释成棕色或者橄榄色。二者都具有金属的光泽 *CHch*:同 *CHCH* *chch*:没有颜色稀释
银色	Sliver (*Z*)	*Z* *z*	*ZZ*:黑色素被稀释成巧克力色;对红色素的影响最小 *Zz*:同 *ZZ* *zz*:没有颜色稀释
沙毛	Roan (*RN*)	*RN* *rn*	*RNRN*:被毛混杂着白色和其他颜色,斑点通常为黑色 *RNrn*:同 *RNRN* *rnrn*:充满颜色

来源:Bowling,1999. Used with permission. Modified according to Bowling & Ruvinski,2000。

表 21-6 基因组合与颜色定义

基因组合	颜色
W	白色
G	灰色
E, *A*, *CC*, *dd*, *gg*, *ww*, *toto*	骝色
E, *aa*, *CC*, *dd*, *gg*, *ww*, *toto*	黑色(包括褐色)
ee, *aa*, *CC*, *dd*, *gg*, *ww*, *toto*	红色(栗色、浅褐色等)
E, *A*, CC^{cr}, *dd*, *gg*, *ww*, *toto*	灰兔褐色
ee, CC^{cr}, *dd*, *gg*, *ww*, *toto*	银鬃
$C^{cr}C^{cr}$	奶油色
E, *A*, *CC*, *D*, *gg*, *ww*, *toto*	灰褐色
E, *aa*, *CC*, *D*, *gg*, *ww*, *toto*	鼠褐色
ee, *CC*, *D*, *gg*, *ww*, *toto*	暗红褐色
E, *A*, *CC*, *dd*, *gg*, *ww*, *TO*	花骝
ee, *CC*, *D*, *gg*, *ww*, *TO*	暗红花褐

来源:Bowling,1999。

基本毛色

末端
马的四肢、鬃毛和尾巴。

骝色马的躯干为红棕色,而四肢、鬃毛和尾巴(马的**末端**)为黑色。黑色马全身黑色,身体及各部位均为黑色。栗色马的躯干、鬃毛、尾巴和四肢均为红色,不掺杂一点黑色。每种基本毛色都表现为从深到浅的一系列颜色的变化。骝色、黑色或栗色为何表现出这种由浅入深的颜色变化,其机制不清楚。更加困难的是三种基本毛色的名称在不同品种和不同地区内也有差别。这 3 种基本毛色以外的其他毛色由另外一种**基因**——**修饰基因**所控制。例如,灰马不是生下来就是灰色。它们出生时的毛色是上述提到的三种基本毛色之一,后来在修饰基因的影响下变成灰色。它们仍携带着出生时就具有的毛色控制基因。褐橘色、栗色以及肝褐色都是基本颜色——红色的渐变。棕色马可能是黑色日晒后褪色而成;巴洛米诺马的基本毛色是栗色,但是一个插入的**稀释基因**使其颜色产生了改变,等等。懂得了这些就懂了马毛色遗传学的第一步。

基因

染色体的片段。

修饰基因

影响其他基因或基因组表达的基因。

稀释基因

能将基本颜色转变为较浅颜色的一种修正基因。

G 基因

G 基因使马的毛色表现为灰色。灰马出生时通常带有颜色,随着年龄的增长逐渐变成灰色。一匹带有 *G* 等位基因的马,可能会变成纯灰色或者带有红色或黑色斑点的灰色。在这一过程中,它们可能在一段时间甚至是好几年都带有斑点(图 21-10)。含 *G* 基因的马保持其皮肤有色素沉积,这就是它与携带 *W* 基因的马(稍后论述)的区别。

图 21-10 *G* 基因是决定灰色的基因。灰马出生时有颜色,*G* 基因的表达使其逐渐失去原始颜色变为灰色。在这一过程中,它们通常会如图中马那样变得有斑点。多数马的大部分或整个身体最终将变成灰色。这些马与 *W* 基因马是它们能保持体内的色素。

E 基因

E 基因是控制黑色毛色的扩延基因。纯隐性(*ee*)个体表现为一系列由浅到深的红色(深栗色到浅褐色),不掺杂一点黑色。红马和红马交配所产生的后代总是红色,因为这些马不携带黑色基因。携带 *E* 基因的动物,黑毛可能只会出现在身体的末端部分或者覆盖全身。是出现于身体末端还是覆盖全身取决于 *A* 基因的作用(稍后论述)。*E* 基因仅控制黑毛。骝毛和黑毛具有相同的 *E* 基因型,且这两种马都至少在身体的某部分具有黑色被毛。黑色对于红色为显性。某些人对此感到困惑,因为骝马的体色我们多数称为红色或者棕色。仅需记住,*E* 基因控制着黑色被毛在全身或身体末端出现或不出现。骝马在身体的末端表现为黑色。

A 基因

A 基因即鼠灰色基因，是一个控制着黑毛分布方式的决定基因。它决定着 *E* 基因马是骝毛或黑毛。如果显性等位基因 *A* 出现并和 *E* 基因组合，则仅在马的末端部位表现为黑色，而身体则表现为红色到棕色的过渡(如骝毛)。一匹骝毛马一定携带 *A* 基因和 *E* 基因。如果一匹马携带的基因型是 *aa*，那么黑毛将不会仅限于末端部位，而是会覆盖全身(袜子、白斑及其他类型除外，这将在以后讨论)。因此，黑毛相对于骝毛为显性。如果一匹马在遗传上是红色的(*ee*)，那么 *A* 基因对其没有任何影响。马将会携带这一基因，并把它传给下一代，但并不表达，因为基因 *A* 仅仅影响黑毛的分布，而马本身没有黑毛。

W 基因

W 基因使马不能在皮肤和被毛形成色素。如果一匹马携带该基因，它的颜色将由一套等位基因所决定。但是由于另一套等位基因的存在，它不能产生形成颜色所需的色素。携带显性等位基因 *W* 的马表现为粉色的皮肤、白色的被毛、棕色或者蓝色的眼睛。这些马通常叫做白化马。白马的基因型都是 *Ww*。*WW* 基因型是致死的，胚胎在妊娠早期就会死亡。

稀释基因

白毛、灰毛、骝毛、黑毛和栗毛马的基因组成已经确定，现在我们就来了解一下稀释基因是如何改变颜色的。

C 基因

不完全显性
每个等位基因对于彼此都不是显性，共同影响性状。

C 基因使马的被毛呈现奶油色。该基因引起色素的稀释，是一种**不完全显性**基因。如果一匹马的基因型是 *CC*，那么其颜色不会发生任何的变化。但是，杂合型(CC^{σ})的栗毛马的红色素将会被稀释为黄色，将变成银鬃色。巴洛米诺马鬃毛和尾呈白色。黑色一般不受杂合状态的影响，仍然呈黑色，尽管一些马颜色稍有改变，变成烟黑色。骝毛(*E*,*A*)马的颜色被稀释成灰兔色(黄色中带有黑斑点)。体色发生了改变，但是黑斑未发生变化。无论哪种毛色的马，当它携带纯隐性基因型 $C^{\sigma}C^{\sigma}$ 时，其体色会淡化为灰白色，具有粉色的皮肤和蓝色的眼睛。如果基础色是红色，那么这样的马称为奶油色马(cremello)。如果基础色是栗色，则称为珍珠色马(perlino)；如果基础色是黑色，就称为烟奶油色马(smoky cream)。Cremello 有时候很难与白马相区分。有些品种协会用白化马定义以上所有的马。

D 基因

背
指动物的背部。

D 基因也是一个稀释基因，可产生灰褐色。它不同于 *C* 基因，因为它仅稀释身体的颜色，而末端部位不会被稀释。另外，该基因产生了一种独特的黑斑可识别模式，组成了**背**线、肩带以及腿纹，常称为斑马纹。黑色被稀释为有黑色斑点的

鼠灰色，称为鼠灰褐色或鼠褐色马。骝毛色被稀释为带有斑马纹的黄色或茶色，称为斑马褐或灰兔褐。栗色被稀释为具有深红色斑点和斑纹的略带微黄的红色，称为红褐色或棕黄褐色。另外一个不同是纯合子 *DD* 不会像 C^{cr} 那样，将颜色最大限度地稀释为奶油色。纯合子 *dd* 对颜色没有影响。

CH 基因

CH 基因即香槟色基因，最近才被阐明。该基因导致颜色稀释，并伴有斑灰色皮肤、具有金属光泽的被毛，刚出生时眼睛是蓝色，随着年龄的增长逐渐变成淡褐色。在香槟色基因发现之前，马以其毛色命名为巴洛米诺马（银鬃）、灰兔褐马或奶油色马。香槟色与黑色混合产生古典香槟色，一种有金属光泽的橄榄色。很多品种登记没有在其品种的颜色选择中设立规定包括由香槟色基因引起的颜色。

Z 基因

Z 基因（拟用）是银色基因。尽管实际上在 100 多年前就已被发现，但却很难被了解而常被忽略。在黑马（*aaE-*）中，*Z* 基因的存在会引起颜色稀释为黑褐色或者巧克力色，鬃和尾变为银灰色或者淡黄色。具有 *Z* 基因的骝毛马呈现为栗色。栗色马仅在其鬃和尾呈现银色（淡黄色），而且有时候看起来像巴洛米诺马（银鬃）。与灰色互作，银色能够导致“出生时为白色”的灰色。这个基因并未在所有品种中发现，或至少在一些品种中发现的频率比其他品种的高，并且很多品种没有以正式名称来认定颜色的变异，使其作为品种的一种颜色。

沙毛

基因 *RN* 控制着沙毛，此时混杂有其他颜色的白毛覆盖在动物体表。末端部位通常保留原有颜色而没有白色。白色和任何色系的红毛混合能够产生红色沙毛。对于黑马来说，沙毛基因能产生蓝色沙毛。沙毛基因是完全显性基因，因为沙毛的表达是显性的。显性纯合子 *RNRN* 被认为是致死的。这种基因型的动物被认为在胚胎发育早期死亡。这就意味着所有的沙毛马是杂合子（*RNrn*）。这是一个在颜色选育中不知名的基因。

豹皮色

LP 基因控制着马匹是否由斑点和散在的沙毛组成的混合毛色，如豹皮，阿巴鲁萨马和虎斑。现在认为以上这些毛色图案的控制基因是不完全显性基因。豹皮特征的遗传留下了许多无法解释的问题。豹皮色包括豹皮、网格、雪花、清漆沙毛等。这些不同的毛色图案由各种修饰基因与 *LP* 结合在一起所控制，包括一些还未确定的基因。任何颜色均可出现豹皮斑。蹄纹、皮肤斑（多在口鼻和眼睛周围）和突出的白色**巩膜**同样能够用来识别豹皮。

巩膜
覆盖眼球的硬白外表组织。

花斑

花毛和花斑是马的一种毛色图案，以体色上散布白斑为特征。这种图案可认为是在基本毛色上点缀白点。如果马的毛色是黑色和白色的，则称为黑白斑马。以黑色之外的其他颜色和白色相间的马称为花斑马。花毛和花斑是两种不同的毛色图案，这样的马称为花马和花色。这些图案能够独立遗传并能同时出现在一匹马上。

花马

花马一般在腿部的跗关节下呈现白色，背部也呈现白色。白毛下是粉色的皮肤。除了面部别征外，花马的头部通常为纯色。马身上的白色图案通常是垂直分布的。一个独立的基因 *TO* 控制着这种毛色。它是一个完全显隐性的性状，因此显性纯合子 *TOTO* 永远表现为花马(图 21-11)。

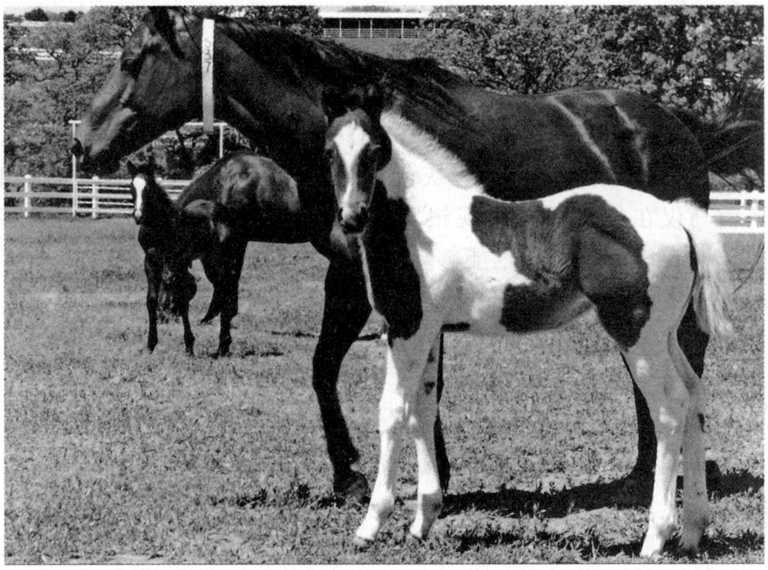

图 21-11 马的花斑受几个基因控制。这匹小马驹就是花马。一个完全显性基因 *TO* 控制这种毛色图案。

花色

花色(Overos)图案很少产生白色的背线，一般来说，头部往往白毛较多，使面部呈现白斑或者图案类似于无边帽或者医生帽。四条腿通常都是有色的，甚至有时仅有一条腿是有色的。由于控制白色标识的其他基因也可出现在花色或其他类型的马中，因此花色很难确定。这些基因可使一条马腿表现为白色。当两匹花色马交配繁殖时，会剩下一匹白色的小马驹，且由于不能从消化道吸收营养物质，在出生后不久就很快死亡。花色图案的确切的遗传机制还不清楚。直到最近，有种假说认为毛色花色是隐性性状，因为它有时会出现在两匹纯色马的后代中。然而，加利福尼亚大学戴维斯分校兽医学院马类研究实验室的 Ann Bowling 博士提出，它实际上是一个比大部分基因的突变频率更高的显性性状。这就可以解释两匹纯色马是如何产生花色马的。花色这种图案变化非常快，它受加性基因所控制，这就使得图案的变化更加复杂。由于通过花色马的育种记录分析已建立起完全显隐性性状的模式，故 Sabino 白和斑点白可能是另一变种。这是一个还没有明确阐明遗传机制的领域。

淡黄色的鬃和尾

F 基因使栗毛(*ee*)马呈现正常的红鬃和红尾。而 *f* 基因可使栗毛马或者红褐色马产生淡黄色的鬃和尾。

常见的附属别征

当马的面部出现白色的别征如额星、斑纹和流星，马腿上出现踏雪时，这种别征很引人注意。然而，解释这些别征是如何产生的在目前还难以完全阐明。现在怀疑至少有 10 种或更多的不同基因控制着白色的别征(图 21-12)。

图 21-12 可能有多达 10 种不同基因控制着额星、斑纹以及其他白色别征的出现或缺失。这是很多待解决的马遗传学之谜中的一个。

马的遗传病

马有各种遗传疾病和畸形。一些疾病发生的频率相对小些，而另一些发生的频率相对大些。表 21-7 给出了几个马常见遗传疾病的例子。控制这些疾病的关键是在繁殖时知道哪种疾病会影响你所关注的品种，并能做出专业的育种决策。在前几年，常常很难知道马所患疾病的基因型。然而，目前这项研究取得了很大进展，马的基因图谱也正在绘制当中。已经开发了几种遗传疾病的相对便宜的检测方法。在不久的将来，马的育种工作者就将能够知道育种畜的准确的基因结构，并据此制定相应的治疗方案。

表 21-7 一种或几种基因引起的遗传病

遗传病	临床描述
CID 病	免疫系统形成受阻，动物死于传染性疾病
高血钾型周期性瘫痪（HyPP）	肌肉内外钠、钾转运缺陷，动物间歇性肌肉无力、震颤、松弛
肌强直性营养不良 A 型血友病	不同的肌肉出现痉挛缺乏血液凝固因子，关节出血造成血肿
遗传性多样化外生骨疣	全身骨骼疾病
鹦鹉嘴	下腭比上腭短，门牙不齐
致死性的白驹综合征	肠道神经有问题，马驹出生后死于疝痛
喉部麻痹	喉咙软骨麻痹造成的结果
小脑共济失调	脑部某些细胞退化，导致运动不协调
脑积水	脑部积水造成对脑组织的挤压
脐疝气	脐部不能正常闭合，导致小肠流出体外
腹股沟疝	阴囊过大，以至于小肠可能落入引起疝痛
结缔组织疾病	皮肤弹性过大，导致易于伸缩容易受伤
上皮形成不完整	部分身体和嘴皮肤不完整
白内障	水晶体阴暗，导致失明

来源：McClure，1993。经允许使用。

马的品种

马一般可分为轻型马、役用马和小型马。大多数马属于轻型马的范畴。对每种马的分类根据身高、体型、重量、用途或者其他因素而有所不同，多数权威机构根据马鬐甲高度是否超过 14.2 **掌**来判断，小型马一般在 14.2 掌以下。而对某些品种或某些个体来说，这一体系也有例外。事实上，轻型马中的一些小马，马鬐甲高度少于 14.2 掌。如果叫这些马为小型马对于育种者和马的拥有者来说是不合适的。我们怎样区分小型马和其他的马？育种协会做出这样的决定，其中一种途径就是轻型马的高度以掌来表示，而矮种马的高度以英寸来表示。

掌
一掌相当于 4 in，掌是一种测量马体鬐甲高度的单位。

一些类型的轻型马和小型马，主要根据其在马术、工作、竞赛、骑行或者其他能完成的任务，从分类到专门功能而形成不同用途的马。不同的马应用不同的**步法**。用做马术表演的马通常是三步马，慢步、快步和跑步是 3 种基本的步法。五步法在三步法的基础上增加了特慢快步和小步跑。

步法
马匹的运步方法。大多数马的天然步法有三种——慢步、快步和跑步（慢跑步或快跑步）。有些品种有另外的或不同的步法例如特慢快步、狐式快步、快慢步、小步跑以及其他步法，叫做五步法。

马业以育种和育种协会为中心。几种有代表性的马的彩图在本书的插页中。想对世界所有马的品种进行了解，请访问关于家畜品种的网站 http://www.ansi.okstate.edu/breeds. 目前，美国所有受欢迎的轻型马主要用于马术。大多数品种都是在某些特殊地区为了满足特殊的需要而形成的。在美国有超过 150 个育种协会。

役用马

在美国，马的数量达到顶峰时期(1910—1920年)时，75%～85%的马都是起源于欧洲的重挽马。两个最受欢迎的挽用马品种是泼雪龙重挽马和比利时挽马，而克拉斯代重挽马和夏尔重挽马分别处于第三位和第四位。还有一些萨福克重挽马，但数量很少。克拉斯代重挽马在这个国家从来没受过欢迎。这是对一个著名啤酒公司的电视广告典范的极大讽刺，再加上一群克拉斯代重挽马的个体表现——这是几百万人曾经见过的唯一的挽用品种。

进口的轻型马

只有两个引入美国的轻型马品种，在今天的养马业中还保持着重要的地位。他们是阿拉伯马和纯血马。

阿拉伯马以聪明、耐力强和持久而闻名。它的起源不清楚，但是，它极有可能是阿拉伯人从公元初或更早培育和改良的品种。不管起源的精确日期，毫无疑问阿拉伯马是最古老的马的品种，也许是最古老的农畜。世界上大部分轻型马品种都有阿拉伯马血统。

纯血马是于17世纪末和18世纪初在英国使用阿拉伯马培育而成的品种。在1730年引入美国。它对美洲轻型马的培育具有最大、最直接的影响。在0.75～2 mi的赛程中，没有一种马能比得上纯血马。尽管纯血马被认为是最好的赛马，在其他方面也有很重要的价值，如打猎、跨越障碍和马球比赛。

美国培育的马的品种

当代美国轻型马是由美国本地的轻型马和后来由国外引进的轻型马培育而成的(图21-13)。一组在美国的东海岸培育。马的基础群是被早先定居在这里的欧洲人所带来的轻型马品种和品系。另外一组美国本地轻型马是西班牙马的后代，逐渐演变成美国西南平原地带的野马和美国本地轻型马。

莫尔根马

莫尔根马是美国东北部品种，是多种用途的轻型马，可用来驾车和骑乘。这个品种无论是在马当中，还是在所有家畜当中都是与众不同的。因为它只从一匹**种公马**演变而来——1789年出生的公马“贾斯廷·莫尔根”。大多数的育种史学家认为其父亲是纯血马，母亲也具有相当多的纯血马血统。贾斯廷·莫尔根是一匹优秀的马，是具有**遗传优势**的父本。他的后代由于擅长骑乘和驾车而大受欢迎。今天，这个品种主要用于骑乘、驾车和观赏，在新英格兰州特别受欢迎。

种公马
未阉割的成年公马。阉割的公马叫阉马。

遗传优势
能将性状特性稳定传递给后代的动物。

标准马

这个品种最初的形成是为了满足拉车和驾车比赛的需要。它的血缘包括美国本土的快步马和走马、加拿大快步马，并导入了纯血马与莫尔根马的血统。现

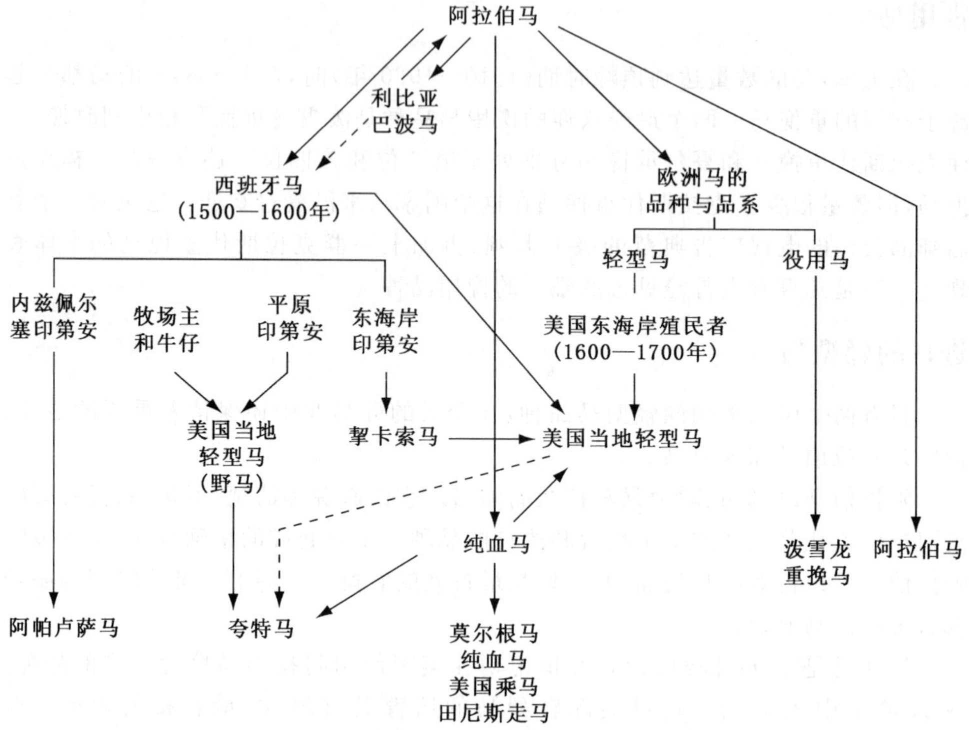

图 21-13 美国主要马品种和品系的发展略图。(来源:Turman,1986)

在这个品种的马几乎专用于轻驾车赛。"标准马"名称来源于它能够在标准的时间内以快步或走的步法完成 1 mi 的路程。快步马的标准时间是 2 分 30 秒,而走马的标准时间是 2 分 25 秒。而目前 2 岁马的标准时间是 2 分 20 秒,成年马是 2 分 15 秒。快步马和走马并没有太大的区别。

美国骑乘马

这个品种形成于南方,特别是肯塔基州,它更注重骑乘舒服,而不要求速度。其血缘包括美国本地马、纯血马和标准马,又加上了一定的阿拉伯马和莫尔根马的血统。美国骑乘马既能会 3 步法又会 5 步法,有时也是优秀的轻挽马。这个品种主要用于娱乐和观赏。许多人认为它是主要的观赏马,因为其体型优美、步法迷人。

田纳西走马

这个品种起源于田纳西州,培育目的同于美国骑乘马。它的血缘包括美国骑乘马、纯血马、标准马、莫尔根马以及美国本地马。田纳西走马是一种 3 步马。步法包括慢步,快步以及慢跑。该品种快步尤为突出。在快走跨步时,这种马的后蹄显著超出前蹄印。这个品种因其协调的步法和令人舒适的骑行而著称。

夸特马

夸特马(Quarter)是美国数量最多的品种。夸特马一直是重要的役畜,美国的农场常将其作为**牧用乘马**。而其他品种从来没有做到这些。它最多的用途是作为役用,而不是赛马、牛仔竞技表演、展览和娱乐。夸特马起源于弗吉尼亚州的Quarter Pather马,但是该品种的改良主要是由西南几个州做的。其血缘包括美国本地马、北美野马和纯血马。但是夸特马作为牧牛马和短距离赛马性能不佳。

牧用乘马

轻型马中的一种,用于役用的家畜,主要是牧牛用。

阿帕卢萨马

阿帕卢萨马是西北部的内兹佩尔塞族部落培育的。它的名字来源于该部落所居住的帕卢斯河。阿帕卢萨马的毛色独具特色。由于开放的**良种马登记册**政策,现在的阿帕卢萨马与夸特马、纯血马和阿拉伯马的后裔差别已经很大。

良种马登记册

品种协会保存的关于所登记动物的一整套记录。

品种的普及

表21-8列出了各个时期马品种的登记数量(图21-14)。在美国每年有25万匹马登记在册。夸特马新登记马的数量最大。在很多年中,夸特马登记的数量与其他马的总和相等甚至还要多。但是,其他品种马的数量也在增长。

表21-8 马品种的登记数量

品　种	1960	1975	1980	1985	1990	1995	2000	2003
阿帕卢萨马	4 052	20 175	25 384	16 189	10 669	10 903	10 906	9 152
安格鲁阿拉伯马	2 200	11 351	14 257	10 099	4 473	4 663	4 452	3 860
阿拉伯马	1 610	15 000	19 725	30 004	17 676	12 398	9 660	8 171
莫尔根马	1 069	3 400	4 537	4 538	3 618	3 053	3 624	2 819
花马	NA	5 287	9 654	12 692	16 153	34 846	62 511	51 120
夸特马	35 507	97 179	137 090	157 360	110 597	107 332	127 763	160 980
骑乘马	2 329	4 064	3 879	4 353	3 569	3 239	2 908	2 758
标准马	6 413	12 830	15 219	18 384	16 576	10 918	13 846	11 050
田纳西走马	2 626	6 591	6 847	7 633	7 609	10 020	15 000	14 298
纯血马	12 901	29 225	39 367	50 382	44 143	34 958	36 700	37 000
总数	68 704	205 102	275 959	311 634	235 083	232 330	287 370	301 208

来源:Breed associations。

繁殖管理

50%～60%以上的**母马**两年才能产一匹马驹,因此人们认为马是繁殖能力差的家畜。与其他高繁殖力的家畜相比,马的繁殖力较低是个不争的事实。即使繁殖力的遗传力很低,在其他物种上对该性状的选择仍然取得的了不错的遗传进展。而马一般不把繁殖力作为选择的性状。但实际上马的繁殖能力没有这么差。

母马

成年母马。

产驹

产下马驹的过程。

图 21-14 夸特马是美国最常见的马。

人们采用的配种方式从一开始就注定了失败的几率很大。比较典型的做法是：

1. 经过数月的考虑才决定使用哪匹作为种马。
2. 克扣和节省在种畜上的花费。
3. 早春乘骑母马，观察它的发情反应。
4. 赶回家，打电话给养种公马的人，安排尽快送母马过去。
5. 给母马配种，让其负载回家而省下运输费。
6. 让母马在外放牧饲养，待产 11 个月。
7. 没有产下小马驹感到失望。

这种情况非常普遍，是母马不育的主要原因。事实上，大多数母马都能妊娠并产下马驹。需要的只是如何才能达到这一点。主要的问题是人们的繁殖管理，而不是马的问题。

母马是**季节性发情**动物，一般只会在一年之中的某段时间妊娠。在白昼由短变长时，母马对日照时数发生反应而出现**发情周期**。一般公认的观点是母马是长日照发情的家畜。在北美，马的**乏情期**一般从 11 月中旬到 2 月中旬。对于一些母马，甚至整个品种而言，其生育期一般开始于晚春。在一年中的其他时间，母马会有一个发情周期，这时进行配种，其可能受孕并产生后代(图 21-15)。对于要配种的母马，繁殖管理是关键，配种后，母马的卵子受精。由于只在发情时母马愿意接受公马的爬跨，而在排卵时则不行，因此这可能是一个小窍门。对于大多数只有一或两匹马的养殖户而言，最佳方案就是选择具有**种马**管理知识的经营者的公马，相信他或她会让母马顺利地产下马驹。而对于这些饲养优良种公马从事配种服务或者饲养大批母马的人而言，最好的方案就是他们自己完全掌握公马和母马的激素和环境控制机制的繁殖知识，包括人工授精技术和公马和母马的管理。繁殖管理员必须熟练地掌握发情周期控制、发情检查、适时配种和妊娠鉴定等技术。

发情检查一般采用公马**试情**和触诊，直肠检查结合**超声波检查**有助于确定排卵期。母马一般用公马试情来确定是否发情(图 21-16)。有发情表现的再进一步

季节性发情
动物有多次发情周期，但仅对某些特定的与季节相关的环境因素多是光的周期性反应。

发情周期
上一次发情到下一次发情之间的时间。

乏情期
雌性动物没有进入发情期的阶段。

种马
为繁殖而保持的一个公畜单位，也称为繁殖后代用的种用马。

试情
使一匹公马接近母马并观察母马的反应。进入发情期的母马将有特别的行为。

超声波检查
使用超声波对深层体组织进行检测。

用触诊来鉴定。发情表现包括阴户张开、排尿、下蹲以及寻找公马。超声波有助于确定伴随着排卵的许多物理变化，因此有助于确定交配时间（图 21-17）。排卵前 36 h 内进行人工授精可获得最高的受胎率。排卵一般出现在发情结束前的 24～48 h 之间（图 21-18）。

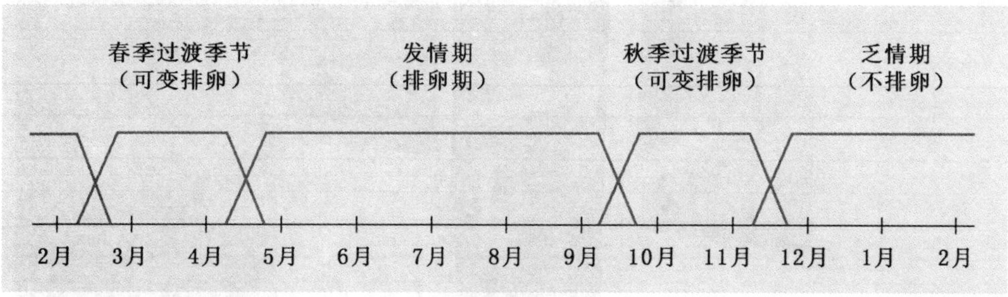

图 21-15　母马季节性发情。（来源：Slusher et al.，1998。p. 3974.1，经允许使用）

图 21-16　观察母马靠近公马时的行为是一个很有用的方法。在图中，公马被圈在栏中，一些母马可以靠近周围的畜栏。训练有素的人员进行远距离观察并且保持每天对母马行为进行记录。对于观察记录的分析将有助于确定何时进行每匹母马排卵的超声波检查。

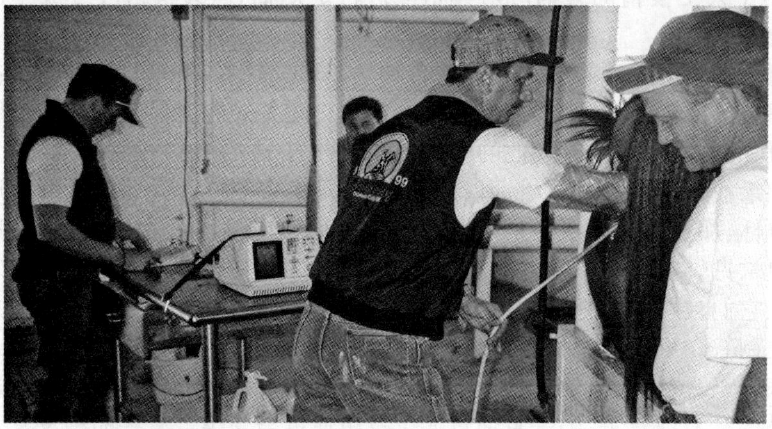

图 21-17　配种时间的控制对于确定妊娠是关键。直肠触诊和超声波检查有助于确定排卵时间。

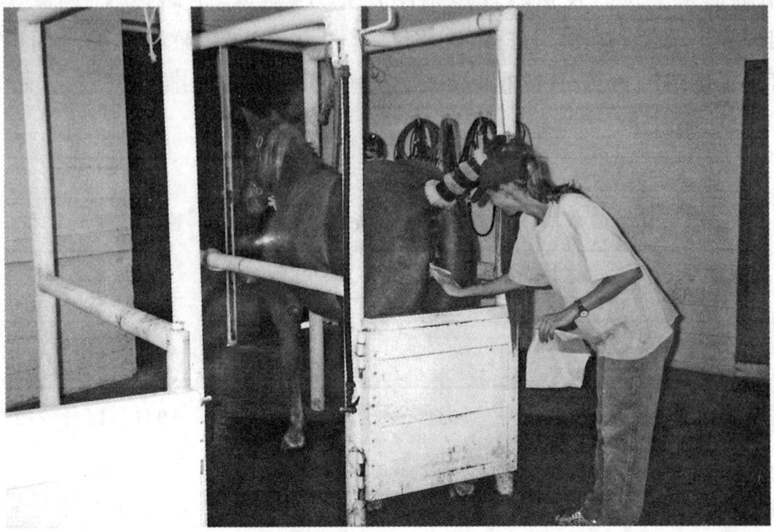

图 21-18 图中触诊器的使用可以保障马和育种者的安全。

妊娠检查的方法很多。最好的方法就是等待并观察母马是否返情。一般来说,未妊娠的母马在其上次排卵后的 18～20 d 内会再次发情。人工授精后 18 d 后,直肠触诊能够检查到胎儿。人工授精后 10 d 可用超声波检查。以上这些方法都需要有经验的人才能进行妊娠诊断。

马的发情周期控制方法有几种,不同的方法可靠程度也不尽相同。由于母马发情周期与光照长短有关,因此可采用人工光照用以延长光照时间 1～16 h。为确保成功,这一技术必须在第一次排卵前的 60～90 d 开始进行。必须认真地做。每天的光照必须"延长"相同的时间。光照强度最小要维持 2 ft 蜡烛的发光强度。激素处理也能够改变发情时间长短、发情持续时间甚至刺激排卵。

做好记录是繁殖管理的重要组成部分。图 21-19 展示了一个母马全面的例子包括对母马的综合试情、配种和触诊记录。

公马在这个过程中不能忽略。在繁殖季节前应开始对公马进行繁殖缺陷检查和精液质量评定,并在配种季节进行定期检查。与母马本交的公马要进行遗传疾病的检查。用于人工授精的公马应对其精液进行定期抽查,并将精液分成小份以供多次授精之用。

对母马进行人工授精方法各异。在一些育种场,只是简单的将母马和种马放在一起放牧,给公马和母马足够的时间进行交配。这种交配方式能够保证较高的受胎率,但增加了受伤的风险。如果有其他的母马经常进出于这片草场,这种情况发生的几率较大。如果在公马引入之前,将所有待配的母马集中到一起并且使该群马形成一个稳定的群体,那么这一体系将是最好的。这之后不应该再增加母马的数量。人工辅助交配更常见。在该体系下,母马在严格的监督下接受配种。常将母马固定在马绊子里防止它们被踢伤。把马尾卷起防止被公马弄伤。公马一直带着笼头并由有经验的人控制它。可以通过这种方式可将受伤降到最低。然而,这种交配方式可能会传播疾病,然后传染给其他的马匹。在先进的育种场使用最多的方法是通过**假阴道**收集公马的精液(图 21-20)并且通过人工授精使母马受孕。有些品种没有登

假阴道

用于收集公马精液的装置。

记这样出生的马驹，然而大多数品种都登记了。这种方法有几个优点包括：防止疾病传播、有效消除伤害几率并且能增加公马每天配种的母马数。

试情代码

1—排斥
2—漠然
3—感兴趣
4—阴户闪露，排尿
5—频繁排尿，外阴充血

其他代码：

T—处理
C—饲养
S—诊视
P—触诊
B—繁殖
Pr—妊娠
F—产仔
A—存活
D—死亡
U—超声
TS—试情评分
FS—卵泡大小
CX—子宫颈
FC—卵泡密度

母马________ 毛色________ 年龄________ 场号________
19 ________ 记录________ 母马所有者________
去年配种情况________________

	1	2	3	4	5	6	7	8	9	10	11	12	13	14	15	16	17	18	19	20	21	22	23	24	25	26	27	28	29	30	31
12月																															
1月																															
2月																															
3月																															
4月																															
5月																															
6月																															
7月																															

日期____ 备注____ TS：1 2 3 4 5 FS：____ mm CX：1 2 3 FC：T S O 子宫状况____	日期____ 备注____ TS：1 2 3 4 5 FS：____ mm CX：1 2 3 FC：T S O 子宫状况____	日期____ 备注____ TS：1 2 3 4 5 FS：____ mm CX：1 2 3 FC：T S O 子宫状况____
日期____ 备注____ TS：1 2 3 4 5 FS：____ mm CX：1 2 3 FC：T S O 子宫状况____	日期____ 备注____ TS：1 2 3 4 5 FS：____ mm CX：1 2 3 FC：T S O 子宫状况____	日期____ 备注____ TS：1 2 3 4 5 FS：____ mm CX：1 2 3 FC：T S O 子宫状况____

试情代码

1—母马明显地排斥种公马
2—母马对种公马反应漠然
3—母马对种公马较感兴趣，可能会阴户闪露，排尿
4—母马对种公马很感兴趣，偶然排尿，阴户红肿
5—母马对种公马极感兴趣，频繁排尿，蹲立，紧贴着种公马

卵泡大小

通常直径可达到 20，30，40，50 mm 或更大。

卵泡的密度

T—初级卵泡
S—卵泡成熟
O—排卵

子宫颈大小

1—<10 mm
2—10～30 mm
3—>30 mm

子宫状况

不良，一般，良好，极好，妊娠

图 21-19　母马的试情和触诊记录。（Slusher et al.，1998，经允许使用）

图 21-20 假阴道(a)被连接到一个乘骑模型(b)上以收集种马用于人工授精的精液。

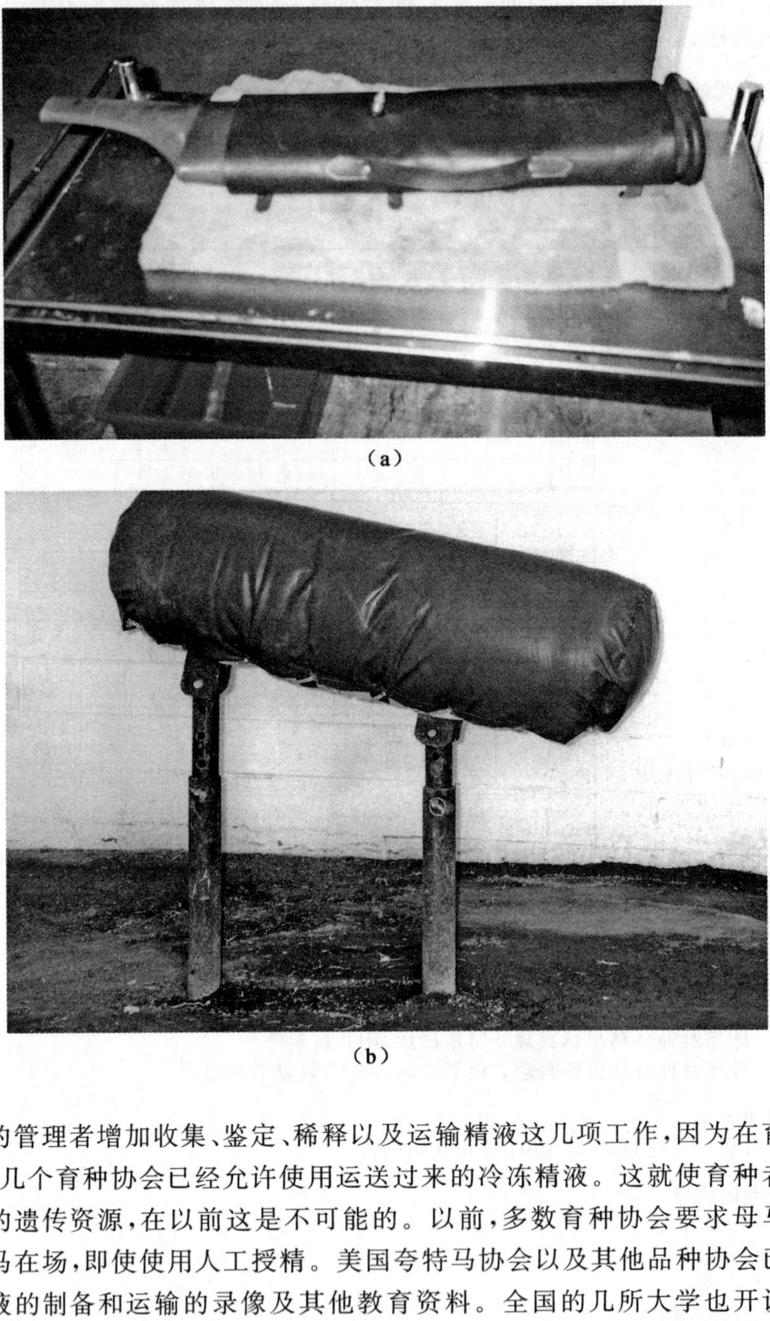

(a)

(b)

要求公马的管理者增加收集、鉴定、稀释以及运输精液这几项工作,因为在育种规划中,现在几个育种协会已经允许使用运送过来的冷冻精液。这就使育种者可以利用全国的遗传资源,在以前这是不可能的。以前,多数育种协会要求母马受精必须有公马在场,即使使用人工授精。美国夸特马协会以及其他品种协会已准备了关于精液的制备和运输的录像及其他教育资料。全国的几所大学也开设了短期课程,对精液的采集、制备以及运输进行培训。这种技术的最终成功取决于公马和母马的管理。对许多育种者来说,能够利用以前不能利用的公马是一个令人振奋的消息。

马的营养和饲喂

饲喂方式不当是马业经济损失的一个主要原因。当营养不良导致畜群发生疾病、终身残疾甚至死亡时,这会极大的挫伤畜主养殖的积极性。很明显,那些以马为乐的人,他们在马身上花费大量金钱,并把马当作自己的精神寄托,他们希望他们的马能够健康。从事马贸易的人也是如此,即使有不同,也是想要将马喂得更好,即只有马喂得好才会多赚钱。不幸的是,这两类人经常无法得到经过专门训练的人如来自推广机构以及各州的专家的建议,而只能依靠广告或者其他养马者的建议。结果,马主每年花费几百万美元用于不必要的事情上。在证明几种其他谷物与燕麦具有同样的营养价值之前,他们已经在燕麦上花费了大量的金钱。马之所以遭受疾病的折磨且不能达到应有的生产能力是由于它们的**日粮**不平衡或者营养不足。一个更好而更经济的方法是学会正确饲喂马匹。这样做无疑会节省很多费用。注意:通过本章的学习并不能使你成为一个合格的马营养师。这是一篇介绍性文章。这里的材料仅仅是为了提高你的认识并使你们入门。

马的营养和营养管理围绕着这样一个事实,马是单胃动物,有一个功能性的盲肠。这就可以在马的日粮中使用大量粗饲料,它们能很好的利用它。作为非反刍的草食动物,马具有简单单胃动物的特点,同时对饲料的利用与反刍动物也有些相似。马利用饲料速度的提高是主要的生存机制所决定的。因此,马形成了**少吃多餐**的采食习惯并不停地换地方。驯化的马在放牧时仍保留着这种行为。马厩马或者其他行为受限制的马通常采用一种方法使其由按餐采食取代少食多餐的采食习惯。这带来了一些新的问题,马的胃相对于消化道来说比较小而且缺少肌肉。它不能在一次处理大量的食物。然而,许多马一天仅饲喂一次,这就引起每年许多马的**疝气**、**肠道阻塞**以及其他一些消化问题。5、6、7章将谈到基础营养的特殊性、消化道的构造以及食物。读者可以从这几章获得相关的信息,这里不再谈论。

不同类型的马应该饲喂不同的**配给日粮**。一匹哺育马驹的母马的营养需要高于其在空怀时的营养需要。一岁马的营养需要不同于种马。《马的营养需要》由国家学术出版社出版,可以用来确定马在特殊时期以及不同品种马的营养需要。表21-9列出了各种马的营养需要的计算公式。这些例子如果不考虑马个体的特殊营养需要就不能使用。按照马的营养需要量饲喂马匹,马会越来越健康,马主因此也会越来越富有。每种饲料都应与饲草搭配一起来饲喂。

如果要进行精确饲喂,马体重的测定是非常重要的。现场称重是最理想的,但这是不可行的。胸围测定卷尺可从大多数饲料商店购买到,也可以从马或者农场的商品目录中定购。这种卷尺能够较为精确的估计大多数马的体重(图21-21)。也可以使用公式来估计马的体重,常用的一个公式如下:

$$\text{体重(lb)} = \text{胸围}^2\text{(in)} \times \text{体长}^2\text{(in)}/330$$

日粮
分配给动物供24 h的饲料。日粮这个术语的使用应与消耗的一定量的饲料相结合。

少食多餐
一些动物的生存采食机制。它们每天采食很多次并且在马厩里一直活动。

疝气
一个广义的术语表示消化系统紊乱。

肠道阻塞
用来描述马和其他动物的便秘的术语。

配给日粮
动物消耗的所有饲料,包括水。

表 21-9 马配合饲料举例[1]

成 分	在总配方中的含量/%	
	通用配方[2]	维持配方[3]
黄玉米 2 号	32.00	62.86
燕麦	63.00	—
豆粕(44%)	—	14.30
糖蜜	2.00	—
脱水苜蓿粉	—	20.71
磷酸二氢钙	—	0.71
石灰石	1.00	0.71
盐、矿物质	1.00	0.71
成分分析		
蛋白/%	12.00	17.00
总能/(Mcal/lb)	1.3	1.5
钙/%	0.7	0.8
磷/%	0.5	0.4

来源:Cooper,2004。经允许使用。

1. 所有配合饲料均与绊根干草一起饲喂以平衡日粮。

2. 做成粗料饲喂。

3. 做成颗粒料饲喂。

图 21-21 如果想要精确喂马,马体重的测定是很重要的。用秤称是最好的方式,但是胸围卷尺也是相当准确的。

长干草

没有被切断或磨碎的干草;成株的草料。

马的消化道需要在它的日粮中添加长的干草。一般说来,马每天应该最低需要摄入粗料量占其体重的 0.75%~1%。而对马饲养者来说,**长干草**是最廉价而且最容易得到的,研究表明,**干草块**能够喂马而不会引起行为和消化上的问题。

可允许马在草原上放牧来采食足够的饲草以满足其需要。然而，饲养在马房的马和其他活动受限制的马不能吃到足够的饲草(图 21-22)。许多马主故意减少饲草饲喂量占体重的 0.75%～1%以下，这样可以保证马没有大的盲肠(俗称草腹)。这样马的外貌比健康更重要。如果马匹不能够吃到足够的饲草，将会导致许多不良的反应如：啃木头、吃粪便、吃垫草、咽气癖或者啃同马厩其他马的鬃毛和尾巴。也能导致疝痛或者其他消化道疾病。马需要干草！在日粮中应该配合一定比例的谷物来平衡马的草料。但是要注意：马需要高质量的干草。饲喂的干草如果成熟过了头就不易于消化，如果有杂草、虫子或其他异物也能够引起马消化系统的问题。也应该防止饲喂霉变和裹尘的饲料。

干草块
干草被压制成约 3 cm 的产品。

喂马是一门学问。即使你能够熟练地使用营养需要量表和日粮配合公式，但对不同的个体仍然要区别对待。一些有丰富经验的人可以观察出一些马容易饲养，而另一些则很难饲养。这意味着一些马比另一些马更容易保持健康状态。"正常"活动的代谢水平以及一些其他因素会因马而异。因此，根据马的特殊**体况**来喂马是马营养学家常采用的另一种手段(图 21-23)。总之，应该根据马的体况进行有节制的饲喂，既不能太瘦也不能过肥。一个问题是很多马主愿意看到马比真正健康的状态要胖一些。通过花些时间来学习如何使马的身体保持一个良好的体况，可以帮助马主节省金钱并使马更加健康，表现更好。

体况
动物机体的脂肪量。

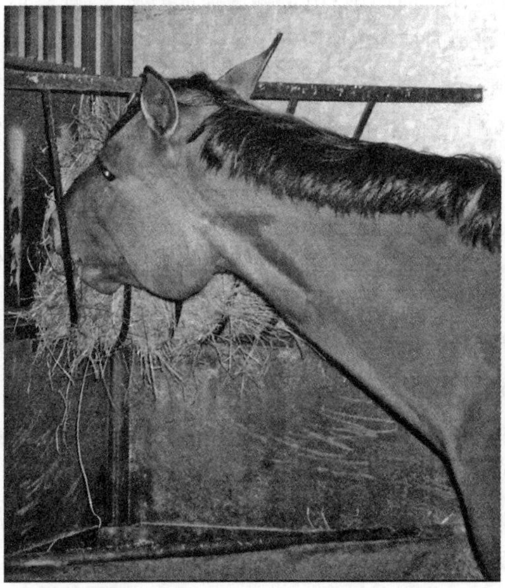

图 21-22 一匹马应该每天采食不少于其体重 0.75%～1%的粗料形式的干草或干草块。

马日粮中的精料经混合、磨碎后制成**颗粒饲料**。颗粒料的优点是：能保证马的营养全面而适量，因为马不能"选择"自己的日粮。另一个优点是能够减少粉尘，能利用适口性不太好的饲料，并且易于饲喂。对大规模养马来说，以上这些优点比仅饲养一或两匹马更加突出(图 21-24)。在喂颗粒料时，我们仍然推荐马每日草料的饲喂量占其体重的 0.75%～1%。

颗粒饲料
被磨碎的并且经过模子压制的饲料。

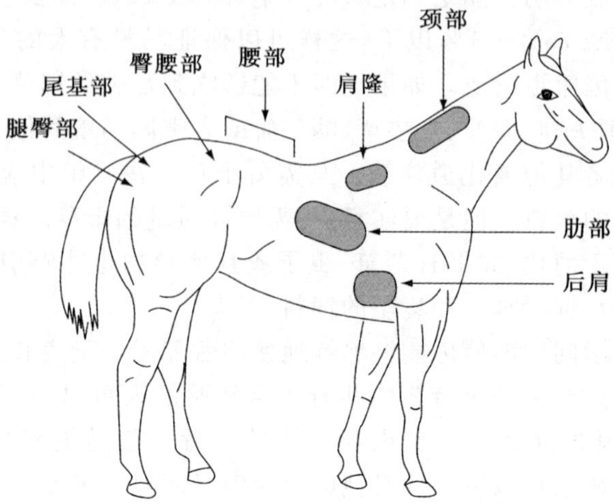

体况评分系统：

得分情况

1.差：动物非常瘦弱，棘突（脊椎的椎骨向上突起）、肋骨、尾根和盆骨带都明显凸出。鬐甲、肩和颈的骨骼结构清晰可见。几乎感觉不到脂肪的存在。

2.很瘦：动物消瘦。有很少的脂肪覆盖在棘突的周围，用手触摸腰椎的横突（椎骨部分向外突出）感觉其轮廓是圆的。棘突、肋骨、肩和颈的结构依稀可辨。

3.瘦：用手触摸棘突上有少量脂肪，而横突感觉不到。少量的脂肪覆盖在肋骨上。棘突和肋骨清晰可辨。尾根突出，但是，个别马的椎骨眼观难以辨认。腰角骨（骨盆带向上突出，伸向腰角部分）成圆形，但清晰可辨。坐骨结节（位于臀部中后部位的骨盆带的骨突）难以辨别。鬐甲、肩和颈界限分明。

4.中等瘦：背部没有皱褶（椎骨的棘突稍突出于周围组织）。肋骨轮廓依稀可辨，尾根突出，周围有脂肪覆盖。腰角骨难辨以区分。鬐甲、肩和颈稍瘦。

5.标准体况：眼观看不到肋骨，但用手触摸则易于区分。尾根周围脂肪触摸开始感到柔软而有弹性。棘突上的鬐甲饱满而圆润。肩和颈与躯干过渡自然。

6.中等丰满：背部出现微小的皱纹。肋骨周围有脂肪覆盖，摸上去感觉柔软而有弹性。尾根周围的脂肪感觉很柔软，脂肪开始在鬐甲两侧、肩后和脖子两侧沉积。

7.丰满：背部有皱纹。能摸到单根肋骨，但明显感觉到两肋骨之间填充了脂肪。尾根周围的脂肪柔软。脂肪沿着鬐甲、肩后和颈部沉积。

8.肥胖：背部多皱，很难摸到肋骨。尾根周围的脂肪非常柔软。鬐甲周围部位充满脂肪。肩前后脂肪持平，脖子明显变粗。脂肪在内臀开始沉积。

9.过度肥胖：背部皱褶明显，肋骨上出现块状脂肪。尾根周围、鬐甲两侧、肩后和颈部的脂肪明显向外凸出。内臀脂肪堆积在一起。腰窝脂肪肥厚，看起来背线呈一直线。

图 21-23 体况评分系统脂肪沉积部位。（来源：Freeman，1997。经允许使用）

图 21-24 马日粮中的精料部分可被颗粒化。

有关马营养的一个大问题是过量饲喂。引起过量饲喂的一个主要原因是错误的观念:咖啡豆含有的能量与燕麦和玉米一样多。事实不是这样的！咖啡豆含有的能量是燕麦的 1.3 倍，是玉米的 1.8 倍。饲料具有不同的密度，而加工过程进一步影响了密度。马的饲料——无论是干草还是谷物——都应该称重。称重的费用与马受伤和潜在的疝痛和**蹄叶炎**的损失费相比要便宜得多。这并不意味着每次喂料都要称重，我们可以用铲子和铁罐子来进行。这就是说饲料精确的饲喂量应定期称量以使饲养员能够校正眼观以及罐装饲料量的误差(图 21-25)。

蹄叶炎

一种蹄叶部发生的炎症。通常是由谷物的过量引起的，但也可能与采食青绿牧草、路的撞击、母马的胞衣滞留和其他原因有关。

图 21-25 应对马的饲料进行称重，或者至少对罐装饲料定期称重以使饲养员饲喂时能够校正目测造成的误差。这有助于防止发生最常见的马营养问题即过量饲喂。

由于马有多餐习性，最好的饲喂方式是在实际饲喂时每天增加饲喂次数。然而，多数马每天只喂一次。由于管理、劳动力、畜舍以及生产的需要，这一情况仍将持续下去。如果马一天食入的谷物量超过其体重的 0.5%，建议谷物应该至少分两次饲喂。这将减少马肠道不适发生的几率。如果谷物的饲喂量超过体重的 1%，谷物应至少分三次来饲喂。每次饲喂应该尽量均匀的间隔一段时间。定时饲喂是非常重要的，即使在周末也应该如此。无论何时日粮发生改变，尤其是如果在日粮中增加谷物部分，则每天的增加量不能超过 0.5 lb，直到达到新的饲喂水平。甚至在马从一个牧场转移到另外一个牧场或者经过一段时间圈养后进行放牧时，在允许它们长期生活在那里之前，都应该花几天时间逐渐增加它们的牧草采食量直至达到正常水平。

有时马的消化不良与饲喂方式没有直接关系。两个常见的原因是寄生虫和水。确保马随时都能饮到洁净而甘甜的水。饮水器、水桶甚至水槽都应定期清洁。但在马进行运动后，应限制其饮水，此时如果不加限制任其自由饮水将会出现意外。应先给马降温然后允许其饮少量水，在体温正常后可恢复正常的饮水。马应该定期进行驱虫。马容易感染的几种寄生虫能引起消化紊乱，并影响饲料的利用效率。

对许多马主来说，最安全的饲喂方法是向大的正规公司购买日粮中的精料，并按照厂家的说明书进行饲喂。草料应按照刚才讨论的推荐水平提供数量。谷物的量应该根据马的身体况进行调整。建议马主不要购买饲料店货物架上摆放的那种“神奇的粉剂和补剂”。通过定时饲喂、适当锻炼和驱虫，马主就能以花最少的钱来享受马匹给他们带来的效益和乐趣。

马业的发展趋势和未来马业的影响因素

训练与研究

在马业中，典型的娱乐型马的主人和典型的以娱乐为业的人的马匹是最易受伤的。原因是他们往往缺乏必要的常识。如果马主没有受过专业培训，那么无论是对他们自己、对马甚至对整个马业来说都是个威胁。他们的饲料成本高、医药费高、人和马受伤的多，最终很难取得满意结果。这些人因而产生厌烦情绪而退出马业，认为其他马主不会有如此烦恼。由于在这个行业中这种情况频繁出现，因此他们最需要服务。然而，他们却很难获得有价值的信息。在此问题上，专业人员在马业和培训上的努力似乎并没有取得明显效果。对每个人来说，新马主的培训应该放在首位。之所以培训重要是因为新马主能成为一个成功的马主受益颇多。不幸的是，老马主常常忽视马的科学信息。而新马主得到的大部分信息都是来自老马主。这就造成了一个恶性循环，我们需要打破这个循环创造一个良性循环。一个有利的一面是现在进入马业的这些新马主，他们大多渴望知识并且愿意寻找受教育的机会。而不利的一面是，他们所获得消息并不都是可信的。

对于马，存在着研究和支持的极大需求（图 21-26）。目前，与其他物种相比，在马的研究上花费的时间和金钱很少。评分问题需要研究来提供解决方案。由于身体**缺陷**，太多的马被淘汰。归根到底，这个问题常与遗传或者管理有关。每年需要耗费数百万元在疾病和寄生虫的治疗上。大部分损失是不必要的，是可以防止的。与那些肉用物种相比，对马的营养需要了解少得可怜。所有这些问题都需要科研与知识传播才能彻底解决。由于研究所支持的科技知识很少，因此在马业中很难把科学和技术结合在一起。

缺陷
影响其功能发挥的受伤或者缺点。

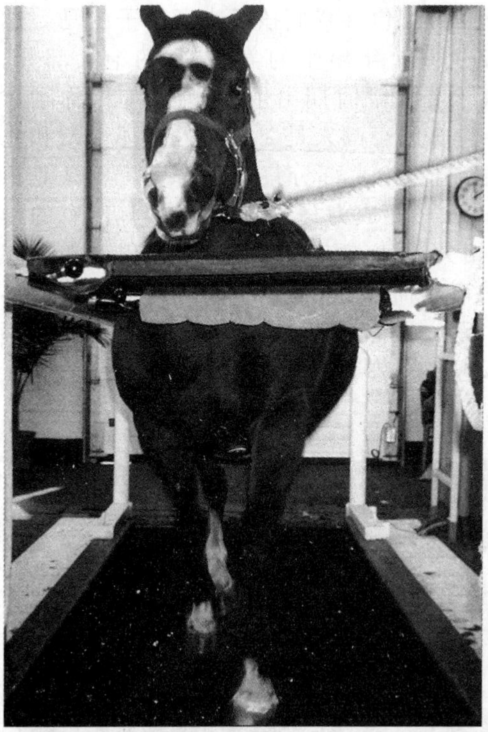

图 21-26　基础研究工作，比如在母马中进行的运动生理学研究是非常缺乏的。这一行业需要更多的研究以获得繁荣。（俄克拉荷马州立大学动物科学系 Dr Steven R. Copper 提供，经允许使用）

两个方面的研究正在引起人们的日益关注。不是所有的遗传缺陷都已攻克，马的人工授精技术已经得到发展。目前，其应用正在与日俱增。随着越来越多的育种协会允许使用冷冻精液，这项技术会日臻完善。马的基因组计划已经启动，其完成指日可待。基因组图谱一旦绘出，将对马的遗传和健康产生深远的意义。

竞赛

娱乐型马的马主手中闲置的资金面临多种选择。而闲置的资金和可用的时间却比以前少。马业必须找到方法来持续吸引空闲的资金或者缩小规模。在过去十年，马的展览已经发展壮大，包括竞赛项目的增加。这是一个很有发展前途的做法，因为它给人们创造了更多的参赛机会。

正在尝试的新途径包括：向限时或客观评分的竞赛项目发展趋势。这种限时或评分的竞赛项目正在日受欢迎，包括绕桶赛、团体套绳、圈赛、牛仔竞技、盛装舞步以及单人西部牛仔马术赛（对参赛马各个方面的表现进行评分的一种竞赛）。

在马体育和其他活动项目中，婴儿潮时出生的人大批参与后，50 人以上参加的比赛已经是常事。

新马主

现在有一种趋势越来越多的成年人想要弥补童年失去的机会。许多人，特别是婴儿潮时期的人，当他们还是孩子的时候不能拥有梦想中的马或者马驹。现在时间充裕了，尤其是婴儿潮时期出生的人。现在，如果马适合他们的话，他们能负担得起 1 匹或者 3 匹马的费用。

我们中另一些人希望回归我们的童年时代，包括我们孩子或者孙子的马。这些年轻人占了回声潮或 Y 代人（指 1977—1994 年出生的美国人）的绝大部分。这些回声潮一代是美国第二大人群，仅次于婴儿潮时期出生的人数（如果你刚才在数数，那么我会教你一种简单的方法。许多回声潮人是婴儿潮人的孙子辈和儿子辈）。婴儿潮一代是富裕的群体，他们控制着绝大部分集体经济资源。马业正在成为婴儿潮人的消费对象。他们有的进入马业成为马业的直接参与者，有的给孩子或者孙子提供资金去参与马的一些相关活动。孩子们的马术课程的需求在增加，儿童用马和成人用的训练有素马的市场需求也在增加，同时与马有关的年轻群体和成年群体成员也在增加（图 21-27）。而且在 20 世纪 90 年代，成熟的第一代马主被认为是市场的重要组成部分，这些趋势还将持续下去。

图 21-27 美国被称为"回音潮"的年青一代在马业中所占的比例日益增加。他们加入马业引起了对儿童骑术课、训练有素的"儿童用马"以及品种协会及相关服务部门定向青年人的服务的需求增加。

安全问题

安全一直贯穿于整个马业，特别是竞赛项目或者其他与马相关的活动。年龄较大的第一代马主对个人人身安全的关注以及社会对安全问题的日益关注对此很可能起到了推波助澜的作用，安全问题已经成为现代社会的一个很普遍的问题。"婴儿潮"一代对此的贡献又是最大。记住，这些人中的许多人自己或者他们的后辈都从事马业。此外，对竞赛设备的管理提高了人们对设备可靠性的认识。希望越来越多的安全装置或者安全措施成为马业的一部分。

西尼罗河病毒

在1999年，西尼罗河病毒首次在西半球被发现。这一疾病对人类、马、狗以及几种鸟类是一种威胁。影响最大的是乌鸦及其亲属。有这种病的疫苗或者联合苗，应该定期给马进行注射。

社会问题

动物权利或动物福利

对动物权利或动物福利的关注仍将是这一行业的一部分。由于马业中大部分马匹都是用于竞技体育和展览，因此该行业比其他家畜业的检查更严，更易受到攻击。由于马业在人们心中的地位，它也容易成为激进分子的目标。该行业必须学会面对合理关注，以防止受到不讲道理的激进分子的伤害。许多育种机构已经制定了行为准则并处理人道关心问题。这些努力备受赞许。然而，没有什么能比对此类问题的高度重视更易于让人接受的了。

马的屠宰

美国每年要杀几千匹马。数量随着经济和对骑乘马的一般需求的变化而变化。由于我们对马的认识不同，因此该行业的许多认为不应该杀马。这是一个情感的辩论，并将持续下去。一方面必须同时处理的问题是人道的运输和屠宰。农业大臣掌管着从马的运输到屠宰设备等一系列事务。马业必须包括以法律名义制定一系列公平的规章制度来保护马的权益。

技术革新

马业是个机械化程度不高的行业，部分原因是马主的愿望。照料马匹对马主来说是非常重要的。然而，诸如简单而经济实惠的自动化饲料分送器的研究成功能增强马的健康，对马主也有益。很难看到以分段饲喂方式喂马会降低马主的乐趣，即使马主不在的时候也是如此。其他的节约劳动力的工具可能有助于吸引新马主。

行业组织

美国 Connemara 矮马协会(American Connemara Pony Society)
Address：2630 Hunting Ridge Rd.，Winchester，VA 22603
Phone：(540)662-5953；fax (540)722-2277
http://www.acps.org

美国 Cream 挽马协会(American Cream Draft Horse Association)
Address：193 Crossover Rd. Bennington，VT 05201

Phone：(802)447-7612

http：//www. americancreamdraft. org

美国驴骡协会(American Donkey and Mule Society)

Address：P. O. Box 1210，Lewisville，TX 75067

Phone：(972)219-0781；fax (972)420-9980

E-mail：adms@juno. com

http：//www. lovelongears. com

美国海克尼挽马协会(American Hackney Horse Society)

Address：4059 Iron Works Pike，Suite 3，Lexington，KY 40511-8462

Phone：(859)255-8694；fax (859)257-0177

http：//www. hackneysociety. com

美国马委员会(American Horse Council)

Address：1616 H Street NW，7th Floor，Washington，DC 20006

Phone：(202)296-4031 Fax：(202)296-1970

E-mail：ahc@horsecouncil. org

http：//www. horsecouncil. org

美国印第安马注册有限公司(American Indian Horse Registry，Inc.)

Address：9028 State Park Rd.，Lockhart，TX 78644

Phone：(512)398-6642

http：//www. indianhorse. com

美国小型马协会有限公司(American Miniature Horse Association，Inc.)

Address：5601 South Interstate 35 W.，Alvarado，TX 76009

Phone：(817)783-5600

http：//www. amha. org

美国莫尔根马协会(American Morgan Horse Association)

Address：P. O. Box 960，Shelburne，VT 05482-0960

Phone：(802)985-4944；fax (802)985-8897

E-mail：info@morganhorse. com

http：//www. morganhorse. com

美国骡协会(American Mule Association)

Address：P. O. Box 1349，Yerington，NV 89447

E-mail：masmules@aol. com

http：//www. americanmuleassociation. com

美国野马和驴协会有限公司(American Mustang and Burro Association，Inc.)

Address：P. O. Box 1013，Grass Valley，CA 95945-1013

E-mail：AMBAInc@bardalisa. com
http：//www. bardalisa. com

美国花毛马协会(American Paint Horse Association)
Address：P. O. Box 961023，Fort Worth，TX 76161-0023
Phone：(817)834-2742
http：//www. apha. com

美国夸特马协会(American Quarter Horse Association)
Address：P. O. Box 200，Amarillo，TX 79168
Phone (806)376-4811；fax (806)376-8304
http：//www. aqha. com

美国夸特矮马协会(American Quarter Pony Association)
Address：Box 30，New Sharon，IA 50207
Phone：(641)675-3669；fax (641)675-3969
E-mail：jarrodenetins. net
http：//www. aqpa. com

美国乘骑马协会有限公司(American Saddlebred Horse Association，Inc.)
Address：4093 Iron Works Pike，Lexington，KY 40511
Phone：(859)259-2742；fax (859)259-1628
E-mail：saddlebred@asha. net
http：//www. asha. net

美国雪特兰矮马俱乐部(American Shetland Pony Club)
Address：81B Queenwood，Morton，IL 61550
Phone：(309)263-4044
E-mail：info@shetlandminiature. com
http：//www. shetlandminiature. com

美国温血马协会(American Warmblood Society)
Address：2 Buffalo Run Rd. ，Center Ridge，AR 72027
Phone：(501)893-2777；fax (501)893-2779
E-mail：aws@americanwarmblood. org
http：//www. americanwarmblood. com

阿帕卢萨马俱乐部有限公司(Appaloosa Horse Club Inc.)
Address：2720 W. Pullman Rd. ，Moscow，ID 83843
Phone：(208)882-5578
http：//www. appaloosa. com

美国阿拉伯马注册有限公司(Arabian Horse Registry of America，Inc.)
Address：10805 E. Bethany Dr. ，Aurora，CO 80014

Phone：(303)696-4500；(fax)：(303)696-4599
http：//www. arabianhorses. org

美国比利时挽马公司(Belgian Draft Horse Corporation of America)
Address：P. O. Box 335，Wabash，IN 46992
Phone：(219)563-3205
http：//www. belgiancorp. com

北美克里福兰红马协会(Cleveland Bay Horse Society of North America)
Address：P. O. Box 483，Goshen，NH 03752
Phone：(860)774-5433
http：//www. clevelandbay. org

美国克拉斯代重挽马育种者协会(Clydesdale Breeders of the United States)
Address：17378 Kelley Rd.，Pecatonica，IL 61063
Phone：(815)247-8780；fax (815)247-8337
http：//clydesusa. com

国际阿拉伯马协会(International Arabian Horse Association)
Address：10805 E. Bethany Dr.，Aurora，CO 80014
Phone：(303)696-4500；fax (303)696-4599
http：//www. iaha. com

骑者俱乐部(The Jockey Club)
Address：821 Corporate Dr.，Lexington，KY 40503
Phone：(606)224-2700；fax (606)224-2710
http：//www. jockeyclub. com

国家观赏马协会(National Show Horse Registry)
Address：10368 Bluegrass Parkway，Louisville，KY 40299
Phone：(502)266-5100；fax (502)266-5806
http：//www. nshregistry. org

美国巴洛未瑙马育种者协会(Palomino Horse Breeders Association of America)
Address：15253 E. Skelly Dr.，Tulsa，OK 74116-2637
Phone：(918)438-1234
http：//www. palominohba. com

Paso Fino 马协会(Paso Fino Horse Association，Inc.)
Address：101 N. Collins St.，Plant City，FL 33566-3311
Phone：(813)719-7777；fax (813)719-7872
http：//www. pfha. org

美国泼雪龙重挽马协会(Percheron Horse Association of America)
Address：P. O. Box 141，Fredericktown，OH 43019
Phone：(740)694-3602；fax (740)694-3604
http：//percheronhorse. org

美国花马协会有限公司(Pinto Horse Association of America, Inc.)
Address：7330 NW 23rd St. ，Bethany，OK 73008
Phone：(405)491-0111；fax：(405)787-0773
http：//www. pinto. org/

美国矮马俱乐部(Pony of the Americas Club)
Address：5240 Elmwood Ave. ，Indianapolis，IN 46203
Phone：(317)788-0107；fax (317)788-8974
http：//www. poac. org

田纳西走马育种者和展览者协会(Tennessee Walking Horse Breeders' and Exhibitors' Association)
Address：250 North Ellington Parkway，Lewisburg，TN 37091-0286
Phone：(800)359-1574；fax (931)359-2539
http：//www. twhbea. com

美国快步马协会(标准马)(U. S. Trotting Association (Standardbred))
Address：750 Michigan Ave. ，Columbus，OH 43215
Phone：(614)224-2291；fax (614)224-4575
http：//www. ustrotting. com

概要和结论

在美国，从20世纪开始，马就成为人类追求食物生产和日常生活的伙伴。在每周的工作日，高头大马下田拉犁、运送货物拖曳脱粒机。在星期六的下午把家人送到城镇，并在星期日的早晨拉他们去教堂。马是生活中不可或缺的一部分。但这一切都被以石油为燃料的发动机所代替，并受到常规技术的冲击。国家的使人口流向了城市，农民使用拖拉机，对役畜的需要很少。到1960年，认为马是不重要的，联邦政府甚至停止了对它的统计。然而，随着国家经济的繁荣，约在20世纪中期，马的用途发生了有趣的转变，主要用于娱乐而不是实用。围绕着马形成了一种以农业、体育、娱乐和观赏相结合的新型的综合型产业。人们的祖辈们用马拉犁，把马当作一种提高生活质量、工业化、高技术生活的工具。与马的亲密接触产生了一个与其他畜牧业不同的产业。在这个产业中人价值的计算主要取决于参与者的政治地位与行为。

难以举出实例和数字来对马和其他畜种进行比较，因为联邦政府没有像对其他家畜那样搜集和总结有关马的资料。根据行业估计，超过七百万人从事马业。

马业在城市地区产生的经济效益达 28 亿美元，提供了 45 800 个全职工作当量岗位，创造的直接经济效益为 225 亿美元，而在农村，提供了 292 700 个全职工作当量岗位。

关于马的情况

描述马的术语

头部特征：额星、斑纹、流星、白斑、秃头、斑点、种

身体特征：阿帕卢萨马、骝毛、黑毛、褐毛、灰兔褐、栗毛、暗褐、灰毛、银鬃、花毛、花毛、沙毛

腿部特征：管白、球节白、浅踏雪、深踏雪

成年高度和体重

小型马： 500～900 lb；11～14.2 掌

乘马和轻型马：800～1 400 lb，14.2～16 掌

挽马： 1 700～2 200 lb，15～17 掌

体重取决于品种、性别、营养状态等等。测定马的高度时，让马站立在水平地面上，与地面呈直角，测量从最高鬐甲到地面的垂直高度。高度的表达单位用掌来表示，每掌为 4 in。

育龄(母马)：马在出生后 12～15 个月到达青春期。但是应该直到 2 岁后才可进行配种，直至 15～20 岁。

公马/母马的比例(每年的人工配种数)：2 岁公马/10～15；3 岁公马/20～40；4 岁公马/30～60；成年/80～100；18 岁以上/20～40。

妊娠期：336 d(11 个月多一点)从 310～370 d 不等，取决于年龄、体型以及身体状况。

发情周期：18～20 d。

发情持续期：5～7 d，在发情的第 3 天进行配种，或者在此之后的几天(情期)。

断奶年龄：4～6 个月

不同性别不同阶段的名称：**马驹**、**母驹**、**公驹**、母马、公马、**阉马**

马驹
是指新生的小公马和小母马，这个词一直用到小马断奶，随后将用“公驹”形容小公马，用“母驹”形容小母马。

母驹
年轻的母马。

公驹
年轻的公马。

阉马
去势的公马。

习题

1. 为什么很难列出与其他畜牧业一样的统计数字？
2. 描述马业的规模。
3. 解释为什么说马业是一个综合性行业。
4. 描述马业的结构，与其他畜牧业进行比较和对比，并根据本书内容进行讨论。
5. 马业区别于其他畜牧业的特性是什么？
6. 为什么很难说清美国马匹的精确数量？
7. 简要概述北美马业的历史发展缩影。
8. 马业的主要部门是什么？
9. 讨论马业对美国经济的各种贡献。
10. 列出一些马的数量性状，并陈述你怎样才能根据这些性状制定成功的育种规划。

11. 马的遗传学是门很复杂的科学，因为它受许多不同基因控制，选择你最喜欢的马的毛色并写出这种毛色的基因组合。如果超过一种可能性，从中选择一种。现在将基因用另一等位基因所代替，并预测马的毛色（这将花费一定的时间）。

12. 画一个类似的表格，列出表中需要填写的内容。

种类	哪里形成	主要用途	其他品种对形成的重要影响

完成每一品种表中列出的内容。

13. 你决定培育你的超级母马"Whiz-Kid"。从繁殖管理角度概述你怎样达到这一目标？

14. 关于喂马的 5 件最重要的事情是什么？你认为所有的马主都应该知道这些吗？找出五件事情中最重要的事情。

15. 怎样估计马的体重？

16. 如果由你负责 XYZ 马育种协会的马主培训项目，说明你的什么项目正在影响或可能影响到马业的每一发展趋势（本章中讨论的）。

参考文献

Barclay, H. B. 1980. *The role of the horse in man's culture.* London & New York: J. A. Allen.

Bowling, A. T. Aug. 1997. Coat color genetics. *The Quarter Horse Journal* 49(11).

Bowling, A. T. 1999. *Horse genetics.* Available from http://www.vgl.ucdavis.edu/~1vmillion/coats2.html.

Bowling, A. T., and A. Ruvinsky (eds.). 2000. *The genetics of the horse.* New York: CABI Publishing.

Cooper, S. R. 2004. Oklahoma State University, Stillwater, OK. Personal communication.

Ensminger, M. E. 1991. *Animal science.* 9th ed. Danville, IL: Interstate Publishers.

Geddes, C. 1978. *The horse—The complete book of horses and horsemanship.* London: Octopus Books Ltd.

Evans, J. W. 1981. *A guide to selection, care, and enjoyment of horses.* 2nd ed. New York: W. H. Freeman and Co.

Evans, J. W., A. Barton, H. F. Hintz, and L. D. VanVleck. 1977. *The horse.* New York: W. H. Freeman and Co.

Freeman, D. W. 1997. *Body condition of horses.* Extension Bulletin No. F-3920. Stillwater, OK: Cooperative Extension Service, Oklahoma State University.

Freeman, D. W. 1998a. *Ration formulation for horses.* Extension Bulletin No. 3997. Stillwater, OK: Cooperative Extension Service, Oklahoma State University.

Freeman, D. W. 1998b. Cooperative Extension Service, Oklahoma State University, Stillwater, OK. Personal communication.

Geddes, C. 1978. *The horse—The complete book of horses and horsemanship.* London: Octopus Books Ltd.

Harland, J. R. 1976. The plants and animals that nourish man. *Scientific American* 3, 235.

Johnson, E. L. 1993. Basic equine genetics. In *Horse industry handbook.* Lexington, KY: American Youth Horse Council.

Jordan, R. M. 1998. *Horse nutrition and feeding.* Publication Number: FA-0480-GO. St. Paul: University of Minnesota Extension Service, University of Minnesota.

Loch, W. 1998. Agricultural publication G2780. Columbia, MO: Department of Animal Sciences, University of Missouri. http://muextension.missouri.edu/xplor/agguides/ansci/g02780.htm.

Loch, W., J. F. Lasley, and M. Bradley. 1993. *Genetics of coat color of horses.* Agricultural Publication G2791. Columbia, MO: Department of Animal Sciences, University of Missouri.

McClure, J. J. 1993. Genetic abnormalities in horses. In *Horse industry handbook.* Lexington, KY: American Youth Horse Council.

Slusher, S. H., C. Taylor-MacAllister, and D. W. Freeman. 1998. *Reproductive management of the mare.* Fact Sheet No. 3974. Stillwater, OK: Oklahoma Cooperative Extension Service, Division of Agricultural Sciences and Natural Resources, Oklahoma State University.

Spoonberg, D. P., and A. T. Bowling. 1996. Champagne, a dominant color dilution of horses. *Genetics, Selection, and Evolution* 28: 457–462.

The Economic impact of the U.S. horse industry. Washington, DC: The American Horse Council Foundation.

Thorson, J. S. 2001. 21st century horse trends. *Western Horseman,* January 2001, p. 50.

Turman, E. J. 1986. *Agricultural animals of the world.* Stillwater, OK: Oklahoma State University.

第22章

水产养殖

学习目标

学完本章后，应该能够：

1. 给水产养殖下定义。
2. 阐述水产养殖的目的和其在世界范围内的重要性。
3. 阐述水产在农业中的地位和解释其在世界食物供给中的作用。
4. 阐述作为一个产业部分，水产养殖的增长速度
5. 了解构成美国水产养殖主要产量的品种名称。
6. 论述各种类型的水产养殖系统。
7. 确定水产品种的一般生活史。
8. 与工作于前面所学习品种的遗传学家相比，工作于水生品种的遗传学家面临什么样的挑战。
9. 阐述水产品对人类的营养价值。
10. 论述影响水产养殖的趋势。

关键术语

贝苗	放养鱼	水产养殖
捕捞渔业	后期幼体	幼体
产卵	混合渔业	鱼苗
钓饵鱼	冷血动物	鱼种
多倍体	亲本	稚体
放养	食用鱼	

水产养殖业在美国农业中的地位

水产养殖

水生生物的养殖包括淡水、半咸水或海水中的鱼类、贝类、甲壳类和植物水产养殖。

水产养殖是的水生生物的养殖，包括鱼类、观赏鱼类、钓饵鱼、贝类、甲壳动物、爬行动物和水生植物。水产养殖可以在淡水、半咸水或海水中进行。长期以来，鱼类和其他水生动物为全球人口提供了数量可观的食物。这种食物大多是来自于天然的捕捞。然而，由于天然捕捞产量的下降，养殖和收获水生品种的重要性得到了提升。水产养殖还存在着休闲和美化环境的空间。放养和种植垂钓观赏性的鱼类和植物就属于这些类型。

水产养殖是农业中一个迅速增长的部分，虽然和一些产量巨人相比，它的规模还很小(图 22-1 和 22-2)。根据预测，这种增长将会继续，而且这一产业将成为

图 22-1 2000—2002 年水产养殖场在美国养殖(农)场总现金收入中的百分比。(来源：USDA-ERS，2004 and Fisheries of the United States，2004)

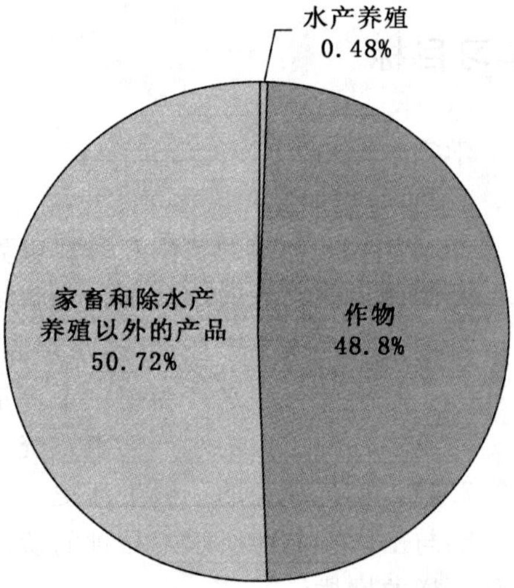

图 22-2 2000—2002 年水产养殖在所有畜牧农业年现金收入中的百分比。(来源：USDA-ERS，2004 and Fisheries of the United States，2004)

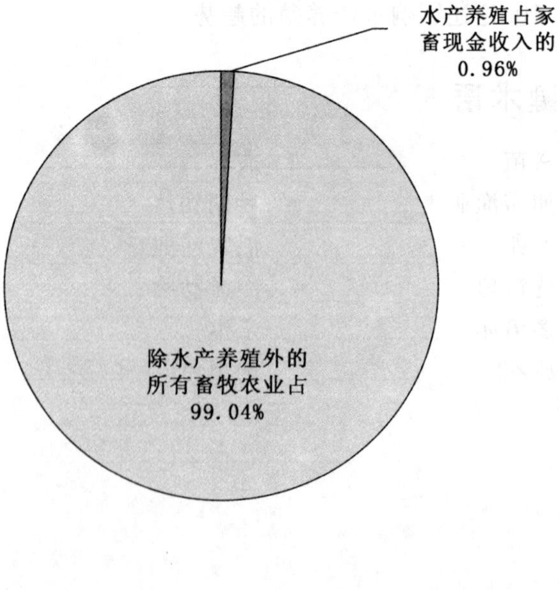

农业的一个更加重要的部分。鱼类和其他水生品种提供了世界食物的一个实质性的部分(图 22-3)。但是,从海洋和其他水体捕获的水产品似乎已经达到了一个顶点。为了满足对水产品的需求,世界正越来越多地转向水产养殖(图 22-4)。

图 22-3 鱼类和其他水生品种为世界人口提供了相当数量的食物。这大多来自天然捕捞,正如在菲律宾柯雷吉多尔岛海岸外拍摄的这位渔民。

图 22-4 在世界的部分地区已经开展了若干个世纪的水产养殖业,正在世界范围内增长。

水产养殖是以一种与其他形式农业十分相似的方式实践的。这种系统可以是相当集约化的高密度放养,或与作为一个生产多样化养殖场组成部分的其他农业生产相结合的低放养密度系统。水产养殖爱好者的类型覆盖了那些从水产养殖获得生计的人直至庭院爱好者。水产养殖与被称为**捕捞渔业**的天然品种的捕捞是十分不同的。**混合渔业**是指利用水产技术来加强或者补充捕渔业的做法。与畜牧业相比,捕鱼和狩猎性质相似,水产业和畜牧业相通,因此混合水产业是一种加强了的野生生物管理的模式。

捕捞渔业

捕获野生水生动物品种。

混合渔业

水产养殖和捕捞渔业的结合。采用水产养殖技术增加或补充捕捞渔业。

水产养殖业的目的

水产养殖提供了拓展农业的一种手段。这种拓展可以通过增加现有农业企业的兼职就业机会和补充性收入多样化来实现。它也可以提供大规模的全职就业机会。通过任何一种方式,水产养殖业的目的是通过提供一种消费大众若干个不同部分所需求的产品使农业多样化。水产养殖品种可以用来以一种非常有效的方式来利用地表面积,因为鱼类所需与表面积相关的空间是相当小的。此外,鱼类是一种非常高效的饲料向肉体的转化者,而且因为如此,有助于通过利用饲料为人类提供比饲料更好的高质量食物,并且以一种与家禽相当或比家禽更加有效的方式达到这一目的。水生品种还能够很好地利用废弃物和废弃副产品,从而把无用或用处很小的物质转变为非常适口和高价值的食物来源。水产养殖所拥有的机会在很大程度是因为对鱼类和海产品的需求已经超过了捕捞渔业所能满足的能力。美国近年来对所有来源的海产品的消费量大致在 15 lb 左右,每年都有所变化,但总体上呈增长趋势(表 22-1)。但是,水产养殖在这种消费中的份额正在增加。表 22-2 显示了美国 10 种最受欢迎品种的人均消费量。

表 22-1 美国年人均商品鱼和甲壳类消费量,选择部分年份

年份	每人海鲜消费量/lb			
	新鲜和冷冻	罐头	熏和腌制	总量
1910	4.5	2.8	3.9	11.2
1920	6.3	3.2	2.3	11.8
1930	5.8	3.4	1.0	10.2
1940	5.7	4.6	0.7	11.0
1950	6.3	4.9	0.6	11.8
1960	5.7	4.0	0.6	10.3
1970	6.9	4.5	0.4	11.8
1980	7.9	4.3	0.3	12.5
1990	9.6	5.1	0.3	15.0
1995	10.0	4.7	0.3	15.0
2000	10.2	4.7	0.3	15.2
2001	10.3	4.2	0.3	14.8
2002	11.0	4.3	0.3	15.6

来源:National Marine Fisheries Service,Fisheries Statistics and Economics Division,2004。

表 22-2 美国大致的鱼类和海产品人均消费量

品种	人均/lb	排名
虾	3.7	1
金枪鱼	3.1	2
鲑鳟鱼	2.0	3
鳕鱼类	1.3	4
鲶鱼	1.1	5
鳕	0.7	6
蟹	0.6	7
贝类	0.5	8
罗非鱼	0.4	9
比目鱼	0.3	10

来源：National Fisheries Institute，2004。

水产养殖在世界范围内的重要性

世界人口每年人均消费大约相当于 36 lb 活体重量的海产品。很显然，水生品种在为世界提供食物方面是重要的。在全球范围内，水产养殖产量大约为 3 800 万 t。它在直接用于人类消费的海产品中占大约 30%。

水产养殖业作为一个农业产业快速攀升的原因之一是世界人口的增长。但是，同样重要的是自 1990 年以来从全球水域捕获的天然鱼类的数量最高稳定在大约 9 300 万 t 的事实。这是由于多种原因引起的，包括过度捕捞、环境恶化和社会及经济的影响。社会和经济的影响包括来自休闲和商业用途对渔业资源的竞争、保护性问题和动物权力的宣传。如果要维持对人类群体的海产品供应，则需要有替代的来源。在世界范围内，自 1990 年以来，水产养殖以每年 7%～9% 的速度增长。世界水产养殖生产的领先者包括中国（以很大的差距列第一位）、印度、日本、菲律宾和印度尼西亚。

在世界范围内，鲤科鱼类（被看成是粮食作物）和鲑鳟鱼类、虾类、罗非鱼和贝类（商品作物）在水产养殖中占主导地位。鲤科鱼类在亚洲以外的地区可能不被当作商品作物，因为认为其质量不高。尽管其占水产养殖产量（重量）的大约 43%，绝大多数的鲤科鱼类是中国生产的，并在当地被消费。鲑鳟鱼类的产量正在上升（图 22-5）。在全球范围内，养殖虾类的产量已经超过了天然捕捞。表 22-3 列出了水产养殖品种的主要大类。

图 22-5 类似这种爱尔兰海面上海水网箱养殖的鲑鱼产量正在迅速增加。(Dale Sarver 摄，Animals Animals/Earth Scenes 提供。)

表 22-3 主要的水生生物品种

		水生植物	
微藻	**大型藻**	**水生植物**	
螺旋藻	爱尔兰苔藓	水葫芦	
四棘藻	巨藻		
鞭金藻	海苔		
		无脊椎动物	
环节动物			
红蚯蚓	沙蠋	沙蚕	
节肢动物/甲壳动物			
丰年虫	桡足类	枝角类(裸腹蚤)	海水虾/淡水虾
蟹	螯虾	龙虾	
棘皮动物			
海胆			
软体动物			
双壳类	**腹足类**	**头足类**	
蛤	鲍鱼	章鱼	
贻贝	海螺	鱿鱼	
羽螺			
牡蛎			
扇贝			
		脊椎动物	
两栖动物			
蛙类			
鱼类			
美洲西鲱	比目鱼	狗鱼	鲟鱼
北极红点鲑	鲆	细鳞大马哈鱼	太阳鱼杂交种（蓝鳃，鳊）

续表 22-3

大西洋鲑	金体美洲鳊（诱饵）	欧蝶	马鲅
弓鳍鱼	金鱼（观赏的）	鲳参鱼（佛罗里达）	罗非鱼
牛鲤	草鱼	瓜仁太阳鱼	金枪鱼
牛米诺鱼（诱饵）	石斑鱼	红拟石首鱼（红鱼）	大菱鲆
斑点叉尾鮰	庸鲽（大西洋）	海鳟（食用鱼）	蟾胡子鲇
鳕（大西洋）	大鳞大麻哈鱼	小口黑鲈	大眼鰤鲇
银大麻哈鱼	锦鲤（观赏的）	笛鲷	金鲈
鲤鱼	大口黑鲈	锯盖鱼	黄尾鰤
刺盖太阳鱼	遮目鱼	舌鳎	
石首鱼	鲻鱼（条纹的）	虹鳟	
鲯鳅	大梭鱼	条纹石鮨	
鳗鱼	匙吻鲟		
爬行动物			
短吻鳄	鳄鱼	龟（包括龟鳖）	

来源：Adapted from Iverson and Hale，1992，pp. 278-279.

历史回顾

追溯到腓尼基人时代，水产养殖以各种形式已经被实践了若干个世纪了。中国人也具有丰富的水产养殖遗产，其最早记录的水产养殖文献可以追溯到至少公元前 1100 年。美国的水产养殖开始于 18 世纪中叶发展的用于为在池塘和湖泊中以休闲和资源管理为目的的**放养**提供鱼种的国营孵化场。与其他行业发展的方式相似，国家的学院和大学开始了关于水产养殖管理、遗传学、营养学、繁殖、疾病、除草剂试验和其他领域的基础和应用研究和教育计划。第二次世界大战后不久，随着**钓饵鱼**的生产开始了商业化的产业。金体美洲鳊、钝头米诺鱼和金鱼的培育容易，是常用的钓饵鱼类。20 世纪 50～60 年代，对牛鱼、欧洲和中国鲤科鱼类和，斑点叉尾鮰、蓝鲶鱼、白鲶鱼这样一些鱼类品种进行了养殖试验和形成了养殖实践。此外，包括黑鲈、刺盖太阳鱼、蓝鳃太阳鱼、杂交条纹鲈这样一些垂钓鱼类被添加到不断增加的养殖品种目录中。然后，直至 20 世纪的最后 20 年，水产养殖养殖业才在美国成为一个重要的食物提供者或经济成分。

放养
将孵化场或其他来源的鱼类投放到池塘或湖泊达到建立一个新的品种或扩大现有品种数量的目的。

钓饵鱼
被选择和生产用作诱饵来捕捞更大的鱼类的鱼。

水产养殖业在美国农业中的地位

1985 年，美国水产养殖产量不到 3.76 亿 lb，价值 3.47 亿美元。正在的产量超过了过去的两倍，价值大约 10 亿美元（表 22-4）。作为对强烈的消费需求、技术进步和供给不足响应，水产养殖的产量和产值继续增加（图 22-6）。尽管不同成分的增加不尽一致，总体趋势是上升的。在美国进一步提高水产养殖产量的潜力是巨大的。进口水产品大约占美国水产品供应的 45%，其中大部分为养殖的对虾、鲑鱼和罗非鱼。水产养殖业正在增加产量来满足这种需求。虽然与世界上的其他水产养殖国相比，美国的产量相对较小（不足世界产量的 1%），美国农业部报告水产养殖业是美国农业中增长最快的部分（图 22-7）。

表 22-4 美国水产养殖业预测

种 类	1985		1990		1995		2000		2001	
	千镑	千美元	千镑	千美元	千镑	千美元	千镑	千美元	千镑	千美元
有鳍鱼类										
钓饵鱼	24 807	51 280	21 610	53 978	21 759	72 522	13 954	45 790	13 954	45 790
鲶鱼	191 616	138 922	360 435	273 210	446 886	351 222	593 603	445 919	597 108	386 329
鲑鱼	3 921	5 465	9 069	26 341	31 315	75 991	49 372	99 208	45 787	72 019
条纹鲈	NA	NA	1 590	3 490	8 315	21 156	11 237	29 513	10 903	28 520
罗非鱼	0	0	0	0	15 075	22 613	20 000	30 000	17 600	30 000
鳟鱼	50 600	55 154	56 816	64 640	55 934	61 447	59 164	63 690	56 908	64 482
贝类、甲壳动物										
蛤类	1 999	4 698	3 680	13 486	4 325	19 709	9 929	32 595	9 975	35 404
螯虾	65 011	29 350	71 000	34 000	58 146	34 714	17 025	27 626	30 527	40 545
贻贝	1 210	642	607	1 173	410	1 221	424	525	669	1 169
牡蛎	21 906	38 882	22 192	77 949	23 221	70 628	16 822	42 419	16 818	39 886
虾类	440	1 566	1 984	7 937	2 205	8 818	4 782	14 559	7 953	27 808
其他	14 267	21 541	23 548	98 908	23 359	75 243	26 207	140 989	10 741	162 714
合计	375 777	347 500	572 531	655 112	690 950	815 284	822 519	972 833	818 943	934 666

来源:Fisheries of the Unite States,2002

NA:不详。

注:由于舍入,表格不能相加。蛤类、牡蛎和贻贝以肉重报告(去壳),而其他确定的种类,如虾类和鱼类以全重(活重)报告。部分蛤类和牡蛎的养殖产量按美国贸易上市量统计。重量和价值反映了向加工商或经销商的最终销售。"其他"包括了热带观赏鱼、短吻鳄、藻类、水生植物、鳗鱼、扇贝、蟹类和其他品种。"其他"中出现的高价值和低产量是因为许多品种,如观赏鱼的价值被报告了,而没有报告重量。

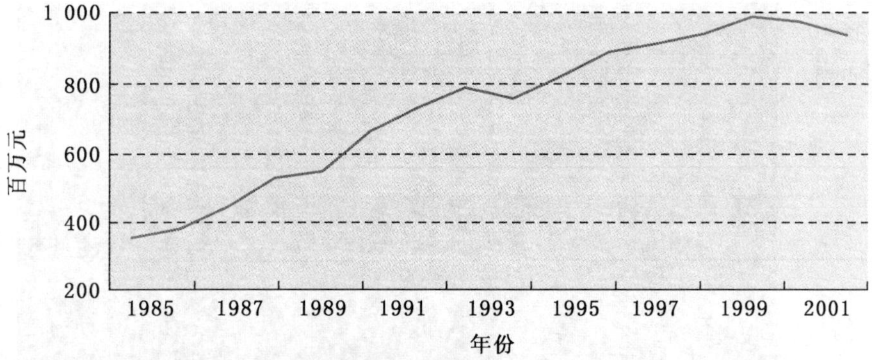

图 22-6 美国综合的水产养殖销售。(来源：Fisheries of the United States,2002)。

图 22-7 受强烈的消费需求驱动，水产养殖是美国农业增长最快的部分。(Doug Menuez 摄，经 Getty Images, Inc. /Photo Disc, Inc 允许使用)

美国水产养殖包括了鲶鱼、鳟鱼、鲑鱼、虾类、贻贝、蛤类、牡蛎、罗非鱼、杂交条纹鲈、观赏鱼类、其他鱼类和植物的养殖(图 22-8)。虽然不同的生产类型有关的明显的地方性，整个产业分布在美国全国。经营规模从雇用数百人、良好动作的大型企业到业余爱好。

水产养殖是一种农业活动，预计它在美国的重要性将得到提高。实际上，来自这部分的消费已经超过了牛肉、羊肉和羊羔肉的总消费量。影响这种增长的因素包括：(1)对鱼类和水产品日益增长的需求超过了供应；(2)天然鱼类捕捞产量已经达到极限和可能下降的事实；(3)对于水产品对外贸易赤字的关注。水产养殖能解决这些问题。

美国的水产养殖生产者养殖大约 30 种鱼类、贝类和甲壳动物及相当数量的水生植物。表 22-4 确认斑点叉尾鮰显然构成了水产养殖产业中最大的部分，通常占美国水产养殖业创造收入的 40%～45%。1997 年养殖生产者向加工商出售的鲶鱼达到 52 000 万 lb，首次超过了 50 000 万 lb(图 22-9)。然而，其他部分成为了水产养殖总收入的重要贡献者(图 22-10)。

图 22-8 水产养殖还包括了海藻生产。这些是在琉球群岛冲绳海面上的养殖床。(James Marshall 摄,Corbis 提供)

图 22-9 斑点叉尾鮰生产是美国水产养殖最大的部分。这些工人正从美国鲶生产的中心,密西西比河三角洲的池塘收获鲶鱼。(经 Mississippi Department of Economic and Community Development/Division of Tourism Development 允许使用)

图 22-10 鳟鱼养殖是美国水产养殖最古老的形式。

鲶鱼

表 22-5 列出了美国鲶鱼生产运营的数量、水面和总的销售量。目前，鲶鱼生产是美国水产养殖中最大的部分。它是美国东南部的一项产业。产量最高的四个州为密西西比、阿拉巴马、阿肯色和路易斯安那，其中密西西比的产量超过部产量的一半。美国是世界上最主要的鲶鱼生产国，而且产量在增加（图 22-11）。

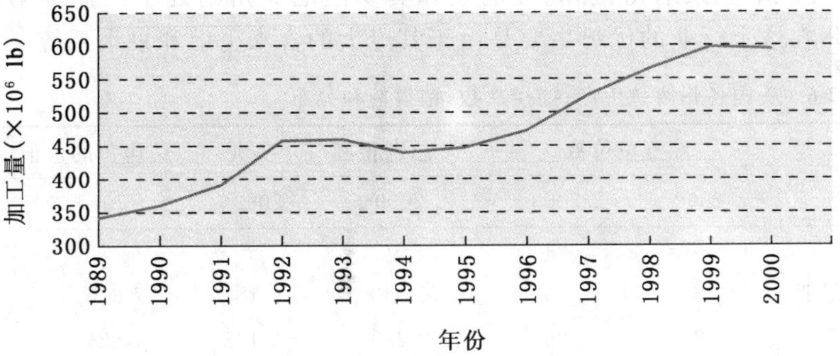

图 22-11 美国年鲶鱼加工总量。（来源：USDA-NASS，2004b）

表 22-5 美国鲶鱼生产：经营单位数、用于生产水面英亩数、总销售额，按州统计

州	1月1日经营单位数			1月1日～6月30日用于生产的水面英亩数/英亩			总销售额/1 000 美元		
	1995	2000	2004	1995	2000	2004	1995	2000	2003
阿拉巴马	250	260	200	17 900	22 100	25 400	50 909	81 617	85 159
阿肯色	160	170	161	19 500	33 000	34 000	41 034	65 737	59 047
加利福尼亚	40	46	30	2 100	2 400	1 800	6 703	8 705	7 228
佛罗里达	20	22	35	210	390	710	280	1 296	1 208
乔治亚		60	30		990	750		1 510	1 372
伊利诺斯		14	18		250	320		344	306
肯塔斯	25	25	70	225	200	600	717	1 254	1 381
路易斯安那	105	94	48	11 800	13 500	8 800	18 862	32 976	14 505
密西西比	294	405	410	95 000	110 000	101 000	271 875	300 303	243 176
密苏里	75	40	21	2 100	1 860	1 370	2 924	3 117	1 954
北卡罗莱纳	47	44	49	1 100	1 300	2 100	1 961	2 743	6 118
南卡罗莱纳	35	19	9	1 100	760	90	1 770	767	121
德克萨斯	125	49	36	2 200	580	850	875	1 031	3 350
合计	1 295	1 243	1 117	155 415	173 010	177 790	399 488	501 400	424 925

来源：USDA-NASS，2004a。

食用鱼

商业地生产作为食用鱼的规格通常在0.75～1 lb,体长超过12 in。

放养鱼

鱼体长通常在6～12 in,体重不足3/4 lb。

鱼种

鱼类的幼鱼阶段。体长在1～6 in。

鳟鱼

鳟鱼养殖具有作为美国最古老的水产养殖形式的特点,可追溯到18世纪。一定规模的鳟鱼养殖在美国开始于20世纪30年代,为河流和湖泊中的放养和补充提供鳟鱼。美国农业部鳟鱼的统计包括了**食用鱼、放养鱼、鱼种**和卵的销售。食用鳟鱼销售规模大到值得报告的州有20个(表22-6)。爱达荷州显然是最大的生产者,而北卡罗莱纳州、加利福尼亚和宾夕法尼亚州则处于产量的第二集团。爱达荷州在这个行业的优势主要是由于其庞大的含水土层和泉水系统。

表22-6 美国各州鳟鱼生产:捕捞次数、销售额和分布

州	经营单位数		总销售额/10^3 美元		销售鱼的价值[1]/10^3 美元	
	2000	2003	2000	2003	2000	2003
阿肯色	5	4	—	—	—[2]	—
加利福尼亚	28	25	5 033	5 185	7 676	10 624
科罗拉多	42	26	2 289	2 125	4 624	5 794
康涅狄格	6	6	615	337	—	—
乔治亚	11	7	737	581	—	—
爱达荷	57	53	38 093	29 407	5 833	3 234
缅因	15	14	282	220	—	—
马萨诸塞	15	11	468	389	—	—
密歇根	33	18	1 037	346	—	—
密苏里	14	10	1 968	1 990	2 279	1 665
纽约	36	40	615	797	—	—
北卡罗莱纳	59	46	5 247	5 670	317	926
俄勒冈	45	41	1 365	506	4 072	2 332
宾夕法尼亚	60	57	5 439	4 678	5 416	6 896
田纳西	16	15	522	198	—	—
犹他	25	21	1 396	1 033	2 375	—
维吉尼亚	29	19	1 644	1 448	1 346	1 593
华盛顿	65	51	3 033	5 191	5 915	4 142
西维吉尼亚	30	25	611	477	1 460	1 738
威斯康星	77	56	1 732	1 677	2 367	2 074
合计	668	545	75 791	66 431	60 930	61 182

来源:USDA-NASS,2004。

1.主要由州和联邦孵化场提供的用于恢复、保护和休闲目的的鳟鱼。

2.没有列出价值以避免披露私人经营的信息。数量被加到总数之中。

罗非鱼

美国国内的罗非鱼产量总体呈增长的趋势(表 22-5*)。由于进口罗非鱼现成的供应,这种鱼类养殖的快速增长有所减慢,由于罗非鱼对于暖水水面的生物要求,这种鱼的生产在地理上受到限制。罗非鱼的生存要求水温保持在 10℃(50℉)以上。加利福尼亚是最大的生产者,佛罗里达和增加中的亚利桑那是主要的生产地区。

螯虾

螯虾产量基本局限于路易斯安那州。在路易斯安那州有超过 140 000 英亩的螯虾池塘。表 22-4 列出了近年来的产量,产量的变化很大。天然捕捞的产量可以达到养殖产量的 1/3～1/2(图 22-12)。

图 22-12 螯虾产量主要路易斯安那州。产量的年际变化很大。(Skip Nall 摄,经 Getty Images, Inc. /PhotoDisc, Inc 允许使用)

鲑鱼

鲑鱼养殖主要在华盛顿和缅因州海水围栏设施中进行。此外,东、西海岸各地的孵化场养殖了更多的鲑鱼用于放流到天然水体。从表 22-4 中可以看出这种养殖正在适度地增长。

软体动物

牡蛎、蛤类和贻贝生产于中大西洋海岸、墨西哥湾和华盛顿州。随着蛤类产量的扩大,佛罗里达已经成为新近的增长地区。在世界范围内,养殖的软体动物

* 表 22-4(译者注)。

占世界软体动物供应量的大约 40%。软体动物世界水产养殖产量中占比例也相当大。对于海岸线用途的选择、大量的人力投入和污染的关注似乎正在影响这一产业的总体增长。

观赏鱼类

美国并非所有的水产养殖都集中于食用品种。美国也有相当活跃的观赏鱼产业。美国的爱好者保养大约 5 000 万尾观赏鱼。在 1990—1996 年期间，对香港、日本、主要欧盟国家、加拿大和墨西哥综合出口保持了连续年的增长，成为水产养殖出口的主要部分。上世纪 90 年代后期的加剧的经济危机引起了出口市场的急剧下降，销售削减。出口市场问题非常依赖于美元对其他国家货币的坚挺程度。

水产养殖系统的类型

由于世界范围内的环境、社会经济状况和品种的差异巨大，水产养殖系统和实践的多样性则是完全合理的。水产养殖还是一个非常有活力的产业，在世界各地正在开发和尝试新的水产养殖方式（图 22-13）。然而，所有的水产养殖系统似乎都属于以下类别的一种：

- 粗放、半集约或集约化管理的池塘，包括淡水和咸淡水。这种池塘可以是土池或水泥池。
- 淡水围栏设施，可以是湖泊或水库中的大型或小型浮动的网拦或网箱。
- 集约化管理的海水网箱。
- 位于潮间带的贝类养殖筏，软体动物附着于木桩、垂绳、筏外或浮子上。
- 悬挂于海洋离底绳索上的海藻养殖。
- 可能包含稻-鱼、畜/禽-鱼、蔬菜一鱼或其他形式的综合农业或水产养殖。
- 室外水槽、循环水池或水坑。

图 22-13 美国养殖的短吻鳄的数量相当少，但将来可能会增加。（Zig Leszczynski 摄，经 Animals Animals/Earth Scenes 允许使用）

上述系统为发挥水产养殖相对于陆生农业在生产力方面的优势，在设计上各不相同。与土地系统相比，一般认为水产养殖在生产力方面有下列优势：(1)首先，相比较于二维的农业耕地，水生环境提供了三维的生物生长空间。这使得这些系统能够利用三维空间中存在的各种生境环境。不同的品种可以利用不同的食物和水体空间。(2)此外，水生动物为**冷血动物**，与其他农业动物相比，能把更多的食物转变为生长，因为它们消耗较少的营养和能量来维持其体温。它们还能同时利用天然产生的饵料来源和人类提供的食物，这样能够改善其饲料转化为增重的系数。(3)另外，与陆生动物相比，水生动物具有更高的肉一骨比。

冷血动物
无法控制自身温度的动物。

水产养殖生活史

水产动物的繁殖和管理自然是相当不同的。但是，每一个品种的生活史都被划分为相似的阶段，而生产单元通常根据动物生命周期的阶段分成几个部分。孵化场负责保养**亲本**、让亲本**产卵**、孵化受精卵生产**幼体**和把幼体培育到适合于转移到育苗池的阶段。早期**鱼苗**（鱼类）、**后期幼体**（对虾、淡水虾）或**贝苗**（软体动物）在育苗池被培育到**稚体**阶段。稚体应达到适合于在生产单元内放养的规格。生产单元被分成几个单元并根据动物生活史的阶段加以命名。对于某些品种，亲本有单独的培育区域。对于某些品种，亲本从养殖单元中选择，然后被移放到孵化场。

亲本
养殖用于繁殖目的的成熟动物。

产卵
生产卵子、精子或幼体

幼体（复数：Larvae）
孵化后最初阶段。在孵化与稚体之间的独立、运动的发育阶段。

鱼苗
处于幼体后阶段的鱼体。

后期幼体
幼体阶段之后、稚体之前的阶段。

贝苗
指牡蛎这样的贝类进行固着和附着在某些硬物体表面的阶段。

稚体
处于后幼体与性成熟之间的水生品种。

遗传

遗传学原理在水产养殖中的应用与其在其他品种上的应用没有不同。这一学科的现状是，水产养殖者对于这种技术的了解和实践或许不及陆生生物的种养殖者。然而，随着水产养殖发展成为一个产业，这种状况肯定会发生变化。得到应用的实践类型正在变得越来越普遍，新的实践正在被引入到水产养殖中。这个领域的许多方面有待研究，预期将取得重要的突破。

同属不同种之间的杂交已经产生了若干个具有改良的生长速度、较好的饲料转换、更高成活率、更强的疾病抵御能力和更大成体重量的杂种。**多倍体**技术已经被用于使某些品种不育，这样它们可以被放养到非原分布水域，而不必冒因它们繁殖带来的风险。转基因动物已经被开发出来，并且极有可能成为水产养殖的标准部分，因为遗传学家正试图在对疾病和寄生虫的抵抗能力、生长速度和特点、成活能力和在不同环境条件下生产等方面来改变单个品种。转基因鱼的研究比传统养殖的动物的研究取得了更加迅速的进展。但是，FDA和/或USDA/APHIS的规定有可能约束转基因动物和其他有助于水产养殖产业发展的生物技术的应用。

多倍体
一个个体的染色体数量为单倍体数量的若干倍数。这种动物不育，通常生长速度加快。

对于水产养殖品种遗传学来说，最大的挑战是从长远的角度看，有数个品种有可能成为水产养殖系统组成部分的事实。这与已经驯养的数十种陆生动物形成了明显的对照。“水产养殖遗传学家”的工作似乎没有尽头。

水生品种的营养

水产养殖营养面临的挑战与其他养殖业面临的挑战是相同的:建立能以合理的成本达到促进的良好生产的平衡的营养比例。但是,许多水产养殖品种属于肉食性动物的事实导致这些品种的营养变得复杂。美国的鲶鱼养殖业已经成功开发了能使自然条件下肉食的鲶鱼正常生长的以谷物为基础的浮性饲料。开发同样成功的投饲策略和饲料对于其他品种养殖业的发展和成功似乎是必需的。幸运的是,已经为主要的养殖品种开发总体优良的食物配方。虽然对于大规模生产经营定制的配方可能更加经济,大多数配合饲料是商业化提供的。

尽管水生品种的营养需求肯定很重要,水生品种投饲方面面临的许多挑战与具体的营养需求无关。然而,水生品种的饲料配制和正确的投饲应当考虑到以下方面:

- ■ 物理性状必须保证养殖品种能在水中摄食。
- ■ 营养的稳定性要避免水的破坏。
- ■ 颗粒的大小要适合于品种和生命阶段。
- ■ 投饲技术要避免浪费,因为废弃的饲料会影响水质。
- ■ 养殖品种可以从它的环境中获得饲料来源。
- ■ 养殖品种的自然摄食习性。

表 22-7 展示了已经被成功开发和投喂给某些品种的饲料的实例。

表 22-7 特定鱼类品种的食物配方实例

成分	配方中的成分百分比			
	斑点叉尾鮰养成	斑点叉尾鮰鱼种	鲑鱼	鳟鱼
鱼粉	4.0	12.0	52.0	30.0
大豆粉	37.0	54.5	—	13.0
玉米麸质粉				17.0
棉籽粉	15.0	—	—	—
家禽粉	—	—	1.5	—
血粉	—	—	10.0	—
干乳浆	—	—	5.0	10.0
乳溶解物	—	—	3.0	—
玉米2号,黄色	33.3	30.8	—	—
中小麦粉	4.0	—	12.2	16.4
脂肪	1.5	1.5	9.0	11.6
小麦芽粉	—	—	5.0	—
磷酸双钙	1.0	1.0	—	—
骨粉	4.0	—	—	—
微量矿物质和维生素预混料	0.2	0.2	2.3	2

鱼类在营养方面给人类带来的益处

一份 3 oz 渔场养殖的虹鳟鱼在干燥加热烹饪后,能为日推荐饮食热量为 2 200 cal 的 25～50 岁女性提供如下营养成分:

蛋白质 41%
卡路里 6.5%
磷 28%
铁 2%
锌 3.5%
维生素 A 30%
维生素 B_1 9%
维生素 B_{12} 211%
烟酸 50%
叶酸 11%
核黄素 0.52%

一份 3 oz 渔场养殖的鲶鱼在干燥加热烹饪后，能为日推荐饮食热量为 2 200 cal 的 25～50 岁的女性提供如下营养成分：

蛋白质 32%
卡路里 5.9%
磷 26%
铁 4.6%
锌 7.4%
维生素 A 1.6%
维生素 B_1 32.5%
维生素 B_{12} 119%
烟酸 14%
叶酸 3.3%
核黄素 0.5%

水产品是营养丰富的食物，含有各种维生素、矿物质和优质蛋白质。每份膳食所含的能量(卡路里)通常大多数肉类所含的能量。水产品被看成是对全面饮食的最佳补充。虹鳟和鲶鱼营养价值显示它们都是营养丰富的食物。表 22-8 提供了虹鳟和鲶鱼完全的营养分析。

表 22-8 养分含量(有鳍鱼类，虹鳟鱼：养殖的、煮熟的、干燥加热；有鳍鱼类，鲶鱼：养殖的、煮熟的、干燥加热)

养分	单位	鳟鱼 NDB No. 15241 每 100 g 可食部分的值	鲶鱼 NDB 15235 每 100 g 可食部分的值
粗分析			
水	g	67.53	71.58
能量	kcal	169	152
能量	kJ	707	636
蛋白质	g	24.27	18.72
总脂类(脂肪)	g	7.2	8.02
碳水化合物根据差额	g	0	0
纤维素，总食物	g	0	0

续表 22-8

养分	单位	鳟鱼 NDB No. 15241 每 100 g 可食部分的值	鲶鱼 NDB 15235 每 100 g 可食部分的值
灰分	g	1.6	1.17
矿物质			
钙(Ca)	mg	86	9
铁 (Fe)	mg	0.33	0.82
镁 (Mg)	mg	32	26
磷 (P)	mg	266	245
钾 (K)	mg	441	321
钠 (Na)	mg	42	80
锌 (Zn)	mg	0.49	1.05
铜 (Cu)	mg	0.061	0.122
锰 (Mn)	mg	0.02	0.02
硒 (Se)	μg	15	14.5
维生素			
维生素 C(抗坏血酸)	mg	3.3	0.8
硫胺素	mg	0.237	0.42
核黄素	mg	0.08	0.073
尼克酸	mg	8.79	2.513
泛酸	mg	1.31	0.617
维生素 B_6	mg	0.396	0.163
叶酸	μg	24	7
维生素 B_{12}	μg	4.97	2.8
维生素 A，IU	IU	287	50
维生素 A，RE	μg RE	86	15
脂肪			
脂肪酸(饱和的)	g	2.105	1.789
14:00	g	0.26	0.112
16:00	g	1.321	1.309
18:00	g	0.377	0.319
脂肪酸(单不饱和的)	g	2.096	4.155
16:01	g	0.319	0.292
18:01	g	1.427	3.738
20:01	g	0.326	0.106
脂肪酸(多不饱和)	g	2.33	1.392
18:02	g	0.949	1.029
18:03	g	0.082	0.082
18:04	g	0.068	0.016
20:04	g	0.036	0.041
20:05	g	0.334	0.049
22:06	g	0.82	0.128
胆固醇	mg	68	64
氨基酸			
色氨酸	g	0.272	0.21
苏氨酸	g	1.064	0.821
异亮氨酸	g	1.118	0.862
亮氨酸	g	1.972	1.521
赖氨酸	g	2.229	1.719

续表 22-8

养分	单位	NDB No. 15241 每 100 g 可食部分的值	NDB 15235 号鲶鱼 每 100 g 可食部分的值
蛋氨酸	g	0.718	0.554
胱氨酸	g	0.26	0.201
苯丙氨酸	g	0.947	0.731
酪氨酸	g	0.819	0.632
缬氨酸	g	1.25	0.964
精氨酸	g	1.452	1.12
组氨酸	g	0.714	0.551
丙氨酸	g	1.468	1.132
天冬氨酸	g	2.485	1.917
谷氨酸	g	3.623	2.794
甘氨酸	g	1.165	0.898
脯氨酸	g	0.858	0.662
丝氨酸	g	0.99	0.764

来源：USDA Nutrient Database for Standard Reference，Release 12，March 1998。

影响水产养殖发展的趋势

所有的指标都显示美国的水产养殖业的前景光明。养殖技术和设施已经部分到位，对产品的需求和示范的成功，所有对发展这一产业感兴趣的人都持乐观态度。但是，也存在着挑战。本节讨论了将要或可能影响水产养殖及其发展的因素和趋势。

品种

目前养殖的品种将继续养殖，而且其养殖范围将被扩大。但是，其他品种也会成为美国水产养殖业的组成部分。对多样性的需求，加上这个国家存在的不同环境和对不同产品的需求将成为这种扩张的驱动因素。这些因素肯定会鼓励为那些现在尚未养殖的品种开发合适的养殖技术。以植物性物质为食物的品种会引起人们特别的兴趣。现在养殖的许多高价值品种鱼类是肉食性的，以鱼粉和低质鱼为其食物来源。从长远长度看，这种饲料来源是不可靠的。像鲤鱼和罗非鱼这样的品种在食物链的较低层次上摄食。

技术

技术将在水产养殖业中发挥更大的作用。应用现有技术和将从新技术开发中受益的领域包括：水质的监控和改变、改进后变得更加有效的捕捞技术、数量清点技术、自动投饲机、饲料添加剂和疾病预防手段。

结构性变化

在这个产业中存在着向数量更少的大型养殖场转变的趋势，这与所有其他动物养殖业的趋势是一致的。预计这种趋势将会继续。规模经济偏爱大型的生产经营。这将使得更加商业为基础的管理手段成为必要。随着从事这一产业的人们变得更加注意结果,而不仅是生产更好的鱼产品,这个产业将变得成熟。

水产养殖产业将会是更加市场驱动。过去20年的情景的突然到来,对于水产养殖业参照已经建立的畜牧产业及其基本原理是一个很好的时机。通过应用那些存在于食物生意而非鱼类生意中的基本原理,水产养殖业将效仿家禽生产业。在这一方面,具有可预见的一致性和质量的增值产品将成为水产养殖产品中更大的部分,因为公司将试图投资于那些能增加渔场养殖产品价值的品牌产品。随着经营规模扩大和纵向结合的加深,这种趋势将变得更加明显。

扩张的制约因素

在美国,水产养殖业的扩张将面临挑战。水产养殖生产场所需要水和土地,这两者的供应都在减少。向海洋的扩张是可能的,但海洋场所被充满猜疑的环境组织守护着,他们担心有害的生态变化,如增加的病害、土著品种的遗传改变、污染和改变了的海洋美景。

还存在着休闲和工业利益对海洋场所的竞争以及对干扰水域航行的关注。由于感受到的竞争,向海洋方面的扩张常常受到商业化捕捞渔业的反对。能够满足开展良好水产养殖要求的海洋场所的实际数量也是有限的。

淡水养殖部分的扩张也面临着挑战。农业、工业和城市正在使用美国大部分的淡水资源。面对水资源短缺,一种令人兴奋的水产养殖扩张可能是与中耕作物农业共同使用水资源。水产养殖/农业结合的水资源共享系统(JAWS),这一概念围绕把水产养殖设施建设在农业灌溉水源附近为核心。水产养殖企业在养殖用水后,把水送到种植合作伙伴用着灌溉用水。这样免去了水产养殖合作伙伴清洁养殖废水的必要,同时解决了与用水相关的环境问题,而且为种植伙伴提供了含有一定作物所需要的养分的灌溉用水,从而节约了肥料成本。合作伙伴分担水的成本。估测显示采用这种方式,只要使用现有西部灌溉用水的4%就可以使水产养殖的规模扩大一倍。

劳动力成本是水产养殖扩张的另一个阻碍。相对来说,美国的劳动力成本高,而许多水产养殖生产方式都是劳动力密集的。希望扩张的公司发现把其他国家纳入其扩张的规划是诱人的。除了便宜的劳动力,其他国家的水产养殖业往往能提供更加丰富的资源,较少的环境制约和较少甚至没有政府控制。

大多数养殖品种的饲料成本相对较高,而且将来的饲料价格可能会高到足以限制生产。如前所述,目前养殖的许多品种是肉食性的,其饲料中含有大量的动物蛋白质。随着对用动物源饲料喂养食物品种实践的关注的升温,这种实践正在失去消费者的认同。此外,其他使用者也在与水产养殖竞争这种饲料的可得性。

消费特征

逐渐地,水产养殖将发现将产品销售给健康—自主的群体的方式。普通的常识坚持水产品是一种健康的食品。越来越多的证据表明某些鱼类中含量丰富的ω-3脂肪酸具有营养方面的好处。一家挪威公司Salomega出售一种ω-3脂肪酸含量为用传统饲料培育鲑的四倍的养殖鲑鱼。

病害控制

水产养殖业肯定会要面对一些集约化畜牧生产业面临的相同问题,包括病害。现在已经出现了病害问题加剧的趋势。水生品种容易受到若干种会导致群体死亡的病害的感染。全球养虾业已经需要解决会严重影响收成的多种病毒病。桃拉综合症就是重要的一种,它是一种会使池塘养殖的对虾畸形或死亡的病毒。对虾病毒病已经在加利福尼亚造成了麻烦并导致了一些虾场关闭。

流行性溃疡综合症(EUS)已经在许多亚洲国家造成了大量损失。挪威的鲑鱼群体带有一种寄生虫,它可能威胁到野生群体。这种寄生虫是由来自波罗的海的鲑鱼传入的。许多影响水生品种的疾病目前尚无有效的治疗方法。水产养殖中的病害问题实际上比其他动物品种很严重。在家禽中,养成阶段幼禽的死亡率仅在3%左右。而鱼类品种由于病害导致的损失更大。死亡率方面些许降低将会改善养殖经营的经济效益。

环境方面的关注

随着新品种的引进,势必需要面对不可避免的外来品种从养殖环境向当地水域逃亡的问题。这些问题将引起关注,因为逃入天然水域的外来品种有可能改变新的生活环境、干扰土著的动物和植物群落、导致当地鱼类的遗传退化、引进寄生虫和病害和带来社会经济影响。

各种形式的水产养殖都会产生废弃物。很显然,养殖系统的集约化程度越高,废弃物问题就越严重。这些废弃物包括未利用的饲料、分泌物、化学药品、治疗药物和死亡养殖生物。随着对废弃物对环境污染影响关注的提高,水产养殖业必将会面对州和联邦层面的相关规定。在撰写本书时,美国环保署正试图制定水产养殖水排放的指南。如果建议的指南得到通过,估计将迫使10%~20%的美国现有养鱼场的退出经营。饲料质量、投饲方法和总体养殖实践等方面都需要考虑对于废弃物管理的关注。已经有证据显示新增的规定已经减缓了美国水产养殖的发展。需要开发水产养殖废水的净化和再利用的创新性方法,分扩散相关的信息和组装相关的技术。

在世界的所有地区,人均拥有的洁净水的量正在减少。自1950年以来,北美洲洁净水的量已经下降了50%。水产养殖需要洁净水,洁净水在用于水产养殖过程中被污染。正如任何其他动物生产业一样,污染方面的规定和水可得性问题将增加水产养殖业的社会经济成本,也会影响其生存能力。

捕食者造成的损失

最近的调查显示,每个鲶鱼养殖场每年因捕食者造成的平均损失为17 200美元。此外,每个养殖场为了防止这种损失的成本为9 200美元。因而,每个养殖场因捕食者造成的年平均损失为26 400美元。很显然,需要采取行动。问题是如何在解决一个问题的同时不带来新的问题。此外,水鸟和野生动物捕食还会带来干扰摄食规律和损坏道路和堤岸(如麝鼠)等问题。

水生品种的养殖

因为构成水产养殖组成部分的水生品种是如此之多,在本章中详细描述每个品种的养殖是不实际的。但是,关于从养殖到销售、法规的不同主题的信息业已存在。县级合作推广服务机构通常可以提供帮助。在电话簿中,他们通常被登记在"县政府"名下。此外,美国农业部下设地区水产养殖中心。

他们的地址列在本章的结尾。作为向读者介绍这些业已存在的信息一种方式,选择了三本代表性的文献。编辑的版本将在下一节中出现。确切地说,对于生产者有用的其他文献有数千部。鼓励任何考虑开展水生冒险的人联系他们的推广服务机构和合适的地区水产养殖中心。

密西西比州立大学推广部提供了题为"鱼场养殖的鲶鱼和淡水虾的池塘生产和养成"的文献。题为"天使鱼的繁殖"的情况说明书是获得伊利诺斯州-印地安那州海赠款项目准许提供的。

渔场养殖的鲶鱼*

生产过程

生产过程始于优质亲本的认真选择和交配繁殖。鱼卵一旦产出和受精,马上被收集和放置到人工控制的孵化池,受精卵在池内处于密切的监控之下。温度控制在78℉时,鱼卵在7 d后孵化。鱼卵刚刚孵出时,幼鱼被称为黄囊苗,因为其卵黄囊附着在其腹部。黄囊苗依靠存储在卵黄囊中营养生存。在卵黄囊消耗完时,鱼体开始游泳,适合于放养到池塘中,鱼苗在池塘长成鱼种。当鱼种达到4~6 in时,它们被以每英亩水面不同的密度转移到鲶鱼池。

投饲

鲶鱼被喂以定量的高蛋白浮性饲料,这种饲料是由分布在生产区域的几家鲶鱼饲料厂生产的。这种蛋白饲料由黄豆粉、玉米、小麦和鱼粉组成。估计每英亩养殖水面的年饲料需求量大约为5 t。普通产量水平下,鲶鱼的饲料转换约为两磅饲料转换1磅鱼产量。与其他动物的饲料转换相比,鲶鱼是每磅饲料生产鱼体产量最高的品种之一。

水质

水中的氧气含量必须定时检查,因为氧气不足可能在数分钟内导致鱼类死

* By Dr. Martin W. Brunson, Extension Leader, Wildlife and Fisheries, and Dr. Robert Martin, Extension Economist, Department of Agricultural Economics. Information Sheet 1526, Extension Service of Mississippi State University. Ronald A. Brown, Director.

亡。当氧气含量开始接近危险的低水平，比如在高温的夏季，养殖生产者用水车或其他装置来增加鲶鱼池中的氧气。这种技术把空气引入水中来补充被消耗的氧气。其他影响鱼类建康和产量的水化因子包括氨和亚硝酸盐含量、碱度和氯化物含量。

病害管理

集约化的斑点叉尾鮰养殖要求对鱼体的受胁迫状况给予密切的关注，它会鱼体更加容易受到病害的威胁。若干种病害会影响养殖生产池中的斑点叉尾鮰。一些主要的病害包括 ESC、斑点叉尾鮰病毒、冻死、扩散性鳃病、圆筒病、真菌和各种寄生虫。

收获和销售

鲶鱼在养殖场养殖到 18 月龄时，通常可以收获。平均活体重在 1～1.5 lb，用围网从池塘中收获的鲶鱼被装运在活鱼增氧运输车内运往加工厂（图 22-14）。部分鱼被送往捕出池或其他鱼市场，但在部分鱼品被 用于加工。鲶鱼被保活直至加工（图 22-15）。鱼品在仅数分钟内被加工，然后至于冰上或冷冻至零下 40 度，快速冷冻方式被用来使鱼品的味道和质量能保持得更久（图 22-16）。养殖场养殖的鲶鱼在捕捞之前在养殖场通过品味来确定品质，在鱼品在加工厂卸货之前被再次通过口味来确定质量。这种质量控制程序保证消费者能购到品味优良的产品。

养殖场养殖的鲶鱼通过三种主要的渠道进行销售：零售杂货店渠道、食品服务配送商和鲶鱼特色餐馆。每一渠道占鲶鱼总销售量的大约 1/3。一个名为鲶鱼研究所的内部投资鲶鱼推销和销售计划坚持不懈地以养殖场养殖鲶鱼的名义开展工作，在很大程度上提高了这种食物产品的地位和影响。

图 22-14 工人们使用围网收获鲶鱼。收获的鲶鱼被装在活鱼增氧运输车内运往加工厂。（Ken Hammond 摄。美国农业部提供）

图 22-15 即将加工的来自养殖场的新鲜鲶鱼。为了保证新鲜度，鲶鱼被维持成活至加工之前。（Ken Hammond 摄，美国农业部提供）

图 22-16 鲶鱼被加工好和准备快速冷冻。快速冷冻被用来使鱼品的品味和质量能被保持得更久。（Ken Hammond 摄，美国农业部提供）

消费者需求

养殖的鲶鱼具有许多营养方面的优点，包括低脂肪、低胆固醇、低能量和高蛋白。除此之外，养殖的鲶鱼是多种维生素和矿物质很好的来源。养殖鲶鱼的另一个优点是在室内烹饪时发出的鱼腥味较小。养殖鲶鱼在整个鱼体中只有容易定位和去除的大骨头。鲶鱼排只有一个骨头部位，烹饪后很容易去除。鱼片条和鱼片块没有骨头。养殖鲶鱼有多种用途和适合于多种烹饪“配方”，包括油炸、烘、烤、煎炒、烟燻和填塞，和以全鱼、三明治夹心、浓汤、光鱼、汤、鱼饼、寿司、墨西哥风味或烧烤的方式供应给客人。产品在当地零售商店全年都可以买到。通过品尝测试表明大多数首次品尝鲶鱼的人在鱼类偏好表中给它打了高分。

质量管理

养殖的鲶鱼没有被暴露在外部环境因子中，因而养殖生产者能比较容易地控制其产品的质量。即使是养殖生产的产品，来自于杀虫剂、药物和其他环境因子的可能污染正成为消费者关注的主要问题。鲶鱼养殖生产者回应消费者对鲶鱼质量保证计划(CQA)增强的认知和敏感性。这是一个证明鲶鱼生产实践是安全的、认真监管，因而其养殖的鲶鱼的质量和安全可以得到保证的很好的机会。鲶鱼养殖生产者认为建立在相互的信任和信心基础上的生产者-客户关系对这个行业的生存极为重要。

然而，鲶鱼生产者知道质量保证远远超出了池埂的范围。质量控制开始和系于生产水平的活动。产品离开养殖场时的质量极大地影响了产品到达消费者时的质量。安全性和质量不可能在加工或消费水平上得到提高，它必须由生产者加以保证。

鲶鱼养殖者拥有的与消费者之间的牢固和积极的关系必须得到维护、成熟和加强。CQA将为巩固这种联系服务。向公众展示生产养殖鲶鱼过程中良好的管理实践和质量保证程序将提高消费者对于养殖鲶鱼是多么优质、安全和有益健康的认知。CQA显示了对质量保证的强烈的责任感，对于保持者的信心和对抗对于这种产品的虚假和负面感觉是有益的。可以通过在线方式来评论鲶鱼质量保证计划：密西西比州立大学推广部，http://ext.msstate.edu/anr/aquaculture/aquapapers/catfish.html。

淡水虾类池塘生产和养成*

淡水虾类(虾)生产的最后阶段是以食物生产的方式为上场将仔虾养到成虾。除非拥有孵化场或育苗场，你必须为池塘养成阶段购买仔虾。位于德克萨斯、加利福尼亚和墨西哥的商业化孵化场生产虾苗和仔虾。

场址选择和池塘设计

用于养殖淡水虾的池塘应当具有许多与鲶鱼池相同的基本特征。良好的淡水水源是重要的，土壤必须拥有极好的保水性。具有合格的质量的井水是养殖淡水虾首选的水源。河流径流、溪流和水库水也可以使用，但水量和水质可能会有很大的变化和受到一些无法控制因素的影响。在选择任何场址之前，应当对水源的质量进行评估。池塘的位置应当处于不受周期性洪水影响的区域。在建造专门用于淡水虾养殖的池塘之前，要检查土壤中的杀虫剂。虾类对许多用于中耕作物的杀虫剂敏感。还要分析土壤中农药残留的存在。不要使用受到农药喷洒冲洗物或可能含有杀虫剂的地表径流影响的池塘。理想的养成池面积面积应当为1～5英亩。使用更大的池塘也很成功，理想的池塘形状为长方形，这样能便利饲料在整个水体表面的分布。池底必须非常平坦、没有任何影响网捕的障碍物。池塘浅水端的水深至少应有2 ft，深水端的最大水深为3～5 ft。通过与自然资源保护部门(过去的土壤保护部门)的专访官员联系，你可以得到池塘设计和布局方面的帮助。从池底采取土壤样本以确定是否需要使用石灰。

---

* By Dr. Louis R. D'Abramo, Professor; Dr. Martin W. Brunson, Extension Leader/Fisheries Specialist; and Dr. William H. Daniels, former Research Assistant, all with the Department of Wildlife and Fisheries. Publication 2003. Extension Service of Mississippi State University. Ronald A. Brown, Director. Mississippi State University Extension Service. Mississippi State University, http://ext.msstate.edu/pubs/pub2003.htm.

从每个池塘的6个不同位置采取土壤样品，把这些样本混合成为复合样品，然后空气干燥。将样本放入土壤样品盒内，这种样品盒能从当地县推广机构得到，把土壤样品盒送到推广土壤检验实验室（密西西比州9610信箱，MS39762），请求对池塘的石灰需要量进行检测。这种服务的收费为每个样品3美元。如果土壤的pH值低于6.5，你必须向池塘中加入农业石灰将pH值提高到至少6.5，最好6.8。

池塘注满水后，通过施肥为虾类提供丰富的天然饵料生物和通过蔽光除去有害的水草。10-34-0或13-38-0这样的液体肥料的效果最好。在虾苗放养前，第1～2周每英亩池塘至少施用0.5～1 gal的10-34-0或13-38-0液体肥料。如果不能在一周内形成藻类水华，则需再次施用液体肥料。不要将液体肥料直接施用到池水中，因为液体肥料会因比重大于水而沉入池底，液体肥料在施用前需用水以1∶10的比例稀释。稀释的肥料可从岸上或装有化学药品施用设备的船上喷洒。

至少在放养虾苗前的1～2 d，要检查池塘中可能以虾苗为食的昆虫成虫和幼虫。可以通过在无风天气下每英亩水面施用1～2 gal的机油与柴油2∶1的混合物来控制昆虫。水面的油膜会杀死空气呼吸的昆虫，在无风天气下使用效果更好。

如果使用的水源不是井水，在池塘注水后防止太阳鱼科的鱼类（如鲈鱼、蓝鳃太阳鱼和绿太阳鱼）进入池塘是极其重要的。这些鱼类对虾苗的掠食的结果会是破坏性的。如果池塘中存在这些鱼类，每英亩-英尺水面使用1 qt 5%的鱼藤酮乳液将其杀死。

仔虾放养

虾苗和仔虾运输容器内的水应当逐步地用放养池水替换。当运输用水和放养用水的温差小于6～10℉，水温适应的过程是不必要的。放养时的池水温度最低为68°F(20°C)以避免低温带来的应激反应。仔虾看起来比成虾更容易受低水温的影响。

仔虾，最好来自于体重为0.1～0.3 g的对规格进行过筛选的群体，应当以12 000～16 000尾/英亩的密度放养。较低放养密度的将生产规格较大的虾，但总的收获产量较低。养成阶段的周期取决于池水的温度，在中密西西比州的时间通常为120～150 d。如果能找到水源和提供生长所需的足够水温，养虾可以常年进行。

投饲

放养到养成池中的仔虾最初能够从池塘中的天然生物中获取足够的营养，在建议的放养密度下，虾的平均体重达到或超过5 g时开始投饲。商业化提供的沉性斑点叉尾鮰饲料（粗蛋白28%～32%）是建议放养密度的效果良好的一种饲料。投饲率决定于群体的平均体重。根据三个因素，密西西比农业和林业实验站的研究人员确定了投饲的规程：

1. 饲料转换系数为 2.5∶1。

2. 群体每周的死亡率为 1%。

3. 每三周通过抽样确定平均个体重量。

通过良好的水质管理，生长季节结束时的成活率在 60%～85%。产量通常在 600～1 200 lb/英亩。虾的体重为 10～13 只/lb。

水质管理

养殖淡水虾中的水质管理与养殖鲶鱼或任何其他水生动物品种的养殖具有相同的重要性。溶解氧(DO)尤其重要，一个良好的溶氧监控方案对于获得最大产量是必要的。需要在定期地检查和监测底层 1 ft 水深的溶解氧水平，这通常是虾栖息的水层。电子溶氧仪达到这一目的的最好工具，但相当昂贵而且需要认真的维护以保证良好的支行状况。对电子溶氧仪的需要随着需要管理的池塘的数量的增多而增加。如仅有 1～2 个小池塘，一个化学溶氧测试盒就足够了。若干个生产商提供了可进行 100 次检测的化学溶氧测试盒。

采用一个采水器从适当的水深采集水样用于溶解氧分析。这种采水器是商业化提供的，也可以按一定的样式定做。重要的是池底 1 ft 深水中的溶解氧浓度不低于 3 ppm。3 ppm 的溶氧对于虾来说是胁迫性的，而更低的溶解氧则是致命的。长期的低溶解氧会导致生长季节结束时产量低于预期的产量。通过增氧可以达到紧急增氧的目的。增氧机的设计和规格取决于养殖池的大小和形状。

溶解氧的亏损可以避免。测定低溶氧水平的一种方法是测出日落 1 h 后的溶解氧水平，然后在约 2 h 后再次测出水中的溶解氧。在一张图纸上绘出这两个溶氧数值，并用一条直线将它们连接起来。通过根据时间来延长这两点间的直线，你可以迅速确定黎明时分下降到可能引起应激或虾体死亡水平的溶解氧浓度。这种方法能预示是否需要紧急增氧和何时增氧。

淡水虾类水质要求的准确信息是有限的。虽然在南加州，淡水虾在软水(总硬度为 5～7 ppm①)中被成功养殖，观察到了虾壳的变软。300 ppm 以上的硬水意味着减慢的生长和淡水虾的石灰质甲壳。因此，建议在养虾中不使用硬度为 300 ppm 以上的水。

含氮化合物

1.8 ppm 的亚硝酸盐已经在孵化场带来了问题，但还没有池塘条件下亚硝酸盐对虾类毒性确切资料。

池塘中高浓度的亚硝酸盐不会带来收获时的预期产量。鱼池中超过 0.1 ppm 的非离子氨可能是有害的。有报道，pH 值为 6.83 时，0.26 ppm 的非离子氨浓度在 144 h 内杀死了 50%的虾。因此，必须努力防止非离子氨浓度达到或超过 0.1 ppm。

---

①1 ppm 代表水中碳酸钙含量为 1 mg/L(译者注)。

pH值

高pH值会引起由于直接的pH值毒性和水中总氨中以有毒非离子氨形式存在的比例升高间接导致虾的死亡。要获得关于鱼池中氨的更多信息资料，可索要1333号推广信息资料。尽管淡水虾类养殖在pH值为6.0～10.5的池塘内，没有发生明显的不良影响，只要可能，最好避免pH值低于6.5或高于9.5。高pH值常常在池水总碱度为50 pmm或更低和存在高密度藻类水华时出现。在放养前，在建于酸性土壤的池塘中施用石灰有助于使剧烈的pH值波动减少到最低程度。

避免高pH值可能导致的问题的另一种方法是周期性地冲洗（除去）最上层12 in的表层水来减少藻类的数量。作为替代方法，可以在池塘的表面泼撒玉米皮和谷糠一类的有机物。在采用这种方法的同时，必须仔细监测氧气的水平，氧气可能会因分解过程而急剧下降。

在某些情况下，生产池中可能出现高密度藻类生长。在淡水虾池使用任何除草剂控制藻类前，要进行生物检测。进行生物检测，将虾池取出的少量虾放到数个装有池水的桶中，进行试验确定计划使用的除草剂浓度是否安全。要确保足够的曝气，要至少观察虾此后24 h的反应。

疾病

到目前为止，疾病似乎还不是淡水虾养殖生产中的重要问题。然而，如果为了提高产量而增加密度，疾病问题必定会变得更加普遍。你可能遇到的一种疾病为"黑斑"或"虾壳病"，它是由分解虾外骨骼的细菌引起的。它通常在机械损伤后发生，可以通过小心的搬运来避免。平常，藻类和昆虫卵可以在虾壳上出现。这种状况不属于疾病，而是生长缓慢的迹象，在虾脱壳时被去除。

收获

在生长季节末，虾可以通过拉网或干塘收获。拉网收获时，水深或水量需在拉网前减少一半。作为替代方法，池塘可以被排水至一个在内部挖出的较大的长方形坑内，拉网前，虾被集中到坑内。只有在池塘的底部平整和具有确保快速和完全排水的坡度的情况下，排水收获才能有效地进行。在完全排水收获的过程中，虾通常在池埂外收集，它们在通过排水管道时进入一个收集装置。为了避免应激和可能的死亡率，要向收集装置的水中提供足够的曝气。建议在最后收获前4～6周选择收获较大个体的虾，以提高虾池的总产量。

选择性收获通常使用网目为1～2 in的围网来完成，这样，那些通过围网的个体将留在池塘中继续生长，而较大的虾则被取出。选择收获也可以通过合理设计的虾簖来完成。可以使用一列传统设计的螯虾簖来捕获养殖的虾。

混养和间作

在小规模试验条件下，淡水虾与鲶鱼鱼种的结合养殖示范取得了成功，而且在商业化条件下的生产看来也是可能的。选择性收获有助于延长向市场提供鲜活虾产品的持续时间。然而，选择性收获与总体一次性捕捞相比，哪种方式的经济效益最好，还缺乏相关的研究。

在投放鲶鱼苗之前，以 3 000～5 000/英亩的密度放养仔虾。放养鲶鱼苗的密度要确保在生长季节结束时鱼种能通过用于收获虾的、网目为 1 in 的围网。尽管虾与斑点叉尾鮰混合群体的混养示范取得了成功，有效区分两种收获物方面出现的后勤服务问题是这种管理模式固有的问题。此外，当水温降低，虾收获即将开始时，鲶鱼由于"味道不佳"的特点还没有达到可以收获的阶段。斑点叉尾鮰与淡水虾的混养可以通过网箱养殖取得最好的效果。

最近，对淡水虾与红螯虾的间作方法进行了开发和评估。间作是这两个品种在不同时间放养、有较短生长和收获季节上的交叉的养殖方式。间作带来的若干个好处，包括：

1. 减少对资源的竞争。

2. 避免收获过程中或收获后品种分离中可能存在的问题。

3. 在整个历年中分散养殖单元的固定成本。

6 月底或 7 月初以 3 600 只/英亩的密度放养成熟的成体螯虾。仔虾的放养在 5 月底进行，密度为 16 000 只/英亩，收获季节为 8 月份至 10 月初。2 月底，开始围网收获螯虾并持续到 6 月底放养新的螯虾成体之前。在 5～6 月份交叉期间，虾的规格小到足以通过用于收获螯虾的围网网目。

加工和销售

生产水平和收获的方式应当与销售策略相配套。如果不配套，由于储存（暂养）设施容量不足或价格引起的经济损失则是不可避免的。市场研究有力证明"无头"产品应当避免，而且完整的淡水虾特定市场空间有待确定和用心开发。

形成这种季节性产品的冷冻，最好是单个快速冷冻产品的全年销售是一种非常有吸引力的加工形式。块状冷冻是用于长期销售的一种可选择方法。最近在密西西比州农业和林业实验站开展的研究表明，在 0.5 lb/gal 的密度下，成体淡水虾能成功保活运输至少 24 h，运输的死亡率很低，而且没有观察到对产品外部质量的影响。这种条件下的运输要求有良好的增氧。"上架"虾在水柱中的垂直堆叠分布有助于避免由于拥挤和局部水质恶劣导致的死亡率。使用相对温度较低（68～72℉）的暂养水通过降低虾的活动水平最大限度地减少了出现水质问题和受伤的机会。

天使鱼（PTEROPHYLLUM SCALARE）的繁殖*

自从 1911 年前后被引进后，天使鱼在鱼类观赏界占有独特的地位，被称为"水族之王"。天使鱼是极其美丽的动物，带有极其多样性的鳍形和色彩搭配。天

* By LaDon Swann，Aquaculture Extension Specialist，Illinois-Indiana Sea Grant Program，Purdue University，West Lafayette，IN.

使鱼是丽鱼科的成员。Pterophyllum 属包括三个种。引人注目的 *Pterophyllum altum*(Pellegrin,1903)从背鳍端到尾鳍端的长度可达 13 in,是南美洲奥里诺科河上游盆地的土著品种。现在的两个品种 *P. scalare*(Lichtenstein,1823)和 *P. dumerilii*(Castelnau,1855)发现于整个亚玛逊盆地和几内亚的沿海河流。*P. altum*和 *P. dumerilii* 都是水族爱好者的珍品。尽管 *P. altum* 与 *P. scalare* 同样诱人,这两品种极少出口。严格的水质要求可能部分地解释与 *P. scalare* 广泛的来源相比这两个品种有限的供应。

毫无疑问,*Pterophyllum scalare* 是整个丽鱼科内最受欢迎和更加容易获得的成员。银带和黑带和无数人工选育的颜色和鳍形品种被商业化生产。这些丽鱼品种的单独陈列是非常华丽的,但没有实际理由把其他鱼类品种排除在其水族馆之外。没有侵略性的水族箱伙伴或习惯性鳍条齿噬者属于任何 *Pterophyllum* 品种的伙伴。*Colisa* 属的丝足鱼和 *Trichogaster* 特别适合于这一角色。能与天使鱼同处一室的唯一丽鱼科品种是 festivums, discus, keyhole acaras 和大多数南美和西非的小个体品种。

遗憾的是,许多天使鱼是由水族新手购买的,他们对正确的水族管理的无知注定了绝大多数天使鱼短暂和不那么快乐的生命。通常的错误为把天使鱼稚鱼引入新建的水族箱内。所有体型侧扁的丽鱼都对亚硝酸盐和氨特别敏感。他们难于应付这些物质的波动,而这些物质在一个水族生命的最初数周内是难以避免的。

Pterophyllum scalare 的生物学要求和繁殖技术将在本报告中加以介绍。

水质

与任何水生动物的饲料相同,应当维持最佳的水质。维持良好的水质对于使用家庭多余空间的观赏鱼生产者的重要性与一个 1 000 英亩的鲶鱼养殖场是相同的。在某种情况下,为非土著鱼类提供理想的水质要求比为通过进化适应其生态系统特点的鱼类提供理想的水质要求要困难得多。发现天使鱼天然分布的水体为软水和微酸性。天使鱼能在较广泛的水硬度范围内存活和生长,但为了最佳繁殖,生产者应当努力为产卵亲本提供其首选的水质条件。亲本繁殖用水的硬度应当为 100 mg/L、pH 值为 6.8～7.2。控制水温对天使鱼的繁殖是必要的。天使鱼应保持在 24～26℃,繁殖温度为 26～28℃。为天使鱼提供的白昼长度应为 8～12 h。亚硝酸盐水平应当维持在 100 mg 以下。每 1～2 周从水族箱底部虹吸大约 30%的水实现部分水交换。如果使用下方沙砾滤器,应当从沙砾盘下方进行虹吸。

营养

天使鱼属于杂食性。小规格的天使鱼偏爱摄食薄片状食物。对于天使鱼健康更重要的是食物中粗蛋白的含量。自然条件下,大多数品种的食物含有50%～85%(重量计)的粗蛋白,目前,很少饲料生产商在他们的饲料配方中考虑这一因素。大多数天使鱼能够通过配制的专门食物保持良好的善人,甚至能够在这种条件下自由繁殖。但在定期投喂鲜活饵料时，生长和繁殖都会更好。在暂养天使鱼用于繁殖时更是如此。这并非由于这些食物的更高的营养价值，而是因为这些食物的更好的适口性使它们的价值更高。

刚孵化出的丰年虫无节幼体是刚孵化的天使鱼的基本开口饵料和暂养用于繁殖的天使鱼的良好饵料。丰年虫和水蚤的外骨骼在冷冻过程中破碎，解冻后的营养价值下降。摇蚊幼虫、箭虫和磷虾能很好地抵御冷冻过程的破坏，而且为天使鱼所喜爱。磨碎的牛心也用作天使鱼的常用食物，但它比其他类型的饲料更容易引起水质的恶化。

一些商业化经营使用新鲜的植物性食物作为补充来维持鱼体色的鲜艳和总体健康。满足这种要求很容易。有许多种这样的食物能容易地获得。生菜或其他叶类莴苣品种和菠菜是天使鱼特别喜爱的。嫩南瓜或其他有腔南瓜的薄片是极好的食物。这些食物在投喂前应当在沸水中快速烫一下、冷却后投喂。活饵料包括虾、蚯蚓和摇蚊幼虫。还可以使用各种干食物。蛋白质含量越高越好。亲本每天投喂两次至饱食。

一旦鱼苗能够自由游泳，应专门喂以刚刚孵化的丰年虫，每天 3～4 次。每次投喂 15 min 后，每个水族箱都要从底部虹吸污物和添加新水。这样做的原因是活虾排泄大量的氨。鱼苗池的底部应为玻璃和没有任何沙砾。在离底 6 cm 处使用海绵过滤器。提高的过滤器防止鱼苗被截留在过滤器的下方。

产卵

丽鱼科鱼类的繁殖生物学极其多样并分为特征明显的两类——口育种类和基质产卵种类。口育种类在雌鱼的口腔内孵化受精卵。有少数的品种，由雄鱼孵化受精卵。尼罗罗非鱼是雌鱼口育种类的典型。基质产卵种类的鱼卵在巢内孵化。鱼巢可能建于河流或湖泊的底部，对于天使鱼而言，鱼卵是黏性的、被产在植物或石头的表面。自然条件下，*Pterophyllum* 是一雌一雄、双亲守护的基质产卵种类。*Pterophyllum scalare* 在水族箱条件下自由产卵。奥图姆天使鱼在水族箱条件下偶尔、但成功地产卵。还没有 *P. dumerilii* 在养殖条件下产卵的报道。

天使鱼亲鱼可能遇到的问题是确定雄鱼和雌鱼。天使鱼的性别区分不容易。大个体的雄鱼通常具有比雌鱼更圆的头盖轮廓。除此之外，颈部隆起的程度相对不足，它们稍微比它们的配偶大一点，而它们的腹部轮廓从其腹基后方向下急剧倾斜。相反，雌鱼的腹部轮廓几乎是平坦的。这些特征在刚成年的天使鱼身上没有实际用处。

它们极其侧扁的身体足以模糊生殖乳突这一原来确实可靠的性别指标，使之变得完全没有价值。临近产卵前的准确标志是一对生殖乳突的外观。雌鱼的生殖乳突通常首先出现，而且更加显而易见，因为其比较大而且比较钝，而雄鱼的生殖乳突更加细长和尖。这些出现在出口上的小突出物分别用于堆积鱼卵和使它们受精。

亲本选择

保证一对鱼最容易的方法是同时培育一群鱼苗和让它们自然配对。专业的繁殖生产者没有时间等候鱼自己配成对。他们选择20～30条鱼作为亲本和把它们放入一个大水族箱，容积最好为208 L(55 gal)或更大。水温要控制在大约27℃。给鱼投喂尽可能多的活饵料。若干块尺寸为30 cm×10 cm的石板被斜靠在水族箱的壁上。鱼在大约10个月后配对和尝试繁殖，需要两周的时间。

鱼在达到成熟年龄后开始求偶。在这一过程中，天使鱼的地盘保护性变得很强。求偶双向进行，或者雄鱼选择其配偶或雌鱼选择其配偶。在任何情况下，一对选择一块领地并保护其领地防止其他入侵者进入。一旦明显的求偶开始，按照选择的产卵方法，这对鱼须被转移到单独的水池。转移将允许一对鱼单独相处和防止水池中其他伙伴的好斗行为。

双亲产卵

双亲产卵中，卵子产出后，父母亲为卵子和刚孵出的鱼苗提供双亲的看护直至幼鱼大到足以保护自己。对于那些希望观察双亲行为的爱好者来说，这是绝好的方法。如果试图让亲体在不受干扰的情况下培育其后代，需要一个容量至少为120 L的水池为鱼苗提供足够的生活空间。在自然条件下，天使鱼选择一片结实的植物叶子作为产卵场所。水族箱品系的*P. scalare*会把它们的卵产在可以被清洁的垂直表面上。通常在产卵前2～3 d，配对的鱼开始选择和清洁产卵场所，用它们的嘴唇咬和擦洗叶子、石块或它们选择的任何物体的表面。

在数次经过产卵场所后，雌鱼在产卵场所上方经过和堆积卵子，卵子黏附在表面上。雄鱼交替经过产卵场所、排出精子和使卵子受精。产卵后天使鱼继续在受精卵上方运动以达到通过胸鳍扇动产生水流的目的。

鱼卵通常小(平均1.5～3 mm)而圆。产卵数量达到500粒并不少见。卵子的大小决定于投喂给产卵鱼的食物质量。卵子刚刚产出时为半透明。未受精的卵子会变成白色和被亲鱼清除。

卵子在36～48 h内孵出。亲鱼在产卵36 h后将合子从卵壳中咬出。幼体最初从一个垂直静止位置转移到另一个位置，但在它们变得更加活跃时，它们的父母亲经常将它们移动到基质上的浅坑内。鱼苗最早在4～5 d后尝试游泳，但它们通常还需要1.5～2 d才能变得完全熟练。在这个阶段，它们被称为“上游苗”

年轻的配偶常常吃掉它们最初产下少量卵子，但只要给予时间，它们中的大多数会成为合格的父母亲。在养殖条件下，双亲的看护会持续8周，但在产卵后第四周前将鱼苗从繁殖池中移出是谨慎的做法。到这个时间，大多数配偶显示出希望再次产卵的迹象。

卵子的转移方法

家养天使鱼的大多数是在没有双亲看护的情况下培育的。双亲产卵和卵子移动方法的区别发生在卵子受精之后。一旦繁殖亲鱼开始显示出求偶的行为(雄鱼或雌鱼开始清洁石板)，它们被转移到一个容积为80 L的产卵池中。对产卵池进行曝气增氧和放置两个海绵过滤器。这一干扰将影响配偶2～3 d，此后，它们将继续其产卵的过程。受精后，附着有卵子的石板被移置到一个含有足够亚甲基蓝(呈深蓝色)、容积为10～20 L的水族箱内。卵子孵出后,每天需要将水族内的水更换一半,这样在鱼苗可能自由游泳时,水仅微微有点蓝色。每天须将死卵清除以避免将真菌传染给活卵。

鱼苗自由游泳时,它们需要被转移到一个体积为60 L带有曝气增氧的长形水族箱内,密度为每个水族箱300尾。水族箱的水深应为大约10 cm,而且应当用海绵过滤器对水加以过滤。浅水能够为鱼苗的摄食提供方便。鱼苗周长大致为15 mm时,它们应当被转移到容积为120～200 L、带有曝气增氧和过虑装置的水族箱内。鱼苗应当在6～8周内长到上市规格。

天使鱼鱼苗的培育不困难,只要努力使代谢产物的浓度尽可能的低。如何要使它们的鳍条发育到最大限度,在它们生命的每一个月就不应处在拥挤的状态下。这在所谓的"面纱品系"尤其重要。通过大量投饲和频繁的部分水交换,天使鱼稚鱼生长迅速。在特殊的情况下,雌鱼在产卵8个月后开始产卵。在大多数情况下,产卵后10个月到一年达到性成熟。

疾病

许多疾病的发生归咎于大量的寄生虫伴随着细菌的二次感染。在购买天使鱼时,应检查其外部和内部的寄生虫。新购得的鱼在被放养到原有群体中之前应被严格隔离至少一个月。这种实践将充分降低把新的病原生物带入孵化场或家庭水族箱的风险。

天使鱼养殖中最常遇到两种病原为六鞭毛虫属(*Hexamita*)和毛细线虫(*Capillaria*)。这种肠道寄生虫的流行可以通过周期性地给鱼喂以metrinidazole和一种驱虫药来减少。这在商业化的孵化场尤其重要。其他病原生物的治疗,特别是细菌性病,应当根据引起疾病发生因子的确定来施药治疗。在疾病发生时,鼓励进行细菌的敏感试验以保证抗生素的正确使用。可以从当地的水产养殖推广专家和动物疾病诊断实验室获得帮助。当前,病毒病的诊断受到了因缺乏细胞培养系统来分离和确定天使鱼病毒的阻碍。但是,可以通过电子显微镜对组织和粪便中的病毒结构进行观察,因而可以进行假设性的病毒诊断。

结论

如果遵循以下几项原则,天使鱼的生产是一种相对简单的过程。

1. 保持良好的水质。天使鱼偏爱软和微酸性的水,产卵温度为26～28℃,白昼长度为8～12 h。

2. 为繁殖亲本和新孵化的鱼苗提供高质量的饲料。饲料应当由片状饲料和活体饵料组成。

3. 不要在水池中过度放养。在一个产卵池中只放养一对繁殖亲本,在每个80 L水池中放养的上游鱼苗不要超过200尾。

繁殖天使鱼对于养殖初学者是非常有趣的,对更加认真的养殖者可能是有利可图的。天使鱼孵化场可能为小型销售者带来补充性的收入或为向批发商出售天使鱼的大型孵化场带来主要的收入。

信息来源

Aquaculture Information Center
Address：National Agricultural Library，Beltsville，MD
http：//aquanic. org

National Fisheries Institute
Address：7918 Jones Branch Drive，Suite 700 Mclean，VA 22102
Phone：(703)752-8880；fax：(703)752-7583
http：//www. nfi. org/
Email：tressler@nfi. org

地区水产养殖中心

Center for Tropical & Subtropical Aquaculture
Address：The Oceanic Institute，41-202 Kalanainaole Highway，Waimanoalo，HI 96795-1820
Phone：(808)259-3168；fax (808)259-8395
http：//library. kcc. hawaii. edu/external/ctsa/
Email：Cheng-Shenglee@compuserve. com

North-Central Regional Aquaculture Center
http：//ag. ansc. purdue. edu/aquanic/ncrac/

Northeastern Regional Aquaculture Center
Address：University of Massachusetts，Dartmouth，285 Old Westport Road，Research (Violette) Building，Room 201，N. Dartmouth，MA 02747-2300
Phone：(508)999-8157；toll free (866)472-NRAC；fax (508)999 - 8590
www. unmassd. edu/specialprograms/nrac/welcome. html
E-mail：nrac@umassd. edu

Southern Regional Aquaculture Center
Address：Delta Branch Experiment Station，P. O. Box 197，Stoneville，MS 38776-0197
Phone：(662)686-3285；fax (662)686-3320
http：//www. msstate. edu/dept/srac/
E-mail：sharris@drec. msstate. edu

Western Regional Aquaculture Center
Address：University of Washington，School of Fisheries，Box 355020，Seattle，WA 98195-5020
Phone：(206)685-2479；fax (206)685-4674

http://www.fish.washington.edu/wrac/
E-mail：wrac@fish.washington.edu

习题

1. 水产养殖的定义是什么？包括了那些品种？水体的种类？什么是捕捞渔业？什么是混合渔业？
2. 描述不同的水产养殖类型？
3. 美国水产养殖业的目的？世界水产养殖业的目的？
4. 美国水产品的人均消费量是多少？
5. 美国水产养殖业的发展如何？今后增长的潜力怎样？
6. 描述以下品种在总的水产养殖业的重要程度：鲶鱼、鳟鱼、罗非鱼、螯虾、鲑鱼、软体动物和观赏鱼。
7. 水产养殖系统的常见类型有哪些？
8. 与陆基系统相比，水产养殖有哪些优点？
9. 大多数水生生物的生活史中有哪些阶段？这些阶段是如何分割到生产单元中去的？
10. 阐述与陆生动物相比，水生品种遗传研究的现状。营养学研究如何？
11. 在营养方面，水产养殖养殖的挑战是什么？
12. 阐述影响水产养殖作为一个产业增长的趋势。
13. 对于一个有抱负的水产养殖者，州推广服务的价值是什么？

参考文献

Aquaculture Outlook. 1996–2004. Approved by the World Agricultural Outlook Board. A supplement to *Livestock, Dairy, and Poultry Monthly,* published twice a year by the Economic Research Service, U.S. Department of Agriculture, Washington, DC. LDP-AQS-6.

Avault, J. W. 1996. *Fundamentals of aquaculture.* Baton Rouge, LA: AVA Publishing Company, Inc.

Baird, D. J., M. C. M. Beveridge, L. A. Kelly, and J. F. Muir. 1996. *Aquaculture and water resource management.* Cambridge, MA: Blackwell Scientific.

Bardach, J. E. 1997. *Sustainable aquaculture.* New York: John Wiley and Sons.

Beveridge, M. C. M. 1996. *Cage aquaculture.* Cambridge, MA: Fishing News Books, Blackwell Science.

Carlberg, J. M., and J. C. Van Olst. 2001. U.S. aquaculture: Current status and future directions. *Aquaculture Magazine* 27 (4):36–43.

Collins, C. 1998. *Warm water finfish aquaculture in the United States: Past, present and future.* Davis, CA: University of California.

Costa-Pierce, B. A. 1998. *The role of aquaculture in farming systems.* Department of Environmental Analysis and Design, School of Social Ecology, University of California, Irvine, CA. Published by the Food and Agriculture Organization of the United Nations, Rome, Italy.

http://darwin.bio.uci.edu/~sustain/FAO-may98version1.html.

FAO. 1995. *Review of the state of world fishery resources: Aquaculture.* FAO Fish Circ. 886. Food and Agricultural Organization of the United Nations, Rome. http://www.fao.org/waicent/faoinfo/fishery/publ/circular/c886.1/c886-1.htm.

Fisheries of the United States. 2002. Personal communication from the National Marine Fisheries Service, Fisheries Statistics and Economics Division, Silver Spring, MD. Accessed online in September 2004 at http://www.st.nmfs gov/st1/fus/current/index.html.

Iverson, E. S., and K. K. Hale. 1992. *Aquaculture sourcebook: A guide to North American species.* New York: Van Nostrand Reinhold.

Mathias, J. A., A. T. Charles, and H. Bastong. 1994. *Integrated fish farming.* New York: CRC Press.

National Fisheries Institute. 2000. *Aquaculture meets the challenge.* Arlington, VA: National Fisheries Institute. http://www.nfi.org/. General Information: office@nfi.org.

National Fisheries Institute. 2004. *Top ten seafoods.* Accessed online in September 2004 at http://www.nfi.org/?a=news&b=Top+Ten+Seafoods.

National Marine Fisheries Service, Fisheries Statistics and Economics Division. 2004. Silver Springs, MD: NOAA. http://www.st.nmfs.gov/fus97/COMMERCIAL/ld-aquc.pdf.

New, M. B. 1997. Aquaculture and the capture fisheries—Balance of the scales. *World Aquaculture* (June 1997): 11–30.

Parker, R. 2002. *Aquaculture science.* 2nd ed. Albany, NY: Delmar.

Stickney, R. R. 1994. *Principles of aquaculture.* New York: John Wiley and Sons.

USDA-ERS. 2004. *Farm income data.* Accessed online on August 7, 2004 at http://www.ers.usda.gov/Data/farmincome/finfidmu.htm.

USDA-NASS. 1998. *Census of aquaculture.* Washington, DC: National Agricultural Statistics Service, USDA.

USDA-NASS. 2001. *Catfish and trout production.* Washington, DC: National Agricultural Statistics Service, USDA.

USDA-NASS. 2004a. *Catfish production, February, 2004.* Accessed online in September 2004 at http://usda.mannlib.cornell.edu/reports/nassr/other/pcf-bbc/2004/.

USDA-NASS. 2004b. *Catfish processing, January, 2004.* Accessed online in September 2004 at http://usda.mannlib.cornell.edu/reports/nassr/other/pcf-bb/2004/.

USDA-NASS. 2004c. *Catfish losses to wildlife.* Accessed online in September, 2004 at http://usda.mannlib.cornell.edu/reports/nassr/other/pcf-bb/2004/.

第23章

宠物和伴侣动物

学习目标

学完本章后，应该能够：

1. 描述宠物在美国人生活中所占据的地位。
2. 了解在美国能够得到相应服务的宠物种类。
3. 了解宠物饲养的发展历史。
4. 讨论在美国由于地理差异所导致的宠物饲养的不同。
5. 比较品种和育种规划在宠物和家畜饲养过程中所起的作用有何不同。
6. 阐述狗和猫繁殖管理的基本方法。
7. 阐述在宠物食品包装上所示营养信息的内涵。
8. 分析美国宠物饲养业的发展趋势。

关键术语

伴侣动物	可消化物	自然品种
配种记录	美国饲料管理官方协会(AAFCO)	自然突变
宠物	母猫	AAFCO 规定的狗、猫食品营养标准
多态性	母犬	
净数量描述	培育品种	AAFCO 饲养试验

宠物和伴侣动物在美国人生活中所处的地位

及时统计宠物的种类一般很难做到，这项工作由美国兽医协会(AVMA)定期来进行调查。美国兽医协会的调查结果表明，1991 年、1996 年、2001 年美国常见的宠物种类及其估计的群体数量如表 23-1 所示，其中包括骆驼、几种两栖动物、螃蟹、蟋蟀、狼蛛、南美栗鼠、(图 23-1)刺猬和其他宠物。他们对马也进行了调查,但在此省略不叙,因为前面的章节已对其进行了叙述。在很多家庭里会拥有不止一种宠物,如大约 15%美国家庭至少饲养一只猫和一条狗。美国兽医协会的研究还表明,约 56%的美国家庭至少拥有一只宠物,其中约 36%的美国家庭养有一条狗,约 32%养有一只猫。

表 23-1 美国常见的宠物种类[1] 及数量 10^6/只

宠物种类	年份		
	1991	1996	2001
狗	52.5	52.9	61.6
猫	57.0	59.1	68.9
鸟	16.22	17.02	10.1
其他鸟类(鸽子和家禽)	—	—	2.894
鱼	23.997	55.554	49.25
雪貂	0.275	0.791	0.99
兔	4.574	4.940	4.81
大鼠	1.316	1.876	0.881
豚鼠	0.838	1.091	0.629
沙鼠	0.619	0.764	0.319
其他啮齿动物	0.875	1.053	0.786
海龟	0.708	0.950	1.07
蛇	0.735	0.900	0.661
蜥蜴	0.314	0.705	0.545
其他爬行动物	0.281	0.924	0.598
家畜	3.371	6.083	2.936
所有其他宠物	0.638	1.225	2.013
总计	164.261	205.876	208.982

来源:AVMA,1997,2002。

1. 不包括马。

在宠物饲养方面还能总结出一些共性。例如,有小孩的家庭在所有人群中是最有可能饲养宠物的,而超过 65 岁的单身却最不可能饲养宠物。一般收入越高的家庭越倾向于饲养宠物,有房族与租房住的人相比,更可能饲养宠物。此外,一个家庭人口越多,也越有可能饲养宠物。

宠物产业每年可创收数十亿美元,包括提供服务性项目,如宠物训练、寄宿和装饰;提供消遣和娱乐项目,如举行宠物比赛和展览会等;还有从事宠物护理及相关产品的销售;以及规模较小但迅速发展的动物医疗和服务业。另外,兽医支出是伴随宠物产业发展的另一项经济支出,其每年支出总额约为 190 亿美元。

显然,在美国一提起宠物,人们更多想到的是生活照中的宠物,而很少将它们与农业联系在一起。然而,宠物与农业有着千丝万缕的联系。其中宠物食品市场就与农业相关,因为农业可为宠物食品制造业提供绝大多数的原材料。目前,宠物食品业每年产值约为 110 亿美元,并以每年约 4.0%的速度快速增长,并且猫食比狗食的销售额增长更快,这反映了一个事实即猫比狗的数量增长要更快(图 23-2)。其中,美国生产的宠物食品的销售额比其他国家高 8 亿美元并且仍在迅速增长。

图 23-1 南美栗鼠成为越来越多由家庭饲养的一种外来、新奇的宠物。(Adele M. Kupchik 提供,经允许使用)

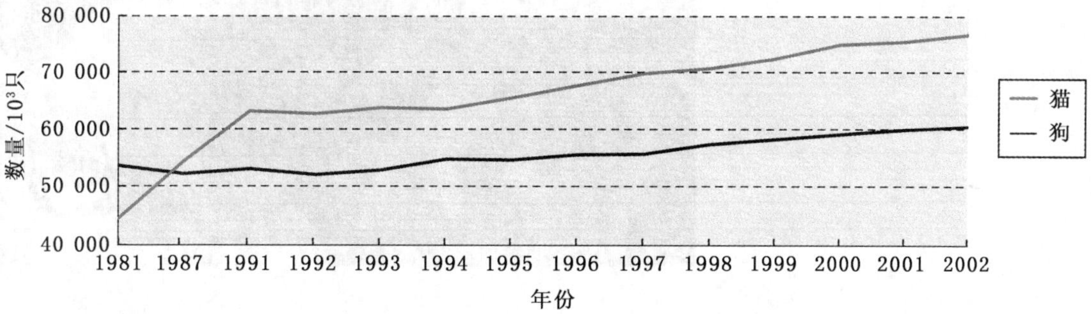

图 23-2 美国狗和猫群体数量的增长情况。(来源:Pet Foot Institute,2004)

随着宠物业发展各种各样的需求逐渐增加,这刺激了新兴和现有行业的快速发展,并为人们提供就业机会。由于认识到宠物和伴侣动物已经成为现代生活中一个重要的组成部分及其带来的机遇,这就推动高等院校修改了课程设置,在现有课程中有些科目已经包含了与宠物相关的素材。此外,许多院校还增加了有关宠物和伴侣动物管理的全套课程,这就默认了动物科学已不再仅仅涉及各种家畜了。宠物已成为人们日常生活的组成部分,因为只有不到 2%的美国人从事农业生产,却有近 60%的人与宠物和伴侣动物相伴,所以这一说法十分盛行。

宠物和伴侣动物产业的目标

宠物和伴侣动物产业的目标是为了能让宠物更好地服务和陪伴人们。宠物可以为人类社会提供许多实际的帮助。其中看门犬、警犬、缉毒犬、寻救犬、猎犬、牧羊犬、军犬及医用犬仅仅是为人类做出重要贡献的狗中的一小部分，而猫在驯养的初期就会捕捉害兽。除了这些作用以外，我们最近开始意识到伴侣动物还会在许多其他的方面对我们的生活有所帮助。尽管曾经不被理解，但是现在人们已经意识到人与伴侣动物之间存在着难以割舍的纽带，其有益于宠物主人的身体、精神、情感和社交等方面的健康发展。在这方面狗和猫做出了最大的贡献，但鸟和其他小动物也为人类提供了卓有成效的帮助。饲养宠物最基本的目的就是可以使它们成为人们的伙伴(图 23-3)。因为宠物可以作为人们生活的伴侣，这就将其与多数家畜区别开来，而饲养家畜主要是用于获取实际的经济利益，所以宠物产业的目标可以通过对宠物自身的定义来得到很好的诠释。

图 23-3 人们饲养宠物最基本的目的是使其成为人们的伙伴。

宠物和伴侣动物的定义

宠物
用来取乐而非功用的动物。

伴侣动物
那些与主人有强烈的感情纽带的动物。

在传统定义中，**宠物**饲养的目的是为了取乐并非盈利而与家畜区分开来。更为现代的词语称之为**伴侣动物**，是指那些被其主人寄托了强烈感情而非仅仅身体亲密接触的动物。在文章中常用伴侣动物这个词来表达人们经常由宠物所陪伴的意思，但这是此词语的误用。伴侣动物真正的内涵是指一种镜像关系，即通常人与动物的关系会反映其与他人之间的关系。

并不是所有种类的宠物个体都可以成为伴侣动物。例如，在农村有许多谷仓猫，它们的主要任务就是捕捉田鼠和老鼠。人们饲养它们不是为了取乐，所以它们不会成为人类的伴侣。此外，宠物这个词语也并不全指家养类的动物(图 23-4)。尽管毫无疑问大多数的宠物和伴侣动物都是家养类动物，但是饲养未被驯化只是驯服的野生动物作为宠物的例子在全世界比比皆是。所以为了使宠物定义界限清晰，人们将其划分为六类：装饰类、地位象征类、玩具类、业余爱好类、助手类和伴侣类。尽管这种分类并不能完美地解决宠物定义的问题，但它们在帮助确定宠物/伴侣动物在现代社会中的角色方面无疑迈出了深远的一步，其中每一类都将详述如下。

图 23-4　将驯服的野生动物作为宠物饲养早于其驯化期，并且现在仍然很常见。如图所示非洲儿童和他们的宠物蓝小羚羊。（图片经 Hal Noss 允许使用）

装饰类宠物

装饰类宠物发挥着同室内盆栽植物一样的作用——它们装饰并美化环境氛围。装饰类宠物通常是些颜色亮丽的鸟类、鱼或是可以使环境变得优雅的动物。在饭店、办公室或家庭通常会发现一个养着色彩斑斓或别有趣味的水生动物的鱼缸（图 23-5）。通常装饰者还会带着一块织物样品去鸟舍挑一只与地毯和帐帘相匹配的鸟。孔雀、野鸡、苏门答腊鸡、天鹅、雉鸡和鸭子等绚丽多彩的动物会将室外环境装点得十分优雅。这些装饰类宠物很少会被特殊对待、起名或其他对待，所以不能称之为伴侣动物。

图 23-5　鱼是家庭、商业和工作办公室中常见的装饰类宠物。（Renee Stockdale 摄，经 Animals Animals/Earth Scenes 允许使用）

地位象征类

有充足的证据表明驯养狼的部分原因至少是与狼出现在帐篷会给居住者带来相应地位有关。作为图腾和伴侣的狼将会给竞争宗族或部落传递一种预示强大的信息。在现代生活中我们有时也会屈服于同样的象征意义。这就解释了有些人把毒蛇、水虎鱼、野狗、大型猫、熊或狼当作宠物来饲养的动机。这些动物只要能够满足主人的期望,就会讨主人欢心受到精心的照料。举一个更具说服力的例子,作为图腾的动物对于古代人的象征意义与现代社会中所谓的吉祥物所传达的信息没有什么不同。另外饲养宠物可以显示地位可能还有其他主要的原因。纯种的动物通常比杂种更显示地位尊贵(图 23-6),有时不同寻常的、稀少、昂贵的动物也可以作为地位的象征。

图 23-6 身材高大、身上长有显著斑纹、略显滑稽的大丹犬比矮小而没有特点的狗更使主人显得有地位。(Kenneth J. Linsner 提供,经允许使用)

玩具

在儿童年龄足够大,认识到动物参与打猎、骑术等体育运动以前,宠物常视为儿童玩的活玩具。在儿童理解什么是宠物之前就拥有一些宠物,他们常因不够成熟而不理解生命的脆弱性,因此这些动物经常会被虐待。还有些参加动物体育比赛的人仅仅在赛季中对动物感兴趣,而赛季结束时他们会相当快地丧失兴趣和热情。通常,这些动物会被虐待并且当其丧失娱乐价值时就会被主人遗弃或毁掉。当然情况并不总是这样,一只赛狗会艰难地重新回到低一级的比赛,这一事实使它不能成为一只珍贵的宠物和伴侣,如图 23-7 所示的金色的取物狗。

图 23-7 属于玩具类宠物的金黄色猎犬既是野外探测型犬又是工作运动型犬，同时也是作者一个同事家庭中的重要一员。

业余爱好类

业余爱好类的动物常会被它们的主人在举办的集会或表演中拿来展示，以特意对其进行专业鉴定。通常，主人驯养并展示他们自己的动物，还常根据动物的种类来参加相应的俱乐部或协会，而这些俱乐部会组织一些展览或竞争激烈的赛事(图 23-8)。许多种类动物都被划分为这一类。尽管狗和猫的赛事非常常见，但是也有俱乐部为鸟、啮齿动物和鱼来举办赛事和展览。

图 23-8 业余爱好类宠物通常在饲养者的聚会和表演赛中进行展示，如这只匈牙利种牧羊犬正依照主人的命令进行比赛。(Miriam Agron 摄，Animals Animals/Earth Scenes 提供，经允许使用)

工作、助手或服役动物

宠物常常要执行重要的任务，而许多任务是些传统的劳动。例如，狗被训练用来放牧和寻回已经有上千年的历史了。在世界的某些地区狗仍然用来拉雪橇和手推车，而在现代社会，它们又被训练成警犬、寻救犬、救生犬和缉毒犬（图 23-9），其中能为个人提供帮助的狗是最令人激动且作用日益重要。除了导盲犬，还培训了许多辅助犬来帮助残疾人。此外已证明猴子可以成为有用的辅助动物。

图 23-9 狗被用来检测几种违禁药品。图片所示的是美国农业部猎犬队的一个成员。在其他方面，这些狗还可检查国际航班的旅客行李箱以查找可能将疾病带入美国的食品。（USDA/APHIS 提供）

伴侣动物

不管一种动物可以归为前面提到的哪一类中，很明显它们同样能包含在伴侣动物这一类中。例如，作者家中的帕森拉赛尔特猎犬会使犰狳远离后院，鼹鼠远离花坛，兔子远离菜园，负鼠和浣熊远离鸡舍，而且会在陌生汽车发动时发出警报。它还会接过手杖、戏要绳索、随声附和来宾的夸赞。他们基本上可以算是集地位－服务－玩具类宠物为一体。然而，它最大的价值还是通过与两个共同生活的小孩的关系体现出来的。孩子们明确地将拉赛尔视作他们的伙伴（图 23-10）。科学与社会委员会声称："作为装饰、地位象征、消遣或业余爱好类的动物常被视作一件物品，即与这只动物等价的一件艺术品、一辆劳斯莱斯、一个冲浪板或一件收藏品。然而如果不考虑其他方面，伴侣动物完全可以当作一个人——一个有自尊的人来被感觉和对待，所以与伴侣动物的关系本身对于动物主人来说才是最为重要的。"伴侣动物可能被当作家庭的一员，节日时会收到礼物，拥有自己的椅子等等（图 23-11）。

图 23-10 这条狗在她的家庭中扮演了多个角色，远胜于所有实际的金钱方面的回报，它最大的贡献是成为乔舒亚（Joshua）的朋友和伴侣。

图 23-11 伴侣宠物被当作家人来对待，过节时通常可以收到礼物。（Kenneth J. Linsner 提供，经允许使用）

狗、猫、小型哺乳动物和鸟是最为常见的伴侣动物。有几个原因产生了这种情况。或许最重要的原因是这类动物常被轻松限制或根本不受限制，在家中它们很容易被训练或根本就不需要任何训练。此外，它们大到足以被当作一个个体来对待，而又小到不至于让人感到恐惧（图 23-12）。

图 23-12 狗、猫、小动物和鸟不仅可爱还成为伴侣宠物中最常见的种类。(Hal Noss 提供,经允许使用)

宠物的价值

父母通常将宠物当作儿童淘气时的玩具,而宠物更应是一本教科书,教育儿童基本的生物常识以及关于生命与死亡的知识。儿童通过关心动物知道了什么是责任(图 23-13)。此外,宠物影响儿童,帮助它们更好地应付生活的压力。现代社会离婚率居高不下,宠物有助于减轻孩子由于父母离异和兄弟离散带来的孤独感。同样宠物可以成为孩子们乐意的玩伴。作为孩子的玩伴,宠物还有一个特别的地方,就是允许给它穿洋娃娃衣服并用婴儿车推着走,或戴上陆军头盔然后装

图 23-13 父母通常让孩子们饲养宠物以帮助培养他们的责任心。

进坦克(小型红色货车)被拖着在院子里走。在那样的游戏中,孩子的想象力、情绪反应和化解冲突的技能都会得到锻炼。尽管很难证明它们之间的因果关系,但是在童年时期拥有宠物的成人很少会成为罪犯。

医学研究证明了饲养宠物的益处,其原因主要表现在身体、情感和交际方面。宠物本身成为人们的伴侣。此外各种研究表明宠物为人们见面和交流提供了机会,有助于缓解独处产生的孤独感和抑郁。宠物使人们更加活跃,因为它们需要日常的照料。如果宠物是一只狗,照料通常包括遛狗等,这同时也使主人得到了身体锻炼。另外,宠物主人(儿童和成人)比不养宠物的人血压要低。衰老研究证实宠物饲养者与同辈人相比寿命更长而且生活质量更高,年长的宠物饲养者看医生和服药都更少。宠物使得老年人得到了驯养宠物的经历、抚摸和被抚摸的机会,并且有一种安全稳定的感觉。有趣的是,即使鸟类对培养人们的安全感方面也很有成效。动物还可以用于改善老年人的身体和心理健康,且人们对其发挥效用的方式日益产生了浓厚的兴趣。研究表明在护理院和退休社区,宠物始终陪伴着主人,能使老人更少出现意外。

服务类动物的使用是人们对宠物(主要指狗)更感兴趣、最令人兴奋的地方。近 9%的美国人有一定的残疾缺陷,其中,超过半数的人由于严重的视力损伤或失明、丧失活动能力、听力损伤或完全聋哑而丧失了生活和工作的能力,服务类宠物可以帮助这些有身体缺陷的人。至少从 1929 年新泽西莫里斯城导盲中心(Seeing Eye Inc.)成立以来,美国人用严肃正规的方式将狗训练成导盲犬。这个组织从动物避难所带走多余的狗并将其训练成在听到电话、门铃、火警和其他重要声音时知道要提醒它们的同伴。孤独者的犬类伴侣全国总部位于加利福尼亚州圣大罗莎,其地区办公室遍布全美,是提供训练服务、听力和社交辅助狗的几家组织中最出名的一家。这些狗会帮助轮椅上的残疾人运包裹、拉轮椅、开关电闸、开门并做一些其他的家务杂事从而使它们的人类伙伴可以独立生活。

人们越来越多地将动物用于精神和情绪方面的治疗。情绪紊乱的儿童和成人在动物面前更愿意讲话,通常面对动物会直接回答医生提出的问题。人们利用此来帮助受虐待的儿童、患孤独症的孩子、精神病人、患有功能障碍的家族成员和遭受暴力的成年人。康复中心用宠物辅助病人治疗,改善他们的身体素质、协调性和活动能力。其中治疗性骑马恢复计划在美国全国各地开始实施,随着越来越多的人体研究发现并支持它们存在的价值,这些计划已经发展成为合法的健康职业,具有特殊的培训方案和正规的考核程序。

在监狱中,用于帮助囚犯心理康复的创新计划也已经开始实施,这同样也为整个社会做出了贡献。在 Sister Pauline Quinn 的资助下两个用于监狱的计划已经被确立了。威斯康星矫正自由犬计划主要在威斯康星州奥内达城的桑格 B 力量矫正机构实施。这个自由犬计划的目标之一是通过为身体有缺陷的人提供服务类犬以满足他们的需求,从而帮助他们过上更加独立的生活。另一个目的是为囚犯提供服务社区的机会,位于华盛顿州女子劳教中心的监狱宠物伴侣计划,让囚犯在监狱中学会了如何训练、装饰和饲喂狗。动物被提供给残疾人和家庭的其他计划也在全国各地实施。俄亥俄州的20个不同监狱的囚犯为哥伦布的领航犬中心(Pilot Dogs Inc.)工作,这个组织为盲人提供导盲犬。囚犯在将犬培训成导盲犬之前先饲养它们一段时间来使其熟悉人类社会的生活。这些遍及全国的类似计划使囚犯和动物的最终接受者都受益匪浅。

历史渊源

由于动物可以为人类提供所需的食物、役力并和宗教信仰密切相关,所以它们与人类有着千丝万缕的联系,为我们所用。然而,宠物饲养可能直接导致了驯化动物的开端。旧石器时代的考古学研究证明,人类开始短时期地驯养一些哺乳动物,这样做的原因是将动物带回家作为孩子、大人们的玩物。对狼的驯养可以追溯到500 000年以前,它们被视为洞穴中的伴侣。毫无疑问,那些其他年幼的肉食动物也都被带回家来驯养。然而,灰狼(*Canis Lupis*)现在称之为狗(图 23-14),可能是第一个被驯养的动物,原因是人类社会和狼群之间具有许多相似的地方。人类社会在一定时期与群居的动物群体十分相像,所以狼易于融入人类社会这个大家庭。狼和人曾经为了共同的食物来源草食动物而成为竞争对手,所以驯化的狼可以帮助人类去打猎,因为毋庸置疑它们会保留防御的本能和保护营地的本领,至少它们会警告入侵者。因此有些学者指出狼不顾尊严地从人的宿营地偷取腐肉块,正是狼的这种动机使它们与人类的关系逐渐亲近,变得温顺然后被驯服。

图 23-14 灰狼被认为是驯养犬的祖先。看似不可能的是,吉娃娃和灰狼有着同样的血统。(Renee Lynn 摄,经允许使用)

不管联系开始产生时，双方出于何种动机，但从某些方面说这种关系实质的发展超越了任何功利的动机。从公元前 10 000 年的旧石器晚期墓穴中发现的证据显示，人类与犬之间已经发展为纽带关系。在坟墓中人们发现了人类和犬同处且人的手还搭在狗的肩膀上。这种姿势的潜在含义（亲密、友好、热爱等等）对于任何养过宠物的人来说应是十分清楚明白的。其他考古学证据表明狗的驯化开始于公元前 12 000 年，而最近 DNA 测序技术表明狗可能早在 135 000 年前就开始驯化了。但现在这些方法没有被所有的专家所接受，因为这项研究缺乏确凿的事实证据，也有可能的是在从狼到犬的驯化过程中实际上包含了多个驯化事件。

由于现代狗和狼具有许多不同的特征，显然狼是被圈养后驯服的。狗区别于狼的许多体貌特征早在埃及新王国时期就有据可查了。这些特征包括竖起和下垂的耳朵、纯毛和沙毛，以及卷曲的还是伸直的尾巴。在用途上的差别也已经显而易见了。当然，随着现代各种狗的出现，这个分化的过程仍然继续进行着。

当欧洲人发现新大陆时，驯化的狗随着生活在本地的美洲人的祖先来到了西半球。有关西半球驯服狗的大量考古学证据要追溯到公元前 8 000 年，那时欧洲人带去了不同种类的狗，同人们一起开发并定居在这片土地上。

直到埃及出现了种植业后猫才被驯化。那时除了狗之外，人们还驯服了其他几种动物。猫的驯化要比狗的驯化难得多，因为猫是独自生活而不是群居性的动物，所以没有合作的本性。但猫也具有容易被驯化的特征。首先人们将它养在定居点附近有一个明确的目的，就是它有助于控制害兽。伴随着种植业的发展，粮食储存吸引了大量的老鼠，这些粮食所吸引来的害兽无疑会吸引非洲灌丛猫（*Felis Lybica*）定居（图 23-15）。尽管有证据表明早在 6 000 年前猫就已经被驯

图 23-15 非洲灌丛猫，驯养猫的祖先。（Nigel J. Dennis 摄，Photo Researchers，Inc. 提供，经允许使用）

服，但据悉 5 000 年前猫才被饲养在寺庙并用于宗教信仰，此时猫会埋藏自己粪便的习性也已经被发现。牧师将猫奉若神明，对猫头女神巴斯特的祭拜持续了 2 000 年。此外毫无疑问猫独特的咕噜咕噜的叫声在其驯化过程中也起到了重要的作用。不难想象埃及庙宇的牧师带一只小猫回家来哄他们的孩子高兴。或许你能想象得出这样一副画面，父亲告诉孩子们闭上眼睛，然后将咕噜咕噜叫的猫放到孩子们的耳边，孩子们脸上立刻充满了好奇和着迷的目光，这可能就是在家中饲养这种动物的时间比当初预期要长得多的原因所在。在 3 000 年以前或更早的时候，猫便不再仅仅是宗教的一部分了。他们被普通大众饲养并在市场上买卖。它们被交易到其他国家，轮船和船员以及跨越荒漠的大棚车将它们传遍了全世界。

在到达欧洲以后，猫起初作为老鼠克星非常受欢迎。不幸的是，中世纪它们与撒旦魔鬼祭拜及其追随者——女巫和巫师搭上了关系。这就导致了在那个黑暗的年代，大量的猫被宗教狂所杀害。那时猫所剩无几，导致黑鼠大量繁殖并将黑色死亡病的鼠疫传遍了欧洲。1/3 的人口因此惨遭不幸。原来挪威女神弗雷尔（猫女神）的安息日被定为星期五，但当基督徒终止了对她的膜拜后，星期五就变成了著名的黑色安息日。

欧洲的轮船还将猫作为宠物和老鼠克星带到了美洲。那一时期的轮船因为有大量的老鼠而声名狼藉。据悉那时，当朝圣者登上普利茅斯岩石时每人都会随身携带至少一只猫。猫的风靡要追溯到 1871 年在英格兰举行的首次猫展，随后 1895 年在美国也举行了首次猫展。今天，全世界猫的爱好者已经组成了一个强大且执著的团体。

不管是被视作老鼠克星、女神、邪恶的先兆还是伴侣，猫使人们对它产生不同寻常的强烈的感情。许多人主张世界上应该只有两类人——猫爱好者和猫厌恶者。尽管那样或许有些夸张（尽管仅仅是一个温和的说法），但无疑每个人都知道猫更倾向于哪一类人。

其他种类的宠物（除马和骆驼外，尽管它们也是许多人的伴侣动物，但在这本书中用独立的章节对其进行叙述）则是在近期驯服的。许多是由于其具有实验动物的价值而被驯服或因其新奇及在价格、空间方面的优势而成为伴侣动物/宠物中的新宠。欧洲和非洲产的刺猬在 20 世纪 80 年代开始大批引进美国动物园，且从那以后不久就成为人们的宠物（图 23-16）。亚洲或非洲产的仓鼠在 1930 年以前甚至没有被人笼养过，而从 40 年代开始成为宠物。田鼠被笼养了也仅仅约 100 年，并且被当作宠物的时间至多有 20 年。豚鼠在南美作为一种美食被饲养了几个世纪，但在该国人们将这种常见的已驯服的物种当作宠物来养只是 10 年前才出现的现象（图 23-17）。鹦鹉，更准确地称为相思鹦鹉，仅仅从 1840 年以后才开始笼养并且如果被释放到满足它们需求的足够温暖的环境中，它们仍然可以恢复为野生种类。此外，许多其他种类的鸟，由于很难笼养甚至不能被归为驯服的物种。

图 23-16　刺猬迅速成为美国受欢迎的新宠物。（Adele M. Kupchik 提供，经允许使用）

图 23-17　豚猪在其出生地南美洲被当作优质的食品原材料。而在美国，作为常见实验动物的它们却越来越多地被人们当作宠物来饲养。

地理分布

美国兽医协会的调查工作提供了有关宠物饲养的详细的统计信息。图 23-18 显示了美国每个地区饲养宠物的家庭所占的百分比。山脉地区拥有最高的宠物饲养率,太平洋地区和西南中心地区紧随其后。中部大西洋地区的家庭宠物饲养率最低。有重要的一点需要注意,美国所有地区的宠物饲养率均超过了 50%。

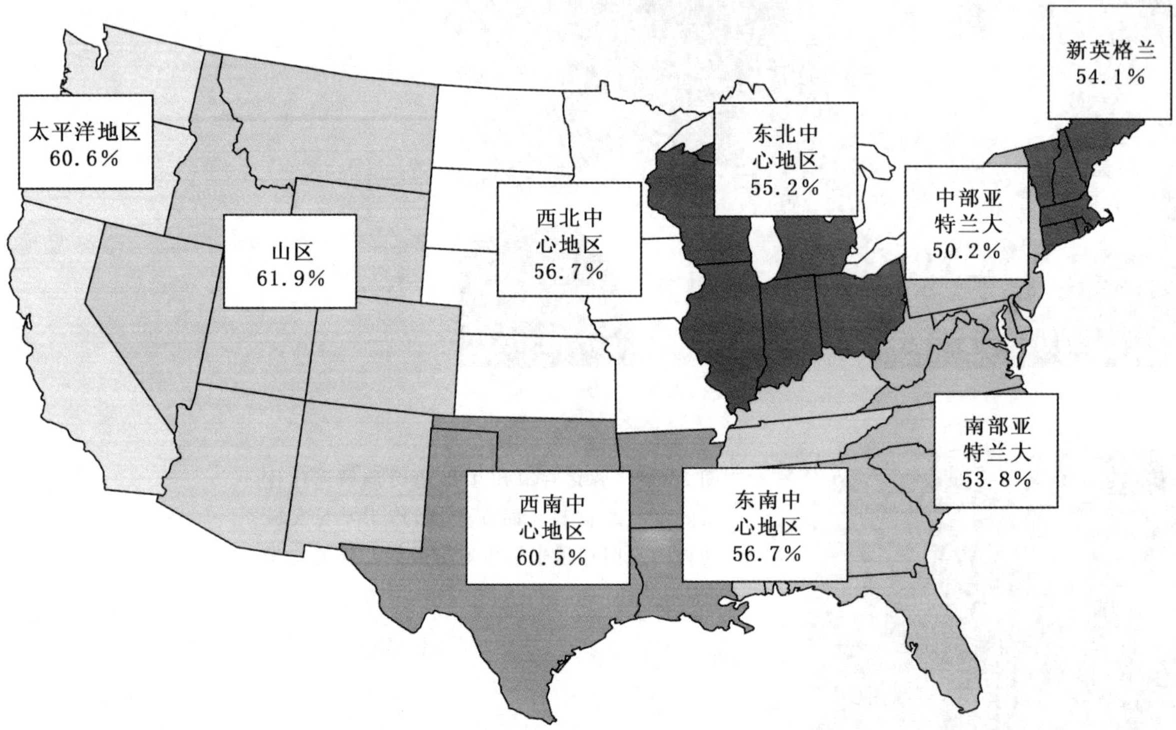

图 23-18 美国宠物饲养率——2002 年每个地区家庭宠物饲养百分数。(来源:American Veterinary Medical Association)

图 23-19 显示了美国的狗饲养率。从饲养率来看,狗是最受欢迎的宠物。当美国兽医协会在 1996 年进行调查时,31.6%的美国家庭饲养狗。2001 年的调查显示该比率上升到了 36.1%,非常类似于 1991 年的饲养率。此外,每个家庭饲养的狗的数量基本上没有发生变化。这显示随着人口增长狗的数量也不断增长,这种趋势通过对两者的对比观察也可以得出,几乎 2/3 的家庭仅养 1 只狗。

图 23-20 显示了养猫家庭的分布。猫比狗的数量更多,但家庭饲养率却较低,从 1996 年的 27.3%增长到 2001 年的 31.6%。由此可知每个饲养猫的家庭中猫的数量要比养狗家庭中狗的数量多。只有 35.1%的养狗家庭养着 1 只以上的狗,而却有 49.2%的养猫家庭养着 1 只以上的猫。

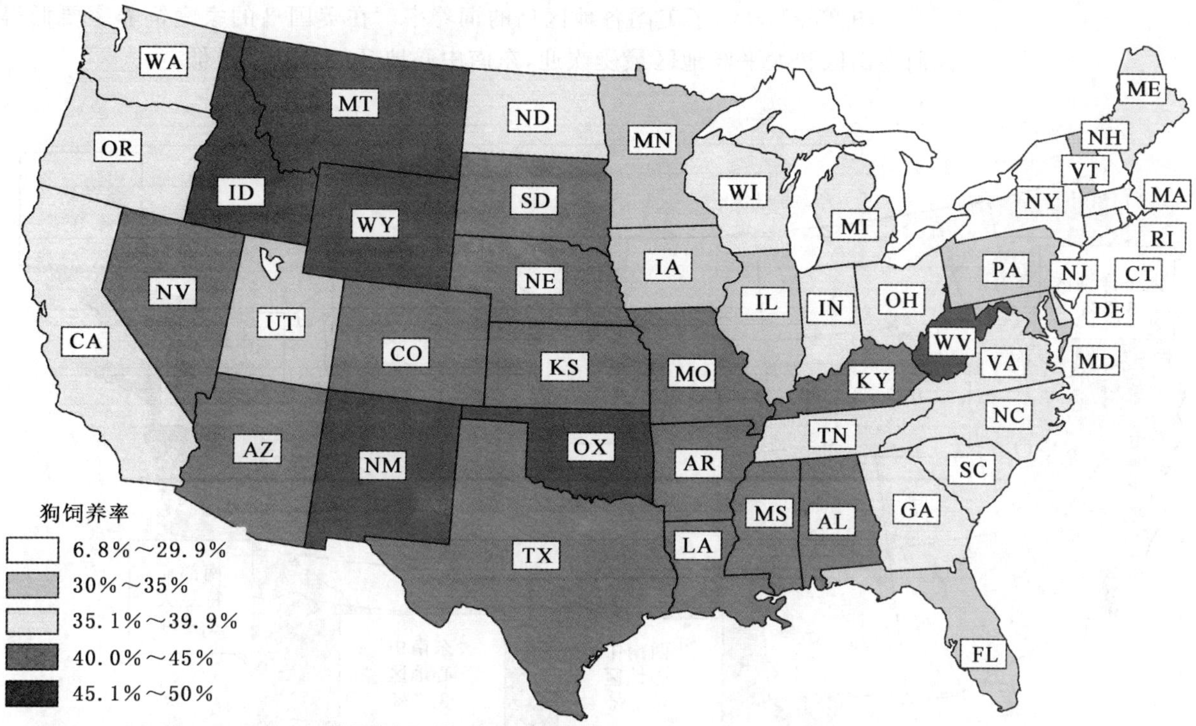

图 23-19　美国狗饲养率——2001 年每个州家庭饲养犬的百分数。(来源:American Veterinary Medical Association)

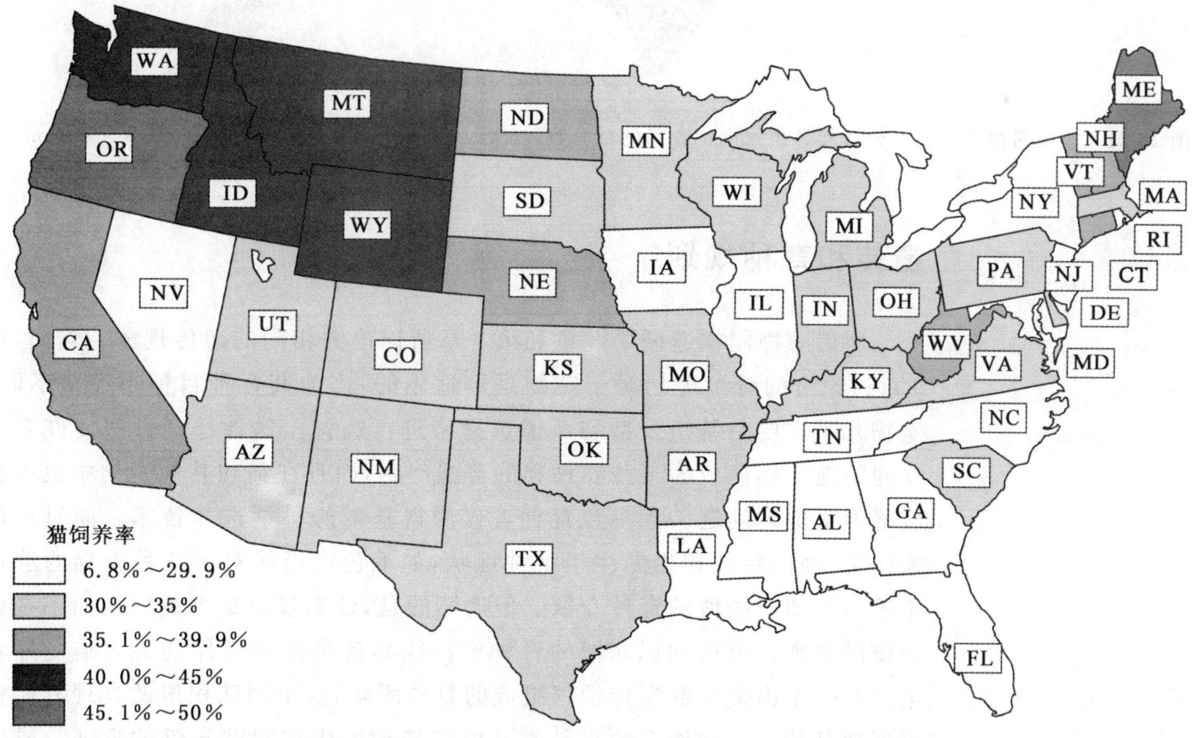

图 23-20　美国猫饲养率——2001 年各州家庭饲养猫的百分数。(来源:American Veterinary Medical Association)

图 23-21 显示了美国各地区鸟的饲养率。在美国鸟的家庭饲养率要低得多，而在山区和太平洋地区最受欢迎，东南中心地区的养鸟率最低。

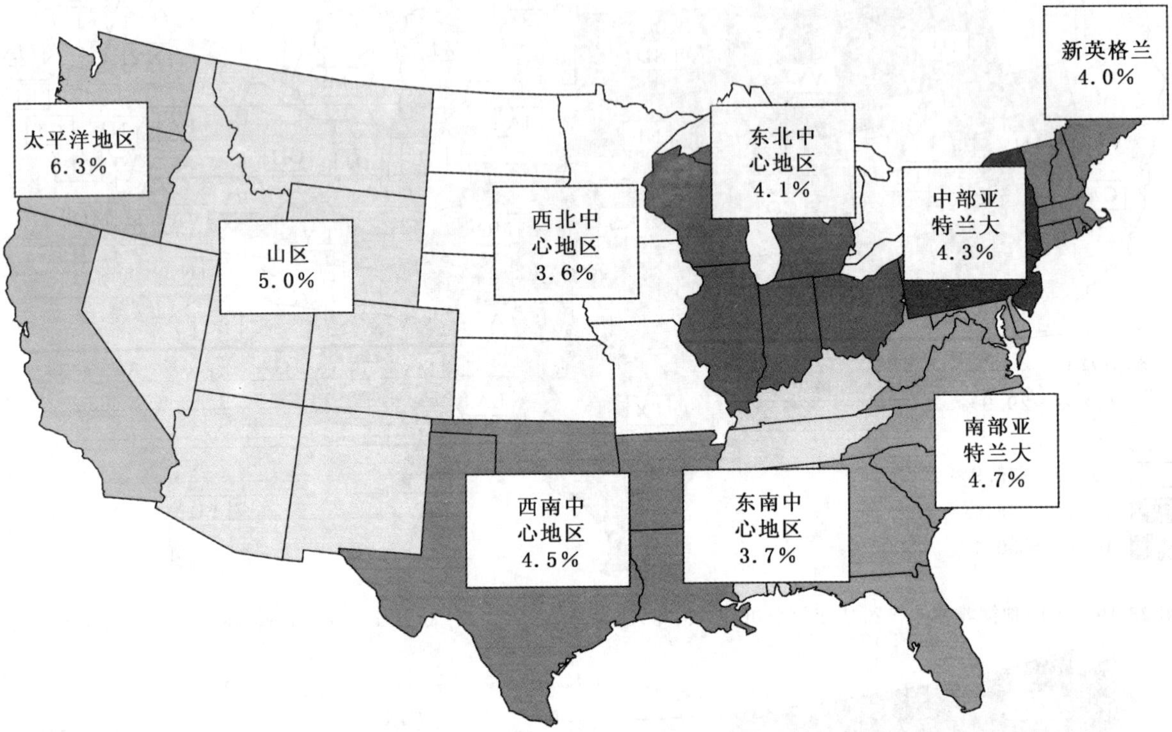

图 23-21 美国鸟饲养率——2001 年各州家庭饲养鸟的百分数。(来源：American Veterinary Medical Association)

遗传和育种规划

伴侣动物同样遵循第 8 章和第 9 章所讨论的相同的遗传规律。然而，在第 9 章讨论过的育种规划对于宠物是不适用的，因为其育种目标是完全不同的。宠物几乎主要是基于表型和系谱选择来进行选育。这种选育方法使许多不受欢迎的遗传疾病成为某些品种狗的普遍问题，而且在猫和其他宠物中也存在着较轻但类似的问题。大多数育种者仅懂得基本的科学选育技术。而对遗传专家而言，他们往往相当专注于某种性状，如毛色。当然对于各种宠物的选育都不乏一些知识渊博的育种专家。但遗憾的是，他们仅仅是个别适用而不是普遍遵循的规则。那些知识渊博的育种家往往具备很强的工作能力。猫爱好者协会就有一个由优秀的遗传学家组成的育种团队，这个团队积极改良现有品种并发展新品种。日益增多的猫种类是他们辛勤工作和默默奉献的见证。或许随着 DNA 技术的快速发展，对各种宠物的全部遗传信息的认识水平会不断提高。

目前，狗基因组工程正在有条不紊地进行，猫的基因组工程也已经开始。有趣的是，几种啮齿动物的基因组图谱也正在绘制，因为许多这类动物同时也是实验动物。

用于改善狗选育方法的先进技术即将可以使用。400多种狗一起绘制了一个非常大的**多态性**图谱。这使狗成为一个非常理想的确定表型、行为和病理特征相关基因的模型生物。狗基因组序列的第一幅草图于2004年7月公布。目前，全世界的许多实验室都在为绘制犬类动物的基因图谱而努力工作着。一些简易技术已经可以准确地测定所有狗的出身，其中亲子鉴定仅仅是所有工作中的一小部分。在不久的将来，比较特定交配个体间基因的同源性将成为可能。狗将会被选育可避免所有的遗传病，此外与放牧本能、保卫本能、嗅觉能力、奔跑速度等相关的基因都将被确定，从而可以进行科学的选配。即使科技现在尚不能达到这个阶段，但将会变为现实。随着人类、犬、猪、老鼠和其他基因组工程的进行，现在的育种手段将发展到更高的水平。美国康奈尔俱乐部指导委员会在1998年1月会议上批准了一个自愿的DNA指纹计划。这项计划按登记记录和家谱进行DNA分析并确定DNA信息。这项自愿DNA指纹计划致力于帮助育种者保持品种遗传特性，防止品种退化。它同样为鉴定有疑问的个体从而确定其身份提供了一种方法，随后对其他物种的DNA指纹计划肯定也将陆续进行。

多态性
在一个群体中存在两个或多个不连续的、独立性状。

狗的品种

人类很早就开始改造可以驯服成狗的狼的遗传特性。狼的一些固有特性可能被改变得相当快，而另外一些遗传性状的改变却类似于做投机买卖。据悉在罗马时代，狼的特征和行为已经被改造为不同种类的狗，包括牧羊犬、军犬、搜寻犬、警卫犬和伴侣犬。由于狗的驯化早于其他物种，它们能发展成多个类型和品种也就顺理成章了。全世界现在有400～450个品种的狗。美国主要的犬类登记机构是美国康奈尔俱乐部(AKC)。AKC作为一个致力于发展纯种狗的非营利性组织成立于1884年，现有登记品种150个，还有其他尚处于认证考核阶段的品种若干。AKC将纯种狗分为7个类别：运动类犬、猎犬、劳动犬、警卫犬、玩具犬、非运动类犬和牧羊犬。这个混杂的集体还包括尚未认证但被认为是纯种的品种，且这种分类标准是在AKC得到认证的基础规定的。通常这种混杂集体始终有6～8个品种。按类别归类的现有品种如表23-2所示，其中最受喜爱的10种纯种犬如表23-3所示，而精选的一些品种的狗照片位于本书的彩色图片部分。

表 23-2 美国康奈尔俱乐部各类狗的品种

第一类:运动型犬		
美国水犬	菲尔德犬	诺瓦斯格迪亚鸭子声取物猎犬
布列塔尼	直毛猎犬	警觉犬
切萨皮克湾犬	德国短毛警觉犬	旋转意大利犬
矮脚体壮毛厚西班牙猎犬	德国硬毛警觉犬	苏塞克斯犬
西班牙长耳猎犬	金黄色取物猎犬	维希拉猎犬
卷毛取物猎犬	戈登塞特种猎犬	魏玛猎犬
英国西班牙长耳猎犬	爱尔兰塞特种猎犬	威尔士蹦跳犬
英国塞特种猎犬	爱尔兰水犬	硬毛警觉格雷丰犬
英国蹦跳犬	拉布拉多猎犬	
第二类:猎犬		
阿富汗猎犬	短腿长身德国猎犬	佩迪特矮脚的格雷丰芬第恩犬
美洲猎狐犬	英国猎狐犬	法老王猎犬
巴辛吉	灰狗	罗得西亚山脊犬
巴塞特矮脚猎犬	猎兔犬	萨卢基犬
猎兔小猎犬	伊维萨猎犬	苏格兰猎鹿犬
黑色和棕褐色猎浣熊犬	爱尔兰猎狼犬	赛跑用小灵犬
大侦探犬	挪威猎鹿犬	
俄国狼狗	水獭猎犬	
第三类:工作犬		
秋田犬	德国品策犬	那不勒斯大驯犬
阿拉斯加爱斯基摩犬	大髯狗	纽芬兰犬
安纳托利亚牧羊犬	伟大丹麦人	葡萄牙水犬
伯尔尼山地犬	伟大比利牛斯山地犬	罗特韦尔犬
黑色俄国自卫犬	大型瑞士山地犬	圣伯纳德犬
拳师犬	匈牙利种牧羊犬	萨莫耶德犬
牛头獒犬	白警犬	西伯利亚爱斯基摩犬
窦伯人品策犬	獒	标准髯狗
第四类:自卫犬		
艾尔谷自卫犬	爱尔兰自卫犬	苏格兰自卫犬
美洲斯塔福德自卫犬	凯利蓝色自卫犬	锡利哈姆自卫犬
澳洲自卫犬	湖泊地区自卫犬	匍犬
贝德灵顿厚毛自卫犬	曼彻斯特自卫犬	软毛淡小麦自卫犬
边界自卫犬	小型公牛自卫犬	光滑狐狸自卫犬
公牛自卫犬	小型髯狗	斯塔福德公牛自卫犬
石冢自卫犬	诺福克自卫犬	威尔士自卫犬
丹迪阉羊自卫犬	挪威自卫犬	西部高地白色自卫犬
狐狸自卫犬(皮毛光滑且硬)	拉赛尔牧师自卫犬	硬毛狐狸自卫犬

续表 23-2

第五类:玩具犬		
猴㹴	意大利灰犬	波美拉尼亚种小狗
布鲁塞尔格雷丰犬	日本下巴犬	哈巴狗
查尔斯骑士国王犬	马耳他犬	施簇犬
吉娃娃	曼彻斯特自卫犬(玩具)	柔滑自卫犬
中国冠毛犬	小型品策犬	玩具狮子狗
英国玩具犬	碟耳长毛玩赏小狗	玩具狐狸自卫犬
哈瓦那犬	北京哈巴狗	约克夏自卫犬
第六类:非运动型犬		
美洲爱斯基摩犬	达尔玛第犬	狮子狗(标准和小型)
毕康弗雷斯犬	芬兰波美拉尼亚丝毛狗	狐头竖耳无尾短毛小黑犬
波士顿自卫犬	法国牛头犬	施巴伊努犬
牛头犬	荷兰卷尾狮毛狗	藏獒
中国陕北犬	拉萨阿普索犬	西藏自卫犬
中国犬	洛琛犬	
第七类:放牧犬		
澳洲牧牛犬	边界牧羊犬	德国牧羊犬
澳洲牧羊犬	布韦德斯弗兰德雷斯犬	劳英国牧羊犬
有胡牧羊犬	布利亚德犬	彭布罗克郡威尔士矮脚狗
比利时玛伦牧羊犬	迦南犬	波兰低地牧羊犬
比利时牧羊犬	绵羊威尔士矮脚犬	匈牙利长毛牧羊狗
比利时特伍伦犬	高大聪敏长毛的牧羊狗	设得兰群岛牧羊犬
混杂的种类		
求爱犬	普劳特猎犬	美洲赤犬
伊玛尔峡谷自卫犬		

来源:American Kennel Club,2004。

表 23-3　10 个最受欢迎的狗品种

排名	1996	2000	2003
1	拉布拉多猎犬	拉布拉多猎犬	拉布拉多猎犬
2	罗特韦尔犬	戈尔登猎犬	戈尔登猎犬
3	德国牧羊犬	德国牧羊犬	小猎犬
4	戈尔登猎犬	短腿长身的德国种猎犬	德国牧羊犬
5	小猎犬	小猎犬	短腿长身的德国种猎犬
6	狮子狗	狮子狗	约克夏自卫犬
7	短腿长身的德国种猎犬	约克夏自卫犬	拳师犬
8	西班牙长耳猎犬	吉娃娃	狮子狗
9	约克夏自卫犬	拳师犬	施簇犬
10	波美拉尼亚种小狗	施簇犬	吉娃娃

来源:American Kennel Club,2004。

猫的品种

猫不像狗那样，分化成许多不同的品种。这是因为从总体上来说猫的用途较少。人们饲养猫主要因为其会逮老鼠的习性，此外还可以成为宠物。因此猫分化成具有高度特异功能品种的过程就没有发生。猫大约有 50 个品种。表格 23-4 列出了不同品种协会都认可的最为常见的猫品种，其中 10 种最常见的猫品种依次在表格 23-5 列出。由于人们的偏爱或地区差异一些猫品种被选出来，并已经存在了几百年。这些品种被称为**自然品种**，包括阿比西尼亚品种、缅甸猫、缅甸品种、查特莱坞克斯品种、缅因州浣熊和埃及品种。在某些情况下，现代猫爱好者已经通过选择完全改变了自然品种。**培育品种**等同于合成品种家畜。它们通过杂交选择创造出新品种。具体的例子包括将缅甸猫与美洲短毛猫杂交产生孟买猫，暹罗猫和波斯猫杂交创造了喜马拉雅猫。**自然突变**同样可以产生带有特定突变的新品种猫。具体的实例包括美洲卷耳猫（向后卷曲的耳朵）、美洲短尾猫（短尾猫）、康沃尔王（波浪形的皮毛既短又柔软）、短腿猫、苏格兰折耳猫（耳朵前后折叠的猫）。美国还有几个猫的教科文组织。对于不同的协会来说注册的目标和规则、认证的种类以及饲养标准在猫的育种和展览方面会表现出不同的观点。因而，一只符合一个组织标准的猫如果根据另一个组织的标准或许会被拒绝接受登记或定为次级品种。

自然品种

根据某地区人们的喜好或自然条件选择产生的品种。

培育品种

将现有品种改造或通过现有品种间杂交而产生的新品种。

自然突变

创造了新的等位基因的DNA序列的变异。

表 23-4 猫品种[1]

阿比西尼亚猫	彩斑短毛猫	缅因州浣熊	塞尔可克雷克斯猫
美洲短尾猫	康沃尔雷克斯猫	马恩岛猫	暹罗猫
美洲卷毛猫	德文雷克斯猫	挪威森林猫	西伯利亚猫
美洲短毛猫	埃及金星猫	欧奇猫	辛加普拉猫
美洲硬毛猫	欧洲缅甸猫	东方猫	雪鞋猫
巴厘岛猫	外来猫	波斯猫	索马里猫
缅甸猫(Birman)	哈瓦那棕猫	乞丐猫	斯菲克斯猫
孟买猫	日本短尾猫	拉格道猫	东京猫
英国短毛猫	爪哇猫	俄国蓝色猫	土耳其安哥拉猫
缅甸品种(Burmese)	科拉琴猫	苏格兰皱褶猫	土耳其范猫
犬尔特猫	拉伯母猫		

来源：Compiled from various breed associations and cat fancy publications。

1. 品种名称和品种标准不同协会间会有所不同。

表 23-5　10 种最受欢迎的猫

排名	1996	2000	2003
1	波斯猫	波斯猫	波斯猫
2	缅因州浣熊	缅因州浣熊	缅因州浣熊
3	暹罗猫	暹罗猫	外来猫
4	阿比西尼亚猫	外来猫	暹罗猫
5	外来猫	阿比西尼亚猫	阿比西尼亚猫
6	东方猫	东方猫	缅甸猫
7	苏格兰皱褶猫	缅甸猫	东方猫
8	美洲短毛猫	美洲短毛猫	美洲短毛猫
9	缅甸猫	苏格兰皱褶猫	东京猫
10	欧奇猫	缅甸品种	缅甸品种

来源：The Cat Fancier's Association，Inc.，Public Relations Dept。

其他宠物品种

其他的宠物不像猫和狗那样依品种分类。例如，豚鼠的确存在不同品种，但它们在很大程度上是根据皮毛类型和颜色变化而确定的。同样地，其他几种啮齿动物也根据毛色划分为多个品种。这些动物不是个体注册，而且有关猫和狗外形大小和类型的标准尚不存在。

鸟王国根据种系进行分类。有趣的颜色变异可将鸟类分为几个种类。相思鹦鹉和多情鹦鹉的饲养者或许将这种颜色分类法发挥到了极致，其中一些极好的颜色变异被发展为两个品系，并且在全国各地进行展览，相思鹦鹉的饲养者同样将动物展示发挥到了极致。作为最受欢迎的笼养鸟，它们的展览产业或许有望发展为最高级别的。然而，在美国对几种笼养鸟的一项活跃的展览计划正在进行中。此外，在鸟王国中大多数种类的鸟上都可以找到有趣的颜色变异。

繁殖管理

不同种类宠物的繁殖特性差别很大，以至于用一章中小部分篇幅难以详述。表格 23-6 列出了一些特定哺乳动物生殖循环的基本特征，而表 23-7 给出了一些与鸟类相关的基本数据。

母犬生殖道的基本结构如图 23-22 所示。对于大多数的犬来说，青春期开始于 6～9 月龄。母犬的排卵周期又称为一次发情期。周期间隔不仅受品种差异的影响，也可能会受到环境因素的影响。周期间长短从 4～13 个月不等，平均为 7 个月。母狗准备交配前，开始吸引公狗。母狗发情的外部特征包括行为改变，如在自己的领地做标记、阴户肿胀，还会从阴户中流出淡淡的血液。母狗发情受到黄体激素（LH）、孕酮和雌激素的共同作用（图 23-23）。在黄体生成素达到高峰之前，母狗通常会拒绝公狗。在黄体生成素高潮过后，它通常会停止交配，且 2～3 d

母犬
雌性的狗。

表 23-6 特定宠物的繁殖周期特征

种类	狗	猫	几内亚猪
青春期年龄	6～12 个月	6～15 个月	55～70 d
循环类型	每年发情一次；主要在冬末和夏季	诱导排卵，季节性每年多次发情，春季和早秋	一年多次发情
循环长度	6～7 个月	15～21 d	16 d
发情持续时间	4～14 d 保持发情	没有雄性情况下 9～10 d	6～11 h
最佳繁殖时间	发情后 4～7 d	从发情第二天开始每天都可以	发情开始后 10 h
产后首次发情	3～5 个月	4～6 周	6～8 h
产仔数	1～22	1～10	1～6
怀孕周期	58～70 d	58～70 d	59～72 d

	大鼠	老鼠	田鼠	沙鼠
青春期年龄	5～8 周	35 d	37～73 d	9～12 周
循环类型	多次发情	多次发情	全年多次发情	多次发情
循环长度	4 d	4 d	4～5 d	4～6 d
发情持续时间	10～20 h	9～20 h	12～18 h；通常在下午 7 时开始	12～15 h
最佳繁殖时间	发情初期，下午 8～10 时	发情初期	接近排卵期，发生时间接近午夜	发情中期
生产后首次发情	转窝后 1～2 周	转窝后 2～4 d	24 h 之内	1～3 d
产仔数	1～12	1～12	2～20	2～15
怀孕周期	14 d	17～21 d	20～22 d	24～26 d

来源：选自 USDA，1964 年。

表 23-7 某些鸟类的产卵和孵化

鸟类型	每窝产卵数/个	孵化时间/d
金丝雀	2～7	14～15
澳洲鹦鹉	3～7	21～23
美冠鹦鹉	2～4	28
锥尾鹦哥	4～6	24
吸蜜鹦鹉	2～4	22～25
多情鹦鹉	3～8	23～24
金刚鹦鹉	2～4	28
相思鹦鹉	4～8	18～20
雀类	2～4	14～19
鹦鹉	2～4	17～31

后卵子从滤泡中释放出来。在发情期后 4～7 d 排出的卵子才可以受精。排卵最多的时期发生在黄体生成素峰过后 24～72 h。在 4～7 d 后为最佳交配时间。母狗排卵前其血清孕酮浓度会逐渐上升。因而，测量母狗血清孕酮的浓度可用于判

断排卵和繁殖的时间。对于曾经意外得到一窝小动物的人来说，这或许太过烦琐。科技和繁殖协会已规定允许人工授精，所以精子存放时间适当与否对于是否交配成功会起着关键的作用。此外，优秀的种狗常供不应求，且在不恰当时间交配可以阻碍用于交配的公狗在同一天与另一只母狗交配成功。总之，对于一只受欢迎的种狗，在适当的时间与母狗交配，可以使**配种记录**狗的数量最大化。一些拥有珍贵种狗的主人坚持对所有母狗的血液激素进行监测而后繁殖他们的狗。

配种记录
跟特定的雄性动物交配的雌性动物的预定数量。

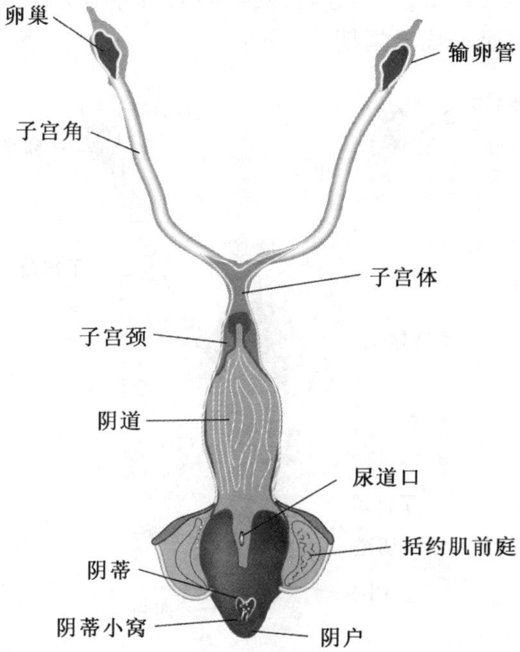

图 23-22　母狗生殖道的基本结构。

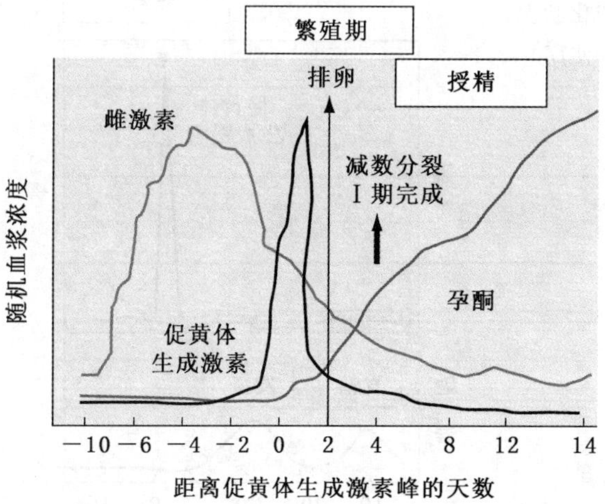

图 23-23　母狗发情周期的激素变化状况。（来源：Geisert，1999，经允许使用）

母猫
雌性的猫。

母猫雌性生殖道的基本结构如图 23-24 所示。母猫的进入青春期的平均月龄为 10 个月，从 4～18 个月不等。母猫是周期性一年多次发情的动物。光周期控制着周期循环的时间，繁殖季节根据昼长而变化，并且通常是从 3～9 月份。如果室内的光照能达到每天 12～14 h，室内生活的母猫在冬天也会进入繁殖周期。母猫的发情征兆包括躁狂、吼叫并有可能划出自己的领地。母猫在生殖功能方面还具有独特性，即排卵必须通过交配来诱导。母猫交配可以诱发排卵所需的黄体生成素达到高峰（图 23-25）。发情周期从 14～21 d 不等，且发情期大约持续 7 d，假如期间不发生交配的话，随之而来的便是一段乏情期。

图 23-24 母猫生殖道解剖图。

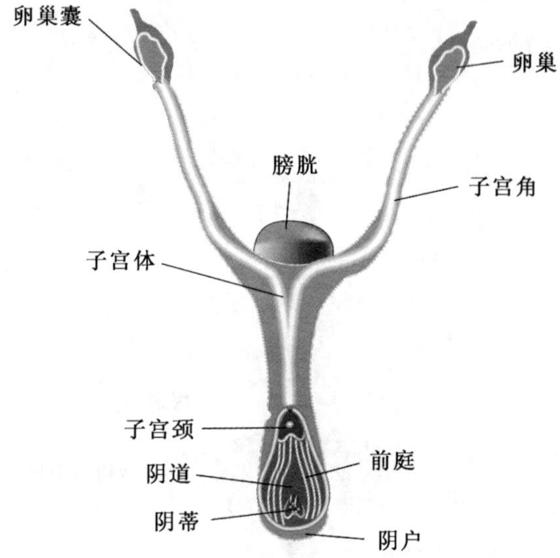

图 23-25 母猫发情循环周期激素变化状况。（来源：Adapted from Geisert，经允许使用）

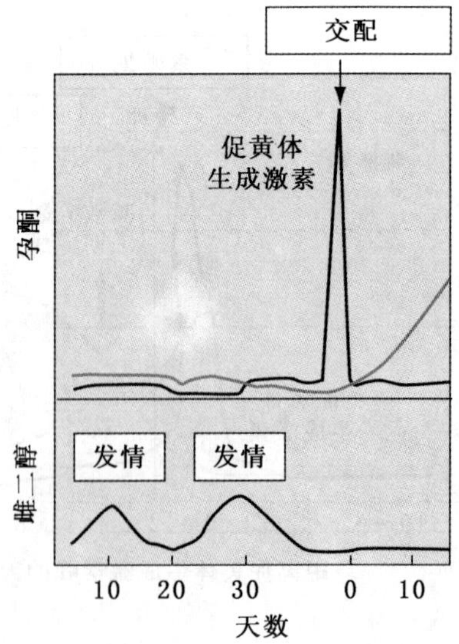

宠物的营养

除猫和狗之外，还有其他几十种宠物。它们从食肉动物到食草动物，种类各不相同，其中包括单胃动物、盲肠发酵动物和反刍动物。因而，逐一讨论每种宠物的营养就超出了本书的范围。给予宠物合理营养是宠物饲养者的责任。懂得动物合理营养成分的配比需要付出辛勤的劳动和汗水。越是稀有和外来宠物的饲养，这项任务就越艰巨。读者可以查阅第5、6、7章中与此相关的宠物营养和搭配的基本讨论。

但是多数宠物饲养者很少这样做，这就使根据个体变换搭配变得不太实际。此外，多数人没有选择营养成分并合理搭配的能力，所以他们大多只为宠物购买预先配好的混合饲料。因此，根据食品标签信息来选择宠物食品，成为所有宠物饲养者需常做的一项重要事情。因而，本章对营养的讨论主要集中于如何解释说明标签内容，且讨论集中于全价配合料而且不包括饲喂和专业饲料。图23-26是一个典型的宠物饲料标签。

宠物食品标签被严格管理，并且美国食品药品监督管理局兽医药品中心颁布了相关的管理标准。此标准与那些适用于家畜饲料的标准相同，包括产品正确的辨认方法、净含量说明、加工地址和适当的成分列表。因为各个州也有建立和实施州法规的权力，所以许多州都采用了更专业的**美国饲料管理官方协会**制定的标准宠物食品规则，其中包含产品名称、营养分析担保、营养成分、饲喂指南和热量总值等方方面面。对猫食和狗食的标签要求最为专业和详细。这是因为人们对它们的营养需求了如指掌以至于美国饲料管理官方协会能够详细规定其营养需求。

美国饲料管理官方协会(AAFCO)
一个制定相应制度的组织，其制定并执行管理动物饲料生产、运输和销售环节的统一公平的法律、规定、标准及强制政策。

产品名称

为了保证宠物食品名称与它们所含成分相符，根据美国饲料管理协会规定的四条法规，特殊情况下产品名称仅能包含某些词语。“95%”规则要求对于以一种成分命名的宠物食品，该产品95%都必须是这种成分，而调味品和加工用水不计算在内。假如将水包括在内的话，要求这种成分仍然必须至少占该产品的70%。成分必须按照所占总重量的多少依次列出。举例“牛肉狗食”必须至少含有95%的牛肉，并且在成分列表中牛肉必须第一个被列出。如果食品被命名为“羊肉和羊肝狗食”，则羊肉和羊肝的总和必须占饲料的95%，且名称中的第一成分必须在饲料中的含量最高。但是这条规则仅适用于动物源成分。因而，谷类和蔬菜不必占全部饲料成分的95%。如名称中使用“牛肉和土豆”则牛肉仍然必须至少要占到95%。

除了加工过程中添加的水，名称中的成分最低要求必须至少占到产品的25%，“25%”或“餐饮”规则与“95%”规则的要求是完全一样的。名称中必须包含一个严谨的描述词语，如正餐、拼盘、主菜、天然金块、规则或其他类似的词语。如果一种以上的成分在餐名中出现，它们的总和必须达到25%并且必须在成分单

星光闪闪牌牛肉狗食

根据美国食品管理官方协会的标准规定该食品必须含有95%的牛肉

依规则规定饲料中该成分的含量必须超过3%

净含量规则告诉消费者容器产品的数量

净重量：5 LBS(2.26 kg)

成分：牛肉、家禽副产品肉、谷物、豆粉、玉米麸质粉、小麦面粉、干酪、靶保存的脂肪、鱼、鸡、肝、磷酸、啤酒干制酵母、反丁烯二酸、磷酸三钙、盐、山梨酸(防腐剂)、维生素B、丙酸钙(防腐剂)、氯化钾、牛磺酸、干乳、氧化锌、硫酸铁、烟酸、维生素添加剂($E/A/B_{12}/D_3$)/泛酸钙、核黄素添加剂、硫酸锰、生物素、硝酸硫胺、叶酸、维生素B_6、硫酸铜、杀菌剂亚硫酸钠(活性维生素K源)、碘酸钙

各种成分必须按照所含重量的多少在清单中依次列出

担保分析：粗蛋白不少于 24%
粗脂肪不少于 8.5%
粗纤维不少于 3.5%
水分不多于 10%
钙 0.1%
磷 0.1%

这4个数值的最大值和最小值必须在担保分析标签上出现

其他成分也可以添加到承诺分析标签中

日常饲喂指标

狗重量	19	11～20 lb	21～50 lb	51～90 lb	超过90 lb
干饲料的量	0.255	1/4～2/4杯	2/4～4/2杯	4/2～7杯	每14 lb 1杯

AAFCO 声明：
按照AAFCO程序进行动物饲喂测试证实星光闪闪牌牛肉狗食提供完善且均衡的营养并适用于所有的年龄段

营养充足声明必须含有适用年龄段和该配方是如何确定的(根据美国饲料管理协会营养概要或饲料测定方案)

个体狗的需求量根据个体的品种、大小、年龄、锻炼和环境的不同而不同。

饲喂小动物：
对于2～6个月的小动物，将上述量乘以2；
对于6～12个月的小动物，将上述量乘以1.5；
对于12个月的小动物或成年动物按以上表格中的量饲喂即可。

依据磅量杯

饲喂指导。将其作为一个基本的饲喂指南

由Josh N' Aubry公司生产
P. O. Box 111，
Stillwater，OK 66666
咨询热线：1-800-111-DOGS

“由谁制作”声明确认为产品质量和安全性负责的单位及单位地址

图 23-26 宠物饲料标签。

中的位置相同。此外，每种命名的成分必须至少占总量的3％。"3％"或"和"规则与原本的规则相比已经略微发生了变化。它允许饲料名称使用指示词"和"，如果在这种饲料名称中"和"后面的成分含量达3％。例如"羊肉和羊肝狗食"除了词语"正餐"规则所指定的最少含有25％的羊肉外必须还含有3％肝脏(除水外)。该种饲料也可以被称为羊肉狗食而且还有一个另外的方法，就是在标签上标注"和肝脏"而不出现在产品名称中。

"风味"规则没有对最低含量给出具体规定。但产品中必须含有相当数量的这种物质，其多少取决于用经培训的喜欢特殊气味的动物能够检测出即可。宠物食品通常含有**可消化物**，即产品经过热、消化酶或酸处理自然产生的较浓的风味。只要少量的鸡味素就能生产出鸡味猫食，即使没有添加任何的鸡肉。原料或肉汤偶尔也会添加一些此种物质。如乳清通常用于增添奶味。通常标签上会标明"无任何人造调味剂"。实际上，人造调味剂很少用于宠物食品，除了某些烟熏或熏肉调味剂会被使用。

可消化物

通过将动物组织进行酶消化而得到的产品，主要用于为宠物食品增加风味。

本文对产品名称中所示成分的使用方法讨论中有一点必须注意，狗食和猫食的最终目的是提供所需的营养而非特殊的成分。食品常使用多种成分以能够满足宠物的营养需求，所以某种特殊成分存在与否不会成为决定性的影响因素。如果人们只因为一种成分而购买一种产品的话，那么牢记这些规则就显得十分重要了。除了详细审查产品名称外，购买者还应该仔细阅读成分列表，以查看所关心的成分含量是否满足要求。

净数量描述

净数量描述会告诉消费者包装中产品的数量。美国食品及药品管理局标准规定了包装上注明净含量的格式、大小和位置。"生产商"确认了为产品的质量和安全性负责的单位以及产地。标准要求各种成分按产品中含量从高到低的顺序列出清单。在宠物食品标签上的多数成分都由美国饲料管理协会官方定义。

净数量描述

美国食品及药品管理局所规定，用于告诉消费者包装中产品的数量。

一种宠物食品标签必须规定天然蛋白和脂肪的最低含量及天然纤维和水分的最高含量。有些标签还会对其他生产者自愿添加的一些营养成分做保证。这通常包括灰分的最高百分含量等。猫食一般规定了金和镁的含量，而钙、磷、钠和亚麻酸的最低含量在许多狗食包装袋上都可以找到。生产者可能还愿意提供一些标签未做担保的特殊营养成分的额外信息。营养担保常根据饲喂情况而给出。

根据美国饲料管理官方协会的规定，除了产品标有"炖""使用酱油""使用肉汁"或类似词语外，宠物食品的水分最高含量不能超过78％。不合格产品水分含量可以高达87.5％。水分可以使动物从饲料所获得的营养量产生明显的差异。尤其在购买罐装饲料时应该考虑水分含量，并且应斟酌营养含量与食品中干物质的价格等方面。

全价营养声明

美国饲料管理官方协会的营养充足声明是宠物食品标签中一个非常重要的

美国饲料管理官方协会规定的狗、猫食品营养标准

全价营养所参照的营养标准。

美国饲料管理官方协会饲养试验

猫或狗的食品是否符合美国饲料管理官方协会的全价营养标准而进行的测试。

部分。一种"全价且均衡""完美""科学"或"100%营养的"宠物食品必须被证实是营养充足。其必须使食品满足**美国饲料管理官方协会规定的狗、猫食品营养标准**,或者必须依照**美国饲料管理官方协会的饲喂试验**来进行验证。全价营养声明还必须注明该产品适用于动物哪个生理时期,例如维持需要、生长发育、繁殖或整个生命阶段都需要。适合整个年龄段的产品必须满足生长发育和繁殖期的营养要求。标记特殊用途或某个生命阶段食用的产品,如"老年品"或适用于特殊大小或品种的产品是在所有已定规则之外生产出来的,因此对其要求尚未详细规定。所以老年饮食仅被要求满足成年人维持需求即可。在这些方法之外生产出来的全价营养产品必须标出"该产品仅用于间断地或补充饲喂"。快餐点心等食品通常不包括在这条规定内,因为这些食品通常被认为是营养不完善的。

饲喂指南

饲喂指南用来指导消费者饲喂动物某些特定食品所需的用量。它通常以每磅体重提供给动物多少饲料来规定饲喂。由于许多因素相互作用会影响不同个体的需求量,所以饲喂指南仅仅提供了饲喂动物的常规饲喂量。为了使这些建议饲喂量满足动物需求,生产厂家往往会高估动物的需求量。所以对于饲养者最好的策略是,起初按照建议量来饲喂,然后可根据实际情况来调整饲喂量以适合动物的需求。

热量声明

美国饲料管理官方协会规定允许凭自愿将热量声明贴在宠物食品上。所有标明热量的产品必须在标签上有热量含量的声明,且必须以 kcal/kg 标出。此外,它们也可以使用 kcal/杯的形式标出。热量声明必须依据饲喂试验得出,其中水分含量必须得到校正。通常罐装食品和干食品所含热量的快速比较方法是将罐装食品的数值乘以 4 然后再进行比较。

对于一种标记"低热量"的狗食来说,干物质的热量应低于 3 100 kcal/kg。罐装狗食必须低于 900 kcal/kg,而低热量的猫食品必须低于 950 kcal/kg。标有"低能"、"热量少"或类似词语的猫、狗食必须在标签上标注参照食品的名称、热量含量和饲喂方法,这就可以反映相对于参照食品的饲喂方法是否热量减少,而水分含量不同的产品间比较认为是误导消费者的。

低脂、干燥的狗食必须含有低于 9%的脂肪,而低脂、罐装狗食必须含有少于 4%的脂肪。此外低脂、干燥的猫食必须含有少于 10%的脂肪,而低脂、罐装猫食却必须含有少于 5%的脂肪。标有"低脂"、"脂肪少"或类似词语的猫、狗食必须在标签上注明参照食品名称并明确说明脂肪减少的百分数,且除了强制担保分析信息外,紧挨着的最低天然脂肪担保分析结果中应含有其最低含量担保。水分含量不同的产品间比较也被认为是误导消费者。

其他的标签声明

越来越多的宠物食品标有"实惠"、"超级实惠"、"极端实惠"和"美食专家"等词语。所有这些词语都没有任何规范的管理标准或定义。换句话说，它们没有做出任何担保。它们必须像其他饲料一样营养完全且均衡，但没有额外的营养要求。

美国饲料管理官方协会推荐在宠物食品标签中使用“天然”这个词，应符合以下规定。即当食品中所有成分及各成分组成均符合此定义时，整个产品称之为“天然”才能为人们所接受。规定说明如果产品中含有任何化学合成成分的话，那么“天然”这个词语的使用就是错误的、误导人的。如果在包装上标有“添加维生素、矿物质和其他微量营养的天然制品”，那么即使添加化学合成的维生素、矿物质或其他微量营养元素等也是可以为人们所接受的。

农业部在 2002 年 3 月实施了有关宠物食品的有机标准。任何标有“100%有机”“有机”或“有机材料（特殊的成分或食品自由基）制成”的产品，必须依照国家有机标准由美国农业部认可的代理机构鉴定合格的单位生产、加工和标记。

宠物产业的发展趋势

宠物群体数量

美国宠物群体的总量稳步增长，并且仍然以猫和狗为主。如表格 23-1 的信息所示，一些过去持续增长的宠物种类现在不再受到人们的欢迎（图 23-27，图 23-28 和图 23-29）。其中促进宠物总量增长的因素包括：

- 生育高峰的一代人到了普遍饲养宠物的年龄（35～65 岁）；
- 家庭人口数量减少使得宠物饲养所需资源相应增多；

图 23-27　将家畜当作宠物与业余爱好放牧是相一致的。

■ 宠物和人们做伴，给人一种安全感，可以减轻现代社会因离婚、工作压力和家庭分居等因素带来的不适；

■ 通过宠物人们可以与大自然产生间接的联系；

■ 日益增长的生态意识唤起了人们饲养宠物的热情；

■ 狗自古以来就被赋予保护者的角色(图 23-30)。

图 23-28 饲养与众不同的宠物如红肚皮的非洲青蛙和蟾蜍是十分流行的。(Adele M. Kupchik 提供，经允许使用)

图 23-29 许多种类的爬行动物，如鬣蜥被当作宠物饲养。(Adele M. Kupchik 提供，经允许使用)

图 23-30 有多个原因导致了宠物饲养率逐年上升。这其中包括宠物为他们的主人从现代生活的苦恼中带来了情感上的安定和陪伴,同时还由于狗扮演着传统的保护者的角色。

登记注册的动物

狗和猫登记注册的数量正在逐年下降(图 23-31 和图 23-32)。此结论是由美国康奈尔俱乐部和猫爱好者协会统计数据所得出的,因而不能代表所有的注册情况。每个组织都代表了各自不同种类宠物的最大注册数,因此也可以很好地反映总的注册情况。对于纯种动物注册下降的原因可能是多方面的。可能是因为许多城市对猫和狗的饲养都制定了相应的限制条件,另一方面或许是人们对于纯种动物的兴趣日益减退所造成(图 23-33)。

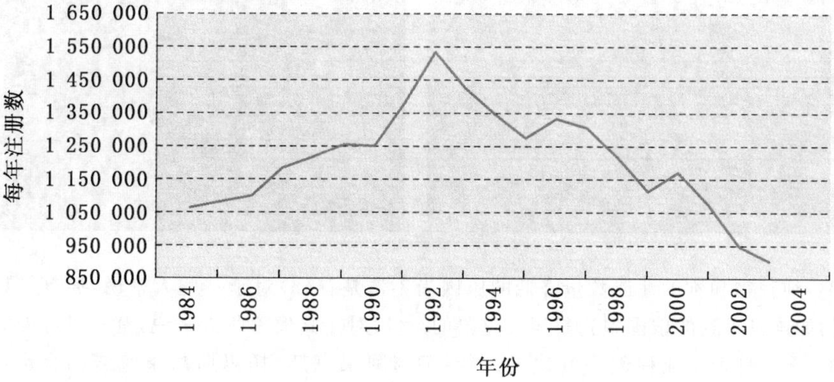

图 23-31 狗登记注册数量的变化趋势。(来源:American Kennel Club,2004, http://www.akc.org/registration/index.cfm.)

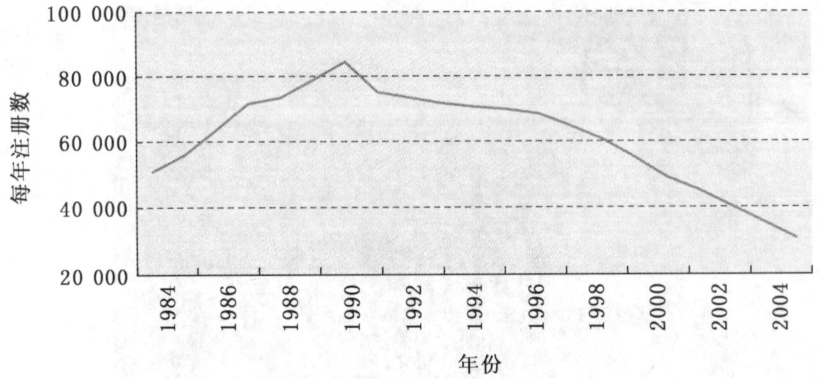

图 23-32 纯种猫注册数量的发展趋势。(来源:The Cat Fancier's Association, Inc.)

图 23-33 纯种猫和狗的注册数量降低的原因尚不清楚。(a)对于一些人来说,拥有一只公认的纯种动物如这只雅致的俄国狼狗是至关重要的。(b)对于其他一些人来说,有一只可爱的动物是最重要的,至于是否是纯种倒是其次的。(泰勒与阿莱克斯、托玛斯与条纹猫的合影,Kathryn Beckett Triacoff 提供,经允许使用)

宠物食品

美国宠物食品产业的发展趋势其实代表了全世界该领域的发展趋势,因为美国制造商是世界市场的主导者。当国外市场潜力逐渐等于或大于本国市场潜力时，制造商对生产重点做了大量的调整。如宠物快餐食品、低热量饲料、针对诸如糖尿病等疾病的药用食品和针对运动型狗的营养浓缩食品等特殊产品生产成为该产业的焦点。由于人们对高品质、高价格品牌需求的日益增长，该产业就通过兽医渠道来增加猫、狗食的销售额。生长阶段配方型饲料的买卖目前在整个宠物食品产业中变得十分普遍，并且近期将会进一步发展。针对特殊行为类型上市的食品同样将得到扩展。宠物有机食品市场是宠物食品产业中一个规模较小但正在发展的领域，并且对于独生子女和溺爱宠物的空闲家居者而言，这个领域将有可能继续发展。

营养

美国宠物食品市场迅速扩张，其中一个主要的原因是更专业化的宠物产品的引入。每年有多达400种新产品进入市场，并且许多是针对特殊市场的产品。这种趋势目前仍没有任何减缓的迹象。大概当生产商为研发新饲料而做必要的研究，同时遵守标签相应规定时各种食品的营养价值将会得到改善。一个专家组当前正在研究宠物和外来鸟类的营养需求，这个委员会的目标是发展和改善它们的营养状况。此项目一旦完成（这将花费数年的时间），鸟类饲料的种类将会增加，且标签质量将会得到改善。

最新的《狗和猫营养需求》（国家学术期刊）最近已经发行。此刊物基于动物的生理活动和生命阶段提供了相应的营养建议。它主要关注营养物质在狗和猫体内如何代谢、营养不足的表现和营养不良引起的病症。总之，这是一本希望为饮食搭配、研究计划的制订、宠物食品标记规则的完善及帮助宠物饲养者提供有价值参考信息的刊物。

兽医支出

兽医护理的总费用呈逐年上升趋势。伴随着宠物饲养者可以利用更多的医学技术和接生高产服务，此趋势仍将继续下去。

行业组织

下面所列的组织和其他资源的名单用于帮助感兴趣的读者查阅更多额外的信息。

美国猫爱好者协会（American Cat Fancier's Association）
Address：P. O. Box 1949，Nixa，MO 65714
Phone：(417)725-1530；Fax：(417)725-1533
http：//www.acfacat.com

美国养鸟联盟（American Federation of Aviculture）
Address：P. O. Box 7312，Kansas City，MO 64116
Phone：(816)421-2473

http://www.afabirds.org

美国康奈尔俱乐部(American Kennel Club)

Address:5580 Centerview Drive, Raleigh, NC 27606

Phone:(919)233-9767;Fax:(919)854-0161

http://www.akc.org

美国兽医协会(American Veterinary Medical Association)

Address:1931 North Meacham Road, Suite 100, Schaumburg, IL 60173-4360

Phone:(847)925-8070;Fax:(847)925 - 1329

http://www.avma.org

猫爱好者协会(The Cat Fancier's Association, Inc.)

Address:P. O. Box 1005, Manasquan, NJ 08736-0805

Phone:中心办公室(732)528-9797;Fax:(732)528-7391

A 座 Phone:(732)528-6443

http://www.ctainc.org

三角洲协会(Delta Society)

一个致力于训练动物,帮助人们保持健康、自立从而提高生活质量的组织

Address:875 124th Ave NE, Suite 101, Bellevue, WA 98005

Phone:(425)226-7357;Fax:(425)235-1076

http://www.deltasociety.org

E-mail: info@deltasociety.org

国际猫协会(The International Cat Association, Inc.)

Address:P. O. Box 2684, Harlingen, TX 78551

Phone:(956)428-8046;Fax:(956)428-8047

http://www.tica.org

服务类犬

孤独者的犬类伴侣中心(Canine Companions For Independence)

Address:国家总部, 2965 Dutton Ave., Santa Rosa, CA 95402 - 0446

Phone:(707) 577-1700; (707) 577-1756 (TDD)

http://www.caninecompanions.org/

自立犬伴侣中心从事培训 4 种类型的犬:

服务类:服务类犬的定位是一个身体残疾人在犬伴侣的帮助下能够独立工作,此外该服务犬还会做日常事务来辅助残疾人。

助听类:助听犬的定位是一个听力差或聋哑的人在犬伴侣的帮助下能够独立工作。助听犬被培训后,用来提醒聋哑人注意各种声音,包括电话、铃声、闹钟、警报和火警。

辅助服务(社交)类:辅助服务类犬的定位是在这种狗的帮助下一个需要他人

帮助的残疾人能够工作。狗被培训后用来完成交流事务和日常事务。

工具类:工具犬的定位是相当于一个培训过的专业人员,可通过宠物辅助疗法及与它的互动来被利用。

人类的朋友(Friends for Folks) 人类的朋友计划为老年市民提供的,由服刑人员培训的训练良好、举止得当的伴侣犬。这些狗来自收容所。由长期服刑人员培训,从而作为改善监狱生活的手段,达到精神复原的目的。

Address:P. O. Box 260, Lexington, OK 73051-0260

Phone:(405)527-5676, ext. 630

http://www.doc.state.ok.us/docs/FRIENDS.HTM

国际助手狗协会(International Association of Assistance Dog Partners) 该组织成立于 1993 年,是一个非营利性组织,其作为一个独立的残疾人消费者组织可以提供所有的辅助犬同伴,从而提高消费者对于辅助犬领域的兴趣。该组织的任务是:(1)在辅助犬领域为辅助犬伙伴做宣传;(2)使那些导盲犬、助听犬和服务犬陪伴的人们能够解决共同关心的问题;(3)鼓励残疾人和辅助犬成为伙伴。

地址:3861 Filly Drive, Sterling Heights, MI 48310

Phone:(586)826-3938

http://www.iaadp.org/

国家搜救协会(National Association for Search and Rescue)

Address:4500 Southgale Place, Suite 100, Chantilly, VA 20151

Phone:(888)893-7788

http://www.nasar.org

NEADS 监狱 PUP 伴侣(NEADS Prison PUP Partnership)

北方中心劳教所,主管人林恩·比森耐特

Address:500 Colony Rd, Gardner, MA 01440

Phone:(508)792-7588

通过 e-mail: NEADSDogs@aol.com 与波林小姐联系

惠恩猫基金会(The Winn Feline Foundation)

Address:1805 Atlantic Ave., P. O. Box 1005, Manasquan, NJ 08736

Phone:(908)528-9797;Fax:(908)528-7391

http://www.winnfelinehealth.org

综合资源

美国狗训练者网络资源(American Dog Trainers Network) 为一个优秀的网站提供了大量与狗相关话题的信息。这个网络提供与训练狗相关的文章、安全事项、参考书目、讨论发表会和大量免费的资源。“我们的目标是使人们增长知识、达到科学的宠物护理和积极主动的培训。”

http://www.inch.com/~dogs/

概要和结论

宠物饲养可能导致了动物驯化的开端。在所有生命阶段和环境下宠物和伴侣动物使人们的生活变得更有意义和丰富多彩。有许多原因使我们喜欢、欣赏并受益于宠物。总之,用金钱是无法衡量宠物对社交、社会和个人的益处的。然而,对于宠物产业来说经济效益无疑是一个重要的组成部分。美国兽医协会估计超过 5 800 万的美国家庭至少饲养了 1 只宠物。

宠物和伴侣动物产业的目标是为了能让宠物更好地服务和陪伴人们。饲养宠物的目的是因为它可在生活中扮演一个或更多个角色,包括装饰类、地位象征类、玩具类、业余爱好类、助手类和伴侣类。美国所有地区的宠物饲养率都超过了 50%。

目前,全世界犬有 400～450 个狗的不同品种,而它们中仅有 1/4 受到了足够的欢迎,在美国主要的登记注册单位美国康奈尔俱乐部都有统计记载。但全世界仅约有 50 种猫。猫之所以没有发展出狗那样多的品种是因为其用途要狭窄得多。但猫饲养者也在积极发展新品种。宠物鸟根据种系被分开,而其余的宠物种类不像猫和狗那样依品种分类。

饲料管理协会对宠物食品上的标签进行了规定。每个州同样有权力制定和实施各自的规定。许多州采纳了美国饲料管理官方协会制定的宠物食品标准。此标准在性质上更加专业。饲料标签内容的方方面面,如包括产品名称、营养分析担保、营养成分、饲喂指南和热量总值等都为美国饲料管理官方协会的标准所涵盖。其中狗和猫食品标签的要求最为详细和具体。这是因为人们已经非常熟悉它们营养需要,所以美国饲料管理官方协会可以细化其营养要求。

美国宠物群体的总量估计至少在未来 10 年会稳步增长。但登记注册的动物的百分比却在逐年下滑。宠物食品产业的一个焦点是专门化产品,如宠物快餐食品、低热量饲料、针对诸如糖尿病等疾病的药用食品和针对运动型犬的营养浓缩食品。该产业可通过兽医渠道来增加猫、狗食的销售额。每年多达 400 种新的宠物产品进入市场,其中许多瞄准了特需市场部分。兽医护理的总花费也在逐年上升,估计这种趋势还会继续下去。

习题

1. 描述在美国家庭中不同种类宠物的饲养率。
2. 描述宠物饲养地理分布存在的一般规律性。
3. 本章所讨论与宠物种类相关的特殊产业部分的市场价值是多少?
4. 将美国家庭饲养家畜的比率与饲养宠物或伴侣动物的比率进行比较。
5. 定义并区分所有种类的宠物动物,包括它们的功能。
6. 用图表的形式列出在现代社会中宠物所有有价值的用途。

7. 简要介绍一下狗的驯化史。

8. 简要介绍一下猫的驯化史。

9. 描述一下美国宠物饲养的地理分布。

10. 将宠物的繁育类型和遗传资源与家畜进行比较和对比。

11. 描述品种在各种宠物中的作用。将品种在宠物狗和猫中的作用与其在爬行动物和鸟中的作用进行比较。

12. 概括描述一下母狗的交配过程。

13. 比较一下狗和猫生殖道的基本结构、它们之间的相似处和区别是什么?

14. 解释在狗或猫食品标签上的信息含义。

15. 描述宠物和宠物产业发展的主要趋势。

参考文献

AAFCO. 2004. *Official publication 2004.* College Station, TX: American Feed Control Officials, Inc.

American Kennel Club. 2004. Accessed online in September 2004 at http://www.akc.org/.

American Pet Products Manufacturers Association, Inc. 1999. *APPMA national pet owners survey.* Greenwich, CT: American Pet Products Manufacturers Association, Inc.

AVMA. 1997. *U.S. pet ownership & demographics sourcebook.* Schaumburg, IL: Center for Information Management, American Veterinary Medical Association.

AVMA. 2002. *U.S. pet ownership & demographics sourcebook.* Schaumburg, IL: Center for Information Management, American Veterinary Medical Association.

Campbell, J. R., M. D. Kenealy, and K. L. Campbell. 2003. *Animal sciences: The biology, care, and production of domestic animals.* 4th ed. New York: McGraw Hill.

Case, L. P. 1999. *The dog, its behavior, nutrition, and health.* Ames, IA: Iowa State University Press.

Council for Science and Society. 1988. *Companion animals in society.* Oxford, England: Oxford University Press.

Dzanis, D. A. 1999. Pet food labels—Special report. *Feedstuffs* 71, (1) (January 4).

Geisert, R. 1999. *Learning reproduction in farm animals.* Stillwater, OK: Oklahoma State University.

Hoepker, K. 1998. Pet food market continues to experience steady growth. *Feedstuffs,* 71(1). The Miller Publishing Company, a company of Rural Press Ltd.

Irlbeck, N. A. 1996. *Nutrition and care of companion animals.* Dubuque, IA: Kendall/Hunt Publishing Company.

Journal of the American Veterinary Medical Association. 1997. *Results of the AVMA survey of U.S. pet owning households on companion animal ownership.* 211(2) (July 15).

Klug, W. S., and M. R. Cummings. 2000. *Concepts of genetics.* Upper Saddle River, NJ: Prentice Hall.

Morris, D. 1999. *Cat breeds of the world.* New York: Viking.

Pet Food Institute. 2004. *Pet incidence trend report.* Pet Food Industry Reference Desk. http://www.petfoodinstitute.org.

Schwartz, M. 1997. *A history of dogs in the early Americas.* New Haven, CT: Yale University Press.

Tabor, R. 1995. *Understanding cats: Their history, nature and behavior.* Pleasantville, NY: The Reader's Digest Association.

USDA. 1984. *Yearbook of agriculture: Animal health, livestock and pets.* Washington, DC: USDA.

第 24 章

羊 驼

学习目标

学完本章后,应该能够:

1. 描述骆驼科中 6 个属间的相互联系及其主要分布情况。
2. 描述美国羊驼的养殖历史。
3. 识别各属的体型特征和特性。
4. 描述与羊驼健康的重要关注点及保持驼群健康的措施。
5. 阐述羊驼行为与不同年龄、繁殖期及畜群地位的关系。
6. 比较对照羊驼与其他家畜在消化系统生理效能上的不同。
7. 阐述羊驼的基本饲养。
8. 讨论羊驼养殖业目前主要面临的挑战。

关键术语

初产	美洲驼,羊驼	性嗅反射
红细胞	秘鲁羊驼	胸骨横卧
欢叫(骆驼在交配前发出的一种声音)	难产	血红蛋白
经产	臌胀病	幼驼

羊驼的科学分类

骆驼科由 6 个品种组成,骆驼属分为两个种类:阿拉伯单峰驼(图 24-1)和大夏双峰驼(图 24-2)。美洲驼属包括南美羊驼(图 24-3)、美洲驼(图 24-4)和秘鲁羊驼 (图 24-5)。驼马属包括小羊驼(图 24-6)。这些骆驼科的成员一般都可统称为骆驼,这其中美洲驼属和驼马属两属被称作羊驼。

门:脊索动物门

亚门：脊索动物亚门

纲：哺乳纲

目：偶蹄目

亚目：驼亚目（胼足下目）

科：骆驼科

属：骆驼属（古代骆驼）；美洲驼属（南美骆驼）；驼马属（南美骆驼）

种：阿拉伯骆驼（单峰骆驼），大夏骆驼（双峰骆驼）；羊驼（美洲驼），羊驼（秘鲁羊驼），大羊驼（南美羊驼）；驼马（小羊驼）。

图 24-1 阿拉伯单峰骆驼。（Thomas Thedford 提供）

图 24-2 大夏双峰骆驼。（照片共有 4～5 张，Superstock，Inc 提供）

图 24-3 南美羊驼(大羊驼)幼仔。(Emesto Rios 摄,PhotoDisc,Inc. 提供)

图 24-4 一群在厄瓜多尔驯养的美洲驼。(Janetm M 摄,秘鲁大使馆提供)

图 24-5 秘鲁羊驼。(Bruna Stude 摄, Omni Photo Communieation,Inc 提供)

图 24-6 秘鲁境内的小羊驼。(Ted Levin 摄, Animals Animals/Earth Scenes 提供)

美国羊驼的地位

在美国广泛存在的羊驼有美洲驼和秘鲁羊驼，是羊驼中最重要、最具有经济价值的种类。羊驼作为驼科成员，起源于美国羊驼与南美安第斯山脉羊驼杂交的高产种群。它们由四个种两个属组成，分别是羊驼(美洲驼)、羊驼(秘鲁羊驼)、大羊驼(南美羊驼)和驼马(小羊驼)。四种羊驼均有 37 对染色体，能进行种间杂交，产生有繁殖能力的后代。最常见的杂交是美洲驼和秘鲁羊驼(产生的后代称 Huarizo)，秘鲁羊驼和小羊驼产生后代叫巴库·小羊驼。南美羊驼和小羊驼尽管有一些被驯养，但仍未被驯化。小羊驼的毛是产毛动物中毛纤维质量最好的，可达布拉德福标准中的 120 级。在布拉德福体系中，级数越高表明毛纤维质量越好，越能精纺成更为贵重的毛料。为了获得昂贵的驼毛而大肆扑杀小羊驼，使其几乎濒临灭绝。为了保护这种动物，南美一些国家政府已颁布有关法令禁止捕杀小羊驼。

从秘鲁南部到阿根廷北部的安第斯山脉美洲驼的数量较多，作为羊驼种群中数量最多的物种，自从驯化以来一直作为主要畜种饲养。羊驼是人类重要的生活原料：肉可作为食物，毛皮可作轻纺工业和皮革加工的原料，脂肪可制作蜡烛，干粪作燃料，还可作为宗教的祭品(尤其是白色美洲驼)。秘鲁羊驼体型比美洲驼小，更像是一个长着骆驼脖子和头的大山羊。饲养秘鲁羊驼是为了产毛，其中苏瑞(Suri)品种的毛较长，能到地面。

因为在美国美洲驼和秘鲁羊驼的数量相对较少，所以在动物产业中占有特殊地位。

驼业目标(美洲驼和秘鲁羊驼)

在美国,20 世纪 70 年代早期,羊驼已作为一种有重要价值并且日益受到重视的动物,但不作为肉用品种。它们主要用作役用(驮物或拉车)(图 24-7);作为警卫动物(主要看护绵羊和山羊)(图 24-8);作为宠物和理疗动物;用作毛用或作

图 24-7 美洲驼是很有用的驮运动物,相对于体重它们能驮运很重的货物,而且有蹄垫保护蹄子不易受损。(Dr. Thomas Thedford 提供,经允许使用)

图 24-8 美洲驼作为警卫动物,用于看护山羊和绵羊。(Dr. Rebecca L Dawron 提供,经允许使用)

为观赏动物进行展览和游行(图 24-9)。美洲驼是青少年科普教育项目，例如 4-H(译者注：即美国青少年俱乐部，用 4 片叶子做标志，分别代表 Head, Heart, Hands, Health)，青少年协会，FFA(译者注：Future Farmers of America，美国未来农场主组织)和其他青少年活动的一种常用动物。羊驼最常见的是被作为宠物；其次是用于野外驮运。美洲驼能驮自身体重 1/3～1/2 重的货物，而且成本低，耐力持久，所以经常用来野外驮运。它们的蹄不会像马、骡和驴的蹄那么容易损害。许多商业运输公司以及美国农业部森林护卫员，也用美洲驼驮运货物。毫无疑问，流行用羊驼运输是综合了人类需要、新奇和大众化的要求。实际上，美洲驼易于饲喂(谷物、草、嫩枝)、驯养和管理，这些也是它们日益受欢迎的原因。

图 24-9 美洲驼展示会是许多美国人喜爱的活动。(Dr. Thomas Thedford 提供，经允许使用)

美国的羊驼历史

驼科动物有 4 000～6 000 年的驯养历史。19 世纪晚期，羊驼由南美引入美国，主要是作为动物园的动物。其他引进者像 William Randdph Hearst 在 20 世纪早期，是将羊驼作为外国物种，在公园或旷地中展示。因为 1843 年秘鲁颁布实施了一项法律禁止出口活的秘鲁羊驼，所以很少有秘鲁羊驼进口。1930 年美国为了防口蹄疫病，禁止所有蹄类家畜进口，因而美洲驼进口同样禁止了。与此同时，所有安第斯山地区的国家试图阻止美洲驼扩散到其他国家。直到 20 世纪 80 年代出现了唯一一个出口法律，出口解禁后，加拿大的小片驼群也进行了出口。因此，一些来自北美的羊驼，主要是 20 世纪 30 年代早些年由南美进口来的羊驼的后裔，其次来自加拿大的羊驼后裔，少数来自墨西哥非法进口以及少量来自不同时间从其他国家进口的羊驼后裔。从智利进口羊驼是 1984 年认为智利没有口蹄疫病后开始的。口蹄疫使动物从南美进口到美国的费用升高，并且很困难。美国农业部、动植物检疫局掌控进口。烦琐、高费用的检疫是必要的，大多数进口被作为种畜。不幸的是，进口的羊驼数量太少，对于扩大美国羊驼种群基因库作用甚微，首次大批进口秘鲁羊驼是在1984年。

在美国，一般畜主和羊驼的关系不同于畜主传统的肉用家畜的关系。确切地说就像马一样，羊驼的主人通常不像以往对待大家畜那样待它们，就像马的主人熟悉它的习性，羊驼和它的主人通常也保持着朋友关系，而不是把它们当成投资赚钱的机器。

地理分布

根据畜种登记统计分析，美国大约有160 000只美洲驼和50 000只秘鲁羊驼。图24-10显示美国羊驼分布情况。西海岸是羊驼的主要分布区。俄勒岗州、华盛

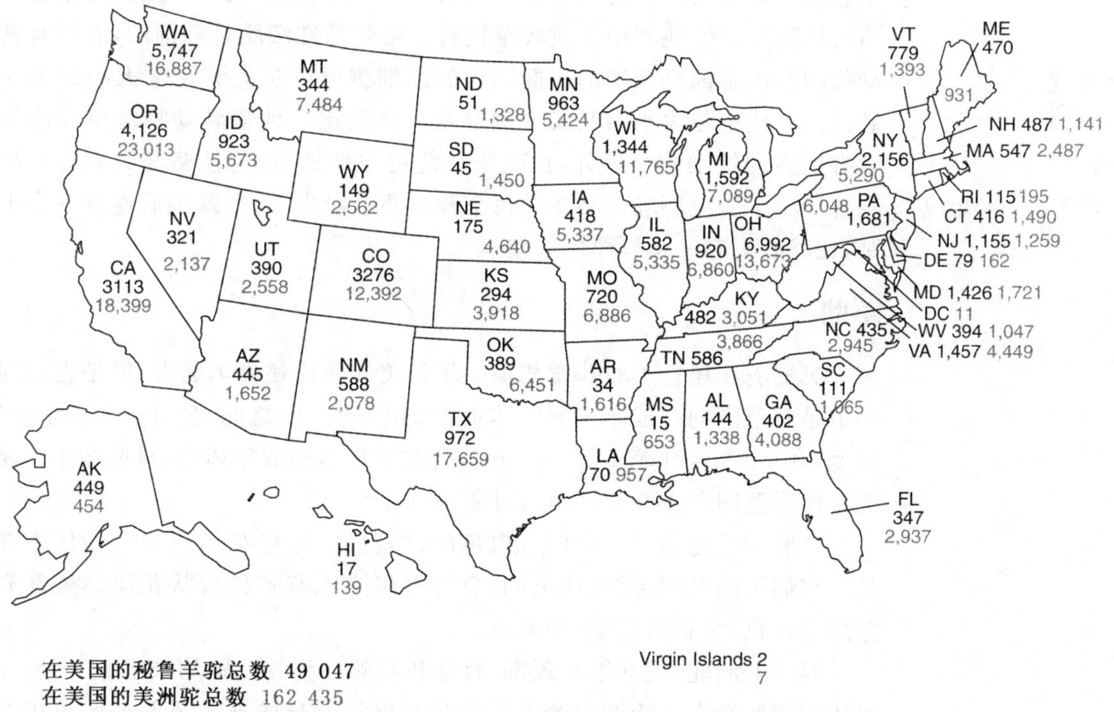

在美国的秘鲁羊驼总数 49 047
在美国的美洲驼总数 162 435

图24-10 美洲驼和秘鲁羊驼在美国的地理分布。(来源：以the Alpaca Registry Inc. 和the International Llama Registry的调查为基础)

注：AL-阿拉巴马州，AK-阿拉斯加州，AZ-亚利桑那州，AR-阿肯色州，CA-加利福尼亚州，CO-科罗拉多州，CT-康涅狄格州，DE-特拉华州，DC-哥伦比亚，FL-佛罗里达州，GA-乔治亚州，HI-夏威夷，ID-爱达荷州，IL-伊利诺斯州，IN-印地安纳州，IA-爱荷华州，KS-堪萨斯州，KY-肯塔基州，LA-路易斯安那州，ME-缅因州，MD-马里兰，MA-马萨诸塞州，MI-密歇根州，MN-明尼苏达州，MS-密西西比州，MO-密苏里州，MT-蒙大纳州，NE-内布拉斯加州，NV-内华达州，NH-新罕布什尔州，NJ-新泽西州，NM-新墨西哥州，NY-纽约，NC-北卡罗来纳州，ND-北达科他州，OH-俄亥俄州，OK-俄克拉荷马州，OR-俄勒冈州，PA-宾夕法尼亚州，RI-罗德岛州，SC-南卡罗来纳州，SD-南达科他州，TN-田纳西州，TX-得克萨斯州，UT-犹他州，VT-佛蒙特州，Virgin Islands-维尔京群岛，VA-维吉尼亚，WA-华盛顿，WV-西维吉尼亚，WI-威斯康星州，WY-怀俄明州

顿和加利福尼亚都超过了 10 000 只美洲驼。得克萨斯州，科罗拉多州，俄亥俄州也有大量的美洲驼分布，秘鲁羊驼总数较少但分布与美洲驼相似。俄亥俄州是秘鲁羊驼数量最多的地区，而不是美国西海岸。

体型描述

骆驼

骆驼家族成员之间的差异很大，但它们也有共同的特征。它们都有长长的脖子，小小的脑袋，没有角和茸角，都有像兔子一样灵活的上唇。它们是有前胃的草食动物，其前胃与瘤胃很相似，但它们的胃只有 3 个室，不像瘤胃动物有 4 个室。骆驼能很好地利用植物的养分，能采食多种不同的植物。一般认为骆驼比其他反刍动物更能有效地利用劣质牧草饲料。骆驼的**红细胞**是椭圆的，而所有其他哺乳动物的红细胞都是圆形的。椭圆形的红细胞可以扩大到正常大小的 1.5 倍而不破裂。这使骆驼脱水后又能立刻复水。骆驼比其他哺乳动物每单位体积血液中含有更多的红细胞。另外，**血红蛋白**能更快地携氧，这使骆驼有能力在高海拔的艰苦环境下适应环境。骆驼的每个蹄有两个蹄尖，每个蹄尖后连着一个平平的长趾，在蹄心下有一个厚厚的蹄垫。

红细胞
红色血细胞。

血红蛋白
红细胞中携带氧的血色素。

羊驼

美洲驼和秘鲁羊驼非常相似。尽管美洲驼比秘鲁羊驼大，但是它们的体形大小也是有范围的。成年美洲驼体重在 240～500 lb 之间，公母羊驼体重差异很小。肩宽 40～50 in，颈背宽 65～72 in。公驼 3 年达到成年体重，母驼 2 年。秘鲁羊驼成年体重范围在 100～185 lb，肩宽 36 in。

羊驼的毛色很多。它们有白色的、黑色的、棕色花斑的、红色的，还有混合色的。它们可能是间色的、纯色的，有许多斑点或有各种形状花斑。秘鲁羊驼从黑色到棕黄色到白色，有 22 种毛色。

对于美洲驼，毛纤维在颈部、背部和腹侧。头、腹、腿均被毛。3～8 in 的毛纤维使美洲驼能在阴冷潮湿的天气里防寒保暖。身体被毛帮助美洲驼在温暖的气候条件下散热。毛纤维无油脂(没有像羊毛上的羊毛脂)，因而重量较轻。秘鲁羊驼毛是很好的纺织毛料，相比之下美洲驼的毛则较粗较差了。美洲驼的粗硬毛是一个很好的外衣，粗硬毛可以给动物挡风避雨、抵御寒冷。在寒冷的天气里，羊驼将腿藏在硬毛下休息，使硬毛覆盖的腹部和腿得到很好地保护。在炎热的天气中，羊驼用坐的方式让空气吹拂它们的身体，用皮肤被毛少的地方散热。

秘鲁羊驼主要用于产毛。毛纤维等级超过任何毛质最好的绵羊。秘鲁羊驼毛纤维等级比美洲驼的更高。它手感非常好，很轻，有很好的隔离作用，细密柔软。这种柔软的毛料不会刺刮穿用者。它通常用来做毛皮风衣，睡袋及好的大衣内衬和其他一些东西。驼毛售价每盎司 3～6 美元。一个成年秘鲁羊驼平均每年产绒 4 lb。而在凉爽地区，隔一年剪一次毛，有利于驼绒的生长。在炎热地区，为了避免热应激，每年都有必要剪毛。选育一部分温顺的秘鲁羊驼便于剪毛，这种特性很容易对其管理。因为产毛能力，我们推测，秘鲁羊驼很可能是由小羊驼驯养而来的。成年秘鲁羊驼公驼被作为种公驼繁育后代，有时叫种驼(Stubs)。母驼没有其他的叫法。**幼驼**叫 Babies 或 Crias。Crias 是西班牙语仔畜的意思。阉驼(Gelding)指阉割的公驼。

幼驼
美洲驼的幼仔。

遗传和育种

与现有家畜不同，羊驼的繁育方案不是其遗传育种的一部分内容。作为伴侣动物品种，育种选择主要基于主观标准。有经验的育种家改良并使动物继续生存和进化。在 1988 年秘鲁羊驼注册需要提供动物的血型。而到 1998 年 11 月 1 日秘鲁羊驼注册则要求 DNA 鉴定，同时美洲驼注册也要求 DNA 鉴定，这就取代了以前只用血型和种公驼 10 个以上的后代的外观鉴定的方法。秘鲁羊驼和美洲驼两项注册用这种方法来保护种群的遗传性状。

自从秘鲁羊驼作为毛用动物发展以来，成为安第斯山区主要的产毛动物。育种选择应该基于它的毛型，这是符合逻辑的。秘鲁羊驼的两个品种——Suri 毛长，卷曲；Huacaya 毛质好，毛短，卷曲，像考力代羊毛。Huacaya 羊驼是秘鲁培育的最主要的羊驼品种，被出口到其他的国家。有两个美洲驼品种也产于秘鲁。Chaku 是毛用品种，还有一种较少毛的品种叫 Ccara(Q'ara 在一些文献中有记载)。在美国，被认定的是美洲驼的两个类型，而不是两个品种。美洲驼的一种类型是役用型，体格高大，毛短。另一个类型体格较小，身体较粗，长着厚厚的一身毛，这种类型在马戏场更多见。它很可能成为美国的朝阳产业，引领育种业未来的发展方向。

健康保健

美洲驼和秘鲁羊驼非常耐粗饲，容易饲养，一般能抵抗很多疾病，只要给予定时驱虫和修蹄就能饲养得很好。它们确实能在艰难的情况下生活(生活力强)。即使在恶劣的环境条件下，它们也能生活。可是它们对疾病没有免疫力。事实上它们很容易感染各种疾病和寄生虫，每年都有很多相关的报道。一个好的驼群健康规划是非常重要的，而且随着羊驼数量的增加，与其他家畜之间以及羊驼之间的关系的逐渐紧密而显得更为重要。一个有效的健康驼群规划，受诸多因素的影响很大。这些因素包括：畜主的目标(生产目的和经济效益)，驼群的数量以及与其他物种的联系，地理位置等。

通常判断羊驼是否生病是很困难的。它们的自制力非常强，看不出什么生病的迹象。畜主必须摸清它们的习性，仔细观察它们的采食量和放牧模式，对于那些不是“正常”行为的羊驼进行体温测定来判断它们是否生病了。

当华氏温度值和湿度值之和等于或超过 180 时，羊驼可能会遭热应激，作为一种防暑保护措施，被毛厚的羊驼应该剪毛或者做一些使环境温度降低的措施，如搭凉棚，挖一个浅水池，使用洒水器、风扇、浓密的树荫或者依靠其他的环境条件进行有效的避暑。

肠毒血症(过食疾病)在美洲驼中很常见，尤其是青年驼。用 C、D 型梭状芽孢杆菌对母畜进行免疫，然后给 4～6 周龄的幼畜进行免疫，免疫效果明显，这种方法已有报道。破伤风可以用含有破伤风类毒素的梭状芽孢杆菌来预防。美洲驼应注射狂犬病疫苗，因为很容易被患恐水症的动物咬伤。肺结核、炭疽、恶性水肿、副结核病、破伤风也是美洲驼可能患的疾病。体内寄生虫有球虫、肝片吸虫、脑包虫、绦虫、肺线虫、鼻蝇蛆、胃肠线虫。体外潜在寄生虫包括疥癣、壁虱、螨、虱。牛、绵羊、山羊体内的外寄生虫都允许用药物和杀虫剂驱除。其他还有报道美洲驼所患的疾病包括钩端螺旋体病、病毒性流产、附红细胞体病和弓形虫病。

繁殖

在繁殖行为上，南美的骆驼和其他骆驼有所不同。美洲驼和秘鲁羊驼母驼初配年龄通常是 15～18 月龄，且体重对初配年龄很重要。繁殖能力持续到 15～18 岁，一般寿命在 20～25 岁，极少的个体可以活到 30 岁以上。虽然公驼完全性成熟需要 3 年，有时也可能是 2 年半，但是公驼性成熟有可能更早，因此公驼与母驼应分开饲养。

羊驼与众不同的是诱导排卵并且在交配后排卵。因为是诱导排卵，羊驼不会像其他动物一样有个发情周期，并且可在任何未怀孕的时间交配。羊驼的野生祖先是季节繁殖，但是驯养动物的这种特性已明显被人工诱导繁殖消除。母驼产仔后 14～21 d 内不要配种。延长到 14～21 d 或更长的时间配种可以在两个繁殖周期间提供一段修整期，这实际上降低了并发怀孕的几率。要尽可能避免在极热、极冷或潮湿季节生幼畜，除非提供调节温度的装置。

胸骨横卧
美洲驼和秘鲁羊驼的交配姿势。母驼趴在地上，腿和腹部着地。

美洲驼公母交配是用**胸骨横卧式**(母驼趴着，腿和腹部着地)(图 24-11)。由于交配期间美洲驼平均持续 18 min，秘鲁羊驼平均持续 20 min(范围 5～55 min)，所以交配前，公驼试图确定它周围环境是安全的。如果移到一个新的圈舍和围栏，公驼将会仔细检查周围的环境，包括粪堆也不放过，对于那里的气味，可能会表现出**性嗅反射**。

性嗅反射
个别物种的公畜遇到母畜发情时常有翻动上唇嗅天的性行为。

欢叫(Orgle)
骆驼在交配前发出的一种声音。

一旦它发现周围环境是安全的，它将开始接近母驼，并发出一种特殊的声音——**欢叫(Orgle)**。这种特殊的声音，好像是肚里的汩汩声和喷鼻声混合发出的。这种特殊的声音会持续在整个交配过程中。有兴趣的母驼也会对公驼发出啧啧声，摆摆尾巴，且开始跑。公驼将会追逐母驼，母驼将会停止奔跑并且卧下或被公驼强迫卧下，然后公驼爬跨母驼。

图 24-11 美洲驼和秘鲁羊驼的交配都是胸骨横卧式交配。(Susan Jones 摄，Animals/Earth Scenes 提供)

追逐过程中，通常排尿向后的阴茎包皮转向前方伸出。之后公驼使母驼安静，然后自己找到一个合适的位置，伸出它的阴茎。阴茎像钻头一样进入子宫颈，公驼有节律的交替插入两个子宫角，且射精。公驼射精时通常翘起尾巴。有关报道指出公驼每天可以交配 18 次。交配过程中母驼一直保持安静。有些是躺下的姿势，有些是斜依在某个地方。排卵发生在母驼交配后 26～45 h，排卵是由激素作用而发生的。而由交配时阴茎的作用，公驼腿的扣抱，还有交配时公驼发出的特殊声音，所有这些很可能刺激了神经反应而引起激素水平的升高。90%的母驼在一次交配后排卵。

已经排卵的母驼可能怀孕，卵巢黄体开始发育，而拒绝再次交配。如果公驼坚持，母驼将会还击，确切地说还会驱逐它们。一些育种工作者将配对的公母驼隔几天放在一起，另一些育种工作者连续几天将它们放在一起。这些方法能提高受孕率。因为母驼可能会排两个卵(卵泡生长、退化、再生长，12 d 一个周期)；也因为有些母驼需要重复交配来刺激排卵。是否怀孕能早在交配后 12～15 d 由超声波技术来判断。孕检的常规时间是交配后 21～28 d。有经验的细心的检测员，通过直肠触摸检查，也能常常确定是否怀孕。更为常见的孕检方法是测血液中的黄体酮水平。血液孕检应在最后一次交配 21 d 后抽血检测。这是为了避免假阳性的出现。假阳性是因为检测到的排卵黄体酮而不是怀孕时的黄体酮。美洲驼的平均怀孕期是 350 d 左右，上下浮动 2 周时间。秘鲁羊驼的平均怀孕期是 335 d，上下浮动 2 周时间。

大多美洲驼一般在上午 9:00 到下午 3:00 站立生产(图 24-12)，这毫无疑问是因为在动物的演化过程中，由于天气寒冷而形成的一种特殊选择。南美野生小羊驼几乎全部在早晨生产。这种选择有助于它们避免安第斯山下午的暴风雨，并且给幼驼一个更好的生存机会。在一天中早些出生，幼驼有充足的时间在晚上到来前使身上干燥并且可以站立，得到母驼的呵护。幼畜如果出生在晚上较冷的几

经产

指以前怀孕并有后代的母畜。

初产

本文指从来没有生过幼仔的母畜。

难产

分娩出生困难。

个小时或是潮湿的下午，它们是很难存活的。母畜临产时通常表现出不安并且没有食欲。它会单独找个圈，可能会频繁排尿，发出“哼哼”声且站卧不安。年轻的**经产**母驼整个生产过程需要 2～3 h，**初产**母驼需要的时间长些，**难产**是很少见的，主要是胎盘滞留延长了时间。尽管母驼一般是很好的温顺的母亲，但它们不会舔幼驼或吃胎盘。刚出生的幼驼全身包裹着一层很薄的胎膜，但不抑制呼吸和活动，午后胎膜就会脱落。母驼将会轻轻推动幼仔，用嘴鼻触幼仔，发出哼哼的声音，鼓励它，保护它。

图 24-12 美洲驼一般在上午 9:00 到下午 3:00 站立生产，临产引起了畜群动物的好奇。（Susan Jones 摄，Animals Animals/Earth Scenes 提供）

幼驼的培育

由于羊驼生性顽强，新生幼驼通常很少需要护理。但是根据家畜饲养惯例，一般用 7%碘酒擦洗脐带，能有效地防止脐带处发生病变。鉴于这些动物是颇有价值的，其他的家畜管理方法可能也是可取的。

美洲驼母驼有 4 个乳头，用驼奶喂幼畜。幼驼和幼小的反刍动物一样需要在出生后尽可能快地吃到初乳来获得抗体保护。在出生后 6 h 内应吃到相当于其体重 5%平均重量的初乳，在出生后 12 h 内要吃到相当于其体重 10%重量的初乳。如果初生幼畜不能保证正常的初乳，必须给予人工饲喂。幼驼应每隔2 h 喂 4～8 oz 乳。一般情况下，幼驼在出生后 90 min 将会站起来吃奶。如果出生后 6 h 不能正常哺乳，饲养人员将挤出母驼的奶，用奶瓶或喂管喂幼畜（图 24-13）。如果母驼的初乳不能得到，可用山羊和奶牛的初乳代喂。过量的驼乳冷冻起来以后备用也是一个很好的策略。但是过多的初乳仅仅在有死产的时候才能得到。冷冻的初乳可以保存几个月，可以从健康、预防接种过的牛、山羊、绵羊收集初乳并且保存备用。我们可以从以下两种方法中选择一种来补充代替初乳，就是给需要的幼驼输入成年健康美洲驼的血或血浆，输入量为幼驼体重的 8%～10%，或者给幼驼饲喂血浆。

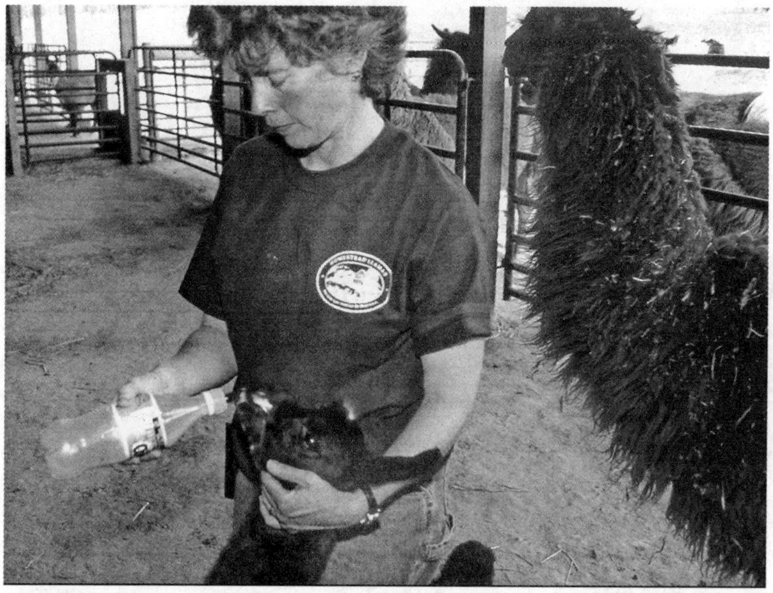

图 24-13 一般幼驼出生 90 min 后将站起来吃奶。如果出生 6 h 仍未吃到初乳，就必须用奶瓶或胃管喂初乳。(Bill Tarpeming 摄，USDA 提供)

早期生长用幼畜体重来监控，一旦没达到预期效果，接下来则每天监测，持续两周。在头 2 周内，每天体重增加 0.5～1 lb。在第一个月体重应达到初生重的 2 倍，正常初生重应在 18～40 lb。幼驼断奶应该在 5～6 月龄，体重应该达 100～150 lb。秘鲁羊驼的初生体重是 11～20 lb。

建议对羊驼进行如下免疫：

■ 每年给全部羊驼注射 C 型或 D 型梭状芽孢杆菌破伤风类毒素。母驼产仔前 1 个月应加大剂量。

■ 在 30～60 d 给幼驼注射 C 型或 D 型梭状芽孢杆菌抗毒血清和破伤风类毒素，剂量应比刚出生时加大。然后每年再注射一次。

■ 进一步免疫被认为更有保证，应该考虑做以下免疫：1 年 2 次给幼驼接种钩端螺旋体疫苗、狂犬疫苗、恶性水肿疫苗和马疱疹 1 号病毒灭活苗。幼驼 2 月龄前胃开始有发酵功能。在这个年龄，它们的部分胃已接近成年动物。在 1～2 周龄就应该开始鼓励它吃些固体食物(母驼奶少能开发幼驼早些去吃饲料的习惯)，可以在幼畜补饲栏中放些苜蓿和谷物。那些生长良好的幼驼可能不会去补饲栏。

营养和饲料利用

羊驼是有复胃的草食动物，它们前胃有 2 个室与腺胃相连，它的胃被比作瘤胃。驼共有 3 个前胃(图 24-14)，消化与反刍动物十分相像，反刍是它们消化的重要特征。微生物厌氧发酵是在消化系统的前两个胃室中完成的。纤维素被转化为动物可利用的物质。一般情况下在羊驼前胃发现的大部分食物要比真正瘤胃

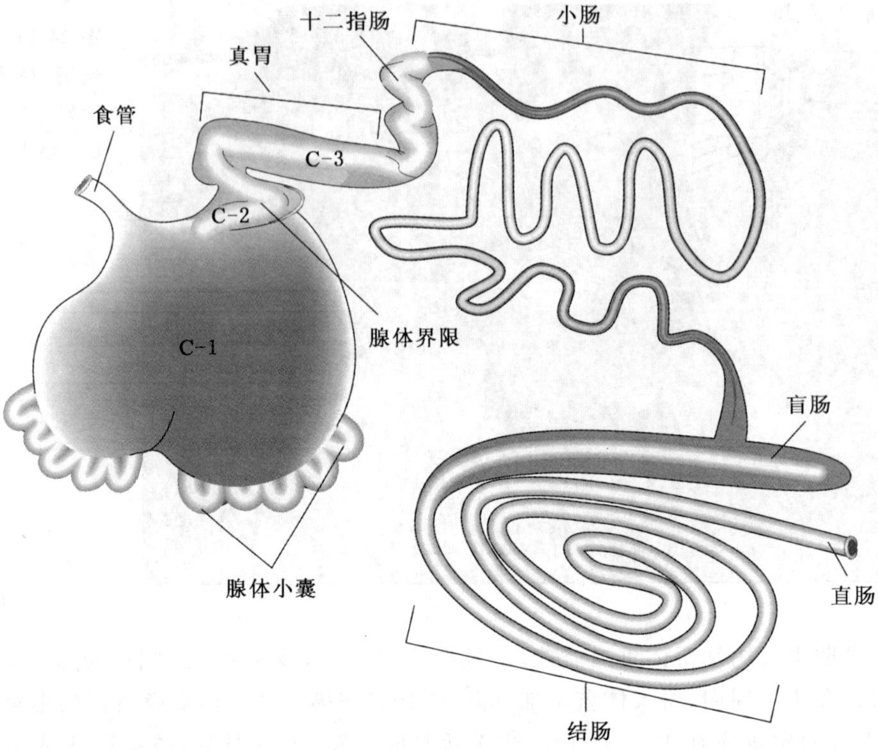

图 24-14 羊驼的消化道。C-1,C-2 主要作用是发酵罐,末端部分 C-3 是有腺体的,可以当作"真胃",它与反刍动物的皱胃是同功的。

臌胀病
消化道的发酵部位产生的气体,可能威胁生命。

的食物干燥且不分层。可能正是这个原因,羊驼很少会出现**臌胀病**。

美洲驼天性吃草和树叶。而秘鲁羊驼只吃草。像绵羊、山羊一样,门齿十分坚固地嵌在下颌上,下面牙齿压住上面的牙龈。这样有助于切断植物。他们的嘴唇使它们能吃上接近地皮的草,也有助于它们吃那些长在有害植物群附近的草,还能避免它们采食有毒植物而引起伤害。

羊驼的捕握的上唇中间有一裂隙,每半上唇能独立活动,这就有助于羊驼仔细过滤它们的食物,并且避免碰到岩石和其他潜在的有害的东西上(图 24-15)。不像大多数西方农场里驯养的动物,羊驼的舌头不容易从嘴里伸出来,这就是为什么母驼不给初生幼驼舔毛的原因。这一特征也妨碍了它们舔食盐砖的能力。它们通常以嚼来代替舔。

羊驼对饲料的利用率比反刍动物更高,尤其是在对蛋白质和能量的消化利用上,羊驼有更强的消化能力,这就解释了为什么羊驼有时更容易蓄积脂肪。羊驼能在南美牧草平均粗蛋白含量仅有 7%的草原上衍生不息,旺盛生长。对美洲驼作为维持需要的消化能为每千克代谢体重 75 kcal。而绵羊是每千克代谢体重 119 kcal,这比美洲驼高出 37%。挥发性脂肪酸是羊驼碳水化合物发酵的主要终产物。

图 24-15 羊驼有裂唇。每个唇瓣都是独立的。（Susan Jones 摄，Animals Animals/Earth Scenes 提供）

以下是骆驼能有效利用饲料的几个可能的原因，包括：

- 独特的解剖结构。
- 前胃蠕动快，有更快、更频繁的瘤胃循环。
- 提高了食物滞留时间。
- 增加了尿素的水解。
- 加速液体的吸水，提高食物过前胃量。
- 更快速完全地吸收挥发性脂肪酸。
- 低的基础代谢。
- 低的能量和蛋白质维持需要量。

对饲料有效利用的实际内涵是，骆驼在低质量的草场和分布区，载畜量比其他物种大。实际上，它们对品质较差的饲草利用效率比品质较好的饲草更高。一只美洲驼只需要供给一匹马饲料的 10%～20%，而所占草场面积只需要一匹马所占面积的 5%。秘鲁羊驼的载畜量是每英亩 5～8 只。美洲驼则是每英亩 3.5～5.5 只。这些放养量的不同是依据动物的大小、其他可变因素、牧场质量而定的。

大肠和盲肠不是用于消化而是用于发酵的。而螺旋形的大肠（图 24-14）使大肠的体积缩小 2/3。粪球是在大肠中形成的。

羊驼的饲养

对羊驼的营养研究很少，羊驼的营养需要很多都不为人所知。更加复杂的是实际上有很多南美自然条件和植物种群的可利用的相关文献。这些植物在世界其他产区的信息极度缺乏，因为对这些动物的基本营养需要不了解，所以羊驼营养需要的数据是根据其他动物营养需要量估计出的。美洲驼所需要的最重要的营养元素推荐水平在表24-1中列出。美洲驼复杂的消化系统会比单胃动物和普通的反刍动物更容易饲养，这给美洲驼饲养者带来极大的便利。美洲驼可能有一些本能的自我调节总能量平衡的能力，这对于一般家畜是不具备的。有经验的畜主说如果喂给美洲驼谷物和精料过多，它将会去寻找低质量无籽实的枝叶、牧草去冲淡稀释精料的营养浓度。实践中，在20世纪30年代美国、加拿大的许多美洲驼繁育管理者，已经成功地饲养和繁育了一些美洲驼。一些重要的信息知识已被收集传发给畜主。但这些信息知识在科学上缺乏信度。不过它给了我们一些有关怎样饲养美洲驼的重要知识。另外，一些重要的关于美洲驼营养的基础研究，最近已经出版。

表 24-1 美洲驼最重要的营养需要推荐水平

营养成分	主要来源	饲喂推荐水平
粗蛋白	干草、谷物、补充料	10%～14%
总可消化养分	谷物	55%～65%
粗纤维	草料/嫩枝	25%
Ca	牧草，尤其是苜蓿和补充料	0.6%～0.75%
P	谷物、补充料	0.3%～0.5%
Mg	牧草，尤其是苜蓿和补充料	0.2%～0.4%
S	蛋白质饲料	0.2%～0.5%
Cu	(产地不缺Cu元素的)牧草和谷物	4～10 ppm
Se	牧草(产地不缺硒元素)、补充料和维生素E一起饲喂	0.3～0.4 ppm
Zn	牧草/嫩枝，谷物和补充料	20～50 ppm
维生素A	青绿牧草	3 000～5 000 IU
维生素E	青绿牧草	在加硒饲喂时加20 ppm

来源：Johnson，1989a，p.52。

如果我们假设羊驼每天需要摄入草料的量是其体重的1.8%，然后对羊驼饲料利用率做一些简单的推算，那就能很明显地看出，羊驼能十分有效地利用饲料，如果提供自由采食，羊驼的营养需要则很容易达到。有些饲料如果配给羊驼体重1.8%的日粮则很容易因为摄食过多而变得过肥。表24-2显示1头330 lb (150 kg)的美洲驼如何用较少的普通饲料就能满足其维持需要的。为了防止羊驼过肥，有必要在给料单上大量限制配给高质量饲料。这里有一个值得采纳的经验(规律)：开始时配给羊驼的干牧草占体重的1%并逐渐增加，必要的时候在维持需要的基础上增加到体重的1.5%。像其他的动物一样，因为生产上的一些不确定因素，增加羊驼的饲料量是必需的，比如：生长阶段、哺乳期、妊娠期，使役的动物或环境条件等等。极少数美洲驼需要给予谷物饲料(图24-16)。在牧场条件较差、使役、母驼产奶少、快速生长的羊驼、大量产奶的母驼或羊驼处于非常冷的环境条件下，可能供给羊驼谷物饲料。

提供羊驼洁净、自由饮用的清水来满足其对水的需要。它们会像其他动物一样,根据自己的需要而摄入。应注意的是,如果采用自动饮水设备,应当保证能够饮用到水,因为羊驼将花费一段时间去适应。如果羊驼习惯于喝静止的水,那么换流动的水给它,它会不停地去嗅而一整天都拒绝喝水。这不是因为恐水,应该在每天结束时给它供水。骆驼也可能像其他的草食动物一样,当采食鲜嫩多汁的青草时,食物中的水分就满足了它的所需要的大部分水。另外羊驼能很好地利用来自于露和霜的廉价的自然水资源。

表 24-2 330 lb(150 kg)美洲驼满足日维持能量需要量所必需的饲料

饲　　料	干物质/kg	占体重的百分比/%
苜蓿干草	1.57	1.04
玉米青贮	0.77	0.52
干草	1.71	1.14
燕麦干草	1.77	1.18
燕麦秸	1.92	1.28
黑麦牧场(肥沃土地)	1.21	0.81
优质禾本科牧草	1.25	0.83
质量一般禾本科牧草	1.49	1.00

来源:Compiled from Johnson, 1994b, p.197;Sell 1993, p.3。

图 24-16 为了防止羊驼过肥,应限制饲喂高质量的饲料。一个很适用的规律是:开始先给羊驼喂体重1%的饲料量。如果维持需要增加,则相应增加一定的饲喂量。图为一个过肥的美洲驼正在采食圆形围栏草垛里的低质量的干草。

羊驼的维生素和矿物质需要我们了解得非常少,也很难给出推荐量。羊驼矿物质需要的配给量一般认为用绵羊的配给量就足够了。因为美洲驼和秘鲁羊驼不会用舌头去舔,它们从来也不会学着去舔微量矿物元素砖。有必要把含有少量矿物元素的大量谷物基础饲料喂给羊驼来满足矿物元素的需要。粘在抗风化饲料载体上的混合矿物元素要比矿物元素砖更有效。温带的羊驼通过放牧或吃干草就从饲料中获得了足够的矿物元素，而不需要矿物元素的补充料，热带地区也注意到了这一问题。应该尽量避免摄食矿物元素过多而产生毒性。中毒经常会发生，对于过分热心或饲养羊驼的新手需要非常小心，不要过量饲喂。养驼新手应该十分慎重地去拜访当地的羊驼育种专家，去弄清楚怎样添加矿物质饲料。羊驼育种工作者，畜牧推广员，当地兽医也应该成为顾问。代替其他的推荐量，50 lb一袋的混合物能够提供给羊驼所有适宜的矿物质需要。这种混合物包含有经蒸煮处理的肉骨粉，干粉状糖蜜，微量矿物质盐和 10 lb 的 Zin-Pro100。

总体饲养介绍

普及羊驼饲养是困难的，一些观察资料可能给予初学者或羊驼新手指导。在北美品质较好的牧草、干草青贮能够大体上满足羊驼的营养需要。干草中粗蛋白含量在 8%～10%的尚好的牧场，能够被大部分发育阶段的美洲驼所接受。最近研究证明，即使刚断奶的幼驼也只不过需要饲料中蛋白含量在 10%。秘鲁羊驼畜主一般将饲料中蛋白含量调整到 14%～16%，原因是这个营养水平对于产毛是必需的，尽管可能实际上不需要那么高的水平。然而，硫的量应注意满足。在负担比较重的情况下，比如怀孕晚期、泌乳期和刚断奶的幼畜，苜蓿干草可以被作为蛋白质补充料。矿物添加剂补充料也是需要的。

过量饲喂能引起很多问题，这些问题要比营养代谢病和过肥造成的结果更严重。这些问题因为羊驼厚厚的被毛而很难发现。在每年估计饲喂制度时应注意称量羊驼的体重且畜主考虑到羊驼自身的体况条件（图 24-17），羊驼的体况条件估计应该用一个简单的评分指数。许多其他的动物的体况评分标准从 1～10 分了 10 个级，1 代表最瘦，10 代表最理想的体况。这样的衡量标准在美洲驼中刚刚被确立。

图 24-17 羊驼很容易吃得过多而变得肥胖，因为它们有厚厚的毛使我们很难看见并且估计它们的体况。

羊驼对新饲料的适应较慢，特别是那些列入避免酸中毒的精料。这些精料会使反刍动物出问题。如果在同一个地理分布区里，羊驼学着去吃给绵羊配给的混合微量矿物质盐，它们对矿物元素的需要将会被满足。体况应该被控制，避免过度肥胖是因为肥胖影响繁殖，并且引起热应激。美洲驼喜欢森林旷地的灌木丛，因为它们有吃嫩枝的习惯。如果突然不限饲，它们会吃得过多而生病。

习性

美洲驼是群居动物，会和其他动物和睦相处。美洲驼经常得到的评价是害羞、独立、温柔和好奇(图 24-18)。它们生性平静，易于管理和驯养(图 24-19)。然而，美洲驼天生的地域性，毫无疑问是继承了祖先美洲野生驼马的种性，因为祖先美洲野生驼马的畜群生存依赖于动物数量和区域载畜量之间的平衡。

图 24-18 美洲驼是很好奇的动物，这个温和的小动物走到人跟前，去闻闻每个人的呼吸。

图 24-19 美洲驼一般是很容易驯养和管理的，这个小美洲驼好像想确定这个小管理者想让它干什么，这才仅仅是第二次被套上笼头。

美洲驼用耳朵和尾巴的位置,各种身体姿势和哼哼声及警示的尖叫来相互交流(图 24-20)。领域被入侵,羊驼会用连续的几个交流方式发出信号。一般来说,母驼不用粗野、激烈的接触解决争端。公驼经常用头、蹄、身体去撞,而且发出一些声音。当一个战斗者倒在自己的领地时,战斗就胜利了,失败者发出服从信号。

图 24-20 美洲驼用声音、身体姿势、耳和尾的姿势去交流。在这张照片里,母驼正在发出紧急信号,用耳、尾的位置和身体的一般姿势去表明潜在的危险。

公驼长有战斗性的牙齿,两边各 2 个,每个长牙的旁边有个短一点的,并且在 3 岁时换掉,之后再长出,之后再换掉。尽管很少见到美洲驼咬人,但警惕是必要的。美洲驼有互相啃咬的倾向。

浑身充满敌意是公驼群中正常的主要行为模式。敌意是母驼在对求偶者不感兴趣时发出的信号,也在警告其他的美洲驼以及确定采食饲料顺序时使用。如果美洲驼对人发出充满敌意的信号,可能是因为管理者对它管理过分了或疏于管理了。这种行为最明显的表现为当用瓶子喂公驼,它有不愿意接受的倾向,就像成年人的行为。这被认为是"公畜狂暴综合征",这类动物是危险的,应该被处死。

约束和管理技巧,在 Fowler(1989b)和 McGee(1994)中有详细的阐述,有兴趣者可查看参考资料。

羊驼有共用粪堆的习惯。如果粪堆在一个合适的地方,这种行为被认为是有利的;如果在圈舍的供水装置附近,那就是不利的(图 24-21)。

图 24-21 羊驼有共用粪堆的习惯。野生群，这种习性可能有助于标记畜群的领地，也许有助于控制疾病。

驼业的发展趋势和面临的挑战

研究需要

如果畜主要增加他们管理羊驼的能力，有必要在许多地区去做大量的研究，找到一些方式和方法去支持整个驼业（美洲驼和秘鲁羊驼）的研究是对整个驼业的挑战。基因标记的识别对于帮助育种工作者识别和处理基因缺陷是非常有益的。其他还需要营养保健的信息，尤其是批准使用的药物信息。

受教育需要

畜主对饲养大多数动物都是必要的，羊驼也不例外。许多羊驼主缺乏管理大动物的经验。这些动物的特性使畜主受教育变得尤为重要。不幸的是，在家畜饲养标准的培训路线中，不管是学院、大学、国家的专家、推广服务站、大量有权威的书和印刷品，还是有经验、懂饲养的饲料推销员，对于忠心于羊驼业的人来说都是极为缺乏的。开展健全的饲养羊驼再教育工程，对羊驼畜主，甚至是羊驼业都是一个挑战。畜主应受到如下的教育培训：如草场管理，有毒植物鉴别，草场轮牧，经济围栏等等。当地推销员应给畜主提供致富信息，即使他或她根本不知道或知道一点有关羊驼的信息。

健康保健

每个美洲驼畜主应该找一个了解美洲驼知识的或有兴趣学习羊驼知识的好兽医。这样就不用等到动物病重了才开始给药治疗。

完善的标准

一个符合逻辑的被广泛认同的完善的羊驼标准，对新畜主和有经验的畜主提供指导都是十分重要的。由于畜主的饲养目标不同，创建多种标准（役用动物，伴侣/观赏动物）也是必要的。这样能够指引一个正规的模式和育种目标。这将增加产业的多样性和各种相关的潜在的利益。

羊驼组织

以下提供这些组织，有助于给进一步学习的读者提供更多的关于羊驼的情况。

羊驼展览协会（Llama and Alpaca Show Association）
607 California Ave.
Pittsburgh，PA15202
alsa@nauticom. net
Phone：(412)761-0211；fax：(412)761-0212

秘鲁羊驼畜主和育种家协会（Alpaca Owners and Breeders Association）
17000 commerce Parkway，Suitec
Mt. Laurel，NJ08054
Phone：(856)439-1076 (USA only：(800) 213-9522)；Fax：(856)439-0525

国际美洲驼注册会（International Llama Registry）
Address：P. O. Box 8，Kalispell，MT59903
Phone：(406) 755-3438；Fax：(406) 755-3439
Http：//www. lamaregistry. com
E-mail：Ilr@alpacaregistry. com

落基山羊驼协会（Rocky Mountain Llama and Alpaca Association）
Address：11818 West 52nd Avenue，Wheat Ridge，Ce80033
Phone：(303) 422-4681
Http：//www. rmla. com

秘鲁羊驼注册公司（The Alpaca Registry，Inc.）
8201 Greensboro Drive，Suite 300，
Mclean，VA22102
Phone：(303) 610-9022；Fax：(303) 610-9005
www. alpacaregistry. net
E-mail：ari@alpacaregistry. net

概要和结论

美国羊驼业是欣欣向荣、蒸蒸日上的产业。尽管羊驼被确定为非传统的农业动物,不过它们变得越来越普遍了。这表明主流农学家、兽医和羊驼爱好者都能从对羊驼了解更多的知识中获益。不管是生活在边远森林地带的羊驼爱好者,把羊驼作为业余爱好的农场主,作为伴侣动物的饲养者,还是以养羊驼谋生的人,了解羊驼的生理、习性及其相关产业都是必要的。

美洲驼的现状	
初生重	18～40 lb
成年体重	240～500 lb
断奶年龄	5～8 月龄
适配年龄	15～18 月龄(雌);2.5～3 年(雄)
出生正常季节	全年,春秋季更好
怀孕期	(350±14) d
发情周期	更多的是人工诱导排卵而不遵循发情周期
产仔间隔	最好是 12 个月
各种性别划分的命名	公畜和种公畜是没有阉割的雄性动物,阉畜是被阉割的公畜、畜、仔畜、幼畜
消化系统类型	有一个真胃和两个发酵胃室的草食动物,假反刍动物

习题

1. 列出骆驼科包括的属。列出每个属包括的品种。
2. 在美国,最重要、经济效益最高的两种羊驼是什么?
3. 产毛质量最好的是哪种羊驼?布拉德福标准是怎样的?
4. 美洲驼原产于哪里?
5. 美国美洲驼和秘鲁羊驼总数估计各是多少?
6. 列出美洲驼最重要的用途。
7. 羊驼的消化系统模式是怎样的?与有类似消化模式的家畜相比,它们的消化效率如何?
8. 美洲驼在什么年龄性成熟?阐述成年羊驼的体型大小。
9. 美洲驼毛和绵羊毛有何差异?
10. 新生美洲驼叫什么?
11. 列出防止毛厚的动物遭受炎热天气的 5 项措施。
12. 列出美洲驼羊驼可能患的 6 种疾病。最常见的体内体外寄生虫是什么?
13. 在母驼育种中,比年龄更重要的决定因素是什么?
14. 羊驼的平均妊娠期是多少?
15. 分娩时间最常发生在一天中的什么时间?原因是什么?

16. 新生幼驼在出生后 12 h 以内应摄入相当于它自身体重百分之多少的初乳?

18. 幼驼多大时其瘤胃开始起作用?

19. 为什么驼的前胃很少会发生胀气现象?

20. 饲草粗蛋白水平一般达到多少,通常就足以满足成年羊驼维持和生长需要?

21. 与其他反刍动物相比,羊驼能有效的增加饲料利用率的原因。

22. 根据身体消耗,成年羊驼每天摄入的饲料量为其自身体重的百分之几?百分之几的水平可以防止其采食过量?

23. 哪些生产上的例子有助于确定营养水平?

24. 阐述公驼两种常见的主要行为模式。

25. 阐述公畜狂暴综和征并说明可能引起发病的原因。

参考文献

Belknap, E. B. 1994. Medical problems of llamas. In *The veterinary clinics of North America, food animal practice,* L. W. Johnson, ed., Vol. 10, No. 2. Philadelphia, PA: W. B. Saunders and Co.

Blalock, C. 1993. Feeding and nutrition I. Llamas. *Herd Sire Edition,* June 1993, 116–123.

Bravo, P. W. 1994. Reproductive endocrinology of llamas and alpacas. In *The veterinary clinics of North America, food animal practice,* L. W. Johnson, ed., Vol. 10, No. 2. Philadelphia, PA: W. B. Saunders and Co.

Bravo, P. W., and L. W. Johnson. 1994. Reproductive physiology of the male camelid. In *The veterinary clinics of North America, food animal practice,* L. W. Johnson, ed., Vol. 10, No. 2. Philadelphia, PA: W. B. Saunders and Co.

Compton's interactive encyclopedia. 1995. Compton's New Media, Inc.

Cotton, J. 1996. Personal communication.

Ebel, S. 1989. The llama industry in the United States. In *The veterinary clinics of North America, food animal practice,* L. W. Johnson, ed., Vol. 5, No. 1. Philadelphia, PA: W. B. Saunders and Co.

Fowler, M. E. 1978. *Restraint and handling of wild and domestic animals.* Ames, IA: Iowa State University Press.

Fowler, M. E. 1989a. *Medicine and surgery of South American camelids.* 3rd ed. Ames, IA: Iowa State University Press.

Fowler, M. E. 1989b. Physical examination, restraint and handling. In *The veterinary clinics of North America,* L. W. Johnson, ed., Vol. 5, No. 1. Philadelphia, PA: W. B. Saunders and Co.

Fowler, M. E. 1992. Feeding llamas and alpacas. In *Current veterinary therapy XI (small animal),* R. W. Kirk and J. D. Bonagwa, eds. Philadelphia, PA: W. B. Saunders and Co.

Fowler, M. E. 1994. Hyperthermia in llamas and alpacas. In *The veterinary clinics of North America, food animal practice,* L. W. Johnson, ed., Vol. 10, No. 2. Philadelphia, PA: W. B. Saunders and Co.

Franklin, W. L. 1982a. Biology, ecology and relationship to man of South American camelids. In *Mammalian biology in South America,* M. A. Mares and H. H. Genoways, eds. Spec. Publ. 6, 457–489. Linesville, PA: Pymatuning Laboratory of Ecology, University of Pittsburgh.

Franklin, W. L. 1982b. Llama language. *Llama World* 1(2): 6–11.

Hintz, H. F., H. F. Schruyner, and M. Halbert. 1973. A note on the comparison of digestion by new world camelids, sheep and ponies. *Animal Production* 16: 303–305.

Johnson, L. W. 1987. Llama restraining chutes. *Llamas* 11(5): 30–32.

Johnson, L. W. 1989a. Llama reproduction. In *The veterinary clinics of North America, food animal practice,* L. W. Johnson, ed., Vol. 5, No. 1. Philadelphia, PA: W. B. Saunders and Co.

Johnson, L. W. 1989b. Nutrition. In *The veterinary clinics of North America, food animal practice,* edited by L. W. Johnson, ed., Vol. 5, No. 1. Philadelphia, PA: W. B. Saunders and Co.

Johnson, L. W. 1994a. Llama herd health. In *The veterinary clinics of North America, food animal practice,* L. W. Johnson, ed., Vol. 10, No. 2. Philadelphia, PA: W. B. Saunders and Co.

Johnson, L. W. 1994b. Llama nutrition. In *The veterinary clinics of North America, food animal practice,* L. W. Johnson, ed., Vol. 10, No. 2. Philadelphia, PA: W. B. Saunders and Co.

Mason, I. L. 1969. *A world dictionary of livestock breeds, types, and varieties.* Bucks, England: Commonwealth Agricultural Bureaux, Farnham Royal.

McGee, M. 1994. Llama handling and training. In *The veterinary clinics of North America, food animal practice,* L. W. Johnson, ed., Vol. 10, No. 5. Philadelphia, PA: W. B. Saunders and Co.

Paul-Murphy, J. 1989. Obstetrics, neonatal care, and congenital conditions. In *The veterinary clinics of North America, food animal practice,* L. W. Johnson, ed., Vol. 5, No. 1. Philadelphia, PA: W. B. Saunders and Co.

San Martin, F., and F. C. Bryant. 1989. Nutrition of domesticated South American llamas and alpacas. *Small Ruminant Research* 2: 191.

Sell, R. 1993. Llama. In *Alternative agriculture service,* D. Aakre, series ed., No. 12. NDSU Extension Services, North Dakota State University of Agriculture and Applied Science, and U.S. Department of Agriculture.

Thedford, T. R. 1992. Some general information for the potential llama owner. OSU Extension Facts F-9122. Stillwater, OK: Oklahoma Cooperative Extension Service, Division of Agricultural Sciences and Natural Resources, Oklahoma State University.

第 25 章

兔

学习目标

学完本章后，应该能够：

1. 了解养兔业在美国社会和农业中的地位。
2. 了解兔子在美国的用途。
3. 简单介绍家兔在美国作为家畜的历史。
4. 描述兔业的分支。
5. 解释养兔业中品种的价值。
6. 讨论提高兔子繁殖效率的基本管理方法。
7. 建立兔子饲养的主要方法。
8. 解释兔肉对人类的营养作用。

关键术语

安哥拉	观赏兔	饲料转化率
产仔（家兔）	盲肠排泄物	围栏养殖（在罗马时代为养兔而设计）
产仔箱	母兔	养兔场
动物福利法案	肉用仔兔	仔兔
公兔	食盲肠排泄物习性	

兔子的科学分类

门：脊索动物门

亚门：脊椎动物亚门

纲：哺乳纲

目：兔形目

科：兔科

属：穴兔(*Oryctolagus*)(兔)，野兔(*Lepos*)，鼠兔属，短耳兔属(*Ochotona*)(鼠兔)，棉尾兔属(*Sylvilagus*)(棉尾兔)

种：家兔(*cuniculus forma domestica*)，野兔(*cuniculus*)

养兔业在美国的地位和目的

家兔是欧洲野兔的后代，与美国的其他家畜相比，其产业化的规模较小。与养兔有关的产业很难被估计，因为其相对分散，并且包括很多分支。养兔业主要包括肉兔、宠物兔和观赏兔。从参与的人数看，宠物部分参与的人数最多。根据美国兽医学会的统计，2002 年有 481 万只兔子作为宠物饲喂，估计其占总数的 1.7%(图 25-1)。**观赏兔**的数量也很难计算。大约有 30 000 人在美国兔业协会进行了注册。养兔的主要目的是业余爱好或者为了观赏。美国每年由美国兔业协会组织的拍卖会超过 1 500 次，每次拍卖会上有几百人参加是很正常的。

观赏兔
与展示、观赏有关的养兔行业。

图 25-1 根据养兔者的数量，宠物兔养殖是养兔行业最多的。(Todd Yarrington 摄，Merrill Education 提供)

许多人在家里的后院养一些兔子用作食用。此外一个切实可行的商业兔肉的生产者尽力从饲养肉兔开始，尽管从事兔肉生产的人不多，但他们每个人拥有着大量的兔子。大型商品兔场有成千上万的兔子。与此相结合的，据估计大约 20 万的生产者为全国市场提供 600 万～800 万只兔子。然而根据农业人口普查，仅有大约 4 300 家农场每年养兔的产值能达到 1 000 美元或者更多。每年少于 100 万只肉兔(图 25-2)。

兔子在中学和大学用于教学工具。在早期，兔子广泛地被用于研究被毛的颜色和孟德尔遗传。现在仍被用于研究遗传原理的模型。养兔还可以获得兔皮(图 25-3)、兔毛以及作为 4-H 和 FFA 项目。在某些时候由安哥拉兔生产的兔毛纤维市场是可行的，然而现在这个市场仅限于一些手工的工厂。

图 25-2 尽管饲养肉兔的生产者比饲养其他兔子的生产者数量少，但就每个生产者饲养的兔子数量而言，饲养肉兔比饲养其他兔子数量多。(Corbis Digital Stock 提供)

图 25-3 兔子可为制作精美服饰提供优质皮毛。(Corbis Digit Stock 提供)

兔子是一种重要的试验动物，广泛用在免疫学研究、诊断研究、眼科研究、致热原测试、药物诱发胎儿畸形的研究、寄生虫研究以及许多其他研究等方面。兔子也广泛用于测试人类使用的产品。兔子是一种有用的研究模型，因为它在动物模型研究中具有良好的可重复性；对于一个简单样本来说，可具有足够大的数量；有许多兔群或家系可以提供；容易管理；可供高效的免疫产品；容易控制其繁殖(图 25-4)。

在美国，兔子可以替代一些东西。这种替代经常与开发肉用兔品种、为市场

图 25-4 兔子是重要的试验动物。中学和大学也把兔子常用作教学工具。(Mark Richards 摄,Photo Edit 提供)

提供肉用型兔子有关。这些包括:

- "饲喂用兔子"用于饲喂食肉爬行类宠物和大的宠物蛇。随着有毒宠物数量的增加需要给它们提供稳定的食物来源。对于这些宠物,兔子是比老鼠更加经济的食物来源。
- 饲喂危险的食肉动物。几个州的鱼类和野生动物组织通过饲养老鹰、秃鹰、鳄鱼和狼等品种来保护它们。目标是让这些动物的后代回到野外。家兔常被用作它们的食物。此外,某些州给受伤的动物饲喂猎物。因为这些鸟将尽可能地全部返回野外,因此家兔提供给它们野外能找到的类似的食物。兔子一般会被这些鸟所接受,因为它们和野外的品种非常像。
- 为新生产者提供种兔。新的生产者需要优质的种兔。而已经成功建立种群的育种者出售种兔的价钱比出售相同数量的肉用仔兔的价钱高。
- 军队训练。一些军队需要大量的兔子训练士兵的生存技巧。部分士兵的训练包括寻找并杀死自己的食物。当地的、天然的、野外的品种更加被人们所喜欢,然而这些品种很快就会因为大量的士兵需要训练被用尽。因此可以用家兔来进行训练。
- 体育或娱乐。赛犬运动用活的兔子训练赛犬。因此,在赛犬训练的地方,需要提供兔子。
- 手工艺。对于手工艺者来说,在手工艺制作方面,把兔皮制革以及将劣等兔皮做成钥匙链等都能获得额外的收入。

兔肉是世界上重要的一种肉类,每年产量超过 110 万 t,而且每年还在以 2.55%的速度增长。中国是世界上最大的兔肉生产国,其产量占兔肉总产量的 39%,其次是意大利、西班牙、法国、埃及、捷克共和国。美国兔肉产量大约占世界产量的 1%。

发展历史

化石证明无论是野兔还是家兔都起源于西半球，然后传到了亚洲和欧洲。北美和南美现在还有世界上最多的兔子品种。驯养的确切时间现在还不知道，许多人认为西班牙是现在家兔的发源地之一。一些资料认为兔子早在公元前600年就被驯化。腓尼基人在世界范围内从事的兔子贸易被认为是支持兔子被驯化的最早的证据。罗马人也饲养野兔，接着家兔从西班牙传入并在罗马进行**围栏养殖**，这样比较容易抓到兔子。后来兔子扩散到很多的地区。然而，这些事实并不能完全意味着兔子已经被驯化。我们现在的家兔品种来源于中世纪法国的修道院，在那里兔子被饲养在围栏并作为食物的来源。这些品种是地穴兔子，现在家兔的祖先。到16世纪已经有好几个品种被人们所了解。在17世纪早期，就有不少"类型"。现在的一些品种几乎和这些来自18世纪、19世纪的品种没什么变化。

围栏养殖
罗马时代盛行的为饲养兔子专门设计的围栏。在此饲养的家兔和野兔作为现成的食物来源。

兔子可能是在20世纪早期引入美国。然而，支持这种观点的证据很少。那时兔子的饲养在美国还没有大规模的出现，而在欧洲已经出现，美国的兔业即便规模小，但已经十分的兴旺。

美国养兔业的地理分布

每个州都有肉兔的生产，但是商业肉兔生产的数量在下降。根据2002年的农业统计，宾夕法尼亚、俄勒冈州、阿肯色州和加利福尼亚州的每年生产的肉兔超过75 000只或者更多。肉兔养殖只是一个小的行业。宠物兔养殖随人口分布的多少分布于全国，人口越多，宠物兔就越多。观赏兔在国家的每个州都是一个有益健康的代表。

养兔业的结构

观赏兔

容易饲养，需要较小的空间，最初设备投资低和可获得大量不同大小、皮毛类型和颜色的兔子等，这些使得兔子发展成为一个观赏的自然动物。现在一群热心的兔育种者和养兔人组织了兔子展览，展览的动物根据制定的标准和规定进行。观赏兔是美国兔育种协会和某些特殊育种组织的中心活动。年轻人以及许多4-H和FFA组织的俱乐部被鼓励参加。

商业兔肉生产

许多生产者利用业余时间饲养20～100只的母兔。如果专门从事这个行业，至少要有600只母兔，显然有许多大大小小的养殖场。母兔每年生产20～50个后代，能产125～250 lb的肉。饭店、批发商、普通的肉店和个人消费者是美国兔肉生产的主要市场。肉类生产部门主要依赖于屠宰设备、包装要求、运输成本和潜在的消费者。一般在兔子体重达到5 lb时进行屠宰，大约在10周龄可以达到这个体重。兔子在屠宰阶段一般被称为**肉用仔兔**。

肉用仔兔

体重5 lb左右、12周龄以内的兔子。有的规定不超过10周龄或11周龄。

兔肉一般在商业场所（食品店、饭店等）进行出售，兔肉必须根据当地或者州健康法规进行处理，每个州的要求都不相同。生产者可以通过服务部门或者州肉片检查机构了解当地的政策。USDA制定了兔胴体等级标准。这个项目是自发进行的，其资金由被服务者支付。等级评定项目，包括禽类产品、兔肉产品的自发的等级评定管理规定，美国分类标准和兔肉等级标准，这些标准为质量和价格关系奠定了基础，并使市场更加有序。1995年12月4日，美国家兔等级和评分标准从美国联邦规章中废除（编号7CFR，第70部分）。现在美国农业部农业市场服务部门使用AMS 70.300以及下列等等标准。这些标准可以在以下网址找到：http://www.ams.usda.gov/poultry/standards/AMSRABST.html。

实验用兔的生产

实验用兔的生产主要目标是为了满足实验室、医院和大学的需要。这一市场虽然有时是赚钱的，但进入市场的条件和要求对个人建立市场比较困难。对购买者的要求通常十分严格，以至于有些时候都无法忍受。而且这个市场是容易变化的。

这个市场的生产者必须经过动物福利法案（简称AWA）的批准。AWA明确地指出买这种动物用于进行生物研究的目的必须经过APHIS的允许。APHIS官员进行检查确保和法案相一致。如果违背这个法案将受到吊销执照或者法律的惩罚。AWA要求个人和商业根据APHIS制定的标准照顾和对待动物。这个标准包括记录要求、房屋要求、卫生设备、饮水、食物、运输以及兽医治疗。法律调整了用于作为宠物批发、商业运输、生物研究、用于展览目的的照顾原则。

育种繁殖生产

任何人，无论规模大小、生产类型、良好声誉、诀窍和自动自发的提升与否，都能够给其他育种者或者新的生产者提供种兔群。长期成功的关键是依赖于提供的种兔群多数能在购买者的**养兔场**发挥良好的作用。

养兔场

养殖家兔的地方。

安哥拉兔的生产

安哥拉兔每年生产8～10 oz或者12～16 oz的安哥拉毛。许多饲养安哥拉兔的人直接把产品卖给个人或者大的纺织场。这个市场非常小。许多生产者纺织羊毛并且通过行业协会或者出版物或者互联网出售给顾客。安哥拉品种能够生产出优质兔毛。

设备和供给

养兔的设备和供给非常特殊，以至于需要一个专门的市场来提供。一些制造业者专供兔笼和配件。通常这些生意有其自己的路径，提供设备给批发商，有些甚至邮购。

遗传育种

美国培育了许多兔子品种，然而仍有大量的品种没有进行登记，可能在ARBA进行了登记。这个过程包括对兔子的检查并进行登记。一些主要的兔子品种列在表25-1。搜集到的兔子品种的彩色图谱在本书的颜色版部分。我们可以在ARAB的网站上（http://www.arba.net/）能够找到所列的图片。兔子通常根据体重和被毛类型就行分类。按体重分为小型（2～4 lb），中型（9～12 lb，尽管有些品种比这一范围内体重小），大型（14～16 lb，尽管有些品种更大）。按皮毛分类可以分为正常兔、力克斯兔、缎毛品种兔和毛线用兔。中型的新西兰白兔被认为是最好的产肉品种，加利福尼亚兔其次。许多品种用于实验研究。可能所有的兔都能被当作宠物进行饲喂在不同的地方。小型品种或者有惹人喜爱被毛的品种最受欢迎。安哥拉兔是唯一的一个产毛品种。美国兔育种协会出版了一个相关的标准，给出了每个品种完美的评价标准，这个标准根据品种的变化不断地更新。

饲料转化率

增重1 lb需要的饲料。

肉用型兔包括香槟银色品种、加利福尼亚兔、桂皮品种、美国青紫蓝兔、奶油银品种、法国垂耳兔、海棠兔、新西兰兔、巴洛米瑙兔、力克斯兔、美国貂兔、缎毛品种、银狐品种、银貂品种。最普遍的为新西兰白兔，因为管理和加工的偏好，被认为是最好的肉用型兔，加利福尼亚兔次之。这两个品种有最好的体型大小、生长率、饲料转化率、屠宰率以及肉骨比。而且，它们的白色特性比有色兔看起来更清洁，而且修整后的胴体比较轻。兔肉生产的目标是在肉用仔兔8周龄时能产4～5 lb的肉。肉用仔兔希望每周获得平均0.5 lb的增长速度，**饲料转化率**为4∶1。

仔兔

幼兔。

对于商业部门一个合理的育种项目应该包括选择最能获益的性状。这包括每年每只母兔的生产次数、每次生产的产仔数、**仔兔**的断奶成活数、兔群生命的长短、断奶重、饲料转化率以及屠宰率。

观赏兔和宠物兔都是纯种动物。因此，这些动物的育种应该围绕着品种的提高以及眼睛的选择要求。有些时候杂交动物也出现在宠物这个行业中。杂交对于提高肉兔的生产性能，是一种非常有效的策略，因为它能利用杂种优势。最受欢迎的是加利福尼亚公兔和新西兰母兔的杂交。生产的仔兔叫做“Smuts”。

表 25-1 兔子的品种

品　种	体尺	皮毛	用　途	成熟体重/lb
英国阿哥拉兔	中	柔密	毛皮制品、观赏、宠物、肉用	9～12
美国青紫蓝兔	中	普通	皮毛制品、宠物、观赏	9～12
加利福尼亚兔	中	普通	肉用、宠物、观赏、实验	8～11
香槟银色兔	中	普通	肉用、宠物、观赏	9～12
间格纹大型兔	大	普通	宠物、肉用、观赏、皮毛	11 以上
荷兰兔	小	普通	实验、宠物	3～6
英格兰花斑兔	中	普通	肉用、实验	9～13
佛兰德巨型兔	大	普通	宠物、观赏	13 以上
喜玛拉雅的兔	小	普通	实验、宠物、观赏	2～6
新西兰兔	中	普通	肉用、宠物、观赏、实验	9～12
波兰兔	小	普通	实验、宠物、观赏	3～4
力克斯兔	中	力克斯	皮毛、宠物、观赏	8～11
银貂品种	中	普通	皮毛、宠物、观赏	6～10
缎毛品种	中	光滑	皮毛、宠物、观赏	9～10

繁殖管理

中型品种的兔子在其 6～7 月龄的时候能够进行繁殖。假设相同的环境条件和品种，**公兔**一般会比母兔晚成熟 1 个月。

母兔的发情症状不仅不明显，而且也不像其他家畜品种的发情好定义。母兔的发情周期包括卵巢中卵泡的形成和退化(出现在周期的 16～18 d)。周期中只有 4 d，母兔能够配种和怀孕。可把最佳的交配时间列在一个表中。如果母兔在这个时间不能交配可以在以后的几天再次进行配种。交配时，把母兔放入公兔笼。不应该把公兔放入母兔笼因为母兔会为了保护自己的领地而进行争斗。如果母兔准备好了，交配可以马上进行。交配完成后，母兔应该马上回到自己笼子防止争斗和受伤。争斗时的紧张以可引起母兔体温的升高，而不利于受孕。交配诱发排卵，母兔在大约 10 h 后进行排卵。

一般推荐每只公兔交配 10 只母兔。推荐的不同根据公兔用于交配的次数而不同。当然，每只公兔每周用 2～3 次是可以接受的。公兔一般每天用一次，然而有些生产者使用频率过大，至少是在短期内，其结果可能造成产仔数量下降。人工授精在兔业的繁殖中可以选择使用。兔子的精液可以被稀释或者冷冻后使用。然而，劳动强度加大了。人工授精能够使养兔业和其他品种一样获得遗传改良。人工授精的另外一个优点是世界上任何地方的公兔都能和世界上任何地方的母兔进行交配。

妊娠期一般 31～32 d。在妊娠期的 28 d，把装有一半产仔材料的**产仔箱**(图 25-5)放在兔舍内。母兔通常从自己的身上弄下毛，为仔兔做一个巢。兔子每窝产仔 8～10 只。**产仔**一般出现在早晨，需要大约 30 min。在产仔后的 24 h(最迟 48 h)内，应该检查产仔箱，发现死亡的仔兔应该及时清除。如果产仔的日期相

公兔
雄性兔。

母兔
雌性兔。

产仔箱
为母兔产后几周提供分娩、培育仔兔的箱子。

产仔
兔子分娩。

近，我们应尽可能使每只母兔每窝的仔兔数平衡。理想的数字是每只母兔有 7～8 只仔兔。如果每窝的仔兔过多应该寄养或者剔除多余的仔兔使其不超过 8 只。母兔很少具有 8 个以上的乳头来哺育仔兔。商业兔场的人员应记录仔兔存活和死亡的数量。这些信息对剔除仔兔和挑选仔兔具有重要的意义。

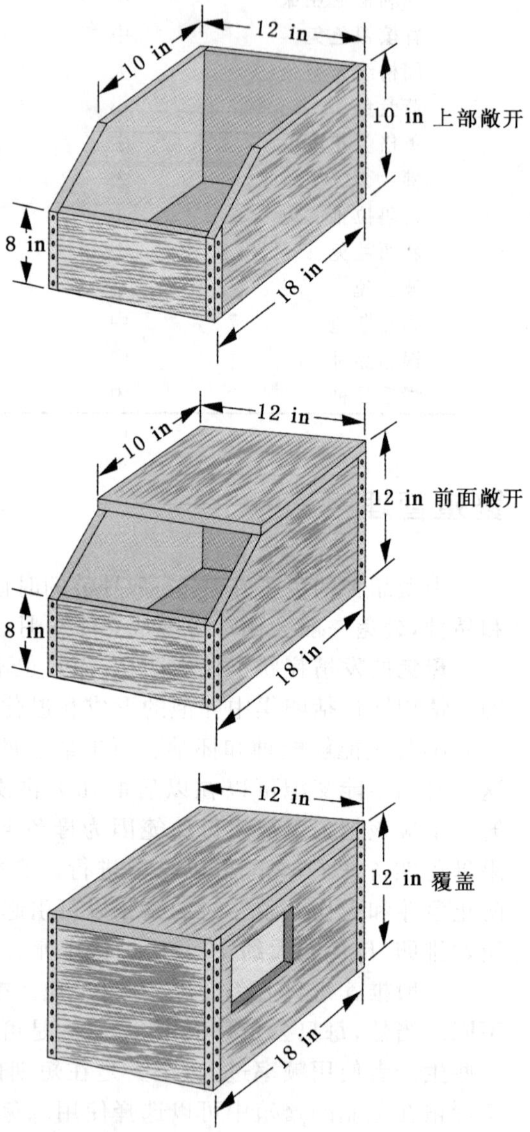

图 25-5 产仔箱应该为母兔和一窝仔兔提供足够的空间，但又要使它们在一起。产仔箱可用未处理过的木头、金属网或金属板做成。木制的箱子边缘应用金属片加固。冬季使用时，箱子应该为母兔附上小的出口。夏季使用时，产仔箱可以敞开。

产仔箱应该在产仔 15～21 d 后移除或者将仔兔移除，一些生产者主张留下产仔箱。然而，仔兔通常会损坏产仔箱。移除仔兔会为下一窝仔兔提供更好的卫生设备，并且提供一个打扫产仔箱的机会。在商业养殖场，仔兔断奶一般在 28～30 d。在这个时候，它们能很好地采食。观赏兔的生产者一般在 6～8 周龄进行断奶。在商业养殖场，必须早断奶否则就得不到效益。多数有效益的兔场制定了更快的时间表，一般在分娩后的 14～21 d 断奶。14 d 重配时间表可以增加每年产仔窝数。母兔离开仔兔可以在同一天重新生产，但一般推荐等待 3 d。这些分娩后离开仔兔的母兔能够再重新交配。

秋天和冬天家兔的发情频率会下降，用人工光照来延长光照时间是有好处的，至少 14 h，最长 16 h。推荐每隔 10 ft 安装一个 40 W 的灯泡，并为了时间的连续性安装定时装置。公兔经常出现问题，因为它们对热十分敏感。公兔暴露在 85°的温度下 5 d 或者更长的时间能够导致长达 3 个月的不育。因此，夏天许多国家的温度在秋天和冬天能成为影响饲养问题的因素。

公兔和母兔的生殖系统分别见图 25-6 和图 25-7。

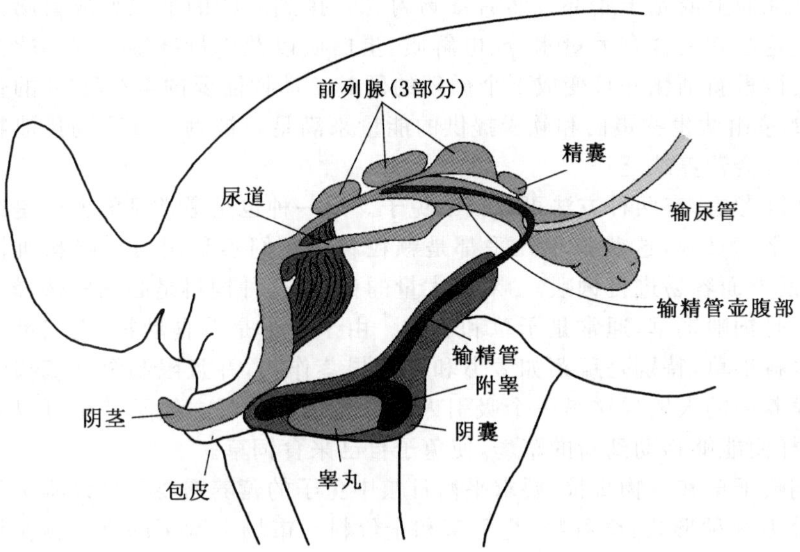

图 25-6 公兔的生殖系统。

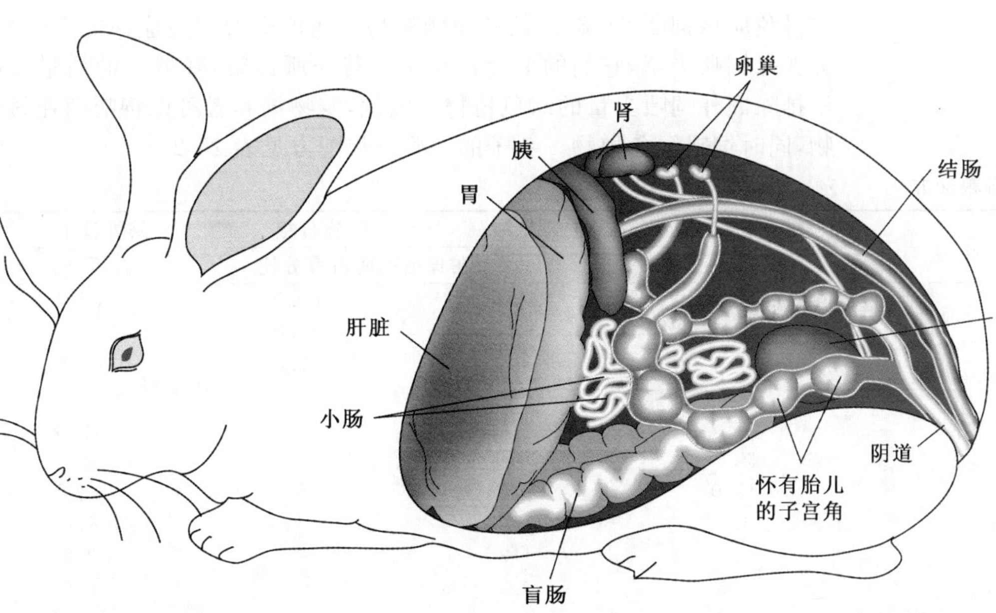

图 25-7 母兔的生殖系统。

营养

营养的原则在第 5、6、7 章已经讨论。读者可以参考这些章节来获得更多的信息。

食盲肠排泄物习性
利用从盲肠排出的盲肠排泄物(软粪)的行为。

盲肠排泄物(软粪)
大的、柔软的盲肠发酵物，与同样从结肠排出的粪便不同，可以被上消化道重新消化。

兔子具有**食盲肠排泄物习性**，是靠盲肠排泄物来进行盲肠发酵的动物。具有食盲肠排泄物习性的动物消化盲肠内容物，通常直接来自直肠。一天的某个时候，特别是在晚上，大肠排空变成粪便样物质(坚硬的粪便球)的内容物。动物把硬粪球拉到地面上或笼子底部。然后盲肠内容物排到大肠的下端变成**盲肠排泄物(软粪)**。这些软粪含有大量水分、电解质、蛋白质以及少量纤维。这些软粪在消化道的上段重新消化并且变成下个循环的硬粪。动物需要的至少 20%的蛋白和 10%的能量由微生物蛋白和软粪提供的能量来满足。被剥夺食盲肠排泄物习性的动物通常会营养缺乏。

出于实际考虑，有两种方法可以饲喂兔子。第一种也是最常见的方法是饲喂商业饲料并平衡日粮，这些日粮几乎都是颗粒料。它们容易用自动喂料机饲喂(装在笼子的外面容易进行饲喂)。对于大量的兔子，这种饲料是必然的选择。另外一种方法是饲喂饲草，通常是干草和谷物。由于兔子是草食动物，它们可以饲喂鲜草和豆科粮草，特别是蔬菜如萝卜和其他根茎作物，并且限制绿叶蔬菜的数量。小规模养兔的人发现这是一个吸引人的低费用的选择。笼子甚至可以做成手提的，这样便能够移动到新的草场，使兔子自己采食饲草。

如果饲喂干草和谷物日粮，要求平衡日粮中兔子的营养需要。可以购买的商业颗粒料分为 3 种形式：全谷物、全干草和全价料。市场上购买的全价颗粒料已经满足了兔子的全部营养需要。妊娠和哺育应该自由地选择。公兔以及未怀孕的母兔应该饲喂 6～8 oz 的商业颗粒料。建议安哥拉兔应该完全饲喂颗粒料，因为如果饲喂干草，它们的毛会被灰尘和谷壳所污染，降低毛的质量。饲喂颗粒料不排除额外饲喂少量的绿色植物。因此，宠物饲养者可以饲喂商业料给自己的宠物，同时饲喂绿色植物。兔子的一些日粮配方见表 25-2。

表 25-2 兔子日粮配方

成 分	维持日粮	生长日粮	生长日粮	泌乳日粮	妊娠日粮
	在日粮中所占百分比				
苜蓿干草	52.4	45.0	60.0	36.4	50.0
大麦	18.1	34.0	15.0	—	—
玉米	—	2.7	22.0	32.5	—
燕麦	9.6	—	—	—	45.5
豆粕	—	—	3.0	16.3	4.0
向日葵粕	3.5	11.1	—	—	—
小麦麸	13.0	2.1	—	10.2	—
蔗糖蜜	1.5	3.0	—	1.6	—
磷酸二氢钙	1.1	1.3	—	2.2	—
氯化钠	0.5	0.5	—	0.5	0.5
维生素、矿物质、氨基酸添加剂	0.3	0.3	—	0.3	—

来源：Compiled from Adams and Berry，1987，p. 10；Kellems and Church，1998，p. 461；and Overstreet，1993，p. 96。

养殖者通常会低估兔子水的需要量。商业养殖场一般用自动饮水系统持续不断的给水。在炎热的季节，母兔和它的仔兔每天需要 1 gal 的水。标准水瓶的喷嘴只能供应需要量的一小部分，因此，需要在笼子边多放置几个饮水瓶来满足动物需要。

健康计划

维持兔子的健康和其他家畜相差不多，第 14 章提供了关于动物健康的指导，读者可以去那里查找详细的信息。

对于宠物兔，按照兽医专家制定的兔子疾病和健康保护规定是最安全的行动。一些专家认为健康标准对于商业兔场的宠物兔和观赏兔来说是不实际的。因此，对于宠物兔和观赏兔来说其疾病更加难控制。

提供足够的食物和饮水，保持严格的卫生，提供好的通风，注意观察，防晒防雨淋能使兔子长期保持健康。兔子容易感染几种疾病。巴氏杆菌是一种能引起呼吸系统疾病的病原体，能够导致母兔的繁殖率降低，死亡率升高。当新建兔场时，场主应该购买没有巴氏杆菌病的动物作为基础群。

生物安全的原则应该运用到养兔业中来防止疾病。最小限度地让人和动物进入兔场。访问者可能带来疾病并引起兔子的应激。观察到病兔后应进行隔离。如果病兔在一个较大房间的一个团体笼中，那么其他的团体也应该被隔离。病兔的笼子应进行消毒。一旦病兔不再隔离，其隔离期间的笼子也应该进行消毒。在兔场所有大小的产仔箱每次用完后都应该打扫，并进行消毒，留下来的兔毛应该进行燃烧处理。新的繁殖群应该从普通群分开并观察一段时间。接着，在新动物被引进到普通群之前，一些从普通群的动物应被引进到新动物中。如果建群的兔子出现疾病症状，增加新的兔子到基础群时应采取措施，应该谨慎地处置新群和暴露的兔群，而不要冒风险暴露基础群。

好的记录是维持动物健康的基石。客观地定期回顾直接引起和影响动物疾病的记录，能够帮助我们解决问题并对防止疾病的发生起到建议作用。给兔子打耳号（唯一的数字）是一种永久提供个体鉴别的方法，这样就能够保证对每个兔子的健康记录。记录每只兔子健康繁殖信息的卡片，应该挂在每只笼子外面或者圈栏外面。几个计算机程序能够帮助兔场工人记录这些繁重的工作。如果兔场有 20 只母兔，拥有这样一个程序是值得的。

兔肉对于人类的营养价值

兔肉是一种高质量的肉，常被认为是一种美味。兔肉被认为是一种白肉。兔肉是细纤维组织的精肉，口感好，容易进行各种烹制，从炖、烤甚至可以达到精美的意大利和法国烹调术的高度（作者非常喜爱的调制法之一是越南的调制法）。兔肉蛋白高，但脂肪、胆固醇、钠以及热量比较低。一份 3 oz 的熟兔肉能为日推荐饮食热量为 2 200 cal 的 25～50 岁女性提供如下营养成分：

蛋白	56%
磷	28%
铁	13%
锌	16%
核黄素	14%
维生素 B_1	6%
维生素 B_{12}	3.52%
烟碱	4.8%
热量	8%
脂肪	9%

兔肉具有高的营养价值，高营养密度。兔肉包含了人类所必需的全部氨基酸、多种矿物质和除了维生素 C 以外所有的维生素。尽管在许多家庭不是传统的食物，兔肉是一种有益健康的食品，能够成为人们食品中的一部分，营养分析见表 25-3。

表 25-3 烤兔肉块的营养组成（驯养的野兔）

NDB NO：17178

营 养	单位	每 100 g 可食部分的营养
组分		
水	g	60.61
能量	kcal	197
能量	kJ	824
蛋白	g	29.06
总脂肪	g	8.05
各种碳水化合物	g	0
总膳食纤维	g	0
灰分	g	1.04
矿物质		
钙	mg	19
铁	mg	2.27
镁	mg	21
磷	mg	263
钾	mg	383
钠	mg	47
锌	mg	2.27
铜	mg	0.189
锰	mg	0.032

续表 25-3

营　养	单位	每 100 g 可食部分的营养
维生素		
维生素 C	mg	0
维生素 B_1	mg	0.09
维生素 B_2	mg	0.21
烟碱酸	mg	8.43
泛酸	mg	0.93
维生素 B_6	mg	0.47
叶酸	μg	11
维生素 B_{12}	μg	8.3
维生素 A(IU)	IU	0
维生素 A(RE)	μg RE	0
脂类		
脂肪酸(饱和)	g	2.4
14:00	g	0.21
16:00	g	1.81
18:00	g	0.38
脂肪酸(单一不饱和)	g	2.17
16:01	g	0.26
18:01	g	1.86
脂肪酸(多不饱和)	g	1.56
18:02	g	1.24
18:03	g	0.32
胆固醇	mg	82
氨基酸		
色氨酸	g	0.384
苏氨酸	g	1.3
异亮氨酸	g	1.379
亮氨酸	g	2.264
赖氨酸	g	2.544
蛋氨酸	g	0.727
胱氨酸	g	0.365
苯丙氨酸	g	1.193
酪氨酸	g	1.035
缬氨酸	g	1.477
精氨酸	g	1.795
组氨酸	g	0.815
丙氨酸	g	1.753
天冬氨酸	g	2.839
谷氨酸	g	4.662
甘氨酸	g	1.578
脯氨酸	g	1.42
丝氨酸	g	1.288

来源:*USDA Nutrient Database for Standard Reference*,Release 12,March 1998。

养兔业的发展趋势和影响因素

发展养兔业的优势

养兔的优势是使养殖者在空闲时间增加收入。需要一小块地方(即使一个大的兔场需要的场地也不会超过 1 英亩),劳动虽然是连续进行的,但其强度不像其他农业产业那样强。通过比较,投资少于其他农业产业的投资。而且,另外一个增加收入的来源是利用兔子粪肥可以生产和出售蚯蚓。

发展养兔业的劣势

虽然投资少于其他产业,但开始建设时,每个母兔舍的建设仍达到 70～150 美元,其中包括兔舍、笼子、设备以及繁殖群。如果已经有兔舍,最初的投资可以减半。

作为一个农业产业,养兔业存在高风险。其工业结构没有完全形成,不能提供持续的稳定的市场来支持这个行业。尽可能多样性的家畜市场是美国家畜产业的强烈发展趋势。一个相似的市场结构不能在兔业中存在。个体生产者必须负责开发并且维持这个市场的存在。开发这个市场的前景并不乐观。在 1992—1997 年的 5 年中农业统计报告显示,兔子在美国的消费量下降了 40%。1997—2002 年的报告中,又下降了 25%。而且国际市场上有足够的兔肉供应,对于国内产业来说不乐观。

收入

各个地区不尽相同。然而,多数估计认为每只母兔每年纯收入大概 18～24 美元。1 000 只规模的兔场,两个人全职照看,每年纯收入最多是 24 000 美元。某些地区的收入数量可能不足这一数字的一半。很明显这不是一个发财的项目,在美国的多数地区,兔业不能作为一个人的全职工作。

管理

饲养兔子被认为是很容易的事情。这可能是由于虚构的繁殖率。然而,兔子并不总是容易饲养。它们像其他动物一样——它们需要应用好的管理和研究技术。新的生产者不可避免下列一些问题,其中最大问题是开始几年生产很少。饲养兔子也需要密闭式管理,其劳动强度很大。在生产过程中,雇工会很快用尽资金。需要注意细节,包括琐碎的记录,这是成功的关键。并不是所有的人都适合这项工作。

行业组织

美国间格纹大型兔(毛皮用)俱乐部(American Checkered Giant Rabbit Club)

Address：542 Aspen Street NW，Toledo，OR 97391
Phone：(541)336-2543
http：//www.americancheckeredgiantrabbit.com/
E-mail：cedwards@harborside.com

美国青紫蓝兔育种者协会(American Chinchilla Rabbit Breeders Association)

Address：414 South Ely Street，Berteram，Cedar Rapids，IA 53403

美国荷兰兔俱乐部(American Dutch Rabbit Club)

Address：190 North 1st Avenue，Coal City，IL 60416
http：//www.dutchrabbit.com
E-mail：angie@dutchrabbit.com

美国英格兰花斑兔俱乐部(American English Spot Rabbit Club)

http：//www.englishspots.8m.com

美国新西兰兔育种联盟(American Federation of New Zealand Rabbit Breeders)

Address：P.O. Box 171，Honeoye，NY 14471
Phone：(610)987-9652
http：//www.geocities.com/newzealandrba/

美国喜玛拉雅兔协会(American Himalayan Rabbit Association)

Address：Route 2 Box 232，Pomfret，MD 20675
http：//www.ahra.homestead.com

美国兔育种协会(American Rabbit Breeders Association，Inc.)

这个组织主要致力于观赏兔和商业生产兔
Address：P.O. Box 426，Bloomington，IL 61702
Phone：(309)664-7500；fax (309)664-0941
http：//www.arba.net
E-mail：arbapost@aol.com

加利福尼亚兔专业俱乐部(Californian Rabbit Specialty Club)

Address：22162 South Hunter Road，Colton，OR 97017

香槟银色品种联盟(Champagne D'argent Federation)

Address：1704 Heisel，Pecki，IL 61554
Phone：(309)347-1347

国家安哥拉兔育种者俱乐部(National Angora Rabbit Breeders Club)

Address：23 Desiree Dr.，Hamilton Squar，NJ 08690
http：//narbc.tripod.com/welcome.htm

全国佛兰德巨型兔饲养者联盟(National Federation of Flemish Giant Rabbit Breeders)

Address:10216 Churchman Lane, Camarillo, CA 93012
http://www.nffgrb.com

国家力克斯兔俱乐部(National Rex Rabbit Club)

Address:21840 S. 116th Ave., New Lenox, IL 60451
Phone:(815)469-5150
http://www.nationalrexrc.com/

国家银兔俱乐部(National Silver Rabbit Club)

Address:14 Avocet Close, Birchwood, Lincoln, LN6 OJH
Phone:01522 800739
E-mail:glen.hodson@ntlworld.com

概要和总结

当代家兔是欧洲野兔的后代。美国养兔业的规模很小,但是十分丰富且工业化。主要用途是作为宠物、实验用兔以及作为个人的业余爱好。这些把养兔作为业余爱好的人喜欢参加一些展览。美国家兔育种自从20世纪初就开始了,但从来没有像在欧洲进行的育种那样成熟。

养兔业包括观赏兔、产肉兔、实验用品种、繁殖用品种、产毛品种以及相关设备的生产。许多人参加不仅一个相关的分支。在世界范围内能发现100多个兔子品种,在美国其种类不到世界上的一半。新的品种不断形成。家兔品种一般分为肉用和毛用两类。

兔子的繁殖管理不像人们想象的那么简单。商业养殖场必须进行有效的繁殖管理以确保资金的花费是值得的。兔子有食盲肠排泄物(软粪)的习性,来自肛门的软粪被重新消化。兔子如果不能吃到软粪,会造成营养不足。大多数兔子现在饲喂商业饲料。然而,有证据表明谷物和干草也是必需的。

保证兔子健康的原则和其他家畜一样,提供足够的食物和饮水、严格的打扫、提供好的兽医、仔细地观察以及提供好的圈舍。

兔肉富含丰富的营养物质,包括所有必需氨基酸,许多矿物质以及所有的维生素(维生素C除外)。

商业兔场可以使养殖者利用业余时间增加收入,但是也存在很大的风险。其产业结构不能提供持续的和稳定的市场。每只母兔每年的纯收入为18～24美元。养兔如果作为一个人的全职在全国的许多地方不足以维持其生活。人们认为养兔很容易,但是兔子和其他动物一样,他们需要好的管理和不断地进行研究。注意细节、好的记录、辛勤的工作都是必不可少的。然而,如果饲养少量的兔子可以给你们业余时间带来快乐。

关于兔子的一些知识

出生重:不同品种和性别不同,1.75～2.3 oz。

成熟体重:不同品种、性别和条件不同。可分为3种,小型(2～4 lb),中型(9～12 lb,尽管有些比这个范围小),大型(14～16 lb,有些甚至更大)。

皮毛分类:普通、力克斯、光滑以及柔密。

屠宰重:4～5 lb。

断奶重:根据育种目标4～8周不等。

育种年龄:6～7月龄,公兔要比母兔晚1个月。

出生的正常季节:1年,需要人工光照。

妊娠期:31～32 d。

发情周期以及持续时间:包括排卵育种在16～18 d中的3～4 d内。

生育:至少31～32 d能够重新生育,生产上一般为45～52 d。

正常交配成功:70%～90%交配可以产仔,每窝一般为7～8只。

不同性别的名称:公兔、母兔、小兔、肉用仔兔、阉兔。

断奶体重:4周龄时1.25 lb,8周龄时4 lb。

消化系统的类型:单胃,盲肠发酵,盲肠分泌物。

习题

1.养兔业在美国的地位。

2.本章是怎样对兔子和其他家畜的应用进行对比的?

3.美国兔子的主要用途以及用于替代的用途是什么?

4.简单写出家兔的发展历史。

5.描述一下养兔业的分支情况。

6.用于区分兔子种类的科学分类是什么?

7.以大纲的形式,列出兔子繁殖管理的基本知识。

8.为母兔准备产仔兔笼的一般必要步骤是什么?

9.描述一下仔兔出生后产仔箱的管理。

10.假设你是一个机构代理人,将和一些开始4-H项目的同学探讨相关的问题,你将告诉他们关于营养的哪些方面?你将告诉他们父母什么?

11.如果一群有潜力的养兔生产者期望有一个严谨的家兔育种规划,你能告诉他们关于生物安全规划的一般需要是什么吗?

12.在本书中有关进行食物生产的家畜的章节中,均有一个部分讨论食物产品对人类的营养价值。列表比较兔肉和至少两个其他食品动物的相关信息。

参考文献

Adams, A. W., and J. G. Berry. 1987. *Raising rabbits.* Circular E-8222. Stillwater, OK: Cooperative Extension Service, Division of Agriculture, Oklahoma State University.

Clutton–Brock, J. 1999. *A natural history of domestic animals.* Cambridge, UK: Cambridge University Press.

FAO, 2004. *FAOSTAT statistics database.* Agricultural Production and Production Indices Data. http://apps.fao.org/.

Gomez, E. A., M. Baselga, O. Rafel, and J. Ramon. 1998. Comparison of carcass characteristics in five strains of meat rabbit selected on different traits. *Livestock Production Science* 55:53–54.

Kellems, R. O., and D. C. Church. 1998. *Livestock feeds and feeding.* 4th ed. Upper Saddle River, NJ: PrenticeHall.

Lebas, F., P. Coudert, H. de Rochambeau, and R. G. Thebault. 1997. *The rabbit: Husbandry, health and production.* 2nd ed. FAO Animal Production and Health Series. No. 21. Food and Agriculture Organization of the United Nations.

Lebas, F., P. Coudert, R. Rouvier, and H. de Rochambeau. 1986. *The rabbit: Husbandry, health and production.* FAO Animal Production and Health Series, No. 21. Rome: Food and Agriculture Organization of the United Nations.

McCrosky, R. 2000. *Raising rabbits in the Pacific Northwest.* BC Canada: Canadian Center for Rabbit Production Development. Accessed online in July 2004 at http://pan-am.uniserv.com.

McNitt, J. I., N. M. Patton, S. D. Lukefar, and P. R. Cheeke. 2000. *Rabbit production.* Upper Saddle River, NJ: Prentice Hall.

Morrow, M., G. L. Greaser, G. M. Perry, J. K. Harper, and C. C. Engle. 1998. *Agricultural alternatives: Rabbit production.* Small and part-time farming project at Penn State with support from the U.S. Department of Agriculture-Extension Service. Document Number: 28503258.

Official guidebook to raising better rabbits and cavies. Bloomington, IL: American Rabbit Breeders Association, Inc.

Overstreet, N. 1993. *Rabbit production handbook.* College Station, TX: Instructional Materials Service, Texas A&M University.

Payne, W. J. A., and R. T. Wilson. 1999. *An introduction to animal husbandry in the tropics.* 5th ed. London: Blackwell Science.

Sherman, D. M. 2002. *Tending animals in the global village.* Philadelphia, PA: Lippincott Williams & Wilkins.

Smith, T. W. 1997. *Starting a rabbit enterprise.* Poultry Science Home Page, College of Agriculture & Life Sciences, Mississippi State University, Mississippi State,

MS. http://www.msstate.edu/dept/poultry/rabenter.htm. E-mail: tsmith@poultry.msstate.edu.

Standard of perfection. 1996. Bloomington, IL: American Rabbit Breeders Association, Inc.

Taboada, E., J. Mendez, G. G. Mateos, and J. C. De Blas. 1994. The response of highly productive rabbits to dietary lysine content. *Livestock Production Science* 40: 329–337.

Thompson, H. V., and C. M. King. 1994. *The European rabbit: The history and biology of a successful colonizer.* Oxford: Oxford University Press.

第四部分

动物和社会

第 26 章

在动物科学领域的就业和就业准备

学习目标

学完本章后，应该能够：

1. 描述农业和动物科学的一般就业市场。
2. 认知动物科学的课程范围和每一课程的就业方向。
3. 掌握能够达到满意就业的教学策略。

关键术语

科学素养　　管理　　农业综合企业　　事业

引言

一般而言，农业尤其是动物科学，可以提供多种具有挑战性的有益的工作，大学毕业生对有关农业的大学教育的要求很强烈，并且希望将来也是如此。存在诸多机遇的原因之一是：近年来，农业中需要的许多工作将不再被视为是“农业的”，农业的多样化和农业结构的调整带来了很多机遇，就像某些工业部门特殊职业的增加和减少一样。例如，生产制造专家的需要量少于营销、交易和销售代表的需要量。但是，尽管其他的生产专家需要量下降，养猪生产管理专家的需要量仍然很大。各类生产专家都是很需要的，正如其他许多领域需要好的、高质量的人才一样。这对于集中在农业、食品业和自然资源方面的学生来说是一件好事。据报道，在 20 世纪 90 年代，农业中急需大量的人才满足工作岗位，而且新世纪的第一个 10 年也有相同的趋势。对求职者来说，这意味着有更多和更好的机遇。农业企业需要必备的人力资源来起步、发展和繁荣。许多人发现缺少经过培训的大学毕业生是农业增长的最主要的限制因素。在政府报告中曾这样概括：我们的食品业、农业和自然资源体系的战略重要性将会加强，而且需要有能力的领导、有创造性的科学家，国际商业的大力支持以及增强对环境和消费者的敏感性，因此，在

20 世纪 90 年代甚至将来，大量的人力资源将绘出美国食品业、农业和自然资源的发展蓝图(Coulter et al,1990)。

20 世纪 90 年代的整个 10 年和新世纪初，平均每年农业和食品行业的大学毕业生的需求量都超过了毕业生的总量(表 26-1)。表 26-1 通过百分比和实际数值表明了大学毕业生在某一行业的就业机会。很容易看出，在所有的用人领域中都存在重大机遇。表 26-2 给出了某些领域 2012 年的用人计划和 2002 年实际用人情况的对比，该表极其肯定地表明农业领域有很多就业机会。

表 26-1 2000—2005 年度农业和食品业的就业情况

食品业、农业和自然资源的主要用人领域	毕业生在总用人计划中的百分比	每年的就业情况	每年合格毕业生	有资格的大学毕业生的缺乏或过剩	就业机会
营销、交易和销售代表	28%	15 946	14 650	8.8%缺乏	账目主管、广告经理、日用品代理、消费信息管理者、出口销售管理者、食品代理、林木产品商、谷物管理者、保险代理商、绿化承包人、市场分析家、销售经理、购买经理、不动产代理、销售代表、技术服务代表
科学家、工程师和相关专家	32%	18 538	18 878	1.8%过剩	农业工程师、动物科学家、生物化学家、细胞生物学家、昆虫学家、环境科学家、食品工程师、食品科学家、林木科学家、遗传学家、林园设计师、微生物学家、分子生物学家、自然资源科学家、质量保证专家、牧场科学家、调研技术员、资源经济学家、土壤学家、统计学家、毒理学家、兽医、废弃物管理专家、水质量专家、除草专家
管理者和金融专家	13%	7 311	5 644	29.5%缺乏	会计师、评估家、审计员、银行家、商业经理、顾问、契约经理、信贷分析家、客户服务经理、经济学家、金融分析家、食品服务管理者、政府计划管理者、授权管理者、人力资源发展管理、保险代理管理、保险风险管理、绿化管理、政策分析家、调查和发展管理者、零售商、批发商
信息和教育专家	11%	6 397	6 223	2.8%缺乏	大学教师、计算机软件设计师、计算机系统分析专家、会议管理者、合作区域代理、编辑、教育专家、高校教师、插图画家、信息专家、信息系统分析专家、新闻记者、人事发展专家、公共关系代表、无线电广播或电视播音员、培训管理者
社会服务人员	9%	5 358	6 570	22.6%过剩	就业顾问、社会工作者、社区发展专家、动物保护官员、消费者咨询顾问、营养学家、食品检查员、劳动关系专家、自然学家、营养顾问、野外娱乐专家、公园管理者、和平组织代表
农业生产专家	7%	4 235	5 210	23.0%过剩	水产养殖专家、农场主、肥育场管理者、林木资源管理者、水果和蔬菜栽培者、温室管理、苗圃产品栽培者、农场管理者、农场工人、草皮生产者、葡萄栽培者、野生动植物管理者
总计	100%	57 785	57 175	1.0%缺乏	

来源：Goecker et al,2000。

表 26-2　农业领域的职业、雇用和雇用计划

职　　业	2002 年雇用情况		2012 年雇用方案		2002—2012 年变化	
	人数	比例/%	人数	比例/%	人数	比例/%
总的、所有职业	144 013 600	100.00	165 318 670	100.00	21 305 070	14.8
农场主和农场工人	1 158 007	0.80	918 898	0.56	−238 109	20.6
食品准备工人	850 276	0.59	1 022 119	0.62	171 843	20.2
雇农和劳工、收割工、苗圃工和温室工人	616 657	0.43	641 117	0.39	24 460	4.0
食品服务管理者	385 530	0.27	429 871	0.26	44 341	11.5
农场、农场工人和其他的农业管理者	218 039	0.15	229 125	0.14	11 086	5.1
肉类、家禽和鱼类切割及整理者	153 994	0.11	179 226	0.11	25 232	16.4
屠夫和肉类包装工人	127 797	0.09	150 989	0.09	23 192	18.2
其他食物准备和与服务相关的工人	116 637	0.08	134 391	0.08	17 754	15.2
其他种植业、捕鱼业和森林工人	96 345	0.07	100 707	0.06	4 363	4.5
兽医助手和试验动物管理人者	62 805	0.04	79 235	0.05	16 431	26.2
农业设备操作员	60 550	0.04	64 968	0.04	4 419	7.3
兽医	57 537	0.04	71 984	0.04	14 447	25.1
农场工人(耕种和放牧动物)	53 387	0.04	55742	0.03	2 355	4.4
兽医技术专家和技术员	52 667	0.04	75 890	0.05	23 223	44.1
其他食品处理工人	42 336	0.03	48 016	0.03	5 679	13.4
农场设备技术工人	35 133	0.02	37 848	0.02	2 715	7.7
动物训练员	26 241	0.02	29 985	0.02	3 744	14.3
绿化师	23 135	0.02	28 270	0.02	5 136	22.2
农业和食品科学技术员	19 782	0.01	21 629	0.01	1847	9.3
保护科学家	19 059	0.01	19 845	0.01	786	4.1
林木保护学家	18 924	0.01	19 683	0.01	785	4.0
农业和食品科学家	18 024	0.01	19 662	0.01	1 638	9.1
农场和家庭管理顾问	15 740	0.01	16 830	0.01	1 090	6.9
农业检察员	15 553	0.01	16 602	0.01	1 049	6.8
动物学家和野生动植物学家	14 931	0.01	16 077	0.01	1 147	7.7
林木保护工人	14 105	0.01	14 742	0.01	637	4.5
森林工作者	13 785	0.01	14 429	0.01	644	4.7
动物饲养员	8 989	0.01	9 539	0.01	550	6.1
人类学家和考古学家	4 741	<0.01	5 345	<0.01	604	12.8
农业工程师	2 853	<0.01	3 146	<0.01	293	10.3

来源:本表信息来自国家行业—职业雇用表,可登陆 http://data.bls.gov/oep/nioem/empiohm.jsp 查询,劳动统计局 http://stats.bs.gov.blshome.htm。

动物科学的学习和就业

学生们改变对动物科学的学习方法，准备脱离所学专业而从事另一职业。一些学生，甚至是大多数学生，最初对一种特殊的动物品种感兴趣，例如，他们可能想从事养马业，所以也愿意考虑不同的职业，只要与马有关的工作就可以。一些人更多地对某种职业感兴趣，对某个特殊的物种不太感兴趣，他们可能想成为一名生产专家，但只不过想管理一个母猪繁殖场、一个肉牛肥育场或奶牛场。一些人对某特殊的生物学功能很感兴趣，想成为一名营养学家或者繁殖学家或者管理顾问。所有这些方向都设有相应的场所，为了满足学习的需要，他们必须为学生的选择做准备，大专院校设计的学科和课程要满足所有的职业需求。课程设计的方法很多，但是，如果你客观地去看，通常会发现，所有的大专院校动物科学的课程设计是相似的。这些课程分类包括一套核心动物科学课程，另外还有其他一些为更高研究机构学习提供的课程。以下是有关就业选择的简介。

生产

农业生产的主要目的是提高农产品的质量和农场的效益。我们通常认为这些职业就是直接饲养动物或者是与生产相关的服务工作，这个职业群体中的人直接活跃在世界的大多数农业生产部门，他们为这个国家的消费者生产食品和纤维，而且有足够的剩余在与世界其他国家交换农产品和货物时达到贸易顺差（图26-1）。

图 26-1 对于许多学生来说，受教育的目的就是拥有或管理一个农庄或大农场。（Dr. J. Robert Kropp, Department of Animal Science, Oklahoma State University 提供，经允许使用）

管理
是动物饲养和经营实践的统称。

较其他方法来说，高校为学生就业而设计的课程更注重于**管理**实践，但是也包括一些支撑学科来帮助学生准备从事特殊的生产工作，例如，未来大农场的管理者要确切地掌握农学实践知识，因为这与生产优质干草有关。将来养禽生产者将注重环境应激课程。所有的学生都需要掌握基本的商学和会计学知识。生产专业的用人领域包括水产养殖专家、农场主、大农场主、农场和大农场的经理、肥育场管理者和集约化生产系统的区域经理。运销行业、饲料生产行业、国际机会等也提供专业职业。相关领域的职业包括品种协会人员、动物饲养员、动物科学家、奶牛科学家、家禽科学家、农村农业代理、政府的推广专家、饲料和农场管理顾问和种畜管理者。目前整个国家的农场和牧场存在许多就业机会,而且会持续下去。但数量多且规模小的企业对这类人才的需求量较少,导致对这些职位的竞争加强,对于想进入生产领域也想从事人事管理的学生,可通过另一条途径,即把动物科学专业和复修专业相结合,选择这种途径的学生可以在全美国的公立学校、技校、或者一个贸易和技术学校教书,有硕士学位者在这些领域会占优势。

自然科学和医学

农业是以科学为基础的并且依赖于科学,事实上所有在农业领域工作的人具有有限的**科学素养**就能工作得很好,但是,一些专家需要先进的科学能力和培训。科学课程是为那些获得学士学位后仍想深造的学生和那些希望满足技术员和行业的科学代表的职业要求的学生设计的(图 26-2)。也许是因为以科学为基础的课程很严格,也或许是因为存在太多的其他机会,也或许是因为在学校多学几年是必要的,农业和动物科学这个领域几乎不能提供足够的毕业生。这也为选择这个行业的学生提供机遇。由于人们饮食习惯的改变和对生产安全食品的强烈要求,食品领域给他们提供了更多的机会。对其他动物科学专家的需求量也很大,包括分子遗传学家、兽医、毒理学家、病理学家、生理学家、营养学家、微生物学家、动物行为学家和废物管理专家,他们将来成为教授、行业和大学里的科学家、技术顾问、研究员等等(图 26-3)。所有这些"生物技术"领域都需要优秀人才。

科学素养
就是进一步进行科学发展和创新所必须具备的最低限度的知识。

图 26-2　科学课程是为那些希望追求高学位和在大学或行业中搞研究的人,以及那些希望成为技术员和行业科学代表的人而设置的。这张照片显示了动物科学家正利用 MRI 进行猪腹部检查,MRI 技术是现代诸多动物研究的方法之一。(Scott Bauer 摄,Courtesy of Agricultural Research Service, USDA 提供)

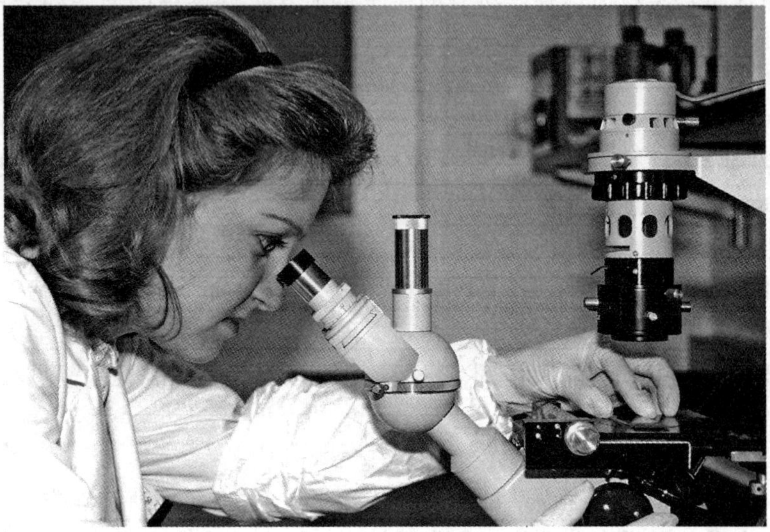

图 26-3 生物医学领域的研究需要有资格的研究者和技术人员。（Hisham F. Ibrahim 摄，Courtesy of Getty Images, Inc./PhotoDisc, Inc 提供，经允许使用）

动物和食品科学家的工作通过增加产品的数量和质量、减少劳动力、控制疾病和寄生虫、保护自然资源、并且为消费者把原材料转化成安全、方便、具有吸引力且健康的食品，来有助于提高农业的生产力和效益。他们在科学领域中运用生物学、化学、物理学、数学和其他学科来应对动物科学面对食品业和动物市场时的挑战，显然，有必要把化学、物理学、生物学、微生物学、生物化学等课程加入到为这些领域的学生设计的课程中。动物和食品科学家从事基础或应用研究与发展、管理研究和发展规划、企业中的产品运销和生产操作、作为商业顾问、生产者和政府代理的工作。机会存在于每一个种群（奶牛、肉牛、伴侣动物等等）、学科群（营养学、繁殖学、食品微生物学和生产学等等）中，并且存在于从认识到消费的一系列过程中。

动物科学带来的一个非常受欢迎的职业是兽医。大多数的兽医进行私营业，他们从事一些临床上的预防、诊断、疾病和失调的治疗、给动物注射等工作。这些兽医有一半是优秀的并具有垄断性的小动物营业者。大部分兽医从事多种动物或只从事大动物的兽医工作，其余的从事动物园、水生动物或试验动物的兽医工作。兽医的其他工作包括人类和动物疾病、药物治疗、抗生素和新的外科技术的临床研究。美国政府雇用兽医作为家畜、肉类、家禽和蛋产品的检查员。除了检查服务，美国政府的职位包括疾病控制人员、传染病学家和在美国公共医疗机构、军队或空军中工作的官员。一些兽医获兽医学博士后，通过完成实习医师期、高级训练期和参加委员会认证考试，成为兽医专家。这些专业包括研究特种动物，临床专业包括病理学、外科学、放射线学或试验动物内科学，国内内科学、肿瘤学、放射线学、外科学、皮肤病学、麻醉学、神经病学、心脏病学、眼科学或引进小动物内科学（图 26-4）。

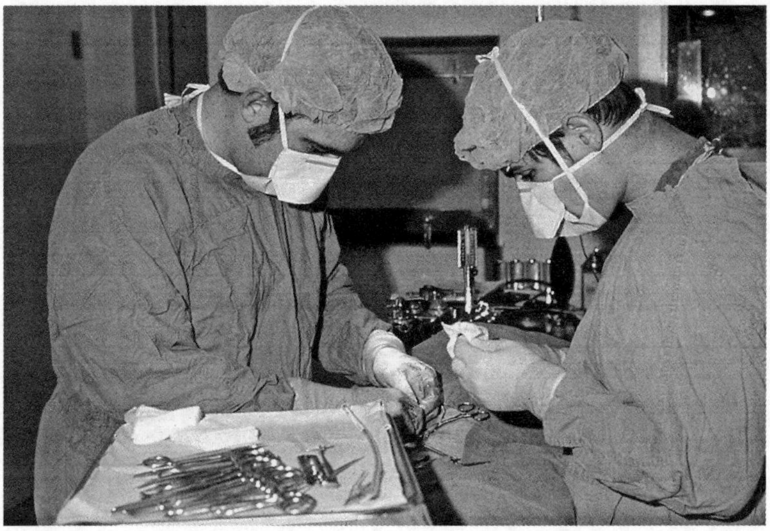

图 26-4　对兽药的研究能提供一种就业机会,它是具备医药知识和从事与动物有关工作的人合二为一的能得到丰厚报酬的一项事业。

食品

食品工业代表动物科学和整个农业是当前和潜在的重要的雇用领域之一,食品科学家和技术专家在食品加工工业、大学和政府以及联邦政府中有许多就业机会(图 26-5),因为他们在食品科学和(或)商业中接受过培训,事业轨道适用于所有领域,包括食品安全、新产品开发、市场测试、营养、加工、包装、分配、质量保证、车间管理、技术服务、销售、规定章程、分级农产品、消费者安全检查员和政府官员、环境健康检验员、食品检验员和消费教育家。对于有学士学位或更高学位的人,事业轨道更多(图 26-6)。对食品安全的关注和人口统计的变化将对这个领域要求更高,因为人口关系到将会消耗多少食物。食品科学毕业生的高薪待遇已经使越来越多的学生涌入这个行业,但仍然是缺少大学毕业生。

图 26-5　食品工业是整个农业中当前和潜在的重要雇用领域之一。(U. S. Deartment of Agriculture 提供,经允许使用)

图 26-6 因为科学家和工程师具有生产安全、方便和经济食品的知识，所以食品行业适合高学位人的职位相当多。在这张照片中，一个食品技术人员用牛排样品的计算机图像预测肉牛胴体组成。（Keith Weller 摄，Agricultural Research Services，USDA 提供）

不同的大专院校食品课程不同，在一些机构，设有动物科学系；在另一些地方，有单独的食品系或作为交叉学科来学习。一些大学已经建立食品技术中心，承认食品领域的重要性和复杂性。机械化、微生物学、产品的发展和人员管理是适合食品科学的学生学习的科目。除了肉和奶产品，食品领域也有多种涉及植物性产品以及兼而有之的产品。

农业综合企业

农业综合企业

它是农业的一个环节，主要处理一些有关销售和服务于农业生产学家和消费者的事情。

农业综合企业出现在过去的 20 年，是在整个农业快速发展呈现出大商业结构的时候。随着统一的生产、国际贸易膨胀和农业产业的产品出现，对管理者、财政专家、产品运销专家以及具有一般商业知识的人才的需求增多，给动物科学的学生提供了多种就业机会。这些事业要求具备动物学的知识，但也需要商业敏锐性、熟练的交流能力和与人交往的能力。动物科学课程设计结合了多种商业、人力资源管理、市场营销、计算机、通信、会计学和财务管理课程。在许多地方，农业经济学、市场营销或者管理等副修科目已经被合并到动物科学必修课中。这些专业的毕业生传统上占据着宣传、家畜营销和行业定位等职位。另外，他们正在接受一些职位并且成为优秀的经纪人、承办商、市场分析家、广告顾问、技术服务代表、计算机软件开发者、评估专家、银行家、商业经理、服务经理、销售代表和市集或展销经理。在零售方面，有很多机会，如广告、公共关系、家畜组织、运销合作与服务组织和贸易杂志。既然这些职位长期缺少高校和大学毕业生，而且在短时期内满足其需要的希望很小，那么就意味着在这个领域中存在着很多就业机会。这些都是与民族发展息息相关的工作，对于许多人来说，又给他们提供了很好的就业机会。

交流和教育

在动物科学、食品和其他农业学科中，较好的交际技能和技术知识相结合能使学生成为交流和教育专家。预计计算机信息专家、广告代理家、公共关系专家、中级的农业院校及商业教师和网络交流专家的就业机会会很多。其他一些机会适合作家、编辑、新闻广播员和扩展代理商。也需要计算机能力，尤其是那些提供教育、货物和服务的网络。

大多高校和大学已经认识到传统的计划已经跟不上满足人们社会角色的需要，所以，各种交叉学科和双修计划已经发展起来，它们辅助学生具备在工作市场竞争所需要的能力。现在在许多大学有动物科学—农业交流和动物科学—农业教育两个必修课是很普遍的(图 26-7)。

图 26-7 动物行业提供了很多机会，其中“vo-ag and 4-H 计划”有和动物及青少年一起工作的机会。(Dr. Rebecca L. Damron 提供，经允许使用)

动物管理者

大学、商业实验室、药物公司、动物医院和诊所、育狗场、动物舍、马厩、动物园和养鱼池雇用动物管理者(图 26-8)。职责、工作头衔和长期的机会变化都很大，这些工作大多不需要正式的专业训练，而依靠在工作中积累的经验，但是，要进步就需要经验和(或)正式训练。实验室研究和动物园，尤其是包括国家保护动物和濒临灭绝的动物品种一般需要管理者具有学士学位，因为在动物园高水平职位的竞争很激烈，这种职业轨道的唯一入口就是管理者，进步是痛苦且漫长的，因为职位有限而且好职位很少出现空缺。那些渴望成为馆长的人会考虑攻读硕士学位。具有经验和正式的训练，动物舍的管理者能成为管舍指导，实验室动物的管理者能成为动物研究专业的管理者和科研助手。许多兽医雇用管理者按他的指示帮助照看动物，兽医技术项目中全国有 65% 是质量合格的。实验室动物管理者和科学家、物理学家、兽医、实验室技术人员、指挥重要研究工作人员的助手一起工作。总的来说,这个领域对于大学毕业生来说机会不多,但还是存在的。

图 26-8 有机会在动物园和具有异国风情的动物一起工作是许多学生的目标。(Corbis 提供,经允许使用)

国际机会

世界逐渐开放和贸易、文化交换以及人道主义的干涉为那些渴望在国际舞台工作的人们提供了很多机会(图 26-9)。联邦政府计划对和平团、安全性处理和美

图 26-9 这里提供越来越多的国际机会,来自东部动物健康协会的流行病专家 Frank Olney 博士和伊朗的同行 Siadet 博士在取血样。(V. U. Contino 摄,FAO,Food and Agriculture Organization of the United Nations 提供)

国国际开发署的国外农业服务部提供长期或短期的发展机会。联合国粮农组织(FAO)、世界卫生组织(WHO)和世界银行提供机会(图 26-10)。国内的和跨国的公司提供全面的商业和贸易职位。食品和农业部门经济的增长在很大程度上依赖于国际竞技场,基本的学科教育以外的单纯语言培训将需要额外的费用,而且提供了很好的就业机会。财富的国际交换、留学和出国学习在美国的高校和大学是有用的。无论你是否许诺长期从事国际工作这些都是有价值的经历,甚至对那些住在国外的人来说,国际舞台都存在大量的不断增多的机会,公司内部也提供快速发展进步的机会。

图 26-10　和平团(The Peace Corps)和其他人道主义组织为所有年龄段的人提供机会,为实现世界上崇高的人生抱负和美好未来作贡献。有农业学位的学生常需要这种分配,但也需要具备其他技能。这张照片就是尼加拉瓜的和平团志愿者帮助郊区青年发展的照片。他教英语并组织一支英式足球队。(Peace Corps 提供)

一种工作、一项事业、整个人生:当你选择一项事业和一门主修课时你将如何决定?

当然生活中我们曾做的最重要和最困难的决定之一就是我们选择一项事业。工作的竞争性动机经常会动摇我们的决定,使决定变得困难。可能有来自家庭和社会的压力要与之斗争。我们经常会根据自己要赚的钱的数目和要获得与某项事业相关的声望来盼望自己的未来。我们可能很偏爱我们喜欢的工作环境或者我们想居住的某个城市。除非一个人特别富有,可以去旅行,有很多生活经历。我们发现做这个决定很困难,常是因为不熟悉这个职位、缺乏经验。似乎生活中最重要的决定留给了下层的业余爱好者!所有这些会使人困惑和不安,并且使我们变得优柔寡断。

这是一个生活中需要计划的决定。已经说了,这可能是本书中作者唯一一次不作为第三者提出的一些建议。这就是为什么我认为这个决定应该进行规划。首先,选择你感兴趣的职业,大量的证据表明,一个人从事一种职业必须高兴才能表现出色。仅仅为了钱而做某些事情，很快就会过时，因为钱是外部的动机。想毕生做一些事情而不觉得是负担，我们必须从所做的事中获得满足，那就是内部动机——唯一能持续的东西。想想我们花掉 2/3～3/4 的最警觉效率最高的时间在工作场所，在仅仅是为了钱的事情上花掉生活中太多宝贵时间是多么惭愧的事情。如今的农业提供大量的机会和选择。每个人都能发现挑战、快乐和多产的工作(图 26-11)。即使在很吸引你的领域有过多的感兴趣的人和大学毕业生，机会也还是有的，问题变得很简单，“我会被如何安置呢?”地区不同要求也不一样，一个有太多毕业生的地区，从国家角度讲应该不会有什么特殊的地理位置，做你该做的事情！不要因为雇佣市场普遍的激烈竞争而放弃潜在的报酬丰厚的事业，你是个别的，不是统计量。

图 26-11 不考虑职业选择，重要的是在工作生活中得到快乐，就此范围讲，这个小女孩似乎乐在其中。(Rebecca L. Damron 博士提供，经允许使用)

一旦在你感兴趣的领域固定后，在一项特殊的事业，甚至一个事业群，仍然有工作可做，在保证你的决定是正确的前提下，处理方法的重要部分可以是尝试性的选择，尽管我们可能感觉慎重的决定更有保证些，但它不能限制你的选择权。用你所支配的所有资源去探寻关于事业和机会的额外信息，探索其他的选择，作为安全带，制定包括其他吸引你的领域的“计划 B”。在你的事业领域寻找做暑期工、兼职和实习生并阶段性地评价你的选择。根据事业的选择来计划你要学习的课程，并且依次实践你的课程，这会更有利地支持你的事业选择。以上是现实的，要保持你的观点，例如，如果你发现你仅仅是不喜欢物理学、生物学和化学课程，那么最后可能导致兽药学不是你最好的选择，你需要寻找其他的事业，关注其他的学习科目。准备考虑其他的途径。

不要忽视那些专业研究以外的领域。老板也许会更加重视那些具有特殊工作能力的人。但是，他们永远不会忘记他们雇用的是一个人，而不是学位。学生在大学所取得的学位固然重要，但那只是学生受教育的一部分。开发人才的领导能力和处理问题的能力同样重要。各行各业都需要我们很好地运用交际能力和与人合作的能力。一个人的个人哲学和职业道德的发展也很重要。要尽可能多地参加各种俱乐部或组织活动。参加课外活动是给我们带来学习怎样为人处事的好机会。开发人的这些潜能,没有别的办法可以代替。

我们还可以从中懂得,教育不仅仅是进行专业培训。可以肯定的是,良好的教育可以为我们赢得一份稳定的工作和安逸的生活,它更为我们在专业和个人方面的成长打下了坚实的基础。教育也能提高我们工作以外的生活质量。我们还要进一步开发学生在某种特定范围以外的基本生活技能。良好的教育足可以使一个人终身具有适应性和灵活性。它可以使我们从想要的工作和生活中获益。我们还应当明确地认识到一个最重要的道理——学无止境。正规的教育不过是一生中学习过程的一个基础。世界变化很快,我们应该努力学习,并且随着世界的变化而变化。

现在再次说明一下,如果学生好好利用身边的资源完全可以获得良好的教育。很多好的资源可以从你的老师和辅导员那里获取。作为教育领域的专业人士,我们有责任在学生学习和就业过程中帮助他们。而作为老师和辅导员,我们可以告诉你什么是重要的,但是不能代替你做这些工作。我们可以向你推荐哪些课程是重要的,但不能帮助你学习课程。我们可以告诉你哪些社会实践值得参加,但不会催促你去做暑假工、兼职或是做实习生。我们可以向你介绍好的交流技巧,但不会强迫你亲自实践或是提高你的写作技能。我们可以告诉你什么是好的职业道德和工作技能,我们还可以告诉你在这个世界上,最重要的就是要准时、为人要诚实、工作要认真,但不会强迫你去做一些你不愿意做的事。所有这些都出于自愿。我们所能做的就是希望你能利用一切机会,使你有能力更好地为你所喜欢的职业或领域服务。你的成功取决于你自己。在这个生活领域,我们都要承担一定的责任。

信息来源

农业职业,全部(Agricultural careers,all)。Food and Agricultural Careers for Tomorrow, Purdue University, 1140, Agricultural Administration Bldg., West Lafayette, IN 47907-1140。提供农业职业方面的信息。

动物科学,全部(Animal science,all)。欲获得有关信息请联系 the American Society of Animal Science, 1111 N. Dunlap Ave., Savoy, IL 61874;电话:(217)356-9050;传真(217)398-4119;E-mail:asas@assochq. org;http://www. asas. org。

劳动统计局(Bureau of Labor Statistiss)。汇集了大量的资料,包括职位工资、就业预测、检索数据库和报告. 更多的信息可在互联网 http://stats. bls. gov/blshome. htm 上查询,可使用 the Occupational Outlook Handbook 搜索或直接登陆 http://stats/bls. gov/oco/ocos176. htm. 无论你喜

欢什么职业，均可以向你提供并推荐你需要的信息。本节一些建议资料来源于个人职业介绍手册。

伴侣动物管理者(Companion animal caretakers)。要得到关于动物管理、保护以及管理人员培训的有关信息，请写信至 Humane Society of the United States, 2100 L St. NW, Washington, DC 20037-1598; http://www.hsus.org/ace/35 或 the National Animal Control Association, P. O. Box 480851, Kansas City, MO 64148-0851. 获得国家许可学校的表格，请准备回邮信封及个人地址寄到 National Dog Groomers Association of America, Box 101, Clark, PA 16113; http://www.nationaldoggroomers.com。获得养狗培训以及养狗许可证，请联系 the American Boarding Kennels Association, 4575 Galley Rd., Suite 400A, Colorado Springs, CO 80915; http://www.abka.com。

农场经理(Farm manager)。获得农场管理员认证的信息，请联系 the American Society of Farm Managers and Rural Appraisers, 950 South Cherry St., Suite 508, Denver, CO 80222; 电话：(303)758-3513; 传真：(303) 758-0190; E-mail: dslothower@agri-associations.org; http://www.asfmra.org。

农事和农业职业(Farming and agricultural occupations)。获得农事和农业职业的信息，请联系 the American Farm Bureau Federation, 600 Maryland Ave. S. W., Suite 800, Washington, DC 20024; 电话：(202) 406-3600; 传真：(202) 406-3604; http://www.fb.org。亦可联系你所在当地的服务部门。

食品工艺(Food technology)。获得食品工艺方面的职业信息，请写信至 the Institute of Food Technologists, 525 W. Van Buren, Suite 1000, Chicago, IL 60607; 电话：(312) 782-8424; 传真 (312) 782-8348; http://www.ift.orglcms。

政府(Goverment)。联邦政府就业信息可通过电话与人事管理办公室联系。网站 http://www.opm.gov.。可以通过当地美国政府电话号簿，或拨打 (912)757-3000 (TDD [912]744-2299) (非免费电话)。也可以通过互联网 http://www.usajobs.opm.gov/获取有关信息。关于本领域的农业科学家、联邦调查员、督察干事、联邦部门或机构就业等的信息也可以直接联系。关于州和地区政府工作的信息可以从州行政事务委员会获得，通常是州首府或当地政府办公室。

实验动物(Laboratory animals)。获取关于试验动物技师及认证的信息，请联系 the American Association for Laboratory Animal Science, 9190 Crestwyn Hills Drive, Memphis, TN 38125; 电话：(901) 754-8620; E-mail: info@aalas.org; http://www.aalas.org。

科学(Science)。获取有关科学事业的信息可联系 the American Institute of Biological Scientists, 730 11th St. NW, Washington, DC 20001-4584; 电话: (202)628-1500; http://www.aibs.org。

州就业服务(State employment service)。关于私企就业信息,可以联系 the State Employment Service, 电话号码可以到本地州政府电话簿"就业"列表下查询。

兽药(Veterinary medicine)。获取有关兽药和有关兽药的美国高校列表的信息,请将回邮、尺寸代码、个人地址寄至 American Veterinary Medical Association, 1931 N. Meacham Rd., Suite 100, Schaumburg, IL 60173-4360. 主页: http://www.avma.org/。获取有关兽药方面的信息也可联系 the Association of American Veterinary Medical Colleges, 1101 Vermont Ave. NW., Suite 710, Washington, DC 20005. 主页: http://aavmc.org/。获取关于聘请兽医的联邦机构及当地代理地址可写信至 the National Association of Federal Veterinarians, 1101 Vermont Ave. NW., Suite 710, Washington, DC 20005。

动物园和水族馆(Zoological parks and aquariums)。获取动物园和水族馆的就业信息请联系 the American Zoo and Aquarium Association, 8403 Colesville Rd., Suite 710, Silver Spring, MD 20910-3314; 电话: (301)562-0777; 传真: (301)562-0888; http://www.aza.org。

概要和结论

农业为我们提供了很多的就业机会。在整个 20 世纪 90 年代,由于劳动力资源的缺乏阻碍了农业的发展。预测未来,我们仍然有机会大力发展农业。在动物科学这一领域,学生们可以选择不同的行业如生产、科技和医药、食品或农业综合企业等。从事一些职业可能需要更高等的教育。最终,个人职业的选择代表着你应当履行的个人和专业的责任。所有的学生都可以在学校身边的导师和教员的帮助下为得到自己满意的职业而做准备。

习题

1. 当前农业毕业生的工作前景如何?
2. 毕业生就业率年计划如何解释?
3. 根据就业人数推算,到 2008 年,所需的农民和农场工人的数量将减少,但是工种的数量仍然保持在一个较高的水平上。与表 26-2 中其他数字相比,在 2008 年,农场工人的绝对人数会排列在第几位?
4. 简要说明指导一个特定工作的教育路线的基本原理。

5. 尽管我们将来还需要许多生产专家，但是所需数量的总趋势是下降的。原因是什么？

6. 请描述对于科学和医学感兴趣的人，他们所面临的机遇有哪些？

7. 食品科学行业目前呈扩增趋势并期望保持下去。环顾你周围的人的饮食和你最近所听到的关于食品方面的新闻，根据你的观察，推测食品行业为什么如此受人重视。

8. 比较农业综合企业和农业科学课程中的资助课程。

9. 在动物护理这一领域获得管理学士的机会是有限的。针对 2008 年各高校教员、保健人员、生物科学家、医学家以及农业和食品学家等的就业预测，推测这一领域教育水平中所需的动物护理人员以及这些人员所面临的挑战。

10. 对于那些想拥有一份国际性的职业的人，需要学习掌握的最重要的技巧和经验是什么？

11. 在本章的最后，作者提出了对择业及教育进程的个人观点，学生们有权赞成或反对其中的任何观点或全部。毕竟，那只是一个建议。看完那段话后，写一篇简短的你的感想并与原文做一下对比。

12. 本章列举了很多职业信息的资源。尝试联系一下他们并查询一些你感兴趣的信息。浏览在这一领域中你感兴趣的一些成功企业的网页，看看他们的招工广告及薪水等等，阅读他们的条款，试做出你的决定。

参考文献

Bureau of Labor Statistics. 2004. National Industry–Occupational Employment Matrix. This is a searchable database available at http://stats.bls.gov.

Coulter, K. J., A. D. Goecker, and M. Stanton. 1990. *Employment opportunities for college graduates in the food and agricultural sciences*. Higher Education Programs, Cooperative State Research Service, U.S. Department of Agriculture, Washington, DC. Printed and distributed by Food and Agricultural Careers for Tomorrow, Purdue University, West Lafayette, IN.

Goecker, A. D., K. J. Coulter, and M. Stanton. 1995. *Employment opportunities for college graduates in the food and agricultural sciences*. Prepared and published by the School of Agriculture, Purdue University, West Lafayette, IN. Supported by Science and Education Resources Development, Cooperative State Research, Education, and Extension Service, U.S. Department of Agriculture, Washington, DC.

Goecker, A. D., C. M. Whatley, and J. L. Gilmore. 2000. *Employment opportunities for college graduates in the food and agricultural sciences*. Prepared and published by the School of Agriculture, Purdue University, West Lafayette, IN. Supported by Science and Education Resources Development, Cooperative State Research, Education, and Extension Service, U.S. Department of Agriculture, Washington, DC.

Occupational outlook handbook. 2004. Washington, DC: Bureau of Labor Statistics, U.S. Government. Available online at http://www.bls.gov/oco/home.htm.

Taylor, R. E., and T. G. Field. 1998. *Scientific farm animal production*. 6th ed. Upper Saddle River, NJ: Prentice Hall.

第 27 章

用谷物饲养动物：是利还是弊？

学习目标

学完本章后，应该能够：

1. 论述利用谷物来解决世界饥饿问题的弊端。
2. 说明用谷物饲喂动物的好处。
3. 说明在农业中怎样利用动物来合理地运用土地资源。
4. 论述消费者的选择对动物产品生产的影响。

关键术语

第三世界	谷物食品	土壤肥力
动力	谷物饲料	消费者的选择
肥料	饲料—食品转化率	效率
副产品	土地利用	药物

引言

人类具有相对简单的消化道，这就决定了我们不能直接消化和利用纤维性食品，我们需要更易于消化和吸收的食品。人类可以利用植物性和动物性食品来获取丰富的营养。如果让我们选择的话，相信大部分人都认为在他们的饮食中应当包括植物性和动物性的食品。长期以来人们都在争论是否应当以消费动物产品的多少来衡量人们的经济地位及其发展的水平。由于植物性食品既营养又廉价，而处于饥荒的人们都很贫穷，因此，世界上那些贫穷饥饿和营养不良的人们大多以谷物作为食物来源，谷物食品也因此成为人类食物中最重要的组成部分，几乎占到了世界粮食总产量的一半。由此，植物性食品的消耗占到了人类各种食品总消耗的 84%。但是，在发达国家情况却大不相同，人们对动物产品的消耗远大于谷物。例如，在美国，只有 3% 的玉米作为人类的食品，其他的被用作动物饲料等等。而在发展中国家，用作动物的饲料还不到总量的 3%。

随着世界人口的不断增长，很多人认为畜禽生产将变得供不应求。人们通常认为动物对植物性产品的利用率比人低，因此动物性食品饱受置疑。人口的增长给食品分配带来了挑战，增加了饥荒，越来越多的社会成员建议谷物不应当再被用于动物的饲料而应当直接作为人类的粮食。这一观点说服了很多人并在社会上产生了强烈的共鸣。争论远不止这些，有人甚至认为应当放弃饲养畜禽，将全部的粮食用于人类。持这一观点的人断言，目前的农业体系将会加速人类饥饿问题并导致畜牧业的停滞。经过详细调查，这种绝对化的断言很难得到支持。然而，这一争论也表明，将植物性产品直接作为人类的食品要比经动物"加工"后转变为人类食品更有效一些。表面上，这一说法似乎很符合逻辑，因为动物生产1 lb 的食品需要至少吃掉 3 lb 的饲料。一些支持此观点的人也因此增加了知名度，而他们却没有置疑这一论点并寻找其中的漏洞。其实，这一观点存在许多纰漏。Kinsman(1992)曾经说过："无论是现在还是将来，如果不能利用动物性食品就无法支撑我们的人类世界。事实上，忽视对动物性食品这一高营养源的利用是不负责任的、不合理的、浪费的、无知的甚至是不道德的。"

"转化无效论"中最大的纰漏在于，这种无效性仅仅局限于人类可以利用的植物和植物性产品。其实，动物饲料中有 2/3 以上的物质对人类是不需要或根本不适合的。因此，动物可以将这些物质转变为人类食品，不但不会与人类竞争食物，反而可以极大地改善人类饮食的数量和质量。这是一直以来动物为我们做出的非常重要的贡献。

论点中还有其他纰漏。最值得注意的是土地的生产能力因地而异，该论点却忽视了这一因素。这并不是由于气候、文化或者世界上不同地域的经济管制带来的巨大差异。论点中还有一个很严重的错误，它认为所有的动物生产体系具有相同的生产效率。没有什么比这更远离实际的了，它没有把饲料中谷物起到的作用与产肉和产乳联系起来。

如果减少动物饲料中谷物的含量，将会使世界农业发生巨大的变化。对于世界上所有发达国家来说，谷物饲料的禁用将会极大地限制畜牧业发展，尤其是禽类和猪的生产将会遭受重创。发展中国家也将被迫改变其农业路线。在进行改革之前，我们应当考虑动物带来的益处以及它的可持续性。同时我们还应当审视前论点提出的在广泛条件下对动物用途的否定，以及是否可以提出一个可持续动物利用的防御性论点，这必须是一个可靠的行动方针，并不是简单地说句："你错了"。持反对意见的一方必须讲清楚问题的所以然，这样他的观点才能被大家考虑，他才有机会得到人们的支持或是反驳。这就是本章所要阐明的内容。

关于"无动物"论

关于可供人类消费的谷物对家畜无用这一论点，目前的争论主要集中在如果我们不用谷物饲喂动物而是直接供人类消费，是否可以解决更多的粮食问题。畜牧业专家本不应如此，但他们显然把问题独立化了。动物吃掉饲料，在饲料转化为有用的产品之前，有很多都被动物机体为满足维持需要而消耗掉了。对于人们来说这一部分能量"浪费"掉了。仅仅依靠这些谷物,就可以缓解目前一些地域人们的饥饿形势。乍看,表 27-1 在干物质、能量和蛋白几个方面很清楚地说明了这一现象。但是,在得出一个合理的结论之前,我们还必须对这一论点和其他相关信息做更深层次的研究。让我们探讨一下谷物在动物生产中所起到的作用。

表 27-1　饲料转化为食品的效率[1]

	肉牛	羔羊	火鸡	蛋鸡	肉猪	肉用仔鸡	鱼	奶牛
饲料效率[2]	9.0	8.0	5.2	4.6	4.0	2.1	1.6	1.1
能量效率[3]	34.2	44.1	18.9	12.1	18.8	12.4	6.9	5.8
蛋白效率[4]	10.6	16.5	3.2	3.9	4.1	1.9	2.1	2.7

1. 来源:Compiled from Ensminger,1991,pp. 20-22,various figures。
2. 生产 1 lb 产品所需的饲料磅数。
3. 生产 1 kcal 产品所需的能量千卡数。
4. 生产 1 lb 产品蛋白所需要的饲料蛋白磅数。

关于支持饲喂动物谷物的观点

饲喂动物谷物的好处

在美国和其他一些发达国家,常常拿大量的谷物来饲喂家畜,对于能够消化人类所不能消化的纤维物质的反刍动物也是如此。之所以这样做正是因为它确实可以给我们带来收益。其实,用于生产家畜产品所需的能量只有 1/6 来自谷粮。当谷物被利用时,整个农业系统的生产力都会被改进,因为饲草、作物残茬以及一些作物副产品的利用效率是被提高的。另外,反刍动物及其他家畜起着缓冲谷物供给的重要作用(图 27-1)。动物利用谷物的数量每年都在变化。这样,种植

图 27-1　利用谷物饲喂动物例如育成阉牛,具有缓冲谷物供给的重要作用。

谷物的农民就有了可靠的第二市场，从而形成了稳定而灵活的谷物农业市场。家畜带来的需求可以随着谷物的供应而上下波动，这使农民始终处于商业运作中。没有这一可靠的第二市场，谷物将不能保持其较高的价格。消费者利益必定受到损伤。饲喂大量的谷物会使农民从种植的谷物中获利。但是，如果谷物量短缺，无论什么原因，都将导致谷物价格的迅速增长，从而使饲喂反刍动物变得无利可图，此番养殖随即停滞，如果这样，我们将只能利用反刍动物特有的功能即将不可食用的植物转化成人类可食用的物质（图 27-2）。

图 27-2 对于人类，家畜最大的作用就是将农作物残留，例如照片中的玉米秸秆，转化为可利用产品。（Dr. Jerry Fitch Department of Animal Science, Oklahoma State University 提供，经允许使用）

在发达国家，如果采用集约化生产方式，像猪和家禽之类的单胃动物都可成为人类食物的竞争者。事实上，在美国饲喂猪和家禽等家畜时都采用高比例的谷物和其他精料比如油籽饼粕，反刍动物亦是如此，因为这样可以带来一定的经济利益。同样，如果人们对谷物的消费使其价格高涨，谷物作为动物饲料也将停止。在这种情形下，与反刍动物不同，发达国家的猪和家禽的数量将可能减少。但是，它们作为家畜并不会消失，因为它们具有独特的能力即以人类的垃圾废物为食并将其转变为人类的食品（图 27-3）。这是目前猪在农业养殖业中发挥的重要作用之一。现今在美国采用散养和利用食物垃圾来饲喂猪和鸡的饲养方式已经比从前少了，但在世界其他国家仍在被广泛采用。

肉类生产怎样才能适应农业发展？农业水平越低，采用饲喂大家畜来产肉的方法越不可行。猪、鸡以及绵羊和山羊等小型反刍动物可作为产肉动物，而牛则（首选）用于其他生产目的。这样做的主要原因是在世界的热带地区缺乏合适的肉类冷藏设施。一个家庭可以将一只鸡、一头小猪、一只绵羊或山羊在它们变质之前消费掉，但要消费一头牛却绝对不可能。也正因为如此，穷人的冰箱常常只贮备着山羊。贫穷地区的人们在制作肉食时要加很重的调料来遮盖肉的异味。这时经常用到咖喱和胡椒这类佐料。而牛肉一般只用于抢险救援等情况。老的、残的或是快死的病畜会被屠宰或在它们死后被吃掉。为了举办一个村庄宴会，常会杀死一头奶牛或公牛,并且能在短时间内全部被消费掉。人们很少食用牛肉的另一个原因是牛在其他生产中还发挥着更加重要的作用。

图 27-3　在发展中国家,猪和家禽常常自由觅食,然后被屠宰。较大体型的家畜则用于使役。

食品与饲料的对比

稻子、小麦以及其他谷物通常在人们的种植和消费过程中被称为**谷物食品**。我们并没有将太多的谷物食品用于家畜的饲养,而只是用高粱、燕麦、玉米等**谷物饲料**。虽然人们也可以大量食用,但却不太喜欢。除此之外,这些谷物有很多的剩余。如果根据人口的需求,这些谷物很容易就被利用起来。另外,家畜还可以利用大量的副产品饲料,比如一些面粉加工副产品、棉籽壳、酒糟、甜菜渣、柑橘渣以及水果和蔬菜加工废弃物等。这些东西对人们并没有什么食用价值,用来饲喂家畜则可以在一定程度上解决原料的处理问题,同时也可使我们的市场原材料价格保持在较低的水平。畜牧产业由此扭亏为盈。

谷物食品
是用来满足人类最初的消费市场的谷物,例如水稻和小麦。

谷物饲料
最初是作为动物饲料而生产的谷物,例如玉米和高粱。

营养

畜产品可以为我们的饮食提供必需的营养,我们可以从中获得高质量易消化的维生素、矿物质以及能量。更重要的是,我们可以从中获取动物性蛋白,从而大大提高饮食的质量。动物性蛋白的质量远高于植物性蛋白,这也是动物性食品在提高饮食营养上所起的最重要的作用,因为这些食品中含有人体所需要的全部氨基酸,特别是赖氨酸、色氨酸和蛋氨酸,而这些恰巧是植物性食品所缺乏的。畜产品正是通过供给氨基酸平衡的蛋白质,从而改善并平衡了我们的饮食。这一因素否定了粮食作为蛋白源的优势。另外,反刍动物还可以通过细菌发酵,利用非蛋白氮比如尿素和禽类粪便中的氮,为人类生产高质量的蛋白。

土地的生产力

世界上许多土地是无法进行耕种的,但是生长着多种动物可利用的特别是反刍动物能食用的牧草和灌木（图 27-4）。表 27-2 中的数据表明，那些否定利用畜产品的人显然忽略了这一点。世界上的土地资源大约只有 37％能用于农业生产，大概 2/3 的土地不适宜农业发展，它们大多为城市、山脉、沙漠、沼泽、雪山等等。而这 37％的可用土地中，只有 30％（大约占世界土地总资源的 11％）可以种植人类可消化的植物，其余的均不适宜生产粮食作物，但是上面覆盖的草、灌木或其他植被却可以被反刍动物消化（图 27-5）。认识到了这一资源，那么“动物无效”的观点就不重要，因为它们是将这些植物转化为人类食品的唯一途径。反刍动物与人类不存在竞争关系，人类无法直接吸收利用这些植被而反刍动物却可以。其实世界上绝大多数反刍动物不会同人类竞争土地和食物，随着世界人口的增长，我们有可能要更多地依靠动物，特别是反刍动物，来满足我们对食品日益增长的需求。

图 27-4 世界上有很多土地太干旱而不能耕作，但是生长着许多可供反刍动物利用的牧草和灌木。（Dr. J. Robert Kropp, Deparment of Animal Science, Oklahoma State University 提供，经允许使用）

表 27-2 世界各地区农业用地的特点

区域	土地总面积 /1 000 hm²	农业用地所占比例/％	可耕种土地占农业用地面积比例/％	牧场占农业用地面积比例/％
世界	13 048 300	37	30	70
发达国家	5 462 356	35	36	64
发展中国家	7 585 948	39	27	73
非洲	2 963 468	36	18	82
亚洲	2 678 234	47	37	63
欧洲	472 578	45	63	37
大洋洲	849 135	57	12	88
北美洲	1 838 009	27	47	53
南美洲	1 752 925	35	19	81
美国	915 912	47	44	56

来源：FAO，1997。

1 hm^2＝2.47 英亩。

图 27-5　由于地形、海拔以及其他原因世界上许多肥沃的土地无法耕作,但是它可以提供动物生产畜产品所需要的牧草。

从表 27-2 可以看出,发达国家(比较富裕的国家)大部分的土地可以进行农业生产,发展中国家(比较贫穷的国家)农业占土地总面积的比例与发达国家相似,事实上,欧洲和北美的可耕种面积远大于世界平均水平。世界上大部分家畜都是食草的,并以植物为主要食物。人类驯化这些动物品种来充分地利用我们的土地。在美国,牧场占农业土地面积的 56%。另外,低质量粗饲料的产量非常大,例如玉米秸秆、麦秸以及其他农作物残茬。牧草和其他粗饲料占动物总饲料的比例,绵羊和山羊达 94%,肉牛达 85%,奶牛为 59%,在所有家畜中平均可以占到 62%。

消费者的选择

农业的发展随着消费者的需求而改变。在美国,人们希望用最少的钱买到质量最好的食品。而用谷物饲喂动物正是为了在提高质量的同时降低成本,使消费者从中获利。减少谷物饲料会使动物数量急剧减少,从而大大降低肉的供应量。剩下的动物将要经过一个相当长的时间才能供应于市场且产量也会下降,上市的产品消费者不易接受且价格还很贵。由于饲草的生产很大程度上依赖于季节变化,畜产品的生产因依赖于放牧季节而具有很大的季节性,因此很大一部分供给只有在秋天才可以得到满足。奶产量也受到类似的影响。

其他产品

另一个不可忽视的因素是,家畜还可以提供许多副产品,它们不同于一般的动力、纤维、肉和乳。这对于发达国家和发展中国家都是很有价值的。动物屠宰后的副产品可以用来制作蜡烛、化妆品等很多日用品。没有这些副产品,恐怕许多人的健康和生活方式就要发生改变了。另外,大约上百种的人类药品也是动物屠宰后的副产品合成的。表 27-3 列出了猪被屠宰后的副产品的一些用途。

表 27-3 应用肉猪副产品生产的药物

肉猪在制药上的作用仅次于提供猪肉的作用。表中所列的维持生命和救生的产品仍在继续增加。据统计，有 40 种药物的生产原料来自于肉猪

肾上腺素	**肠**	**脾脏**
皮质类固醇	肠抑胃素	脾素液
可的松	肝磷脂	**胃**
肾上腺素	分泌素	胃蛋白酶
去甲肾上腺素	**肝脏**	**黏液素**
血液	肝粉	内在因素
血纤维蛋白	**卵巢**	**甲状腺**
猪胎儿血浆	雌激素	甲状腺素
血浆酶	孕酮	降血钙素
脑	松弛肽	甲状腺球蛋白
胆固醇	**胰腺**[2]	**松果腺**
视丘下部	胰岛素	褪黑激素
胆囊	胰高血糖素	**垂体腺**
鹅(脱氧)胆酸酸	脂肪酶	ACTH 促肾上腺皮质激素
心脏	胰液素	ADH 抗利尿激素
心脏瓣膜[1]	胰岛素	催产素
	胰凝乳蛋白酶	催乳素
	皮肤	TSH 促甲状腺激素
	烧伤猪只胴体[3]	

来源：Adapted from National Pork Producers Council，1997。

1. 肉猪心脏瓣膜，经过特殊的保存和处理，可以通过外科手术移植入人体，从而治疗由疾病或损伤引起的心脏瓣膜衰竭。自从 1971 年第一例手术进行后，已经有数千颗肉猪心脏瓣膜被成功地移植到不同年龄的人体内。

2. 肉猪胰腺是治疗糖尿病患者所需的胰岛素的重要来源。它与人类胰岛素相类似。

3. 特别处理过的肉猪皮肤，它与人类皮肤类似，用于治疗人类皮肤重度烧伤、大面积皮肤脱落以及皮肤溃烂。

动物与土壤肥力

动物可以帮助维持土壤的肥力以保证作物的生长。动物可以为土壤提供肥料，这对第三世界国家来说是非常重要的。另外，肥料还可以增加土壤中有机物的含量，改善土壤结构。这一点非常重要，因为在一些相对贫穷的地区，在使用较简单的劳动工具的情况下，肥力较好的土壤可以提高生产效率。

动力

在大多数发展中国家，一些家畜用来提供动力。牛、水牛、驴以及马都是主要的役用品种。它们帮助人们从植物资源中获取食物。我们只需供给这些动物很小一部分谷物，而它们对于维持生产到下一个谷物栽培季节是非常重要的。家畜

在这里对人类的贡献就是动力,这非常有利于解决我们的粮食问题,而且对我们来说还有盈余(图 27-6)。

图 27-6　在发展中国家,家畜提供了很多役用资源。

概要和结论

利用谷物来饲喂动物已经成为人类社会关注的一部分。一些人认为从饲料到食品的转化率不足 100%,用这部分饲料资源来生产肉、乳及其他畜产品很不合算。通过这一章,我们可以看出,所谓效率问题的假设是错误的。事实上,利用谷物来饲喂动物是非常有效率的,它可以帮助我们最大限度地开发原本品质较低的饲料资源。根据人们可食用物质的输出和不可食用物质的输入我们可以看到,将谷物应用于动物饲料对于效率的提高是非常明显的,这是目前解决世界人口粮食问题的一个绝佳策略而不像某些人所说的会起到阻碍作用。在世界粮食问题上,动物将继续发挥重要作用,没有它们,粮食问题将无法解决。

习题

1. 世界食品供给最重要的组成部分是什么?它占食品生产的比例有多大?
2. 植物性食品占人类消耗总热量的百分比是多少?
3. 根据人类是否适合直接消费谷物的讨论,直接消费粮食可以用来满足增长中的人口的需求吗?还是先由动物消费,人们再利用动物性产品?
4. 动物生产可以稳定谷物种植和促进谷物生产。请解释这一论述。
5. 如果全球性的谷物短缺使谷物价格增长,猪和家禽的产量会遭受打击。那么这些动物将不再作为家畜来饲养,这样做对吗? 谈谈你的观点。

6. 谷物饲料和谷物食品有何区别? 在美国,有多少玉米用于人类消费? 列举5个例子,作为饲料使用的其他农作物副产品有哪些?

7. 解释为何动物性蛋白质的质量较高。

8. 讨论对植物性蛋白与动物性蛋白的消化有哪些区别?

9. 关于不可耕作的土地上生长着许多适合动物利用的植被,怎样正确理解动物对它们的利用?

10. 如果不使用谷物饲料饲喂家畜,畜产品的生产会受到哪些影响?

11. 在美国,牧场面积占总土地面积的比例是多少?

12. 反刍动物可以利用低质粗饲料,这对畜牧业生产有何重要性?

参考文献

Baldwin, R. L., K. C. Donovan, and J. L. Beckett. 1992. An update on returns of human edible input in animal agriculture. Proceedings of the California Animal Nutrition Conference, 13–14 May, Fresno, CA.

Beckett, J. L., and J. W. Oltjen. 1993. Estimation of the water requirement for beef production in the United States. *Journal of Animal Science* 71: 818–826.

Bywater, A. C., and R. L. Baldwin. 1980. In *Animals, feed, food and people: Alternative strategies in food animal production*, R. L. Baldwin, ed. Boulder, CO: Westview Press.

Ensminger, M. E. 1991. *Animal science: Food and animals—A global perspective*. Danville, IL: Interstate Publishers.

FAO. 2004. *FAOSTAT statistics database: Agricultural production and production indices data*. http://apps.fao.org/.

Kinsman, D. M. 1982. Would it be beneficial to eliminate the use of animals as food? Paper presented at Symposium on Animals and Ethics: Should We Use Animals for Food and Experimentation? 9 Oct, Yale University, New Haven, CT.

National Pork Producers Council. 1997. http://www.nppc.org/pork-products-med.html.

Smith, N. E. 1980. In *Animals, feed, food and people: Opportunities for forage, waste and by-product conversion to human food by ruminants,* R. L. Baldwin, ed. Boulder, CO: Westview Press.

Wheeler, R. D., G. L. Cramer, K. B. Young, and E. Ospina. 1981. *The world livestock product, feedstuff and food grain system*. Morrilton, AK: Winrock International.

第 28 章

食品安全和消费者关心的问题

学习目标

学完本章后，应该能够：

1. 描述食品行业所面临的食品安全事务的复杂性。
2. 探讨 20 世纪食品安全的历史背景。
3. 描述对消费者来讲食品安全问题的数量。
4. 识别最重要的食品源性病原体。
5. 区分不同的政府代理在提供安全食品时的作用。
6. 描述食品安全检测局(FSIS)在目前食品安全改革中的作用。
7. 描述危害分析关键控制点(HACCP)并陈述它的目的和重要性。
8. 说明牛生长激素、促生长激素、抗生素在动物生产中的安全水平。
9. 描述食品辐射的价值。

关键术语

败血病
避免残留
病原体
残留监测程序
德莱尼修正案
电子巴斯德杀菌法
辐射食品
格林-巴利综合征
零容忍
流行病学
牛绵状脑病
溶血性尿毒症
食品源性疾病
停药期
危害分析与关键点控制
新生病原体
一般认为安全名单(美国食品药品管理局用语)
英国夏令时
战胜细菌

引言

应该说，最初美国的食品供应虽然不是最安全的但也在世界最安全行列之内。同时也必须认识到尽管我们供应安全食品，但每年还是有数百万美国人因食物原因而生病。据疾病预防控制中心统计，在美国每年食品源性病原体引起大约760 000 000人患病，325 000人住院治疗，5 000人死亡，这些人通常是小孩和老年人。大约140 000 000名患者中，60 000人住院治疗，1 800人死亡与已知的**病原体**有关。在这些数字中，75%(1 500)的死亡是由沙门氏菌、李斯特菌和弓形体引起的。美国农业部(USDA)搜集的信息和提交给总统的报告(美国食品和药品管理局 FDA，1997)中谈到，每年的医疗费用和生产力损失仅仅在7个特殊的病原体领域就从65亿美元增长到349亿美元。其余的损失是由与其他食物相关性疾病和食品源性病原体引起的慢性疾病造成的。被严重污染的水果、蔬菜、水或动物性食品都可导致食品源性疾病。威胁来源范围从致病性微生物到来源于化学和生物学的毒素污染物。

病原体
一种能引起疾病的细菌或病毒。

食品安全作为公共事务的历史

食品安全并不是一直被作为这样一个有鲜明姿态的公共事务，尽管它绝不是一个新的事务。人们对食品加工的关注始于19世纪末20世纪初。厄普顿·辛克莱(图28-1)的小说《雨林》描述了肉类加工业肮脏的环境条件，引起了美国公众的震惊和愤怒。在公众的重压之下最终导致在1906年通过了纯净食品药品法案和肉类检测法案，开始了政府管理食品的历程。1958年，联邦食品添加剂修正案规定食品添加剂检测是食品生产商的职责，任何新的食品添加剂在添加到食

图28-1 厄普顿·辛克莱的小说《雨林》描述了肉类加工业肮脏的环境条件。小说引起的公愤直接导致1906年纯净食品药品法案和肉类检测法案的通过。(Culver Pictures, Inc. 提供，经允许使用)

物之前必须被证明是安全的。1958 年食品添加剂修正案的是**德莱尼修正案**(Delaney clause),规定禁止使用任何剂量的对人和动物有致癌作用的食品添加剂。

德莱尼修正案
规定禁止使用任何剂量的对人和动物有致癌作用的食品添加剂。

该条款从开始实施就被认为是不切实际的。某些物质高剂量添加可能会引起癌症,但较低的剂量是很安全的。为了解决这一问题,1996 年 8 月议会讨论通过了食品质量保护法案(FQPA)。它废止了德莱尼修正案,对于生肉和加工食品中的添加剂的允许量采用一个更加科学的基本标准——“确实合理没有危害”来取代“**零容忍**”。10 年来美国环境保护局(EAP)一直在执行这项法律。

零容忍
一般用来指被德莱尼修正案强制限用。

1958 年的食品添加剂修正案还有另一个重要的成果。实际上,它为一批在立法生效之前已经批准使用的,“一般认为安全”(GRAS)的添加剂创造了始祖性的条款。在这些“**一般认为安全名单**”(美国食品药品管理局用语)(GRAS list)的添加剂被给予特殊身份并继续被使用。一旦它们被证明是危险的,就会从名单中将其删除。这个名单自从创建就不断地被审核。根据德莱尼修正案条款的规定,一些添加剂从“一般认为安全名单”中被删掉。新的规定将会使这些被删掉的添加剂重新回到“一般认为安全名单”上。

一般认为安全名单
是指在 1958 年的食品添加剂修正案中被授予特别安全身份的普通食品添加剂的一份名单。之前这些添加剂曾作为安全食品添加剂被使用。

这些措施有效地满足了公众的强烈愿望。几十年来,当人们谈论起食品安全时,关注的焦点落在避免生产肉毒毒性适宜的家庭罐头的制作技术以及避免旋毛虫病适宜的猪肉烹调技术上。如果有一起食品相关性疾病暴发,人们通常会联想到 7 月 4 日一次宗教活动的聚餐上坏掉的土豆沙拉。因为是地方性事件,除了当地报纸外几乎没有引起任何媒体的关注(图 28-2),或许是两件与水果相关的食品安全事件引起了全国的关注。第一件事与苹果和生长调节素有关,由于一位非常著名的好莱坞女演员——Meryl Streep 的卷入,此事引起了公众的轰动。Meryl Streep 作为自然资源保护委员会的代言人参加了两档 60 min 的节目。第二件事与被污染的葡萄有关。20 世纪 90 年代又发生了几起食物相关性疾病事件,广为人知的是 1993 年和 1997 年肉里的大肠杆菌 (*E. coli*)O157:H7 以及 1996 年在苹果汁里的大肠杆菌事件。还有一些事件与饮用水中的隐孢子虫(*Cryptosporidium*)有关。

图 28-2　20 世纪 90 年代前,大多数食品相关性疾病的突发事件,通常与一小群人野餐或社交聚会的家常便饭有关。(Getty Images,Inc. /Photo Disc,Inc. 提供,经允许使用)

沙门氏菌的爆发可追溯到1991年发生在甜瓜、1994年发生在冰淇淋、1995年发生在苜蓿芽上的事件，1996年发生在自制蛋黄酱(传播到鸡蛋)事件。1996年来自危地马拉来的覆盆子上的隐孢子虫引起了一起寄生虫突发事件；1997年，牡蛎传染了好几百人诺沃克病毒；同样在1997年，来自墨西哥的被污染的草莓引发了A型肝炎事件。然而，令人震惊的并引起普遍关注的食品安全问题可能是1993年发生在一个知名快餐店的汉堡包被大肠杆菌O157:H7污染事件。汉堡包在不知不觉中被细菌污染，如果经过适当温度的烹调，悲剧就会被避免。然而在出售汉堡包前并没有这样做，导致孩子们悲惨的死亡。还有一些其他的服务个体引起的疾病使大肠杆菌家喻户晓。那些惨案发生后，食品安全就成为国际性事务。

食品安全对消费者的重要性

毋庸置疑，食品安全问题对消费者来讲是非常重要的。在富足的地方，消费者希望既富裕又安全。他们关心的主要是化学残留，比如农药、除草剂、食品添加剂和应用到动物的抗生素和激素、**辐射食品**、食品源性病原体和自然发生的中毒。有些的确很可怕，但有些危害很小而消费者却夸大其词。实际上，对一般消费者来讲最危险的是食品源性病原体。表28-1列出了与普通食物源、致病性病原体相关的一些疾病的来源、症状、潜伏期和持续期。

辐射食品
用能杀死昆虫、细菌、寄生虫的电子巴氏杀菌法来处理的食品。

表28-1 与普通食物源、致病性病原体相关的一些疾病的来源、症状、潜伏期和持续期

微生物	来源	症状	潜伏期	持续期
细菌				
沙门氏菌	生肉，尤其是家禽、蛋类	恶心、腹痛、腹泻、头痛、发烧	5～72 h	1～4 d
空肠弯曲菌	原料奶、未煮熟的肉	发烧、头痛、腹痛、腹泻	2～7 d	1～2周
李斯特单核杆菌	原料奶和奶制品	发烧、头痛、寒颤、恶心、呕吐	12周	6周
创伤弧菌	被污染的海鲜	腹部痉挛、疼痛、虚弱、水样腹泻、发烧、寒战	15～24 h	2～4 d
金黄色葡萄球菌	人类排泄物，未煮熟的肉	腹痛，血样腹泻，肾衰竭	5～48 h	3 d至2周
产气荚膜梭菌	人类排泄物、深砂锅菜	发烧、恶心、腹泻、腹痛	8～15 h	6～24 h
大肠杆菌	人类污染物、未煮熟的肉	腹痛、血样腹泻、肾衰竭	5～48 h	3 d至2周
肉毒梭菌	罐头食品，砂锅菜、蜂蜜	呕吐、腹痛、头晕、呼吸困难、瘫痪	12～36 h	10 d
志贺氏菌	被污染的水或食物，尤其是像鸡肉、金枪鱼、虾、土豆沙拉等沙拉食品	腹泻、腹痛	12～50 h	5～6 d
病毒				
诺沃克病毒	被污染的海鲜	腹泻、恶心、呕吐	1～2 d	4～5 d
A型肝炎病毒	人类污染物	黄疸、疲劳、肝损伤	50 d以上	数月到数年
寄生虫				
蓝氏贾第鞭毛虫	被污染的水和未煮熟的被污染的食品	腹泻、腹痛、嗳气、厌食、恶心、呕吐	5～25 h	直到治疗
腋索旋毛虫	猪肉、野味食品	肌肉无力、流感症状	数周	数月
艾尔虫	生鱼	严重腹痛	12 h	直到排出

来源：Adapted from Nutrition:Science and Application，2nd Edition，by Lori A. Smolin and Mary B. Grosvenor，copyright © 1997 by Saunders College Publishing，reproduced by permission of the publisher。

消费者通常不理解的就是明知有危险，还要选择这些饮食。这种情况确实存在。另外，每一次食品、农业或技术方法的革新，每一次新的贸易协议，和饮食习惯的改变都存在着潜在的危险。这些变化使我们的食品供应面临的新的危险，并且不同于历史上任何时期。我们进口的 4 600 多万吨食品，大多来自发展中国家(图 28-3)。

图 28-3　提供安全食品有许多障碍，其中包括我们进口的主要来自发展中国家的超过上百万吨的食品。(Ken Hammond 摄，经允许使用)

另一个问题是食品供应高度集中，这件事既有利又有弊，好处在于它容易控制，弊端是当出现问题时，就可能是一个大问题。在一个工厂加工的汉堡包被分配到十几个州，几小时内到达各州的食品市场。被污染的食物被加工成不同形式并在被隔离之前就能引起疾病(图 28-4)。随着人口的变化，受食品源性微生物危害的人数也在增加。孩子、老人和其他免疫系统较弱的人受的威胁更大。所有这些使得现代的食品源性疾病与过去有所不同。

图 28-4　食品加工系统既能带来低价又能给消费者带来好处，但也产生一些问题。批量加工的肉通过包装并分配到许多州，在大约几小时内就会被分配到许多消费市场。如果一批产品被污染，上千人将受到影响。

反复调查表明了消费者对食品安全问题关注的程度。也有部分消费者对存在的威胁和这些威胁到底有多大以及如何保护自己的问题比较模糊。其他大多数消费者将解决方案寄托于政府。不同地区、州和联邦政府对以上问题采取了措施。在另外的章节将对已经采取的行动和计划进行详细地叙述。食品体系的巨大变革正在进行并将继续深入。如果能正确实施改革,将会产生更加安全的食品供应。许多改革已经初见成效。在20世纪90年代末最令人记忆犹新的汉堡包事件说明了食品系统实行污染监测的益处。对这件事的回忆最不可思议的是对公众消费片段的回忆以及一些消费者志愿组织已经使回忆引起了负面影响。他们把当时发生的事件作为食品供应不卫生的证据。按理说,这件事还是令人欣慰的,因为那些产品并没有到达消费者的手中。食品系统的工作就是在人们发病之前察觉问题。不幸的是,这通常已经不被重视了。当然,还有令人满意的回忆。在1997年,哈德森食品不得不收回2 500万 lb有可能被大肠杆菌污染危险的牛肉。这件事被普遍公开,一位哈德森的主要消费者宣称将不再从公司购买产品。短时间内,公司被卖掉了。

从消费行业的前景来看,它所面临的最困难问题就是食品问题和由消费者或食品加工者引起的食品安全问题。然而,看起来谁都不愿承担这个责任。这是否与一部分消费者知识缺乏或他们觉得这是别人的事有关,还不得而知。接下来将要叙述的是Michael T. Osterholm的有关评论,随后是明尼苏达州卫生署急性流行病部门的领导和专家对1997年哈德森食品收回牛肉事件发表的陈述:

许多人都甘愿相信有人在关注自己。我们愿意公平地相信政府声明我们的食品是安全的,正如我们相信可以在桥上驾驶而不必从车里出来检查它是否安全。但这并不容易,尽管我们已经进行了改进……问题仍然存在。这并不意味着是对饲养者、生产牛肉者或公众健康团体的批判。保护消费者免受感染是非常困难的……新闻周刊,1997年9月1日,33页。

家畜生产者对此问题只应负一小部分责任。据食品安全专家估计如果食物的加工者和调制者能够采取正确的方式,77%的疾病都能够被预防。大部分的食品源性疾病都是在家中准备食物时引起的。

预防食品源性疾病

为了预防食品源性疾病,食品调制者应懂得一些简单有效的方法:

■ 充分烹调食物:烹饪可以杀死食物中的大部分细菌、寄生虫和病毒。肉、牛奶和蛋产品在食用之前应该煮熟。牛肉、小牛肉、羔羊肉和猪肉应在160°F的温度下烹饪,火鸡和鸡肉的烹饪温度应达到165°F。需要重新加热的食物至少应该加热到165°F(图28-5)。

■ 防止交叉污染:生肉产品的汁液和水滴不应和其他食物接触,尤其是对那些不需要进一步烹调的食物。注意冷藏操作。用温肥皂水洗手,清洗切菜板,清洗柜橱上的水和其他的用具防止肉的汁液和其他食物接触。

■ 正确地冷藏食物，包括剩饭。在适当的冷藏条件下细菌很难生长。冰箱温度应设在 40℉或者更低。不要二次包装冰箱内的食品，保持冰箱清洁干净（图 28-6）。

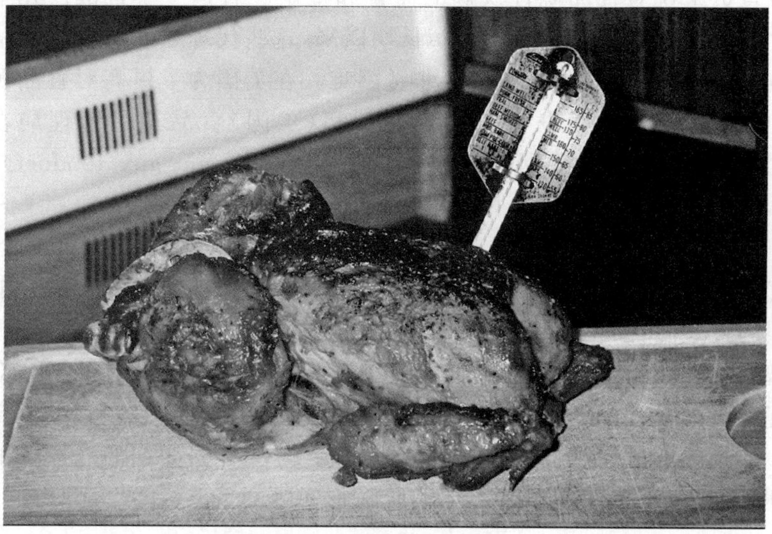

图 28-5 适当温度下的烹饪对预防食品源性疾病是极其重要的。肉类温度计有助于在烹饪过程中保证肉内部所达到的安全的温度。

图 28-6 为保证食品安全，不要二次包装冰箱内的食品。隔离产品，尤其是那些不需要深加工的产品。保持冷藏柜的清洁，同时确保温度不高于 40℉。你能发现这个冰箱中存在的问题吗？

■ 只挑选最新鲜的肉、家禽、鱼类和其他的食物。不买盖子凹下、凸起或者生锈的罐头食品。注意产品的“购买日期”和“使用日期”。

■ 两天内用不完的鲜肉、家禽和鱼应该冷冻。适宜的冷冻温度为 0℉。冷冻食品可在微波炉、冷藏柜或者冷的可饮用的自来水下进行解冻。

一些与食品源性疾病相关的重要的微生物病原体

对公众健康官员来说对食品源性疾病的监督和鉴定一直是一个挑战。几个代理全面负责食品安全的监测和检测工作。长期以来，这些代理之间明显缺乏信息的交流，导致食品源性疾病的跟踪和鉴定非常困难。在美国为了提高对食品源性疾病的监督，中央数字计算机联合美国农业部和(美国)食品药品管理局在1995年建立了食品源性疾病监管网(食物网，http://www.cdc.gov/foodnet)。食物网的监督开始于环绕美国的5个网址(西海岸——加利福尼亚；东海岸——康涅狄格；南部——乔治亚州；北部——明尼苏达州；太平洋西北部——俄勒冈州)。官员们认为在美国不同的区域建立监控人口站点将能预防数据超载，并能提供发生在美国的关于食品源性疾病类型的最好的图片。自1995年以来，选择性监测网站扩增到了10个，大约14%的美国人口被监控。食物网站有助于公众官员更好地了解在美国的食品源性**流行病学**情况，以下信息引自(美国)食品及药品管理局(1997)的报告的附录B部分。目的是向读者提供有关详细的病原体的信息，同时也证明联邦代理确实认识到了他们所面临问题的重要性。

流行病学
对人口发病率和影响疾病传播以及严重性的原因进行研究的医疗服务。

细菌

沙门氏菌

沙门氏菌属(*Salmonella*)可以引起腹泻和**败血病**，它能使人丧命，尤其是那些免疫应答失败、小孩和老年人等易感人群。食用动物通常携带沙门氏菌，继而污染肉、乳制品和蛋类等食品。通常导致疾病的食物有生肉、禽肉、蛋、乳和乳制品、鱼、虾、青蛙腿、酵母、椰子、调味料和沙拉调味品，蛋糕粉、夹奶油的甜点、干明胶、花生油、可可粉和巧克力。据估计，在美国每年有200万～400万例传染病发生，但都不是突发事件。其中12.8万～64万传染病与蛋中的沙门氏菌肠炎(图28-7)有关。20世纪90年代，超过500起疾病发作属于肠炎(*S. enteritidis*)，70多人死亡。在1994年，估计有2.24万人因为吃了冰淇淋而引发疾病。

败血病
来自传染病灶的剧毒微生物入侵血液。

弯曲菌

在发达国家经常鉴定出由弯曲菌(*Campylobacter*)(图28-8)引起的急性传染性肠炎，在美国弯曲菌也是被普遍隔离的小肠病原微生物。据估计每年在200万～400万弯曲菌病案例中有120～360人死亡。空肠弯曲杆菌和大肠弯曲杆菌(两种关系接近的种类)是普通的食品源性疾病，也是传染病部门经常报道的与**格林-巴利综合征**有关的细菌，1 000个案例中通常有1例。大约50%传染病与食用了未充分煮熟的或被再次污染的鸡肉或处理过的鸡肉有关。这是在美国引起零星(不成群)痢疾的最主要的原因。非巴氏消毒灭菌牛奶和未经处理的水也能引起该疾病的发作。

格林-巴利综合征
外周神经炎，表现为虚弱和胳膊、腿、呼吸肌、脸等经常出现麻痹。

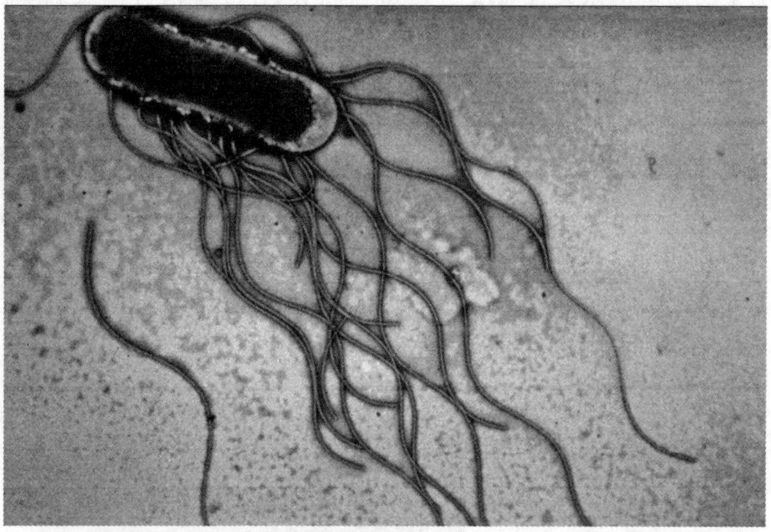

图 28-7　沙门氏菌肠炎通常是食品源性疾病的起因。保护消费者免受感染是非常困难的，因为动物性食品通常是该菌的携带者。(USDA 提供)

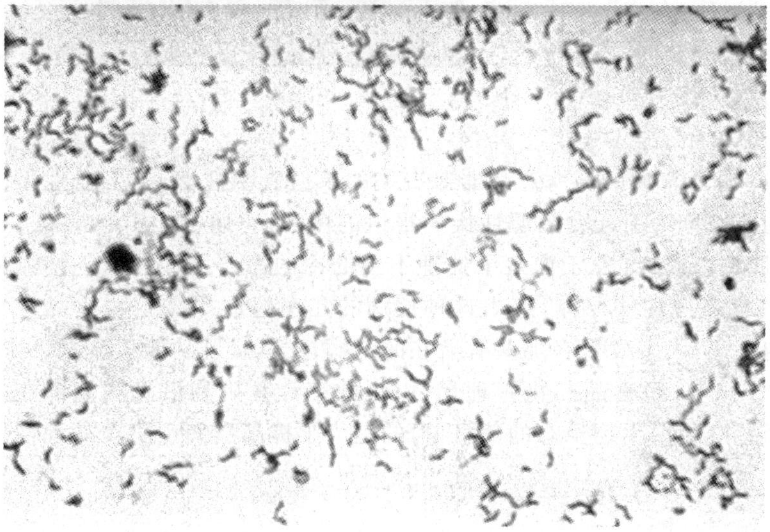

图 28-8　弯曲杆菌在发达国家容易引起急性传染性腹泻，空肠弯曲杆菌和大肠弯曲杆菌也可引起此疾病，这两种菌还与格林-巴利综合征有关。

志贺样毒素产生的大肠杆菌

有的大肠杆菌(*Escherichia coli*)变种能够在人类和动物中引起多种疾病。大肠杆菌 O157:H7 (图 28-9)是一种与人类严重性疾病有关的细菌类型。大肠杆菌 O157:H7 能够引起出血性肠炎，这种疾病一开始是水样腹泻和剧烈的腹痛，而后迅速发展到血便。大肠杆菌 O157:H7 还和**溶血性尿毒症**(HUS)有关，该病主要表现为急性肾功能障碍，在小孩中尤其严重。大肠杆菌 O157:H7 是在牛体中被发现的，但也可能有其他的宿主；其在生产产品的动物体内的动力学作用还不是很清楚。每年大约有 25 000 例食物源性疾病是由大肠杆菌 O157:H7 引起的，结果导致 100 人死亡。大肠杆菌 O157:H7 的暴发主要与绞细牛肉、原料

溶血性尿毒症(HUS)
一种罕见的疾病主要感染 10 岁以下儿童，表现为血管内壁受损，血红细胞破损，肾功能障碍。

乳、莴苣和低度加工的新鲜的水果汁有关。1996年秋天，在3个西方国家和英国的哥伦比亚暴发疾病突发事件与未经高温消毒的苹果汁有关。

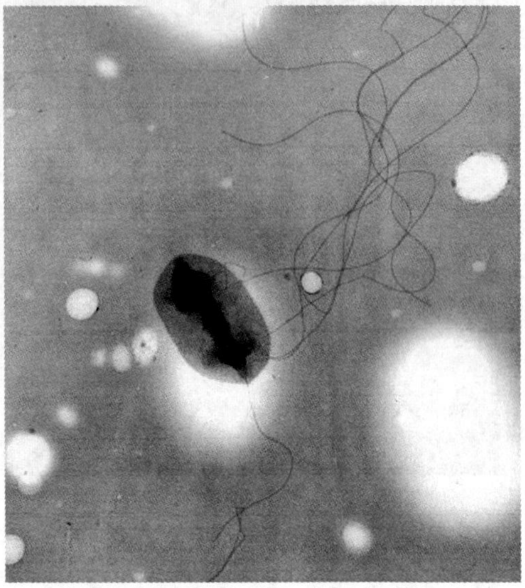

图 28-9 大肠杆菌 O157:H7 于 1982 年被公认为一种病原体，它是革兰氏阴性菌，与 HUS 相关联，HUS 能对生命产生威胁。本图是大肠杆菌 O157:H7 的电子显微照片，可以看到鞭毛。(Elizabeth H. White, Centers for Disease Control and Prevention 提供)

弧菌

弧菌(*Vibrio*)是最普通的与海产品器皿有关的革兰氏阴性菌，副溶血性弧菌是一种最普通的能被作为引起食品源性疾病报道的菌种；它通常能引起持续1～7 d水样腹泻和腹痛，通常继发于食入了处理不当的冷的海产品沙拉。创伤弧菌是一种更严重的食品源性病原体，感染这种疾病的几率超过50%。由食品源性创伤弧菌感染的疾病，大多发生在那些有潜在的疾病，尤其是肝功能失调的人中。20世纪80年代末，(美国)食品药物管理局、中央数字计算机和沿海国家都在大力搜集关于弧菌感染和微生物生态的信息，目的是为了提高我们预防食品源性疾病感染的能力。

寄生的原生动物

刚地弓形体

刚地弓形体(*Toxoplasma Gondii*)是一种寄生的原生动物，每年140万例弓形体病以及310例死亡都与它有关。另外，健康的成年人感染后除了可能发生腹泻通常没有别的症状。孕妇感染能传染给胎儿，在胎儿出生前感染此疾病一般会使胎儿死亡。即便胎儿能够幸免，感染结果也是非常严重的(精神迟钝)。这种病对免疫系统较弱的人可能危及生命，通常对于艾滋病患者来说也是致命的。实际上刚地弓形体存在于所有的动物性食品中。人类感染的两种主要途径是食入了生的或者没有完全煮熟的含有刚地弓形体的肉类，或者是接触了严重感染此病的猫的粪便中散发的卵囊。一只猫吃了感染刚地弓形体的啮齿动物、鸟类或者其他的动物以后，就会散发出成千上万的卵囊。在某些情况下，食用了没有清洗的水果和蔬菜，也能够加快此病的感染。

小球隐孢子虫

小球隐孢子虫（*C. parvum*）是一种寄生的原生动物，健康的人感染后，最普通的症状是持续几周的水样腹泻，儿童是易感人群。如果免疫系统低下的人感染小球隐孢子虫可能会威胁生命。报道的最大的小球隐孢子虫事件是 1993 年在密尔沃基，威斯康星州的一起水源性的疾病发作事件，400 000 人被感染。最近在维加斯的水源性疾病发作事件至少导致 20 人死亡。第一次大面积暴发的小球隐孢子疾病是 1993 年由污染的食物引起的。那次事件是由新鲜的压榨的苹果汁引起的。在动物性肥料中也发现了小球隐孢子虫，农场的工人就是通过这个途径被感染的。

病毒

诺沃克病毒

诺沃克病毒（Norwalk Virus）是引起零星的和流行性的包括难以控制的、脱水性腹泻在内的胃肠疾病的重要原因，据估计每年大约有 181 000 病例，并伴随不明缘由的死亡。1995 年 1 月，由于吃了牡蛎，在各州引发了诺沃克病毒性胃肠炎。1993 年，在路易斯安那有 70 人感染了诺沃克病毒性胃肠炎也是由于吃了生的牡蛎。1992 年，另一起事件又引发 250 个病例。虽然贝类是最普通的感染源，但是污染的水和冰、沙拉、霜、甲壳类动物以及人与人的接触都可能引发此病。这些病被认为是由捕捞牡蛎的人和乘船的游客从船上倾倒垃圾而污染了牡蛎所引起的。

A 型肝炎

A 型肝炎（Hepatitis A，HAV）是一种病毒，它能感染肝脏引发 A 型肝炎，A 型肝炎经常突然发作，并伴随着发烧、不适、恶心、腹部不适、尿液混浊，经过一段时期后还会出现黄疸（2 个月以后）。6 岁以下的儿童感染后，70%以上的没有症状，但是稍大点的儿童和成年人感染后通常 70%以上的人伴随着黄疸的出现。A 型肝炎的症状经常持续 2 个多月没有结果。在美国大约每年有 130 000 人患有 A 型肝炎，100 人死亡。A 型肝炎的主要的传播途径是通过口传播的。美国每年报道的食物源性 A 型肝炎的发病率仅占 A 型肝炎病例的 2%～5%，通常更多的是被处理感染食物的人传播的。污染的食物也容易引发 A 型肝炎，贝类、莴苣、冷冻的悬钩子和草莓也能引起此疾病，但是非常罕见。良好的个人卫生和安全的食物处理程序可以阻止此疾病。如果在疾病暴发之前接种 A 型肝炎疫苗或者在疾病爆发之后 14 d 内接种免疫球蛋白都会起到预防作用。

政府代理和食品安全

六个不同的联邦代理机构作为政府的角色出面负责食品安全问题。其中包括 HHS 所属的两个部门——食品药品管理局和疾病预防控制中心；美国农业部所属的三个机构——食品安全检测局(FSIS)、农业调查研究局(ARS)及培训和扩展服务(CSREES)；最后一个是环境保护机构(EPA)。这个系统一直以来都因为不必要的麻烦和浪费以及工作效率低而在提供安全食品供应方面遭受谴责。为了解决这些问题，该体系也进行了一些变革。尽管我们事后很容易指责一些事，但这些事情开始做时是很艰难的。不要忘了这个体系已经建立了几十年并且经历了几个明显不同的经济和政治背景的发展。

这个系统需要整顿吗？大多数认为需要，包括他们自己的代理。然而，尽管它存在缺陷，许多人也还是支持的，因为该系统在我们的食品供应中创造了一个非常高的安全水平。接下来将阐述一些代理机构在保障安全食品供应上(重点是动物产品)所起的作用。进口到美国的肉类必须是来自在避免残留方面有与美国相当或是更严格的监控程序的国家。作为一项安全措施，进口到美国的肉类被重新检查和检测。

食品及药品管理局(FDA)的作用

消费者对应用到动物生产的食品添加剂、激素和抗生素还不太关注。在这些产品被出售之前政府需要严格的审批手续，用来保证被应用产品的安全性。食品及药品管理局负责审批过程。动物健康组织必须能够证明他们允许出售的任何新产品的安全有效性。另外，该组织还应该提供一种可靠的方法来检测被屠宰动物的药品残留。只有在检测合格后，一种新的药品才能允许使用。另外一个任务就是对动物产品的监督和审批，美国食品和药品管理局还限制了动物体组织的药品残留。对给定药品的耐受水平设在 100～1 000 倍，低于潜在的危害量，目的是给消费者提供一个安全的范围。因而，规定了添加剂和抗生素的停药期，以保证在动物屠宰之前从体内排除干净。那么，检测被屠宰动物组织样品的工作就由美国农业部成员进行。目前，代理处能检测 100 多种化合物。

食品及药品管理局对被批准的农业化学制剂和药品的具体要求如下：

1. 产品在推荐剂量下必须是有效的。

2. 药品不能在动物或鸟类的可食组织引起残留，这作为一个对消费者危害性的判断标准。

3. 药品或农业化学制剂必须对饲料作物、动物或鸟类生产有益。

4. 必须有一种有效的检测方法来监测该物质的残留量等于或低于容许量。

5. 药品必须在不污染环境或食品的方式下被应用。

为了保障饭店供应的牛奶、乳制品和食品的安全，食品及药品管理局也为各州提供指导。因此，委派代表到各州检查饭店、杂货店和其他与食品有关的业务。

食品安全检查局(FSIS)的作用

美国农业部,通过食品安全检查局在保护消费者避免药物或化学残留方面有一个全面的检测程序。食品安全检测局在屠宰车间检查胴体,通过排除被污染的肉和家禽来保护消费者,这也是该程序成功的关键。在不同的阶段取样,目的不同。全面检查可确保消费者在药物残留和其他物质方面的安全。

残留监控程序

监控胴体以便对残留事件提供信息。被检测的物质包括药品、杀虫剂、环境和农业化学制剂学药品。在监控程序中,胴体按照生物统计学的方法随机取样。这要求每年取大约 22 000 个动物样品。大量样品从一些动物(肌肉、肝脏、肾和脂肪)组织中被取回。这种采样目的是为发现 1%范围的违规残留,使结果有 95%的可信度。

监控结果说明企业在很大程度上依赖停药期及药物和添加剂的合理使用。每年检测出的违规药物残留均少于 1%。

如果有可疑的药物残留,就可能执行一个特殊的监督程序。这样的程序在 1977 年因为磺胺类药物在猪体中残留违规而启用。这种特殊程序就是通过增加对磺胺类药物的取样。另外为尽快保护消费者,该程序一般注重有问题的企业。这种警惕意识有助于使问题在控制之下。当磺胺类药物问题发生时,那些有关的企业出版物、区域代理商、综合大学的职员、新闻记者和其他人都加班加点地忙于此事。

监控程序也被用作避免问题的发生。当一个样品中的某检测物水平在容许量的 80%~100%范围时,生产者将会被通报。接下来对动物进行检测,从而使残留量维持在允许标准以下。

当发现有违规物质时,食品及药品管理局 (FDA)就会对问题产生的原因及责任人展开调查。依据调查结果,食品及药品管理局 (FDA)和食品安全检测局 (FSIS)就开始实施监督程序。

监督程序

如果发现违规残留或有违规残留的迹象时启动监督程序。监督程序也常常被用来抽取病人或患病动物的样品。无论何时,一旦发现违规的药物残留,食品及药品管理局 (FDA)都能发起调查并且食品安全检测局(FSIS)将能阻止生产者发货直到组织样品没有违规残留。直到那时,生产者的另一批货才被批准发出。

残留避免程序

这需全面的努力,要通过教育帮助生产者避免问题。通过教育使生产者懂得如何预防违规残留。这个程序就是教育生产者正确使用药物和其他化学药品,以保证动物从出生到屠宰的整个过程中不会出现问题。在这个问题上，生产者组织和推广公司要与食品安全检测局(FSIS)共同努力。

加工厂/养殖场内检测

通过检测可判断是否有非法残留物，棉签法(STOP)用来检验是否有抗生素。在胴体离开屠宰设备之前，可以快速检验胴体。还有，活畜的药物测试(LAST)通过检测活畜尿液来判断非法抗生素的水平。因此活畜在进入市场之前必须经过检测。磺胺类药物的现场检测(SOS)可检验猪血清、尿液和饲料中磺胺甲嘧啶含量。其他的检测在特殊条件下使用，大部分进展较慢。

联邦机构的职责

食品药物管理局(FDA)、美国农业部(USDA)和环境保护署(EPA)规定了检测残余物计划的责任和与政府一起处理检测问题的责任。FDA 有责任调查动物的非法残留问题。在一些场合下，如果政府同意的话，这种责任可以委派给政府。如果是杀虫剂问题，来自于直接应用或是通过环境污染的，EPA 联合 FDA 和 FSIS(食品安全检验服务局)将会共同采取措施，因为 EPA 负责杀虫剂的合理应用。FSIS 负责胴体品质，FDA 有权加强兽药和加药饲料的管理。FDA 和 FSIS 都有权收缴被污染的食品。另外，FDA 对于动物饲料也有相似的权利。根据违例的性质，非法残留将面临被起诉，结果是被罚款或是被收押。

FSIS 工作的变化

FSIS 还负责检查胴体中与食品卫生有关的疾病，这项检查源于 20 世纪病畜危害消费者健康的实例，这是非常罕见的事件。大体上，用于人类消费的屠宰动物都是幼龄的健康动物，认识到这一点，更需要检验食品源性病原体。FSIS 正在改变工作方法来完成这项任务，他们把这种变化描述为从以检查植物为基础到农场-餐桌的消费者安全体系。

目前，食品供应的最大危害来源于微生物病原体。检查体系的类型无法检测这种问题，关于微生物推荐量的研究由美国国家科学院(NAS)、美国政府问责办公室(GAO)和 FSIS 等组织进行，FSIS 自己也在“FSIS 检验计划”中确立了基础变化量。根据这些需要，FSIS 减少了对胴体进行直接的检查，而是转向以预防为主的检测系统。这种变化把资源由检测转移到从农场到餐桌食品的整个链条中，从而使危害最小化，降低食品引起的疾病。

这种变化的核心和职责同降低病原体规则和 1996 年 7 月制定的危害分析与关键点控制(HACCP)体系相关，降低病原体规则和 HACCP 体系制定目的是建立一套系统，来保证在食品生产的各个环节中通过有效的方法来预防、降低和消除食品源性疾病的危害。FSIS 的初始目标是把源于肉类和家禽的疾病降低 25%，并为完成这一目标制定了详细的计划，该计划的内容、发布和分配如下：

- 需要制定规则来完善和实施卫生标准操作程序(SSOP)，以预防污染。

■ 所有的肉类和家禽都要发展和贯彻 HACCP 体系中的提高产品安全的预防性控制措施。

■ 建立关于食品安全性能的标准并需要进行微生物学检验。

■ 对确定要生产的产品的安全问题要明确责任，FSIS 要进行严格的监管与检查，规范授权单位的行为。FSIS 的强制性权利要用于全面打击违反食品安全条例危害消费者健康的行为。

■ 加强 FSIS 在屠宰和加工厂以外的食品安全执法行为。包括增强对食品离开加工厂之后的过程的监督，包括肉类和家禽在离开工厂之后的运输、分配和零售以及饭店和食品销售服务。FSIS 将与其他的联邦机构、政府和地方组织进行合作以确保这些条例的实施。

■ 鼓励在农场进行科学研究、培训和主动采取预防措施。

■ 对工人进行培训以及合理分配工人。代理处要调整人力资源并提高工人的技能和资格，以确保从农场到餐桌的整个过程中，在规定范围内，降低食物源性疾病并在其法定权限内采取适当的监督。

■ 以一定方式分配工人，以保证产品从工厂的可控制环境下转向运输和零售的过程中，检查产品标志的完整性。

这些发生的变化还包括在工厂阶段的检查程序。根据 HACCP 规定，工厂本身应承担全部的责任，并有权对其产品的安全性作出解释。FSIS 在工厂检查中的变化都集中在关于标准和条例的执行的情况。更改检查日程表，缩短描述，提高检查的适应性和效力，提高检查者对食品安全的日常判断力，同时，检查食品安全和保护消费者行为应在单独的工厂中进行。计划改变的另一部分包括把一些与食品安全无关的消费者保护行为转向 FSIS 的其他机构或单位，这将使检查人员集中在特殊的食品安全任务上。一些其他的变化正在商讨和验证中。到 2000 年所有的工厂都需要实施 HACCP 体系。

一旦 HACCP 体系得到充分的验证，FSIS 将在许多方面提高服务。包括加工厂以外的管理活动。FSIS 打算监控食品零售商店、饭店、商业性的厨房、旅馆和其他场所。FSIS 将建立加工后的运输、贮藏和分配系统的标准。制定科学的计划，目的是创造健全的国家食品安全体系。

危害分析与关键点控制(HACCP)

下面关于 HACCP 的解释是 FSIS 为解释 HACCP 最终条例所摘录的出版文件。HACCP 是一个程序控制体系，是用来鉴定和预防食品生产中的微生物和其他危害。它包括问题产生前的预防和已检测出的问题的处理。这些预防控制体系的文件和声明已经被科学权威机构和国际组织所认可，并作为生产安全食品的最切实可行的办法。一些科学和食品安全机构，如 NAS 和 NACMCF(国家食品微生物标准咨询委员会)以及国际食品法典(CAC)和国际食品微生物标准委员(ICMSF)，共同签署了有关文件和声明。

HACCP
识别和预防食品对健康产生危害的程度控制体系。

根据减少病原体(PR)和 HACCP 体系条例，USDA 要求所有的肉类加工厂和家禽养殖场计划并实施 HACCP 体系。工厂实施 HACCP 计划来监控生产操作将是非常必需的。HACCP 首先在大型的肉类和家禽加工厂实施，到 1998 年 1 月 26 号，75%的屠宰处理是根据 HACCP 的基本控制体系实施的，剩余部分到 2000 年 1 月 25 号全面实施。

HACCP 的 7 个原则

HACCP 体系必须以 NACMCF 的 7 个原则为基础，这 7 个原则是：(1)危害分析，(2)确定关键控制点，(3)确定关键限值，(4)建立监控程序，(5)校正措施，(6)记录保存，(7)建立验证程序。

原则 1：进行危害分析。工厂要确定潜在的食品安全危害，并制定预防措施来控制这些危害。

原则 2：确定关键控制点。关键控制点(CCP)是食品加工过程中进行控制的一个点、步骤或是程序，结果可以预防食品安全危害，将其降低到一个可以接受的程度，或是消除它。食品安全危害是指能导致食品不安全的任何一种生理、化学和物理学性质的危害。

原则 3：为每个关键控制点确定关键限值。确定每个物理、生物和化学危害在关键控制点的最大或最小值，这种控制可以预防、消除或降低危害到一个可以接受的程度。

原则 4：建立关键控制点监控程序。监控活动必须保证对每个控制点上的过程进行控制。FSIS 要求每个监控程序和频率都符合 HACCP 体系。

原则 5：建立校正措施。当监测结果显示关键限值发生偏离时需要采取这些行动。

如果关键限值不适合，那么最终需要按照工厂的 HACCP 计划去确保校正措施的实施。建立校正措施目的是确保产品对人们健康的安全性，否则，不合格产品将流入市场。

原则 6：建立纪录保持程序。HACCP 要求所有工厂都要有确定的记录，包括危险性分析和 HACCP 设计，同时搞好关键控制点、关键限值、验证活动以及偏差处理等的监测记录。

原则 7：建立验证程序。确保工作按照计划进行；保证生产产品的安全性。确保 HACCP 计划的实施。也就是，一切按计划运行。(验证程序包括 HACCP 计划中的活动记录、CCP 记录、关键限值以及微生物的提取和分析)FSIS 要求 HACCP 计划中要有专门的工厂职员进行验证工作。同时，FSIS 检查员也会参与验证工作。比如，作为验证工作的一部分，FSIS 和企业同时管理微生物测试工作。

FSIS 的附加变化和食品安全行动计划

在 FSIS 发生的这一变化被称为是食品安全的一个新纪元。在 FSIS 的食品安全行动计划中强调我们每一个人都要为食品安全性负责。重点强调消费者是防止食品源性疾病的最后链结。为了实现这一目标，强调"从农场到餐桌的安全"的消费者教育计划已经发展成为在指导消费者处理食品安全问题上注意公众与个人组织间的合作。美国农业部肉类与禽类热线已经通过直接的消费者调查、e-mail 以及 FSIS 网站提供了相关的信息。一些媒体、公众健康机关和其他公众或私人教育家也都联合起来，共同宣传有关食品安全方面的信息。各式各样的节目通过不同的方式展现给了不同的听众。这些节目都以科学理论事实为依据。其中一个重要的活动就是安全信息处理标志：食品处理提醒者。其他食品安全教育优先行动也都制作了有用的相关信息，它们中许多信息还联系到了 FDA、CDC 以及 EPA，甚至有国家教育活动被称为"抵制细菌运动"，这项活动由食品安全教育协会发起并筹办，会员包括联邦事务局、产业组织和消费者群体。这一活动的主旨是为了提醒消费者注意四条关于食品安全的关键信息：

- 清洁：勤洗手洗脸。
- 隔离：防止交叉感染。
- 烹饪：掌握合适的温度。
- 冷藏：要及时。

2002 年生物恐怖主义法案

2001 年的"9・11 事件"使我们认识到了美国加强安全措施的重要性。国会一致通过了公共健康安全和 2002 年生物恐怖主义预防反应法案，并且布什总统在 2002 年 6 月 12 日把它编入法律。生物恐怖主义法案可以划分为以下 5 条：

- 介绍
- 标题Ⅰ—国家对生物恐怖主义和其他公众健康紧急事件的预防
- 标题Ⅱ—加强危险性生化制剂和毒素的控制
- 标题Ⅲ—保障食品安全和药物供应的安全性
- 标题Ⅳ—饮用水的保险与安全
- 标题Ⅴ—额外供应品

FDA 的职责就是确保生物恐怖主义防范法案的实施，特别是标题Ⅲ、副标题 A(食品供应的保障)和副标题 B(药物供应的保障)。2004 年 9 月，USDA 作为 FDA 和 DHS(the Department of Homeland Security，国土安全部)的合作伙伴，与美国州农业厅联合会(NASDA)共同签署了一项协议，目的是为了进一步完善联邦政府关于食品以及农业突发事件的计划。USDA 下属的 FSIS、FDA 和 DHS 下属的信息分析和基础设施保护机构，已经进行了投资，用来完善准备工作和处理影响国家农业和食品基础设施的紧急事件。州政府农业部门可从 FSIS、FDA 以及 DHS 的官员那里得到有关的专门技术信息。对案例研究和危险评估进行学习并从中总结经验，对于联盟和州食品管理官员来说就是最好的实践和指南了。

这个合作协议分三步走，第一步会立即实施，而第三步将于 2005 年 6 月结束。在第一步期间，一个由中央、各州和地方官员组成的工作小组要负责收集现有的各州应急系统的资料，以及各州对食品和农业安全方面的突发事件的处理情况。在第二阶段，将会制定一个完整的、由各州和地方共同参与的应急计划，然后以理论和实践来测试应急计划的可行性，以学习的课程和其他为基础进行精炼。第三步包括指导方针的展开，这个指导方针是为了让中央食品和农业重组机构更好地与各州及地方应急机制合作，从而使得中央的援助能够更快、更有效地到达地方，协助地方的应急和恢复。

保证乳品供应的安全

联邦食品、药物以及化妆品法案中，包括乳和乳制品及其他州州之间运输的食品的安全规程。这一法律的实施由 FDA 主管负责。PMO 是 PHS/FDA 用来对 IMS 进行认证的一个标准，PHS 和 FDA 一直推荐使用这一标准。州办事处负责乳品的取样和检测。从生产者手中收集到的奶源在包装运输之前每桶都要经过检测。另外，FDA 每年会抽查上百家乳加工厂。据 Anderson 等(1991)统计，在抽查的样品中 99%以上没有发现污染，如果有污染就会被禁止销售。其生产者也会被禁止销售以后生产的牛奶，直到奶样检查表明污染物被清除为止。

作为牛奶评定条例的一部分，所有奶牛场每两年必须被检查一次。有些州需要进行检查的频率更高，检查的一部分内容包括动物药品的残留。未经批准的和标签不正确的药品不能在牛舍、挤奶间、牛奶存储室及业务室中存放和使用。这样可以保证药品的正确使用及避免残留。这个系统在保证乳品品质上达到了极好的效果。几乎没有发生过由乳制品引发的疾病。大多和牛奶有关的事件都是由于在加工过程中操作不当或食用了生的牛奶及牛奶制品造成的。

消费者关注的其他问题

科学为现代畜牧业生产者带来了各式各样的用品。有些被认为会影响食品质量及安全而被消费者关注。这些用品被使用的原因主要是能提高肉和奶的生产效率，保证动物健康，对生产者及消费者都有益。接下来将对每种产品进行简要介绍并说明其安全性。这些产品都是联邦食品药品法案所允许的。

牛生长激素

牛生长激素是牛的腺垂体分泌的天然激素。当给牛提供牛生长激素后，牛奶产量普遍升高。一些消费者担心当人饮用了这些牛生产的牛奶会影响人体健康。在这儿要首先申明这些牛奶是安全的，对人类健康没有影响(图 28-10)。牛生长激素通过了联邦食品药品法案的认证并经过了严格的后续研究。主要有 3 个原因可以证明在奶牛生产中使用牛生长激素是安全的。首先，牛生长激素是物种特异性蛋白，只在奶牛体内有活性，其次，在巴氏杀菌过程中 90%以上的牛生长激素被破坏。最后，牛奶中的任何牛生长激素在人的消化道中和其他蛋白质一样被消化掉(自然分泌的牛生长激素常常在牛奶中发现)。使用牛生长激素的奶牛生产的牛奶含有的类胰岛素生长因子(IGF-I)水平略有增加,这和上面提到的 3 个原因无关。首先,对奶牛来说,它们的含量没有超出正常的范围。其次,人乳中因子类胰岛素生长因子(IGF-I)的含量更高,没有发生任何问题。最后,和牛生长激素一样,它被人类摄取经消化系统消化后失去活性。大量研究表明,牛生长激素对人体没有影响。对这个问题最后要说明的是食品科技协会通过其下的公共事件科技及立法委员会于 1998 年 6 月 11 日发表了一项声明。内容大体是,委员会对使用牛生长激素提高产奶量的措施提出了科学客观的评估,证实其对人类、动物以及环境都没有影响。在这些报告中还指出,用此方法生产出的牛奶和肉在成分及质量上与正常产品没有什么不同。所以说,要求对饲喂过牛生长激素的奶牛生产的牛奶及肉贴上不同的标签是没有科学及伦理依据的。

图 28-10　由于喂过牛生长激素的牛生产的牛奶对人没有影响,所以它和正常牛奶一起加工处理并提供给消费者。

激素

促生长激素(埋植)对动物生产是有益的,尤其是肉牛生产(图 28-11)。它能提高动物的生长速度、提高饲料转化率和瘦肉率,减少脂肪的沉积。据估计埋植促生长激素可使牛肉的产量增加 750 000 lb,节省饲料 300 万 t。这对于肉牛生产来说是非常经济有效的。消费者所关心的是激素在牛肉中是否有残留。埋植激素的牛的肾及肝脏中激素的含量有所提高,但其肉中激素的含量没有升高。事实上,在许多其他食品中激素含量更高。农业科技委员会指出,“在粉碎的马铃薯、全小麦面包、绿色色拉、绿色豌豆及埋植激素的肉牛的牛排中激素含量最少的就是牛排了。”

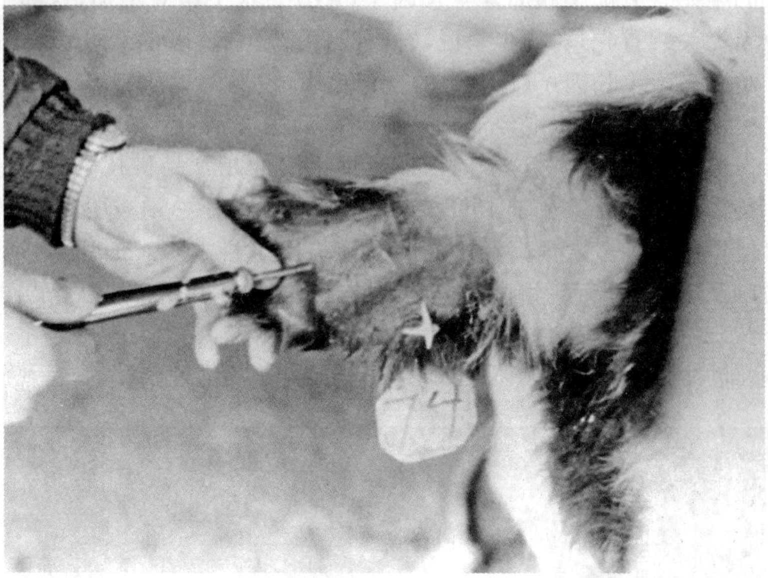

图 28-11 几种不同的埋植激素应用于动物生产。消费者对其产品极为关注，所有这些埋植的激素在得到许可之前要经过严格的认证程序。（W. Humphrey，Mississippi State University 提供，经允许使用）

抗生素

在动物生产中抗生素可以用来治疗动物传染病。并且，亚治疗水平的抗生素可以保持猪、小肉牛及禽类的健康。近年来，人们很少再使用这种方法。消费者担心有可能会产生对任何抗生素都有抵抗力的“超级病菌”，危害人类健康。消费者必须认识到抗生素的使用是受到严格控制的。当动物被屠宰及挤奶前必须有一段时间使动物体内的抗生素排出，这一时期叫作**停药期**。停药期要严格执行。抗生素是食品安全检测监控计划中最为关注的化合物之一。使用适量的抗生素对于肉、奶、禽的生产都产生了很好的效果。

停药期

动物被合法屠宰前抗生素从动物体内排出所需要的时间。

食品辐射

电子巴斯德杀菌法（电子束）

通过电磁场加速电子产生的能量光速引起电离辐射。

辐射或者离子杀菌、**电子巴斯德杀菌法**、冷冻杀菌正如它们的名称一样，是把产品放在放射源或机器的辐射之下。辐射可杀死害虫，致病菌及寄生虫。其不会使食品产生放射性，没有显著地改变它们的味道、质地及外观。它的用途包括：杀死可以导致损坏和变质的生物体来防止食物变质，从而延长存放时间；食品经过杀菌可以不放入冰箱保存；控制马铃薯、热带柑橘类水果、谷物、香料及调味品的发芽、成熟和虫害；通过破坏食品源性病原体来控制疾病。后一种情况用处已经在控制埃希氏大肠杆菌 O157：H7 及沙门氏菌中得到了广泛的应用。虽然辐射可用来减轻食品源性疾病，但是对于生产者、加工者及消费者来说，这只是一种适当的食品处理方式，而不能完全替代其他过程。

辐射食品的历史可以追溯到 1985 年，当时发表了关于辐射食品的第一篇论文。20 世纪，美国及其他一些国家对香料、水果、蔬菜、谷物的保存很有效。在美国，辐射第一次被允许在动物产品中使用，食品药品管理局在 1985 年的 7 月和食品安全检测服务局在 1986 年 1 月，出台的法规中允许在猪肉生产中使用辐射来控制旋毛虫。接下来的规定说明了对于禽肉、生肉、鲜蛋的辐射都是安全的。其他的被辐射食品的安全性正在认可中，将来会有更多地被辐射的产品得到批准。

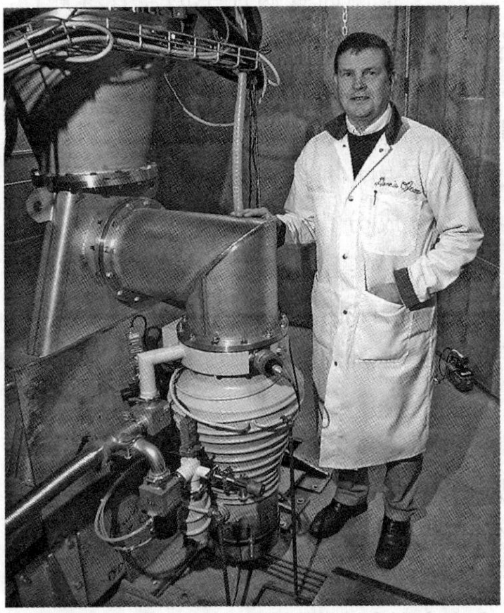

图 28-12　丹尼斯・奥尔森，爱荷华州立大学放射研究所主任，1997 年 11 月 3 日站在爱荷华州艾姆斯一个实验室的线性加速器旁。他在爱荷华州和其他地方的研究表明，大肠杆菌、弯曲杆菌、沙门氏菌和其他一些危险的病原体都可以通过辐射被杀死。（Charlie Neibergall 摄，Aplwide World Photos 提供，经允许使用）

疯牛病

疯牛病是在牛中发现的一种牛海绵体疾病。由于中枢神经系统的退化，使病牛表现出神经紧张、失去协调、体重减轻、行走困难等症状。牛在这些症状出现后的 2 周至 6 个月内死亡，其潜伏期为 5～8 年。在 1996 年 3 月报道的一种新的克-雅氏病的变种可能与疯牛病有关。此后的研究结果更加证实了这一判断。

人们认为这一疾病在牛中的传播是由于饲喂了由哺乳动物副产品生产的蛋白饲料所引起的。1997 年 6 月 5 日，为保护美国的牛群不受这一疾病的困扰，食品和药品管理局的兽医兽药中心出台条例禁止在反刍动物饲料中添加由哺乳动物副产品生产的蛋白饲料。从 1989 年起，美国就严格限制从已确定有疯牛病的国家进口反刍动物、反刍动物产品和反刍动物副产品。

尽管采取了以上预防措施，2003 年 12 月 23 日，FDA 受到华盛顿州首例疯牛病的警示。一头因难产而造成局部瘫痪的病牛，在屠宰时将样品送至位于艾姆斯的美国农业部实验室进行疯牛病检测。不幸的是，测试结果在屠宰两周后返回，而这时母牛畜体已经被加工。可食用的肉被用来制作汉堡包、烤肉片，可食用的动物副产品被碾碎并用于制造动物饲料，脂肪还用来制造香皂和其他产品。一旦有确诊的病例，FDA 将立即采取行动并通知公众。在接下来的一个月内，30 多个 FDA 官员和各州的代理完成了对所有传染源的仔细追查,在 96 h 内找到了所有的可食用副产品,到月底将有 2 000 多吨的肉及其副产品被销毁。

此后再无其他疯牛病感染病例出现。这得益于专家们的快速反应、协调合作和正确判断,从而减少了损失,保护了消费者的利益。通过这一事件,使食品安全检测局致力于进一步对疯牛病的预防工作。一个检测高致病性牛的监管程序已经运行。此外,自 2003 年 12 月 30 日以来,凡作为人类食品的牛的畜体,其样品必须提交到美国农业部动植物健康监察局进行疯牛病检测,在检测结果出来之前,禁止进一步加工。此外,食品安全检测局对食肉的定义进行了界定,不包括大脑、三叉神经、脊索组织或坐骨神经(所有这些都是中枢神经系统组织)。

最后,屠宰和加工过程要求不能有 SRMs 成分出现,必须从肉中去除。SRMs 包括 30 月龄及以上牛的大脑、头骨、眼、三叉神经、脊索、脊柱和坐骨神经,还包括所有牛的扁桃腺和回肠末梢组织(回肠末梢的移除需要彻底切除小肠)。SRMs 之所以被禁止食用,是因为科学研究表明这些部位是感染源积聚的地方。

基因工程产品

国外消费者和小范围的美国消费者已经开始关注基因工程产品的消费。大多数是关于植物产品的争论。但是,最终不可避免地将关注的焦点转移到由转基因植物制作的动物饲料和转基因动物本身。

转基因植物在 1996 年首次引进,并作为家畜的饲料原料,动物饲喂的转基因植物(生物技术农作物)是由重组 DNA 技术改变遗传性状的植物。转基因植物的两个重要特征是抵抗杀虫剂和使植物免于害虫的侵害。将来会出现更多的转基因植物,大多含有较高的营养水平和其他有益成分。

对于现阶段的生物技术农作物,其营养和抗营养物质的水平与传统农作物相同。家畜对生物技术农作物营养物质的消化和吸收与传统农作物相同。饲喂生物技术农作物家畜的生长和生产与饲喂传统农作物的家畜相同。因此饲喂生物技术农作物的家畜的肉、奶、蛋产品也与饲喂传统农作物的家畜没有区别,对人类消费也是安全的。

将转基因和无性繁殖动物作为消费食品在美国存在争议。现阶段,FDA 正准备允许生物食品肉和肉产品进入市场。关于这一问题已经争论了很多年。一旦转基因产品允许进入市场,这一争论肯定还会存在一段时间。

信息来源

关于**食品安全教育合作**(Partnership for Food Safety Education)和**战胜细菌**(Fight BAC!)运动的信息可以从 http://www.fightbac.org/网站获取。出于对细菌和食品安全原料的关心,合作机构现可提供大量由 BSA 商店目用于销售。

全国食品安全信息网络(National Food Safety Information Network)是克林顿

执政期间食品安全行动计划的一部分。FSIS 和 FDA 通过这一网络一起协调管理食品安全信息。这一网络的协调和联系工作目前是通过双方的代理热线来完成的，由 USDA/FDA 的食品源性疾病教育信息中心增强服务，这一中心是用来维持和发展教育原料信息库的。来自 FSIS 的食品安全信息可以通过其网站 http://www.fsis.usda.gov 获得。机构之间的食品安全信息可以通过 http://www.foodsafety.gov 网站获得。

EdNet 是一个让全国的食品安全教育者可以共同进行联邦食品安全教育计划的电子网络。它可以直接通过电子邮件与联邦政府交流。可以用下列地址订阅、发送信息：listserv@foodsafety.gov。

由 FSIS 出版的**食品安全教育家(Food Safety Educator)**时事通讯，提供了一个用于交流新发事件和研究信息的论坛。这一时事通讯可以通过 FSIS 的网站 http://www.fsis.usda.gov/OA/educator/educator.htm 来接收。发送或传真你的名字和邮箱地址到 USDA/FSIS, Food Safety Education Staff, Room 1180-South Building, Washington, DC 20250；传真(202)720-9063。或通过电子邮件方式发送你的地址到 fsis.outreach@usda.gov。

美国农业部肉类和禽类热线(USDA Meat and Poultry Hotline)：(202)720-3333; TTY：1(800)256-7072; 1(888)674-6854

一般食品安全信息(General food safety information)：若要获得更多的信息，可联系 FSIS 的食品安全教育和通信机构，公众扩大服务和交流；电话：(202)720-9352；传真(202)720-9063; http://www.usda.gov/

危害分析关键控制点(HACCP)信息：联系 FSIS 的食品安全教育和通信机构，公众扩大服务和交流；电话：(202)720-9352；传真：(202)720-9063。

摘要和结论

美国的食品供给无疑是世界上最安全的。然而，尽管美国食品供给是安全的，人们仍然因食品而生病。许多疾病是由“七个坏虫子”之一引起的。实际上，最引人关注的生物体有 14 个。其中有些是指**新生病原体**，由于人们刚开始意识或由于微生物的自身突变，而使问题比以前要严重。食品安全已成为一个与消费者息息相关的问题。但消费者也不必过于担心食品的安全性。也不需要消费者对其食品供给的安全性特别负责。

新生病原体
突变为毒性更强的病原体，或者最近被发现的安全问题。

尽管绝大部分的食品生产疾病是通过食品准备者更好地选择来预防的，但每个消费者还是希望有政府的保障。这并不完全实际。但政府机构正在努力做好，并将继续努力。联邦政府的各种各样的机构负责食品安全网络的各个部分。这一系统早在 1906 年通过纯净食品药品法案和肉类检测法案以后得到发展。目前，这些机构正在他们所进行的工作中发生着转变。食品安全和检查机构在其实践工作中发生着巨大的变化。这些行为将有可能在 1996 年 7 月出版的病原体降低风险分析和关键控制点系统最终法案中被采纳。其他变化也将展现，更多的变化则正在酝酿中。

习题

1. 描述一件由于食品引起消费者恐惧的事件。20 世纪 90 年代引起消费者对食品安全关注的事件是哪些？

2. GRAS 表是什么？食品添加剂修订条例是什么？1996 年的食品质量保护法案？它们与食品安全之间的关系？

3. 引起多数食品传染病的病原微生物是什么？

4. 消费者在保护和准备自己的安全食品供应中是什么角色？

5. 食品及药物管理局在保障食品安全供应中的作用是什么？

6. 描述 FSIS 在确保食品安全供应中的作用？FSIS 监控程序的目的是什么？什么是监测程序？避免残留程序？工厂/农场测试？

7. 目前，FSIS 在对其工作方法进行变革的同时对其变革进行评估，请描述变革的目标是什么？

8. 什么是食品安全教育合作？抵制细菌运动是什么？在哪里能找到更多的相关信息？

9. 描述危害分析及关键控制点、它的目标、7 个原则、执行的时间和地点。

10. 使用生长激素的牛进入食物链后的安全和危害。

11. 用来做食品的动物使用促生长激素符合安全条例吗？其理由是什么？

12. 食品辐射的益处和危害是什么？你愿意吃辐射食品吗？及其理由是什么？你认为你消费了辐射食品吗？你认为人们知道辐射食品后还勉强消费的原因是什么？如果你从事劝说人们消费辐射食品的广告活动，你的口号是什么？

13. 生产产品的动物采食基因工程植物后，动物产品将发生怎样的改变？

14. 什么是食物网（FoodNet）？它的用途是什么？

参考文献

For the second edition Dr. Christina DeWitt, Assistant Professor of Animal Science, Oklahoma State University, reviewed the chapter. In addition, Dr. DeWitt contributed new material to the chapter. For the third edition, Dr. DeWitt has assumed coauthorship of the chapter. The author gratefully acknowledges her contributions.

Anderson, P. T., B. A. Crooker, and M. M. Pullen. 1991. *Animal products: Contributors to a safe food supply.* University of Minnesota, Educational Development System, Minnesota Extension Service.

FDA. May, 1997. *Report to the president. Food safety from farm to table: A national food safety initiative.* Food and Drug Administration, U.S. Department of Agriculture, U.S. Environmental Protection Agency, Centers for Disease Control and Prevention.

FSIS. 1998a. *Key facts: HACCP final rule.* Revised January, 1998. Washington, DC: Food Safety and Inspection Service. http://www.fsis.usda.gov/index.htm.

FSIS. 1998b. Various reports. Washington, DC: Food Safety and Inspection Service, United States Department of Agriculture.

Mead, P. S., L. Slutsker, V. Dietz, L. F. McCaig, J. S. Bresee, C. Shapiro, P. M. Griffin, and R. V. Tauxe. 1999. Food related illness and death in the United States. *Emerging Infectious Diseases* 5(5): 1–38.

Smolin, L. A., and M. B. Grosvenor. 1997. *Nutrition science and applications.* 2nd ed. Orlando, FL: Saunders College Publishing.

USDA. 2004. *Bad bug book. Foodborne pathogenic microorganisms and natural toxins handbook.* Available online at http://vm.cfsan.fda.gov/~mow/intro.html.

第 29 章

动物福利及动物权利

学习目标

学完本章后，应该能够：

1. 描述有关动物福利及动物权利的基本关系(但是没有一致的观点)。

2. 比较动物福利及动物权利这两个问题。如果可能的话，说明动物福利及动物权利是不是同一个问题。

3. 引用美国已通过的关于动物福利及动物权利的主要法律条款。

4. 描述对此问题感兴趣的不同组织对于这一主题的在哲学上的主要不同观点。

5. 概述对可能在立法方面引发争论的问题的看法。

关键术语

动物福利	敏感动物	卧地的牛
动物权利	人神同形同性论	物种主义
废除主义者	素食主义者	3Rs
改革主义者		

引言

在过去的 25 年中，除了围绕动物福利及动物权利的争论以外，恐怕再没有其他关于动物的社会问题可以引起如此多的情感介入，言语争论及憎恶。骚动是现代时期后民主社会解决争端的一种方式。当一个主要的社会问题出现，信仰和政策受到挑战，愤怒和斗争升级。媒体的炒作，发布歪曲的信息，人们的情感被激发，混乱的争执接踵而来。这是此争论的实际情况。并且，围绕这个问题还有更多的问题。持不同观点的两个团体都受到深刻的影响，信仰体系受到挑战，人们感到恐慌，但很难找出原因。

其他的因素使这个问题更加混乱，最重要的是这不只是一个问题，而是很多问题的集合，这些问题常常集中在人的思想中。动物福利及动物权利的问题影响人类把**敏感动物**用作所有可以想象的用途，包括食物、研究实验、宠物及娱乐活动。因此，社会的各个阶层都受到了影响（图 29-1）。另外，当农业经历大规模的经济危机以至于改变了农业的结构的时候，畜牧业成为了农场经营者的生命线，这个问题被摆到前列。生物医学团体正在经历强势的经济时期，并且使世界在知识方面飞快地增长，这使人们治愈和预防各种疾病的能力快速提高。一些人认为老鼠、狗、猪和孩子一样应受到保护，人们有理由停止挽救生命的研究，这使研究团体非常愤怒。当猎人、设陷阱捕兽的人、产品检测人员也遭受攻击时，很多人都发现这个问题和他们也息息相关。

敏感动物
能感知痛苦和喜悦的动物。

图 29-1　动物权利/动物福利。动物权利/动物福利问题涵盖了对各种用途的动物的关注。

赋予动物权利的思想来源于几种哲学和神学，其中有些神学和哲学思想出现在远古时代。因此，在人们的价值体系中，赋予动物权利的观念并不是最新的。

许多的宗教著作成功地把动物的用途、权力和对动物的警戒融合在神话中。有些著作从不同水平阐述了动物的平等性，这说明人类在很早以前就考虑动物和人的关系。历史上，为什么此问题受到如此的关注呢？

答案是复杂的，有以下几种解释。惊人的科技发展速度和效率的提高在许多方面改变了人们对动物使用的看法。技术革新导致了社会建筑、机构、目标的深刻变化。农业的高效生产使数百万人自由地追求其他的生活方式。使得大多数人与从事农业的人接触越来越少，也就没有理由分享农业道德规范。如果他们有土地的道德规范观念的话，50 年前的古老的或遗留下来的家庭农场将有望发展成为完善的现代化的农业实体。迄今为止远离农业的普通人已经没有了先辈与动物的那种联系(图 29-2)。联系最多的是伴侣动物，它不能给饲养者带来经济利益，但通常被视为家庭的一员。就像 Rollin(1995)所说，“……关于动物的功利的观念被亲密友爱的观念所取代。”和迪尼斯电影流行的文化氛围一样，许多人对动物有高度的**人神同形同性论**的观念。对于此观点，很难客观地评价。人类医疗健康的技术革新也是高度专业化生产体系的产物。至今，许多人与研究或研究人员的新发现没有任何接触，也不知道在动物身上做了试验研究，所以不能真正地了解人们长寿的原因。他们既不知道动物医药生产安全也不知道动物产品的安全。总之，他们不能真正理解到我们有多少生活方式依赖于农业和试验动物。甚至，他们持有一般的理解，动物权利哲学是不许人们因为有奢侈的理由而利用动物。赞同动物权利的那些人认为：人类对效益、生产力、知识、医疗进步和产品安全的追求要对大多数动物的遭遇负责，并且这些结果不能证明此手段是合理的。

人神同形同性论
把人类的想法、感情和性格归于动物、神和物体。

图 29-2 农业生产效率的提高使数百万人从种植业中解放出来，这些人因与农业联系少了，大多数人没有理由分享农业的道德规范。(C. W. McKeen 摄，The Image Works 提供，经允许使用)

事实上，农畜权利的焦点问题使现今的农业已不同于 150 年前了。当今“生产体系”中，处理动物与过去小农场的传统处理动物的方式有着显著不同。今天的农场被称为“工厂化的农场”，这暗示要受到人们的谴责。Rollin(1995)指出“传统农业的特色是好的饲养管理。”在这个传统观念中动物的利益和农民的利益如此紧密，很少人质疑动物保健是否照顾周到。因此，很少有人建议颁布法律规范畜牧生产。然而，现代高效工业化农业生产体系与20世纪初期的精细的家庭养畜方式有很少类同之处。庭院放养的鸡群已经搬进了多层鸡笼（图29-3），小牛犊原来跟着它们的母亲跑，现在放入了犊牛舍（图29-4）。围有栅栏的草场被混凝土和电缆的场地所取代。现在许多动物被舍饲，粮食种植更加经济。从事现代畜牧业的人们的舒适水平不及从事传统农业人们的舒适水平。

图29-3 现代动物生产的生产体系，例如，蛋鸡笼养方式，与过去的生产方式类同之处很少。许多人对“工业化农业”不满意。

图29-4 动物权利者和一些动物福利者十分厌恶现代板条箱式的饲养小肉牛的生产方式。

实际上，激进主义是后现代时代的产物。越南战争、妇女问题和环保运动是培养优秀激进主义者的场所（图29-5）。总体上看，人们比历史上任何时期都能得到良好的教育，也是富于更多自由的时代。此外，这也受到几位出色作家和哲学家的影响，如作家 Jeremy Bentham(1789)，Albert Schweitzer(1965)，Peter Singer(1975)和 Tom Regan(1983)都影响了现代的思想潮流。Bentham 被视为动物权利运动的发起人。Singer 的影响也不能低估。1964 年，Ruth Harrison 出版的书 Animal Machines—The New Factory Farming Industry(新工厂畜牧业——动物机械)引起了公众对农业和动物生产方式的极大反响。

图 29-5 激进主义是后现代时代的产物。在越南战争、妇女运动和环境保护运动中产生出能力杰出的激进主义者。(AP/Wide World Photos 提供，经允许使用)

在当今社会，善待动物人们(People for the Ethical Treatment of Animals，PETA)的出现被认为是动物权利激进主义的重要事件。在 20 世纪 80 年代的 10 年间，组建了 PETA 和其他的动物福利组织，收集了数百万的捐款，使动物福利的思想扎根于美国人的头脑中。他们成功地把他们的思想通过舞台表现出来，使其成为当今的一个社会问题。那并不是小的技艺，在这次表演中，他们的技能和坚韧力是真正超常的。

一些人接受和公开提倡新的动物伦理，而一些人强烈反对，给从事动物工作的人员提出了挑战。在这个问题上，谁将获胜，社会将怎样看待整个问题决定着将来社会采用的标准。在这问题上将是受过教育并愿意进行公共辩论的人制定这些标准。

争论远没有结束。然而就情感和争论的问题，学习和接受它都是很难的。当我们生气和卷入冲突时，意见容易两极化。这时，很难客观地处理信息，认真地思考问题。因而有责任心的公民要求我们具备区分观点和事实的能力，具有对客观信息和虚假信息的情绪反应。基于以上原因，我们必须从任何问题的正反方面理解不同的观点。在辩论中，我们有责任找到一个可以防御的伦理位置来支持我们的观点。不管我们采用什么立场，我们愿意把我们立场告诉他人并为之辩护，这是尤为重要的。

动物权利与动物福利

虽然动物权利哲学和动物福利哲学的界限模糊不清，但二者通常被认为是单独的问题。**动物福利**的观念最初是由动物驯养者提出的，在日益增多的畜牧生产中延续至今。动物福利者关心怎样对待动物和动物的健康。动物福利者的基本立场是人们应负责任地使用动物，要满足其基本需要，这才是良好的畜牧业。包括食物，水，保护，庇护所，健康照顾，减轻病痛、苦难和其他类似需要。这些大部分是慈善管理的必需因素。在农业生产中，提供动物福利取决于动物生产体系是否挣钱。参加福利是一个生物学问题(图 29-6)。提供动物福利不一定要求给其权利。农业学家害怕给动物权利影响成本。只要动物权利不改变生产体系的运作方式，成本和权利就没有关联。然而，如果要赋予动物权利，只是纯粹追求动物权利而引起生产体系的改变，将影响经济成本。

动物福利
动物满足人类需要时的待遇和健康，人道地使用。

图 29-6　动物福利者关注的是在满足人类需要的同时动物被对待的方式和动物的健康情况。

动物权利涉及哲学、社会学和公众政策领域，用来解释动物和人类社会之间的关系。最为极端的动物权利保护者赞同给动物大多数社会为人类自己保留的权利，这就打破了动物和人类的精神界限。此观点认为动物有不被人们使用的权利。从极端动物权利立场出发，这与人道的饲养动物的思想是矛盾的(图 29-7)。当然，并不是所有的动物权利拥护者都持极端的立场。有些人在解决和致力于废除他们无法忍受残忍对待动物行为是比较适度的和可行的。许多拥护动物权利者支持动物的使用价值，因为他们认为这对动物和人都有益。一个例子是养宠物。极端的动物权利者认为养宠物是不合时宜地、自私地利用动物，应该被禁止(图 29-8)。对动物进行生物医学研究是可接受的，在牛仔竞技表演中圈套小牛竞赛是不被接受的。支持这种立场的人认为，使用的根本价值在于使用是否是正当的(图 29-9)。反对使用动物的理论没有折中的余地，不能改变立场，这个观点的

动物权利
从动物与人类社会的关系的角度来看的哲学、社会学和公共政策。

素食主义者
戒绝任何动物产品包括非食品性动物产品的人。

基础是无用论哲学，赞成此观点的是严格不使用动物产品的**素食主义者**。相比之下，正当地利用动物、对待动物被看作是对动物发展的崭新的和社会巨大变化的期望的理解。法律保护一些动物权利，例如人道的屠宰，社会不认为是偏激的做法。这种关注来自于动物权利提倡者的变革。在20世纪80年代之前，动物权利者关注的是残忍对待动物的问题，应免除动物用于经济和娱乐用途。动物在耕作、研究、竞赛、竞技表演、打猎和其他类似的残酷用途与法律中对待动物条例有区别。动物权利提倡者及动物的使用在日益变化。法规和方针正映射出观念的转变。

图 29-7 动物权利者关注动物和人关系的哲学问题、社会和公共政策问题。偏激的动物权利者所持的立场是给动物那些为人类保留的权利。(Paul Conklin 提供，经允许使用)

图 29-8 一些偏激的动物权利者认为养宠物是一种自私的使用动物的行为，应该被禁止。(经 Whitney Linsner 允许使用)

图 29-9　对一些动物权利者来说，用动物进行生物研究是可以接受的，但是牛仔竞技表演，例如圈套小牛运动是应被禁止的。（Fotopic 摄，Communication，Inc. 提供，经允许使用）

由于哲学体系的不同，我们经常看见不同类型的权利倡导者——通常包括改革者和废除主义者。**改革主义者**相信哲人的运动观点，但是通常自愿在体系内工作来实现其目标。**废除主义者**集中主张完全地放弃使用动物。废除主义者采取暴力、破坏行为、偷盗的方式摧毁牛肉、牛毛工业，且阻止动物检疫、动物研究和打猎。不管采用什么策略，他们的目的是阻止动物的利用。废除主义组织的多数成员用术语**"物种主义"**，或者把自己的物种的利益高于其他物种，他们的观点是：人类在过度自大傲慢地对待其他物种。

改革主义者
关注改变使用动物方法的动物权利支持者。

废除主义者
拥护废除全部动物的使用的动物权利支持者。

物种主义
一个物种的利益高于其他物种。

Bernard Rollin(1995)辩论说废除主义者没有详细说明新的动物伦理，反对动物权利者在用废除主义术语表现主流运动犯了一个错误。关于农业问题，他的详细而明确的论点如下：

> 更确切地说，人们试图通过限制如何利用动物来减少动物的疼痛和苦难。在这方面，像 1993 Beeftoday 文章中指出保护动物的自然性一点也不激进；要求同种模式的畜牧业是保守的。
>
> 在人类历史上，以利用多数动物为特征的畜牧业延续到最近的 50 年。不是反对利用动物，而是反对违反动物本性乱用动物，就像试图使方形的木钉变成圆洞，使动物受伤害。如果只是动物传统上被用作食物和劳工，那么就应尊重动物的自然性，让它们和原来一样活着。如果动物是为了人们的利益，被用于探究自然和治疗疾病，那么它们应该在过程中不受痛苦。这种观念是保守的，不是激进的，动物利用是必需的，因此必须尊重动物的自然性。应深刻地了解我们怎么样对待动物，我们对动物做了什么，我们应该了解对待动物和利用动物的重要性。因为尊重动物的自然性不再像传统农业那样是无意识的了，社会正要求在法律中对它进行规范。

并不是所有的人都赞成动物福利和动物权利是两个独立的问题。一些人已经开始提出继续将动物权利和动物福利分裂开来是不切合实际的。如果大部分人相信动物的实用性和动物权利是正确的，那么接下去的争论才有意义。Rollin (1995)提出了解决问题的新途径："假如动物权利是对待动物主流社会伦理的关键部分，那么维持动物福利和动物权利二元论就没有价值了。与其说动物福利的传统观念被扩张和诠释不如说动物有一定的权利。”然而很难让一些人接受此观点。传统的农业家不太可能赞同动物福利和动物权利是没有区别的观点。并非所有动物权利的支持者与这个观点一致。Gary Francione(1996)陈述福利者寻求动物使用条例,权利者废除制度。区分动物权利和动物福利的要求是清楚的,不仅因为两种观点的理论矛盾,而且因为提倡动物使用规范化的人们也认可动物福利。

动物学家所持的立场是他们推行动物福利,因为良好的动物管理是有效益的。然而,我们也能意识到没有挑衅,社会问题就不会解决。动物权利的拥护者关注畜牧业中一般举措,这样很快就得到家畜产业中理性公民的快速公正支持。动物权利者揭发一些屠宰场采用不让牛运动(**卧地的牛**)的管理方法激起了行业人员的强烈愤怒。

卧地的牛
不能站立走动的牛。

显然,弄不清楚谁是权利主义者,谁是福利主义者和彼此想要做什么,很难对此问题进行讨论。作为区分动物权利和动物福利的手段,作者支持政治意义上的术语“动物权利”。在某种意义上,动物权利记述的观点和行为在政治上可能成为潜在的行为或实现的目标。任何物种都具有适宜性。动物权利正在改变或试图改变动物的合法地位。依作者看来,动物福利是指生物学意义上的健康和饲养。

哲学、历史和法律

现代动物权利哲学受到许多思想家及其思想的影响。然而,Peter Singer 哲学思想(解放动物,1990)和 Tom Regan(动物权利法案,1983)产生了巨大的影响。文章言外提及了他们哲学体系的独特性。在《Rain without Thunder》的第一章节中,Gary Francione(1996)提炼出了两种理论的基础,值得读者深入推敲。当然,透彻的理解还需要阅读大量的论述这些思想的书籍。重要的一点是哲学家提出的观点能让人们信服。也暗示出动物运动的强大气势。

公正的动物使用也有哲学基础。在大多数西方国家,包括美国,公正的动物利用来自于基督教哲学。正当的动物使用是受古老遗训“人支配动物”的影响。有趣的是很少人反对赋予动物权利或废除主义者宣称的所谓的哲学理由。相反,他们反对注重实效的观点如“研究拯救生命”“动物产品养活世界”。动物权利者通常争论的哲学立场是反对滥用动物。辛格·彼得了解基督教和西方对待动物的态度之间的关联。他说:“我们对人与动物的关系逐渐有了一个深刻的了解,就像思想家所持的观点是不受教堂约束的……”(Singer,1990)。

近年来,一些道德哲学家反对增强动物的道德规范。在《The Animal Issue》序言中,Carruthers Peter(1992)叙述说:“几乎现今发表的所有书和文章都支持人道地对待动物。这很简单,因为持反对意见的大多数人保持沉默。”他的书不太严谨地提出了赞成动物利用的道德基础,反对“恐怖地打猎、工厂化饲养业或动物实验室试验”,在书末,用平缓的语气叙述道:“那些致力于动物权利运动的人被完全误导了。”

1873 年,美国首次颁布禁止残酷对待动物的法律。表 29-1 列出了当时颁布的一些重要的立法。

表 29-1　人道主义对待动物的一些重要法律

动物使用方面：

1958 年联邦人道屠宰法案(Federal Humane Slaughter Act of 1958)主要管理屠宰的条例，1978 被修订。它规定联邦政府有权监视动物在人道的屠宰环境下被宰杀，包括使动物无意识后再屠宰。

1970 年马保护法案(The Horse Protection Act of 1970)禁止田纳西州慢步马及其所有品种马嚎叫。

1972 年海产动物保护法案(The Manine Mammal Protection Act of 1972)管理杀害、捕杀和扰乱海产动物的行为。

动物福利法案(Animal Welfare Act)(PL-89-544)在 1970 年(PL-91-579)、1976(PL-94-279)、1985 年(PL-99-198)和 1990 年(PL-101-624)被修订。联邦法案和修订法案禁止偷盗动物行为，限定经销商倒卖动物，宠物的拥有者占有动物的最少的时间，关于基本的动物管理和兽医服务；控制科研设施，动物经销商，动物的主人，中介人还包括空运和路运动物的管理办法，禁止一些形式的动物打斗。

1985 年食品安全法案(Food Security Act of 1985)(PL-99-198)是第一个综合性的涵盖动物福利问题农业立法。

在此法案，农业部规定了经销商、研究机构和动物拥有者应人道地对待、饲养、运输动物的标准。

涉及各种动物的管理、饲养场地面积、食物、水、卫生设施、通风设施、栖身处所、兽类医疗的最低标准，以及训练狗，提供给灵长类动物心理上良好的环境等。此外，研究机构需在有关动物保健委员会的监督下使用动物。国家农业图书馆提供在训练动物和进行动物试验时减少动物痛苦和应激的信息。

1985 年健康专业教育帮助修正案(Health Professions Eduoational Assistance Amendments of 1985)规定应提供联邦资金来使学校的兽医专业开设人道管理实验室动物的课程，讲授减少动物疼痛的方法和使用可替换的动物进行研究和试验。

1985 年健康研究范围法案(The Health Research Extension Act of 1985)(PL-99-158)提出研究动物的标准，其来自 1971 年的公共健康服务政策。动物管理委员会在立法中规定了减少动物的数量或用可替换的动物，也要减少动物的疼痛和不适。它是在公共健康服务法案基础上修订[U. S. C. 42 § § 289d(b) & (c)]，通过公共服务性工作或它的代理处管理方案基金。

人类保健公共健康和试验动物用途(Public Health Service Policy on Humane Care and Use of Laboratory Animals) 在 1971 年制定，并经几次修订。1986 年 9 月执行 1985 年的健康研究扩展法案。政策规定公共机构用《实验室动物管理和使用指导》(Guide for the Care and Use of Laboratory Animals)一书 (美国卫生研究所出版 86-23，1985 修订)作为学院动物使用规划的基本原理。

1992 年动物设施保护法案(The Animal Facilities Protection Act of 1992)规定破坏动物研究和生产设施金额超过 10 000 美元视为犯罪。立法将制裁具有故意破坏行为的人，偷盗和威胁研究人员的人。

三个不同的立法确立了良好**实验室操作规范(Good Laboratory Practice Standards)**，有毒物质控制法案(TSCA) (15 U. S. C. § 2603 et seq.) (40 C. F. R. 792. 1 et seq.)；联邦杀虫剂、杀真菌剂和灭鼠剂法案(FIFRA) (7 U. S. C. § 792. 1 136 et seq.) (40 C. F. R. § 160. 1 et seq.)和联邦食品药物化妆品法案(FFDCA) (21 U. S. C. § 321 et seq.) (21 C. F. R. § 58. 1)。包括试验动物的管理和饲养环境规章、还涉及实验室动物管理的其他方面。提交给食品和药物行政部门及环保部门的资料按此条例收集。

国家和地区法律(State and Local Laws)：管理这些问题例如重击体罚动物，虐待、研究设备规章、科研动物等。

来源：Compiled from Bennett et al. , 1994, pp. 3-10；Katz，1999；Guither and Swanson，1999。

动物福利/动物权利组织

因为人与人之间的意见、信仰和观念相差很大，所以围绕着这个复杂的问题建立起来许多组织也是合理的。极端地使用武力的组织正在不断发展壮大为正当利用动物的组织团体，目前大约有 10 000 个组织。他们的目标和风格融合一起，从动物生产组织到反恐组织。他们可能是地区的、国家的、国际组织。他们可能是支持者或反对者，可能是改革者、废除主义者或保守者。他们可能是政治作用组织或好战的行为主义者。可能他们的等级是农业家、积极的动物权利主义者、动物学家、哲学家，或来自服务业、环境组织、野生动物保护组织或自然组织，其中包括有思想偏激的人、或没有加入任何组织的人。表 29-2 列出支持扩张动物权利组织和反对扩张动物权利组织。一些组织聚焦特殊问题而其他的关注一系列问题。

表 29-2 动物权利和动物福利组织

动物使用的组织(Groups targeting animal use)
关注家畜组织(Farm Animal Conceerns Trust)
动物福利协会(Animal Welfare Institute)
美国人道主义协会(Humane Society of the United States)
人道畜牧协会(Humane Farming Association)
国际动物权利组织(Animal Rights International)
动物防卫基金组织(Animal Legal Defense Fund)
农畜革新运动(Farm Animal Reform Movement)
人道对待动物协会(People for the Ethical Treatment of Animals)
美国素食主义社会(American Vegan Society)
动物解放战线(Animal Liberation Front)
生物学研究和防卫动物的组织(Groups defending animal agriculture and biomedical research)
国家家畜和肉类会议(National Livestock and Meat Board)
美农业局联盟(American Farm Bureau Federation)
美行业基金会(Animal Industry Foundation)
美农业福利联合会(Farm Animal Welfare Coalition)
美医学发展基金会(Americans for Medical Progress Educational Foundation)
生物研究基金会(Foundation for Biomedical Research)
改善动物使用管理指导的组织(Groups promoting voluntary guidelines for animal use and care)
美国医学协会(American Medical Association)
美试验动物管理鉴定合格协会(American Association for the Accreditation of Laboratory Care)
美心理学协会(American Psychological Association)
美犊牛协会(American Veal Association)

续表 29-2

美兽医协会(American Veterinary Medical Association)
动物皮毛福利联合会(Fur Farm Animal Welfare Coalition)
牲畜保护学会(Livestock Conservation Institute)
国家牛业协会(National Cattlemen's Association)
猪肉生产协会(Pork Producer's Council)
东南部家禽和蛋产品协会(Southeastern Poultry & Egg Association)
众多的其他科学组织(Numerous other scientific organizations)

动物权利问题的现状及未来

动物权利问题涉及所有物种的动物，发展空间很大。所以，预知其未来前景很难。然而，有许多迹象暗示了未来有较大的发展，就此问题将在这一章节讨论，国家公共政策的指导方向依据保护现状、问题交给由地方政府解决、控制公共用地和非私人用地、各地区依据问题情况制定方针。

动物福利的定义和评定

近来，农学家从经济学出发选定管理方式(例如，农学家选择生产方式是为了产生最大的经济效益)。如果政府能通过农业立法管理畜禽，那么在农业生产体系中，人道地管理动物是可以接受的。管理动物的方法、运输动物的方式和约束动物行为将需要法律依据。这些依据将是立法的一部分，用来约束和指导生产体系中的动物管理。

促进家畜最好福利的重要环节是定义和评定生理学意义上的福利。通常测定有用畜产品的产量。例如，如果动物生长得快或产奶多，说明它们的要求获得了满足。然而，现代动物生产体系并不只测定单个个体的生产能力。如果测定个体生产力，也是在生产体系的最后阶段。另一个问题是生产出好的产品并不一定避免动物遭受伤害。可以从动物的生理学指标(例如，血液的测定等等)，动物的行为方式、喜好，其他措施，如细微的观察等，测出动物是否良好和受到伤害。检测动物心理上是否健康是极富挑战性的工作。各种措施结合起来评定各种管理系统中动物是否安宁健康。当前，做出这种决定所必需的研究并不收取资金，但更需要做出较大的努力。尽管测定动物福利的准确体系仍需进一步发展，但与动物打交道的工作人员正是需要迅速地开发动物使用指导手册，努力学习和贯彻标准条例(表 29-3)。

表 29-3 一些重要的动物管理和使用指南

美国动物保健试验所认证协会(AAALAC)(American Association for the Accreditation of Laboratory Animal Care):为自愿鉴定团体,该团体与实验室动物管理和使用指南及农业研究和教学畜禽的使用指南相一致。评价在教研中动物的使用和管理是否合理。防止研究动物时人们出现危险,力求把影响研究效果的变数控制在最小。
试验动物管理和使用指南(Guide for the Care and Use of Laboratory Animals):(美国卫生研究所出版 86-23,并在 1965 年、1968 年、1972 年、1978 年、1985 年和 1996 年进行修订)。指导在方针、兽医、管理条例、研究设施、研究的动物方面提出好的建议,进一步强调公共机构要对动物保健负责任。国家健康协会出版。它解释了实行实验室动物管理和使用公共健康服务政策的必要性。
农业科研中畜禽的管理和使用指南(Guide for the Care and Use of Agricultural Animals in Agricultural Research and Teaching):这个指南 1988 年第一次出版发行。它是自愿的,但已被从事教研工作的使用畜禽人接受、拥护和应用。它包括实验政策、一般的畜牧政策、健康保健、天然植物、肉牛、奶牛、马、家禽、绵羊、山羊、猪、屠用犊牛的管理和使用。
饲养幼畜人员的道德规范条例(Policy on Personnel Ethics in Youth Livestock Activities):俄克拉荷马州合作推广部门。这是一个贯彻已定政策和促进幼畜良好项目实施的典范。许多国家采用此政策管理幼畜产业。违背此政策的做法是缺少职业道德的和不合规定的行为。
1993 年 AVMA 人员对安乐死的报告(Report of the AVMA Panel on Euthanasia,1993):该报告指出可被公众接受的安乐死的方法。公共健康服务政策要求的安乐死的方法与此报道是一致的,并且所有代理认为它是对安乐死方法进行精选和评估的标准。
人道主义管理和使用动物的指导方针(Guidelines for Ethical Conduct in the Care and Use of Animals):由研究动物和道德规范的美国心理协会委员会发展制定的。

来源:Compiled from Bennett et al.,1994,pp9-10;Katz, 1999;Guither and Swanson, 1999。

规章涉及责任制定和解释动物保健和管理委员会这几个方面,然后解释、检查,并公断立法机关的要求。立法过程需要公众倾听,由正规的法律强制机构强制执行。另一个可供选择的方法是产品贴上标签,标签上附有产品的制造情况,以便消费者做出购买选择。

商品的生产和产品成本联系起来无疑会增加成本,减少农业部门的利润。结果会导致供应品减少,增加消费价格。新的政策将导致官僚机构的调整,税收增加和其他形式公众支持。然而,一些善谈的分析学家争论如果所有的生产者在生产技术都做了相同的改变,都提高了成本,都没有优势,消费者也会接受这一价格。进一步说增加的成本对每个消费者来说是微不足道的,但对于贫困者来说,产品成本的增加是不合理的(Webster,2001)。如果争论是正确的,生产者改进动物福利的花费将得到补偿,消费者接受此成本,生产将继续进行。

给动物福利下定义不需要众多舆论或多数人意见、不用强迫遵守定义,甚至没有必要和制定的题目相符。食品公司迫于群众压力才发展动物福利计划,希望他们提供的产品达到标准。食品公司要做到使群众确信动物是在人们希望的方式下被处理的。几个高盈利的公司已采取此措施,特别是 McDonalds, Burger King 和 Wendy 的公司。无疑,其他的公司也会这样做。人们不得不意识到市场是最终仲裁者，法律不是必需的。

Webster(2001)提出以下动物福利观点："如果动物福利能够保持动物健康和免受伤害即保持动物健康和快乐，动物福利是有益的。"1919 年英国政府建立的一个独立团体——动物福利委员会提出的"五个自由"中能找到关于动物福利的解说（表 29-4）。最终，通过一种或多种途径达成了一致的意见。

表 29-4　家畜福利委员会提出的动物所享有的 5 项自由

动物福利包括身体及精神两个方面。我们认为好的动物福利应意味着生理及心理上的福利。任何被人类饲养的动物至少应避免受到不必要的痛苦。

我们对动物福利是这样理解的，无论是在农场，在运输途中，在市场上还是在屠宰场里，动物在这期间都应享受**五种自由**。这五种自由与其说是定义了一个可接受的动物福利的标准，不如说是定义了一种理想状态。这样就形成了一个在任何系统下分析动物福利的符合逻辑的广泛的框架，使得高效的畜牧产业能够一步一步地折中地在合适的约束下去保护及改进动物福利。

1. 有避免饿及渴的自由——通过提供新鲜的水及食物来保持健康及活力。
2. 有避免不舒适的自由——通过为动物提供适当的环境包括掩蔽处，休息处来解决。
3. 有避免痛苦伤害及疾病的自由——防役及快速诊断及治疗。
4. 有表达正常行为的自由——通过提供足够的空间，舒适的设施，与相同种类的动物饲养在一起来解决。
5. 有避免受到惊吓及痛苦的自由——确保动物的生存环境及在避免在对待动物时使其精神痛苦。

动物福利的关键

饲养员，以及对其的培训及监督是达到需求标准的必要条件，是动物福利中的关键因素，这种管理系统在原则上是可以接受的，但是如果没有具有竞争力的勤勉的饲养员，动物福利不能得到完全的保障。我们应把重点放在更好地认知动物福利的必要性，更好地培训饲养员及对畜牧业的监督上。

来源：Farm Animal Welfare Council。网址：http://www.fawc.org.uk/index.htm。

转基因动物

关于转基因动物的讨论可能集中在以下 4 个问题：

1. 是否允许它们发展？
2. 公共基金是否用于它们的发展？
3. 允许还是控制它们应用于环境？
4. 是否允许申请专利？

克隆

世界上第一头克隆羊——多莉的出现，不可避免地引起了关于克隆动物和人的道德规范的争论（图 29-10）。无性繁殖将是未来争论的热点。许多人就此问题在动物权利领域展开讨论。同时这个问题也已列入立法议程，今后并将继续做下去。

图 29-10　记者在 1997 年 2 月 25 日见到了克隆羊多莉。多莉的出现引起了克隆的伦理道德的争论。许多人称之为动物权利问题。(Reuters/Jeff Mitchell 摄，经 Getty Images, Inc. 提供并允许使用)

食肉物种的控制

食肉动物(图 29-11)和野生食草动物会影响农业产品的价格，因为它们能增加生产庄稼和饲养家畜的成本。羊是狼的目标，鹿和其他相关物种对庄稼有极大的破坏力。此外，几个食肉物种已经习惯侵犯人类居住地，捕抓人类的宠物作为他们的食物。草食动物漫游在市郊，破坏着美丽的自然风景。问题是为了保护农田和农畜，是否控制有害的物种。可供选择的政策，从禁止任何控制到允许几乎任何形式的控制。可供选择的办法包括制定一些条例来减少对非目标物种的伤害，开发好的控制方法，允许一定程度的破坏但必须有一个偿还损失的方法。

图 29-11　食肉动物和农业经营者长久以来有不稳定的关系，因为一些食肉动物杀伤家畜，也有一些措施报复食肉动物，像狼。(照片经 USDA 允许使用)

打猎和诱捕

短期内,问题的争论中心在于是否允许在公共场所打猎,在公共场所打猎的人是否应受到限制,是否允许下脚套陷阱。许多组织对这一问题感兴趣。动物权利者反对所有的打猎和诱捕(图 29-12)。天然环境保护管理者支持有限定的打猎和诱捕,应确保有濒危动物和其他动物的健康和生存。私有财产捕猎权的出售提供给农业学家一定的经济收入,私有财产受到限制后接着便是财产权利的争论。猎户的税收和执照应有计划地使用,目的是保护野生动物。

图 29-12 动物权利者往往反对猎杀野生动物,而其他的组织出于一些原因仍支持打猎。(Ken Hammond 摄,经 USDA 允许使用)

科研

关于控制和管理科研上使用动物的立法已经存在。下一步是确定政府是否实行价值评估体系,确定科研中严格使用动物的要求,或是确定是否所有的动物都可用做科研。这意味着禁止所有动物的研究,或限定一些类型,如畜禽和化妆品的研究;允许一定类型的研究继续进行,如生物医学研究。无疑,这将对新药的研制、疾病的治疗、人类的全面健康产生消极的影响,将会增加保健成本。据估计动物研究的进步使人类的平均寿命增加了 15～25 年。医疗界的新发现甚至会使人更加长寿。美国用于科研的动物数量正在减少,部分原因是规章的影响。

然而,动物使用量的减少往往取决于细胞体外培养、数学模型和低级生物替代量的增加(图 29-13),这是很有意义的。研究者们已经通过代替、缩减、精简(**3Rs**)实现了一大部分。研究者执行这一思想的成功与否最终取决于所通过的法律。

3Rs
代替(用其他生物代替高级动物),缩减(减少所需动物的数量),精简(精简程序)。

图 29-13 先进的实验室技术给研究者提供了一些方法，通过这些方法可以减少生物医学领域研究中所需的动物数量。在研究中，有时用细胞培养代替使用的动物，图中，动物生理学家 Caird Rexroad 正在检查牛的胚胎期细胞。(Keith Weller 摄，经 USDA 允许使用)

信息来源

动物福利信息中心(Animal Welfare Information Center，AWIC)是在马里兰贝兹维尔的国家农业图书馆建立的一个信息服务机构。它是在 1986 年动物福利法案基础上修订创办的。它包括提供给有关动物福利的信息，是美国关于这一主题最重要的资料来源。

Address：Animal Welfare Information Center，National Agricultural Library，10301 Baltimore Ave，4th Floor，Beltsville，MD 20705-2351. Phone：(301)504-6212；fax(301)504-7125：awic//www. nal. usda. gov/awic/.

Phone：(301)504-6212

Fax：(301)504-7125

awic：//www. nal. usda. gov/awic/.

推荐读物

Caruthers，P. 1992. *The animals issue：Moral theory in practice*. Cambridge，England：Cambridge University Press.

Cohen，C. 1986. The case for the use of animals in biomedical research. *New England Journal of Medicine* 315：865.

Duncan, I., and J. Petherick. 1991. The implication of cognitive process for animal welfare. *Journal of Animal Science* 69:5017.

Finsen, L., and S. Finsen. 1994. *The animal rights movement in America*. New York: Twayne Publishers, Macmillan Publishing Company.

Harrison, R. 1994. *Animal machines*. London: Vincent Stuart.

Jasper, J. M., and D. Nelkin. 1992. *The animal rights crusade: The growth of a moral protest*. New York: The Free Press.

Leavitt, S. E. 1978. *Animals and their legal rights*. Washington, DC: Animal Welfare Institute.

Marquardt, K., H. M. Levine, and M. LaRochelle. 1993. *Animal scam: The beastly abuse of human rights*. Washington, DC: Regnery Gateway.

Mench, J., and A. Van Tienhoven. 1986. Farm animal welfare. *American Scientist* 74:598.

Nicoll, C. 1991. A physiologist's view on the animal rights/liberation movement. *The Physiologist* 34:303.

Pardos, H., A. West, and H. Pincus. 1991. Physicians and the animal-rights movement. *New England Journal of Medicine* 324:1640.

Regan, T., and G. Francione. 1992. A movement's means create its ends. *The Animals' Agenda*, Jan/Feb:40.

Regan, T., and P. Singer, 1976. *Animal rights and human obligations*. Englewood Cliffs, NJ: Prentice-Hall.

Singer, P. 1990. *Animal liberation*. New York: Random House.

概要和结论

我们经过全面的考虑,不会对大多数的分歧感到惊讶。关于动物使用,挑战传统观念的哲学、伦理学已经形成。因此,动物权利已不仅仅是一个时尚的概念,历史上任何时期都没有像现在这样,如此多的人接受它并为之辩论,也没有这么多的人与非伴侣动物密切联系。因此,在其他任何时期都没有像现在这么成熟的条件,动物福利得到了人们拥护并发展壮大。动物福利观念的转变和动物福利的出现带给了人们巨大的潜在利益同时也需要人类社会在一定程度上付出代价,其涉及哲学、社会、法律、经济、生物、情感和政治方面。这一权益群体包括一系列人,从农场经营者到消费者再到那些极端提倡动物权利的废除主义者,他们的观点彼此抗衡。不同论点使这一问题陷入困境,相对于动物权利可与人类权利平等的观点,认为畜牧业是国家经济的主要组成部分的观点是更实际的考虑。动物权利的极端方法是否可被社会接受,用动物做食物、衣服,用来休闲、研究的行为是否应被禁止,很少有人持肯定态度。

美国人对动物权利的关注程度表明这一问题在将来会更热,动物权利的支持者将结合环境、饮食、健康、食品安全，从各方面来寻求方案支持他们的观点，以致会影响未来的方针决策。许多人认为美国家畜福利立法仅仅是一个时间问题。如果农场经营者、农业综合企业、消费者还有其他的人和他们的组织成为政策决策者的成员的话，他们将会一同加入讨论。事实上，就像 Getz 和 Baker(1990)所建议的那样，这一过程将最终改善畜牧业，因为挑战经常会引导积极的改变。许多人争论在生物医学研究领域已经这样做了，那些获得农业、生物医学和相关领域学位的人很可能是这一领域的领导者。他们必须理智地工作，不断地关注问题，有效地发布信息，对外部群体评论做出反应。未来动物使用方式取决于有学识的辩论。

参考文献

Bennett, B. T., M. J. Brown, and J. C. Scofield. 1994. *Essentials for animal research: A primer for research personnel.* Washington, DC: Animal Welfare Information Center, United States Department of Agriculture, National Agriculture Library.

Carruthers, P. 1992. *The animals issue: Moral theory in practice.* Cambridge, England: Cambridge University Press.

Davis, S. L. 2000. What is the morally relevant difference between the mouse and the pig? *Proceedings of the 2nd Congress of the European Society for Agricultural and Food Ethics,* 24–26 August. Copenhagen, Denmark: Royal Veterinary and Agricultural University. pp. 107–109.

Davis, S. L. 2001. The least harm principle suggests that humans should eat beef, lamb, diary, not a vegan diet. *Proceedings of the 3rd Congress of the European Society for Agricultural and Food Ethics,* 3–5 October, Florence, Italy. Milan, Italy: A and Q, University. pp. 449–450.

Dennis, J. U. 1997. Morally relevant differences between animals and human beings justifying the use of animals in biomedical research. *Journal of the American Veterinary Medical Association* 210:612–618.

Farm Animal Welfare Council. 1993. *Second report on priorities for research and development in farm animal welfare.* Ministry of Agriculture, Fisheries and Food.

Francione, G. L. 1996. *Rain without thunder.* Philadelphia, PA: Temple University Press.

Fraser, D. 1999. Animal ethics and animal welfare science: Bridging the two cultures. *Applied Animal Behavior Science* 65:171–189.

Fraser, D. 2001. The “new” perception of animal agriculture: Legless cows, featherless chickens, and a need for genuine analysis. *Journal of Animal Science* 79:634–641.

Friend, T. H. 1990. Teaching animal welfare in the land grant universities. *Journal of Animal Science* 68:3462.

Getz, W. R., and F. H. Baker. 1990. Educational methodology in dealing with animal rights and welfare in public service. *Journal of Animal Science* 68:3468.

Guither, H. D., and J. Swanson. 1999. *Animal rights and animal welfare.* University of Illinois and Kansas State University. http://unlvm.unl.edu/aniright.htm.

Hodges, J., and I. K. Han (eds.). 2000. *Livestock, ethics and quality of life.* Wallingford, U.K.: CABI Publishing.

Katz, L. S. 1999. *Animal rights vs. animal welfare.* Publication No. FS753. New Brunswick, NJ: Rutgers Cooperative Extension Service Agricultural Extension Service.

Kunkel, H. O. 2000. *Human issues in animal agriculture.* College Station, TX: Texas A&M Press.

McInerney, J. P. 1998. The economics of welfare. In *Ethics, welfare, law and market forces: The veterinary interface,* A. R. Michell and R. Ewbank, eds. Wheathampstead, Herts: UFAW.

Public health care policy on humane care and use of laboratory animals. 1986. Bethesda, MD: Department of Health and Human Services.

Regan, T. 1983. *The case for animal rights.* Berkeley, CA: University of California Press.

Report of the AVMA Panel on Euthanasia. 1993. *Journal of the American Veterinary Medical Association* 202(2):229–240.

Rollin, B. E. 1992. *Animal rights and human morality.* 2nd ed. Buffalo, NY: Prometheus Books.

Rollin, B. E. 1995. *Farm animal welfare: Social, bioethical and research issues.* Ames, IA: Iowa State University Press.

Rowan, A. 1989. The development of the animal protection movement. *The Journal of NIH Research* 1(Nov.–Dec.):97–100.

Russell, W. M. S., and R. L. Burch. 1959. *The principles of humane experimental technique.* London: Methuen & Co., Ltd.

Singer, P. 1990. *Animal liberation.* New York: Random House.

Thompson, P. B. 1998. *Agricultural ethics: Research, teaching, and public policy.* Ames, IA: Iowa State University Press.

Thompson, P. B. 1999. From a philosopher's perspective. How should animal scientists meet the challenge of contentious issues? *Journal of Animal Science* 77:372–377.

Webster, A. J. F. 2001. Farm animal welfare: The five freedoms and the free market. *The Veterinary Journal.* 161:229–237.

第 30 章

可持续农业中的动物

学习目标

学完本章后,应该能够:

1. 解释和叙述可持续农业。
2. 叙述可持续实践。
3. 解释可持续农业中的"哲学体系"。
4. 详尽阐述可持续系统中动物的地位。
5. 单一作物栽培系统与多种栽培体系的统一。
6. 认证一些地区使家畜体系更加可持续化。
7. 解释可持续农业中的"生活方式的要素"。

关键术语

重组 DNA 技术	环境保护主义	生态学
单经营	可持续农业	有害昆虫
多样化	林粮间作	有机农业
管理	生活方式	作物轮作

引言

可持续农业

可以满足现代人需要而不损害后代利益的农业。这种农业可以满足后代的需要且不限制其选择。

在美国和其他一些工业化国家有一种积极的活动,目的是使现代农业在本质上更具持续性,因此,称之为**可持续农业**。这次活动的核心是这样一种信念,随着科技的推进和对石化产品有依赖性的产业实现最大化生产,在某些情况下现代农业的成本大于其带来的利益。这种成本通常是指客观的成本,提到最多的是自然资源,例如:

1. 土壤因侵蚀作用、表土层耗尽和污染受到的破坏；

2. 由于细菌数目减少而造成土壤健康状况受到破坏，土壤耕作带来的损失，土壤致密性增加；

3. 动物栖息地和物种的消失；

4. 地下水耗尽，咸水湖受到污染，水井中氮增多；

5. 来自于动物废弃物的破坏，通常与水的质量有关，特别是城市地表水的供给。

评价现代农业社会成本因素包括：

1. 随着家庭农场的减少，农村土地面积减少；

2. 公司农场将利润转移出社区和低薪工作的增加；

3. 随着食品加工业雇佣移民，社会结构发生变化；

4. 公共团体和地方性商业的消失；

5. 人类对农业的满意度下降，主要是对农民及其同伴们的生活质量和农业产品生产方式与大社会不协调不满意。

可持续农业经常被那些不熟悉其复杂性的人们(图 30-1)描述成简单的“有机农业”(表框 30-1)。但是可持续农业比这个词本身所含的意思更复杂。到目前为止，定义可持续农业也许是这一章中最困难的事，似乎没有一个大家都认可的概念，也许是因为这个概念仍在发展之中。作者的定义是这样的：能满足当代人的需要，而又不危及将来满足子孙后代需要的能力，不限制子孙后代选择的农业即为可持续农业。

图 30-1　有机产品可能是也可能不是可持续体系生产的，有机农业和可持续农业是不同义的。(Owen Franken 摄，经 Corbis 允许使用)

可持续农业的概念就像其他任意事物的概念一样，理解这一点非常重要，它科学地融入社会。在某种程度上讲，我们中的许多人既不愿去思考也不选择抵制，因为很难评价它的客观价值。在这一概念中，所包括的内容有环境保护主义、经济学、社会生态学和社会关系的要素。进一步讲，标题的复杂性使本章无法就此时髦的问题做全面的阐述。然而，它将提出基本原理，鼓励那些对此有兴趣的读者去查阅这章参考文章和书目，充分利用其他的信息资源对这一标题进行更深入的研究。

表框 30-1 国家有机工程

2000 年 12 月 20 日，关于有机农产品的生产、操作和处理的国家标准公布，在农产品运销局(AMS)的指导下创建了国家有机工程(NOP)，这一准则建立了一个由农产品运销局管理的国家标准鉴定方案，也规定从国外进口的有机产品也同样遵守这一有机工程。

有机标准第一次给“有机”这个词下了定义，详尽描述了可用于生产和管理有机农作物和家畜的方法、生产措施和生产资料，以及加工产品。它建立了明确的有机标准，尤其是禁止使用遗传工程、电离辐射、污水污泥施肥的方法，包括一些有机生产和管理中使用和禁用的东西。产品的新的有机商标将在 2001 年夏季投入使用。

由于这些标准的制定，想买有机食物的消费者可以确信自己买的是什么。对农民来说，这些标准在如何应对有机产品的突发性要求方面提供了明确的指导方针，对有机产业来说，这些标准提供了一个促进出口的重要的市场手段，随着它的正式通过，贸易合伙人将依照一个国家标准交易，而不再是以前存在的多个国家标准或非官方的标准。

有机农业是美国农业中增长最快的部分之一，美国农业部预计目前有机食品的零售额每年超过 90 亿美元，消费者对有机食品需求每年增长约 20%。

2000 年 12 月 21 日在《国家注册》上出版了最终的国家有机标准准则，伴有详尽的事实和其他的背景信息，可登陆 http∥www. ams. usda. gov/nop/indexNet. htm. 查询。

什么是可持续农业？

理解可持续农业的一个很好的资料来自可替换的农场系统信息中心的一个文件，该文件授权“可持续农业”的定义和术语(Gold，1994)。在这个官方文件中，Gold 指出：“在这次议会委托的年度报道中，食品联合委员会和农业科学的会议上一致提出‘实现可持续产品体系和确保它们与环境、社会价值的相统一’，把它首次作为食品和农业科学的一个长期的目标……”。她接着说：“实现目标需要哲学、经济、社会问题，就如环境和科学问题一样。”最后一句话说明了通过指出其许多因素来理解可持续农业活动基础的复杂性，在她的“需要说明”的清单中第一项是来自社会科学的问题，这也是很有教育意义的，最后一项是生物问题，看来可以在这里找到可持续农业活动的实质，实质就是与现代农业带来的一系列问题作斗争，目标就是改变农业中的一些当前的和最普通的生物学方法，使它们生态健康、经济可行、社会可信，这三项通常可作为可持续性的“三重底线”，这三个“线”代表社会、经济、环境（这一词语来自 John Elkington 1998 年写的 Cannibals with Forks，the Triple Bottom Line of 21st Century 一书）。

长期推行可持续体系的策略是非常重要的，生产者将不会陷入绝对主义的困境——似乎采取任何可持续生产都完全没有效果。例如，抽象地定义可持续农业，指的是可生产和可永久维持的农业体系。认为许多现代农业生产是不可持续的，也许有使当前农业经营者远离现代实践的目的，认为那些可永远维持的东西是不可持续的。事实上，所有的农业生产是从不可持续到可持续的一个连接体，另外，有许多事实说明什么是或什么不是可持续的。参照 Ikerd 的 1990 年标准，有许多合理的论据可以为现代生产辩护，可持续农业体系“一定是资源保护、社会支持、商业竞争和环境健康的。”活动的绝对论者与理性的人们的看法不同，当纯化论者被“完全没有效果”的思想和哲学控制时，所有方面的最好利益都会消失。

可持续农业的定义在 1990 年的农场法案中确立，是“关于植物和动物生产实践的一个综合体系，长期以来有明确的应用目的：(a)满足人类食品和纤维制品的需要；(b)增强环境质量和自然资源，这些是根据农业经济而定的；(c)有效利用不可再生资源、农场资源，适当调整生物学循环与控制；(d)维持农场运作的经济活力；(e)提高农民和整个社会的生活质量。”在作者的观点中，有许多论点支持这个定义。这一观点使我们在没有一个完善的可持续系统的情况下，使一体化农业生产更加可持续化。就像我们可以固定和移动某种东西一样，这一理论为客观评价和判断可持续性的思想铺平道路。保持一种开放的思想是学习的关键。

促进可持续体系的一个中心原则就是用作生产动物饲料的农田在生产可供人们使用的能量和蛋白质方面比生产粮食农作物的农田效率低。在文献报道中发现，有些例子与论点正好相反，以下是来自 Beckett 和 Oltjen(1996)的报道：“……在加利福尼亚州，苜蓿每年平均产量为 15 t/hm^2，而小麦平均为 5.4 t/hm^2，苜蓿约含蛋白 20%，小麦约含 12%，因此每公顷苜蓿蛋白质含量为 3 010 kg，小麦为 647 kg(苜蓿的 21.5%)。奶牛把苜蓿中蛋白转化为乳蛋白的比例是 25%，与小麦的 647 kg 蛋白相比，可提供 753 kg 食物蛋白质。另外，乳和乳蛋白的质量和生物价值更高。研究表明，在用不同的方法估计不同体系不同品种的几个动物的生产体系的例子中，它们所生产的蛋白质和/或能量比在相同地区生产人类可食用粮食高。从这些例子中我们可以看到，动物对某种资源的利用更具可持续性，从事农业全面可持续性事业的工作者应牢记这点。

这说明在达到可持续性的过程中存在一个缺陷，这应该给读者指出来。并不是所有支持或实践可持续农业的人都认可什么是可持续的，接受可持续的最好方法，什么样的实践可被人们接受，哪种是最好的，该行动应往哪个方向发展。人们不应该消极地理解这些，也没有必要都达成共识，这种不一致性的确是生活的一个标志，许多人认为这一活动达到了一个临界的社会开端并停留在此，成熟的社会活动使人生厌，而这个活动还有许多“兴趣因素”，还有可能出现一些令人惊奇的事情。

实践是可持续农业的一部分

希望读者不要得出这样一个结论，可持续农业意味着回到了用手挤奶、纺棉花、用下脚料养猪、饲喂动物玉米秆的时代。从事实来说，没有什么更深刻的意思。可持续农业实践很简单，但并不是过分单纯，事实上它们非常复杂(图 30-2)。以下是几个普通的可持续性实践和特殊的可持续性实践的例子，这些可作为现代农业体系的一部分：

图 30-2 这个农场在可持续农业产业中，纳入了许多实践活动：农作物轮作、使用动物和绿肥来增加产量，用树做防风带来保护土壤。(Stanley Frimble，Natural Ressources Conservation Service/USDA 提供，经允许使用)

1. 农作物轮作可减少杂草、疾病、害虫。这一实践为土壤提供氮源，减少土壤的侵蚀作用，降低农业化学品造成的水污染危害。

2. 采用密集饲养、牧草轮作体系，调整管理以提高牧场的承载能力，构建土地而不是减少其面积。

3. 应用综合的害虫管理措施，就是用害虫观测、限制养殖者、生物控制和其他一些等先进的昆虫学和农业实践等方法来减少害虫和限制杀虫药的使用。

4. 加强机械/生物学的杂草控制，加强土壤和水的保护，用动物和绿肥来取代和补充化肥。

5. 利用牛乳、牛肉集约化经营剩下的有用物来饲喂猪。

6. 在冬季，利用小粒子实农作物来饲养反刍动物。

7. 利用食物加工中的废弃物来饲喂反刍动物，如：柑橘皮、甜菜根、罐头厂废弃物，可避免巨大的废料处理问题。

8. 在植物生长季节之后的干旱地区，让混合反刍动物采食来贮存饲草和"野生"植物。动物将肥料返回给土壤，减少发生火灾的危险。

9. 市场园艺经营者，可利用鸭、鹅吃园艺植物行间的草，用大量鸡来采食害虫。

10. 利用河岸边的缓冲带保护水质，为野生生物提供栖息地。

哲学体系

为理解和践行可持续农业，必须有一个哲学体系。Feenstra 等(1998)这样解释："用一种开放的观念来理解这一体系，从个体农场到当地的生态系统、再到整个社会，都局部地、全面的受到农业体系的影响。这个体系的重点是在人类社会和环境方面承认农业实践具有更大更广泛影响。这一体系提供了研究农业、环境和其他方面之间的相互作用的工具，也意味着在研究和教育中各学科之间存在着影响。这不仅要求不同学科的研究者参与，也要求农民、农业工作者、消费者、决策者等人参与。"

有充足的证据证实可持续体系在起作用(图 30-3)。几千年来，世界上某些地方已参照可持续农业体系来利用动物和植物，在这些体系中，动物和植物相互作用，结合碳、氮、矿物质、能量的循环创造了一个可持续体系。动物采食过剩的植物饲料，以排泄物形式归还给植物生长所需的营养，动物的排泄物包含了植物生长所需的全部营养。在这些农业体系中，人类已能接受这些对环境破坏较小的必需品。用"资源保护、社会支持、商业竞争、环境健康"作为唯一检验历史上成功的可持续体系的方法，不符合时代要求的是商业生存性，因为在没有农业的地方，生存体系的观点大不相同。在创造可行的商业体系过程中有很多问题。但是，有一种错误的观点，认为没有一种可持续或接近可持续的农业体系具有商业可行性。不可否认地，大部分可行的体系趋向于变小，但是，在加拿大的很多地区和美国北

图 30-3　可持续体系，例如，热带湿润地区大米的种植已有几千年历史了。

部的达科他地区有一些大规模的农场(一些是有机的)经营得很好。消费者的健康的市场已经形成,他们会为自己认为最新的产品付额外的费用,这些消费者也会对为他们种植食物的人和怎样种植进行评价。近几年,美国周围的"农民市场"的数目显著增加,现在仍在继续增加。由于这些成功,可持续农业中便形成了一个有趣的问题:"如果我们大量投资农业生态学的农业体系研究,我们将会在哪里?"取而代之的是,我们已经指导了产业体系中的许多研究成就。

在过去的近一段时间,美国农业更接近可持续性的目标,自20世纪50年代早期以来,这种变化相当迅速,农业开始由小家庭农场走向专门化的体系,就像Feentra等(1998)所指出,这就是那个时代,"生产力取决于新的科学技术、机械化、化学品使用的增加、专门化和政府政策,这些都用来扩大生产。在美国,这些改革可使少数农民用较少的劳动来生产较多的食品和纤维织品。"这样,当前的强调可持续农业意识,根据理论和实践来说可以认为是"到了未来"。

可持续农业体系中的动物

在图片中,可持续农业中动物的利用反映了在这一章开始时所提到的在不同地区关于动物利用的争论,包括以下几个方面,增加农作物的价值,缓冲粮食价格和供给波动,提供一个食物贮存库来抵御灾难,提供全年的工作、增加产品数目、储备资金,为购置资料提供资金,利用不适合种植的土地等等。事实上,在人口密集地区,动物在维持可持续体系的方面是必不可少的(图30-4)。

图30-4 在全面的可持续体系中动物是必不可少的,动物的利用是可再生植物创造价值的唯一方法。

在历史上成功的可持续体系中,农作物和动物是中心。这些体系之所以是可持续的,是因为它们依赖不同的植物、动物、人类之间的相互作用来供给彼此营养,是这个国家的家庭农场的模型。这些体系建立于20世纪50年代,这些小农场有足够的农田来维持发展,小农团体也由于受到这些农场的支持而一度很繁荣,就像Baker等(1998)所指出的,在这些家庭农场中"人类和社会体系可与农业生态系统结合成一个大体系"。尽管这种类型的农场在这个国家仍然存在,但是经营动物和植物的许多小型专业化企业更为普遍。一些农民种上千英亩的农作物，有些拥有数以万计的家禽、成千上万的奶牛、猪或者别的动物，就像 Feenstra 等(1998)所说："这种高水平的综合发生在农民之间而不是农场本身，要通过某种媒介来达到。"在这些过程中，失去了一些可持续的成分(图 30-5)。为挑战当前体系提供了一个可持续的方法。迄今为止，其为实际操作提出了许多建议，它并不都符合可持续的题目，但如果选择适当的方法，就可以实现可持续性的目标。

图 30-5　集中了家畜也集中了排泄物，畜牧业具有可持续性，迫切要求废弃物的循环利用。

可持续体系的基本原则之一就是它们是"场所的特殊性"。也因为场所的变化，可持续生产须包括不同的技术。表 30-1 中列出用以指导生产的一般原则。

表 30-1　可持续性的原则

1. 选择适合在农场生存的家畜种类和品种。
2. 利用多样化农作物(包括家畜多样化)和饲养实践来增强农场生物和经济的稳定性。
3. 管理土壤和水，进行保养、保护来增强其质量。
4. 管理家畜废弃物和其他的农业副产品。
5. 利用生态学技术控制害虫，使其对环境的影响降到最低。
6. 保护野生生物的栖息地，促进生物多样化。
7. 尽可能利用太阳能，减少对以石油为基础的化学品和燃料的依赖。
8. 有效、人性化地利用物质资料。
9. 恢复农场的经济效益。
10. 考虑农民的目标和生活方式的选择。
11. 保证建立可持续农业团体，确保这些团体的活力。
12. 确保在当今行动中的社会公平性，确保我们行动的世代公平性。

来源：Feenstra et al.，1998；Horne，McDermott，2001.

多样性有其优势，多样化经营同现代的专门化经营相比有更多的收益来源，实际上，农产品和畜产品会不时地出现低价，而多样化经营方式不易受其影响，因为在同一时期很少出现多种农产品价格都降低的情况。例如，在同一时期，猪的价格与小麦的价格并不同时降低，同样，多种农作物的价格也不会同时降低，如果谷类农作物产量降低，家禽蛋产量也会减少，多样化经营可以防止大波动的出现。另外，生产者能够在不同时期出售多种产品，小麦在春季或夏季早期出售，过剩的干草可以在资金紧张时出售，玉米、高粱和其他粮食一般在秋季收获和出售，鸡蛋和牛奶则可全年提供收入来促进资金流动。综合企业可以充分利用劳动力，例如，在饲育场小牛在哺乳期和夏季放牧时需要较少的劳动力，冬季育肥上市期需要较多劳动力。

很明显，多样化经营的良机就是在同一农场中经营动物和植物业。更进一步的多样化经营包括多种畜禽和多种农作物，这曾是美国农场的典型模式，这些综合经营在最大限度地利用农场自然资源和减少投入方面具有很明显的优势。遭受侵蚀的耕作坡地可用来放牧或种饲草，平整的土地可以种植农作物（图 30-6）。另外，家畜可以从收割过的田地中搜寻剩余物，这有很多好处。这些剩余物包括植物的茎、干草或机械收割剩下的粮食，通过动物采食实现其价值，并且在同一时期返到土壤中增加土壤营养，否则这些剩余物将被破坏。动物定期放牧，休牧时可使牧草再生。动物在一年中某个时期采食牧草，并以粪的形式把营养归还给土壤，如果进行正确的放牧，则可以作为控制杂草的一种方法。放牧的另一种用途是可以在高大的农作物中控制牧草和杂草。羊可以在玉米地中放牧，鹅可以在棉花地中放牧，这对土壤非常有益，可以改善土壤质量，提高农作物产量。农民通过出售闲置土地上的产品或农田的额外产品，从中受益，这就相当于得到了一块可再生的土地。这个“体系”促使总生产率获得更大的收益（图 30-7）。

图 30-6 土壤侵蚀对土地长期生产力来说是最持久的威胁，图中所示为小麦田遭受严重的土壤侵蚀。

图 30-7　适当地进行放牧可以提高土壤质量，减少侵蚀作用，减少水流失，因而有利于地下水位的水平和质量。

在单一的、混合的、多样化的体系中，选择动物企业必须要遵守可持续性的行为准则。一个可持续体系的生产目的和最适的生产目标决定了它与专门的动物饲养场对物种、品种、饲料及体系投资的选择不同。废弃物和副产品无疑构成了动物饲养场饲料的不可忽视的一部分。允许较低的生产水平存在，是因为动物寿命的延长并且对疾病、寄生虫抵抗力的增强。每个家畜饲养场的目的并不是达到最大的生产力而是在保证整个体系的可持续性的前提下生产尽可能多的产品。然而，动植物的生物和物理效能越大，其发展可持续动植物体系的潜力越大。

实现混合体系的最好的方法之一是**林粮间作**。在这些体系中，动物饲料和其他作物的生产与森林、果园、林地相结合。Baker 等(1990)把这些系统分类为：(1)在以收获林木为主的土地上生产家畜的牧草。(2)在果树，如胡桃下种植牧草。(3)管理好森林增加野生动植物觅食的排水渠。(4)在维持动物消费的同时减少家畜放牧对森林的危害。(5)种植动物可食用的树木缓解潮湿的热带地区开伐森林和干旱热带地区的土地沙漠化。

林粮间作
多年生木本植物和家畜或农作物在同一土地上生产的土地利用体系。

单一经营

集中饲养单一类型动物的大规模经营企业忍受着来自于倡导可持续农业人们的异议。虽然不是所有的经营部门的反对程度都相同，但普遍的看法是可持续农业中并没有大规模**单一经营**的发展空间。单一经营的部分缺陷在于对谷物的较大依赖性。人们反复强调这样的体系不能有效地将能量和蛋白质转化到人类食物中。这是被检验证实的。简单地说，效率的论点并不是在任何情况下都是正确的。大多依赖于问题的具体体系。一些文献和调查研究表明，动物体系能以接近或超过 100% 的效率回报于人类可食用的能量和蛋白(相关研究见 Baldwin et

单一经营
只生产经营一种作物或者动物品种。

al.，1992；Beckett and Oltjen，1996；Bywater and Baldwin，1980；Wheeler et al.，1981.）。

即使该体系不能将大于100%能量和蛋白质回报给人类，期待美国农业在大范围内恢复多样化的、混合的体系并放弃目前的单一经营方式可能是不切实际的，至少在短期内是这样。原因是多方面的，但其中最主要的是农业当前的利润幅度很小，当前的经济和社会体系没有大力推广这种农业，而且世界人口增长，需要进食。即使公共政策、经济状况、社会价值和世界人口问题都处理得当，混合体系仍存在生产限制。从生物学的观点看，小的、混合体系的问题是效率的丧失。一般情况下，它们不能以与大型专门化经营部门同样的效率生产多种作物和家畜。这在农业和畜牧业中都是事实。它们没有把最新工艺技术、设备与它们的经营相结合的能力。混合体系中的农场主和管理者必须及时了解有关各种的作物多变的信息，这是很困难的。因而，一个更现实的观点认为，对一些生产者，体系应该更多的考虑地域、地区和整个国家的可持续性的大局势，而不仅仅是作为单一的、多样化的、混合的生产体系的再现。一些单一经营的实践甚至比其他实践更具有可持续性。虽然这种途径毫无疑问不能使纯粹主义者满意，但它是一种有很大潜力的积极和现实的途径。利用动物建立更可持续的全面农业，其相关和需求的领域包括以下几个方面：

1. 集中化的家畜体系的废弃物也集中。回收这些废弃物作为动物饲料、肥料，也可用于可带来生物效益和创收等其他用途，这是一个迫切的需求（图30-8）。

2. 适当地应用放牧动物作为农学体系的一部分，可提高土壤质量，减少侵蚀，减少水的流失，因而有益于地下水位和水质。当前的农学、单作实践可从放牧动物与作物的结合中获益（图30-9）。在最小程度地耕作和免耕体系中，覆盖作物比较普遍。在这些体系中，把动物作为处理覆盖作物和/或作物残茬的工具是切实可行的。利用动物来帮助土壤营养再循环这种方法以前就普遍采用了。现在通常以焚烧来除掉残余物。建立家畜饲养者与作物种植者之间关于放牧服务的合同关系是合乎逻辑的解决办法。

3. 放牧周期间饲草资源的密集饲养与充分的休牧相结合，在牧草具有最佳营养价值时收获可提高牧草总的短期生产率，同时通过改良放牧体系的土壤和其他环境特征可提高牧草的长期生产率。这些实践可以得到实施，在较高质量的草地上饲养奶牛，或者在低生产力的放牧区或庄稼地边沿地区放牧肉牛、绵羊或山羊。密集饲养体系已遍布在全国各种环境中。这种方法的进一步学习、发扬和随后的实践将提高草地及其生产力的可持续性。

4. 重组DNA技术和其他生物技术的应用为可持续的实践提供了保证。似乎有一条线贯穿于一些不同的符合逻辑的可持续农业著作中，即与理性相悖的“全自然”的暗示。我们的目标是可持续农业体系，而不是“全自然”体系。当对该地区产生或即将继续产生的难以置信的进步提出异议时，这种心态对可持续农业的全面发展是危险的。不需要杀虫剂和灭虫剂的作物，可像豆科植物一样固氮的谷物，草地放牧可以生产出嫩牛肉，刚出生动物就拥有对疾病的终身免疫——所有这些和其他不计其数的机会都期待着生物技术将其变为现实。当使用这些技术时，会证明采用它们是实现可持续性的最好途径。

图 30-8　为使单一经营动物体系的负面环境影响最小化和形成更可持续的农业体系，很明显动物的废弃物必须恰当地处理。这里，一个地区自然资源保护者在介绍将鸡粪制成堆肥的好处。(Bob Nichols 摄，USDA 提供)

(a)　　(b)

图 30-9　毗邻单一经营地区可从简单实践中获益。(a)湿地和河边地带的植被用于缓冲和过滤农田流失的水中的剩余养分。(b)在缓冲地带种植的柳枝稷和其他草类不仅保护附近的溪流，也为在地面筑巢的鸟类提供栖息地，为家畜提供饲料。(Scott Bauer 摄，Agricultural Research Service 提供)

必须再次提及的因素是，单一经营减少了农场的生物多样性。只种植一种作物的农场与有多种作物和动物产品出售的农场，相比在克服农作物歉收方面要困难得多。

另一个值得再次关注的因素是，许多可持续性体系与大型单作体系相比无效率。在更多的投资于生态型农业研究的今天，它们如何相比较？在近半个世纪，美国大多数农业研究集中于创造效率更高的产业型农业。

最后一点是可持续体系中生物技术的应用。通常由开发公司获得遗传改良机体的专利权。这使分配和成本的决定权掌握在少数起决定作用的制造商手中。因此,可以提出这样的观点,问题不在于遗传改良机体本身,而在于谁控制它们,在于谁控制农业。因为这些公司还经常对动植物传统育种方案有着惊人的控制权,所以我们必须认识到,出于对生产更多遗传改良机体的偏爱,传统动植物育种方案将被忽视。而这两者都是必需的。

信息来源

我们需要多个理解要素来全面领会可持续农业和动物是如何对增强可持续性而发挥作用的。对这一复杂问题的全面描述不在本文范围内。有兴趣的同学可阅读参考文献中所列文章或通过下列途径获取知识以更好的理解这一问题。

可选择的农场系统信息中心(Alternative Farming Systems Information Center)

Address:National Agricultural Library, Room 304, 10301 Baltimore Ave., Beltsville, MD 20705-2351

Phone:(301)504-6559; Fax:(301)504-6409

http://www.nal.usda.gov/afsic/

E-mail:afsic@nal.usda.gov

这一网站提供大量信息,并与其他网站相链接。

可持续农业克尔中心(Kerr Center for Sustainable Agriculture, Inc.)

P.O. Box 588, Poteau, OK 74953

Phone:(918)647-9123; Fax:(918)647-8712

http://www.kerrcenter.com

E-mail:mailbox@kerrcenter.com

可持续农业图书馆(万维网虚拟图书馆)(Sustainable Agriculture Library)

http://www.floridaplants.com/sustainable.Htm

加州大学可持续农业研究和教育计划(UC Sustainable Agriculture Research and Education Program)

Address:University of California, One Shields Avenue, Davis, CA 95616

Phone:(530)752-7556; Fax:(530)754-8550

http://www.sarep.ucdavis.edu./

E-mail:sarep@ucdavis.edu

概要和结论

可持续农业是一个正在寻找能被控制的农业和被关注的典型例子。这不仅仅关乎食物和纤维织品的高效生产，也是道德、社会、哲学、生活方式的选择。事实上，这些问题非常重要(表框30-2)。来自Feenstra等(1998)的文章指出："经营决策不仅应考虑环境报酬和总的社会报酬，还应考虑个人的目标和生活方式的选择。例如，一些有赢利可能的工艺技术和实践的应用也可能要求如此的精细经营，虽然这可能是人们的生活方式退化。促进持续性的经营决策必定益于环境、社会和个人。"个人对在更大的格局中的生活方式和地位的满足感的一个重要组成部分，形成了可持续农业内部一条公共的思路。Baker等(1990)指出如何让动物进入这一体系："家畜……提高了家庭对他们农场的自豪感和对农场生活的满足感。很多人发现，与动物相处和享受作为生产者和家畜照顾者的乐趣是件容易的事。与动物的关系通常使农场经营者与农场生物和与自然的联系更密切。"的确，1990年农场法案给出的可持续农业的定义中一个重要因素，它要"提高农场主的生活质量和社会总体上的质量。"

表框30-2 可持续农业中的生活方式的因素

下列一批引文在Ikerd(1997)的著作中以一个完整的引文表出现，"理解和经营多元可持续农业"。关注篇题。更确切地说，关注篇题以外的信息。比如，你看到文字"农场"或"农业"了吗？很显然，其中有更多的含义。虽然，Ikerd是关于这一主题的多产作者，本文中就有他个人的观点，这对引文列表有一定的影响，然而，此引文列表清晰地涵盖了一系列观念，这超出了我们大多数人期待的关于农业的一篇文章中包含的内容。

Barker, J. 1993. *Paradigms: The business of discovering the future*. New York: HarperBusiness, a Division of HarperCollins Publishing.

Capra, F. 1982. *The turning point: Science, society, and the rising culture*. New York: Simon and Schuster.

Covey, S. 1989. *Seven habits of highly effective people*. New York: Simon and Schuster.

Drucker, P. 1989. *The new realities*. New York: Harper and Row.

Drucker, P. 1994. *Post-capitalist society*. New York: HarperBusiness, a Division of Harper Collins Publishing.

Hock, D. W. 1995. The chaordic organization: Out of control and into order.

World Business Academy Perspectives 9(1). San Francisco: Berrett-Koehler Publishers.

Naisbitt, J., and P. Aburdene. 1990. *Megatrends* 2000. New

York：Avon Books，The Hearst Corporation.

Peters，T. 1994. *The pursuit of WOW*! New York：Vintage Books，Random House，Inc.

Reich，R. B. 1992. *The work of nations*. New York：Vintage Books，Random House，Inc.

Savory，A. 1988. *Holistic resource management*. Covelo，CA：Island Press.

Senge，P. M. 1990. *The fifth discipline*. New York：Doubleday Publishing Co.

Toffler，A. 1990. *Power shifts*. New York：Bantam Books.

可持续农业中生活方式的因素是扎根于农业的人所熟知的。不久以前美国农场主对他们自己的生产实践和生活方式比较满意。他们的生活方式支撑着他们。尽管我们可以容易地说，他们过着简朴的生活，公正导致他们共同承受着苦难和问题。美好的旧时光有一种趋势，即看起来比那些经历过那种生活人的实际生活要好得多。每一代人都认为它所拥有的要素很重要。每一代人都限定了他们的生活方式，从而，改善其生活方式。那些希望在这一代或将来一代实施可持续或更可持续农业的人将会这么做。这必须是一个有意识的决定。然而，可持续农业实践影响的人数比生产食物的人更多。因此，决策要有许多不同的利益共享者来制定，包括农场主、农场工作人员、加工者、零售商、消费者和政策制定者。简而言之，社会的所有成员均参与这些决策。实现可持续性意味着改变法律和公共政策，重新制定经济目标，重新考虑政府的方针和改变无数人的价值标准。认为这将是一项容易的工作是无知的。Feenstra 等(1998)解释为：向可持续农业的转变过程需要一系列小的、可行的步骤。家庭经济和个人目标影响着参与者在这一转变中能走多快、走多远，但每一个小的决定都会造成差异。前进的关键在于开展下一步的意向。表框 30-3 中可见 72 种使农业更持续的途径。

表框 30-3 72 种使农业具有可持续性的途径

保护和创建健康的土壤

- 通过梯田、等高密植和修复沟壑来防止土壤侵蚀
- 增加土壤中有机物质(用绿肥、覆盖作物、堆肥、粪肥、作物残留物和有机肥)
- 实施耕地保护管理
- 种植防风林
- 经济作物与牧草、饲草或覆盖作物轮作

保存水源和保护水质

- 阻止农田和牧场的土壤侵蚀
- 减少化学药品的使用
- 建立保护缓冲地带

- 种植适于蓄雨的作物
- 采用有效的灌溉方法

管理有机废物,使其不造成污染

- 检测土壤,当需要时再施粪肥、厩肥
- 把死动物和枯枝败叶堆制成堆肥
- 储存厩肥堆要防雨雪
- 放牧或散养家禽
- 圈养或散养猪

管理农田化学药品和废弃物,以致不造成污染

- 选择性使用化学药品
- 最低限度地使用必需化学药品
- 购买毒性小的化学药品
- 回收
- 按照标签说明配置

在对环境影响最小的情况下管理杂草

- 机械途径
    - 刈割
    - 火烧
    - 水淹
    - 耕地
    - 控制焚烧
- 植物栽培途径
    - 作物轮作
    - 窒息作物
    - 覆盖作物
    - 植物毒素抑制作物
    - 密植
- 生物途径
    - 多物种放牧
    - 轮流放牧
- 化学途径
    - 综合的有害植物管理
    - 使用窄范围、低毒灭草剂
    - 适当的标准的喷雾器
    - 使用用量最少、漂流少、农场主接触少的方法

在对环境影响最小的情况下管理害虫和疾病

- 引进或增加天然的捕食动物、病原体、不育害虫的存在群落和其他生物控制剂
- 陷阱(捕获动物的装置)

■ 维持未开发地区或种植能吸引有益昆虫的物种
■ 选择低毒的杀虫剂或植物性杀虫剂
■ 诱捕作物
■ 轮作作物(避免单作)
■ 实行间作、等高密植
■ 保持健康的土壤(防止土壤滋生的疾病)
■ 使作物免受应激
选择适于环境的动植物
■ 种植能很好适应特定气候的作物和作物变种
■ 使作物与土壤相匹配
■ 用较老的、不受化学干预的、自由授粉的表现良好的品种
■ 饲养适应气候的耐寒品种的家畜
■ 饲养能对青草和本国饲料收益良好的家畜
鼓励家养动物、作物、野生动植物、本土植物、微生物和水生生物的生物多样性
■ 使作物和饲养家畜多样化
■ 为野生动植物留下栖息地(农场边缘、未刈割过的带状地域、池塘和溪流边沿等等)
■ 保持池塘和溪流的卫生
■ 为野生动植物提供通道
■ 庄稼和牧草轮作
保存能源资源
■ 减少耕地操作工序的数目
■ 减少化学药物和肥料的应用
■ 改进生产方法降低能耗
■ 回收用过的石油
■ 采用太阳能围栏和机械
■ 使用再生的、农场产生的燃料:乙醇、甲醇、来自于含油籽实作物的燃油、来源于粪和植物废弃物的沼气
增加赢利和降低风险
■ 使作物和家畜多样化
■ 替换非农场资源的管理
■ 依照自然周期,不能违背
■ 充分利用农场资源
■ 降低机器、设备、建筑成本
■ 增加作物和家畜的价值
■ 尝试直接营销(预定农业,农民市场,农业商店,邮购)

来源:Adapted from Horne and McDermott,2000,经允许使用。

习题

1. 写一短篇描述有机农业的文章。然后写一短篇描述可持续农业的文章。你认为它们的主要区别是什么？

2. Gold(1994)提出的有关可持续农业的争论点(issues)和问题(questions)是什么？

3. 做一个如下的表格：

农业实践	资源保护	社会支持	商业竞争	环境健康
1				
2				
3				
4				
5				
6				
7				
8				
9				
10				

在“农业实践”下，列出 10 种常见的农业问题。分析每一实践以确定它如何适应剩余 4 个项目，回答“是”或“否”。

4. 列表写出利用动物达到最可持续的资源。

5. 描述一些已成为或可能成为现代农业体系一部分的可持续实践。

6. 描述理解可持续农业必需的哲学体系。

7. 动物作为可持续农业体系一部分的主要原因是什么？

8. 描述与可持续农业有关的场所的特征包括哪些？

9. 描述将动、植物融入一个多样化农场的途径。

10. 为什么效率对特定的植、动物能否在可持续农业中有用起如此大的作用？

11. 什么是农业森林学？

12. 为什么美国农业可能，至少在不远的将来，继续将动、植物单作作为整个可持续农业的一部分？

13. 生活方式的因素怎样进入可持续农业哲学和实践中？

14. 你可以列举出多少方法使农业更具可持续性？

参考文献

For the second and third editions, Dr. James Horne, president of the Kerr Center for Sustainable Agriculture, Inc., Poteau, Oklahoma, reviewed and contributed new material to the chapter. The author gratefully acknowledges these contributions.

Baker, F. H., F. E. Busby, N. S. Raun, and J. A. Yazman. 1990. The relationship and roles of animals in sustainable agriculture and on sustainable farms. *The Professional Animal Scientist* 6(3):35.

Baldwin, R. L., K. C. Donovan, and J. L. Beckett. 1992. An update on returns on human edible input in animal agriculture. *Proceedings California Animal Nutrition Conference*, 97–111.

Beckett, J. L., and J. W. Oltjen. 1996. Role of ruminant livestock in sustainable systems. *Journal of Animal Science* 74:1406–1409.

Bywater, A. C., and R. L. Baldwin. 1980. Alternative strategies in food animal production. In *Animals, feed, food and people*, R. L. Baldwin, ed. Boulder, CO: Westview Press.

Farm Bill. 1990. Food, Agriculture, Conservation, and Trade Act of 1990, Public Law 101-624, Title XVI, Subtitle A, Section 1603. Washington, DC: Government Printing Office.

Feenstra, G., C. Ingels, D. Campbell, D. Chaney, M. R. George, and E. Bradford. 1998. Education program: What is sustainable agriculture? UC Sustainable Agriculture Research and Education Program, University of California, Davis, CA. http://www.sarep.ucdavis.edu./concept.htm.

Fraser, D. 2001. The "new" perception of animal agriculture: Legless cows, featherless chickens, and a need for genuine analysis. *Journal of Animal Science* 79:634–641.

Gold, M. V. 1994. *Sustainable agriculture: Definitions and terms*. National Agricultural Library Cataloging Record: (Special reference briefs; 94–05) 1. Sustainable agriculture—Terminology. I. Title. aS21.D27S64. No.94–05. Available online at http://www.nal.usda.gov/afsic/AFSIC_pubs/srb94-05.htm.

Horne, J., and M. McDermott. 2000. *72 ways to make agriculture sustainable*. Kerr Center Fact Sheet. Poteau, OK: Kerr Center for Sustainable Agriculture.

Horne, J., and M. McDermott. 2001. *The next green revolution: Essential steps to a healthy, sustainable agriculture*. Binghamton, NY: Haworth Press.

Ikerd, J. E. 1990. Sustainability's promise. *Journal of Soil and Water Conservation* 45(1):4.

Ikerd, J. E. 1997. Understanding and managing the multi-dimensions of sustainable agriculture. Paper presented at the Southern Region Sustainable Agriculture Professional Development Program Workshop, SARE Regional Training Consortium, January 15, 1997, Gainesville, FL. Available online at http://www.ssu.missouri.edu/faculty/jikerd/papers/NC-MULTD.htm.

O'Connell, P. F. 1992. Sustainable agriculture: A valid alternative. *Outlook on Agriculture* 21(1):6.

Owens, F. N., H. M. Arleovich, B. A. Gardner, and C. F. Hanson. 1998. Sustainability of the beef industry in the 21st century. In *Proceedings from the World Conference on Animal Production*, Seoul, South Korea.

Rifkin, J. 1992. *Beyond beef: The rise and fall of the cattle culture*. New York: Dutton.

Wheeler, R. D., G. L. Kramer, K. B. Young, and E. Ospina. 1981. *The world livestock product, feedstuff, and food grain system*. Morrilton, AK: Winrock International.

Wilson, L. L. 1998. Sustainability as applied to farm animal systems. *The Professional Animal Scientist* 13:55–60.

术语表

(马的)步法　马的向前运动。大多数马的三种自然步法伐是慢步、快步、慢跑或跑步。有些品种的马有额外或不同的步法,如对侧步、轻步、快慢步、伸长快步等,总称为五步法。

3R　体系代替(replacement)(用其他代替较高等级的动物)、减少(reduction)(减少需要的动物数量)、精确(refinement)(减少人道的措施)的首字母缩写。帮助研究人员在减少动物痛苦的试验中得到好的试验结果。

AAFCO 犬或猫的营养需要　建立在营养充足报告基础上的营养标准。

AAFCO 饲喂试验　在 AAFCO 营养充足报告中,犬或猫的食品被检验合格而准予使用的标准。

AI stud　销售优质雄性精子的公司。

Delmarva　美国特拉华州(Delaware)、马里兰州(Maryland)、

DNA(脱氧核糖核酸)　化学上,一个由核苷连接磷酸糖盐所组成的复杂分子。染色体是大的 DNA 分子。两串连接在一起构成双螺旋的形状。一段染色体上核苷的序列被称作决定有机体性质的基因。

DNA 复制　制作一个 DNA 分子拷贝的细胞过程。

DNA 聚合酶　使同一条链上相邻的核苷以磷酸糖键连接,启动 DNA 复制。

F_1　杂交子一代。

GRAS(饮料等)一般认为安全名单(美国食品及药物管理局用语)　在 1958 年食品添加修正案中被确认的特殊安全状态的普通食品添加剂列表,因其以前被作为安全食品添加剂来记录的。

STAGES　猪检测和遗传评估体系(Swine Tesing and Genetic Evaluation System)。用来分析纯种猪及其杂交后代的表型数据的一系列计算机程序。

嗳气　打嗝。通过食道将瘤胃中的气体排出。

矮脚鸡　一定大小的微型品种的家禽。

安抚牛　母牛接受移动、控制和其他各种管理的训练。它们通常是温驯的。当把它们与未经驯化的牛放在一起时,会使群体易于管理,因为它对群体中的其他牛产生安静的影响。特别是在畜群进入畜栏和进入挤奶通道时。

安哥拉山羊　一种专门生产纤维的山羊品种。

安置　把蛋放入窝中。孵化的母鸡在窝中孵化蛋。

巴士乳脂测定　为确定乳中脂肪含量进行的测定。

巴斯德杀菌法　通过控制加热消灭微生物的方法。

百分位数　依据预期传递力值将奶牛排队。

伴侣动物　与主人有强烈感情的动物。

伴性遗传　与 X 及 Y 染色体有关的遗传性状,遗传特性只在各自的染色体上进行传递。

伴性杂交　伴性杂交的鸡可以通过出生后的羽色来确定性别,雄性是一种颜色,雌性是另一种颜色。

包装食品　将准备好的肉集中起来,以达到提高消费者的满意度及相关利润为目的商业体系。

饱和脂肪　由氢完全饱和的脂肪酸,不含有任何氢键。

保存期　食物气味清新卫生的时期。对于禽类,是

指去内脏、冷冻、打包的鸡不用冷冻保存的期限。

保定栏 一种控制动物的装置。包括一个门用来卡住动物的头及一个侧通道来限制动物的行动。将动物固定其中进行驱虫及人工授精。

保鲜产品 经过最简单加工处理出售的新鲜产品。

保育仔猪 此术语经常用来描述由于特殊原因舍饲的早期断奶体重轻的猪，这些猪饲养在可控制的哺育环境中。其体重在断奶和14～28日龄时只有10～15 lb。

抱窝 母鸡坐在鸡蛋上通过身体热量温暖鸡蛋以使其发育成幼小个体的过程。这一过程也可以通过人工孵化器来完成。

北美野马 美国西部的野生马。其中大部分曾经是西班牙人在1600年带到美国的西班牙马的后代。现在，这些失去特征的马的后裔的血统和特征很难与其原始品种相比。

背膘厚 动物背部的皮下脂肪。对猪，背膘厚与动物整个机体脂肪密切相关，经常测定并用作选择瘦肉型家畜的一种方法。

背部 动物的后背。

被动免疫 动物接受外源预制抗体所获得的免疫能力。抗体在乳腺的血液中非常丰富，并通过初乳使新生哺乳动物获得免疫。

鼻钳 放在动物鼻中的小型钳样控制装置。

比较心理学 对于动物控制行为、学习、感觉、理解、行为遗传学机制以及用外推法推断动物及其他动物行为机制的研究学科。

必需氨基酸 在日粮中必需所包含的动物体所需要的氨基酸。

必需脂肪酸 在日粮中必需所包含的动物体所需要的脂肪酸。

闭锁群 一个没有新的动物引进的种群。

变性 在蛋白质化学中，打乱天然蛋白质的结构，使其丧失正常功能。由于酶可以更好地攻击化学键，变性蛋白质通常更易于消化。

标记辅助选择 用标记的方法（如连锁DNA序列）选择特定的等位基因。

表达 遗传学中一个基因的特定性状的表现。

表型频率 特定表型个体在群体中所占的比例。

表型值 特定小群体中个体生产性能的测定值。

病因学 研究引起疾病的因素。也是关于病因的知识总结。

病原体 引起疾病的细菌或病毒。

病原性 生物体产生疾病的能力。

波希莱克牌（Posilac®） 蒙山都（Monsanto）公司认可的商业用BST。

哺乳期 产奶的时期。

哺乳仔猪 正吃母乳的仔猪。

捕鱼业 指对野生水生动物进行捕获的术语。

不饱和脂肪酸 有双键存在的未用氢饱和的脂肪酸。双键的数量可以改变脂肪的物理、生化和代谢特性。

不健全的 任何阻碍动物特定目的生产能力的损伤或缺陷。

不完全显性 两个等位基因都不是显性。个体的遗传性状受这两个基因的影响。

不育的 不能受精或内部胚胎死亡的卵。

草块 将干草加工成为各边长接近3 cm的产品。

草食动物 只将植物作为食物来源的动物。

测交 与完全隐性的测试动物交配来决定某个体是纯合子或杂合子。

产床 在雌兔产仔后的数周内哺育幼兔及产仔所使用的笼子。当然，这种产床也可为鸟类产蛋提供条件。

产蛋 从学术上讲是指一枚蛋的产出。然而，通常指产蛋母鸡。

产后 分娩后。

产后间隔 雌性动物中从分娩到第一个发情期的时间间隔。

产后瘫痪 通常在产犊后72 h内发生的代谢紊乱。是由血中钙的水平降低导致的。

产驹 马的分娩。

产品增值 通过一些方法处理产品而使产品增值。

产猪仔 在猪中，此术语用来表示产仔。

长干草 未被切割或磨碎的干草；单个的粗饲料。

常染色体 性染色体以外的所有染色体。

超声波检查法 用超声波使身体深度组织可视化。

超声波扫描方法 用超声波扫描身体组织的方法。

成年鹅或老鹅 失去生产能力的种鹅。肉在经过加工处理后可以食用的鹅。

成年鸭或老鸭 具有坚韧身体和坚硬啄的公、母鸭。其肉经加工处理后可以食用。

持续发展农业 可以满足现代人需要而不损害后代的利益的农业。这种农业可以满足后代的需要且不限制其选择。

宠物 用来娱乐而不是使用的动物。

出血点 鸡蛋内部小的血斑，可能由于蛋形成过程中卵巢和输卵管内血管破裂造成。

初情期 动物由不成熟的生殖和激素状态到成熟状态的转变过程。因动物种类不同而异，但其时间主要由年龄和体重决定。

初乳 分娩后早期所产的特殊的母奶，可以为幼龄动物提供额外的营养及免疫功能。与常乳相比，初乳含有大量的维生素，矿物质以及蛋白质，且常携带有抗体以帮助幼龄动物进行免疫反应来抵抗潜在的抗原。

雏鸡 任一性别的 1 日龄至 5～6 周龄的小鸡或还不可捕猎的鸟类。

触诊 用手进行接触和检查。

传染病 一种从动物传播到动物的疾病。

传染性疾病 由活有机体产生的疾病，可以侵入并在有机生物体内外繁殖，最终导致机体的损伤。

垂体 位于视丘脑下部的腺体。分为后垂体腺和前垂体腺。后垂体腺释放后垂体腺激素。前垂体腺产生和分泌几种激素，如促黄体素、促卵泡素、促乳素和生长激素。

纯合子 两个相同的基因组成一对。

雌、雄双胎的雌犊 雌、雄双胞胎的雌犊不孕，原因是由于雌犊生理解剖上的不正常发育。

粗蛋白 通过物质中氮的含量来估计蛋白质的含量，通常乘以的系数是 6.25。包括真蛋白和非蛋白氮，因此这种结果是粗略的。

粗放农业 是一种通过大量人力、广泛的种植面积和大量的动物来进行的农业生产的系统。

粗放饲养系统 通常与放牧的条件相联系，每个动物个体很少得到单独照料(如肉牛)。每年只有一或两次的人工管理。

粗饲料 低质量的草料，如刈割老干草；农作物副产品，如麦秆和玉米秆。

粗饲料 一种饲料如牧草、干草、青贮或刈割青草。

粗纤维 在近似的分析中，指饲料在经过酸和碱煮沸后所剩余的不可溶解的碳水化合物。

催产素 由视丘下部后垂体腺分泌的激素，可以刺激子宫肌肉的收缩以协助分娩，还可以刺激腺泡周围肌上皮细胞的收缩以促使乳从内腔流入乳腺导管。

催情补饲 饲喂额外的饲料以刺激发情和排卵率。

达尔文·查尔斯 1809—1882，英国自然主义者，1859 年出版了《自然选择在物种起源上的作用》，1868 年出版了《驯服条件下动植物的变异》，1871 年出版了《人类的传承》。他主张自然选择进化理论。

大草原 短草生长的区域。指世界上大部分用做畜牧生产的土地。

待育肥猪 通常是 30～90 lb 重的猪。不同地区该数值有所不同。

单倍体 一个细胞只具有通常染色体数目的一半。生殖细胞就是单倍体。

单克隆抗体 由可识别的杂种细胞的子代细胞产生的抗体，因此只被一种抗原识别。用于研究及开展诊断试验。

单生 只生 1 个后代。

单体鸡笼 8～12 in 宽，18 in 长的小围栏，可以用来放置一只或多只母鸡。在集约化饲养时，将笼子放置成一排并装备自动饮水装置，便于饲喂。鸡蛋可以通过自动收集系统收集。

单体性 来源于双倍染色体细胞的一个染色体的缺失。

单胃动物 只有一个胃。通常用来区别具有瘤胃和没有瘤胃的动物。一些营养学家喜欢用无瘤胃而不是单胃这一术语是因为即使反刍动物也只有一个真胃。额外的胃或前胃，与真胃相比具有不同的功能。

单一性状选择 只选择一个性状或特征。

蛋白质 由 α-氨基酸相结合组成的复合物。

蛋白质品质 饲料中必需氨基酸的存在形式和消化能力的指标。

蛋鸡 通常指处于产蛋生理状态的母鸡。

刀耕火种农业 在森林中通过砍树木及烧荒开辟出一块地，燃烧的灰分使土地肥沃。在现代，这种方法由于被误解，得到了不应得的坏声誉。在遥远的热带地区，这种做法延续了几个世纪，对森林保护产生了深远的影响，形成了很好的可持续系统。

德莱尼修正案 禁止使用一切对人或动物有致癌作用的食品添加剂或其他物质，不管其用量多少。是 1958 年食品添加修正案的一部分。

等位基因 同源染色体上占据相应位点的两个或多个基因之一。

抵抗力 动物具有的不受病原体、毒素、刺激物或有毒物质影响的自然能力。

第二产业 在各种农业产业中，对产品进行加工来增加收入的企业。

第二性征 区别性别的特征，大多发生在青春期，这一时期激素的含量改变。举例来说，公牛的颈部隆起，男人的胡须，大多数物种雄性的肌肉增长，发音改变(男孩声音在青春期发生改变)均为雄性的特征。对于雌性来说，许多特征同时出现在这一时期：体脂的增长，体型的曲线也显现出来，乳房发育，毛发平滑等。一些行为，比如雄性占领领地，侵略性等也是这一时期的特征。

第一限制氨基酸 在动物的日粮中缺乏并限制动物生产性能的发挥的氨基酸。

典型生产指数 荷斯坦协会依照公牛传递性状的平衡性将公牛进行分级的指标。

电刺棒 小的手持设备用来给予动物小的电刺激。通常用来保持动物在斜道上的运动或其他操作。是好的工具及动物处理技术廉价的替代品。

电子巴斯德杀菌法 由电磁场加速电子聚焦的能量光线所产生的离子化射线。

钓饵鱼 选择和生产的用于捕大鱼时做钓饵的鱼。

定量日粮 24 h 内给动物的特定饲料分配。如动物的定量日粮是 10 lb 干草、3 lb 燕麦、1.5 lb 的大豆粉和微量的矿物质盐。定量日粮这一术语的应用必须与特定数量的饲料相联系。

动物福利 涉及动物待遇和健康。动物的人性待遇。

动物健康 关于尽可能和切实可行地维持动物持久健康状态的研究与实践。

动物科学 包含所有驯养动物的研究学科的总和。动物科学传统上只与家畜物种有关。但是，对数目的过分关注导致了动物科学扩展至包括其他驯养物种，尤其是宠物和伴侣动物类。

动物权利运动 一种政治和社会运动，涉及与人类社会相关的动物地位的哲学、社会学和公共政策。

动物行为学 对动物在其所处的自然环境中行为的研究。研究的焦点是其本能的或先天的行为。对于被驯化的物种的研究，特别是家畜，经常特指应用行为学。

动物行为学者 研究动物行为学规律的人。

动物育种与遗传 利用遗传学原理使家畜物种得到改良的科学。

毒素 由微生物和动植物产生的一种或几种有毒物质的复合物。

毒性 病原体的致病能力。

独立分类法则 孟德尔第二法则。在配子的构成中,一对等位基因的分离是与其他等位基因分离相独立的。

断奶 把仔猪和母猪分离,阻止母猪哺乳的过程。

堆肥 腐烂的有机物质用于施肥及改良土地。

吨 相当于1.1美国标准吨。等于1 000 kg。

多倍性 个体染色体的数量是单倍体数量的若干倍的现象。

多餐政策 一种被许多掠食的动物所采用的采食策略,这种策略作为一种生存手段。这些动物整日少食多次地采食并且在其活动范围内保持移动。因此它们很难被食肉动物捕食,通常对危险很警觉,可以立即逃走。这使其消化系统被改变。举例来说,马类对比其体型来说具有很小的胃是因为其不需要巨大的食物储存空间。当然,马类不需要胆囊是因为食物是连续不断地进入小肠,因此在同一时间不需要大量的胆汁。

多等位基因 拥有3个或3个以上等位基因的基因组。

多发情周期 表现出一个以上发情周期。

多莉 一只普通的芬兰道赛特绵羊,是世界上第一只由成年哺乳动物的产生的无性繁殖动物。在多莉产生之前无性繁殖成年动物被认为是不可能的。它是由苏格兰罗斯林研究所艾恩·威尔莫特所领导的研究团队创造的。自多莉出生后,成年鼠及牛也被无性繁殖成功。

多态性 在群体中存在两个或多个不连续的隔离的表现型。

二倍体 相对配子有一套染色体,而二倍体具有两套染色体。

二原色视者 只具有觉察两种颜色的能力。

发情期 雌性动物接受交配的时期。

发情周期 雌性动物(动情或发情)从一个性接受期到下一个性接受期所间隔的时间。

乏情期 雌性动物处在未发情的时期。

翻译 在蛋白质合成过程中,依照mRNA确定的编码来合成一定序列氨基酸的过程。

繁殖 在生产后代时,生物体的综合行为和生物功能。

反刍 反刍动物瘤胃的食团经过回口腔、再咀嚼、再吞咽而进一步消化的过程的过程称为反刍。

反刍动物 拥有瘤胃并能咀嚼自身反刍食物的动物。有患膨胀症的动物。

反刍动物肠道炎 更确切地应称为瘤胃鼓气。瘤胃过分的膨胀和网胃中有大量的发酵气体。

非整倍性 组织的染色体数目不是单倍体数目的倍数的情况。

肥育场 一个装备有饲槽、自动饮水装置、柱栏、工作设备的封闭区域,在此区域内动物被饲养和管理。

肥育期 动物准备出栏时的最后饲养阶段。Finishing是fattening的同义词。然而,侧重于生产瘦肉则可使这一阶段变长。

分泌唾液 由唾液腺分泌的混合分泌物。

分泌细胞 一种功能性细胞,吸收营养,形成奶的成分,把奶运送到乳腺中。

分娩 产仔的过程。

孵化 小鸡离开蛋壳到外界的过程。家禽的出生。

孵化器 可以提供促进胚胎发育的环境条件的机器。

辐射处理的食品 用辐射杀菌法处理食品来杀死食品中的害虫、细菌和寄生虫。

附睾 由输精管连接到睾丸的管状物。负责精子的贮存、转运和成熟。由头、身、尾等几部分组成。

复原 器官恢复至正常状态或正常大小。常用来形容产仔后的子宫,或完成泌乳期后的乳腺。

腹痛 一个代表消化紊乱的广泛名词。马腹痛的主要症状就是疼痛。许多事物可以导致腹痛,寄生虫和传染病是其最主要的发病原因。然而，食物的迅速变化，食入过多，发霉的食物，缺水，以及误食作为垫草的刨花和锯屑也是引起腹痛的原因。腹痛是马属动物中最流行、最重要且最危险的一种内科疾病。

改革者 关注于改变动物使用方法的动物权利支持者。

干物质 饲料中除了水之外的物质。

感性动物 能感受痛苦及喜悦的动物。

羔羊 一岁以下的绵羊。也指一岁以下羊的羊肉。

高营养食品 含有多种大量营养成分的食品。肉类里含有蛋白质、维生素、矿物质和其他营养成分。以每卡路里为基础，消费者可以获得多种营养。

睾丸激素 雄性类固醇类激素。来源于睾丸的胆固醇。

膏药 两层布之间软湿的物质。通常温和，用于身体的某些部位的治疗。

格林-巴利综合征 一种以外周神经虚弱为特征的炎症疾病，经常使手臂，腿部，呼吸肌肉及面部麻痹。

工具性条件反射 学习主要受效果的影响。在一个行为发生之前或之后给动物积极或消极的奖赏，可以使动物重复这一动作。许多种类的学习归属于这一范畴。B. F. Skinner 在这个领域做了大量的早期工作。

公鸡 1 岁龄以上的公鸡。

公鸡 成熟的雄性鸡。

公兔 未经阉割的雄性兔。

公畜摘要 出版的有关该品种注册牛的遗传信息。

公猪 未经阉割的雄性猪。饲养公猪只为育种。公猪肉有一股特殊的不受欢迎的味道。

攻击行为 对相同或不同物种的其他动物构成威胁或危害的行为。

巩膜 眼球外坚硬的白色层。

共生 一种不同生物体生活在一起或保持紧密关系的生存形式。这种关系对各方都是有利的，可以看作互利共生，瘤胃微生物和反刍动物互相依存就是一种共生形式。

共显性 当在杂合状态下两个等位基因表现显性。

估计遗传力 育种值的一半。

估计育种值 包括奶产量和奶成分特性的经济指标，用来衡量生产者价值。

谷物食品 谷物食品是指为人类消费市场提供的谷物，如大米和小麦。

谷物饲料 主要用于生产家畜饲料的谷物，如玉米和高粱。

臌胀病 在消化道的发酵部位聚集异常大量的气体，可危及生命。

关键时期 类似于机敏时期，但是有更明确的开始和结束时间。

观赏型 在兔或宠物产业中，这一名词与展示与展览相联系。

观赏猪 用来观赏的猪种。

管理 在本文中，是指任何对动物的照料和评估。可能包括或不包括对其身体接触。将动物从一个草场迁移到另一个草场就是一种管理方式。预防接种、打记号、驱虫等都是具有伤害性的操作。

光周期 日光或其他光出现的时间长短。

规模经济 一个关于装备、劳力和其他成本项目的使用的最大化的简单概念。如：具有两个禽舍的主人将需要拖拉机和延辗机来清扫房屋和推平垃圾。然而，他或她建造两个或更多的房屋，一台拖拉机大概也可以满足其需要。拥有一台拖拉机成本现在可以分摊到四栋房屋而不是两栋房屋的生产。

国民生产总值 在一定时期内通常是一年内一个国家所有产品及服务产出的总量。

合成品种 由两个或多个先前已建立的品种形成的品种。

合子 由精子和卵母细胞融合产生的细胞。

核苷酸 组成核酸的物质。每一个核苷是由糖、磷酸盐和四分之一氮基组成的。

核糖核酸 由长链磷酸盐、核糖和几种碱基组成。

核糖体 一种细胞组分。由蛋白质和 tRNA 组成。核糖体可以合成蛋白质。

核糖体核糖核酸 核糖体核糖核酸和蛋白质是核糖体的组成成分。具有合成由 DNA 编码蛋白质的功能。

红细胞 红血球细胞。

后备母猪 任何未生产过的母猪。有时候生产者把这一名词延用到第一批仔猪出生后。

后期幼体 在水生动物中，动物已经超越幼体阶段但不是青年期。类似于青年期，但是缺乏某种青年期的发育特性。

后裔预期差异 动物中相当于个体育种值的一半。

糊状物 彻底研磨和混合均匀的饲料。动物不能分离饲料成分，因此饲料的每部分均能满足全面的营养需要。

欢叫 雄性骆驼在交配前和交配时发出的与众不同的声音。

换羽 鸡羽毛的脱落。换羽时产蛋下降或停止。

黄体分解 残余黄体的消退。如果没有妊娠，在发情期的黄体末期黄体会溶解。

黄体生成素 在雌性动物中刺激卵泡成熟与排卵的促性腺激素，在雄性动物中由睾丸内的细胞分泌的睾丸激素。由 GnRH 调控前垂体腺以脉冲的方式产生和分泌。

黄体 由于卵泡(破裂后)的变化，卵泡的结构转变成另外一种结构，变化后的结构是为了分泌孕酮以维持妊娠。若妊娠未被检测到，黄体将会分解，以使雌性动物开始下一个发情期。

灰分 样品，如饲料、动物组织或除去有机物质的排泄物，在 500～600℃条件下完全燃烧后留下的不燃残留物。是饲料的矿物质。

回肠 小肠的最后端的部分。

混合水产业 水产养殖和捕鱼业的合称。水产养殖技术加强和补充捕鱼业。

机敏时期 动物生命中的一个阶段，在此期间容易接受新知识。举例说明，在临产时母亲和胎儿的铭记行为。更相关、更精确的术语是“关键时期”。某品种铭记的关键时期可能是在胎儿出生后的前 4 个小时。小狗的关键时期是在 3～12 周。

机能障碍 由于伤害或疾病所导致的机体器官异常。

肌上皮细胞 指围绕气泡分泌细胞的专门肌肉细胞，在下丘脑激素的刺激下收缩。

基础品种 在家禽生产中，用于家禽繁殖的亲代原种的单元，由远交、近交或其他方法培育而成。

基础营养学家 意在阐明基础代谢作用和养分的作用及相互关系的人。任何学科的基础科学对实践都是必不可少的。基础科学是为了认知而获取知识。

基因 染色体的一小段片段。基因指导蛋白质的合成或执行调整任务。

基因定位 用探针标记染色体上特殊基因的位置。

基因工程 把基因从一种动物或一类动物转移至其他种类动物的科学技术。

基因漂变 在一个小的种群内由于偶然变化而引起的基因频率改变。

基因频率 在某基因位点含特殊等位基因的人所占的比例。

基因探针 用来识别和定位特定染色体或完整的基因组的一段区域的一小段 DNA 片段。

基因型 有机体的遗传组成。

基因型频率 一个特殊的基因型在一定群体中的发生频率。

基因增强 改变个体特性基因潜能的过程，如身高或眼睛的颜色。

基因治疗 用正确的基因替代丢失的或不正常的功能基因的过程，此过程可以用来治疗疾病。也称作基因替代治疗。

基因组 一个完整的有机体的全部的遗传物质。

级进杂交 在动物中，通过连续与具有遗传优势的动物交配来提高其生产性能的过程。

急性病 发病突然并对动物产生严重影响的疾病。

疾病 非完全健康的状态，干扰动物体或其他部分的正常功能。

疾病的直接原因 暴露、接触病原体或其他物质，导致动物健康状态的下降。

集约体系 在集约体系中，动物被饲养在更密集的环境、被饲喂高质量的饲料，这需要更多的劳动力、技术，以及直接对动物进行全面的管理。

集中契约 来自于一个产业的公司与其相邻产业的公司就产品或/和服务签订契约。

脊柱前弯症 母畜在发情期为应对背部压力而作的姿势。

记录 指的是安排与特定公畜交配的母畜的号码。

季节性单发情 只有一个发情周期，如母狐就是季节性单发情。

季节性多次发情 与季节相关的一些环境因素（如光周期）相适应的重复发情周期。

季节性销售 一年中对产品有大量需求的一段时间。

寄生虫 一种在宿主体内生存并损耗宿主的生物。通常生活在宿主的体内或体表，以一种共生体形式存在。

寄养 让幼龄动物远离其母亲，并交与另一雌性动物养育。

加性 基因作用总的表型效应是各等位基因独自效应的总和。

家禽 生产蛋或肉的驯化鸟类。但这一解释也不太正确。如大部分孔雀是用来生产装饰羽毛的虽然它们产的蛋也被食用。谁能想到吃天鹅？具有经济价值的重要动物种类是鸡、火鸡、鸭和鹅，一些是由于业余爱好、竞技运动、装饰和审美的原因而饲养。包括鸵鸟、孔雀、鸽子、天鹅、野鸡和其他比赛用鸟类。

家畜 被人类控制并且适应了与人类一起生活的物种。一些种类的个体已经被驯化，但是还有一些并没被驯化，如特殊鸟类、大象和大型猫科动物。通常，驯养的种类必须能够适应广泛的自然环境，必须适应人类直接改变的自然环境（人造环境）变化，必须对人类一些特殊的需要能做出特殊的选择性反应。

驾驭比赛 一个由马和骑手共同完成的高级特定操控模式的比赛。其包括长的、尚待滑行停止、旋转（高速状态下 4 个 360°转向），反转（滑停后的 180°转向）和不同大小的盘旋。

架子牛 将被放到肥育场育肥的断奶犊牛。

假阴道 用于收集雄性动物的精液的设备。当勃起后，阴茎被引入假阴道，公畜射精，从假阴道的贮液器中获取精液。

间隙式 是通过前垂体腺刺激生殖腺激素分泌的一种脉动方式，是由大脑的脉冲中心所控制。

减数分裂 形成性细胞的过程。通过减数分裂形成具有亲本细胞一半染色体数量的细胞。

碱基 DNA 分子的 4 个化学结构单元，其形成的复合物编码合成蛋白质，这 4 个碱基是腺嘌呤（A）、胞嘧啶（C）、鸟嘌呤（G）、胸腺嘧啶（T）。

鉴别产品 通过商标名称来增加产品的附加值。

交配费用 母畜的主人付给种畜主人的钱。这些费用是用来饲养种畜及记录产仔的。

交易 互相交换服务和商品。

近交衰退 伴随着近亲繁殖所产生的活力、发育能力、繁殖力和生产力的衰退或丧失。与杂种优势相对。

近亲繁殖 是一个交配体系，其交配个体在家族系谱中具有一个共同的出现次数相同的祖先，而且这些个体至少是在相同祖先的 3～4 代以内来完成交配的。

近亲家系 通过高度近亲繁殖所建立的家禽族系。通常与其他近亲家系交配来生产商品品种。

禁忌 由社会习俗形成的反对一些行为及事物的禁

令。常常是一些宗教和法律条款。

经产的 此前已经怀孕和生产过后代的雌性动物。

经典的条件反射 由俄罗斯生理学家巴甫洛夫证明的一种条件反射，因此命名为巴甫洛夫条件反射，此种反射应可被神经冲动所刺激。在巴甫洛夫的实验里，狗对食物（一种非条件反射刺激因素）产生反应，即分泌唾液。他将铃声（神经冲动）与食物联系起来。他可以只通过铃声就使狗分泌唾液。

经济作物 专门为出售其产物而种植的作物。

精确性 与后代期望差异相联系的可靠程度的量度。如有效数据很少或没有，精确度可降至0.01。

精细农业 人们把注意力和焦点放在对一小块土地或每一只动物的管理上的农业体系。

精液 从雄性生殖腺内流出的液体，包含睾丸分泌的精子和其他几种生殖器官分泌的液体。

精子 雄性动物产生的配子。

净值指标 包含有饲料成本、乳房炎、奶质量成本和生产寿命的一个指标值。

净重描述 是美国食品及药物管理局强制性要求在宠物食品包装上详细说明包装内饲料量的声明。

就巢性 母鸡停止产蛋，准备卧在蛋上孵化。一旦开始孵蛋，母鸡就会照管它们。母鸡这种行为叫就巢。

咀嚼 牙齿咬及嚼碎食物的过程。

聚合 通过自身的重复化学来连接相同的成分最后生成大分子的过程。

卷舌反射 几类雄性物种的性行为表现，雄性动物卷起上唇并吸气。

卡路里 食物能量的量度。1 kcal 相当于使 1 g 水温度上升 1℃（从 14.5℃升至 15.5℃）所需的能量。在人类饮食中我们所用的卡实际上是千卡。

抗体 机体产生的进攻传染物质并使它们丧失功能的蛋白质。

科学素质 与科学发展和创新程度相适应的所需的最低限度的认知。

颗粒化 一种饲料加工的方法。先将饲料粉碎并通过模型将其加工成具有一定形状的饲料的处理方法。任何生理阶段的家畜都喜欢采食颗粒饲料。

颗粒料 饲料通常经过研磨并将其通过一个成型出口压实。

可靠性 对每日记录的精确性的测定。

可能的变化 后代期望差异(EPD)的潜在误差的测算。

可再生资源 可通过自然生态循环或管理系统而替换或生产的资源。

克隆 生产一个基因、DNA 片段、动物或胚胎的一个遗传副本的过程。若克隆一个基因或 DNA 片段，将此片断插入到细菌或病毒中进行整合并使其生产出副本。对于有机体、动物或胚胎，将来源于动物或胚胎的细胞核植入移去细胞核（原始遗传物质）的卵母细胞中。这个新的卵母细胞可以发育为一个动物体。

空肠 小肠第二段最长的部分。营养物质的大批消化和吸收发生在此部位。

恐惧症 过分的无依据的恐惧。

矿物质 在营养学中，一种或多种动物种类维持生命所必需的一系列特殊的无机元素。

酪蛋白 乳中最主要的蛋白质。

类群 指起源于相同地理区域的禽类品种，以所起源的地区命名。

冷血动物 不能控制自身体温的动物。变温动物。

理解 领会和掌握。

粒子枪 一种将 DNA 注入细胞或有机体内的“枪”。

联合国粮农组织(FAO) 联合国最大的自治管理系统，其建立于 1945 年，致力于提高营养水平和生活水准，提高农业生产力，改善农村人口环境。通过促进农业发展来减少贫困和饥饿。提供发展帮助，收集、分析和发布信息；为政府的政策和计划问题提供咨询；或许最重要的是，为食品和农业问题的讨论提供国际论坛。

临床疾病 一种具有疾病症状表现的疾病。症状可以用来确诊该疾病。

零容忍 由德莱尼修正案提出的表示限度的术语。

令人厌恶的情况 消极的经历，也许是痛苦的，令人害怕的或使人感到恶心的经历。它甚至包括感觉，如令人不快的味道和气味，或像将一个装满石块的容器掷在一个行为不端的青年人旁边的地板上时发出的声音。

瘤胃 反刍动物最大的前胃。含有大量微生物可以降解复杂碳水化合物并可为宿主提供挥发性脂肪酸、氨基酸和维生素。

瘤胃鼓气 参见反刍动物肠道炎。

卵母细胞 来自于雌性动物的配子。

卵泡刺激素 在雌性动物中用于卵泡生长，发育和维持的促性腺激素。雄性动物中则用于精子的生成。是由 GnRH 刺激脑垂体的脉冲方式生成和分泌的。

马鞍娱乐 英国的一种对马匹的运动和特殊习惯作出评判的竞赛。

马的 从属于马的。

马海毛 安哥拉山羊所产的毛。

马驹 新生公、母马。这一术语有时可一直应用到马断奶，此后小马和小雌马多采用这两个术语。

马力 起源于测量马的拉力的术语。1 马力等于在 1 min 内拉动 33 000 lb 重物移动 1 ft 的距离。

慢性病 持续很长时期或有渐进的影响。

盲肠生成 从大肠排出硬的残渣物的过程。盲肠收缩并排出其内容物，这些内容物随后覆上黏液。这些覆上黏液的软的残渣颗粒被蠕动推动经过大肠，并直接从肛门排出。

盲肠营养物 在盲肠中发酵饲料的大而软的颗粒，以显著不同于粪便的途径通过结肠，供前段消化道重新消化。

酶 可以促进与特殊底物结合反应的蛋白质。

每头 畜禽的每个单位个体。

美国饲料管理协会(AAFCO) 是制定和实施统一公平的法律、法规、标准和强制政策来管理动物饲料的制造、分配和销售的组织。

孟德尔 (1822—1884)奥地利修道士，通过种植豌豆而成为了遗传学的奠基人。

泌乳曲线 根据泌乳期产奶量所作的图。不同种类动物的泌乳曲线往往有不同的特征。

绵羊分娩 在绵羊中的分娩。

末端 马的腿、鬃毛和尾巴。在其他种属动物中可用头替代鬃毛。

母狗 雌性的狗。

母鸡 成熟的雌性小鸡或火鸡。

母马 成熟的雌性马。

母猫 雌性猫。

母山羊 雌性山羊。

母体效应 母体对其后代表现型的环境影响。母体对犊牛的影响包括抚育能力、产奶量、母性能力。母体的遗传基础允许其为后代创造这种环境。在哺育期母性影响是重要的，但在断奶后这种影响逐渐消失。

母羊 雌性绵羊。

母猪 可以生育的雌性猪。

木质素 由植物中的石炭酸形成的聚合体作为植物结构组成的一部分。木质素不可消化并可导致植物中其他纤维消化率的降低。木质素通常随植物年龄的增长而增加。

牧群或畜群健康管理程序 一个全面的特定畜群健康管理实用程序。

难产 分娩困难。

嫩枝叶 来自灌丛、乔木的幼嫩的细枝和树叶。

拟人论 将人类的思想、感情和特征赋予动物。

牛肉的周期 肉用牛数量的历史性起伏，大概 10 年发生一次。

牛生长激素(BST) 是前垂体腺产生和分泌的，牛生长激素作用遍布全身的各种靶组织。牛生长激素基本的作用机制之一是通过第二种激素，类胰岛素生长因子—1(IGF—1)发挥作用。在牛中，利用牛生长激素能显著提高乳产量，这可能与其能提高分泌细胞的养分利用率或直接提高了乳中成分的产量有关。

农场主 通过管理及饲养家畜或种植农作物来参与农业实践的人。

农药 用于杀死有害物的制剂或有毒药品，包括杀真菌剂、杀虫剂、除草剂和灭鼠剂。

农业森林学 多年生木本植物和家畜或农作物在同一土地上生产的土地利用体系。

农业药品 来源于家畜或农作物的药物产品。

农业 用于栽培作物、养殖家畜和产品加工的科学技术的结合体。从事农业的人称为农学家或农业工作者。Agricultural(农业的)是形容词，涉及农业中使用的、与农业相关的事物。

农业综合企业 从事农业生产者和消费者之间买卖和服务的农业部门。

浓缩奶 去除水分添加糖的乳品。

排便 从大肠经由直肠或泄殖腔排出粪便的行为。

排卵 从卵巢排出卵或卵子。

排尿 尿的排泄。

胚泡 较大程度分化的胚胎，由内细胞团、囊胚腔和滋养层组成。

胚胎克隆 通过胚胎切割来产生许多后代。

胚胎移植 从雌性动物体内收集胚胎，把这些胚胎移植到受体并使之怀孕。

配子 雄性动物成熟的精子和雌性动物的卵或卵子，为生殖细胞。

配子发育 配子的形成。

皮质(甾)醇 一种由肾上腺皮质层产生的激素。其在应激情况下分泌量会提高，已被用于动物应激程度的测量标准。

嘌呤和嘧啶 由多个原子组成(杂环化合物)的有机环状结构。嘌呤和嘧啶含碳和氮。

品系繁育 轻度的近亲繁殖体系。

品系 一个品种内的种群，它们就某些特性经历过严格的筛选，或某些方面特性比种群的平均水平高。

品系杂交 在同品种不同品系间杂交，通常品种具有一些天生的性状，选择一些不同的优势性状来提高后代的生产性能。

品种 有共同祖先并具有区别于其他动物的固定特征的动物。当与本品种的其他个体交配时，产生的后代具有相同的特征。

品种改革 美国肉牛品种的数量得到极大扩展的时期。

平衡试验 代谢试验的一种，测定某一特定营养成分在机体中的沉积(吸收或利用量)的方法。

平胸类鸟 鸵鸟、鸸鹋、食火鸡和美洲鸵。

骑马的猎人 在马的展示会上，可以通过动作和习惯来判断英国的划分等级。试图通过追逐的猎犬来描述马匹。

迁徙动物 季节性地从永久栖息地转移至水草更丰富的地方，并由于季节变化再返回永久栖息地的活动。

迁徙区域 动物由于入侵者的侵入而逃跑的距离。

迁移 将一个新繁殖群引入一个畜群的过程。

签约饲养者 同一个组织签订契约，并且按照契约的规定确定所生产的产品价格的生产者。

前列腺素 一类脂肪酸激素，其中的一种是前列腺素 F2α，促进黄体消融，可使雌性动物返情。

前胃 反刍动物消化器官的三个部分的名称，在解剖学上其位置在真胃之前。

前胃 家禽中起腺体功能的胃。

亲代平均值 预测亲代奶牛的平均传递力。

侵蚀 由于与其他物质相接触而丧失营养价值。

禽类 所有鸟类，通常指大型鸟类。在本书中只指家禽类。

禽类 属于家禽。

青贮法 由草料生产青贮的过程。高水分的草料被贮存在厌氧的环境下而进行发酵。由发酵所产生的酸来保存饲料。

青贮窖 用来制作和贮藏青贮的建筑。

去势 阉割雄性马。

全价日粮 能够满足动物全部营养需要的日粮。

全进全出管理 在一设施(如畜舍)中同一时间引入动物,并同一时间转移走。

全职工作当量 指每周 40 h 的工作。

缺陷 不可接受的变异。大部分缺陷是遗传的。

群体遗传学 研究基因和基因型频率的变化,从而改变群体的遗传值。

染色体 细胞中包含 DNA 的结构,由称为基因的片段组成。

热带大草原 在热带地区的高大植被地带。在温带存在的相同地带称为大草原。

人工授精 通过除自然交配行为外的方式将精液置于母畜生殖道内使其受孕的过程。常用于动物。

人工选择 选择一定数量的家畜用于繁殖。

人类培育的猫品种 由现有的品种或现有品种的杂交种培育而成的品种。

人畜共患性 种属间传染的能力。无特定种类。

妊娠 雌性动物怀孕的阶段。

妊娠疾病 也指妊娠血毒症。发生在雌性动物怀孕晚期,是酮症的一种形式,是由于动物不能采食足够的饲料或不能给动物提供足够的饲料引起的。多发生于多胎妊娠,在绵羊和山羊中常见。

妊娠阶段 妊娠期的 1/3。母羊妊娠期的 1/3 大约持续 50 d。

溶血尿毒综合征 一种罕见的经常感染 10 岁以下儿童的疾病。主要特征是破坏内层血管壁,损坏红血球,产生肾脏疾病。

肉类 可以作为食物的动物肉体。

肉类科学 管理、分发、营销肉和肉产品的科学。

肉用雏鸡 仔鸡不分性别一律用于产肉。通常在 6 周龄或更小时被屠宰。常与术语“油炸雏鸡”交替使用。

肉用雏鸭 通常为 8 周龄的不分性别的仔鸭。肉质细嫩,体重在 3～6.5 lb。

肉用仔鸡 幼龄的肉用鸡,通常为 12～16 周龄,4～6 lb。

肉用仔兔 体重接近 5 lb,饲养时间不超过 12 周龄的兔子。有些加工者规定是不超过 10 或 11 周龄。

肉用仔鸭 指公、母幼鸭,通常在 16 周龄以内,喙还没有彻底变硬。

蠕动 消化道内壁通过收缩肌纤维产生的前进和挤压运动。这一运动是在整个消化道内或其一部分以波动的形式向下传递。蠕动的主要目的是推动食物沿消化道向下移动。蠕动也可混合消化道内的食物。

乳房炎 通常由细菌感染引起的乳腺发炎。症状是乳房发红发热,并且奶中有脱落的白细胞。可损伤腺体细胞,若不治疗还可能导致动物死亡。

乳品学 关于乳和乳制品的科学。

乳糖 由一个葡萄糖单位连接一个乳糖所构成的二糖,只有乳腺能够分泌。可以被乳糖分解酶分解。

乳糖过敏 人类在食用乳制品后由于体内缺乏乳糖分解酶而导致的胃部不适。

乳头 在小肠表面区域密集分布的小的指状突起。

褥草 木头的刨花、稻草、锯屑等用来铺垫禽舍地面的原料。

赛鸟 在狩猎季节里使用的鸟类,也称作斗鸟。

三(染色)体性 在多染色体细胞中有第三染色体的存在。

三天综合全能马术比赛 开始于 1912 年的奥林匹克竞技项目。由露天跳跃、驯马和越野三部分组成。

桑葚胚 早期的胚胎阶段,之后受精卵中的细胞分裂速度会加快。

沙漠化 生物潜在土地的退化或遭受破坏，产生沙漠状的环境。

膳食 动物所消耗的所有饲料，包括水。动物一年采食的饲料都可以用膳食一词来描述。膳食一词包括动物在夏季所食用的混合草类，冬季所食用的紫花苜蓿干草，以及一年内所食用的微量矿物质盐类。

商品蔬菜 种植为了销售而专门生产的水果、蔬菜或葡萄等作物。

上位 不同位点基因中的相互作用。在一个位点上基因的表达依赖于在一个或更多的其他位点等位基因的显现。

社会结构 群体组织，人和人之间的关系模式。

渗透压 由于渗透梯度不同而产生的压力。渗透梯度是由水随某种复合物穿过膜或过滤器的趋势而产生的。如，细胞膜一侧高浓度盐可使水从低浓度盐向高浓度盐一侧扩散以维持渗透压的平衡。

生产 通常用来表述由动物产出的有用产品及提供的服务。

生产性能 遗传力和环境影响的总和。以增重和产奶量等作为测量标准。

生产性能测定 估测个体在一段时间内生产性能。如增重和产奶量。

生长 在机体中沉积已存在的相似组织并使其增加到体成熟时（生长停止）有机体大小目标的过程。

生长率 一个特定时期内每天的增重磅数。

生理学 研究动物整体或任意身体系统和动物体细胞的物理和化学过程的科学。

生物安全 为使生产区内部和外部的疾病传播范围达到最小而设计的程序。

生物多样性 由颜色、外形、鸡冠和其他身体的特征来区分品种的子品系。

生物技术 有机体（或有机体的一部分）生产和修饰产品，改良动、植物，或培养有特殊用途的微生物的一套应用体系。最近大多数生物技术创新都是利用重组 DNA 技术完成的。

生物社会学 研究社会行为的生物学基础的科学，最有意义的就是推动基因库向下一代传递。

生殖系细胞疗法 改变生殖细胞以使携带缺陷基因的个体不将其缺陷基因遗传给其后代的过程。

十二指肠 小肠的第一部分，许多重要的消化液由此进入小肠。

识字 读和写的能力。

食粪性 食用粪便。

食毛症 绵羊的一种病症，通常成为“啃毛”。动物将毛啃光直至露出光亮的裸皮。是由营养问题引起的疾病。动物饲喂高精料、低纤维的日粮容易患病。分娩和饲养密度过大也可能是引起此病。

食靡 易于吞咽的圆团。在反刍动物，食团是完整的，在反刍过程中被反复咀嚼。

食靡 由食物、唾液及胃的分泌物组成的混合物，这些混合物即将由胃运动至十二指肠。

食品 包含必需营养的物质。人类吃的被称做是食品，动物吃的被称做是饲料，即使他们吃的是同一种东西。

食肉动物 靠肉维持生活的动物。

食用鱼 用来满足商业需求的鱼类食品，体重通常是 0.75～1.0 lb，长度超过 12 in。

使役 将使用畜体作为产品功能。

始祖 指应用生物技术培育的转基因动物，其最终用于建立转基因品系。

世代间隔 在一个群体中，当其后代出生时父母代的平均年龄。用它们的后裔取代种用动物可以缩短世代间隔。在假定一个完全的选择进程已经被实现的情况下，当世代间隔过长时基因进展将会变慢，世代间隔变短时基因进展将会加快。

市场经济 产品价格自由地由供需规律决定的经济体系。

视丘下部 大脑中负责许多自我平衡功能的区域。在生殖方面，是产生 GnRH 的区域，是在前垂体腺的专门的脉管系统里释放 GnRH。视丘下部也具有产生脑下垂体后叶荷尔蒙的功能。

试情 把种马和母马放在一起，观察母马的行为。母马发情时会表现出一些特殊的行为，包括阴门的变化撒尿下蹲寻找公马。没有发情的母马没有反应或对公马表现消极的反抗。

试情公牛 使其不能自然交配而用其检查母牛发情的公牛。

适口性 家畜对饲料或日粮的接受性。这种可接受性受饲料的味道、结构和形态，尘污和其他因素的影响。

适应 动物对环境刺激所做反应的总称。

适应性学习 一种自发性反应调节。是指动物最终会忽略那些经常发生的事物的能力。猫将会忽略它带了一段时间的项圈。马最终会忽略通过其马厩或放牧地的火车。

适者生存 自然选择。最适合生存的生物把遗传信息遗传给后代的过程。

受精 精子使卵母细胞受精的过程。

受体 通过怀孕接受供体胚胎的雌性动物。

狩猎-采集者 在农业产生之前，所有的人都是狩猎-采集者。狩猎-采集者通过狩猎和打鱼，采集可食用和药用的植物来供给需要。

数量性状 那些可以度量、并由多个微效基因所控制的性状。如产奶量和产蛋量。

水产业 水生生物的养殖业，包括淡水、略咸水、海水中的鱼、软体动物、甲壳动物和植物。

吮毛症 是两种主要的延长吸吮综合征之一。在猫中常见。在这两种形式中，猫在断奶后很长一段时间会吸吮物体或挤压前爪。吸吮的物体可能是其他猫、人、狗、自身或其他动物。吮毛症与暹罗品种或暹罗的杂交品种的动物有关。动物吸吮咀嚼羊毛或其他毛状物体，如衣服、家具和床上用品。

顺从行为 一种统治力较差的动物对较强的动物所表现出的行为，用以避免受到攻击。

死胚 已经死亡的胚胎。

饲料 用来饲喂动物的食物。

饲料效率 见饲料转化率。

饲料转化率 每磅增重(或产奶、产蛋)所需要的饲料总量。3∶1 的比率意味着每单位增重需要 3 个单位的饲料。该比率越小越好。

饲喂谷物育肥的牛肉 接受大量谷物饲喂的牛所产的牛肉。

饲喂试验 在日粮中添加特定的饲料或物质用来饲喂动物，并测定其生产性能，是一种比较简单的试验方法。

饲用料 任何可以作为动物食物的物质。例如玉米、盐、干草、青贮等。

胎盘 围绕胎儿的器官。胎儿在子宫中发育时胎盘使胎儿与母体连接。胎盘交换母体和胎儿之间的氧气、养分和废弃物。胎盘是由胚胎的滋养层细胞发育而来的。

探针 见基因探针。

碳水化合物 多羟基的醛或酮，或能水解为醛或酮的物质。

躺卧母牛 不能走动的母牛。

特禽 非本土的、非家畜的种类，经常用于观赏的禽类。诸如孔雀和各种各样的野鸡如黑变异鸡和莱迪阿默斯特鸡。

特殊配合力 和特定的品系交配时获得的杂种优势。

蹄叶炎 通常指蹄的小叶发炎。一般认为过食谷物引起，也有认为与采集旺盛的牧草、道路的冲击、出生后的母马、及其他原因有关。

体况 动物机体的脂肪数量。

体细胞 机体中除了配子外的细胞。

体形比赛 指通过动物体形构造来裁断的比赛。

条件反射 动物对于某种刺激所形成的反应。

跳马场 马跳过按照指定顺序排列的一系列栅栏的

一种竞技运动。在第一回合，是以数字基础来打分的。马在尽量短的时间内更好地完成动作即获胜。

听觉的 与听有关的。

停药时期 在动物合法屠宰前停止给动物使用抗生素的时间期限。

同类评论 在文章出版以前由专家和相当于专家以及文章评论者对文章的科学价值进行评价。这些评论通常是匿名完成以确保评论的真实可靠。不论文章是否出版，评论者都要提出修改建议。

同一代的群体 一群具有特定的性别和年龄，有相似的待遇，具有相同的表现机会的动物。

同源染色体 染色体具有相同的大小和形状，成对出现，并且影响相同的性状。

投苗 把鱼从孵化所放到池塘及湖中来增加新品种或增加已有品种的数量。

突变 基因化学组成的变化。

屠宰马 在美国，年老的、不佳的、过剩的马匹被卖到屠宰者手中。马屠宰后绝大部分的马肉被船运输到那些将马肉消费视为日常食品的一些国家。包括一些欧洲国家和日本。

兔的分娩 兔的分娩。

退化卵泡 衰退使其不能成熟或发育到囊状卵泡时期，卵巢中大多数卵泡经历退化。

吞咽 吞下的动作。使物质从嘴经过食道到胃或第一发酵器官。

拖拽比赛 通过模仿一系列室外拖拽骑马的过程来记录马匹选择跑道能力的西部竞赛项目。

外来新事物 在动物环境中任何新的或突然出现的东西。

完美标准 由美国禽类协会出版的书中规定的标准，列出了已确定的禽类种类及其变种和它们各自的特征。

完整所有权 在所有权下进行的完整操作。

危害分析关键控制点体系(HACCP) 一个用来识别和阻止微生物和其他危害物质在食物中产生的控制过程体系。

微型繁殖 用植物体单独的细胞培养成另一株植物，也称做细胞培养。

维持 动物除生长、工作、产奶等营养需要外的营养需要。

维吉尼亚 (Virginia)三州的总称。

维生素 机体所需的极少的不同种类的有机物质。由波兰科学家 Casimir Funk 1912 年在大米壳中发现的，并将其命名为致命的胺类。他发现的第一个维生素是硫胺素。从多方面来说，现代营养学伴随其发现而产生。

未配种母畜 在本文中指未生育过的雌性动物。

位点 基因在染色体上的特定位置。

文化 在本文中，指一系列职业活动、经济结构、信仰/价值、社会形态和物质特性来定义人类的活动和行为。

文明 在现代社会，指具有相当高的文化水平和科技发展水平。农业带给文明进程(文化革命)的重要贡献是即给予人们研究写作的时间和生活方式。

窝 一批幼仔鸡或其他家禽或鸟类。做动词用时，指幼仔鸡的发育。

污物 鸡蛋蛋壳表面的污垢，排泄物或其他物质。

无氮抽提物 在近似的分析中，用 100 减去测定的近似成分即为可利用碳水化合物的量的方法。

物种主义者 把自己所属物种的利益建立在其他物种之上。这个名词是由英国心理学家 Richard D. Ryder 创造的。

西方马术 通过 3 个项目中的任意一个项目的模式和方式来判断马的技巧和动作的西方竞技比赛。

西方娱乐 由马的行为和运动来裁判的一种西方竞技运动。一个好的西方娱乐马需安静、机敏并且能骑乘平缓。

稀释基因 一种可以将基色变为明亮颜色的修饰基

因。

纤维素 一种由许多葡萄糖分子形成的碳水化合物，构成植物的支持结构。

纤维素酶 一种专门作用并消化纤维素的酶。哺乳动物不能产生纤维素酶，但一些微生物可以。

显性 当一对等位基因中的一个表达时抑制另外一个的表达。

限性遗传 性状只在一种性别中表达，比如产奶量针对雌性，虽然两性都带有相同特性的基因。

腺泡 构成乳腺基本元件的球状结构。由产生乳汁的分泌细胞所环绕的一个管腔和收缩肌上皮细胞组成，该上皮细胞的收缩使乳汁从管腔进入乳导管。

消化 动物机体利用物理、化学和酶的方法把饲料转变成可吸收成分的过程。

消化力 测定一种饲料被动物消化系统进行化学消化和吸收的程度的方法。

消化试验 用来测定特定饲料营养成分、剂量的消化率的试验。

消化物 通过动物身体组织内酶的水解来产生的物质，常用于宠物的风味食品。

小鹅 8 lb 左右不成熟的鹅。

小公鸡 小于 1 岁的公鸡。

小谷物 燕麦、小麦、大麦等一类的谷物。

小马 幼龄的雄马。

小母鸡 年轻雌性小鸡。

小母马 年轻的雌性马。

小鱼 体长 6～12 in，体重在 0.75 lb 以下的鱼。

新陈代谢试验 测定机体对营养物质利用率的高级消化试验。

新奇基因 由实验室创造的、以前不存在的基因。

新生病原体 变异成为毒性更强的、和/或近期才被认定为有安全问题的病原体。

新生物 外来的携带 DNA 的生物。

信使 RNA 携带指令在核糖体合成特殊蛋白质的核酸。

行为生态学 对一物种的行为与其环境关系的研究。

行为详述 在自然环境下，动物所展现的所有行为的记载。最初这只是针对野生动物的一项研究，但目前也研究家畜在其所在的环境中的行为表现。这些研究通常用来物种间的比较。

性别影响遗传 相同基因在动物的不同性别中表现不同。

性情 典型行为或状态的反应，长期的性情常常在动物性成熟后趋于稳定。

性腺 性器官。雄性的睪丸，雌性的卵巢。

性欲 性冲动。

胸跪 骆驼及羊驼的交配体位，雌性趴在地上，腿及肚子着地。

雄鹅 雄性的鹅。

雄火鸡 雄性火鸡。

修饰基因 影响其他基因或基因组表达的基因。

畜牧业 将动物饲养和管理实践结合在一起的事业。

畜群健康 同“牧群或畜群健康管理程序”。

嗅觉的 与气味有关的感觉。

选择 确定一些动物留作种用的过程。

选择差 被选为双亲的表型优势。已被选择作为双亲的平均值与群体的平均值差。

血色素 红细胞中携带氧气的色素。

寻求庇护的行为 所有动物所表现出来的躲避天气、害虫、危险的行为。包括挤在一起取暖及保护，马经常头尾相接来赶走彼此面部的苍蝇，靠近雪松驱虫。

驯马技术 是一种要求马在指定的模式里做要求非常高的动作的竞技运动。这种竞赛可单独进行或进行三天的竞赛。

压力 由于身体、感情和化学方面的因素而导致的身体及精神上的压抑或紧张。应对紧张是生命的本能，但过多的压力会使身体经受痛苦，对身体造成较大的伤害。过多的压力是造成疾病的原因。

亚临床 没有出现明显的疾病症状。

亚治疗 剂量太小不足以治疗疾病。

阉猪 阉割了的雄性猪。

严格的素食主义 避免任何动物产品的使用,包括非食品产品。

研究的比较方法 一种通过比较两种或多种动物的行为来发现行为发生机制的系统研究方法。

厌食症 食欲不振或不愿进食。

厌氧 缺少氧气的环境。

验尸 机体死亡后的检验。

羊的分娩 山羊的分娩。

羊毛 绵羊身体上生长的毛纤维。

羊群 一群羊。

羊群本能 羊群所选择的一种寻找避难所的行为。只要有一点危险的信息,它们就集中到一起并以群体为单位移动。这可以使一个人或一只狗放牧成千上万只羊。

养分 可以为机体提供营养品的化学物质。基本的养分是满足正常维持、生长和其他机能所必需的。

养分浓度 与食品中的热量相比较,对食品中所存在的必需养分的测定。

养兔场 家兔饲养的地方。

氧弹式热量计 是将物质放在密封高压的氧气中燃烧的一种设备。氧弹中发生燃烧的部位周围是充水的隔热套。通过测量水温的变化,确定物质的能量值。固、液、气体的能值都能测定。

咬秣槽淌口水习癖的马 一种在马类中不受欢迎的行为,表现为马类啃咬并持续攻击诸如柱栏、栅栏、食槽、厩舍门等。可能是由于舍饲或禁闭在一个小区域内而导致厌倦所引起的。

一般配合力 指一个种群与其他几个种群杂交所生后代提供的遗传组成。

一体化协调 在生产者和消费者之间组织、协调、进行同步产品流程和从消费者那里反馈流程信息到生产者的过程。

遗传 包含基因的染色体从亲代转移到子代。

遗传标记 用生物化学标签来确定染色体上特定的等位基因。

遗传力 对由加性基因影响的表型变量比例的衡量。

遗传力估测 对特定性状传给下代的遗传进展量的测定。

遗传相关 相同的或多个相同基因控制两个性状的现象。

遗传学与动物育种 研究基因密码及基因密码是如何改变和调控使动物生产水平更高、机体更健康的科学。遗传学通常被认为是基础科学。而动物育种则被认为是更偏向于应用的科学。遗传学家发现关于基因及其功能的信息。动物育种者将这些信息应用到动物选择和选配的实践中。

乙醚浸提物 在近似的分析中,样品的一部分通过脂肪溶解的方法进行提取分离。如利用乙醚。

异食癖 采食异常饲料的意愿和渴望。经常是由营养缺乏引起的。

异种器官移植 把动物器官移植到人体。科学家希望有一天由动物为人类提供供体器官,而不发生排异现象。这些器官可以减少供体器官的慢性短缺。

役牛用马 西方一种由两种比赛成绩决定胜者的比赛。这两种比赛是控制能力和役牛工作,役牛工作是指马控制牛的能力。

役用 通过拖拉来移动负载。役用动物常用来拖拉负载。

役用动物 一种主要用来进行拖拉工作的动物。用来拉犁或马车的公牛或马就是役用动物。

役用马 能被训练和用来工作的任何轻型马,牛是主要的役用动物。

易惊的 动物受到惊吓时采取突然逃走的趋向。也称作移动警报。常用于描述一个品种或品系

（如萨勒牛比海福特牛更容易受惊吓）。也可用来描述动物个体。属于有关动物性情的一种类型。

易引起疾病的原因 患病的趋势和对疾病易感性的任何有关健康的卫生状态或条件。

隐性等位基因 只有当显性等位基因在动物基因组中缺失时这些等位基因才得以表达。

印记学习 限制在一定的条件和时间下的学习。

应用动物行为学 这一术语经常涉及到对驯养动物的行为的研究。通常针对伙伴物种和家畜。

应用和生产营养学家 有实际经验的面向生产的营养学家。基础营养学家能发现复合物 X 可能提高生产率。应用营养学家将致力于解决实践中的问题，如成本效益、分娩方法、胴体外观等。

英国品种 海福特牛、安格斯牛和短角牛；起源于英国的肉牛品种。

营养素 同时具有营养和药用功能的产品。日粮中维生素具有抗氧化的作用，或日粮中 ω-3 脂肪酸同时具有预防心脏疾病和供给脂肪的作用。

营养性生长过度 在生态系统中，一种生物过度生长，而另一种生物处于劣势地位的现象。

营养学 研究机体获得、消化、转运和代谢养分的机制和机体对养分需要的科学。

优势 动物在社会阶层中的位置。群体中最有统治权的动物对其他动物具有重要的影响。经常用来形容这一现象的词是等级。

优势动物 动物将其特性稳定遗传给后代。

犹太 在仪式上符合犹太宗教规定食用的肉类。

有丝分裂 体细胞分裂的过程。

幼虫 孵化后的第一个阶段。在孵化和性成熟之间的一段独立的、易变的、发展的阶段。幼虫阶段至性成熟或成年阶段经历没有什么相同之处。

幼牡蛎 甲壳类动物如牡蛎，生长的一个阶段，这一阶段发生于它们定居下来附着在坚硬物质上时期。

幼禽 小火鸡。一旦性别被确定，称为年轻的雄性动物和年轻的雌性动物。

幼兽 一些个体小的幼龄哺乳动物，包括兔子。

幼体 在后期幼体阶段和性成熟之间的水生物种。

幼驼 年幼的骆驼。

幼畜 补饲栏幼龄哺乳动物可以接近开食料的区域。补饲栏的食物通常是幼龄动物能利用的质量高的食物。

鱼的繁殖 产生卵、精子或鱼苗。

鱼苗 幼龄阶段的鱼。此时的鱼通常为 1～6 in 长。

鱼苗 幼体状态的鱼。

娱乐用马 用于骑乘、驾驭或非专业竞技和表演的轻型马品种。

羽毛 禽类身体上所有的羽毛。

育雏 控制环境条件来饲养刚出生几周的幼禽的行为。

育雏器 一个可以控制温度和光照的设备，用于从孵化当天到大约 5 周龄的仔鸡取暖。热量收集在反射器或悬浮罩内，仔鸡在其内部或附近聚集。

育种互补性 在杂交体系中不同品种的特征相互补充。

育种记录 动物在育种协会注册的一系列记录。

育种稳定性 检测种用个体的身体性能测定。

育种值 个体作为亲本的价值。

预期后裔差异 指某一个个体的后裔相对于所有后裔同胞间生产性能差异的预测。

原始行为 一种无功能的、重复的和故意的行为。马有节奏地围畜栏走动、摇晃、抓地。对于舍饲马来说是厌倦、缺乏运动、放牧时间少的反应。在某些地方走动时产生摇晃、遛马时马常常在固定的模式下小跑，这些运动可能是依照直线也可能是圆圈路线进行的，伴随着一定频率晃头的动作。在笼中的灵长类动物窝中的狗，及大型食肉动物也会因同样的原因导致同样的行为。

远交(Outbreeding) 与整个群体平均水平相比，血缘关系不太近的个体间的交配。

远缘繁殖(Outcrossing) 与无血缘关系品种或品系的交配。

孕酮 由黄体或胎盘分泌的雌性类固醇激素。具有妊娠前影响，包括抑制生殖腺分泌，降低子宫运动能力，封闭子宫颈。

杂合子 一对基因中的两个基因并不相同。

杂交育种 一个种内不同基因背景(品种)动物之间的交配。

杂食动物 以动植物为食的动物。

杂种瘤 用来生产特定抗体的细胞系。是通过将产生抗体的淋巴细胞与致癌细胞相融合产生的。

杂种优势 杂种群个体相对于亲代平均生产性能的优势。

在体外 在试管或其他体外环境中。

战略联盟 同一产业内各种独立部分间的合作，以使合作、价值和投资回报最大化。

掌(hand，长度单位) 相当于 4 in 的测量单位。用 Hand 来测量马肩隆的高度。

照蛋 用光来监测完整鸡蛋的内部是否有缺陷的方法，孵化用蛋也可用此法来检查死胚或未受精蛋。

诊断 确定疾病现状和严重程度的过程。

诊断医生 进行诊断的人。

症状 可以观察到的与动物正常健康的功能或状态不同的现象，表现为机体紊乱，比如发烧、体重减少、减产、浮肿及其他一些疾病迹象。

脂蛋白 血液中与脂肪结合在一起的一类化合物。因为脂肪不溶于水，而脂蛋白可以提供一种特殊的机制能把脂肪从肠和肝运输至身体的外周部分，将其作为能量被利用或作为组成细胞的原料，以组成蛋白质、脂肪酸、胆固醇和胆固醇脂。脂蛋白以低密度脂蛋白，极低密度脂蛋白、高密度脂蛋白和乳糜微粒的形式存在。

脂肪 一类称作类脂的生物分子。类脂是一种不溶于水但可溶于有机溶剂的物质。化学上，脂肪是三磷酸甘油酯，由丙三醇及三个脂肪酸连接组成。

质量等级范围 标明胴体质量和价值的衡量标准，如特等、优选等。

质量性状 诸如毛皮颜色可以通过表型分类组群的性状。

中央计划经济 一种政府控制下的经济。价格、劳动力和其他经济投入均被控制，而不依据供需变动。

种间隔离法则 孟德尔第一法则，常称作分离法则。当配子形成时，基因组在特定的位点分离，每一个可以合成不同的配子。

种马 没有去势的成年雄性马，去势的马叫阉马。

种母羊 1 岁以上能够排卵的母羊。

种畜 作为以后生产用的后备家畜。

种畜 为繁殖而饲养的动物。

种畜 用作育种的雄性动物的个体。也作留种。

重组 DNA 技术 将新的遗传物质插入到 DNA 分子中。是基因工程的产品和工具。

皱胃 反刍动物真正含腺体的胃。

猪肉 肥猪肉。同义词“pork”。

猪肉 来源于生猪的肉。

猪肉质量保证计划 对于加入国家猪肉生产委员会的生产者进行的自愿的、多级的管理教育培训程序。该计划始于 1989 年，以提高全世界消费者食用猪肉的品质。

猪生长激素 猪的专用生长激素，由垂体腺产生。

猪应激综合征 一种遗传缺陷，引起猪生产大量瘦肉，但其肉质不良，并且遇到外界应激时容易死亡。

主动免疫性 通过接触病原或接种疫苗来形成对某种疾病的免疫。

属间微生物 含有来自一种以上种属遗传物质的微生物，另一个术语叫作转基因。

抓捕围栏(Leporarium) 流行于罗马时期特别设计

的用于抓捕野兔或家兔的围栏。

专业市场 描述一种产品面向市场的特殊阶段的术语。

转化 将DNA转移至新细胞中。

转基因 将外源基因插入到动植物基因中进行编码。

转录 在蛋白质合成的过程中，与DNA互补合成RNA的过程。

转运RNA(tRNA) 由DNA编码的RNA分子，能与特定氨基酸相连接。tRNA在细胞质中结合氨基酸，并在核糖体合成蛋白质。

着丝 粒染色体上纺锤纤维附着的地方。

仔鹅 体重在12～14 lb重的年轻鹅。

资金需求 在文中，指需要充分联合资金来面向更多的市场。

自闭式产蛋箱 一个可放置产蛋母鸡的产蛋箱，在产蛋箱中母鸡的产品和质量可以记录。

自发变异 在DNA中产生新的等位基因的变化。

自然品种 按人类喜好或特定地区自然环境条件所选择的某品种。

自然选择 基于使优秀个体能够更加适应在特定环境下生存和繁殖的因素的选择。

自养 自己满足自己的需要。

自由采食 随时可采食饲料。

阻断竞赛 一种马将母牛从牧群隔离，并使其离开牧群的竞赛。马必须在没有帮助的情况下工作，远离骑手2.5 min的时间。

阻塞的肠道 在马或其他种属动物中发生的便秘现象。

组织培养 参见微繁殖。

最低成本日粮 利用饲料配成的一种满足动物营养需要的最低成本的日粮。

最佳生长 作为最佳生长的条件，需要考虑的因素包括日粮的成本、环境、劳动力和其他非饲料投入等。有些时候最佳和最大生长率是相同的。然而，在大量的实践生产中，二者又不同。举例来说，生长最大化的日粮成本高在经济上不可行。而90%的生长的日粮则比最快生长日粮从成本上来说更经济。同样，一个生长促进剂可以促进最大化生长。然而，如果生长促进剂的成本太高，则得不偿失。

索引

图书在版编目(CIP)数据

动物科学概论:第3版/(美)达姆龙(Damron,W.S.)著;张沅,傅金恋主译.—北京:中国农业大学出版社,2008.1

书名原文:Introduction to Animal Science

ISBN 978-7-81117-192-1

Ⅰ.动… Ⅱ.①达… ②张… ③傅… Ⅲ.动物学-概论 Ⅳ.Q95

中国版本图书馆CIP数据核字(2007)第077570号

书　名　动物科学概论

作　者　W.Stephen Damron 著　　张　沅　傅金恋　主译

策划编辑　宋俊果　陆　强　　**责任编辑**　张苏明　冯雪梅　洪重光

封面设计　郑　川　　**责任校对**　陈　莹　王晓凤

出版发行　中国农业大学出版社

社　址　北京市海淀区圆明园西路2号　　**邮政编码**　100094

电　话　发行部 010-62731190,2620　　读者服务部 010-62732336

编辑部 010-62732617,2618　　出　版　部 010-62733440

网　址　http://www.cau.edu.cn/caup　　**e-mail** cbsszs@cau.edu.cn

经　销　新华书店

印　刷　涿州市星河印刷有限公司

版　次　2008年1月第1版　　2008年1月第1次印刷

规　格　889×1 194　16开本　53.25印张　1 415千字　彩插9

定　价　285.00元

Guernsey 更赛牛

Shorthorn 短角牛

Ayrshire 爱尔夏牛

Jersey 娟姗牛

Holstein 荷斯坦牛

Brown Swiss 瑞士褐牛

奶牛品种

照片由 Hoard's Dairyman 提供，经允许使用。

Angus 安格斯牛

Maine Anjou (Black 3/4 Blood)
曼安茹牛（含 3/4 黑色曼赛牛血统）

Charolais 夏洛来牛

Polled Hereford 海福特牛

Limousin 利木赞牛

Shorthorn 短角牛

Breeds of beef cattle. 肉牛品种

照片由 Christy Collins 提供，经允许使用。

Beefmaster "Smooth Connection"[1] 肉牛王[1]

Texas Longhorn[2] 得克萨斯长角牛[2]

Red Brangus[2] 红婆罗安格斯牛[2]

Brahman[2] 婆罗门牛[2]

Braford[2] 白来福牛[2]

Red Angus[3] 红安格斯牛[3]

Breeds of beef cattle. 肉牛品种

照片提供者：[1]Emmons Ranch Fairfield, Texas；[2]Christy Collins；[3]Red Angus Association of America。经允许使用。

White Holland Turkeys 荷兰白火鸡

Emden and Toulouse Goose
德国 Emden 大白鹅和法国图卢兹鹅

Muscovy Ducks 俄国鸭

African Geese 非洲鹅

北京鸭

Jungle Fowl 原鸡

Poultry breeds and species. 家禽品种和种类
Watt Publishing Company 提供，经允许使用。

White Leghorns 白来航鸡

White Cornish 白考尼什鸡

Mille Fleur Booted Bantams 矮脚鸡

Old English Games 英国斗鸡

Anconas 安柯纳鸡

Rhode Island Reds 洛岛红鸡

Poultry breeds and species. 家禽品种和种类
Watt Publishing Company 提供，经允许使用。

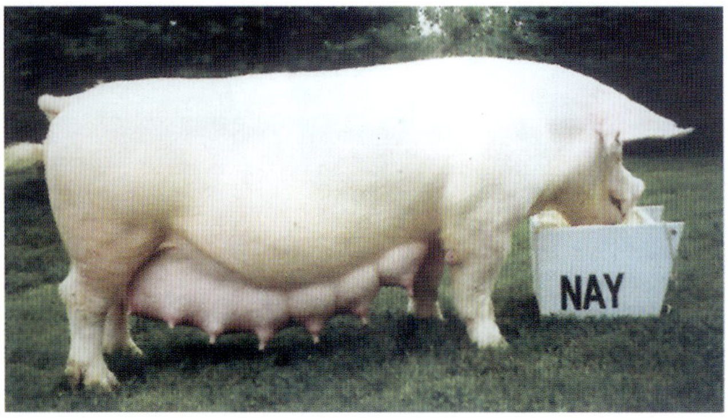

Yorkshire[1] 约克夏猪[1]

Landrace[1] 兰德瑞斯猪（长白猪）

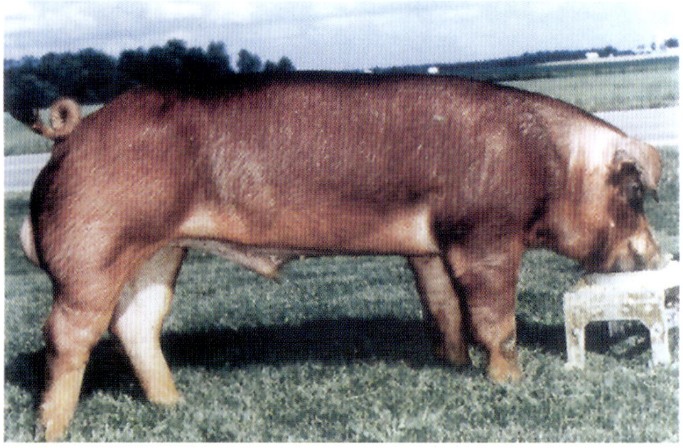

Duroc[1] 杜洛克猪[1]

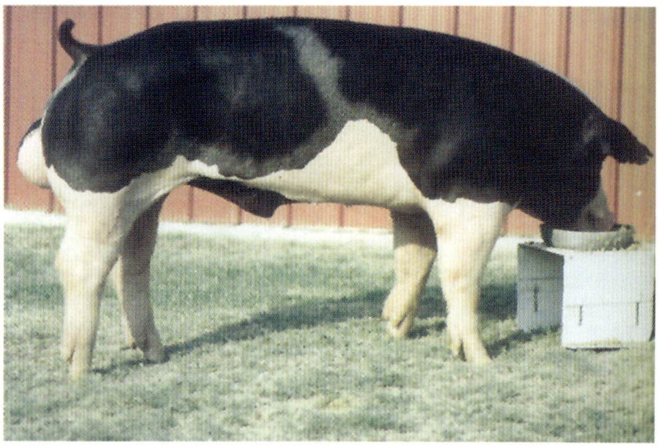

Spotted[2] 波中花猪[2]

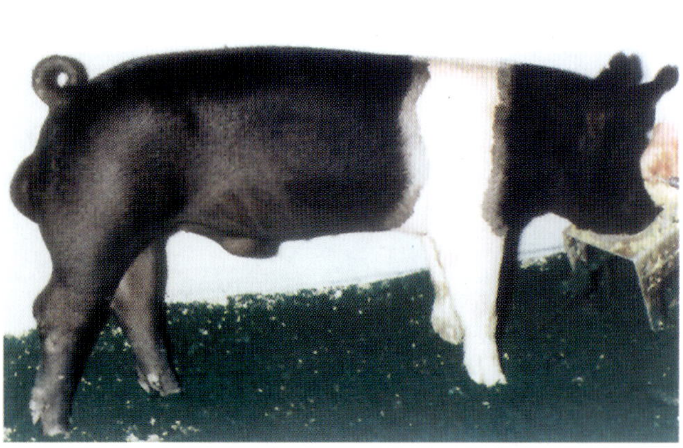

Hampshire[1] 汉普夏猪[1]

Chester White[2] 切斯特白猪[2]

Breeds of swine. 猪品种

照片提供者：[1]National Swine Registry; and the [2]Chester, Poland, and Spot Associations。经允许使用。

Alpine 阿尔卑斯奶山羊

Oberhasli 欧勃哈施奶山羊

Lamancha 拉南差奶山羊

Saanen 莎能奶山羊

Nubian 奴比安奶山羊

Toggenburg 吐根堡奶山羊

Breeds of dairy goats. 奶山羊品种

The American Dairy Goat Association 提供，经允许使用。

Border Leicester 边区来斯特羊

Cheviot 雪维特羊

Corned 考奈特羊

Debouillet 德布列羊

Dorset 多赛特羊

Finnsheep 芬兰羊

Lincoln 林肯羊

Montadale 蒙特代羊

Breeds of sheep. 绵羊品种

照片由美国农业部提供。

Oxford 牛津羊

Polypay 帕里丕羊

Rambouillet 兰布列羊

Romney 罗姆尼羊

Shropshire 雪洛泊夏羊

Southdown 南丘羊

Suffolk 萨福克羊

Targhee 塔基羊

Breeds of sheep. 绵羊品种

照片由美国农业部提供。

Quarter Horse[1] 夸特马[1]

Paint[4] 花毛马[4]

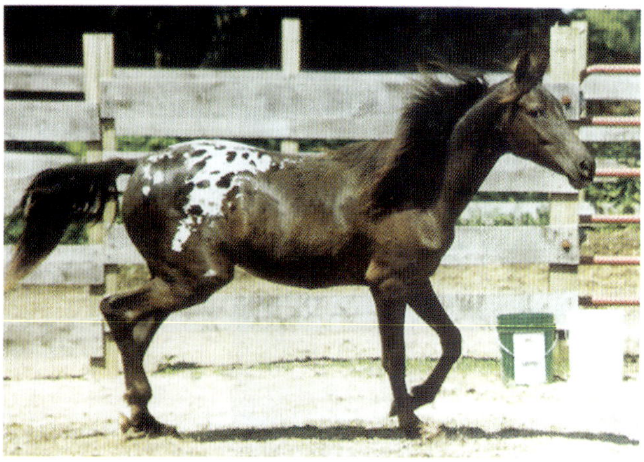

Appaloosa[2] 阿沛鲁萨马[2]

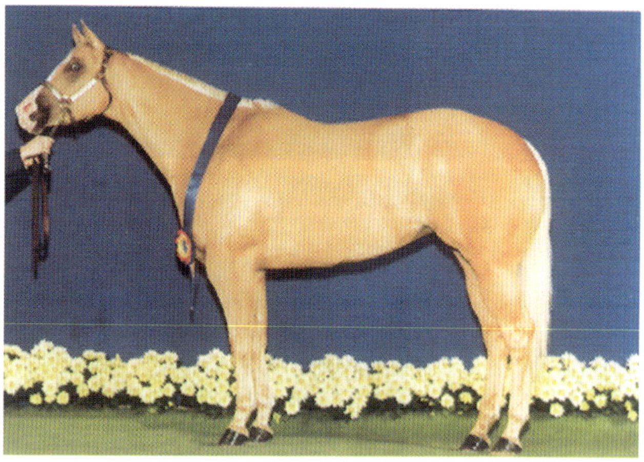

Palomino[5] 巴洛米瑙马[5]

Arabian[3] 阿拉伯马[3]

Tennessee Walking Horse[6] 田纳西慢步马[6]

Breeds of horses. 马品种

照片提供者：[1]American Quarter Horse Association；[2]Appaloosa Horse Club；[3]Judith Wagner, courtesy of Arabian Horse Trust；[4]American Paint Horse Association；[5]Palomino Horse Breeders of America, Inc.；[6]Stuart Vesty, courtesy of Tennessee Walking Horse Breeders' & Exhibitors' Association。经允许使用。

Cleveland Bay[1] 克里夫兰骝毛马[1]

Standardbred[2] 标准马[2]

Pony of the Americas[3] 美国矮马[3]

Connemara[4] 考奈马拉矮马[4]

Standard Donkey[5] 标准驴[5]

Mule[5] 骡[5]

Horses, ponies, donkey, and mule. 马、矮种马、驴和骡

照片提供者：[1]David Field；[2]Ed Keys, United States Trotting Association；[3]Pony of the Americas Club；[4]American Connemara Pony Society；[5]American Donkey and Mule Society。经允许使用。

Haflinger Horse 哈夫林格尔马

American Saddlebred[3] 美国乘用马[3]

Morgan Horse[1] 摩根马[1]

Percheron[4] 洑雪龙重轮马[4]

Classic American Shetland[2]
经典美国雪特兰小型马[2]

Modern American Shetland[2]
现代美国雪特兰小型马[2]

Miniature Horse mare[2] 成年小型马[2]

Breeds of horses.

照片提供者：[1]American Morgan Horse Association；[2]American Shetland Pony Club, Inc. and Jamie Donaldson, courtesy of [3]American Saddlebred Horse Association (American Saddlebred)；[4]Percheron Horse Association of America。经允许使用。

Scottish Fold Shorthair 苏格兰短毛猫

Siamese 赛亚梅斯猫

Cornish Rex 考尼什－力克斯猫

Bengal 孟加拉猫

Persian 波斯猫

Sphynx 斯芬克斯猫

Maine Coon 曼康猫

Manx 曼克斯猫

Breeds of cats. 猫品种

照片版权归 Chanan Photography 所有，经允许使用。

Cirnecco Del Etna
戴尔埃特纳犬（译者直译）

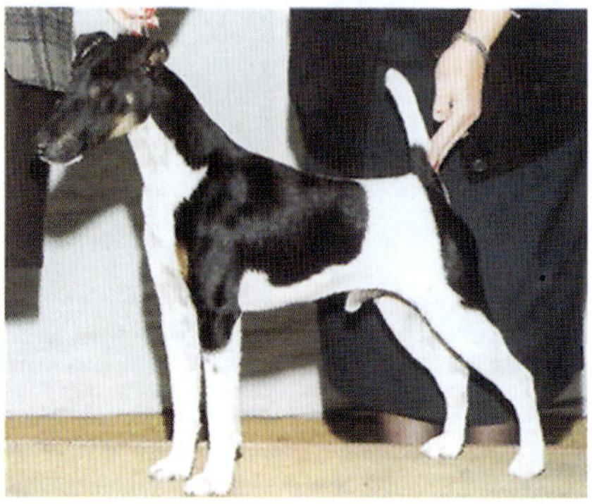

Fox Terrier 猎狐梗

Doberman Pinscher 杜宾犬

Bearded Collie 长毛柯里牧羊犬

Boston Terrier 波士顿小型猎犬（梗狗）

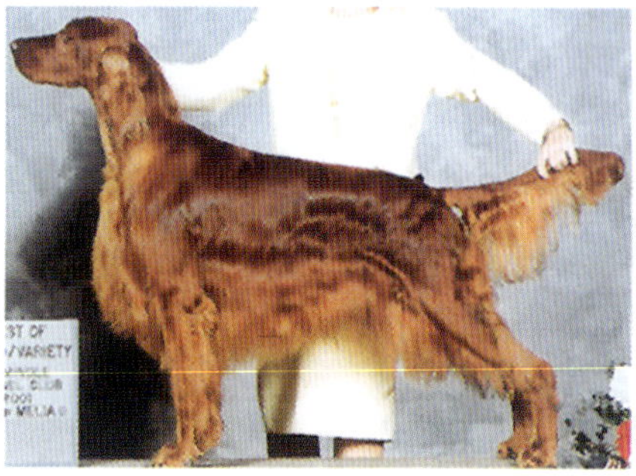

Irish Setter 爱尔兰长毛猎犬

Bloodhound 警犬（血猩）

Italian Greyhound 意大利赛犬（灵猩）

Breeds of dogs. 犬品种

Australian Shepherd 澳洲牧羊犬

Cavalier King Charles Spaniel
查理士王小猎犬

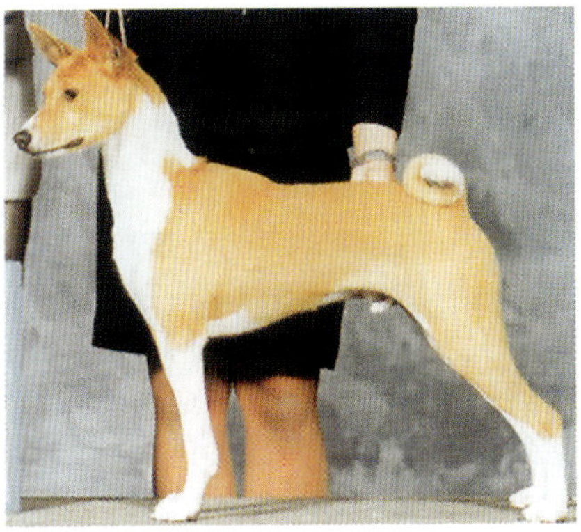

Basenji 贝生吉犬

Dalmatian （斑点犬）大麦町犬

Shetland Sheepdog 喜乐蒂牧羊犬

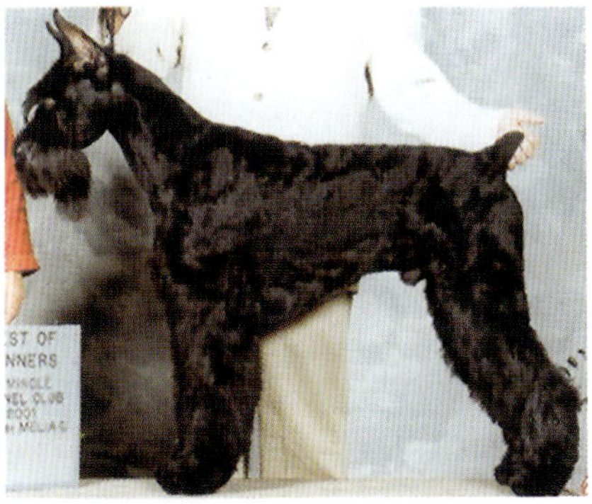

Giant Schnauser 大型史纳莎犬

Siberian Husky
西伯利亚－哈士奇犬（雪橇犬）

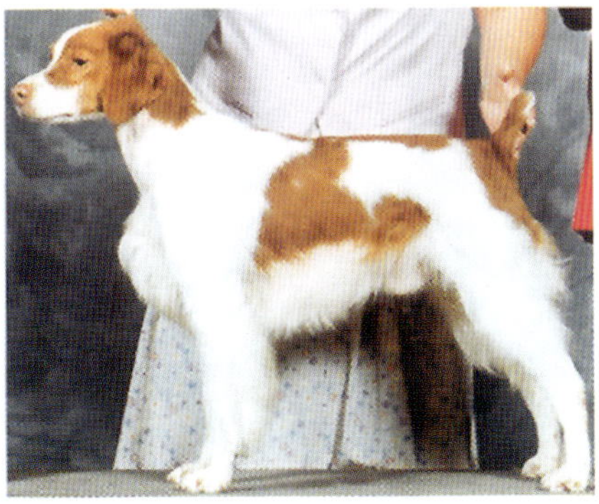

Brittany 布列塔尼猎犬

犬品种

照片版权归 Melia Photography 所有，经允许使用。

Heavy-wooled llama 大型毛用羊驼

Some color variation and patterns of U.S. alpacas
美国羊驼的毛色变异

White alpaca 白羊驼

Short-wooled pack-type llama
短毛驮用羊驼

Guanaco llama cross-bred 大羊驼的杂交品种

Some color variations and patterns of U.S. llamas
美国羊驼的毛色变异

羊驼品种

照片版权归 Susan L. Ley 所有，经允许使用。

Silver Marten 银貂（毛皮用）兔

Checkered Giant 简格纹大型（毛皮用）兔

New Zealand (Black) 新西兰兔（黑）

Mini Rex 小型力克斯兔

New Zealand (White) 新西兰兔（白）

English Angora 英国安哥拉兔

兔品种

照片版权归 American Rabbit Breeders Association, Inc 所有，经允许使用。

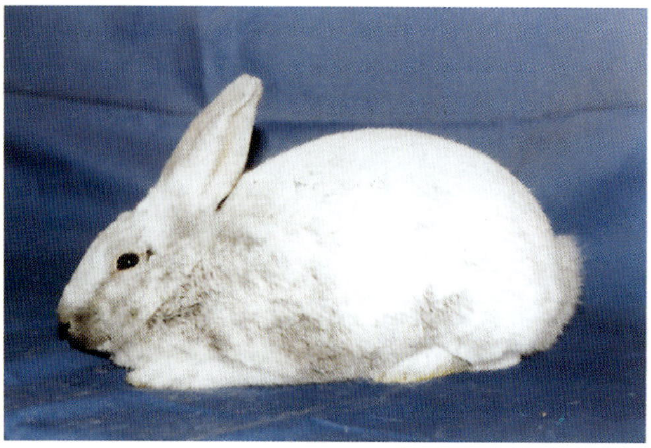

Champagne d'Argent 香槟银毛皮兔

Dwarf Hotot 矮小型豪脱特兔

Californian 加利福尼亚兔

Jersey Wooly 娟娟毛用兔

American Chinchilla 美国青紫蓝兔

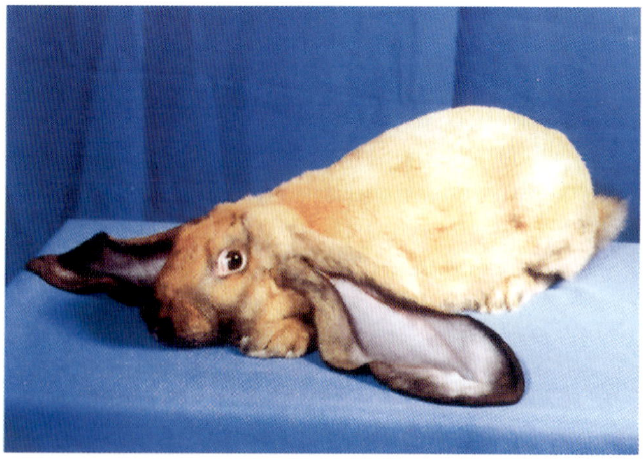

English Lop 英国垂耳兔

兔品种

照片版权归 American Rabbit Breeders Association, Inc 所有，经允许使用。

全国普通高等学校“两课”推荐教材

毛泽东思想概论

MAOZEDONG
SIXIANG
GAILUN

教育部社会科学研究与思想政治工作司　组审
主编/庄福龄
副主编/王顺生

中国人民大学出版社

全国普通高等学校“两课”推荐教材

毛泽东思想概论

中国人民大学出版社

全国普通高等学校“两课”推荐教材

马克思主义哲学原理
马克思主义政治经济学原理
毛泽东思想概论
邓小平理论和“三个代表”重要思想概论
当代世界经济与政治
法律基础
思想道德修养

配套学生用书

“马克思主义哲学原理”同步辅导
“马克思主义政治经济学原理”同步辅导
“毛泽东思想概论”同步辅导
“邓小平理论和‘三个代表’重要思想概论”同步辅导
“当代世界经济与政治”同步辅导

责任编辑：柯　灵　杨宗元
版式设计：赵星华
COVER DESIGN 装帧设计/蒋宏工作室·海凝 JIANGHONG STUDIO

ISBN 7-300-04550-2
9 787300 045504 >

ISBN 7-300-04550-2/D · 761
定价：12.00元